## 基礎物理定数

| 物理量 | 記号 | 値 |
|---|---|---|
| 光速（真空中） | $c$ | $2.997\,924\,58^* \times 10^8$ m s$^{-1}$ |
| 電気素量 | $e$ | $1.602\,176\,6208 \times 10^{-19}$ C |
| ファラデー定数 | $F = N_A e$ | $9.648\,533\,289 \times 10^4$ C mol$^{-1}$ |
| ボルツマン定数 | $k$ | $1.380\,648\,52 \times 10^{-23}$ J K$^{-1}$ |
| 気体定数 | $R = N_A k$ | $8.314\,4598$ J K$^{-1}$ mol$^{-1}$ |
| | | $8.314\,4598 \times 10^{-2}$ dm$^3$ bar K$^{-1}$ mol$^{-1}$ |
| | | $8.205\,7338 \times 10^{-2}$ dm$^3$ atm K$^{-1}$ mol$^{-1}$ |
| | | $62.363\,548$ dm$^3$ Torr K$^{-1}$ mol$^{-1}$ |
| プランク定数 | $h$ | $6.626\,070\,040 \times 10^{-34}$ J s |
| | $\hbar = h/2\pi$ | $1.054\,571\,800 \times 10^{-34}$ J s |
| アボガドロ定数 | $N_A$ | $6.022\,140\,857 \times 10^{23}$ mol$^{-1}$ |
| 原子質量定数 | $m_u$ | $1.660\,539\,040 \times 10^{-27}$ kg |
| 質量 | | |
| 電子 | $m_e$ | $9.109\,383\,56 \times 10^{-31}$ kg |
| プロトン | $m_p$ | $1.672\,621\,898 \times 10^{-27}$ kg |
| 中性子 | $m_n$ | $1.674\,927\,471 \times 10^{-27}$ kg |
| 真空の誘電率 | $\varepsilon_0 = 1/\mu_0 c^2$ | $8.854\,187\,817 \times 10^{-12}$ C$^2$ J$^{-1}$ m$^{-1}$ |
| | $4\pi\varepsilon_0$ | $1.112\,650\,056 \times 10^{-10}$ C$^2$ J$^{-1}$ m$^{-1}$ |
| 真空の透磁率 | $\mu_0$ | $4\pi \times 10^{-7}$ J s$^2$ C$^{-2}$ m$^{-1}$ $(= $T$^2$ J$^{-1}$ m$^3)$ |
| ボーア磁子 | $\mu_B = e\hbar/2m_e$ | $9.274\,009\,994 \times 10^{-24}$ J T$^{-1}$ |
| 核磁子 | $\mu_N = e\hbar/2m_p$ | $5.050\,783\,699 \times 10^{-27}$ J T$^{-1}$ |
| 自由電子の $g$ 値 | $g_e$ | $2.002\,319\,304\,361\,82$ |
| ボーア半径 | $a_0 = 4\pi\varepsilon_0 \hbar^2 / e^2 m_e$ | $5.291\,772\,1067 \times 10^{-11}$ m |
| リュードベリ定数 | $\mathcal{R} = m_e e^4 / 8h^3 c\varepsilon_0^2$ | $1.097\,373\,156\,8508 \times 10^5$ cm$^{-1}$ |
| 自然落下の加速度 | $g$ | $9.806\,65^*$ m s$^{-2}$ |

\* 厳密に定義された値
2014 年 CODATA 推奨値による．

Peter Atkins・Julio de Paula

# 物理化学要論
## 第6版

千原秀昭・稲葉 章訳

東京化学同人

# Elements of
# Physical Chemistry
## Sixth Edition

**Peter Atkins**
University of Oxford

**Julio de Paula**
Lewis & Clark College

with contributions from
**David Smith**
University of Bristol

© Peter Atkins and Julio de Paula  2013

**Elements of Physical Chemistry, Sixth Edition** was originally published in English in 2012. This translation is published by arrangement with Oxford University Press.
本書の原著は 2012 年に英語版で出版された．本訳書は Oxford University Press との契約に基づいて出版された．

# 序

　改善の余地は常に存在するものである．本書の内容についていえば，ある話題は古くなって必ずしも必要でなくなり，別の新しい話題が重要性を増してきている．もっとわかりやすい説明や教材のうまい提示の仕方について，著者自身が気づいたり，読者からの意見によって気づかされたりすることもある．また，永遠の課題である数学の取組み方について新たな考えも浮かんできた．このような状況のもとで，このたび，いろいろな面でよりよくなった新たな改訂版を出版する機会が与えられたことは著者として大きな喜びである．

　本書の構成は第5版とほぼ同じであるが，つぎのような新しい特徴がいろいろと盛り込まれている．特に数学の説明については細心の注意を払った．

- 新しく設けた「基本概念」は，第5版の「はじめに」に代わる章である．今回は，物理学に限らずいろいろな重要事項を本書の冒頭に盛り込もうと考えた．以降にでてくる諸原理を理解するうえで必須となる事項，とりわけ古典力学や電磁気学など物理学の要点をそこにまとめてある．

- 化学だけでなく，広く科学全般についていえることだが，いろいろなモデルや実験データ，関連する理論を提示したり，それを詳しく検討したりするには，いろいろな数学手法と物理や基礎化学の諸概念が必要となる．そこで，この第6版では約20に及ぶ「必須のツール」を関連箇所に配した．そこには，本書を読み進むうえで不可欠となるさまざまな手法について簡潔に説明してあり，必要に応じて，それに関連する基礎知識の説明も行っている．

- 「注釈付きの式」は第5版で好評であったので，もっと充実させることにした．

- おもな式には行末に黄色で「ラベル」を付けて，一目でその意味と内容がわかるようにした．場合によっては，その式が使える条件も添えてある．

- 「重要な式の一覧」は，第5版では単にリストにまとめたものであったが，この第6版ではいろいろな式を相関図のかたちにまとめてある．この一覧によって，式の相互関係を細かく理解できるようにしてあり，必要に応じて，式をもっと単純なかたちに変形するときに使う近似も示してある．これを眺めるだけで各章のテーマが一段と明確になり，そこに現れた式は単なる寄せ集めでなく，有機的なネットワークを形成していることが実感できるだろう．

- 「インパクト」は各章にほぼ1個あり，第5版の「かこみ」に相当するものである．各章で説明した原理が，どのような場面で近年応用されているかを示してある．とりわけ，生物学と材料科学の分野の話題が多い．

- 「簡単な例示」には番号を付けて項目を表し，その数を増やした．すぐ上で説明した式を具体的にどう使うかを示してある．特に，単位の正しい使い方に関する注意が述べてある．

- 問題の解き方を詳しく説明した「例題」の数も増やした．これまで通り，それぞれには指針となる「解法」があり，問題に取組むための考え方と道筋を示してある．

- 「簡単な例示」や「例題」の後にはたいてい「自習問題」があり，上で説明した計算法や重要事項について，理解が正しいかどうかを自分で確認できるようにしてある．問題を自分で解くことによって，求めた量の大きさを実感し，使った式の重要性を理解することが重要である．

- 「式の導出」は，数学の流れを無理なく追うにはもっと詳しい説明があった方がよいという意見に従って，一部については途中の説明を追加した．

- 第5版にあった「付録」をやめて，その内容の大半を「基本概念」と「必須のツール」に移した．

- 第6版の巻末「資料」には，物理量の記号と単位，熱力学データなどがまとめてある．

　新しい版を執筆するときはいつも，世界中の読者や本書の翻訳者，査読のために長時間を割いてくれた同僚からの意見を極力取入れてきた．また，各国の学生諸君からも，いろいろな質問や意見がこれまで散発的に寄せられてきた．そこで，この第6版では学生の査読者を設け，彼らの意見を集約して内容に反映した．彼らが難しいと感じていること，必要と感じていることなど，いろいろな意見にふれることができたのは，著者として非常に有難いことであった．また，ブリストル大学のDavid Smith教授は，今回の原稿を注意深く査読するだけでなく，章末問題を詳細に検討し，必要と思う事項を補足してくれた．彼には特に感謝したい．

　改訂作業では，いつものことながら，出版社の方々に大変お世話になった．その努力と支援に厚くお礼を申し上げる．

P. W. Atkins

J. de Paula

# 訳　者　序

アトキンス博士による原著初版 "The Elements of Physical Chemistry" が出版されて間もなく四半世紀になる．これまで数年ごとに改訂が行われ，本書は第6版の訳書である．共著者を得た第4版から書名の "The" が取れているが，これは英語特有のニュアンスの現れかもしれない．すなわち，当初は親本 "Physical Chemistry" の縮小版の意味合いもあったが，いまでは独自の思想と流れをもつ物理化学の教科書として確立している．訳本は "物理化学要論" で一貫している．

本書では，物理化学の基本概念と方法論をわかりやすく解説する一方で，最先端の応用を多数見せることで読者の興味を喚起している．著者の狙いは，物理化学を専門にしようとする読者だけでなく，幅広い応用分野を目指す読者にも必須となる基礎的な物理化学を，簡潔にしかも正確に理解してもらうことにある．そのために，現象論的な記述にとどまらず，独特の分子論的な解釈を駆使しているのが特徴である．

科学の最先端は目まぐるしく進展している．そのスピードは，ものや分子を扱い，関連する応用が多岐にわたる化学では特に顕著である．本書でも第2版で磁気共鳴イメージング（MRI）が現れ，第3版では走査トンネル顕微鏡（STM）や原子間力顕微鏡（AFM）に加えて，計算化学の手法が紹介された．この改訂版でも，生物学や医学，材料科学の興味ある応用例や成果が「インパクト」として多数紹介されている．

一方で，物理化学の本質である厳密で定量的な側面について，アトキンス博士は決して妥協を許していない．ともすれば定性的な記述や中途半端な半定量的議論で終わりがちなところを，あくまでも本来の厳密で正確な物理化学を目指している．そのために，用語の厳密な定義と物理量や単位の正しい表し方を示し，さまざまな概念を簡潔に表現するのに必須となる数学式についても，読者の負担にならない工夫をしながら展開している．

アトキンス博士の教育的な配慮や工夫には定評がある．それは，読者からの意見を極力採り入れることで，改訂ごとにますます細部に及んでいる．第4版で1色刷から2色刷になり，第5版からカラー刷になったが，"物理化学の教科書にカラー刷は必要か" と異論を挟む余地はもはやなくなった．概念を可視化することにより，特に意識することなく効率よく理解させるという点で，カラー刷が果たした役割は大きい．

第6版では「例題」や「簡単な例示」，「演習問題」がかなり差し替えられたものの，章立てなど全体の構成に大きな変更はない．一方，新しい試みとして「必須のツール」を設けて数学手法などを囲みにしてある．また，各章で現れた式をまとめた「重要な式の一覧」は，単なるリストでなく，相互の関係や近似条件などを図で表してあるから格段に理解しやすくなった．

物理化学は完成された古い学問分野で，もうあまり変更はないと思われがちである．しかし今後も，たとえば一分子計測が新しい化学を展開するなど，応用分野からの

フィードバックには無限の可能性がある．一方で，基礎物理定数の値がますます正確になるなど，精密科学としても変貌することだろう．たとえば，近い将来，物理標準そのものの変更が実施される予定である．光速を定義することで，いまでは長さ標準が時間標準に依存しているように，質量（キログラム）の定義も変更されるであろう．温度（ケルビン）の定義も見直されることになっている．周期表についても，間もなく 113, 115, 117, 118 番元素の新名称が決まる．どれをとっても今後の物理化学と無関係ではあり得ない．

本書の共訳者，千原秀昭先生には 30 年にわたって翻訳の手ほどきを受けた．残念ながら今回はそれが叶わず，心許ない限りである．先生の「翻訳はアートである」との口癖を常に念頭におきながら，読者の理解の妨げにならないよう，できる限り読みやすい日本語にしたつもりである．また，原著の明らかな間違いを訂正しながら，アトキンス博士の魅力ある解説の流れの邪魔にならないように努めた．

本書を完成させるに当たって，いつもながら，東京化学同人の仁科由香利さんをはじめ編集部の方々には大変お世話になった．用語の統一，本文中の図表の配置からフォントや色調の選択に至るまで細かく気を配っていただいた．厚くお礼を申し上げる．

2016 年 1 月

稲　葉　　章

# 物理化学を修得するための本書の使い方

本書には，読者が物理化学を楽しく，しかも効率よく学ぶための助けになる工夫をいろいろと組込んである．ここでそれを紹介しよう．

## 主要概念を徹底的に理解してもらうための取組み

### 基本概念

冒頭のこの章には，本書全体を通して使うことになる主要概念をまとめてある．そこで，この章を学習することから初めてもらいたい．

### 式に付けた注釈とラベル

多くの式には，理解を助けるための注釈が添えてある．式を展開するときは何かを代入したり，近似を使ったり，一定とする条件を仮定したりすることだろう．これらは緑色で書いて，対応する等号の上に添えてある．赤色の注釈は，式に現れる各項の意味や内容を表したものである．また，多くの式にはラベルを付けて，その式の内容が一目でわかるようにしてある．場合によっては，式中に現れる数値や記号そのものを色付きで表して，その式が次にどう整理されるかを強調したところもある．

$$\Delta V = V_f - V_i = \frac{RT\Delta n_g}{p_{ex}}$$

ここで $n_f RT/p_{ex}$，$n_i RT/p_{ex}$，$\Delta n_g = n_f - n_i$

### 式の導出

数式の展開は物理化学の本質の部分であり，その内容を完全に理解しようと思えば，ある式がどうやって得られたのか，それを導くうえでどんな仮定が行われたかを詳しく知っておく必要がある．本書では，「式の導出」を本文から切り離して囲みで示してあるから，当面必要ないと思えば読み飛ばしてもよい．後で何度も復習できるようにしてある．微積分の計算は，この「式の導出」のところだけで使っている．

---

**式の導出 2・3　定圧における熱の移動**

大気にさらされた系など，系の圧力 $p$ が一定で外圧 $p_{ex}$ に等しい場合を考えよう．(2・13 b) 式から，

$$\Delta H = \Delta U + p\Delta V = \Delta U + p_{ex}\Delta V$$

---

### 必須のツール

式の導出を効率よく行うために，化学者が身につけておくべき必須の道具がある．それは，数学や物理，化学の分野で使ういろいろな概念や手法である．これを解説した「必須のツール」は，それを使う必要のある箇所に置いてある．

---

**必須のツール 2・1　積分計算**

任意の関数 $f$ のグラフを描いたとき，その曲線の下の領域の面積は，積分という手法を使えば求めることがで

---

### ノート

この欄は，陥りやすい誤りを避けるための注意書きである．自然科学は精密な学問であるから，用語を正確に使うことによって，その内容が国際的に通用しなければならない．ここでは，国際純正・応用化学連合（IUPAC）によって採択された用語や約束ごとについて解説してある．

---

**ノート**　いろいろな制約条件（この場合は順に，可逆過程，完全気体，等温的）を課すたびに，該当する条件を明記しておくことが重要である．場合によっては，最終的な

---

### 概念の可視化

物理化学の概念は，視覚に訴えた方が格段に理解しやすい場合が多い．本書の図やグラフには，"この式の意味は何か"などという重要な疑問に的確に答えられる工夫がしてある．

## チェックリスト

　各章の終わりにチェックリストを設けて，その章で導入した主要な概念をまとめてある．その事項についてよく理解できたと思ったら，箱の中に✓を入れるとよい．

> **チェックリスト**
> 
> □ 1　系は開放系，閉鎖系，孤立系に分類される．
> □ 2　系でどんな過程が起こっても，外界は温度一定で，体積一定であり，圧力一定でもある．

## 重要な式の一覧

　本文に出てきた式を全部覚える必要はない．章末にある「重要な式の一覧」には，重要な式の間に成り立つ関係がわかるようにまとめてある．また，必要に応じて，式をもっと簡単なかたちにするために用いた近似についても示してある．

　「チェックリスト」と「重要な式の一覧」を併せて復習することによって，物理化学の概念と式がどう関連しているのか，いろいろな考えが決してばらばらに存在するのではなく，ある種のネットワークを形成している様子が手に取るように理解できるだろう．

## 問題を系統的に解くための道筋

### 簡単な例示

　ここには本文で導いた式の使い方を示すために簡単な例を挙げて，データの使い方や単位の正しい扱い方について述べてある．これによって，目的とする式の内容に慣れてもらいたい．

> **■ 簡単な例示 2·3　加熱によるエネルギー**
> 　水を入れたビーカーの熱容量が $0.50\,\mathrm{kJ\,K^{-1}}$ であり，$4.0\,\mathrm{K}$ の温度上昇が観測されたら，これに加えた熱はつぎのように計算できる．
> 
> $$q = (0.50\,\mathrm{kJ\,K^{-1}}) \times (4.0\,\mathrm{K}) = +2.0\,\mathrm{kJ}$$

### 例　題

　物理化学で問題を解く作業は最終的には自分で行うものであるが，「例題」では，与えられた情報を整理したうえで解答を見いだすための「解法」を示してある．その後に「解答」を示してあるが，ここでも単位の正しい使い方など重要事項を述べてある．

> **例題 1·2　モル分率の計算**
> 　質量 $100.0\,\mathrm{g}$ の乾燥空気があり，それは $75.5\,\mathrm{g}$ の $N_2$，$23.2\,\mathrm{g}$ の $O_2$，$1.3\,\mathrm{g}$ の Ar から成る．この乾燥空気の組成をモル分率で表せ．

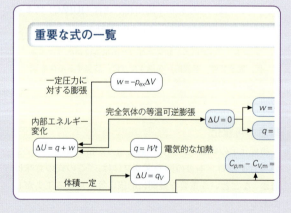

## 資　料

　熱力学データをはじめ，速度論データ，分光学データなどは，化学的性質や物理的性質にみられる傾向を理解するだけでなく，その大きさについても感触を得るのに重要なものである．しかし，大きな表を本文中に置くと全体の流れの妨げになるから，熱力学データについては巻末に収録してある．

## 自力で解くための問題

### 自 習 問 題

　学習効果を自分で見きわめるのは重要なことである．「例題」や「簡単な例示」で学んだ概念や手法が本当に理解できたかどうかを確かめるのに「自習問題」を解いてみることである．

---

**自習問題 0・4**

　体重（実際は質量）64 kg の人が靴を履いているとき，地表に及ぼす圧力を求めよ．その靴の裏の面積は 480 cm$^2$ である．　　　　　　　　　　　　　　[答: 13 kPa]

---

### 文 章 問 題

　章末の最初に文章問題を入れた．これはその章で出会った事項について考えを整理する問題であり，数値問題を解く前に概念について理解を深めておくようにとの意図からである．

### 演 習 問 題

　章末の「演習問題」は力試しの問題であり，その章で学んだ事項が本当に身についたかどうかを知ることができる．（東京化学同人ホームページに解答が掲載されている．）

## 上級レベルへの展開と挑戦

### インパクト

　「インパクト」の項では，その章で取上げた原理が現在どのように応用されているかを，とくに生物学と材料科学を中心に示してある．

---

**生物学へのインパクト 4・2**

**生命現象と第二法則**

　温度と圧力が一定の条件下で自発的に起こる化学反応はすべて，成長や学習，繁殖などの過程をつかさどる反応もまた，ギブズエネルギーが低くなる方向に変化している．別の表現で表せば，系と外界を合わせた全体のエントロピーは増大する．このように考えれば，生物学的な過程の

---

### 補 　 遺

　式の導出など，本文中に入れるには長すぎたり，詳しすぎたり，程度が高すぎたりする場合がある．そのときは，前後との調和を考えて章末の「補遺」にまわした．

### プロジェクト問題

　章末問題の「プロジェクト問題」は，いずれも上級レベルであり，すでに学んだ事項を織り交ぜた挑戦問題である．微積分の計算が必要な問題もある．

---

## 解 答 集

　David Smith が執筆した，本書の問題の解答集がある．（日本語版はないが「アトキンス物理化学要論 問題の解き方 第6版（英語版）」を東京化学同人で発売している．）

# 著者について

ピーター・アトキンス（**Peter Atkins**）は，Oxford 大学 Lincoln College のフェローである．学生および一般読者を対象とした約 70 冊の著書があり，その教科書は世界的マーケットでトップの座を占めている．米国をはじめ世界各国で多数の講演を行い，フランスやイスラエル，日本，中国，ニュージーランドなど各国で客員教授を務めてきた．国際純正・応用化学連合（IUPAC）の化学教育委員会の創設時の委員長を務めた．また，IUPAC の物理化学および生物物理化学部門の委員も務めた．

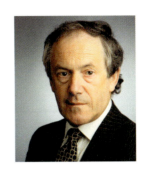

ジュリオ・デ ポーラ（**Julio de Paula**）は，Lewis & Clark College の化学の教授である．ブラジル生まれの教授は，Rutgers 大学で化学の学士号を取得し，New Jersey 州立大学を経て Yale 大学で生物物理化学の博士学位（Ph.D.）を受けた．研究活動は分子分光学，生物物理化学，ナノ科学など多岐の分野にわたる．これまで一般化学，物理化学，生物物理化学，機器分析，論文執筆法の講義を担当してきている．

# 謝　　辞

　本書の製作に際し，執筆の準備段階から並々ならぬ助力，示唆に富む有益な助言を下さった同僚の皆さんにお礼を申し上げる．とくに以下の方々にはここに名前を記して謝辞としたい．

Hashim M. Ali, Arkansas State University
Chris Amodio, University of Surrey
Teemu Arppe, University of Helsinki
Jochen Autschbach, State University of New York–
　　　　　　　　　　　　　　　　　　　　Buffalo
Anil C. Banerjee, Columbus State University
Simon Biggs, University of Leeds
Timothy Brewer, Eastern Michigan University
Jorge Chacón, University of the West of Scotland
Anders Ericsson, Uppsala University
Stefan Franzen, North Carolina State University
Qingfeng Ge, Southern Illinois University
Fiona Gray, University of St Andrews
Ron Haines, University of New South Wales
Grant Hill, Glasgow University
Meez Islam, Teesside University
Emily A. A. Jarvis, Loyola Marymount University
Peter B. Karadakov, University of York
Peter Kroll, University of Texas at Arlington
Yu Kay Law, Fort Hays State University
Kristi Lazar, Westmont College
Mike Lyons, Trinity College Dublin
Alexandra J. MacDermott, University of Houston-
　　　　　　　　　　　　　　　　　　Clear Lake
Michael D. McCorcle, Evangel University
Katie Mitchell-Koch, Emporia State University

Damien M. Murphy, Cardiff University
Nixon O. Mwebi, Jacksonville State University
Martin J. Paterson, Heriot-Watt University
Greg Van Patten, Ohio University
Julia Percival, University of Surrey
Patricia Redden, St. Peter's College
Juliana Serafin, University of Charleston
Susan Sinnott, University of Florida
Alyssa C. Thomas, Utica College
Harald Walderhaug, University of Oslo
T. Ffrancon Williams, The University of Tennessee
Christopher A. Wilson, Lewis University

## 学生の査読者

Frances Anastassacos, University of St Andrews
Jonathan Booth, University of York
Sinead Brady, University of St Andrews
Gareth Davis, University of Newcastle
Kate Horner, University of York
Sinead Keaveney, University of New South Wales
Emily McHale, University of St Andrews
James McManus, University of Newcastle
Maria O'Brien, Trinity College Dublin
Riccardo Serreli, Heriot-Watt University
Kristina Sladekova, University of the West of Scotland
Patrycja Stachelek, University of Newcastle
Eden Tanner, University of New South Wales
Jay Pritchard, University of St Andrews
Christopher Redford, University of New South Wales
Lisa Russell, Trinity College Dublin
Matthew Ryder, Heriot-Watt University

# 要 約 目 次

|  | 基本概念 …………………………………………………………… | 1 |
| --- | --- | --- |
| 1 | 気体の性質 ……………………………………………………… | 17 |
| 2 | 熱力学第一法則 ………………………………………………… | 45 |
| 3 | 熱力学第一法則の応用 ………………………………………… | 66 |
| 4 | 熱力学第二法則 ………………………………………………… | 87 |
| 5 | 純物質の相平衡 ………………………………………………… | 109 |
| 6 | 混合物の性質 …………………………………………………… | 128 |
| 7 | 化学平衡の原理 ………………………………………………… | 159 |
| 8 | 溶液の化学平衡 ………………………………………………… | 180 |
| 9 | 電気化学 ………………………………………………………… | 203 |
| 10 | 反応速度 ………………………………………………………… | 229 |
| 11 | 速度式の解釈 …………………………………………………… | 253 |
| 12 | 量子論 …………………………………………………………… | 278 |
| 13 | 原子構造 ………………………………………………………… | 304 |
| 14 | 化学結合 ………………………………………………………… | 332 |
| 15 | 分子間相互作用 ………………………………………………… | 364 |
| 16 | 高分子と分子集団 ……………………………………………… | 382 |
| 17 | 金属, イオン性固体, 共有結合性固体 ………………………… | 406 |
| 18 | 固体表面 ………………………………………………………… | 434 |
| 19 | 分子の回転と振動 ……………………………………………… | 461 |
| 20 | 電子遷移 ………………………………………………………… | 485 |
| 21 | 磁気共鳴 ………………………………………………………… | 510 |
| 22 | 統計熱力学 ……………………………………………………… | 531 |

資 料
| 1 | 物理量と単位 | 549 |
| --- | --- | --- |
| 2 | 熱力学データ | 551 |

# 目　　　次

基本概念 ················································· 1

## も　　の ················································· 1

0・1　質量と物質量 ································· 2
0・2　体　積 ········································· 4
0・3　密　度 ········································· 4
0・4　示量性の性質と示強性の性質 ········· 4

## エネルギー ················································· 5

0・5　速度と運動量 ································· 5
0・6　加速度 ········································· 6
0・7　力 ··············································· 6
0・8　圧　力 ········································· 6

0・9　仕事とエネルギー ························· 8
0・10　温　度 ········································· 9
0・11　量子化とボルツマン分布 ··············· 10
0・12　均分定理 ····································· 11

## 電磁放射線 ················································· 12

0・13　電磁波 ········································· 12
0・14　フォトン ····································· 13

## 基本概念からの展開 ······························· 14

問題と演習 ············································· 14

---

# 1. 気体の性質 ··········································· 17

## 状態方程式 ················································· 17

1・1　完全気体の状態方程式 ··············· 18
1・2　完全気体の法則の使い方 ··············· 21
1・3　混合気体: 分圧 ··························· 22
環境科学へのインパクト 1・1　気体の法則と天候 ····· 24

## 気体の分子論的モデル ······························· 25

1・4　運動論モデルによる気体の圧力 ········· 25
1・5　気体分子の平均の速さ ··············· 26
1・6　マクスウェルの速さの分布 ··········· 27
1・7　拡散と流出 ································· 29
1・8　分子の衝突 ································· 30

## 実在気体 ················································· 31

1・9　分子間相互作用 ························· 32
1・10　臨界温度 ····································· 32
1・11　圧縮因子 ····································· 34
1・12　ビリアル状態方程式 ··················· 34
1・13　ファンデルワールスの状態方程式 ······· 35
1・14　気体の液化 ································· 38

補遺 1・1　気体分子運動論 ··················· 39
チェックリスト ····································· 40
重要な式の一覧 ····································· 41
問題と演習 ············································· 41

---

# 2. 熱力学第一法則 ······································· 45

## エネルギーの保存 ······································· 46

2・1　系と外界 ····································· 46
2・2　仕事と熱 ····································· 47
2・3　仕事と熱の分子論的解釈 ··············· 48
2・4　仕事の測定 ································· 48
2・5　熱の測定 ····································· 53
2・6　膨張による仕事と熱流入 ··············· 56

## 内部エネルギーとエンタルピー ··············· 56

2・7　内部エネルギー ························· 56
2・8　状態関数としての内部エネルギー ········· 58
2・9　エンタルピー ····························· 59
2・10　エンタルピーの温度変化 ··············· 61

チェックリスト ····································· 63
重要な式の一覧 ····································· 63
問題と演習 ············································· 64

## 3. 熱力学第一法則の応用 ……………………………………………………………………………… **66**

**物理変化** ………………………………………… 66
3・1　相転移のエンタルピー ………………… 67
生化学へのインパクト3・1　示差走査熱量測定 …… 70
3・2　原子や分子の変化 ……………………… 71

**化学変化** ………………………………………… 75
3・3　燃焼エンタルピー ……………………… 75
工業技術へのインパクト3・2　燃　料 ……… 76

生化学へのインパクト3・3　食物とエネルギー貯蔵 … 77
3・4　反応エンタルピーの組合わせ ………… 78
3・5　標準生成エンタルピー ………………… 79
3・6　反応エンタルピーの温度変化 ………… 81
チェックリスト ………………………………… 82
重要な式の一覧 ………………………………… 83
問題と演習 ……………………………………… 83


## 4. 熱力学第二法則 ……………………………………………………………………………………………… **87**

**エントロピー** …………………………………… 88
4・1　自発変化の方向 ………………………… 88
4・2　エントロピーと第二法則 ……………… 89
工業技術へのインパクト4・1
　　　　　熱エンジン，冷蔵庫，ヒートポンプ …… 90
4・3　膨張に伴うエントロピー変化 ………… 91
4・4　加熱に伴うエントロピー変化 ………… 92
4・5　相転移に伴うエントロピー変化 ……… 93
4・6　外界のエントロピー変化 ……………… 95
4・7　エントロピーの分子論的解釈 ………… 96
4・8　絶対エントロピーと熱力学第三法則 ………… 98

4・9　第三法則エントロピーの分子論的解釈 …… 100
4・10　標準反応エントロピー ………………… 101
4・11　化学反応の自発性 ……………………… 101
**ギブズエネルギー** ……………………………… 102
4・12　系の性質のみによる表現 ……………… 102
4・13　ギブズエネルギーの性質 ……………… 103
生物学へのインパクト4・2
　　　　　　　　生命現象と第二法則 ………… 105
チェックリスト ………………………………… 105
重要な式の一覧 ………………………………… 106
問題と演習 ……………………………………… 106


## 5. 純物質の相平衡 ……………………………………………………………………………………………… **109**

**相転移の熱力学** ………………………………… 109
5・1　安定性の条件 …………………………… 109
5・2　ギブズエネルギーの圧力変化 ………… 110
5・3　ギブズエネルギーの温度変化 ………… 112
**相　図** …………………………………………… 114
5・4　相境界 …………………………………… 115
5・5　相境界の位置 …………………………… 116
5・6　物質に固有な点 ………………………… 119

工業技術へのインパクト5・1　超臨界流体 … 121
5・7　相　律 …………………………………… 121
5・8　代表的な物質の相図 …………………… 123
5・9　液体の分子的な構造 …………………… 124
チェックリスト ………………………………… 125
重要な式の一覧 ………………………………… 125
問題と演習 ……………………………………… 126


## 6. 混合物の性質 ………………………………………………………………………………………………… **128**

**混合物の熱力学的な表し方** …………………… 128
6・1　濃度の表し方 …………………………… 129
6・2　部分モル量 ……………………………… 130
6・3　自発的な混合 …………………………… 133
6・4　理想溶液 ………………………………… 134
6・5　理想希薄溶液 …………………………… 137
生物学へのインパクト6・1
　　　　　　気体の溶解度と呼吸 …………… 140
6・6　実在溶液: 活量 ………………………… 140
**束一的性質** ……………………………………… 141
6・7　沸点や凝固点の変化 …………………… 141

6・8　浸　透 …………………………………… 144
**混合物の相図** …………………………………… 146
6・9　揮発性液体の混合物 …………………… 147
6・10　液体‒液体の相図 ……………………… 149
6・11　液体‒固体の相図 ……………………… 150
工業技術へのインパクト6・2
　　　　　　　　超高純度と不純物制御 ……… 152
6・12　ネルンストの分配の法則 ……………… 153
チェックリスト ………………………………… 153
重要な式の一覧 ………………………………… 154
問題と演習 ……………………………………… 154

## 7. 化学平衡の原理 ······· **159**

### 熱力学的な裏付け ········· 159
7・1 反応ギブズエネルギー ··············· 160
7・2 $\Delta_r G$ の組成変化 ················· 161
7・3 平衡に到達した反応 ················· 162
7・4 標準反応ギブズエネルギー ········· 164
生化学へのインパクト 7・1
　　　　　生化学過程における共役反応 ········ 166
7・5 平衡組成 ··························· 167
7・6 濃度で表した平衡定数の式 ··········· 169
7・7 平衡定数の分子論的解釈 ··········· 170

### 諸条件による平衡の移動 ········· 171
7・8 温度の効果 ······················· 171
7・9 圧縮の効果 ······················· 173
7・10 触媒の存在 ······················ 174
生化学へのインパクト 7・2
　　ミオグロビンやヘモグロビンの酸素との結合 ··· 174
チェックリスト ························ 176
重要な式の一覧 ························ 176
問題と演習 ···························· 176

## 8. 溶液の化学平衡 ······· **180**

### プロトン移動平衡 ········· 180
8・1 ブレンステッド–ロウリーの理論 ······· 180
8・2 プロトン付加とプロトン脱離 ········· 181
8・3 多プロトン酸 ······················ 185
8・4 両プロトン性を示す化学種 ··········· 189

### 塩の水溶液 ··············· 190
8・5 酸–塩基滴定 ······················ 190
8・6 緩衝作用 ·························· 192
医学へのインパクト 8・1 血液における緩衝作用 ··· 194

8・7 指示薬 ···························· 194

### 溶解度平衡 ··············· 196
8・8 溶解度定数 ······················· 196
8・9 共通イオン効果 ··················· 197
8・10 溶解度に与える塩の添加効果 ········· 198
チェックリスト ························ 199
重要な式の一覧 ························ 199
問題と演習 ···························· 199

## 9. 電気化学 ······· **203**

### 溶液中のイオン ············ 203
9・1 デバイ–ヒュッケルの理論 ··········· 204
9・2 イオンの移動 ····················· 207
生化学へのインパクト 9・1
　　　　　　イオンチャネルとイオンポンプ ········ 210

### 化学電池 ················· 211
9・3 半反応と電極 ····················· 212
9・4 電極反応 ························· 213
9・5 いろいろな電池 ··················· 215
9・6 電池反応 ························· 216
9・7 電池電位 ························· 216

9・8 平衡状態の電池 ··················· 218
9・9 標準電位 ························· 219
9・10 電位の pH による変化 ············· 220
9・11 pH の測定 ······················ 221

### 標準電位の応用 ············ 221
9・12 電気化学系列 ···················· 221
9・13 熱力学関数の計算 ················· 222
工業技術へのインパクト 9・2 燃料電池 ······ 224
チェックリスト ························ 225
重要な式の一覧 ························ 225
問題と演習 ···························· 225

## 10. 反応速度 ······· **229**

### 経験的な反応速度論 ········ 230
10・1 光電分光法 ······················ 230
10・2 実験法 ·························· 231

### 反応速度 ················· 231
10・3 反応速度の定義 ··················· 231
10・4 速度式と速度定数 ················· 233
10・5 反応次数 ························ 233
10・6 速度式の求め方 ··················· 234
10・7 積分形速度式 ···················· 236

10・8 半減期と時定数 ··················· 239

### 反応速度の温度依存性 ······ 241
10・9 アレニウスパラメーター ··········· 241
10・10 衝突理論 ······················ 244
10・11 遷移状態理論 ··················· 246
チェックリスト ························ 249
重要な式の一覧 ························ 249
問題と演習 ···························· 249

xvii

## 11. 速度式の解釈 $\cdots$ **253**

### いろいろな反応様式 $\cdots$ 253
11·1 平衡への接近 $\cdots$ 253
11·2 緩和法 $\cdots$ 255
11·3 逐次反応 $\cdots$ 256

### 反応機構 $\cdots$ 258
11·4 素反応 $\cdots$ 258
11·5 速度式のつくり方 $\cdots$ 259
11·6 定常状態の近似 $\cdots$ 260
11·7 律速段階 $\cdots$ 261
11·8 速度論的支配 $\cdots$ 262
11·9 1分子反応 $\cdots$ 262

### 溶液内の反応 $\cdots$ 263

11·10 活性化律速と拡散律速 $\cdots$ 263
11·11 拡散 $\cdots$ 264

### 均一系触媒作用 $\cdots$ 267
11·12 酸塩基触媒作用 $\cdots$ 268
11·13 酵素 $\cdots$ 268

### 連鎖反応 $\cdots$ 271
11·14 連鎖反応の仕組み $\cdots$ 271
11·15 連鎖反応の速度式 $\cdots$ 272

補遺 11·1 フィックの拡散法則 $\cdots$ 273
チェックリスト $\cdots$ 274
重要な式の一覧 $\cdots$ 275
問題と演習 $\cdots$ 275


## 12. 量子論 $\cdots$ **278**

### 量子論の出現 $\cdots$ 278
12·1 原子スペクトルと分子スペクトル:
エネルギーの塊 $\cdots$ 279
12·2 光電効果: 粒子としての光 $\cdots$ 280
12·3 電子の回折: 波としての粒子 $\cdots$ 281

### 微視的な系の動力学 $\cdots$ 283
12·4 シュレーディンガー方程式 $\cdots$ 283
12·5 ボルンの解釈 $\cdots$ 284
12·6 不確定性原理 $\cdots$ 286

### 量子力学の応用 $\cdots$ 288
12·7 並進運動 $\cdots$ 288
12·8 回転運動 $\cdots$ 293
12·9 振動運動: 調和振動子 $\cdots$ 298

補遺 12·1 変数分離法 $\cdots$ 300
チェックリスト $\cdots$ 301
重要な式の一覧 $\cdots$ 301
問題と演習 $\cdots$ 302


## 13. 原子構造 $\cdots$ **304**

### 水素型原子 $\cdots$ 304
13·1 水素型原子のスペクトル $\cdots$ 305
13·2 水素型原子に許されるエネルギー $\cdots$ 305
13·3 量子数 $\cdots$ 307
13·4 波動関数: s オービタル $\cdots$ 309
13·5 波動関数: p, d オービタル $\cdots$ 312
13·6 電子スピン $\cdots$ 313
13·7 スペクトル遷移と選択律 $\cdots$ 314

### 多電子原子の構造 $\cdots$ 315
13·8 オービタル近似 $\cdots$ 315
13·9 パウリの原理 $\cdots$ 316
13·10 浸透と遮蔽 $\cdots$ 316
13·11 構成原理 $\cdots$ 317
13·12 d オービタルの占有 $\cdots$ 318

13·13 カチオンとアニオンの電子配置 $\cdots$ 319
13·14 つじつまの合う場のオービタル $\cdots$ 319

### 原子の性質の周期性 $\cdots$ 320
13·15 原子半径 $\cdots$ 320
13·16 イオン化エネルギーと電子親和力 $\cdots$ 321

### 複雑な原子のスペクトル $\cdots$ 323
13·17 項の記号 $\cdots$ 323
13·18 スピン−軌道カップリング $\cdots$ 325
13·19 選択律 $\cdots$ 326
天文学へのインパクト 13·1 星のスペクトル $\cdots$ 326
補遺 13·1 パウリの原理 $\cdots$ 327
チェックリスト $\cdots$ 328
重要な式の一覧 $\cdots$ 329
問題と演習 $\cdots$ 329


## 14. 化学結合 $\cdots$ **332**

### いろいろな概念 $\cdots$ 333
14·1 結合の分類 $\cdots$ 333
14·2 ポテンシャルエネルギー曲線 $\cdots$ 334

### 原子価結合法 $\cdots$ 334

14·3 二原子分子 $\cdots$ 334
14·4 多原子分子 $\cdots$ 336
14·5 昇位と混成 $\cdots$ 336
14·6 共鳴 $\cdots$ 340

14·7　VB法で使う用語 ····················· 341

## 分子オービタル ····························· 341

14·8　原子オービタルの一次結合 ·············· 341
14·9　結合性オービタルと反結合性オービタル ··· 343
14·10　等核二原子分子の構造 ·················· 344
14·11　異核二原子分子の構造 ·················· 350
14·12　多原子分子の構造 ····················· 352
14·13　ヒュッケル法 ·························· 353

## 計算化学 ································· 356

14·14　種々の方法 ··························· 357
14·15　グラフ表示 ··························· 357
14·16　計算化学の応用 ······················· 358
チェックリスト ····························· 359
重要な式の一覧 ····························· 360
問題と演習 ································· 360

## 15. 分子間相互作用 ·················································· **364**

## ファンデルワールス相互作用 ············· 364

15·1　部分電荷の間の相互作用 ················ 365
15·2　電気双極子モーメント ·················· 365
15·3　双極子間の相互作用 ··················· 368
15·4　誘起双極子モーメント ·················· 370
15·5　分散相互作用 ·························· 372

## 全相互作用 ······························· 373

15·6　水素結合 ····························· 373

15·7　疎水効果 ····························· 374
15·8　全相互作用のモデル化 ·················· 375
医学へのインパクト 15·1　分子認識と医薬の設計 ··· 377

## 分子運動と相互作用 ····················· 377

チェックリスト ····························· 378
重要な式の一覧 ····························· 378
問題と演習 ································· 379

## 16. 高分子と分子集団 ················································· **382**

## 生体高分子と合成高分子 ················· 383

16·1　高分子の構造モデル ··················· 383
生化学へのインパクト 16·1
タンパク質の構造の予測 ··· 387
16·2　高分子の機械的性質 ··················· 389
16·3　高分子の電気的性質 ··················· 391

## 中間相と分散系 ························· 391

16·4　液　晶 ······························· 391
16·5　分散系の分類 ·························· 392
16·6　表面構造とその安定性 ·················· 393
生化学へのインパクト 16·2　生体膜 ··· 395

16·7　電気二重層 ··························· 396
16·8　液体表面と界面活性剤 ·················· 397

## 分子集団の形と大きさの測定 ············· 399

16·9　平均モル質量 ·························· 399
16·10　質量分析法 ··························· 400
16·11　超　遠　心 ··························· 401
16·12　電気泳動 ···························· 402
16·13　レーザー光散乱 ······················· 403
チェックリスト ····························· 403
重要な式の一覧 ····························· 404
問題と演習 ································· 404

## 17. 金属, イオン性固体, 共有結合性固体 ····························· **406**

## 固体の結合様式 ························· 406

17·1　固体のバンド理論 ······················ 407
17·2　バンドの占有 ·························· 408
17·3　接合の光学的性質 ······················ 409
17·4　超　電　導 ··························· 410
17·5　イオン結合モデル ······················ 411
17·6　格子エンタルピー ······················ 411
17·7　格子エンタルピーの起源 ················ 413
17·8　共有結合ネットワーク ·················· 414
工業技術へのインパクト 17·1　ナノワイヤー ······ 415
17·9　固体の磁性 ··························· 417

## 結晶構造 ································· 418

17·10　単　位　胞 ··························· 418

17·11　結晶面の同定 ························· 419
17·12　構造の測定 ··························· 421
17·13　ブラッグの法則 ······················· 423
17·14　実　験　法 ··························· 423
17·15　金属結晶 ···························· 425
17·16　イオン結晶 ··························· 428
17·17　分子結晶 ···························· 429
生化学へのインパクト 17·2
生体高分子のX線結晶学 ··········· 429
チェックリスト ····························· 431
重要な式の一覧 ····························· 431
問題と演習 ································· 431

xix

## 18. 固体表面 ································································ **434**

### 固体表面の成長と構造 ································ 434
18·1 表面の成長 ································ 435
18·2 表面の組成と構造 ···················· 435

### 吸着の度合い ········································ 439
18·3 物理吸着と化学吸着 ················· 440
18·4 吸着等温式 ······························ 441
18·5 表面過程の速さ ························ 446

### 表面における触媒作用 ···························· 448
18·6 1分子反応 ······························ 448
18·7 ラングミュアーヒンシェルウッド機構 ······· 448
18·8 イーレイ−リディール機構 ··········· 449

### 工業技術へのインパクト 18·1
不均一系触媒作用の例 ············ 449

### 電極における諸過程 ································ 452
18·9 電極と溶液の界面 ····················· 452
18·10 電荷移動の速さ ························ 453
18·11 ボルタンメトリー ····················· 455
18·12 電気分解 ······························ 457

### チェックリスト ······································ 457
### 重要な式の一覧 ······································ 458
### 問題と演習 ·········································· 458


## 19. 分子の回転と振動 ······································ **461**

### 回転分光法 ·········································· 462
19·1 分子の回転エネルギー準位 ··········· 462
19·2 禁制回転状態と許容回転状態 ········· 465
19·3 熱平衡での占有数 ····················· 467
19·4 回転遷移: マイクロ波分光法 ········· 468
19·5 線 幅 ································· 470
19·6 回転ラマンスペクトル ··············· 471

### 振動分光法 ·········································· 472
19·7 分子の振動 ······························ 472
19·8 振動遷移 ································ 474

19·9 非調和性 ································ 475
19·10 二原子分子の振動ラマンスペクトル ··· 475
19·11 多原子分子の振動 ····················· 475
19·12 振動回転スペクトル ················· 478
19·13 多原子分子の振動ラマンスペクトル ······· 479
### 環境問題へのインパクト 19·1 気候変動 ······· 480
### チェックリスト ······································ 481
### 重要な式の一覧 ······································ 482
### 問題と演習 ·········································· 482


## 20. 電子遷移 ·················································· **485**

### 紫外・可視スペクトル ···························· 485
20·1 実験法の概要 ··························· 486
20·2 吸収強度 ································ 487
20·3 フランク−コンドンの原理 ··········· 489
20·4 いろいろな遷移 ························ 489
### 生化学へのインパクト 20·1 視 覚 ········· 490

### 放射減衰と非放射減衰 ···························· 491
20·5 蛍 光 ································· 492
20·6 りん光 ································· 493

20·7 消 光 ································· 493
### 生化学へのインパクト 20·2 光合成 ········· 498
20·8 レーザー ································ 499
### 光電子分光法 ········································ 503
### 補遺 20·1 ベール−ランベルトの法則 ········· 504
### 補遺 20·2 アインシュタインの遷移確率 ······· 505
### チェックリスト ······································ 506
### 重要な式の一覧 ······································ 506
### 問題と演習 ·········································· 507


## 21. 磁気共鳴 ·················································· **510**

### 核磁気共鳴 ·········································· 510
21·1 磁場中の原子核 ························ 511
21·2 実験法 ································· 513

### NMR スペクトルからの情報 ···················· 513
21·3 化学シフト ······························ 514
21·4 微細構造 ································ 516
21·5 スピン緩和 ······························ 520
21·6 コンホメーションの変換と化学交換 ······· 521
21·7 二次元 NMR ···························· 522

### 医学へのインパクト 21·1
磁気共鳴イメージング ············· 523
### 電子常磁性共鳴 ···································· 524
21·8 $g$ 値 ································· 525
21·9 超微細構造 ······························ 526
### チェックリスト ······································ 527
### 重要な式の一覧 ······································ 528
### 問題と演習 ·········································· 529

## 22. 統計熱力学 ································· **531**

**ボルツマン分布** ························ 531
22・1 ボルツマン分布の一般形 ··········· 532
22・2 ボルツマン分布の起源 ············· 533
**分配関数** ··························· 533
22・3 分配関数の解釈 ················· 533
22・4 分配関数の例 ·················· 535
22・5 分子分配関数 ·················· 537
**熱力学的性質** ······················· 537
22・6 内部エネルギー ················· 537

22・7 熱 容 量 ···················· 538
22・8 エントロピー ·················· 539
22・9 ギブズエネルギー ··············· 540
22・10 平衡定数 ···················· 541
補遺 22・1 分配関数の計算 ············· 542
補遺 22・2 分配関数からの平衡定数の計算 ······ 544
チェックリスト ····················· 544
重要な式の一覧 ····················· 545
問題と演習 ······················· 545

## 資　料

1 物理量と単位 ······························································· 549
2 熱力学データ ······························································· 551

## 索　引 ····································································· **561**

# 必須のツール

0・1　物理量と単位 ……………………………………………………… 2
1・1　グラフによる結果の表し方 ……………………………………… 19
1・2　指数関数とガウス関数 …………………………………………… 27
1・3　微分計算 …………………………………………………………… 38
2・1　積分計算 …………………………………………………………… 51
2・2　対　数 ……………………………………………………………… 53
2・3　電荷，電流，電力，エネルギー ………………………………… 55
6・1　べき級数と展開 …………………………………………………… 144
7・1　2次方程式 ………………………………………………………… 169
9・1　クーロン相互作用 ………………………………………………… 204
9・2　電　流 ……………………………………………………………… 207
9・3　酸化数 ……………………………………………………………… 212
10・1　常微分方程式 ……………………………………………………… 238
11・1　速度論で必要な微分方程式 ……………………………………… 257
12・1　ベクトル …………………………………………………………… 296
12・2　偏微分方程式 ……………………………………………………… 300
13・1　ベクトルの加減演算 ……………………………………………… 324
14・1　共有結合に関するルイスの理論 ………………………………… 333
14・2　VSEPR モデル …………………………………………………… 333
14・3　連立方程式 ………………………………………………………… 354
21・1　磁　場 ……………………………………………………………… 511

# 表 一 覧

0・1 いろいろな圧力単位とその変換 …………………………………… 7

1・1 いろいろな単位で表した気体定数 ……………………………… 18

1・2 標準環境温度・圧力 (298.15 K, 1 bar) での気体のモル体積 ……… 21

1・3 地球の大気の組成 ……………………………………………… 24

1・4 代表的な原子や分子の衝突断面積 ……………………………… 31

1・5 気体の臨界温度 ………………………………………………… 33

1・6 気体のファンデルワールスのパラメーター …………………… 36

2・1 身近なものの定圧熱容量 ……………………………………… 54

2・2 モル定圧熱容量の温度依存性 ………………………………… 62

3・1 物理変化の転移温度での標準転移エンタルピー ………………… 67

3・2 主要族元素の第一, 第二 (および高次の) 標準イオン化エンタルピー …… 71

3・3 主要族元素の標準電子付加エンタルピー ……………………… 72

3・4 代表的な結合エンタルピー …………………………………… 73

3・5 平均結合エンタルピー ………………………………………… 74

3・6 標準燃焼エンタルピー ………………………………………… 75

3・7 代表的な燃料の熱化学的性質 ………………………………… 77

3・8 代表的な元素の 298 K での基準状態 ………………………… 79

3・9 298.15 K における標準生成エンタルピー …………………… 80

4・1 通常沸点 (1 atm) における蒸発エントロピー ………………… 94

4・2 代表的な物質の 298.15 K における標準モルエントロピー ……… 99

5・1 蒸 気 圧 ………………………………………………………… 119

5・2 臨 界 定 数 …………………………………………………… 120

6・1 水に溶けた気体の 25℃ におけるヘンリーの法則の定数 ……… 138

6・2 活量と標準状態 ………………………………………………… 141

6・3 凝固点降下定数と沸点上昇定数 ……………………………… 141

7・1 反応が自発的に起こるための熱力学的な基準 ………………… 163

7・2 298.15 K における標準生成ギブズエネルギー ……………… 165

8・1 298.15 K での酸定数と塩基定数 …………………………… 183

8・2 多プロトン酸の 298.15 K における逐次酸定数 ……………… 186

8・3 指示薬とその色の変化 ………………………………………… 196

8・4 298.15 K における溶解度定数 ……………………………… 197

9・1 イオン伝導率 …………………………………………………… 208

9・2 水中でのイオン移動度 (298 K) ……………………………… 209

9・3 25℃ における標準電位 ……………………………………… 219

10・1 迅速反応の速度測定法 ………………………………………… 230

10・2 1 次反応の速度論データ ……………………………………… 237

10・3 2 次反応の速度論データ ……………………………………… 239

10・4 積分形の速度式 ………………………………………………… 240

| 10·5 | アレニウスパラメーター | 242 |
|---|---|---|
| 11·1 | 25℃での拡散係数 | 265 |
| 13·1 | 水素型波動関数 | 308 |
| 13·2 | 主要族元素の原子半径 | 321 |
| 13·3 | 主要族元素の第一イオン化エネルギー | 322 |
| 13·4 | 主要族元素の電子親和力 | 323 |
| 14·1 | 混成オービタル | 338 |
| 14·2 | 主要族元素の電気陰性度 | 351 |
| 14·3 | 4種の直鎖ポリエンのアブイニシオ計算とスペクトルデータのまとめ | 359 |
| 15·1 | ポリペプチドの部分電荷 | 365 |
| 15·2 | 双極子モーメント, 平均分極率, 分極率体積 | 366 |
| 15·3 | 分子間相互作用のポテンシャルエネルギー | 374 |
| 15·4 | レナード-ジョーンズの $(12, 6)$ ポテンシャルのパラメーター | 376 |
| 16·1 | 293 K での液体の表面張力 | 397 |
| 17·1 | 格子エンタルピー | 412 |
| 17·2 | マーデルング定数 | 414 |
| 17·3 | 298 K での磁化率 | 417 |
| 17·4 | 7種の結晶系の必須対称 | 419 |
| 17·5 | 半径比と結晶構造のタイプ | 428 |
| 17·6 | イオン半径 | 429 |
| 18·1 | 物理吸着の吸着エンタルピーで実測された最大値 | 440 |
| 18·2 | 化学吸着の吸着エンタルピー | 440 |
| 18·3 | 触媒の性質 | 449 |
| 18·4 | 化学吸着する能力 | 450 |
| 18·5 | 298 K における交換電流密度と移行係数 | 455 |
| 19·1 | 慣性モーメント | 463 |
| 19·2 | 二原子分子の性質 | 475 |
| 19·3 | 代表的な振動の波数 | 477 |
| 20·1 | 光の色, 振動数, エネルギー | 486 |
| 20·2 | 数種の供与体-受容体の組に対する $R_0$ の値 | 497 |
| 21·1 | 原子核の構成と核スピン量子数 | 511 |
| 21·2 | 核スピンの性質 | 511 |

## 資　料

| A1·1 | SI の基本単位 | 549 |
|---|---|---|
| A1·2 | 代表的な組立単位 | 549 |
| A1·3 | SI でよく使う接頭文字 | 549 |
| A1·4 | よく使う単位と SI への変換 | 550 |
| A2·1 | 有機化合物の熱力学データ | 551 |
| A2·2 | 元素と無機化合物の熱力学データ | 552 |
| A2·3a | 298 K における標準電位. 電気化学系列順 | 559 |
| A2·3b | 298 K における標準電位. アルファベット順 | 560 |

# 基　本　概　念

**もの**

0·1　質量と物質量

0·2　体　積

0·3　密　度

0·4　示量性の性質と示強性の性質

**エネルギー**

0·5　速度と運動量

0·6　加速度

0·7　力

0·8　圧　力

0·9　仕事とエネルギー

0·10　温　度

0·11　量子化とボルツマン分布

0·12　均分定理

**電磁放射線**

0·13　電磁波

0·14　フォトン

**基本概念からの展開**

**問題と演習**

　物理化学は，もののバルク[†1]な性質と，ものを構成している原子や分子，イオンなどの粒子の振舞いの関係を説明する．物理化学で関心があるのは，ものの構造とそれがどう変化し，なぜ変化するのかということである．そのために必要な理論を組立て，いろいろな化学現象を解釈したり，説明したりしようとする．その理論を実験データと比較して検討するのに，ふつうは何らかの数学モデルを使うのである．

　物理化学は，近代物理科学で確立された**熱力学**[1]と**量子論**[2]を2本柱としている．熱力学は，巨視的な観点から系のバルクな性質に注目する学問分野である．一方，量子論は，個々の原子や分子を研究するのに使われる．物理化学ではこの2本柱が密接に関係しており，系のバルクな性質を量子力学的ないろいろな効果によって求めたり，説明したりする．

　本章では，以降で必要となる基本概念について述べ，物理化学の基礎となっている基本原理を説明する．これらの諸原理の多くは，各章にある「必須のツール」でも繰返し述べるが，いずれも物理化学を理解するうえで不可欠なものであるから，各章に進む前にここでまとめて説明しておくことにする．まず，ものの状態を表す物理的な性質の説明から始める．次に説明する“エネルギー”という用語は日常でもよく使われるが，0·9節で説明するように，科学では厳密な意味でこれを使う．最後に説明する電磁放射線は，われわれがいろいろな現象を観測したり，解釈したりするうえで重要な役割を果たしている．

## も　の

　ものは固体や液体，気体として存在しうる．その状態の違いは，容器に入れたときの振舞いで区別できる．

---

[†1]　訳注：“バルク”とは“目に見える程度の大きさのもの”という意味．

1）thermodynamics　2）quantum theory

- **固体**[1] は，容器の形とは無関係にその形状を保持する．

- **液体**[2] は，流動性を示しながら明確な界面をもつ形態で，重力のもとでは容器の下部を占める．

- **気体**[3] は，流動性をもつ形態の一つで，それが入っている容器全体を満たす．

ものの状態の違いは，原子やイオン，分子の間に働く相互作用の強さの違い，すなわち，互いに無関係に動ける自由度の違いによっている．固体では原子やイオン，分子は強く相互作用して互いを拘束し合った結果，結晶に見られる秩序配列を示すか，それとも無秩序な非晶質の構造を示す．固体中のこれらの粒子は，その平均の位置で振動運動を行うだけで，まれにしかその位置から移動できない．液体中の相互作用はもっと弱いもので，原子やイオン，分子はその相互作用を乗り越えるだけのエネルギーをもっている．その結果，限られたやり方ではあるが，互いに運動することが可能である．液体中では粒子は連続して運動できる状態にあるが，すぐに隣接する粒子と衝突するから，衝突と衝突の間には直径の何分の一程度しか動けない．気体では，原子や分子の距離はずっと遠く離れているから，その運動は連続的で迅速に，しかもランダムに行える．粒子間の距離はふつうかなり離れているから，互いの相互作用は非常に弱く，衝突と衝突の間に動ける距離は粒子の直径の何倍も，場合によってはもっとある．

固体から液体，さらには気体へと変化できるのは，その構成粒子の自由度が増すからである．固体試料を加熱すれば，そのエネルギーが増加し，構成している原子やイオン，分子はそれまで互いを強固に結びつけていた引力的な相互作用に打ち勝つことができ，液体になればこれらの粒子は互いに自由にすり抜けることができる．もっとエネルギーを与えれば，分子は互いの拘束から完全に自由になって逃れることができる．このとき，液体は蒸発し，気体になるのである．

## 0·1 質量と物質量

**質量**[4] $m$ は，試料に含まれている もの の量を表す目安の一つであり，その化学種が何であるかは問わない．たとえば，2 kg の鉛の試料は 1 kg の鉛の 2 倍の量を含んでいる．物質が何であっても，2 kg のものには 1 kg のものの 2 倍の量が含まれているといえる．質量を表す **SI**[5] 単位は **キログラム**[6]（kg）である．2011 年 12 月には，近い将来，キログラムを基礎物理定数によって定義することが決議さ

れた[†2]．これによって，現在パリ郊外のセーブルに保管されている白金–イリジウム合金製のキログラム原器で定義されたキログラムから，基礎物理定数から導出される新しいキログラムに定義が変更される予定である．実験室で扱う試料の量はふつう 1 kg よりずっと小さいから，質量の単位にはグラム（g）を使う方が便利である．ここで，1 kg $= 10^3$ g である．SI に関する簡単な解説を「必須のツール 0·1」に示す．

---

### 必須のツール 0·1　物理量と単位

測定の結果得られるのは**物理量**[7] であって，それはある単位に数値を掛けたつぎのかたちで表される．

$$物理量 ＝ 数値 \times 単位$$

したがって，単位は代数で現れる量と同じように扱うことができ，掛算や割算，消去などができる．そこで（物理量／単位）で表せば，それは指定した単位で測ったときの物理量の数値部分（つまり無次元の量）である．たとえば，ある物体の質量を $m = 2.5$ kg と表しても，$m/$ kg $= 2.5$ と表してもよい．単位の一覧については巻末の資料「物理量と単位」を見よ．SI 単位だけで物理量を表すのが推奨されているが，慣習に根ざして定着した単位については非 SI 単位もいくつか使用が認められている．国際的な約束によって，物理量は斜字体，単位は立体で表す．

単位の前に 10 の累乗を表す接頭文字をつけて，その単位の大きさを変えてもよい．よく用いる接頭文字を巻末の資料「物理量と単位」にある表 A1·3 に示す．接頭文字はつぎのように使う．

$$1 \text{ nm} = 10^{-9} \text{ m} \quad 1 \text{ ps} = 10^{-12} \text{ s} \quad 1 \text{ μmol} = 10^{-6} \text{ mol}$$

単位の累乗で表したときには，もとの単位だけでなく接頭文字にも べき がかかっている．たとえば，1 cm$^3$ $= 1$(cm)$^3$ であり，$(10^{-2}$ m$)^3 = 10^{-6}$ m$^3$ である．ここで，1 cm$^3$ は 1 c(m$^3$) でないことに注意しよう．数値計算を行うときは，有効数字を表示した数値に 10 の累乗を掛けたかたちで書いておくのが安全である．

SI の基本単位は 7 個あり，それを巻末の資料「物理量と単位」の表 A1·1 に示してある．それ以外の物理量は，基本単位の組合わせで表せる（表 A1·2 を見よ）．たとえば，**モル濃度**[8]（正式には "物質量濃度"

---

†2 訳注: 新しいキログラムは，ある振動数のフォトンのエネルギーに等価な質量として定義されることになる．そのために，静止質量とエネルギーの関係（$E = mc^2$）を使う．また，基礎物理定数の一つであるプランク定数を，従来の測定値から厳密に定義した量に変更する必要がある．ここで，真空中の光速 $c$ は現在すでに定義値となっている．近い将来，これらの単位に関する大改訂が予定されている．

1) solid　2) liquid　3) gas　4) mass　5) Système International　6) kilogram　7) physical quantity　8) molar concentration

とすべきだが，あまりそうはいわない）は，物質量をそれが占める体積で割った量であり，物質量と長さという基本単位を組合わせた組立単位（誘導単位ともいう）$mol\,dm^{-3}$ で表す．これらの組立単位には特別な名称と記号が与えられているものが多く，各章で現れたときに注目することにしよう．

**ノート** 質量と重量の違いを明確にしておこう．質量は物質の量の目安であり，それが置かれた場所によらない．重量は，その物体に働く重力のことであり，その場所の重力加速度に依存する．宇宙飛行士の重量は地球上と月面で異なるが，その質量はどちらにいても同じである．

試料中に複数のタイプの原子やイオン，分子が含まれているとき，化学ではそれぞれの質量より数がわかった方が役に立つことが多い．しかし，質量 10 g の水の試料には約 $10^{23}$ 個もの分子が含まれているから，分子の数をそのまま表しても不便である．そこで，試料の量を表すのに**物質量**[1] $n$ を使う．これは，**化学的物質量**[2] ともいう．物質量の SI 単位は**モル**[3] であり，mol で表す．モルの名称はラテン語に由来するが，それは皮肉にも"大きな塊"という意味である．モルは現在では，$^{12}C$ 原子が厳密に 12 g あるときの原子の数で定義され，それは約 $6.022 \times 10^{23}$ である．もっと正確にいえば，**アボガドロ定数**[4] $N_A$ とはモル当たりの実体の数であり，

$$N_A = 6.022\,140\,857 \times 10^{23}\,mol^{-1} \quad \boxed{\text{アボガドロ定数}}$$

である．精度がさほど必要でない限り，ふつうは $6.022 \times 10^{23}\,mol^{-1}$ を使うことにする．ここで，"実体"という用語を使ったのは，物質量の概念を使うときは必ず，原子や分子，あるいは何らかの化学式単位が実体として念頭にあるからである．たとえば，1 mol の $H_2$ から成る気体水素の試料には $6.022\cdots \times 10^{23}$ 個の水素分子が含まれており，2 mol の $H_2O$ から成る水の試料には $2 \times 6.022\cdots \times 10^{23}$ 個 $= 1.2\cdots \times 10^{24}$ 個の水分子が含まれている．

**ノート** モルという単位を使うときは，曖昧さを避けるために，考えている実体を必ず明記することである．1 mol の水素を含む試料という不用意ないい方をしてしまえば，$6 \times 10^{23}$ 個の水素原子（1 mol の H）なのか，$6 \times 10^{23}$ 個の水素分子（1 mol の $H_2$）なのかがわからない．

物質量 $n$ が与えられれば，アボガドロ定数を使って，そ

の粒子の数 $N$ をつぎのように計算することができる．

$$\text{粒子数} = \text{物質量} \times \text{モル当たりの粒子数}$$

すなわち，

$$N = n \times N_A \quad \boxed{\text{数と物質量の関係}} \quad (0\cdot1)$$

である．アボガドロ定数の単位は $mol^{-1}$ であり，物質量は mol の単位で表す．両者を掛けると単位は相殺するから，考えている実体の数には確かに次元がなく，単位をもたない．

● **簡単な例示 0·1　原子の数と物質量**[3]

（0·1）式を変形すれば $n = N/N_A$ であり，物質量を $n_{Cu}$ で表せば，間違いなく Cu 原子の物質量であることを示せる．$8.8 \times 10^{22}$ 個の Cu 原子を含む銅の試料は，

$$n_{Cu} = \frac{N}{N_A} = \frac{8.8 \times 10^{22}}{6.022 \times 10^{23}\,mol^{-1}} = 0.15\,mol$$

に相当している．Cu 原子の数で表すのではなく，Cu 原子の物質量で表す方がどれだけ便利かがわかるだろう．●

**モル質量**[5] $M$ は，その試料の質量 $m$ を物質量 $n$ で割ったものである．

$$M = \frac{m}{n} \quad \text{定義} \quad \boxed{\text{モル質量}} \quad (0\cdot2)$$

モル質量は原子や分子，化学式単位のモル当たりの質量であり，SI 単位では $kg\,mol^{-1}$ で表す．あるいは，もっとよく使うのは $g\,mol^{-1}$ である．元素のモル質量を表すときは，その原子のモル当たりの質量である．化合物のモル質量を表すときは，その分子のモル質量であり，固体化合物の場合は一般に，その化学式単位のモル当たりの質量である．たとえば，塩化ナトリウムでは NaCl，銅と金から成る 2：1 合金では $Cu_2Au$ のモル当たりの質量である．

元素の同位体組成を考えるときは注意が必要である．すなわち，存在する同位体について重み付きの質量の平均値を使う必要がある．代表的な炭素試料のモル質量について考えれば，炭素−12 原子と炭素−13 原子が天然存在比で存在しているとすれば，炭素原子のモル当たりの質量は $12.01\,g\,mol^{-1}$ である．水のモル質量は，$H_2O$ 分子のモル当たりの質量であり，水素と酸素について，元素の同位体の天然存在比を使えば，$18.02\,g\,mol^{-1}$ である．裏表紙の見返しにある周期表には，こうして得られたモル質量を示してある．

組成がわかっている化合物のモル質量は，その構成原子のモル質量の和をとれば計算できる．組成がわからない化

---

†3　本書では，本文に現れた式や概念をどう使えばよいかを「簡単な例示」で示す．また，式をもっと展開する必要があったり，実際に問題を解く前に解析する必要があったりする場合は，それを「例題」を使って示す．

1) amount of substance　2) chemical amount　3) mole　4) Avogadro's constant　5) molar mass

合物のモル質量は，原子の質量を求めるときと同様の方法で実験によって求める．

● **簡単な例示 0·2　原子の質量と物質量**

　炭素 21.5 g 中に存在する C 原子の物質量を求めるには，炭素のモル質量 12.01 g mol$^{-1}$ を用いて，(0·2) 式を $n = m/M$ に変形して使えば（化学種を指定するのを忘れないで），

$$n_C = \frac{m}{M_C} = \frac{21.5 \text{ g}}{12.01 \text{ g mol}^{-1}} = 1.79 \text{ mol}$$

と書ける．すなわち，この試料には 1.79 mol の C 原子が含まれている． ●

---

自習問題 0·1

水 10.0 g に含まれる $H_2O$ 分子の物質量を求めよ．

[答: 0.555 mol]

---

　**原子量**[1]（AW）や**相対原子質量**[2]（RAM，$A_r$ で表すこともある），あるいは**分子量**[3]（MW）や**相対分子質量**[4]（RMM，$M_r$ で表すこともある）は今でも，元素や化合物のモル質量の単位（g mol$^{-1}$）を除いた数値部分を表すのによく使われる．たとえば，天然の炭素試料の原子量（RAM）は 12.01 であり，水の分子量（RMM）は 18.02 である．

　ノート　"原子量"や"分子量"という用語は，化学者が慣れ親しんできた名称であり，国際純正・応用化学連合（IUPAC）でも使用が認められている．しかし，本来は"重量"（物体に働く重力）と無関係なものであるから，本書ではできる限り，モル質量という用語を使うことにする．

　原子や分子1個の実際の質量は $m$ で表し，モル質量 $M$ と区別する必要がある．この二つの量の関係は $m = M/N_A$ である．原子や分子の質量は，物体の質量と同じように kg 単位で表し，それはその実体の実際の質量を表している．原子や分子の質量は極端に小さく，これを表すのが面倒なときは，原子質量定数 $m_u = 1.660\,539\,040 \times 10^{-27}$ kg の何倍かで表すことが多い[†4]．

● **簡単な例示 0·3　モル質量**

　エタンのモル質量は 30.07 g mol$^{-1}$ である．$C_2H_6$ 分子1個の質量は，

$$m = \frac{30.07 \text{ g mol}^{-1}}{6.022 \times 10^{23} \text{ mol}^{-1}} = 4.993 \times 10^{-23} \text{ g}$$

である．つまり，$4.993 \times 10^{-26}$ kg である．原子質量定数を使って表せば，

$$\frac{m}{m_u} = \frac{4.993 \times 10^{-26} \text{ kg}}{1.660\,54 \times 10^{-27} \text{ kg}} = 30.07$$

である．すなわち，$m = 30.07 m_u$ である． ●

## 0·2　体　積

　試料の**体積**[5] $V$ は，それが占める三次元空間の大きさである．体積の単位は m$^3$，あるいはその倍数を表す接頭文字を付けた dm$^3$（1 dm$^3 = 10^{-3}$ m$^3$）や cm$^3$（1 cm$^3 = 10^{-6}$ m$^3$）などの単位で表す．非 SI 単位であるリットル（1 L $= 1$ dm$^3$）やミリリットル（1 mL $= 1$ cm$^3$）もよく見かけるだろう．

● **簡単な例示 0·4　体積の単位**

　単位の変換を行うときは，単位（たとえば cm）の分量を表す定義（この場合は $10^{-2}$ m）を置き換えればよいだけである．たとえば，100 cm$^3$ を dm$^3$（L）の単位で表すときは，1 cm $= 10^{-1}$ dm の関係を使う．この場合は，100 cm$^3 = 100\,(10^{-1}$ dm$)^3$ とすれば，0.100 dm$^3$ であることがわかる． ●

---

自習問題 0·2

体積 100 mm$^3$ を cm$^3$ の単位で表せ．　　[答: 0.100 cm$^3$]

---

## 0·3　密　度

　**質量密度**[6] $\rho$（ロー）は，ふつうは単に密度というが，試料の質量 $m$ をその体積 $V$ で割ったものである．

$$\rho = \frac{m}{V} \qquad \text{定義} \qquad \boxed{質量密度} \quad (0·3)$$

高密度の物質には，小さな体積に多くのものが詰まっている．質量の単位に kg を用い，体積の単位に m$^3$ を用いれば，密度は kg m$^{-3}$ で表される．しかし，もっとよく使う便利な単位は g cm$^{-3}$ である．両者の間には，

$$1 \text{ g cm}^{-3} = 10^3 \text{ kg m}^{-3}$$

の関係がある．たとえば，水銀の密度は 13.6 g cm$^{-3}$ と書いても，$1.36 \times 10^4$ kg m$^{-3}$ と書いても同じである．

## 0·4　示量性の性質と示強性の性質

　試料中に含まれる物質量に依存する質量や体積などの性質を**示量性の性質**[7]という．それは，試料の"量"に依存

---

†4　訳注: 原子質量単位 u を使って表してもよい．1 u $= 1.660\,539\,040 \times 10^{-27}$ kg である．
1）atomic weight　2）relative atomic mass　3）molecular weight　4）relative molecular mass　5）volume　6）mass density
7）extensive property

している．これと対照的に，圧力や温度などの**示強性の性質**[1]は，試料中に含まれる物質量には依存しない．たとえば，密度は，存在する物質量に依存しないから示強性の性質である．すなわち，物質量を2倍にすれば，質量も体積も2倍になるから，その比は同じままである．このように，密度は二つの示強性の性質の比で表されるから示強性の性質である．試料の温度は試料の大きさに依存しないから，温度は示強性の性質である．

**モル量**[2]は，試料のある性質をその試料に含まれる物質量で割ったものである．

$$X_\mathrm{m} = \frac{X}{n} \qquad \text{定義} \quad \boxed{モル量} \quad (0\cdot 4)$$

一例はモル体積 $V_\mathrm{m}$ である．それは，注目している実体がモル当たりに占める体積である．慣例によって，下付き添え字 m でモル量であることを表す．ただし，モル質量については，モル量ではあるが単に $M$ と書いて表す．

**ノート** たとえば，モル体積として $\mathrm{m^3\,mol^{-1}}$ の単位で表した場合のモル量と，単に物質 1 mol が占める体積（単位 $\mathrm{m^3}$）のように，1 mol に相当する量を表しただけの量を区別しよう．

## エネルギー

本書を読み進めるうえで，エネルギーの概念を正しく理解しておくことは重要である．そのためにはまず，力の作用のもとで原子や分子などの物体がどう動くかを考える必要がある．17世紀にアイザック・ニュートンによって構築された力学系，**古典力学**[3]について考えることから始めよう．それは，巨視的な粒子（裸眼で見える程度の大きさの粒子）に適用でき，それを使えば速度や運動量，加速度，力，仕事，エネルギーなどの概念の関係を表すことができる．

### 0・5 速度と運動量

並進は，粒子が空間を走る運動である．物体の**速さ**[4] $v$ は位置の変化速度である．速さは，SI単位ではふつう $\mathrm{m\,s^{-1}}$ で表す．**速度**[5]の概念は速さと似ているが，同じではない．速度は運動の速さだけでなく，向きも表している．すなわち，速さが同じ粒子でも向きが違えば速度は違う[†5]．

古典力学の諸概念は，量子力学でも同じだが，つぎの**直線運動量**[6] $p$ を使ってふつう表される．

$$p = mv \qquad \text{定義} \quad \boxed{直線運動量} \quad (0\cdot 5)$$

直線運動量の単位は $\mathrm{kg\,m\,s^{-1}}$ である．運動量は速度の向きを反映しており，物体の質量と速さが同じであっても，運動の向きが違えば直線運動量は異なる．

物体の回転についても考えておく必要がある．たとえば，原子内での核のまわりの電子の運動や分子全体の回転などである．**角速度**[7] $\omega$（オメガ）は，角度の位置の変化速度であるから，$\mathrm{rad\,s^{-1}}$ という単位で表す[†6]．1回転は $2\pi$ ラジアンに相当するから，毎秒1回転は $2\pi\,\mathrm{rad\,s^{-1}}$ である．その場合は $\omega = 2\pi\,\mathrm{s^{-1}}$ と書く．回転運動に関するこれ以外の式は，相当する直線運動の式に従って書けばよい．たとえば，**角運動量**[8] $\mathcal{J}$（図 0・1）は，(0・5)式との類推から，

$$\mathcal{J} = I\omega \qquad \text{定義} \quad \boxed{角運動量} \quad (0\cdot 6)$$

と書ける．$I$ は，物体の**慣性モーメント**[9]であり，それは各原子の質量に回転軸からの距離の2乗を掛けたものの和である．質量は，並進の状態を変更しようとしたときの物体の抵抗を表すが，これと同様に，慣性モーメントは，回転の状態を変更しようとしたときの物体の抵抗を表している．

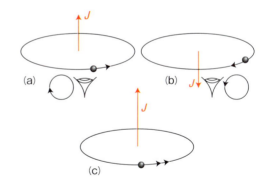

図 0・1 角運動量には大きさだけでなく向きもあり，それを矢印で表せる．矢印の向きは，回転の向きを表しており，矢印の長さは回転の速さを表している．(a) 時計回りの回転で角運動量が小さい場合（下から見た図）．(b) 反時計回りの回転で角運動量が小さい場合．(c) 時計回りの回転で角運動量が大きい場合．

● **簡単な例示 0・5 慣性モーメント**

$\mathrm{C^{16}O_2}$ 分子には回転軸が二つあり，どちらもC原子を貫き，分子軸に垂直であり，両者は互いに垂直である．O

---

[†5] 訳注：速度のように，大きさだけでなく向きをもつ物理量をベクトル量という（「必須のツール 12・1」を見よ）．すぐあとででてくる直線運動量や角速度，角運動量，加速度，力などは本来すべてベクトル量である．しかし，ここでは速さのように，大きさだけを問題にするスカラー量として考えている．

[†6] 訳注：平面角（ラジアン）は無次元量（正確には次元 1 の量）であるから，単位として rad を添えてもよいし，省略してもよい．しかし，省略した場合の角速度の単位を $\mathrm{s^{-1}}$ を Hz と書いてはいけない．

1) intensive property  2) molar quantity  3) classical mechanics  4) speed  5) velocity  6) linear momentum  7) angular velocity
8) angular momentum  9) moment of inertia

原子は，どちらも回転軸からの距離 $R$ にある．$R$ は CO の結合距離 116 pm である．$^{16}O$ 原子 1 個の質量は $16.00m_u$ である．C 原子は静止している（回転軸上にある）から，慣性モーメントには寄与しない．したがって，この分子の回転軸まわりの慣性モーメントは，

$$I = 2m(^{16}O)\,R^2$$

$$= 2 \times \underbrace{(16.00 \times 1.660\,54 \times 10^{-27}\,\text{kg})}_{\substack{m(^{16}O) \\ m_u}}$$

$$\times \underbrace{(1.16 \times 10^{-10}\,\text{m})^2}_{R}$$

$$= 7.15 \times 10^{-46}\,\text{kg}\,\text{m}^2$$

である．慣性モーメントの単位は $\text{kg}\,\text{m}^2$ である．●

## 0・6 加 速 度

**加速度**[1] $a$ は速度の変化速度である．物体の速さが変化しているときは加速度が生じている．物体の速さが変化しなくても運動の向きが変化すれば加速度が生じている．たとえば，質量分析計の内部で電荷を与えられた分子フラグメントは，検出器に向かって直線上を飛行するとき加速している．電子が円軌道上を一定の速さで回転しているときも加速している．それは，速さは一定であっても，運動の向き，つまり速度は連続的に変化しているからである．加速度の大きさは SI 単位 $\text{m}\,\text{s}^{-2}$ で表す．

## 0・7 力

ニュートンの**運動の第二法則**[2]によれば，質量 $m$ の物体の加速度 $a$ は，それに作用している力 $F$ に比例している．

$$F = ma \qquad \boxed{力} \quad (0\cdot7)$$

この式によれば，力の SI 単位は質量と加速度の積の単位，つまり $\text{kg}\,\text{m}\,\text{s}^{-2}$ である．しかし，力は非常に重要な量であるから，ニュートン（N）という単位で表すことが多い．$1\,\text{N} = 1\,\text{kg}\,\text{m}\,\text{s}^{-2}$ である．

### ● 簡単な例示 0・6 自然落下する物体に働く力

自然落下する物体の加速度 $g$ は，地球上ではほぼ一定とみなすことができ，$g = 9.81\,\text{m}\,\text{s}^{-2}$ である．したがって，質量 $m$ の物体に働く重力の大きさは，$F_{重力} = mg$ で表すことができ，地球上にある質量 1.0 kg の物体であれば，

$$F_{重力} = (1.0\,\text{kg}) \times (9.81\,\text{m}\,\text{s}^{-2}) = 9.8\,\text{kg}\,\text{m}\,\text{s}^{-2}$$
$$= 9.8\,\text{N}$$

である．この力は，地球の中心に向かって働いている．この力のことを物体の**重量**といっている．小さなリンゴ（質量 100 g）に働く重力が約 1 N と覚えておくと便利である．●

### 自習問題 0・3

月面で質量 1.00 kg の物体に働く重力を計算せよ．月面での重力加速度は $1.63\,\text{m}\,\text{s}^{-2}$ である． ［答：1.63 N］

力は向きをもつ量であり，ニュートンの法則によれば，加速度は力が作用する方向に生じる．もし，外部から力が作用しない孤立系であれば，加速度は生じない．これが**運動量の保存則**[3]であり，物体に作用する力がない限り，その物体の運動量は一定である．

## 0・8 圧 力

**圧力**[4] $p$ は，力 $F$ と，それが作用する面積 $A$ の比である．

$$p = \frac{F}{A} \qquad 定義 \quad \boxed{圧力} \quad (0\cdot8)$$

圧力も直線運動量も記号 $p$ で表すことになるが，どちらを表しているかは文脈からわかるはずである．力はいろいろな場面で現れる．ピストンの上に載せた物体には地球の重力が働くし，原子や分子が容器の壁に衝突したときも力が作用する．

圧力の SI 単位は**パスカル**[5]（Pa）である．$1\,\text{Pa} = 1\,\text{N}\,\text{m}^{-2} = 1\,\text{kg}\,\text{m}^{-1}\,\text{s}^{-2}$ である．パスカルは，質量 10 mg による重力が面積 $1\,\text{cm}^2$ に作用したときの圧力にほぼ等しいから，かなり小さな単位であることがわかる．そこで，別の単位を使った方が便利な場合もある．代わりによく使う単位は**バール**[6]（bar）である．$1\,\text{bar} = 10^5\,\text{Pa}$ である．バールは SI 単位ではないが，使用が認められ，$10^5\,\text{Pa}$ を表す簡便な単位としてよく使われる．われわれが感じでいる大気圧は 1 bar に近い．すぐあとで，いろいろな標準条件に出会うことになるが，**標準圧力**[7]は厳密に $p^{\ominus} = 1\,\text{bar}$ のことである．表 0・1 には，圧力を表すのによく使うこれ以外の非 SI 単位を示す．

地球上で固体の物体の重量によって生じる圧力は，

$$p = \frac{F_{重力}}{A} = \frac{mg}{A} \qquad (0\cdot9)$$

である．アイススケートでは氷に対し大きな圧力を及ぼしている．それは，スケートの刃と氷の表面の接触面積が非常に小さいからである．通常の靴で氷上に立てば，体重は

---

1) acceleration　2) second law of motion　3) law of conservation of momentum　4) pressure　5) pascal　6) bar
7) standard pressure

同じでも氷との接触面積は大きいから，その圧力はずっと小さい．

表 0·1 いろいろな圧力単位とその変換*

| | |
|---|---|
| パスカル（Pa） | 1 Pa = 1 N m$^{-2}$ |
| バール（bar） | 1 bar = 10$^5$ Pa |
| 気圧（atm） | 1 atm = 101.325 kPa |
| | = 1.013 25 bar |
| トル**（Torr） | 760 Torr = 1 atm |
| | 1 Torr = 133.322 Pa |

\* 太字は厳密な値である．
\*\* 単位の名称はトル（torr）．記号は Torr．

● **簡単な例示 0·7 物体の重量による圧力**

地球上で，面積 1.0 cm$^2$ の上に載せた 10 g のおもりによる圧力は，(0·9) 式から，

$$p = \frac{F_{重力}}{A} = \frac{mg}{A} = \frac{\overbrace{(10\,\text{g})}^{m} \times \overbrace{(9.81\,\text{m s}^{-2})}^{g}}{\underbrace{(1.0\,\text{cm}^2)}_{A}}$$

$$= \frac{\underbrace{(1.0 \times 10^{-2}\,\text{kg})}_{10\,\text{g}} \times (9.81\,\text{m s}^{-2})}{\underbrace{(1.0 \times 10^{-4}\,\text{m}^2)}_{1.0\,\text{cm}^2}}$$

$$= 9.8 \times 10^2 \underbrace{\text{kg m}^{-1}\,\text{s}^{-2}}_{\text{Pa}} = 0.98\,\text{kPa}$$

である．これは，地球の大気圧（100 kPa）の約 1/100 である．●

【自習問題 0·4】

体重（実際は質量）64 kg の人が靴を履いているとき，地表に及ぼす圧力を求めよ．その靴の裏の面積は 480 cm$^2$ である． ［答：13 kPa］

非圧縮性の流体の底面には，その質量に働く重力によって圧力が及ぼされる．この種の圧力は**静水圧**[1] であり，固体の重量による圧力とは少し異なる．物体を液体に浸したとき，深さが同じである限りその液柱の底面ではどの向きにも同じ圧力が働いており，物体の下側の面にも同じ圧力がかかっている．圧力は液体を通じてどの向きにも伝わるからである．

気体中の物体でも，どの面にも同じ圧力がかかっている．また，密閉容器中の気体は重力の影響が直接ないにもかかわらず，その内壁には同じ圧力がかかっている．この圧力は気体分子の衝突によるものであり，それが圧力になるのである．このような衝突は非常に頻繁に起こっているから，壁に働く力は事実上一定である．大気圧はこのように空気中の分子の衝突によるものであるが，その空気の密度は地表で最大であるから，地表での圧力が最も高い．

気体を可動ピストンのあるシリンダーに閉じ込めたとき，そのピストンの位置は，シリンダー内部の気体の圧力が外部の大気圧に等しいところで止まる．このようにピストンの両側で圧力が同じとき，この二つの領域は**力学的な平衡**[2] にあるという（図 0·2）．

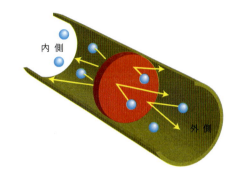

**図 0·2** 系が可動壁で外界と仕切られていて，系内の気体の圧力が外圧と等しいとき，この系は外界と力学的な平衡にある．

【例題 0·1】 単位の変換

こけの一種について，その成長速度に対する大気圧の影響を調べている科学者がいる．あるときの圧力は 1.115 bar であった．この圧力を気圧の単位で表せ．

**解法** "旧単位" と "新単位" の関係を表せば，

$$1\,\text{旧単位} = x\,\text{新単位}$$

と書けるから，"旧単位" のところを全部 "$x$ 新単位" で置き換えて，それに数値を掛ければよい．

**解答** 表 0·1 から，1.013 25 bar = 1 atm である．atm が "新単位"，bar は "旧単位" である．まず，

$$1\,\text{bar} = \frac{1}{1.013\,25}\,\text{atm}$$

と書く．次に，bar を (1/1.013 25) atm で置き換えればよい．

$$p = 1.115\,\text{bar} = 1.115 \times \frac{1}{1.013\,25}\,\text{atm} = 1.100\,\text{atm}$$

**ノート** 答の有効数字の桁数（この場合は 4 桁）は，与えられたデータの有効数字と同じである．ただし，この場合の旧単位と新単位の関係は厳密なものである．

【自習問題 0·5】

ある台風の中心気圧が 723 Torr であった．この圧力をキロパスカルの単位で表せ． ［答：96.4 kPa］

---

1) hydrostatic pressure 2) mechanical equilibrium

## 0・9 仕事とエネルギー

**仕事**[1] $w$ は，ある力に対抗して物体が動いたときに行われる．たとえば，高圧の気体が膨張するときは，外圧による力に対抗してピストンが動くから，仕事が行われるのである．

もし，この対抗する力が一定であれば，そのときの仕事は対抗する力の大きさと，その物体が動いた距離 $d$ の積で与えられる．この仕事の大きさは（符号については 2 章で考える），

$$w = Fd \qquad \text{力に対抗する仕事} \quad (0\cdot10)$$

である．この式でわかるように，対抗する力が大きければ，行われた仕事はそれだけ大きい．重力に対抗して物体をある垂直距離だけ持ち上げれば，その物体に力学的な仕事をしたことになる．この物体に作用している重力の大きさは $F_{重力} = mg$ である（「簡単な例示 0・6」を見よ）．したがって，この物体を高さ $h$ だけ持ち上げるのに行った仕事は，つぎのように表せる．

$$w = \overset{F}{mg} \times \overset{d}{h} = mgh \qquad \text{地球上} \quad \text{力学的な仕事} \quad (0\cdot11)$$

● **簡単な例示 0・8　おもりを持ち上げる仕事**

地球上で質量 1.0 kg の物体を垂直に 1.0 m 持ち上げるのに必要な仕事は，つぎのように求められる．

$$w = (1.0\,\text{kg}) \times (9.81\,\text{m s}^{-2}) \times (1.0\,\text{m})$$
$$= 9.8\,\overset{\text{N m}}{\text{kg m}^2\,\text{s}^{-2}} = 9.8\,\text{N m}$$

次の節でもっと正式に述べるが，1 N m の単位（基本単位で表せば 1 kg m² s⁻²）を 1 ジュール（1 J）で表す．そこで，地球上で質量 1.0 kg のおもりを 1.0 m 持ち上げるには 9.8 J の仕事が必要である．●

【 **自習問題 0・6** 】

あるエンジンが 0.12 kJ の仕事をして，250 g のおもりが地表から垂直に持ち上がった．このおもりが持ち上がった距離はどれだけか．　　　　　　　　[答: 49 m]

**エネルギー**[2] は，仕事を行う能力である．たとえば，蒸気機関のような系を滑車でおもりに繋いでおけば，おもりを重力に対抗して持ち上げることによって仕事ができるから，この蒸気機関にはエネルギーがあるといえる．化学電池も，それを使って電気モーターを駆動すれば，逆向きの力に対抗して物体を動かせるから，エネルギーをもって

いるのである．

物体は，運動によっても位置によってもエネルギーをもつことができる．**運動エネルギー**[3] $E_k$ は，物体の運動によるエネルギーである．質量 $m$ の物体が速さ $v$ で運動しているとき，

$$E_k = \frac{1}{2}mv^2 \qquad \text{直線運動} \quad \text{運動エネルギー} \quad (0\cdot12\text{a})$$

である．すなわち，重い物体と軽い物体が同じ速さで運動すれば，重い方が大きな運動エネルギーをもつ．運動エネルギーは，(0・5) 式の直線運動量の定義を使って，つぎのように書くこともできる．

$$E_k = \frac{p^2}{2m} \qquad \begin{array}{c}\text{直線運動量で表した}\\ \text{運動エネルギー}\end{array} \quad (0\cdot12\text{b})$$

回転する物体の運動エネルギーは，

$$E_k = \frac{1}{2}I\omega^2 = \frac{\mathcal{J}^2}{2I} \qquad \text{回転運動} \quad \begin{array}{c}\text{運動}\\ \text{エネルギー}\end{array} \quad (0\cdot13)$$

である．これは，(0・12a) 式と (0・12b) 式からの類推によって，角運動量 $\mathcal{J}$ と慣性モーメント $I$ を使って書いた式である．

● **簡単な例示 0・9　運動エネルギー**

質量 1.0 kg の物体が速さ 1.0 m s⁻¹ で運動しているときの運動エネルギーは，

$$E_k = \frac{1}{2} \times (1.0\,\text{kg}) \times (1.0\,\text{m s}^{-1})^2$$
$$= 0.5\,\overset{\text{J}}{\text{kg m}^2\,\text{s}^{-2}} = 0.5\,\text{J}$$

である．標準的な自転車の車輪の慣性モーメントは約 0.050 kg m² である．毎時 15 マイル（24 km h⁻¹，6.7 m s⁻¹）で走っているとき，その車輪は毎秒 3.6 回転しており，それは毎秒 2π × 3.6 rad に相当するから，$\omega = 2\pi \times 3.6$ s⁻¹ である．したがって，その回転の運動エネルギーは，

$$E_k = \frac{1}{2} \times (0.050\,\text{kg m}^2) \times (2\pi \times 3.6\,\text{s}^{-1})^2$$
$$= 1.3 \times 10^1\,\overset{\text{J}}{\text{kg m}^2\,\text{s}^{-2}}$$

つまり，13 J である．●

**ポテンシャルエネルギー**[4] $E_p$ は，物体の位置によって決まるエネルギーである．その位置依存性は，その物体に作用する力のタイプによって変わる．地球上にある質量 $m$ の物体の**重力ポテンシャルエネルギー**[5] は，地表を基準として高さ $h$ にあれば，つぎのように表される．

$$E_p = mgh \qquad \text{重力ポテンシャルエネルギー} \quad (0\cdot14)$$

電荷間に働く力によって**静電ポテンシャルエネルギー**[6]

---

1) work　2) energy　3) kinetic energy　4) potential energy　5) gravitational potential energy　6) electrostatic potential energy

が生じる．電荷の SI 単位は，クーロン（C）である．基本電荷（電気素量）$e$ は，

$$e = 1.602\,176\,620\,8 \times 10^{-19}\,\text{C}$$

である．電子 1 個の電荷は $-e$ であり，プロトン 1 個の電荷は $+e$ である．高精度が必要でない限り，本書では $e = 1.602 \times 10^{-19}\,\text{C}$ を使うことにしよう．クーロンというのは，このように比較的大きな単位であり，1 C の電荷は電子 $6 \times 10^{18}$ 個に相当している．2 個の電荷 $Q_1$ と $Q_2$ が距離 $r$ を隔てて存在するときの静電ポテンシャルエネルギーは，**クーロンポテンシャルエネルギー**[1] というが，

$$E_p = \frac{Q_1 Q_2}{4\pi\varepsilon r} \qquad \text{クーロンポテンシャルエネルギー} \quad (0\cdot15)$$

で表される．$\varepsilon$（イプシロン）は**誘電率**[2] であり，その値は電荷間にある媒質の性質によって変わる．電荷間が真空のときの**真空の誘電率**[3] $\varepsilon_0$ は $8.854 \times 10^{-12}\,\text{C}^2\,\text{J}^{-1}\,\text{m}^{-1}$ である．空気，水，油など真空以外の媒質の誘電率は，いずれも真空の値よりも大きい．

クーロンポテンシャルエネルギーは，電荷間の距離の逆数に比例するから，両者が無限遠にあれば 0 である．2 個の電荷の符号が同じならポテンシャルエネルギーは正であり，その大きさは接近するほど大きくなる．いい換えれば，両電荷を無限遠から近づけるには仕事をする必要がある．一方，2 個の電荷の符号が違えばポテンシャルエネルギーは負であり，その大きさは接近するほど減少する．読み進むうちにわかると思うが，化学で問題となるポテンシャルエネルギーの寄与は，ほとんどがクーロン相互作用によるものである．

● **簡単な例示 0・10　クーロンポテンシャルエネルギー**

正の電荷をもつカチオン $Na^+$ と負の電荷をもつアニオン $Cl^-$ が，塩化ナトリウムの結晶格子でのイオン間距離 0.28 nm にあるとき，両者に働く静電相互作用によるクーロンポテンシャルエネルギーは，

$$E_p = \frac{\overset{Q\,(Cl^-)}{(-1.602 \times 10^{-19}\,\text{C})} \times \overset{Q\,(Na^+)}{(1.602 \times 10^{-19}\,\text{C})}}{4\pi \times \underset{\varepsilon_0}{(8.854 \times 10^{-12}\,\text{C}^2\,\text{J}^{-1}\,\text{m}^{-1})} \times \underset{r}{(0.28 \times 10^{-9}\,\text{m})}}$$

$$= -8.2 \times 10^{-19}\,\text{J}$$

である．この値をモル当たりのエネルギーで表せば，つぎのようになる．

$$E_p \times N_A = (-8.2 \times 10^{-19}\,\text{J}) \times (6.022 \times 10^{23}\,\text{mol}^{-1})$$
$$= -490\,\text{kJ}\,\text{mol}^{-1} \quad ●$$

**ノート**　計算が終わってから必要な単位を添えるのではなく，計算途中の<u>どの段階でも</u>単位を書いておくことである．また，数値を表すときには，SI 単位の接頭語を使うより，10 のべき のかたちで表しておく方がわかりやすい．

**自習問題 0・7**

酸化マグネシウム結晶における最隣接のカチオンとアニオンの中心間の距離は 0.21 nm である．この結晶内で $Mg^{2+}$ 1 個と $O^{2-}$ 1 個の間に働く静電相互作用によるモルクーロンポテンシャルエネルギーを求めよ．

$$[\text{答}：-2600\,\text{kJ}\,\text{mol}^{-1}]$$

物体の**全エネルギー**[4] $E$ は，その運動エネルギーとポテンシャルエネルギーの和である．

$$E = E_k + E_p \qquad \text{全エネルギー} \quad (0\cdot16)$$

物体に外力が作用しない限り，その全エネルギーは一定である．物理学で重要なこの概念を**エネルギーの保存則**[5] という．ポテンシャルエネルギーと運動エネルギーは自由に相互変換できるが，両者の和は一定である．たとえば，ボールが落下するときは，ポテンシャルエネルギーは失われるが，それが加速するにつれ，運動エネルギーはポテンシャルエネルギーの減少分だけ増加している．振り子のおもりが振れている間は，運動エネルギーとポテンシャルエネルギーは絶えず交換されている．しかし，物体が外部から孤立している限り，どの場合も全エネルギーは一定である．エネルギーの保存則は，以降の章で何度も使うことになる．

エネルギーの SI 単位は，運動エネルギーやポテンシャルエネルギーの式からわかるだろう．どちらの式でも右辺の量を SI の基本単位で表せば，その組合わせから $\text{kg}\,\text{m}^2\,\text{s}^{-2}$ であることがわかる．科学では，特に物理化学では頻繁にエネルギーが現れるから，エネルギーを表す組立単位として**ジュール**[6]（J）が与えられている．$1\,\text{kg}\,\text{m}^2\,\text{s}^{-2} = 1\,\text{J}$ である．ジュールは小さな単位であるから，化学では kJ で表すことが多い（$1\,\text{kJ} = 10^3\,\text{J}$）．また，$1\,\text{N} = 1\,\text{kg}\,\text{m}\,\text{s}^{-2}$ であるから，$1\,\text{J} = 1\,\text{kg}\,\text{m}^2\,\text{s}^{-2} = 1\,\text{N}\,\text{m}$ であり，当然のことながら，エネルギーと仕事は同じ単位で表されることもわかる．

## 0・10　温　度

**温度**[7] は，物体の性質の一つであり，別の物体と接触させたときの熱の流れる向きを決めている．すなわち，エネルギーは温度の高い物体の側から温度の低い側へ流れ

---

1) Coulomb potential energy　2) permittivity　3) vacuum permittivity　4) total energy　5) law of the conservation of energy
6) joule　7) temperature

る．二つの物体の温度が同じであれば，両者の間にエネルギーの正味の流れはない．この場合，両物体は**熱平衡**[1]にあるという（図0・3）．

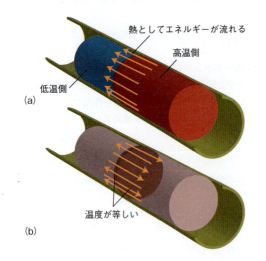

**図0・3** 二つの物体が透熱壁を介しているとき，熱としてエネルギーがどちら向きに流れるかは両者の温度で決まる．(a) エネルギーが熱として流れるときは，高温側から低温側へ流れる．(b) 両物体の温度が等しいときもエネルギーはどちら向きにも移動しうるが，熱として移動するエネルギーの正味の流れはない．

**ノート** 温度と熱を混同しないようにしよう．日常では"温度が高い"ことを"熱い"と言ってしまうが，両者の概念は違うものである．熱は，2章で詳しく説明するが，エネルギーの一つの移動様式を表している．これに対して，温度は，エネルギーが熱として流れる方向を決めている示強性の性質の一つである．

科学では**熱力学温度**[2] $T$ を使う．この"絶対"温度目盛は，自然がとりうる最低の温度を $T=0$ としている．そこで，温度は**ケルビン目盛**[3]で表す．この目盛は水の"三重点"で定義されており，それは氷と液体の水，水蒸気が互いに平衡にある温度である．その温度を 273.16 K と定義する．ケルビンを表すには K と書く（°K としない）．この温度目盛によれば，水は 273.15 K に非常に近い温度で凝固する．実際には，**セルシウス目盛**[4]も使い，それを $\theta$（シータ）で表す．セルシウス目盛はケルビン目盛によってつぎのように定義されている．

$$\theta/°\text{C} = T/\text{K} - 273.15 \quad \text{定義} \quad \text{セルシウス目盛} \quad (0\cdot17)$$

1 K の大きさは 1 °C の大きさと同じで，1 atm では水は 0 °C に非常に近い温度で凝固し，100 °C に近い温度で沸騰する．

## 0・11 量子化とボルツマン分布

12章で詳しく説明することになるが，いろいろな実験によれば，古典力学の諸法則や日常経験するのと違って，原子や分子などミクロな実体は，特定のエネルギーをもつある明確な**状態**[5]しかとり得ない．これをエネルギーが**量子化**[6]されているといい，エネルギーはある離散的な値しかとれないことを表す．その許容状態間のエネルギー間隔は，粒子の運動の性質と質量に依存している．そのエネルギー間隔は，小さな空間領域（原子や分子の内部など）に拘束された質量の小さな物体（電子など）ほど大きい．電子の運動による状態のエネルギー間隔は一般に広く，振動運動，回転運動，並進運動となるに従って狭くなる．原子や分子の許容並進状態のエネルギー間隔は非常に小さいから事実上無視でき，量子化の効果を問題にすることはほとんどない．したがって，原子や分子の並進エネルギーは連続として扱うことが多い．しかしながら，それ以外の運動モードの量子化は無視できない．図0・4は，これらのタイプそれぞれについて，代表的なエネルギー間隔を比較したものである．

試料中の原子や分子がすべて同じエネルギーをもつことはない．その一部は大きなエネルギーをもち高いエネルギー状態を占めており，一部はエネルギーをほとんどもたず低いエネルギー状態を占めている．すなわち，試料中の原子や分子は，いろいろ異なる状態に分布している．また，試料中の粒子は互いに衝突するたびに絶え間なくエネルギーを交換しているから，原子や分子はいろいろな状態間をジャンプしていると考えてよい．高い準位に励起されたものもあれば，緩和によって低い準位に落ちたものもある．これらの状態すべてにわたって個々の原子や分子がとりうる配置の仕方は膨大な数に及ぶが，そのうちの一つで

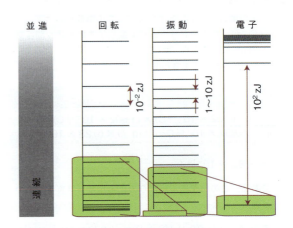

**図0・4** 並進，回転，振動，電子の運動について，そのエネルギー準位の間隔の代表的な大きさを示してある．1 zJ $= 10^{-21}$ J である（約 0.6 kJ mol$^{-1}$ に相当する）．

---

1) thermal equilibrium  2) thermodynamic temperature  3) Kelvin scale  4) Celsius scale  5) state  6) quantized

あるボルツマン分布[1]は，ほかの配置に比べてとりうる確率が圧倒的に大きい配置なのである．したがって，ボルツマン分布が系の唯一の配置であるかのようにみなせる．

22章で詳しく説明するが，ボルツマン分布によれば，二つの状態の占有数 $N_1$ と $N_2$ の比は温度 $T$ と，それぞれのエネルギー $\varepsilon_1$ と $\varepsilon_2$ の差に依存し，

$$\frac{N_2}{N_1} = e^{-(\varepsilon_2 - \varepsilon_1)/kT} \quad \text{ボルツマン分布} \quad (0\cdot18\text{a})$$

で表せる．定数 $k$ はボルツマン定数であり，

$$k = 1.38064852 \times 10^{-23} \,\text{J K}^{-1}$$

である．本書では $k = 1.381 \times 10^{-23} \,\text{J K}^{-1}$ の値を使うことにしよう．化学では個々の分子のエネルギーより，分子1 mol 当たりのエネルギー $E_i$ を使う方が多い．$E_i = N_A \varepsilon_i$ であり，$N_A$ はアボガドロ定数である．($0\cdot18$a) 式の指数部の分母と分子に $N_A$ を掛ければ，

$$\frac{N_2}{N_1} = e^{-(E_2 - E_1)/RT} \quad \text{モルエネルギーで表したボルツマン分布} \quad (0\cdot18\text{b})$$

となる．$R = N_A k$ であるから，

$$R = 8.3144598 \,\text{J K}^{-1}\,\text{mol}^{-1}$$

である．このような高精度が必要でなければ，$8.3145$ J K$^{-1}$ mol$^{-1}$ の値を使うことにしよう．この定数 $R$ を（モル）**気体定数**[2] という．これは，もともと気体の性質との関係で現れた定数であるが（$1\cdot1$節），気体定数はボルツマン定数やボルツマン分布と関係があるから，本書を読み進めばわかるように，気体だけでなくもっと広く応用できるのである．

占有数 $N_0$ の最低エネルギー状態よりエネルギーが $\Delta\varepsilon$ だけ高い状態の占有数を $N$ とすれば，

$$\frac{N}{N_0} = e^{-\Delta\varepsilon/kT} \quad \text{ボルツマン分布} \quad (0\cdot18\text{c})$$

が成り立つ．エネルギーの低い状態と高い状態の占有数に現れるこの差は，2状態間のエネルギー間隔 $\Delta\varepsilon$ が大きくなるほど顕著になる．たとえば，二つの電子状態間のエネルギー間隔はふつう非常に大きいから，たいていの原子や分子は最低エネルギーの電子状態にあり，励起状態の占有数はふつうきわめて小さい．これと対照的に，分子の回転状態は非常に密でエネルギーが接近しているから，励起状態の占有数がかなりある．

($0\cdot18$) 式からもわかるが，温度の本質的な意味について調べよう．ある1組の量子状態が与えられたとき，温度はその状態間の相対占有数を決める唯一のパラメーターである．その効果を図 $0\cdot5$ に示す．温度が低いと，高いエネルギー状態を占める分子は少ししかない．温度が高くなれ

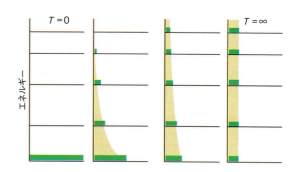

**図 $0\cdot5$** 5準位系の占有数に成り立つボルツマン分布の温度変化．低温では，高いエネルギー状態にある分子の占有数は小さい．高温になれば，もっとエネルギーの高い状態が占有される．

ば，エネルギーの高い多数の状態が占有される．ボルツマン分布は，ものの性質やそれがどう温度変化するかを考えるのに重要であるから，以降の章ではこれを何度も使うことになる．今の段階で覚えておくべきことは，温度が上昇すれば，エネルギーのもっと高い状態が占有できるようになるということである．

● **簡単な例示 $0\cdot11$　相対占有数**

メチルシクロヘキサン分子は，メチル基がエクアトリアル位にあるかアキシアル位にあるかで二つのコンホメーションがとれる．エクアトリアル配座の方がアキシアル配座よりエネルギーは低く，その差は $6.0$ kJ mol$^{-1}$ ある．このエネルギー差では，$300$ K の温度でのアキシアル状態とエクアトリアル状態の占有数の比は，

$$\begin{aligned}\frac{N_a}{N_e} &= e^{-(E_a - E_e)/RT} \\ &= e^{-(6.0\times10^3\,\text{J mol}^{-1})/(8.3145\,\text{J K}^{-1}\,\text{mol}^{-1}\,\times\,300\,\text{K})} \\ &= 0.090\end{aligned}$$

である．したがって，アキシアル配座の分子の数はエクアトリアル配座の9パーセントしかない．■

**自習問題 $0\cdot8$**

メチルシクロヘキサンの試料で，アキシアル配座の分子がエクアトリアル配座の分子の $0.30$ の割合，つまり $30$ パーセントになる温度を求めよ．　　［答：$600$ K］

## $0\cdot12$　均分定理

ボルツマン分布を使えば，ある温度の試料中にある原子や分子の各運動モードによる平均エネルギーを計算できる．しかし，もっと簡単な方法でも平均エネルギーを求め

---

[1] Boltzmann distribution　[2] gas constant

ることができる．すなわち，温度が十分高くて多くのエネルギー準位が占有されている場合は，つぎの**均分定理**[1]が使える．

- 試料が熱平衡にあるとき，エネルギーに対して2乗項で表される寄与については，その平均値は $\frac{1}{2}kT$ である．

ここで"2乗項の寄与"というのは，運動量の2乗に比例した項（運動エネルギーの式で見たように，$E_k = p^2/2m$），あるいは平衡位置からの変位の2乗に比例した項（調和振動子のポテンシャルエネルギーの式で見たように，$E_p = \frac{1}{2}k_f x^2$）のことである．この定理は，高温であるか，それともエネルギー準位の間隔が小さくて多くの状態が占有されている場合でしか厳密には成り立たない．均分定理は，並進や回転の運動モードに使える．しかし，振動や電子状態のエネルギー間隔は回転や並進よりふつうは大きいから，これらの運動モードには均分定理を使えない．

■ **簡単な例示 0・12　平均分子エネルギー**

原子や分子は三次元空間を運動できるから，その並進運動エネルギーはつぎの三つの2乗項の和で表される．

$$E_{並進} = \tfrac{1}{2}mv_x^2 + \tfrac{1}{2}mv_y^2 + \tfrac{1}{2}mv_z^2$$

均分定理によれば，それぞれの2乗項の平均エネルギーは $\frac{1}{2}kT$ である．したがって，その平均運動エネルギーは $E_{並進} = 3 \times \frac{1}{2}kT = \frac{3}{2}kT$ である．そこで，モル並進エネルギーは $E_{並進,m} = \frac{3}{2}kT \times N_A = \frac{3}{2}RT$ である．300 K ではつぎの値になる．

$$E_{並進,m} = \tfrac{3}{2} \times (8.3145 \text{ J K}^{-1}\text{ mol}^{-1}) \times (300 \text{ K})$$
$$= 3700 \text{ J mol}^{-1} = 3.7 \text{ kJ mol}^{-1}$$

**自習問題 0・9**

直線形分子は，三次元空間では二つの軸のまわりに回転できる．どちらも2乗項の寄与と数えてよい．直線形分子の集合体について，500 K でのモルエネルギーに対する回転の寄与を計算せよ．　［答：4.2 kJ mol$^{-1}$］

## 電磁放射線

ものの構造や性質を調べるための分光法やX線回折など多くの手法は，**電磁放射線**[2]を利用している．たいていの場合，電磁放射線は，振動電場と振動磁場からなる擾乱が波として伝搬するものとみなせばよい．しかし，このような波の描像で電磁放射線の性質すべてを説明できない場合もある．その場合の電磁放射線は，**フォトン**[3]とい

う粒子の流れとして扱う必要がある．

### 0・13　電 磁 波

**波**[4]は，ものや空間の中を伝搬する周期的な擾乱である．電磁波は，振動電場と振動磁場からなる．この2成分の振動方向は互いに垂直で，しかも電磁波の進行方向に垂直である（図 0・6）．両成分とも帯電粒子に作用する．電場は，帯電粒子が静止していても運動していてもこれに作用するが，磁場は，運動している帯電粒子にだけ作用する．電磁波が伝搬するのに媒質は必要ない．電磁波は，真空中を**光速**[5] $c$ という一定の速さで伝搬する．その速さは厳密に，

$$c = 2.99792458 \times 10^8 \text{ m s}^{-1}$$

である．本書では $2.998 \times 10^8 \text{ m s}^{-1}$ を使うことにしよう．電磁波は空気や水，ガラスなどの媒質中では真空中より遅く伝搬する．

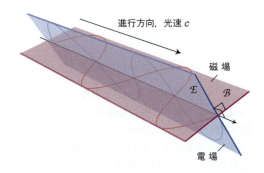

**図 0・6**　電場と磁場は互いに垂直な面内でそれぞれ振動し，しかも，両者とも電磁波の進行方向に垂直である．

波は，**波長**[6] $\lambda$（ラムダ）で表され，それは繰返される波のピーク間の距離である（図 0・7）．光は，人間の目に見える電磁波であり，その波長は 380 nm から 700 nm の範囲にある．波の性質を**振動数**[7] $\nu$（ニュー）で表してもよい．それは電場や磁場が向きを変える速さである．そこ

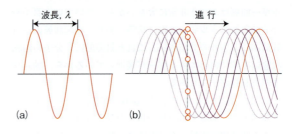

**図 0・7**　(a) 波の波長 $\lambda$ は，振幅のピーク間の距離である．(b) 振動数 $\nu$ は，ある特定の位置を波が通過するときの毎秒当たりのサイクル数である．

---

1) equipartition theorem　2) electromagnetic radiation　3) photon　4) wave　5) speed of light　6) wavelength　7) frequency

で，振動数は毎秒当たりの振動の数であり，s$^{-1}$の単位で表される．これを SI の組立単位ヘルツ（Hz）で表してもよい．1 s$^{-1}$ = 1 Hz である．

振動の**周期**[1]は，振動数の逆数 $1/\nu$ である．この周期の間に波はちょうど 1 波長 $\lambda$ だけ進んでいる．そこで，その進行の速さは，

$$c = \frac{1\text{振動周期で進む距離}}{\text{振動の周期}} = \frac{\lambda}{1/\nu}$$

すなわち，

$$c = \lambda\nu \qquad \text{波長と振動数の関係} \qquad (0\cdot19)$$

である．したがって，ある電磁波の振動数は，その波長の逆数に比例している．そこで，振動数の高い波ほど波長は短く，振動数の低い波ほど波長は長い．電磁波の性質は，**波数**[2] $\tilde{\nu}$（ニュー ティルデ）を使って表されることもある．それは，

$$\tilde{\nu} = \frac{\nu}{c} = \frac{1}{\lambda} \qquad \text{波数} \qquad (0\cdot20)$$

で定義される．このように，波数は波長の逆数であるから，ある距離の中に入る波長の数と解釈することができる．歴史的な経緯によって，分光学では波数をふつう cm$^{-1}$ の単位で表す．したがって，可視光は波数 14 000 ～ 26 000 cm$^{-1}$ の電磁放射線に相当している．

● **簡単な例示 0·13　波　数**
波長 660 nm の電磁放射線の波数は，

$$\tilde{\nu} = \frac{1}{\lambda} = \frac{1}{660 \times 10^{-9}\,\text{m}} = 1.5 \times 10^6\,\text{m}^{-1}$$

$$= 15\,000\,\text{cm}^{-1}$$

である．波数は，ある距離の中に入る波長の数を表すと覚えておけば，m$^{-1}$ と cm$^{-1}$ の単位の変換で間違うことはないだろう．たとえば，1 cm 当たりの波の数で波数を表せば（単位は cm$^{-1}$），1 m 当たりの波の数（単位は m$^{-1}$）の百分の 1 である．●

電磁放射線の波長による分類を図 0·8 に示す．単一振動数（したがって，単一波長）の光線からなる電磁放射線は単一の色を表すから，**単色**[3] であるという．これに対して **白色光**[4] は，波長が連続であるが，必ずしも均一でなく，スペクトルの可視領域にわたって振動数に広がりのある電磁波から成る．

## 0·14　フォトン

電磁放射線を波と解釈するだけでは説明できない実験結果がある．そのときは，電磁波を粒子として振舞うフォトンの流れとみなす必要がある．このフォトンというのはエネルギーの塊（パケット）であり，ある振動数の放射線では全部のフォトンが次式で表されるエネルギーをもつ．

$$E = h\nu \qquad \begin{array}{l}\text{振動数で表した}\\\text{フォトンのエネルギー}\end{array} \qquad (0\cdot21\text{a})$$

この式の比例定数 $h$ は**プランク定数**[5] である．

$$h = 6.626\,070\,040 \times 10^{-34}\,\text{J s}$$

本書ではふつう $6.626 \times 10^{-34}$ J s を使うことにする．電磁波のエネルギーは波長や波数によって変わる．

$$E = \frac{hc}{\lambda} = hc\tilde{\nu} \qquad \begin{array}{l}\text{波長と波数で表した}\\\text{フォトンのエネルギー}\end{array} \qquad (0\cdot21\text{b})$$

たとえば，短波長の X 線のフォトンのエネルギーは，波長の長いマイクロ波放射線のフォトンよりずっと大きい．

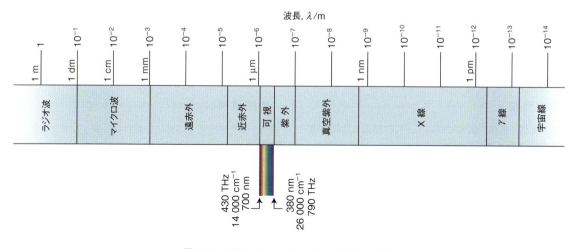

図 0·8　電磁スペクトルとスペクトル領域の分類

---

1) period　2) wavenumber　3) monochromatic　4) white light　5) Planck's constant

## 例題 0・2　光源から放射されたフォトンの数の求め方

あるパルスレーザーが，波長 1064 nm の近赤外放射線を出している．そのパルス 1 個の全エネルギーは 2.5 kJ である．パルス 1 個当たり放出されるフォトンは何個か．

**解法**　(0・21b) 式を使ってフォトン 1 個のエネルギーを求める．そこで，放出されるフォトンの数は，パルス 1 個の全エネルギーをフォトン 1 個のエネルギーで割ったものである．

**解答**　波長 1064 nm は $1064 \times 10^{-9}$ m である．(0・21b) 式から，このフォトン 1 個のエネルギーは，

$$E = \frac{hc}{\lambda} = \frac{\overbrace{(6.626 \times 10^{-34}\,\mathrm{J\,s})}^{h} \times \overbrace{(2.998 \times 10^{8}\,\mathrm{m\,s^{-1}})}^{c}}{\underbrace{1064 \times 10^{-9}\,\mathrm{m}}_{\lambda}}$$

$$= 1.867 \times 10^{-19}\,\mathrm{J}$$

である．そこで，パルス 1 個で放出されるフォトンの数は，フォトン 1 個のエネルギーに対するパルスのエネルギーの比で表されるから，つぎのように計算できる．

$$N = \frac{\overset{\text{パルス1個の全エネルギー}}{2500\,\mathrm{J}}}{\underset{\text{フォトン1個のエネルギー}}{1.867 \times 10^{-9}\,\mathrm{J}}} = 1.3 \times 10^{22}$$

### 自習問題 0・10

波長 404.7 nm の単色水銀蒸気ランプから $80\,\mathrm{J\,s^{-1}}$ の速さでエネルギーが放射されている．毎秒放出されているフォトンの数を求めよ．　　[答: $1.6 \times 10^{20}\,\mathrm{s^{-1}}$]

## 基本概念からの展開

以上で当面必要な基本情報を得たから，これから物理化学の本題に進むことができる．しかし，各章で出会う概念の背景や概要が必要になったときは，本章に戻って復習することにしよう．そうすれば，ここで説明した概念は物理化学全体の基礎になっていることがわかるだろう．本書では熱力学から始めるが，この分野では仕事とエネルギーに関する概念を使って考察する．量子論では，特に原子と分子の構造を扱うが，エネルギーと運動量に関する概念を利用している．分光学は，電磁場に関する概念を基礎としており，フォトンによって原子や分子の内部の情報を取りだし，その種類や構造に関する情報を引出す分野である．本書を読み進むうちに，ボルツマン分布が，原子や分子の構造というミクロな情報と，熱力学的な性質や速度論的な性質とを結ぶ橋として，いかに重要な役割をしているかがわかるだろう．バルクな性質について分子論的な解釈をするときは，ボルツマン分布を思い浮かべれば非常に役に立つ．

本章では，これから必要となる基本概念を簡単に紹介しただけで，それぞれの概念に関する詳細な説明を避けた．本章にもあった「必須のツール」という欄を各章に設けてあり，もっと深く掘り下げて考察すべき概念や化学者すべてが備えておくべき道具となる概念について詳しい説明がある．「必須のツール」は，その概念が最初に必要となる箇所に置いてあるから，本書を読み進めば，物理化学を習得するうえで必要なすべての技法を少しずつ身につけることができるだろう．

## 問題と演習

### 文章問題

**0・1**　気体，液体，固体について，目に見える性質の違いを示し，それを分子論的に説明せよ．

**0・2**　つぎの用語の違いを説明せよ．力，仕事，エネルギー，運動エネルギー，ポテンシャルエネルギー．

**0・3**　力学的な平衡と熱平衡の違いを説明せよ．平衡が動的であるとはどういうことか．

**0・4**　化学で使う "状態" という用語のいろいろな意味を挙げ，それぞれについて説明せよ．

**0・5**　量子系のいろいろな状態の占有数を決めている温度の役割について説明せよ．

### 演習問題

**0・1**　グルコース 10.0 g に含まれる $C_6H_{12}O_6$ 分子の物質量を計算し，モル単位で答えよ．

**0・2**　バックミンスターフラーレン $C_{60}$ の分子 1 個の質量を，そのモル質量から計算せよ．

**0・3**　酸素貯蔵タンパク質ミオグロビンのモル質量は $16.1\,\mathrm{kg\,mol^{-1}}$ である．この化合物 1.0 g にミオグロビン分子は何個あるか．

**0・4**　赤血球 1 個の質量は約 33 pg ($1\,\mathrm{pg} = 10^{-12}\,\mathrm{g}$) であり，その中にはふつう約 $3 \times 10^8$ 個のヘモグロビン分子が含まれている．ヘモグロビン分子はミオグロビン（前問を

見よ）の四量体である．ヘモグロビンは，赤血球の質量のどれだけの割合を占めているか．

**0・5** 酸化鉄（Ⅲ）1.0 t（1 t = $10^3$ kg）を金属鉄に還元するのに必要な一酸化炭素の質量を求めよ．

**0・6** 気体酸素を入れたシリンダーの内容積は 50 dm$^3$ であった．この体積を（a）m$^3$ の単位，（b）cm$^3$ の単位でそれぞれ表せ．

**0・7** 球形の油一滴の質量が 20.4 µg，半径は 1.74 mm であった．球の体積は $\frac{4}{3}\pi r^3$ であることから，この油の質量密度を（a）g cm$^{-3}$ の単位，（b）kg m$^{-3}$ の単位でそれぞれ表せ．

**0・8** オクタン（これをガソリンとしよう）の密度は 0.703 g cm$^{-3}$ である．ガソリン 1.00 dm$^3$（1.00 リットル）を買ったら，オクタン分子をどれだけ（モル単位で）入手したことになるか．

**0・9** ガソリンを質量密度 0.703 g cm$^{-3}$ のオクタンとみなしたとき，1.00 dm$^3$ のガソリンを燃焼させて生成する二酸化炭素の質量を計算せよ．

**0・10** つぎの性質は示量性か，それとも示強性か．（a）体積，（b）質量密度，（c）温度，（d）モル体積，（e）物質量．

**0・11** 質量 45.2 g の気体メタン CH$_4$ の試料は，19.7 MPa，298 K では 2.19 cm$^3$ の体積を占める．この条件にある気体メタンのモル体積を求め，その答を dm$^3$ mol$^{-1}$ の単位で表せ．

**0・12** ナトリウム原子の（モル）イオン化エネルギーは，495.8 kJ mol$^{-1}$ である．ナトリウム原子 1 個をイオン化するのに必要なエネルギーを計算せよ．

**0・13** 酸素分子は，298 K の空気中では平均の速さ 482 m s$^{-1}$ で運動している．この温度での酸素分子の平均直線運動量の大きさを計算せよ．

**0・14** 水素分子 $^1$H$_2$ について，結合軸に垂直な軸のまわりの回転の慣性モーメントは $4.61 \times 10^{-48}$ kg m$^2$ である．H$_2$ の結合長はいくらか．ただし，$^1$H 原子の質量は $1.01 m_{\mathrm{u}}$ である．

**0・15** 原子や分子の電子構造は，光電子分光法で調べることができる．光電子分光計に入った電子は，均一電場によって静止状態から加速され，10 µs で 420 km s$^{-1}$ の速さになった．（a）この電子の加速度の大きさ，（b）この電子に働いた力，（c）この電子の運動エネルギー，（d）この電子に対して行われた仕事の大きさをそれぞれ求めよ．

**0・16** いま感じている重力はどれだけか．

**0・17** $g = 9.832$ m s$^{-2}$ の北極から $g = 9.789$ m s$^{-2}$ の赤道に移動したとき，体重が何パーセント変化するかを計算せよ．

**0・18** （a）108 kPa をトルの単位で，（b）0.975 bar を気圧で，（c）22.5 kPa を気圧で，（d）770 Torr をパスカルでそれぞれ表せ．

**0・19** 懸濁液から固体を分離するのに使う遠心機には，

高速で回転するアームがある．この遠心機が角速度 400 rad s$^{-1}$ で回転している．回転アームの質量は外側の端に集中しているから，実際には，回転軸から 20 cm の距離にある 2.0 kg のおもりが回転しているものと考えることができる．この遠心機の回転アームの運動エネルギーはいくらか．

**0・20** 質量 65 kg の人が 4.0 m 上の階に上がるのに必要な仕事を計算せよ．

**0・21** 質量 58 g のテニスボールを 35 m s$^{-1}$ でサーブしたとき，その運動エネルギーはどれだけか．

**0・22** 50 km h$^{-1}$ で走っている質量 1.5 t（1 t = $10^3$ kg）の車を止めたい．どれだけの運動エネルギーを奪わなければならないか．

**0・23** 体積 25 dm$^3$ の大気があり，20 ℃ では中に約 1.0 mol の分子が含まれている．その分子の平均モル質量を 29 g mol$^{-1}$，平均の速さを約 400 m s$^{-1}$ とする．この体積の空気に分子の並進運動エネルギーとして蓄えられているエネルギーを求めよ．

**0・24** 質量 25 g の小鳥が 50 m 上昇するのに消費すべき最小のエネルギーを計算せよ．

**0・25** 水素原子の最低エネルギー状態における核と電子の最確距離をボーア半径という．$a_0 = 52.9$ pm である．この距離にある核と電子の相互作用の静電ポテンシャルエネルギーはいくらか．

**0・26** エネルギーを電子ボルト（eV）で表すことがよくある．それは，1 V の電圧中を電子 1 個が移動したとき獲得するエネルギーであり，1 eV = $1.602 \times 10^{-19}$ J である．カリウムの仕事関数は 2.30 eV である．このエネルギーを等価なモル量（単位 kJ mol$^{-1}$）で表せ．仕事関数とは，金属表面から電子 1 個を取出すのに必要なエネルギーである．

**0・27** セルシウス温度目盛とファーレンハイト温度目盛の関係は，$\theta_{\mathrm{C}}/℃ = \frac{5}{9}(\theta_{\mathrm{F}}/℉ - 32)$ である．絶対零度（$T = 0$）をファーレンハイト目盛で表せ．

**0・28** アンデルス・セルシウスが提案した当初の温度目盛では，水の沸点を 0，水の凝固点を 100 としていた．その目盛（$\theta'/℃'$ とする）と（a）現在のセルシウス目盛（$\theta/℃$），（b）ファーレンハイト目盛の関係〔（0・17）式のかたちで表した式〕を求めよ．

**0・29** 冥王星に人が住んでいて，その科学者は温度目盛として液体窒素の凝固点を 0 °P，沸点を 100 °P とするプルトニウム目盛（プルトニウム度）を使っているとしよう．地球に住むわれわれは，これらの温度をそれぞれ −209.9 ℃，−195.8 ℃ と表す．（a）プルトニウム目盛とケルビン目盛の関係，（b）プルトニウム目盛とファーレンハイト目盛の関係をそれぞれ示せ．

**0・30** 工学の分野ではランキン温度目盛が使われることがある．絶対零度を 0 とし，1 °R の刻みは 1 °F に等しい．ランキン目盛で水の沸点を表せ．

**0·31** エネルギーが $0, \varepsilon, 2\varepsilon, \cdots$ という量子状態からなり，その占有数がボルツマン分布で決まっている仮想的な系がある．$T = \varepsilon/k$ の温度では，最低エネルギー状態の占有数に比べて，エネルギーの低い4個の励起状態の占有数の割合は37パーセント，14パーセント，5パーセント，1パーセントであり，それより高いエネルギーの励起状態の占有数は無視できることを示せ．

**0·32** 前間の量子系が100分子から成るとき，その全エネルギーを求めよ．

**0·33** 均分定理を使って，$N_2$ 分子の298 Kにおける平均並進運動エネルギーを計算せよ．それから，この温度における $N_2$ 分子の平均並進速さを求めよ．

**0·34** $NH_3$ 分子のような非直線形分子は，3軸のまわりに回転できる．気体アンモニアの試料の298 Kでのモルエネルギーに対する回転の寄与を求めよ．

**0·35** ヘリウム−ネオンレーザーは，波長632.8 nmの赤色光を放射する．この放射線の (a) 波数，(b) 振動数，(c) フォトンのエネルギーを求めよ．

**0·36** つぎの波長の放射線について，フォトン1個のエネルギーとフォトン1 molのエネルギーを計算せよ．(a) 600 nm（赤色），(b) 550 nm（黄色），(c) 400 nm（紫色），(d) 200 nm（紫外），(e) 150 pm（X線），(f) 1.0 cm（マイクロ波）．

**0·37** ある光検出器に波長245 nmの放射線が入射したところ，0.68 μWの出力でエネルギーが発生した．1 W ＝ 1 J s$^{-1}$ である．この検出器は毎秒何個のフォトンを検出したか．

**0·38** 波長380 nmの青色の光を放射するランプがある．つぎの出力では，毎秒何個のフォトンを放射しているか．(a) 1.00 W，(b) 100 W．

**0·39** 出力100 Wのナトリウムランプで，波長590 nmのフォトン1.00 molを発生するにはどれだけの時間がかかるか．この出力はすべてフォトン生成に使われると仮定する．

**0·40** 固体 InGaAsP ダイオードレーザーによって，波長1.13 μmの単色放射線がつくれる．そのエネルギーは出力1.05 mJ s$^{-1}$ で放射される．毎秒何個のフォトンが放出されるか．

# 気体の性質

1

### 状態方程式

1·1 完全気体の状態方程式

1·2 完全気体の法則の使い方

1·3 混合気体: 分圧

### 気体の分子論的モデル

1·4 運動論モデルによる気体の圧力

1·5 気体分子の平均の速さ

1·6 マクスウェルの速さの分布

1·7 拡散と流出

1·8 分子の衝突

### 実在気体

1·9 分子間相互作用

1·10 臨界温度

1·11 圧縮因子

1·12 ビリアル状態方程式

1·13 ファンデルワールスの状態方程式

1·14 気体の液化

補遺 1·1 気体分子運動論

チェックリスト

重要な式の一覧

問題と演習

気体は単純で説明しやすく，内部構造も簡単であるが，われわれにとってきわめて重要な存在であることに変わりはない．われわれは空気という気体に包まれて一生を過ごし，その空気の性質が局所的に変動する現象を"天候"といっているものである．地球や惑星の大気の様子が知りたければ，気体についていろいろな知識が必要である．息をすることで肺に空気を出し入れし，このとき気体の組成や温度を変えている．多くの製造工程で気体が関与しており，反応効率だけでなく反応容器の設計そのものも気体の性質に関する知識しだいで違ったものになる．

## 状 態 方 程 式

つぎの物理量（いずれも「基本概念」で定義した）を指定すれば，試料がどんな物質であってもその状態を表すことができる．

$V$, 試料の体積

$p$, 試料の圧力

$T$, 試料の温度

$n$, 試料に含まれる物質量

しかしながら，驚くべき実験事実の一つとして，これら四つの量は独立でない．たとえば，0.555 mol の $H_2O$ の試料を 100 kPa の圧力下，500 K で 10 dm$^3$ の体積に納めるという勝手な条件は許されない．実験でわかっているのは，このような状態は決して存在しえないということである．たとえば，物質量と体積，温度をある値に選ぶと，圧力はある特定の値（この例では約 230 kPa）に決まってしまう．このような実験事実を一般的に述べれば，物質はつぎのかたちの**状態方程式**[1] に従うといえる．

---

1) equation of state

$$p = f(n, V, T) \qquad \text{状態方程式} \quad (1 \cdot 1)$$

すなわち，圧力は物質量，体積，温度に依存し（つまり，何らかの関数で表され），これら三つの変数がわかれば圧力はある特定の値しかとれない．

ほとんどの物質の状態方程式はわかっていないので，圧力をそれ以外の三つの変数で表した正確な式を書くことは一般にはできない．しかし，状態方程式がわかっていることもある．なかでも低圧気体の状態方程式はきわめて単純で，しかも役に立つ．それは，反応に関与する気体の挙動や大気の性質を記述するのに使われ，化学工学の諸問題を解くための出発点としても役立っている．星の構造を説明するのにも使われているほどである．

## 1・1 完全気体の状態方程式

低圧気体の状態方程式は，物理化学で最初に確立された成果の一つである．その最初の実験はボイル[1]により17世紀に行われ，人々が気球を使って飛びはじめた17世紀後半になって再び興味がもたれた．その技術的な進歩を遂げるには，圧力や温度の変化で気体がどう振舞うかという知識がもっと必要なのであった．今日でも技術的な発展を遂げる分野では必ずそうであるように，当時も興味に刺激されて多数の実験が行われたのであった．

ボイルとその後継者たちの実験に基づいて，つぎの**完全気体の状態方程式**[2]がつくられた．

$$pV = nRT \qquad \begin{array}{c}\text{完全気体の}\\\text{状態方程式}\end{array} \quad (1 \cdot 2a)$$

これを（1・1）式のかたちに変形すれば，

$$p = \frac{nRT}{V} \qquad (1 \cdot 2b)$$

となる．**気体定数**[3]$R$ は，現在では実験で求める量になっており，圧力を0に近づけたときの $R = pV/nT$ の値から得られる．本書で必要なときは，その近似的な値として 8.3145 J K$^{-1}$ mol$^{-1}$ を用いることにする．いろいろな単位で表した $R$ の値を表1・1に示しておく．

完全気体の状態方程式（"完全気体の法則"ともいう）は，現実にある気体のさまざまな状態方程式を理想化した

**表1・1** いろいろな単位で表した気体定数

| $R =$ | 8.314 46 | J K$^{-1}$ mol$^{-1}$ |
|---|---|---|
| | 8.314 46 | dm$^3$ kPa K$^{-1}$ mol$^{-1}$ |
| | 8.205 73 × 10$^{-2}$ | dm$^3$ atm K$^{-1}$ mol$^{-1}$ |
| | 62.364 | dm$^3$ Torr K$^{-1}$ mol$^{-1}$ |
| | 1.987 20 | cal K$^{-1}$ mol$^{-1}$ |

1 dm$^3$ = 10$^{-3}$ m$^3$

ものである．すなわち，この状態方程式はすべての気体について，その圧力が0に近づくにつれ，いっそう厳密に成り立つことがわかっている．この点で（1・2）式は**極限則**[4]の一つである．極限則とは，ある極限に近づくにつれ次第に厳密に成り立つ法則であり，いまの場合は圧力0がその極限である．完全気体の状態方程式は，圧力0の極限でのみ厳密に成り立つ法則である．

圧力が非常に低い場合だけでなく，どんな圧力でも（1・2）式に従うような仮想的な物質を**完全気体**[5]という．これに対し現実の気体を**実在気体**[6]という．上で述べたように，圧力が0に向かうにつれ実在気体の振舞いは完全気体に近づく．しかし実際には，ほとんどの実在気体にとって海面での通常の大気圧（$p \approx 100$ kPa）は十分低い圧力とみなすことができ，この程度の圧力では完全気体に近い振舞いをする．そこで本書で扱う気体は，特に断らない限りすべて完全気体として振舞うものとする．実在気体が完全気体と違う振舞いをする原因は，突き詰めれば，現実の分子の間には引力や反発力が働くことによる．完全気体では分子間にこのような力は働かない（15章参照）．

**ノート** 完全気体に対して"理想気体（ideal gas）"という用語も広く使われており，完全気体の状態方程式に対して"理想気体の状態方程式"という．本書では"完全気体"を用いることで，分子間相互作用が存在しないことを表す．6章で混合物を扱うときに"理想"を使うことになるが，それは分子間相互作用がすべて同じであることを表しており，その場合の相互作用は必ずしも0ではない．

完全気体の法則は，実験によって得られた3種類の観測結果に基づき，それらをまとめたものである．**ボイルの法則**[7]はその一つである．

- 温度一定のとき，一定量の気体の圧力はその体積に反比例する．

これを数学的に表せば，

$$p \propto \frac{1}{V} \qquad \text{温度一定} \qquad \text{ボイルの法則} \quad (1 \cdot 3)$$

となる．（1・2）式がボイルの法則と合っていることは簡単に示せる．$n$ と $T$ が一定のとき完全気体の法則は $pV = $ 一定となり，$p \propto 1/V$ を満たすからである．ボイルの法則によれば，温度一定のもとで一定量の気体を圧縮し（体積は減少する）元の体積の半分にすれば，その圧力は2倍になる．図1・1のグラフは，一定量の気体についてさまざまな温度で測定された $p$ を $V$ に対してプロットしたものである．ボイルの法則で予測される結果を曲線で示してある．それぞれは双曲線で表され（グラフに関する説明については「必須のツール1・1」を見よ），これを**等温線**[8]という．

---

1) Robert Boyle　2) perfect gas equation of state　3) gas constant　4) limiting law　5) perfect gas　6) real gas
7) Boyle's law　8) isotherm

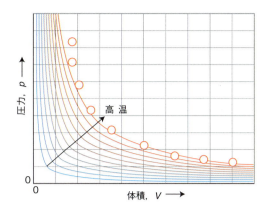

**図1・1** 気体の体積は圧力が増加すると減少する．ボイルの法則に従う気体について，温度一定のもとでの圧力と体積の関係をグラフに表せば図のような双曲線が得られる．それぞれの曲線はある一つの温度に対応しており，したがって等温線である．これらの等温線はいずれも双曲線で表される（必須のツール1・1）．

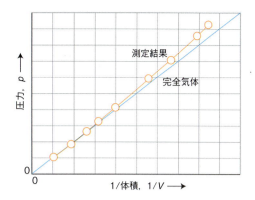

**図1・2** ボイルの法則が成り立つかどうかを検討するには（温度一定で）圧力を $1/V$ に対してプロットしてみるとよい．ボイルの法則が成り立てば直線が得られるはずである．この図は，体積が増加して圧力が低いほど測定値が直線（青色の線）に近づく様子を示している．完全気体なら，圧力に関わらず直線を示す．実在気体では，低圧の極限でのみボイルの法則に従う．

## 必須のツール1・1　グラフによる結果の表し方

$xy = a$（$a$は定数）あるいは $y = a/x$ をグラフに描けば双曲線が得られる．図1・1の等温線はその例である．一方，$y = ax^2$ は放物線で表され，あとで分子振動を表すときに重要になる．この二つの円錐曲線[†1]のグラフを概略図1・1に示す．

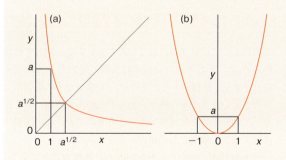

**概略図1・1** （a）双曲線，（b）放物線の特徴

$y = mx + b$ のグラフは勾配 $m$ の直線を表し，$x = 0$ で $y = b$ の点を通る（概略図1・2）．この $y$ 軸を切る点を $y$ 切片という．$b = 0$ の特別な場合は $y = mx$ となって，この直線は $x = 0$ で $y = 0$ の原点を通る．このとき，$y$ は $x$ に比例する（$y \propto x$）といい，その比例定数は $m$ である．$y = mx + b$ のグラフの $x$ 切片の値は $-b/m$ である（このとき，$y = m(-b/m) + b = 0$ となる）．

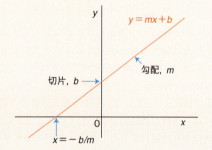

**概略図1・2** $y = mx + b$ をグラフに描けば直線が得られ，その特徴は直線の勾配と切片で表される．

グラフの横軸と縦軸には数値を添えて物理量の大きさを表し，それぞれの物理量を単位で割って得た数値を使ってプロットする．そうすれば，グラフの勾配は次元のない数値で表せる．たとえば，$y/(y\text{の単位}) = b + mx/(x\text{の単位})$ のかたちの式のグラフでは，$m$ も $b$ も単なる数値で表される．$m$ や $b$ の値をグラフから読み取って物理量として表すには，つぎのように両辺に（$y$ の単位）をかければよい．

$$y = \underbrace{b \times (y\text{の単位})}_{y\text{切片の物理量}} + \underbrace{m \times \frac{(y\text{の単位})}{(x\text{の単位})}}_{\text{勾配の物理量}} \times x$$

---

[†1] 訳注：円錐を平面で切断すれば，その断面から円や楕円，双曲線，放物線が得られる．これらの曲線群を円錐曲線という．

それは，ある決まった温度での物理量（この場合は圧力）の変化を表しているからである．このグラフでは，ボイルの法則にどれほどよく従うかをひと目で判断するのは難しい．そこで，$p$ を $1/V$ に対してプロットすれば（図 1·2）ボイルの法則で予想される直線が得られ，非常に見やすい．

**ノート** 一般的にいえることだが，注目する理論が成立するかどうかを判断するには，直線が得られるように実験データをプロットするのが最善である．結果を曲線で表してしまえば，わずかな違いを目視で判断するのが困難だからである．そこで，理論式を予め変形して，その結果が $y = mx + b$ の直線のかたちのグラフで表せるようにしておくのがよい．

(1·2) 式のもとになった 2 番目の実験結果は**シャルルの法則**[1] である．

- 圧力一定のとき，一定量の気体の体積はその温度に対し直線的に変化する．

この直線関係を表す式は，

$$V = A + B\theta \quad \text{圧力一定} \quad \text{シャルルの法則} \quad (1·4\text{a})$$

と書ける．$\theta$（シータ）はセルシウス目盛で表した温度であり，$A$ と $B$ は気体の量と圧力によって決まる定数である．図 1·3 は，気体の体積の温度変化をプロットした代表的なもので，圧力を変えたときの様子を示してある．セルシウス温度に対して（低圧で，しかも温度がさほど低くない場合には）体積が直線的に変化していることがわかる．また，体積を 0 に補外すると，きわめて低い温度 $\theta$ (実は −273.15 °C) で気体の種類によらず 1 点に収束する様子がわかる．体積は負でありえないので，この終点の温度は**絶対零度**[2] を表しており，それ以下の温度に物体を冷却することはできない．実際，「基本概念 0·10」で説明したように，"熱力学"温度目盛では絶対零度を $T = 0$ としている．したがって，熱力学温度で表せばシャルルの法則は単に，

$$V \propto T \quad \text{圧力一定} \quad \text{シャルルの法則} \quad (1·4\text{b})$$

と書ける．すなわち，温度が 2 倍に（たとえば，300 K から 600 K に，セルシウス温度では 27 °C から 327 °C に）なれば，圧力が同じである限り体積は 2 倍になる．ここで，(1·2) 式はシャルルの法則と合うことがわかる．まず，これを $V = nRT/p$ と変形しておき，次に物質量 $n$ と圧力 $p$ が一定とすれば $V \propto T$ と書けるからである．

(1·2) 式のもとになった 3 番目の気体の特性は**アボガドロの原理**[3] である．

- ある温度，圧力のもとでは，同じ体積の気体には同数の分子が含まれる．

すなわち，100 kPa，300 K の酸素 1.00 dm$^3$ 中には，同じ圧力，温度の二酸化炭素（他のどの気体でもよい）1.00 dm$^3$ 中と同じ数の分子が含まれている．アボガドロの原理は，温度と圧力を一定に保ったまま分子数を 2 倍にすれば，その体積も 2 倍になることを示している．したがって，

$$V \propto n \quad \text{温度と圧力が一定} \quad \text{アボガドロの原理} \quad (1·5)$$

と書ける．この結果は，(1·2) 式で $p$ と $T$ を一定とすれば得られる．アボガドロの提案は法則（経験をまとめたもの）ではなく原理である．それは，気体を分子の集合体とみなすというモデルに基づいたものだからである．いまとなっては分子の実在は疑いないことなのだが，この関係は法則ではなく依然として原理のままである．

モル体積 $V_m$ は分子 1 モルが占める体積のことであり，「基本概念 0·4」で導入した．すなわち，

$$V_m = \frac{V}{n} \quad \text{定義} \quad \text{モル体積} \quad (1·6\text{a})$$

である．完全気体の場合は，$n = pV/RT$ であるから，

$$V_m = \frac{V}{pV/RT} \underset{\substack{n=pV/RT\ V\text{を消去}}}{=} \frac{1}{p/RT} \underset{1/(a/x)=x/a}{=} \frac{RT}{p}$$

$$\text{完全気体} \quad \text{モル体積} \quad (1·6\text{b})$$

となる．この式について，つぎのように理解しておくのが重要である．

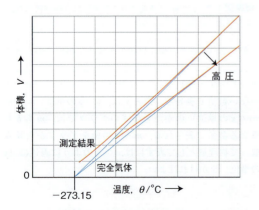

**図 1·3** シャルルの法則の内容を表す図．気体の体積は（圧力一定では）温度に対して直線的に変化する．この図のように体積をセルシウス温度に対してプロットすれば，$V = 0$ に補外したときすべての気体について −273.15 °C をねらう直線が得られる．このことは，−273.15 °C が到達しうる最低温度であることを示している．

---

1) Charles's law  2) absolute zero of temperature  3) Avogadro's principle

- （1・6b）式は気体の種類によらず成り立つから，温度と圧力が同じであれば，気体が完全気体として振舞う限り，そのモル体積はすべて同じである．

このことは，表1・2のデータを見ればわかるように，ふつうの条件下（室温で約100 kPaの大気圧下）では，たいていの気体でほぼ成立している．

表1・2 標準環境温度・圧力（298.15 K, 1 bar）での気体のモル体積

| 気 体 | $V_m/(\mathrm{dm^3\,mol^{-1}})$ |
|---|---|
| 完全気体 | 24.7896* |
| アンモニア | 24.8 |
| アルゴン | 24.4 |
| 二酸化炭素 | 24.6 |
| 窒 素 | 24.8 |
| 酸 素 | 24.8 |
| 水 素 | 24.8 |
| ヘリウム | 24.8 |

\* 標準の温度と圧力（STP; 0 °C, 1 atm）では $V_m = 22.4140\ \mathrm{dm^3\ mol^{-1}}$ である．

ある特定の"標準"条件を選んでデータを表しておけば便利であると化学者は考え，これまでそうしてきた[†2]．**標準環境温度・圧力**[1]（SATP）はその一つで，温度として25 °C（正確には298.15 K），圧力には1 bar（100 kPa）が採用されている．**標準圧力**[2]を $p^{\ominus}$ と表し，厳密に $p^{\ominus} = 1\ \mathrm{bar}$ である．完全気体のSATPにおけるモル体積は24.79 $\mathrm{dm^3\ mol^{-1}}$ である．それは，（1・6b）式に温度，圧力の値を代入すれば求められる．すなわち，1 molの完全気体はSATPで約25 $\mathrm{dm^3}$ の体積（一辺が約30 cmの立方体の体積に相当）を占める．以前は標準条件として**標準の温度と圧力**[3]（STP）が使われ，いまでも見かけるのだが，それは0 °C，1 atmであった．完全気体のSTPにおけるモル体積は22.41 $\mathrm{dm^3\ mol^{-1}}$ である．

## 1・2 完全気体の法則の使い方

ここで，完全気体の状態方程式の初歩的な使い方を二つ示そう．

- 気体の温度，化学的物質量，体積が与えられたときに，その圧力を予測すること．
- これらの条件が変化したときの圧力変化を予測すること．

これらの計算は，各分野でいろいろ詳細に検討する際に必須のもので，大気の変化そのものである天候を気象学者

が理解するやり方はその一例である（1・3節の「インパクト1・1」を見よ）．

### 例題1・1 気体試料の圧力の予測

ある種の豆科植物の根に寄生するバクテリアは，気体窒素を固定する作用をもつ．これを研究していた化学者が，容積250 $\mathrm{cm^3}$ のフラスコに入れた1.25 gの気体窒素の20 °Cにおける圧力をキロパスカル単位で知る必要があった．これを求めよ．

**解法** この計算をするのに，まず（1・2a）式（$pV = nRT$）を変形して，圧力（$p$）を未知数とする式をつくっておく．それが（1・2b）式（$p = nRT/V$）である．この式を使うには，試料に含まれる分子の物質量が（モル単位で）必要である．それを気体の質量とモル質量から（$n = m/M$ によって）計算する．また，温度は（セルシウス温度の値に273.15を加えて）ケルビン目盛に変換しておく．

**解答** フラスコに存在する $N_2$ 分子（モル質量28.02 $\mathrm{g\ mol^{-1}}$）の物質量は，

$$n(\mathrm{N_2}) = \frac{m}{M(\mathrm{N_2})} = \frac{1.25\ \mathrm{g}}{28.02\ \mathrm{g\ mol^{-1}}} = \frac{1.25}{28.02}\ \mathrm{mol}$$

である．試料の温度は，

$$T/\mathrm{K} = 20 + 273.15 \quad \text{つまり} \quad T = (20 + 273.15)\ \mathrm{K}$$

である．したがって，$p = nRT/V$ から，

$$p = \frac{\overbrace{(1.25/28.02)\,\mathrm{mol}}^{n} \times \overbrace{(8.3145\ \mathrm{J\ K^{-1}\ mol^{-1}})}^{R} \times \overbrace{(20 + 273.15)\,\mathrm{K}}^{T}}{\underbrace{2.50 \times 10^{-4}\ \mathrm{m^3}}_{V}}$$

$$= \frac{(1.25/28.02) \times (8.3145) \times (20 + 273.15)}{2.50 \times 10^{-4}}\ \frac{\mathrm{J}}{\mathrm{m^3}}$$

$1\ \mathrm{J\ m^{-3}} = 1\ \mathrm{Pa} \qquad 1\ \mathrm{kPa} = 10^3\ \mathrm{Pa}$

$$= 4.35 \times 10^5\ \mathrm{Pa} = 435\ \mathrm{kPa}$$

と計算できる．ここで，単位も数値と同じように約分できることに注意しよう．圧力はいろいろな単位で表されるから，それに応じて表1・1から適切な $R$ の値を選ぶようにすればよい．

**ノート** 数値計算は最後まで残しておき，一度に済ませてしまうのがよい．そうすれば丸め誤差の発生が避けられる．

### 自習問題1・1

37 °Cにおいて500 $\mathrm{dm^3}$（$5.00 \times 10^2\ \mathrm{dm^3}$）の容器に閉じ込めた1.22 gの気体二酸化炭素の圧力を計算せよ．

［答: 143 Pa］

---

[†2] 気体の"標準条件"と物質の"標準状態"を混同しないように注意しよう．後者については3章で説明する．
1) standard ambient temperature and pressure  2) standard pressure  3) standard temperature and pressure

場合によっては，ある条件下での圧力はわかっていて，同じ気体試料を別の条件にしたときの圧力を予測したいことがあるだろう．このときには完全気体の法則をつぎのように使う．仮に温度 $T_1$，体積 $V_1$ のときの圧力が $p_1$ であったとする．このとき，(1・2a) 式の両辺を温度で割って $pV/T = nR$ としておけば，

$$\frac{p_1 V_1}{T_1} = nR$$

と書ける．次に，条件が $T_2$ および $V_2$ に変わったために圧力が $p_2$ になったとする．このときも (1・2a) 式が使えるから，

$$\frac{p_2 V_2}{T_2} = nR$$

となる．ここで，右辺の $nR$ は両式に共通である．つまり，$R$ は定数であり，気体分子の量は変化していない．そこで，両式を等しいとおいて，

$$\frac{p_1 V_1}{T_1} = \frac{p_2 V_2}{T_2} \quad \text{気体の物質量一定} \quad \text{状態方程式の結合形} \quad (1 \cdot 7)$$

が得られる．最後に，求めたいどれかの量（たとえば $p_2$）をそれ以外の既知の量で表す式に変形すればよい．

● **簡単な例示 1・1　状態方程式の結合形**

　ある気体試料の始めの体積は 15 cm$^3$ で，25 ℃，10.0 kPa であった．これを 1000 ℃ に熱したところ圧力は 150.0 kPa に上がった．その最終体積を求めるには，(1・7) 式を変形して $V_2$ を求める式にしておけば，つぎのように計算できる．

$$V_2 = \frac{p_1 V_1}{T_1} \times \frac{T_2}{p_2} = \frac{p_1}{p_2} \times \frac{T_2}{T_1} \times V_1$$

$$= \underbrace{\frac{10.0 \text{ kPa}}{150.0 \text{ kPa}}}_{p_1/p_2} \times \underbrace{\frac{(1000 + 273.15) \text{ K}}{(25 + 273.15) \text{ K}}}_{T_2/T_1} \times \underbrace{15 \text{ cm}^3}_{V_1}$$

$$= 4.3 \text{ cm}^3$$

**自習問題 1・2**

ある気体試料が，はじめ 1.00 bar，20.0 dm$^3$，100 ℃ にあった．それを圧縮，冷却したところ，10.0 dm$^3$，25 ℃ になった．この気体の最終圧力を計算せよ．

[答: 1.60 bar]

## 1・3　混合気体: 分圧

気体の混合物は，いろいろな科学分野で頻繁に扱われる．大気の性質の研究（気象学）や呼吸気の組成分析（医学），アンモニアの工業合成に使う水素と窒素の混合物の組成の検討などがそうである．このとき問題になるのは，気体混合物に含まれる各成分が全圧にどう寄与しているかである．

19 世紀はじめ，ドルトン[1]は一連の実験からつぎの法則を導き，それは後に**ドルトンの法則**[2]といわれた．

● 完全気体の混合物の圧力は，同じ容器に同じ温度で個々の成分気体だけを入れたときの圧力の総和に等しい．

$$p = p_A + p_B + \cdots \quad \text{完全気体} \quad \text{ドルトンの法則} \quad (1 \cdot 8)$$

$p_J$ は，同じ温度で気体 J だけが容器を占めたときの圧力である．ドルトンの法則は厳密には，完全気体の混合物についてだけ成り立つ（実在気体であっても，完全気体として振舞うような低い圧力であれば成り立つ）．しかし，ふつうの条件下ではほとんどの場合，完全気体とみなせる．

● **簡単な例示 1・2　ドルトンの法則**

　呼吸気の組成に興味があり，二酸化炭素と酸素の混合気体について調べた．ある容器にある質量の二酸化炭素を入れたときの圧力は 5 kPa であった．また，同じ温度で同じ容器にある質量の酸素を入れたときの圧力は 20 kPa であった．これと同じ量の二酸化炭素と酸素が同じ容器に入っている混合気体では，ドルトンの法則により二酸化炭素は全体に対して 5 kPa の寄与をし，酸素は 20 kPa の寄与をするから，この混合物の全圧はその和である 25 kPa となる（図 1・4）．

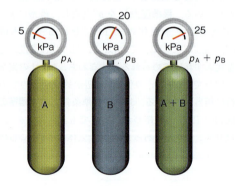

図 1・4　ある完全気体 A の分圧 $p_A$ とは，容器にそれだけが存在しているとした場合に示す圧力のことで，別の完全気体 B の分圧 $p_B$ についても同じである．このとき，全圧 $p$ は両気体をその容器に入れた場合の圧力であり，分圧の和に等しい．

**自習問題 1・3**

上と同じ容器に入れたとき，それだけで 10 kPa の圧力を生じる量の窒素を用意する．そこで，上の混合気体（全圧 25 kPa）にこの量の窒素を加えたとき，その全圧はいくらになるか．

[答: 35 kPa]

---

1) John Dalton　2) Dalton's law

混合気体では，気体の種類によらず（実在気体でも完全気体でも），成分気体Jの**分圧**[1] $p_J$ をつぎのように定義する．

$$p_J = x_J p \qquad 定義\ 分圧 \qquad (1\cdot 9)$$

$x_J$ は混合気体中の成分Jの**モル分率**[2]である．成分Jのモル分率とは，混合物の全物質量のうち，分子Jの物質量が占める割合である．分子Aが $n_A$，分子Bが $n_B$ など（$n_J$ はモル単位で表した物質量）で構成されている混合物では，成分J（J = A, B, ⋯）のモル分率は，

$$x_J = \frac{n_J}{n} \quad n = n_A + n_B + \cdots \quad 定義\ モル分率 \quad (1\cdot 10a)$$

で表される．モル分率には単位がない．それは，分子と分母で単位（モル）が消えているからである．2種類の化学種から成る**2成分混合物**[3]では，この一般式は，

$$x_A = \frac{n_A}{n_A + n_B} \quad x_B = \frac{n_B}{n_A + n_B} \quad x_A + x_B = 1 \quad (1\cdot 10b)$$

となる．Aだけが存在すれば $x_A = 1$, $x_B = 0$，Bだけの場合は $x_A = 0$, $x_B = 1$，両者の物質量が等しければ $x_A = \frac{1}{2}$, $x_B = \frac{1}{2}$ である（図1・5）．

下付き添え字が見にくい場合は，物質量を $n(J)$，モル分率を $x(J)$，分圧を $p(J)$ というように表すことがある．

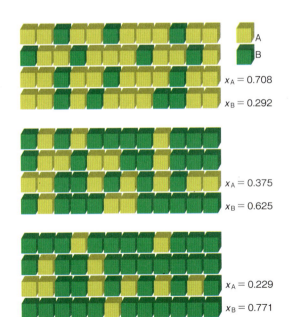

**図1・5** モル分率の意味を表す図．小さな四角は分子1個を示している．三つの異なる組成の試料があり，各試料は分子A（黄色）と分子B（緑色）の合計48分子からなる．

### 例題 1・2　モル分率の計算

質量 100.0 g の乾燥空気があり，それは 75.5 g の $N_2$, 23.2 g の $O_2$, 1.3 g の Ar から成る．この乾燥空気の組成をモル分率で表せ．

**解法**　まず，それぞれの質量を物質量（単位モル）に変換する．次に，(1・10b) 式を使ってモル分率を，全物質量に対する各成分の物質量の比として求める．

**解答**　それぞれのモル質量の値を使って，(0・2) 式から物質量を求めれば，

$$n(N_2) = \frac{m(N_2)}{M(N_2)} = \frac{75.5\ \mathrm{g}}{28.0\ \mathrm{g\ mol^{-1}}} = 2.70\ \mathrm{mol}$$

$$n(O_2) = \frac{m(O_2)}{M(O_2)} = \frac{23.2\ \mathrm{g}}{32.0\ \mathrm{g\ mol^{-1}}} = 0.725\ \mathrm{mol}$$

$$n(Ar) = \frac{m(Ar)}{M(Ar)} = \frac{1.3\ \mathrm{g}}{39.9\ \mathrm{g\ mol^{-1}}} = 0.033\ \mathrm{mol}$$

である．(1・10b) 式を使えば，$N_2$ 分子のモル分率は，

$$x(N_2) = \frac{n(N_2)}{\underbrace{n(N_2) + n(O_2) + n(Ar)}_{n}}$$

$$= \frac{2.70\ \mathrm{mol}}{2.70\ \mathrm{mol} + 0.725\ \mathrm{mol} + 0.033\ \mathrm{mol}}$$

$$= 0.781$$

と計算できる．$O_2$ と Ar についても同様に計算すれば，この乾燥空気中のモル分率として，それぞれ 0.210, 0.009 という値が得られる．

### 自習問題 1・4

ある気体試料 10.0 mol に含まれる $NH_3$ のモル分率は 0.285 である．この試料に含まれる $NH_3$ の質量はいくらか． 　　　　　　　　　　　　　［答：79.8 g］

完全気体の混合物では，成分Jが全圧に及ぼす寄与をJの分圧で表せる．すなわち，(1・9) 式に $p = nRT/V$ を代入すれば，

$$p_J = \frac{n_J}{n} \times \overset{p}{\overbrace{\frac{nRT}{V}}} = \frac{n_J RT}{V}$$

が得られる．この $n_J RT/V$ という量は，成分Jの完全気体が物質量 $n_J$ だけあって，他の気体が容器に存在しないときの圧力である．すなわち，完全気体であれば，混合物中

---

1) partial pressure　2) mole fraction　3) binary mixture

の成分気体の分圧は（温度は等しいとして），容器中にその成分気体だけが存在するとしたときの圧力に等しい．(1・9) 式はモル分率の定義であるから，実在気体であっても使える．すなわち，分圧の合計は（モル分率の合計は1であるから）必ず全圧に等しい．しかしながら，実在気体の場合の分圧は，その成分気体だけで容器を満たしたときの圧力に等しいとはいえない．

● **簡単な例示 1・3　分 圧**

例題1・2で，海面での乾燥空気は $x(N_2) = 0.781$，$x(O_2) = 0.210$，$x(Ar) = 0.009$ であることがわかった．したがって (1・9) 式によれば，全圧（大気圧）が 100 kPa のときの窒素の分圧は，

$$p(N_2) = x(N_2)p = 0.781 \times (100\,\text{kPa}) = 78.1\,\text{kPa}$$

と計算できる．他の2成分も同様にして，$p(O_2) = 21.0$ kPa，$p(Ar) = 0.9$ kPa と求められる．いずれも完全気体であるとすれば，各成分を混合物から分離し，それだけで容器を占めるとした圧力は，ここで求めた分圧に等しい．■

**自習問題 1・5**

水の曝気によって酸素が水に溶け込み，それで水生生物が生きていられるから，空気中の酸素分圧は重要である．また，肺で血液に酸素が吸収される際にも酸素分圧は重要な役目をしている（6・5節を見よ）．全圧 88 kPa の気体試料が 2.50 g の酸素，6.43 g の二酸化炭素を含むとき，それぞれの分圧を計算せよ．　　　　　［答：31 kPa，57 kPa］

**環境科学へのインパクト 1・1**

**気体の法則と天候**

大気は身近にある巨大な気体試料と考えてよい．この気体混合物の組成を表1・3にまとめてある．大気中では拡散や対流（風，特に**旋風**[1]などの局地的な乱気流）が生じるので，組成はほぼ一定に保たれている．しかし，温度や圧力は高度や局地的な条件によって異なり，特に**対流圏**[2]（地表から約 11 km までの大気層）では変化に富んでいる．

空気の成分のうち含有量が場所によって最も変化するのは水蒸気であり，つまり湿度が変わる．空気中に含まれる水蒸気が多ければ，同じ温度，圧力でも空気の密度は低くなる．それは，アボガドロの原理からわかる．湿気を含んだ空気と乾燥した空気を比較すれば（温度と圧力は同じとする）1 m³ 中に含まれる分子の数は同じである．しかし，$H_2O$ 分子の質量は空気の主成分のどれよりも小さい（$H_2O$ のモル質量は 18 g mol⁻¹ であり，空気の平均モル質

表1・3　地球の大気の組成

| 物質 | 存在率（パーセント） | |
|---|---|---|
|  | 体積 | 質量 |
| 窒素，$N_2$ | 78.08 | 75.53 |
| 酸素，$O_2$ | 20.95 | 23.14 |
| アルゴン，Ar | 0.93 | 1.28 |
| 二酸化炭素，$CO_2$ | 0.031 | 0.047 |
| 水素，$H_2$ | $5.0 \times 10^{-3}$ | $2.0 \times 10^{-4}$ |
| ネオン，Ne | $1.8 \times 10^{-3}$ | $1.3 \times 10^{-3}$ |
| ヘリウム，He | $5.2 \times 10^{-4}$ | $7.2 \times 10^{-5}$ |
| メタン，$CH_4$ | $2.0 \times 10^{-4}$ | $1.1 \times 10^{-4}$ |
| クリプトン，Kr | $1.1 \times 10^{-4}$ | $3.2 \times 10^{-4}$ |
| 一酸化窒素，NO | $5.0 \times 10^{-5}$ | $1.7 \times 10^{-6}$ |
| キセノン，Xe | $8.7 \times 10^{-6}$ | $3.9 \times 10^{-5}$ |
| オゾン，$O_3$：夏期： | $7.0 \times 10^{-6}$ | $1.2 \times 10^{-5}$ |
| 冬期： | $2.0 \times 10^{-6}$ | $3.3 \times 10^{-6}$ |

量は 29 g mol⁻¹ である）．したがって，湿気の多い空気は乾燥空気より密度が低いのである．

大気の圧力と気温は高度によって変化する．対流圏では海面での平均温度は 15 °C であり，高度とともに温度は次第に低くなって高度 11 km の圏界面では -57 °C に達する．これをケルビン目盛で表せば，288 K から 216 K への変化なので（平均値は 252 K）さほど大きな変化にはみえない．そこで，海面から圏界面までずっとこの平均値の温度とすれば，高度 $h$ による大気圧の変化はつぎの**大気圧式**[3]で表される．

$$p = p_0 e^{-h/H}$$

$p_0$ は海面での大気圧，$H$ は定数で約 8 km である．具体的には $H = RT/Mg$ であり，$M$ は空気の平均モル質量，$T$ は温度，$g$ は自然落下の加速度である．この大気圧式は，対流圏のもっと上まで大気圧の観測値をよく再現している（図1・6）．この式によれば，空気の圧力や密度が海面での値の半分になるのは $h = H \ln 2$，すなわち高度 5.5 km

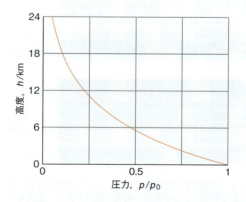

図1・6　大気圧式で予測される大気圧の高度変化

---

1) eddy　2) troposphere，変化圏という意味．　3) barometric formula

である.

対流圏における圧力や温度,組成の局地的な変動は"天候"となって現れる.小規模な空気の塊を**気塊**[1]というが,暖かい気塊は冷たい気塊より密度が小さい.そこで,暖かい気塊が上昇すれば,まわりとの熱のやり取りがないまま膨張する.このとき,もっていたエネルギーの一部をまわりの大気に渡すことになるから冷える.冷たい空気は暖かい空気ほど水蒸気を多量に含んでおくことができないので,もともとあった湿気が雲をつくる.こうして,曇天には上昇気流が伴い,晴天には下降気流を伴うことが多い.

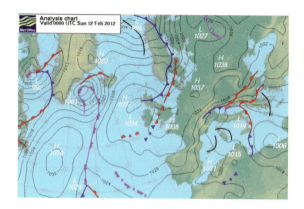

**図1·7** 天気図の一例.2012年2月の北大西洋の天気図.高気圧をH,低気圧をLで表してある.図中の数値は気圧を表しており,その単位はヘクトパスカル(ミリバール)である.

高度の高いところで空気が動くことによって,周囲に比べ分子が余分に蓄積したり,不足したりした領域ができる場合がある.それが高気圧圏(高気圧)と低気圧圏(低気圧)である.図1·7の天気図ではそれぞれHとLで表してある.圧力が等しいところを結んだ曲線を**等圧線**[2]というが,この図には4 mbar(4 hPa,約3 Torr)ごとの等圧線が描いてある.高気圧や低気圧が長く伸びている領域を,それぞれ**気圧の尾根**[3]や**気圧の谷**[4]という.

## 気体の分子論的モデル

気体は,「基本概念」でも説明したように,絶えず乱雑な運動をしている粒子の集まり(図1·8)と考えてよい.ここでは,このような気体状態にある物質のモデルを発展させ,完全気体の法則がどう説明できるかを示そう.物理化学の最も重要な役目の一つは,定性的な考えを定量的な表現に書き換えて測定によってテストできるようにし,それによって得た結果と予測を比較して実験的に検証するこ

とである.科学全般にいえることだが,まず定性的なモデルを提唱し,次にそのモデルを数学的に表現することが重要である.気体の"運動論モデル"(あるいは"分子運動論")はその最もよい例である.このモデルは単純でありながら,得られる定量的な予測(ここでは完全気体の法則)は実験的に証明可能なものである.

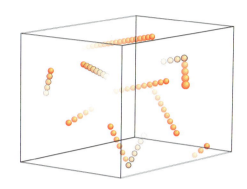

**図1·8** 完全気体の物理的性質を分子論的に記述するモデル.点で表した分子はさまざまな速さをもって,あらゆる向きに乱雑に運動しており,壁との衝突や分子同士の衝突によって速さも向きも変える.

**気体運動論モデル**[5]は,つぎの三つの仮定に基づいている.

1. 気体は,絶え間なく乱雑な運動をする分子から成る.
2. 分子の直径は,衝突と衝突の間に分子が平均として進む距離に比べてきわめて小さいので,分子の大きさは無視できる.
3. 分子同士は,衝突のとき以外は相互作用をしない.

衝突時以外に分子同士が相互作用しないと仮定することは,分子のポテンシャルエネルギー(位置によって生じるエネルギー)が分子間距離によらず0とすることに相当する.したがって,気体試料の全エネルギーは,存在する分子すべての運動エネルギー(運動に由来するエネルギー)の和に等しい.つまり,分子が速く動けば(運動エネルギーはそれだけ大きいので)気体の全エネルギーは大きい.

### 1·4 運動論モデルによる気体の圧力

気体運動論では,気体が示す定常的な圧力を分子と容器の壁との衝突によって説明する.1回の衝突では壁に小さな力しか与えないが,分子の衝突は毎秒何十億回も起こるので事実上,壁は一定の力を受ける.これが定常的な静圧力である.このモデルに基づけば,モル質量 $M$ の分子から成る体積 $V$ の気体の圧力は,

---

1) parcel  2) isobar  3) ridge  4) trough  5) kinetic model of gases

$$p = \frac{nMv_{\text{rms}}^2}{3V} \qquad \boxed{\text{運動論モデル による圧力}} \qquad (1\cdot11)$$

で表される．この式の導出は「補遺1·1」にある．$v_{\text{rms}}$ は分子の**根平均二乗速さ**[1]（rms 速さ）である．根平均二乗速さは，分子の速さ $v$ の2乗の平均値の平方根と定義される量である．すなわち，速さ $v_1, v_2, \cdots, v_N$ の $N$ 個の分子から成る試料では，それぞれの速さを2乗し，それらを全分子にわたって合計し，その平均をとるために分子数で割り（平均は記号 $\langle\cdots\rangle$ で表す），得られた結果の平方根を最後にとる．つまり，

$$v_{\text{rms}} = \langle v^2 \rangle^{1/2}$$

$$= \left(\frac{v_1^2 + v_2^2 + \cdots + v_N^2}{N}\right)^{1/2} \quad \text{定義} \quad \boxed{\text{rms 速さ}} \quad (1\cdot12)$$

である．

　rms 速さは，分子の平均の速さを示す目安としては奇妙に思えるかもしれない．しかし，速さ $v$ で運動する質量 $m$ の分子1個の運動エネルギーが $E_{\text{k}} = \frac{1}{2}mv^2$ で表されることを考えれば，その意味は明らかであろう．つまり，分子の集合について平均した運動エネルギーは平均値 $\langle E_{\text{k}} \rangle$ で表されるのだが，それが $\frac{1}{2}mv_{\text{rms}}^2$ に等しいということである．そこで，$\frac{1}{2}mv_{\text{rms}}^2 = \langle E_{\text{k}} \rangle$ の関係から，

$$v_{\text{rms}} = \left(\frac{2\langle E_{\text{k}} \rangle}{m}\right)^{1/2} \qquad (1\cdot13)$$

である．このように，気体分子の速さを $v_{\text{rms}}$ で表すときには平均運動エネルギーを念頭においていると考えてよい．rms 速さは，もっとわかりやすいもう一つの速さである分子の**平均速さ**[2] $\overline{v}$ にきわめて近い．

$$\overline{v} = \frac{v_1 + v_2 + \cdots + v_N}{N} \quad \text{定義} \quad \boxed{\text{平均速さ}} \quad (1\cdot14)$$

分子が多数存在する気体では，平均速さは rms 速さよりわずかに遅い．正確には，

$$\overline{v} = \left(\frac{8}{3\pi}\right)^{1/2} v_{\text{rms}} = 0.921\, v_{\text{rms}} \qquad (1\cdot15)$$

の関係がある．初歩的な計算や定性的な話では両者の違いを区別する必要はないが，厳密な計算では明確に区別することが重要になる．

● **簡単な例示1·4　根平均二乗値**
　複数の車が，ある地点を 45.0 (5)，47.0 (7)，50.0 (9)，53.0 (4)，57.0 (5) km h$^{-1}$ の速さで通過した．（　）内の数字は車の台数である．これらの車の rms 速さは，(1·12) 式で表されるから，つぎのように計算できる．

$$v_{\text{rms}} = \left\{\frac{\begin{array}{c} 5 \times (45.0\ \text{km h}^{-1})^2 + 7 \times (47.0\ \text{km h}^{-1})^2 \\ + \cdots 5 \times (57.0\ \text{km h}^{-1})^2 \end{array}}{5 + 7 + \cdots 5}\right\}^{1/2}$$

$$= 50.2\ \text{km h}^{-1} \qquad ●$$

**自習問題1·6**

上の例で車の平均速さを（1·14 式を使って）計算せよ．
[答: 50.0 km h$^{-1}$]

(1·11) 式を変形すれば，

$$pV = \frac{1}{3}nMv_{\text{rms}}^2 \qquad (1\cdot16)$$

となり，すでに完全気体の状態方程式 $pV = nRT$ に似ているのがわかる．このことは，気体運動論モデルが成功した重要な点の一つであり，このモデルは実験で検証することができたのである．

## 1·5　気体分子の平均の速さ

　ここで，運動論モデルで導かれた $pV$ の式（1·16 式）は，完全気体の状態方程式 $pV = nRT$ そのものであるとしよう．そうすれば，その右辺は $nRT$ に等しいから，

$$\frac{1}{3}nMv_{\text{rms}}^2 = nRT$$

とできる．ここで，両辺の $n$ は消しあって，

$$\frac{1}{3}Mv_{\text{rms}}^2 = RT$$

が得られる．これは非常に役に立つ式であり，変形すれば任意の温度での気体分子の rms 速さを求める式が得られる．まず，$v_{\text{rms}}^2 = 3RT/M$ と書いてから，両辺の平方根をとれば，つぎの式が得られる．

$$v_{\text{rms}} = \left(\frac{3RT}{M}\right)^{1/2} \qquad \boxed{\text{分子の rms 速さ}} \quad (1\cdot17)$$

● **簡単な例示1·5　分子の rms 速さ**
　(1·17) 式に $O_2$ のモル質量（32.0 g mol$^{-1}$，つまり $3.20 \times 10^{-2}$ kg mol$^{-1}$）と温度 25 ℃（すなわち 298 K）を代入し，酸素分子の rms 速さを計算すれば，

$$v_{\text{rms}} = \left\{\frac{3 \times \overset{R}{\overbrace{(8.3145\ \text{J K}^{-1}\ \text{mol}^{-1})}} \times \overset{T}{\overbrace{(298\ \text{K})}}}{\underset{M}{\underbrace{3.20 \times 10^{-2}\ \text{kg mol}^{-1}}}}\right\}^{1/2}$$

$$= 482\ \text{m s}^{-1}$$

が得られる．（1 J ＝ 1 kg m$^2$ s$^{-1}$ を使って単位を消去した．）窒素分子では 515 m s$^{-1}$ である．いずれの値も空気中を伝わる音速（25 ℃ で 346 m s$^{-1}$）とさほど違わない．これは当然で，音というのは分子の運動によって伝搬する圧力変化の波だからであり，そのため音波が進む速さは分子の速さにほぼ等しいのである．●

---

1) root-mean-square speed　2) mean speed

**自習問題 1・7**

H$_2$ 分子の 25 °C での rms 速さを計算せよ．

[答: 1920 m s$^{-1}$]

---

(1・17) 式から導ける重要な結論は，

- 気体中の分子の rms 速さは温度の平方根に比例する．
  $v_{rms} \propto T^{1/2}$

というものである．平均速さは rms 速さに比例するから，平均速さについても同じことがいえる．したがって，熱力学温度が（つまり，ケルビン目盛の温度で）2倍になれば，分子の平均速さも rms 速さも $2^{1/2} = 1.414 \cdots$ 倍になる．

● **簡単な例示 1・6　分子の速さ**

空気を試料として 25 °C (298 K) から 0 °C (273 K) へと冷却すれば，分子の rms 速さは初めの，

$$v_{rms} \propto T^{1/2}$$

$$\frac{v_{rms}(273\,K)}{v_{rms}(298\,K)} = \left(\frac{273\,K}{298\,K}\right)^{1/2} = 0.957$$

倍に減少する．したがって，寒い日の空気分子は暖かい日に比べ，平均速さも（rms 速さと同じ比率で変化するので）約4パーセント遅い．■

## 1・6　マクスウェルの速さの分布

ここまでは，気体分子の平均の速さだけを考えてきた．しかしながら，分子すべてが同じ速さで運動しているわけではない．平均の速さより遅い分子もあれば（衝突前には遅くても，バットでボールを打ったときのように衝突によって加速されるかもしれない），平均よりずっと速く運動している分子が次の瞬間，別の分子と衝突して急に止まってしまうかもしれない．分子は衝突によって絶えず速度を交換している．このような衝突は，標準状態の気体では 1 分子当たり約 1 ナノ秒 (1 ns = 10$^{-9}$ s) に 1 回の頻度で起こっている．

気体試料中の分子が，ある瞬間にある特定の範囲の速さをもつ確率 $P$ を表す式を**分子の速さの分布**[1] という．たとえば，20 °C の O$_2$ 分子では 1000 個に 19 個の割合，つまり $P = 0.019$ で 300 と 310 m s$^{-1}$ の間の速さをもち，1000 個に 21 個の割合，つまり $P = 0.021$ で 400 と 410 m s$^{-1}$ の間の速さで運動しているなどということが，この分布からわかるのである．この分布のかたちは 19 世紀の終わりにマクスウェル[2] によって詳しく調べられ，この式を**マクスウェルの速さの分布**[3] いう．マクスウェルによれば，分子が $v$ から $v + \Delta v$ までの狭い範囲の速さ（たとえば，300 m s$^{-1}$ から 310 m s$^{-1}$ の範囲なら，$v = 300$ m s$^{-1}$, $\Delta v =$ 10 m s$^{-1}$）をもつ確率 $P(v, v + \Delta v)$ は，

$$P(v, v+\Delta v) = \rho(v)\Delta v \quad \text{ここで,}$$

$$\rho(v) = 4\pi\left(\frac{M}{2\pi RT}\right)^{3/2} v^2 e^{-Mv^2/2RT}$$

**マクスウェルの速さの分布**　(1・18)

で表される．$\rho$（ロー）はギリシャ文字である．指数関数の説明は「必須のツール 1・2」にある．上で示した数値は，この式を使って計算したものである．この式の起源はボルツマン分布（基本概念 0・11）に遡ることができる．ある速さ $v$ の分子の運動エネルギーは $E_k = \frac{1}{2}mv^2$ であり（ポテンシャルエネルギーはない），ボルツマンによれば，その分子の割合は $e^{-E_k/kT}$，つまり $e^{-mv^2/2kT}$ に比例する．ここで，$m$ と $k$ の両方にアボガドロ定数 $N_A$ を掛ければ，$e^{-Mv^2/2RT}$ に比例することになって，次式が得られる．

$$\rho(v) \propto e^{-mv^2/2kT} = e^{-Mv^2/2RT}$$

($E_k/kT$, $mN_A = M$, $kN_A = R$)

---

**必須のツール 1・2　指数関数とガウス関数**

どちらの関数も本書で（物理化学全般でも）頻繁に出てくるので，そのかたちを知っておくと役に立つだろう．ここでは $e^{-ax}$ と $e^{-ax^2}$ の 2 種類の関数（概略図 1・3）を調べる．

**指数関数**[4] は $e^{-ax}$ のかたちの関数であり，$x = 0$ で 1 であり，$x$ が無限大で 0 に向かって減衰する．この関数は，$a$ が大きいと，小さい場合より急速に 0 に近づく．

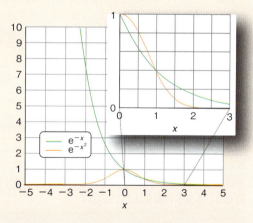

**概略図 1・3**　指数関数 $e^{-x}$ とベル形のガウス関数 $e^{-x^2}$．$x = 0$ ではどちらの関数も 1 であるが，前者は $x \to -\infty$ で無限大となる．右の拡大図には両関数の $x > 0$ での振舞いを詳しく示してある．

---

1) distribution of molecular speeds　2) James Clerk Maxwell　3) Maxwell distribution of speeds　4) exponential function

> **ガウス関数**[1] は $e^{-ax^2}$ のかたちをしており，この関数も $x=0$ では 1 であり，$x$ が無限大で 0 へと減衰する．しかし，上の指数関数と比較して減衰の仕方ははじめ緩やかで，あるところから急速に 0 に向かう．
>
> 図には両関数の $x$ が負の領域での振舞いも示してある．指数関数 $e^{-ax}$ は $x \to -\infty$ で急速に立ち上がるが，ガウス関数は $x=0$ について対称であり，$x \to \pm\infty$ で 0 に向かうベル形の曲線を描く．

この関数 $\rho(v)$ は"確率密度"であり，確率ではないことに注意しよう．分子の速さが $v$ と $v+\Delta v$ の範囲にある確率は，$\rho(v)$ にこの範囲の幅を掛けたものである．（これは，ある体積を占める物質の質量を求める場合も同じで，質量密度に物質が占めている領域，つまり体積を掛けたものが質量である．）このような確率密度の例は本書でもいろいろでてくる．

(1·18) 式は複雑そうに見えるが，その特徴を捉えるのはごく簡単である．物理化学では，数式に込められたメッセージを正しく解釈することが重要で，その力を養っておくことが大切である．数式は重要な情報を伝えようとしているのであって，それを単に覚えるのではなく，そこから情報を読み取ることが大切である．ここでは，(1·18) 式から情報を一つ一つ取出してみよう．

- $P(v, v+\Delta v)$ は速さの範囲 $\Delta v$ に比例する．つまり，速さが $\Delta v$ の範囲内にある確率は $\Delta v$ の大きさに比例している．ある速さのところでその範囲を 2 倍に大きくとれば（といっても，まだ狭い範囲でなければならないが），分子の速さがその範囲にある確率も 2 倍になる．

- (1·18) 式には，指数関数で減衰する因子 $4\pi(M/2\pi RT)^{3/2} \times v^2 e^{-Mv^2/2RT}$ が含まれている．すなわち，$ax^2$ が大きいと関数 $e^{-ax^2}$ はきわめて小さいので，非常に速い分子が見つかる確率はごくわずかである．

- $4\pi(M/2\pi RT)^{3/2} v^2 e^{-Mv^2/2RT}$ の指数関数の肩にある $v^2$ に掛かる因子 $M/2RT$ は，モル質量 $M$ が大きいほど大きい．したがって，モル質量 $M$ が大きい指数関数の因子は急速に 0 に近づく．つまり，重い分子では速く運動している分子の割合はごく少ない．

- 温度 $T$ が高いと，これとは逆のことがいえる．指数関数の肩の因子 $M/2RT$ が小さいので，$v$ が増加しても指数関数は比較的ゆっくりと 0 に近づくだけである．高温では，速い分子の確率が低温の場合よりも大きい．

- $4\pi(M/2\pi RT)^{3/2} v^2 e^{-Mv^2/2RT}$ では，指数関数の前に $v^2$ という因子が掛かっている．これは，速い分子ほど大きな寄与を及ぼすことを示しており，逆に，$v$ が 0 に近づけばこの因子全体も 0 に近づくから，きわめて遅い分子を見いだす確率はごくわずかしかない．

- $4\pi(M/2\pi RT)^{3/2} v^2 e^{-Mv^2/2RT}$ に含まれる残りの因子は単に，速さが 0 から無限大までの全分子の確率を合計したとき 1 になるように規格化するための因子である．

図 1·9 はマクスウェル分布のグラフである．上で述べた特徴のうち，同じ気体（$M$ が同じ）で温度が違う場合を示してある．式のかたちからわかるように，非常に遅い分子や非常に速い分子を見いだす確率は小さい．しかし，温度が上昇すれば，速い分子を見いだす確率は急増する．それは，分布が速い側に大きく裾をひくからである．このような特徴は，気相の化学反応速度を決める重要な役割をする．すなわち，気相反応の速度は（10·10 節で述べるように）2 個の分子が衝突するときのエネルギー，すなわち分子の速さに依存するからである．

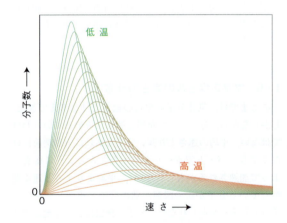

**図 1·9** マクスウェルの速さの分布とその温度変化．温度が上昇すれば分布の幅が広がり，rms 速さは値の大きい側にシフトすることに注目しよう．

図 1·10 は，モル質量の違う分子について，同じ温度でのマクスウェル分布をプロットしたものである．同じ温度では，重い分子の方が軽い分子より平均の速さが遅いだけでなく，速さの分布がかなり狭いことがわかる．すなわち，分子の大半は平均に近い速さで運動している．これに対して，軽い分子（$H_2$ など）では平均の速さが速く，しかも速さの分布は広がっている．平均よりずっと遅い分子も，逆にずっと速い分子も相当数存在しているのである．この特徴は，惑星の大気の組成を決めている重要な点で，すなわち，軽い分子では速く運動できる分子の割合がかなり多

[1] Gaussian function

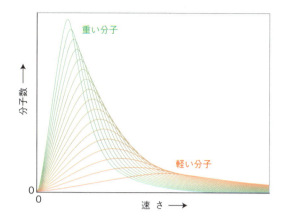

**図1・10** マクスウェルの速さの分布は，分子のモル質量にも依存する．すなわち，モル質量の小さな分子では速さの分布の幅が広く，しかも，rms 速さよりずっと速く運動している分子の割合がかなりある．重い分子では分布がずっと狭くなり，ほとんどが rms 速さに近い速さで運動している．

いため，惑星の引力にうち勝って惑星から逃げ去ってしまうのである．このような逃げやすさが一つの原因で，地球の大気には水素（モル質量 2.02 g mol$^{-1}$）やヘリウム（4.00 g mol$^{-1}$）がきわめて少ない．

マクスウェル分布は，速度選別器（共通の回転軸をもつ複数の円盤それぞれに穴を開けた装置．穴の位置は少しずつずらしてある）を用いて，ある温度の炉から飛び出してくる分子の流れをこれに通すことにより実験的に立証された．円盤の回転速度を調節すれば，ある特定の速さでやってくる分子にとっては穴がちょうど一直線に並ぶことになって，そのような速さをもつ分子だけが通り抜けて，検出される．回転速度を変化させれば分子の速さの分布の形を知ることができ，(1・18) 式で予測されるものと同じであることがわかる．選別器を用いたこの実験は一次元の速さ分布を測定するものであるが，分子ビーム内の三次元的な分布もこれと同じものであるから，この実験によってマクスウェル分布が観測されることがわかる．

## 1・7 拡散と流出

**拡散**[1] は，違う物質の分子が互いに混じり合う過程である．2種類の固体を接触させれば，原子は互いに別の固体中へと拡散するが，その過程はきわめて遅い．これに比べて，固体から液体の溶媒中へ拡散するのはもっと速い．急いで混ぜるにはかき混ぜたり振り混ぜたりする（しかし，その過程はもはや純粋な拡散ではない）．ある気体から別の気体への拡散はずっと速い．大気の組成がほぼ均一であることからも，気体の拡散が速いことはわかる．ある気体が局所的に発生しても（動物が呼吸すれば二酸化炭素

が，緑色植物が光合成すれば酸素が，車や工場からはさまざまな汚染気体が発生する），その気体分子は発生源から拡散し，大気はいずれ均一な組成になる．実際には，風のような大規模な流れのおかげで気体の混合はもっと促進される．**流出**[2] は小さい穴から気体が噴出するもので，膨らませた風船やタイヤがパンクした場合に見られる（図1・11）．

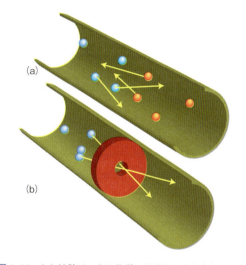

**図1・11** (a) 拡散は，ある物質の分子が，もともと別の化学種が占めていた領域へと広がっていく現象である．どちらの物質の分子も動き，互いに他方へと拡散していくことに注意せよ．(b) 流出は，閉じ込めていた部屋の壁に小さな穴が開いて，そこから分子が噴出する現象である．

気体の拡散や流出の速さは温度上昇とともに速くなる．どちらも分子の運動に依存していて，温度上昇とともに分子の速さが速くなるからである．また，モル質量が大きいと拡散や流出の速さが遅いのは，分子の平均の速さが遅くなるためである．モル質量に対する依存性が単純なのは流出の場合だけである．流出では移動する物質が1種類であり，拡散のように何種類もの気体が関与しないからである．

気体の流出の速さに対するモル質量の依存性は実験的に調べられ，1833 年にグレアム[3] により提案された**グレアムの流出の法則**[4] にまとめられている．

- ある圧力と温度のもとでは，気体の流出の速さは，その分子のモル質量の平方根に反比例する．

$$\text{流出の速さ} \propto \frac{1}{M^{1/2}} \quad \text{グレアムの法則} \quad (1・19)$$

ここで速さというのは，1秒当たりに逃げ去っていく分子の数（または物質量，単位モル）である．

---

1) diffusion  2) effusion  3) Thomas Graham  4) Graham's law of effusion

● **簡単な例示 1・7　グレアムの法則**

　圧力，温度とも同じ条件で，水素（モル質量 2.016 g mol$^{-1}$）と二酸化炭素（44.01 g mol$^{-1}$）の流出の速さ（物質量で表した速さ）の違いを比で表せば，

速さ $\propto 1/M^{1/2}$

$$\frac{\text{H}_2 \text{の流出の速さ}}{\text{CO}_2 \text{の流出の速さ}} = \left(\frac{M(\text{CO}_2)}{M(\text{H}_2)}\right)^{1/2}$$

$$= \left(\frac{44.01 \text{ g mol}^{-1}}{2.016 \text{ g mol}^{-1}}\right)^{1/2}$$

$$= \left(\frac{44.01}{2.016}\right)^{1/2} = 4.672$$

である．しかし，ある時間に流出する質量に注目すれば二酸化炭素の方が水素より大きい．それは，分子数で比較したとき水素の流出は5倍も速いのに，分子1個の質量は逆に二酸化炭素が水素の20倍以上もあるからである．●

**自習問題 1・8**

　流出によってアルゴン 5.0 g が失われたとしよう．窒素であれば，同じ条件でどれだけの質量が失われるか．

［答：4.2 g］

**ノート**　用語の意味を常に明確にしておくことが大事である．たとえば，上の例示では，単に"速さ"というだけではあいまいである．分子の物質量で表した速さということを指定する必要がある．

　水素やヘリウムが容器から漏れやすく，ゴムの隔膜を通りやすい理由の一つは，分子の流出の速さが速いことによる．多孔性の壁を通り抜ける際に流出の速さが違うことは核燃料の製造過程で利用され，主成分だがあまり役に立たないウラン–238 から，目的とするウラン–235 を分離している．この過程には固体六フッ化ウランの揮発性を利用している．しかしながら，$^{238}$UF$_6$ と $^{235}$UF$_6$ のモル質量の比は 1.008 しかないので，流出の速さの比は $(1.008)^{1/2}$ = 1.004 にすぎない．したがって，分離をよくするには何千回もの流出過程の繰返しが必要となる．昔は，モル質量が既知の気体の流出の速さと比較して，未知の気体や蒸気のモル質量を求めるのにこの方法が使われた．しかし，現在では質量分析法など，もっと正確な手法が簡単に使える．

　グレアムの法則は，気体分子の rms 速さがモル質量の平方根に反比例すること（1・17 式）からも説明できる．容器の穴から噴出する際の流出の速さは，分子が穴を通り抜ける速さに比例するので，流出の速さは $M^{1/2}$ に反比例

することになって，つまりグレアムの法則が導かれるのである．

## 1・8　分子の衝突

　分子が衝突してから次に衝突するまでに飛行する平均距離を**平均自由行程**[1]といい，$\lambda$（ラムダ）で表す．液体中での平均自由行程は分子の直径よりも短い．分子の直径の何分の一か動いただけで隣の分子にぶつかるからである．しかし，気体中では平均自由行程は分子の直径の数百倍もある．分子をテニスボールの大きさに例えれば，代表的な気体の平均自由行程はテニスコートの長さくらいである．

　**衝突頻度**[2] $z$ は，ある分子1個が他の分子と衝突する頻度である．具体的には，$z$ はある時間内に分子1個が衝突する平均の回数をその時間間隔で割った値である．衝突頻度の逆数 $1/z$ は**飛行時間**[3]である．それは，衝突から次の衝突までの間に分子が飛行する平均の時間である．（たとえば，毎秒10回の衝突が起これば衝突頻度は $10 \text{ s}^{-1}$ であり，衝突と衝突の間の平均時間は1秒の1/10であるから飛行時間は 1/10 s である．）後でも述べるが，代表的な気体の衝突頻度は，1 atm, 室温では約 $10^9 \text{ s}^{-1}$ であり，飛行時間は 1 ns 程度である．

　速さは距離を時間で割ったものであるから，rms 速さ $v_{\text{rms}}$ を大まかに平均の速さと考えれば，これは衝突と衝突の間に分子が飛行する平均の距離（平均自由行程 $\lambda$）を飛行時間 $(1/z)$ で割ったものとすることができる．つまり，平均自由行程と衝突頻度との間には，

$$v_{\text{rms}} = \frac{\text{衝突間の距離}}{\text{衝突間の時間}} = \frac{\overbrace{\text{平均自由行程}}^{\lambda}}{\underbrace{\text{飛行時間}}_{1/z}} = \frac{\lambda}{1/z} = \lambda z \quad (1\cdot 20)$$

の関係がある[†3]．したがって，この式と（1・17）式から求めた $v_{\text{rms}}$ の値を使うと，$\lambda$ か $z$ の一方が計算できれば他方

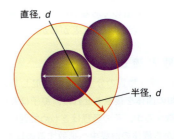

**図 1・12**　完全気体の分子衝突に関わる諸量を計算するため，それまで点で表していた分子を直径 $d$ の球で覆われたものとみなす．このとき，半径 $d$ の円内に別の分子の中心があれば両分子は衝突する．衝突断面積は，このとき標的となる面積 $\pi d^2$ に等しい．

---

†3　訳注：(1・20) 式の左辺は正確には $\sqrt{2}\,\bar{v}$ であり，$(16/3\pi)^{1/2}v_{\text{rms}} = 1.303\, v_{\text{rms}}$ に相当する．
1) mean free path　2) collision frequency　3) time of flight

もわかることになる.

$\lambda$ と $z$ の式をそれぞれ導くには,これまでの気体運動論モデルを少し改良する必要がある.最初は,分子は実際上,点とみなせるとした.しかし,衝突を考えるには,その"点"同士が近づいてある範囲 $d$ の中に入ればぶつかると仮定する必要がある.ここで,$d$ は分子の直径と考えることができる(図1·12).標的分子の**衝突断面積**[1] $\sigma$(シグマ)は,やってくる別の分子から見たとき標的となる面積であり,したがって半径 $d$ の円の面積に等しく $\sigma = \pi d^2$ である.気体運動論モデルにこの量を組込めば,

$$\lambda = \frac{kT}{\sigma p} \qquad \boxed{\text{平均自由行程}} \qquad (1\cdot21)$$

が得られる[†4].$k$ はボルツマン定数である.表1·4には,代表的な原子や分子の衝突断面積を示してある.(1·21)式と(1·20)式とから次式が得られる[†5].

$$z = v_{rms}/\lambda$$
$$z = \frac{\sigma v_{rms} p}{kT} \qquad \boxed{\text{衝突頻度}} \qquad (1\cdot22)$$

● **簡単な例示1·8 平均自由行程**

表1·4のデータを使えば,SATP(25 ℃, 1 bar)での酸素中の $O_2$ 分子の平均自由行程はつぎのように計算できる.

$$\lambda = \frac{\overset{k}{\overbrace{(1.381 \times 10^{-23}\,\text{J K}^{-1})}} \times \overset{T}{\overbrace{(298\,\text{K})}}}{\underset{\sigma}{\underbrace{(0.40 \times 10^{-18}\,\text{m}^2)}} \times \underset{p}{\underbrace{(1 \times 10^5\,\text{Pa})}}}$$

$$= \frac{(1.381 \times 10^{-23}) \times (298)}{(0.40 \times 10^{-18}) \times (1 \times 10^5)}\,\frac{\text{J}}{\text{Pa m}^2}$$

$$1\,\text{J} = 1\,\text{Pa m}^3 \qquad 1\,\text{nm} = 10^{-9}\,\text{m}$$

$$= 1.0 \times 10^{-7}\,\text{m} = 100\,\text{nm}$$

この条件での衝突頻度は $6.1 \times 10^9\,\text{s}^{-1}$ であり,各分子は1秒間に61億回の衝突を行っていることがわかる. ■

**自習問題1·9**

(1·17)式と(1·22)式,表1·4のデータを使って,上と同じ条件にある気体塩素の $Cl_2$ 分子の衝突頻度を求めよ. [答: $9.5 \times 10^9\,\text{s}^{-1}$]

ここでも(1·21)式や(1·22)式を覚えるのではなく,その内容を理解することが大切である.

• $\lambda \propto 1/p$ であるから,圧力が増加すれば平均自由行程は短くなる.

これは,圧力が増加すれば一定体積中に存在する分子の数

**表1·4 代表的な原子や分子の衝突断面積**

| 化学種 | $\sigma/\text{nm}^2$ |
|---|---|
| アルゴン,Ar | 0.36 |
| ベンゼン,$C_6H_6$ | 0.88 |
| 二酸化炭素,$CO_2$ | 0.52 |
| 塩素,$Cl_2$ | 0.93 |
| エテン,$C_2H_4$ | 0.64 |
| ヘリウム,He | 0.21 |
| 水素,$H_2$ | 0.27 |
| メタン,$CH_4$ | 0.46 |
| 窒素,$N_2$ | 0.43 |
| 酸素,$O_2$ | 0.40 |
| 二酸化硫黄,$SO_2$ | 0.58 |

$1\,\text{nm}^2 = 10^{-18}\,\text{m}^2$

が多くなるためで,その結果,次の分子と衝突するまでの飛行距離が短くなるのである.たとえば,$O_2$ 分子の平均自由行程は,25 ℃ で圧力が 1.0 bar から 2.0 bar に増加すれば 100 nm から 50 nm に短くなる.

• $\lambda \propto 1/\sigma$ であるから,衝突断面積が大きいほど分子の平均自由行程は短い.

たとえば,ベンゼン分子の衝突断面積($0.88\,\text{nm}^2$)はヘリウム原子の衝突断面積($0.21\,\text{nm}^2$)の約4倍であり,圧力と温度が同じであれば平均自由行程は 1/4 になる.

• $z \propto p$ であるから,衝突頻度は気体の圧力とともに増加する.

温度が同じであれば,圧力が高くて分子が密に存在する気体ほど,分子が次に衝突するまでの時間は短いからである.たとえば,酸素中の $O_2$ 分子の衝突頻度は SATP では $6.1 \times 10^9\,\text{s}^{-1}$ であるが,同じ温度でも 2.0 bar では2倍の $1.2 \times 10^{10}\,\text{s}^{-1}$ になる.

• (1·22)式によれば $z \propto v_{rms}$ であり,すでに述べたように $v_{rms} \propto 1/M^{1/2}$ であるから,衝突断面積が同じであっても,重い分子の衝突頻度は軽い分子より小さい.

重い分子は軽い分子より(同じ温度でも)平均として遅いから,衝突頻度は小さい.

## 実 在 気 体

ここまで述べてきたのはすべて,完全気体にしか適用できないものであった.すなわち,分子同士は平均としてか

---

†4 この式の導出については,"アトキンス物理化学"を見よ.
†5 訳注:(1·22)式の右辺は正確には,$v_{rms}$ を $\sqrt{2}\,\bar{v}$ で置き換えたものである.
1) collision cross-section

なり離れているので，互いに独立に運動している．前節で導入した量を使って完全気体をいい表せば，分子同士が接触したとみなせる距離 $d$ に比べ分子の平均自由行程 $\lambda$ がずっと大きな気体のことである．

- 完全気体として振舞うための条件：$\lambda \gg d$

完全気体では平均の分子間距離がこのように長いので，分子の全エネルギーを運動エネルギーだけで表すことができ，分子が互いに相互作用することによるポテンシャルエネルギーの寄与がない．しかしながら，現実の分子では分子同士が近づけば互いに相互作用をするので"運動エネルギーのみ"というモデルは近似でしかない．にもかかわらず，たいていの場合には $\lambda \gg d$（分子間の間隔はその直径よりずっと大きく，テニスボールに比べてテニスコートの大きさほどもある）の関係が満たされるから，気体を完全気体として扱うことができるのである．

## 1・9 分子間相互作用

分子間相互作用のポテンシャルエネルギーには 2 種類の寄与がある．分子同士が比較的離れているとき（分子直径の 2～3 倍程度），分子は互いに引き合う．この分子間引力は，低温で気体が凝縮し液体ができる原因である．温度が十分低くなれば気体分子の運動エネルギーが小さくなり，互いの引力に打ち勝てなくなって互いにくっつく．第二の相互作用は，分子が接触する程度にまで接近すれば斥けあうことである．このような分子間反発力が存在することは，液体でも固体でも嵩だかさがあって，潰れて無限に小さな点になってしまうことがないことからもわかる．

分子間に引力や反発力が働く分子間相互作用が存在すれば，ポテンシャルエネルギーが発生し，気体の全エネルギーに寄与する．引力が働くところでは，分子同士が近づくにつれて全エネルギーが低くなる．したがって，引力はポテンシャルエネルギーに対して負の寄与をする．一方，分子間に反発力が働くところでは，分子同士を押しつけるほど全エネルギーが高くなり，反発力はポテンシャルエネルギーに正の寄与をする．図 1・13 は，分子間距離に対するポテンシャルエネルギー変化の一般的なかたちを表している．遠くにいればエネルギーを下げる引力的な相互作用が優勢であり，近づきすぎるとエネルギーを上げる反発的な相互作用が勝る．

分子間相互作用の効果は気体の性質，とりわけ状態方程式に顕著に現れてくる．たとえば，実在気体の等温線はボイルの法則の予測とは違う形をしており，特に相互作用が重要になる高圧，低温で大きく異なる．図 1・14 は実験で得られた二酸化炭素の等温線である．これと比較すべき完全気体の等温線は図 1・1 に示してある．高温（しかも低圧，グラフの右端）での等温線は完全気体のものと似ているものの，約 50 °C 以下の温度で圧力が約 1 bar 以上なら両者は全く違う．

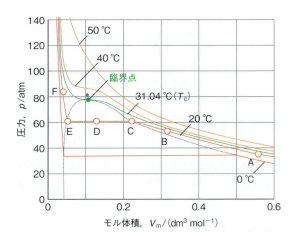

図 1・14 二酸化炭素の実験で求めた等温線．臨界等温線は 31.04 °C にある．

## 1・10 臨界温度

図 1・14 の等温線の意味を理解するために，20 °C の等温線の上を点 A から点 F まで変化したときの状況を考えよう．

- 点 A では二酸化炭素は気体である．
- この試料をピストンで押せば，B まで圧縮する間はボイルの法則にほぼ従って圧力は増加する．
- その後も C までは圧力上昇が続く．
- そこからはピストンを押し込んでも圧力は上がらず，D を通って E に至る．

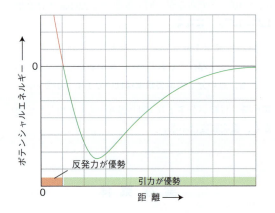

図 1・13 分子 2 個を考えたときの，ポテンシャルエネルギーの距離による変化．ポテンシャルエネルギーが正で大きいのは（非常に近づいたとき）分子間相互作用の反発力が優勢であることを示している．中間的な距離にあれば，ポテンシャルエネルギーは負となり引力相互作用が優勢となる．ずっと離れれば（右端）ポテンシャルエネルギーは 0 に近づき，そこでは分子間に相互作用は働かない．

- E から F まで圧縮するにはずっと大きな圧力が必要である．

このような体積変化に伴う圧力変化は予想通りのもので，すなわち，点 C で気体であったものが点 E では凝縮して体積の小さな液体ができたのである．実際，試料を観察していれば，つぎのような状況が観測できたことだろう．

- C では，凝縮によって液体ができはじめる．
- この凝縮は，ピストンで押して E までくれば完了する．
- E では，ピストンは液体表面に接している．
- 続く E から F までの体積収縮の様子は，液体をもっと圧縮するには非常に大きな圧力が必要なことを示している．

分子間相互作用によれば，これはつぎのように解釈できる．

- C から E までは，平均として分子同士が近づいた結果，分子間に引力が働き，凝縮して液体ができる．
- E から F までは，すでに互いに接触している分子同士をもっと近づけようとしている領域であり，このとき分子間に働く強い反発力に対抗している．

点 D で容器の内部をのぞけば液体が見えて，残っている気体との間に明確な界面が確認できることだろう（図1·15）．温度がほんのわずか高くなっても（たとえば30 ℃）液体はできるが，それにはもっと高い圧力が必要である．このような高い圧力では，残りの気体の密度は液体とあまり変わらなくなるから両者の界面はできにくい．

ちょうど 31.04 ℃ (304.19 K) になれば，二酸化炭素は気体状態から凝縮状態へと連続的に転移したように見えて，このとき両状態の間に界面は存在しない．この温度（二酸化炭素では 304.19 K だが，物質によって違う）を **臨界温度**[1] $T_c$ といい，それよりも高い温度ではどんなに圧縮しても容器の中は1種類の形態のもので占められ，液体と気体が分かれて存在することはない．このように，温度が臨界温度より低くない限り，液体を加圧しても気体を凝縮させることはできないと結論しなければならない．

図 1·14 から，臨界温度での等温線，つまり **臨界等温線**[2] は，それ以下の温度で存在していた等温線の水平部の両端の体積が，その気体の **臨界点**[3] で一つになっていることもわかる．この臨界点での圧力とモル体積をそれぞれ，その物質の **臨界圧力**[4] $p_c$，**臨界モル体積**[5] $V_c$ という．$p_c$，$V_c$，$T_c$ をまとめて物質の **臨界定数**[6] という．身近な気体の臨界温度を表 1·5 に示す．たとえば窒素の場合，126 K （−147 ℃）よりも低くなければいくら圧縮しても液体窒素はできない．臨界温度は，"蒸気"と"気体"の用語を使い分ける目安にされることがある．

- **蒸気**[7] は，その物質の臨界温度以下で存在する気体相である（したがって，圧縮すれば液化することが可能である）．

**図 1·15** 密封容器に入れた液体を加熱すれば，蒸気相の密度が次第に大きくなり，液相の密度は減少する．図では密度の大きさを影の濃さで表してある．二つの相の密度がついに等しくなれば両流体間の界面は消滅する．そのときの温度が臨界温度である．実験に用いる容器は強いものでなければならない．水の臨界温度は 374 ℃ であるが，そのときの蒸気圧は 218 atm にもなる．

**表 1·5** 気体の臨界温度

| | 臨界温度 / ℃ |
|---|---|
| **貴ガス** | |
| ヘリウム, He | −268 (5.2 K) |
| ネオン, Ne | −229 |
| アルゴン, Ar | −123 |
| クリプトン, Kr | −64 |
| キセノン, Xe | 17 |
| **ハロゲン** | |
| 塩素, $Cl_2$ | 144 |
| 臭素, $Br_2$ | 311 |
| **小さな無機分子** | |
| アンモニア, $NH_3$ | 132 |
| 二酸化炭素, $CO_2$ | 31 |
| 水素, $H_2$ | −240 |
| 窒素, $N_2$ | −147 |
| 酸素, $O_2$ | −118 |
| 水, $H_2O$ | 374 |
| **有機化合物** | |
| ベンゼン, $C_6H_6$ | 289 |
| メタン, $CH_4$ | −83 |
| 四塩化炭素, $CCl_4$ | 283 |

---

1) critical temperature  2) critical isotherm  3) critical point  4) critical pressure  5) critical molar volume
6) critical constant  7) vapor

- **気体**[1] は，その物質の臨界温度以上で存在する気体相である（したがって，圧縮するだけでは液化できない）．

したがって，室温の酸素は正真正銘の気体である．室温の水の気体相は蒸気である．

臨界温度以上で気体を圧縮したとき得られる高密度流体は，ふつうの液体とは違う．しかし，いろいろな点で液体の振舞いもする．たとえば，密度は液体とよく似ていて溶媒作用がある．一方，この流体は密度が高くても蒸気相との界面をもたないので，厳密には液体でない．また，密度が非常に高いので気体に似ているともいえない．これが**超臨界流体**[2] である．最近では超臨界流体を溶媒に利用しており，たとえば超臨界二酸化炭素は，カフェイン抜きのコーヒーをつくるためのカフェイン抽出溶媒として使われる．その利点は有機溶媒と違って，好ましくない，あるいは毒性があるかもしれない残渣がでない点である．超臨界流体は最近，工業的なプロセスでも非常に興味がもたれている．環境破壊の原因とされるクロロフルオロカーボンの代替として使えるものがあり，それで環境破壊を避けることができる．二酸化炭素は大気から直接，もしくは種々の再生有機物資源から（発酵によって）得られるので，それを超臨界二酸化炭素として使っても大気に正味の負荷を加えることにならない．

## 1・11 圧縮因子

実在気体の性質を考えるのに便利な量として**圧縮因子**[3] $Z$ がある．それは，同じ条件で比較したときの，実験で求めた気体のモル体積 $V_m$ と完全気体のモル体積 $V_m^{完全}$ の比でつぎのように定義される．

$$Z = \frac{V_m}{V_m^{完全}} \qquad 定義 \quad 圧縮因子 \qquad (1\cdot 23a)$$

完全気体では $V_m = V_m^{完全}$ であるから $Z = 1$ である．したがって，$Z = 1$ からのずれは，実在気体の振舞いが完全気体からどれほど外れているかの目安となる．完全気体のモル体積は $RT/p$ であるから（1・6b 式），$Z$ の定義をつぎのように書くこともできる．

$$V_m^{完全} = RT/p$$
$$Z = \frac{V_m}{RT/p} = \frac{pV_m}{RT} \qquad (1\cdot 23b)$$

いろいろな実在気体の $Z$ を測定すると，図 1・16 に示す圧力依存性が見られる．低圧では，ある種の気体（たとえば，メタンやエテン，アンモニア）で $Z<1$ となる．つまり，完全気体で予測されるモル体積より小さな値を示し，わずかではあるが分子同士が引き合う傾向がある．これら

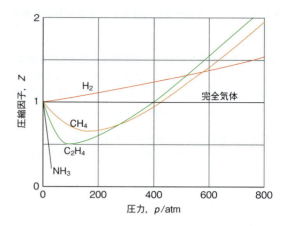

図 1・16　0 °C における気体の圧縮因子 $Z$ の圧力変化．完全気体ではどの圧力でも $Z=1$ である．水素は（この温度では）どの圧力でも正のずれを示し，それ以外の気体は低圧で負，高圧で正のずれを示す．負のずれは分子間に働く引力相互作用の結果であり，正のずれは反発相互作用による．

の分子は，このような条件下では引力的な相互作用が優勢であるといえる．圧力が高くなると，どの気体も圧縮因子が 1 以上になる．気体によっては（図 1・16 の水素のように）圧力に関わらず $Z>1$ を示すものもある．どのような振舞いをするかは温度にもよる．$Z>1$ であれば，同じ温度，圧力の完全気体で予測されるモル体積より大きな値が得られる．したがって，分子同士はわずかに反発している．この振舞いは分子間の反発が優勢であることを示している．水素の場合は引力的な相互作用がもともと弱いので，圧力が低くても反発的な相互作用が上回っている．

## 1・12 ビリアル状態方程式

完全気体の値 $Z=1$ からのずれを使えば，つぎのように書いて経験的な（実験に基づく）状態方程式をつくることができる．このとき，$Z=1$ という式は長々とした式の第 1 項にすぎないものと考えて，

$$Z = 1 + \frac{B}{V_m} + \frac{C}{V_m^2} + \cdots \qquad (1\cdot 24a)$$

と書く．係数 $B, C, \cdots$ を**ビリアル係数**[4] という．$B$ を第二ビリアル係数，$C$ を第三ビリアル係数などという．第一ビリアル係数はとくに書き示さないが $A=1$ と考えてよい．"ビリアル"は"力"という意味のラテン語に由来しており，その名の通り，分子間力が重要であることを示している．ビリアル係数を $B, C, \cdots$ で表す代わりに，$B_2, B_3, \cdots$ とすることもある．これらの値は気体によって違い，温度にも依存する．極限則の式（この場合は $Z=1$ であり，モル体積が非常に大きな気体に適用できる）を複雑な式の第 1

---

1) gas　2) supercritical fluid　3) compression factor　4) virial coefficient

項とするこのような技法は，物理化学ではよく見かける．このときの極限則は真の式の第一近似になっていて，そこで無視された二次的な効果は以降の項で補うことになる．

(1·24a) 式の右辺に現れる最も重要な追加項は $B$ に比例する項である．(たいていの場合 $C/V_m^2 \ll B/V_m$ の条件が成り立ち，$C/V_m^2$ は無視できる．) その場合は，

$$Z \approx 1 + \frac{B}{V_m} \quad (1\cdot24b)$$

となる．図 1·16 のグラフからわかるように，この温度での $B$ は水素では正（したがって $Z > 1$），メタンやエテン，アンモニアの場合は負（$Z < 1$）である．しかし，すべての場合について，気体がもっと圧縮されれば（図 1·16 で，$V_m$ が小さく，高圧の領域で）$Z$ は再び上昇することになるから，$C/V_m^2$ の項は正であるのがわかる．広い範囲のモル体積について $Z$ を測定し，得られたデータが (1·24a) 式によく合うまで数学ソフトウエアを使ってビリアル係数の値を調整することによって，いろいろな気体のビリアル係数が求められている．

(1·24a) 式と (1·23b) 式（$Z = pV_m/RT$）からつぎの状態方程式が得られる．

$$\frac{pV_m}{RT} = 1 + \frac{B}{V_m} + \frac{C}{V_m^2} + \cdots$$

ここで，両辺に $RT/V_m$ を掛けて，

$$p = \frac{RT}{V_m}\left(1 + \frac{B}{V_m} + \frac{C}{V_m^2} + \cdots\right)$$

を得る．次に，$V_m$ をすべて $V/n$ で置き換えれば，$n, V, T$ の関数として $p$ の式が得られる．

$$p = \frac{nRT}{V}\left(1 + \frac{nB}{V} + \frac{n^2C}{V^2} + \cdots\right) \quad \text{ビリアル状態方程式} \quad (1\cdot25)$$

この式を**ビリアル状態方程式**[1]という．モル体積が非常に大きい場合は，$B/V_m$ 項も $C/V_m^2$ 項も非常に小さくなって，この式の ( ) の中で残るのは 1 しかない．この極限では完全気体の状態方程式となる．

● **簡単な例示 1·9**　ビリアル状態方程式

NH$_3$ の 36.2 bar, 473 K でのモル体積は 1.00 dm$^3$ mol$^{-1}$ である．この条件では，ビリアル状態方程式が $p = (RT/V_m) \times (1 + B/V_m)$ で表せるとすれば，

$$B = \left(\frac{pV_m}{RT} - 1\right)V_m$$

となる．したがって，この温度での第二ビリアル係数の値は，つぎのように計算できる．

$$B = \left(\frac{\overbrace{(36.2 \times 10^5\,\text{Pa})}^{36.2\,\text{bar}} \times \overbrace{(1.00 \times 10^{-3}\,\text{m}^3\,\text{mol}^{-1})}^{1.00\,\text{dm}^3\,\text{mol}^{-1}}}{(8.3145\,\text{J K}^{-1}\,\text{mol}^{-1}) \times (473\,\text{K})} - 1\right)$$
$$\times 1.00 \times 10^{-3}\,\text{m}^3\,\text{mol}^{-1}$$
$$= -79.5 \times 10^{-6}\,\text{m}^3\,\text{mol}^{-1} = -79.5\,\text{cm}^3\,\text{mol}^{-1} \quad ●$$

**自習問題 1·10**

NH$_3$ の 573 K における第二ビリアル係数は $-45.6$ cm$^3$ mol$^{-1}$ である．この温度でモル体積が 1.00 dm$^3$ mol$^{-1}$ となる圧力を求めよ．　　　　　　　　［答：45.6 bar］

## 1·13　ファンデルワールスの状態方程式

ビリアル状態方程式は最も信頼できる状態方程式である．しかし，気体の振舞いや気体が凝縮して液体ができる状況を直感的に表すという点では，わかりやすいとはいえない．これに対し，1873 年にオランダの物理学者ファンデルワールス[2]によって提案された**ファンデルワールスの状態方程式**[3]は，近似的な状態方程式の一つにすぎないものの，完全気体の法則で予測される振舞いからのずれに，分子間相互作用がどう関与しているかをうまく表現しているという長所がある．前にも書いたように，物理化学では妥当と思われる定性的な考えから出発して，それを定量的にテストできるような数式をつくりあげるが，ファンデルワールスの式はそのよい例である．

分子間に反発相互作用が存在すれば，互いの分子はある距離内に近づけない．したがって，分子は与えられた容器の体積 $V$ の中をどこへでも自由に運動できるのではなく，実際に動ける体積は，各分子が相手を排除する体積と分子数に比例した分だけ小さくなるはずである（図 1·17）．そこで，この反発の効果を取入れるために，完全気体の式の

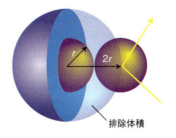

**図 1·17**　半径 $r$，体積 $V_{\text{分子}} = \frac{4}{3}\pi r^3$ の分子 2 個が互いに近づくとき，相手の球の中心から半径 $2r$ の球の内部，つまり $8V_{\text{分子}}$ の体積部分には互いに入り込めない．

---

1) virial equation of state　2) Johannes van der Waals　3) van der Waals equation of state

$V$ を $V - nb$ で置き換える．ここで，$b$ は体積減少分と容器内に存在する分子の物質量を結ぶ比例定数である（つぎの「式の導出」を見よ）．

---

### 式の導出 1・1　ファンデルワールスの状態方程式で表される気体のモル体積

半径 $R$ の球の体積は $\frac{4}{3}\pi R^3$ である．図 1・17 を見ればわかるように，半径 $r$ で体積 $V_{分子} = \frac{4}{3}\pi r^3$ の剛体球分子 2 個の最隣接距離は $2r$ である．したがって，その排除体積は $\frac{4}{3}\pi (2r)^3 = 8 \times (\frac{4}{3}\pi r^3)$，すなわち $8V_{分子}$ である．1 分子当たりの排除体積は，この体積の半分 $4V_{分子}$ であるから，$b \approx 4V_{分子}N_A$ となる．

---

以上の考察で，完全気体の状態方程式 $p = nRT/V$ を変更してつぎの式が得られた．

$$p = \frac{nRT}{V - nb}$$

この状態方程式は，まだ最終的なファンデルワールスの状態方程式でないが，反発が重要となる気体の挙動をうまく表している．ここで，圧力が低ければ全体積は分子により排除される体積に比べ非常に大きい（$V \gg nb$）ことに注意しよう．このとき分母の $nb$ は無視できて，この式は完全気体の状態方程式になる．いつもいえることだが，物理的に妥当と思える近似を適用したときは，その式がすでにわかっている別の式に帰着するのを確認しておくとよい．

分子間に引力相互作用が存在すれば，気体が容器の壁に及ぼす圧力は減少する．この効果をモデルに組込むには，ある分子 1 個に働く引力は容器内に存在する分子の濃度 $n/V$ に比例すると考えればよい．引力が働けば分子の運動は遅くなるので，壁に対する衝突頻度は低くなり，与える衝撃も弱くなる．〔壁の近くの分子の運動が遅くなるからといって，その部分の気体が冷えるわけではない．(1・17) 式で表された $T$ と rms 速さの単純な関係は，そもそも分子間相互作用がない場合にしか有効でないことに注意しよう．〕この二つの要因によって，圧力の減少分はモル濃度（$n/V$）の 2 乗に比例すると考えることができる．一つは衝突頻度が減少することによる因子，もうひとつは衝撃の強さが減少することによる因子である．ここで比例定数を $a$ とすれば，

$$圧力の減少 = a \times \left(\frac{n}{V}\right)^2$$

と書ける．このようにして反発力と引力の効果を導入すれば，状態方程式はつぎのようになる．

$$p = \frac{nRT}{V - nb} - a\left(\frac{n}{V}\right)^2 \qquad \text{ファンデルワールスの状態方程式} \quad (1\cdot26a)$$

これがファンデルワールスの状態方程式である．完全気体の状態方程式 $pV = nRT$ との類似性を示すために，(1・26a) 式の $a$ を含む項を左辺に移項して，$p + an^2/V^2$ とし，両辺に $V - nb$ を掛けて，つぎのように変形することもある．

$$\left(p + \frac{an^2}{V^2}\right)(V - nb) = nRT \qquad (1\cdot26b)$$

以上のように，分子が占める体積と分子間に働く引力を具体的に考慮に入れてファンデルワールスの状態方程式を組立てた．別のやり方で導くこともできるが，この導き方には，あるかたちの式を一般的な考えからどう導くかを示せる利点がある．このやり方はまた，**ファンデルワールスのパラメーター**[1] の定数 $a$ と $b$ の意味をあいまいなままにしておくという利点もある．これらの定数は，厳密に定義された分子の性質ではなく，経験的に得られたパラメーターと考えておく方がよい．ファンデルワールスのパラメーターは気体によって違う値をとるが，温度にはよらないとしている（表 1・6）．この状態方程式をつくった経緯からわかるように，互いに強く引き合う分子では $a$（引力項のパラメーター）が大きく，大きい分子では $b$（反発項のパラメーター）が大きいと予測できる．

ファンデルワールスの状態方程式の信頼性は，これによって予測される等温線（図 1・18）を，実験で得られた等温線（図 1・14）と比較すればわかる．臨界温度以下で波の形をしている部分を除けば，実際の等温線とよく似ているのがわかる．この波形の部分を**ファンデルワールスのループ**[2] といい，ここでは圧縮しても圧力が下がることになる領域があり，明らかに実際とは異なる．そこで，このループは水平線で置き換える（図 1・19）．表 1・6 に示した

**表 1・6**　気体のファンデルワールスのパラメーター

| 物　質 | $a/(\text{bar dm}^6\,\text{mol}^{-2})$ | $b/(10^{-2}\,\text{dm}^3\,\text{mol}^{-1})$ |
| --- | --- | --- |
| 空　気 | 1.4 | 3.9 |
| アンモニア，$NH_3$ | 4.225 | 3.71 |
| アルゴン，Ar | 1.355 | 3.20 |
| 二酸化炭素，$CO_2$ | 3.658 | 4.29 |
| エタン，$C_2H_6$ | 5.580 | 6.51 |
| エテン，$C_2H_4$ | 4.612 | 5.82 |
| ヘリウム，He | 0.0345 | 2.38 |
| 水　素，$H_2$ | 0.2452 | 2.65 |
| 窒　素，$N_2$ | 1.370 | 3.87 |
| 酸　素，$O_2$ | 1.382 | 3.19 |
| キセノン，Xe | 4.192 | 5.16 |

---

1) van der Waals parameter　2) van der Waals loop

## 1・13 ファンデルワールスの状態方程式

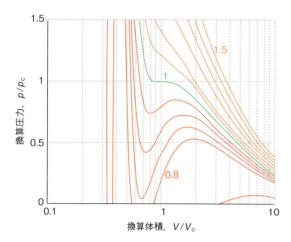

**図 1・18** ファンデルワールスの状態方程式を用いて計算した等温線．縦軸と横軸には，それぞれ換算圧力 $p/p_c$ と換算体積 $V/V_c$ が目盛ってある．ここで，$p_c = a/27b^2$ および $V_c = 3b$ である．等温線に添えてある数字は換算温度 $T/T_c$ であり，$T_c = 8a/27Rb$ である．1 と記した等温線は臨界等温線（臨界温度における等温線）である．

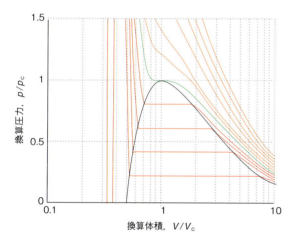

**図 1・19** ファンデルワールスのループは物理的な意味がないので，これを取除くために，ループの両側（上下）の面積が等しくなるような直線で置き換える．こうして得られる等温線は実際に観測されるものに非常に近い．

ファンデルワールスのパラメーターは，等温線の計算値と実験値が合うように求めたものである．

ファンデルワールスの状態方程式には重要な特徴が二つある．まず，高温，低圧の条件では，ファンデルワールスの状態方程式は完全気体の等温線を与える．このことを確かめておこう．まず，温度が高ければ $RT$ が大きいので（1・26a）式の右辺の第 1 項は第 2 項よりもずっと大きい．つまり第 2 項は無視できる．また，低圧ではモル体積が大きいので $V - nb$ を $V$ で置き換えることができる．したがって，このような条件（高温で低圧）では（1・26a）式は

完全気体の状態方程式 $p = nRT/V$ に等しい．第二の特徴は，つぎの「式の導出」で示すように，臨界定数がファンデルワールスのパラメーターによってつぎのように表せることである．

$$V_c = 3b \qquad T_c = \frac{8a}{27Rb} \qquad p_c = \frac{a}{27b^2} \quad (1 \cdot 27)$$

最初の式によれば，臨界体積は分子が占める体積の約 3 倍に等しい．

### 例題 1・3　気体の臨界定数の求め方

二酸化炭素の臨界定数を求めよ．

**解法** 二酸化炭素をファンデルワールス気体として扱い，(1・27) 式を使う．必要なパラメーターの値は表 1・6 にある．ただし，その単位を基本単位系に変換してから計算を行う．

**解答** $CO_2$ のファンデルワールスのパラメーターは，$a = 3.658 \text{ bar dm}^6 \text{ mol}^{-2}$，$b = 0.0429 \text{ dm}^3 \text{ mol}^{-1}$ である．これらを基本単位系でつぎのように表しておく．

$$a = 3.658 \underbrace{\text{bar}}_{10^5 \text{ Pa}} \underbrace{\text{dm}^6}_{(10^{-1}\text{ m})^6} \text{mol}^{-2} = 0.3658 \text{ Pa m}^6 \text{ mol}^{-2}$$

$$b = 0.0429 \underbrace{\text{dm}^3}_{(10^{-1}\text{ m})^3} \text{mol}^{-1} = 4.29 \times 10^{-5} \text{ m}^3 \text{ mol}^{-1}$$

次に，(1・27) 式を使えば，$CO_2$ の臨界定数の値をつぎのように予測できる．

$V_c = 3b$
$\quad = 3 \times (4.29 \times 10^{-5} \text{ m}^3 \text{ mol}^{-1}) = 1.29 \times 10^{-4} \text{ m}^3 \text{ mol}^{-1}$
$\quad\quad\quad\quad$ つまり $0.129 \text{ dm}^3 \text{ mol}^{-1}$

$T_c = \dfrac{8a}{27Rb}$

$\quad = \dfrac{8 \times (0.3658 \text{ Pa m}^6 \text{ mol}^{-2})}{27 \times (8.3145 \text{ J K}^{-1} \text{ mol}^{-1}) \times (4.29 \times 10^{-5} \text{ m}^3 \text{ mol}^{-1})}$

$\quad = 304 \text{ K}$ つまり $31 \, °\text{C}$

$p_c = \dfrac{a}{27b^2}$

$\quad = \dfrac{0.3658 \text{ Pa m}^6 \text{ mol}^{-2}}{27 \times (4.29 \times 10^{-5} \text{ m}^3 \text{ mol}^{-1})^2} = 7.36 \text{ MPa}$

実験値は，それぞれ $0.094 \text{ dm}^3 \text{ mol}^{-1}$，304 K，7.375 MPa である．

### 自習問題 1・11

$CH_4$ の臨界圧力と臨界温度は，それぞれ 46.1 bar，191 K である．ファンデルワールスのパラメーター $b$ の値を求めよ．
〔答：$0.0431 \text{ dm}^3 \text{ mol}^{-1}$〕

> **式の導出 1・2** 臨界定数とファンデルワールスの
> パラメーターとの関係

この導出には，簡単な微分計算の規則を知っておく必要がある．それを「必須のツール 1・3」にまとめてある．図 1・18 からわかるように，$T < T_c$ では，計算で得られた等温線は振動し，極小と極大を示す．その二つの極値は $T \to T_c$ で収斂し，$T = T_c$ では一致する．すなわち，臨界点でこの曲線は水平な屈曲部を示す（下の図 1）．曲線の性質から一般にいえることは，この種の屈曲（変曲点）は一階導関数と二階導関数のどちらも 0 の点で起こるということである．したがって，これら導関数を計算し，0 とおくことによって臨界温度が計算できる．まず，$V_m = V/n$ を使って（1・26a）式を，

$$p = \frac{RT}{V_m - b} - \frac{a}{V_m^2}$$

**1**

と書く．$p$ の $V_m$ に関する一階導関数および二階導関数は（「必須のツール 1・3」の変数 $y$ を $p$ とおき，変数 $x$ を $V_m$ とおけば）それぞれ，

$$\frac{dp}{dV_m} = -\frac{RT}{(V_m - b)^2} + \frac{2a}{V_m^3}$$

$$\frac{d^2p}{dV_m^2} = \frac{2RT}{(V_m - b)^3} - \frac{6a}{V_m^4}$$

となる．臨界点 $T = T_c$ および $V_m = V_c$ ではどちらの導関数も 0 に等しいから，

$$-\frac{RT_c}{(V_c - b)^2} + \frac{2a}{V_c^3} = 0$$

$$\frac{2RT_c}{(V_c - b)^3} - \frac{6a}{V_c^4} = 0$$

となる．この連立方程式を解けば（自分で確かめてみよ），(1・27) 式の $V_c$ と $T_c$ の式が得られる．それらをファンデルワールスの状態方程式に代入すれば，$p_c$ の式も得られる．

> **必須のツール 1・3** 微分計算
>
> 微分計算の結果でよく使う重要なものに，
>
> $$\frac{dx^n}{dx} = nx^{n-1}$$
>
> がある．たとえば，$y = mx^2 + b$ であれば，$m$ と $a$ は定数であるから，$dy/dx = 2mx$ となる．この例では，勾配 $(dy/dx)$ が $x$ に比例しているのがわかる（概略図

1・4）．上の $dx^n/dx$ の式は $n$ が負でも使える．たとえば，

$$\overset{n=-1}{\frac{d}{dx}\frac{1}{x} = \frac{d(1/x)}{dx} = \frac{d(x^{-1})}{dx} = -x^{-2} = -\frac{1}{x^2}}$$

である．非常に重要な微分の結果として，つぎの二つがある．

$$\frac{d}{dx}e^{ax} = ae^{ax} \qquad \frac{d}{dx}e^{f(x)} = \left\{\frac{df(x)}{dx}\right\}e^{f(x)}$$

これ以外にも，

$$\frac{d}{dx}\frac{1}{a+bx} = -\frac{b}{(a+bx)^2}$$

$$\frac{d}{dx}\frac{1}{(a+bx)^2} = -\frac{2b}{(a+bx)^3}$$

はよく使われる．関数の"二階導関数" $d(dy/dx)/dx$ を表すのに，$d^2y/dx^2$ と書いたり，$(d^2/dx^2)y$ と書いたりするが，上と同じ規則を使って関数を 2 回微分したものである．たとえば，$y = mx^2 + b$ の一階導関数は $2mx$ であり，その二階導関数は $2m$ である．「式の導出 1・2」には，つぎの微分が必要である．

$$\frac{d^2}{dx^2}\frac{1}{a+bx} = \frac{d}{dx}\left\{-\frac{b}{(a+bx)^2}\right\} = \frac{2b^2}{(a+bx)^3}$$

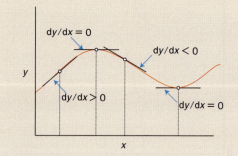

**概略図 1・4** 関数とその勾配．任意の点 $x$ における勾配は，その点における関数の導関数で与えられる．

## 1・14 気体の液化

気体を液化するには，その圧力での沸点より低い温度まで冷却すればよい．たとえば，塩素は 1 atm のもとでは，ドライアイス（固体の二酸化炭素）で冷やした低温槽を使って $-34\,°C$ 以下に冷却すれば液化する．しかし，沸点がきわめて低い気体（酸素は $-183\,°C$，窒素は $-196\,°C$）の場合は，その沸点よりもっと低い温度がつくれる別の物質を使わない限り，このような単純な方法は使えない．

工業的に広く用いられている別の方法では，分子間に働く力を利用する．気体分子の rms 速さが温度の平方根に比例すること（1・17 式）はすでに学んだ．そこで，気体分

子の rms 速さを遅くする何らかの方法があれば，それで気体を冷却したことになる．分子間に作用する引力によって，分子同士が互いに束縛し合うようなところまで分子の速さを遅くすれば，こうして冷却された気体はついに凝縮して液体になるであろう．

気体分子を減速するには，ボールを空中に投げ上げたときと同じ効果を利用する．すなわち，ボールは高く上がるにつれ地球の重力によって減速し，もっていた運動エネルギーはポテンシャルエネルギーに変わる．分子の場合も互いに引き付け合っているので（この場合の引力は重力によるものではないが，効果としては同じである），ボールが地球から離れていくように，互いの分子を引き離すことができれば分子の速さは遅くなる．動いている分子を互いに引き離すのは簡単で，気体を膨張させるだけで分子間の平均距離は大きくなる．したがって，気体を冷却するには外部から熱が入らないようにして膨張させればよい．そうすれば，分子は容器の全体積を満たそうとして，引力に逆らって互いに引き離されることになる．分子間の距離を広げたために，運動エネルギーの一部はポテンシャルエネルギーに変換され，分子の運動はそれだけ遅くなる．こうして，分子の rms 速さが減少するから，気体は膨張前より冷える．小さな"絞り弁"から実在気体を噴出させて膨張させる冷却過程を**ジュール-トムソン効果**[1]という．この効果はジュール（James Joule, 彼の名はエネルギーの単位に使われている）とトムソン〔William Thomson, 後にケルビン（Kelvin）卿となる〕によって初めて観測され，

その効果が解析された．この方法は，引力相互作用が優勢な実在気体でしか有効でない．それは，分子の速さを遅くするのに，引力に逆らって分子が引き離される必要があるためである．反発力が優勢である条件（圧縮因子 $Z>1$）にある分子では，ジュール-トムソン効果は気体を温める向きに働いてしまう．

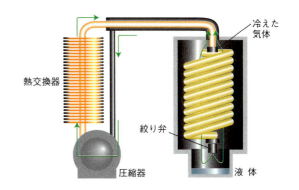

**図 1·20** リンデの冷凍機の原理．気体を循環させることによって，絞り弁から出て膨張する寸前の気体を冷やす．膨張した気体はさらに冷える．こうして，最後には液化した気体が絞り弁からしたたり落ちる．

実際には，**リンデの冷凍機**[2]（図 1·20）という機械を使って，何度も繰返し気体を膨張させる．1 回の膨張ごとに気体は冷えるが，それは外から入ってくる気体を冷やすのに使われる．こうして何回も膨張を繰返すと，気体はさらに冷えてついには凝縮して液体となる．

---

## 補遺 1·1

### 気体分子運動論

物理化学者に必要とされる大事な技能に，単純で定性的な考えを厳密で検証可能な定量的理論にまで高める能力がある．気体の運動論モデルは，本文で説明した概念を複数の厳密な関係式にまとめ上げており，その手順を示すよい例である．モデルを構築するときはいつもそうだが，何段階あっても，その対象のもとになっている物理的なイメージをはっきりさせながら進めなければならない．気体運動論モデルでは，絶えず乱雑な運動を行う質点群が対象である．ここで手掛かりとして必要な定量性のある道具立ては，古典力学の運動方程式である．それについては「基本概念」で述べた．

図 1·21 に示す状況を考えることによって（1·11）式，$p = nMv_{\mathrm{rms}}^2/3V$ を導くことにしよう．質量 $m$ の分子 1 個が $x$ 軸と平行に速度成分 $v_x$ で飛んでいて（右向きに動けば $v_x > 0$，左向きに動けば $v_x < 0$）右側の壁に衝突して跳ね返れば，その直線運動量は衝突前の $+m|v_x|$ から衝突後の $-m|v_x|$ へと変化する（同じ大きさの速さで逆向きに運動する．ここで，$|x|$ は $x$ の符号を無視した値を表している．たとえば $|-3|=3$ である．）．したがって，1 回衝突すれば運動量の $x$ 成分は $2m|v_x|$ だけ変化する（このとき，$y$ 成分と $z$ 成分は変化しない）．ある時間 $\Delta t$ に壁に衝突する分子は非常に多く，それらの合計の運動量変化は，各分子の運動量変化に，この間に壁にたどり着く分子の数を掛けたものである．

次に必要なのは，この分子数の計算である．速度成分 $v_x$ の分子は $\Delta t$ の間に $x$ 軸に沿って距離 $|v_x|\Delta t$ だけ進むの

---

1) Joule-Thomson effect　2) Linde refrigerator

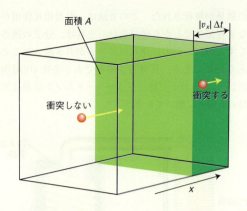

**図1·21** 気体分子運動論により完全気体の圧力を計算するためのモデル．見やすくするため，ここでは速度の $x$ 成分だけを示してある（この壁に分子が衝突しても他の2成分は変化しない）．緑色で示した領域内にいる分子のうち壁に向かって飛んでくるものはすべて，時間 $\Delta t$ 内に壁に到達する．

で，壁からの距離が $|v_x|\Delta t$ 以内にある分子のうち壁に向かう分子はすべて，この間に壁にぶつかることになる．したがって，壁の面積を $A$ とすれば，体積 $A \times |v_x|\Delta t$ 内にある（しかも壁に向かって進む）分子はすべて，この間に壁に到着する．分子の数密度，つまり単位体積当たりの分子数は $nN_A/V$ である（ここで，$n$ は体積 $V$ の容器に入っている分子の全物質量であり，$N_A$ はアボガドロ定数である）．したがって，この体積 $A|v_x|\Delta t$ に存在する分子数は $(nN_A/V) \times A|v_x|\Delta t$ である．どの瞬間も分子の半分は右向きに，残りの半分は左向きに飛んでいると考えてよい．したがって，時間 $\Delta t$ のあいだに壁に衝突する平均の回数は，$nN_A A|v_x|\Delta t/2V$ である．

時間 $\Delta t$ のあいだの全運動量変化は，ここで計算した平均衝突回数と衝突1回当たりの運動量変化 $2m|v_x|$ の積で表されるから，

$$\text{全運動量変化} = \overbrace{\frac{nN_A A|v_x|\Delta t}{2V}}^{\text{衝突回数}} \times \overbrace{2m|v_x|}^{\text{衝突1回当たりの運動量変化}}$$

$$\overset{M = mN_A}{=} \frac{nmN_A A v_x^2 \Delta t}{V} = \frac{nMA v_x^2 \Delta t}{V}$$

である．次に，力を求めるために，単位時間内の運動量の変化を計算する．

$$\text{力} = \frac{\overbrace{nMA v_x^2 \Delta t/V}^{\text{運動量変化}}}{\underbrace{\Delta t}_{\text{時間}}} = \frac{nMA v_x^2}{V}$$

したがって，圧力は，力を面積で割った次式で表される．

$$\text{圧力} = \frac{\overbrace{nMA v_x^2/V}^{\text{力}}}{\underbrace{A}_{\text{面積}}} = \frac{nM v_x^2}{V}$$

ここで，あらゆる分子が同じ速さで運動しているわけではないから，観測される圧力 $p$ は，こうして計算したものの平均値〔$\langle \cdots \rangle$ で表す〕で表され，

$$p = \frac{nM\langle v_x^2 \rangle}{V}$$

となる．この圧力の式を分子の rms 速さ $v_{\text{rms}}$ を用いて表すために，分子1個の速さを $v$ と書く（このとき，$v^2 = v_x^2 + v_y^2 + v_z^2$ である）．rms 速さ $v_{\text{rms}}$ は $v_{\text{rms}} = \langle v^2 \rangle^{1/2}$ (1·12式) で定義されるから，

$$v_{\text{rms}}^2 = \langle v^2 \rangle = \langle v_x^2 \rangle + \langle v_y^2 \rangle + \langle v_z^2 \rangle$$

と書ける．ここで，分子は乱雑に運動しているから，各成分の平均値はすべて等しい．つまり，$v_{\text{rms}}^2 = 3\langle v_x^2 \rangle$ である．そこで，$\langle v_x^2 \rangle = \frac{1}{3} v_{\text{rms}}^2$ を $p = nM\langle v_x^2 \rangle/V$ に代入すれば最終的に (1·11) 式が得られる．

---

### チェックリスト

- □ 1　状態方程式は，物質の圧力，体積，温度，物質量の間の関係を表す式である．
- □ 2　完全気体の状態方程式は，ボイルの法則 ($p \propto 1/V$) とシャルルの法則 ($V \propto T$)，アボガドロの原理 ($V \propto n$) に基づいている．
- □ 3　ドルトンの法則によれば，完全気体の混合物の全圧は，同じ温度の容器内にそれぞれの成分気体だけを入れたときの圧力の和に等しい．
- □ 4　混合気体の成分の分圧は $p_J = x_J p$ で定義される．ここで，$x_J$ は混合気体中のモル分率であり，$p$ は全圧である．
- □ 5　気体運動論モデルでは，完全気体の性質を表すのに，絶えず乱雑な運動をし続ける質点の集合体を考える．
- □ 6　分子の平均速さおよび根平均二乗速さ（rms 速さ）は，（熱力学）温度の平方根に比例し，モル質量の平方根に反比例する．
- □ 7　マクスウェルの速さの分布の性質は，図1·9と図1·10にまとめた通りである．
- □ 8　拡散は，ある物質が別の物質の中へ広がっていく現象である．流出は，気体が小さい穴から逃げ去る現象である．

□ 9 グレアムの法則によれば，流出の速さは分子のモル質量の平方根に反比例する．

□ 10 ジュール–トムソン効果とは，熱を流入させずに絞り弁から気体を膨張させるときに生じる気体の冷却現象である．

## 重要な式の一覧

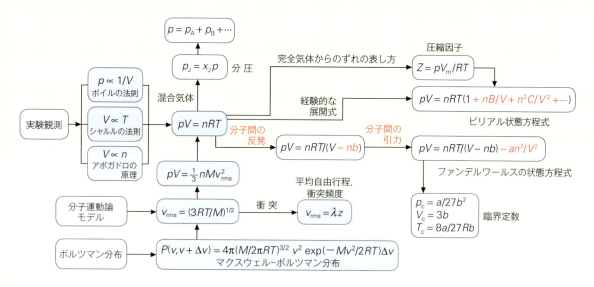

青色で示した式は完全気体に限る．

## 問題と演習

### 文章問題

1・1 ボイルとシャルルの実験やアボガドロの提案により，完全気体の状態方程式がどのように定式化されたかを説明せよ．

1・2 "分圧"という用語を説明し，ドルトンの法則がなぜ極限則なのかを説明せよ．

1・3 気体運動論を使って，$H_2$ や He など軽い気体は地球大気にわずかしか存在しないのに，$O_2$ や $CO_2$, $N_2$ など比較的重い気体は豊富に存在する理由を説明せよ．

1・4 気体の拡散および流出の速さに見られる温度依存性について分子論的に説明せよ．

1・5 圧縮因子が圧力や温度によってどう変化するかを説明し，それが実在気体における分子間相互作用に関する情報をどのように表しているかを述べよ．

1・6 気体の臨界定数の重要性は何か．

1・7 ファンデルワールスの状態方程式を書き，その意味を説明せよ．

### 演習問題

特に指示しない限り，気体はすべて完全気体とせよ．

1・1 容積 3.00 dm³ の容器に 32 °C で質量 3.055 g の気体窒素が詰められている．その圧力を求めよ．

1・2 質量 425 mg のネオンが 77 K で 6.00 dm³ の体積を占めている．その圧力を求めよ．

1・3 意外と思われるが，一酸化窒素（NO）が神経伝達物質として作用することがわかっている．その効果を調べるために，容積 300.0 cm³ の容器に試料を捕集した．14.5 °C でその圧力は 34.5 kPa であった．捕集した NO の量を（モル単位で）求めよ．

1・4 炭酸水をつくる家庭用器具として，二酸化炭素を詰めた容積 250 cm³ の鉄製ボンベが市販されている．気体が満タンのとき 1.04 kg で，空のときは 0.74 kg である．20 °C におけるボンベ内の気体の圧力を求めよ．

1・5 深海での潜水や麻酔に関する知識を得るために，人

間をはじめ生物に対する高圧の影響が調べられている．25 ℃の空気が 1.00 atm で 1.00 dm³ を占めている．同じ温度で 100 cm³ まで圧縮するにはどれだけの圧力が必要か．

**1·6** 密封された缶を火の中に捨ててはいけない．あるスプレー缶に 18 ℃で 125 kPa の圧力の気体が封入されていた．この缶を火に投げ込んで温度が 700 ℃まで上がってしまった．この温度における圧力を求めよ．

**1·7** 海水や月の岩石から酸素を取出す経済的な方法を見つけるまでは，住むのに適さないそのような場所へは酸素を持って行かねばならず，タンクに圧縮したかたちで酸素を持参している．101 kPa の酸素を一定温度のもとで 7.20 dm³ から 4.21 dm³ まで圧縮した．このときの圧力を計算せよ．

**1·8** 22.2 ℃の気体ヘリウム試料がある．その体積を 1.00 dm³ から 100 cm³ まで減少させるには，温度をどこまで下げなければならないか．

**1·9** 熱気球では，気球内の空気を熱したとき密度が下がることを利用して浮力を得ている．最初 315 K であった空気の体積を 25 パーセントだけ増加させるには，どの温度まで加熱する必要があるか．

**1·10** 圧力 104 kPa，温度 21.1 ℃の海面付近で，ある質量の空気が 2.0 m³ の体積を占めている．これを，圧力と温度がつぎのような値の高所に移動したとき，体積はどれだけに膨張するか．(a) 52 kPa，−5.0 ℃，(b) 880 Pa，−52.0 ℃．

**1·11** 船上にあるとき 3.0 m³ の空間をもつ潜水鐘がある．これを 50 m の深さに沈めたとき，その空間の体積はいくらになるか．海水の平均密度を 1.025 g cm⁻³ とし，温度は海面と同じとする．

**1·12** 昔は，大気に関する情報のほとんどは気球を使って得ていた．いまでも天候を知るのに気球を使っている．シャルル[1] は 1783 年，水素を充填した気球を使ってパリから 36 km 離れた郊外まで飛んでみせた．同じ温度，圧力で比較したとき，水素の質量密度は空気に対してどれだけか．また，気球の質量が無視できるとして，10 kg の水素を使ってどれほどの荷重が持ち上げられるか．

**1·13** 大気汚染の問題が注目を集めている．しかし，汚染のすべてが工場からの排出物によるのではない．火山の爆発も大気の汚染源となりうる．ハワイのキラウエア火山は，1 日に 200〜300 t もの SO₂ ガスを放出している．このガスが 800 ℃，1.0 atm で放出されるとして，その体積を求めよ．

**1·14** 気象用の気球が 20 ℃の海面では半径が 1.5 m あった．これを最高高度まで上げたとき温度は −25 ℃で，半径は 3.5 m にまで膨らんだ．この高度での気球内部の圧力はいくらか．

**1·15** ある惑星の大気を再現するために気体の混合物をつくった．それは 320 mg のメタン，175 mg のアルゴン，225 mg の窒素からできている．300 K における窒素の分圧は 15.2 kPa であった．この混合物の (a) 体積，(b) 全圧を計算せよ．

**1·16** 体温での水の蒸気圧は 47 Torr である．肺の中の全圧を 760 Torr として，乾燥空気の分圧を求めよ．

**1·17** 気体や蒸気のモル質量が知りたいとき，質量分析法を使うほど精密でなくてもよい場合には，その密度を測定することで簡単に見積もることができる．ある気体化合物の密度は 330 K，25.5 kPa において 1.23 g dm⁻³ であった．この化合物のモル質量はいくらか．

**1·18** 気体のモル質量を測定する実験で，ある気体を 250 cm³ のガラス容器に閉じ込めた．298 K での圧力は 152 Torr であった．また，気体の質量は 33.5 mg であった．この気体のモル質量はいくらか．

**1·19** 容積 22.4 dm³ の容器に，2.0 mol の $H_2$ と 1.0 mol の $N_2$ を 273.15 K で詰めてある．(a) それぞれの分圧，(b) 全圧を計算せよ．

**1·20** 気体の運動論モデルを使って，273 K の地球大気に含まれる (a) $N_2$ 分子，(b) $H_2O$ 分子の根平均二乗速さを計算せよ．

**1·21** 「基本概念 0·12」で説明した均分定理を使って，(1·17) 式を導け．

**1·22** (i) 79 K，(ii) 315 K，(iii) 1500 K における (a) ヘリウム原子，(b) メタン分子の平均速さを計算せよ．

**1·23** 1.0 dm³ のガラス容器に $1.0 \times 10^{23}$ 個の $H_2$ 分子が入っている．その圧力が 100 kPa のとき，(a) この気体の温度，(b) この分子の根平均二乗速さを求めよ．(c) もし，$O_2$ 分子だったら，違う温度になっていたか．

**1·24** 合成ガスは，水素 $H_2$ と一酸化炭素 CO の混合気体から成る．合成ガス入りのボンベが漏れて水素と一酸化炭素が流出したとき，毎秒当たりに漏れ出る分子数を求めて，その流出速さの相対比を計算せよ．

**1·25** 二酸化炭素レーザーに使用するボンベには，二酸化炭素と窒素，ヘリウムが等しい物質量で入っている．このボンベから流出によって二酸化炭素 1.0 g が漏れ出たとき，窒素とヘリウムの漏れ出た質量を求めよ．

**1·26** アルゴンの 25 ℃での平均自由行程が，1.0 dm³ の球形容器の直径と同程度になるのは圧力がいくらのときか．ただし，$\sigma = 0.36$ nm² とする．

**1·27** アルゴンの 25 ℃での平均自由行程が，アルゴン原子の直径の 10 倍になるのは圧力がいくらのときか．ただし，$\sigma = 0.36$ nm² とする．

**1·28** 上部大気で起こる光化学過程を調べるには，原子や分子が衝突する頻度を知る必要がある．高度 20 km で

---

1) Jacques Charles

## 1. 気体の性質

の温度は 217 K, 圧力は 0.050 atm である. このときの $N_2$ 分子の平均自由行程はいくらか. ただし, $\sigma = 0.43\ \text{nm}^2$ とする.

**1·29** 温度が 25 °C で, 圧力が (a) 10 bar, (b) 100 kPa, (c) 1.0 Pa のアルゴンでは, 原子 1 個が 1.0 s の間に衝突する回数はどれほどか.

**1·30** 演習問題 1·29 と同じ条件のアルゴンが 1.0 dm$^3$ あるとき, 1 秒間に衝突する全回数を計算せよ.

**1·31** 高度 20 km では, $N_2$ 分子 1 個は 1 秒間に何回衝突するか. (演習問題 1·28 で用いたデータを使え.)

**1·32** 体積一定の容器中では, 気体の平均自由行程はどのような温度変化をするか.

**1·33** 大気中の汚染物質が広がる速さは風の影響もあるが, 自然に拡散する分子自身の性質にも支配されている. 後者は, その分子が衝突と衝突の間にどれだけの距離を飛行するかに依存している. $\sigma = 0.43\ \text{nm}^2$ として, 25 °C で (a) 10 bar, (b) 103 kPa, (c) 1.0 Pa のときの空気中に含まれる二原子分子の平均自由行程を計算せよ.

**1·34** アンモニア $NH_3$ の臨界点は 111.3 atm, 72.5 cm$^3$ mol$^{-1}$, 405.5 K にある. この臨界点での圧縮因子を計算せよ. これから何がいえるか.

**1·35** ビリアル状態方程式を圧力による展開式のかたちで $Z = 1 + B'p + \cdots$ と書くこともできる. 水 $H_2O$ の臨界定数は 218.3 atm, 55.3 cm$^3$ mol$^{-1}$, 647.4 K である. この展開式を第 2 項で打ち切るとして, 臨界温度での第二ビリアル係数 $B'$ の値を計算せよ.

**1·36** 1.0 mol の $C_2H_6$ を以下の条件で閉じ込めたときの圧力を, (a) 完全気体, (b) ファンデルワールス気体, として振舞う場合についてそれぞれ計算せよ. (i) 273.15 K で 22.414 dm$^3$, (ii) 1000 K で 100 cm$^3$. ただし, 表 1·6 のデータを用いよ.

**1·37** 完全気体の状態方程式とファンデルワールスの状態方程式を比べたとき, 前者がどれだけ信頼できるかを知りたい. 10.00 g の二酸化炭素が 25.0 °C で 100 cm$^3$ の容器に閉じ込められている. 完全気体とした場合とファンデルワールス気体の場合で, 計算で得られる圧力の差を求めよ.

**1·38** ファンデルワールスの状態方程式に従うある気体では, $a = 0.50\ \text{Pa m}^6\ \text{mol}^{-2}$ である. また, 273 K で 3.0 MPa のとき, そのモル体積が $5.00 \times 10^{-4}\ \text{m}^3\ \text{mol}^{-1}$ であることがわかっている. この情報から, ファンデルワールスのパラメーター $b$ を計算せよ. この気体のこの温度, 圧力での圧縮因子を求めよ.

**1·39** ファンデルワールスの状態方程式を $1/V_m$ の "べき" としてビリアル展開のかたちで表せ. また, $B$ および $C$ をパラメーター $a, b$ を使って表せ. [ヒント: ここで必要な展開式は $(1-x)^{-1} = 1 + x + x^2 + \cdots$ である.]

**1·40** アルゴンのビリアル係数の 273 K での測定値は,

$B = -21.7\ \text{cm}^3\ \text{mol}^{-1}$, $C = 1200\ \text{cm}^6\ \text{mol}^{-2}$ であった. ファンデルワールスの状態方程式の $a$ と $b$ はいくらか. [ヒント: 演習問題 1·39 で導いた $B$ の式を用いよ.]

**1·41** ファンデルワールス気体では, 第二ビリアル係数 $B$ が 0 になる温度が存在しうることを示せ. また, 二酸化炭素におけるその温度を計算せよ. [ヒント: 演習問題 1·39 で導いた $B$ の式を用いよ.]

**1·42** エタンの臨界定数は, $p_c = 48.20$ atm, $V_c = 148$ cm$^3$ mol$^{-1}$, $T_c = 305.4$ K である. この気体のファンデルワールスのパラメーターを計算し, この分子の半径を求めよ.

## プロジェクト問題

記号 ‡ は微積分の計算が必要なことを示す.

**1·43 ‡** マクスウェルの速さの分布について, 以下の問題でもっと詳しく調べよう. (a) 温度 $T$ ではモル質量 $M$ の分子の平均速さが $(8RT/\pi M)^{1/2}$ で表されることを確かめよ. [ヒント: 積分計算に $\int_0^\infty x^3\,e^{-ax^2}\,dx = n!/2a^2$ を使え.] (b) 温度 $T$ ではモル質量 $M$ の分子の根平均二乗速さが $(3RT/M)^{1/2}$ で表されること (つまり 1·17 式) を確かめよ. [ヒント: 積分計算に $\int_0^\infty x^4\,e^{-ax^2}\,dx = (3/8a^2) \times (\pi/a)^{1/2}$ を使え.] (c) 温度 $T$ におけるモル質量 $M$ の分子の速さの最確値を表す式を導け. [ヒント: マクスウェル分布の極大に注目せよ. 分布の極大では $d\rho/dv = 0$ が成り立つ.] (d) 500 K において, $N_2$ 分子の速さが 290 m s$^{-1}$ から 300 m s$^{-1}$ の範囲にある分子の割合を求めよ.

**1·44 ‡** ここでは, ファンデルワールスの状態方程式について調べよう. ファンデルワールス気体の臨界点は, 等温線の勾配がある一点で水平になるところにあり, このことを導関数で表せば, その点では $dp/dV_m = 0$ (傾きが 0) であり, $d^2p/dV_m^2 = 0$ (曲率が 0) でもある. (a) (1·26 b) 式を使って両式の計算を実行し, ファンデルワールスのパラメーターを用いて臨界定数を表す式を導け. (b) 臨界点における圧縮因子の値が 3/8 であることを示せ.

**1·45** 気体の運動論モデルは, 平均自由行程に比べ粒子の大きさが無視できるほど小さいときに適用できる. したがって, 星の内部物質のような密度の高いものに気体運動論, つまりは完全気体の法則を適用するのは無理なように思える. たとえば, 太陽の密度はその中心部では液体の水の 150 倍もあり, 表面までの中ほどでは水の密度に近くなる. しかし, それはプラズマ状態であり, 恒星をつくっている水素やヘリウムの原子から電子を剥ぎ取った状態のものである. その結果, プラズマを構成している粒子は原子核と同じ程度, つまり 10 fm 程度に小さくなっている. したがって, 平均自由行程は 0.1 pm 程度しかなくても気体の運動論モデル, 完全気体の法則が適用できる範囲内なの

である．こうして，星の内部物質の状態方程式として $pV = nRT$ が使えるというわけである．(a) 恒星内部はイオン化した水素原子からなり，太陽の中心まで半分のところの温度は 3.6 MK，質量密度は 1.20 g cm$^{-3}$（水の密度よりわずかに大きい）として，そこでの圧力を計算せよ．(b) (a) で得た結果と，気体運動論モデルで得られた圧力の式とを組合わせることによって，このプラズマの圧力 $p$ が，分子の運動エネルギーをその体積で割った運動エネルギー密度 $\rho_k = E_k/V$ と $p = (2/3)\rho_k$ の関係があることを示せ．(c) 太陽の中心まで半分のところでの運動エネルギー密度はどれだけか．得られた結果を，暖かい日 (25 °C) の地球大気の（並進の）運動エネルギー密度，$1.5 \times 10^5$ J m$^{-3}$ (0.15 J cm$^{-3}$) と比較せよ．(d) 恒星は最終的には中心部の水素が枯渇し，内部に向かって収縮して温度が上がる．その結果，そこでは核反応の速度が増して，場合によっては炭素などの重い原子核ができる．一方，恒星の外層は膨張して冷え，赤色巨星となる．赤色巨星の中心までの中ほどでは温度が 3500 K で，完全にイオン化した炭素原子と電子でほぼ構成され，質量密度は 1200 kg m$^{-3}$ であるとする．そこでの圧力を求めよ．(e) (d) で考えた赤色巨星が中性の炭素原子でできているとすれば，同じ条件のもとでの同じ場所の圧力はいくらか．

# 2

# 熱力学第一法則

### エネルギーの保存

2·1 系と外界

2·2 仕事と熱

2·3 仕事と熱の分子論的解釈

2·4 仕事の測定

2·5 熱の測定

2·6 膨張による仕事と熱流入

### 内部エネルギーとエンタルピー

2·7 内部エネルギー

2·8 状態関数としての内部エネルギー

2·9 エンタルピー

2·10 エンタルピーの温度変化

### チェックリスト
### 重要な式の一覧
### 問題と演習

　物理化学の一分野である**熱力学**[1] はエネルギーの変換，とりわけ熱から仕事，仕事から熱への変換を扱う．それは化学とあまり関わりのない分野のように思われる．事実，熱力学はもとはといえば，蒸気機関の効率に関心をもった物理学者や技術者たちが定式化したものである．にもかかわらず，熱力学が化学においてきわめて重要なものであることが立証されてきた．それは，単に化学反応の結果得られるエネルギーを扱う学問だからというだけでなく，化学全般にわたって起こる疑問，たとえば，反応はなぜ平衡に到達するのか，その行き着く先の組成はどうか，化学電池で（あるいは細胞で）起こる反応によってどのように電気がつくられるのかといったさまざまな疑問に答えてくれるからである．

　化学熱力学にはいろいろな分野がある．**熱化学**[2] は化学反応で発生する熱を扱う分野である．熱力学の内容を詳しく検討すれば，仕事というかたちで得られるエネルギー出力を解釈できることもわかる．そこから電気と化学の関連を扱う**電気化学**[3] という分野や，生体内でのエネルギー利用を扱う**生体エネルギー論**[4] という分野が生まれてくる．いろいろな平衡定数の式を書くこと，酸や塩基の溶液の平衡組成などという非常に特殊な場合も含めて，これらの平衡を扱う化学はすべて熱力学の一つの側面である．

　19 世紀に発展した**古典熱力学**[5] では，ものの内部の構造とは無関係に議論が展開される．つまり，原子や分子について全く言及せずに熱力学を展開し，それを利用することが可能である．しかしながら，原子や分子が存在することを認め，熱力学的な諸性質やその性質の間の関係を原子，分子を介して解釈することによって，扱う内容がきわめて豊富になってきた．すでに「基本概念」で見せたように，バルクのさまざまな観測量の間で成り立つ関係を与えてくれる熱力学と，結局はそのバルクの性質のもとになっている原子や分子の性質との間を，必要に応じて行き来す

---

1) thermodynamics　2) thermochemistry　3) electrochemistry
4) bioenergetics　5) classical thermodynamics

ることにしよう．このような立場で，原子の性質とバルクのものの熱力学的性質の間の関係を調べる学問分野を**統計熱力学**[1]という．それについては22章で扱う．

## エネルギーの保存

化学で見られる論述や説明は，煎じ詰めればほとんどすべてがエネルギーという，たった一つの量をある側面から考察することに帰着する．どのような分子が形成されるか，どんな反応がどの程度の速さで起こるのか，あるいは，4章で示すように，エネルギーの概念をいっそう洗練されたものにすれば，反応がどの向きに進むかを決定しているのもまた，すべてエネルギーであることがわかる．

すでに「基本概念0・9」で述べたように，

- **エネルギー**[2]は仕事をする能力である．
- **仕事**[3]が行われれば，何らかの力に対抗した逆向きの動きが達成されている．

このような定義によれば，ある質量のおもりを持ち上げると，それは地面に置いてある同じ質量のおもりより大きなエネルギーをもつ．これは，前者の方が仕事をしうる能力が大きいからで，実際，上のおもりが下まで落ちればそれだけの仕事をする．また，同じ気体なら低温より高温の方が大きなエネルギーをもつ．それは，熱い気体の方が高圧でピストンを押し戻して，多くの仕事をするからである．

何もないところからエネルギーをつくりだそうと，人は何世紀も悪戦苦闘してきた．それができれば仕事が（そして富も）限りなくつくり出せるからである．しかしながら，そのような涙ぐましい努力は報われず（実際は，たいていごまかしであった），それに例外はなかった．こうして，エネルギーは創造されることも破壊されることもなく，単にある形態から別の形態に変わるか，あるいは，ある場所から別の場所に移るだけであるという認識にたどり着いたのである．この**エネルギーの保存則**[4]は化学ではきわめて重要である．化学反応が起こればたいていエネルギーが放出されるか，あるいは吸収される．エネルギーの保存則によれば，どのような変化が起こってもエネルギーの形態が別のものに変換されるか，もしくはエネルギーが別の場所に移動するだけで，エネルギーの生成や消滅はありえないと自信をもっていうことができる．熱力学は，このようなエネルギーの変換と移動について詳しく調べる学問である．

### 2・1 系と外界

熱力学でいう**系**[5]とは，注目する宇宙の一部である．**外界**[6]は観測者がいるところである（図2・1）．外界には，モデルとして巨大な水槽を思い浮かべればよい．そこにどんなに大きなエネルギーの出入りがあっても，温度は常に一定に保たれるほど外界は大きいとする．外界が系に対して変化を及ぼすことがあっても，外界自身は非常に大きいので体積一定もしくは圧力一定のままである．たとえば，系が膨張するようなことがあっても，外界の大きさは変化しないとする．

ここで，つぎのような三つのタイプの系を区別しておく必要がある（図2・2）．

- **開放系**[7]は，外界とのあいだでエネルギーとものの交換ができる．
- **閉鎖系**[8]は，外界とのあいだでエネルギーは交換できても，ものの交換ができない．
- **孤立系**[9]は，外界とのあいだでエネルギーもものも交換できない．

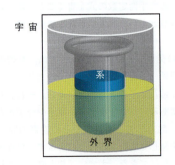

図2・1 試料はいま注目している系であり，それ以外の世界は外界である．系に関する観測は外界で行う．外界のモデルとしてよく使われるのは，図のような大きな水槽である．宇宙は系と外界から成る．

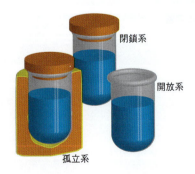

図2・2 外界との間でエネルギーとものの交換ができる系は開放系，エネルギーは交換できてもものの交換ができない系は閉鎖系，どちらも交換できない系は孤立系である．

---

1) statistical thermodynamics  2) energy  3) work  4) law of the conservation of energy  5) system  6) surroundings
7) open system  8) closed system  9) isolated system

## 2・2 仕事と熱

閉鎖系と外界のエネルギー交換は、仕事をするか、加熱するかによって行われる。系がある力に逆らって動いたとき、系は仕事をしたことになる。「基本概念0・9」で述べたように、一定の力に対抗する動きで行われた仕事の大きさは、動いた距離と力の強さの積である。これについては、すぐ後で詳しく説明する。

**加熱**[1] は、系と外界とに温度差がある場合に起こるエネルギー移動の過程である。くどい表現を避けるため、ふつうは系が仕事をすればエネルギーが仕事として移動したといい、系が外界によって加熱されればエネルギーが熱として移動したという。しかし、常に覚えておかなければならないのは、"仕事" も "熱" もエネルギーの移動様式であって、エネルギーの形態ではないということである。

"温度" と "熱" という用語は日常では区別せずに使うことがあるが、両者は全く別の概念である。

- **熱**[2] $q$ は、温度差があるとき両者の間を移動するエネルギーである。

- **温度**[3] $T$ は、系の状態を規定するのに使う示強性の性質（試料の物質量に依存しない性質。「基本概念0・4」を見よ）の一つで、エネルギーが熱として流れる方向を決めている。

エネルギーの移動様式の一つである熱を通す壁は、**透熱的**[4] であるという（図2・3）。金属製の容器は透熱的である。温度差があっても熱を通さない壁は、**断熱的**[5] であるという。二重壁でつくった真空フラスコはほぼ断熱的と考えてよい。

エネルギー移動の様式の違いを示す例として、亜鉛と酸の反応 $Zn(s) + 2HCl(aq) \rightarrow ZnCl_2(aq) + H_2(g)$ などの気体を生成する化学反応を考える。まず、この反応がピストン付きのシリンダー内で起こったとしよう。このとき、発生した気体はピストンを押し上げ、外界のおもりを持ち上げる（図2・4）。この場合、外界のおもりが持ち上げられたので、系が仕事をした結果、あるエネルギーが外界に渡ったのである。そのおもりは前よりも大きな仕事をすることが可能になったので、前より大きなエネルギーをもっている。この反応によって、エネルギーの一部は熱としても外界に渡る。このとき移動したエネルギーは、反応容器全体をあらかじめ氷浴（氷と水からなる0℃の槽）に浸しておけば、どれだけの氷が融けたかで測定できる。これとは別のやり方として、ピストンを固定して同じ反応を起こさせたとしよう。このとき、外界のおもりを持ち上げることはないから、仕事は行われない。しかし、初めの実験よりこの場合の方が氷は多く融けるから、もっと多くのエネルギーが熱として外界に渡ったと結論できる。

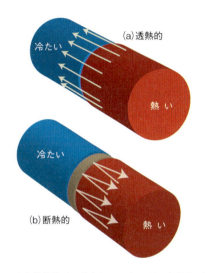

図2・3 (a) 透熱壁は、熱としてエネルギーを通す。(b) 断熱壁は、その両側で温度差があっても熱を通さない。

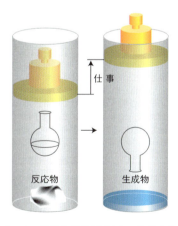

図2・4 系の中で塩酸と亜鉛が反応して気体水素が発生したとき、外界の大気を押し退けることによって（ピストンに載せたおもりを押し上げて）外界に対して仕事をしなければならない。これは、仕事のかたちで系からエネルギーが出る一例である。

---

1) heating  2) heat  3) temperature  4) diathermic  5) adiabatic（"透過しない"という意味のギリシャ語に由来）

系で起こる過程のうち，熱としてエネルギーを放出する過程は**発熱的**[1]であるという．一方，熱としてエネルギーを吸収する過程は**吸熱的**[2]である．一例として，有機化合物の燃焼はすべて発熱反応である．吸熱反応はあまりない．硝酸アンモニウムの水への溶解は吸熱的で，救急箱に入っている瞬間冷湿布はこれを利用したものである．これには，水を入れたプラスチックの袋（心理効果をねらって水色に着色してある）と，硝酸アンモニウムを入れた小さな筒が入っていて，使うときには筒を壊す仕掛けになっている．

## 2・3 仕事と熱の分子論的解釈

仕事の分子論的な特性を探るために，おもりの動きをその構成原子の動きで考えてみよう．おもりを持ち上げれば，その中の原子はすべて同じ向きに移動している．このことからわかるように，

- 仕事とは，外界に対して一様な動きを与えたり，逆に，外界からの一様な動きを受けたりするエネルギーの移動様式である（図2・5）．

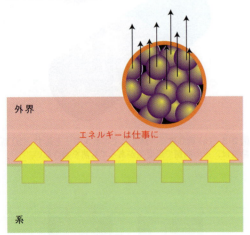

**図2・5** 仕事としてエネルギーが移動するときには，外界の原子に対して一様な動きをひき起こすか，あるいは逆に，外界の原子の一様な動きを利用している．たとえば，おもりを持ち上げれば，おもりのすべての原子は（拡大して示してある）同じ向きにそろって動いている．

仕事を考えるときはいつも，ある種の一様な動きが伴っていると思えばよい．たとえば電気的な仕事では，回路の中を電子が同じ向きに運ばれる．力学的な仕事でも，ある力に逆らって原子が同じ向きに運ばれるのである．

次に，熱の分子論的な特性を考えよう．エネルギーが熱として外界へ移動すれば，外界の原子や分子はその場でより激しく振動したり，あるいは，ある場所から別の場所に移動する運動がもっと速くなったりする．大事なことは，

系からもらったエネルギーでひき起こされる動きが，熱の場合にはランダムなものであって，仕事の場合のような一様なものでないという点である．このことからわかるように，

- 熱とは，外界に対してランダムな動きを与えたり，逆に，外界からのランダムな動きを受けたりするエネルギーの移動様式である（図2・6）．

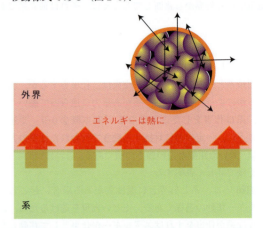

**図2・6** 熱としてエネルギーが移動するときには，外界にランダムな動きをひき起こすか，あるいは逆に，外界のランダムな動きを利用している．系（緑色の部分）から熱のかたちでエネルギーが出てくれば外界（拡大して示してある）にランダムな動きを発生させる．

たとえば燃焼が起これば，その近傍で乱雑な分子運動が発生する．

歴史的に面白いのは，仕事と熱のこのような分子論的な特性の違いが，それを人間が応用した年代の順に現れていることである．燃料を燃やせばエネルギーが乱雑なかたちで放出されるので，火を燃やしてエネルギーを取出すのは洗練された手法とはいえない．しかし，人間は文明発祥の頃これで，とにかくエネルギーを自由に使えるようになったのである．これに対して，燃料を燃やして仕事がつくり出せたのは，膨大な数の分子がそろって動くような仕掛けを用いてエネルギーの変換を注意深く制御したことによる．筋肉を進化させ仕事をつくり出したのは自然の成せる技であるが，それを除けば，エネルギーを仕事のかたちで大規模に移動できるようにしたのは，熱のかたちで利用可能になってから何千年も経ってからである．それには蒸気機関の発明を待たなければならなかった．

## 2・4 仕事の測定

外界のおもりを持ち上げたり，外部の電気回路に電流を流したりすることで系が外界に対して仕事をしたとき，移動したエネルギー $w$ は負の量として表す．たとえば，系

---

1) exothermic　2) endothermic

が外界のおもりを持ち上げて 100 J だけの仕事をすれば（このとき，仕事をすることによって系から 100 J のエネルギーが出ていくので）$w = -100$ J と書く．ぜんまい式の時計を巻いたときなどのように，系に対して仕事が行われれば，$w$ を正の量として表す．たとえば $w = +100$ J と書いて，100 J だけの仕事が系に対して行われたことを示す（すなわち，仕事によって 100 J のエネルギーが系に移動したのである）．このように符号を決めておけば，系のエネルギー変化を考えるときに便利である．系からエネルギーが出ていけば（$w$ は負で）系のエネルギーは減少するし，系にエネルギーが入ってくれば（$w$ は正で）系のエネルギーは増加する（図 2・7）．

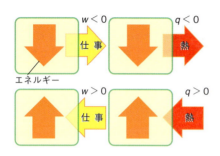

**図 2・7** 熱力学における符号の取決め．仕事（$w$）でも熱（$q$）でも，エネルギーが系に入り込む向きが正，系から出ていく場合は負である．

エネルギーが熱として $q$ だけ移動したときも同様の符号の決め方をする．系から 100 J のエネルギーが熱として出ていったとき，$q = -100$ J と書いて，系のエネルギーが減少したことを表す．逆に，100 J のエネルギーが熱として系に流れ込めば $q = +100$ J と書く．

化学反応には気体を発生するものが多いから，化学で問題になるきわめて重要な仕事の一つは**膨張の仕事**[1]である．それは，系が圧力に対抗して膨張するときに行う仕事である．図 2・4 に示した酸と亜鉛の反応では気体生成物が水素であり，そのための空間を確保する過程で膨張の仕事が行われる．つぎの「式の導出」で示すように，一定の外圧 $p_{ex}$ に対抗して系の体積が $\Delta V$ だけ膨張するときに行われる仕事は次式で表される．

$$w = -p_{ex}\Delta V \quad 圧力一定 \quad \text{膨張の仕事} \quad (2・1)$$

**式の導出 2・1** 膨張の仕事

ある系の体積が $V_i$ から $V_f$ まで膨張したとき（体積変化は $\Delta V = V_f - V_i$）系がした仕事を計算するのに，断面積 $A$ のピストンを距離 $h$ だけ外界へと押し出したとしよう

（図 2・8）．この場合は，実際のピストンでなくてもよい．膨張する気体と外気の境目を示しているだけと考えればよい．しかし，内燃エンジンの内部で起こる膨張を考えるときには，実際のピストンが必要である．

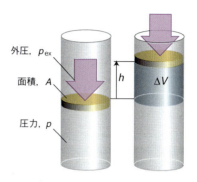

**図 2・8** 断面積 $A$ のピストンが外に向かって距離 $h$ だけ動けば，その分の体積は $\Delta V = Ah$ である．この膨張に対抗して外圧 $p_{ex}$ が働き，$p_{ex}A$ の力を及ぼす．

膨張に対抗して働く力は，一定の外圧 $p_{ex}$ とピストンの断面積との積，$F = p_{ex}A$ である（力は圧力に面積を掛けたものである．「基本概念 0・8」）．したがって，系がした仕事は（0・10）式から，

$$\text{系がした仕事} = \overset{F}{(p_{ex}A)} \times \overset{d}{h} = p_{ex} \times \overset{\Delta V}{hA}$$
$$= p_{ex} \times \Delta V$$

である．この式の最後の等号は，気体の膨張でピストンが動いた部分の体積は $hA$ であること（$hA = \Delta V$）から導ける．こうして，膨張の仕事として次式が得られる．

$$\text{系がした仕事} = p_{ex}\Delta V$$

ここで符号について考えておこう．系が膨張して（このとき $\Delta V$ は正）外界に対して仕事をすれば，系は自分自身のエネルギーを失う（すなわち $w$ は負である）．したがって，$\Delta V$ が正のとき $w$ が負になるように，式には負の符号を付けておく必要がある．そこで（2・1）式が得られる．

**ノート** 系が仕事をして系のエネルギーが減少したのか（このとき $w$ は負），系に対して仕事が行われて系のエネルギーが増加したのか（このとき $w$ は正）を考えて，その符号を見失わないようにしよう．

（2・1）式を見ればわかるように，系がある体積だけ膨張したときにする仕事には外圧が関与している．外圧が大きいほど対抗する力は大きく，系がする仕事も大きい．外圧

---

[1] expansion work

が 0 ならば $w = 0$ である．この場合には，対抗する力がないから系は膨張しても仕事はしない．外圧が 0 のときの膨張を**自由膨張**[1] という．

### ● 簡単な例示 2·1  化学反応によって行われる仕事

完全気体の生成を伴う反応を考えよう．ある特定の温度と外圧でこの反応が起こったときに行われる仕事を計算するには，つぎのように完全気体の法則を使って，まず $\Delta V$ を計算する必要がある．

$$\Delta V = \overbrace{V_f}^{n_f RT/p_{ex}} - \overbrace{V_i}^{n_i RT/p_{ex}} \overset{\Delta n_g = n_f - n_i}{=} \frac{RT \Delta n_g}{p_{ex}}$$

$\Delta n_g$ は気体分子の物質量の変化である．(2·1) 式から，その仕事は，

$$w = -p_{ex} \Delta V = -p_{ex} \overbrace{\frac{RT \Delta n_g}{p_{ex}}}^{p_{ex} を消去} = -RT \Delta n_g$$

であり，反応の間に圧力が一定であれば，外圧に依存しないことがわかる．もし，反応で気体が正味に生成されれば $\Delta n_g > 0$ であるから，$w < 0$ となる．逆に，反応で気体が正味に消費されれば $\Delta n_g < 0$ であるから，$w > 0$ となる．たとえば，25 °C で 1.0 mol の $CO_2(g)$ が生成する化学反応による仕事は，完全気体として扱えば，つぎのように計算できる．

$$w = -\overbrace{(8.3145 \text{ J K}^{-1} \text{ mol}^{-1})}^{R} \times \overbrace{(298 \text{ K})}^{T} \times \overbrace{(1.0 \text{ mol})}^{\Delta n_g}$$
$$= -2.5 \times 10^3 \text{ J} = -2.5 \text{ kJ}$$

#### 自習問題 2·1

プロパンの気体分子 1.0 mol が，25 °C で酸素と反応して二酸化炭素と液体の水を生成する反応，$C_3H_8(g) + 5O_2(g) \rightarrow 3CO_2(g) + 4H_2O(l)$ で行われる仕事を求めよ．　　　　　　　　　　　　　　　　[答：$+7.4$ kJ]

---

(2·1) 式から，系による膨張の仕事を<u>最小</u>にする仕方がわかる．外圧を 0 にすればよいだけである．一方，同じ体積変化をしても系が<u>最大</u>の仕事をするのはどういう場合であろうか．(2·1) 式によれば，外圧が最大値をとるとき系は最大の仕事をする．このとき膨張に対抗する力が最大だから，系がピストンを押し出すには最大限の努力が必要である．しかし，外圧が系内部の気体の圧力 $p$ より大きくはなれない．外圧の方が大きければ系は膨張せず，外圧により収縮してしまうからである．したがって，<u>最大の仕事は，外圧が系の中の気体の圧力よりも無限小だけ小さいときに得られる</u>．それには，膨張の間ずっと両者の圧力が等しくなるように調節しなければならない．「基本概念 0·8」で

は，このような圧力均衡を力学的な平衡状態であるとした．そこで，つぎのように結論することができる．

- 系が膨張過程の間ずっと外界と力学的平衡にあるとき，系は最大の膨張仕事をする．

最大の膨張仕事を得る条件を表すのに別のやり方がある．膨張の過程で，ほんのわずかでも外圧が気体の圧力より小さければピストンは外側へ動く．逆に，気体の圧力より無限小だけ大きい外圧を加えればピストンは内側へ動く．すなわち，力学的平衡にある系では，<u>圧力が無限小だけ変化すると体積変化の向きが逆転する</u>．

ある変数（この場合は圧力）の無限小の変化によって逆転できる過程は，**可逆的**[2] であるという．"可逆的"という用語は，日常でも逆転可能な過程を表現するのに使うが，熱力学ではもっと厳密な意味で使う．可逆過程とは，ある変数（圧力など）を<u>無限小だけ変化させたとき逆転可能なもの</u>をいう．

以上のことは，つぎのようにまとめることができる．

- 膨張の間ずっと外圧が系の圧力と等しい（$p_{ex} = p$）とき，系は最大の膨張仕事をする．
- 膨張の間ずっと系が外界と力学的平衡にあるとき，系は最大の膨張仕事をする．
- 系が可逆的に変化するとき，系は最大の膨張仕事をする．

この 3 通りの述べ方はいずれも同じことを表している．しかし，表現の仕方はこの順に洗練されたものになっている．

膨張による最大の仕事を式で表すのに，単に (2·1) 式の $p_{ex}$ を $p$（シリンダー内の気体の圧力）で置き換えるだけではいけない．気体の膨張でピストンが動けば体積が増加し，それに応じて系内部の圧力は下がってしまうからである．全過程にわたって可逆的であるためには，刻々変化す

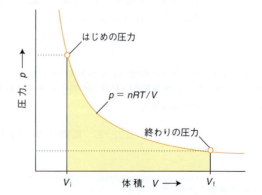

図 2·9　気体の等温可逆膨張による仕事は，等温線の下の始体積から終体積までの領域（黄色の領域）の面積に等しい．ここで示した等温線は完全気体のものであるが，どんな気体でも同じことがいえる．

---

1) free expansion　2) reversible

る内部の圧力と一致するように外圧を常に調節する必要がある．ここで，ある特定の温度に保った水槽に系を浸すことにより，膨張を等温的に（温度一定のまま）行ったとしよう．つぎの「式の導出」で示すように，ある温度 $T$ で完全気体が始体積 $V_i$ から終体積 $V_f$ まで等温可逆膨張したときの仕事は，

$$w = -nRT \ln \frac{V_f}{V_i} \quad \text{完全気体, 等温過程}$$

可逆膨張の仕事　　(2・2)

## 必須のツール2・1　積分計算

任意の関数 $f$ のグラフを描いたとき，その曲線の下の領域の面積は，積分という手法を使えば求めることができる．たとえば，関数 $f(x)$ のグラフで，$x=a$ と $x=b$ の間の曲線の下の面積は（概略図2・1），

$$a \text{ から } b \text{ までの領域の面積} = \int_a^b f(x)\,dx$$

で表される．右辺のように表したものを関数 $f$ の**積分**[1]という．$\int$ だけ書いて区間を示さないものをその関数の**不定積分**[2]といい，上のように上限と下限を明記したものをその関数の**定積分**[3]という．定積分は，上限（$b$）で求めた不定積分から下限（$a$）で求めた不定積分を引いた値である．

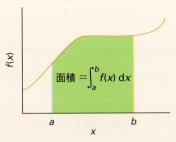

**概略図2・1**　関数 $f(x)$ の $x=a$ から $x=b$ までの積分をグラフで表したもの．

$x^n$ の不定積分は，

$$\int x^n\,dx = \frac{x^{n+1}}{n+1} + \text{定数}$$

である．したがって，$x^n$ の $a$ から $b$ までの定積分は，

$$\int_a^b x^n\,dx = \left(\frac{x^{n+1}}{n+1} + \text{定数}\right)\Big|_a^b = \left(\frac{b^{n+1}}{n+1} + \text{定数}\right)$$

$$- \left(\frac{a^{n+1}}{n+1} + \text{定数}\right) = \frac{1}{n+1}(b^{n+1} - a^{n+1})$$

となる．途中に現れた定数は消えたことがわかる．一例を示せば，$x^2$ のグラフの曲線の下にあり，$a=2$ から $b=3$ までの領域の面積は（概略図2・2）つぎのように計算できる．

$$\int_2^3 x^{\overset{n=2}{n}}\,dx = \frac{1}{\underset{n+1}{3}}\big(3^3 - 2^3\big) = \frac{1}{3}(27-8) = \frac{19}{3}$$

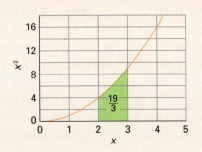

**概略図2・2**　関数 $x^2$ の $x=2$ から $x=3$ までの積分をグラフで表したもの．

物理化学でよく使う積分公式に，

$$\int \frac{dx}{x} = \ln x + \text{定数}$$

がある．$\ln x$ は $x$ の自然対数である．$x=a$ から $x=b$ の区間の積分を求めるには，

$$\int_a^b \frac{dx}{x} = (\ln x + \text{定数})\Big|_a^b$$
$$= (\ln b + \text{定数}) - (\ln a + \text{定数})$$
$$= \ln b - \ln a = \ln \frac{b}{a}$$

を計算すればよい．ここでは，対数に関する公式（「必須のツール2・2」を見よ）を使って，最右辺の単純なかたちにまとめた．たとえば，$1/x$ のグラフの曲線の下にあり，$a=2$ から $b=3$ までの領域の面積は（概略図2・3），$\ln \frac{3}{2} = 0.41$ と計算できる．

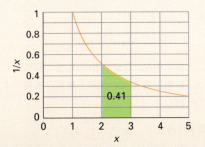

**概略図2・3**　関数 $1/x$ の $x=2$ から $x=3$ までの積分をグラフで表したもの．

---

1) integral　2) indefinite integral　3) definite integral

で表される．$n$ は系に存在する気体分子の物質量である．「式の導出 2・2」と「必須のツール 2・1」で説明するように，このときの仕事は $p = nRT/V$ のグラフで $V_i$ と $V_f$ の間の曲線の下の面積に等しい（図 2・9）．

### 式の導出 2・2　等温可逆膨張の仕事

膨張過程が可逆的であるためには膨張の間ずっと外圧を調節しなければならないので，外圧が一定とみなせるほど微小な膨張ステップが次々起こるものとして，実際の過程を考えなければならない．そこで，各ステップで外圧とすべき圧力のもとで行われる仕事を計算し，それをすべて足し合わせる．こうして得られた結果が厳密であるためには，各ステップでの圧力が本当に一定とみなせるほど，ステップが可能な限り微小（実際には無限小）でなければならない．いい換えれば，ここで積分法を適用する必要があり，そうすれば無限小のステップが無数ある場合の和が，ある積分値で表されるのである（必須のツール 2・1）．

系が無限小の体積 $dV$ だけ膨張したとき行われる無限小の仕事 $dw$ は，(2・1) 式（$w = -p_{ex}\Delta V$）を無限小変化で表したものであるから，次式で書ける．

$$dw = -p_{ex}dV$$

**ノート**　$\Delta$（有限の変化）をdで置き換えるときは，何らかの無限小変化を常に念頭に置いている．上の式では，$dw$ は仕事として移動したエネルギーの無限小量を表しており，$dV$ は，それに対応する系の体積の無限小量の変化である．しかしながら，仕事というのはある過程であり，体積は性質の一つであるから，同じ記号dを使っても$w$と$V$に付けたときの意味は違うことに注意しよう．すなわち，$dV$ は系の非常に小さな状態変化を表しているのに対して，$dw$ は仕事として移動する非常に小さなエネルギーを表している．

各ステップでは，外圧が常に気体の圧力 $p$ に等しいから（図 2・10），$p_{ex} = p$ とおいて，

$$dw = -pdV$$

とすることができる．系が $V_i$ から $V_f$ まで膨張したときの全仕事は，$V_i$ から $V_f$ までの無限小変化の総和（すなわち積分）で表され，

● 可逆膨張の場合：　　$w = -\int_{V_i}^{V_f} p\,dV$

と書ける（「必須のツール 2・1」を見よ）．この積分を計算するには，系の膨張とともに気体の圧力 $p$ がどう変化するかを知っておく必要がある．ここで，気体が完全気体であるとすれば，$pV = nRT$ から $p = nRT/V$ として，これを代入すればよい．そこで，

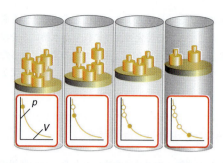

**図 2・10**　気体を可逆的に膨張させるには，膨張の過程でずっと気体の圧力と等しくなるように外圧を調節しなければならない．この図では，おもりを徐々に取除くことでピストンが押し上げられ，内部の圧力が減少する様子を表現してある．このような調節を行えば，最大の膨張仕事を取出すことができる．

● 完全気体の可逆膨張の場合：　$w = -\int_{V_i}^{V_f} \dfrac{nRT}{V} dV$

となる．ここでの温度は，一般には気体の膨張に応じて変化してもよい．つまり，$T$ は $V$ に依存しているから，$V$ の変化に応じて $T$ は変化する．しかし，等温膨張の場合は温度が一定に保たれるので，$n$ や $R$ だけでなく $T$ も積分の外に出せてつぎのように書ける．

● 完全気体の
　等温可逆膨張の場合：　$w = -nRT\int_{V_i}^{V_f} \dfrac{dV}{V}$

ここで，「必須のツール 2・1 および 2・2」で説明してある手法を使えば，

$$\int_{V_i}^{V_f} \frac{dV}{V} = \ln V \Big|_{V_i}^{V_f} = \ln V_f - \ln V_i = \ln \frac{V_f}{V_i}$$

となる．この結果を上で導いた式（$w = -nRT\int_{V_i}^{V_f} dV/V$）に代入すれば (2・2) 式が得られる．「必須のツール 2・1」で説明したように，(2・2) 式を面積とみなせるのは，被積分関数のグラフを書いたとき，定積分が二つの積分限界の間の曲線の下の面積に等しいからである．

**ノート**　いろいろな制約条件（この場合は順に，可逆過程，完全気体，等温的）を課すたびに，該当する条件を明記しておくことが重要である．場合によっては，最終的な式に至る途中の式を使うことがあるかもしれない．

---

(2・2) 式は，本書でもいろいろな場面で現れる．前にも書いたが，式は単に覚えるのではなく，解釈できることが大切である．

● 系が膨張すれば $V_f > V_i$ であるから $V_f/V_i > 1$ であり，その対数は正（$x > 1$ のとき $\ln x$ は正）である．したがって，系が膨張すれば $w$ は負である．これは予想通りであり，系が膨張して外界に対して仕事をすれば，エネルギーは系から出ていく．

- 膨張による体積変化（正確には体積比）が同じであれば，シリンダー内の気体の温度が高いほど大きな仕事が得られる（図2・11）．これも予想通りの結果で，高温では気体の圧力が高いから，その内部圧力に合った外圧を掛けながら膨張させる必要があり，そのため膨張に逆らって大きな力を使わなければならないのである．

$$w = -\overbrace{(1.0\ \text{mol})}^{n} \times \overbrace{(8.3145\ \text{J K}^{-1}\text{mol}^{-1})}^{R}$$
$$\times \overbrace{(298\ \text{K})}^{T} \ln \overbrace{\frac{2.0\ \text{dm}^3}{1.0\ \text{dm}^3}}^{V_f/V_i}$$
$$= -1.7 \times 10^3\ \text{J} = -1.7\ \text{kJ}$$

膨張による仕事の大きさは，膨張が起こる状況によって異なることがわかった．その値は系の状態では決まらず，たどった経路によって変わるから，仕事は**経路関数**[1]の一例である．たとえば，気体が可逆膨張したときに行う仕事の大きさは，始状態と終状態がそれぞれ同じでも，その可逆経路と異なるどの経路で膨張したときの仕事よりも大きい．

### 2・5 熱の測定

物質を加熱すれば，その温度はふつう上がる．"ふつう"というのは，いつも温度上昇があるとは限らないからである．たとえば，水が沸騰しているときは，熱としてエネルギーを供給しても温度はそのままである（5章を見よ）．

加熱によってあるエネルギー $q$ が加えられたとき，どれだけの温度上昇 $\Delta T$ が得られるかは，その物質の"熱容量"に依存している．**熱容量**[2] $C$ は次式で定義される．

$$C = \frac{q}{\Delta T} \quad \text{定義} \quad \boxed{\text{熱容量}} \quad (2\cdot3\text{a})$$

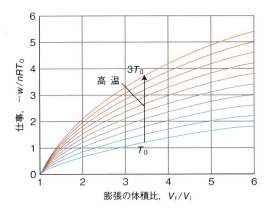

**図2・11** 完全気体の等温可逆膨張による仕事．物質量が同じで体積変化が等しければ，温度が高いほど仕事は大きい．

● **簡単な例示2・2　等温可逆膨張の仕事**

容積 1.0 dm³ のシリンダーに入れてあった 1.0 mol の Ar(g) が，25 ℃ で等温可逆膨張して 2.0 dm³ になった．このときの仕事はつぎのように計算できる．

---

#### 必須のツール2・2　対　数

方程式によっては，対数関数やその関連の関数を使えば簡単に解ける場合がある．ある数 $x$ の**自然対数**[3]を $\ln x$ と書く．それは，e = 2.718 … という特定の数を累乗すれば元の $x$ が得られるような数（べき）として定義されている．この定義からつぎの式が成り立つ．

$$\ln x + \ln y = \ln xy$$
$$\ln x - \ln y = \ln(x/y)$$
$$a \ln x = \ln x^a$$

対数の特徴で重要なものにつぎの性質がある．それを概略図2・4に示してある．

- $x$ が増加しても，その対数は非常にゆっくり増加するだけである．
- 1の対数は0である．すなわち，$\ln 1 = 0$
- 1より小さい数の対数は負である．
- 初等数学では，負の数の対数は定義されていない．

**常用対数**[4]も広く使われている．それは，e の代わりに10を底とするもので，$\log x$ と書く．常用対数でも自然対数と同様，加法や減法が適用できる．常用対数（log）は自然対数（ln）とつぎの関係にある．

$$\ln x = \ln 10 \times \log x = (2.303 \cdots) \times \log x$$

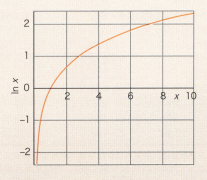

**概略図2・4** $0 < x \leq 10$ での $\ln x$ のグラフ

---

1) path function　2) heat capacity　3) natural logarithm　4) common logarithm

したがって，系に吸収されたり系から放出されたりした熱を測定するには，ある単純な方法を使えばよい．すなわち，そのときの温度変化を測定すれば，系の熱容量の値を使うことによって，(2·3a) 式を変形したつぎの式が使えるのである．

$$q = C\Delta T \qquad (2\cdot 3\mathrm{b})$$

● **簡単な例示 2·3　加熱によるエネルギー**

　水を入れたビーカーの熱容量が 0.50 kJ K$^{-1}$ であり，4.0 K の温度上昇が観測されたら，これに加えた熱はつぎのように計算できる．

$$q = (0.50\,\mathrm{kJ\,K^{-1}}) \times (4.0\,\mathrm{K}) = +2.0\,\mathrm{kJ}$$ ■

　熱容量は以下の節や章でもよく出てくるので，それがどういう性質のもので，その値がどう表されるかを知っておく必要がある．まず，熱容量そのものは示量性（試料の物質量に依存する．「基本概念 0·4」）の性質である．たとえば，2 kg の鉄の熱容量は 1 kg の鉄の 2 倍あるから，同じ温度だけ上昇させるのに 2 倍の熱が必要である．一方，物質の熱容量は示強性の（試料の物質量に依存しない）性質として表しておくのが便利である．そこで，試料の熱容量をその質量で割った**比熱容量**[1] $C_\mathrm{s}$（$C_\mathrm{s} = C/m$，単位は J K$^{-1}$ g$^{-1}$）で表すか，あるいは物質量で割った**モル熱容量**[2] $C_\mathrm{m}$（$C_\mathrm{m} = C/n$，単位は J K$^{-1}$ mol$^{-1}$）で表している．比熱容量は，日常では単に比熱ということが多い．既知の質量や既知の物質量の試料の熱容量を求めるには，これらの定義を $C = mC_\mathrm{s}$ や $C = nC_\mathrm{m}$ のかたちで使えばよい．

**表 2·1**　身近なものの定圧熱容量

| 物 質 | 比熱容量 $C_{p,\mathrm{s}}/(\mathrm{J\,K^{-1}\,g^{-1}})$ | モル熱容量* $C_{p,\mathrm{m}}/(\mathrm{J\,K^{-1}\,mol^{-1}})$ |
|---|---|---|
| 空 気 | 1.01 | 29 |
| ベンゼン，$C_6H_6$（液体） | 1.74 | 136.1 |
| 黄銅（Cu/Zn） | 0.37 | |
| 銅，Cu（固体） | 0.38 | 24.44 |
| エタノール，$C_2H_5OH$（液体） | 2.42 | 111.46 |
| ガラス（パイレックス） | 0.78 | |
| 花崗岩 | 0.80 | |
| 大理石 | 0.84 | |
| ポリエチレン | 2.3 | |
| ステンレス鋼 | 0.51 | |
| 水，$H_2O$（固体） | 2.03 | 37 |
| （液体） | 4.18 | 75.29 |
| （蒸気） | 1.86 | 33.58 |

\*　モル熱容量は，空気のほかに定義の明確な純物質についてのみ示してある．25 ℃ での値である．氷は 0 ℃ での値．巻末の「資料」にもデータがある．

　すぐ後で述べる理由によって，物質の熱容量は，加熱時に試料を一定体積に保っておいたか（気体を容器に閉じ込めた場合など），それとも一定圧力に保って体積が自由に変化できたか（開放容器に入れた水など）によって異なる値を示す．ふつうは後者で表す．その代表的な値を表 2·1 に示す．これを**定圧熱容量**[3] $C_p$ という．これに対して前者を**定容熱容量**[4] $C_V$ という．そのモル当たりの値はそれぞれ，$C_{p,\mathrm{m}}$ および $C_{V,\mathrm{m}}$ で表す．

**例題 2·1　熱容量を使った温度変化の計算**

　水 1.0 kg を入れた 1.0 kW の電気湯沸かし器に 100 s だけ通電したとしよう．この水の温度変化を求めよ．

**解法**　湯沸かし器の水を加熱するために供給したエネルギーを求める．それには，湯沸かし器の電力 $P$（単位 W，1 W = 1 J s$^{-1}$）と通電時間 $t$（単位 s）から $q = Pt$ によって計算する．次に，(2·3) 式をつぎのように変形して，温度変化 $\Delta T$ を計算する．

$$\Delta T = \frac{q}{C_p} = \frac{q}{nC_{p,\mathrm{m}}}$$

$n = m/M$ は湯沸かし器の水（$H_2O$ 分子）の物質量（単位モル）であり，$C_{p,\mathrm{m}}$ は水のモル定圧熱容量である．

**解答**　この水 1.0 kg に熱として供給したエネルギーは，

$$q = (1.0\,\mathrm{kW}) \times (100\,\mathrm{s}) = (1.0 \times 10^3\,\mathrm{J\,s^{-1}}) \times (100\,\mathrm{s})$$
$$= +1.0 \times 10^5\,\mathrm{J}$$

である．$m = 1.0$ kg，$M = 18.0$ g mol$^{-1}$ であるから，

$$n = \frac{1.0 \times 10^3\,\mathrm{g}}{18.0\,\mathrm{g\,mol^{-1}}} = \frac{1.0 \times 10^3}{18.0}\,\mathrm{mol}$$

となる．ここで，液体の水のモル定圧熱容量の値（表 2·1），$C_{p,\mathrm{m}} = 75$ J K$^{-1}$ mol$^{-1}$ を使えば，このときの温度変化をつぎのように計算できる．

$$\Delta T = \frac{q}{nC_{p,\mathrm{m}}} = \frac{\overset{q}{\overbrace{1.0 \times 10^5\,\mathrm{J}}}}{\underset{n}{\underbrace{(1.0 \times 10^3/18.0\,\mathrm{mol})}} \times \underset{C_{p,\mathrm{m}}}{\underbrace{(75\,\mathrm{J\,K^{-1}\,mol^{-1}})}}}$$
$$= +24\,\mathrm{K}$$

**自習問題 2·2**

　液体の水 250 g の温度を 40 ℃ だけ上昇させるのに必要なエネルギーはいくらか．　　　　[答: 42 kJ]

　ある過程で熱として移動したエネルギーを測定する一つの方法は，**熱量計**[5] を使うことである（図 2·12）．代表的

---

1) specific heat capacity　2) molar heat capacity　3) heat capacity at constant pressure　4) heat capacity at constant volume
5) calorimeter

2・5 熱 の 測 定　　　55

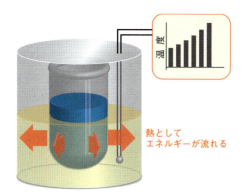

**図2・12** 系からエネルギーが失われ，外界へ出たかどうかは，その過程が進行したとき周囲の温度が変化したかどうかで判断できる．

な熱量計は，化学反応や物理過程が起こる容器と温度計，それらを納めた水槽で構成される．熱量計全体は外界から熱的に遮断されている．熱量計の原理は，熱量計容器内で起こった過程で熱として放出されたエネルギーを求めるのに，水槽の温度上昇を利用することである．観測された温度上昇を定量的に解釈するためには，まず熱量計を校正しておかなければならない．それには，反応の結果観測された温度変化を，既知のエネルギーを熱として加えたときの温度変化と比較すればよい．一つのやり方は，熱量計に取付けたヒーターにある時間，既知の電流を流すことによって電気的に加熱し，そのときの温度上昇を測定することである．このとき系に供給されたエネルギーは（「必須のツール2・3」を見よ），

$$q = I\mathcal{V}t \qquad (2\cdot 4)$$

である．$I$ は電流（単位はアンペア，A），$\mathcal{V}$ は供給電圧（単位はボルト，V），$t$ は電流を流した時間（単位は秒，s）である．

● **簡単な例示2・4　電気による加熱**

12Vの電源を使ってヒーターに10.0Aの電流を300s間流せば，熱として供給されるエネルギーは，つぎのように計算できる．

$$q = (10.0\,\text{A}) \times (12\,\text{V}) \times (300\,\text{s})$$
$$\phantom{q} \quad 1\,\text{AVs} = 1\,\text{J}$$
$$\phantom{q} = 3.6 \times 10^4 \ \text{AVs} \ = 36\,\text{kJ}$$

こうして測定された温度上昇から，（2・3）式を使って熱量計の熱容量 $C$（実験で求めた熱量計の熱容量を**熱量計定数**[1]という）が計算できる．次に，この熱容量を使えば反応によって得られた温度上昇から，放出された熱を求めることができる．別のやり方は，熱出力が既知である安息香酸（$C_6H_5COOH$）の燃焼などの反応を使って熱量計を校正

しておくことである．ここで，$C_6H_5COOH$ の1mol当りの燃焼熱は3227kJであることがわかっている．

---

**必須のツール2・3　電荷, 電流, 電力, エネルギー**

電荷は**クーロン**[2]（C）の単位で測定する．電気素量，つまり電子1個もしくはプロトン1個がもつ電荷の大きさは約 $1.6 \times 10^{-19}$ C である．電荷の動きが電流 $I$ を生み，その単位を $\text{C s}^{-1}$ で表す．これが**アンペア**[3]（A）である．すなわち，$1\,\text{A} = 1\,\text{C s}^{-1}$ である．電子によって電荷が運ばれる（金属や半導体中を流れる）場合は，1Aの電流は1秒間に $6 \times 10^{18}$ 個の電子が流れることに相当する．

電気によるエネルギーの供給速度は電力である．電圧 $\mathcal{V}$（単位ボルト，V）の間を一定の電流 $I$ が流れたときの電力 $P$ は，

$$P = I\mathcal{V}$$

で与えられる．したがって，ある時間に供給されるエネルギーは，

$$E = Pt = I\mathcal{V}t$$

となる．$1\,\text{AVs} = 1\,(\text{C s}^{-1})\text{Vs} = 1\,\text{CV} = 1\,\text{J}$ であるから，電流を A，電圧を V，時間を s の単位で表しておけば，エネルギーの単位は J で得られる．このエネルギーが熱として供給されたときは，（2・4）式を使えばよい．

---

**例題2・2　熱量計の校正と熱移動の測定**

ある栄養剤の燃焼熱を測定する実験で，試料を熱量計内で燃焼させたところ3.22℃の温度上昇があった．別の実験で，この熱量計に取付けたヒーターに12.0Vの電源から1.23Aの電流を156s間だけ流したところ，4.47℃の温度上昇があった．はじめの燃焼実験で，反応によって放出された熱はどれだけであったか．

**解法**　（2・4）式と $1\,\text{AVs} = 1\,\text{J}$ の関係を使って，電気的に供給された熱をまず計算する．次に，その温度上昇から熱量計の熱容量を求める．最後にその熱容量の値を使えば，燃焼実験で得られた温度上昇から $q = C\Delta T$（セルシウス目盛で温度を測定したのであれば $q = C\Delta\theta$）によって発生した熱が得られる．

**解答**　校正実験で発生した熱は，

$$q = I\mathcal{V}t = (1.23\,\text{A}) \times (12.0\,\text{V}) \times (156\,\text{s})$$
$$= 1.23 \times 12.0 \times 156\,\text{AVs}$$
$$= 1.23 \times 12.0 \times 156\,\text{J}$$

---

1) calorimeter constant　2) coulomb　3) ampare

で表され，これを計算すれば 2.30 kJ となる．しかし，丸め誤差を生じさせないために，数値計算はしないで最後までそのままにしておく．そうすれば熱量計の熱容量は，

$$C = \frac{q}{\Delta\theta} = \frac{1.23 \times 12.0 \times 156\ \text{J}}{4.47\ ^\circ\text{C}}$$

$$= \frac{1.23 \times 12.0 \times 156}{4.47}\ \text{J}\,^\circ\text{C}^{-1}$$

である．ここで得られる $C$ の値は 515 J $^\circ$C$^{-1}$ である．しかし，ここでも実際の計算はしないでおく．こうして，燃焼によって発生した熱はつぎのように計算できる．

$$q = C\Delta\theta = \left(\frac{1.23 \times 12.0 \times 156}{4.47}\ \text{J}\,^\circ\text{C}^{-1}\right) \times (3.22\ ^\circ\text{C})$$

$$= 1.66\ \text{kJ}$$

**ノート**　最終段階まで計算をせず，数値をそのまま残しておくだけでなく，単位も計算の各段階で付けたまま残しておこう．

**自習問題 2・3**

ある燃料の燃焼熱を測定する実験で，試料を熱量計内の酸素雰囲気中で燃焼させたところ 2.78 ℃ の温度上昇があった．別の実験で，この熱量計に取付けたヒーターに 11.5 V の電源から 1.12 A の電流を 162 s 間だけ流したところ，5.11 ℃ の温度上昇があった．この燃焼反応で放出された熱はどれだけか．　　　［答: 1.14 kJ］

## 2・6　膨張による仕事と熱流入

場合によっては，$q$ の値を系の体積変化で表すことができる．たとえば，気体が膨張したとき熱として系に流入するエネルギーを計算することができる．もっとも単純なのは完全気体が等温膨張する場合である．この考えの説明には分子論的な解釈が使える．気体の温度は膨張の前後で等しいから，気体分子の平均速さも膨張の前後で等しい．ということは，分子の全運動エネルギーも等しいということである．しかし，完全気体では，エネルギーに寄与するのは分子の運動エネルギーだけである（1・4 節）．そこで，膨張の前後で気体の全エネルギーも等しい．すなわち，仕事のかたちでエネルギーが取去られたときには，同じ量のエネルギーが熱として系に取込まれなければならない．したがって，つぎのように書けるのである．

$$q = -w \qquad \substack{\text{完全気体,}\\ \text{等温膨張}} \qquad \boxed{\text{熱と仕事の関係}} \quad (2\cdot5)$$

● **簡単な例示 2・5　膨張による仕事と熱流入**

等温膨張で $w = -100$ J であれば（系が仕事をしたことにより，系から 100 J が失われた），$q = +100$ J（熱のかたちで 100 J が系に入らなければならない）と結論できる．自由膨張の場合は $w = 0$ であるから $q = 0$ である．完全気体が圧力 0 の外界へと膨張しても，熱として流れ込むエネルギーはない．●

完全気体の等温膨張が可逆的に起こった場合はさらに，(2・2) 式で求めた仕事を (2・5) 式に代入して，つぎのように書ける．

$$q = nRT \ln\frac{V_\text{f}}{V_\text{i}} \qquad \substack{\text{完全気体,}\\ \text{等温可逆膨張}} \qquad \boxed{\substack{\text{膨張による}\\ \text{熱移動}}} \quad (2\cdot6)$$

この式からつぎのことが読み取れる．

- 膨張すれば $V_\text{f} > V_\text{i}$ であるから対数項は正となり，予想通り $q > 0$ である．つまり，仕事のかたちで失ったエネルギーを補うために，熱のかたちでエネルギーが系に流入する．

- 膨張前後の体積比が大きいほど，熱として流入するエネルギーは大きい．

- 同じ体積変化なら高温ほど熱として流入するエネルギーは大きい．すでに述べたように，高温ほど大きな仕事が行えるから，そのエネルギー損失を埋め合わせるには熱としてもっとエネルギーが必要となる．

熱は仕事と同じ経路関数であるから，膨張によって熱として移動するエネルギーを考えるときには，その膨張がどのように起こったかを明記する必要がある．熱として移動するエネルギーは経路によるのであって，単に系の状態の関数というわけにはいかない．

# 内部エネルギーとエンタルピー

熱と仕事はエネルギーが移動するときの様式であり，系に入った後や系から出てしまった後には，両者はエネルギーいう点で等価である．系にエネルギーがどちらのかたちで取込まれても，それは単に"エネルギー"として蓄えられる．エネルギーが仕事として取込まれたか，熱として取込まれたかに関係なく，どちらのかたちでも取去ることができる．次の 2 節では，このような**熱と仕事の等価性**[1]について詳しく調べよう．

## 2・7　内部エネルギー

系のエネルギー変化を追跡する何らかの方法が必要である．その役目をするのが系の**内部エネルギー**[2] $U$ という

---

1) equivalence of heat and work　2) internal energy

## 2・7 内部エネルギー

性質である．これは，系に存在する原子やイオン，分子すべての運動エネルギーとポテンシャルエネルギーの合計である．内部エネルギーは，系がもつエネルギーの総和である．それは温度に依存し，一般には圧力にも依存する．たとえば，ある温度，圧力にある 2 kg の鉄の内部エネルギーは，同じ条件下にある 1 kg の鉄の 2 倍の内部エネルギーをもつから，内部エネルギーは示量性の性質である．**モル内部エネルギー**[1] $U_m = U/n$ は，物質 1 モル当たりの内部エネルギーであり，示強性の性質である．

実際には，われわれは試料の全エネルギーを知らないし，測定することもできない．電子や原子核を構成する粒子の，すべての運動エネルギーやポテンシャルエネルギーがこれに含まれているからである．しかし，内部エネルギーの変化 $\Delta U$ は問題なく扱うことができる．すなわち，熱や仕事を加えたり取去ったりしたときのエネルギーを監視しておけば，その変化量は求められるからである．熱力学を実際に適用するときはいつも $\Delta U$ を問題にするのであって，$U$ そのものには関心がない．内部エネルギー変化はつぎのように書ける．

$$\Delta U = w + q \quad \text{仕事と熱による内部エネルギー変化} \quad (2・7)$$

$w$ は仕事として系に流入したエネルギーであり，$q$ は熱として系に流入したエネルギーである．

**ノート** 内部エネルギー変化を $\Delta U$ と書き，終わりの値と始めの値の差で表す．一方，熱や仕事の場合は "熱の差" や "仕事の差" が無意味なので，$\Delta q$ や $\Delta w$ とは書かない．$q$ と $w$ がそれぞれ，熱と仕事として移動するエネルギーであり，$\Delta U$ をひき起こす量なのである．しかしながら，2・4 節で述べたように，仕事や熱として移動する無限小量のエネルギーについては，本書では記号 d を使って $dw$，$dq$ のように表すことにする．

● **簡単な例示 2・6　内部エネルギー変化**

系が外界に対し 10 kJ の仕事をしてエネルギーを放出したとき（つまり $w = -10$ kJ），系の内部エネルギーは 10 kJ だけ減少したので $\Delta U = -10$ kJ と書く．ここで負号は，系の内部エネルギーが減少したことを表している．系が外界を加熱して 20 kJ のエネルギーを失えば（つまり $q = -20$ kJ），$\Delta U = -20$ kJ と書く．また，効率の悪い内燃機関の例だが，系が仕事で 10 kJ，熱で 20 kJ のエネルギーを失えば，内部エネルギーは合計 30 kJ だけ減少するから $\Delta U = -30$ kJ と書く．一方，系に対して 10 kJ の仕事をした場合（$w = +10$ kJ），たとえば，系がぜんまいバネをもっていてこれを巻いた場合や，ピストンを押し込んで気体を圧縮させた場合がそうであるが（図 2・13），このとき系の内部エネルギーは 10 kJ だけ増加するので $\Delta U = +10$ kJ と書く．同様にして，系を加熱して 20 kJ のエネルギーを供給したら（$q = +20$ kJ），系の内部エネルギーは 20 kJ だけ増加するので $\Delta U = +20$ kJ と書く． ■

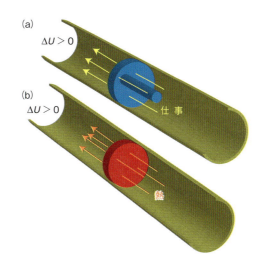

**図 2・13** (a) 系に対して仕事をすれば，それ以外にエネルギーの流れがない限り，系の内部エネルギーは増える（$\Delta U > 0$）．(b) 熱のかたちでエネルギーが系に入っても，それ以外にエネルギーの流れがない限り，系の内部エネルギーは増える．

**ノート** $\Delta U$ を常に符号付きで表していることに注意しよう．符号が正であっても $\Delta U = 20$ kJ と書かずに $+20$ kJ と書くことにする．

完全気体の特徴として，等温膨張では全エネルギーが変化せず，したがって $\Delta U = 0$ であるから $q = -w$ が成り立つことを示した．すなわち，仕事のかたちでエネルギーを失っても熱のかたちで埋め合わせされる．この性質を内部エネルギーを使って表せば，完全気体が等温膨張するときの内部エネルギーは一定であるということができる．つまり (2・7) 式より，

$$\Delta U = 0 \quad \begin{matrix}\text{完全気体，}\\ \text{等温膨張}\end{matrix} \quad \text{膨張による内部エネルギー変化} \quad (2・8)$$

と書ける．いい換えれば，完全気体の内部エネルギーは温度が決まれば体積にはよらない．このことは，完全気体では等温膨張しても変化するのは分子間の平均距離だけであって，分子の平均速さ，つまり全運動エネルギーは変化しないことから理解できるだろう．一方，完全気体では分子間相互作用が存在しないから，全エネルギーも分子間の平均距離に無関係であり，膨張によって内部エネルギーは変化しないのである．

---

[1] molar internal energy

## 例題 2·3　内部エネルギー変化の計算

栄養士は人のエネルギー消費に注目しており，人を熱力学的な"系"と考えることができる．人を熱量計に入れて，体から出てくる正味のエネルギーを（非破壊的に！）測定できるような熱量計を作った．実験中に人がフィットネス用の自転車こぎによって622 kJの仕事をし，熱として82 kJのエネルギーを放出した．この人の内部エネルギー変化はどれだけか．ただし，汗をかくことによる物質の損失は無視せよ．

**解法**　符号を正しく扱えるかどうかの問題である．$w$ も $q$ も，系がエネルギーを失えば負であり，系がエネルギーを獲得すれば正である．

**解答**　符号に注意して，$w = -622$ kJ（仕事をして622 kJを失う），$q = -82$ kJ（外界を加熱して82 kJを失う）と書く．そこで（2·7）式より，

$$\Delta U = w + q = (-622 \text{ kJ}) + (-82 \text{ kJ}) = -704 \text{ kJ}$$

となる．つまり，この人の内部エネルギーは704 kJだけ減少した．この失ったエネルギーはいずれ食事で補給されることになる．

**ノート**　いつも正しい符号を付けておくことが大事である．系にエネルギーが流入すれば正，系からエネルギーが流出すれば負である．

### 自習問題 2·4

電池を充電することで（通電による）電気的な仕事として250 kJのエネルギーを供給した．このとき同時に，外界に放熱することで25 kJのエネルギーを失った．この電池の内部エネルギー変化はどれだけか．

[答：$+225$ kJ]

## 2·8　状態関数としての内部エネルギー

内部エネルギーで重要なことは，それが**状態関数**[1]であるという点である．状態関数とは，現在おかれている系の状態にのみ依存する物理的性質であって，その状態がどのようにして実現されたかという経路には無関係なものである．仕事や熱と違って，内部エネルギーの変化はたどった経路にはよらない．仮に系の温度を変え，圧力を変えても，両方を元の値に戻したとき内部エネルギーは元の値に戻る．

状態関数は標高に似ている．すなわち，地表の各点は緯度と経度を指定して表すことができ，（陸地では）その地点に固有の値，つまり標高がある．特定の緯度や経度の点に到達する経路によらず，得られる高度の値はその点の高度に等しい．緯度や経度の役割を演じているのは，熱力学では圧力や温度（ほかにも，系の状態をいちいち指定する必要のある変数はすべて）である．これに対し内部エネルギーは標高の役割を演じており，系がとる状態が決まれば，系をその状態にもたらした圧力と温度（その他の変数も）の変化に関係なく，ある固有の一つの値を示すのである．

$U$ が状態関数であるということは，<u>系の内部エネルギーの変化 $\Delta U$ は，その始状態と終状態にしか依存しない</u>ということである（図2·14）．ここでも標高は，わかりやすい例として使える．山登りをしていてわかるように，2点間の標高の差は，その間をどの道のりでたどったかには無関係である．同じように，ある気体をある圧力まで圧縮した後，ある温度まで冷却すればある特定の内部エネルギー変化を示すだろう．しかし，温度変化を先にして次に圧力変化を行った場合でも，それらを同じ値に設定する限り内部エネルギー変化は前の場合と全く同じである．$\Delta U$ の値が経路によらないという事実は，すぐ後で述べるように化学ではきわめて重要なことなのである．

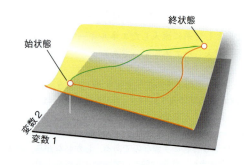

**図2·14**　図の曲面は，ある量（たとえば標高）が二つの座標（緯度と経度など）を変数として変化する様子を示している．標高が状態関数であるのは，系がいまの状態のみによるからである．状態関数の値の変化は二つの状態間の経路には依存しない．たとえば，図で示した始状態と終状態の間の高度差は，どの道でたどり着いても（橙色と緑色の曲線で表してある）同じである．

ここで孤立系を考えよう．孤立系では，外界に仕事をすることも，外界を加熱することもない（逆に，仕事や熱を受けてエネルギーを獲得することもない）ので，内部エネルギーは変化しない．すなわち，

- 孤立系の内部エネルギーは一定である．

これは，**熱力学第一法則**[2]を述べたものである．エネルギー保存則と密接に関係しているが，仕事だけでなく熱によってもエネルギーが移動できることを取込んでいる．力学では熱力学と違って，このような熱の概念を扱わない．

---

1) state function　2) first law of thermodynamics

第一法則が成り立つ実験的な証拠は，燃料を使わずに仕事がつくりだせるという"永久機関"は存在しえないというものである．はじめに述べたように，永久機関をつくる努力はどれも報われなかった．内部エネルギーを新たに創り出し，そのエネルギーを仕事に置き換えて取出すような装置はできなかったのである．系からエネルギーを仕事のかたちで取出し，その系をしばらく孤立させておけば，そのうち内部エネルギーが元の値に戻っていたというようなことは望めない．

$\Delta U$ を $w$ と $q$ で定義した式から，反応によって生じる系の内部エネルギー変化を測定するためのごく簡単な方法がわかる．すでに述べたように，一定の外圧のもとで膨張するとき系がする仕事は，その体積変化に比例する．したがって，容積が一定の容器中で反応が起これば，系は膨張による仕事を行わない．そこで，別の種類の仕事（電気的な仕事などの"非膨張仕事"）が存在しない限り $w=0$ とおくことができ，(2·7) 式はつぎのように簡単になる．

$$\Delta U = q \quad \substack{\text{体積一定，}\\ \text{非膨張仕事}\\ \text{がない場合}} \quad \text{内部エネルギー変化} \quad (2·9a)$$

この関係は，ふつうつぎのように書く．

$$\Delta U = q_V \quad (2·9b)$$

下つき添字の $V$ で，系の体積が一定であることを示している．生体内の個々の細胞は，体積一定の容器に入った化学系とみなせる例である．

内部エネルギー変化を測定するには，容積一定の熱量計を使って，発生する熱（$q<0$）や供給される熱（$q>0$）のかたちのエネルギーを監視する．**ボンベ熱量計**[1] は代表的な容積一定の熱量計で，中で反応を起こさせる頑丈な密閉容器とそのまわりの水槽とでできている（図 2·15）．熱量計のどこからも熱が逃げないように全体をさらに水槽に浸してあり，熱量計の温度が上昇すればそれに応じてまわりの水槽の温度も上がる仕組みになっている．水槽の温度は熱量計の温度と常に等しいので，両者の間で熱のやり取りは行われない．すなわち，ここでは断熱条件が成り立っている．

(2·9) 式を使えば，物質の熱容量について詳しい内容がわかる．熱容量の定義は (2·3a) 式で与えられる（$C=q/\Delta T$）．体積が一定の場合は，$q$ を物質の内部エネルギー変化で置き換えてよい．そこで，

$$C_V = \frac{\Delta U}{\Delta T} \quad \text{定義} \quad \text{定容熱容量} \quad (2·10)$$

と表せる．この式の右辺は，系の体積を一定に保つ条件のもとで，内部エネルギーを温度に対してプロットしたとき得られるグラフの勾配を表している．つまり，$C_V$ は体積一定の系の内部エネルギーがどう温度変化するかを表している．内部エネルギーの温度変化のグラフはふつう直線を示さないので，曲線の各温度における接線の勾配がその温度での $C_V$ であると解釈する（図 2·16）．

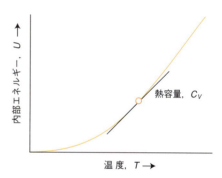

図 2·16 定容熱容量は，内部エネルギーの温度変化を表したグラフの曲線の勾配に相当する．その勾配，つまり定容熱容量は温度によって異なる値を示す．

**ノート** 定容熱容量を数学的に表せば，ある体積における関数 $U$ の変数 $T$ についての導関数といえる（「必須のツール 1·3」を見よ）．すでに説明したように，関数の勾配は一階導関数であるから，この場合は $dU/dT$ である．ある変数を一定に保ったのを指定しておくことが重要なときは，それを微分の下付き添字で表し，この場合は体積であるから $C_V = (\partial U/\partial T)_V$ のように書く．ここで，$\partial$ で表すのはよく使うやり方であり，1 個以上の変数を一定に保つ場合の導関数を表している．

## 2·9 エンタルピー

化学や生物学で問題となる系はたいてい大気にさらされていて，圧力一定の条件下におかれている．そこには，頑

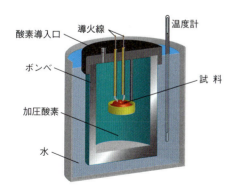

図 2·15 定容ボンベ熱量計．"ボンベ"は中央にある頑丈な容器で，かなりの高圧に耐えるようにつくられている．熱量計は，この図に示した全体をいう．外界へ熱が逃げないように熱量計全体はもう一つ別の水槽に浸されており，その温度は燃焼によって変化する熱量計の温度に追随するように常に調節される．

---

[1] bomb calorimeter

丈な密閉容器における体積一定という制約条件はない．一般には，大気にさらされた系で何らかの変化が起これば体積変化が起こる．たとえば，1 bar のもとで 1.0 mol の $CaCO_3(s)$ が熱分解すれば二酸化炭素が発生して，800 °C なら 90 dm³ も体積が増える．この二酸化炭素を収容する体積を確保するには，まわりの大気を押し退ける必要がある．つまり，系は 2·4 節で考えた膨張の仕事をしなければならない．したがって，この吸熱的な分解反応を起こすために熱を加えても，その一部が膨張による仕事に使われてしまうので，反応による系の内部エネルギー増加は加えた熱に等しくはならない（図 2·17）．いい換えれば，この体積膨張のおかげで，系に加えた熱の一部が仕事というかたちで外界に戻されるのである．

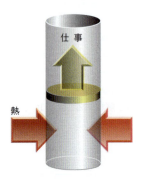

**図 2·17** 膨張や収縮が自由にできる系の場合は，内部エネルギー変化は熱として加えたエネルギーに等しくはならない．それは，エネルギーの一部が仕事として外界に逃げ去るかもしれないからである．この場合に熱として加えたエネルギーに <u>等しい</u> のは，系のエンタルピー変化である．

別の例は体内で起こる脂肪の酸化に見られる．たとえば，トリステアリンから二酸化炭素が発生する反応である．全体の反応は，$2\,C_{57}H_{110}O_6(s) + 163\,O_2(g) \rightarrow 114\,CO_2(g) + 110\,H_2O(l)$ である．この発熱反応では，トリステアリン分子 2 mol が反応して気体分子が $(163 - 114)$ mol ＝ 49 mol だけ少なくなり，正味の体積は <u>減少する</u>．それは，この脂肪の消費量 1 g 当たり，25 °C で約 600 cm³ にもなる．反応によってこれだけの体積が減るわけであるから，反応が進行するにつれ大気は系に対して仕事をする．つまり，系が収縮するにつれ仕事というかたちで外界から系に対してエネルギーが加えられる．反応が起こった後は外界ではおもりが降下しているので，実際には以前より少ない仕事しかできない．その分のエネルギーが系に戻されたのである．このため，系の内部エネルギーは，熱として外界に放出されたエネルギーほどは減少しない．その差に相当するエネルギーが，仕事のかたちで戻されるからである．

膨張による仕事をいちいち考えるわずらわしさを避けるために，これからわれわれの関心の的となり，以降の章でも頻繁に現れる新しい性質をここで導入しておこう．系の **エンタルピー**[1] $H$ とは，次式で定義されるものである．

$$H = U + pV \quad 定義 \quad \boxed{エンタルピー} \quad (2·11)$$

すなわち，エンタルピーは，系の圧力 $p$ と体積 $V$ の積を内部エネルギーに加えたものである．この式は，<u>どんな系</u>，<u>どんな物質にも適用できる</u>．"$pV$" 項があるからといって，(2·11) 式が完全気体にしか適用できないと誤解してはならない．

エンタルピーは示量性の性質である．ある物質の **モルエンタルピー**[2] $H_m = H/n$ は示強性の性質であり，モル内部エネルギーとはその物質のモル体積 $V_m$ に比例した量だけの違いがある．すなわち，

$$H_m = U_m + pV_m \quad 定義 \quad \boxed{モルエンタルピー} \quad (2·12a)$$

である．この関係は，あらゆる物質について成り立つ．完全気体については，さらに $pV_m = RT$ と書けるので，

$$H_m = U_m + RT \quad 完全気体 \quad \boxed{モルエンタルピー} \quad (2·12b)$$

が得られる．25 °C では $RT = 2.5$ kJ mol$^{-1}$ であるから，完全気体ではモルエンタルピーはモル内部エネルギーより 2.5 kJ mol$^{-1}$ も大きい．一方，固体や液体のモル体積は気体の 1000 分の一程度しかないので，そのモルエンタルピーはモル内部エネルギーよりせいぜい約 2.5 J mol$^{-1}$（単位は kJ ではなく J である）大きいだけである．したがって，その違いは無視できる．

エンタルピー変化（実際に測定できるのは変化量だけである）は，内部エネルギー変化と $pV$ の積の変化によって生じる．

$$\Delta H = \Delta U + \Delta(pV) \quad (2·13a)$$

$\Delta(pV) = p_f V_f - p_i V_i$ である．もし，一定圧力 $p$ のもとで変化が起これば，右辺の第 2 項は簡単になり，

$$\Delta(pV) = pV_f - pV_i = p(V_f - V_i) = p\Delta V$$

と表すことができ，

$$\Delta H = \Delta U + p\Delta V \quad 圧力一定 \quad \boxed{エンタルピー変化} \quad (2·13b)$$

と書ける．大気にさらされた容器で起こる化学反応など，一定圧力のもとで起こる種々の過程に対して，この重要な関係を頻繁に利用することになるだろう．

エンタルピーと内部エネルギーの値があまり違わない場合でも，エンタルピーという量を導入すると熱力学にきわめて重要な結果をもたらす．まず，$H$ は状態関数（$U, p,$

---

1) enthalpy  2) molar enthalpy

$V$) によって定義されているので，エンタルピーは状態関数である．したがって，系がある状態から別の状態に変化したときのエンタルピー変化 $\Delta H$ は，その間の経路に無関係である．第二に，つぎの「式の導出」で示すように，系のエンタルピー変化は一定圧力のもとで系に流入した熱に等しい．すなわち，

$$\Delta H = q \quad (2 \cdot 14\text{a})$$

であり，この式をつぎのように書くことが多い．

$$\Delta H = q_p \quad \begin{array}{l}\text{圧力一定,}\\ \text{非膨張仕事}\\ \text{がない場合}\end{array} \quad \boxed{\text{エンタルピー変化}} \quad (2 \cdot 14\text{b})$$

ここで，下付き添字の $p$ は圧力が一定であることを示している．

**式の導出 2・3　定圧における熱の移動**

大気にさらされた系など，系の圧力 $p$ が一定で外圧 $p_\text{ex}$ に等しい場合を考えよう．(2・13b) 式から，

$$\Delta H = \Delta U + p\Delta V = \Delta U + p_\text{ex}\Delta V$$

である．ここで，内部エネルギー変化は (2・7) 式 ($\Delta U = w + q$) で与えられる．また，系が膨張以外の仕事をしなければ $w = -p_\text{ex}\Delta V$ である．これらを代入すれば，

$$\Delta H = (-p_\text{ex}\Delta V + q) + p_\text{ex}\Delta V = q$$

となって，(2・14a) 式が得られる．

---

(2・14) 式は，圧力一定で非膨張仕事がないとき，系のエンタルピー変化は熱のかたちで移動したエネルギーに等しいことを示しており，この結果は非常に強力で役に立つ．それは，測定可能な量 (ここでは，圧力一定のもとで熱として移動したエネルギー) を状態関数 (エンタルピー) の変化に関係づけているからである．状態関数だけで話ができれば熱力学的な議論は一段と強力になる．ある状態から別の状態にどういう経路をたどったかは一切気にせず，始状態と終状態だけに注目すればよいからである．

● **簡単な例示 2・7　エンタルピー変化**

(2・14) 式によれば，圧力一定で体積が自由に変われる系に熱として 10 kJ のエネルギーを与えたとき，系のエンタルピーは 10 kJ だけ増加したといえる．このとき，仕事のかたちでエネルギーの出入りがあったかどうかに関わりなく，$\Delta H = +10$ kJ と書く．一方，反応が発熱的で 10 kJ の熱が放出されたとき，仕事の有無に関わりなく $\Delta H = -10$ kJ と書く．この節のはじめにあげたトリステアリンの燃焼の例では，90 kJ のエネルギーが熱として放出されるから $\Delta H = -90$ kJ と書けばよい．●

一定圧力のもとで起こる吸熱反応 ($q > 0$) では，系に熱としてエネルギーが供給されるので系のエンタルピーは増加する ($\Delta H > 0$)．一方，一定圧力のもとで起こる発熱反応 ($q < 0$) では，系から熱としてエネルギーがもち去られるので系のエンタルピーは減少する ($\Delta H < 0$)．燃焼反応は，呼吸作用などの抑制された燃焼も含めすべて発熱的であり，エンタルピーの減少を伴う．"エンタルピー"は"内部熱"という意味のギリシャ語に由来するのだが，その名が示す通り，吸熱過程では外界から熱としてエネルギーを吸収して系の"内部熱"が増加し，発熱過程では外界へ熱としてエネルギーを放出して"内部熱"は減少する．しかし，忘れてならないのは，熱が系の内部に実際に"存在"するのではないということである．系に存在するのはエネルギーである．熱は，系からエネルギーを取去ったり，系にエネルギーを供給したりするときの一つの手段でしかない．

## 2・10　エンタルピーの温度変化

系の内部エネルギーが温度とともに増加することはすでに見た．同じことがエンタルピーでもいえ，温度上昇とともに増加する (図 2・18)．たとえば，水 100 g のエンタルピーは 20 ℃ よりも 80 ℃ の方が大きい．その差は，大気にさらした (別の圧力でも一定であればよい) 試料の温度を 60 ℃ だけ上げるのに熱として加えたエネルギーを測定すれば求められる．この例の場合は $\Delta H \approx +25$ kJ が得られる．

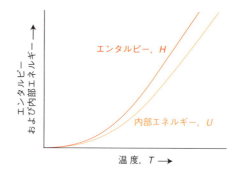

図 2・18　系のエンタルピーは温度とともに増加する．系のエンタルピーは内部エネルギーより常に大きく，その差は温度とともに大きくなることに注意せよ．

定容熱容量は，一定体積での内部エネルギーの温度依存性を表すものである．これと同様に，定圧熱容量は一定圧力のもとで昇温したとき，系のエンタルピーがどう変化するかを表している．この関係を導くために，(2・3a) 式の熱容量の定義 ($C = q/\Delta T$) と (2・14) 式から次式を得る．

$$C_p = \frac{\Delta H}{\Delta T} \quad \text{定義} \quad \boxed{\text{定圧熱容量}} \quad (2 \cdot 15)$$

**ノート** $C_p$ の正式な定義は，$C_V$ について導関数で表したのと同様にすれば得られる．この場合は $p$ を一定に保つから，$C_p = (\partial H/\partial T)_p$ で定義される．

定圧熱容量は，圧力を一定に保った系について，エンタルピーを温度に対してプロットしたときの勾配である（図2・19）．一般に，定圧熱容量は温度に依存する．298 K における代表的な値を表2・1に掲げる（もっと多くのデータが巻末の「資料」にある）．別の温度での値は室温での値とあまり変わらないが，ふつうは次式を使って求めている．

$$C_{p,m} = a + bT + \frac{c}{T^2} \quad (2\cdot 16\text{a})$$

定数 $a, b, c$ は，この式を実験データに合わせて得られた係数である．代表的な値を表2・2に与え，実際の温度変化の様子を図2・20に示す．極低温では，非金属固体の熱容量は $T^3$ に比例することがわかっている．

$$C_{p,m} = aT^3 \quad (2\cdot 16\text{b})$$

ここで，$a$ は定数である（2・16a式の $a$ とは違う）．このような振舞いの原因は，量子力学によって説明されるまでよくわからなかった．

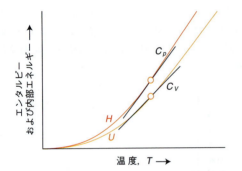

図2・19 定圧熱容量はエンタルピーの温度勾配に等しい．一方，定容熱容量は内部エネルギーの温度勾配である．一般に，熱容量は温度によって変化し，$C_p$ は $C_V$ よりも大きい．

表2・2 モル定圧熱容量の温度依存性*

| 物 質 | $a/$ $(\text{J K}^{-1}\text{mol}^{-1})$ | $b/$ $(\text{J K}^{-2}\text{mol}^{-1})$ | $c/$ $(\text{J K mol}^{-1})$ |
|---|---|---|---|
| C(s) (グラファイト) | 16.86 | $4.77\times 10^{-3}$ | $-8.54\times 10^5$ |
| $CO_2$(g) | 44.22 | $8.79\times 10^{-3}$ | $-8.62\times 10^5$ |
| $H_2O$(l) | 75.29 | 0 | 0 |
| $N_2$(g) | 28.58 | $3.77\times 10^{-3}$ | $-5.0\times 10^4$ |
| Cu(s) | 22.64 | $6.28\times 10^{-3}$ | 0 |
| NaCl(s) | 45.94 | $16.32\times 10^{-3}$ | 0 |

\* 表中の定数は，熱容量の式 $C_{p,m} = a + bT + c/T^2$ の係数である．

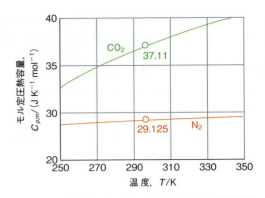

図2・20 (2・16a)式の経験式で表した熱容量の温度変化．ここでは，二酸化炭素と窒素の値を示してある．○印は298 K での実測値である．

● **簡単な例示 2・8　エンタルピーの温度依存性**

問題とする温度域で熱容量が一定の場合，(2・15)式を $\Delta H = C_p \Delta T$ と書いて熱容量値を使う．したがって，水 100 g（5.55 mol の $H_2O$）の温度を，一定圧力のもとで 20 ℃ から 80 ℃ まで上げたとき（つまり $\Delta T = +60$ K）のエンタルピー変化は，

$$\Delta H = C_p \Delta T = n C_{p,m} \Delta T$$
$$= (5.55 \text{ mol}) \times (75.29 \text{ J K}^{-1}\text{mol}^{-1}) \times (60 \text{ K})$$
$$= +25 \text{ kJ}$$

である．●

上の計算には近似を用いていることに注意しよう．実際は熱容量が温度に依存するからで，ここでは問題の温度範囲で水の熱容量の平均値を使った．「プロジェクト問題 2・29」では，この近似を使わない場合について考える．

完全気体ではエンタルピーと内部エネルギーの差は，非常に単純な温度依存性を示すから（2・12b式），定容熱容量と定圧熱容量の間にも単純な関係があると思われる．実際，下の「式の導出」で示すように，つぎの関係がある．

$$C_{p,m} - C_{V,m} = R \quad \text{完全気体} \quad \boxed{\text{モル熱容量の差}} \quad (2\cdot 17)$$

**式の導出 2・4** 定容熱容量と定圧熱容量の関係

完全気体のモル内部エネルギーとモルエンタルピーには (2・12b)式の関係がある（$H_m = U_m + RT$）．それを $H_m - U_m = RT$ と書いておく．ここで，温度が $\Delta T$ だけ上昇したときモルエンタルピーは $\Delta H_m$ だけ増加し，モル内部エネルギーは $\Delta U_m$ だけ増加する．そこで，

$$\Delta H_m - \Delta U_m = R\Delta T$$

が成り立つ．この両辺を $\Delta T$ で割って次式を得る．

$$\frac{\Delta H_m}{\Delta T} - \frac{\Delta U_m}{\Delta T} = R$$

ここで，左辺の第1項はモル定圧熱容量 $C_{p,m}$ であり，第

2項はモル定容熱容量 $C_{V,m}$ である．したがって，この式は (2·17) 式のように書ける．

(2·17) 式は，完全気体ではモル定圧熱容量の方がモル定容熱容量よりも大きいことを示している．この差は予想通りであろう．体積一定のもとでは，熱として系に加えられたエネルギーはすべて内部エネルギーとなって，それに応じて温度が上昇する．これに対して圧力一定のもとでは，系が外界に膨張し仕事をすれば，熱として加えたエネルギーの一部は外界へ逃げる．このように，系に残るエネルギーが少なくなるので温度上昇は小さく，熱容量は大きい．気体では加熱したときの体積変化が大きいので，両者の差は大きい（酸素の場合は $C_{V,m} = 20.8\,\mathrm{J\,K^{-1}\,mol^{-1}}$，$C_{p,m} = 29.1\,\mathrm{J\,K^{-1}\,mol^{-1}}$）．しかし，ふつうの条件下では，たいていの固体や液体では無視できるほどの差しかない[†1]．熱膨張がずっと小さく，仕事として外界へ失われるエネルギーが小さいからである．

## チェックリスト

☐ 1　系は開放系，閉鎖系，孤立系に分類される．
☐ 2　系でどんな過程が起こっても，外界は温度一定で，体積一定であり，圧力一定でもある．
☐ 3　発熱過程では，系から熱としてエネルギーが外界に放出される．吸熱過程では，熱としてエネルギーが外界から吸収される．
☐ 4　最大の膨張仕事は，可逆変化のときに得られる．
☐ 5　熱力学第一法則によれば，孤立系の内部エネルギーは一定である．
☐ 6　体積一定の条件下で熱として移動するエネルギーは，系の内部エネルギー変化に等しい．
☐ 7　圧力一定の条件下で熱として移動するエネルギーは，系のエンタルピー変化に等しい．
☐ 8　定容熱容量は，内部エネルギーを温度に対してプロットしたときの勾配に相当する．
☐ 9　定圧熱容量は，エンタルピーを温度に対してプロットしたときの勾配に相当する．

## 重要な式の一覧

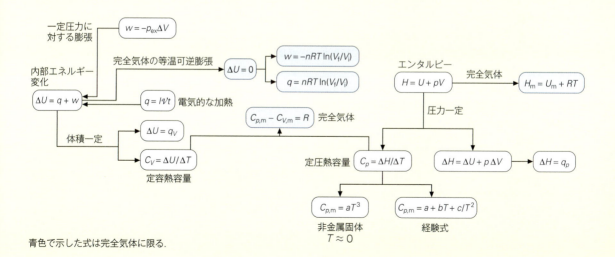

青色で示した式は完全気体に限る．

---

[†1]　訳注：これは必ずしも正しくない．固体や液体では膨張による仕事は無視できるほど小さいが，気体に比べ等温圧縮率が小さいので，場合によっては両者の差は気体と同じ程度になる．（プロジェクト問題 2·30 を見よ．）

## 問題と演習

### 文章問題

**2・1** 系と外界は，両者を隔てている境界の性質で区別できる．これについて説明せよ．

**2・2** (a) 開放系，(b) 閉鎖系，(c) 孤立系について，化学系で見られる例を挙げよ．

**2・3** (a) 温度，(b) 熱，(c) 仕事，(d) エネルギー とは何か．

**2・4** 仕事と熱について，その分子論的解釈を与えよ．

**2・5** 力学でのエネルギー保存則と熱力学第一法則は同じものか．違いがあれば，それについて説明せよ．

**2・6** 一定圧力に対抗する膨張の仕事と可逆膨張の仕事の違いと，その重要性について説明せよ．

**2・7** 可逆膨張と非可逆膨張の違いを説明せよ．

**2・8** 化学変化や物理過程に伴う内部エネルギー変化とエンタルピー変化の違いを説明せよ．

**2・9** つぎの関係式が適用できる条件を示し，それを説明せよ．(a) $q = nRT \ln (V_f/V_i)$，(b) $\Delta H = \Delta U + p\,\Delta V$，(c) $C_{p,m} - C_{V,m} = R$.

### 演習問題

特に指示しない限り，気体はすべて完全気体とせよ．

**2・1** 大気圧（100 kPa）に対抗して，ある気体が (a) 1.0 cm$^3$，(b) 1.0 dm$^3$ だけ膨張した．その気体がした仕事を計算せよ．また，この気体を元の状態まで収縮させるのに必要な仕事はそれぞれいくらか．

**2・2** 2.0 mol の分子からなる気体が 300 K で 1.0 dm$^3$ から 3.0 dm$^3$ まで等温可逆膨張したとき，これによって行われた仕事を計算せよ．

**2・3** メタンの試料 4.50 g が 310 K で 12.7 dm$^3$ の体積を占めている．(a) この気体が 30.0 kPa の一定外圧に対して等温で膨張し，体積が 3.3 dm$^3$ だけ増えたとき，この気体がした仕事を計算せよ．(b) 同じ膨張が等温可逆的に起こった場合の仕事を計算せよ．

**2・4** 52.0 mmol の分子からなる完全気体を 260 K で等温可逆圧縮して，体積を 300 cm$^3$ から 100 cm$^3$ に縮めた．この過程で行われた仕事の大きさを計算せよ．

**2・5** ある血しょうの試料が 0 ℃，1.03 bar で 0.550 dm$^3$ の体積を占めている．これを 95.2 bar の一定外圧で等温圧縮したとき，体積が 0.57 パーセントだけ収縮した．このとき行われた仕事の大きさを計算せよ．

**2・6** 質量 12.5 g の金属マグネシウム片を，希塩酸の入ったビーカーに落とした．金属マグネシウムが全部無くなっ

たとき，この反応によって系がした仕事を求めよ．ただし，大気圧は 1.00 atm，温度は 20.2 ℃ であった．

**2・7** 外圧 1.20 atm のもとで，スクロース（$C_{12}H_{22}O_{11}$）10.0 g が完全燃焼し，20 ℃ で二酸化炭素と (a) 液体の水，(b) 水蒸気が生成したとき，これに伴う膨張仕事を計算せよ．

**2・8** 内燃機関の反応について，一般的な作動原理はよく知られている．すなわち，燃料の燃焼によってピストンが押し出されるのである．燃焼以外の反応を使ったエンジンを想像してもよく，そのエンジンによって可能な仕事を評価しておく必要がある．ある化学反応が，断面積 100 cm$^2$ の容器内で起こるとする．その容器の一端にはピストンが取付けてある．この反応の結果として，100 kPa の一定外圧に対抗してピストンは 10.0 cm だけ押し出される．この系によって行われる仕事を計算せよ．

**2・9** 124 J のエネルギーを熱として加えたとき，温度が 5.23 ℃ 上がる液体の熱容量はいくらか．

**2・10** ある鉄の塊を 70 ℃ に加熱し，20 ℃ の水 100 g が入ったビーカーに移した．その最終温度は 23 ℃ であった．この鉄の (a) 熱容量，(b) 比熱容量，(c) モル熱容量はいくらか．ただし，系以外への熱損失を無視する．

**2・11** 水の熱容量が大きいおかげで，湖や海の温度は安定して快適な環境が得られる．すなわち，大量のエネルギーを加えたり放出したりしても，湖や海の温度はわずかしか変化しない．その温度をかなり上昇させるには大量の熱を供給しなければならない．水のモル熱容量は 75.3 J K$^{-1}$ mol$^{-1}$ である．250 g の水（コーヒー 1 杯分程度）の温度を 40 ℃ だけ上げたいとき，どれだけのエネルギーが必要か．

**2・12** 110 V の電源を使ってヒーターに 1.55 A の電流を 8.5 min だけ流した．このヒーターは水浴に浸してあった．このとき，ヒーターから熱として水に渡ったエネルギーはいくらか．

**2・13** ある分子 A について，一定体積のもとで 3.00 mol の A (g) に熱として 229 J のエネルギーを加えたとき，この試料の温度が 2.55 K だけ上昇した．この気体のモル定容熱容量およびモル定圧熱容量を求めよ．

**2・14** 空気の熱容量は水に比べるとかなり小さく，その温度を変えるには比較的わずかな熱ですむ．それは，砂漠が日中非常に暑くても夜間寒くなる原因の一つである．常温常圧下の空気の熱容量は約 21 J K$^{-1}$ mol$^{-1}$ である．5.5 m × 6.5 m × 3.0 m の部屋の温度を 10 ℃ 上げるのに必要なエネルギーはどれだけか．また，熱が逃げないとして，1.5 kW のヒーターを使えばどれだけの時間がかかる

か. ただし, $1\,W = 1\,J\,s^{-1}$ である.

**2·15** 気象学では, ある領域の大気と別の領域の大気の間で起こるエネルギー移動は非常に重要である. それは, 天候に影響を与えるからである. $1.00\,mol$ の空気分子を含む気塊が上昇して $22\,dm^3$ から $30.0\,dm^3$ まで等温可逆膨張するとき, その温度を $300\,K$ に維持するために供給すべき熱を計算せよ.

**2·16** 質量 $1.4\,kg$ の鉄塊 ($C_{V,m} = 25.1\,J\,K^{-1}\,mol^{-1}$) が室温まで冷えて, 温度が $65\,°C$ 下がった. その内部エネルギー変化はいくらか.

**2·17** ある食品の発熱量を求める実験で, この試料を酸素雰囲気中で燃焼させたところ $2.89\,°C$ の温度上昇があった. 一方, 同じ熱量計に取付けたヒーターに $12.5\,V$ の電源から $1.27\,A$ の電流を $157\,s$ だけ流したところ, $3.88\,°C$ の温度上昇があった. 燃焼によって熱として発生したエネルギーはどれだけであったか.

**2·18** ある生体の新陳代謝を調べるために, 小さな密封熱量計をつくった. 本実験の前に, $11.8\,V$ の電源を使って熱量計内部に取付けたヒーターに $22.22\,mA$ の電流を $162\,s$ だけ流した. このときの熱量計の内部エネルギー変化はどれだけか.

**2·19** コンピューターを使った大気のモデルで, $1.0\,atm$ の圧力下で体積 $1.0\,m^3$ の気塊に熱として $20\,kJ$ のエネルギーが移動した. この気塊のエンタルピー変化はいくらか.

**2·20** 完全気体であれば $V_i$ から $V_f$ まで等温膨張しても, その内部エネルギーは変化しない. そのエンタルピー変化はどうか.

**2·21** 二酸化炭素は大気の成分としてさほど多くは含まれていないが, 天候や大気の組成と温度を決める重要な役目をしている. 二酸化炭素を実在気体として, $298.15\,K$ におけるモルエンタルピーとモル内部エネルギーの差を求めよ. ここでは, 二酸化炭素をファンデルワールス気体とし, 表 $1·6$ のデータを用いよ.

**2·22** 質量 $25\,g$ の血清試料から一定圧力のもとで $1.2\,kJ$ のエネルギーを熱として奪ったところ, $290\,K$ から $275\,K$ まで冷えた. $q$ と $\Delta H$ を計算し, この試料の熱容量を求めよ.

**2·23** $3.0\,mol$ の $O_2(g)$ を $3.25\,atm$ の一定圧力下で加熱したところ, 温度が $260\,K$ から $285\,K$ まで上昇した. $O_2$ のモル定圧熱容量が $29.4\,J\,K^{-1}\,mol^{-1}$ であるとして, $q$, $\Delta H$, $\Delta U$ を求めよ.

**2·24** 二酸化炭素のモル定圧熱容量は $37.11\,J\,K^{-1}\,mol^{-1}$ である. モル定容熱容量を求めよ.

**2·25** 前問で与えた情報を使って, 二酸化炭素を $15\,°C$ (息を吸い込む前の温度) から $37\,°C$ (人間の肺の血液温度) まで温めたときの (a) モルエンタルピー変化, (b)

モル内部エネルギー変化, をそれぞれ計算せよ.

## プロジェクト問題

記号 ‡ は微積分の計算が必要なことを示す.

**2·26 ‡** ファンデルワールスの状態方程式について, もう少し詳しく調べよう. ここでは, 2 通りの状態方程式を使って等温可逆膨張で行われる仕事の式を導く. (a) 状態方程式 $p = nRT/(V - nb)$ は分子間の反発が重要なときに使える式である. この式に従う気体について, 「式の導出 $2·2$」に示した方法を使って, 行われた仕事を表す式を導け. 同じ体積変化をしたとき, この気体がする仕事は完全気体よりも大きいか, それとも小さいか. (b) 状態方程式 $p = nRT/V - n^2a/V^2$ は分子間の引力が重要なときに使える式である. この式に従う気体について, 行われた仕事を表す式を導け. 同じ体積変化をしたとき, この気体がする仕事は完全気体よりも大きいか, それとも小さいか.

**2·27 ‡** 「式の導出 $2·2$」で, 完全気体の等温可逆膨張における仕事の計算方法を示した. この膨張が可逆的であるが等温的ではなく, 膨張が進むにつれ温度が低下するものとしよう. (a) $T = T_i - c(V - V_i)$ のとき, 膨張の仕事を表す式を求めよ. ただし, $c$ は正の定数である. (b) 求めた仕事は等温膨張の仕事より大きいか, それとも小さいか.

**2·28 ‡** 内部エネルギーに対する熱容量の温度依存性の効果を調べよう. (a) 極低温 ($T = 0$ 付近) では非金属固体の熱容量は $aT^3$ で変化する. $a$ は定数である. その内部エネルギーはどう温度変化するか. (b) 限られた温度域では, 物質のモル内部エネルギーは $T$ の多項式で $U_m(T) = a + bT + cT^2$ と表せる. 温度 $T$ におけるモル定容熱容量の式を求めよ.

**2·29 ‡** エンタルピーに対する熱容量の温度依存性の影響を調べよう. (a) 物質の熱容量を $C_{p,m} = a + bT + c/T^2$ のかたちで表すことがよくある. 二酸化炭素を $15\,°C$ から $37\,°C$ まで温めたときのモルエンタルピー変化を (前問と同じように), この式を使ってより正確に求めよ. ただし, $a = 44.22\,J\,K^{-1}\,mol^{-1}$, $b = 8.79 \times 10^{-3}\,J\,K^{-2}\,mol^{-1}$, $c = -8.62 \times 10^5\,J\,K\,mol^{-1}$ とする. $dH = C_p\,dT$ の積分計算が必要である. (b) (a) の式を使って, 同じ限られた温度域でこの物質のモルエンタルピーがどう温度変化するかを求めよ. そのモルエンタルピーを温度の関数としてプロットせよ.

**2·30 ‡** 定容熱容量と定圧熱容量の厳密な関係式は $C_p - C_V = \alpha^2 TV / \kappa$ である. ここで, $\alpha$ は膨張率であり, 一定圧力下で $\alpha = (dV/dT)/V$ である. $\kappa$ (カッパ) は等温圧縮率であり, $\kappa = -(dV/dp)/V$ である. この一般式は, 完全気体では $(2·17)$ 式で表せることを確かめよ.

# 3

# 熱力学第一法則の応用

### 物理変化

3·1 相転移のエンタルピー

3·2 原子や分子の変化

### 化学変化

3·3 燃焼エンタルピー

3·4 反応エンタルピーの組合わせ

3·5 標準生成エンタルピー

3·6 反応エンタルピーの温度変化

### チェックリスト

重要な式の一覧

問題と演習

本章では，化学におけるエンタルピーの役割について詳しく説明する．エンタルピーの性質として覚えておくべきことは三つある．

1. エンタルピー変化は，一定圧力のもとで供給された熱に等しい（$\Delta H = q_p$）．
2. エンタルピーは状態関数であるから，始状態と終状態が決まればその間の都合のよい経路を選んでエンタルピー変化を計算してもよい（$\Delta H = H_f - H_i$）．
3. エンタルピーを温度に対してプロットしたとき得られる曲線の勾配は，その系の定圧熱容量である（$C_p = \Delta H / \Delta T$）．

この章で述べることは，いずれも上の三つの性質をもとにしている．

## 物 理 変 化

　氷が融けて水になるように，同じ物質がある形態から別の形態に変わる物理的な変化についてまず考えよう．また，特に単純な変化である原子のイオン化や分子内の結合開裂などもこれに含めよう．

　熱力学的性質が実際どのような値をとるかは，問題としている物質の状態や圧力，温度などの諸条件によって異なる．そこで化学者たちはある温度を選んだうえで，ある標準条件でのデータで表すのが便利であると考えた．

- ある物質の **標準状態** [1] とは，圧力が厳密に 1 bar で，純粋にその物質だけが存在する状態である．（1 bar = $10^5$ Pa である．）

標準状態の値であることを表すのに，その性質の記号に上付きの記号（$^\ominus$）を添え，ある物質の標準モルエンタルピーを $H_m^\ominus$ と書いたり，標準圧力 1 bar を $p^\ominus$ と書いたりする．

---

1) standard state

たとえば，気体水素の標準状態は1barの純粋な気体をいう．また，固体炭酸カルシウムの標準状態は1barでの純粋な固体であるが，それが方解石なのかアラレ石なのか形態までを指定しなければならない．同じ水でも，たとえば固体の標準状態，液体の標準状態，蒸気の標準状態というい方ができるので，その物理状態を指定する必要がある．この場合は，1barのもとでの純粋な固体や純粋な液体，純粋な蒸気のことをそれぞれ示している．

古い教科書では，標準状態の定義に1barでなく1atm（101.325 kPa）を使っているのを見かける．それは古い定義である．たいていの場合，1atmでのデータは1barのデータとわずかしか違わない．また，教科書によっては298.15 Kを標準状態の定義に使っているのを見かけるかもしれない．しかし，これは誤りである．温度は標準状態の定義には含まれない．標準状態にはどの温度を使ってもよい（しかし，指定する必要がある）．たとえば，水蒸気の標準状態を100 Kや273.15 Kなど，任意の温度で定義することが可能である．しかし，ふつうは298.15 K（25.00 ℃）という"慣用温度"でデータを表す習慣になっている．そこで，本書でも特に指定しない限り，データはすべてこの温度におけるものとする．また，298.15 Kを単に"25 ℃"と表すこともある．最後に，標準状態は必ずしも安定状態である必要はない．それどころか，実際に実現できなくてもよいことに注意しよう．たとえば，水蒸気の25 ℃における標準状態は，1barの水蒸気であるが，この温度および圧力の水蒸気は実際にはすぐに凝縮して液体の水になってしまう．

## 3・1 相転移のエンタルピー

相[1]とは，組成と物理状態が全体にわたって均一な特定の状態をいう．水の液体状態と蒸気状態とは別の相である．"相"という用語は"ものの状態"という場合よりもっと具体的に表すときに使う．物質によっては二つ以上の形態の固体が存在するが，どちらも固相だからである．たとえば，元素の硫黄は固体として存在する．しかし，同じ固体でも直方晶系硫黄[†1]と単斜晶系硫黄があり，これら二つの相では王冠形をした$S_8$分子の詰まり具合が違っている．気体状態が2種類以上ある物質はない．したがって，"気相"と"気体状態"とは実際上同じである．複数の液相が存在するのはヘリウムだけである．ただし，水も二つの液相があるらしいという証拠が集まりつつある．多くの物質で複数の固相が存在する．たとえば，炭素にはグラファイト，ダイヤモンド，あるいはフラーレン構造に基づく種々の形態が存在する．炭酸カルシウムは方解石とアラレ石のかたちで存在するし，氷には少なくとも12種類の形態が存在しており，2006年にはもう一つ発見された．

同じ物質で起こるある相から別の相への変換を**相転移**[2]という．二つの固相間の変換（直方硫黄 → 単斜硫黄など）を相転移というように，蒸発（液体 → 気体）も相転移の一種である[†2]．ふつうは原子や分子の再配列にはエネルギーが必要なので，相転移はたいていエンタルピー変化を伴う．

水たまりの水が20 ℃で蒸発するのも，やかんの水が100 ℃で沸騰するのも水から水蒸気への変換過程であり，いずれも液体の蒸発の一例である．このような変化を起こすには熱が必要であるから，この過程は吸熱的である（$\Delta H > 0$）．分子レベルで考えれば，分子間に働く引力的な相互作用から分子が逃れる過程であり，それにはエネルギーが必要である．体温をほぼ37 ℃に保っておくために，人体は水の蒸発が吸熱的であることを利用している．すなわち，汗が蒸発するには熱が必要で，発汗によって皮膚から熱が奪われるからである．

表3・1　物理変化の転移温度での標準転移エンタルピー*

| 物　質 | 化学式 | 凝固点 $T_f$/K | $\Delta_{fus}H^{\ominus}$/(kJ mol$^{-1}$) | 沸点 $T_b$/K | $\Delta_{vap}H^{\ominus}$/(kJ mol$^{-1}$) |
|---|---|---|---|---|---|
| アンモニア | $NH_3$ | 195.0 | 5.65 | 239.7 | 23.4 |
| アルゴン | Ar | 83.8 | 1.2 | 87.3 | 6.5 |
| ベンゼン | $C_6H_6$ | 278.6 | 9.87 | 353.3 | 30.8 |
| エタノール | $C_2H_5OH$ | 158.7 | 4.60 | 351.5 | 38.6 |
| ヘリウム | He | 3.5 | 0.02 | 4.22 | 0.08 |
| 水　銀 | Hg | 234.3 | 2.292 | 629.7 | 59.30 |
| メタン | $CH_4$ | 90.7 | 0.94 | 111.7 | 8.2 |
| メタノール | $CH_3OH$ | 175.5 | 3.16 | 337.2 | 35.3 |
| プロパノン | $CH_3COCH_3$ | 177.8 | 5.72 | 329.4 | 29.1 |
| 水 | $H_2O$ | 273.15 | 6.01 | 373.2 | 40.7 |

\* 298.15 Kにおける標準転移エンタルピーの値とは異なることに注意．

---

†1　訳注：斜方晶系硫黄ともいう．結晶系については17章を見よ．
†2　訳注：蒸発には，"vaporization" のほかに "evaporation" が用いられる．後者は特に，蒸発によって液体がなくなる場合に使う．
1) phase　2) phase transition

標準条件のもとで蒸発する（つまり，1 bar での純液体から 1 bar での純蒸気に変化する）分子 1 モル当たりに対して熱として加えるべきエネルギーを，その液体の**標準蒸発エンタルピー**[1]といい，$\Delta_{vap}H^{\ominus}$ で表す（表 3・1）．たとえば，1 bar において 25 °C で 1 mol の $H_2O(l)$ を蒸発させるには 44 kJ の熱が必要であるから，$\Delta_{vap}H^{\ominus} = 44$ kJ $mol^{-1}$ である．蒸発エンタルピーは常に正であるから，ふつうは符号をつけない．同じことを表すもう一つのやり方は，つぎのような**熱化学方程式**[2]を書くことである．

$$H_2O(l) \longrightarrow H_2O(g) \qquad \Delta H^{\ominus} = +44 \text{ kJ}$$

熱化学方程式には，反応物の化学式の量論係数に等しい物質量（この場合は $H_2O$ が 1 mol）が反応するときの標準エンタルピー変化（これには符号が必要）を示す．量論係数が 2 倍になれば熱化学方程式もつぎのように書く．

$$2\,H_2O(l) \longrightarrow 2\,H_2O(g) \qquad \Delta H^{\ominus} = +88 \text{ kJ}$$

この式は，1 bar，298.15 K で（本書ではこの温度を選んだ）$H_2O(l)$ を 2 mol だけ蒸発させるには 88 kJ の熱が必要であることを示している．特に指定しない限り本書で使うデータは 298.15 K でのものである．

ノート　添字の vap を $\Delta$ に付けるのは国際的な取決めである．しかし，$H$ に付けて $\Delta H_{vap}$ と書くやり方もまだ広く用いられている．

---

例題 3・1　**液体の蒸発エンタルピーの測定**

エタノール $C_2H_5OH$ が 1 atm で沸点に達している．これに浸してあるヒーターに 12.0 V の電源を使って 0.682 A の電流を 500 s だけ流したところ，温度は変化せずエタノールが 4.33 g だけ蒸発した．1 atm での沸点におけるエタノールの蒸発エンタルピーはどれだけか．

**解法**　一定圧力のもとで熱を加えるので，その熱 $q_p$ はエタノールが蒸発するときのエンタルピー変化に等しい．そこで，加えた熱と蒸発したエタノールの物質量を計算すればよい．モル蒸発エンタルピーは，その熱を物質量で割ったものである．すなわち，$\Delta_{vap}H = \Delta H / n$ である．加えた熱は (2・4) 式で求められる（$q = I\mathcal{V}t$．また，$1\,\text{AV s} = 1\,\text{J}$）．エタノール分子の物質量は，蒸発したエタノールの質量をモル質量で割れば求められる（$n = m/M$）．

**解答**　加熱によって供給したエネルギーは，

$$q_p = I\mathcal{V}t = (0.682\,\text{A}) \times (12.0\,\text{V}) \times (500\,\text{s})$$
$$= 0.682 \times 12.0 \times 500\,\text{J}$$

である．この値が試料のエンタルピー変化である．蒸発し

---

たエタノール分子（モル質量 46.07 g $mol^{-1}$）の物質量は，

$$n = \frac{m}{M} = \frac{4.33\,\text{g}}{46.07\,\text{g mol}^{-1}} = \frac{4.33}{46.07}\,\text{mol}$$

である．したがって，モルエンタルピー変化は，

$$\Delta_{vap}H = \frac{\overbrace{0.682 \times 12.0 \times 500\,\text{J}}^{q_p}}{\underbrace{(4.33/46.07)\,\text{mol}}_{n}} = 4.35 \times 10^4\,\text{J mol}^{-1}$$

となり，43.5 kJ $mol^{-1}$ である．

ここでの圧力は 1 atm であり 1 bar ではないから，上で計算した蒸発エンタルピーは標準値ではない．しかし，1 atm と 1 bar はわずかしか違わないので，この値はエタノールの沸点 78 °C（351 K）での標準蒸発エンタルピーに近いと予測できる．

ノート　モル量はモル当たりの物理量であり，kJ $mol^{-1}$ などの単位で表す．同じ性質でもたまたま 1 mol だけある物質が示す量の大きさを表す場合は，意味合いが少し違うので区別する[†3]．後者の場合は，単に kJ などで表す．転移エンタルピー $\Delta_{trs}H$ はモル量である．

---

自習問題 3・1

上と同様の実験で，12.0 V の電源から 0.835 A の電流を 53.5 s だけ流し，1.36 g のベンゼン $C_6H_6$ を沸騰によって蒸発させた．ベンゼンの沸点での蒸発エンタルピーはいくらか．　　　　　　　　　　　　［答: 30.8 kJ $mol^{-1}$］

---

標準蒸発エンタルピーはものによって大きく異なる．たとえば，水の値は 44 kJ $mol^{-1}$ であるが，メタンは沸点で 8 kJ $mol^{-1}$ にすぎない．蒸発温度が違うとはいえ蒸発エンタルピーのこのような差は，液体では水分子がメタン分子よりもがっちりと凝集した状態にあることを示している．15 章でわかるが，水の揮発性が低い原因は水素結合による相互作用にある．水の蒸発エンタルピーが大きいことは生態学的にも重要な意味をもっている．それは，いまでも海が存在していること，大気の湿度が比較的低く保たれていることの原因の一つだからである．わずかの熱で海の水が蒸発するのであれば，もっと飽和に近い水蒸気を含む大気になっていたに違いない．

身近に見られるもう一つの相転移は**融解**[3]で，氷が融けて水になるときや，鉄が溶融状態になる場合などがそうである．標準条件のもとでの融解（1 bar での純固体から 1 bar での純液体への変化）に伴うモルエンタルピー変化を**標準融解エンタルピー**[4]といい $\Delta_{fus}H^{\ominus}$ で表す．0 °C の水では 6.01 kJ $mol^{-1}$ である（融解エンタルピーは常に正

---

†3　訳注: 示量性の性質のモル量は示強性の性質である（0・4 節参照）．示強性の性質としての意味をもつか，示量性の性質のまま理解できるかで "モル当たり" を区別し，添える単位を使い分けようという主旨である．

1) standard enthalpy of vaporization　2) thermochemical equation　3) fusion (melting)　4) standard enthalpy of fusion

なので符号はつけないでおく）．これは 1 bar のもとで 0 ℃で 1 mol の $H_2O(s)$ を融解するには 6.01 kJ のエネルギーが必要であることを示している．水の融解エンタルピーは，蒸発エンタルピーよりずっと小さいことに注目しよう．蒸発によって分子は互いに遠くに離れてしまうのに対し，融解では分子同士はさほど離れず，結び付きがいくぶん弱まる程度である（図 3・1）．

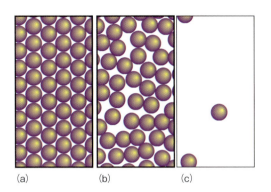

**図 3・1** 固体 (a) が融けて液体 (b) になっても分子同士はほんの少し離れるだけで，分子間相互作用はわずかに減少する程度である．そのためエンタルピーにはわずかな変化しか見られない．液体が蒸発すれば (c)，分子同士はずいぶん離れ，分子間力はほとんど 0 になる．そのためエンタルピー変化はずっと大きい．

蒸発の逆は **凝縮**[1)]，融解の逆は **凝固**[2)] である．それに伴うエンタルピー変化は，蒸発や融解のエンタルピーの符号を負にしたものである．それは，蒸発や融解に必要なちょうどその分の熱が凝縮や凝固によって放出されるからである．エンタルピーが状態関数であることから，温度と圧力の条件さえ同じであれば，<u>逆方向の転移のエンタルピー変化は正方向の転移のエンタルピー変化の符号を変えたものに等しい</u>．たとえば，

$$H_2O(s) \longrightarrow H_2O(l) \quad \Delta H^{\ominus} = +6.01 \text{ kJ}$$
$$H_2O(l) \longrightarrow H_2O(s) \quad \Delta H^{\ominus} = -6.01 \text{ kJ}$$

である．一般には，温度と圧力が同じであれば次式で表せる．

$$\Delta_{正}H^{\ominus} = -\Delta_{逆}H^{\ominus} \quad (3 \cdot 1)$$

正方向の変化の後で逆方向の変化が起これば，$H$ は元の値に戻るから，この関係は $H$ が状態関数であることから直ちに導かれるものである（図 3・2）．水の標準蒸発エンタルピーが大きい（44 kJ mol$^{-1}$），つまり大きな吸熱を伴う過程であるといえば，同時に水の凝縮（−44 kJ mol$^{-1}$）が大きな発熱を伴う過程であるといったことになる．水蒸気に触れるとひどい火傷を負う原因の一つは，この分のエネルギーが皮膚に渡されるからである．"原因の一つ"というのは，そもそも水蒸気の温度は高いから，比較的温度の低い皮膚に接触すると，凝縮によるエネルギーのほかに分子運動による大きな運動エネルギーも渡されるからである．

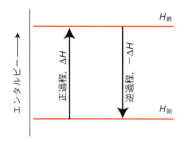

**図 3・2** 第一法則の結果として，逆過程のエンタルピー変化と正過程のエンタルピー変化とは符号が逆で絶対値は等しい．

固体から蒸気への直接の変化を **昇華**[3)] という．昇華は，固体中の分子が弱く結びついているときに起こり，ばらばらになるのに十分なエネルギーを獲得すれば蒸気になるのである．（熱力学的な説明は 5・3 節にある．）昇華の逆過程は **凝華**[†4] である．寒くて霜が降りた朝には昇華が観測できることがある．霜が融けることなく蒸気となって消え去るのである．逆に，霜は冷たくて湿気の多い大気から凝華によってできる．固体の二酸化炭素（"ドライアイス"）でも昇華が見られる．昇華に伴う標準モルエンタルピー変化を **標準昇華エンタルピー**[4)] といい $\Delta_{sub}H^{\ominus}$ で表す．エンタルピーは状態関数なので固体から蒸気に<u>直接変化しても，固体が融けてまず液体となりそれが蒸発するような間接的な変化をしても，得られるエンタルピー変化は同じでなければならない</u>（図 3・3）．すなわち，

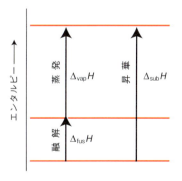

**図 3・3** ある温度での昇華エンタルピーは，その温度における融解エンタルピーと蒸発エンタルピーの和である．第一法則の結果として，全過程のエンタルピー変化は部分過程のエンタルピー変化の和である．それが仮想的な過程であってもよい．

---

†4 vapor deposition. 訳注：「蒸着」は表面への付着に用いられることが多いため，「凝華」という用語が推奨されている．
1) condensation  2) freezing  3) sublimation  4) standard enthalpy of sublimation

$$\Delta_{sub}H^\ominus = \Delta_{fus}H^\ominus + \Delta_{vap}H^\ominus \quad (3\cdot 2)$$

である．ただし，ここで加えるエンタルピーは同じ温度での値でなければならない．たとえば，0℃における水の昇華エンタルピーを求めたければ，同じ温度での融解エンタルピーと蒸発エンタルピーを加えなければならない．違う温度における転移エンタルピーを加えても意味のない結果を得るだけである．(3·2) 式の結果は，熱化学でよく使うつぎの便利な関係の一例にすぎない．

- ある過程をいくつかの段階（実際に観測されるものでも仮想的なものでもよい）に分けて考えたとき，全過程のエンタルピー変化は各段階のエンタルピー変化の和に等しい．

● **簡単な例示 3·1　昇華エンタルピー**

氷の 0℃での標準融解エンタルピーは 6.01 kJ mol$^{-1}$ であり，水の 0℃での標準蒸発エンタルピーは 45.07 kJ mol$^{-1}$ である．したがって，(3·2) 式から，氷の 0℃での標準昇華エンタルピーはつぎのように計算できる．

$$\Delta_{sub}H^\ominus = \Delta_{fus}H^\ominus + \Delta_{vap}H^\ominus$$
$$= 6.01 \text{ kJ mol}^{-1} + 45.07 \text{ kJ mol}^{-1}$$
$$= 51.08 \text{ kJ mol}^{-1}$$

**自習問題 3·2**

二酸化炭素の 298 K での標準昇華エンタルピー 25.23 kJ mol$^{-1}$，標準融解エンタルピー 8.33 kJ mol$^{-1}$ から，同じ温度における液体の二酸化炭素の標準蒸発エンタルピーを求めよ． ［答：16.90 kJ mol$^{-1}$］

合成高分子や生体高分子など非常に大きな分子や生体膜のような分子集合体では，これとは異なるタイプの相転移が起こる．これらの高分子や分子集合体は，分子内や分子間に働く相互作用によって複雑な三次元構造をとっているが，その相転移は吸熱過程として現れるから，これを**示差走査熱量測定**[1]で研究することができる（インパクト 3·1）．

### 生化学へのインパクト 3·1

#### 示差走査熱量測定

示差走査熱量計（DSC）は二つの小室からなり，これを一定の速さで（それで "走査" という名がついている）電気的に加熱する（図 3·4）．直線的走査では，時刻 $t$ における温度 $T$ は $T = T_0 + \alpha t$ で表される．ここで，$T_0$ は初期温度，$\alpha$ は温度の走査速度（単位は K s$^{-1}$）であり，温度上昇の速さは $dT/dt = \alpha$ である．分析中はずっと試料と参照物質の小室を同じ温度に維持するように，コンピューターは両者のヒーター電力を制御する．"示差" という用語を用いているのは，分析している間に物理過程や化学変化を示さない参照物質を使って，その振舞いと測定試料を比較する手法だからである．温度を走査中に試料側で熱の移動を伴う化学変化や物理過程が起これば，試料の温度は参照物質の温度からずれるだろう．しかし，両者の温度を等しく保つために，試料で吸熱変化が起こっている間は試料側に過剰の熱が加えられる．

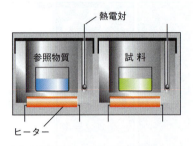

**図 3·4**　示差走査熱量計．試料と参照物質は，まったく同じ造りの小室にそれぞれ納められ，全体が加熱される．出力されるのは，昇温したとき両方の小室の温度を等しく保つのに必要な電力の差である．

もし，ある特定の温度で試料に吸熱過程が起これば，余分な "過剰" 熱 $dq_{ex}$ を試料に供給することによって，試料側を参照側に追随させなければならない．このときの過剰熱は，走査中の各段階における "過剰" 熱容量 $C_{ex}$ によって，$dq_{ex} = C_{ex}dT$ と表すことができる．したがって，$dT = \alpha dt$ であるから，

$$C_{ex} = \frac{dq_{ex}}{dT} = \frac{dq_{ex}}{\alpha dt} = \frac{P_{ex}}{\alpha}$$

と書ける．ここで，$P_{ex} = dq_{ex}/dt$ は，走査のあいだ常に試料側の温度を参照側と等しく保つのに必要な過剰電力である（単位はワット，$1 \text{ W} = 1 \text{ J s}^{-1}$）．**サーモグラム**[2]は，

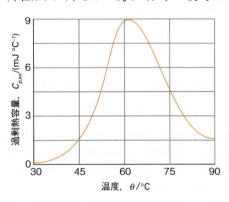

**図 3·5**　タンパク質ユビキチンで得られたサーモグラム．このタンパク質は約 45℃ 以下ではネイティブ構造を保っているが，それ以上の温度で吸熱を伴うコンホメーション変化を起こす．〔B. Chowdhry, S. LeHarne, *J. Chem. Educ.*, **74**, 236 (1997) より〕

---

1) differential scanning calorimetry　2) thermogram

$C_{ex}$（走査中に測定した電力から $P_{ex}/\alpha$ が求められる）を $T$ に対してプロットしたものである．図3·5に示したサーモグラムは，タンパク質であるユビキチンが約45℃まではネイティブ構造を保っていることを示している．それ以上の温度では，このタンパク質は吸熱を伴うコンホメーション変化を起こし，それまでの三次元構造が失われるのである．

熱として移動した全部のエネルギーを求めるには，$dq_{ex} = C_{ex}\,dT$ を始めの温度 $T_1$ から終わりの温度 $T_2$ まで積分する必要がある（「必須のツール2·1」を見よ）．すなわち，

$$q_{ex} = \int_{T_1}^{T_2} C_{ex}\,dT$$

である．この積分は，$T_1$ から $T_2$ までのサーモグラムの下の面積である．この装置は一定圧力で作動しているので，$q_{ex}$ はこの過程に伴うエンタルピー変化に相当する．

## 3·2 原子や分子の変化

以下で頻繁に取上げるエンタルピー変化は，個々の原子や分子の変化に伴うものである．なかでも重要なのは**標準イオン化エンタルピー**[1] $\Delta_{ion}H^{\ominus}$ であり，気相の原子（またはイオン）の電子1個を取除くときの標準モルエンタルピー変化である．たとえば，

$$H(g) \longrightarrow H^+(g) + e^-(g) \qquad \Delta H^{\ominus} = +1312\,kJ$$

であるとき，水素原子のイオン化エンタルピーは1312 kJ mol$^{-1}$ であるという．それは，1 bar で（298.15 K で）H(g) を 1 mol イオン化するには，1312 kJ のエネルギーを供給しなければならないことを示している．種々の元素のイオン化エンタルピーの値を表3·2に示す．中性原子のイオン化エンタルピーは常に正であることに注意しよう．イオン化エンタルピーは，"イオン化エネルギー"と密接な関係がある．イオン化エネルギーは $T = 0$ での標準イオン化エンタルピーである（13章を見よ）．

段階的なイオン化，たとえばマグネシウム原子が $Mg^+$ イオンになり，さらに $Mg^{2+}$ イオンへと変化する過程を考える必要がしばしばでてくる．このときのモルエンタルピー変化を**第一イオン化エンタルピー**[2]，**第二イオン化エンタルピー**[3] などという．マグネシウムの場合の各過程

表3·2　主要族元素の第一，第二（および高次の）標準イオン化エンタルピー，$\Delta_{ion}H^{\ominus}/(kJ\,mol^{-1})$ *

| 1 | 2 | 13 | 14 | 15 | 16 | 17 | 18 |
|---|---|---|---|---|---|---|---|
| H 1312 | | | | | | | He 2370 5250 |
| Li 519 7300 | Be 900 1760 | B 799 2420 14 800 | C 1090 2350 3660 25 000 | N 1400 2860 | O 1310 3390 | F 1680 3370 | Ne 2080 3950 |
| Na 494 4560 | Mg 738 1451 7740 | Al 577 1820 2740 11 600 | Si 786 | P 1060 | S 1000 | Cl 1260 | Ar 1520 |
| K 418 3070 | Ca 590 1150 4940 | Ga 577 | Ge 762 | As 966 | Se 941 | Br 1140 | Kr 1350 |
| Rb 402 2650 | Sr 548 1060 4120 | In 556 | Sn 707 | Sb 833 | Te 870 | I 1010 | Xe 1170 |
| Cs 376 2420 3300 | Ba 502 966 3390 | Tl 812 | Pb 920 | Bi 1040 | Po 812 | At 920 | Rn 1040 |

\* 正確には，これらの値は $\Delta_{ion}U(0)$ である．厳密な議論には $\Delta_{ion}H(T) = \Delta_{ion}U(0) + \frac{5}{2}RT$ を使う．298 K では $\frac{5}{2}RT = 6.20\,kJ\,mol^{-1}$ である．

---

1) standard enthalpy of ionization　2) first ionization enthalpy　3) second ionization enthalpy

表 3・3　主要族元素の標準電子付加エンタルピー，$\Delta_{eg}H^{\ominus}/(\text{kJ mol}^{-1})$ *

| 1 | 2 | 13 | 14 | 15 | 16 | 17 | 18 |
|---|---|----|----|----|----|----|----|
| H −73 | | | | | | | He +21 |
| Li −60 | Be +18 | B −27 | C −122 | N +7 | O −141 / +844 | F −328 | Ne +29 |
| Na −53 | Mg +21 | Al −43 | Si −134 | P −44 | S −200 / +532 | Cl −349 | Ar +35 |
| K −48 | Ca +186 | Ga −29 | Ge −116 | As −78 | Se −195 | Br −325 | Kr +39 |
| Rb −47 | Sr +146 | In −29 | Sn −116 | Sb −103 | Te −190 | I −295 | Xe +41 |
| Cs −46 | Ba +46 | Tl −19 | Pb −35 | Bi −91 | Po −183 | At −270 | Rn |

\* 上段は中性原子 X からイオン X⁻ が生成する場合，下段は X⁻ から X²⁻ が生成する場合の値である．

のエンタルピーは，

$$\text{Mg(g)} \longrightarrow \text{Mg}^+(g) + e^-(g) \quad \Delta H^{\ominus} = +738 \text{ kJ}$$
$$\text{Mg}^+(g) \longrightarrow \text{Mg}^{2+}(g) + e^-(g) \quad \Delta H^{\ominus} = +1451 \text{ kJ}$$

である．第二イオン化エンタルピーは第一イオン化エンタルピーより大きいことがわかる．すなわち，中性原子から電子を1個取るよりも，すでに正に帯電しているイオンから電子をさらに1個取る方が大きなエネルギーが必要なのである．イオン化エンタルピーは，気相にある原子やイオンがイオン化する際のものであって，固体中の原子やイオンのイオン化に伴うものでないことに注意しよう．固体を扱うときには別のエンタルピー変化を組合わせて考える必要がある．

### 例題 3・2　エンタルピー変化の組合わせ

マグネシウムの 25 ℃ での標準昇華エンタルピーは 148 kJ mol⁻¹ である．固体の金属マグネシウム 1.00 g から，Mg²⁺イオンと電子から成る気体を生成するには（同じ温度で圧力は 1 bar）どれだけのエネルギーを供給する必要があるか．

**解法**　全過程のエンタルピー変化は部分過程（昇華に続く2段階のイオン化）のエンタルピー変化の和として表せる．また，それぞれの過程に必要なエネルギーは，モルエンタルピー変化に各原子の物質量をかけたものである．物質量は用いた物質の質量とモル質量から計算できる．

**解答**　全過程は，

$$\text{Mg(s)} \longrightarrow \text{Mg}^{2+}(g) + 2e^-(g)$$

である．この過程の熱化学方程式は，つぎの熱化学方程式の和で表される．

| | | $\Delta H^{\ominus}/\text{kJ}$ |
|---|---|---|
| 昇　華 | Mg(s) ⟶ Mg(g) | +148 |
| 第一イオン化 | Mg(g) ⟶ Mg⁺(g) + e⁻(g) | +738 |
| 第二イオン化 | Mg⁺(g) ⟶ Mg²⁺(g) + e⁻(g) | +1451 |
| 全体（合計） | Mg(s) ⟶ Mg²⁺(g) + 2 e⁻(g) | +2337 |

これらの過程を図 3・6 に図示してある．この結果，マグネシウム 1 モル当たりの全エンタルピー変化は +2337 kJ mol⁻¹ であることがわかる．一方，マグネシウムのモル質量は 24.31 g mol⁻¹ であるから，マグネシウム 1.00 g は，

$$n(\text{Mg}) = \frac{m(\text{Mg})}{M(\text{Mg})} = \frac{1.00 \text{ g}}{24.31 \text{ g mol}^{-1}} = \frac{1.00}{24.31} \text{ mol}$$

である．したがって，マグネシウム 1.00 g をイオン化す

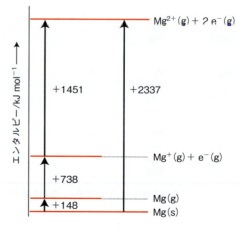

図 3・6　例題 3・2 で扱うエンタルピー変化の寄与

るために（圧力一定で）加えるべきエネルギーは，

$$q_p = \left(\frac{1.00}{24.31}\,mol\right) \times (2337\,kJ\,mol^{-1}) = 96.1\,kJ$$

である．このエネルギーは沸点にある水，約43 gを蒸発させるのに必要なエネルギーにほぼ等しい．

### 自習問題3·3

アルミニウムの昇華エンタルピーは326 kJ mol$^{-1}$である．この値と表3·2のイオン化エンタルピーの値を用いて，25 °Cで固体の金属アルミニウム1.00 gをAl$^{3+}$イオンと電子からなる気体に変えるために（一定圧力のもとで）加えなければならないエネルギーを計算せよ．

［答：+202 kJ］

---

イオン化の逆は**電子付加**[1]であり，その標準条件のもとでのモルエンタピー変化を**標準電子付加エンタルピー**[2] $\Delta_{eg}H^{\ominus}$という．これは電子親和力と密接な関係があり，13·16節で詳しく調べる．たとえば実験によって，

$$Cl(g) + e^-(g) \longrightarrow Cl^-(g) \qquad \Delta H^{\ominus} = -349\,kJ$$

であることがわかっているから，Cl原子の電子付加エンタルピーは $-349$ kJ mol$^{-1}$である．Clの電子付加は発熱過程であり，Cl原子が電子を捕らえて気相のCl$^-$イオンが形成されるときには熱が放出されることがわかる．表3·3の電子付加エンタルピーの値を見ればわかるように，電子付加には発熱的なものと吸熱的なものがある．したがって符号付きで表す必要がある．たとえばO$^-$イオンの電子付加は，すでに負に帯電しているイオンに対して電子を押しつけることになるので大きな吸熱を伴う．

$$O^-(g) + e^-(g) \longrightarrow O^{2-}(g) \qquad \Delta H^{\ominus} = +844\,kJ$$

最後に，原子や分子が変化する過程としてつぎのような

**解離**[3]，つまり化学結合の開裂を考えよう．

$$HCl(g) \longrightarrow H(g) + Cl(g) \qquad \Delta H^{\ominus} = +431\,kJ$$

これに対応する標準モルエンタルピー変化を**結合エンタルピー**[4]といい，この場合のH–Clの結合エンタルピーは431 kJ mol$^{-1}$であるという．結合エンタルピーは常に正である．

結合エンタルピーの代表的な値を表3·4に示す．窒素分子N$_2$の窒素–窒素結合の結合エンタルピーは945 kJ mol$^{-1}$もあって結合が非常に強く，そのおかげで化学的に不活性であって，反応性に富む酸素を大気中で薄める役目をしている．これとは対照的に，フッ素分子F$_2$のフッ素–フッ素結合は比較的弱く155 kJ mol$^{-1}$しかない．そのため単体のフッ素は反応性に富む．しかし，反応性は結合エンタルピーだけでは説明がつかない．実際，ヨウ素分子の結合の方がフッ素より弱いにもかかわらず，I$_2$はF$_2$ほどの反応性を示さない．また，COの結合はN$_2$の結合より強いにもかかわらず，COはNi(CO)$_4$などの多数のカルボニル化合物を形成する．別の元素との間で新たにできる結合の種類や強さも，その元素の反応性を決める一要因なのである．

結合エンタルピーを扱うときやっかいなのは，2個の原子が結合してできる分子ごとに，その値が違うことである．たとえば水の**原子化**[5]（原子に至るまでの完全な解離）の過程，

$$H_2O(g) \longrightarrow 2\,H(g) + O(g) \qquad \Delta H^{\ominus} = +927\,kJ$$

では，2個のO–H結合が解離しているにもかかわらず，全体の標準エンタルピー変化はH$_2$OのO–Hの結合エンタルピーの2倍にはなっていない．それは，実際には2段階の異なる解離過程が存在しているからである．第1段階ではH$_2$O分子の一つのO–H結合が切れ，

$$H_2O(g) \longrightarrow HO(g) + H(g) \qquad \Delta H^{\ominus} = +499\,kJ$$

表3·4　代表的な結合エンタルピー，$\Delta H$ (A–B)/(kJ mol$^{-1}$)

| 二原子分子 | | | | | | | |
|---|---|---|---|---|---|---|---|
| H–H | 436 | O=O | 497 | F–F | 155 | H–F | 565 |
| | | N≡N | 945 | Cl–Cl | 242 | H–Cl | 431 |
| | | O–H | 428 | Br–Br | 193 | H–Br | 366 |
| | | C=O | 1074 | I–I | 151 | H–I | 299 |
| 多原子分子 | | | | | | | |
| H–CH$_3$ | 435 | | H–NH$_2$ | 450 | | H–OH | 499 |
| H–C$_6$H$_5$ | 469 | | O$_2$N–NO$_2$ | 57 | | HO–OH | 213 |
| H$_3$C–CH$_3$ | 368 | | O=CO | 531 | | HO–CH$_3$ | 377 |
| H$_2$C=CH$_2$ | 720 | | | | | Cl–CH$_3$ | 346 |
| HC≡CH | 962 | | | | | Br–CH$_3$ | 293 |
| | | | | | | I–CH$_3$ | 234 |

---

1) electron gain　2) standard electron gain enthalpy　3) dissociation　4) bond enthalpy　5) atomization

## 3. 熱力学第一法則の応用

表3·5　平均結合エンタルピー，$\Delta H_B / (\text{kJ mol}^{-1})$ *

| | H | C | N | O | F | Cl | Br | I | S | P | Si |
|---|---|---|---|---|---|---|---|---|---|---|---|
| H | 436 | | | | | | | | | | |
| C | 412 | 348 (1) | | | | | | | | | |
| | | 612 (2) | | | | | | | | | |
| | | 838 (3) | | | | | | | | | |
| | | 518 (a) | | | | | | | | | |
| N | 388 | 305 (1) | 163 (1) | | | | | | | | |
| | | 613 (2) | 409 (2) | | | | | | | | |
| | | 890 (3) | 945 (3) | | | | | | | | |
| O | 463 | 360 (1) | 157 | 146 (1) | | | | | | | |
| | | 743 (2) | | 497 (2) | | | | | | | |
| F | 565 | 484 | 270 | 185 | 155 | | | | | | |
| Cl | 431 | 338 | 200 | 203 | 254 | 242 | | | | | |
| Br | 366 | 276 | | | | 219 | 193 | | | | |
| I | 299 | 238 | | | | 210 | 178 | 151 | | | |
| S | 338 | 259 | | | 496 | 250 | 212 | | 264 | | |
| P | 322 | | | | | | | | | 200 | |
| Si | 318 | | 374 | 466 | | | | | | | 226 |

\* 　（　）の中は結合次数．特に示していないものは単結合の値．(a) は芳香族の結合を表している．

第2段階で OH ラジカルの O−H 結合が切れる．

$$\text{HO(g)} \longrightarrow \text{H(g)} + \text{O(g)} \qquad \Delta H^{\ominus} = +428\,\text{kJ}$$

すなわち，2段階で分子の原子化が完了するのである．この例からもわかるように，$H_2O$ の O−H 結合と HO の O−H 結合の結合エンタルピーは似ているが等しくはない．

　正確な計算が必要な場合には，分子の結合エンタルピーと解離によって次々にできる化学種の結合エンタルピーを使い分けなければならない．しかし，そのようなデータがない場合には**平均結合エンタルピー**[1]，$\Delta H_B$ を使って概算せざるをえない．これは，関連する一連の化合物の結合エンタルピーの平均値である（表3·5）．たとえば，平均の HO 結合エンタルピー $\Delta H_B(\text{H−O}) = 463\,\text{kJ mol}^{-1}$ には，$H_2O$ やメタノール $CH_3OH$ など類似化合物の O−H 結合エンタルピーの平均値が採用されている．

> **例題3·3** 平均結合エンタルピーの利用

25 ℃ で液体のメタノールが元素から生成する反応，

$$\text{C(s, グラファイト)} + 2\,\text{H}_2(\text{g}) + \tfrac{1}{2}\,\text{O}_2(\text{g})$$
$$\longrightarrow \text{CH}_3\text{OH(l)}$$

に伴う標準エンタルピー変化を求めよ．巻末の資料「熱力学データ」の値と表3·4 および表3·5 の結合エンタルピーの値を用いよ．

**解法**　この種の計算では，目的の化学反応を一連のステッ

プに分解する．それを足し合わせればもとの反応式になるようにステップに分けるのがコツである．ただし，結合エンタルピーを使うときは，化学種がすべて気体における値であることを確かめよ．そのためには蒸発エンタルピーや昇華エンタルピーも必要に応じて含める．反応物をまず全部原子化した後，その原子から生成物を組立てるのも一法である．結合エンタルピーの該当値がある場合（表などに与えられている場合）にはそれを使えばよいが，ない場合には平均結合エンタルピーから原子化エンタルピーを概算する．エンタルピー変化の全容は図に描いてみるとよくわかるだろう．

**解答**　つぎのようなステップが必要である（図3·7）．

$$\Delta H^{\ominus}/\text{kJ}$$

グラファイトの原子化
$$\text{C(s, グラファイト)} \longrightarrow \text{C(g)} \qquad +716.68$$

2 mol の $H_2(\text{g})$ の解離
$$2\,\text{H}_2(\text{g}) \longrightarrow 4\text{H(g)} \qquad +871.88$$

$\tfrac{1}{2}$ mol の $O_2(\text{g})$ の解離
$$\tfrac{1}{2}\,\text{O}_2(\text{g}) \longrightarrow \text{O(g)} \qquad +249.17$$

以上の合計　$\text{C(s)} + 2\,\text{H}_2(\text{g}) + \tfrac{1}{2}\,\text{O}_2(\text{g})$
$$\longrightarrow \text{C(g)} + 4\,\text{H(g)} + \text{O(g)} \qquad +1837.73$$

ここまでの値はすべて正確なものである．つぎの段階で三つの CH 結合，一つの CO 結合，一つの OH 結合をつくる．

---

1) mean bond enthalpy

3・3 燃焼エンタルピー　　75

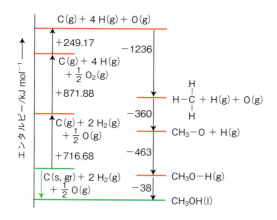

**図 3・7** 液体メタノールがその構成元素から生成する際のエンタルピー変化と，それを求めるために用いた種々のエンタルピー変化．結合エンタルピーは平均値であるから，最終的に得られる生成エンタルピーも概算値である．

そのエンタルピーは，それぞれの結合の平均結合エンタルピーから計算できる．結合生成（解離の逆）の標準エンタルピー変化は，平均結合エンタルピー（表 3・5 から得られる）の符号を変えたものである．

|  | $\Delta H^{\ominus}$/kJ |
|---|---|
| 三つの C－H 結合生成 | $-1236$ |
| 一つの C－O 結合生成 | $-360$ |
| 一つの O－H 結合生成 | $-463$ |
| この 3 段階の合計　C(g) + 4H(g) + O(g)<br>　　　　　　　　　⟶ CH₃OH(g) | $-2059$ |

以上の値は概算値である．最後はメタノール蒸気の凝縮である．

$$\mathrm{CH_3OH(g) \longrightarrow CH_3OH(l)} \qquad \Delta H^{\ominus} = -38.00\,\mathrm{kJ}$$

こうして，エンタルピー変化の合計は，

$$\Delta H^{\ominus} = (+1837.73\,\mathrm{kJ}) + (-2059\,\mathrm{kJ}) + (-38.00\,\mathrm{kJ})$$
$$= -259\,\mathrm{kJ}$$

となる．これに対し実験値は $-239\,\mathrm{kJ}$ である．

**自習問題 3・4**

標準条件のもとで，液体エタノールが燃焼して二酸化炭素と水ができるときのエンタルピー変化を求めよ．必要に応じて結合エンタルピーや平均結合エンタルピー，標準蒸発エンタルピーのデータを用いよ．

［答：$-1348\,\mathrm{kJ}$，実験値は $-1368\,\mathrm{kJ}$］

## 化 学 変 化

ここからは，つぎに示すエテンの水素化反応などの化学反応に伴うエンタルピー変化について考える．

$$\mathrm{CH_2{=}CH_2(g) + H_2(g) \longrightarrow CH_3CH_3(g)}$$
$$\Delta H^{\ominus} = -137\,\mathrm{kJ}$$

この $\Delta H^{\ominus}$ の値は，25 °C, 1 bar で 1 mol の $\mathrm{CH_2{=}CH_2(g)}$ が 1 bar で 1 mol の $\mathrm{H_2(g)}$ と反応すれば，1 bar で 1 mol の $\mathrm{CH_3CH_3(g)}$ が生成し，系のエンタルピーが 137 kJ だけ減少する（圧力一定でこの反応が起これば，熱として外界に 137 kJ のエネルギーが放出される）ことを示している．

### 3・3 燃焼エンタルピー

よく見かける反応は**燃焼**[1]であり，ふつうは有機化合物と酸素が完全に反応するものである．たとえばメタンの燃焼は，天然ガスの炎の中で起こっている反応であり，

$$\mathrm{CH_4(g) + 2\,O_2(g) \longrightarrow CO_2(g) + 2\,H_2O(l)}$$
$$\Delta H^{\ominus} = -890\,\mathrm{kJ}$$

である．慣例に従って，有機化合物の燃焼では気体の二酸化炭素と液体の水が生成するものとしている．窒素を含む有機物の燃焼では，生成物を気体の窒素としている．**標準燃焼エンタルピー**[2] $\Delta_\mathrm{c} H^{\ominus}$ は，可燃性物質 1 モル当たりの標準エンタルピー変化である．この例では $\Delta_\mathrm{c} H^{\ominus}(\mathrm{CH_4, g}) = -890\,\mathrm{kJ\,mol^{-1}}$ と書く．代表的な値を表 3・6 に示してあ

**表 3・6** 標準燃焼エンタルピー

| 物　質 | 化学式 | $\Delta_\mathrm{c} H^{\ominus}/(\mathrm{kJ\,mol^{-1}})$ |
|---|---|---|
| ベンゼン | $\mathrm{C_6H_6(l)}$ | $-3268$ |
| 炭　素 | C(s, グラファイト) | $-394$ |
| 一酸化炭素 | CO(g) | $-283$ |
| エタノール | $\mathrm{C_2H_5OH(l)}$ | $-1368$ |
| エチン | $\mathrm{C_2H_2(g)}$ | $-1300$ |
| グルコース | $\mathrm{C_6H_{12}O_6(s)}$ | $-2808$ |
| 水　素 | $\mathrm{H_2(g)}$ | $-286$ |
| メタン | $\mathrm{CH_4(g)}$ | $-890$ |
| メタノール | $\mathrm{CH_3OH(l)}$ | $-726$ |
| メチルベンゼン | $\mathrm{C_6H_5CH_3(l)}$ | $-3910$ |
| オクタン | $\mathrm{C_8H_{18}(l)}$ | $-5471$ |
| イソオクタン* | $\mathrm{C_8H_{18}(l)}$ | $-5461$ |
| プロパン | $\mathrm{C_3H_8(g)}$ | $-2220$ |
| スクロース | $\mathrm{C_{12}H_{22}O_{11}(s)}$ | $-5645$ |
| 尿　素 | $\mathrm{CO(NH_2)_2(s)}$ | $-632$ |

\* 2,2,4-トリメチルペンタン

---

[1] combustion　[2] standard enthalpy of combustion

る．ここで，$\Delta_c H^{\ominus}$はモル量であって，$\Delta H^{\ominus}$を燃えた有機反応物の物質量（この例では $CH_4$ の 1 mol）で割ったものであることに注意しよう．「インパクト 3・2」では，燃焼エンタルピーが燃料の効率を表す便利な目安であることを示す．生物のエネルギー源として，炭水化物（糖質）や脂質，タンパク質などの食物のどれが有用かを決めているのも燃焼エンタルピーである（「インパクト 3・3」を見よ）．

燃焼エンタルピーはふつう**ボンベ熱量計**[1]を用いて測定される．この装置では，一定体積下でエネルギーが熱として移動する．2・8 節で述べた関係 $\Delta U = q_V$ によれば，一定体積下で熱としてエネルギーが移動すれば，それは内部エネルギー変化 $\Delta U$ に等しいのであって，$\Delta H$ ではない．$\Delta U$ を $\Delta H$ に変換するには，その物質のモルエンタルピーとモル内部エネルギーとの間に $H_m = U_m + pV_m$（2・12 a 式）の関係があることに注意する必要がある．2・9 節で説明したように，凝縮相の場合は気体で問題となる $pV_m$ が小さいので無視してもよい．気体であれば，完全気体と考えて，$pV_m$ を $RT$ で置き換えてよい．したがって，化学反応式に気体状態で現れる化学種のみについて，その量論係数の差（生成物 － 反応物）を $\Delta\nu_{gas}$ とすれば，つぎのように書くことができる．

$$\Delta_c H = \Delta_c U + \Delta\nu_{gas} RT \qquad \text{ΔH と ΔU の関係} \qquad (3\cdot3)$$

ここで，$\Delta\nu_{gas}$（$\nu$ はニューと読む）は次元をもたない量である．この式は，燃焼反応だけでなく，気体が関与する反応すべてに使える（3・4 節を見よ）．

● **簡単な例示 3・2　気体が関与する反応の $\Delta H$ と $\Delta U$ の差**

ボンベ熱量計を使ってグリシンを燃焼させたとき熱として得られるエネルギーは，298.15 K では 969.6 kJ mol$^{-1}$ である．つまり，$\Delta_c U = -969.6$ kJ mol$^{-1}$ である．化学反応式，

$$NH_2CH_2COOH(s) + \frac{9}{4}O_2(g)$$
$$\longrightarrow 2CO_2(g) + \frac{5}{2}H_2O(l) + \frac{1}{2}N_2(g)$$

より，$\Delta\nu_{gas} = (2 + \frac{1}{2}) - \frac{9}{4} = \frac{1}{4}$ である．したがって，

$$\begin{aligned}\Delta_c H - \Delta_c U &= \tfrac{1}{4}RT \\ &= \tfrac{1}{4} \times (8.3145 \times 10^{-3}\,kJ\,K^{-1}\,mol^{-1}) \\ &\quad \times (298.15\,K) \\ &= 0.62\,kJ\,mol^{-1}\end{aligned}$$

である．この差は小さいが無視できない大きさである．●

**自習問題 3・5**

反応 $N_2(g) + 3H_2(g) \longrightarrow 2NH_3(g)$ の 500 °C における差 $\Delta_c H - \Delta_c U$ を求めよ．　　　[答：$-13$ kJ mol$^{-1}$]

---

**工業技術へのインパクト 3・2**

**燃　料**

化合物が燃料としてはたらき，体内で起こる多くの過程をどれだけ駆動する能力があるかについては，4 章で説明する"ギブズエネルギー"で考えることができる．しかし，燃料により供給される駆動力の便利な目安となり，熱出力を考える限り注目すべき唯一の量はエンタルピーであって，具体的には燃焼エンタルピーである．燃料や食物の熱化学的な性質はふつう**比エンタルピー**[2]，つまり測定した燃焼エンタルピーの大きさを物質の質量で割ったもの（単位はふつう kJ g$^{-1}$），もしくは**エンタルピー密度**[3]，つまり測定した燃焼エンタルピーの大きさを物質の体積で割ったもの（単位は kJ dm$^{-3}$ または kJ L$^{-1}$）で考えることができる．たとえば，ある化合物の標準燃焼エンタルピーを $\Delta_c H^{\ominus}$ とし，そのモル質量を $M$ とすれば，比燃焼エンタルピーは $-\Delta_c H^{\ominus}/M$ で表せる．一方，燃焼エンタルピー密度は $-\Delta_c H^{\ominus}/V_m$ である．ここで，$V_m$ はその化合物の同じ圧力，温度でのモル体積である．

代表的な燃料について，比燃焼エンタルピーと燃焼エンタルピー密度の値を表 3・7 に掲げる．燃料に適するのは比燃焼エンタルピーが大きいものである．燃料は運搬しなければならないので，モル燃焼エンタルピーが大きくても質量が大きければ帳消しになってしまうからである．気体の $H_2$ はメタン（天然ガスの主成分）やイソオクタン（ガソリンの主成分），メタノールなど現在使われている燃料と比較しても非常に優れていることがわかる．しかも，燃焼しても $CO_2$ を発生しない．その結果，気体 $H_2$ は効率的でクリーンな燃料であり，天然ガスや石油などの化石燃料に替わりうるものとして注目されてきた．しかし一方で，気体 $H_2$ は燃焼エンタルピー密度がきわめて低いことがわかる．これは，水素が非常に軽い気体だからである．このように，運搬し貯蔵する際に問題となる体積の大きさのために，比燃焼エンタルピーが高いという利点が損なわれているのである．この貯蔵の問題の解決法がいろいろと模索されてきた．たとえば，$H_2$ 分子は小さいのでチタンなどの金属に入り込んで金属水素化物を形成し，その結晶格子の隙間を飛び回ることができる．これを利用すれば，水素原子の実効密度を液体 $H_2$ 並みに上昇させることが可能である．この金属を必要に応じ加熱すれば，水素を燃料として取出せるというわけである．

ここでは炭素を基本とした燃料について，その熱出力を高める因子について考えよう．天然ガスの主成分である $CH_4(g)$ が 1 mol だけ燃焼したとする．熱化学方程式によれば，1 mol の $CH_4(g)$ が燃焼して 890 kJ のエネルギーが熱として放出される．次に，1 mol の $CH_3OH(g)$ の燃焼

---

1) bomb calorimeter　2) specific enthalpy　3) enthalpy density

3·3 燃焼エンタルピー    77

表3·7    代表的な燃料の熱化学的性質

| 燃 料 | 燃焼方程式 | $\Delta_c H^{\ominus}/$ $(kJ\,mol^{-1})$ | 比エンタルピー / $(kJ\,g^{-1})$ | エンタルピー密度*/ $(kJ\,dm^{-3})$ |
|---|---|---|---|---|
| 水 素 | $2\,H_2(g) + O_2(g) \longrightarrow 2\,H_2O(l)$ | $-286$ | 142 | 13 |
| メタン | $CH_4(g) + 2\,O_2(g) \longrightarrow CO_2(g) + 2\,H_2O(l)$ | $-890$ | 55 | 40 |
| イソオクタン$^{\dagger}$ | $2\,C_8H_{18}(l) + 25\,O_2(g) \longrightarrow 16\,CO_2(g) + 18\,H_2O(l)$ | $-5461$ | 48 | $3.3 \times 10^4$ |
| メタノール | $2\,CH_3OH(l) + 3\,O_2(g) \longrightarrow 2\,CO_2(g) + 4\,H_2O(l)$ | $-726$ | 23 | $1.8 \times 10^4$ |

\*　大気圧, 室温での値.
$^{\dagger}$　2,2,4-トリメチルペンタン

を考える.

$$CH_3OH(g) + \frac{3}{2} O_2(g) \longrightarrow CO_2(g) + 2\,H_2O(l)$$

$$\Delta H^{\ominus} = -764\,kJ$$

これも発熱反応であるが, 分子 1 mol 当たり 764 kJ のエネルギーしか熱として放出されない. メタンと比較してメタノールでは C−H 結合が C−O 結合で置換されているため, 酸化がずっと進んだ状態になっている. したがって, メタノールでは炭素を完全に酸化して $CO_2$ としても, 少ないエネルギーしか放出されないのである.

　燃焼反応の熱出力を決めるもう一つの要因は, 炭化水素化合物の炭素原子の数である. たとえば, メタンの標準燃焼エンタルピーの値から, $CH_4$ ではモル当たり 890 kJ の熱が発生することがわかる. 一方, イソオクタン ($C_8H_{18}$, 2,2,4-トリメチルペンタン, ガソリンの主成分) を使えばモル当たり 5461 kJ もの熱が発生する. イソオクタンの値がずっと大きいのは, 分子 1 個が 8 個の炭素原子をもち, 全部が二酸化炭素の生成に参加するのに対し, メタン分子には炭素原子が 1 個しかないことによる.

## 生化学へのインパクト 3·3

### 食物とエネルギー貯蔵

　18 歳から 20 歳までの平均的な男性では, 毎日約 12 MJ ($1\,MJ = 10^6\,J$) のエネルギーを摂取する必要がある. 同じ年代の女性では 9 MJ 程度が必要である. これだけのエネルギーがすべてグルコースのかたちで消費されたとすれば (グルコースの比燃焼エンタルピーは $16\,kJ\,g^{-1}$ である), 男性では 750 g, 女性では 560 g のグルコースを消費するはずである. 実際は, ふつうの食品に含まれる消化可能な炭水化物 (炭水化物単位をもつデンプンなどの高分子) は, グルコースよりわずかに高い比燃焼エンタルピー ($17\,kJ\,g^{-1}$) をもつ. このように炭水化物食は純粋なグルコース食よりわずかに効率がよい. また, 消化されないセルロースが繊維のかたちで含まれている点でもよく, 消化されたものが腸を通りやすくする役目をしている.

　トリステアリン (牛肉の脂肪に含まれる) のような長鎖エステル類である脂肪の比燃焼エンタルピーは, 炭水化物と比較すれば大きく $38\,kJ\,g^{-1}$ ほどもあり, 燃料に使う炭化水素油 ($48\,kJ\,g^{-1}$) よりわずかに小さい程度である. その理由は, 炭水化物に含まれる炭素原子の多くは酸素原子と結合しており, 部分的に酸化しているからである. 一方, 脂肪の炭素原子はたいてい水素原子や別の炭素原子と結合しており, したがって酸化数はもっと低いのである. 上で述べたように, 部分的に酸化した炭素原子が含まれていれば燃料の熱出力は低下する.

　脂肪はふつうエネルギー貯蔵に使われ, もっと簡単にエネルギーとして使える炭水化物が不足したときにはじめて消費される. 北極圏に棲む動物にとっては, 蓄積された脂肪は断熱層の役目もしている. 一方, 砂漠に棲む動物 (ラクダなど) にとって脂肪は, その酸化生成物のひとつである水の貯蔵庫でもある.

　タンパク質もまたエネルギー貯蔵の役目をするが, その成分であるアミノ酸は非常に貴重なので単にエネルギーとして消費されることはなく, 別のタンパク質を構成するのに使われる. タンパク質が酸化されるとき (尿素 $CO(NH_2)_2$ ができる) 等価な比燃焼エンタルピーは炭水化物に匹敵する.

　すでに述べたように, 食物の酸化によって発生するエネルギーすべてが仕事に変換されるわけではない. 摂取した食物が酸化するときは熱も発生するが, これは体温を 35.6〜37.8 °C の範囲に維持するために排出しなければならない. この恒常性, つまり生体が環境変化に対して生理的な応答をし, これに対抗する能力を維持するためには, いろいろな機構が関与している. 体内の温度をほぼ均一に保つのは血流によっている. 熱を急速に分散する必要があるときには, 皮膚に近い毛細血管に温かい血液が流れるので皮膚が赤味を帯びる. 放射も熱を逃す方法の一つである. もうひとつは蒸発を利用するもので, 水の蒸発エンタルピーにエネルギーを費やす. 発汗により水が蒸発すれば, 1 グラム当たり約 2.4 kJ の熱がもち去られる. 激しい運動をして発汗が促されれば (視床下部に刺激が加えられ体温調節が行われる) 1 時間に 1〜2 $dm^3$ の汗が出て, それに応じて 2.4〜5.0 $MJ\,h^{-1}$ 程度の熱が失われる.

## 3・4 反応エンタルピーの組合わせ

**反応エンタルピー**[1] $\Delta_r H$ は，化学反応に伴うエンタルピー変化であり，燃焼エンタルピーはその一例である．反応エンタルピーは，化学反応式に現れる量論係数 $\nu$（ニュー）の重みをつけたうえでの反応物と生成物のモルエンタルピーの差で，つぎのように表される．

$$\Delta_r H = \sum \nu H_m \text{（生成物）} - \sum \nu H_m \text{（反応物）}$$

反応エンタルピー (3・4a)

$\sum$（大文字のシグマ）は，あとに続く項について和をとる指示記号である．**標準反応エンタルピー**[2] $\Delta_r H^\ominus$ は，すべての反応物と生成物が標準状態にある場合の反応エンタルピーの値である．

$$\Delta_r H^\ominus = \sum \nu H_m^\ominus \text{（生成物）} - \sum \nu H_m^\ominus \text{（反応物）}$$

標準反応エンタルピー (3・4b)

$H_m^\ominus$ はモル量であり，量論係数は単なる数値であるから，$\Delta_r H^\ominus$ の単位は $kJ\,mol^{-1}$ である．標準反応エンタルピーは，標準状態（純粋で，1 bar の圧力）にある反応物が，やはり標準状態（純粋で，1 bar の圧力）にある生成物に完全に変化するときの系のエンタルピー変化であり，反応物1モル当たりのエンタルピー変化をキロジュール単位で表す．たとえば反応，$2H_2(g) + O_2(g) \longrightarrow 2H_2O(l)$ では $\Delta_r H^\ominus = -572\,kJ\,mol^{-1}$ である．ここでの"モル当たり"は，この反応によって消費される $O_2$ 1 mol 当たり，あるいは生成する $H_2O$ 2 mol 当たりに 572 kJ の熱が反応によって発生する（したがって，生成する $H_2O$ 1 mol 当たりでは 286 kJ となる）ことを表している．

反応エンタルピーの値が知りたいのにデータ表に載っていないことがよくある．そのときはエンタルピーが状態関数であることを利用する．すなわち，反応エンタルピーが既知の反応を使って，目的とする反応エンタルピーを組立てればよい．すでに，昇華エンタルピーが融解エンタルピーと蒸発エンタルピーの和で計算できるという簡単な例を示した．ここでは，それを一連の化学反応に適用すればよい．この手続きはつぎの**ヘスの法則**[3]にまとめられている．

- ある反応の標準反応エンタルピーは，その反応を分けて表したときの，それぞれの標準反応エンタルピーの和に等しい．

ヘスの法則には法則と名がついているが，それほどのものではない．エンタルピーが状態関数であることを述べたまでで，反応物から生成物へのエンタルピー変化は間接経路をたどったときの各ステップのエンタルピー変化の和で表せると述べているにすぎない．個々のステップの反応は実験室で実際に起こる反応でなくてもよい．まったく仮想的な反応であっても，各原子数が両辺で等しければよい．ただし，温度はすべて同じでなければならない．

### 例題3・4　ヘスの法則の応用

つぎのような熱化学方程式がある．

$$C_3H_6(g) + H_2(g) \longrightarrow C_3H_8(g) \quad \Delta H^\ominus = -124\,kJ$$

$$C_3H_8(g) + 5O_2(g) \longrightarrow 3CO_2(g) + 4H_2O(l)$$
$$\Delta H^\ominus = -2220\,kJ$$

ここで，$C_3H_6$ はプロペン，$C_3H_8$ はプロパンである．プロペンの標準燃焼エンタルピーを求めよ．

**解法**　与えられた熱化学方程式のほかにも必要な熱化学方程式を（巻末の資料「熱力学データ」の値を使って）足したり，引いたりすることによって目的とする熱化学方程式を組立てればよい．この種の計算では，水素や酸素の原子の数合わせに水の生成反応が必要になることが多い．ここでも，エンタルピー変化の関係を図に表せばわかりやすいであろう．

**解答**　全反応は，

$$C_3H_6(g) + \tfrac{9}{2}O_2(g) \longrightarrow 3CO_2(g) + 3H_2O(l) \quad \Delta H^\ominus$$

である．この熱化学方程式はつぎの和で表すことができる（図3・8）．

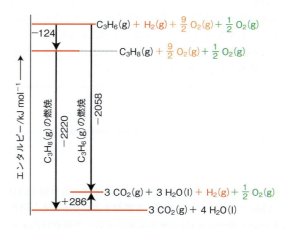

図3・8　例題3・4で扱うエンタルピー変化の寄与．ヘスの法則を示している．

$$\Delta H^\ominus/kJ$$

$$C_3H_6(g) + H_2(g) \longrightarrow C_3H_8(g) \qquad -124$$
$$C_3H_8(g) + 5O_2(g) \longrightarrow 3CO_2(g) + 4H_2O(l) \quad -2220$$
$$H_2O(l) \longrightarrow H_2(g) + \tfrac{1}{2}O_2(g) \qquad +286$$
全体：$C_3H_6(g) + \tfrac{9}{2}O_2(g)$
$$\longrightarrow 3CO_2(g) + 3H_2O(l) \quad -2058$$

---

1) reaction enthalpy　2) standard reaction enthalpy　3) Hess's law

その結果，プロペンの標準燃焼エンタルピーは，$-2058$ kJ mol$^{-1}$ と求められる．

**自習問題 3・6**

ベンゼンの標準燃焼エンタルピー（表 3・6）およびシクロヘキサンの標準燃焼エンタルピー（$-3920$ kJ mol$^{-1}$）を使って，反応 $C_6H_6(l) + 3\,H_2(g) \longrightarrow C_6H_{12}(l)$ の標準反応エンタルピーを計算せよ． ［答：$-206$ kJ］

## 3・5 標準生成エンタルピー

(3・4) 式で問題になるのは，物質のエンタルピーの絶対値を知る方法がないことである．これを回避するために，まず反応物をその元素に分解してから生成物をつくるという間接的な経路を想定して，目的とする反応を得ることを考える（図 3・9）．そこで必要になるのは物質の**標準生成エンタルピー**[1] $\Delta_f H^\ominus$ である．それは，基準状態にある元素から生成したときの物質 1 モル当たりの標準エンタルピーである．元素の**基準状態**[2] とは，ふつうの条件下で元素が最も安定に存在する形態のことである（表 3・8）．

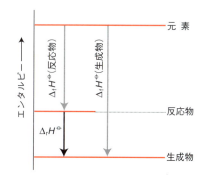

図 3・9 反応エンタルピーは一般に，生成物と反応物の生成エンタルピーの差で表せる．

表 3・8 代表的な元素の 298 K での基準状態

| 元 素 | 基準状態 |
|---|---|
| ヒ 素 | 灰色（α）ヒ素 |
| 臭 素 | 液 体 |
| 炭 素 | グラファイト |
| 水 素 | 気 体 |
| ヨウ素 | 固 体 |
| 水 銀 | 液 体 |
| 窒 素 | 気 体 |
| 酸 素 | 気 体 |
| リ ン | 黄（α）リン |
| 硫 黄 | 直方硫黄 |
| ス ズ | 白色（β）スズ |

ここで，"標準状態" と "基準状態" を混同しないように注意しよう．25 °C における炭素の基準状態といえば，それはグラファイトを指す．これに対して，炭素の標準状態というときには，1 bar の条件下であれば炭素のどの相であっても指定できるのである．たとえば，液体の水の標準生成エンタルピー（温度はいつものように 25 °C）は，熱化学方程式，

$$H_2(g) + \tfrac{1}{2}\,O_2(g) \longrightarrow H_2O(l) \qquad \Delta H^\ominus = -286\text{ kJ}$$

によって得られ，$\Delta_f H^\ominus(H_2O, l) = -286$ kJ mol$^{-1}$ である．ここで，生成エンタルピーがモル量であることに注意しよう．すなわち，その物質の $\Delta_f H^\ominus$ を求めるには熱化学方程式に現れる $\Delta H^\ominus$ を生成物の物質量で割っておく必要がある（この例では，$H_2O$ の 1 mol 当たりの量とする）．

この標準生成エンタルピーを使えばつぎのように書ける．

$$\Delta_r H^\ominus = \sum \nu \Delta_f H^\ominus(生成物) - \sum \nu \Delta_f H^\ominus(反応物)$$

実際の計算法　標準反応エンタルピー　(3・5)

ここで右辺の第 1 項は，すべての生成物が元素から生成されたときの生成エンタルピーであり，第 2 項はすべての反応物が元素から生成されたときの生成エンタルピーである．エンタルピーは状態関数であるから，こうして計算された反応エンタルピーは，絶対エンタルピーを用いて (3・4) 式から計算した反応エンタルピーと同じものである．

25 °C における代表的な標準生成エンタルピーの値を表 3・9 に示す．巻末の資料「熱力学データ」にもっと多くのデータがある．たいていのデータは熱量測定で求めたものであるが，14 章で説明する計算法もいまでは信頼できるようになっているから，実験的な情報が得られないときには，それを使ってデータを見積もることもできる．基準状態にある元素の標準生成エンタルピーは（元素 → 元素の反応では事実上何も起こらないから）定義により 0 である．しかし，基準状態以外の状態であれば，元素であっても標準生成エンタルピーは 0 でないことに注意しよう．

$$C(s, グラファイト) \longrightarrow C(s, ダイヤモンド)$$
$$\Delta H^\ominus = +1.895 \text{ kJ}$$

したがって，$\Delta_f H^\ominus(C, グラファイト) = 0$ であるが，$\Delta_f H^\ominus(C, ダイヤモンド) = +1.895$ kJ mol$^{-1}$ である．

**例題 3・5　標準生成エンタルピーの利用**

液体ベンゼンの標準燃焼エンタルピーを，反応物と生成物の標準生成エンタルピーから求めよ．

---

1) standard enthalpy of formation　2) reference state

**解法** 化学反応式を書いて，反応物と生成物の量論係数を確かめたうえで (3・5) 式を使えばよい．ここで，"生成物側から反応物側を引く"かたちをしていることに注意せよ．標準生成エンタルピーの値は巻末の資料「熱力学データ」にある．標準燃焼エンタルピーは物質1モル当たりのエンタルピー変化であるから，それに応じたエンタルピー変化の扱いが必要である．

**解答** 問題の化学反応式は，

$$C_6H_6(l) + \frac{15}{2}O_2(g) \longrightarrow 6\,CO_2(g) + 3\,H_2O(l)$$

である．そこで，

$$\begin{aligned}\Delta_r H^\ominus &= \{6\Delta_f H^\ominus(CO_2, g) + 3\Delta_f H^\ominus(H_2O, l)\} \\ &\quad - \{\Delta_f H^\ominus(C_6H_6, l) + \frac{15}{2}\Delta_f H^\ominus(O_2, g)\} \\ &= \{6\times(-393.51\,\text{kJ mol}^{-1}) \\ &\quad + 3\times(-285.83\,\text{kJ mol}^{-1})\} \\ &\quad - \{(49.0\,\text{kJ mol}^{-1}) + 0\} \\ &= -3268\,\text{kJ mol}^{-1}\end{aligned}$$

となる．化学反応式では $C_6H_6$ が "1 mol 当たり" となっているので，得られた値をそのまま燃焼エンタルピーとしてよい．つまり，液体ベンゼンの標準燃焼エンタルピーは $-3268\,\text{kJ mol}^{-1}$ である．

**ノート** 基準状態の元素の標準生成エンタルピー（上の例では気体酸素）は $0\,\text{kJ mol}^{-1}$ とは書かず単に 0 と書く．どの単位を使おうと 0 だからである．

**自習問題 3・7**

標準生成エンタルピーの値を用いて，プロパンガスが燃焼して二酸化炭素と水ができる際の燃焼エンタルピーを求めよ． ［答：$-2220\,\text{kJ mol}^{-1}$］

---

元素の基準状態が熱化学におけるいわば"海面の位置"を定義したものとすれば，生成エンタルピーは熱化学において海面より上か下を表す高さ，つまり"海抜高度"といえる（図 3・10）．いろいろな化合物を標準生成エンタルピーの符号でつぎのように分類しておくと便利な場合がある．

- **発熱的化合物**[1] ($\Delta_f H^\ominus < 0$) は，成分元素より低いエンタルピーをもつ．
- **吸熱的化合物**[2] ($\Delta_f H^\ominus > 0$) は，成分元素より高いエンタルピーをもつ．

水は発熱的化合物であり，二硫化炭素は吸熱的化合物である．

表 3・9 298.15 K における標準生成エンタルピー*

| 物質 | 化学式 | $\Delta_f H^\ominus/(\text{kJ mol}^{-1})$ |
|---|---|---|
| **無機化合物** | | |
| アンモニア | $NH_3(g)$ | $-46.11$ |
| 硝酸アンモニウム | $NH_4NO_3(s)$ | $-365.56$ |
| 一酸化炭素 | $CO(g)$ | $-110.53$ |
| 二酸化炭素 | $CO_2(g)$ | $-393.51$ |
| 二硫化炭素 | $CS_2(l)$ | $+89.70$ |
| 一酸化窒素 | $NO(g)$ | $+90.25$ |
| 二酸化窒素 | $NO_2(g)$ | $+33.18$ |
| 一酸化二窒素 | $N_2O(g)$ | $+82.05$ |
| 四酸化二窒素 | $N_2O_4(g)$ | $+9.16$ |
| 塩化水素 | $HCl(g)$ | $-92.31$ |
| フッ化水素 | $HF(g)$ | $-271.1$ |
| 硫化水素 | $H_2S(g)$ | $-20.63$ |
| 硝酸 | $HNO_3(l)$ | $-174.10$ |
| 塩化ナトリウム | $NaCl(g)$ | $-411.15$ |
| 二酸化硫黄 | $SO_2(g)$ | $-296.83$ |
| 三酸化硫黄 | $SO_3(g)$ | $-395.72$ |
| 硫酸 | $H_2SO_4(l)$ | $-813.99$ |
| 水 | $H_2O(l)$ | $-285.83$ |
|  | $H_2O(g)$ | $-241.82$ |
| **有機化合物** | | |
| ベンゼン | $C_6H_6(l)$ | $+49.0$ |
| エタン | $C_2H_6(g)$ | $-84.68$ |
| エタノール | $C_2H_5OH(l)$ | $-277.69$ |
| エテン | $C_2H_4(g)$ | $+52.26$ |
| エチン | $C_2H_2(g)$ | $+226.73$ |
| グルコース | $C_6H_{12}O_6(s)$ | $-1268$ |
| メタン | $CH_4(g)$ | $-74.81$ |
| メタノール | $CH_3OH(l)$ | $-238.86$ |
| スクロース | $C_{12}H_{22}O_{11}(s)$ | $-2222$ |

\* このほかにも多くの化合物について，巻末の資料「熱力学データ」に値がある．

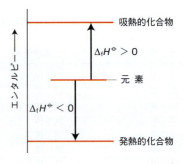

図 3・10 化合物の生成エンタルピーは，元素を "海面の位置" としたときの熱化学的な意味での "海抜高度" の役目をしている．吸熱的化合物は正の生成エンタルピーをもち，発熱的化合物では負である．

---

1) exothermic compound  2) endothermic compound

## 3・6 反応エンタルピーの温度変化

ある温度でのデータはあるが，別の温度での値が知りたい場合がよくある．たとえば，ある反応の体温37 °Cでの反応エンタルピーが知りたいが，25 °Cでのデータしか手に入らない場合がそうである．あるいは，北極圏の（0 °Cの水に棲む）魚の中で起こるグルコースの酸化の方が，哺乳動物の体内で起こるより発熱量は大きいのだろうかといった疑問が起こりうる．また，アンモニア合成に関して25 °Cのデータしか得られないとき，工業的にふつう採用されている 450 °C の方が発熱量は大きいかどうかを予測しておく必要があるだろう．厳密な解析が要求される場合には，その温度での反応エンタルピーを何としても測定する必要がある．しかし，そこまでしなくても変化の方向がわかり，うまくいけば比較的信頼できる数値が得られるような非常に"手軽"な方法があると便利である．重要なことは，それによって変化の要因について何か見当がつくかもしれないことである．

そのための方法を図3・11に示す．すでに述べたように，物質のエンタルピーは温度とともに増加する．そこで，反応物の全エンタルピーも生成物の全エンタルピーも図のように増加する．しかし，その増加の仕方に両者で差があれば，標準反応エンタルピー（同じ温度における両者の差）は温度変化を示す．その変化はグラフの勾配，すなわち物質の定圧熱容量に依存することになる．したがって，反応エンタルピーの温度依存性は，生成物と反応物の熱容量の差に関係があることがわかる．

この種の計算の単純な例として，つぎの反応を考えよう．

$$2\,H_2(g) + O_2(g) \longrightarrow 2\,H_2O(l)$$

ここで，標準反応エンタルピーは，ある温度での値（たとえば本書における25 °Cの表）が知られている．温度 $T$ で反応が起こるとき (3・4) 式によれば，

$$\Delta_r H^\ominus(T) = 2\,H_m^\ominus(H_2O, l) - \{2\,H_m^\ominus(H_2, g) + H_m^\ominus(O_2, g)\}$$

と書ける．もし，この反応がもっと高い別の温度 $T'$ で起こったときには，各物質がもっと多くのエネルギーを蓄えることになるので，どの物質のモルエンタルピーも増加する．このときの標準反応エンタルピーは，

$$\Delta_r H^\ominus(T') = 2\,H_m^{\ominus\prime}(H_2O, l) - \{2\,H_m^{\ominus\prime}(H_2, g) + H_m^{\ominus\prime}(O_2, g)\}$$

である．プライム (′) は別の温度を示している．(2・15) 式 ($C_p = \Delta H/\Delta T$) は，温度が $T$ から $T'$ に変化したときの物質のモルエンタルピー変化が $C_{p,m}^\ominus \times (T'-T)$ で表されることを示している．ここで，$C_{p,m}^\ominus$ はこの物質の標準モル定圧熱容量であり，1 bar で測定されたモル熱容量に等しい．たとえば，水のモルエンタルピーの温度変化は，

$$H_m^{\ominus\prime}(H_2O, l) = H_m^\ominus(H_2O, l) + C_{p,m}^\ominus(H_2O, l) \times (T'-T)$$

で表される．ただし，この温度域で $C_{p,m}^\ominus(H_2O, l)$ が一定な場合である．そこで，このような項をすぐ上の式に代入すれば，つぎの**キルヒホフの法則**[1] が得られる．

$$\Delta_r H^\ominus(T') = \Delta_r H^\ominus(T) + \Delta_r C_p^\ominus (T'-T)$$

キルヒホフの法則　(3・6)

ここで，

$$\Delta_r C_p^\ominus = 2\,C_{p,m}^\ominus(H_2O, l) - \{2\,C_{p,m}^\ominus(H_2, g) + C_{p,m}^\ominus(O_2, g)\}$$

である．それぞれの量論係数が，反応エンタルピーの式と同じ現れ方をしていることに注意しよう．一般的にも，生成物と反応物のそれぞれについて重みつきで標準モル熱容量の和をとり，その両者の差をとったものが $\Delta_r C_p^\ominus$ である．すなわちつぎのように書ける．

$$\Delta_r C_p^\ominus = \sum \nu C_{p,m}^\ominus(生成物) - \sum \nu C_{p,m}^\ominus(反応物) \quad (3・7)$$

すでに予測したように，反応に関与する物質すべての標準モル定圧熱容量が与えられれば，ある温度における標準反応エンタルピーは別の温度の標準反応エンタルピーから計算できる．巻末の資料「熱力学データ」に代表的な物質のモル定圧熱容量の値を与えてある．キルヒホフの法則を導く際には，問題とする温度範囲で熱容量は一定であると仮定している．したがって，この法則が適用できるのはあまり温度差がない（目安として100 Kを超えない）場合に限る．

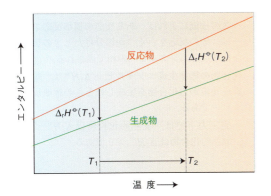

**図3・11** 物質のエンタルピーは温度とともに増加する．そこで，反応物の全エンタルピーと生成物の全エンタルピーとで増加の仕方が違えば，反応エンタルピーに温度変化が現れる．その変化は二つの曲線の勾配，つまり反応物と生成物の熱容量の違いに依存する．

---

[1] Kirchhoff's law

**例題 3·6** キルヒホフの法則の使い方

25 °C における水蒸気の標準生成エンタルピーは $-241.82$ kJ mol$^{-1}$ である. 100 °C での値を求めよ.

**解法** まず化学反応式を書き, 量論係数を確かめる. 次に巻末の資料「熱力学データ」の値から (3·7) 式を用いて $\Delta_r C_p^{\ominus}$ を求める. その結果を (3·6) 式に代入すればよい.

**解答** 化学反応式は,

$$H_2(g) + \frac{1}{2} O_2(g) \longrightarrow H_2O(g)$$

である. $H_2O(g), H_2(g), O_2(g)$ のモル定圧熱容量はそれぞれ 33.58 J K$^{-1}$ mol$^{-1}$, 28.82 J K$^{-1}$ mol$^{-1}$, 29.36 J K$^{-1}$ mol$^{-1}$ である. したがって,

$$\Delta_r C_p^{\ominus} = C_{p,m}^{\ominus}(H_2O, g)$$
$$- \{C_{p,m}^{\ominus}(H_2, g) + \frac{1}{2} C_{p,m}^{\ominus}(O_2, g)\}$$
$$= (33.58 \text{ J K}^{-1} \text{mol}^{-1}) - \{(28.82 \text{ J K}^{-1} \text{mol}^{-1})$$
$$+ \frac{1}{2} \times (29.36 \text{ J K}^{-1} \text{mol}^{-1})\}$$
$$= -9.92 \text{ J K}^{-1} \text{mol}^{-1}$$
$$= -9.92 \times 10^{-3} \text{ kJ K}^{-1} \text{mol}^{-1}$$

である. 次に, $T' - T = +75$ K であるから (3·6) 式より,

$$\Delta_r H^{\ominus}(T') = (-241.82 \text{ kJ mol}^{-1})$$
$$+ (-9.92 \times 10^{-3} \text{ kJ K}^{-1} \text{mol}^{-1}) \times (75 \text{ K})$$
$$= (-241.82 \text{ kJ mol}^{-1}) - (0.74 \text{ kJ mol}^{-1})$$
$$= -242.56 \text{ kJ mol}^{-1}$$

となる. 実測値は $-242.58$ kJ mol$^{-1}$ である.

**自習問題 3·8**

巻末の資料「熱力学データ」の値を使って, 400 K における $NH_3(g)$ の標準生成エンタルピーを求めよ.

[答: $-48.4$ kJ mol$^{-1}$]

例題 3·6 の計算で, 100 °C での標準反応エンタルピーは 25 °C の値とほんのわずかしか違わないことがわかった. その理由は, 反応エンタルピーの変化は生成物と反応物のモル熱容量の差に比例し, それがふつうはあまり大きくないからである. このように, 温度範囲が広すぎない限り反応エンタルピーは少ししか温度変化しないのがふつうである. 熱化学では第一近似として, 標準反応エンタルピーは温度に無関係としてもよい. しかし, 温度範囲が広すぎて熱容量が一定とできないときは, (3·6) 式に必要な熱容量それぞれに実験で得られた温度依存性を使うのがよい. 最適な式は数学ソフトウエアを使えば得られるだろう.

## チェックリスト

□ 1 物質の標準状態とは, 1 bar における純物質の状態である.

□ 2 標準転移エンタルピー $\Delta_{trs}H^{\ominus}$ は, ある物質がある相から別の相に変化するとき, いずれも標準状態にある場合のモルエンタルピー変化である.

□ 3 ある過程の逆過程のエンタルピーは, 同じ条件で起こる正過程のエンタルピーの符号を変えたものに等しい. $\Delta_{逆}H^{\ominus} = -\Delta_{正}H^{\ominus}$

□ 4 ある過程の標準エンタルピーは, それをいくつかに分けたときの個々の過程の標準エンタルピーの和で表される. たとえば, $\Delta_{sub}H^{\ominus} = \Delta_{fus}H^{\ominus} + \Delta_{vap}H^{\ominus}$ である.

□ 5 ヘスの法則によれば, ある反応の標準反応エンタルピーは, その反応をいくつかに分けたときの個々の反応の標準反応エンタルピーの和で表される.

□ 6 化合物の標準生成エンタルピー $\Delta_f H^{\ominus}$ は, 基準状態の構成元素から化合物を生成したときの標準反応エンタルピーである.

□ 7 一定圧力下では, 発熱的化合物は $\Delta_f H^{\ominus} < 0$ であり, 吸熱的化合物は $\Delta_f H^{\ominus} > 0$ である.

## 重要な式の一覧

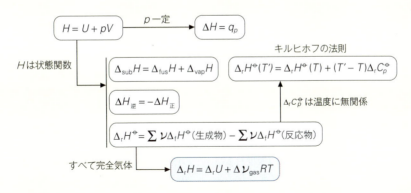

青色で示した式は完全気体に限る.

## 問題と演習

### 文章問題

**3·1** つぎの用語をそれぞれ定義し，その応用について述べよ．(a) 標準蒸発エンタルピー，(b) 標準融解エンタルピー，(c) 標準昇華エンタルピー，(d) 標準イオン化エンタルピー，(e) 標準電子付加エンタルピー，(f) 平均結合エンタルピー．

**3·2** つぎの用語をそれぞれ定義し，その応用について述べよ．(a) 標準反応エンタルピー，(b) 標準燃焼エンタルピー，(c) 標準生成エンタルピー．

**3·3** 電気が使えないところで涼をとるには，水に浸した布切れを吊しておくとよい．この方法が効果的である理由を説明せよ．

**3·4** 元素について，その標準状態と基準状態の違いがなぜ重要なのか．

**3·5** つぎのそれぞれについて，式の適用限界を述べよ．
 (a) $\Delta_r H = \Delta U + \Delta \nu_{gas} RT$
 (b) $\Delta_r H^\ominus(T') = \Delta_r H^\ominus(T) + \Delta_r C_p^\ominus (T' - T)$

**3·6** 昔の文献では，そして，いまでも使われていて珍しくないが，"燃焼熱"や"蒸発熱"という用語を目にする．熱力学的な表現として，それぞれ"燃焼エンタルピー"，"蒸発エンタルピー"という方が正しいのはなぜか．

### 演習問題

特に指示しない限り，気体はすべて完全気体とせよ．熱化学データはすべて 298.15 K でのものである．

**3·1** $CO_2(g)$ の標準生成エンタルピーについて，現在の定義による (1 bar での) 値と以前の定義による (1 atm での) 値の差を求めよ．

**3·2** 原子炉では，炉内の強力な放射線に耐える冷却剤としてナトリウムとカリウムの液体混合物が使われている．金属ナトリウム 250 kg を 371 K で融解させるのに熱として必要なエネルギーを計算せよ．ただし，371 K におけるナトリウムの融解エンタルピーを $2.60 \, kJ \, mol^{-1}$ とする．

**3·3** 1.00 kg の水を，(a) 25 °C，(b) 100 °C で蒸発させるのに，熱として加えるべきエネルギーを計算せよ．

**3·4** 2-プロパノール (イソプロパノール) は "消毒用アルコール" としてよく用いられるが，スポーツで足をくじいた場合など発赤を和らげるのにも使われる．皮膚に塗ればすぐ蒸発するので冷却作用がある．その蒸発エンタルピーを求めるため，試料の温度をまず沸点まで上げた．次に，これに浸したヒーターに 11.5 V の電源から 0.812 A の電流を 303 s だけ流したところ，この間に 4.27 g の 2-プロパノールが蒸発した．2-プロパノールの沸点におけるモル蒸発エンタルピーはいくらか．

**3·5** 冷蔵庫は，揮発性の液体が蒸発するのに必要な熱の吸収を利用している．代替フロンの一つとして研究されているあるフッ化炭素では，$\Delta_{vap} H^\ominus = +32.0 \, kJ \, mol^{-1}$ である．これが 250 K, 750 Torr で 2.50 mol だけ蒸発したときの $q, w, \Delta H, \Delta U$ を求めよ．

**3·6** 表 2·1 および表 3·1 の値を用いて，0 °C の氷 100 g を融解し，温度を 100 °C まで上げ，その温度で蒸発させてしまうのに熱として加えるべきエネルギーを求めよ．また，この試料を一定の速さで加熱したとして，時間に対する温度のグラフを描け．

**3·7** カルシウムの 25 °C における昇華エンタルピーは

$178.2\,kJ\,mol^{-1}$ である．$5.0\,g$ の固体カルシウムを（一定温度，一定圧力のもとで）加熱して，$Ca^{2+}$ イオンと電子から成るプラズマ（帯電粒子の気体）にするのに加えるべきエネルギーはどれだけか．

**3·8** $25\,°C$ で $Ca(g)$ が $Ca^{2+}(g)$ にイオン化するときの標準イオン化エンタルピーと，それに伴う内部エネルギー変化の差を求めよ．

**3·9** $25\,°C$ における $Br(g)$ の標準電子付加エンタルピーと，これに対応する内部エネルギー変化の差を求めよ．

**3·10** $10.0\,g$ の気体塩素（$Cl_2$）から，$Cl^-$ および $Cl^+$ から成るプラズマ（この場合はイオンの気体）を生成するのに熱として加えるべきエネルギーはどれだけか（温度および圧力は一定とする）．ただし，$Cl(g)$ の標準イオン化エンタルピーは $+1257.5\,kJ\,mol^{-1}$，標準電子付加エンタルピーは $-354.8\,kJ\,mol^{-1}$ とする．

**3·11** 前問で与えたデータを用いて，(a) $Cl^-(g)$ の標準イオン化エンタルピー，(b) そのモル内部エネルギー変化を求めよ．

**3·12** $NH_3(g)$ の結合が一つずつ解離したときのエンタルピー変化は，$460, 390, 314\,kJ\,mol^{-1}$ である．(a) $N-H$ の平均結合エンタルピーはいくらか．(b) 平均結合内部エネルギーは平均結合エンタルピーより大きいと思うか．それとも小さいか．

**3·13** 結合エンタルピーと平均結合エンタルピーを用いてつぎの値を求めよ．(a) 嫌気性バクテリアのエネルギー源となっている解糖反応，$C_6H_{12}O_6(aq) \longrightarrow 2\,CH_3CH(OH)\text{-}COOH(aq)$ の反応エンタルピー（ピルビン酸 $CH_3COCOOH$ の生成を経て，これに NADH と乳酸デヒドロゲナーゼが作用して乳酸ができる），(b) グルコースの燃焼エンタルピー．ただし，融解エンタルピーと蒸発エンタルピーは無視せよ．

**3·14** 油田から大量に産するエタンは燃やしてしまう．エタンに反応性がなく工業的に使いにくいからである．しかし，燃料としてはどうだろうか．$2\,C_2H_6(g) + 7\,O_2(g) \longrightarrow 4\,CO_2(g) + 6\,H_2O(l)$ の標準反応エンタルピーは $-3120\,kJ\,mol^{-1}$ である．(a) エタンの標準燃焼エンタルピーはいくらか．(b) エタンの比燃焼エンタルピーはいくらか．(c) エタンはメタンと比べて，効率のよい燃料といえるか．

**3·15** 標準生成エンタルピーがよく使われるが，場合によっては標準燃焼エンタルピーの方が知りたいことがある．エチルベンゼンの標準生成エンタルピーは $-12.5\,kJ\,mol^{-1}$ である．標準燃焼エンタルピーを求めよ．

**3·16** 燃焼反応は比較的容易に起こり，研究しやすいので，そのデータを使って別の反応のエンタルピーを求めることが多い．その一例として，シクロヘキセンからシクロヘキサンができる際の標準水素化エンタルピーを求めよ．それぞれの標準燃焼エンタルピーは，$-3752\,kJ\,mol^{-1}$（シクロヘキセン），$-3953\,kJ\,mol^{-1}$（シクロヘキサン）である．

**3·17** 化学プラントでは，反応プロセスの熱出力を正しく見積もり，その熱を使って別の反応プロセスに利用するような設計が正確になされているかという点で，設計者の技量が問われる．$N_2(g) + 3H_2(g) \longrightarrow 2NH_3(g)$ の標準反応エンタルピーは $-92.22\,kJ\,mol^{-1}$ である．(a) この反応によって $1.00\,t$ の $N_2$ が使われたとき，(b) $1.00\,t$ の $NH_3(g)$ が生成したとき，それぞれエンタルピー変化はいくらか．

**3·18** 液体の酢酸メチル（エタン酸メチル，$CH_3COOCH_3$）の標準生成エンタルピーの値 $-442\,kJ\,mol^{-1}$ を使って，$298\,K$ における標準生成内部エネルギーを求めよ．

**3·19** アントラセンの標準燃焼エンタルピーは $-7163\,kJ\,mol^{-1}$ である．標準生成エンタルピーを求めよ．

**3·20** $320\,mg$ のナフタレン $C_{10}H_8(s)$ をボンベ熱量計の中で燃やしたところ，$3.05\,K$ だけ温度が上がった．この熱量計の熱容量を求めよ．$100\,mg$ のフェノール $C_6H_5OH(s)$ を同じ条件下で燃やせば温度上昇はどれだけか．

**3·21** グルコースはエネルギー源として代謝過程の評価に大いに関わっている．グルコース $0.3212\,g$ を，熱容量が $641\,J\,K^{-1}$ のボンベ熱量計の中で燃やしたところ，$7.793\,K$ の温度上昇があった．グルコースの (a) 標準モル燃焼エンタルピー，(b) 標準燃焼内部エネルギー，(c) 標準生成エンタルピーを計算せよ．

**3·22** フマル酸がボンベ熱量計中で完全燃焼し，$298\,K$ で $HOOCCH=CHCOOH(s)$ の 1 モル当たり $1333\,kJ$ の熱が発生した．フマル酸の (a) 燃焼内部エネルギー，(b) 燃焼エンタルピー，(c) 生成エンタルピーをそれぞれ計算せよ．

**3·23** $C-C$，$C-H$，$C-O$，$C=O$，$O-H$ 結合の平均結合エンタルピーは，それぞれ $348, 412, 360, 743, 463\,kJ\,mol^{-1}$ である．オクタンなどの燃料の燃焼では比較的弱い結合が開裂して，もっと強い結合が形成されるから，燃焼反応は発熱的である．このことから，グルコースとデカン酸（$C_{10}H_{20}O_2$）ではモル質量が似ているにもかかわらず，前者の比燃焼エンタルピーの方が小さい理由を説明せよ．

**3·24** $AgI$ の固体および水溶液中のイオンの標準生成エンタルピーから，$AgI(s)$ の水への溶解の標準溶解エンタルピーを求めよ．

**3·25** 黄色の錯体 $NH_3SO_2$ が $NH_3$ と $SO_2$ に分解するときの標準分解エンタルピーは $+40\,kJ\,mol^{-1}$ である．$NH_3SO_2$ の標準生成エンタルピーを計算せよ．

**3·26** グラファイトとダイヤモンドの燃焼エンタルピーはそれぞれ $-393.51\,kJ\,mol^{-1}$，$-395.40\,kJ\,mol^{-1}$ である．これから，$C(s, グラファイト) \longrightarrow C(s, ダイヤモンド)$ の標準転移エンタルピーを計算せよ．

**3·27** 地球深部の圧力は表面に比べてずっと高い．熱化学データを使って地球化学的な評価を行うときには，その

3. 熱力学第一法則の応用

圧力差を考慮に入れなければならない。前問で与えた値とグラファイトの密度 ($2.250\,\mathrm{g\,cm^{-3}}$) およびダイヤモンドの密度 ($3.510\,\mathrm{g\,cm^{-3}}$) を用いて，$150\,\mathrm{kbar}$ の圧力下におけるこの試料の転移内部エネルギーを計算せよ。

**3・28** 平均的なヒトは代謝活動で 1 日約 $10\,\mathrm{MJ}$ のエネルギーを熱として発生する。この熱を奪うおもなメカニズムは，水の蒸発によるものである。(a) 人体を質量 $65\,\mathrm{kg}$ で水と同じ熱容量をもつ孤立系とすれば，体温上昇はどれほどか。(b) 実際は，人体は開放系である。体温を一定に維持するには 1 日当たりどれだけの質量の水が蒸発しなければならないか。

**3・29** キャンプで使うガスはプロパンが多い。プロパンガスの標準燃焼エンタルピーは $-2220\,\mathrm{kJ\,mol^{-1}}$ である。その液体の標準蒸発エンタルピーは $+15\,\mathrm{kJ\,mol^{-1}}$ である。この液体の (a) 標準燃焼エンタルピー，(b) 標準燃焼内部エネルギーを計算せよ。

**3・30** つぎの変化を吸熱と発熱に分類せよ。(a) $\Delta_\mathrm{r}H^{\ominus} = -2020\,\mathrm{kJ\,mol^{-1}}$ の燃焼反応，(b) $\Delta H^{\ominus} = +4.0\,\mathrm{kJ\,mol^{-1}}$ の溶解反応，(c) 蒸発，(d) 融解，(e) 昇華。

**3・31** 標準生成エンタルピーは非常に便利な量である。それを使って化学や生物学，地学，工業化学などが対象とするさまざまな反応の標準反応エンタルピーが計算できるからである。巻末の資料「熱力学データ」の値を用いて，つぎの反応の標準反応エンタルピーを求めよ。

(a) $2\,NO_2(g) \longrightarrow N_2O_4(g)$

(b) $NO_2(g) \longrightarrow \frac{1}{2}N_2O_4(g)$

(c) $3\,NO_2(g) + H_2O(l) \longrightarrow 2\,HNO_3(aq) + NO(g)$

(d) シクロプロパン$(g) \longrightarrow$ プロペン$(g)$

(e) $HCl(aq) + NaOH(aq) \longrightarrow NaCl(aq) + H_2O(l)$

**3・32** つぎのデータを用いて $N_2O_5$ の標準生成エンタルピーを求めよ。

$$2\,NO_2(g) + O_2(g) \longrightarrow 2\,NO_2(g)$$
$$\Delta_\mathrm{r}H^{\ominus} = -114.1\,\mathrm{kJ\,mol^{-1}}$$

$$4\,NO_2(g) + O_2(g) \longrightarrow 2\,N_2O_5(g)$$
$$\Delta_\mathrm{r}H^{\ominus} = -110.2\,\mathrm{kJ\,mol^{-1}}$$

$$N_2(g) + O_2(g) \longrightarrow 2\,NO(g)$$
$$\Delta_\mathrm{r}H^{\ominus} = +180.5\,\mathrm{kJ\,mol^{-1}}$$

**3・33** 熱容量のデータを使えば，ある温度における反応エンタルピーを別の温度の値から計算することができる。巻末の資料「熱力学データ」にある $25\,^{\circ}\mathrm{C}$ の熱力学データを用いて，$2\,NO_2(g) \longrightarrow N_2O_4(g)$ の $100\,^{\circ}\mathrm{C}$ での標準反応エンタルピーの値を予測せよ。

**3・34** 水の $25\,^{\circ}\mathrm{C}$ での蒸発エンタルピーの値 ($44.01\,\mathrm{kJ\,mol^{-1}}$) をもとに，$100\,^{\circ}\mathrm{C}$ の値を求めよ。ただし，水と水蒸気の定圧熱容量をそれぞれ $75.29\,\mathrm{J\,K^{-1}\,mol^{-1}}$ および $33.58\,\mathrm{J\,K^{-1}\,mol^{-1}}$ とする。

**3・35** 温度上昇に伴い反応エンタルピーが増えるか減るかということが，詳しい計算をしなくても予測できれば便利なことが多い。直線形分子の気体のモル定圧熱容量は約 $\frac{7}{2}R$ で，非直線形分子の気体では約 $4R$ である。つぎの反応の標準反応エンタルピーは温度上昇によって増えるか，それとも減るか。

(a) $2\,H_2(g) + O_2(g) \longrightarrow 2\,H_2O(g)$

(b) $N_2(g) + 3\,H_2(g) \longrightarrow 2\,NH_3(g)$

(c) $CH_4(g) + 2\,O_2(g) \longrightarrow CO_2(g) + 2\,H_2O(g)$

**3・36** 液体の水のモル熱容量は約 $9R$ である。前問の (a) と (c) の反応で，生成物が液体の水であるとき，それぞれの標準反応エンタルピーは温度上昇によって増加するか，それとも減少するか。

## プロジェクト問題

記号 ‡ は微積分の計算が必要なことを示す。

**3・37 ‡** この問題では示差走査熱量測定を少し詳しく調べよう。(a) 実験で得られたサーモグラムの多くは，図 3・5 で示したように，転移の低温側で得られるベースラインと高温側のベースラインは食い違っている。このことを説明せよ。(b) ある純粋な高分子 P の試料と，大きな反応器を使った大量合成で得た不純物を含むかもしれない P の試料がある。この不純試料に含まれる P の含有量をモル百分率で求めるのに，示差走査熱量測定がどう使えるかを説明せよ。

**3・38 ‡** この問題ではキルヒホフの法則（3・6 式）について詳しく考えよう。(a) キルヒホフの法則から，反応内部エネルギーの温度変化を表す式を導出せよ。(b) (3・6) 式で表したキルヒホフの法則は，熱容量の差が問題の温度域で温度変化しない場合に有効である。ここでは，その温度変化が $\Delta_\mathrm{r}C_p^{\ominus} = a + bT + c/T^2$ で表される場合を考える。$a, b, c$ をパラメーターとして，もっと正確なキルヒホフの法則の式を導出せよ。無限小の温度変化に伴う反応エンタルピーの変化が $dH = \Delta_\mathrm{r}C_p^{\ominus}\,dT$ で表されることに注目し，反応による熱容量の変化の式を代入する。次に，その式を問題の温度範囲で積分すればよい。

**3・39** この問題では，炭水化物の生物学的燃料としての熱力学を考えよう。グルコースとフルクトースはどちらも分子式 $C_6H_{12}O_6$ の単糖である。スクロース（砂糖）は，フルクトース 1 単位に共有結合したグルコース 1 単位から成り，分子式 $C_{12}H_{22}O_{11}$ の二糖類の一種である（グルコース 1 分子とフルクトース 1 分子が反応し，水分子 1 個が取れて生成するのがスクロースである）。食事でどれだけ炭水化物を摂取すべきという推奨値は特にない。ある栄養士は，必要なエネルギーの大半を脂肪で補うことで，炭水化物をほとんど含まない食事を勧める。しかし，最も一般的なダイエットでは，少なくとも 65 パーセントのカロリーを炭水化物で摂取する。(a) 麺のある材料 3/4 カップには

40 g の炭水化物が含まれている．1 日に 2200 カロリー（このカロリーは Cal の単位：1 Cal = 1 kcal）にダイエットしている人にとって，この麺は 1 日の摂取カロリーの何パーセントを占めるか．(b) 質量 2.5 g のグルコース錠剤が 1 個ある．これが空気中で燃えたとき，熱として放出されるエネルギーを計算せよ．(c) そのエネルギーの 25 パーセントが仕事に使えるとして，グルコース錠剤 1 個のエネルギーで体重 68 kg の人はどれだけの高さまで登れるか．(d) グルコースの標準燃焼エンタルピーは，体温と 25 ℃ ではどちらが大きいか．(e) 質量 1.5 g の角砂糖が空気中で燃えたとき，熱として放出されるエネルギーを計算せよ．(f) そのエネルギーの 25 パーセントが仕事に使えるとして，角砂糖 1 個のエネルギーで体重 68 kg の人はどれだけの高さまで登れるか．

# 4

# 熱力学第二法則

## エントロピー

4・1　自発変化の方向

4・2　エントロピーと第二法則

4・3　膨張に伴うエントロピー変化

4・4　加熱に伴うエントロピー変化

4・5　相転移に伴うエントロピー変化

4・6　外界のエントロピー変化

4・7　エントロピーの分子論的解釈

4・8　絶対エントロピーと熱力学第三法則

4・9　第三法則エントロピーの分子論的解釈

4・10　標準反応エントロピー

4・11　化学反応の自発性

## ギブズエネルギー

4・12　系の性質のみによる表現

4・13　ギブズエネルギーの性質

## チェックリスト
## 重要な式の一覧
## 問題と演習

　現象にはひとりでに起こるものがある一方，そのままで
は起こらないものもある．たとえば，気体は膨張して，与
えられた容器全体を満たす．しかし，すでに容器を満たし
ている気体が何もしないうちに突如として収縮することは
ない．熱い物体は冷えてやがて外界と同じ温度になるが，
冷たい物体が突如として外界より熱くなることはない．水
素と酸素は（火花できっかけを与えさえすれば）爆発的に
反応して水ができる．しかし，海や湖を満たしている水が
ひとりでに水素と酸素に分解することはない．このような
身近な観測から，変化というものが2種類に分類できるこ
とがわかる．**自発変化**[1]は，外部から何ら仕事を加えな
くても起こる傾向のある変化であり，それ自身で自然に起
こる傾向をもっている．**非自発変化**[2]は，外部から仕事
をしてはじめて起こる変化であり，それ自身では自然に起
こる傾向をもたない．非自発的な変化でも仕事を加えれば
起こすことは可能である．たとえば，気体をピストンで押
してやれば体積を縮めることができるし，冷たい物体でも
取付けたヒーターに電流を流せば熱くできる．水も電流を
流せば分解できる．しかし，いずれの場合も，非自発変化
をひき起こすには系に対してわれわれが何らかの作用をし
なければならない．このような二つのタイプの変化を区別
し，それを説明するような何かが自然界には備わっている
はずである．

　本章では"自発的"および"非自発的"という用語を用い
る．それを熱力学で使うときは，本来起こる傾向があるか
ないかという意味である．熱力学で使う自発的という用語
は，変化の速さには全く無関係である．自発変化には，塩
化ナトリウム溶液に硝酸銀を混ぜたときの沈殿反応のよう
に非常に速いものがある．しかし一方，何百万年たっても
認められるほどの変化を示さない遅い自発変化もある．た
とえば，ベンゼンが炭素と水素に分解する反応は自発的で
ある．にもかかわらず，ふつうの条件下では観測できるよ
うな速さでこの反応が起こることはない．おかげでベンゼ

---

1) spontaneous change　2) non-spontaneous change

ンは実験室の常備薬品であり続け，その貯蔵寿命は（原理的には）数百万年もある．このように，熱力学では変化の傾向を扱うのであって，その傾向が実現される速さについては何もいわない．

## エントロピー

ある変化は自発的なのに別の変化はなぜ自発的でないのか．その理由は少し考えればすぐにわかる．自発的とは，系のエネルギーが低い方向に向かおうとするものではな<u>い</u>．このことは，エネルギーが変化しない自発変化の例を示せば明らかであろう．すなわち，完全気体は真空中へと自発的に等温膨張するが，このとき気体の全エネルギーには変化がない．分子は依然として同じ平均速さで運動していて，全運動エネルギーに変化がないからである．たとえ系のエネルギーが（熱い金属塊が自発的に冷えるときのように）減少するような過程であっても，第一法則によれば，系と外界をあわせた全エネルギーは一定でなければならない．したがって，われわれが注目している自然界の一部分でエネルギーが減少しても，どこか別の部分ではエネルギーの増加が見られるはずである．たとえば，熱い金属塊は冷たい金属塊と接触すれば冷えてエネルギーを失うが，冷たい金属塊からみれば温まったのであって，エネルギーを獲得したのである．熱い方がエネルギーの低い方へ向かう傾向をもっているというのと全く同様に，冷たい方はエネルギーの高い方へ自発的に向かう傾向をもっているのである．

### 4・1 自発変化の方向

自発変化の目に見える駆動力は，エネルギーが分散し，ものが乱雑になろうとする傾向であることを示そう．たとえば，仮に気体分子がすべて容器の一部に偏っている瞬間があったとしても，分子が絶え間なくランダムな運動をす

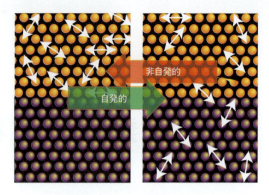

**図 4・2** 自発過程のもう一つの基本的なタイプは，エネルギーの分散である．黄色の球は系を表し，紫色の球は外界を表す．両矢印は原子の熱運動の状況を表している．

れば，たちまち容器全体に広がってしまう（図 4・1）．このような運動は非常に乱雑なものであるから，分子がすべて同時に元の位置に戻る確率はきわめて低い．この場合，自然な変化の方向は，ものが乱雑に分散していく方向なのである．

自発冷却も同じようにして説明できる．ただし，この場合はものの分散ではなくエネルギーの分散を考えなければならない．たとえば，熱い金属塊では原子が激しく振動しており，熱いほど原子の運動は激しい．冷たい外界でも原子は振動しているが，運動はさほど激しくない．熱い金属塊の中で激しく振動している原子は，外界に属する隣接原子にぶつかりエネルギーを渡す（図 4・2）．このような過程は連続的に起こるので，系の原子の振動の激しさは衰え，やがて外界と同じになる．これとは逆向きにエネルギーが流れるのはとうてい起こりそうにない．すなわち，分子があまり激しく振動していない外界の側から，激しく振動している系の側にエネルギーが正味に流れ込むことは起こりそうもない．この場合，変化がひとりでに起こる方向は，エネルギーが分散する方向である．

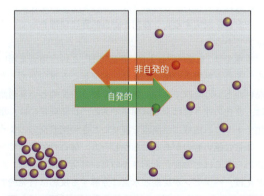

**図 4・1** 自発過程の基本的なタイプの一つは，ものの分散である．気体分子が容器全体に広がり，それを満たしてしまう傾向は自発的である．容器のごく一部に粒子全部が自然に集まることは全く起こりそうもない（実際には $10^{23}$ 個もの粒子が存在しているからである）．

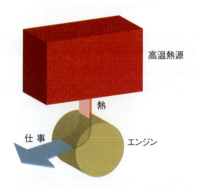

**図 4・3** 第二法則は，この図のような過程は起こりえないと，可能性を否定している．すなわち，ほかに何の変化も伴わず，熱が完全に仕事へと変換されることはありえない．この過程ではエネルギーは保存されるので，第一法則には反していない．

図4・3に示すエンジンを組立て，燃料を燃焼させるなどして熱くなった熱だめから熱を取出し，それを完全に仕事に変換して自動車を動かすなどということは，これまで数限りなく試みられたにもかかわらず全く不可能であった．このことも，エネルギーが分散する傾向によって解釈できる．実際の熱エンジンはすべて，熱い"熱源"と冷たい"熱だめ"をもち，エネルギーの一部は熱として低温の熱だめに捨てなければならず，その分は仕事には使えないことがわかった．分子論的には，高温の熱源の原子や分子に蓄えられたエネルギーのごく一部だけが仕事に使え，秩序あるやり方で外界にエネルギーが移される．仕事をしているエンジンは，残りのエネルギーを熱として低温の熱だめに移さねばならず，それが外界の原子や分子の無秩序な運動をひき起こしている．

自発的に起こるこれら二つのタイプの物理過程は，まとめてつぎのように表せる．

- ものとエネルギーは，分散しようとする傾向をもつ．

ここで"分散する"とは，空間中を乱雑に広がる状況を表しているが，固体が融解する場合のように，ものが広がれずに特定の領域に閉じ込められているときは，その構造が乱れる状況を表している．そこで，この自然な過程によって，ある化学反応は自発的に起こるのに，別の化学反応はどうして自発的には起こらないのかを理解する必要がある．このような単純な原理が，タンパク質や生体細胞などの秩序系を生みだす鍵になっているというのは，非常に不思議に思える．しかし，すぐあとでわかるように，組織だった構造体はエネルギーやものが分散してこそ出現しうるのである．実際，無秩序さへの崩落は，あらゆる形態変化の原因であることがわかるだろう．

## 4・2 エントロピーと第二法則

ものやエネルギーが無秩序に分散している状況を表すのに，熱力学では**エントロピー**[1] $S$ という尺度を使う．いまのところ，エントロピーは，ものやエネルギーが無秩序に分散している乱れの度合いを表すものとしておく．すぐあとで厳密で定量的な定義を行い，それが実際に測定できる物理量であり，化学反応にも応用できることを示そう．しかし当面は，ものやエネルギーが分散すればエントロピーは増加するものとしておく．そうすれば変化のもとになっている基本原理をつぎのように表すことができる．それが**熱力学第二法則**[2] である．

- 孤立系のエントロピーは増加する傾向にある．

　熱力学
　第二法則

ここでの"孤立系"は，注目している系（試薬入りのビーカーでもよい）とそれを取囲む外界とからなる．系と外界

とで，熱力学的な意味で小さな"宇宙"を形成している．

さらに議論を進め第二法則を定量的に使えるようにするには，エントロピーを厳密に定義しておく必要がある．一定温度に保たれた系のエントロピー変化をつぎのように定義しよう．

$$\Delta S = \frac{q_{\mathrm{rev}}}{T} \qquad 定義 \qquad エントロピー変化 \quad (4・1)$$

すなわち，物質のエントロピー変化は，熱のかたちで可逆的に移動させたエネルギーを，その移動が起こったときの温度で割ったものに等しい．(4・1) 式の定義には，よく理解しておくべき点が三つある．それは，"可逆的"という用語の重要性，この定義式の分子に熱が現れる理由（仕事は現れない），分母に温度が現れる理由である．

- **なぜ可逆的でなければならないか**．可逆性の概念については2・4節で説明した通りで，ある変数を無限小変化させるだけで，注目している過程の向きを逆転できる状況をいう．力学的な可逆性が成り立っていれば，可動壁の両側に働く圧力は等しい．一方，(4・1) 式では熱的な可逆性を問題にしており，透熱壁の両側で温度が等しくなければならない．熱の可逆的な移動とは，同じ温度の物体のあいだでなめらかに，注意深く，徐々に熱を移動させることである．熱の移動を可逆的に行うことによって物体に温度むらを生じさせないようにする．もし，物体の一部に熱い箇所ができれば，熱は自発的に分散し，その分だけエントロピーが上昇してしまうからである．

- **なぜ定義式の分子に現れるのが熱であり，仕事ではないのか**．次に，(4・1) 式に熱は現れても，仕事が関係していない理由を考えよう．2・3節で述べたように，熱のかたちでエネルギーを移動させるときは分子の乱雑な運動を利用している．一方，仕事のかたちでエネルギーを移動させても規則正しい一様な動きを伴うだけである．エントロピーの変化は乱れの度合いの変化であるから，それは規則だった動きによるのではなく，乱雑な運動を利用して起こるエネルギー移動（すなわち熱）の量に比例すると考えてよいだろう．

- **なぜ分母に温度が現れるのか**．(4・1) 式の分母に温度が入っているのは，系にすでに存在している乱れを考慮に入れるためである．熱い物体（構成原子がかなり乱雑な熱運動をすでに起こしている）に対して，ある量のエネルギーを熱のかたちで加えたとする．このとき新たに生じる乱れは，冷たい物体（原子の熱運動がさほど乱雑でない）に同じ量のエネルギーを熱のかたちで加えたときほど大きくはない．その違いをたとえれば，騒が

---

1) entropy　2) second law of thermodynamics

しい街角（高温の環境のたとえ）でくしゃみをするのと，静まり返った図書室（低温の環境のたとえ）でくしゃみをするのとの違いのようなものである．

● **簡単な例示 4・1　エントロピー変化**

0 ℃（273 K）の多量の水に，100 kJ のエネルギーを熱として加えたときのエントロピー変化は，

$$\Delta S = \frac{q_{rev}}{T} = \frac{100 \times 10^3 \text{ J}}{273 \text{ K}} = +366 \text{ J K}^{-1}$$

である．ここで多量の水としたのは，熱が流入しても試料の温度は変化しないという意味である．同じことを 100 ℃（373 K）で行えば，エントロピー変化は，

$$\Delta S = \frac{100 \times 10^3 \text{ J}}{373 \text{ K}} = +268 \text{ J K}^{-1}$$

である．このように，同じ熱流入によってひき起こされるエントロピー増加は，低温ほど大きい．●

**ノート**　エントロピーの単位は J K$^{-1}$ である．エントロピーそのものは示量性の性質であるが，モルエントロピーで表せば示強性の性質となり，その単位は J K$^{-1}$ mol$^{-1}$ で表される．

エントロピーは状態関数であり[†1]，系が現在おかれている状態にのみ依存する値をもつ．エントロピーは系のいまある状態の乱れの尺度であり，どういう過程でその乱れに至ったかには無関係である．たとえば，60 ℃ で 98 kPa にある質量 100 g の液体の水と指定すれば，過去に何が起こった水であるかに関係なく，分子レベルでも同じ乱れを示しているはずで，したがってエントロピーの値も同じである．エントロピーは状態関数であるから，系の状態が変化したときのエントロピー変化もまた，変化の経路には無関係である．

**工業技術へのインパクト 4・1**

**熱エンジン，冷蔵庫，ヒートポンプ**

実用面での応用として，エントロピーは熱エンジンや冷蔵庫，ヒートポンプなどの効率の話に現れる．どんなエンジンも，動かす動作を続けない限り動かないものは無用の長物にも劣るから，そこには自発性がなければならない．本文でも述べたように，自発性を発揮させるにはエネルギーの一部を熱として低温熱だめに捨てなければならない．高温熱源と低温熱だめについて，エネルギーの流れとエントロピー変化を考察すれば，捨てるべき最小のエネルギーはごく簡単に計算できる．話を単純にするために，熱と仕事をそれらの移動量（絶対値）で表すことにしよう．これを，それぞれ $|q|$，$|w|$ と書く（$q = -100$ J なら $|q| = 100$ J である）．最大仕事，したがって最大効率は，

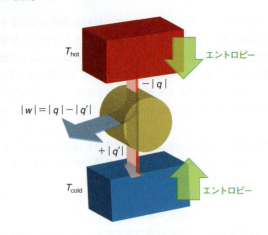

**図 4・4**　熱エンジンのエネルギーの流れ．この過程が自発的であるためには，高温熱源でのエントロピー減少が低温熱だめでのエントロピー増加によって埋め合わせされなければならない．しかしながら，低温熱だめの方が低温であるから，高温熱源から取除いたエネルギー全部を低温熱だめに捨てる必要はない．その差の分だけは仕事に使える．

エネルギー移動がすべて可逆的に行われたときに得られるから，以下ではそのような場合を仮定しよう．

高温熱源の温度を $T_{hot}$ とする．これから熱としてエネルギー $|q|$ を可逆的に取除けば，高温熱源のエントロピーは $-|q|/T_{hot}$ だけ変化する．一方，温度 $T_{cold}$ の低温熱だめには熱としてエネルギー $|q'|$ が可逆的に流れ込む．するとこの熱だめのエントロピーは $+|q'|/T_{cold}$ だけ変化する（図 4・4）．したがって，全エントロピー変化は，

$$\Delta S_{total} = \underbrace{-\frac{|q|}{T_{hot}}}_{\text{高温熱源の}\atop\text{エントロピー減少}} + \underbrace{\frac{|q'|}{T_{cold}}}_{\text{低温だめの}\atop\text{エントロピー増加}}$$

で表される．この全エントロピー変化がもし負なら，エンジンは自発的には動かず，$\Delta S_{total}$ が正のときはじめて自発的になる．その符号が変わるのは $\Delta S_{total} = 0$ のところであり，このとき，

$$|q'| = \frac{T_{cold}}{T_{hot}} \times |q|$$

が成り立つ．$|q'|$ のエネルギーを低温熱だめに捨てなければならないから，仕事として取出せる最大の仕事は $|q| - |q'|$ である．したがって，このエンジンの**効率**[1] $\eta$（イータ），つまり，エンジンに取込まれた熱に対する行われた仕事の比は，

$$\eta = \frac{\text{行われた仕事}}{\text{取込まれた熱}} = \frac{|q| - |q'|}{|q|} = 1 - \frac{|q'|}{|q|}$$

$$= 1 - \frac{T_{cold}}{T_{hot}}$$

---

[†1]　この証明については，"アトキンス物理化学"を見よ．
1) efficiency

で表される．この単純明快な結果によれば，理想熱エンジン（可逆的に作動し，摩擦などの機械的な損失が全くないエンジン）であれば，その効率は高温熱源と低温熱だめの温度にのみ依存する．最大効率（$\eta = 1$ にできるだけ近い）を得るには，できる限り低温の熱だめと，できる限り高温の熱源を使うことである．

---

● **簡単な例示 4・2　最大効率**

200 ℃（473 K）の蒸気を使い，それを 20 ℃（293 K）で放出する発電装置の最大効率は，

$$\eta = 1 - \frac{\overbrace{293\text{ K}}^{T_{\text{cold}}}}{\underbrace{473\text{ K}}_{T_{\text{hot}}}} = 1 - \frac{293}{473} = 0.381$$

すなわち，38.1 パーセントである．●

冷蔵庫についても同様の解析ができる（図 4・5）．温度 $T_{\text{cold}}$ の冷たい内部から，熱として $|q|$ のエネルギーを可逆的に取出したときのエントロピー変化は，$-|q|/T_{\text{cold}}$ である．一方，温度 $T_{\text{hot}}$ の外部へ熱として $|q'|$ のエネルギーを可逆的に放出したときのエントロピー変化は，$+|q'|/T_{\text{hot}}$ である．ここで，$|q'| = |q|$ なら全エントロピー変化は負となり，この冷蔵庫は働かない．しかしながら，冷蔵庫に対して仕事をすることによって，暖かい外部へのエネルギーの流れを増やしてやれば，冷たい内部のエントロピー減少を上回るところまで暖かい外部のエントロピー変化を増加させることができる．そうすれば冷蔵庫は働く．この過程の最大効率の計算は演習に残しておく（プロジェクト問題 4・34 を見よ）．

ヒートポンプも冷蔵庫と仕組みは同じであるが，冷蔵庫内部の冷却より外部への熱供給の方が主眼である（プロジェクト問題 4・34 を見よ）．理想ヒートポンプの効率もまた，発生した熱を行われた仕事で割ったものであり，それは二つの温度の比に依存している．

## 4・3　膨張に伴うエントロピー変化

ある物質が何らかの物理変化をしたとき，そのエントロピーが増えたか減ったかは直観によって判断できる場合が多い．たとえば，気体のエントロピーは体積が増えれば増加する．それは，分子が動きまわれる空間が大きくなると，それだけ無秩序な分散の度合いが増すからである．一方，(4・1) 式を使えば，そのエントロピー増加を定量的に表すことができ，数値を使った計算が可能になるという利点がある．つぎの「式の導出」で示すように，この定義を使えば，たとえば完全気体が体積 $V_i$ から $V_f$ まで等温膨張したときのエントロピー変化を計算することができ，次式が得られる．

$$\Delta S = nR \ln \frac{V_f}{V_i} \quad \text{完全気体} \quad \boxed{\text{等温膨張による} \atop \text{エントロピー変化}} \quad (4\cdot 2)$$

式を見たとき，その物理的な内容を読み取ることが大切であると強調してきた．この場合は，つぎのように読み取れる．

- 膨張すれば $V_f > V_i$ であるから $V_f/V_i > 1$ であり，その対数は正である．したがって，(4・2) 式の $\Delta S$ は正であり，つまり予想通りエントロピーは増加する（図 4・6）．

- 等温膨張によるエントロピー変化は，膨張が起こる温度に無関係である．温度が高いほど（気体の圧力が高いので，それに合わせて外部圧力も高くなければならず）系がする仕事は大きいが，それでいて系の温度を一定に保つには多量のエネルギーを熱として供給する必要がある．すなわち，(4・1) 式の分母の温度が高くなればそれだけ大きな "くしゃみ"（先にあげた例）をすることになって，両者の効果が打ち消しあう．

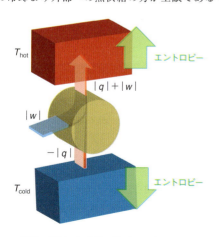

**図 4・5**　低温の熱源から高温の熱だめに向かって，熱のかたちでエネルギーを移動させることも可能である．ただし，外部から仕事を加えてやる必要がある．それによって，高温の熱だめのエントロピー上昇がもっと大きくなり，低温の熱源のエントロピー減少を埋め合わせることができればよい．

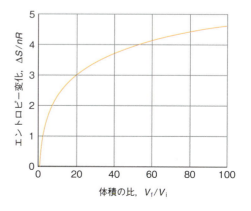

**図 4・6**　完全気体のエントロピーは体積増加とともに対数的に（$\ln V$ に比例して）増加する．

> **式の導出 4·1** 完全気体のエントロピーの体積変化

温度 $T$ で等温可逆変化するとき,熱として移動するエネルギー $q_{rev}$ が知りたい.(2·6)式によれば,完全気体が温度 $T$ で体積 $V_i$ から $V_f$ まで等温可逆膨張するときに熱として移動するエネルギーは,

$$q_{rev} = nRT \ln \frac{V_f}{V_i}$$

で表される.したがって,

$$\Delta S = \frac{q_{rev}}{T} = \frac{nRT \ln(V_f/V_i)}{T} = nR \ln \frac{V_f}{V_i}$$

（$T$ を消去）

となる.これが(4·2)式である.

● **簡単な例示 4·3** 膨張に伴うエントロピー変化

等温膨張によって,完全気体の分子 1 mol が占める体積が 2 倍になったとき,そのエントロピー変化はつぎのように計算できる.

$$\Delta S = (1.00 \text{ mol}) \times (8.3145 \text{ J K}^{-1} \text{ mol}^{-1}) \times \ln 2$$
$$= +5.76 \text{ J K}^{-1}$$

> **自習問題 4·1**

完全気体の圧力が等温で $p_i$ から $p_f$ に変化したときのエントロピー変化を求めよ. ［答：$\Delta S = nR \ln(p_i/p_f)$］

ここで,不思議に思える重要な点を述べておこう.(4·1)式のエントロピー変化の定義では可逆的な熱の移動を用いたし,「式の導出 4·1」でもこれを使った.しかしながら,エントロピーは状態関数であるから,エントロピーの値は始状態と終状態の間の経路には無関係である.このことは,可逆経路を使って $\Delta S$ を計算したにもかかわらず,始状態と終状態がどちらも同じなら非可逆変化(たとえば自由膨張など)をしても同じ値が得られることを示している.非可逆経路に沿った $\Delta S$ の計算はできないが,指定した始状態と終状態をとる限り,実際にはどんな経路でも可逆経路で計算した値と等しくなる.「簡単な例示 4·3」で気づいたかもしれないが,この問題でも等温という以外には,どう膨張したかは指定しなかった.

## 4·4 加熱に伴うエントロピー変化

次に,系の温度が $T_i$ から $T_f$ まで上昇したときのエントロピー変化を考えよう.このときも試料のエントロピーは増加すると予想できる.それは,高温になって分子の運動が激しくなれば系の乱雑さが増すからである.そのエントロピー変化を計算するには(4·1)式の定義に戻ればよい.つぎの「式の導出」で示すように,注目する温度域で熱容量が一定とみなせれば,

$$\Delta S = C \ln \frac{T_f}{T_i} \quad \text{熱容量一定} \quad \text{加熱によるエントロピー変化} \quad (4·3)$$

が成り立つ.$C$ は系の熱容量である.加熱中に圧力が一定なら定圧熱容量 $C_p$ を使い,体積が一定なら定容熱容量 $C_V$ を使う.

ここでも式の吟味をしておこう.

- $T_f > T_i$ のとき $T_f/T_i > 1$ であるから,その対数は正であり,$\Delta S > 0$ となって,温度上昇とともにエントロピーは増加する(図 4·7).

- 物質の熱容量が大きいほど,同じ温度上昇で得られるエントロピー変化は大きい.熱容量が大きいということは同じ温度上昇をさせるのに多量の熱が必要ということで,熱容量が小さい場合に比べて大きな"くしゃみ"をしなければならない.したがって,それだけエントロピー増加も大きいわけである.

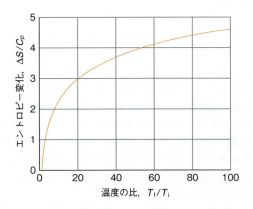

**図 4·7** 熱容量が温度変化しない単原子分子の完全気体などでは,試料のエントロピーは温度上昇に伴い対数的に($\ln T$ に比例して)増加する.エントロピー増加は試料の熱容量に比例する.

> **式の導出 4·2** エントロピーの温度変化

(4·1)式は,ある温度 $T$ のまま系に熱を加えた場合の式である.しかし,一般には,系を加熱すれば温度変化するから,(4·1)式はそのままでは使えない.そこで,系には無限小量の熱 $dq$ しか加えないことにして,これによって温度も無限小量しか変化しないようにする.この間の温度変化による誤差は(4·1)式の分母の温度を $T$ としても無視できる程度である.その結果,エントロピーも次式で表せる無限小量 $dS$ しか変化しないとすることができる.

$$dS = \frac{dq_{rev}}{T}$$

$dq$ を計算するには,2·5 節で述べた熱容量の式,$C = q/\Delta T$ を使う.$\Delta T$ は有限の温度変化である.無限小変化 $dT$

の場合は，供給する熱も無限小であるから $C = \mathrm{d}q/\mathrm{d}T$ と書く．この式はエネルギーの移動が可逆的に起こる場合も成り立つ．そこで，$\mathrm{d}q_{\mathrm{rev}} = C\mathrm{d}T$ であり，したがって，

$$\mathrm{d}S = \frac{C\mathrm{d}T}{T}$$

が成り立つ．温度が $T_\mathrm{i}$ から $T_\mathrm{f}$ まで変化したときの全エントロピー変化 $\Delta S$ は，このような無限小のステップを合計したもの（すなわち積分．「必須のツール 2・1」を見よ）であるが，各ステップの寄与はふつう $T$ とともに変化する．すなわち，

$$\Delta S = \int_{T_\mathrm{i}}^{T_\mathrm{f}} \frac{C\mathrm{d}T}{T} \tag{4・4}$$

である．しかし，たいていの物質では，温度範囲が狭ければ $C$ を一定とみなしてもよい．この仮定は，単原子分子の完全気体では厳密に成り立つ．そこで，$C$ を積分の外に出せばつぎのようになる．

$$\Delta S = \int_{T_\mathrm{i}}^{T_\mathrm{f}} \frac{C\mathrm{d}T}{T} = C\int_{T_\mathrm{i}}^{T_\mathrm{f}} \frac{\mathrm{d}T}{T} = C\ln\frac{T_\mathrm{f}}{T_\mathrm{i}}$$

ここで，「式の導出 2・2」で使ったのと同じ積分公式を用いて計算した．

● **簡単な例示 4・4　加熱によるエントロピー変化**

体積一定におけるエントロピー変化を計算するとき，(4・3) 式の熱容量には $C_{V,\mathrm{m}}$ を使う．たとえば，気体水素を体積一定のまま 20 ℃ から 30 ℃ まで加熱したときのモルエントロピー変化は（この温度域では $C_{V,\mathrm{m}} = 22.44\ \mathrm{J\ K^{-1}\ mol^{-1}}$ で一定とすれば），つぎのように計算できる．

$$\Delta S_\mathrm{m} = C_{V,\mathrm{m}}\ln\frac{T_\mathrm{f}}{T_\mathrm{i}} = (22.44\ \mathrm{J\ K^{-1}\ mol^{-1}}) \times \ln\frac{303\ \mathrm{K}}{293\ \mathrm{K}}$$

(30 ℃ / 20 ℃)

$$= +0.75\ \mathrm{J\ K^{-1}\ mol^{-1}}$$

低温での固体は全部そうだが，問題とする温度域で熱容量一定とできない場合は，$C$ の温度変化を考えに入れなければならない．つぎの「式の導出」で示すように，その結果はつぎのようになる．

$\Delta S = C/T$ 対 $T$ のグラフで，$T_\mathrm{i}$ から $T_\mathrm{f}$ までの曲線の下を占める面積　　【実験でエントロピー変化を求める方法】　　(4・5)

**式の導出 4・3　熱容量が温度変化するときのエントロピー変化**

熱容量一定と仮定する前の式に戻って，すなわち「式の導出 4・2」で導いた (4・4) 式，

$$\Delta S = \int_{T_\mathrm{i}}^{T_\mathrm{f}} \frac{C\mathrm{d}T}{T}$$

で考えればよい．「式の導出 2・2」と「必須のツール 2・1」で述べたように，積分法で覚えておくべき一般的な結果は，ある範囲における関数の積分値は，その区間の曲線の下を占める面積に等しいというものである．これに従えばよい．いまの場合の関数は $C/T$，つまり各温度での熱容量を温度で割ったものである．

---

エントロピー変化を計算する方法を図 4・8 に示す．

- まず，問題とする温度域にわたって熱容量 $C$ を測定し，それを表やグラフにしておく（図 4・8 a）．
- 次に，得られた $C$ の値を対応する温度で割って各温度での $C/T$ を求め，その $C/T$ を $T$ に対してプロットしたグラフを描く（図 4・8 b）．
- 最後に，$T_\mathrm{i}$ から $T_\mathrm{f}$ の間の曲線の下を占める面積を求める（図 4・8 b）．その面積を求める信頼できる方法は，データを $T$ の多項式に合わせ，コンピューターを使って積分値を計算することである．

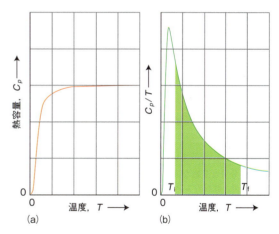

**図 4・8**　熱容量が温度変化するとき，試料のエントロピー変化を実験で求める方法．(a) 問題とする温度範囲で熱容量 $C_p$ を測定し，(b) $C_p/T$ を $T$ に対してプロットしたうえで，曲線の下の部分（色の部分）の面積を求める．すべての固体の熱容量は，温度低下とともに 0 に向かって減少する．

## 4・5　相転移に伴うエントロピー変化

融解や沸騰が起これば，固体から液体，あるいは液体から蒸気へと変化に伴い分子がいっそう乱雑になるから，物質のエントロピーは増加すると考えてよい．固体がその融点にあれば，そこでは熱のかたちのエネルギー移動は可逆的に起こる．外界の温度が系より無限小だけ低ければ，エネルギーが熱のかたちで系から外界へと流れ出て，その物質は凍りはじめる．逆に外界の温度が系より無限小だけ高ければ，エネルギーが熱のかたちで系に流れ込んで物質は融ける．この相転移は一定圧力のもとで起こるの

で，物質 1 モル当たり移動した熱は転移エンタルピー（この場合には融解エンタルピー）であるということもできる．したがって，融点 $T_f$ における物質 1 モル当たりのエントロピー変化，すなわち**融解エントロピー**[1] $\Delta_{fus}S$ は，

$$\Delta_{fus}S = \frac{\Delta_{fus}H(T_f)}{T_f} \qquad \text{融点での融解エントロピー} \qquad (4\cdot6)$$

である．ここで，融点での融解エンタルピーを使わねばならないことに注意しよう．融点での標準融解エントロピー $\Delta_{fus}S^\ominus$ を求めるには，1 bar での融点と，同じその温度での標準融解エンタルピーを使わなければならない．融解エンタルピーは物質によらずすべて正である（融解は吸熱的で，熱を必要とする過程である）．したがって，融解エントロピーもまた正である．つまり，融解によって乱れは増加する（図 4・9）．たとえば，氷の融解でエントロピーの増加を伴うのは，氷の秩序構造が液体の水では壊れるからである．

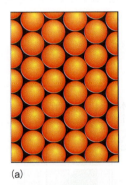 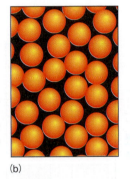

(a) (b)

**図 4・9** 固体（a，分子は秩序よく配列している）が融解すれば，分子は乱雑な液体（b，配列は無秩序）を形成する．その結果，試料のエントロピーは増加する．

● **簡単な例示 4・5 融解エントロピー**
（4・6）式と表 3・1 の値を使えば，0 ℃での氷の融解エントロピーをつぎのように計算できる．

$$\Delta_{fus}S = \frac{\overbrace{6.01 \text{ kJ mol}^{-1}}^{\text{水の}\Delta_{fus}H(T_f)}}{\underbrace{273.15 \text{ K}}_{\text{水の}T_f}} \overset{10^3 \text{ J}}{=} 2.20 \times 10^{-2} \text{ kJ K}^{-1} \text{ mol}^{-1}$$

$$= +22.0 \text{ J K}^{-1} \text{ mol}^{-1}$$

別のタイプの相転移でも，転移エントロピーは同じように考えることができる．たとえば，液体の沸点 $T_b$ での**蒸発エントロピー**[2] $\Delta_{vap}S$ は，この温度における蒸発エンタルピーとつぎの関係にある．

$$\Delta_{vap}S = \frac{\Delta_{vap}H(T_b)}{T_b} \qquad \text{沸点での蒸発エントロピー} \qquad (4\cdot7)$$

この式を使うときは，沸点での蒸発エンタルピーを使う．標準蒸発エントロピー $\Delta_{vap}S^\ominus$ が必要なら，1 bar でのデータを使う．蒸発はすべての物質で吸熱的であるから蒸発エントロピーはすべて正である．コンパクトな液体が乱れて気体になるわけであるから，蒸発に伴ってエントロピーが増加するのは予想と合っている．

● **簡単な例示 4・6 蒸発エントロピー**
（4・7）式と表 3・1 の値を使えば，100 ℃での水の蒸発エントロピーをつぎのように計算できる．

$$\Delta_{vap}S = \frac{\overbrace{40.7 \text{ kJ mol}^{-1}}^{\text{水の}\Delta_{vap}H(T_b)}}{\underbrace{373.2 \text{ K}}_{\text{水の}T_b}} = +1.09 \times 10^{-1} \text{ kJ K}^{-1} \text{ mol}^{-1}$$

$$= +109 \text{ J K}^{-1} \text{ mol}^{-1}$$

いろいろな物質の蒸発エントロピーの値から，**トルートンの規則**[3] というつぎの経験則が得られた．

● 水素結合など特殊な分子間相互作用が存在する液体を除けば，$\Delta_{vap}H(T_b)/T_b$ は物質によらずほぼ同じ値（約 85 J K$^{-1}$ mol$^{-1}$）を示す． **トルートンの規則**

表 4・1 のデータを見ればこの規則がわかる．$\Delta_{vap}H(T_b)/T_b$ は，沸点での液体の蒸発エントロピーである．そこで，これらの液体が沸点ではほぼ同じ蒸発エントロピーをもつことから，トルートンの規則に従うことがわかる．これは予想できることである．それは，液体が蒸発すれば密な凝縮相が広く分散して，ものによらず（モル当たりの）占める体積がほぼ等しい気体へと変化するからである．したがって，液体の沸点における乱れの増加，つまり蒸発エントロピーはすべての液体についてほぼ同じと予想することができる．

トルートンの規則の例外は，分子間相互作用のおかげで液体が完全には無秩序になっていない場合に見られる．たとえば，水の値は比較的大きいが，これは H$_2$O 分子が水素結合によって互いに結びつき，液体中でもある種の構造

**表 4・1** 通常沸点（1 atm）における蒸発エントロピー

| 物　質 | $\Delta_{vap}S/(\text{J K}^{-1}\text{mol}^{-1})$ |
|---|---|
| アンモニア，NH$_3$ | 97.4 |
| 四塩化炭素，CCl$_4$ | 85.9 |
| シクロヘキサン，C$_6$H$_{12}$ | 85.1 |
| 臭素，Br$_2$ | 88.6 |
| 水銀，Hg(l) | 94.2 |
| ベンゼン，C$_6$H$_6$ | 87.2 |
| 水，H$_2$O | 109.1 |
| 硫化水素，H$_2$S | 87.9 |

---

1) entropy of fusion　2) entropy of vaporization　3) Trouton's rule

#### 4·6 外界のエントロピー変化

ができているからで，いくぶん秩序が残っている液体が蒸発してまったく無秩序な気体ができるためにエントロピー変化が大きいのである．水銀が大きな値を示すのも同じように説明できる．この場合は液体に金属結合が存在していることが原因であり，そのような結合がない場合に比べて液体中で原子の配列が組織化されているためである．

● **簡単な例示 4·7　トルートンの規則**

液体臭素の蒸発エンタルピーは，その沸点 59.2 °C から推算することができる．臭素には水素結合などの特別な分子間相互作用はないから，沸点を 332.4 K と変換してからトルートンの規則を使う．すなわち，

$$\Delta_{vap}H^{\ominus} \approx (332.4\,\text{K}) \times (85\,\text{J K}^{-1}\,\text{mol}^{-1}) = 28\,\text{kJ mol}^{-1}$$

となる．実験値は 29 kJ mol$^{-1}$ である．●

**自習問題 4·2**

エタンの沸点 −88.6 °C から，その蒸発エンタルピーを求めよ．　　　　　　　　　　　　　［答: 16 kJ mol$^{-1}$］

転移温度以外の温度での転移エントロピーを計算するには，つぎの例題で示すような追加の計算が必要である．

**例題 4·1　蒸発エントロピーの計算**

水の熱力学データと通常沸点での蒸発エンタルピーを使って，25 °C での水の蒸発エントロピーを計算せよ．

**解法**　もっとも簡単なのは，つぎの三つの計算を行うことである．まず，液体の水を 25 °C から 100 °C に加熱したときのエントロピー変化を計算する〔(4·3) 式と表 2·1 の水のデータを使う〕．それから (4·7) 式と表 3·1 のデータを使って，100 °C での蒸発エントロピーを計算する．次に，水蒸気の温度を 100 °C から 25 °C に冷やしたときのエントロピー変化を計算する〔再び (4·3) 式を使い，こんどは表 2·1 の水蒸気のデータを使う〕．最後に，以上の三つのエントロピー変化を合計する．各ステップは仮想的なものでよい．

**解答**　(4·3) 式と表 2·1 の水のデータから，

$$\Delta S_1 = C_{p,m}(\text{H}_2\text{O},\text{l}) \ln \frac{T_f}{T_i}$$

$$= (75.29\,\text{J K}^{-1}\,\text{mol}^{-1}) \times \ln \frac{373\,\text{K}}{298\,\text{K}}$$

$$= +16.9\,\text{J K}^{-1}\,\text{mol}^{-1}$$

となる．(4·7) 式と表 3·1 のデータから，

$$\Delta S_2 = \frac{\Delta_{vap}H(T_b)}{T_b} = \frac{4.07 \times 10^4\,\text{J mol}^{-1}}{373\,\text{K}}$$

$$= +109\,\text{J K}^{-1}\,\text{mol}^{-1}$$

である．(4·3) 式と表 2·1 の水蒸気のデータから，

$$\Delta S_3 = C_{p,m}(\text{H}_2\text{O},\text{g}) \ln \frac{T_f}{T_i}$$

$$= (33.58\,\text{J K}^{-1}\,\text{mol}^{-1}) \times \ln \frac{298\,\text{K}}{373\,\text{K}}$$

$$= -7.54\,\text{J K}^{-1}\,\text{mol}^{-1}$$

と計算できる．三つのエントロピー変化の合計は，25 °C での水の蒸発エントロピーに等しい．

$$\Delta_{vap}S(298\,\text{K}) = \Delta S_1 + \Delta S_2 + \Delta S_3$$

$$= +118\,\text{J K}^{-1}\,\text{mol}^{-1}$$

**自習問題 4·3**

ベンゼンに関するつぎのデータを使って，25 °C でのベンゼンの蒸発エントロピーを計算せよ．$T_b = 353.2$ K, $\Delta_{vap}H^{\ominus}(T_b) = 30.8$ kJ mol$^{-1}$, $C_{p,m}(\text{l}) = 136.1$ J K$^{-1}$ mol$^{-1}$, $C_{p,m}(\text{g}) = 81.6$ J K$^{-1}$ mol$^{-1}$.　　［答: 96.4 J K$^{-1}$ mol$^{-1}$］

### 4·6　外界のエントロピー変化

(4·1) 式のエントロピー変化の定義を使えば，温度 $T$ で系と接触している外界のエントロピー変化を計算することもできる．すなわち，

$$\Delta S_{sur} = \frac{q_{sur,rev}}{T}$$

である．外界は非常に大きいから，系で何が起こっても外界の圧力は一定のままである．したがって，$q_{sur,rev} = \Delta H_{sur}$ である．ここで，エンタルピーは状態関数であるから，その変化は経路に無関係である．すなわち，熱がどう加えられたかに関係なく同じ $\Delta H_{sur}$ が得られる．したがって，$q$ につけた "rev" は省略でき，

$$\Delta S_{sur} = \frac{q_{sur}}{T} \quad \text{外界の加熱による} \atop \text{外界のエントロピー変化} \quad (4\cdot8)$$

と書ける．この式を使えば，系で起こる変化が可逆的かどうかに関わりなく，外界のエントロピー変化を計算することができる．

**例題 4·2　外界のエントロピー変化の計算**

人は休息していても約 100 W の出力で外界に熱を放出している．20 °C の外界に 1 日に発生させているエントロピーを求めよ．

**解法**　熱として外界に流れたエネルギーさえ計算できれば，(4·8) 式を使ってエントロピー変化を求めることができる．そのために，1 W = 1 J s$^{-1}$ を使う．1 日は 86 400 s である．温度はケルビン単位に変換しておく．

**解答**　1 日の間に外界に流れた熱は，

$$q_{sur} = (86\,400\text{ s}) \times (100\text{ J s}^{-1}) = 86\,400 \times 100\text{ J}$$

である. したがって, 外界のエントロピー増加は,

$$\Delta S_{sur} = \frac{q_{sur}}{T} = \frac{86\,400 \times 100\text{ J}}{293\text{ K}} = +\,2.95 \times 10^4\text{ J K}^{-1}$$

である. つまり, このときのエントロピー生成は約 $30\text{ kJ K}^{-1}$ である. 人はただ生きているだけでも絶え間なく外界のエントロピーを増大させており, 毎日約 $30\text{ kJ K}^{-1}$ にもなる. 交通機関や機械, 通信を使えばもっと大量のエントロピーを生成することになる.

### 自習問題 4・4

ある小さな爬虫類の動物が 0.50 W でエネルギーを放出している. それが生息する湖の水中で, 毎日どれだけのエントロピーを生成しているか. ただし, 水温は 15 ℃である. 　　　　　　　　　　　　　　　[答: $+\,150\text{ J K}^{-1}$]

---

(4・8) 式では, 熱として外界へ流れたエネルギー $q_{sur}$ によってエントロピー増加が表されている. しかし, ふつうは系に関心があるから, 熱として系に出入りしたエネルギー $q$ を問題にする. 両者には $q_{sur} = -q$ の関係がある. たとえば, $q = +100$ J で系に熱流入があれば, 外界は 100 J だけ失うので $q_{sur} = -100$ J である. したがって, (4・8) 式の $q_{sur}$ を $-q$ に置き換えて,

$$\Delta S_{sur} = -\frac{q}{T} \quad\text{系の加熱による}\atop\text{外界のエントロピー変化} \quad (4\cdot9)$$

と書く. これで系の性質によって表すことができた. もっと重要なことは, 系で起こる過程が可逆的かどうかに関わりなくこの式が使えるという点である.

(4・9) 式を詳しく調べるために, つぎの二つの場合について考えよう.

- 完全気体が $V_i$ から $V_f$ まで等温可逆的に膨張した場合を考える. 気体自身 (系) のエントロピー変化は (4・2) 式で与えられる. ここで, 系の温度を一定に保つために流れ込む熱 $q$ は, 「式の導出 4・1」で導いた通りである. そこで外界のエントロピー変化は,

$$\Delta S_{sur} = -\frac{q}{T} = -\frac{nRT\ln(V_f/V_i)}{T} = -nR\ln\frac{V_f}{V_i}$$

（$T$ を消去）

とすることができる. つまり, 外界のエントロピー変化は系のエントロピー変化の符号を変えたものに等しく, この可逆過程の全エントロピー変化は 0 である.

- 次に, 気体が等温で膨張して同じ体積変化をするが, 自由に膨張した場合 ($p_{ex} = 0$) を考えよう. エントロピーは状態関数であるから, 系のエントロピー変化は前と同じである. しかし, 完全気体の等温膨張では $\Delta U = 0$ であり, 系は外界に対して仕事をしていないから, 外界から熱が流れ込むこともない. すなわち $q = 0$ である. そこで (4・9) 式によって (この式は可逆的な熱移動だけでなく非可逆的な熱移動にも使えるので) $\Delta S_{sur} = 0$ である. したがって, 全エントロピー変化は系のエントロピー変化に等しく, それは正の値をもつ. このように非可逆過程では宇宙のエントロピーは増大することになって, これは熱力学第二法則のいうところと一致している.

圧力一定で化学反応や相転移が起これば, (4・9) 式の $q$ は系のエンタルピー変化に等しいから,

$$\Delta S_{sur} = -\frac{\Delta H}{T} \quad\text{圧力一定}\quad \text{外界の}\atop\text{エントロピー変化} \quad (4\cdot10)$$

が成り立つ. これは非常に重要な式であって, あとで化学平衡を考えるとき中心になるものである. この式は常識とも合っている. つまり, 発熱過程なら $\Delta H$ は負だから $\Delta S_{sur}$ は正である. 外界に熱を放出すれば外界のエントロピーは増大する. 逆に, 吸熱過程 ($\Delta H > 0$) の場合は外界のエントロピーは減少する.

## 4・7 エントロピーの分子論的解釈

これまでしばしば "分子の乱雑さ" を考えてきた. ただ, 定義が不明確なままにこの概念を使って, エントロピーという熱力学量を解釈してきたのであった. しかし, この乱雑さの概念は, 式で厳密に表すことができ, それを使えばエントロピーを計算できる. そのために必要な手続きを 22 章で説明するが, そこではこれまで出会わなかった情報をもたらしてくれる. しかし, 現時点でもその考え方の基本的なところを理解し, いまのところわかっている点をどう表せるかを見ておくことができる.

ここで必要となる基本式は, つぎの**ボルツマンの式**[1]である. それは, 19 世紀末にボルツマン[2]によってはじめて提案されたものである (彼の墓石に銘として刻まれている).

$$S = k\ln W \quad \text{エントロピーに関する}\atop\text{ボルツマンの式} \quad (4\cdot11)$$

$k = 1.381 \times 10^{-23}\text{ J K}^{-1}$ はボルツマン定数である (基本概念 0・11). $W$ という量は, 試料中の分子が同じ全エネルギーをもちながら異なる配置が可能な場合の数であり, 正式にはこれを試料の "配置" の "重み" という. 系にある分

---

1) Boltzmann formula　2) Ludwig Boltzmann

子を（全エネルギーが一定のまま）配置して得られる各状態のことを，その系の"ミクロ状態"ともいう．

### ● 簡単な例示 4·8 配置の重み

4個の分子 A, B, C, D からなる小さな系を考えよう．各分子は，等間隔に開いた三つのエネルギー準位 $0, \varepsilon, 2\varepsilon$ のいずれかを占めることができるとし，系の全エネルギーは $4\varepsilon$ である．このとき，図4·10に示す19通りの配置が可能であるから $W = 19$ であり，系のミクロ状態は19個ある．●

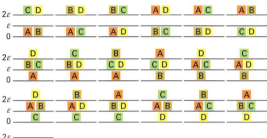

図4·10 等間隔の3準位からなるエネルギー準位系で，全エネルギーが $4\varepsilon$ のとき，4個の分子（四角で表してある）がとる19通りの可能な配置．

### 自習問題 4·5

分子3個からなる系があり，その全エネルギーは $3\varepsilon$ である．各分子は，等間隔に開いた三つのエネルギー準位 $0, \varepsilon, 2\varepsilon$ のいずれかを占めることができる．とりうる配置の数を求めよ． ［答: 7］

---

ボルツマンの式で計算したエントロピーを**統計エントロピー**[1]ということがある．$W = 1$ であればミクロ状態は1個しかないから（与えられたエネルギーでとれる状態が1通りしかなく，全部の分子が全く同じ状態にある），$\ln 1 = 0$ となって，このとき $S = 0$ であることがわかる．しかし，系に2個以上のミクロ状態があれば，$W > 1$ であるから，$S > 0$ となる．このことは重要であり，4·9節でもっと詳しく説明する．ここでは，系の分子が多数のエネルギー準位をとれば，全エネルギーが同じであっても，多数の配置がとれることを覚えておこう．すなわち，同じ全エネルギーに対するミクロ状態の数は多く，$W$ が大きいから，エネルギー準位の数が少ない場合に比べてエントロピーは大きい．したがって，ボルツマンの式で表されたエントロピーの統計的な見方は，エントロピーがエネルギーの分散に関係しているという上で述べた見解と合って

いる．たとえば，完全気体が膨張すれば，分子がとる並進エネルギー準位はもっと密集するから（図4·11を見よ．これは量子論による結果であり，12章で詳しく説明する），容器の容積が小さくて分子の並進エネルギー準位が開いているときに比べて，分子はずっと多数のやり方で分布できるのである．したがって，容器が膨張すれば $W$ が増加し，したがって $S$ も増加する．熱力学的に表した $\Delta S$ の式（4·2式）が対数に比例しているのは決して偶然ではない．それと同じ対数式が，ボルツマンの式の対数から導かれることになる（22章を見よ）．

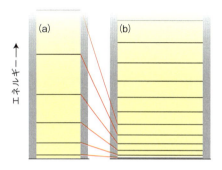

図4·11 箱が膨張すれば，箱の中の粒子のエネルギー準位は互いに近づき密になる．同じ温度なら，全エネルギーが同じであっても，エネルギー準位の間隔が広く離れているより狭く密集している方が可能な配置の数は多い．

### ● 簡単な例示 4·9 ボルツマンの式

ある高分子が，大きくて柔軟なために，同じエネルギーでも $1.0 \times 10^{31}$ 個の異なる配置をとれるとする．(4·11)式によれば，この高分子のエントロピーは，

$$S = \overbrace{(1.381 \times 10^{-23}\,\text{J K}^{-1})}^{k} \times \overbrace{\ln(1.0 \times 10^{31})}^{W}$$
$$= 9.9 \times 10^{-22}\,\text{J K}^{-1}$$

である．これにアボガドロ定数を掛ければモルエントロピーが得られる．すなわち，$S_m = 6.0 \times 10^2\,\text{J K}^{-1}\,\text{mol}^{-1}$ である．●

ボルツマンの式はまた，エントロピー変化の熱力学的な定義（4·1式），特にその温度の役割をうまく表している．系が高温にあるときの分子は，与えられたエネルギー準位の多数を占めているから，熱としてエネルギーを少量追加しても，さらにとれるエネルギー準位の数の変化は比較的少ない．したがって，ミクロ状態の数はさほど増加しないから，系のエントロピーもさほど増加しない．これに対して，系が低温にあるときの分子は，ずっと少ないエネルギー準位しか占めていないから（$T = 0$ では最低準位しか占めない），加熱によって同じ量のエネルギーを加えても，占有できるエネルギー準位の数やミクロ状態の数は非常に

---

[1] statistical entropy

大きく増加することになる．したがって，熱い物体より冷たい物体を加熱したときの方が，エントロピー変化は大きいといえる．これから，エントロピー変化は (4・1) 式のように，熱によるエネルギー移動が起こる温度の逆数に比例すると考えられる．

## 4・8 絶対エントロピーと熱力学第三法則

図4・8では，物質の2点の温度間のエントロピー差をグラフから求める方法を示した．これには重要な使い道があり，$T_i=0$ とすればグラフの $T=0$ から温度 $T$ の間の下の面積から $\Delta S = S(T) - S(0)$ の値が得られるのである．ここでは，温度 $T$ 以下には相転移がないとした．もし，注目している温度域に相転移（融解など）があれば，その転移温度における転移エントロピーは (4・6) 式のような式を使って計算することになる．いずれにしても，$T=0$ では原子の運動は静まり，熱的な乱れは消滅する．さらに，その物質が完全結晶であれば，つまりすべての原子が決められた位置に納まっているならば空間的な乱れもない．すなわち，$T=0$ ではエントロピーは0であるとすることができる．量子力学によれば，$T=0$ でも分子は振動エネルギーを全部失うことがなく，ある種の運動は残っている．しかし，その状態は全部同じもの（最低のエネルギー状態）であるから，その意味では熱的な乱雑さはないと考えてよい．

$S(0)=0$ という帰結の熱力学的な裏付けには，つぎのような実験例がある．硫黄は 96 °C（369 K）で直方晶系から単斜晶系へと相転移し，その転移エンタルピーは +402 J mol$^{-1}$ である．したがって，この温度での転移エントロピーは $\Delta S = (+402 \,\mathrm{J\,mol^{-1}})/(369\,\mathrm{K}) = +1.09\,\mathrm{J\,K^{-1}\,mol^{-1}}$ である．一方，この場合は，$T=0$ から転移温度までの熱容量が両相について実際に測定できているので，転移温度における両相のモルエントロピーの差を $T=0$ での差として表すことができる（図4・12 a）．ただ，$T=0$ でのモルエントロピーの絶対値はわからない．ところが，実際に図を描いてみればわかるように（図4・12 b），369 K での両相のモルエントロピーの差が観測された転移エントロピーと一致するためには，<u>両結晶相のモルエントロピーは $T=0$ で同じでなければならない</u>．このように，$T=0$ でのエントロピーが0であるとはいえないものの，両相のエントロピーが $T=0$ で等しいことは実験データからわかるのである．このような観測結果を一般化したのが**熱力学第三法則**[1]である．

- 完全結晶の物質は，$T=0$ で すべて同じエントロピーをもつ． 〔熱力学第三法則〕

そこで，便宜上（また，エントロピーは乱れの尺度であるから）$T=0$ における共通のエントロピー値を0とおくことにする．そうすれば，熱力学第三法則をつぎのように表せる．

- 完全に秩序化した結晶性の物質はすべて $S(0)=0$ である．

任意の温度 $T$ における**第三法則エントロピー**[2] $S(T)$ は，$C/T$ 対 $T$ のグラフを描いたとき，$T=0$ と温度 $T$ の間の曲線の下の面積に等しい（図4・13）．もし，注目している温度域に相転移（たとえば融解など）があれば，転移温度での転移エントロピーを (4・6) 式で計算し，その寄与を

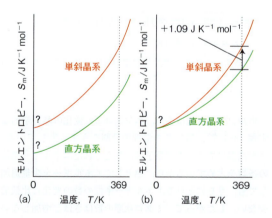

図4・12 （a）単斜晶系硫黄と直方晶系硫黄について，モルエントロピーの温度依存性を示してある．$T=0$ での絶対値はどちらもわからない．（b）相転移温度で測定した転移エントロピーに一致するように曲線をシフトすれば，$T=0$ でのモルエントロピーが両方の結晶形で等しいことがわかる．

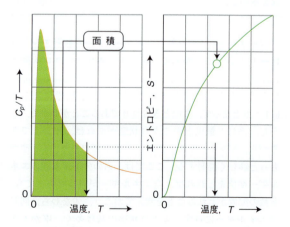

図4・13 物質の絶対エントロピー（第三法則エントロピーともいう）は，熱容量測定を $T=0$ まで（実際には可能な限り低温まで）行い，$C_p/T$ 対 $T$ のグラフ上で，目的とする温度までの面積を求めることによって得られる．その面積は，温度 $T$ における絶対エントロピーに等しい．

---

1) third law of thermodynamics   2) third-law entropy

それぞれの相でのエントロピー寄与に加えればよい．その様子を図4・14に示す．物質の第三法則エントロピーは，単に"エントロピー"ということもあるが，圧力に依存する．そこで，標準圧力（1 bar）を選んで**標準モルエントロピー**[1] $S_m^\ominus$で表す．それは，標準状態にある物質の，指定した温度におけるモルエントロピーである．298.15 K（ふつう使う慣用温度）における代表的な標準モルエントロピーの値を表4・2に示してある．

表4・2 代表的な物質の298.15 Kにおける標準モルエントロピー*

| 物 質 | $S_m^\ominus$ (J K$^{-1}$ mol$^{-1}$) |
|---|---|
| **気 体** | |
| アンモニア，NH$_3$ | 192.5 |
| 二酸化炭素，CO$_2$ | 213.7 |
| ヘリウム，He | 126.2 |
| 水素，H$_2$ | 130.7 |
| ネオン，Ne | 146.3 |
| 窒素，N$_2$ | 191.6 |
| 酸素，O$_2$ | 205.1 |
| 水蒸気，H$_2$O | 188.8 |
| **液 体** | |
| ベンゼン，C$_6$H$_6$ | 173.3 |
| エタノール，CH$_3$CH$_2$OH | 160.7 |
| 水，H$_2$O | 69.9 |
| **固 体** | |
| 酸化カルシウム，CaO | 39.8 |
| 炭酸カルシウム，CaCO$_3$ | 92.9 |
| 銅，Cu | 33.2 |
| ダイヤモンド，C | 2.4 |
| グラファイト，C | 5.7 |
| 鉛，Pb | 64.8 |
| 炭酸マグネシウム，MgCO$_3$ | 65.7 |
| 酸化マグネシウム，MgO | 26.9 |
| 塩化ナトリウム，NaCl | 72.1 |
| スクロース，C$_{12}$H$_{22}$O$_{11}$ | 360.2 |
| スズ，Sn（白色） | 51.6 |
| Sn（灰色） | 44.1 |

\* このほかの物質については巻末の資料「熱力学データ」を見よ．

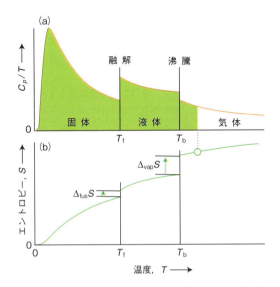

**図4・14** 熱容量データからエントロピーを求める方法．(a) 測定して得られた$C_p/T$の温度変化．(b) エントロピーの温度変化．上のグラフで，$T=0$から目的とする温度$T$までの各温度域で曲線の下の面積をそれぞれ求めておき，それぞれの相転移について転移温度で観測されたエントロピーを加える．

熱容量の測定は低温ほど困難になり，$T=0$に近い温度ではとくに難しい．しかし，2・10節で述べたように，非金属物質ではたいていの場合，熱容量が**デバイの$T^3$則**[2]に従うことがわかっている．

$T=0$に近い温度では 〔デバイの$T^3$則〕 (4・12 a)
$$C_{p,m} = aT^3$$

$a$は定数であり物質により異なる値をもつ．それは$T=0$に近い何点かの温度で熱容量測定を行い，(4・12 a) 式に合わせることで得られる．こうして求めた$a$の値を使えば，つぎの「式の導出」で示すように，低温でのモルエントロピーは簡単に得られる．

$T=0$に近い温度では 〔低温でのエントロピー〕 (4・12 b)
$$S_m(T) = \frac{1}{3}C_{p,m}(T)$$

すなわち，低温でのモルエントロピーはその温度での定圧熱容量の$\frac{1}{3}$に等しい．デバイの$T^3$則は厳密には$C_V$に適用されるものである．しかし，$C_p$は$T \to 0$で$C_V$に収束するから，低温では$C_p$を使っても有意な誤差を生じないでこのような計算ができる．

**式の導出4・4** $T=0$近傍でのエントロピー

「式の導出4・2」で述べた温度変化に伴うエントロピー変化の一般式，(4・4) 式をここでも使おう．ただし，$\Delta S = S(T_f) - S(T_i)$にはモル量を用い，加熱は一定圧力のもとで行われたものとする．このとき，

$$S_m(T_f) - S_m(T_i) = \int_{T_i}^{T_f} \frac{C_{p,m}}{T} dT$$

である．ここで，$T_i = 0$，$T_f$は任意の温度$T$であるとして，つぎのように式を書き換える．

---

1) standard molar entropy 　 2) Debye $T^3$ law

$$S_{\mathrm{m}}(T) - \overset{0}{\overline{S_{\mathrm{m}}(0)}} = \int_0^T \frac{C_{p,\mathrm{m}}}{T}\,dT$$

第三法則によれば $S(0) = 0$，デバイの $T^3$ 則によれば $C_{p,\mathrm{m}} = aT^3$ である．したがって，

$$S_{\mathrm{m}}(T) = \int_0^T \frac{aT^3}{T}\,dT = a\int_0^T T^2\,dT$$

である．ここで積分公式，

$$\int x^2\,dx = \tfrac{1}{3}x^3 + 定数$$

を使えば，

$$\begin{aligned}\int_0^T T^2\,dT &= (\tfrac{1}{3}T^3 + 定数)\Big|_0^T \\ &= (\tfrac{1}{3}T^3 + 定数) - 定数 \\ &= \tfrac{1}{3}T^3\end{aligned}$$

と計算することができる．以上をまとめれば，(4・12 b) 式が得られる．

$$S_{\mathrm{m}}(T) = \tfrac{1}{3}aT^3 = \tfrac{1}{3}C_{p,\mathrm{m}}(T)$$

## 4・9 第三法則エントロピーの分子論的解釈

ボルツマンの式 (4・11 式) が第三法則の値 $S(0)=0$ と合っていることは簡単に確かめられる．$T=0$ では全分子が最低のエネルギー準位になくてはならない．このとき，分子には唯一の配置しか許されないから $W=1$ であり，$\ln 1 = 0$ であるから (4・11) 式からも $S=0$ である．ボルツマンの式は，物質のエントロピーが常に正であり（$W \geq 1$ であり，その対数が負になることはない），温度とともに増加することと合っていることもわかる．$T>0$ では試料中の分子が最低準位より上の準位も占有できるから，全エネルギーが同じでも配置の異なる多数の場合が可能となる（図4・15）．すなわち，$T>0$ では $W>1$ であり，(4・11) 式によれば（$W>1$ のとき $\ln W > 0$ だから）エントロピーは 0 より増えている．

ここで，表 4・2 の値がエントロピーの分子論的な解釈と合致するものであることを確かめておこう．たとえば，ダイヤモンドの標準モルエントロピー（$2.4\,\mathrm{J\,K^{-1}\,mol^{-1}}$）はグラファイト（$5.7\,\mathrm{J\,K^{-1}\,mol^{-1}}$）よりも小さい．この違いは，グラファイトではダイヤモンドの場合ほど原子同士が強く結びついていないためで，熱的な乱れの度合いがそれだけ大きいからである．また，氷と水，水蒸気の 25 °C における標準モルエントロピーは，それぞれ $45\,\mathrm{J\,K^{-1}\,mol^{-1}}$，$70\,\mathrm{J\,K^{-1}\,mol^{-1}}$，$189\,\mathrm{J\,K^{-1}\,mol^{-1}}$ である．この順に大きくなるのは，固体から液体，気体となるに従って乱れが増すためである．

ボルツマンの式はまた，意外な観測事実をうまく説明してくれる．それは，ある物質で $T=0$ でのエントロピーが 0 より大きいことで，見かけ上これは第三法則に違反している．気体の一酸化炭素のエントロピーは，熱力学的な測定によって（熱容量や沸点のデータに加え，$T=0$ でのエントロピーを 0 とする第三法則を仮定すれば）$S_{\mathrm{m}}^{\ominus}(298\,\mathrm{K}) = 192\,\mathrm{J\,K^{-1}\,mol^{-1}}$ であることがわかっている．一方，ボルツマンの式を使って，分子に関する必要なデータを加えれば，標準モルエントロピーは $198\,\mathrm{J\,K^{-1}\,mol^{-1}}$ と計算できる．この矛盾に対する一つの解釈は，熱力学的エントロピーの計算の方で，固体の一酸化炭素に存在するはずの相転移を見落としていて，それが $6\,\mathrm{J\,K^{-1}\,mol^{-1}}$ のエントロピーに相当するというものである．もう一つの解釈は，CO 分子が $T=0$ の固体中でも乱れているのであって，原子の位置の乱れが凍結したことに起因して $T=0$ でも有限のエントロピー寄与が残っているというものである．この寄与のことを固体の**残余エントロピー**[1] という．

このときの残余エントロピーの値は，ボルツマンの式を使って，$T=0$ でも各 CO 分子が 2 通りの配向をとると考えれば計算することができる（図4・16）．そうすれば，$N$ 個の分子を配置する仕方の数は全部で，

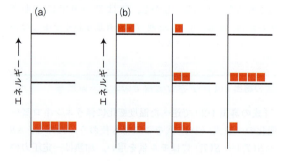

図 4・15 与えられたエネルギー準位を使って分子がどう配置できるかで，統計エントロピーの値が決まる．(a) $T=0$ では唯一の配置しか可能でない．すべての分子は最低のエネルギー状態になければならない．(b) $T>0$ では，全エネルギーが同じでも何通りもの配置がとれる．単純なこの場合は，$W=3$ である．

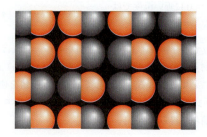

図 4・16 $T=0$ で 2 通りの配向をとる分子（この場合は CO）について，残余エントロピーの原因となる物質中の位置の乱れ．試料中に分子が $N$ 個あれば，同じエネルギーで可能な配置は $2^N$ 通りある．

---

1) residual entropy

$(2 \times 2 \times 2 \cdots)_{N回} = 2^N$ 通りある．したがって，

$$S = k \ln 2^N = Nk \ln 2$$

となる（$\ln x^a = a \ln x$ の関係を使った．「必須のツール 2・2」を見よ）．モル残余エントロピーを求めるには，$N$ をアボガドロ定数に置き換えればよい．

$$S_m = N_A k \ln 2 = R \ln 2$$

この値は $5.8 \, \text{J K}^{-1} \text{mol}^{-1}$ であり，熱力学的な値と統計的な値とを矛盾なく解釈するのに必要な差と一致している．すなわち，熱力学的な計算で $S_m(0) = 0$ とおくのではなく，$S_m(0) = 5.8 \, \text{J K}^{-1} \text{mol}^{-1}$ とすべきなのである．

● **簡単な例示 4・10　残余エントロピー**

氷の残余エントロピーは $3.4 \, \text{J K}^{-1} \text{mol}^{-1}$ である．この値の原因は，隣合う分子との間にある H 原子の位置の乱れに帰着できる．具体的には，どの $H_2O$ 分子も共有結合による短い O—H 結合 2 個と水素結合による長い O···H 結合 2 個をもつが，どれが長く，どれが短いかという点で乱れが存在しているのである（図 4・17）．$N$ 個の分子を含む試料についてこの乱れの統計を解析すれば $W = (\frac{3}{2})^N$ であることがわかる．したがって，残余エントロピーとして $S(0) = k \ln (\frac{3}{2})^N = Nk \ln \frac{3}{2}$ が予想される．つまり，モル残余エントロピーは $S_m(0) = R \ln \frac{3}{2}$ であり，その値 $3.4 \, \text{J K}^{-1} \text{mol}^{-1}$ は実験値と合っている．●

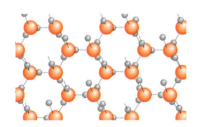

**図 4・17**　氷の残余エントロピーの起源は，隣の分子との間にできた O—H···O 水素結合中の水素原子の位置の乱れにある．各分子は隣の分子との間に，短い O—H 結合 2 個と長い O···H 水素結合 2 個をもつことに注目しよう．この模式図では，そのうちの可能な一つの配置を示してある．

**自習問題 4・6**

ある固体中の分子は，$T=0$ でエネルギーが同じ配向が 6 個ある．そのモル残余エントロピーを計算せよ．

［答：$S_m(0) = 14.9 \, \text{J K}^{-1} \text{mol}^{-1}$］

## 4・10　標準反応エントロピー

化学の本舞台に話を移そう．それは，反応物から生成物への転換である．燃焼反応のように気体が生成される場合は，反応によってエントロピーが増加するのは理解しやすい．逆に，光合成の場合のように気体を消費する反応では，反応によってエントロピーが減少すると考えてよいだろう．しかしながら，定量的なエントロピー変化が問題になる場合や，気体が関与しない反応でのエントロピー変化の符号を知りたい場合には，厳密な計算をしなければならない．

反応物と生成物の標準状態におけるモルエントロピーの差を**標準反応エントロピー**[1] $\Delta_r S^\ominus$ という．それは標準反応エンタルピーの場合と同様，各物質のモルエントロピーによってつぎのように表される．

$$\Delta_r S^\ominus = \sum \nu S_m^\ominus \,（生成物）- \sum \nu S_m^\ominus \,（反応物）$$

標準反応エントロピー　(4・13)

$\nu$ は化学反応式に現れる量論係数である．

● **簡単な例示 4・11　標準反応エントロピー**

$2H_2(g) + O_2(g) \rightarrow 2H_2O(l)$ のような反応では，気体を消費するので反応エントロピーは負と予測できる．実際そうなのかを確かめるために巻末の資料「熱力学データ」の値を使えば，つぎのように計算できる．

$$\begin{aligned}
\Delta_r S^\ominus &= 2 S_m^\ominus (H_2O, l) - \{2 S_m^\ominus (H_2, g) + S_m^\ominus (O_2, g)\} \\
&= 2\,(70 \, \text{J K}^{-1} \text{mol}^{-1}) \\
&\quad - \{2(131 \, \text{J K}^{-1} \text{mol}^{-1}) + (205 \, \text{J K}^{-1} \text{mol}^{-1})\} \\
&= -327 \, \text{J K}^{-1} \text{mol}^{-1}
\end{aligned}$$
●

**ノート**　元素の標準モルエントロピーを 0 とおくような間違いをしてはならない．すでに説明したように，元素も（$T > 0$ である限り）標準モルエントロピーは 0 でない．

**自習問題 4・7**

(a) 25 ℃ における反応 $N_2(g) + 3H_2(g) \rightarrow 2NH_3(g)$ の標準反応エントロピーを求めよ．(b) 2 mol の $H_2$ が反応するときのエントロピー変化はいくらか．

［答：(a)（表 4・2 の値を用いて）$-198.7 \, \text{J K}^{-1} \text{mol}^{-1}$；
(b) $-132.5 \, \text{J K}^{-1}$］

## 4・11　化学反応の自発性

「簡単な例示 4・11」の計算結果は一見，意外なものとなっている．水素と酸素の反応は（きっかけを与えさえすれば爆発的に進行するので）自発的である．にもかかわらず反応に伴うエントロピー変化は負である．すなわち，反応によって乱れが失われるにもかかわらず，この反応は自発的なのである．

一見逆説的に見えるこの問題を理解すれば，化学でしば

---

1) standard reaction entropy

しば出てくるエントロピーの特徴を明らかにすることができよう．すなわち，**ある過程が自発的かどうかを判定するには，系と外界の両方のエントロピーを考えなければならない**という点である．反応 $2H_2(g) + O_2(g) \longrightarrow 2H_2O(l)$ によって $327\,J\,K^{-1}\,mol^{-1}$ ものエントロピーが減少するのは系，つまり反応混合物の側である．第二法則を正しく適用するには全エントロピー変化，つまり系と外界で起こる変化の合計を計算する必要がある．それは，第二法則で"孤立系"といっているのは，系と外界を合わせたものだからである．ある変化が起こって系のエントロピーが減少しても，外界のエントロピーがこれを上回って増加する場合がありうる．このとき全エントロピー変化は正である．逆もありうるわけで，系のエントロピーが増加しても外界で大きくエントロピーが減少しているかもしれない．このような場合，系のエントロピー増加だけに注目してその変化が自発的とするのは誤りである．エントロピーの関与を考えるときには常に，系と外界の合計のエントロピー変化を考えなければならない．

反応が一定圧力のもとで起こったとき，外界のエントロピー変化を計算するには (4·10) 式を使う．この式に現れる $\Delta H$ を，ここでは標準反応エンタルピー $\Delta_r H^{\ominus}$ とすればよい．

● **簡単な例示 4·12** 化学反応による外界のエントロピー変化
水の生成反応 $2H_2(g) + O_2(g) \longrightarrow 2H_2O(l)$ を考えよう．$\Delta_r H^{\ominus} = -572\,kJ\,mol^{-1}$ である．そこで，外界（反応混合物と同じ温度 25 ℃ に保たれている）のエントロピー変化は，

$$\Delta_r S_{sur} = -\frac{\Delta_r H^{\ominus}}{T} = -\frac{(-572 \times 10^3\,J\,mol^{-1})}{298\,K}$$

$$= +1.92 \times 10^3\,J\,K^{-1}\,mol^{-1}$$

で表される．そこで全エントロピー変化は，

$$\Delta_r S_{total} = (-327\,J\,K^{-1}\,mol^{-1}) + (1.92 \times 10^3\,J\,K^{-1}\,mol^{-1})$$

$$= +1.59 \times 10^3\,J\,K^{-1}\,mol^{-1}$$

となり，正であることがわかる．この計算から，この反応は標準条件では自発的であることがわかる．この場合には，反応によって外界に大きな乱れがひき起こされるから，自発的となる．気体反応物より小さなエントロピーしかもたない $H_2O(l)$ が生成物として出現できるのは，この反応ではエネルギーが外界へと分散する傾向が強いからである．●

**自習問題 4·8**

25 ℃ における反応 $N_2(g) + 3H_2(g) \longrightarrow 2NH_3(g)$ の外界のエントロピー変化を計算せよ．ただし，この温度での標準反応エンタルピーは $\Delta_r H^{\ominus} = -92.2\,kJ\,mol^{-1}$，標準

反応エントロピーは $\Delta_r S^{\ominus} = -199\,J\,K^{-1}\,mol^{-1}$ である．

［答：$+111\,J\,K^{-1}\,mol^{-1}$］

# ギブズエネルギー

エントロピーを計算するうえでの問題の一つは，以上で明らかになった．すなわち，系のエントロピー変化と外界のエントロピー変化の両方を計算して，その合計の符号を考えなければならないということである．アメリカの偉大な理論家ギブズ[1] は 19 世紀末にかけて化学熱力学の基礎を築いたのであるが，彼はこの二つの計算を一つにまとめる方法を考えついた．2 回の計算を一度で済ませることは，単に労力をほんのわずか節約するということではなくて，実はきわめて重要なことであることがわかった．本書でも彼が導いた結論を使うことにしよう．

### 4·12 系の性質のみによる表現

ある過程に伴う全エントロピー変化は，$\Delta S_{total} = \Delta S + \Delta S_{sur}$ で表される．$\Delta S$ は系のエントロピー変化であり，自発変化の場合は $\Delta S_{total} > 0$ である．この過程が一定温度，一定圧力で起こるときには (4·10) 式が使えて，外界のエントロピー変化を系のエンタルピー変化 $\Delta H$ によって表すことができる．その式を上式に代入すれば，

$$\Delta S_{total} = \Delta S - \frac{\Delta H}{T} \quad \text{温度一定，圧力一定}$$

全エントロピー変化 (4·14)

が得られる．この式を使えば，系と外界の全エントロピー変化が系に属する量だけで表せるという大きな利点がある．ただし，この関係が使えるのは一定温度，一定圧力における変化だけという制約は残る．

次に，非常に大事なステップに進もう．まず，次式で定義される**ギブズエネルギー**[2] $G$ という熱力学量を導入する．

$$G = H - TS \quad \text{定義} \quad \text{ギブズエネルギー} \quad (4·15)$$

ギブズエネルギーのことを"自由エネルギー"や"ギブズ自由エネルギー"ということもある．$H$ や $T, S$ はいずれも状態関数であるから，$G$ も状態関数である．また，温度一定のときのギブズエネルギー変化 $\Delta G$ は，エンタルピー変化とエントロピー変化によってつぎのように表される．

$$\Delta G = \Delta H - T\Delta S \quad \text{温度一定} \quad \text{ギブズエネルギー変化} \quad (4·16)$$

(4·14) 式と (4·16) 式を比較すれば，

---

1) J. W. Gibbs (1839–1903)  2) Gibbs energy

$$\Delta G = -T\Delta S_{\text{total}} \quad \substack{\text{温度一定,}\\\text{圧力一定}} \quad \boxed{\text{ギブズエネルギー変化}} \quad (4\cdot17)$$

であることがわかる．このように温度，圧力とも一定という条件下で起こる過程の場合には，系のギブズエネルギー変化は系と外界の全エントロピー変化に比例することがわかる．

$\Delta G$ は $\Delta S_{\text{total}}$ と符号が違う．自発過程であるための条件を全エントロピーで表せば $\Delta S_{\text{total}} > 0$ となり（この式はいつも正しい），これをギブズエネルギーで表せば $\Delta G < 0$（温度，圧力とも一定のもとで起こる過程に限る）となる．すなわち，<u>一定温度，一定圧力のもとで起こる自発変化ではギブズエネルギーは減少する</u>（図 4·18）．

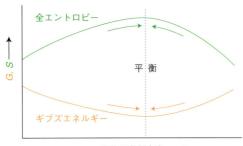

**図 4·18** 自発変化が起こるかどうかの目安になるのは，系と外界を加えた全エントロピーが増加するかどうかである．温度も圧力も一定という条件が与えられれば，系の性質だけに注目することができて，自発変化の基準を系のギブズエネルギーが減少する方向とすることができる．

自発過程では，このように系の何らかの量が減少するという方が考えやすいであろう．しかし，忘れてならないのは，系がギブズエネルギーの低い側に向かう傾向があるといういい方は，系と外界をあわせた全エントロピーが増加する傾向があるということをいい換えたものにすぎないという点である．自発変化の基準になるのは，あくまでも系と外界の全エントロピーの値である．ギブズエネルギーは全エントロピー変化を系の性質だけで表現するための便宜的な道具でしかない．しかも，一定温度，一定圧力の条件下で起こる過程にしか使えない．温度と圧力が一定という条件下で自発的に起こる化学反応はすべて，成長や学習，繁殖などの過程をつかさどる反応もまた，ギブズエネルギーが低くなる方向に変化しているのである．別の表現で表せば，系と外界を合わせた全体のエントロピーは増大するといえる．

## 4·13 ギブズエネルギーの性質

ギブズエネルギーは自発変化の基準を与えるだけでなく，もう一つの性質として，<u>一定温度，一定圧力の条件下</u>で起こる過程から取出すことのできる非膨張仕事の最大値は，その過程の $\Delta G$ に等しいといえる．**非膨張仕事**[1] $w'$ とは，系が膨張することで行う仕事を除けば何でもよく，電気的な仕事（電池や細胞の中で起こるような過程の場合）や，ぜんまいを巻いたときや，筋肉が収縮するときの仕事など（2 章で例を示した）膨張以外の力学的な仕事がそうである．このような性質をきちんと示すには，熱力学の第一法則と第二法則を結び付ける必要がある．「式の導出 4·5」から，つぎのことがいえる．

$$\Delta G = w'_{\max} \quad \substack{\text{温度一定,}\\\text{圧力一定}} \quad \boxed{\substack{\text{ギブズエネルギーと}\\\text{非膨張仕事の関係}}} \quad (4\cdot18)$$

### ● 簡単な例示 4·13  非膨張仕事

25 °C，1 bar で 1 mol の $H_2O(l)$ が生成する反応では，$\Delta H = -286\,\text{kJ}$ および $\Delta G = -237\,\text{kJ}$ であることが実験でわかっている．したがって，水素と酸素の反応で 1 mol の $H_2O(l)$ を生成する反応からは，25 °C で最大 237 kJ の非膨張仕事が取出せる．この反応が燃料電池（化学反応を利用して電流をつくりだす装置で，スペースシャトルでも使われた）で起これば，生成物の $H_2O$ 1 mol 当たり 237 kJ の仕事が電気エネルギーとして取出せる．このエネルギーによって，60 W の電球を約 1.1 h だけ点灯できる．もし，仕事のかたちでエネルギーを取出さなければ，286 kJ のエネルギー（$-\Delta H$ に相当）が熱として発生してしまう．一方，放出されるエネルギーの一部を仕事のかたちで使えば，最大 237 kJ の非膨張仕事（$-\Delta G$ に相当）が得られるのである．●

### 式の導出 4·5  非膨張仕事の最大値

可逆過程を扱うときは，熱力学量の無限小変化を考えると簡単である．ここで，ある過程のギブズエネルギーの無限小変化 $dG$ と，その過程がする非膨張仕事の最大値 $dw'$ との関係を導いておこう．まず，(4·16) 式を無限小変化に適用したかたちから始めよう．

$$\text{温度一定では} \quad dG = dH - TdS$$

ここで，d は無限小変化を表している．熱力学式を扱うコツは，現れた各項をその定義の式で次々に置き換えていくことである．ここでもそれを 2 回行う．まず，一定圧力のもとでのエンタルピー変化の式〔(2·13) 式；$dH = dU + p\,dV$〕を使って次式を得る．

温度一定，圧力一定では

$$dG = dH - TdS = dU + pdV - TdS$$

次に，$dU$ を無限小仕事と無限小熱を使って書き換えて（$dU = dw + dq$）次式を得る．

---

[1] non-expansion work

$$dG = dU + p\,dV - T\,dS = dw + dq + p\,dV - T\,dS$$

**ノート**　2章で述べたように，熱も仕事も過程であって，性質を表すのは内部エネルギーである．したがって，同じ記号 d でも，$q$ や $w$ に付けた d と $U$ に付けた d の意味は違う．$dU$ は系の非常に小さな内部エネルギー変化を表すが，$dq$ や $dw$ は非常に小さなエネルギーが熱や仕事として移動することを表している．

系に対する仕事を膨張による仕事 $-p_{ex}\,dV$ と非膨張仕事 $dw'$ に分けて表す．したがって，

$$dG = dw + dq + p\,dV - T\,dS$$
$$= -p_{ex}\,dV + dw' + dq + p\,dV - T\,dS$$

この式は一定温度，一定圧力のもとで起こるどんな過程にも使える．

ここからは可逆変化に話を限る．膨張による仕事を可逆的なものとするには $p$ と $p_{ex}$ を等しくする必要がある．そうすれば右辺の第1項と第4項は打消しあって消える．さらに，熱の移動も可逆的に行われるので $dq$ を $T\,dS$ とおくことができ，第3項と第5項も消える．そこで，

$$dG = -p\,dV + dw' + T\,dS + p\,dV - T\,dS$$

となる．最後に残った項を書けば，

温度および圧力が一定のとき可逆過程では　$dG = dw'_{rev}$

となる．最大の仕事は可逆変化で得られるから（2・4節参照），別の表し方をすれば，

温度一定，圧力一定　$dG = dw'_{max}$

と書ける．系の始状態と終状態が指定されたとき，その間を無限小変化で結べばずっとこの関係が成立している．したがって，（4・18）式が得られる．

---

**例題 4・3** ギブズエネルギー変化の計算

質量 30 g の小鳥がいる．地上 10 m の木の枝まで飛び上がるのに消費しなければならないグルコースの質量は少なくともどれだけか．ただし，1.0 mol の $C_6H_{12}O_6(s)$ が 25 ℃で酸化反応によって二酸化炭素と水蒸気に変化するときのギブズエネルギー変化は $-2808$ kJ である．

**解法**　まず，質量 $m$ の物体を地上 $h$ まで持ち上げるのに必要な仕事を求める必要がある．これは（0・11）式より $mgh$ である．ここで，$g$ は自然落下の加速度である．この仕事は非膨張仕事であるから $\Delta G$ とおいてよい．次に，このギブズエネルギー変化を起こすのに必要なグルコースの物質量を求め，モル質量を用いて質量に変換すればよい．

**解答**　鳥がなすべき非膨張仕事は，

$$w' = mgh = (30 \times 10^{-3}\,\text{kg}) \times (9.81\,\text{m s}^{-2}) \times (10\,\text{m})$$
$$= 3.0 \times 9.81 \times 1.0 \times 10^{-1}\,\text{J}$$

である（ここで $1\,\text{kg m}^2\,\text{s}^{-2} = 1\,\text{J}$ を用いた）．これだけのギブズエネルギーをグルコースの酸化反応で生みだすのに必要なグルコース分子の物質量 $n$ を求めればよい．グルコース 1 mol は 2808 kJ を与えるから，

$$n = \frac{3.0 \times 9.81 \times 1.0 \times 10^{-1}\,\text{J}}{2.808 \times 10^6\,\text{J mol}^{-1}}$$

（Jを消去）

$$= \frac{3.0 \times 9.81 \times 1.0 \times 10^{-7}}{2.808}\,\text{mol}$$

である．グルコースのモル質量 $M$ は 180 g mol$^{-1}$ であるから，酸化しなければならないグルコースの質量 $m$ は，

$$m = nM$$
$$= \left( \frac{3.0 \times 9.81 \times 1.0 \times 10^{-7}}{2.808}\,\text{mol} \right) \times (180\,\text{g mol}^{-1})$$

（molを消去）

$$= 1.9 \times 10^{-4}\,\text{g}$$

である．つまり，この鳥はこのような力学的な仕事のためだけに，少なくとも 0.19 mg のグルコースを使わなければならない（飛ぼうかどうか考えたりしているともっと必要である）．

---

**自習問題 4・9**

物理化学の問題に取組んでいるときのように，人が頭を使えば，脳は約 25 W を消費する（1 W = 1 J s$^{-1}$）．これだけの出力を確保するのに，1時間当たりに消費すべきグルコースの質量はどれだけか．　　　　[答：5.7 g]

---

化学においてギブズエネルギーがどれほど重要か，わかり始めたことであろう．ギブズエネルギーは，化学反応に内蔵されていて膨張によらずに取出せる仕事の目安になっている．すなわち $\Delta G$ が求まれば，膨張によらない何らかの方法で，その反応から得られる仕事の最大値がわかる．電気エネルギーとして非膨張仕事を取出す場合もある．化学電池の中で起こる反応がそうで（燃料電池はその中の特殊なもの）これについては9章で説明する．反応はまた，別の分子を組立てるのにも使われる．細胞内で起こる反応がその例で，この場合，ATP（アデノシン 5′-三リン酸）が ADP に加水分解されるときに得られるギブズエネルギーがアミノ酸からタンパク質をつくるのに使われたり，筋収縮の原動力となったり，あるいは脳の神経回路を機能させるのに使われている．実際，エントロピーやギブズエネルギーを使って生命現象を表せば，それが第二法則と矛盾のないものであることを容易に説明できる（「インパクト 4・2」を見よ）．

## 4・13 ギブズエネルギーの性質

その説明は，$\Delta G = \Delta H - T\Delta S$ を使って表せる．たとえば，2・9節で見たように，非膨張仕事がなければ，$\Delta H$ は（圧力一定で）熱として移動したエネルギーに等しいといえる．一方，たとえ非膨張仕事を含むどんな過程が起こったとしても，それが可逆過程であれば $T\Delta S$ も熱として移動したエネルギーに等しいといえる．したがって，両者に違いがあるとき，それは系が行った非膨張仕事によるエネルギー移動を表しているのである．

### 生物学へのインパクト 4・2

#### 生命現象と第二法則

温度と圧力が一定の条件下で自発的に起こる化学反応はすべて，成長や学習，繁殖などの過程をつかさどる反応もまた，ギブズエネルギーが低くなる方向に変化している．別の表現で表せば，系と外界を合わせた全体のエントロピーは増大する．このように考えれば，生物学的な過程の集まりとみなせる生命現象が，高度に組織化された体内で熱力学第二法則に反することなく維持されている理由が容易に説明できよう．

細胞内の諸条件は，体内で食物の消化分解に関与する大半の反応を自発過程にしている．たとえば，糖や脂質のような大きな分子が分解して小さな分子が生成すれば，細胞内でものの分散が起こるであろう．食物が酸化されて，もともとあった結合が組換われればエネルギーが放出されるから，エネルギーも分散されることになる．むしろ，さほど簡単に説明できないのは，膨大な数の分子が組織化されて生体細胞ができ，それが生命体を構成するという必然性である．確かに，分子が寄り集まって細胞や組織，器官などを形成すれば，ものの分散の度合いが低くなるので，このとき系（生命体）のエントロピーは非常に低い．しかしながら，この系のエントロピーが低下できるのは外界のエントロピー上昇があっての話である．

この点を理解するために知っておくべきことは，細胞というのは，太陽からのエネルギーや食物の酸化によるエネルギーの一部を仕事に変換することによって成長し，活動していることである．残りのエネルギーは熱として外界に放出されるから，$q_{sur} > 0$ すなわち $\Delta S_{sur} > 0$ である．どんな過程でもそうだが，生命体の形成によって生じるエントロピー減少が環境のエントロピー上昇によって埋め合わせされている限り，生命現象は自発的であり，生命体は生きていられる．あるいは，われわれが生命現象とよんでいる関連する物理変化や化学変化全部を考えれば，$\Delta G < 0$ が成り立っているといってもよい．

## チェックリスト

- [ ] **1** 自発変化とは，それをひき起こすのに何ら仕事を必要とせず，ひとりでに起こる傾向をもつ変化である．
- [ ] **2** ものとエネルギーは，いずれも乱雑に分散する傾向をもつ．
- [ ] **3** 熱力学第二法則によれば，孤立系のエントロピーは増加する傾向にある．
- [ ] **4** 系の加熱に伴うエントロピー変化は一般に，$C/T$ を $T$ に対してプロットしたグラフで，注目している二つの温度の間に挟まれた曲線の下を占める面積に等しい．
- [ ] **5** 熱力学第三法則によれば，完全に結晶性の物質であれば，$T = 0$ におけるエントロピーはすべて同じである（それを 0 としてよい）．
- [ ] **6** 残余エントロピーは，$T = 0$ で物質に残された何らかの乱れによるエントロピーである．
- [ ] **7** 温度および圧力が一定のもとでは，系はギブズエネルギーが減少する方向に変化する傾向をもつ．
- [ ] **8** 温度および圧力が一定のもとでは，ある過程に伴うギブズエネルギー変化は，その過程が行える非膨張仕事の最大値に等しい．

## 重要な式の一覧

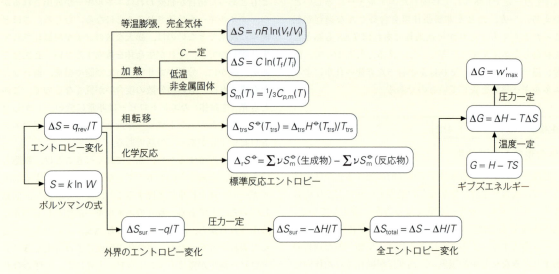

青色で示した式は完全気体に限る.

## 問題と演習

### 文章問題

**4·1** ある物理過程を自発過程と分類するための唯一の基準について説明せよ.

**4·2** 気体のエントロピーは (a) 体積, (b) 温度とともに増加する. これを分子論的に説明せよ.

**4·3** トルートンの規則を解説せよ. また, この規則からのずれの原因は何か.

**4·4** 統計エントロピーと熱力学エントロピーは同じものであることを説明せよ.

**4·5** どのような条件であれば, 系の性質だけを使って自発変化の方向がわかるか.

**4·6** 生命の進化は, 膨大な数の分子を生体細胞にまで組織化することで達成されている. このような生命体が形成されるのは, 熱力学第二法則に反しないのか. これに対する結論を明確に述べ, その論拠を示せ.

### 演習問題

特に指示しない限り, 気体はすべて完全気体とせよ. 熱化学データはすべて 298.15 K でのものである.

**4·1** 20 ℃ の水槽で金魚が泳いでいる. ある時間の間に, 代謝により発生した合計 120 J のエネルギーが水に放出された. このときの水のエントロピー変化を求めよ. ただし, 水以外へのエネルギーの流出はないものとする.

**4·2** 0 ℃ に近い温度の水が入っているコップに, 質量 100 g の氷を投げ入れた. このとき, 氷は外界から 33 kJ のエネルギーを熱のかたちで吸収して融けた. (a) 試料 (氷) のエントロピー変化, (b) 外界 (コップの水) のエントロピー変化を求めよ.

**4·3** アルミニウム 1.00 kg を, 一定圧力のもとで 300 K から 250 K まで冷却したい. 熱のかたちで取除くべきエネルギーと, そのときの試料のエントロピー変化を計算せよ. ただし, アルミニウムのモル熱容量を 24.35 J K$^{-1}$ mol$^{-1}$ とする.

**4·4** (a) 氷 100 g が 0 ℃ で融解したとき, (b) 水 100 g が 0 ℃ から 100 ℃ まで加熱されたとき, (c) 水 100 g が 100 ℃ で蒸発したときのエントロピー変化をそれぞれ求めよ. 得られた値を使って, 0 ℃ の氷 100 g が 100 ℃ の水蒸気に転移したときのエントロピー変化を求めよ. また, これがヒーターを使って一定の速さでエネルギーを供給したときの変化であるとして, つぎの量の変化の様子を時間の関数としてグラフに表せ. (a) 系の温度, (b) 系のエンタルピー, (c) 系のエントロピー.

**4·5** 窒素が 1.0 dm$^3$ から 5.5 dm$^3$ まで等温膨張したとき, そのモルエントロピー変化を計算せよ.

**4·6** 250 K, 1.00 atm のもとで 15.0 dm$^3$ の体積を占めていた二酸化炭素を等温圧縮した. そのエントロピーを 10.0 J K$^{-1}$ だけ減少させるには, 気体の体積をどれだけに

## 4. 熱力学第二法則

圧縮すべきか.

**4·7** 息を吐いたり，フラスコの栓を開けたりして気体が等温膨張すれば，気体のエントロピーは増加する. 260 K で 105 kPa の気体メタン 15 g を等温膨張させ，圧力を 1.50 kPa とした. この間を (a) 可逆変化した場合と (b) 非可逆変化した場合について，気体のエントロピー変化をそれぞれ計算せよ.

**4·8** 水 100 g を室温 (20 °C) から体温 (37 °C) まで温めたとき，そのエンタルピー変化はどれだけか. $C_{p,m} = 75.5 \, \mathrm{J \, K^{-1} \, mol^{-1}}$ を用いよ.

**4·9** 1.0 kg の鉛が 500 °C から 100 °C に冷えたとき，そのエントロピー変化を計算せよ. $C_{p,m} = 26.44 \, \mathrm{J \, K^{-1} \, mol^{-1}}$ とする.

**4·10** アルゴンを $2.0 \, \mathrm{dm^3}$ から $500 \, \mathrm{cm^3}$ まで圧縮しながら，同時に 300 K から 400 K まで熱した. このときのモルエントロピー変化を計算せよ. ただし，$C_{V,m} = \frac{3}{2}R$ とする.

**4·11** 単原子分子の完全気体を温度 $T_i$ で等温膨張させ，はじめの体積の 2 倍にした. これを元のエントロピー値に戻すには，温度をどこまで下げなければならないか. ただし，$C_{V,m} = \frac{3}{2}R$ とする.

**4·12** あるサイクル機関（専門的にいえばカルノーサイクル[1]）を使って完全気体を等温可逆的に膨張させ，次に断熱 ($q = 0$) 可逆的に膨張させた. 断熱膨張過程では温度が下がった. これらの膨張過程の後，等温可逆的に圧縮し，次に断熱可逆的に圧縮して元の体積と温度に戻した. エントロピーを温度に対してプロットしたグラフ描いて，全サイクルの様子を表せ.

**4·13** 塩化カリウムの 5.0 K におけるモル熱容量は $1.2 \, \mathrm{mJ \, K^{-1} \, mol^{-1}}$ である. 塩化カリウムの 5.0 K におけるモルエントロピーを求めよ.

**4·14** 断熱容器にあらかじめ入れておいた 10 °C の水 100 g に，80 °C の水 100 g を注いだ. このときのエントロピー変化を計算せよ. ただし，$C_{p,m} = 75.5 \, \mathrm{J \, K^{-1} \, mol^{-1}}$ とする.

**4·15** グラファイト→ダイヤモンドの相転移が 100 kbar，2000 K で起こるときのエンタルピー変化は $+1.9 \, \mathrm{kJ \, mol^{-1}}$ である. その転移エントロピーを計算せよ.

**4·16** クロロホルム（トリクロロメタン，$CHCl_3$）の通常沸点 334.88 K における蒸発エンタルピーは $29.4 \, \mathrm{kJ \, mol^{-1}}$ である. (a) この温度におけるクロロホルムの蒸発エントロピーを計算せよ. (b) このときの外界のエントロピー変化はどれだけか.

**4·17** ある化合物の融点 (151 °C) における融解エンタルピーは $36 \, \mathrm{kJ \, mol^{-1}}$，液体のモル定圧熱容量は $33 \, \mathrm{J \, K^{-1} \, mol^{-1}}$，固体のモル定圧熱容量は $17 \, \mathrm{J \, K^{-1} \, mol^{-1}}$ である. この化合物の 25 °C における融解エントロピーを計算せよ.

**4·18** オクタンはガソリンの代表的な成分であり，1 atm での沸点は 126 °C である. オクタンの (a) 蒸発エントロピー，(b) 蒸発エンタルピーを求めよ.

**4·19** ある気体の体積 $V$ に含まれる $N$ 個の分子の配置の重みは $V^N$ に比例するものとする. ボルツマンの式を使って，この気体が等温で $V_i$ から $V_f$ に膨張したときのエントロピー変化を求めよ.

**4·20** $FClO_3$ 分子は固体中で 4 通りの配向をとることができ，その間のエネルギー差は無視できる. そのモル残余エントロピーはいくらか.

**4·21** つぎの反応の標準反応エントロピーは正か負か. 計算せずに答えよ.

(a) $\mathrm{Ala-Ser-Thr-Lys-Gly-Arg-Ser} \xrightarrow{\text{トリプシン}}$
$\qquad \mathrm{Ala-Ser-Thr-Lys + Gly-Arg + Ser}$

(b) $\mathrm{N_2(g) + 3 H_2(g) \longrightarrow 2 NH_3(g)}$

(c) $\mathrm{ATP^{4-}(aq) + 2 H_2O(l) \longrightarrow}$
$\qquad \mathrm{ADP^{3-}(aq) + HPO_4^{2-}(aq) + H_3O^+(aq)}$

**4·22** 巻末の資料「熱力学データ」にある標準モルエントロピーの値を使って，つぎの反応の 298 K における標準反応エントロピーを計算せよ.

(a) $\mathrm{2 CH_3CHO(g) + O_2(g) \longrightarrow 2 CH_3COOH(l)}$

(b) $\mathrm{2 AgCl(s) + Br_2(l) \longrightarrow 2 AgBr(s) + Cl_2(g)}$

(c) $\mathrm{Hg(l) + Cl_2(g) \longrightarrow HgCl_2(s)}$

(d) $\mathrm{Zn(s) + Cu^{2+}(aq) \longrightarrow Zn^{2+}(aq) + Cu(s)}$

(e) $\mathrm{C_{12}H_{22}O_{11}(s) + 12 O_2(g) \longrightarrow 12 CO_2(g) + 11 H_2O(l)}$

**4·23** 運動してグルコースを 100 g だけ消費した. このとき，熱として生じたエネルギーがすべて体温 37 °C の体に残ったとする. 体のエントロピー変化を求めよ.

**4·24** 反応 $\mathrm{N_2(g) + 3 H_2(g) \longrightarrow 2 NH_3(g)}$ の標準反応エントロピーと外界 (298 K) のエントロピー変化を計算せよ.

**4·25** 直線形分子から成る気体のモル定圧熱容量は約 $\frac{7}{2}R$ であり，非直線形分子では約 $4R$ である. つぎの反応で，圧力一定のまま温度を 10 K だけ上げたとき，標準反応エントロピーがどれだけ変化するかを求めよ.

(a) $\mathrm{2 H_2(g) + O_2(g) \longrightarrow 2 H_2O(g)}$

(b) $\mathrm{CH_4(g) + 2 O_2(g) \longrightarrow CO_2(g) + 2 H_2O(g)}$

**4·26** 演習問題 4·24 で得た結果を使って，反応 $\mathrm{N_2(g) + 3 H_2(g) \longrightarrow 2 NH_3(g)}$ の標準反応ギブズエネルギーを計算せよ.

**4·27** 体温 37 °C で起こるある生体反応のエンタルピー変化は $-135 \, \mathrm{kJ \, mol^{-1}}$，エントロピー変化は $-136 \, \mathrm{J \, K^{-1} \, mol^{-1}}$ であった. (a) ギブズエネルギー変化を計算せよ. (b) この反応は自発的か. (c) 系と外界の合計のエントロ

---

1) Carnot cycle

ピー変化を計算せよ.

**4·28** グルコース $C_6H_{12}O_6(s)$ が酸化され,二酸化炭素と水蒸気が生成する反応の 25 °C におけるギブズエネルギー変化は −2808 kJ mol⁻¹ である.体重 65 kg の人が 10 m だけ上るのに消費するグルコースの量を計算せよ.

**4·29** 有機物の燃料を利用した燃料電池がいろいろ開発されている.近い将来,罹患組織の修復を行うための小型機械を静脈に埋め込んで,それを駆動するために使われるかもしれない.1.0 mg のスクロースが二酸化炭素と水に代謝されるときに得られる最大の非膨張仕事はどれだけか.

**4·30** グルタミン酸イオンとアンモニウムイオンから,グルタミンが生成するには 14.2 kJ mol⁻¹ のエネルギーが必要である.この反応は,グルタミン合成酵素の存在下で ATP が加水分解され,ADP ができる反応によって駆動される.(a) ATP の加水分解反応のギブズエネルギー変化は,細胞内でふつう起こる条件のもとでは $\Delta_r G = -31$ kJ mol⁻¹ に相当する.この加水分解反応によってグルタミンの生成をひき起こすことができるか.(b) 1 mol のグルタミンを生成するのに,何モルの ATP が加水分解されなければならないか.

**4·31** アセチルリン酸の加水分解反応は,ふつうの生体内の条件では $\Delta_r G = -42$ kJ mol⁻¹ である.ATP の加水分解反応と組合わさってアセチルリン酸が生成されるとして,最小限必要な ATP 分子の数はどれだけか.

**4·32** 代表的な細胞の大きさは半径 10 μm である.その中で毎秒 10⁶ 個の ATP 分子が加水分解されるとする.この細胞の出力密度を W m⁻³ の単位で表せ(1 W = 1 J s⁻¹).あるコンピューターの電池は 15 W を消費していて,その体積は 100 cm³ である.この細胞と電池を比べたとき,どちらの出力密度が大きいか.(演習問題 4·31 のデータを用いよ.)

## プロジェクト問題

記号 ‡ は微積分の計算が必要なことを示す.

**4·33** ‡ (4·3) 式は,熱容量が温度に無関係という仮定に基づいている.ここでは,熱容量が温度に依存し,$C = a + bT + c/T^2$ で表される場合を考える.このとき,温度 $T_i$ から $T_f$ まで加熱したときのエントロピー変化を表す式を導け.〔ヒント:「式の導出 4·2」を見よ.〕

**4·34** ここでは冷蔵庫とヒートポンプの熱力学について考えよう.「工業技術へのインパクト 4·1」で述べた熱エンジンの効率に関する説明を参考にして,つぎの問いに答えよ.(a) 理想的な冷蔵庫において,仕事のかたちで供給したエネルギーに対する,温度 $T_{cold}$ の内部から熱のかたちで取出したエネルギーの比が,最高の冷却効率係数 $c_{cool}$ である.$c_{cool} = T_{cold}/(T_{hot} - T_{cold})$ で表されることを示せ.200 W で運転している冷蔵庫の内部温度が 5.0 °C で,室温が 22.0 °C のとき,冷蔵庫内部から熱として汲み出せる単位時間当たりのエネルギーの最大値はいくらか.(b) 理想的なヒートポンプにおいて,仕事のかたちで供給したエネルギーに対する,温度 $T_{hot}$ の側で熱として発生したエネルギーの比が最高の加熱効率係数 $c_{warm}$ である.$c_{warm} = T_{hot}/(T_{hot} - T_{cold})$ で表されることを示せ.消費電力が 2.5 kW のヒートポンプを 18.0 °C で運転し,室内温度を 22.0 °C に暖めている.熱として取込める単位時間当たりのエネルギーの最大値はいくらか.

**4·35** ‡ 非金属固体の熱容量の極低温での温度依存性は,デバイの $T^3$ 則に従うことがわかっており,$C_{p,m} = aT^3$ で表される.(a) このような固体を加熱したときのモルエントロピー変化の式を導け.(b) 固体窒素では $a = 6.15 \times 10^{-3}$ J K⁻⁴ mol⁻¹ である.固体窒素の 5 K でのモルエントロピーを求めよ.

# 5

# 純 物 質 の 相 平 衡

相転移の熱力学

5·1 安定性の条件

5·2 ギブズエネルギーの圧力変化

5·3 ギブズエネルギーの温度変化

相 図

5·4 相 境 界

5·5 相境界の位置

5·6 物質に固有な点

5·7 相 律

5·8 代表的な物質の相図

5·9 液体の分子的な構造

チェックリスト

重要な式の一覧

問題と演習

沸騰や凝固, グラファイトからダイヤモンドへの変換などはすべて**相転移**[1] の例である. すなわち, 化学組成はそのままで, 相が変化している. 身のまわりにはさまざまな相の変化が見られ, それらを記述するのも物理化学の重要な役目である. 氷の融解のように固体が液体に変化したり, 肺の中で水が蒸発するように液体が蒸気に変化したりするときには相転移が起こっている. ある固相から別の固相へ変化する場合もそうである. グラファイトに高圧をかければダイヤモンドに変化するし, 製鋼の過程で鉄を熱すれば別の相に変わる. 固体と液体の中間的な性質をもつ液晶相ができる物質を利用して, 種々の電子機器に必要な表示画面がつくられている. 相の変化は地質学的にも重要である. たとえば, 炭酸カルシウムはふつうアラレ石として産するが, 別の結晶形である方解石へと徐々に変化する.

本章では, 相転移の二つの側面について説明する. はじめに, 圧力や温度の変化で起こる相転移について, 熱力学から何がわかるかを示そう. 次に, 各相が安定に存在できる領域を図で表す方法について述べる.

## 相 転 移 の 熱 力 学

物質のギブズエネルギー $G = H - TS$ は, そのエンタルピー $H$, 温度 $T$, エントロピー $S$ によって表される. 以下では, このギブズエネルギーが中心的な役割を演じる. そこで, ギブズエネルギーの値が圧力や温度によってどう変化するかを知る必要がある. その依存性が明らかになるにつれ, ものの熱力学的性質や相転移がいっそう深く理解できるだろう.

### 5·1 安定性の条件

まず, 純物質の相転移を考えるうえで, モルギブズエネルギー $G_m = G/n$ が重要であることを示そう. モルギブ

---

1) phase transition

## 5. 純物質の相平衡

ズエネルギーは示強性の性質であり，同じ物質でも相によって異なる．たとえば，液体の水のモルギブズエネルギーは同じ温度，同じ圧力でも一般には水蒸気のモルギブズエネルギーと異なる．物質量 $n$ の物質が，モルギブズエネルギー $G_m(1)$ のある相 1（たとえば液体）からモルギブズエネルギー $G_m(2)$ の別の相 2（たとえば蒸気）へと変化したとき，そのギブズエネルギー変化は，

$$\Delta G = nG_m(2) - nG_m(1) = n\{G_m(2) - G_m(1)\}$$

で表される．温度と圧力が一定の条件下で起こるある変化が自発的であれば，そのギブズエネルギー変化 $\Delta G$ が負であることはすでに知っている．したがって，この式で相 2 のモルギブズエネルギーが相 1 よりも小さければ，$G_m(2) - G_m(1) < 0$ となって，相 1 から相 2 への変化は自発的であるといえる．いい換えれば，

- 物質は，そのモルギブズエネルギーが最小の相へと変化する自発的な傾向をもつ．

ある温度，圧力で，ある物質の固相のモルギブズエネルギーが液相より低いときには，固相の方が熱力学的に安定である．このとき液体は凝固する（実際に凝固しない場合でも，その傾向をもつといえる）．逆の場合は液体の方が熱力学的に安定であるから固体は融解する．たとえば，1 atm の圧力下では，0 ℃ より温度が低ければ氷は液体の水よりもモルギブズエネルギーが低いから，このような条件下で水が氷に変化するのは自発的である．

### ● 簡単な例示 5・1　熱力学的な安定性

金属性の白色スズ（β-Sn）から非金属性の灰色スズ（α-Sn）への 298 K での転移ギブズエネルギーは ＋0.13 kJ mol⁻¹ である．3・5 節で述べたように，元素の基準状態は，通常の条件下で最も安定な形態で定義されている．白色スズのモルギブズエネルギーは，灰色スズより 0.13 kJ mol⁻¹ 低いから，298 K で熱力学的に最も安定な形態，つまり基準状態は金属性の白色スズ（β-Sn）である．●

### 5・2　ギブズエネルギーの圧力変化

相転移が圧力によってどう変化するかを考えるには，物質のモルギブズエネルギーがどう圧力変化するかを知る必要がある．つぎの「式の導出」で示すように，温度一定で圧力が少量 $\Delta p$ だけ変化すれば，物質のモルギブズエネルギー変化は，

$$\Delta G_m = V_m \Delta p \tag{5・1}$$

で表される．$V_m$ はこの物質のモル体積である．問題としている圧力範囲でモル体積が一定とみなせれば，この式が使える．

---

### 式の導出 5・1　$G$ の圧力変化

ギブズエネルギーの定義 $G = H - TS$ からはじめよう．ここで，系の温度，体積，圧力を無限小だけ変化させれば，$H$ は $H + dH$ に，$T$ は $T + dT$，$S$ は $S + dS$，$G$ は $G + dG$ へとそれぞれ変化する．このとき，

$$G + dG = H + dH - (T + dT)(S + dS)$$
$$= H + dH - TS - TdS - SdT - dTdS$$

と書ける．ここで，左辺の $G$ は右辺の $H - TS$（青色で示してある）と消しあう．また，無限小量同士の積 $dTdS$ の項は無視できるほど小さいから，結果として残るのは，

$$dG = dH - TdS - SdT$$

である．ここから先へ進むには，エンタルピーがどう変化するかを知る必要がある．そこで，エンタルピーの定義 $H = U + pV$ からはじめ，上と同様にして（$U$ を $U + dU$ に置き換えるなどして），

$$H + dH = U + dU + (p + dp)(V + dV)$$
$$= U + dU + pV + pdV + Vdp + dpdV$$

と書く．ここでも，無限小量同士の積 $dpdV$ の項を無視し，左辺の $H$ は右辺の $U + pV$（青色で示してある）と消しあうから，

$$dH = dU + pdV + Vdp$$

と書ける．この式を前の式に代入すれば，

$$dG = dU + pdV + Vdp - TdS - SdT$$

が得られる．ここでさらに，系に無限小量の熱（$dq$）や仕事（$dw$）が加えられたとき，内部エネルギーがどう変化するか（$dU$）を知る必要がある．そこで，

$$dU = dq + dw$$

と書く．ここでは当面，可逆変化だけを考えることにすれば，$dq$ は $TdS$ に（$dS = dq_{rev}/T$ であるから），$dw$ は $-pdV$ に（$dw = -p_{ex}dV$ であり，可逆変化では $p_{ex} = p$ であるから）置き換えることができ，結果として次式を得る．

$$dU = TdS - pdV$$

この式を上の $dG$ の式に代入すれば，

$$dG = TdS - pdV + pdV + Vdp - TdS - SdT$$

が得られる．これで，つぎの重要な結果がわれわれに託されたことになる．

$$dG = Vdp - SdT \tag{5・2}$$

さて，ちょっとしたことだが大変重要なことがある．それは，この結果を導出するために，あらゆる条件を可逆的に

変化させたことである．ところが，$G$ はそもそも状態関数であるから，その変化は経路に依存しないはずである．したがって，(5・2) 式は可逆変化だけでなく，実はどんな変化に対しても使える式なのである．

ここで，温度一定の場合を考え，(5・2) 式で $dT = 0$ とおけば，

$$dG = V dp$$

が得られ，これをモル量で表せば $dG_m = V_m dp$ と書くことができる．この式は厳密に成り立つが，圧力の無限小変化にのみ適用できるものである．観測できる程度の大きさの変化に対しては，問題の圧力範囲でモル体積が一定とみなせれば，$dG_m$ や $dp$ をそれぞれ $\Delta G_m$ や $\Delta p$ に置き換えて，(5・1) 式を得ることができる．

**ノート**　熱力学で何かを証明したいときには，基本的な定義に戻るのがよい．（上の式の導出では，はじめに $G$，次に $H$，最後に $U$ という具合に，三度も定義に戻って考えた．）

---

(5・1) 式は何を表しているだろうか．まず，モル体積は常に正であるから，つぎのことがいえる．

- 圧力が増加すれば（$\Delta p > 0$），モルギブズエネルギーは増加する（$\Delta G_m > 0$）．

もう一つ，つぎのことがいえる．

- 同じ圧力変化なら，モル体積の大きな物質ほどモルギブズエネルギー変化が大きい．

したがって，気体のモル体積は凝縮相（液体や固体）よりずっと大きいから，$G_m$ の $p$ 依存性は，気体の方が凝縮相よりずっと大きい．たいていの物質では（水は数少ない重要な例外である），液相のモル体積は固相より大きい．そこで，$G_m$ を $p$ に対してプロットしたグラフで勾配を比較すれば，液体の方が固体よりも急である．このような特徴を図 5・1 に示す．

図 5・1 からわかるように，物質を加圧するにつれ気相のモルギブズエネルギーは液相のモルギブズエネルギーを超えて大きくなり，もっと加圧すれば液相のモルギブズエネルギーが固相のモルギブズエネルギーを超える．系はモルギブズエネルギーが最小の相へと転移するから，低圧では気相が最安定で，圧力が上昇するにつれ液相が最安定となり，最後に固相が最安定となる．いい換えれば，気体の物質を加圧すれば凝縮して液体ができ，もっと加圧すれば固体を生じる．

(5・1) 式を使えば，図 5・1 のグラフのような曲線の実際の形を予測することができる．固体や液体の場合はモル体積が圧力にほとんど依存しないから，(5・1) 式を使って非常によい近似でモルギブズエネルギー変化を求めることができる．すなわち，$\Delta G_m = G_m(p_f) - G_m(p_i)$ および $\Delta p = p_f - p_i$ とおけば，

$$G_m(p_f) = G_m(p_i) + V_m(p_f - p_i)$$

液体や固体　$G_m$ の圧力依存性　(5・3a)

が得られる．この式によれば，固体や液体では圧力が増加すれば，モルギブズエネルギーは直線的に増加する．しかし実際には，凝縮相のモル体積はかなり小さいから，モルギブズエネルギーの圧力変化は非常に小さく，ふつう扱う程度の圧力では $G$ の圧力変化は無視できることが多い．これと対照的に，気体の場合は，モルギブズエネルギーは圧力にかなり依存する．気体ではモル体積が大きいから，モルギブズエネルギーの圧力依存が相当な大きさになる．つぎの「式の導出」で示すように，

$$G_m(p_f) = G_m(p_i) + RT \ln \frac{p_f}{p_i}$$

完全気体　$G_m$ の圧力依存性　(5・3b)

が成り立つ．この式によれば，気体のモルギブズエネル

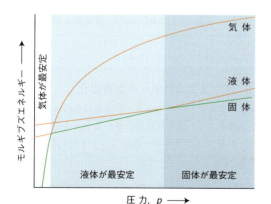

図 5・1　モルギブズエネルギーの圧力変化．最小のモルギブズエネルギーを与える相の曲線を緑色で示し，各圧力域で最も安定な相を示してある．

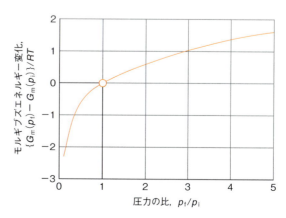

図 5・2　完全気体のモルギブズエネルギーの圧力変化

ギーは圧力の対数（$\ln p$）に比例して増加する（図5·2）. 圧力が高くなるとモルギブズエネルギー変化が鈍るのは, $V_m$ が小さくなるにつれ $G_m$ の圧力変化が鈍くなるためである.

### 式の導出5·2　完全気体のギブズエネルギーの圧力変化

「式の導出5·1」で得られた無限小の圧力変化に対する厳密な式, $dG_m = V_m\,dp$ からはじめよう. 圧力が $p_i$ から $p_f$ まで変化したときには, その無限小変化を全部足しあわせる（積分する）必要がある. そこで,

$$\Delta G_m = \int_{p_i}^{p_f} V_m\,dp$$

と書く. この積分を計算するには, モル体積が圧力にどう依存するかがわかっていなければならない. 完全気体の場合は, $V_m = RT/p$ である. そこで,

$$\Delta G_m = \int_{p_i}^{p_f} \overset{V_m = RT/p}{V_m\,dp} = \int_{p_i}^{p_f} \frac{RT}{p}\,dp = \overset{RTは一定}{RT \int_{p_i}^{p_f} \frac{1}{p}\,dp}$$

$$= RT \ln \frac{p_f}{p_i}$$

と計算できる. 最後の積分計算には「必須のツール2·1」で示したつぎの積分公式を用いた.

$$\int \frac{1}{x}\,dx = \ln x + 定数$$

最後に, $\Delta G_m = G_m(p_f) - G_m(p_i)$ を使えば（5·3b）式が得られる.

### 例題5·1　ギブズエネルギーの圧力変化の計算

液体の水と氷が0℃で平衡にあるとき, 両者のモルギブズエネルギーは等しい. その圧力を 1.0 bar から 100 bar に増加したとき, 両者のモルギブズエネルギーの差を計算せよ. 0℃の質量密度は, $\rho(氷) = 0.91671\,\mathrm{g\,cm^{-3}}$, $\rho(液体) = 0.99984\,\mathrm{g\,cm^{-3}}$ である.

**解法** まず, ある圧力におけるモルギブズエネルギー差を表す式をつくる. 次に,（5·3a）式を使って, その差が圧力変化によってどう変化するかを求める. モル体積と質量密度の関係は, $M$ を水のモル質量（$18.02\,\mathrm{g\,mol^{-1}}$）とすれば, $V_m = M/\rho$ である.

**解答** ある圧力 $p_f$ におけるモルギブズエネルギーの差は,

$$\Delta G_m(p_f) = G_m(\mathrm{liquid}, p_f) - G_m(\mathrm{ice}, p_f)$$

$$= \{G_m(\mathrm{liquid}, p_i) + V_m(\mathrm{liquid})(p_f - p_i)\}$$
$$- \{G_m(\mathrm{ice}, p_i) + V_m(\mathrm{ice})(p_f - p_i)\}$$

$$= \Delta G_m(p_i) + \{V_m(\mathrm{liquid}) - V_m(\mathrm{ice})\}(p_f - p_i)$$

と表せる. はじめの圧力では（両相は平衡にあったから）この差は0であるから,

$$\Delta G_m(p_f) = \{V_m(\mathrm{liquid}) - V_m(\mathrm{ice})\}(p_f - p_i)$$

$$\overset{V_m = M/\rho}{= M \left\{ \frac{1}{\rho(\mathrm{liquid})} - \frac{1}{\rho(\mathrm{ice})} \right\}(p_f - p_i)}$$

である. 与えられたデータを代入すれば,

$$\Delta G_m = \overset{M}{(18.02\,\mathrm{g\,mol^{-1}})}$$

$$\times \left\{ \underset{\rho(\mathrm{liquid})}{\frac{1}{0.99984\,\mathrm{g\,cm^{-3}}}} - \underset{\rho(\mathrm{ice})}{\frac{1}{0.91671\,\mathrm{g\,cm^{-3}}}} \right\}$$

$$\times \overset{(p_f - p_i)}{(99\,\mathrm{bar})}$$

$$= -162\,\mathrm{bar\,cm^3\,mol^{-1}}$$

$$= -162 \times \overset{\frac{\mathrm{bar}}{\mathrm{Pa}}}{10^5\,\mathrm{N\,m^{-2}}} \times \overset{1\,\mathrm{cm^3}}{10^{-6}\,\mathrm{m^3\,mol^{-1}}}$$

$$= -162 \times \overset{\mathrm{J}}{10^{-1}\,\mathrm{N\,m\,mol^{-1}}} = -16.2\,\mathrm{J\,mol^{-1}}$$

となる. この差は負であるから, 高圧で氷が液体の水になる転移（融解）は自発的である.

### 自習問題5·1

液体の水と水蒸気が100℃で平衡にある. その圧力を 1.00 bar から 2.00 bar に増加したとき, 両者のモルギブズエネルギー差を計算せよ. どちら向きの変化が自発的になるか. 液相の圧力効果は小さいから無視してよい.

［答: $+2.15\,\mathrm{kJ\,mol^{-1}}$, 凝縮が自発的となる］

## 5·3　ギブズエネルギーの温度変化

次に, モルギブズエネルギーが温度によってどう変化するかを考えよう. 温度変化が小さいとき, 一定圧力のもとでのモルギブズエネルギー変化は, つぎの「式の導出」で示すように,

$$\Delta G_m = -S_m \Delta T \qquad \text{$G_m$の温度依存性}\quad(5·4)$$

である. ここで, $\Delta G_m = G_m(T_f) - G_m(T_i)$ および $\Delta T = T_f - T_i$ である. この式は, 問題の温度域で物質のエントロピーが変化しなければ使える.

## 5・3 ギブズエネルギーの温度変化

> **式の導出 5・3** ギブズエネルギーの温度変化
>
> ここでは、「式の導出 5・1」で得た (5・2) 式 ($dG = Vdp - SdT$) を出発点としよう。それは圧力、温度ともに無限小だけ変化したときのギブズエネルギー変化を表す式である。ここで、圧力が一定なら $dp = 0$ で、(5・2) 式は (モル量で表せば)、
>
> $$dG_m = -S_m dT$$
>
> となる。この式は厳密に成り立つ。ここで、問題の温度域でモルエントロピーが変化しなければ、どちらの無限小変化量も有限の変化量に置き換えることができる。それが (5・4) 式である。

(5・4) 式からわかるように、モルエントロピーは常に正であるから、

- $G_m$ は、温度上昇 ($\Delta T > 0$) とともに減少する ($\Delta G_m < 0$)。

また、温度変化が同じなら、モルギブズエネルギー変化はモルエントロピーに比例することがわかる。同じ物質でも気相の方が凝縮相より空間的な乱れが大きいから、気相のモルエントロピーは凝縮相より大きい。したがって、モルギブズエネルギーの温度勾配は気体の方が凝縮相よりも急である。また、液相のモルエントロピーは同じ物質の固相のモルエントロピーより大きいから、固体の方がモルギブズエネルギーの温度勾配は緩やかである。このような関係を図 5・3 にまとめてある。

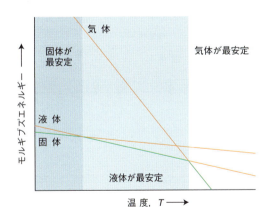

**図 5・3** モルギブズエネルギーの温度変化。どの相でもモルギブズエネルギーは温度上昇とともに減少する。それぞれの温度域で固体、液体、気体のうちモルギブズエネルギーの最も小さな相の曲線を緑色で示してある。

> **例題 5・2** ギブズエネルギーの温度変化の計算
>
> 液体の水と氷は、1 bar の圧力のもとでは 0 °C で平衡にある。温度を 1 °C に上げたとき、この 2 相のモルギブズ

エネルギーの差はいくらか。

**解法** 昇温後の温度における 2 相のモルギブズエネルギー差を表す式をつくり、(5・4) 式を使って、その差と 0 °C での差の関係を求めるが、後者は 0 である。25 °C でのモルエントロピーは $S_m(\text{ice}) = 37.99 \, \text{J K}^{-1} \, \text{mol}^{-1}$、$S_m(\text{liquid}) = 69.91 \, \text{J K}^{-1} \, \text{mol}^{-1}$ である。これらの値は、0 °C の値とほとんど違わない。

**解答** 昇温後の温度 $T_f$ における 2 相のモルギブズエネルギー差は、

$$\begin{aligned}\Delta G_m(T_f) &= G_m(\text{liquid}, T_f) - G_m(\text{ice}, T_f) \\ &= \{G_m(\text{liquid}, T_i) - S_m(\text{liquid})(T_f - T_i)\} \\ &\quad - \{G_m(\text{ice}, T_i) - S_m(\text{ice})(T_f - T_i)\} \\ &= \Delta G_m(T_i) - \{S_m(\text{liquid}) - S_m(\text{ice})\}(T_f - T_i)\end{aligned}$$

である。始めの温度におけるギブズエネルギー差は 0 ($\Delta G_m(T_i) = 0$) であるから、

$$\Delta G_m(T_f) = -\{S_m(\text{liquid}) - S_m(\text{ice})\}(T_f - T_i)$$

となる。この式にデータを代入すれば、

$$\begin{aligned}\Delta G_m(T_f) &= -(\underbrace{69.91 \, \text{J K}^{-1} \, \text{mol}^{-1}}_{S_m(\text{liquid})} - \underbrace{37.99 \, \text{J K}^{-1} \, \text{mol}^{-1}}_{S_m(\text{ice})}) \\ &\quad \times \underbrace{(1 \, \text{K})}_{T_f - T_i} \\ &= -31.92 \, \text{J mol}^{-1}\end{aligned}$$

が得られる。この差は負であり、昇温後の温度では固体から液体への転移が自発的になることがわかる。

> **自習問題 5・2**
>
> 水蒸気と液体の水が 100 °C で平衡にある。温度を 98 °C に下げたときのモルギブズエネルギーの差 (液体→蒸気) に与える効果を求めよ。モルエントロピーの値として、25 °C の値を使えばよい。巻末の資料「熱力学データ」を見よ。　　　　　[答: +238 J mol$^{-1}$、凝縮が自発的になる]

温度が上がれば物質は融解し、やがて沸騰するが、図 5・3 にはその熱力学的な理由も示してある。低温でモルギブズエネルギーが最も低いのは固相であり、固相が最も安定である。しかし、温度が上昇すればやがて液相のギブズエネルギーの方が固相よりも低くなり、物質はそこで融解する。もっと温度が上がれば気相のモルギブズエネルギーが液相のモルギブズエネルギーの下にもぐり込むことになって、気体が最も安定となる。つまり、ある温度以上で液体は沸騰して気体になるのである。

このように理解すれば、二酸化炭素などの物質で、固体が液体を経ることなく気体へと昇華するのも説明すること

ができる．相の間のモルギブズエネルギー曲線の関係が，いつも図5・3に示すものである必然性は特にない．たとえば，液体の曲線が図5・4に示すようなところにあってもよい．このとき，液相のモルギブズエネルギーが最小となる温度域は（ある特定の圧力では）存在しない．このような物質では，固体はいきなり蒸気へと自発的に変化する．すなわち，昇華が起こるのである．

液体と固体，あるいはタンパク質の秩序状態と無秩序状態など，異なる2相間の**転移温度**[1] $T_{trs}$ とは，ある圧力において2相のモルギブズエネルギーが等しくなる温度である．たとえば，固体-液体の転移温度よりも上では液相の方が熱力学的に安定で，それより下では固相の方が安定である．

ど進行しない場合もある．たとえば，ふつうの温度および圧力下では，グラファイトのモルギブズエネルギーはダイヤモンドより $3\,\mathrm{kJ\,mol^{-1}}$ 低いから，ダイヤモンドはグラファイトへと転移する熱力学的な傾向がある．しかし，実際に転移を起こすにはダイヤモンドの炭素原子が位置を変えなければならない．ところが炭素原子間の結合はきわめて強く，しかも多数の結合が同時に組換えを起こさなければならないから，このような過程は高温でない限り測定できないほど極端に遅い．気体や液体では分子が動きやすいので相転移はふつう速く起こるが，固体の場合は熱力学的な不安定性が"凍結"して，熱力学的に不安定な相でも何千年もそのままで存在することがありうる[†1]．

## 相　図

物質の**相図**[2]は，熱力学的に最も安定な相が存在する温度と圧力の条件を示した地図のようなものである（図5・5）．たとえば，図の点Aでは蒸気相，点Cでは液相が熱力学的に最も安定である．

相図の各領域の境界を**相境界**[3]といい，隣合う2相が平衡状態で共存するような $p$ と $T$ の値を示している．たとえば，図の点Bに相当する圧力および温度に系をおけば，液体と蒸気は平衡にある（液体の水と水蒸気は，1 atm, 100 ℃で平衡）．これを圧力一定のまま温度を下げれば点Cに移動し，そこでは液体が安定である（水は，1 atmでは0 ℃と100 ℃の間は液体が安定）．さらに温度

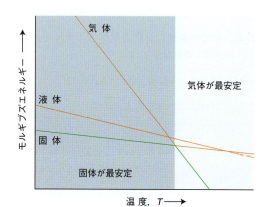

図5・4　気相と固相のモルギブズエネルギー曲線が（ある特定の圧力で）交わる温度より低温側で，液相と固相のモルギブズエネルギー曲線が交わることがない場合は，その圧力下ではどの温度でも液体は安定に存在しない．このような物質では昇華が起こる．

● **簡単な例示 5・2　相転移**

　1 atmのもとでは氷から液体の水への転移温度は0 ℃であり，灰色スズから白色スズへの転移温度は13 ℃である．ちょうど転移温度のところでは，2相のモルギブズエネルギーは等しく，どちらの相へも変化する傾向をもたない．したがって，この温度では2相は平衡にある．1 atmのもとでは，氷は液体の水と0 ℃で平衡に存在し，スズの二つの同素体は13 ℃で平衡に存在している．●

熱力学的な議論をするときはいつもそうであるが，相転移を考える場合もまた，その自発性と速さを区別しておくことが重要である．<u>自発性というときは傾向をいっているだけで，実現性について述べているわけではない</u>．熱力学によって自発的であるとされた相転移が，実際にはほとん

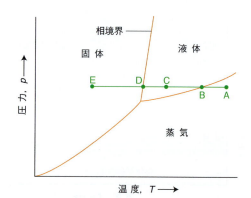

図5・5　代表的な相図．各相が最も安定な圧力と温度の領域を示したもの．曲線で示した相境界（この場合は3種類ある）は，それをはさむ2相が平衡状態で共存する圧力と温度の条件を示している．点Aから点Eまでの状況は（図5・8でも同じ記号で示してある）それぞれ本文で説明してある．

---

†1　訳注：熱力学的に不安定な相として準安定相やガラス相がある．前者は準安定平衡状態であり，後者は非平衡状態であるから区別が必要である．一般に，準安定な過冷却状態が"凍結"して，非平衡状態であるガラス相が形成される．

1) transition temperature　2) phase diagram　3) phase boundary

を下げれば，点Dでは固相と液相が平衡にある（水と氷は1 atm，0 ℃で共存する）．温度をもっと下げれば，安定相として固体が存在する点Eの領域に至る．

## 5・4 相 境 界

凝縮相と平衡にある蒸気の圧力をその物質の**蒸気圧**[1]という．相図に示された気-液境界線は，その物質の蒸気と液体が平衡で存在する条件を表す曲線であるから，温度に対して蒸気圧をプロットしたものにほかならない．ボルツマン分布によれば，温度が上がれば，液体から飛び出すのに十分なエネルギーを獲得できる分子が増えるから，その蒸気圧は温度とともに増加する．

気-液境界線を求めるには，蒸気圧を温度の関数として測定するだけでよい．簡単な方法は，水銀圧力計の上部の真空部分にその液体を入れたとき，水銀柱がどれだけ下がるかを測定すればよい（図5・6）．こうして求めた蒸気による圧力が本当の蒸気圧に等しいためには，蒸気になったあとも入れた液体の一部がそこに残っていなければならない．液体と蒸気が平衡で共存するのが条件だからである．温度を変えて一連の測定を行えば蒸気圧曲線が得られる（図5・7）．

ある液体が，ピストン付きのシリンダーに入っているとしよう．ピストンを使って液体の蒸気圧より大きな圧力を加えれば蒸気部分はなくなり，ピストンは液体表面に到達する．系が相図の"液体"領域に移動したわけである．ここでは1相しか存在しない．一方，ピストンを使って蒸気圧以下にまで系の圧力を低下させることにより，相図の"蒸気"領域に系を移動させることもできる．このように圧力を下げるにはピストンをかなり引き出す必要があるだろう．その間に液体がすべて蒸発しなければならないからである．液体が少しでも存在する限り，系の圧力は液体の蒸気圧に等しく，ずっと一定である．

● **簡単な例示 5・3 相転移の圧力効果**
　液体の水と水蒸気が25 ℃で平衡にあり，両者が共存しているときの水蒸気圧は3.2 kPaである．これを加圧して7.0 kPaにすれば，蒸気のギブズエネルギーは液体より大きくなるから，熱力学的に安定でなくなる．したがって，存在していた水蒸気は凝縮して全部が液体の水になる．●

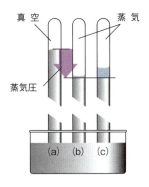

図5・6　水銀圧力計(a)の上部にできた真空部分にごく少量の水を入れると，その蒸気圧に比例した高さだけ水銀柱は押し下げられる(b)．(c)水を追加しても，観測される圧力は（少しでも水が存在する限り）同じである．

気-固の相境界も同じようにして求められる．それは，温度に対して固体の蒸気圧をプロットしたものである．固体の**昇華圧**[2]（ある温度で固体と平衡にある蒸気の圧力）は，液体の蒸気圧に比べるとふつうはずっと低い．

方解石とアラレ石の相境界のような固-固の相境界の位置を求めるには，もっと手の込んだ手法が必要である．固相間の転移は検出が難しいからである．**熱分析**[3]によるのが一つの方法で，転移の際に放出あるいは吸収される熱を検出する．代表的な熱分析では，試料を冷却しながら温度を監視する．転移が起これば熱としてエネルギーが放出され，転移が終了するまで冷却は止まる（図5・8）．このようにすればグラフから転移温度が読みとれ，その点を相図に書き入れる．圧力を変えて，別の圧力での転移温度を測定すればよい．

相境界線上のどの点も，隣合う二つの相の間に"動的平衡"が成立している圧力と温度の条件を表している．**動的平衡**[4]にある状態では，逆方向の過程が正方向の過程と同じ速さで起こっている．分子レベルでは活発に動きまわっていても，バルクの性質や見かけに正味の変化はない．たとえば，気-液の相境界では蒸発と凝縮が同じ速さで起こっており，動的平衡状態にある．分子は液体表面からある頻度で飛び出して行くが，もともと蒸気相にあった

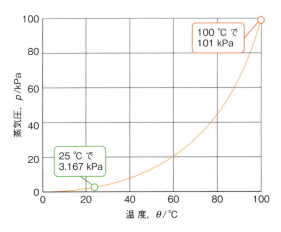

図5・7　実測された水の蒸気圧とその温度変化

---

1) vapor pressure　2) sublimation vapor pressure (sublimation pressure ともいう)　3) thermal analysis　4) dynamic equilibrium

分子も同じ頻度で液体に戻るから, 蒸気相にある分子数には (したがって, 圧力にも) 正味の変化は見られない. 同様にして固-液の相境界線上の点では, その温度と圧力で, 固体表面から分子が絶えず飛び出し液体に加わる一方で, それと全く同じ頻度でもともと液体にいた分子が固体表面に移り, 固体の一部となっているのである.

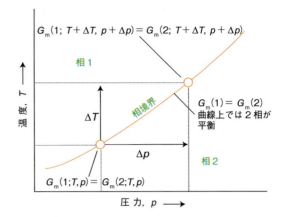

**図 5·9** 2相が平衡にあれば両者のモルギブズエネルギーは等しい. 温度が変化しても2相が平衡で存在するためには, モルギブズエネルギーが別の値で等しくなるように圧力も変化しなければならない.

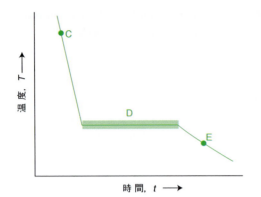

**図 5·8** 図5·5の水平線 CDE に沿って得られる冷却曲線. 点Dで冷却が止るのは, 凝固に伴い液体がその転移エンタルピーを放出するためで, その間は温度が動かない. 外見に変化が見られない転移でも, この停止温度から $T_{\mathrm{trs}}$ がどこにあるかを求めることができる.

## 5·5 相境界の位置

熱力学は相境界の位置を予測する方法を提供してくれる. ある圧力, 温度で2相が平衡にあるとしよう. 圧力を変えても2相がひき続き平衡状態にあるためには, 温度を別の値にする必要がある. いい換えれば, 2相が平衡状態で共存しているとき, 圧力変化 $\Delta p$ と温度変化 $\Delta T$ の間にはある関係が存在するはずである. つぎの「式の導出」で示すように, 平衡を維持するのに必要な温度変化と圧力変化の関係は, **クラペイロンの式**[1] で与えられる.

$$\Delta p = \frac{\Delta_{\mathrm{trs}} H}{T \Delta_{\mathrm{trs}} V} \times \Delta T \qquad \text{クラペイロンの式} \quad (5\cdot 5\mathrm{a})$$

$\Delta_{\mathrm{trs}} H$ は転移エンタルピー, $\Delta_{\mathrm{trs}} V$ は転移体積 (転移が起こったときのモル体積変化) である. これらの量については, つぎの「式の導出」で説明する. このかたちのクラペイロンの式は, 圧力と温度の変化がどちらも小さいときにしか使えない. それは, $\Delta_{\mathrm{trs}} H$ と $\Delta_{\mathrm{trs}} V$ が一定とみなせる範囲内でしかこの式は適用できないからである.

**式の導出 5·4 クラペイロンの式**

ここでも,「式の導出 5·1」で得られた (5·2) 式 ($dG = V dp - S dT$) からはじめよう.

相1 (たとえば液体) と相2 (たとえば蒸気) の平衡を考える. ある圧力および温度でこの2相が平衡にあれば, $G_{\mathrm{m}}(1) = G_{\mathrm{m}}(2)$ が成り立っている. ここで, $G_{\mathrm{m}}(1)$ は相1のモルギブズエネルギー, $G_{\mathrm{m}}(2)$ は相2のモルギブズエネルギーである (図5·9). 次に, 圧力と温度を無限小量 $dp$ および $dT$ だけ変化させる. このとき, 各相のモルギブズエネルギーはつぎのように変化する.

相1 $\qquad dG_{\mathrm{m}}(1) = V_{\mathrm{m}}(1) dp - S_{\mathrm{m}}(1) dT$

相2 $\qquad dG_{\mathrm{m}}(2) = V_{\mathrm{m}}(2) dp - S_{\mathrm{m}}(2) dT$

ここで, $V_{\mathrm{m}}(1)$ と $S_{\mathrm{m}}(1)$ は相1のモル体積とモルエントロピー, $V_{\mathrm{m}}(2)$ と $S_{\mathrm{m}}(2)$ は相2のそれぞれの値である. 変化前の2相は平衡にあったから, 両者のモルギブズエネルギーは等しい. また, 圧力と温度が変化した後も2相は平衡にあるから, モルギブズエネルギーは等しいままである. したがって, モルギブズエネルギーの変化は2相の間で等しく, $dG_{\mathrm{m}}(2) = dG_{\mathrm{m}}(1)$ でなければならない. そこで, つぎのように書ける.

$$V_{\mathrm{m}}(2) dp - S_{\mathrm{m}}(2) dT = V_{\mathrm{m}}(1) dp - S_{\mathrm{m}}(1) dT$$

この式を変形して,

$$\{V_{\mathrm{m}}(2) - V_{\mathrm{m}}(1)\} dp = \{S_{\mathrm{m}}(2) - S_{\mathrm{m}}(1)\} dT$$

が得られる. 転移エントロピー $\Delta_{\mathrm{trs}} S$ は両相のモルエントロピーの差であり, 転移における体積変化 $\Delta_{\mathrm{trs}} V$ は両相のモル体積の差である.

$$\Delta_{\mathrm{trs}} V = V_{\mathrm{m}}(2) - V_{\mathrm{m}}(1) \qquad \Delta_{\mathrm{trs}} S = S_{\mathrm{m}}(2) - S_{\mathrm{m}}(1)$$

したがって, つぎのように書くことができる.

$$\Delta_{\mathrm{trs}} V dp = \Delta_{\mathrm{trs}} S dT$$

---

[1] Clapeyron equation

つまり，

$$dp = \frac{\Delta_{trs}S}{\Delta_{trs}V} dT$$

である．4章で述べたように，転移エントロピーと転移エンタルピーには $\Delta_{trs}S = \Delta_{trs}H/T_{trs}$ の関係がある．したがって，

$$dp = \frac{\Delta_{trs}H}{T\Delta_{trs}V} dT \qquad (5\cdot5\,b)$$

と書いてもよい．いま考えているのは全て相境界線上の点であるから，転移温度に付けた表示 "trs" をここでは省略した．この式は厳密に成り立つものである．圧力や温度が大きく変化せず $\Delta_{trs}H$ と $\Delta_{trs}V$ が一定とみなせる場合は，無限小変化の $dp$ や $dT$ を実際に測定できる有限変化量の $\Delta p$ や $\Delta T$ で置き換えてもよい．それが (5・5a) 式である．

---

クラペイロンの式によれば，相境界線の勾配（つまり $\Delta p/\Delta T$ の値）を，転移におけるエンタルピー変化と体積変化で表すことができる．固相-液相境界では，転移エンタルピーは融解エンタルピーであり，融解は常に吸熱的であるから正の値をもつ．モル体積は，たいていの物質で融解に伴いわずかに増加するから $\Delta_{trs}V$ は正である．ただし小さい．そこで，相境界線の勾配は大きく正（右上がり）となる．したがって，大きな圧力を加えても融解温度の上昇はごくわずかである．ところが，水はこれとは全く異なる．融解が吸熱的であることに変わりはないが，モル体積は融解によって減少する（0 °C の水は氷より密である．氷が水に浮くのはこのためである）．そこで，$\Delta_{trs}V$ は小さいながら負の値をもつ．その結果，氷-液体の水の相境界線の勾配は急で負（右下がり）となる．氷の場合は，大きな圧力を加えたとき融解温度はごくわずか低下するのである．

---

**例題 5・3** 沸点の圧力変化の計算

液体に圧力を加えたとき，その沸点に与える影響を求めよ．

**解法** 蒸発における $dp/dT$ の大きさを求めることである．蒸発の場合の (5・5) 式は，

$$\frac{dp}{dT} = \frac{\Delta_{trs}H}{T\Delta_{trs}V} = \frac{\Delta_{vap}H}{T\Delta_{vap}V} \quad \text{trs→vap}$$

と書ける．ここで，右辺を求めればよい．沸点での $\Delta_{vap}H/T$ は，トルートンの規則から (4・5節) 85 J K$^{-1}$ mol$^{-1}$ としてよい．気体のモル体積は液体よりずっと大きいから，$\Delta_{vap}V = V_m(g) - V_m(l) \approx V_m(g)$ と書いて，$V_m(g)$ には完全気体のモル体積が（低圧であれば）使える．最後に，求めた $dp/dT$ の値の逆数をとって $dT/dp$ の値とすれ

ば，それが沸点の圧力変化を表していることになる．

**解答** 完全気体の状態方程式から $V_m(g) = RT/p$ を求めれば，1 atm，298 K では約 25 dm$^3$ mol$^{-1}$ = 2.5 × 10$^{-2}$ m$^3$ mol$^{-1}$ である．したがって，

$$\frac{dp}{dT} \approx \frac{\overbrace{85\,\text{J K}^{-1}\,\text{mol}^{-1}}^{\Delta_{vap}H/T}}{\underbrace{2.5 \times 10^{-2}\,\text{m}^3\,\text{mol}^{-1}}_{V_m}} \overset{1\text{J}=1\text{Pa m}^3}{=} \overset{0.034\,\text{atm}}{3.4 \times 10^3\,\text{Pa K}^{-1}}$$

である．1 J = 1 Pa m$^3$ の関係を使った．この値は 0.034 atm K$^{-1}$ に相当し，したがって $dT/dp$ = 29 K atm$^{-1}$ である．そこで，+0.1 atm の圧力変化があれば，約 +3 K の沸点上昇が予測される．

---

**自習問題 5・3**

水の通常沸点における $dT/dp$ の値を，表 3・1 のデータを使って計算せよ． ［答：28 K atm$^{-1}$］

---

液体-蒸気の相境界を考えるときには，温度や圧力の非常に限られた範囲でしか (5・5) 式は使えない．それは，蒸気の体積（実質的にはこれが転移に伴う体積変化）が，圧力に依存しないという仮定が成り立たないからである．しかし，蒸気が完全気体とすれば，（つぎの「式の導出」で示すように）圧力変化と温度変化の関係は，**クラウジウス-クラペイロンの式**[1] で与えられる．

$$\Delta(\ln p) = \frac{\Delta_{vap}H}{RT^2} \times \Delta T \quad \begin{array}{l}\text{蒸気は}\\\text{完全気体}\end{array} \quad \begin{array}{l}\text{クラウジウス-}\\\text{クラペイロンの式}\end{array} \quad (5\cdot6)$$

この式からわかるように，液体の温度が上昇すれば ($\Delta T > 0$)，$\Delta(\ln p) > 0$ であり（$p$ の対数が増加するということは $p$ も増加するから）その蒸気圧は大きくなる（図 5・10）．

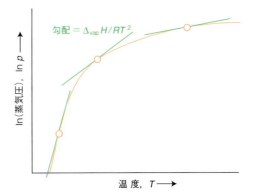

**図 5・10** クラウジウス-クラペイロンの式は，蒸気圧の対数を温度に対してプロットしたときの勾配を与える．ある温度での勾配は，その物質の蒸発エンタルピーに比例している．

---

1) Clausius–Clapeyron equation

| 式の導出 5・5 | クラウジウス–クラペイロンの式 |

「式の導出 5・4」で導いた厳密なクラペイロンの式，(5・5 b) 式の添え字 "trs" は，液体–蒸気の相境界では "vap" であるからつぎのように書ける．

$$\overset{\text{trs}\rightarrow\text{vap}}{\frac{\mathrm{d}p}{\mathrm{d}T} = \frac{\Delta_{\text{vap}}H}{T\Delta_{\text{vap}}V}}$$

気体のモル体積は液体よりずっと大きいから，$\Delta_{\text{vap}}V = V_{\text{m}}(\text{g}) - V_{\text{m}}(\text{l})$ は気体のモル体積だけで近似することができる．したがって，かなりよい近似で，

$$\frac{\mathrm{d}p}{\mathrm{d}T} = \frac{\Delta_{\text{vap}}H}{T\Delta_{\text{vap}}V} = \frac{\Delta_{\text{vap}}H}{T\{V_{\text{m}}(\text{g})-V_{\text{m}}(\text{l})\}} \overset{V_{\text{m}}(\text{g}) \gg V_{\text{m}}(\text{l})}{\approx} \frac{\Delta_{\text{vap}}H}{TV_{\text{m}}(\text{g})}$$

が成り立つ．さらに先へ進めるには，蒸気を完全気体とみなして，モル体積を $V_{\text{m}} = RT/p$ とするのもよい近似だから，

$$\frac{\mathrm{d}p}{\mathrm{d}T} = \frac{\Delta_{\text{vap}}H}{TV_{\text{m}}(\text{g})} \overset{V_{\text{m}}(\text{g}) = RT/p}{=} \frac{\Delta_{\text{vap}}H}{T(RT/p)} = \frac{p\Delta_{\text{vap}}H}{RT^2}$$

したがって，

$$\frac{\mathrm{d}p}{p} = \frac{\Delta_{\text{vap}}H}{RT^2} \mathrm{d}T$$

と書ける．ここで，「必須のツール 2・1」にある微分公式 $\mathrm{d}(\ln x)/\mathrm{d}x = 1/x$ から（その両辺に $\mathrm{d}x$ を掛けた式）$\mathrm{d}x/x = \mathrm{d}(\ln x)$ を使う．そうすれば，つぎのクラウジウス–クラペイロンの式が得られる．

$$\mathrm{d}(\ln p) = \frac{\Delta_{\text{vap}}H}{RT^2} \mathrm{d}T$$

温度や圧力の変化が小さいときには，無限小の変化である $\mathrm{d}(\ln p)$ や $\mathrm{d}T$ を有限の変化量で置き換えてもよく，このとき (5・6) 式を得る．

---

クラウジウス–クラペイロンの式を使えば，蒸気圧の温度変化を表す式を導出することができ，その温度依存性が分子の性質によることがわかる．すなわち，つぎの「式の導出」で説明するように，(5・6) 式から，温度 $T'$ での蒸気圧 $p'$ が別の温度 $T$ における蒸気圧 $p$ とつぎの関係にあることが導ける．

$$\ln p' = \ln p + \frac{\Delta_{\text{vap}}H}{R}\left(\frac{1}{T} - \frac{1}{T'}\right) \quad \boxed{\begin{array}{c}\text{蒸気圧の}\\\text{温度依存性}\end{array}} \quad (5\cdot7)$$

この式を使えば，ある温度の蒸気圧がわかっているときに，別の温度の蒸気圧を計算することができる．この式によれば，

- 蒸発エンタルピーの大きな物質ほど，同じ温度変化でも蒸気圧の変化は大きい．

たとえば水の場合には，液体中でも分子は強い水素結合で結ばれているから蒸発エンタルピーは比較的大きい．そこで，温度上昇によって蒸気圧が急速に大きくなると予測できる．一方，ベンゼンに水素結合はないから，蒸発エンタルピーはずっと小さく，その蒸気圧はさほど急速な温度変化はしない．

| 式の導出 5・6 | 蒸気圧の温度依存性 |

任意の温度における蒸気圧を表す正確な式 (5・7 式) を得るには，上の「式の導出」で導いたつぎの式から始める．

$$\mathrm{d}(\ln p) = \frac{\Delta_{\text{vap}}H}{RT^2} \mathrm{d}T$$

この両辺を積分する．温度 $T$ での蒸気圧を $p$，温度 $T'$ での蒸気圧を $p'$ とすれば，積分はつぎのかたちになる．

$$\int_{\ln p}^{\ln p'} \mathrm{d}(\ln p) = \int_{T}^{T'} \frac{\Delta_{\text{vap}}H}{RT^2} \mathrm{d}T$$

**ノート** 両辺ともに定積分を行うときは，積分範囲の上限と下限が両辺で対応しているのを確かめること．ここでは，下限は右辺の $T$ に対して左辺の $\ln p$，上限は右辺の $T'$ に対して左辺の $\ln p'$ が対応している．

左辺の積分は，つぎのように計算できる．

$$\int_a^b \mathrm{d}x = b - a \qquad \ln x - \ln y = \ln \frac{x}{y}$$

$$\int_{\ln p}^{\ln p'} \mathrm{d}(\ln p) = \ln p' - \ln p = \ln \frac{p'}{p}$$

一方，右辺の積分を求めるのに，問題とする温度域では蒸発エンタルピーが一定であるとする．そうすれば，$R$ とともに積分の外に出すことができる．すなわち，

$$\int_{T}^{T'} \frac{\Delta_{\text{vap}}H}{RT^2} \mathrm{d}T \overset{\Delta_{\text{vap}}H/R\,\text{は一定}}{=} \frac{\Delta_{\text{vap}}H}{R} \int_{T}^{T'} \frac{1}{T^2} \mathrm{d}T$$

$$= \frac{\Delta_{\text{vap}}H}{R}\left(\frac{1}{T} - \frac{1}{T'}\right)$$

となる．この積分計算にはつぎの公式を用いた（「必須のツール 2・1」を見よ）．

$$\int \frac{1}{x^2} \mathrm{d}x = -\frac{1}{x} + 定数$$

上の式の両辺の計算結果を等しいとおけば，(5・7) 式が得られる．

**ノート** 式の導出に用いた近似は，最後まで必ず覚えておくこと．長々とした以上の導出ではつぎの三つの近似を行った．(1) 気体のモル体積は液体よりずっと大きいこと．(2) 蒸気は完全気体として振舞うこと．(3) 蒸発エンタルピーは，問題とする温度域で温度に無関係であること．近似をすればそれだけ制限が生じるので，その式を使って問題を解いてよいかどうかを注意する必要がある．

(5·7) 式は，つぎのかたちに書くこともできる．

$$\ln p = \underbrace{\ln p' + \frac{\Delta_{vap}H}{RT'}}_{A} - \underbrace{\frac{\Delta_{vap}H}{RT}}_{B/T}$$

この式はつぎのかたちをしている．

$$\ln p = A - \frac{B}{T} \qquad (5·8)$$

$A$ と $B$ は定数であり，$A$ の値は $p$ に用いた単位によって変わる．このかたちで蒸気圧が表されることが多い（表 5·1 および図 5·11）．

● **簡単な例示 5·4 蒸気圧の温度変化**

液体ベンゼンの蒸気圧は，0〜42 ℃ の範囲では (5·8) 式のかたちでつぎのように表せる．

$$\ln(p/\text{kPa}) = 16.319 - \frac{4110\ \text{K}}{T}$$

$B = 4110\ \text{K}$ であり，上で説明したように $B = \Delta_{vap}H/R$ であるから，つぎのように計算できる．

$$\Delta_{vap}H = BR = (4110\ \text{K}) \times (8.3145\ \text{J K}^{-1}\ \text{mol}^{-1})$$
$$= 34.2\ \text{kJ mol}^{-1}\qquad ●$$

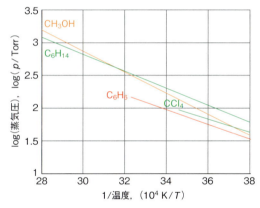

**図 5·11** 代表的な有機物質の蒸気圧の温度変化．表 5·1 のデータは，蒸気圧の自然対数で表してあるが，ここでは常用対数をプロットしてある（$\ln x = \ln 10 \times \log x$ である）．

**ノート** (5·8) 式のように，単位が書いていないものや，( ) 内に単位が書いてある式を見かけるだろう．しかし，それぞれの量に単位を書き加えて，すべてを単位無しの量に書いておくのがよい．上の「簡単な例示」で示したように，たとえば $p/\text{kPa}$ のように書いて，次元のない単なる数値にしておくことである．

**自習問題 5·4**

ベンゼンの蒸気圧は，42〜100 ℃ の温度域で $\ln(p/\text{kPa}) = 15.61 - (3884\ \text{K})/T$ と表せる．ベンゼンの通常沸点を計算せよ．（すぐあとで述べるように，通常沸点とは蒸気圧が 1 atm を示す温度のことである．）

［答：80.2 ℃；実測値は 80.1 ℃］

## 5·6 物質に固有な点

すぐ上で見たように，液体の温度を上げればその蒸気圧は上昇する．まず，開放容器に入れた液体を熱した場合を考えよう．蒸気圧はやがてある特定の温度で外圧と等しくなる．この温度では蒸気が外界の大気を押し退けてどんどん膨張し，それを抑制するものは何もないから蒸気の泡は液体内部からも発生する．これが **沸騰**[1) である．液体の蒸気圧が外圧と等しくなるこの温度を **沸騰温度**[2)] という．外圧が 1 atm のときの沸騰温度を **通常沸点**[3)] $T_b$ という．したがって，相図の上で液体の蒸気圧が 1 atm である温度が通常沸点である．沸点の定義に 1 bar でなく 1 atm を使って通常沸点とするのは歴史的なものである．1 bar での沸騰温度を **標準沸点**[4)] という．

次に，密閉容器中の液体を熱すればどうなるかを考えよう．蒸気は容器から逃げ出せないから蒸気圧が上昇するにつれ蒸気の密度が上がり，やがて残っている液体の密度に等しくなる．このとき，図 1·15 に示したように 2 相を隔てていた界面は消失する．界面がちょうど消滅するこの温度を **臨界温度**[5)] $T_c$ といい，これについてはすでに 1·10 節

**表 5·1 蒸気圧 ***

| 物　質 | $A$ | $B/\text{K}$ | 温度範囲 /℃ |
|---|---|---|---|
| ベンゼン，$C_6H_6$(l) | 16.32 | 4110 | 0 〜 +42 |
|  | 15.61 | 3884 | 42 〜 100 |
| ヘキサン，$C_6H_{14}$(l) | 15.77 | 3811 | −10 〜 +90 |
| メタノール，$CH_3OH$(l) | 18.25 | 4610 | −10 〜 +80 |
| メチルベンゼン，$C_6H_5CH_3$(l) | 17.17 | 4713 | −92 〜 +15 |
| リン，$P_4$(s, 黄リン) | 20.21 | 7592 | 20 〜 44 |
| 三酸化硫黄，$SO_3$(l) | 21.06 | 5225 | 24 〜 48 |
| 四塩化炭素，$CCl_4$(l) | 16.42 | 4078 | −19 〜 +20 |

＊ $A$ と $B$ は，$\ln(p/\text{kPa}) = A - B/T$ と表したときの定数である．

---

1) boiling　2) boiling temperature　3) normal boiling point　4) standard boiling point　5) critical temperature

で述べた．臨界温度での蒸気圧を**臨界圧力**[1] $p_c$ という．ある物質について臨界温度と臨界圧力がわかれば相図の上の**臨界点**[2] が指定できる（表5・2を見よ）．臨界温度以上では，試料を加圧してもいっそう密な流体ができるだけで界面は現れず，単一の均一相，**超臨界流体**[3] が容器を満たしている．すなわち，臨界温度以上の温度では物質を加圧しても液体は形成されない．相図で気–液の相境界線が臨界点で終わっているのはこのためである（図5・12）．

ある圧力において液相と固相が平衡状態で共存する温度を，その物質の**融解温度**[4] という．融解は凝固と同じ温度で起こるから，"融解温度"は**凝固温度**[5] に等しい．し

表5・2 臨 界 定 数＊

|  | $p_c$/atm | $V_c$/(cm$^3$ mol$^{-1}$) | $T_c$/K |
|---|---|---|---|
| アンモニア，NH$_3$ | 111 | 73 | 406 |
| アルゴン，Ar | 48 | 75 | 151 |
| ベンゼン，C$_6$H$_6$ | 49 | 260 | 563 |
| 臭素，Br$_2$ | 102 | 135 | 584 |
| 二酸化炭素，CO$_2$ | 73 | 94 | 304 |
| 塩素，Cl$_2$ | 76 | 124 | 417 |
| エタン，C$_2$H$_6$ | 48 | 148 | 305 |
| エテン，C$_2$H$_4$ | 51 | 124 | 283 |
| 水素，H$_2$ | 13 | 65 | 33 |
| メタン，CH$_4$ | 46 | 99 | 191 |
| 酸素，O$_2$ | 50 | 78 | 155 |
| 水，H$_2$O | 218 | 55 | 647 |

＊ 臨界体積 $V_c$ は，臨界圧力および臨界温度におけるモル体積である．

たがって，固–液の相境界線は固体の融解温度の圧力変化を表している．圧力が1 atmのときの融解温度を**通常融点**[6] といい，それは**通常凝固点**[7] $T_f$ に等しい．液体の分子がもつエネルギーが次第に小さくなり，まわりの分子から受ける引力からもはや逃れられなくなって移動度を失ったとき，液体は凝固する．

異なる3相（ふつうは固体，液体，蒸気）が平衡状態で共存する条件が存在する．それが**三重点**[8] で，このとき三つの相境界線が一点で出会う．純物質の三重点は，その物質固有の不変な物理的性質の一つである．水の場合，三重点は273.16 K，611 Paで実現される．氷と液体の水と水蒸気が平衡状態で共存する圧力と温度の組合わせはほかにはない．三重点では，互いの2相間で起こる正過程と逆過程の速さは等しい（しかし，組合わせの異なる3種類の過程の速さがすべて等しい必要はない）．

三重点と臨界点は物質に固有なもので，液相が存在するかどうかの境目を表す重要な役目も果たしている．図5・13(a) からわかるように，固–液の相境界線の勾配がそれぞれ図のような場合，

- 三重点は液体が存在しうる最低の温度を与える．
- 臨界点は液体が存在しうる最高の温度を与える．

5・8節で示すが，例外的なもの（もっともよく知られているのは水）では，固–液の相境界線の勾配が逆になっている（図5・13 bを見よ）．そのときには，上の第二点しか成立しない．

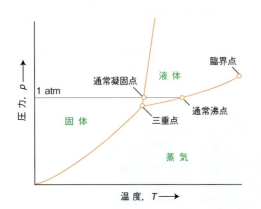

**図5・12** 相図で重要な特性点．液体–蒸気の相境界線は臨界点で終わっている．三重点では固体，液体，蒸気が動的な平衡にある．通常凝固点は，圧力が1 atmのとき液体が凝固する温度である．通常沸点は，液体の蒸気圧が1 atmである温度である．

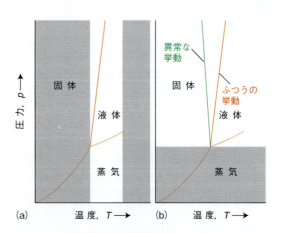

**図5・13** (a) これと似た相図を示す物質（たいていの物質がそうであるが，水が例外であることは重要）では，液体として存在しうる温度域を三重点と臨界点で示すことができる．図には，液体が安定相として存在しえない領域を灰色で示してある．(b) ふつうの液体も異常な液体も，三重点の圧力より低い圧力では液体は安定相として存在できない．

---

1) critical pressure 2) critical point 3) supercritical fluid 4) melting temperature 5) freezing temperature
6) normal melting point 7) normal freezing point 8) triple point

## 5・7 相　律

---

### 工業技術へのインパクト 5・1

#### 超臨界流体

超臨界二酸化炭素 $scCO_2$ は，これを溶媒として使う過程に注目が集まり，その利用が急増している．臨界温度 $31.0\,^\circ C$（304.2 K）や臨界圧力 72.9 atm（7.39 MPa）は簡単につくれるし，二酸化炭素は安価である．$scCO_2$ の臨界点での質量密度は $0.45\,g\,cm^{-3}$ である．しかし，超臨界流体の輸送物性[†2]はすべて密度に強く依存している．つまり，圧力と温度にきわめて敏感であるといえる．たとえば，気体的に振舞う $0.1\,g\,cm^{-3}$ 程度から液体的に振舞う $1.2\,g\,cm^{-3}$ 程度まで密度を変化させることができる．便利な経験則が一つあって，溶質の溶解度は超臨界流体の密度の指数関数で表されることがわかっている．したがって，圧力をわずかに増加させるだけで，特に臨界点近傍では溶解度に非常に大きな影響を与えることができる．

$scCO_2$ の大きな利点は，溶媒を蒸発させたあとに有害な残渣を生じないことである．したがって，臨界温度が低いことと合わせ，$scCO_2$ は食品加工や製薬には最適で理想的である．たとえば，コーヒーからカフェインを取除く過程に使われる．超臨界流体はまた，ドライクリーニングにも使われている．これによって，発がん性があって環境に有害な種々の炭化水素の塩素化物を使わなくてすむからである．

超臨界 $CO_2$ は 1960 年代からすでに，**超臨界流体クロマトグラフィー**[1]（SFC）の移動相として使われてきた．ところが，より簡便な手法，高速液体クロマトグラフィー（HPLC）が出現してからは，SFC はあまり使われなくなっていた．しかしながら，SFC に対する興味が戻った現在では，脂質とリン脂質の分離など，HPLC では分離が容易でないが SFC を使えばできる例がいくつも示されている．試料は 1 pg 程度でも分析が可能である．SFC に特異で重要な利点は，超臨界流体中の拡散係数がふつうの液体より 1 桁大きいことである．したがって，展開カラム中の溶質の輸送に抵抗が少なく，結果として高速で高分解能の分離が行えるのである．

$scCO_2$ のおもな問題は，超臨界流体が非常によい溶媒というわけではないため，これに溶かそうとする溶質によっては溶解させるのに界面活性剤が必要な点である．実際，$scCO_2$ を使ったドライクリーニングでも，安価な界面活性剤が入手できるかどうかが問題である．同じことは，種々の金属錯体など均一系触媒の溶媒として $scCO_2$ を使う場合にもいえる．このような溶解の問題を解決するには，主として二つの方法がある．一つはフッ化物やシロキサン結合をもつ重合安定化剤を使うことで，これによっ

て $scCO_2$ 中で重合反応が促進される．これらの安定化剤を使う実用上の欠点は，それがたいへん高価なことである．別の方法で，ずっと安価なのはポリ（エーテル–カルボナート）共重合体を使うことである．エーテルとカルボナートの比率を調節すれば，$scCO_2$ に溶けやすい共重合体がつくれる．

水の臨界温度は $374\,^\circ C$（647 K）であり，臨界圧力は 218 atm（221 MPa）である．したがって，$scH_2O$ を使うためには $scCO_2$ よりもずっと厳しい条件をクリアしなければならない．しかも，$scH_2O$ の性質は圧力にきわめて敏感である．たとえば，密度が減少するにつれて，溶液の特性は水溶液としての性質から，非水溶液の性質へと変化し，最終的には気体溶液の性質に至る．重要な点は，種々の反応機構がイオン的なものからラジカル的なものへと変化することである．

---

### 5・7 相　律

単一の物質で4種の相（たとえばスズの場合，2種の固相と液相，蒸気相）が平衡状態で共存する可能性はないのだろうか．この疑問に答えるため，4相平衡を熱力学的に吟味してみよう．仮に4相が平衡で共存しているとすれば，各相のモルギブズエネルギーはすべて等しくなければならない．

$$G_m(1) = G_m(2) \qquad G_m(2) = G_m(3) \qquad G_m(3) = G_m(4)$$

（これ以外の等式 $G_m(1) = G_m(4)$ などは，上の3式ですべて表せる．）各モルギブズエネルギーは圧力と温度の関数であるから，上の三つの関係式に含まれる未知数は $p$ と $T$ の二つしかない．未知数が二つで関係式が三つある場合は，一般には解が存在しない．たとえば，二つの未知数 $x$ と $y$ に対して，$5x + 3y = 4$, $2x + 6y = 5$, $x + y = 1$ という三つの関係式があるとき，その解は存在しない（確かめてみよ）．したがって，四つのモルギブズエネルギーが全部等しいことはありえない．いい換えれば，単一の物質から成る系では4相が平衡状態で共存することはない．

このことは，化学熱力学から導ける見事な結果の一つである．つぎの「式の導出」で説明する**相律**[2]は，ギブズ[3]によって導かれたもので，系が平衡にあるときには必ず次式が成立している．

$$F = C - P + 2 \qquad \text{相律} \quad (5\cdot9)$$

$F$ は自由度の数，$C$ は成分の数，$P$ は相の数である．

- **成分の数**[4] $C$ は系に存在するすべての相の組成を指定するのに必要で，しかも独立な化学種の最小数である．

---

[†2] 訳注：粘性，拡散，熱伝導など，エネルギーやものが移動することに関係する性質をいう．
1) supercritical fluid chromatography　2) phase rule　3) Josiah Gibbs　4) number of components

系に存在する化学種が反応を起こさなければ，定義をそのまま適用し，存在する成分の数を数えればよい。たとえば，純粋な水は1成分系（$C=1$）であり，エタノールと水の混合物は2成分系（$C=2$）である．

- **自由度の数**[1] $F$ は，平衡状態にある系の相の数を変えることなく独立に変えられる示強性変数（圧力，温度，モル分率などであり，どれも試料の量に無関係）の数である．

### 式の導出 5・7　相律

まず，示強性変数の総数を数えよう．圧力 $p$，温度 $T$ で2個ある．相の組成は，$C-1$ 個の成分のモル分率がわかれば決まる．$C$ 個全部のモル分率でなく，$C-1$ 個でよい理由は，$x_1 + x_2 + \cdots + x_C = 1$ の関係があるからで，残りの1個は自動的に決まるのである．相は全部で $P$ 個あるから，これによる組成変数の総数は $P(C-1)$ 個である．これで示強性変数の総数は $P(C-1)+2$ 個となる．

ところで，平衡では成分 J の化学ポテンシャルは各相で等しくなければならない．すなわち，

相が $P$ 個あるから，$\mu_J(1) = \mu_J(2) = \cdots = \mu_J(P)$

である．そこで，各成分 J について満たすべきこの種の式が全部で $P-1$ 個あることになる．成分は $C$ 個あるから，その式の総数は $C(P-1)$ 個である．そこで，上の示強性変数の総数 $P(C-1)+2$ 個から，この式1個について自由度1個を減らすことになる．したがって，自由度の総数は，

$$F = P(C-1) + 2 - C(P-1) = C - P + 2$$

となる．これが（5・9）式である．

---

純粋な水などの1成分系の場合には，$C=1$ であるから相律は $F = 3 - P$ となる．相が一つしか存在しないときは $F=2$ であり，$p$ も $T$ も独立に変化させることができる．いい換えれば，単一相は相図の上である領域を占めることができる．平衡で相が二つ存在すれば $F=1$ である．つまり，2相の平衡は相図の上では曲線で表される．この曲線によって，変数の一方が変化したときもう一方の変数がどう変化するかを示している（図5・14）．この制約があるから，温度を設定すれば圧力を自由に変化させることはできない．温度の代わりに圧力を指定することもできる．しかし，そうすれば2相はある特定の温度でしか平衡にはならない．したがって，凝固は（純物質ではどの相転移の場合も）圧力が指定されればある特定の温度で起こる．3相が平衡にあるときは $F=0$ である．この特別な"不動点の条件"は，ある特定の温度および圧力でのみ実現される．したがって，3相の平衡状態は相図の上では点，つまり三重点で表される．もし，$P=4$ とおけば $F$ は負となるから，これは許されない．この節のはじめでも述べたように，1成分系である限り4相が平衡になることはありえない．

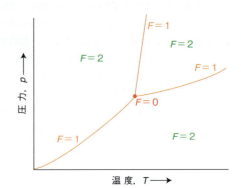

**図5・14**　相図上の位置と自由度の数の関係．系に1相しか存在しないときは $F=2$ であり，圧力と温度がどちらも自由に変化できる．平衡で2相が存在すれば $F=1$ であり，温度を変えれば圧力はそれに応じて変化する．平衡で3相が存在すれば $F=0$ であり，もはやどちらの変数も変化する自由度がない．

### 例題 5・4　相律の使い方

密閉容器の中に硫酸銅（II）の飽和水溶液があり，溶けていない固体と水蒸気とが平衡に存在している．(a) 相の数と成分の数はそれぞれ何個あるか．(b) 使える自由度は何個あるか．また，変化できる示強性変数は何か．

**解法**　本文にある $C$ と $P$ の定義を使って，相律から $F$ を求める．

**解答**　(a) この系は水と硫酸銅（II）の2成分から成るから $C=2$ である．この場合に，水と $Cu^{2+}$，$SO_4^{2-}$ の3成分と数えがちだが，両イオンの濃度は独立に変化できない．相は3個ある（液体の溶液，過剰に存在する固体，蒸気）から，$P=3$ である．(b) したがって，相律によって，

$$F = 2 - 3 + 2 = 1$$

となる．自由度1は温度に使える．温度を変えれば蒸気圧は自動的に変化する．両者を独立に変えることはできない．

### 自習問題 5・5

上の例題で，固体溶質が過剰に存在しない場合はどうなるか．

[答：(a) $C=2$，$P=2$，(b) $F=2$，温度と組成を変えられる．]

---

[1] number of degrees of freedom

## 5・8 代表的な物質の相図

以上のような相図の一般的な特徴が実際の純物質にどう現れているかを見ておこう.

図5・15は水の相図である. その気–液の相境界線は, 液体の水の蒸気圧が温度とともにどう変化するかを示している. その曲線から(一部を拡大したものを図5・7に示した)沸騰温度が外圧の変化とともにどう変化するかがわかる.

### ● 簡単な例示5・5 水の相図

外圧が19.9 kPa(高度12 kmの気圧に相当)のとき, 水は60 ℃で沸騰する. この温度での水の蒸気圧が19.9 kPaだからである. 図5・15に示す(図5・16は一部を拡大したもの)固–液の相境界線は, 水の融解温度の圧力依存性を示している. たとえば, 氷は1 atmのもとでは0 ℃で融解するが, 130 barでは−1 ℃で融解する. 境界線の勾配が急であるのは, 融点を少し変化させるのに大きな圧力が必要であることを示している. この曲線が右下がりであること, つまり予想通り, 圧力が上昇すれば氷の融解温度は下がることに注意しよう. ●

### 自習問題5・6

温度が25 ℃のとき, 熱力学的に安定な水の相が液体状態であるような最低の圧力はいくらか.

［答: 3.17 kPa(図5・7を見よ)］

圧力が上昇したとき氷の融点が下がるという,「簡単な例示」で述べた水の異常な挙動の原因は, 氷が融解して水になるとき体積が減少することによる. 圧力が上昇すれば, 氷はそれよりも密度の高い液体の水へと転移する方が具合がよいからである. 氷はかさ高い結晶格子をもっているから, 水になることで体積が減少する. 図5・17に示すように, 固体中では水分子同士は水素結合で結ばれていて, 分子をひきつけると同時に互いの距離を離す役目をしているが, 融解すれば構造の一部が壊れ, その結果, 液体の方が固体よりも密になるのである.

図5・15を見れば, 日頃なじみ深いふつうの氷("氷Ⅰ", 図5・17)以外にも水にはさまざまな固相が存在することがわかる. それは水分子の配列の仕方が違うものである. きわめて高い圧力のもとでは, 水素結合が縮んで$H_2O$分子の配列が変わる. このように氷にいろいろな相が存在すること(これを**多形**[1]という)は, 氷河が動くことと何か関係があるかもしれない. 氷河の底にはとがった岩石があって, 氷はそれから大きな圧力を受けているからである. 1991年ハレー彗星に見られた突然の爆発は, 内部にある氷がある相から別の相へと転移したためかもしれない.

二酸化炭素の相図を図5・18に示す. 注目すべき特徴の

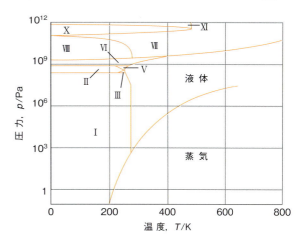

図5・15 いろいろな固相が存在する水の相図

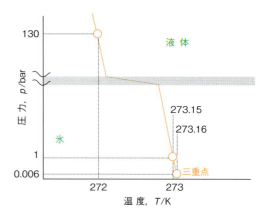

図5・16 水の固–液の相境界曲線の拡大図. 模式図であり目盛は正確でない.

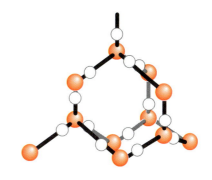

図5・17 氷Ⅰの構造. 各O原子は四面体の中心にあり, その頂点に別のO原子4個それぞれが276 pmの距離を隔てて存在している. 中心のO原子には二つの短いO−H結合でH原子が付いており, 二つの長いO⋯H結合(水素結合)で隣の$H_2O$分子の2個のH原子と結びついている. 全体として, $H_2O$分子がつくる折れ曲がった六角形の環の構造ができている(シクロヘキサンの椅子形に似ている). 融解によってこの構造の一部は壊れ, その結果, 液体の水は固体の氷より密になる.

---

[1] polymorph

一つは固-液の相境界線の勾配であり，たいていの物質で見られるように勾配は正になっている．すなわち，二酸化炭素の融解温度は圧力増加とともに上昇する．また，三重点（217 K，5.11 bar）がふつうの大気圧よりずっと高い圧力のところにあるから，大気圧のもとではどの温度でも液体は存在しない．つまり，固体を大気中に放置すれば昇華が起こる（"ドライアイス"とよばれる由縁である）．液体の二酸化炭素をつくるには，少なくとも 5.11 bar まで加圧する必要がある．

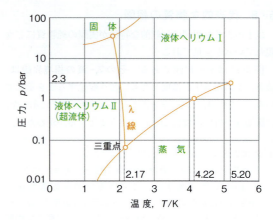

**図 5・19** ヘリウム-4 の相図．"α線"は 2 種の液相が平衡にある条件を示している．液体 I はふつうの液体であるが，液体 II は超流体である．固体ヘリウムを得るには少なくとも 20 bar の圧力が必要であることがわかる．

## 5・9 液体の分子的な構造

これまで考えてきた物質の分子論的な実体は何か，とりわけ，純粋な液体相の分子論的な本質は何かという疑問が湧いてきたに違いない．ここではその疑問に答えよう．

気体について考えるとき，出発点は完全気体の分子に見られる全く無秩序な分布であろう．固体の場合は，完全結晶に見られる規則正しい秩序構造（17 章）が出発点である．液体状態は，これら両極端の中間的な状況にある．何らかの構造をもちながら無秩序さも備えている．液体中の粒子は，15 章で考える種々の分子間力によって互いに支え合っている．しかし，これらポテンシャルエネルギーに匹敵するだけの運動エネルギーも存在している．その結果，液体から分子が完全に飛び出してしまうほど自由ではないが，全体としての構造は非常に動きやすいものになっている．分子の流れは，たとえば，競技場を去る観客の群れのようなものである．

結晶では，粒子はある決まった位置に（欠陥や熱運動がない限り）存在している．このような規則性は遠いところまで（結晶の端，数十億個の原子の向こうまで）及び，結晶は**長距離秩序**[2]をもつという．結晶が融解すれば長距離秩序は失われ，ある粒子から遠く離れたところでは，第二の粒子を見いだす確率はどこでも等しい．しかしながら，第一の粒子の近傍ではまだ秩序が残っている．その最近傍粒子は依然としてほぼ元の位置を占めようとするし，たまたま別の粒子がやってきて位置を変えられたとしても，その新しい粒子は空いた位置を占めることになる．このような**短距離秩序**[3]が存在するのは，主として短距離に作用する分子間力によるためである．たとえば，液体の水では，$H_2O$ 分子は四面体の頂点にある別の分子によっ

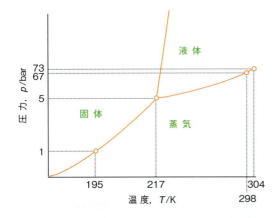

**図 5・18** 二酸化炭素の相図．大気圧よりずっと高い圧力のところに三重点があるので，ふつうの条件では液体の二酸化炭素は存在しない（少なくとも 5.11 bar の圧力が必要である）．

二酸化炭素はふつう，液体か圧縮気体のかたちでボンベに詰められている．気体と液体が共存していれば，温度が 20 ℃ のときのボンベ内部の圧力は約 65 atm である．そのような気体を絞り弁から噴出させれば，ジュール-トムソン効果によって冷却が起こる．したがって，圧力が 1 atm しかない外界に放出すれば凝縮が起こり，細かな雪のような固体ができるのである．

ヘリウムの相図を図 5・19 に示す．ヘリウムでは低温で異常な振舞いが見られる．たとえば，どれほど低温に冷やしても固相と気相が平衡状態で共存することはない．ヘリウム原子は軽いので，極低温でも振幅の大きな振動を行っており，固体ができたとしても自分から壊れてしまうのである．しかし，加圧して原子を安定な位置に保てば固体ヘリウムが得られる．ヘリウムのもう一つの特異な性質は，純粋なヘリウム-4 に液相が 2 種類存在することである．相図のなかに液体 I と示してある相は，ふつうの液体のように振舞う．一方，液体 II は**超流体**[1]であり，粘性を示さない．相図に液-液の相境界が見られる物質はヘリウムしかない．最近の研究で，水にも超流体の液相が存在するかもしれないという報告がある．

---

1) superfluid  2) long-range order  3) short-range order

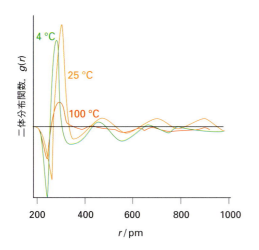

**図 5・20** 液体の水における酸素原子の二体分布関数. 三つの温度で比較してある. 温度上昇による膨張が見られる.

て取囲まれている. その様子は氷に似ている. 分子間力(この場合は主として水素結合)がかなり強くて, このような局所構造が沸点まで保たれているのである.

液体の構造のような"構造"は, **二体分布関数**[1] $g(r)$ によって表される. この関数は, 分子が半径 $r$ で厚みが $\Delta r$ の薄い球殻のどこかにいる確率が $g(r)\Delta r$ で表されるように定義されたものである. 結晶であれば, どの分子をとっても一定距離のところに隣の分子, その隣の分子という具合に次々と分子が見つかるから, 二体分布関数にはこれに相当する一連の鋭いピークが見られる. しかし, 液体では, 分子は厳密に一定の距離のところにいるわけでないから, これらのピークはぼやけることになる(図 5・20). 各分子の近くに何らかの短距離秩序があるから, その二体分布関数には一連の振動が見られる. 距離がずっと遠くなれば, 遠距離秩序はないから, この振動はなくなり, 分子が見つかる確率は均一になってしまう.

## チェックリスト

□ 1 液体や固体のモルギブズエネルギーは, 圧力にほとんど依存しない.
□ 2 ある物質の相図を描けば, 種々の相が最も安定に存在できる圧力と温度の条件が示せる.
□ 3 相境界線は, 2 相が平衡で存在する圧力と温度の条件を示している.
□ 4 相境界線の勾配は, クラペイロンの式で与えられる. つぎの「重要な式の一覧」を見よ.
□ 5 液体–蒸気の相境界線の勾配は, クラウジウス–クラペイロンの式で与えられる. つぎの「重要な式の一覧」を見よ.
□ 6 液体の蒸気圧は, 液体と平衡にある蒸気の圧力である. 蒸気圧の温度変化は $\ln p = A - B/T$ で表せる.
□ 7 沸騰温度は, 蒸気圧が外圧と等しくなる温度である. 通常沸点は, 蒸気圧が 1 atm になる温度である.
□ 8 臨界温度は, それより高温ではその物質が液体をつくれない温度である.
□ 9 三重点は, 3 相が互いに平衡にある圧力と温度の条件である.
□ 10 液体の構造は, 主として短距離に作用する分子間力によってつくられる短距離秩序で決まっている.
□ 11 短距離秩序があれば, ある分子からの距離に対して二体分布関数をプロットしたとき, 幅広いピークが見られる.

## 重要な式の一覧

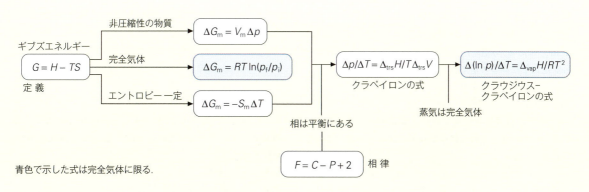

青色で示した式は完全気体に限る.

---

[1] pair distribution function

## 問題と演習

### 文章問題

**5・1** モルギブズエネルギーは, (a) 温度, (b) 圧力によってなぜ変化するか.

**5・2** モルギブズエネルギーの温度変化および圧力変化と, 相の安定性との関係について説明せよ.

**5・3** 気体の分子間に (a) 引力的な相互作用, (b) 反発的な相互作用があれば, 完全気体と比較して気体のモルギブズエネルギーは上がるか, それとも下がるか. それぞれ計算せずに答えよ.

**5・4** クラペイロンの式とクラウジウス–クラペイロンの式の意味を説明せよ.

**5・5** 固相が二つ, 液相が一つ, 蒸気相が一つある硫黄について, 相律を使って相図のかたちを説明せよ. 相平衡によって共存しうる組合わせについて, 自由度の数を示せ.

**5・6** "液体の構造" とは何かを説明せよ.

**5・7** 超臨界流体は, コーヒーからカフェインを除くのに使うだけでなく, いろいろ複雑な混合物からある特定の成分を抽出するのに使える. 図書室やインターネットで調べて, その原理と長所, 短所, 近年利用されている超臨界流体を使った抽出技術についてまとめよ.

### 演習問題

特に指定しない限り, 気体はすべて完全気体とせよ. 熱化学データはすべて 298.15 K でのものである.

**5・1** 直方硫黄の 25 °C における標準生成ギブズエネルギーは 0, 単斜硫黄では $+0.33\,kJ\,mol^{-1}$ である. この温度で安定なのはどちらの多形か.

**5・2** 炭素はダイヤモンドやグラファイトだけでなく, それ以外の同素体としても存在しうる. ダイヤモンドの 298 K での標準生成ギブズエネルギーは, グラファイトより $2.900\,kJ\,mol^{-1}$ 大きい. この二つの同素体では, この温度でどちらが安定と予測できるか.

**5・3** 直方硫黄の密度は $2.070\,g\,cm^{-3}$, 単斜硫黄では $1.957\,g\,cm^{-3}$ である. 加圧することで単斜硫黄を直方硫黄よりも安定化させることができるか.

**5・4** 完全気体とみなせる 20 °C の二酸化炭素について, 圧力を 1.0 bar から等温で (a) 3.0 bar まで, (b) $2.7 \times 10^{-4}$ atm (海面における乾燥空気中の二酸化炭素の分圧) まで変化させたとき, それに伴うモルギブズエネルギー変化をそれぞれ計算せよ.

**5・5** 200 °C の水蒸気の体積を $350\,cm^3$ から $120\,cm^3$ まで等温圧縮した. このときのモルギブズエネルギー変化はどれだけか.

**5・6** 直方硫黄の標準モルエントロピーは $31.80\,J\,K^{-1}\,mol^{-1}$ であり, 単斜硫黄では $32.6\,J\,K^{-1}\,mol^{-1}$ である. (a) 昇温することで単斜硫黄を直方硫黄より安定化させることができるか. (b) もし安定化するなら, 1 bar ではどの温度で相転移が起こるか. (演習問題 5・1 のデータを用いよ.)

**5・7** ベンゼンの標準モルエントロピーは $173.3\,J\,K^{-1}\,mol^{-1}$ である. ベンゼンを 25 °C から 45 °C まで加熱したときの標準モルギブズエネルギー変化を計算せよ.

**5・8** 水の標準モルエントロピーは $37.99\,J\,K^{-1}\,mol^{-1}$ (氷), $69.91\,J\,K^{-1}\,mol^{-1}$ (液体の水), $188.83\,J\,K^{-1}\,mol^{-1}$ (水蒸気) である. 各相のギブズエネルギーの温度変化を, 1 枚のグラフに描いて比較せよ.

**5・9** 25 °C の実験室 ($5.0\,m \times 4.3\,m \times 2.2\,m$) で, ふたのない容器に (a) 水, (b) ベンゼン, (c) 水銀がそれぞれ入れて置いてある. 換気が全く行われていないとして, 空気中にどれだけの質量の物質が存在するか. それぞれについて求めよ. 〔蒸気圧は, (a) 3.2 kPa, (b) 13 kPa, (c) 0.25 Pa である.〕

**5・10** (a) クラペイロンの式を使って, 水の圧力–温度相図における固–液の相境界曲線の勾配を求めよ. 氷の融解エンタルピーは $6.008\,kJ\,mol^{-1}$, 0 °C における氷と液体の水の密度はそれぞれ $0.916\,71\,g\,cm^{-3}$, $0.999\,84\,g\,cm^{-3}$ である. 氷の融解エントロピーを融解エンタルピーと融点で表す式を書き, その値を求めよ. (b) 氷の融点を 1 °C 下げるのに必要な圧力を求めよ.

**5・11** ジエチルエーテル $(C_2H_5)_2O$ の通常沸点は 307.7 K であり, 標準蒸発エンタルピーは $27.4\,kJ\,mol^{-1}$ である. クラウジウス–クラペイロンの式を使って, 298.15 K における液体ジエチルエーテルの蒸気圧を予測せよ.

**5・12** プロパノン $C_3H_6O$ の 280〜340 K の温度域の平均蒸発エンタルピーは $30.2\,kJ\,mol^{-1}$ である. また, 298.15 K での蒸気圧は 30.600 kPa である. プロパノンの通常沸点を求めよ.

**5・13** 蒸気圧の温度依存性を表す (5・8) 式と表 5・1 のパラメーターが与えられたとき, ヘキサンの (a) 蒸発エンタルピー, (b) 通常沸点を求めよ.

**5・14** (5・8) 式で, 蒸気圧を Torr の単位で表したい. メチルベンゼンの $A$ と $B$ の値はどれだけか. 表 5・1 のデータを使え.

**5・15** 水銀の 20 °C での蒸気圧は 160 mPa である. その蒸発エンタルピーを $59.30\,kJ\,mol^{-1}$ として, 40 °C での蒸気圧を求めよ.

**5・16** ピリジンの 365.7 K における蒸気圧は 50.0 kPa であり, 通常沸点は 388.4 K である. ピリジンの蒸発エンタルピーを求めよ.

## 5. 純物質の相平衡

**5·17** ベンゼンの 35 °C での蒸気圧は 20 kPa，58.8 °C では 50.0 kPa である．ベンゼンの通常沸点を求めよ．

**5·18** 密閉容器の中に $Na_2SO_4$ の飽和溶液が入れてあり，過剰の固体が共存していて，蒸気とも平衡にある．(a) 存在する相と成分の数はそれぞれいくらか．(b) この系の自由度の数はいくらか．このときの独立変数を示せ．

**5·19** 前問の溶液が飽和していないとする．(a) 存在する相と成分の数はそれぞれいくらか．(b) この系の自由度の数はいくらか．このときの独立変数を示せ．

**5·20** ある朝，霜が降りたあと冷えて乾燥し，気温が $-5$ °C，大気中の水蒸気の分圧が 2 Torr まで下がった．このとき霜は昇華するか．また，霜がそのまま残るには水蒸気の分圧がどれだけあればよいか．

**5·21** (a) 図 5·15 を使って，1.0 bar で 400 K の水蒸気を一定圧力のもとで 260 K まで冷やしたときの変化を示せ．(b) 一定の速さでエネルギーを奪ったときの温度を時間に対してプロットせよ．ここで，冷却曲線の勾配を表すには水蒸気と水，氷のモル定圧熱容量が必要である．それを，それぞれ約 $4R$，$9R$，$4.5R$ とせよ．また，転移エンタルピーには表 3·1 の値を用いよ．

**5·22** 図 5·16 を使って，水を三重点での圧力のまま冷却したときの変化について説明せよ．

**5·23** 二酸化炭素が 1.0 atm，298 K におかれている．図 5·18 の相図を使って，以下の操作を順次行ったときに観測される状態変化を説明せよ．(a) 圧力一定のまま 320 K まで加熱する，(b) 100 atm まで等温圧縮する，(c) 圧力一定のまま 210 K まで冷却する，(d) 1.0 atm まで等温で減圧する，(e) その圧力のまま 298 K まで加熱する．

**5·24** ヘリウムでは，液体Ⅰの密度が液体Ⅱよりも大きいといえるか．図 5·19 のヘリウムの相図をもとに考えよ．

### プロジェクト問題

記号 ‡ は微積分の計算が必要なことを示す．

**5·25** ‡　ここでは，気体の熱力学的性質と液体への凝縮について調べよう．ファンデルワールスの状態方程式に従う気体で，引力的な相互作用より反発的な相互作用が圧倒的に大きい場合（すなわち，パラメーター $a$ が無視できる場合）を考える．(a) 圧力が「式の導出 5·2」で説明したやり方で $p_i$ から $p_f$ まで変化したときのモルギブズエネルギー変化を表す式を求めよ．(b) 完全気体に比べ，その変化は大きいか，それとも小さいか．(c) 298.15 K で二酸化炭素の圧力を 1.0 atm から 10.0 atm まで変化させた．ファンデルワールス気体とした場合のモルギブズエネルギー変化と，完全気体の場合の違いを百分率で表せ．(d) 気体の臨界点では，$dp/dV = 0$ であり，しかも，$d^2p/dV^2 = 0$ である．これから，図 1·18 の等温線の変曲点を求めることができる．状態方程式 $p = nRT/V - an^2/V^2 + bn^3/V^3$ で表される気体が臨界挙動を示せることを説明し，パラメーター $a$ と $b$ を使って臨界定数を表せ．

**5·26** ‡　5·5 節では，問題とする温度域で蒸発エンタルピーが温度に依存しないという仮定のもとで，クラウジウス-クラペイロンの式を導いた．(a) 水の通常沸点 373 K における蒸発エンタルピーは 40.656 kJ mol$^{-1}$ である．蒸発エンタルピーが温度に依存しないとして，(5·7) 式を使って，308 K での水の蒸気圧を計算せよ．(b) 蒸発エンタルピーが $\Delta_{vap}H = a + bT$ で表せる場合，その修正版の式を導出せよ．(c) 水の場合，298〜373 K では $a = 57.373$ kJ mol$^{-1}$，$b = -44.801$ J K$^{-1}$ mol$^{-1}$ である．クラウジウス-クラペイロンの式の修正版を使って 308 K の水の蒸気圧を計算し，もっと信頼できる値を求めよ．

# 6

# 混合物の性質

## 混合物の熱力学的な表し方

6·1 濃度の表し方

6·2 部分モル量

6·3 自発的な混合

6·4 理想溶液

6·5 理想希薄溶液

6·6 実在溶液: 活量

## 束一的性質

6·7 沸点や凝固点の変化

6·8 浸 透

## 混合物の相図

6·9 揮発性液体の混合物

6·10 液体–液体の相図

6·11 液体–固体の相図

6·12 ネルンストの分配の法則

**チェックリスト**

**重要な式の一覧**

**問題と演習**

これまでは純物質を対象として，それがある制約のもとで起こしうる重要な変化について説明してきたが，次に混合物を調べよう．ここでは**均一混合物**[1]，すなわち溶液だけを考える．溶液では，その試料の一部をどんなに少量取出しても組成は均一である．その中に少量しか含まれない成分を**溶質**[2]といい，多量の成分を**溶媒**[3]という．しかし，これは通常の使い方であって，固体が液体に溶けた場合などは必ずしも守られない．また，ある液体が別の液体と混合したときには，ふつうは単に二つの液体の"混合物"といういい方をする．本章ではおもに**非電解質溶液**[4]を考える．つまり，溶質がイオンとしては存在しない溶液である．その例としては，水に溶けたスクロースや二硫化炭素に溶けた硫黄，エタノールと水の混合物などがある．溶質がイオン化していて，イオン間に強い相互作用が見られる**電解質溶液**[5]において特に問題となる点については9章で考える．

## 混合物の熱力学的な表し方

熱力学を組成が変化しうる混合物にも適用するには，いくつかの概念を導入しておく必要がある．まず，混合物の組成の表し方である．混合気体について述べた1·3節ではモル分率を用いて組成を表したが，モル濃度と質量モル濃度による表し方も知っておく必要がある．次に問題になるのは，混合物のいろいろな性質の表し方である．気体混合物の諸性質を調べたときに，すでに分圧という概念，すなわち全圧力に対するある成分の寄与という考えがどう使えるかを学んだ．混合物の熱力学をもっと一般的に表すには，圧力以外のいろいろな性質についても"部分量"を導入しておく必要がある．それは，混合物中の各成分の寄与を表す量である．

---

1) homogeneous mixture  2) solute  3) solvent
4) nonelectrolyte solution  5) electrolyte solution

## 6・1 濃度の表し方

ある溶媒に溶けている溶質Jの**モル濃度**[†1]は，$c_J$または $[J]$ で表すが，Jの化学的物質量 $n_J$ を溶液の体積 $V$ で割った次式で定義される．

$$c_J = \frac{n_J}{V} \qquad \text{定義} \quad \boxed{\text{モル濃度}} \quad (6\cdot1)$$

**ノート**　溶液中の溶質のモル濃度といういい方をする．英語では同じモル濃度を表すのに molarity という用語も使われているが，その場合は，溶液の molarity というだけで，溶質の molarity とはいわない．

モル濃度は $mol\,dm^{-3}$ という単位でふつう表す（$mol\,L^{-1}$ で表したり，Mで表したりすることもある．$1\,M = 1\,mol\,dm^{-3}$ である）．**標準モル濃度**[1]として，$c^{\ominus} = 1\,mol\,dm^{-3}$ を（厳密に）定義しておく．所定のモル濃度の溶液を作成するには，所定量の溶質を少量の溶媒に溶かしてから，全体積が所定の体積 $V$ になるまで溶媒を加える．モル濃度の定義に現れる体積 $V$ は溶液全体の体積のことであり，溶液をつくるのに使った溶媒の体積ではない．

### 例題6・1　溶液のつくり方

モル濃度 $0.250\,mol\,dm^{-3}$ の硫酸銅水溶液を体積 $100\,cm^3$ だけつくりたい．これに必要な硫酸銅水和物 $CuSO_4\cdot5H_2O$ の質量はいくらか．

**解法**　$CuSO_4\cdot5H_2O$ の必要量を求めるのに，$(6\cdot1)$ 式を $n_J = c_J V$ として使う．次に，モル質量と「基本概念」で導入した物質量の関係（$n = m/M$．これを $m = nM$ として）を使って，その物質量に相当する質量を計算する．

**解答**　$1\,cm^3 = 10^{-3}\,dm^3$ であるから，$100\,cm^3$ は $0.100\,dm^3$ である．したがって，必要な $CuSO_4\cdot5H_2O$ の物質量は $(6\cdot1)$ 式から，

$$n = cV = 0.250\,mol\,dm^{-3} \times 0.100\,dm^3$$
$$= 2.50 \times 10^{-4}\,mol$$

である．$CuSO_4\cdot5H_2O$ のモル質量は $M = 249.68\,g\,mol^{-1}$ であるから，その質量は，

$$m = n \times M = 2.50 \times 10^{-4}\,mol \times 249.68\,g\,mol^{-1}$$
$$= 0.0624\,g$$

であり，$62.4\,mg$ である．

### 自習問題6・1

フェノール $C_6H_5OH$ が $13.2\,g$ 溶けている水溶液 $250\,cm^3$ がある．この溶質の濃度を求めよ．［答: $0.561\,mol\,dm^{-3}$］

**質量濃度**[2]（これも $c$ で表すから注意が必要である．$c_{質量}$ と書くこともある）は，溶質の質量を溶液の体積で割ったものである．質量濃度は，その単位を $g\,dm^{-3}$（または $kg\,dm^{-3}$）で表し，モル濃度とつぎの関係がある．

$$c_{質量} = \frac{[J]}{M} \qquad \boxed{\text{質量濃度}} \quad (6\cdot2)$$

$M$ は溶質Jのモル質量である．

溶質の**質量モル濃度**[3] $b_J$ は，溶質Jの化学的物質量を，その溶液をつくるのに使った溶媒の質量で割った比で定義されている．

$$b_J = \frac{n_J}{m_{溶媒}} \qquad \text{定義} \quad \boxed{\text{質量モル濃度}} \quad (6\cdot3)$$

質量モル濃度の単位は，ふつう $mol\,kg^{-1}$ で表す．溶液の**標準質量モル濃度**[4]として，$b^{\ominus} = 1\,mol\,kg^{-1}$ を（厳密に）定義しておく．モル濃度と質量モル濃度の違いは重要である．モル濃度が溶液の体積を使って定義されているのに対して，質量モル濃度は溶液をつくるときに用いた溶媒の質量で定義されている．そこで，溶液の温度が変化して膨張したり収縮したりすればモル濃度は変化するが，質量モル濃度は変化しない．

希薄水溶液では $1\,dm^3$ の溶液のほとんどが水であり，その質量は $1\,kg$ に近いから，数値を比較する限り質量モル濃度とモル濃度はほとんど違わない．しかし，濃厚水溶液や密度が $1\,g\,cm^{-3}$ でない非水溶液の場合はすべて，両者の数値はかなり違う．

### 例題6・2　モル分率と質量モル濃度の関係

質量モル濃度 $0.140\,mol\,kg^{-1}$ の $C_6H_{12}O_6(aq)$ 中に含まれるグルコース分子 $C_6H_{12}O_6$ のモル分率を求めよ．

**解法**　溶媒が（厳密に）$1\,kg$ 含まれる試料を考える．このとき溶質分子は，$n_{溶質} = b_{溶質} \times (1\,kg)$ ある．厳密に $1\,kg$ の水にある水分子の物質量は，$n_水 = (1\,kg)/M_水$ である．$M_水$ は水のモル質量である．ここでは有効数字の問題を考えなくてよいように，厳密に $1\,kg$ の水としている．そこで，グルコース分子のモル分率は，溶質の物質量 $n_{溶質}$ を水と溶質の物質量の合計 $n = n_{溶質} + n_水$ で割った比で与えられる．

**解答**　水が厳密に $1\,kg$ あるときのグルコース分子の物質量は，

$$n_{グルコース} = (0.140\,mol\,kg^{-1}) \times (1\,kg) = 0.140\,mol$$

である．一方，水 $1\,kg$（$10^3\,g$）中の水分子の物質量は，

$$n_水 = \frac{10^3\,g}{18.02\,g\,mol^{-1}} = \frac{10^3}{18.02}\,mol$$

---

[†1]　molar concentration.　訳注: molarity も同じ意味に使われるが，つぎの「ノート」にあるように使い方は少し異なる．

1) standard molar concentration　2) mass concentration　3) molality　4) standard molality

である．これから，存在する分子すべての物質量の合計は，

$$n = n_{グルコース} + n_{水} = 0.140 \text{ mol} + \frac{10^3}{18.02} \text{ mol}$$

である．したがって，グルコース分子のモル分率は，つぎのように計算される．

$$x_{グルコース} = \frac{n_{グルコース}}{n} = \frac{0.140 \text{ mol}}{(0.140 + 10^3/18.02) \text{ mol}}$$
$$= 2.52 \times 10^{-3}$$

**自習問題6·2**

質量モル濃度 1.22 mol kg$^{-1}$ の C$_{12}$H$_{22}$O$_{11}$(aq) に含まれるスクロース分子 C$_{12}$H$_{22}$O$_{11}$ のモル分率を計算せよ．

[答: $2.15 \times 10^{-2}$]

## 6·2 部分モル量

**部分モル量**[1] とは，混合物全体の性質を表すある量に対して，ある成分物質が及ぼす（モル当たりの）寄与をいう．最もわかりやすい例は，物質 J の**部分モル体積**[2] $V_J$ である．それは混合物全体の体積に対する成分物質 J の体積の寄与である．部分モル量であることを表すのに，物理量を表す記号の上にバーをつけて $\overline{V}_J$ のように書くこともある．注意すべきことは，純物質ならモル体積はある固有の値をとるが，混合物中では同じ 1 mol でも全体積に対する寄与のしかたが異なるという点である．それは，混合物中では分子の詰まり方が純物質とは違うからである．

● **簡単な例示6·1** 部分モル体積

純粋な水が大量にあるとしよう．これに 1 mol の H$_2$O を加えれば体積は 18 cm$^3$ だけ増える．しかし，純粋なエタノールが大量にあるところに 1 mol の H$_2$O を加えたときには体積は 14 cm$^3$ しか増えない．18 cm$^3$ mol$^{-1}$ という値は，純粋な水の中で水分子 1 モルが占める体積である．一方，14 cm$^3$ mol$^{-1}$ という値は，ほとんど純粋とみなせるエタノール中で水分子 1 モルが占める体積なのである．いい換えれば，純水中での水の部分モル体積は 18 cm$^3$ mol$^{-1}$ であり，純粋なエタノール中での水の部分モル体積は 14 cm$^3$ mol$^{-1}$ である．後者の場合は，エタノール分子が大量に存在していて，水分子はエタノール分子に取囲まれ，効率よく詰め込まれていて，その結果，1 mol の水分子を収容するのに 14 cm$^3$ ですむわけである．■

中間の組成では，水/エタノール混合物の場合，注目する水分子は全体の組成（たとえばモル分率が 0.5 ならば半分が水で，残りの半分がエタノール）に対応する分子の混合物によって囲まれることになる．このとき，水が混合物中で占める体積が水の部分モル体積である．混合物の組成を変えれば水だけでなくエタノールの部分モル体積も変化する．それは，エタノール分子の環境も水の割合によって，純粋なエタノールから純粋な水まで変化するからで，したがってエタノール分子が占める体積も変化するのである．25 °C で全組成域にわたって求めた両成分の部分モル体積を図 6·1 に示す．

注目する組成（および温度）の混合物中に含まれる二つの成分 A と B について，それぞれの部分モル体積 $V_A$ と $V_B$ がわかっていれば，つぎの「式の導出」で示すように，その混合物の全体積 $V$ は次式で与えられる．

$$V = n_A V_A + n_B V_B \tag{6·4}$$

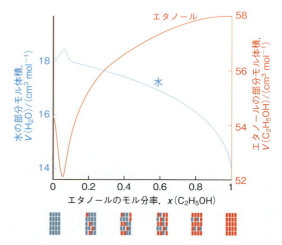

**図6·1** 水とエタノールの 25 °C における部分モル体積．縦軸の部分モル体積は左側が水，右側がエタノールのものである．

**式の導出6·1** 全体積と部分モル体積

ある組成の混合物が大量にあるとしよう．これに一方の成分 A を物質量 $n_A$ だけ加えても，その混合物の組成はほとんど変化しない．しかし，試料の体積は $n_A V_A$ だけ増加している．もう一方の成分についても同様で，成分 B を物質量 $n_B$ だけ加えれば体積は $n_B V_B$ だけ増加する．このときの体積増加の合計は $n_A V_A + n_B V_B$ である．混合物の体積はこれだけ大きくなるが，含まれている成分の比は最初と同じである．その増加した体積分だけ試料を取出してみても，そこには A が $n_A$，B が $n_B$ だけ含まれている．その体積は $n_A V_A + n_B V_B$ である．体積は状態関数であるから，最初から A と B を所定量だけ混合したとしても，これと全く同じ試料をつくることができたはずである．これを数学的に表すには，つぎのように考えればよい．

---

1) partial molar property  2) partial molar volume

温度および圧力が一定の混合物について，成分 A を $dn_A$，成分 B を $dn_B$ 加えて組成を変化させたときの全体積の変化は，

$$dV = V_A\, dn_A + V_B\, dn_B$$

である．加えた成分 A と B の相対量が元の組成と同じであれば，組成は変わらないから両者の部分モル体積は一定である．したがって，全体積を計算するには，それぞれの $V_J$ を一定として，$n_A$ と $n_B$ を同時に 0 から最終値まで変化させたときの $dV$ を積分すればよい．すなわち，

$$\overbrace{V = \int_0^{n_A} V_A\, dn_A + \int_0^{n_B} V_B\, dn_B}^{n_A:n_B\text{は一定}} = V_A \int_0^{n_A} dn_A + V_B \int_0^{n_B} dn_B$$

$$= V_A\, n_A + V_B\, n_B$$

である．これが (6·4) 式である．この二つの積分は（組成を一定に保つのに）連動しているとみなしたが，そもそも $V$ は状態関数であるから，別々に計算してもよいはずである．実際，溶液はそのようにしてつくられるから，(6·4) 式の最終結果はこれで正しい．

---

### 例題 6·3　部分モル体積の使い方

エタノール 50.0 g と水 50.0 g の混合物の 25 °C における全体積を求めよ．

**解法**　(6·4) 式を使うには，各成分についてモル分率と部分モル体積が必要である．モル分率は，例題 1·2 で示したやり方で計算できる．すなわち，各成分のモル質量を使って $n_J = m_J/M_J$ から物質量を計算する．求めたモル分率における部分モル体積は，図 6·1 から読みとることができる．

**解答**　$CH_3CH_2OH$ と $H_2O$ のモル質量は，それぞれ 46.07 g mol$^{-1}$ と 18.02 g mol$^{-1}$ である．そこで，この混合物中に存在する物質量は，

$$n_{\text{エタノール}} = \frac{50.0\ \text{g}}{46.07\ \text{g mol}^{-1}} = 1.09\ \text{mol}$$

$$n_{\text{水}} = \frac{50.0\ \text{g}}{18.02\ \text{g mol}^{-1}} = 2.77\ \text{mol}$$

であり，合計 3.86 mol ある．したがって，$x_{\text{エタノール}} = 0.281$，$x_{\text{水}} = 0.719$ である．図 6·1 によれば，この組成の混合物における部分モル体積は，エタノールが 55.9 cm$^3$ mol$^{-1}$，水が 17.6 cm$^3$ mol$^{-1}$ である．したがって (6·1) 式より混合物の全体積はつぎのように求められる．

$$V = (1.09\ \text{mol}) \times \overbrace{(55.9\ \text{cm}^3\ \text{mol}^{-1})}^{\text{エタノールの寄与}}$$

$$\underset{\text{mol を消去}}{\phantom{V}} + (2.77\ \text{mol}) \times \overbrace{(17.6\ \text{cm}^3\ \text{mol}^{-1})}^{\text{水の寄与}}$$

$$= (1.09 \times 55.9 + 2.77 \times 17.6)\ \text{cm}^3 = 110\ \text{cm}^3$$

---

### 自習問題 6·3

図 6·1 を使って，20 g の水と 100 g のエタノールの混合物の質量密度を求めよ．　　　［答：0.84 g cm$^{-3}$］

---

部分モル量の概念は他の状態量にも拡張できる．なかでも，これからの議論に最も重要なのは物質 J の**部分モルギブズエネルギー**[1] $G_J$ である．それは，混合物の全ギブズエネルギーに対する成分物質 J の（モル当たりの）寄与である．体積の場合と同様，二つの成分物質 A と B のある組成における部分モルギブズエネルギーが与えられれば，混合物の全ギブズエネルギーは (6·4) 式と類似のつぎの式で計算できる．

$$G = n_A G_A + n_B G_B \tag{6·5a}$$

部分モルギブズエネルギーの意味は，部分モル体積の場合と全く同じように理解できる．たとえば，エタノールは純粋エタノール中では（分子はすべてエタノール分子で囲まれているので）ある特定の部分モルギブズエネルギーをもつ．一方，ある組成の水溶液中では（エタノール分子は，エタノール分子と水分子の混合物によって囲まれることになるので）これとは違った部分モルギブズエネルギーの値をとる．

化学では部分モルギブズエネルギーがきわめて重要なので，これに特別な名前と記号を与えている．それを**化学ポテンシャル**[2] といい $\mu$（ミュー）という記号で表す．そこで，(6·5a) 式はつぎのように書ける．

$$G = n_A \mu_A + n_B \mu_B \quad \text{混合物の} \atop \text{全ギブズエネルギー} \tag{6·5b}$$

$\mu_A$ は混合物中の成分 A の化学ポテンシャル，$\mu_B$ は成分 B の化学ポテンシャルである．混合物中に存在する成分物質 J（ここでは，A か B）の化学ポテンシャルの正式な定義は，温度と圧力を一定とし，注目する J 以外のすべての成分の物質量を一定に保ったうえで，混合物の全ギブズエネルギーを J の物質量に対してプロットしたグラフの勾配である[†2]．この章から次の章にわたり理解が進むにつれ，"化学ポテンシャル"という名称がきわめて適切なものであることがわかるはずである．それは，$\mu_J$ が，物質 J の物理変化や化学変化をひき起こす能力を示す目安になるからである．すなわち，化学ポテンシャルの高い物質ほど反応をひき起こしたり，物理過程を促進したりする高い能力をもっているのである．その内容についてはこれから述べる．

話を先に進めるには，混合物中の物質について化学ポテンシャルの組成変化を表す具体的な式が必要である．ここ

---

†2　2·8 節で示した正式な数学表記を使えば，化学ポテンシャルは $\mu_A = (\partial G/\partial n_A)_{T,p,n_B}$ などと書ける．

1) partial molar Gibbs energy　2) chemical potential

では，(5·3b) 式からはじめよう．

$$G_m(p_f) = G_m(p_i) + RT \ln \frac{p_f}{p_i}$$

これは，完全気体のモルギブズエネルギーが圧力にどう依存するかを表した式である．まず，$p_f = p$ ($p$ は注目する圧力) および $p_i = p^{\ominus}$ ($p^{\ominus}$ は標準圧力で 1 bar である) とおく．また，$p^{\ominus}$ でのモルギブズエネルギーは標準値 $G_m^{\ominus}$ であるから，

$$G_m(\overbrace{p}^{p_f}) = \overbrace{G_m(p_i)}^{G_m^{\ominus}} + RT \ln \overbrace{\frac{p_f}{p_i}}^{\frac{p}{p^{\ominus}}}$$

$$p_i = p^{\ominus}$$
$$= G_m^{\ominus} + RT \ln \frac{p}{p^{\ominus}} \qquad (6 \cdot 6)$$

と書ける．次に，完全気体の混合物を考えれば，成分気体の分圧を $p$ とし (1·3 節)，$G_m$ をその部分モルギブズエネルギー (つまり，化学ポテンシャル) とすることができる．したがって，完全気体の混合物では，分圧 $p_J$ で存在する各成分 J について次式が成り立つ．

$$\mu_J = \mu_J^{\ominus} + RT \ln \frac{p_J}{p^{\ominus}} \quad \text{完全気体} \quad \text{化学ポテンシャル} \qquad (6 \cdot 7\text{a})$$

この式で，$\mu_J^{\ominus}$ は成分気体 J の**標準化学ポテンシャル**[1]であり，それは標準モルギブズエネルギー，すなわち純粋な気体の 1 bar における $G_m$ の値に等しい．ここで，$p_J/p^{\ominus}$ を単に $p_J$ と書いて (すなわち，圧力が 2.0 bar であれば単に $p_J = 2.0$ として) 式に表すことにすれば，(6·7a) 式はもっと簡単に，

$$\mu_J = \mu_J^{\ominus} + RT \ln p_J \qquad (6 \cdot 7\text{b})$$

となる．図 6·2 は，この式を用いて計算した完全気体の化学ポテンシャルの圧力依存性の予測値である．圧力が 0 に近づけば化学ポテンシャルは負の無限大に近づく．一方，圧力が上昇して 1 bar になれば ($\ln 1 = 0$ であるから) 化学ポテンシャルは標準値をとり，圧力がもっと高くなれば対数的に ($\ln p$ に比例して) ゆっくり増加する．

いつもいうことだが，式に慣れるにはその式が何を言いたいのかをよく聞くのがよい．この場合は，

- $p_J$ が増加すれば $\ln p_J$ も増加する．したがって，(6·7) 式は，気体の分圧が高いほど化学ポテンシャルも高いと言っている．

このことは，化学ポテンシャルが物質の化学的な活性を示す指標であることとも合う．すなわち，分圧が高いほどその化学種の化学的な活性は高いといえる．この場合の化学ポテンシャルは，標準状態における物質の反応のしやすさ ($\mu^{\ominus}$ の項) と，圧力が 1 bar よりどれだけ高いか (低いか) で決まる活性の差の部分との和で表されている．物質量が同じなら，分圧が高いほどその物質の化学的な"能力"は高い．それはちょうど，ぜんまいを巻けば物理的な能力 (つまり，より多くの仕事をする能力) が増加するのと同じである．

■ **簡単な例示 6·2 完全気体の化学ポテンシャル**

ある混合物中の完全気体の分圧が変化したとする．(6·7a) 式によれば，その気体の化学ポテンシャル変化は，

$$\Delta\mu = \left(\mu^{\ominus} + RT \ln \frac{p_f}{p^{\ominus}}\right) - \left(\mu^{\ominus} + RT \ln \frac{p_i}{p^{\ominus}}\right)$$

$$= RT\left(\ln \frac{p_f}{p^{\ominus}} - \ln \frac{p_i}{p^{\ominus}}\right)$$

$\ln a - \ln b = \ln(a/b)$

$$= RT \ln \frac{p_f/p^{\ominus}}{p_i/p^{\ominus}} = RT \ln \frac{p_f}{p_i}$$

で表される．たとえば，298 K で起こった反応で，ある完全気体が消費され，その分圧が 100 kPa から 50 kPa まで下がったとすれば，この気体の化学ポテンシャル変化はつぎのように計算できる．

$$\Delta\mu = (8.3145 \text{ J K}^{-1}\text{mol}^{-1}) \times (298 \text{ K}) \times \ln \frac{50 \text{ kPa}}{100 \text{ kPa}}$$

$$= -1.7 \times 10^3 \text{ J mol}^{-1} = -1.7 \text{ kJ mol}^{-1} \blacksquare$$

5 章では，純物質で複数の相が平衡状態で共存しているとき，すべての相にわたってモルギブズエネルギーは等しいと述べた．つぎの「式の導出」で示すように，混合物の場合も同じことがいえる．

- 存在する成分物質それぞれについて，その化学ポテンシャルがすべての相にわたり同じ値をとっているとき，系は平衡状態にある．

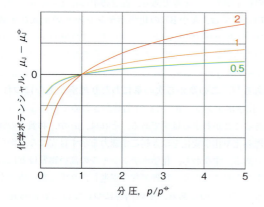

**図 6·2** 完全気体について，分圧による化学ポテンシャルの変化をいろいろな温度 (相対比は 0.5 : 1 : 2) で比較したもの．化学ポテンシャルは圧力上昇とともに増加する．分圧が同じでも温度によって化学ポテンシャルの変化は異なる．

---

1) standard chemical potential

各成分物質の化学ポテンシャルは，何らかの"押す力"と考えればよい．その"押す力"が，共存するどの相の間でも等しいという状況がすべての成分物質について成立しているときにのみ，系は平衡に達しているといえる．

### 式の導出 6·2　化学ポテンシャルの一様性

ある物質 J が，系の別の場所にある複数の相に含まれているとしよう．たとえば，エタノールと水から成る系で，液体混合物と蒸気混合物が共存する場合がそうである．ここで，物質 J の液体混合物中での化学ポテンシャルを $\mu_J(l)$ とし，蒸気混合物中での化学ポテンシャルを $\mu_J(g)$ とする．そこで，J が無限小の物質量 $dn_J$ だけ液体から蒸気に移ったとする．その結果，液相でのギブズエネルギーは $\mu_J(l)dn_J$ だけ減少し，蒸気相でのギブズエネルギーは $\mu_J(g)dn_J$ だけ増加する．したがって，ギブズエネルギーの正味の変化は，

$$dG = \mu_J(g)dn_J - \mu_J(l)dn_J = \{\mu_J(g) - \mu_J(l)\}dn_J$$

である．平衡では，このような移動が起こる傾向はない（逆過程である蒸気から液体への移動もない）から $dG = 0$ であり，そうなるのは $\mu_J(g) = \mu_J(l)$ のときである．同じことは系に存在するどの成分物質についてもいえる．したがって，<u>系全体にわたって平衡であれば，成分物質の化学ポテンシャルはすべて，系のどの場所でも同じでなければならない</u>．

## 6·3　自発的な混合

気体では分子は別の気体分子と自由に混ざるから，あらゆる気体は互いに自発的に混合する．しかし，この混合が自発的であることを<u>熱力学的に</u>表すにはどうすればよいだろうか．それには，温度も圧力も一定の場合は $\Delta G < 0$ であることを示せばよい．したがって，第一段階として 2 種類の気体が混合したときの $\Delta G$ の式を書くこと，次に，それが負の値をもつかどうかを見きわめることである．つぎの「式の導出」で示すように，2 種類の気体 A と B がそれぞれ物質量 $n_A$ と $n_B$ あり，これを温度 $T$ で混合したときには，

$$\Delta G = nRT\{x_A \ln x_A + x_B \ln x_B\}$$
完全気体　混合ギブズエネルギー　　(6·8)

が成り立つ．ここで，$n = n_A + n_B$ であり，$x_J$ は混合物中の各成分のモル分率である．

### 式の導出 6·3　混合ギブズエネルギー

ある温度 $T$ および圧力 $p$ において，ある完全気体 A が物質量 $n_A$ あり，別の完全気体 B が同じ条件下で物質量 $n_B$ だけ存在しているとしよう．両者ははじめ壁を隔てて別の部屋に入れられている（図 6·3）．このとき系の（混合していない 2 種類の気体の）ギブズエネルギーは，それぞれのギブズエネルギーの和で表される．

(6·5b) 式
$$G_i = n_A \mu_A + n_B \mu_B$$
(6·7b) 式
$$= n_A\{\mu_A^\ominus + RT\ln p\} + n_B\{\mu_B^\ominus + RT\ln p\}$$

ここでの気体の化学ポテンシャルはいずれも，圧力 $p$ における値である．つぎに隔壁を取去ると全圧力は同じであるが，ドルトンの法則（1·3 節参照）により，それぞれの分圧は $p_A = x_A p$ と $p_B = x_B p$ に下がる．ここで，$x_J$ は混合気体中の各成分のモル分率である（$x_J = n_J/n$，$n = n_A + n_B$）．したがって，混合後の系のギブズエネルギーは，

$$G_f = n_A\{\mu_A^\ominus + RT\ln p_A\} + n_B\{\mu_B^\ominus + RT\ln p_B\}$$
$$= n_A\{\mu_A^\ominus + RT\ln x_A p\} + n_B\{\mu_B^\ominus + RT\ln x_B p\}$$

となる．$G_f - G_i$ という差が，混合に伴うギブズエネルギー変化である．ここで，標準化学ポテンシャルの項は消しあう．そこで，つぎの関係（「必須のツール 2·2」を見よ）を用いて，それぞれの成分で残っている項を整理する．

$\ln a - \ln b = \ln(a/b)$　$p$ を消去
$$\ln x_J p - \ln p = \ln \frac{x_J p}{p} = \ln x_J$$

その結果，
$$\Delta G = RT\{n_A \ln x_A + n_B \ln x_B\}$$
$n_A = nx_A$
$n_B = nx_B$
$$= nRT\{x_A \ln x_A + x_B \ln x_B\}$$

が得られる．これが (6·8) 式である．

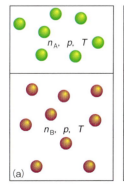
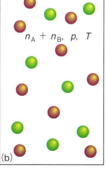

**図 6·3** 2 種類の完全気体が混合するときの (a) 混合前と (b) 混合後の系の状態．分子間に相互作用はないから，混合エンタルピーは 0 である．しかし，混合後の状態は混合前よりも乱れているから，エントロピーは増加している．

(6・8) 式によって，一定の温度および圧力下で2種類の気体を混合したときのギブズエネルギー変化が求められる (図6・4)．ここで重要なことは，$x_A$ も $x_B$ も1より小さいから，その対数は負となり ($x<1$ のとき $\ln x<0$)，どの組成でも $\Delta G<0$ であることである．したがって，完全気体はどんな割合でも自発的に混合する．さらにいえることは，$\Delta G = \Delta H - T\Delta S$ と (6・8) 式を (少し変形して) 比較すれば，

$$\Delta G = 0 + \overbrace{T[nR\{x_A \ln x_A + x_B \ln x_B\}]}^{-T\Delta S}$$
（上の $0$ の部分に $\Delta H$ の波線）

となり，次式が成り立つことである．

$\Delta H = 0$　　完全気体　**混合エンタルピー**　(6・9a)

$\Delta S = -nR\{x_A \ln x_A + x_B \ln x_B\}$
　　　　完全気体　**混合エントロピー**　(6・9b)

すなわち，2種類の完全気体が混合してもエンタルピー変化はない．これは，完全気体では分子間に相互作用がないことを反映したものである．混合によってエントロピーが増加するのは，混合前より乱れることによる (図6・5)．混合が起こっても系のエンタルピーは一定であるから，熱としてエネルギーが外界に流れ出ることはない．したがって，外界のエントロピーは変化しない．そこで，系のこのようなエントロピー増加が，自発的に混合する"駆動力"になっているといえる．

## 6・4　理想溶液

化学では気体の混合だけでなく液体の混合もよく扱うから，溶液中の物質の化学ポテンシャルを表す式も必要である．以下では，つぎの記号を使って互いを区別することにする．

J：一般の物質
A：溶媒
B：溶質

ある化学種の化学ポテンシャルに注目すれば，濃度が高いほど化学的な"能力"も高くなるから，化学ポテンシャルは濃度とともに増加すると考えてよい．

### (a) ラウールの法則

溶質の化学ポテンシャルを定式化する鍵になった研究は，フランスの化学者，ラウール[1] によるものである．彼は生涯の大半を溶液の蒸気圧測定に費やした．一般に，混合物と平衡にある蒸気は混合物から成るから，混合物の全蒸気圧は各成分の寄与である**蒸気分圧**[2] $p_J$ の和である．ラウールは，溶液中に含まれる各成分について，液体混合

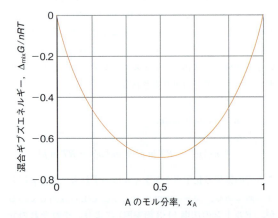

**図6・4** 一定の温度および圧力下で2種類の完全気体が混合したときの，混合ギブズエネルギーの組成変化．全組成域にわたって $\Delta G<0$ であり，完全気体はどんな割合でも自発的に混合することがわかる．

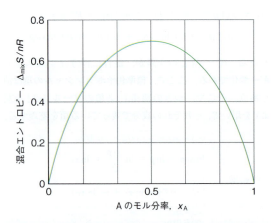

**図6・5** 一定の温度および圧力下で2種類の完全気体が混合したときの，混合エントロピーの組成変化．

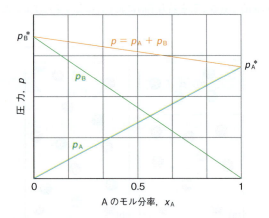

**図6・6** 2成分系の理想溶液における各成分の蒸気分圧は，溶液中に含まれているそれぞれの成分のモル分率に比例する．全蒸気圧は蒸気分圧の和である．

---

1) François Raoult (1830–1901)　2) partial vapor pressure

## 6・4 理想溶液

物と動的平衡にある各成分の蒸気の分圧を測定することによって，つぎの**ラウールの法則**[1] を確立したのであった．

- 液体混合物中のある成分物質が示す蒸気分圧は，その成分の混合物中でのモル分率およびそれが純粋なときに示す蒸気圧に比例する．すなわち，

$$p_J = x_J p_J^*  \quad \text{ラウールの法則} \quad (6・10)$$

である．$p_J^*$ は純物質の蒸気圧である．たとえば，水溶液中の水のモル分率が 0.90 のとき，ラウールの法則に従えば水の蒸気分圧は純粋な水の蒸気圧の 90 パーセントである．これは，溶質や溶媒が何であってもほぼ正しい（図6・6）．

### 簡単な例示 6・3　ラウールの法則

ベンゼン（$C_6H_6$）1.00 kg に $C_{10}H_8$（ナフタレン）1.5 mol が溶けた溶液をつくった．この溶液のベンゼンの蒸気分圧を計算するために，まずベンゼンのモル分率 $x_{ベンゼン}$ を求めておく．

$$x_{ベンゼン} = \frac{n_{ベンゼン}}{n_{ベンゼン} + n_{ナフタレン}}$$

$$n = m/M$$

$$= \frac{m_{ベンゼン}/M_{ベンゼン}}{(m_{ベンゼン}/M_{ベンゼン}) + n_{ナフタレン}}$$

$m_{ベンゼン}$ と $M_{ベンゼン}$ は，それぞれベンゼンの質量とモル質量である．そこで，(6・10) 式と 25 ℃ での純ベンゼンの蒸気圧 $p_{ベンゼン}^* = 12.6$ kPa から，ベンゼンの蒸気分圧がつぎのように求められる．

ラウールの法則
$$p_{ベンゼン} = x_{ベンゼン}\, p_{ベンゼン}^*$$

$$= \frac{m_{ベンゼン}/M_{ベンゼン}}{(m_{ベンゼン}/M_{ベンゼン}) + n_{ナフタレン}} p_{ベンゼン}^*$$

$$= \frac{(1.00 \times 10^3 \text{ g})/(78.54 \text{ g mol}^{-1})}{\{(1.00 \times 10^3 \text{ g})/(78.54 \text{ g mol}^{-1})\} + 1.5 \text{ mol}}$$
$$\times (12.6 \text{ kPa})$$

g と mol を消去
$$= 11.3 \text{ kPa}$$

ラウールの法則の分子論的な起源は，溶液のエントロピーに対する溶質の効果にある．純溶媒では分子自身が乱れているから，それに相当するエントロピーをもっている．その蒸気圧は，系と外界がなるべく高いエントロピーの状態に向かおうとする傾向の表れである．溶質分子が存在すれば，溶液から無作為に分子を選んだとき，それが溶媒分子であるとは限らないので（図6・7），溶液は純溶媒よりも乱れているといえる．このように，溶液のエントロピーは純溶媒よりも大きいから，溶媒が蒸発してもっと高いエントロピーの状態に向かおうとする傾向は純溶媒ほどにはない．いい換えれば，溶液中の溶媒の蒸気圧は純溶媒の蒸気圧よりも低い．

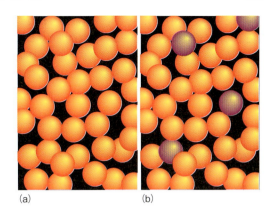

図6・7　(a) 純液体の場合，そこから分子1個を取出したとき，それは必ず溶媒分子である．(b) 溶液中には溶質分子が存在するから，無作為に分子を取出したとき，それが必ず溶媒分子であるとはいえない．したがって，溶質がない場合に比べ系のエントロピーは増加している．

**理想溶液**[2] は，溶媒 A に溶質 B が溶けた溶液で，純粋な A から純粋な B までの全組成にわたってラウールの法則に従うような仮想的な溶液である．両成分の分子形状が似ていて，液体中での分子間相互作用のタイプや強さが似ている混合物では，この法則がよく成り立つ．分子構造の似ている炭化水素からなる混合物がそのよい例である．ベンゼンとメチルベンゼン（トルエン）の混合物は理想溶液にきわめて近い振舞いをし，純ベンゼンから純メチルベンゼンまでの全組成にわたって，どちらの蒸気分圧もラウールの法則をほぼ満足する（図6・8）．

どんな混合物も厳密には理想的でなく，ラウールの法則からのずれが見られる．しかし，そのずれは混合物中の圧倒的に多い成分（溶媒）については小さく，溶質濃度が低

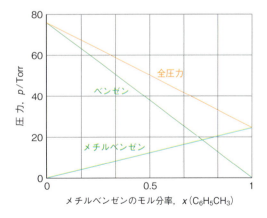

図6・8　互いによく似ている物質，ここではベンゼンとメチルベンゼン（トルエン）はほぼ理想的に振舞い，その蒸気圧の様子は図6・6に示したような理想的な挙動にきわめて近い．

---

1) Raoult's law　2) ideal solution

くなるほど小さい（図6・9）．そこで，溶液がきわめて希薄なときには，溶媒側ではラウールの法則が成り立つことが多い．もっと正式ないい方をすれば，ラウールの法則は極限則の一つ（完全気体の法則と同様）であり，溶質濃度が0の極限でのみ厳密に成立する．

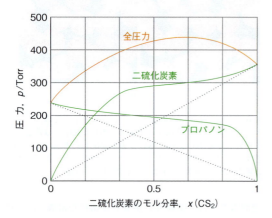

**図6・9** 類似性のない物質では，理想溶液から大きくはずれた挙動が見られる．図には二硫化炭素とプロパノン（アセトン）の場合が示してある．しかしながら，二硫化炭素がごく少量溶けている場合（左端）のプロパノンの蒸気分圧や，逆にプロパノンがごく少量溶けている場合の二硫化炭素の蒸気分圧（右端）はラウールの法則によく従うことがわかる．

### (b) 溶媒の化学ポテンシャル

ラウールの法則の理論的な重要性は，それによって蒸気圧と組成が関係づけられるところにある．圧力は化学ポテンシャルと密接な関係があるから，ラウールの法則を使うことによって，溶液の組成と化学ポテンシャルの関係が導かれる．つぎの「式の導出」で示すように，溶液中にモル分率 $x_A$ で存在する溶媒Aの化学ポテンシャルは，

$$\mu_A = \mu_A^* + RT \ln x_A$$

理想溶液　**溶媒の化学ポテンシャル**　(6・11)

で表される．$\mu_A^*$ は純溶媒Aの化学ポテンシャルである．この式は，2成分系の理想溶液であれば全濃度域にわたって，どちらの成分についても成り立つ．しかし，実在溶液の場合は，純溶媒（A）に近い組成域で，溶媒にしか使えない．

**ノート**　＊（星印）で純物質を表しているが，標準状態なら付ける必要はない．圧力が1 barのときの $\mu_A^*$ はAの標準化学ポテンシャルであるから，その場合は $\mu_A^\ominus$ と書くだけでよい．

図6・10は，(6・11) 式で得られる溶媒の化学ポテンシャルの組成依存性を示したものである．その要点は，つぎのようなものである．

- $x_A < 1$ より $\ln x_A < 0$ であるから，溶液中の溶媒の化学ポテンシャルは純溶媒（$x_A = 1$）のときよりも低い．

溶液が理想溶液にごく近ければ，溶質が存在するときの溶媒は，純粋な溶媒よりも化学的な"能力"が低い（たとえば，蒸気圧を発生させる能力が低い）といえる．

**式の導出 6・4**　溶媒の化学ポテンシャル

混合物中の液体Aがその分圧 $p_A$ で蒸気相と平衡にあるとき，この成分の2相における化学ポテンシャルは等しい（図6・11）．つまり，$\mu_A(l) = \mu_A(g)$ と書ける．一方，蒸気の化学ポテンシャルについては (6・7b) 式が成り立つから，平衡では，

$$\mu_A(l) = \mu_A^\ominus(g) + RT \ln p_A$$

である．ラウールの法則によれば $p_A = x_A p_A^*$ であるから，つぎのように書ける．

$$\mu_A(l) = \mu_A^\ominus(g) + RT \ln x_A p_A^*$$

$\ln(ab) = \ln a + \ln b$

$$= \mu_A^\ominus(g) + RT \ln p_A^* + RT \ln x_A$$

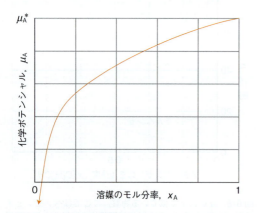

**図6・10** 溶液中での溶媒の化学ポテンシャルの組成依存性．混合物中の溶媒の化学ポテンシャルは，純液体である場合よりも（理想溶液であれば）常に低いことに注意しよう．このような振舞いは，溶媒が純粋に近い（しかも，ラウールの法則に従う）希薄溶液で見られる．

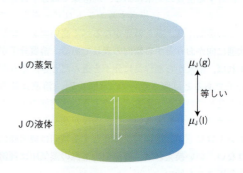

**図6・11** 液相と蒸気相のように相が違っていても互いに平衡であれば，それぞれに含まれる同じ物質の化学ポテンシャルは等しい．

最右辺のはじめの2項，$\mu_A^*(g)$ と $RT \ln p_A^*$ は，混合物の組成に無関係である．そこで，この2項をまとめて定数 $\mu_A^*$ と書くことができ，これは純液体Aの標準化学ポテンシャルである．そうすれば，(6·11)式が得られる．

● **簡単な例示6·4 溶媒の化学ポテンシャル**

ベンゼンに溶質が溶けたことによるベンゼンの化学ポテンシャルの変化は，

$$\Delta\mu_{ベンゼン} = \overbrace{\mu_{ベンゼン}}^{\mu^*_{ベンゼン} + RT \ln x_{ベンゼン}} - \mu^*_{ベンゼン} = RT \ln x_{ベンゼン}$$

で与えられる．溶質のモル分率が 0.10 のときは $x_{ベンゼン}$ = 0.90 であるから，298 K での化学ポテンシャル変化は，つぎのように計算できる．

$$\Delta\mu_{ベンゼン} = (8.3145 \, \mathrm{J \, K^{-1} \, mol^{-1}}) \times (298 \, \mathrm{K}) \times \ln 0.90$$
（Kを消去）
$$= -2.6 \times 10^2 \, \mathrm{J \, mol^{-1}}$$
$$= -0.26 \, \mathrm{kJ \, mol^{-1}}$$

溶質の溶解によって理想溶液ができる混合過程は自発的であろうか．それには，溶解の $\Delta G$ が負かどうかを調べればよい．その計算は，2種の完全気体を混合する場合と本質的に同じで，結果は，

$$\Delta G = nRT \{x_A \ln x_A + x_B \ln x_B\}$$

理想溶液　**溶解ギブズエネルギー**　(6·12)

と書ける．これは2種の完全気体の場合と全く同じであり，溶解エンタルピーと溶解エントロピーは，

$$\Delta H = 0$$

理想溶液　**溶解エンタルピー**　(6·13a)

$$\Delta S = -nR\{x_A \ln x_A + x_B \ln x_B\}$$

理想溶液　**溶解エントロピー**　(6·13b)

である．一方，理想溶液では（完全気体の場合と違って）分子間に相互作用が存在する．しかし，その $\Delta H$ の値からわかることだが，溶質–溶質，溶媒–溶媒，溶質–溶媒の平均相互作用はどれも等しい．そこで，溶質分子はエンタルピー変化を伴うことなく溶液中に潜り込める．したがって，溶解の駆動力はやはり（図6·5で見たように），一方の成分が他方と混ざるときに生じる系のエントロピー増加なのである．

ノート　溶液における"理想性"とは，平均分子間相互作用が全部同じという意味である．一方，"完全"気体は，平均分子間相互作用が全部同じだけでなく，それが実際0という特別な理想系である．このことは重要で，きちんと両者を使い分けるべきなのだが，"完全気体"といわずに"理想気体"ということが多い．

## 6·5 理想希薄溶液

きわめて希薄な溶液の場合，すなわちほとんど純粋な溶媒Aであるとき，ラウールの法則は溶媒の蒸気圧をうまく表している．ここでは，溶質の熱力学的性質に注目しよう．

一般には，希薄溶液中で溶質がおかれた状況は純粋な状態とはかけ離れたものだから，溶質Bの蒸気圧はラウールの法則に合わないと予想される．希薄溶液中では溶質分子がほとんどすべて溶媒分子に囲まれていて，溶質と溶媒がよほど似たもの（たとえば，ベンゼンとメチルベンゼンなど）でない限り，純粋な溶質の場合とは環境が全く違うから，溶液中の溶質の蒸気圧と純粋な溶質の蒸気圧との間に何らかの単純な関係があるとは思えない．

### (a) ヘンリーの法則

実験によれば，希薄溶液であれば溶媒と同様，溶質の蒸気分圧は溶質のモル分率に比例することがわかっている．ただ，溶媒の場合と違って，一般には，その比例定数が純物質（つまり溶質）の蒸気圧というわけにはいかない．この比例関係を見いだしたのはイギリスの化学者ヘンリー[1]で，彼は**ヘンリーの法則**[2]といわれるつぎの法則にまとめた．

- 揮発性の溶質Bの蒸気圧は，溶液中に存在する溶質のモル分率に比例する．

すなわち，

$$p_B = K'_H x_B \quad \textbf{ヘンリーの法則} \quad (6·14)$$

である．$K'_H$ は，**ヘンリーの法則の定数**[3]といい，その溶質に固有な定数である．測定で得られたBの蒸気圧をそ

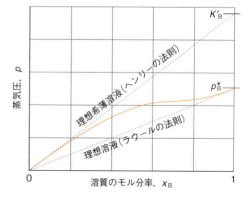

図6·12　一方の成分（溶媒）がほとんど純枠である場合は，ラウールの法則が成り立ち，それはモル分率に比例した蒸気圧を示す．このときの勾配 $p^*$ は純溶媒の蒸気圧に等しい．同じ物質が少量成分（溶質）になった場合にも，そのモル分率に比例した蒸気圧が得られるが，このときの比例定数は $K'_H$（溶質Bの場合は $K'_B$）である．

---

1) William Henry (1775–1836)　2) Henry's law　3) Henry's law constant

のモル分率に対してプロットしたとき（図 6·12），$x_B = 0$ での勾配を使って（6·14）式から得られる．ヘンリーの法則の定数をこの式で表せば，それは圧力の単位をもつ．ヘンリーの法則は溶質濃度の低いところ（$x_B = 0$ の近傍）でしか，ふつうは成り立たない．ヘンリーの法則に従う希薄溶液を**理想希薄溶液**[1]という．

**例題 6·4** ラウールの法則とヘンリーの法則の検証

プロパノン（アセトン，A）とトリクロロメタン（クロロホルム，C）の混合物の蒸気分圧を 35 °C で測定したところ，つぎの結果が得られた．

| $x_C$ | 0 | 0.20 | 0.40 | 0.60 | 0.80 | 1 |
|---|---|---|---|---|---|---|
| $p_C$/kPa | 0 | 4.7 | 11 | 18.9 | 26.7 | 36.4 |
| $p_A$/kPa | 46.3 | 33.3 | 23.3 | 12.3 | 4.9 | 0 |

相対的に量が多い成分についてはラウールの法則が，量の少ない成分についてはヘンリーの法則が成り立つことをそれぞれ確かめよ．また，ヘンリーの法則の定数を求めよ．

**解法** まず，蒸気分圧をモル分率に対してプロットすることである．ラウールの法則を検証するには，相対的に量の多い方の（溶媒として働く）成分について，直線関係 $p_J = x_J p_J^*$ が成り立つことを示せばよい．一方，ヘンリーの法則を検証するには，溶質とみなせる程度の $x_J$ の小さな領域で，蒸気分圧が $p_J = K'_H x_J$ の直線関係を満たすことを示せばよい．

**解答** データを図 6·13 にプロットしてある．ラウールの法則を表す直線も示してある．ヘンリーの法則に合わせれば，プロパノンについて $K'_H = 16.9$ kPa，トリクロロメタンについて $K'_H = 20.4$ kPa が得られる．$x = 1$ 近傍でのラウールの法則からのずれや，$x = 0$ 近傍でのヘンリーの

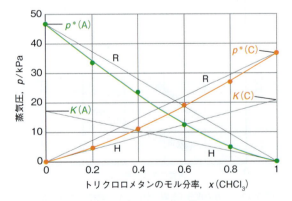

**図 6·13** トリクロロメタン $CHCl_3$（クロロホルム，C）とプロパノン $CH_3COCH_3$（アセトン，A）の混合物の蒸気分圧の測定値．例題 6·4 のデータをプロットしたもの．ヘンリーの法則とラウールの法則に従う振舞いを，それぞれ H および R で示してある．

法則からのずれは比較的小さいものの，どちらの成分についてもわずかにずれていることがわかる．

**自習問題 6·4**

混合物中に溶けているクロロメタンのモル分率を変化させて，クロロメタンの蒸気圧を 25 °C で測定したところ，つぎの結果が得られた．ヘンリーの法則の定数を求めよ．

| $x$ | 0.005 | 0.009 | 0.019 | 0.024 |
|---|---|---|---|---|
| $p$/kPa | 27.3 | 48.4 | 101 | 126 |

［答：5 MPa］

液相に溶けている気体のモル濃度が蒸気相の分圧にどう依存するかを示すとき，ヘンリーの法則は別のかたちでつぎのように書くことが多い．

$$[B] = K_H p_B \quad \text{ヘンリーの法則を表す もう一つの式} \quad (6·15)$$

このように書いて圧力を kPa の単位で表せば，ヘンリーの法則の定数 $K_H$ の単位は $mol\ m^{-3}\ kPa^{-1}$ である．代表的な気体のヘンリーの法則の定数を表 6·1 に掲げる．この式でヘンリーの法則を表しておけば，気体の分圧（単位は kPa）に定数を掛けるだけで，溶けている気体のモル濃度を計算するのは非常に簡単である．たとえば，（6·15）式を使えば，天然の水に溶け込んでいる $O_2$ の濃度を求めることができる（例題 6·5 を見よ）．脂肪や脂質に溶けるいろいろな気体に対するヘンリーの法則の定数は，呼吸の問題を考えるときには重要である．潜水や登山など，酸素分圧が特別な条件になる場合には特に重要である（「インパクト 6·1」を見よ）．

**表 6·1** 水に溶けた気体の 25 °C におけるヘンリーの法則の定数

| | $K_H$/(mol m$^{-3}$ kPa$^{-1}$) |
|---|---|
| 二酸化炭素，$CO_2$ | $3.39 \times 10^{-1}$ |
| 水素，$H_2$ | $7.78 \times 10^{-3}$ |
| メタン，$CH_4$ | $1.48 \times 10^{-2}$ |
| 窒素，$N_2$ | $6.48 \times 10^{-3}$ |
| 酸素，$O_2$ | $1.30 \times 10^{-2}$ |

**例題 6·5** 水中生物は天然の水で生命を維持できるか

水中生物が生命維持に必要な水中の $O_2$ 濃度は約 4.0 mg dm$^{-3}$ である．この濃度を確保するのに必要な最低限の大気中酸素分圧はいくらか．

**解法** 計算の方針は，ヘンリーの法則（6·15 式のかたち）を使って，この濃度に相当する酸素分圧を求めることである．

---

1) ideal-dilute solution

**解答** (6·15)式を変形すれば,

$$p_{O_2} = \frac{[O_2]}{K_H}$$

となる.ここで,$O_2$のモル濃度は,

[J] = $c_{質量}/M$

$$[O_2] = \frac{4.0 \times 10^{-3} \text{ g dm}^{-3}}{32 \text{ g mol}^{-1}} = \frac{4.0 \times 10^{-3}}{32} \frac{\text{mol}}{\text{dm}^3}$$

$$= \frac{4.0 \times 10^{-3}}{32} \frac{\text{mol}}{10^{-3} \text{ m}^3} = \frac{4.0}{32} \text{ mol m}^{-3}$$

である.表6·1から,酸素が水に溶けるときの$K_H$は $1.30 \times 10^{-2}$ mol m$^{-3}$ kPa$^{-1}$である.したがって,必要な酸素濃度を確保するのに必要な分圧は,

$$p_{O_2} = \frac{(4.0/32) \text{ mol m}^{-3}}{1.30 \times 10^{-2} \text{ mol m}^{-3} \text{ kPa}^{-1}} = 9.6 \text{ kPa}$$

である.海面上の大気の酸素分圧は 21 kPa (158 Torr) であり,9.6 kPa (72 Torr) を超えている.したがって,ふつうの条件下では水中で必要な酸素濃度は確保できている.

**ノート** 計算結果の有効数字の桁数は,元のデータを上回ってはならない.

**自習問題6·5**

25 °C のベンゼン 100 g に,メタンが 21 mg 溶けるのに必要なメタンの分圧はどれだけか.〔ヘンリーの法則を (6·14)式で表せば,$K'_H = 5.69 \times 10^4$ kPa である.〕

〔答:57 kPa ($4.3 \times 10^2$ Torr)〕

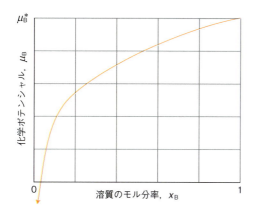

**図6·14** 溶液中の溶質のモル分率で組成を表したときの,溶質の化学ポテンシャルの組成依存性.溶質の化学ポテンシャルは,純溶質の場合より(理想溶液であれば)溶液中の方が低い.このような振舞いは,溶媒がほとんど純粋で溶質がヘンリーの法則に従うような希薄溶液で見られる.

**(b) 溶質の化学ポテンシャル**

ヘンリーの法則によって,希薄溶液中の溶質についても化学ポテンシャルの式が書ける.つぎの「式の導出」で示すように,溶質のモル分率 $x_B$ のときの溶質の化学ポテンシャルは,

$$\mu_B = \mu_B^* + RT \ln x_B \quad \text{モル分率で表した溶質の化学ポテンシャル} \quad (6·16)$$

で表される.この式は,図6·14に示すように,ヘンリーの法則が成り立つ理想希薄溶液に使えるものである.溶質の化学ポテンシャルは,溶質だけのとき ($x_B = 1$, $\ln 1 = 0$) は"純粋"の値をとり,溶液中 ($x_B < 1$, $\ln x_B < 0$) ではもっと小さな値となる.

**式の導出 6·5** 溶質の化学ポテンシャル

溶質の場合も「式の導出 6·4」と同じ考え方ができる.溶液中の溶質 B がその蒸気分圧 $p_B$ で平衡にあれば,$\mu_B(l) = \mu_B(g)$ と書けるから (6·7式から),

$$\mu_B(l) = \mu_B^\ominus(g) + RT \ln p_B$$

である.ヘンリーの法則によれば,$p_B = K'_H x_B$ であるから,

$$\mu_B(l) = \mu_B^\ominus(g) + RT \ln K'_H x_B$$

$$\underbrace{= \mu_B^\ominus(g) + RT \ln K'_H}_{\mu_B^*} + RT \ln x_B$$

となる.$\mu_B^\ominus(g)$ と $RT \ln K'_H$ の項は,混合物の組成に無関係であるから,まとめて定数 $\mu_B^*$ とおいて,それを純液体 B の化学ポテンシャルとする.それが (6·16) 式である.

溶液の組成を表すのに,溶質のモル分率でなくモル濃度 [B] を用いることがよくある.希薄溶液であれば,溶質のモル分率とモル濃度は比例関係にあるので,$x_B = $ 定数 $\times [B]/c^\ominus$ と書ける.ここで,この定数を無次元にするために**標準モル濃度**[1]を付けておく.そうすれば (6·16) 式はつぎの式になる.

$$\mu_B = \mu_B^* + RT \ln [(定数) \times ([B]/c^\ominus)]$$

$\ln ab = \ln a + \ln b$
$$= \mu_B^* + RT \ln (定数) + RT \ln ([B]/c^\ominus)$$

**ノート** 単位のある量のまま対数をとっても意味がない.$\ln x$ の $x$ が単なる数値であることをいつも確かめよう.

圧力が 1 bar であれば,上の式の最初の2項をまとめて一つの定数 $\mu_B^\ominus$ で表して,つぎのように書ける.

---

[1] standard molar concentration

$$\mu_B = \mu_B^\ominus + RT \ln([B]/c^\ominus) \quad \text{モル濃度で表した溶質の化学ポテンシャル} \quad (6 \cdot 17\text{a})$$

この式は正しい書き方ではあるが，とても扱いづらいので，ここからは $[B]/c^\ominus$ を単に $[B]$ と書くことにする．「ノート」に書いたこととつじつまを合わせるには，$[B]$ と書いたら mol dm$^{-3}$ の単位で表したモル濃度の単位を消したものと解釈すればよい（この章のはじめで，圧力についてもそうした）．たとえば，実際には $[B] = 0.1$ mol dm$^{-3}$ であって，$[B]/c^\ominus = 0.1$ なのであるが，ここからは $[B] = 0.1$ と書くことにして，(6・17a) 式をつぎのかたちで使うことにする．

$$\mu_B = \mu_B^\ominus + RT \ln[B] \quad \text{(6・17a) 式の簡略形} \quad (6 \cdot 17\text{b})$$

図 6・15 は，この式で求めた化学ポテンシャルの濃度依存性を示したものである．溶質の化学ポテンシャルは，溶質のモル濃度が 1 mol dm$^{-3}$（つまり $c^\ominus$）のとき標準値をもつ．

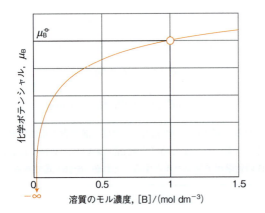

**図 6・15** ヘンリーの法則に従う溶液で，組成を溶質のモル濃度で表したときの，溶質の化学ポテンシャルの組成依存性．その化学ポテンシャルの標準値は，$[B] = 1$ mol dm$^{-3}$ のときの値とする．

### 生物学へのインパクト 6・1

#### 気体の溶解度と呼吸

1 回の呼吸でわれわれは約 500 cm$^3$ の空気を吸入している．その空気は，横隔膜が押し下げられ胸郭が膨らんで肺の内容積が変化することで取込まれる．息を吸うとき，肺の内部の圧力は大気圧より約 100 Pa だけ低い．逆に，横隔膜が上がり胸郭が縮めば息を吐くことになり，このとき肺の内部の圧力は大気圧より約 100 Pa だけ高い．肺に取込まれている空気の総体積は約 6 dm$^3$ もある．しかし，ふつうに呼吸して息を吐いてから，さらに吐き出すことのできる空気の体積が約 1.5 dm$^3$ ある．このように肺には常に空気が残っていて，肺胞が潰れるのを防いでいる．

肺胞の内部では血液と空気の間で気体の交換が起こるから，肺の中の空気の組成は大気とは違っていて，呼吸の周期に応じて変化している．肺胞内の空気は実際には，吸入したばかりの空気と吐き出そうとしている空気が混ざっている．動脈血の酸素濃度が約 40 Torr（5.3 kPa）の酸素分圧に相当するのに対して，肺胞の内部に新しく吸い込んだ空気の酸素分圧は約 100 Torr（13.3 kPa）である．動脈血は肺胞の壁の毛細血管に約 0.75 s の間とどまるが，酸素分圧の勾配が非常に急峻なので，約 0.25 s で動脈血は酸素で完全に飽和してしまう．もし，肺に液体がたまるようなことがあれば（肺炎の場合のように）呼吸膜が硬化するので気体の拡散がきわめて遅くなり，いろいろな体組織が酸素欠乏に見舞われる．二酸化炭素は酸素とは逆向きに呼吸組織の中を移動するが，その分圧の勾配はずっと小さい．それは，血中で約 45 Torr（6.0 kPa），肺胞中で平衡にある空気中で約 40 Torr（5.3 kPa）である．しかしながら，二酸化炭素は酸素よりも肺胞にある液体にずっと溶けやすいから，1 回の呼吸で交換できる酸素の量と二酸化炭素の量はほぼ同じである．

ある種の病気を治療するのに，酸素分圧を高くした高圧酸素チャンバーが使われる．一酸化炭素中毒では循環機能障害を起こしているので，これを使えば効果がある．嫌気性のバクテリアがひき起こす脱疽や破傷風などの治療にも使われる．関与しているバクテリアが高酸素濃度では増殖できないからである．

### 6・6 実在溶液：活量

実在する溶液に理想溶液はない．大部分の溶液では，溶質の濃度がほんの少し増えても理想希薄溶液の振舞いから外れてしまう．熱力学ではふつう，理想的な系について導いた式のかたちをできる限り保存しようとする．そうすれば，二つのタイプの系を行ったり来たりしやすくなるからである．物質の**活量**[1] $a_J$ を導入するのは，このような考えに基づいている．活量は実効的な濃度というべき量であり，あらゆる濃度の溶液について，溶媒にも溶質にも次式が成り立つように定義されている．

$$\mu_J = \mu_J^\ominus + RT \ln a_J \quad \text{活量で表した化学ポテンシャル} \quad (6 \cdot 18)$$

理想溶液では $a_J = x_J$ であり，各成分の活量はそのモル分率に等しい．理想希薄溶液の場合は，(6・18) 式と (6・17a) 式を比較すれば $a_B = [B]/c^\ominus$ が得られ，溶質の活量はそのモル濃度の数値に等しい．実在溶液ではつぎのように書く．

---

1) activity

溶媒: $a_A = \gamma_A x_A$
溶質: $a_B = \gamma_B [B]/c^{\ominus}$ 　活量係数で表した活量 （6·19）

ここで, $\gamma$（ガンマ）は **活量係数**[1] である. 活量も活量係数も無次元の量である. 活量係数は溶液の組成に依存するもので, つぎの振舞いに注目しよう.

- 溶媒は純液体に近づくほどラウールの法則によく従うから, $x_A \rightarrow 1$ につれて $\gamma_A \rightarrow 1$ となる.

- 溶質は希薄になるほどヘンリーの法則によく従うから, $[B] \rightarrow 0$ につれて $\gamma_B \rightarrow 1$ となる.

活量と標準状態に関する取決めや関係を表6·2にまとめてある.

　活量や活量係数は, "なくても困らない因子"と決めつけられることがある. ある意味ではその通りかもしれないが, これらの量を導入することで非理想溶液の性質が熱力学的に厳密な式で表せる利点はある. また, いろいろな場合について, 溶液中に存在する化学種の活量係数を計算したり測定したりすることもできる. 本書では, ふつう活量を用いて熱力学関係式を導いているが, 実際の測定と結びつけたいときには, 活量は表6·2に示した"理想"値に等しいとおいて考える.

表6·2 活量と標準状態*

| 物　質 | 標準状態 | 活量, $a$ |
|---|---|---|
| 固　体 | 純固体, 1 bar | 1 |
| 液　体 | 純液体, 1 bar | 1 |
| 気　体 | 純気体, 1 bar | $p/p^{\ominus}$ |
| 溶　質 | モル濃度 1 mol dm$^{-3}$ | $[J]/c^{\ominus}$ |

$p^{\ominus} = 1$ bar $( = 10^5$ Pa$)$, $c^{\ominus} = 1$ mol dm$^{-3}$
\* 活量は, 完全気体や理想希薄溶液における値. 活量はすべて無次元である.

# 束 一 的 性 質

　理想的な溶質は, 混合エンタルピーが0であるという意味で, 溶液のエンタルピーには何の影響も及ぼさない. しかし, エントロピーには, 純溶媒に本来なかった乱れの自由度が溶質によってもち込まれるので, 影響を及ぼすことになる. （6·13 b）式で, 2成分が混合して理想溶液をつくる場合は $\Delta S > 0$ であることを示した. したがって, 溶質は溶液の物理的性質を変えるものと予想できる. すでに述べた溶媒の蒸気圧降下のほかにも, 不揮発性溶質はつぎの三つの影響を及ぼす.

- 溶液の沸点を上昇させる.
- 溶液の凝固点を降下させる.
- 浸透圧を発生させる.

（浸透圧については後で説明する）. これらの性質はすべて, 溶媒の乱れが変化することによるもので, しかもその乱れの増加は, 原因となっている化学種の種類によらない. したがって, これらの性質はどれも, 溶媒が決まれば存在する溶質粒子の数に依存するだけで, その粒子が何であるかにはよらない. そこで, このような性質を**束一的性質**[2] という. 束一的とは, "集まり具合による"という意味である. たとえば, 濃度が 0.01 mol kg$^{-1}$ の非電解質水溶液であれば, それらの沸点や凝固点, 浸透圧は溶質の種類によらず同じである.

## 6·7　沸点や凝固点の変化

　上で述べたように, 溶質が与える影響には溶媒の沸点上昇と凝固点降下がある. 実験でわかっていて, つぎの「式の導出」の計算でもわかることは, **沸点上昇**[3] $\Delta T_b$ と**凝固点降下**[4] $\Delta T_f$ が, いずれも溶質の質量モル濃度 $b_B$ に比例することである.

$$\Delta T_b = K_b b_B \qquad \text{沸点上昇 （6·20 a）}$$

$$\Delta T_f = K_f b_B \qquad \text{凝固点降下 （6·20 b）}$$

$K_b$ は溶媒の**沸点上昇定数**[5], $K_f$ は溶媒の**凝固点降下定数**[6] である. それぞれを"沸点定数"[7], "凝固点定数"[8]ともいう. これらの定数は溶媒の別の性質から求めることもできるが, 測定によって得られる定数と考えておいた方がよい（表6·3）.

表6·3　凝固点降下定数と沸点上昇定数

| 溶　媒 | $K_f /$(K kg mol$^{-1}$) | $K_b /$ (K kg mol$^{-1}$) |
|---|---|---|
| 酢　酸 | 3.90 | 3.07 |
| ベンゼン | 5.12 | 2.53 |
| ショウノウ | 40 | |
| 二硫化炭素 | 3.8 | 2.37 |
| 四塩化炭素 | 30 | 4.95 |
| ナフタレン | 6.94 | 5.8 |
| フェノール | 7.27 | 3.04 |
| 水 | 1.86 | 0.51 |

● **簡単な例示6·5　凝固点降下**
　100 g の水にスクロース（C$_{12}$H$_{22}$O$_{11}$）3.0 g（角砂糖1個分）を溶かしたときの溶液の凝固点降下を求めるには, スクロースの質量モル濃度を求める必要がある. それは,

---

1) activity coefficient　2) colligative property　3) elevation of boiling point　4) depression of freezing point
5) ebullioscopic constant　6) cryoscopic constant　7) boiling-point constant　8) freezing-point constant

$$b_{スクロース} = \frac{n_{スクロース}}{m_{水}} \overset{n=m/M}{=} \frac{m_{スクロース}/M_{スクロース}}{m_{水}}$$
$$= \frac{m_{スクロース}}{M_{スクロース}\, m_{水}}$$

である．$m_{スクロース}$と$M_{スクロース}$は，それぞれスクロースの質量とモル質量である．(6·20 b) 式と表 6·3 のデータから，凝固点降下はつぎのように求められる．

(6·20 b) 式
$$\Delta T_f = K_{f,水} \frac{m_{スクロース}}{M_{スクロース}\, m_{水}}$$
$$= (1.86 \text{ K kg mol}^{-1})$$
$$\times \frac{3.0 \text{ g}}{(343.88 \text{ g mol}^{-1}) \times (0.100 \text{ kg})}$$

kg, g, molを消去
$$= 0.16 \text{ K}$$

溶質の存在で沸点や凝固点が変化するこの効果の原因を理解するために，つぎのような仮定を二つおいて事柄を単純化しておこう．

- 溶質は揮発性でなく，したがって蒸気相には現れない．
- 溶質は固体の溶媒に溶けず，したがって固相には現れない．

たとえば，スクロース水溶液には非揮発性の溶質（スクロース）が溶けていて，溶質が蒸気として現れることはない．したがって，蒸気相は純粋な水蒸気である．また，氷ができはじめるとスクロースは液体溶媒の側に取残される．したがって，できた氷は純粋なものである．

束一的性質が現れる原因は，(6·11) 式で表されているように，溶質の存在によって溶媒の化学ポテンシャルが下がることにある．5·3 節で述べたように，モルギブズエネ

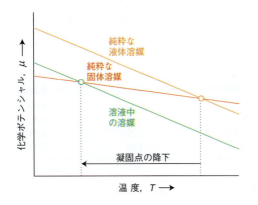

**図 6·16** 純粋な固体溶媒も純粋な液体溶媒も，その化学ポテンシャルは温度が上昇すれば低くなる．両者の交点は純粋な溶媒の凝固点を与え，その低温側では液体の化学ポテンシャルの方が固体よりも高い．溶質の存在によって液体溶媒の化学ポテンシャルは下がるが，固体の化学ポテンシャルは変化しない．その結果，溶液では交点は左側に移動し，凝固点は降下する．

ルギーのグラフを描いたとき，液体と固体の交点が凝固点，液体と気体の交点が沸点である．ここでは混合物を扱っているから，溶媒の部分モルギブズエネルギー（化学ポテンシャル）を考える必要がある．溶質が存在することで液体の化学ポテンシャルは低下する．しかし，蒸気と固体は純粋のままで，その化学ポテンシャルは変化しない．その結果，図 6·16 でわかるように溶液の凝固点は低温側に移動する．同様にして図 6·17 から，溶液の沸点は高温側に移動する．いい換えれば，凝固点降下と沸点上昇が起こることで，液体として存在する温度域が広くなるのである．つぎの「式の導出」では，これらの変化を定量的に表す方法を示す．

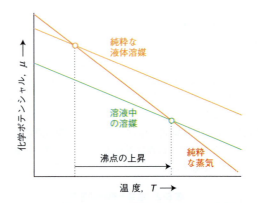

**図 6·17** 純粋な溶媒蒸気も純粋な液体溶媒も，その化学ポテンシャルは温度が上昇すれば低くなる．両者の交点は純粋な溶媒の沸点を与え，その高温側では蒸気の化学ポテンシャルの方が液体よりも低い．溶質の存在によって液体溶媒の化学ポテンシャルは下がるが，蒸気の化学ポテンシャルは変化しない．その結果，溶液では交点は右側に移動し，沸点は上昇する．

### 式の導出 6·6　転移温度の変化

沸点上昇の式を導くには，純溶媒Aの通常沸点$T_b^*$では，1 atm のもとで溶媒蒸気と液体が平衡にあることに注目する．つまり，このとき両者の化学ポテンシャルは等しい．
$$\mu_A^*(g, 1 \text{ atm}, T_b^*) = \mu_A^*(l, 1 \text{ atm}, T_b^*)$$

簡単に表すために，ここからは圧力の 1 atm を書かないが，省略したことを忘れないでおこう．溶質Bが存在することで，溶媒Aのモル分率は 1 から $x_A = 1 - x_B$ に下がり，このときの沸点は $T_b$ である．この新しい条件下でも，溶媒蒸気と液体は平衡にあるから，
$$\mu_A^*(g, T_b) = \mu_A(l, x_A, T_b)$$

である．この関係は図 6·18 a にも書いてある．(6·11) 式によれば，溶液中の溶媒の化学ポテンシャルは，そのモル分率と関係があり，
$$\mu_A(l, x_A, T_b) = \mu_A^*(l, T_b) + RT_b \ln x_A$$

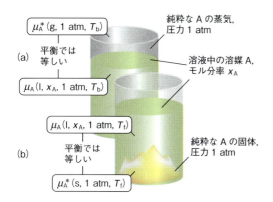

図 6·18 (a) 通常沸点, (b) 通常凝固点での相平衡. 溶液中の溶媒の化学ポテンシャルについて成り立つ関係が示してある.

と書ける. したがって, 上の二つの式から,

$$\mu_A^*(g, T_b) = \mu_A^*(l, T_b) + RT_b \ln x_A$$

が得られる. これを変形すれば,

$$\ln x_A = \frac{\mu_A^*(g, T_b) - \mu_A^*(l, T_b)}{RT_b}$$

となる. 純物質の化学ポテンシャルはモルギブズエネルギーに等しいから,

$$\ln x_A = \frac{G_m(g, T_b) - G_m(l, T_b)}{RT_b} = \frac{\overbrace{\Delta_{vap}G(T_b)}}{RT_b}$$

と書いても同じである. $x_A = 1$ (つまり $\ln x_A = 0$) の純粋な液体溶媒では沸点は $T_b^*$ であるから,

$$0 = \frac{\Delta_{vap}G(T_b^*)}{RT_b^*}$$

と書ける. 上の2式の差をとれば,

$$\ln x_A = \frac{\Delta_{vap}G(T_b)}{RT_b} - \frac{\Delta_{vap}G(T_b^*)}{RT_b^*}$$

である. ここで, $\Delta G = \Delta H - T\Delta S$ を使って, $\Delta H$ と $\Delta S$ に温度依存性がないと仮定して,

$$\Delta_{vap}G(T) = \Delta_{vap}H(T) - T\Delta_{vap}S(T)$$

$$\ln x_A = \frac{\Delta_{vap}H(T_b) - T_b \Delta_{vap}S(T_b)}{RT_b}$$

$$- \frac{\Delta_{vap}H(T_b^*) - T_b^*\Delta_{vap}S(T_b^*)}{RT_b^*}$$

を得る. また, 注目する温度域では, 蒸発エンタルピーと蒸発エントロピーが温度変化しないとしよう. そうすれば, どちらも定数として扱えるから,

$$\ln x_A = \frac{\Delta_{vap}H}{RT_b} - \frac{\Delta_{vap}S}{R} - \frac{\Delta_{vap}H}{RT_b^*} + \frac{\Delta_{vap}S}{R}$$

青色の項を消去

$$= \frac{\Delta_{vap}H}{R}\left(\frac{1}{T_b} - \frac{1}{T_b^*}\right)$$

である. この式に $\ln x_A = \ln(1 - x_B) \approx -x_B$ の近似 (「必須のツール 6·1」を見よ) を使えば, 次式が得られる.

$$-x_B \approx \frac{\Delta_{vap}H}{R}\left(\frac{1}{T_b} - \frac{1}{T_b^*}\right)$$

つまり,

$$x_B \approx -\frac{\Delta_{vap}H}{R}\left(\frac{1}{T_b} - \frac{1}{T_b^*}\right) = \frac{\Delta_{vap}H}{R}\left(\frac{1}{T_b^*} - \frac{1}{T_b}\right)$$

$$= \frac{\Delta_{vap}H}{R}\left(\frac{T_b - T_b^*}{T_b^*T_b}\right)$$

上の結果は, ほとんど最終的なかたちをしている. まず, 沸点上昇は $\Delta T_b = T_b - T_b^*$ である. また, $T_b$ の値は $T_b^*$ に非常に近いから, $T_b^*T_b$ を $T_b^{*2}$ で置き換えても誤差はほとんど生じない. こうして,

$$x_B \approx \frac{\Delta_{vap}H}{R} \times \frac{\Delta T_b}{T_b^{*2}}$$

が得られ, これを変形して,

$$\Delta T_b \approx \frac{RT_b^{*2}}{\Delta_{vap}H} \times x_B$$

を得る. この式で, 沸点上昇は溶質Bのモル分率に比例すること, それが溶質の種類によらないことがわかる ($\Delta_{vap}H$ や $T_b$ は溶媒の性質である). 溶質のモル分率はその質量モル濃度 $b_B$ に比例するから, 上で導いた式は (6·20) 式のように $\Delta T_b = K_b b_B$ のかたちをしている.

凝固点降下の場合の計算は, 図 6·18b に書いた平衡条件からはじめればよい. すなわち,

$$\mu_A^*(s, T_f) = \mu_A(l, x_A, T_f) \quad (1 \text{ atm})$$

である. 以降の計算は上と全く同じように進めれば,

$$\Delta T_f \approx \frac{RT_f^{*2}}{\Delta_{fus}H} \times x_B$$

に到達できる. ここで, $\Delta T_f = T_f^* - T_f$ である. この式も (6·20) 式のかたちをしている. 具体的な計算は演習問題に残しておく.

沸点上昇の値は小さすぎるから実用的な価値はあまりない. 一方, 凝固点降下あるいは融点降下は, 有機化学では試料の純度を調べるのによく用いられる. それは, 不純物が何であっても物質本来の融点を下げるからである. 海水は純水より低い温度でしか凍らないし, 冬の高速道路では少しでも凍結を遅らせるために塩がまかれる. 自動車のエンジン冷却水に "不凍液" を使用したり, 北極圏に棲息する魚類が体内に天然の不凍剤を備えたりしていることなども, すべて凝固点降下のわかりやすい例としてよく挙げられる. しかし, ここで問題としているような希薄溶液からすると, これらはいずれも非常に濃度の高い液体である. 不凍液に使用される 1,2-エタンジオール (エチレングリコール) は, 水分子間の結合を阻害するだけである. 同じように, 北極圏に棲息する魚の不凍タンパク質は, 小さな氷結晶に付いて, それが大きく成長するのを阻害する作用をしている.

## 必須のツール 6・1　べき級数と展開

関数 $f(x)$ は, **べき級数**[1] というつぎのような項の和で表すことができ, これを使うと便利なことが多い.

$$f(x) = c_0 + c_1 x + c_2 x^2 + \cdots$$

$c_n$ は定数である. 物理化学ではつぎの級数をよく使う. $x \ll 1$ では最右辺の近似が使える.

$$(1+x)^{-1} = 1 - x + x^2 - \cdots \approx 1 - x$$

$$e^x = 1 + x + \tfrac{1}{2}x^2 + \tfrac{1}{6}x^3 + \cdots \approx 1 + x$$

$$\ln x = (x-1) - \tfrac{1}{2}(x-1)^2 + \tfrac{1}{3}(x-1)^3 - \cdots$$
$$\approx x - 1$$

$$\ln(1+x) = x - \tfrac{1}{2}x^2 + \tfrac{1}{3}x^3 - \cdots \approx x$$

$$(1+x)^{1/2} = 1 + \tfrac{1}{2}x - \tfrac{1}{8}x^2 + \cdots \approx 1 + \tfrac{1}{2}x$$

## 6・8　浸　透

**浸透**[2] ("押す"という意味のギリシャ語に由来) は, 溶液と純溶媒を半透膜で隔てたとき, 溶媒が溶液側へと通り抜ける現象である. **半透膜**[3] は, 溶液中の溶媒を通すが溶質は通さないような膜である. それは, 水分子を通すほどのミクロな孔はあっても, 水分子が水和してかさ高くなったイオンや炭水化物の分子などは通さない. **浸透圧**[4] $\Pi$ (大文字のパイ) は, このような溶媒の流れを食い止めるために溶液側にかけるべき圧力である.

図 6・19 に示した簡単な器具では, 浸透現象によって溶液が押し上げられてできた液柱による静水圧が, 溶液側に溶媒が流れ込もうとするのに対抗している. この液柱は, 純溶媒が半透膜を通り抜けて溶液側に流れ込み, 溶液を押し上げてできたものである. 液柱による下向きの圧力と上向きの浸透圧が釣り合ったところで平衡は達成される. この方法では溶媒が溶液側に流れ込んで溶液が薄められるため, 数学的に扱うには話は単純でなくなる. もっとうまい方法は, 溶媒が溶液側に流れ込もうとする圧力に対抗して, 逆向きの圧力を外からかけて釣り合わせてやることである.

溶液の浸透圧は, 溶質の濃度に比例する. つぎの「式の導出」で示すように, 理想溶液の浸透圧を表すつぎの**ファントホッフの式**[5] は, 完全気体の圧力を表す式と驚くほどかたちが似ている.

$$\Pi V \approx n_B RT \quad \text{理想溶液} \quad \boxed{\text{ファントホッフの式}} \quad (6 \cdot 21\text{a})$$

溶質のモル濃度 [B] を使えば, $n_B/V = [B]$ であるから, もっと単純な式,

$$\Pi \approx [B]RT \quad \text{理想溶液} \quad \boxed{\text{ファントホッフの式の別のかたち}} \quad (6 \cdot 21\text{b})$$

が得られる. ただし, この式は, 理想希薄溶液として振舞うきわめて希薄な溶液にのみ使える.

### 式の導出 6・7　ファントホッフの式

浸透を熱力学的に取扱うには, 平衡では半透膜をはさんだ両側で溶媒 A の化学ポテンシャルが等しいことに注目すればよい (図 6・20). そこで, 出発点は,

$$\mu_A(\text{圧力 } p \text{ での純溶媒}) = \mu_A(\text{圧力 } p + \Pi \text{ での溶液中の溶媒})$$

の関係である. 純溶媒は大気圧 $p$ にあり, 一方, 溶液側では余分の圧力 $\Pi$ が加わった $p + \Pi$ で平衡になっている.

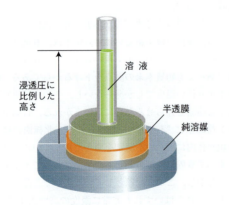

図 6・19　浸透圧の簡単な実験では, 半透膜を通して溶液と純溶媒を図のように接触させる. 純溶媒は膜を通過するから, 溶液が内側の管を上昇する. その液柱による圧力と溶液の浸透圧が等しくなったところで溶媒の流れは止まる.

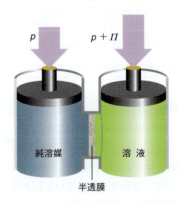

図 6・20　浸透圧の求め方. 左側の隔室には純溶媒を入れてある. 一方, 右側の隔室には溶液を入れてあり, 溶質が存在するため化学ポテンシャルは低下するから, その分の圧力を外部から加えている. 浸透圧は, 両方の隔室で溶媒の化学ポテンシャルが等しくなるように溶液側に加えるべき圧力である.

---

1) power series　2) osmosis　3) semipermeable membrane　4) osmotic pressure　5) van't Hoff equation

圧力 $p$ における純溶媒の化学ポテンシャルを $\mu_A^*(p)$ と書く．溶液中では溶質があるおかげで溶媒の化学ポテンシャルは低下するが，その分は溶液に働く圧力が $p+\Pi$ となることで上昇する．この化学ポテンシャルを $\mu_A(x_A, p+\Pi)$ と書く．ここで知りたいのは，溶質の存在によって下がる化学ポテンシャルを元の値まで引き上げるのに必要な余分の圧力 $\Pi$ である．

ここでの平衡条件は，
$$\mu_A^*(p) = \mu_A(x_A, p+\Pi)$$
である．ここで，溶質の効果を (6・11) 式で考えよう．

(6・11) 式
$$\mu_A(x_A, p+\Pi) = \mu_A^*(p+\Pi) + RT \ln x_A$$

一方，液体は圧縮できないものと仮定すれば，これに対する圧力の効果は (5・1) 式 ($\Delta G_m = V_m \Delta p$) で与えられる．ここでは，溶媒の化学ポテンシャルと部分モル体積で表して，
$$\mu_A^*(p+\Pi) = \mu_A^*(p) + V_A \Delta p$$
となる．ここで，圧力差 $\Delta p$ を $\Pi$ で置き換える．
$$\mu_A^*(p+\Pi) = \mu_A^*(p) + V_A \Pi$$
この式と $\mu_A^*(p) = \mu_A^*(p+\Pi) + RT \ln x_A$ とから，
$$\mu_A^*(p) = \mu_A^*(p) + V_A \Pi + RT \ln x_A$$
が得られる．したがって，両辺の $\mu_A^*(p)$ を消去すれば，
$$-RT \ln x_A = \Pi V_A$$
となる．溶質分子のモル分率を $x_B$ とすれば，溶媒分子のモル分率は $1-x_B$ である．希薄溶液の場合は，$\ln(1-x_B)$ は $-x_B$ にほぼ等しいから（必須のツール 6・1），この式は次式となる．
$$RT x_B \approx \Pi V_A$$
溶液が希薄であれば $x_B = n_B/n \approx n_B/n_A$ とできるから，
$$n_A V_A = V$$
$$RT n_B \approx n_A \Pi V_A = \Pi V$$
となる．$V$ は溶媒の体積である．これが (6・21 a) 式である．

浸透のおかげで生体細胞は構造を保っていられる．細胞膜は半透膜であり，水や小さな分子，水和イオンなどを通すが，細胞内で合成された種々の生体高分子の透過を阻止する．こうして，細胞の内外で生じる溶質濃度の差が浸透圧を生み出す．そこで，水は小さな栄養分子を運びながら細胞内部の高濃度の溶液側に入り込む．水が流入すれば細胞は膨らみ，脱水が起これば縮む．

浸透圧を利用した応用で非常に普及しているのが**浸透圧法**[1] で，溶液の浸透圧を測定することでタンパク質や合成高分子のモル質量の測定が行われている．これらの巨大分子はわずかでも溶けると理想溶液からほど遠い振舞いをするので，つぎのような展開式を用いて，ファントホッフの式はその第 1 項にすぎないと考える．
$$\Pi = [B]RT\{1 + B[B] + \cdots\}$$
ファントホッフの式の展開式　(6・22 a)

これと全く同じことを，1・12 節では完全気体の状態方程式を実在気体に拡張する際に行い，ビリアル状態方程式を導いた．上の式の実験パラメーターである $B$ を**浸透ビリアル係数**[2] という．実際に (6・22 a) 式を使う場合には，プロットしたときに直線が得られるように，両辺を $[B]$ で割ったつぎのかたちに変形しておく．

$$\underset{y}{\frac{\Pi}{[B]}} = \underset{切片}{RT} + \underset{勾配}{BRT}\underset{x}{[B]} \quad (6\cdot 22\,b)$$

つぎの例題で示すように，いろいろな質量濃度で浸透圧を測定し，$\Pi/[B]$ を $[B]$ に対してプロットすれば，溶質 B のモル質量を求めることができる（図 6・21）．

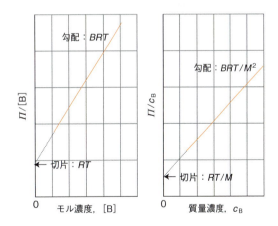

図 6・21　浸透圧法で得られた結果を解析するためのプロットと補外．

### 例題 6・6　浸透圧法を用いたモル質量の測定

ある酵素（これを B とする）の水溶液の浸透圧を 298 K で測定したところ，つぎのデータが得られた．この酵素のモル質量を求めよ．

| $c_B/(\text{g dm}^{-3})$ | 1.00 | 2.00 | 4.00 | 7.00 | 9.00 |
|---|---|---|---|---|---|
| $\Pi/\text{Pa}$ | 27 | 70 | 197 | 500 | 785 |

**解法**　まず，(6・22 b) 式を質量濃度 $c_B$ で表しておく必要がある．溶質のモル濃度 $[B]$ と質量濃度 $c_B = m_B/V$ の間

---

1) osmometry　2) osmotic virial coefficient

の関係は，

$$c_B = \frac{m_B}{V} = \frac{\overset{M}{\overline{\frac{m_B}{n_B}}} \times \overset{[B]}{\overline{\frac{n_B}{V}}}}{} = M \times [B]$$

である．$M$ は溶質のモル質量である．したがって，$[B] = c_B/M$ である．これを代入すれば（6·22b）式は，

$$\frac{\overset{\Pi/[B]}{\overline{\Pi M}}}{c_B} = RT + \frac{\overset{BRT[B]}{\overline{BRTc_B}}}{M} + \cdots$$

となる．両辺を $M$ で割れば，

$$\overset{y}{\overline{\frac{\Pi}{c_B}}} = \overset{切片}{\overline{\frac{RT}{M}}} + \left(\overset{勾配}{\overline{\frac{BRT}{M^2}}}\right)\overset{x}{\overline{c_B}} + \cdots$$

が得られる．そこで，$\Pi/c_B$ を $c_B$ に対してプロットすれば直線が得られ，このとき縦軸との切片が $RT/M$ である．したがって，データを $c_B = 0$ へ補外することによって切片の値を求めれば，溶質のモル質量が得られる．

**解答** 与えられたデータから，$\Pi/c_B$ の値を計算する．

| $c_B/(\text{g dm}^{-3})$ | 1.00 | 2.00 | 4.00 | 7.00 | 9.00 |
| $(\Pi/\text{Pa})/(c_B/\text{g dm}^{-3})$ | 27 | 35 | 49.2 | 71.4 | 87.2 |

これらのデータを図 6·22 にプロットしてある．縦軸の $c_B = 0$ での切片の値は（上でやったように，直線回帰法と数学ソフトウエアを使う），

$$\frac{\Pi/\text{Pa}}{c_B/(\text{g dm}^{-3})} = 19.6$$

であり，単位を整理すれば，

$$\Pi/c_B = 19.6 \text{ Pa g}^{-1} \text{ dm}^3$$

となる．したがって，この切片は $RT/M$ に相当するから，

$$M = \frac{RT}{19.6 \text{ Pa g}^{-1} \text{ dm}^3}$$

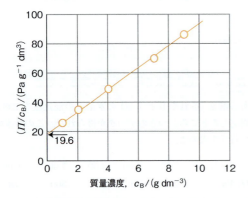

**図 6·22** 例題 6·6 のデータをプロットしたもの．$c_B = 0$ の切片から溶質のモル質量が求められる．

と書ける．これを計算すれば，

$$M = \frac{\overset{R}{\overline{(8.3145 \times 10^3 \text{ J K}^{-1} \text{ mol}^{-1})}} \times \overset{T}{\overline{(298 \text{ K})}}}{19.6 \text{ Pa g}^{-1} \text{ dm}^3}$$

KとJを消去（1 J = 1 Pa m³）

$$= 1.26 \times 10^5 \text{ g mol}^{-1}$$

となる．したがって，この酵素のモル質量は約 126 kg mol⁻¹ である．

**ノート** グラフの各軸には単なる数値を表示してデータをプロットすべきである．このようなグラフでは，プロットした物理量がどんな単位で割ったものかが問題で，それに注目しよう．たとえば，$c_B/(\text{g dm}^{-3})$ とすれば無次元の数値になっている．また，計算のあらゆる段階で単位を添えておけば，正しい単位の $M$ にたどり着ける．計算の最後に単位を推測するよりも，このように系統的に進める方がずっとよい．

**自習問題 6·6**

ポリ塩化ビニル，PVC のジオキサン溶液の浸透圧を 25 °C で測定したところ，つぎの結果が得られた．

| $c/(\text{g dm}^{-3})$ | 0.50 | 1.00 | 1.50 | 2.00 | 2.50 |
| $\Pi/\text{Pa}$ | 33.6 | 35.2 | 36.8 | 38.4 | 40.0 |

このポリ塩化ビニルのモル質量を求めよ．

[答：77 kg mol⁻¹]

溶液側に浸透圧より大きな圧力を加えると，熱力学的な傾向として，溶媒が純溶媒側へと流れ込む．この過程を**逆浸透**[1]という．海水を純化するうえで逆浸透はきわめて重要で，これを利用して飲料水やかんがい用水をつくっている．世界中で多数の逆浸透プラントが稼働中であり，不毛な土地や水不足の地域に新鮮な水を供給している．技術的な問題は主として，これに必要な高圧に耐えながら，それでいて安価な半透膜を製造することである．

## 混合物の相図

相図は，与えられた条件のもとで最も安定な相は何かを示したものである．このことは，すでに述べた純物質（5章）だけでなく，混合物についてもいえる．しかし，混合物では圧力と温度に加え，組成も変数である．

ここで，相律（$F = C - P + 2$，5·9 式）の意味を思い出して，**2 成分混合物**[2]について考えよう．成分が二つしか存在しない混合物（たとえば，エタノールと水）では $C = 2$ である．そこで $F = 4 - P$ である．話を簡単にす

---

1) reverse osmosis  2) binary mixture

るため圧力を一定（たとえば 1 atm）とすれば，これで自由度を一つ使ったので残りの自由度は $F' = 3 - P$ と書ける．この場合，ほかに使える自由度には温度と組成がある．そこで，系の相平衡を温度とモル分率を軸とする**温度–組成の相図**[1]で表すことができる．1 相しか存在しない領域では $F' = 2$ であり，温度も組成も変化できる（図 6·23）．2 相が平衡にあるときは $F' = 1$ であり，どちらか一方しか変化できない．たとえば，組成を変化したうえで 2 相の平衡を保とうとすれば，そうなるように温度は特定の値に合わせなければならない．したがって，このような 2 相平衡は相図の上では曲線で表される．3 相が共存する場合には $F' = 0$ なので，もはや系に自由度はない．つまり，3 相平衡を実現するには特定の温度および組成に合わせなければならない．したがって，このような条件は相図の上では点として表される．

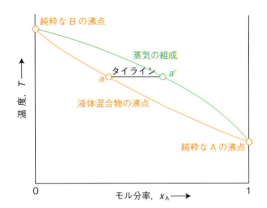

**図 6·24** 揮発性液体から成る 2 成分混合物の温度–組成図．タイラインは，各温度で平衡にある液体の組成を示す点と蒸気の組成を示す点を結んだものである．下側の曲線は混合物の沸点を組成に対してプロットしたものである．

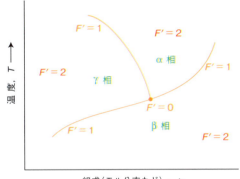

**図 6·23** 圧力一定の場合の 温度–組成 の相図の解釈．1 相しか存在しない領域では，$F' = 2$ であるから組成も温度も変えられる．2 相が平衡にある相境界の曲線上では，$F' = 1$ であるから独立に変えられる変数は一つである．平衡で 3 相が存在する点では，$F' = 0$ であり，温度も組成も決まってしまう．

## 6·9 揮発性液体の混合物

まず，2 種類の揮発性成分から成る 2 成分混合物の相図を考えよう．それは，実験室でも工業的にも広く用いられている分留を考えるときに重要になる．直観的には，揮発性の 2 成分液体混合物の沸点は，一方の成分である純液体の沸点から，もう一方の成分である純液体の沸点まで単調に変化すると考えるかもしれない．事実そういう場合も多い．沸点を組成に対してプロットした代表的な相図を図 6·24 に示す（下側の曲線が沸点を表している）．

沸騰している 2 成分液体混合物と平衡にある蒸気も 2 成分混合物である．このとき蒸気と液体の組成を比べれば，揮発性の高い成分は蒸気の方に多く含まれていると思われ，実際その差が顕著な場合が多い．図 6·24 の上側の曲線は，沸騰している液体混合物と平衡にある蒸気の組成を示している．この図から蒸気の組成を読みとるには，まず液体混合物の沸点に注目し（たとえば図の点 $a$），そこから水平に上側の曲線まで**タイライン**（連結線）[2]を引く．この線分は，平衡にある液体と蒸気の組成を表す 2 点を結んだものである．その交点（$a'$）は蒸気の組成を表している．この例では，蒸気相にある A のモル分率は約 0.6 である．予想した通り，揮発性の高い成分は液体中よりも蒸気中に多く存在していることがわかる．このようなグラフは実験をすれば描くことができ，組成を変えた一連の混合物についてその沸点を測定し（組成に対して沸点をプロットして図の下側の曲線を得る），その沸騰混合物と平衡にある蒸気相の組成を測定すればよい（蒸気組成の曲線上の対応する点がプロットできる）．

次に，揮発性の液体混合物を**分留**[3]したときに起こる変化を追跡しよう．組成 $a_1$ の液体混合物を加熱したとする（図 6·25）．この液体では $a_2$ で沸騰が起こり，そのときの蒸気の組成は $a_2'$ である．この蒸気が**分留塔**[4]（表面積を大きくするためにガラス製の玉やリングを詰めたカラム）を上って冷たい部分に達すると，凝縮して同じ組成の液体ができる．この液体は $a_3$ の温度で沸騰し，組成 $a_3'$ の蒸気を生じる．その蒸気には，もとの液体から得た蒸気よりも揮発性の高い成分がさらに多く含まれている．これを凝縮させた液体は $a_4$ で沸騰する．このようなサイクルが起こって，分留塔の最上部からはほとんど純粋な A が出てくるわけである．

図 6·25 と似た温度–組成図をもつ 2 成分液体混合物が多いのは確かだが，これと全く異なる挙動を示す重要なものもある．たとえば，沸点曲線に極大が見られる場合（図

---

1) temperature-composition diagram　2) tie line　3) fractional distillation　4) fractionating column

6・26)である．2成分の分子間に引力相互作用が働いて，理想溶液の場合と比較して混合物の蒸気圧が下がった場合に，このような挙動が見られる．トリクロロメタン/プロパノンや硝酸/水などの混合物がその例である．一方，温度−組成図に極小が見られるものもある（図 6・27）．この挙動は，成分 A, B 間の相互作用が反発的で，混合物が予想以上に揮発性を帯びることを示している．ジオキサン/水やエタノール/水などの混合物がその例である．

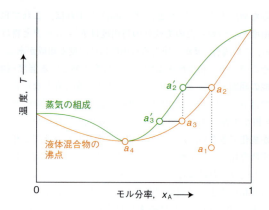

図 6・27 極小沸点のある共沸混合物の 温度−組成図．分留が進むにつれ，蒸気の組成は $a_4$ に向かって移動する．しかし，その点に達すれば平衡にある蒸気の組成は液体と同じになる．したがって，留出物をそれ以上分離することはできない．

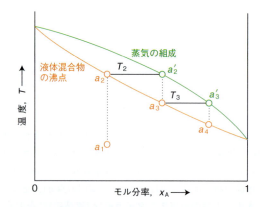

図 6・25 分留の原理は，図 6・24 で示したような 温度−組成図を使って，一連のステップで表すことができる．液体混合物は，はじめ $a_1$ で示した温度および組成にある．それが温度 $T_2$ で沸騰すると，沸騰溶液と平衡にある蒸気の組成は $a_2'$ である．その蒸気を凝縮させ（点 $a_3$ もしくはそれ以下の温度まで冷やし）もう一度 $T_3$ で沸騰させると，組成が $a_3'$ の蒸気が生じる．このような気化と凝縮を繰返せば，留出物の組成は次第に純液体 A（揮発性が高い方の成分）に近づく．

温度−組成図に極大や極小が見られる場合は，蒸留によって得られる結果はとくに重要である．そこで，図 6・26 で極大よりも右側にある組成 $a_1$ の液体を考えよう．それは $a_2$ に相当する温度で沸騰し，そのときの蒸気（組成は $a_2'$）は揮発性成分 A に富む．その蒸気を取除けば，残った液体の組成は $a_3$ の方に向かう．それが沸騰するとき液体と平衡にある蒸気の組成は $a_3'$ である．ここで，液相と蒸気相の組成が始めよりも似てくることに注目しよう（$a_2$ と $a_2'$ の組成の差より $a_3$ と $a_3'$ の差の方が小さい）．蒸気を取除けば沸騰液体の組成は $a_4$ に向かって移動し，最終的には蒸気の組成が液体の組成と等しくなる．ここでは蒸発が起こっても組成に変化は見られない．そこで，この混合物は**共沸混合物**[1]（"変化せずに沸騰"という意味のギリシャ語に由来）を形成するという．共沸組成に到達すれば，蒸留によって出てくる留分の組成が沸騰している液体の組成と等しくなるから，それ以上蒸留しても両成分を分離することはできない．このような共沸混合物が形成される例として塩酸/水の混合液体がある．その共沸組成では水が 80 パーセント（質量組成）含まれ，その混合物の沸点は 108.6 ℃ である．

図 6・27 に示した系も共沸混合物を形成するが，その様子は少し違っている．組成 $a_1$ の混合物から始めたとして，分留塔から出てくる蒸気成分の組成変化に注目しよう．混合物は $a_2$ で沸騰し，そのときの蒸気の組成は $a_2'$ である．それが分留塔内で凝縮して同じ組成の液体になる（$a_3$）．その液体は組成が $a_3'$ の蒸気と平衡に達し，その蒸気は分留塔の上の方で凝縮して同じ組成の液体になる．分留塔内で起こるこうした**精留**[2]によって蒸気の組成は共沸組成 $a_4$ までは変化するが，そこで蒸気と液体の組成が一致し

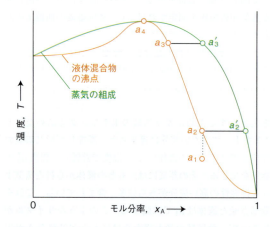

図 6・26 極大沸点のある共沸混合物の 温度−組成図．分留が進むにつれ，残された液体の組成は $a_4$ に向かって移動する．しかし，その点に達すれば平衡にある蒸気の組成は液体と同じになる．そうすれば，蒸発が起こっても混合物の組成は変化せず，つまり蒸留によってそれ以上の分離はできない．

---

1) azeotrope  2) fractionation

てしまうのでそれ以上の組成変化は見られない．したがって，分留塔の上端から出てくるのは共沸混合物の蒸気である．このような共沸混合物が形成される例としてエタノール/水の2成分系があり，水の含有量が4パーセントになったところで組成は変化せず，その混合物の沸点は78°Cである．

## 6・10 液体-液体の相図

あらゆる組成で混ざるわけではないが，ある限られた組成域では混ざるような液体を**部分可溶液体**[1]という．ヘキサンとニトロベンゼンの混合物がその一例である．この場合，二つの液体をいっしょに振り混ぜても2相に分離し，一方はニトロベンゼン中にヘキサンが飽和した溶液であり，もう一方にはヘキサン中にニトロベンゼンが飽和した溶液ができる．両方の溶解度とも温度によって変化するから，2相の組成も量も温度とともに変化する．そこで，各温度における系の組成を示すために温度-組成図を用いる．

ある温度 $T'$ で，ヘキサンに少量のニトロベンゼンを加えたとしよう．ごく少量なら完全に溶けるが，もっとニトロベンゼンを加えれば，それ以上溶けないという点に到達する．そのとき試料中には平衡で2相が共存することになる．大勢を占めるのは，ニトロベンゼンで飽和したヘキサンの相で，もう一方の少ない側はヘキサンで飽和したニトロベンゼンの相である．図6・28の温度-組成図には前者の組成を $a'$ で表し，後者の組成を $a''$ で示してある．2相の存在量の相対比は，つぎの**てこの規則**[2]によって求めることができる（図6・29）．

$$\frac{\text{組成 } a'' \text{ の相の物質量}}{\text{組成 } a' \text{ の相の物質量}} = \frac{l'}{l''} \qquad \text{てこの規則} \quad (6・23)$$

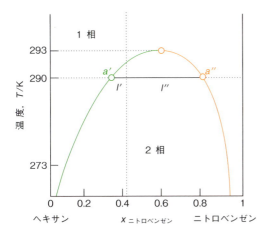

**図6・28** ヘキサン/ニトロベンゼンの1 atmにおける温度-組成図．上部臨界溶解温度（$T_{uc}$）は，それ以上では2相分離が起こらないような温度である．この系では293 K（ただし圧力が1 atmのとき）である．

### 式の導出6・8　てこの規則

$n = n' + n''$ と書いて，$n'$ を一方の相に含まれる分子の全物質量，$n''$ をもう一方の相に含まれる分子の全物質量，$n$ は試料全体に含まれる分子の全物質量としよう．試料中のAの全物質量は $nx_A$ である．ここで，$x_A$ は試料中に含まれるAのモル分率である（図の横軸にはこれをプロットする）．Aの全量は2相に含まれるAの量の和でもある．各相にはそれぞれモル分率 $x_A'$, $x_A''$ で含まれているから，

$$nx_A = n'x_A' + n''x_A''$$

が成り立つ．また，$n = n' + n''$ の両辺に $x_A$ を掛けて，

$$nx_A = n'x_A + n''x_A$$

を得る．これら2式から，

$$n'x_A' + n''x_A'' = n'x_A + n''x_A$$

が得られる．式を少し整理すれば，

$$n'(x_A - x_A') = n''(x_A'' - x_A)$$

すなわち（図6・29を見ればわかるように），

$$n'l' = n''l''$$

が得られる．これが（6・23）式である．

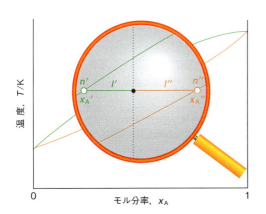

**図6・29** てこの規則を適用するのに必要となる相図上の座標と組成．

### 例題6・7　液体-液体の相図の解釈

ヘキサン50 g（0.59 mol）とニトロベンゼン50 g（0.41 mol）の混合物を290 Kで作成した．各相の組成と相対量を求めよ．また，単一相にするには，試料をどこまで加熱する必

---

1) partially miscible liquids　2) lever rule

要があるか．

**解法** 図6・28を使って考える．まず，この温度でのタイラインを書く．それと相境界線との交点が両相の平衡組成を表している．次に，系の全組成に対応する横軸上の位置から垂線を立てる．それがタイラインを切るところでタイラインは二つの線分に分かれるので，これにてこの規則(6・23)式が使える．最後に，この垂線が相境界線を横切る温度を求める．その温度以上では系は単一相から成る．

**解答** ヘキサンをH，ニトロベンゼンをNで表す．290Kで水平に引いたタイラインは，相境界線と$x_N = 0.35$および$x_N = 0.82$で交わる．したがって，これらのモル分率が2相の組成を表している．系全体の組成は$x_N = 0.41$であり，このモル分率のところに垂線を立てる．そうすれば，2相の存在比はてこの規則によって，

$$\frac{l''}{l'} = \frac{0.82 - 0.41}{0.41 - 0.35} = \frac{0.41}{0.06} = 7$$

と求まる．つまりこの温度では，ヘキサンに富む相はニトロベンゼンに富む相よりも7倍多く存在する．また，試料を292Kまで加熱すれば，それ以上では単一相である．

**自習問題6・7**

ヘキサン50gとニトロベンゼン100gの混合物を273Kで作成した．上と同じ問題を解け．

[答: $x_N = 0.07$および0.91，存在比は1:1.5; 293K]

温度$T'$のヘキサン/ニトロベンゼンの2相混合物にニトロベンゼンをさらに加えれば，ヘキサンがこれにわずかに溶解する．それで全体の組成は相図の右の方に少し移るが，2相の平衡組成は依然として$a'$および$a''$のままであり，第二の相が増えて第一の相が減るだけである．ヘキサンをすべて溶かし込んでしまうほどのニトロベンゼンを加えれば，系は再び単一相になる．相図の上では，全体の組成と温度を表す点が相境界線の右側にあって，そこでは系は1相から成る．

**上部臨界溶解温度**[1] $T_{uc}$（**上部共溶温度**[2] ともいう）は，相分離が起こる上限の温度である．それ以上の温度では2成分は完全に溶け合う．分子の熱運動が激しくなると相互溶解度が増すから，この温度が存在すると考えてよい．これを熱力学的に表せば，ある温度以上では組成に関わらず混合のギブズエネルギーが負になるということである．

**下部臨界溶解温度**[3] $T_{lc}$（**下部共溶温度**[4]）をもつ系もある．その温度以下ではあらゆる組成で混合し，その温度以上では2相を形成する．水/トリエチルアミンはその一例である（図6・30）．この場合，低温では両者が弱い錯体を形成するので溶け合う．温度が上がると，この錯体が壊れて2成分は溶けにくくなる．

上部臨界溶解温度と下部臨界溶解温度の両方をもつ系がある．その理由は，温度が上昇するにつれ弱い錯体が壊れて相互溶解しない領域が現れる一方で，もっと温度が上がって熱運動が激しくなれば，混合物が再び均一になって通常の部分可溶液体のように振舞うからである．水/ニコチンがその一例で，61℃と210℃の間に部分的にしか溶解しない領域が現れる（図6・31）．

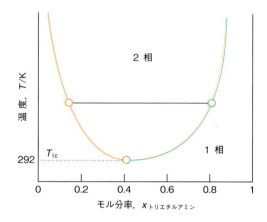

図6・30 水/トリエチルアミン系の温度-組成図．下部臨界溶解温度（$T_{lc}$）は，それ以下では相分離が起こらないような温度である．この系では，292K（圧力が1atmのとき）である．

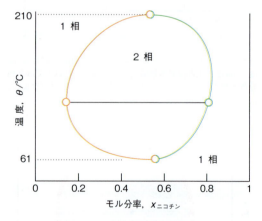

図6・31 水/ニコチン系の温度-組成図．上部臨界溶解温度と下部臨界溶解温度が存在する．温度がかなり高いことに注意せよ．この相図は加圧下で得られたものである．

## 6・11 液体-固体の相図

2成分系で固体と液体が存在するような場合にも，温度と組成の領域を示す相図が使える．このような相図は，電

---

1) upper critical solution temperature  2) upper consolute temperature  3) lower critical solution temperature
4) lower consolute temperature

子工業の分野で不可欠な高純度材料の作製法を理解するうえで役立つ．また冶金学の分野でも重要な役割を果たしている．

図6·32は，2種の金属から成る合金の単純な相図であり，互いにあらゆる割合で混ざる場合である．**液相線**[1]は，それより上で試料全体が液体であるような境界線であり，**固相線**[2]では，それより下で試料全体が固体である．組成 $a_1$ の試料を冷却すれば，$a_2$ で組成 $b_2$ の固体が析出しはじめる．さらに冷やせば，析出する固体の組成は $b_3$ に向かって移動し，残った液体の組成は $a_3$ に向かって動く．固相線以下では元の組成の固体だけが存在する．

このような相図は，組成を変えた一連の試料について**冷却曲線**[3]を監視すれば作成できる（図6·33）．液相と固相とで冷却曲線の傾きが異なるのは，両者で熱容量が違うからである．すなわち，試料から熱が奪われる速さは周囲との温度差に比例するからで，熱容量が小さければ温度変化が大きく（$\Delta T = q/C$ より），熱容量が大きければ温度変

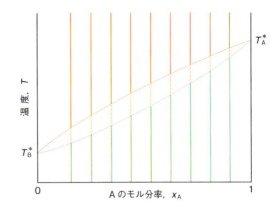

図6·34 図6·33の冷却曲線で，冷却速度が同じ部分の温度（縦軸）をAのモル分率に対してプロットすれば，液相線と固相線が明瞭となり，この合金の相図がつくれる．

化は小さくなるのである．周囲の温度が一定なら，それに近づいたときも冷却は遅くなる．また，液相線と固相線の間の温度で傾きが大きく変わるのは，この相転移が発熱を伴うからである．固体が形成され熱が連続的に放出されると，それが冷却を妨げるのである．図6·34は，組成を変えたときの液体試料の冷却曲線をプロットしたものである．ただし，冷却速度が変化する部分を取除いてある．一連の試料について液相の終点，固相の終点をそれぞれ結べば，液相線と固相線が描ける．

図6·35は，融点までほとんど全く混ざらないような2種類の金属（アンチモンとビスマスなど）から成る系の相図である．組成 $a_1$ の溶融液体を考えよう．これを $a_2$ まで冷却すると，系は"液体＋A"と記してある2相領域に入る．ほぼ純粋な固体Aが溶液から析出し始め，残された液体の組成は次第にBに富んでくる．$a_3$ まで冷却すると，もっと固体ができる．そのときの固体と液体（両者は平衡

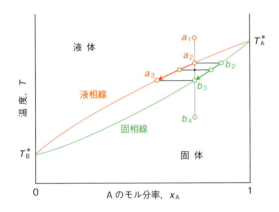

図6·32 液相でも固相でも任意の割合で可溶な2種の金属（純物質の通常融点は $T_A^*$ と $T_B^*$）の合金の相図．

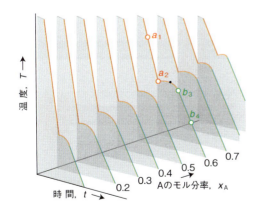

図6·33 図6·32で示した合金の冷却曲線．図中の各点の名称は相図と同じ．

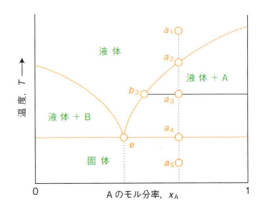

図6·35 固体では互いに混ざり合わず，液体では完全に混ざり合う場合の温度-組成図．点 $e$ は共融組成を示し，このとき混合物の融点は最も低い．

---

1) liquidus　2) solidus　3) cooling curve

にある）の相対量はてこの規則で求めることができる．この例では固体と液体の比は1：2である．Aが析出したため，始めに比べ液相には成分Bが多く含まれている（組成$b_3$）．$a_4$では$a_3$より液体が少なくなり，その組成は$e$である．この液体はここで凝固し，ほとんど純粋なAと，ほとんど純粋なBの2相系となり，もっと冷やしても全体の平均組成は変化せず$a_5$に至る．

図6·35の点$e$を通る垂線は**共融組成**[1]（"容易に融ける"という意味のギリシャ語に由来）を示している．共融組成をもつ固体は，融解しても組成に変化が見られず，その融点はどの組成の混合物よりも低い．組成が点$e$より右側にあるものを冷やせばAが析出し，左側にあるものを冷やせばBが析出する．どちらの成分の析出も伴わず，ある一つの温度で一気に固化するのは（純物質でない限り）共融混合物しかない．

工業的に重要な共融混合物にハンダがある．質量の約67パーセントがスズ，約33パーセントが鉛という組成の合金で，その融点は183℃である．このような共融混合物の形成は，たいていの2元合金系で起こるので，固体材料のミクロ構造という観点からはきわめて重要である．共融混合物は2相系であるが，結晶化するとミクロ結晶のほぼ均一な混合物になる．しかし，顕微鏡やX線回折などの構造を調べる手法を使えば，2種類のミクロ結晶相は区別できる（17章参照）．

冷却曲線は共融混合物を見分けるのに使われる．どう使うかは，図6·35の相図の$a_1$から垂線に沿って冷やした場合の冷却速度を考えればわかる．液体の温度は徐々に下がり，$a_2$までくるとAが析出し始める．このとき，Aの固化は発熱であり冷却をやわらげるので，冷却速度はここで遅くなる（図6·36）．さらに冷却すれば残った液体は共融組成となり，試料全体が固化するまで温度は一定に保たれる．このように温度が止まるところを**共融停止**[2]という．一方，液体がもともと共融組成$e$の場合は，共融混合物の凝固温度までの冷え方は単調であり，凝固点で温度が一定である時間は最も長い．あたかも純物質であるかのように振舞うのである．

### 工業技術へのインパクト 6·2

#### 超高純度と不純物制御

さまざまな技術の進歩に伴って，いま超高純度材料が求められている．たとえば，半導体素子は，完璧に近い純粋シリコンや，不純物濃度が厳密に制御されたゲルマニウムなどでできている．このような材料が正しく動作するためには，不純物濃度を$10^9$分の1以下に保たなければならない．**帯域精製**[3]の手法は，混合物の非平衡状態での性質をうまく利用している．すなわち，不純物が固体よりも溶融体に多く溶けることを利用して，試料に溶融帯域をつくり，一方の端からもう一方へと移動させる操作を繰返す方法である（図6·37）．実際には，熱い帯域と冷たい帯域を多数並べて，それを試料の一方の端からもう一方の端へと移動させる．その結果，試料の一方の端は不純物のごみ箱になるから，冷えて固体になった後にこの部分を捨てればよいわけである．

相図を使って帯域精製の仕組みを理解しておこう．ただし，溶融帯は試料に沿って移動しているので，試料全体としては温度も組成も均一でないことに注意すべきである．図6·38の溶融域にある組成$a_1$の液体を考えよう．これを，試料全体を平衡にしないように冷却する．そこで$a_2$まで冷えれば，$b_2$の組成をもつ固体が析出し，残る液体

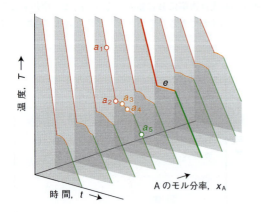

**図6·36** 図6·35で示した系の冷却曲線．$a_1$から$a_5$の垂線に沿って冷却すると，$a_2$では固体Aが析出しはじめるから冷却速度が遅くなる．同じ状況は共融組成に達するまで続き，共融組成で冷却曲線は水平になる．共融組成$e$では，共融混合物が組成変化せずに固化するから，冷却曲線は完全に水平になる．

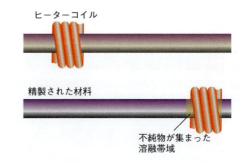

**図6·37** 帯域精製法では，不純物を含んだ固体試料を管に入れ，ヒーターを使って狭い帯域を融解させ，その帯域を棒の他端に向かって移動させ融解した帯域に不純物を集める．この操作を何度も繰返せば不純物を一端に集めることができ，最後にその部分を捨てればよい．

---

1) eutectic composition  2) eutectic halt  3) zone refining

（ヒーターはすでにその位置に移動している）は $a_2'$ にある．そこで，この液体を $a_2'$ を通る垂線に沿って冷却すると組成 $b_3$ の固体が析出して $a_3'$ の液体が残る．このような過程を続ければ，液体の最後の一滴には不純物 A が多量に含まれている．不純物を含む液体がこのような凝固の仕方をするのは日常でもよく経験するだろう．たとえば製氷機の氷は，表面は透明でも中心部は曇っている．ふつうの水は不純物として空気が溶け込んでいるので，外側から凍れば空気は液相の中心部に取り残される．つまり，中心の不透明な部分には細かい泡があって，そこには空気が閉じ込められているのである．

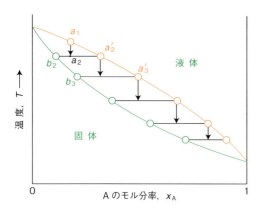

図 6・38　帯域精製法を理解するための 2 成分系の温度-組成図（本文に説明がある）．

帯域精製法を逆手に取ったうまい方法に**帯域均質化法**[1] がある．それは（ゲルマニウムに極微量のインジウムを混ぜるときなど）不純物量を制御して試料に導入するときに用いる．純試料の一端に不純物の多い試料を置いて溶融させるのであるが，試料の溶融帯域を交互に向きを変えて掃引する．そうすれば，導入された不純物は試料の中に均一に分布することになる．

## 6・12　ネルンストの分配の法則

互いに混ざり合わない 2 種の液体に第三の化合物 C を少量加えて振り混ぜた後，静置すれば 2 相が層を形成して分離するだろう．この化合物が 2 層に溶けている相対濃度について何かいえないだろうか．

化学ポテンシャルを使えば，この疑問に答えられる．この化合物の化学ポテンシャル $\mu_C$ は，平衡なら両相で等しくなければならないからである．つまり，$\mu_C(1) = \mu_C(2)$ である．ここで，どちらの溶液も理想希薄溶液とすれば，

$$\mu_C^{\ominus}(1) + RT \ln x_C(1) = \mu_C^{\ominus}(2) + RT \ln x_C(2)$$

が成り立つ．この二つの標準状態は異なるものである．それは，化学ポテンシャルと定数を定義するのに，ここではヘンリーの法則を使っていて，溶媒が違えばそれらは異なるからである．そこで，

$$\mu_C^{\ominus}(1) - \mu_C^{\ominus}(2) = RT \ln x_C(2) - RT \ln x_C(1)$$

であるから，

$$\ln\left(\frac{x_C(2)}{x_C(1)}\right) = \frac{\mu_C^{\ominus}(1) - \mu_C^{\ominus}(2)}{RT}$$

である．右辺は，一組の液体が与えられれば決まる定数であるから，つぎの**ネルンストの分配の法則**[2] が得られる．

$$\frac{x_C(2)}{x_C(1)} = \text{定数} \quad \text{ネルンストの分配の法則} \quad (6 \cdot 24)$$

すなわち，全濃度に関係なく（どちらの溶液も理想希薄溶液とみなせる限り），2 相に溶けている化合物のモル分率の比は同じである．

● **簡単な例示 6・6　ネルンストの分配の法則**
　ベンゼンと水の混合溶媒に安息香酸 $C_6H_5COOH$ を加えて振り混ぜたとしよう．このとき，安息香酸は一定のモル分率の比で 2 相に分配される．安息香酸の量を 2 倍にしても，そのモル分率の比は同じである．●

## チェックリスト

☐ 1　部分モル量は，混合物全体の性質に対する，ある成分の（モル当たりの）寄与である．

☐ 2　ある成分の化学ポテンシャルは，混合物中でのその成分の部分モルギブズエネルギーである．

☐ 3　理想溶液は，全組成域にわたって両成分ともラウールの法則に従う溶液である．

☐ 4　理想希薄溶液は，溶質がヘンリーの法則に従う溶液である．

☐ 5　物質の活量は，実効的な濃度に相当する．表 6・2 を見よ．

☐ 6　束一的性質は，溶質粒子の数に依存する性質であり，その化学的な特性にはよらない．溶液のエントロピー

---

1) zone leveling　2) Nernst distribution law

## 154   6. 混合物の性質

- □ 7 束一的性質には，蒸気圧降下，凝固点降下，沸点上昇，浸透圧がある．
- □ 8 2相が平衡で存在するための条件は（圧力一定の場合），温度-組成の相図では曲線で表される．
- □ 9 各相の相対的な存在量は，てこの規則を使って求められる（「重要な式の一覧」を見よ）．
- □ 10 共沸混合物は，蒸発や凝縮が起こっても，組成に変化が見られない混合物である．
- □ 11 共融混合物は，凝固や融解が起こっても，組成に変化が見られない混合物である．

## 重要な式の一覧

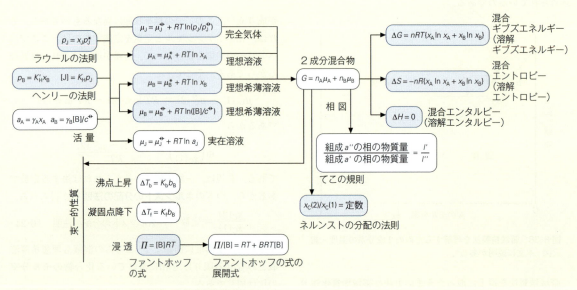

青色で示した式は完全気体，理想溶液，理想希薄溶液に限る．

## 問題と演習

### 文章問題

6・1 部分モル量の意義とその組成依存性について説明せよ．

6・2 物質の化学ポテンシャルを定義し，その応用について説明せよ．

6・3 溶液-蒸気の相平衡が成立するための熱力学的な条件を述べ，その根拠を説明せよ．

6・4 混合物中の分子間相互作用によってラウールの法則とヘンリーの法則を説明せよ．

6・5 束一的性質の起源について説明せよ．

6・6 溶質の活量とは何か．

6・7 混合物の熱力学的な性質と分子の性質によって浸透の起源を説明せよ．

6・8 高分子のモル質量を求めるのに，浸透圧測定がどう使えるかを説明せよ．

### 演習問題

6・1 塩化ナトリウム NaCl を水に溶かし，1.00 M の NaCl (aq) を 300 cm³ つくった．これに溶けている塩化ナトリウムの質量はいくらか．

6・2 質量 5.96 g のリン酸水素二ナトリウム水和物 $Na_2HPO_4 \cdot 7H_2O$ を，298 K で 250 cm³ の水に溶かした．この温度における水の質量密度を 0.997 g cm⁻³ として，この溶質の溶液中の質量モル濃度を計算せよ．

6・3 34.5 g のスクロース $C_{12}H_{22}O_{11}$ を水に溶かして，250 cm³ の水溶液をつくった．この溶液の質量密度は 1040 kg m⁻³ であった．この溶液中のスクロースのモル濃度と質量モル濃度を計算せよ．

6・4 ベンゼン（$C_6H_6$）56 g とトルエン（$C_6H_5CH_3$）120 g の混合物中に存在する各分子のモル分率を計算せよ．

6・5 乾燥空気には，質量にして $N_2$ が 75.53 パーセント，

## 6. 混合物の性質

$O_2$ が 23.14 パーセント含まれている．残りは主としてアルゴンである．この主要 3 物質のモル分率はいくらか．

**6·6** グリシン（$NH_2CH_2COOH$）の質量モル濃度 0.100 $mol\,kg^{-1}$ の水溶液中に含まれるこの分子のモル分率を求めよ．

**6·7** プロパノンとトリクロロメタンの混合物がある．$CHCl_3$ のモル分率が 0.4693 のときの部分モル体積は，それぞれ 74.166 $cm^3\,mol^{-1}$ および 80.235 $cm^3\,mol^{-1}$ であった．この溶液の全質量が 1.000 kg のとき体積はいくらか．

**6·8** 図 6·1 を用いて，50.0 $cm^3$ のエタノールと 50.0 $cm^3$ の水を混合してできる溶液の全体積を計算せよ．ただし，純液体の密度はそれぞれ 0.789 $g\,cm^{-3}$，1.000 $g\,cm^{-3}$ である．

**6·9** 二酸化炭素の 310 K，2.0 bar における化学ポテンシャルは，同じ温度での標準値とどれだけ違うか．

**6·10** 以前は物質の標準状態が 1 atm で定義されていた．298.15 K において，現在の定義による標準化学ポテンシャル（1 bar）は以前の標準値（1 atm）とどれだけ違うか．

**6·11** 窒素と酸素を 298 K で混合して空気をつくった．$N_2$ と $O_2$ のモル分率は，それぞれ 0.78 および 0.22 であった．(a) 混合モルギブズエネルギー，(b) 混合モルエントロピーを計算せよ．また，このような混合は自発過程か．

**6·12** 演習問題 6·11 でつくった混合気体に，さらに 298 K でアルゴンを加え，実際の空気の組成に近づけた．そのモル分率は，0.780（窒素），0.210（酸素），0.0096（アルゴン）であった．アルゴンを加える前と比較して，モルギブズエネルギーおよびモルエントロピーはどれだけ変化したか．また，このような混合は自発過程か．

**6·13** (6·12) 式は，2 成分から成る理想溶液の混合ギブズエネルギーがモル分率によってどう変化するかを表している．「式の導出 6·3」の方法に従ってこの式を導け．混合前の両成分のギブズエネルギーは $G_i = n_A\mu_A^* + n_B\mu_B^*$ である．混合後は (6·11) 式の化学ポテンシャルを使え．

**6·14** トルエン（メチルベンゼン）100.0 g に対して $C_{60}$（バックミンスターフラーレン）2.33 g を溶かした溶液をつくった．純粋なトルエンの 30 ℃ における蒸気圧は 5.00 kPa である．つくった溶液でトルエンが示す蒸気圧はいくらか．

**6·15** 20 ℃ の海水の蒸気圧を求めよ．ただし，同じ温度における純粋な水の蒸気圧は 2.338 kPa である．また，海水に溶けている溶質は主として $Na^+$ イオンと $Cl^-$ イオンであり，いずれも濃度は約 0.50 $mol\,dm^{-3}$ である．

**6·16** 四塩化炭素 $CCl_4$ にヨウ素 $I_2$ が溶けたある溶液を 25 ℃ でつくった．溶質の質量モル濃度が 0.100 $mol\,kg^{-1}$ のときの溶質と溶媒のモル分率はいくらか．これから，この溶質を溶解したことによる溶媒の化学ポテンシャル変化を計算せよ．

**6·17** 液体の $GeCl_4$ に少量の HCl が溶けた希薄溶液につ

いて，300 K における蒸気圧はつぎの通りである．

| $x$(HCl) | 0.005 | 0.012 | 0.019 |
|---|---|---|---|
| $p$/kPa | 32.0 | 76.9 | 121.8 |

この濃度範囲でヘンリーの法則が成り立つことを示せ．また，300 K におけるヘンリーの法則の定数を計算せよ．

**6·18** 脂肪に溶ける二酸化炭素の濃度を計算せよ．ただし，ヘンリーの法則の定数は $8.6 \times 10^4$ Torr であり，二酸化炭素の分圧は 55 kPa である．

**6·19** 25 ℃ の水に水素がモル濃度 1.0 $mmol\,dm^{-3}$ で溶けているとき，水素分圧はどれだけか．

**6·20** 大気中の二酸化炭素が増えれば，天然の水に溶けている二酸化炭素の濃度も上がる．ヘンリーの法則と表 6·1 のデータを使って，25 ℃ の水に対する $CO_2$ の溶解度を計算せよ．ただし，その分圧が (a) 3.8 kPa，(b) 50.0 kPa の場合を考えよ．

**6·21** 空気中の $N_2$ と $O_2$ のモル分率は，海面ではそれぞれ約 0.78 と 0.21 である．開放容器に水を入れ，25 ℃ で放置した溶液の質量モル濃度をそれぞれについて計算せよ．

**6·22** 家庭用として出回っている炭酸水の製造器具がある．これを使って，1.0 atm の二酸化炭素を水に吹き込んだ．できたソーダ水に含まれる $CO_2$ のモル濃度を求めよ．

**6·23** トルエン（メチルベンゼン）および $o$-キシレン（1,2-ジメチルベンゼン）の 90 ℃ における蒸気圧は，それぞれ 53 kPa，20 kPa である．圧力が 0.50 atm であるとき，90 ℃ で沸騰するこの混合液体の組成を求めよ．また，そのときの蒸気の組成を計算せよ．

**6·24** ある 2 成分混合物の成分 A と B の蒸気圧は，組成によってつぎのように変化する．

$$p_A/\text{Torr} = 861x - 790x^2 + 245x^3 + 100x^4$$
$$p_B/\text{Torr} = 749 - 749x + 404x^2 - 404x^3$$

この混合物について，大量に存在する成分についてはラウールの法則が成り立ち，少量しかない成分についてはヘンリーの法則が成り立つことを確かめよ．両成分について，ヘンリーの法則の定数を求めよ．

**6·25** ある 2 成分混合物の成分 A と B の蒸気圧は，組成によってつぎのように変化する．

| $x_A$ | 0 | 0.20 | 0.40 | 0.60 | 0.80 | 1 |
|---|---|---|---|---|---|---|
| $p_A$/Torr | 0 | 70 | 173 | 295 | 422 | 539 |
| $p_B$/Torr | 701 | 551 | 391 | 237 | 101 | 0 |

この混合物について，大量に存在する成分についてはラウールの法則が成り立ち，少量しかない成分についてはヘンリーの法則が成り立つことを確かめよ．両成分について，ヘンリーの法則の定数を求めよ．

**6·26** 20.0 ℃ でグルコース水溶液の濃度を，0.10 $mol\,dm^{-3}$ から 1.00 $mol\,dm^{-3}$ に変化させたとき，グルコース

の化学ポテンシャル変化はどれだけか.

**6・27** ベンゼンの蒸気圧は 60.6 °C で 53.0 kPa である．ベンゼン 5.00 g に，ある有機化合物を 0.133 g 溶かしたところ蒸気圧は 51.2 kPa になった．この化合物のモル質量を計算せよ．

**6・28** スクロースを 2.5 g 添加して甘みをつけた水溶液 200 cm³ がある．その凝固点を求めよ．ただし，理想希薄溶液として考えよ．

**6・29** 水 200 cm³ に塩化ナトリウム 2.5 g を加えた水溶液の凝固点を求めよ．ただし，理想希薄溶液として考えよ．

**6・30** テトラクロロメタン（$CCl_4$）750 g を溶媒として，ある化合物を 28.0 g 加えたところ凝固点が 5.40 K 下がった．この化合物のモル質量を計算せよ．

**6・31** 化合物 A は，プロパノン溶液中では二量体 $A_2$ と平衡に存在する．化合物濃度が与えられたとして，その平衡定数 $K = [A_2]/[A]^2$ を蒸気圧降下によって表した式を導け．〔ヒント：溶液中では，分子 A の割合 $f$ は二量体として存在するとせよ．蒸気圧降下の大きさは化学種によらず濃度によるから，この場合は A と $A_2$ の合計の濃度に比例する．〕

**6・32** ある尿素水溶液の 300 K での浸透圧は 150 kPa である．この水溶液の凝固点を計算せよ．

**6・33** ポリスチレンのトルエン（メチルベンゼン）溶液について浸透圧を 25 °C で測定したところ，つぎの結果を得た．

| $c/(\text{g dm}^{-3})$ | 2.042 | 6.613 | 9.521 | 12.602 |
|---|---|---|---|---|
| $\Pi/\text{Pa}$ | 58.3 | 188.2 | 270.8 | 354.6 |

このポリスチレンのモル質量を計算せよ．

**6・34** ある酵素のモル質量を求めるために，それを水に溶解し，20 °C で毛細管を上がる水溶液柱の高さ $h$ を測定した．得られたデータはつぎの通りである．

| $c/(\text{mg cm}^{-3})$ | 3.221 | 4.618 | 5.112 | 6.722 |
|---|---|---|---|---|
| $h/\text{cm}$ | 5.746 | 8.238 | 9.119 | 11.990 |

浸透圧は水柱の高さから求めることができ，$\Pi = \rho g h$ である．この溶液の質量密度を $\rho = 1.000$ g cm$^{-3}$，自然落下の加速度を $g = 9.81$ m s$^{-2}$ とする．この酵素のモル質量はいくらか．

**6・35** オクタン（O）とトルエン（T）の混合物について，温度-組成の関係を 760 Torr で測定したところ以下のデータが得られた．ここで，$x$ は溶液中のモル分率，$y$ はこれと平衡にある蒸気中のモル分率である．

| $\theta/\text{°C}$ | 110.9 | 112.0 | 114.0 | 115.8 | 117.3 | 119.0 | 120.0 | 123.0 |
|---|---|---|---|---|---|---|---|---|
| $x_T$ | 0.908 | 0.795 | 0.615 | 0.527 | 0.408 | 0.300 | 0.203 | 0.097 |
| $y_T$ | 0.923 | 0.836 | 0.698 | 0.624 | 0.527 | 0.410 | 0.297 | 0.164 |

トルエンとオクタンの沸点は，それぞれ 110.6 °C と 125.6 °C である．この混合物の温度-組成図を作成せよ．液体の組成が (a) $x_T = 0.250$, (b) $x_O = 0.250$ のとき，これと平衡にある蒸気の組成をそれぞれ求めよ．

**6・36** 図 6・39 は，互いに部分可溶な液体の相図である．水（A）と 2-メチル-1-プロパノール（B）の系はその一例である．組成 $b_3$ の混合物を加熱したとき，何が観察されるかを記せ．存在する相の数とその組成，および相の存在比がどうなるかも示せ．

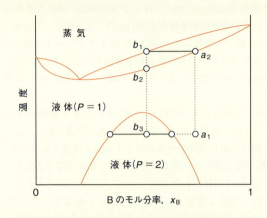

図 6・39　部分可溶な 2 成分液体の相図

**6・37** $NH_3/N_2H_4$ 系の相図の概略を描け．ただし，両物質は互いに化合物をつくらないとする．$NH_3$ および $N_2H_4$ の凝固点は，それぞれ $-78$ °C および $+2$ °C である．また，$N_2H_4$ のモル分率が 0.07 のとき共融混合物が形成される．その融点は $-80$ °C である．

**6・38** 図 6・40 は銀/スズの相図である．各領域の状態を記せ．また，組成が $a$ および $b$ の液体を 200 °C まで冷やしたときに観測される現象を説明せよ．

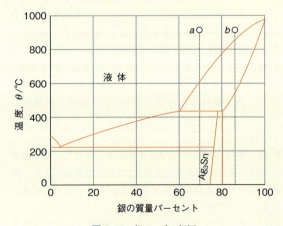

図 6・40　銀/スズの相図

**6・39** 図 6・40 で $a$ および $b$ の組成の混合物を冷やしたとき，得られる冷却曲線の概略を示せ．

**6・40** 図 6・40 の相図を用いて，(a) 800 °C におけるスズに対する銀の溶解度，(b) 460 °C における銀に対する

Ag₃Sn の溶解度, (c) 300 °C における銀に対する Ag₃Sn の溶解度をそれぞれ求めよ.

**6・41** 図 6・41 は, 銅とアルミニウムの合金の相図の一部である. 図中の組成 $a$ の溶融液体を冷却したとき何が観測されるかを説明せよ. 500 °C におけるアルミニウム中への銅の溶解度はいくらか.

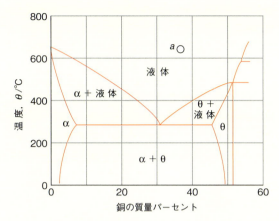

図 6・41　銅/アルミニウム合金の相図の一部

**6・42** 図 6・42 はある炭素鋼の代表的な相図の一部である. 図中の組成 $a$ の溶融液体を室温まで放冷したとき何が観測されるかを説明せよ.

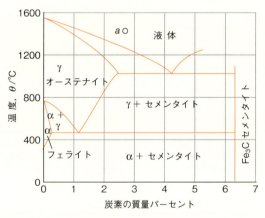

図 6・42　代表的な炭素鋼の相図の一部

**6・43** ヘキサンとペルフルオロヘキサン ($C_6F_{14}$) は, 22.70 °C 以下で部分可溶である. 上部臨界溶解温度での臨界濃度は $x = 0.355$ である. ここで, $x$ は $C_6F_{14}$ のモル分率である. 22.0 °C で平衡に存在する 2 種類の溶液のモル分率は $x = 0.24$ と $x = 0.48$ であり, 21.5 °C ではそれぞれ 0.22, 0.51 となる. この系の相図の概略を描け. また, 一定量のヘキサンにペルフルオロヘキサンを (a) 23 °C, (b) 22 °C, で加えたときに生じる相変化について述べよ.

**6・44** タンパク質に類似した高分子に関する理論研究で, 図 6・43 に示すような相図が得られた. すなわち, 天然型 (N 状態), 伸張型 (U 状態), 融解粒子型 (MG 状態) という構造の異なる 3 種類の相が存在している. (a) 変性剤の濃度が 0.1 以下であるとき, 融解粒子型が安定になることはあるか. (b) 変性剤の濃度を 0.15 として天然型を加熱したとき, この高分子の状態がどう変化するかを記せ.

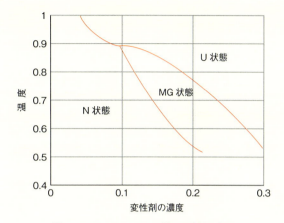

図 6・43　モデルタンパク質の理論的な相図

**6・45** 合成材料の膜状集合体に関する実験研究で, 図 6・44 に示すような相図が得られた. ここでの成分は, ジエライドイルホスファチジルコリン (DEL) とジパルミトイルホスファチジルコリン (DPL) である. 組成 $x_{DEL} = 0.5$ の液体混合物を 45 °C から冷却したとき何が起こるかを説明せよ.

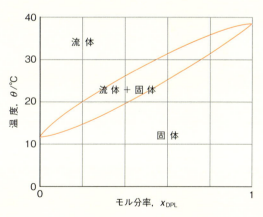

図 6・44　膜形成 2 成分系の相図

**6・46** 互いに混ざり合わない 2 種の液体を入れたフラスコに, アスピリン 2.0 g を加えて振り混ぜたとき, この 2 種の液体中に溶けているアスピリンのモル分率は 0.11 および 0.18 であった. アスピリンをさらに 1.0 g 加えたとき, 前者の液体中のモル分率は 0.15 に増えた. 後者の液体中のモル分率はいくらになると予想できるか.

## プロジェクト問題

記号‡は微積分の計算が必要なことを示す.

**6·47‡** (a) エタノールと水の混合物について, 25 °C でのエタノールの部分モル体積は $V_{エタノール}/(cm^3\,mol^{-1}) = 54.6664 - 0.72788\,b + 0.084768\,b^2$ で表される. ここで, $b$ は濃度をエタノールの質量モル濃度で表したときの数値である. エタノールの部分モル体積を $b$ に対してプロットし, 部分モル体積が最小となる組成を求めよ. また, その組成をモル分率で表せ. (b) 微分を利用して最小となる組成を求めよ.

**6·48‡** 質量 1.00 kg の 水/エタノール混合物の 25°C における全体積は $V/cm^3 = 1002.93 + 54.6664\,b - 0.36394\,b^2 + 0.028256\,b^3$ によく合う. ここで, $b$ は濃度をエタノールの質量モル濃度で表したときの数値である. 演習問題 6·47 で与えた情報を用いて, 水の部分モル体積を求める式を示せ. このとき得られた曲線をプロットせよ. また, エタノールの部分モル体積が最小になるとき, 水の部分モル体積が最大になることを示せ.

**6·49** 酸素の輸送を担う赤い血色素のヘモグロビンは, 1 g 当たり約 1.34 cm³ の酸素と結合する. ふつうの血液中のヘモグロビン濃度は 150 g dm⁻³ 程度である. 肺の中ではヘモグロビンは酸素で約 97 パーセントまで飽和しているが, 毛細血管中では約 75 パーセントにすぎない. (a) 肺から毛細血管へと流れた血液 100 cm³ 中で, どれだけの体積の酸素が体内に取込まれたことになるか. スキューバダイビングのように高圧の空気を呼吸していると, 血中の窒素濃度が増えてくる. 窒素の溶解度は, ヘンリーの法則を $c = Kp$ で表したときの定数が 0.18 μg/(g H₂O atm) である. (b) 4.0 atm, 20 °C において空気で飽和した水 100 g 中に溶解している窒素の質量はいくらか. ただし, 空気の 78.08 モルパーセントが N₂ である. 1.0 atm の空気で飽和した水 100 g の場合はどうか. (c) 窒素は水よりも脂肪組織に 4 倍溶けやすいとして, 圧力が 1 atm から 4 atm になったとき脂肪組織内の窒素濃度はどれだけ増加するか.

# 7

# 化 学 平 衡 の 原 理

## 熱力学的な裏付け

7·1   反応ギブズエネルギー

7·2   $\Delta_r G$ の組成変化

7·3   平衡に到達した反応

7·4   標準反応ギブズエネルギー

7·5   平衡組成

7·6   濃度で表した平衡定数の式

7·7   平衡定数の分子論的解釈

## 諸条件による平衡の移動

7·8   温度の効果

7·9   圧縮の効果

7·10  触媒の存在

## チェックリスト
重要な式の一覧
問題と演習

　化学らしい化学を扱うための準備がこれで整った．化学熱力学を使えば，反応混合物が目的とする生成物に変化する自発的な傾向をもつかどうかを予測できる．また反応後，平衡に達した混合物の組成や，その組成が諸条件によってどう変わるかを予測できる．工業で用いる化学反応では平衡に達するまで待つことはまずないが，ある条件下で平衡に到達したとして，その反応が反応物側に片寄っているか生成物側に片寄っているかを知っておけば，その反応自体が使いものになるかどうかの判断ができる．その状況は生化学反応でも変わらない．本来，平衡を避けることに生命の本質があるのであって，平衡に達したらそれは死である．

　覚えておくべき大事な点は，熱力学は反応の速さについて何も言わない，ということである．ある反応混合物が与えられたとき熱力学が言及できるのは，それが生成物をつくる傾向をもつかどうかであり，その傾向が実現するかどうかではない．化学反応の速さを決めている要因については 10 章および 11 章で述べる．一方，熱力学は変化の速さについて何も言わないとはいえ，化学平衡そのものは動的な現象であることは覚えておくべき重要な点であり，平衡では正反応と逆反応の速さは等しい．すなわち，平衡では生成物の生成速度と崩壊速度は等しくなっている．このような動的な性質があるから，化学反応は諸条件の変化に応答する．その応答がどれほど速いかについて熱力学は言及できないが，熱力学を使えば，温度を上げればもっと生成物が生成する傾向があるなどと言うことによって，系がどのように応答するかを予測することはできる．

## 熱 力 学 的 な 裏 付 け

　一定温度，一定圧力のもとで自発変化が起こるかどうかの熱力学的な基準は $\Delta G < 0$ である．したがって，本章で基本とするおもな考えは，つぎのようなものである．

- 反応混合物を一定温度，一定圧力の条件下におけば，ギブズエネルギーが最小になるように組成が調節される．

反応混合物のギブズエネルギーが図 7・1a のように変化する場合は，反応物がごくわずか生成物に変化したところで $G$ が最小値に達するから，この反応は"進まない"反応である．一方，$G$ が図 7・1c のようであれば，$G$ が最小値に達したとき大部分が生成物として得られるから，この反応は"進行する"反応である．たいていの反応では，このように平衡混合物がどちらか一方に片寄っている．しかし，ギブズエネルギーが図 7・1b で示されるものも多く，反応後に平衡になったとき得られる混合物中には反応物も生成物もかなりの量で存在している．ここでは，熱力学データを使って平衡組成をどう予測するのか，その組成が諸条件にどう依存しているかを調べよう．

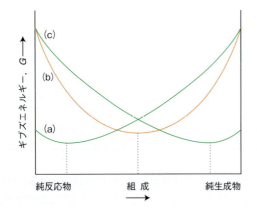

**図 7・1** 反応混合物の反応途中のギブズエネルギー変化．反応開始前の反応物のみの状態を左端に，生成物のみの状態を右端に示してある．(a) この反応は"進まない"．ギブズエネルギーの最小が純反応物のすぐ近くにあるからである．(b) この反応は，反応混合物中に反応物と生成物がほぼ等量存在するところで平衡に達する．(c) この反応では，ギブズエネルギーの最小が純生成物のすぐ近くにあるから，反応はほぼ完全に進行する．

## 7・1 反応ギブズエネルギー

中心概念を示すために，具体的に二つの重要な反応について考えよう．一つは，グルコース 6-リン酸 (**1**, G6P) からフルクトース 6-リン酸 (**2**, F6P) への異性化反応である．これは，グルコースが嫌気的に分解される過程の初期段階である．

$$G6P(aq) \rightleftharpoons F6P(aq) \qquad (R1)$$

この反応は細胞内の水溶液中で起こる．もう一つはアンモニアの合成であり，工業や農業にとってきわめて重要な反応である．

$$N_2(g) + 3H_2(g) \rightleftharpoons 2NH_3(g) \qquad (R2)$$

両方の反応を一般式で表せば，

$$aA + bB \rightleftharpoons cC + dD \qquad (R3)$$

となる．ここでは化学種の物理状態は問わない．

**1** グルコース 6-リン酸    **2** フルクトース 6-リン酸

はじめに反応 (R1) を考える．反応進行中のある短い時間に G6P の物質量が $-\Delta n$ だけ変化したとしよう．この変化による，系の全ギブズエネルギーに対する寄与は $-\mu_{G6P}\Delta n$ である．ここで，$\mu_{G6P}$ は反応混合物中での G6P の化学ポテンシャル (部分モルギブズエネルギー) である．これと同じ時間に，F6P の物質量は $+\Delta n$ だけ変化しているから，全ギブズエネルギーに対する F6P の寄与は $+\mu_{F6P}\Delta n$ である．ここで，$\mu_{F6P}$ は F6P の化学ポテンシャルである．ところで，$\Delta n$ が組成に影響を与えないほど小さければ，系のギブズエネルギーの正味の変化は，

$$\Delta G = \mu_{F6P}\Delta n - \mu_{G6P}\Delta n$$

と表せる．両辺を $\Delta n$ で割れば，この場合の**反応ギブズエネルギー**[1] $\Delta_r G$ が得られる．

$$\Delta_r G = \frac{\Delta G}{\Delta n} = \mu_{F6P} - \mu_{G6P} \qquad (7\cdot1a)$$

この $\Delta_r G$ の解釈には 2 通りある．一つは，反応混合物のいまの組成での生成物と反応物の化学ポテンシャルの差と

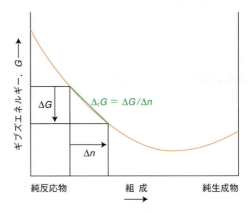

**図 7・2** ギブズエネルギーの反応進行度に伴う変化．反応ギブズエネルギー $\Delta_r G$ が，反応途中のある組成での曲線の勾配とどういう関係にあるかを示している．

---

[1] reaction Gibbs energy

考えるものである．もう一つは，$\Delta_r G$ は $G$ の変化を組成の変化で割ったものであるから，系の組成に対して $G$ をプロットしたグラフの勾配と考えるものである（図 7・2）．

アンモニアの合成反応（R2）はもう少し複雑である．$N_2$ の物質量が $-\Delta n$ だけ変化すれば，反応の量論関係によって $H_2$ の物質量は $-3\Delta n$，$NH_3$ の物質量は $+2\Delta n$ だけ変化する．どの変化も混合物の全ギブズエネルギーに対してそれぞれの寄与をし，全体の変化は，

$$\Delta G = \mu_{NH_3} \times 2\Delta n - \mu_{N_2} \times \Delta n - \mu_{H_2} \times 3\Delta n$$
$$= (2\mu_{NH_3} - \mu_{N_2} - 3\mu_{H_2})\Delta n$$

である．$\mu_J$ は反応混合物に含まれる化学種 J の化学ポテンシャルである．したがって，この場合の反応ギブズエネルギーは，

$$\Delta_r G = \frac{\Delta G}{\Delta n} = 2\mu_{NH_3} - (\mu_{N_2} + 3\mu_{H_2}) \quad (7・1b)$$

となる．ここで，化学ポテンシャルにはそれぞれの量論係数が掛かっていること，生成物の項から反応物の項を差し引くかたちで書いてあることに注意しよう．一般の反応（R3）ではつぎのように表せる．

$$\Delta_r G = (c\mu_C + d\mu_D) - (a\mu_A + b\mu_B)$$
反応ギブズエネルギー （7・1c）

混合物中に含まれるある物質の化学ポテンシャルは混合物の組成に依存しており，その成分の濃度や分圧が高いときには，それに応じて化学ポテンシャルも高い．このように，$\Delta_r G$ は組成によって変わる（図 7・3）．ここで，組成に対して $G$ をプロットしたとき，$\Delta_r G$ はその曲線の勾配に相当する．混合物の大半が反応物 A と B であれば，$\mu_A$ と $\mu_B$ の項が大きいから $\Delta_r G < 0$ となり，$G$ の勾配は負（反応物側から生成物側に向かって右下がり）である．逆に，混合物の大半が生成物 C と D であれば，$\mu_C$ と $\mu_D$ の項が大きいから $\Delta_r G > 0$ であり，$G$ の勾配は正（右上がり）である．

$\Delta_r G < 0$ に相当する組成なら正反応が自発的であり，反応物はもっと生成物をつくる傾向がある．一方，$\Delta_r G > 0$ の場合は逆反応が自発的となり，生成物から反応物への分解が起こる傾向がある．$\Delta_r G = 0$（グラフの最小で，勾配が 0 のところ）では，もはや生成物も反応物もつくる傾向がない．いいかえれば，反応はここで平衡にある．つまり，温度および圧力が一定の場合の化学平衡の基準はつぎのように表せる．

$$\Delta_r G = 0 \quad \begin{matrix}温度一定,\\圧力一定\end{matrix} \quad 平衡の条件 \quad (7・2)$$

## 7・2 $\Delta_r G$ の組成変化

次のステップは，$\Delta_r G$ が系の組成によってどう変化するかを調べることである．それがわかれば，$\Delta_r G = 0$ に相当する組成がわかるはずである．6・6 節で導いた化学ポテンシャルの組成依存性を表すつぎの一般式を出発点としよう．

$$\mu_J = \mu_J^\ominus + RT \ln a_J \quad (7・3)$$

$a_J$ は化学種 J の活量である．この章では理想系を考えることにし，表 6・2 で示したつぎの標準状態を選ぶ．

- 理想溶液中の溶質では，$a_J = [J]/c^\ominus$．すなわち，標準値 $c^\ominus = 1 \text{ mol dm}^{-3}$ に対する J のモル濃度の比．
- 完全気体では，$a_J = p_J/p^\ominus$．すなわち，標準圧力 $p^\ominus = 1 \text{ bar}$ に対する J の分圧の比．
- 純粋な固体や液体では，$a_J = 1$．

6 章で述べたように，式の見かけを単純にしたいときは，特に必要でない限り $c^\ominus$ や $p^\ominus$ をわざわざ書かないようにする．

(7・3) 式を (7・1c) 式に代入すれば，

$$\Delta_r G = \left\{ c\left(\overset{\mu_C}{\overbrace{\mu_C^\ominus + RT \ln a_C}}\right) + d\left(\overset{\mu_D}{\overbrace{\mu_D^\ominus + RT \ln a_D}}\right) \right\}$$
$$- \left\{ a\left(\overset{\mu_A}{\overbrace{\mu_A^\ominus + RT \ln a_A}}\right) + b\left(\overset{\mu_B}{\overbrace{\mu_B^\ominus + RT \ln a_B}}\right) \right\}$$
$$= \{(c\mu_C^\ominus + d\mu_D^\ominus) - (a\mu_A^\ominus + b\mu_B^\ominus)\}$$
$$+ RT\{c \ln a_C + d \ln a_D - a \ln a_A - b \ln a_B\}$$

となる．ここで，最右辺の第 1 項（青色で示してある）は**標準反応ギブズエネルギー**[1] $\Delta_r G^\ominus$ である．そこで，

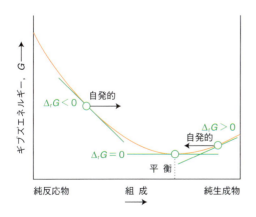

図 7・3 この曲線が最小値をとる点は平衡に相当し，ここでは $\Delta_r G = 0$ である．最小となる点より左側では $\Delta_r G < 0$ であり，正反応が自発的である．右側では $\Delta_r G > 0$ であり，逆反応が自発的である．

---

1) standard reaction Gibbs energy

と書く．標準状態は純物質についてのものであるから，この式に現れる標準化学ポテンシャルも，すべて純粋な化学種の標準モルギブズエネルギーである．したがって，(7・4 a) 式はつぎのように書いても同じである．

$$\Delta_r G^{\ominus} = \{ c G_m^{\ominus}(C) + d G_m^{\ominus}(D) \}$$
$$- \{ a G_m^{\ominus}(A) + b G_m^{\ominus}(B) \}$$

標準反応ギブズエネルギー　(7・4 b)

この重要な量の内容についてはすぐあとで詳しく述べる．いまのところ，

$$\Delta_r G = \Delta_r G^{\ominus} + RT \{ c \ln a_C + d \ln a_D - a \ln a_A - b \ln a_B \}$$

と書いておけば，$\Delta_r G$ の式はずっと見やすいかたちにできそうである．

話を先に進めるために，すぐ上の $\Delta_r G$ の式の右辺の残りの項（青色の部分）を「必須のツール 2・2」にある対数の性質を使って，つぎのように整理しておく．

$$c \ln a_C + d \ln a_D - a \ln a_A - b \ln a_B$$

$a \ln x = \ln x^a$
$$= \ln a_C^c + \ln a_D^d - \ln a_A^a - \ln a_B^b$$

$\ln x + \ln y = \ln xy$
$$= \ln a_C^c a_D^d - \ln a_A^a a_B^b$$

$\ln x - \ln y = \ln \dfrac{x}{y}$
$$= \ln \frac{a_C^c a_D^d}{a_A^a a_B^b}$$

そこで，上の式は，

$$\Delta_r G = \Delta_r G^{\ominus} + RT \ln \frac{a_C^c a_D^d}{a_A^a a_B^b}$$

と表せる．ここで，式の見かけをさらに簡単にするために，反応 (R3) について，**反応比**[1] $Q$（無次元）を導入する．

$$Q = \frac{a_C^c a_D^d}{a_A^a a_B^b} \qquad 定義 \quad 反応比 \quad (7・5)$$

反応式に現れる量論係数が各化学種の活量に対して累乗のかたちで入り，生成物を反応物で割ったかたちで $Q$ が表されていることに注意しよう．こうして，任意の組成の反応混合物について，反応ギブズエネルギーを表す式がつぎのように書ける．

$$\Delta_r G = \Delta_r G^{\ominus} + RT \ln Q \qquad \Delta_r G の組成依存性 \quad (7・6)$$

単純でありながらきわめて重要なこの式は，今後かたちを変えて何度も現れることになる．

---

例題 7・1　反応比の書き方

反応 (R1) と (R2) について反応比を書け．

**解法**　反応物と生成物の活量を表す式を書いて，それを (7・5) 式の $Q$ の定義式に代入する．式の見かけを単純にするために，標準値を表す $c^{\ominus}$ や $p^{\ominus}$ を省略して表す．

**解答**　反応 (R1) の反応比は，

$$Q = \frac{a_{F6P}}{a_{G6P}}$$

である．希薄溶液であれば，溶質の活量を $a_B = [B]/c^{\ominus}$ と表せるから反応比は，

$$Q = \frac{[F6P]/c^{\ominus}}{[G6P]/c^{\ominus}} = \frac{[F6P]}{[G6P]}$$

となる．この例では $c^{\ominus}$ が消える．反応 (R2) のアンモニアの合成は気相反応であり，その反応比は，

$$Q = \frac{a_{NH_3}^2}{a_{N_2} a_{H_2}^3} = \frac{(p_{NH_3}/p^{\ominus})^2}{(p_{N_2}/p^{\ominus})(p_{H_2}/p^{\ominus})^3} = \frac{p_{NH_3}^2 p^{\ominus 2}}{p_{N_2} p_{H_2}^3}$$

である．標準圧力を省略して単純なかたちで表せば，

$$Q = \frac{p_{NH_3}^2}{p_{N_2} p_{H_2}^3}$$

となる．この場合の $p_J$ は，J の分圧を bar 単位で表したときの数値である（したがって，$p_{NH_3} = 2$ bar なら，この式を使うときには $p_{NH_3} = 2$ と書く）．

---

自習問題 7・1

エステル化反応 $CH_3COOH + C_2H_5OH \longrightarrow CH_3COOC_2H_5 + H_2O$ の反応比を書け．ただし，四つの成分はいずれも反応混合物中で液体として存在しており，その混合物は水溶液ではない．

[答：$Q = [CH_3COOC_2H_5][H_2O]/[CH_3COOH][C_2H_5OH]$]

---

### 7・3　平衡に到達した反応

反応が平衡に達してしまえば，そこでは $\Delta_r G = 0$ であり，もはやどちらの向きにも自発的に進む傾向はない．そこで，組成もそれ以上変化することはない．平衡での反応比は**平衡定数**[2] $K$ に等しい．

$$K = Q_{平衡}$$
$$= \left( \frac{a_C^c a_D^d}{a_A^a a_B^b} \right)_{平衡} \qquad 定義 \quad 平衡定数 \quad (7・7)$$

ふつうは $K$ に"平衡"と書き添えることはしない．$Q$ で表せば反応途中の任意の進行度における反応比のことであり，一方，$K$ と書けば $Q$ の平衡での値であって，それが平衡組成から計算できることは前後の関係から明らかだからである．そこで (7・6) 式から，平衡においては，

---

1) reaction quotient　2) equilibrium constant

$$0 = \Delta_r G^\ominus + RT \ln K$$

となるから，

$$\Delta_r G^\ominus = -RT \ln K \quad \Delta_r G^\ominus とKの関係 \quad (7\cdot 8)$$

である．この式は，化学熱力学全体を通して最も重要な式の一つである．主として反応の平衡定数を予測するのに用いられ，そのために巻末の資料「熱力学データ」にある値などを使う．また，反応の平衡定数を測定して $\Delta_r G^\ominus$ を求めるのにも使える．

● **簡単な例示 7・1　平衡定数**

25 ℃における反応 $H_2(g) + I_2(s) \rightleftharpoons 2HI(g)$ では，$\Delta_r G^\ominus = +3.40 \text{ kJ mol}^{-1}$ である．その平衡定数はつぎのように計算できる．

$$\ln K = -\frac{\Delta_r G^\ominus}{RT}$$
$$= -\frac{3.40 \times 10^3 \text{ J mol}^{-1}}{(8.3145 \text{ J K}^{-1}\text{ mol}^{-1}) \times (298.15 \text{ K})}$$
$$= -\frac{3.40 \times 10^3}{8.3145 \times 298.15}$$

この数値を求めれば $\ln K = -1.37$ が得られるが，計算途中の丸め誤差を避けるために，ここでは計算せず次の段階までそのまま残しておき，$e^{\ln x} = x$ の関係を使う．$x = K$ とすればつぎのように計算できる．

$$K = e^{-\frac{3.40 \times 10^3}{8.3145 \times 298.15}} = 0.25$$

**ノート**　平衡定数や反応比はすべて，次元をもたない単なる数値である．

**自習問題 7・2**

25 ℃ での反応 $N_2(g) + 3H_2(s) \rightleftharpoons 2NH_3(g)$ の平衡定数は $5.8 \times 10^5$ である．(a) 平衡での反応ギブズエネルギー，(b) 標準反応ギブズエネルギーを求めよ．

[答: (a) 0, (b) $-32.90 \text{ kJ mol}^{-1}$]

---

(7・8) 式でわかる重要なこととして，$\Delta_r G^\ominus < 0$ ならば $K > 1$ である．大雑把にいえば，$K > 1$ のとき平衡では生成物の量が勝る（図 7・4）．したがって，

- 熱力学的には，$\Delta_r G^\ominus < 0$ の反応は（$K > 1$ という点で）うまくいく反応である．

$\Delta_r G^\ominus < 0$ の反応を **発エルゴン的**[1] であるという．逆に $\Delta_r G^\ominus > 0$ ならば (7・8) 式によって $K < 1$ であるから，平衡に達した反応混合物中には反応物が多く残る．いいかえれば，

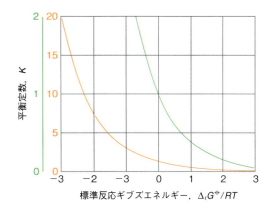

**図 7・4** 標準反応ギブズエネルギーと平衡定数との関係．緑色の曲線は，赤色の曲線を縦軸方向に 10 倍拡大したものである．

- 熱力学的には，$\Delta_r G^\ominus > 0$ の反応は（$K < 1$ という点で）うまくいかない反応である．

$\Delta_r G^\ominus > 0$ の反応を **吸エルゴン的**[2] であるという．しかし，この物差しで判断するとき注意しなければならないのは，生成物が反応物よりもずっと多量に取出せるのは $K \gg 1$ の場合（約 $10^3$ 以上）であるが，一方，$K < 1$ の反応でも平衡でかなりの生成物が取出せるという点である．

表 7・1 に，$\Delta_r G^\ominus < 0$ で $K > 1$ となる条件をまとめてある．$\Delta_r G^\ominus = \Delta_r H^\ominus - T\Delta_r S^\ominus$ であるから，$\Delta_r H^\ominus < 0$（発熱反応）で $\Delta_r S^\ominus > 0$（反応によって気体が形成される場合など，さらに無秩序になる反応系）のときには標準反応ギブズエネルギーは確実に負となる．吸熱反応（$\Delta_r H^\ominus > 0$）であっても $T\Delta_r S^\ominus$ の項が正で大きな値をとるようなことがあれば，標準反応ギブズエネルギーは負になりうる．ここで，吸熱反応でありながら $\Delta_r G^\ominus < 0$ であるためには，標準反応エントロピーが正でなければならないことに注意しよう．しかも，$T\Delta_r S^\ominus$ の項が $\Delta_r H^\ominus$ より大きくなる

**表 7・1** 反応が自発的に起こるための熱力学的な基準

| | |
|---|---|
| 1 | 発熱反応（$\Delta_r H^\ominus < 0$）で，$\Delta_r S^\ominus > 0$ のとき，あらゆる温度で $\Delta_r G^\ominus < 0$ であり $K > 1$ である． |
| 2 | 発熱反応（$\Delta_r H^\ominus < 0$）で，$\Delta_r S^\ominus < 0$ のとき，$T < \Delta_r H^\ominus / \Delta_r S^\ominus$ の場合に限って，$\Delta_r G^\ominus < 0$ であり $K > 1$ である． |
| 3 | 吸熱反応（$\Delta_r H^\ominus > 0$）で，$\Delta_r S^\ominus > 0$ のとき，$T > \Delta_r H^\ominus / \Delta_r S^\ominus$ の場合に限って，$\Delta_r G^\ominus < 0$ であり $K > 1$ である． |
| 4 | 吸熱反応（$\Delta_r H^\ominus > 0$）で，$\Delta_r S^\ominus < 0$ のとき，どの温度でも $\Delta_r G^\ominus < 0$ や $K > 1$ はありえない． |

---

1) exergonic　2) endergonic

ためには，温度が十分高くなければならない（図7·5）．このとき，$\Delta_r G^\ominus$ の正から負への切り替わり，すなわち $K<1$（反応は"進まない"）から $K>1$（反応は"進む"）への切り替わりは，$\Delta_r H^\ominus - T\Delta_r S^\ominus$ を 0 にする温度で起こる．その温度はつぎのように表される．

$$T = \frac{\Delta_r H^\ominus}{\Delta_r S^\ominus} \quad \text{吸熱反応が自発的であるための最低温度} \quad (7·9)$$

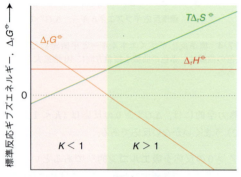

**図7·5** 吸熱反応では，温度が十分高くて $T\Delta_r S^\ominus$ 項が大きく，この項を $\Delta_r H^\ominus$ から差し引いて得られる $\Delta_r G^\ominus$ が負になる場合に限って，$K>1$ となる．

■ **簡単な例示 7·2　吸熱反応の自発性**

つぎの炭酸カルシウムの熱分解（吸熱）反応を考えよう．

$$\text{CaCO}_3(\text{s}) \longrightarrow \text{CaO}(\text{s}) + \text{CO}_2(\text{g})$$

この反応では，$\Delta_r H^\ominus = +178\,\text{kJ mol}^{-1}$，$\Delta_r S^\ominus = +161\,\text{J K}^{-1}\,\text{mol}^{-1}$ である．この分解反応が自発的に起こるための最低温度は，

$$T = \frac{\overbrace{1.78\times 10^5\,\text{J mol}^{-1}}^{\Delta_r H^\ominus}}{\underbrace{161\,\text{J K}^{-1}\,\text{mol}^{-1}}_{\Delta_r S^\ominus}} = 1.11\times 10^3\,\text{K}$$

と計算でき，約 832 ℃ と求められる．固体が分解して気体が発生するこのような反応はすべて，分解エントロピーがこれと似た値であるから，分解エンタルピーが大きくなるにつれて固体の分解温度は上昇するといえる．■

## 7·4　標準反応ギブズエネルギー

標準反応ギブズエネルギー $\Delta_r G^\ominus$ は化学平衡を考えるうえで，また，平衡定数を計算するうえでも中心的な役割を果たす．すでに述べたように，標準反応ギブズエネルギーは生成物と反応物の標準モルギブズエネルギーの差で定義される．ただし，化学反応式に現れる量論係数 $\nu$ を重みとしてつけておかなければならない．

$$\Delta_r G^\ominus = \sum \nu G_m^\ominus (\text{生成物}) - \sum \nu G_m^\ominus (\text{反応物})$$

定義　**標準反応ギブズエネルギー**　　(7·10)

$\sum$ は和をとる記号である．反応 (R1) を例にとれば，その標準反応ギブズエネルギーは，1 bar の圧力および 1 mol dm$^{-3}$ の溶液という条件下でのフルクトース 6-リン酸のモルギブズエネルギーとグルコース 6-リン酸のモルギブズエネルギーの差である．

$\Delta_r G^\ominus$ を計算するのに標準モルギブズエネルギーは使えない．標準モルギブズエネルギーの値がわからないからである．実際は，標準生成エンタルピーから標準反応エンタルピーを求め（3·5節参照），第三法則エントロピーから標準反応エントロピーを求め（4·10節参照），両者を次式で結びつけている．

$$\Delta_r G^\ominus = \Delta_r H^\ominus - T\Delta_r S^\ominus \quad (7·11)$$

■ **簡単な例示 7·3　熱力学データから標準反応ギブズエネルギーを求める方法**

25 ℃ における反応，$\text{H}_2(\text{g}) + \frac{1}{2}\text{O}_2(\text{g}) \longrightarrow \text{H}_2\text{O}(\text{l})$ の標準反応ギブズエネルギーを計算するには，

$$\Delta_r H^\ominus = \Delta_r H^\ominus(\text{H}_2\text{O, l}) - \overbrace{0}^{\Delta_r H^\ominus(\text{H}_2)} - \overbrace{0}^{\frac{1}{2}\Delta_r H^\ominus(\text{O}_2)}$$
$$= -285.83\,\text{kJ mol}^{-1}$$

を使う．一方，4章で計算したように，標準反応エントロピーは $\Delta_r S^\ominus = -163.34\,\text{J K}^{-1}\,\text{mol}^{-1}$ である．163.34 J は 0.16334 kJ であるから，$\Delta_r S^\ominus = -0.16334\,\text{kJ K}^{-1}\,\text{mol}^{-1}$ である．そこで，(7·11) 式により標準反応ギブズエネルギーを計算できる．

$$\Delta_r G^\ominus = (-285.83\,\text{kJ mol}^{-1})$$
$$\quad - (298.15\,\text{K}) \times (-0.163\,34\,\text{kJ K}^{-1}\,\text{mol}^{-1})$$
$$= -237.13\,\text{kJ mol}^{-1}$$
■

> **自習問題 7·3**
>
> 巻末の資料「熱力学データ」にある標準生成エンタルピーと標準エントロピーのデータを使って，$3\,\text{O}_2(\text{g}) \longrightarrow 2\,\text{O}_3(\text{g})$ の標準反応ギブズエネルギーを求めよ．
>
> ［答：$+326.4\,\text{kJ mol}^{-1}$］

物質の標準反応エンタルピーを求めるのに，標準生成エンタルピーを使う方法については3·5節で述べた．同じやり方で標準反応ギブズエネルギーを求めることもできる．そのために必要な**標準生成ギブズエネルギー**[1] $\Delta_f G^\ominus$ の値

---

1) standard Gibbs energy of formation

を，いろいろな物質について表にしてある（表7·2）.

- 標準生成ギブズエネルギーとは，基準状態にある元素を出発物質として生成するときの（目的とする化学種のモル当たりの）標準反応ギブズエネルギーである.

基準状態という考えは3·5節で導入した．その温度は任意であるが，よほどでない限り25℃（298 K，正確にいえば298.15 K）を採用している．たとえば，液体の水の標準生成ギブズエネルギー $\Delta_f G^{\ominus}(\mathrm{H_2O, l})$ は，つぎの反応の標準反応ギブズエネルギーである.

$$\mathrm{H_2(g)} + \tfrac{1}{2}\mathrm{O_2(g)} \longrightarrow \mathrm{H_2O(l)}$$

その298 Kでの値は $-237\,\mathrm{kJ\,mol^{-1}}$ である．代表的な物質について標準生成ギブズエネルギーの値を表7·2に，また，もっと多くの物質については巻末の資料「熱力学データ」に示してある．基準状態にある元素の標準生成ギブズエネルギーは，その定義により0である．たとえば，C（s，グラファイト）$\longrightarrow$ C（s，グラファイト）という反応では何も起こっていないからである．しかし，同じ元素でも基準状態と違う相の標準生成ギブズエネルギーは0ではない．たとえば，

$$\mathrm{C(s, グラファイト)} \longrightarrow \mathrm{C(s, ダイヤモンド)}$$

$$\Delta_f G^{\ominus}(\mathrm{C, ダイヤモンド}) = +2.90\,\mathrm{kJ\,mol^{-1}}$$

表7·2 298.15 K における標準生成ギブズエネルギー*

| 物　質 | $\Delta_f G^{\ominus}/(\mathrm{kJ\,mol^{-1}})$ |
|---|---|
| **気　体** | |
| アンモニア，$\mathrm{NH_3}$ | $-16.45$ |
| 二酸化炭素，$\mathrm{CO_2}$ | $-394.36$ |
| 四酸化二窒素，$\mathrm{N_2O_4}$ | $+97.89$ |
| ヨウ化水素，$\mathrm{HI}$ | $+1.70$ |
| 二酸化窒素，$\mathrm{NO_2}$ | $+51.31$ |
| 二酸化硫黄，$\mathrm{SO_2}$ | $-300.19$ |
| 水，$\mathrm{H_2O}$ | $-228.57$ |
| **液　体** | |
| ベンゼン，$\mathrm{C_6H_6}$ | $+124.3$ |
| エタノール，$\mathrm{CH_3CH_2OH}$ | $-174.78$ |
| 水，$\mathrm{H_2O}$ | $-237.13$ |
| **固　体** | |
| 炭酸カルシウム，$\mathrm{CaCO_3}$ | $-1128.8$ |
| 酸化鉄（Ⅲ），$\mathrm{Fe_2O_3}$ | $-742.2$ |
| 臭化銀，$\mathrm{AgBr}$ | $-96.90$ |
| 塩化銀，$\mathrm{AgCl}$ | $-109.79$ |

\* これ以外の物質の値も巻末の資料「熱力学データ」や NIST などのウエブサイトにある.

である．表に載せてある値の大部分は，すでに示したいろいろな化学種の標準生成エンタルピーと，それら化合物および元素の標準エントロピーを組合わせて得たものである．しかし，標準生成ギブズエネルギーを求める方法はこれ以外にもあり，それについては後で述べる.

標準生成ギブズエネルギーをうまく組合わせれば，ほとんどの標準反応ギブズエネルギーを計算によって求めることができる．それには使い慣れたつぎのかたちの式を使えばよい.

$$\Delta_r G^{\ominus} = \sum \nu \Delta_f G^{\ominus}(生成物) - \sum \nu \Delta_f G^{\ominus}(反応物)$$

実際の求め方 標準反応ギブズエネルギー （7·12）

● **簡単な例示7·4　標準生成ギブズエネルギーから標準反応ギブズエネルギーを求める方法**

反応，
$$2\mathrm{CO(g)} + \mathrm{O_2(g)} \longrightarrow 2\mathrm{CO_2(g)}$$
の標準反応ギブズエネルギーを求めるには，つぎの計算をすればよい.

$$\begin{aligned}
\Delta_r G^{\ominus} &= 2\Delta_f G^{\ominus}(\mathrm{CO_2, g}) \\
&\quad - \{2\Delta_f G^{\ominus}(\mathrm{CO, g}) + \Delta_f G^{\ominus}(\mathrm{O_2, g})\} \\
&= 2 \times (-394\,\mathrm{kJ\,mol^{-1}}) \\
&\quad - \{2 \times (-137\,\mathrm{kJ\,mol^{-1}}) + 0\} \\
&= -514\,\mathrm{kJ\,mol^{-1}}
\end{aligned}$$

■

**自習問題7·4**

アンモニアが酸化されて酸化窒素が生成する反応，$4\mathrm{NH_3(g)} + 5\mathrm{O_2(g)} \longrightarrow 4\mathrm{NO(g)} + 6\mathrm{H_2O(g)}$ の標準反応ギブズエネルギーを求めよ．　　［答：$-959.42\,\mathrm{kJ\,mol^{-1}}$］

化合物の標準生成ギブズエネルギーの値は，$K$ の計算に役立つだけでなく，それ自身にも意味がある．それは，化合物の安定度を表す"熱力学的な標高"の尺度であり，基準状態にある元素を基準の"海面"としたものである（図7·6）．ある化合物の標準生成ギブズエネルギーが正で，"海面"よりも上にあれば，その化合物は熱力学的な"海面"へと戻ろうとする．つまり，自発的に分解して元素になる傾向をもつ．すなわち，この化合物の生成反応では $K < 1$ である．このように $\Delta_f G^{\ominus} > 0$ である化合物は，構成元素よりも**熱力学的に不安定**[1]であるという．あるいは，**吸エルゴン的**[2]であるともいう．たとえば，オゾンでは $\Delta_f G^{\ominus} = +163\,\mathrm{kJ\,mol^{-1}}$ であり，25℃の標準条件下では自発的に分解して酸素になる傾向をもつ．もっと正確にいえば，反応 $\tfrac{3}{2}\mathrm{O_2(g)} \rightleftharpoons \mathrm{O_3(g)}$ の平衡定数は1以下である（実際，$K = 2.7 \times 10^{-29}$ であり，1よりずっと

1) thermodynamically unstable　2) endergonic

小さい).しかし,熱力学的に不安定であっても,酸素になる反応が遅ければオゾンとして存在しうる.実際,上層大気のオゾン層では長期間にわたって $O_3$ 分子が生き残っている.ベンゼン($\Delta_f G^\ominus = +124$ kJ mol$^{-1}$)もまた,構成元素と比較すれば熱力学的に不安定な化合物である($K = 1.8 \times 10^{-22}$).しかしながら,ベンゼンが実験室の常用薬品として存在していることから,本章のはじめで述べたように,<u>変化の自発性というのは熱力学的な傾向であって,実際に認められる速さで変化が起こるとは限らない</u>ことがわかる.

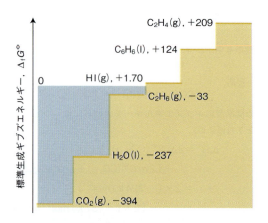

**図7・6** 化合物の標準生成ギブズエネルギーは,たとえば,海面を基準として化合物がどの"標高"にあるかを示すようなものである.海面よりも上にある化合物は,構成元素へと自発的に分解する(それで海面に戻る)傾向をもつ.海面よりも下にある化合物は,構成元素に分解する傾向をもたないという点で安定である.図中の数値は,kJ mol$^{-1}$ の単位で表した値である.

標準生成ギブズエネルギーは別の局面でも威力を発揮する.熱力学的に不安定とわかった化合物を,その構成元素から(標準条件のもとで,データがとられた温度で)<u>直接</u>合成しようとしても,逆反応である分解の方が自発的なので無駄である.このように,吸エルゴン化合物は別の経路で合成するか,あるいは条件(温度や圧力など)を変えて生成ギブズエネルギーが負,すなわち熱力学的に海面の下となる条件で合成しなければならない.

一方,$\Delta_f G^\ominus < 0$(生成反応の平衡定数が $K > 1$)の化合物は,その構成元素と比較して**熱力学的に安定**[1]であり,**発エルゴン的**[2]であるという.このような化合物は(標準条件のもとでは)熱力学的な海面,すなわち元素よりも低い位置にある.気体エタンはその一例で,$\Delta_f G^\ominus = -33$ kJ mol$^{-1}$ の発エルゴン化合物である.その負号からわかるように,気体エタンの生成反応は $K > 1$ であり,自発的である(実際には,25 °C で $K = 5.6 \times 10^5$).

### 生化学へのインパクト 7・1

#### 生化学過程における共役反応

本来は自発的でない反応でも,きわめて自発的な別の反応と組合わせて,押し進められることがある.これを,ひもで結んだ一対のおもりという簡単な力学モデルで表してみよう(図7・7).軽い方のおもりは,重い方のおもりが落ちることによって引き上げられる.軽い方はもともと下向きに動く傾向をもっているにもかかわらず,重い方と結ばれているために引っ張り上げられるのである.熱力学的な類推としては,反応ギブズエネルギー $\Delta_r G$ が正の吸エルゴン反応(軽いおもりに相当)が,$\Delta_r G'$ が負の発エルゴン反応(地面に向かって落ちる重いおもりに相当)とカップルしているために,引きずられて起こることになる.$\Delta_r G + \Delta_r G'$ が負であるから反応全体では自発的である.生命の営み全体がこの種の共役によっているといえる.食物の酸化反応は重い方のおもりとして作用し,さまざまな反応を駆動しているのである.その結果,アミノ酸からのタンパク質生成や筋収縮による活動,あるいはまた,思考や学習,想像といった脳の活動さえも可能になるわけである.

たとえば,アデノシン5′-三リン酸,ATP(**3**)の機能は,食物を酸化することで使えるようになったエネルギーを蓄えておき,必要に応じてこれを筋収縮や生殖,視覚などさまざまな過程に供給することである.ATPのおもな作用は,加水分解によって末端のリン酸基を放出し,アデノシン5′-二リン酸,ADP(**4**)を生成することである.

$$ATP(aq) + H_2O(l) \longrightarrow ADP(aq) + P_i^-(aq) + H^+(aq)$$

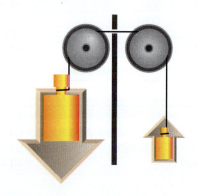

**図7・7** 2個のおもりを図のようにつないでおけば,軽いおもりにとっては非自発的な方向でも,重いおもりによって押し動かされる.このとき全体としては依然として自発的である.ここで考えた二つのおもりは,2種類の化学反応の類推である.すなわち,負で大きな $\Delta_r G$ をもつ反応が,$\Delta_r G$ の小さな別の反応を駆動し,非自発的な向きであってもこれを押し進めるのである.

---

1) thermodynamically stable  2) exergonic

**3** ATP

**4** ADP

$P_i^-$ は $H_2PO_4^-$ などの無機リン酸基である．この反応は，細胞内の通常の条件下では発エルゴン的であり，適当な酵素が存在すれば別の吸エルゴン反応と共役して，それを駆動することができる．たとえば，グルコースの吸エルゴン的なリン酸化反応は，細胞中の ATP の加水分解と共役している．したがって，正味の反応，

$$グルコース(aq) + ATP(aq) \longrightarrow G6P(aq) + ADP(aq)$$

は発エルゴン的であり，解糖がひき起こされる．

ATP の加水分解を定量的に考える前に，水素イオンの標準状態として通常採用している条件（$a = 1$，すなわち pH $= 0$ に相当するから，これは強い酸性溶液である．pH $= -\log a_{H_3O^+} \approx -\log[H_3O^+]$ は初等化学で学んだであろう）は，細胞内でふつう見られる生物学的な条件（pH は 7 に近い）とかけ離れており標準状態として適当でないことがわかる．そこで生化学の分野では，pH $= 7$ の中性溶液を**生物学的標準状態**[1]に採用するのがふつうである．この節ではこのような習慣に従い，対応する熱力学関数を $G^\oplus, H^\oplus, S^\oplus$ で表す．生物学的標準状態を表すのに，$X^{\circ\prime}$ や $X^{\oplus\prime}$ などの記号を使うこともある．

37 °C（310 K，体温）での ATP の加水分解に対する生物学的標準状態における標準値は，

$$\Delta_r G^\oplus = -31 \text{ kJ mol}^{-1} \qquad \Delta_r H^\oplus = -20 \text{ kJ mol}^{-1}$$
$$\Delta_r S^\oplus = +34 \text{ J K}^{-1} \text{ mol}^{-1}$$

である．したがって，この加水分解は，この条件下では発エルゴン的（$\Delta_r G < 0$）であり，別の反応を駆動するのに使えるギブズエネルギー 31 kJ mol$^{-1}$ をもっている．ADP–リン酸結合はこのような発エルゴン性をもつから，**高エネルギーリン酸結合**[2]といわれている．この名称は反応を

起こす傾向が強いことを表したもので，化学でふつう使う"強い"結合（結合エンタルピーが大きい）という意味ではないから混同してはならない．事実，生物学的な意味でもさほど"高いエネルギー"ではない．ATP の作用は，このような中程度の強さの結合に依存している．たとえば，ATP は，リン酸基のいろいろな受容体（グルコースなど）に対して供与体として働く一方で，呼吸回路のリン酸化のステップでは，もっと強力なリン酸基供与体からリン酸基をもらっている．

## 7·5 平衡組成

平衡定数の大きさは，対象としている系が理想的に振舞うかどうかに関わりなく，反応が進行するかどうかの<u>定性的なよい目安</u>を与えてくれる．大雑把には，$K \gg 1$（ふつうは $K > 10^3$ 程度，25 °C で $\Delta_r G^\oplus < -17 \text{ kJ mol}^{-1}$ に相当）ならば，その反応には生成物を形成する強い傾向があるといってよい．一方，$K \ll 1$（$K < 10^{-3}$ 程度，25 °C で $\Delta_r G^\oplus > +17 \text{ kJ mol}^{-1}$ に相当）なら平衡組成は元の反応物とほとんど変わらない．その中間で $K$ が 1 程度（$10^{-3}$ と $10^3$ のあいだ）のときは，平衡では，かなりの量の反応物と生成物が含まれている．

平衡定数は，反応に関与する化学種の活量の積を生成物と反応物でそれぞれ表し，両者の比で示すことにより平衡混合物の組成を表している．理想系に話を限ったとしても，反応物や生成物の濃度や分圧の初期値が与えられたとき，その平衡値を求めるには少し作業が必要である．

---

**例題7·2　平衡組成の計算 その1**

水溶液中の F6P の存在比 $f$ を求めよ．$f$ の定義は，

$$f = \frac{[F6P]}{[F6P] + [G6P]}$$

である．ただし，G6P と F6P は 25 °C で平衡にあり（反応 R1），この温度では $\Delta_r G^\oplus = +1.7 \text{ kJ mol}^{-1}$ である．

**解法**　まず，$f$ を $K$ で表す．そのために，上の $f$ の式の分子と分母を $[G6P]$ で割る．できた $[F6P]/[G6P]$ は $K$ で置き換えることができる．そこで，(7·8) 式を使って $K$ の値を計算すればよい．

**解答**　$f$ の式の分子と分母を $[G6P]$ で割れば，

$$f = \frac{\overset{K}{\overbrace{[F6P]/[G6P]}}}{\underset{K}{\underbrace{[F6P]/[G6P]}} + 1} = \frac{K}{K + 1}$$

が得られる．平衡定数を求めるには，$K = e^{\ln K}$ の関係を使って (7·8) 式をつぎのかたちに変形しておく．

---

1) biological standard state　2) high-energy phosphate bond

$$K = e^{-\Delta_r G^{\ominus}/RT}$$

まず，$+1.7\,\text{kJ}\,\text{mol}^{-1}$ は $+1.7 \times 10^3\,\text{J}\,\text{mol}^{-1}$ であるから，

$$\frac{\Delta_r G^{\ominus}}{RT} = \frac{1.7 \times 10^3\,\text{J}\,\text{mol}^{-1}}{(8.3145\,\text{J}\,\text{K}^{-1}\,\text{mol}^{-1}) \times (298\,\text{K})}$$

$$= \frac{1.7 \times 10^3}{8.3145 \times 298}$$

である．したがって，

$$K = e^{-\frac{1.7 \times 10^3}{8.3145 \times 298}} = 0.50$$

そこで，

$$f = \frac{0.50}{0.50 + 1} = 0.33$$

が得られる．すなわち，平衡では溶質の 33 パーセントが F6P で，残り 67 パーセントは G6P である．

### 自習問題 7·5

37 ℃ で 2 種の異性体 A と B が溶液中で平衡（A $\rightleftharpoons$ B）にある．ここで，$\Delta_r G^{\ominus} = -2.2\,\text{kJ}\,\text{mol}^{-1}$ である．この溶液の平衡組成を求めよ．

〔答: B の平衡モル分率は $f = 0.70$〕

もっと複雑な場合には必要な作業を整理して，系統的な手順に従うのがよい．それには，化学種ごとに計算すべきつぎの量をこの順に書いた大きな表をつくり，それを埋めていけばよい．

1. 各溶質の初期モル濃度，あるいは各気体の初期分圧
2. 系が平衡に到達するまでに変化した濃度あるいは分圧
3. 濃度あるいは分圧の平衡値

たいていの場合，系が平衡に到達するまでの変化量が未知であるから，いずれかの化学種の濃度もしくは分圧の変化量を $x$ とおき，その他の化学種については反応の量論関係を使って対応する変化量を書き入れる．それぞれの平衡値（表の一番下の行）を平衡定数の式に代入すれば，$K$ を $x$ で表した式が得られる．この式を解いて $x$ を求めれば，平衡におけるすべての化学種の濃度がわかる．

### 例題 7·3　平衡組成の計算 その 2

工業的な反応過程で，一定体積の反応容器中に 1.00 bar の $N_2$ と 3.00 bar の $H_2$ を導入して混合し，（触媒の存在下で反応を速く進行させ）平衡に到達させた結果，生成物としてアンモニアができた．その反応温度での実験によって，この反応 R2 について $K = 977$ が得られた．これら 3 種類の気体の平衡分圧を求めよ．

**解法**　上で示したやり方で進めればよい．まず，化学反応式を書いて，$K$ の式を導く．平衡表をつくった後，$K$ を $x$ で具体的に表し，これを $x$ について解く．反応容器の体積

は一定であるから，各気体の分圧は存在する物質量に比例している（$p_J = n_J RT/V$）．つまり，量論関係が分圧にそのまま適用できる．一般に，こうして得た $x$ の方程式は数学的には複数の解をもつ．しかし，濃度や分圧は負ではありえないので，その符号を検討するなどして化学的に意味のあるものを解として選ぶ．最後に，計算によって得た平衡分圧を平衡定数の式に代入し，それが実験値に等しいことを確かめて全体の計算精度を確認しておくとよい．

**解答**　化学反応式は反応（R2）〔$N_2(g) + 3\,H_2(g) \rightleftharpoons 2\,NH_3(g)$〕である．平衡定数は平衡分圧を用いて（$p^{\ominus}$ に対する比として），

$$K = \frac{p_{NH_3}^2}{p_{N_2}\,p_{H_2}^3}$$

で表される．平衡表をつぎに示す．

| | 化学種 | | |
| --- | --- | --- | --- |
| | $N_2$ | $H_2$ | $NH_3$ |
| 初期分圧 / bar | 1.00 | 3.00 | 0 |
| 圧力変化 / bar | $-x$ | $-3x$ | $+2x$ |
| 平衡分圧 / bar | $1.00 - x$ | $3.00 - 3x$ | $2x$ |

したがって，この反応の平衡定数は，

$$K = \frac{\overbrace{(2x)^2}^{p_{NH_3}}}{\underbrace{(1.00 - x)}_{p_{N_2}} \times \underbrace{(3.00 - 3x)^3}_{p_{H_2}}} = \frac{4x^2}{27(1.00 - x)^4}$$

である．次に，この式を $x$ について解く．$K = 977$ であるから，

$$977 = \frac{4}{27}\left(\frac{x}{(1.00 - x)^2}\right)^2$$

であり，両辺に $\frac{27}{4}$ を掛けてから平方根をとれば，

$$\overbrace{\sqrt{\frac{27 \times 977}{4}}}^{g} = \frac{x}{(1.00 - x)^2}$$

が得られる．見かけを簡単にしておくために，$g = (\frac{27}{4} \times 977)^{1/2}$ とおけば，

$$g = \frac{x}{(1.00 - x)^2} = \frac{x}{1.00 - 2.00x + x^2}$$

となる．この式を整理すれば，

$$gx^2 - 2.00\,gx + 1.00\,g = x$$

となり，さらに，

$$\underbrace{gx^2}_{ax^2} - \underbrace{(2.00\,g + 1)x}_{+bx} + \underbrace{1.00\,g}_{+c} = 0$$

とできる．この式は 2 次方程式のかたちをしていて（「必須のツール 7·1」を見よ），$a = g$，$b = -(2.00\,g + 1)$，$c = 1.00\,g$ である．その解は，$x = 1.12$ および $x = 0.895$

である．平衡表から $p_{N_2} = 1.00 - x$ であり，$p_{N_2}$ は負ではありえないから，$x$ が1.00より大きいことはありえない．そこで，適する解として $x = 0.895$ を選ぶ．したがって，平衡表の最終行から（省略していた単位のbarを元に戻して），

$$p_{N_2} = 0.10 \text{ bar} \quad p_{H_2} = 0.32 \text{ bar} \quad p_{NH_3} = 1.8 \text{ bar}$$

であることがわかる．これは，平衡における反応混合物の組成も表している．$K$ は大きい（$10^3$ 程度である）から生成物が勝っている．この結果を確かめるために，計算によって得た平衡分圧を使って平衡定数を算出すれば，

$$\frac{p_{NH_3}^2}{p_{N_2} p_{H_2}^3} = \frac{1.8^2}{0.10 \times 0.32^3} = 9.9 \times 10^2$$

となる．これは，はじめに与えた実験値に近い（ここでのわずかな違いは，計算の丸め誤差による）．

## 7・6 濃度で表した平衡定数の式

熱力学データを使って計算して得た平衡定数 $K$ は，活量を用いたものであるというのは重要である．たとえば，気相反応では分圧（正式には $p_J/p^{\ominus}$）を用いる．このときの $K$ を $K_p$ と書いて強調することもある．しかし，$K$ の熱力学的な出所を覚えておけば，書く必要はない．ところが実際の応用で，気相反応をモル濃度で考えたい場合がある．そのときの平衡定数を $K_c$ と書いて，反応（R2）の場合には，

$$K_c = \frac{[NH_3]^2}{[N_2][H_2]^3}$$

と表す．これまで通り，ここでのモル濃度 $[J]$ は $[J]/c^{\ominus}$ のことで，$c^{\ominus} = 1 \text{ mol dm}^{-3}$ である．熱力学データから $K_c$ の値を求めるには，まず $K$ を計算し，つぎの「式の導出」で示すように，$K$ を $K_c$ に変換する．

$$K = K_c \times \left(\frac{c^{\ominus} RT}{p^{\ominus}}\right)^{\Delta \nu_{\text{gas}}} \quad \text{《$K$ と $K_c$ の関係》} \quad (7 \cdot 13\text{a})$$

この式の $\Delta \nu_{\text{gas}}$ は，気相にある化学種の量論係数の差（生成物 − 反応物）である．この式に，$c^{\ominus}$ や $p^{\ominus}$，$R$ の値を代入すれば便利な次式が得られる．

$$K = K_c \times \left(\underbrace{\frac{T}{12.027 \text{ K}}}_{p^{\ominus}/c^{\ominus}R}\right)^{\Delta \nu_{\text{gas}}} \quad (7 \cdot 13\text{b})$$

$K$ から $K_c$ を計算するには，これをつぎの式に変形しておく．

$$K_c = \frac{K}{(T/12.027 \text{ K})^{\Delta \nu_{\text{gas}}}} \quad (7 \cdot 13\text{c})$$

**式の導出 7・1** *$K$ と $K_c$ の関係*

ここでは，単位に神経質でなければならないので，反応（R3）の平衡定数を省略せずに書き表そう．

$$K = \frac{a_C^c a_D^d}{a_A^a a_B^b} = \frac{(p_C/p^{\ominus})^c (p_D/p^{\ominus})^d}{(p_A/p^{\ominus})^a (p_B/p^{\ominus})^b}$$

$$K_c = \frac{([C]/c^{\ominus})^c ([D]/c^{\ominus})^d}{([A]/c^{\ominus})^a ([B]/c^{\ominus})^b}$$

$p^{\ominus}$ や $c^{\ominus}$ を書いておくことで，平衡定数が次元をもたないことを表せる．ここで，完全気体の法則を用いて，各成分の分圧を，

$$p_J = n_J RT/V = [J] RT$$

で置き換える（$[J] = n_J/V$ であるから）．その結果，$K$ の式は，

$$K = \frac{\left(\underbrace{\frac{[C]RT/p^{\ominus}}{}}_{p_C}\right)^c \left(\underbrace{\frac{[D]RT/p^{\ominus}}{}}_{p_D}\right)^d}{\left(\underbrace{\frac{[A]RT/p^{\ominus}}{}}_{p_A}\right)^a \left(\underbrace{\frac{[B]RT/p^{\ominus}}{}}_{p_B}\right)^b}$$

$$= \frac{[C]^c [D]^d}{[A]^a [B]^b} \times \left(\frac{RT}{p^{\ominus}}\right)^{(c+d)-(a+b)}$$

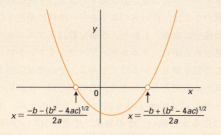

**必須のツール 7・1　2次方程式**

2次方程式は，一般につぎのかたちをしている．
$$ax^2 + bx + c = 0$$
その解（根ともいう）は，
$$x = \frac{-b \pm \sqrt{b^2 - 4ac}}{2a}$$

物理的な理由によって，一方の根は適当でなく，もう一方の根だけを選ぶことがよくある．たとえば，$x$ を濃度や圧力とした場合，それは正でなければならない．

二つの根を表すのにグラフを描くとわかりやすい．$y = ax^2 + bx + c$ のグラフは放物線を描く（概略図 7・1）．その曲線は，この方程式の二つの根のところで $x$ 軸 ($y = 0$) と交差する．

**概略図 7・1** 2次方程式の二つの根をグラフで表す方法

**自習問題 7・6**

ジェットエンジンの排気ガス中で酸化窒素が生成する反応を調べる実験として，容積一定の反応容器に 0.100 bar の $N_2$ と 0.200 bar の $O_2$ を導入，混合し，生成物である NO と平衡になるのを待った．800 K において，$K = 3.4 \times 10^{-21}$ である．NO の平衡分圧はいくらか．

[答: 8.2 pbar]

となる．ここで，$K_c$ を正式に書けば，

$$K_c = \frac{[\text{C}]^c [\text{D}]^d}{[\text{A}]^a [\text{B}]^b} \times \left(\frac{1}{c^\ominus}\right)^{(c+d)-(a+b)}$$

であるから，

$$\frac{[\text{C}]^c [\text{D}]^d}{[\text{A}]^a [\text{B}]^b} = K_c (c^\ominus)^{(c+d)-(a+b)}$$

となる．したがって（$K$ の式中の青色で示した部分を置き換えれば），

$$K = K_c \times \left(\frac{c^\ominus RT}{p^\ominus}\right)^{(c+d)-(a+b)}$$

と書ける．ここで，$(c+d)-(a+b) = \Delta\nu_{\text{gas}}$ と書けば，(7・13 a) 式が得られる．

---

● **簡単な例示 7・5** *K からの $K_c$ の計算*

反応 (R2) では $\Delta\nu_{\text{gas}} = 2 - (1+3) = -2$ である．したがって，(7・13 c) 式から，

$$K_c = \frac{K}{(T/12.027 \text{ K})^{-2}} = K \times \left(\frac{T}{12.027 \text{ K}}\right)^2$$

である．298 K では $K = 5.8 \times 10^5$ であるから，この温度での $K_c$ はつぎのように求められる．

$$K_c = 5.8 \times 10^5 \times \left(\frac{298 \text{ K}}{12.027 \text{ K}}\right)^2 = 3.6 \times 10^8 \quad ■$$

## 7・7　平衡定数の分子論的解釈

平衡定数 $K$ の起源や意義について深い理解を得るには，反応物と生成物から成る系がとりうる状態に，分子がボルツマン分布（「基本概念 0・11」を見よ）する様子を考察すればよい．反応が起こる場合のように，原子がその相手を交換するときは，系がとりうる状態としては，その原子が反応物のかたちで存在する状態も，生成物のかたちで存在する状態も含まれる．そして，その状態は個別に固有のエネルギー準位をもつが，ボルツマン分布はどちらの状態にあるかは区別せず，そのエネルギーだけに注目する．すなわち，原子は両方の組のエネルギー準位にボルツマン分布に従って分布する（図 7・8）．反応物の量は反応物がとる占有数[1] の和に等しく，生成物の量も生成物がとる占有数の和に等しい．ある温度には固有の占有数分布があり，したがって，固有の組成の反応混合物となる．

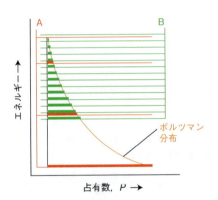

**図 7・9** 反応 A → B は吸熱ではあるが，エネルギー準位の混み方は B の方が非常に多いから，B に属する占有数が A に属する占有数よりずっと多く，平衡では B の方が多くなれる．

図 7・8 をよく見ればわかるように，反応物と生成物で分子エネルギー準位の並び方が似ていると，平衡にある反応混合物の中では，低い方のエネルギー準位に相当する物質が大量成分になる．しかし，平衡定数はギブズエネルギーと関係があるから，エネルギーだけでなくエントロピーも重要な役割を演じているはずである．その役割は図 7・9 を見ればわかるだろう．つまり，この例では，B の組のエネルギー準位は A の組よりも高いところにあるが，準位の間隔ははるかに狭い．その結果，平衡で B の全占有数は相当な大きさになっていて，反応混合物の大量成分になることも十分起こりうる．エネルギー準位の間隔が狭いということはエントロピーが大きいことにつながるから，この場合には，エネルギーの点では不利であっても，エントロピー効果の方が優勢である．すなわち，反応エンタルピーが正の場合は平衡定数を小さくする効果があるが（吸熱反応では平衡混合物は反応物のほうに片寄る），反応エントロピーが正で大きければ，反応が吸熱であっても，平衡混合物が生成物の側へ片寄ることがある．

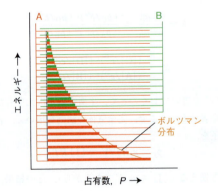

**図 7・8** エネルギー準位の詰まり具合が似ている二つの化学種 A と B について，各エネルギー準位の占有数に見られるボルツマン分布．この例では A → B の吸熱反応を示す．ほとんどの占有数は A の準位にあるから，平衡では A の方が多い．

---

[1] population

## 諸条件による平衡の移動

初等化学でつぎの**ルシャトリエの原理**[1]という経験則を学んだことだろう．

- 平衡にある系が外部因子によって乱されたとき，その影響を最小限にするように系の組成は調節される．

たとえば，系を圧縮すれば，気相に存在する分子数が減る向きに平衡組成は調節される．そうすることによって圧縮の効果を最小限にできるからである．しかしながら，ルシャトリエの原理そのものは，ただそうなると経験的にいっているにすぎない．反応がなぜそのような応答をするのかを説明し，新しい条件における平衡組成を計算するには熱力学を使う必要がある．覚えておくべきことは，ある条件（たとえば温度としよう）を変化させて $\Delta_r G^\ominus$ の値，つまりは $K$ に影響を及ぼしても，その $K$ を変化させず一定の値に保つように別の条件（圧力など）が変化するということである．

### 7・8 温度の効果

ルシャトリエの原理によれば，温度を下げれば，反応は熱を放出する方向に進んで温度降下に対抗する．また，系の温度を上げると，反応は吸熱する方向に進んで温度上昇に対抗する．すなわち，

- 温度上昇によって，発熱反応では，平衡組成は反応物側に移動しようとする．一方，吸熱反応では，平衡組成は生成物側に移動しようとする．

いずれの場合もその応答は，温度上昇の効果を最小限にしようとするものである．しかし，平衡状態にある反応が，なぜこのような対応を示すのであろうか．ルシャトリエの原理は経験的なルールにすぎないので，このような振舞いをする理由に関しては何ら手掛かりを与えてくれない．これから説明するように，このような効果の原因は $\Delta_r G^\ominus$ の温度依存性，したがって $K$ の温度依存性にある．

まず，温度が $\Delta_r G^\ominus$ に与える効果を考えよう．ここでは $\Delta_r G^\ominus = \Delta_r H^\ominus - T \Delta_r S^\ominus$ を使うが，標準反応エンタルピーと標準反応エントロピーはあまり温度変化しない（少なくとも狭い温度範囲では）と仮定する．そうすれば，

$$\Delta_r G^\ominus \text{の変化} = -(T\text{の変化}) \times \Delta_r S^\ominus \quad (7\cdot14)$$

となる．気体の消費や生成を伴う反応では，この式はすぐに使える．すでに述べたように（4・10節），気体の生成が起これば，それが反応エントロピーの符号を決めてしまうからである．

### ● 簡単な例示 7・6　温度の効果

つぎの三つの反応を考えよう．

(i)　$\frac{1}{2}$C(s) + $\frac{1}{2}$O$_2$(g) ⟶ $\frac{1}{2}$CO$_2$(g)

(ii)　C(s) + $\frac{1}{2}$O$_2$(g) ⟶ CO(g)

(iii)　CO(g) + $\frac{1}{2}$O$_2$(g) ⟶ CO$_2$(g)

どれも鉱石からの金属抽出を考えるとき重要な反応である．反応 (i) では，気体の物質量は一定である．したがって反応エントロピーは小さく，この反応の $\Delta_r G^\ominus$ はわずかしか温度変化しない．反応 (ii) では，気体分子の物質量が $\frac{1}{2}$ mol から 1 mol へと正味の増加を伴うから，反応エントロピーは大きな正の値をとる．したがって，この反応の $\Delta_r G^\ominus$ は温度上昇とともに大きく減少する．これに対して反応 (iii) では，気体分子の物質量が $\frac{3}{2}$ mol から 1 mol へと正味の減少を伴うので，この反応の $\Delta_r G^\ominus$ は温度上昇とともに大きく増加する．このような状況は図7・10で表せる．●

次に，$K$ そのものに対する温度の効果について考えよう．$T$ が変化したとき $K$ が変化するのは，$-\Delta_r G^\ominus / RT$ が変化するからである．一見，この問題は厄介に思える．$K$ の式の中に $T$ も $\Delta_r G^\ominus$ も現れているからである．しかし，つぎの「式の導出」で示すように，その温度効果はつぎの**ファントホッフの式**[†1]でごく簡単に表すことができる．

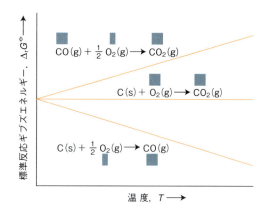

図7・10　反応ギブズエネルギーの温度変化は反応エントロピーに大きく依存するから，反応によって正味に気体が生成されるか消費されるかで大きく違う．（反応式の両辺に現れる気体について，相対物質量を青色の箱で示してある．）正味に気体を生成する反応では，反応ギブズエネルギーは温度上昇とともに減少する．一方，正味に気体を消費する反応では，反応ギブズエネルギーは温度上昇とともに増加する．

---

†1　van't Hoff equation. ファントホッフの式はいくつもある．6・8節で述べた浸透圧に関するファントホッフの式と区別するときは，ここでの式をファントホッフの**等容式**（isochore）という．

1) Le Chatelier's principle

$$\ln K' = \ln K + \frac{\Delta_r H^\ominus}{R}\left(\frac{1}{T} - \frac{1}{T'}\right)$$

ファントホッフの式　(7・15)

$K$ は温度 $T$ での平衡定数，$K'$ は温度 $T'$ での平衡定数である．したがって，平衡定数の温度依存性を計算するのに必要なのは，標準反応エンタルピーだけである．

### 式の導出 7・2　ファントホッフの式

標準反応エンタルピーや標準反応エントロピーは，考えている温度範囲では温度に無関係であるという近似をここでも使おう．そうすれば，$\Delta_r G^\ominus$ の温度依存性は $\Delta_r G^\ominus = \Delta_r H^\ominus - T\Delta_r S^\ominus$ の式の $T$ からくるだけである．温度 $T$ においては，

$$\ln K = -\frac{\overbrace{\Delta_r G^\ominus}^{\Delta_r G^\ominus = \Delta_r H^\ominus - T\Delta_r S^\ominus}}{RT} = -\frac{\Delta_r H^\ominus}{RT} + \frac{\Delta_r S^\ominus}{R}$$

が成り立つ．また，別の温度 $T'$ では $\Delta_r G^{\ominus\prime} = \Delta_r H^\ominus - T'\Delta_r S^\ominus$ であるから，平衡定数を $K'$ とすれば同様の式が書ける．

$$\ln K' = -\frac{\overbrace{\Delta_r G^{\ominus\prime}}^{\Delta_r G^{\ominus\prime} = \Delta_r H^\ominus - T'\Delta_r S^\ominus}}{RT'} = -\frac{\Delta_r H^\ominus}{RT'} + \frac{\Delta_r S^\ominus}{R}$$

両式の差から（青色で示した項は消える），

$$\ln K' - \ln K = \frac{\Delta_r H^\ominus}{R}\left(\frac{1}{T} - \frac{1}{T'}\right)$$

が得られる．これが (7・15) 式のファントホッフの式である．

---

ファントホッフの式が表している内容を調べよう．$T' > T$ とする．このとき，(7・15) 式の（ ）内は正である．仮に $\Delta_r H^\ominus > 0$ とすれば，すなわち吸熱反応の場合は，右辺第 2 項は正である．したがって，この場合は，$\ln K' > \ln K$ である．つまり，吸熱反応なら $K' > K$ と結論することができる．一般に，

- 吸熱反応の平衡定数は温度上昇によって増加する．

一方，$\Delta_r H^\ominus < 0$ のときは逆のことがいえる．すなわち，

- 発熱反応の平衡定数は温度上昇によって減少する．

以上のことは，ボルツマン分布を使えば理解しやすい．吸熱反応の場合のエネルギー準位の並び方は図 7・11 a の通りである．温度が上がると，ボルツマン分布は変化して，その占有数は図に示すように変わる．この変化は低い方のエネルギー状態の占有数が減って高い方の占有数が増える．A の分子が減り，B の分子から生じる状態の占有数が増えているのがわかる．したがって，B 状態の全占有数が増加し，平衡混合物では B の方が多い．反対に，反応が発熱であると（図 7・11 b），温度上昇によって B 状態の占有数が減って，A 状態（この方が高いエネルギーから始まる）の占有数が増える．したがって，反応物の方が生成物よりも多い．

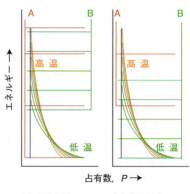

図 7・11　化学平衡に対する温度の効果は，ボルツマン分布の温度変化と各化学種の占有数の変化の効果によって解釈できる．(a) 吸熱反応では温度上昇とともに A の占有数が減って，代わりに B の占有数が増える．(b) 発熱反応では逆のことが起こる．

$K$ に対するこの温度の効果は，工業的な問題や環境問題できわめて重要な意味をもつことになる．たとえば，アンモニアの合成反応は発熱であるから温度上昇とともに平衡定数は減少する．事実，約 200 °C まで温度を上げれば $K$ は 1 以下になってしまう．しかし一方，温度が低いと反応は遅く，触媒を使った場合でも約 750 °C 以上の温度ではじめて工業的に可能になる．残念ながらこのときの $K$ は非常に小さい．ハーバー[1]がこのジレンマをどのように解決し，アンモニアの工業的な合成法，ハーバー法を発明したかについてはすぐ後で述べる．もう一つの例は窒素の酸化反応である．

$$N_2(g) + O_2(g) \longrightarrow 2NO(g)$$

この反応は吸熱であり（$\Delta_r H^\ominus = +180\,\text{kJ mol}^{-1}$），そのおもな原因は $N_2$ の結合エンタルピーが非常に大きいことにある．したがって，この反応の平衡定数は温度とともに増加する．これが理由で，高温のジェットエンジンや内燃機関の高温排気ガス中で，問題になるほどの量の一酸化窒素が生成されてしまい，それが酸性雨の原因となっていろいろと問題をひき起こしているのである．

ここでもう一つ，ファントホッフの式を使って $K_c$ の温

---

[1] Fritz Haber

度依存性を求める方法を示しておこう. まず (7・13) 式を使って, はじめの温度での $K_c$ を $K$ に変換し, つぎに (7・15) 式を使って, 別の新しい温度での $K$ に変換し, それから再度 (7・13) 式を使って, この $K$ を $K_c$ に変換するのである. しかし, このような面倒な手続きを考えれば, ずっと $K$ を用いて表しておいた方がよいと思うだろう.

## 7・9 圧縮の効果

ルシャトリエの原理によれば, 気相反応が平衡にあるとき, 圧縮 (体積の減少) の効果はつぎのように表せる.

- 平衡にある系を圧縮すれば, 気相中の分子数を減らすように気相の平衡組成が調節される.

たとえば, アンモニアの合成 (反応 R2) では, 反応物分子 4 個から生成物分子 2 個が生成する. したがって, 圧縮すればアンモニアの生成には都合がよい. 事実, このことはハーバーのジレンマを克服するうえで鍵となり, かなり高い圧力条件下で合成することで, アンモニアの収率を上げるのに成功したのであった. 酸素の運搬と貯蔵を担っているタンパク質においても, 酸素の捕捉と放出を支配するうえで, 圧力は重要な役目を果たしている.

### ● 簡単な例示 7・7 圧縮の効果

反応 $2NO_2(g) \rightleftharpoons N_2O_4(g)$ では, 生成物が形成されれば気相の分子数が減少する. すなわち, $\Delta\nu_{gas} = 1 - 2 = -1$ である. ルシャトリエの原理によれば, 反応容器を圧縮すれば, 反応混合物の平衡組成は, 気相にある分子数を減らす向きに調節される. したがって, この反応では圧縮によって生成物の生成が有利になる. ●

### 自習問題 7・7

反応 $4NH_3(g) + 5O_2(g) \rightleftharpoons 4NO(g) + 6H_2O(g)$ を生成物の側へ進めるには, 反応容器を圧縮するのがよいか, それとも膨張させるべきか.　　　[答: 膨張させる]

このような圧力依存性の熱力学的な根拠について調べよう. まず, $\Delta_r G^{\ominus}$ は標準状態 (すなわち 1 bar) にある物質の, 生成系と反応系のギブズエネルギーの差と定義されていることに注目する. つまり, 実際にどの圧力下で反応を行ったかに関わりなく, $\Delta_r G^{\ominus}$ 自身は同じ値をとる. したがって, $\ln K$ は $\Delta_r G^{\ominus}$ に比例しているから,

- $K$ は, 反応が起こる圧力には無関係である.

このように, アンモニアを合成しようとして反応混合物を等温で圧縮しても, その平衡定数は変わらないのである.

このことは意外に思うかもしれないが, ここで誤解してはならない. すなわち, $K$ の値は加えた圧力に無関係であ

るが, $K$ の式中には各成分の分圧がふつうは複雑なかたちで入り込んでいる. そこで, $K$ が圧力依存しないからといって, 個々の成分の分圧や濃度が変化しないわけではない. たとえば, ヨウ化水素の生成反応 $H_2(g) + I_2(s) \rightleftharpoons 2HI(g)$ で, いったん平衡に達した後に反応容器の体積を半分に圧縮し, そこで系が再び平衡に達したとする. このとき, それぞれの分圧が 2 倍になるだけであれば (すなわち, あとで起こった反応で組成の再調節がなければ) 平衡定数はつぎのように単に 2 倍になってしまうだろう.

$$\overset{p_J \longrightarrow 2p_J}{K = \frac{p_{HI}^2}{p_{H_2}}} \quad \text{から} \quad K' = \frac{(2p_{HI})^2}{2p_{H_2}} = 2K \qquad \text{になる}$$

しかし, すぐ上で述べたように, 圧縮しても平衡定数 $K$ は変化しないはずである. したがって, 実際には二つの分圧は違う量だけ変化しなければならない. この反応の場合には, HI の分圧が 2 倍より小さく変化し, $H_2$ の分圧が 2 倍よりも大きく変化すれば $K'$ が $K$ に等しいままでいられる. いい換えれば, 平衡定数を一定に保つように平衡組成が調節され, 平衡は反応物側にずれなければならない.

この効果は, 分圧をモル分率と全圧によって表せば定量的に表すことができる. 上の反応では,

$$\overset{p_J = x_J p}{K = \frac{p_{HI}^2}{p_{H_2}}} = \frac{x_{HI}^2 p^2}{x_{H_2} p} = \frac{x_{HI}^2 p}{x_{H_2}}$$

である. ここで, 圧力が増加しても $K$ は一定値のままであるから, モル分率の比が減少しなければならない. つまり, 混合物中の HI の割合が減少しなければならない. $x_{HI} + x_{H_2} = 1$ であるから, $x_{H_2} = 1 - x_{HI}$ を代入して得られる式,

$$K = \frac{x_{HI}^2 p}{1 - x_{HI}}$$

を $x_{HI}$ に関する 2 次方程式のかたちで書く.

$$\underset{p x_{HI}^2}{\overset{ax^2}{}} + \underset{K x_{HI}}{\overset{+bx}{}} - \underset{K}{\overset{+c}{}} = 0$$

「必須のツール 7・1」にある式を使って $x_{HI}$ について解けば, つぎの解が得られる.

$$x_{HI} = \frac{\overset{-b}{-K} \pm \left(\overset{b^2}{K^2} + \overset{-4ac}{4Kp}\right)^{1/2}}{\underset{2a}{2p}}$$

$$= \left(\frac{K}{2p}\right)\left\{-1 \pm \left(1 + \frac{4p}{K}\right)^{1/2}\right\}$$

ただし, モル分率は正でなければならないから, つぎの解が求めるモル分率である.

$$x_{HI} = \left(\frac{K}{2p}\right)\left\{-1 + \left(1 + \frac{4p}{K}\right)^{1/2}\right\} \qquad (7 \cdot 16)$$

この式で表されるモル分率の圧力依存性を図 7・12 に示す.

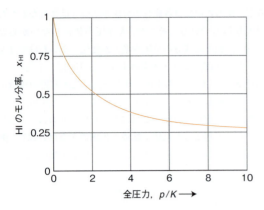

**図7・12** $H_2$ と HI の気相反応混合物における HI 分子のモル分率. 圧力（ここでは $p/K$ で表してある）の関数で表してある. この反応では, $I_2$ は固体で存在している.

圧力が $4p/K \ll 1$ を満たすほど低ければ, この平方根の項を「必須のツール6・1」にある展開式で置き換えて,

$$(1+x)^{1/2} = 1 + \frac{1}{2}x - \frac{1}{8}x^2 + \cdots$$

$$\left(1 + \frac{4p}{K}\right)^{1/2} = 1 + \frac{2p}{K} - \frac{2p^2}{K^2} + \cdots$$

と書ける. そこで,

$$x_{HI} = \left(\frac{K}{2p}\right)\left\{-1 + 1 + \frac{2p}{K} - \frac{2p^2}{K^2} + \cdots\right\} = 1 - \frac{p}{K} + \cdots$$

とすれば, $p$ が 0 に近づけば $x_{HI}$ は 1 に近づくから, この平衡は HI の側に片寄ることがわかる.

> **ノート** 因子の一方が増加し他方が減少するときは, 常にこのような式を使って極限値を求めること. 特定の項を単に 0 とおいて求めた値は正しくないことがある.

反応系と生成系で気相にある分子数が等しい反応では, 圧縮しても平衡組成になんら効果が現れないことに注意しよう. その一例はヨウ化水素の気相合成反応である. $H_2(g) + I_2(s) \rightleftharpoons 2HI(g)$ でなく, 関与する3種類の化学種がいずれも気体で $H_2(g) + I_2(g) \rightleftharpoons 2HI(g)$ であれば圧縮効果はない.

誤解しやすいのは, 反応混合物を一定容積の反応容器に閉じ込め, これに不活性ガスを導入した場合である. 気体（アルゴンなど）を加えれば全圧力は増加するが, これによって他の気体の分圧が変わることはない. 完全気体の分圧（1・3節参照）は, ある気体がそれだけで容器を占めた場合の圧力である. つまり, 他の気体が存在するかどうかには無関係である. したがって, この場合には平衡定数が変化しないだけでなく, 反応の量論数の比がどうであれ, 反応物や生成物の分圧に何ら変化が現れないのである.

## 7・10 触媒の存在

触媒は, 反応を加速するが, それ自身は化学反応式に現れない物質である. 酵素は生物学的な触媒である. 触媒作用については 11・12 節で述べるが, いまのところ触媒がどう作用するかは知らなくてもよい. ただ, 反応物から生成物への反応が速く進むような別の経路を与える役目をすることだけを知っておけばよい.

反応物から生成物に至る新しい経路の反応は速いけれども, はじめの反応物と最終生成物は同じである. $\Delta_r G^\ominus$ という量は, 反応物と生成物の標準モルギブズエネルギーの差で定義されているから, 両者を結ぶ経路には依存しない. したがって, 反応物と生成物を結ぶ経路は違っても $\Delta_r G^\ominus$ は同じであり, $K$ も変化しない. すなわち,

- 触媒が存在しても反応の平衡定数は変化せず, 反応混合物の平衡組成に影響を及ぼさない.

### 生化学へのインパクト 7・2

**ミオグロビンやヘモグロビンの酸素との結合**

タンパク質の一種であるミオグロビン（Mb）は筋肉中で酸素を蓄え, 別のタンパク質ヘモグロビン[†2]（Hb）は血液中で酸素を運ぶ. ヘモグロビンは, ミオグロビン様の分子4個から成る. どちらのタンパク質分子でも $O_2$ 分子はヘムの鉄イオンに配位し, そこで結合が起これば, ヘモグロビンのミオグロビン様部位の形が変わる.

まず, Mb と $O_2$ の間に成り立つ, つぎの平衡を考える.

$$Mb(aq) + O_2(g) \rightleftharpoons MbO_2(aq) \qquad K = \frac{[MbO_2]}{p[Mb]}$$

$p$ は $O_2$ の分圧（単位は bar）の数値である. これから, 酸

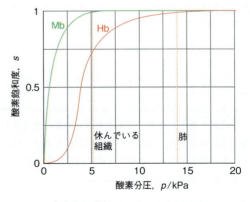

**図7・13** ミオグロビン分子およびヘモグロビン分子における酸素飽和度の酸素分圧による変化. 曲線の形が両者で違うのは, 2種のタンパク質で生物学的な機能が違うことによる.

---

[†2] イギリス英語では haemoglobin や haem と書き, アメリカ英語ではそれぞれ hemoglobin, heme と書く.

素の**飽和度**[1] $s$，すなわち全 Mb 分子のうちの酸化形の割合は次式で表される．

$$s = \frac{[\mathrm{MbO_2}]}{[\mathrm{Mb}] + [\mathrm{MbO_2}]} = \frac{[\mathrm{MbO_2}]/[\mathrm{Mb}]}{1 + [\mathrm{MbO_2}]/[\mathrm{Mb}]}$$

（酸化形 Mb の濃度 ／ Mb の全濃度，$Kp$）

$$= \frac{Kp}{1 + Kp}$$

$s$ の $p$ 依存性を図 7·13 に示す．

次に，Hb と $O_2$ の間に成り立つ，つぎの平衡を考えよう．

$$\mathrm{Hb(aq) + O_2(g) \rightleftharpoons HbO_2(aq)} \qquad K_1 = \frac{[\mathrm{HbO_2}]}{p[\mathrm{Hb}]}$$

$$\mathrm{HbO_2(aq) + O_2(g) \rightleftharpoons Hb(O_2)_2(aq)}$$
$$K_2 = \frac{[\mathrm{Hb(O_2)_2}]}{p[\mathrm{HbO_2}]}$$

$$\mathrm{Hb(O_2)_2(aq) + O_2(g) \rightleftharpoons Hb(O_2)_3(aq)}$$
$$K_3 = \frac{[\mathrm{Hb(O_2)_3}]}{p[\mathrm{Hb(O_2)_2}]}$$

$$\mathrm{Hb(O_2)_3(aq) + O_2(g) \rightleftharpoons Hb(O_2)_4(aq)}$$
$$K_4 = \frac{[\mathrm{Hb(O_2)_4}]}{p[\mathrm{Hb(O_2)_3}]}$$

これらを整理して $s$ を求める式を得るには，$K_2$ を使って $[\mathrm{Hb(O_2)_2}]$ を $[\mathrm{HbO_2}]$ で表し，その $[\mathrm{HbO_2}]$ は $K_1$ を使って $[\mathrm{Hb}]$ で書き表す．また，別の酸素とり込み形である $[\mathrm{Hb(O_2)_3}]$ や $[\mathrm{Hb(O_2)_4}]$ の濃度も同様に書き表す．このようにすれば，

$$[\mathrm{HbO_2}] = K_1 p[\mathrm{Hb}]$$

$$[\mathrm{Hb(O_2)_2}] = K_1 K_2 p^2 [\mathrm{Hb}]$$

$$[\mathrm{Hb(O_2)_3}] = K_1 K_2 K_3 p^3 [\mathrm{Hb}]$$

$$[\mathrm{Hb(O_2)_4}] = K_1 K_2 K_3 K_4 p^4 [\mathrm{Hb}]$$

と書ける．ここで，$\mathrm{HbO_2}$ は $O_2$ 分子を 1 個もち，$\mathrm{Hb(O_2)_2}$ は 2 個もつから，同じように考えればヘムに結合している $O_2$ の全濃度は，

$$[\mathrm{O_2}]_{\text{bound}} = [\mathrm{HbO_2}] + 2[\mathrm{Hb(O_2)_2}] + 3[\mathrm{Hb(O_2)_3}]$$
$$+ 4[\mathrm{Hb(O_2)_4}]$$
$$= (1 + 2K_2 p + 3K_2 K_3 p^2$$
$$+ 4K_2 K_3 K_4 p^3) K_1 p[\mathrm{Hb}]$$

で表される．また，ヘモグロビンの全濃度は，

$$[\mathrm{Hb}]_{\text{total}} = (1 + K_1 p + K_1 K_2 p^2 + K_1 K_2 K_3 p^3$$
$$+ K_1 K_2 K_3 K_4 p^4) [\mathrm{Hb}]$$

である．Hb 分子には $O_2$ 分子が付けるサイトが 4 個あるから，その酸素飽和度は，

$$s = \frac{[\mathrm{O_2}]_{\text{bound}}}{4[\mathrm{Hb}]_{\text{total}}}$$

$$= \frac{(1 + 2K_2 p + 3K_2 K_3 p^2 + 4K_2 K_3 K_4 p^3) K_1 p}{4(1 + K_1 p + K_1 K_2 p^2 + K_1 K_2 K_3 p^3 + K_1 K_2 K_3 K_4 p^4)}$$

である．$p$ を kPa の単位で表して実験データに合わせば，$K_1 = 0.01$，$K_2 = 0.02$，$K_3 = 0.04$，$K_4 = 0.08$ が得られる．

$O_2$ のヘモグロビンへの結合は**協同的な結合**[2] である．協同的という意味は，生体高分子（この場合は Hb）へのリガンド（この場合は $O_2$）の結合が熱力学的に都合のよいもので（つまり，平衡定数が大きくなる），結合リガンドの数が増加するほど，さらに結合が進むということであり，ついには結合サイトの最大数にまで達するのである．図 7·13 には，このような協同性の効果が見られる．ミオグロビンの飽和曲線と違って，ヘモグロビンでは S 字形をしている．すなわち，リガンド濃度が低いとき飽和度は低いが，ある程度濃度が増加すると急激に高くなり，リガンド濃度が高いところで飽和度は一定値に到達する．ヘモグロビンによる $O_2$ の協同的な結合の原因は，**アロステリック効果**[3] で説明される．それは，基質分子のある部位で結合が生じれば分子のコンホメーションに調節が起こり，それが次の基質分子が結合するのを容易にするような効果である．

ミオグロビンとヘモグロビンとで飽和曲線の形が違うのは，体内で $O_2$ を使えるようにする仕方の違いを反映したものであり，重要な点である．特に，Hb の飽和曲線が鋭く立ち上がっているのは，Mb に比べて，Hb が肺では $O_2$ でほぼ完全に飽和するまで結合し，他の器官へ行ったときは，酸素飽和度がかなり低いところまで放出できることを示している．すなわち，肺では $p \approx 14$ kPa，$s \approx 0.98$ であり，ほぼ完全に飽和しているが，休んでいる筋肉組織では，$p$ は約 5 kPa で，これは $s \approx 0.75$ に対応している．この数値は，何か急激な運動を起こしてもまだ十分な $O_2$ が用意してあることを示している．もしその部位で分圧が 3 kPa まで落ちると $s$ は約 0.1 となる．ここで，ヘモグロビンではいろいろな組織における酸素分圧に近い領域で曲線が最も急になっていることに注目しよう．これに対してミオグロビンでは，$p$ が約 3 kPa 以下になってはじめて酸素を放出し始める．したがって，ヘモグロビンが酸素を使い果たしてしまったとき，ミオグロビンは酸素の貯蔵庫としての役目をはじめて果すことになる．

---

1) fractional saturation　2) cooperative binding　3) allosteric effect

## チェックリスト

- [ ] 1 反応ギブズエネルギー $\Delta_r G$ は，組成に対してギブズエネルギーをプロットしたグラフの勾配である．
- [ ] 2 一定温度，一定圧力のもとでの化学平衡の条件は，$\Delta_r G = 0$ である．
- [ ] 3 平衡定数は，平衡での反応比の値である．
- [ ] 4 $\Delta_r G^\ominus < 0$ の反応は発エルゴン的で，$\Delta_r G^\ominus > 0$ の反応は吸エルゴン的である．
- [ ] 5 $\Delta_f G^\ominus < 0$ の化合物が熱力学的に安定であるというのは，その元素を基準としたものである．
- [ ] 6 反応の平衡定数は，触媒の存在や圧力には無関係である．
- [ ] 7 平衡定数の温度変化は，ファントホッフの式で表される．
- [ ] 8 平衡定数 $K$ は，$\Delta_r H^\ominus > 0$（吸熱反応）のとき温度上昇とともに大きくなり，$\Delta_r H^\ominus < 0$（発熱反応）では小さくなる．
- [ ] 9 平衡にある系が圧縮されれば，気相の平衡組成は，気相に存在する分子数を減らす向きに調整される．

## 重要な式の一覧

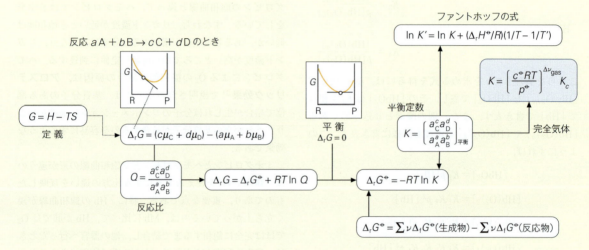

青色で示した式は完全気体に限る．

## 問題と演習

### 文章問題

7·1 反応物と生成物の混合が，化学平衡の位置にどう影響を与えるかを説明せよ．

7·2 自発的でない反応が，自発的な反応と共役することでどう駆動されるかを説明せよ．

7·3 ルシャトリエの原理について，熱力学量を用いて説明せよ．ルシャトリエの原理に例外はありうるか．

7·4 熱力学的な平衡定数と分圧で表した平衡定数が，圧力や温度の変化に対してどう振舞うか．その違いを説明せよ．

7·5 (7·15) 式のファントホッフの式を導くときに用いた近似について説明し，それが妥当な近似であることを示せ．

### 演習問題

7·1 つぎの反応について，各化学種の活量はモル濃度や分圧で近似できると仮定して，その反応比を書け．
(a) $2\text{CH}_3\text{COCOOH}(aq) + 5\text{O}_2(g) \rightleftharpoons 6\text{CO}_2(g) + 4\text{H}_2\text{O}(l)$
(b) $\text{Fe}(s) + \text{PbSO}_4(aq) \rightleftharpoons \text{FeSO}_4(aq) + \text{Pb}(s)$
(c) $\text{Hg}_2\text{Cl}_2(s) + \text{H}_2(g) \rightleftharpoons 2\text{HCl}(aq) + 2\text{Hg}(l)$
(d) $2\text{CuCl}(aq) \rightleftharpoons \text{Cu}(s) + \text{CuCl}_2(aq)$

7·2 ボルネオールはショウノウ香を有する化合物であり，ボルネオやスマトラに産する竜脳樹から得られる．503 K での気相で起こるボルネオール (**5**) からイソボルネオール (**6**) への異性化反応の標準反応ギブズエネルギーは +9.4 kJ mol$^{-1}$ である．0.15 mol のボルネオールと 0.30 mol

のイソボルネオールから成る混合物があり，その全圧力が600 Torrであるとき，この反応の反応ギブズエネルギーを計算せよ．

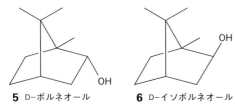

**5** D-ボルネオール　　**6** D-イソボルネオール

**7·3**　「生化学へのインパクト7·1」で述べたATPからADPへの加水分解の生物学的標準反応ギブズエネルギーは $-30.5$ kJ mol$^{-1}$である．ATP, ADP, P$_i$の濃度がすべて，(a) 1.0 mmol dm$^{-3}$のとき，(b) 1.0 μmol dm$^{-3}$のとき，37 °Cにおける反応ギブズエネルギーを求めよ．

**7·4**　代表的な生体膜では，これで隔てられた細胞内部のNa$^+$イオン濃度は10 mmol dm$^{-3}$，細胞の外では140 mmol dm$^{-3}$になっている．平衡では両者の濃度は等しい．37 °Cにおいて，この生体膜の両側でギブズエネルギーの差はどれだけか．

**7·5**　つぎの各反応について平衡定数の式を書け．
(a) CO(g) + Cl$_2$(g) $\rightleftharpoons$ COCl(g) + Cl(g)
(b) 2SO$_2$(g) + O$_2$(g) $\rightleftharpoons$ 2SO$_3$(g)
(c) H$_2$(g) + Br$_2$(g) $\rightleftharpoons$ 2HBr(g)
(d) 2O$_3$(g) $\rightleftharpoons$ 3O$_2$(g)

**7·6**　最もよく研究された工業化学反応の一つはアンモニア合成である．その理由は，反応がうまくいくかどうかが全体のコスト節減の鍵になっているからである．NH$_3$(g)の298 Kにおける標準生成ギブズエネルギーは $-16.5$ kJ mol$^{-1}$である．N$_2$, H$_2$, NH$_3$（いずれも完全気体として扱う）の分圧がそれぞれ3.0 bar, 1.0 bar, 4.0 barであるとき，その反応ギブズエネルギーを求めよ．また，この反応が自発的に起こる向きはどちらか．

**7·7**　反応 A + B $\rightleftharpoons$ C の平衡定数が0.432とわかっている．この反応を C $\rightleftharpoons$ A + B と書いたときの平衡定数を求めよ．

**7·8**　反応 A + B $\rightleftharpoons$ 2C の平衡定数が $7.2 \times 10^5$ とわかっている．この反応を (a) 2A + 2B $\rightleftharpoons$ 4C, (b) $\frac{1}{2}$A + $\frac{1}{2}$B $\rightleftharpoons$ C と書いたときの平衡定数をそれぞれ求めよ．

**7·9**　cis-2-ブテンからtrans-2-ブテンへの400 Kにおける異性化反応の平衡定数は K = 2.07 である．この異性化反応の標準反応ギブズエネルギーを計算せよ．

**7·10**　cis-2-ペンテンからtrans-2-ペンテンへの400 Kにおける異性化反応の標準反応ギブズエネルギーは $-3.67$ kJ mol$^{-1}$である．この異性化反応の平衡定数を計算せよ．

**7·11**　ある反応の標準ギブズエネルギーは $-320$ kJ mol$^{-1}$である．また，別の反応では $-55$ kJ mol$^{-1}$である．300 Kにおける両者の平衡定数の比を求めよ．

**7·12**　ある生化学回路を担う酵素触媒反応の平衡定数が，別の反応の平衡定数の8.4倍であるという．前者の標準反応ギブズエネルギーが $-250$ kJ mol$^{-1}$のとき，後者の標準反応ギブズエネルギーを求めよ．

**7·13**　$\Delta_r G^{\ominus} = 0$ である反応の平衡定数はいくらか．

**7·14**　グルコース1-リン酸，グルコース6-リン酸，グルコース3-リン酸の（pH = 7での）加水分解反応の標準反応ギブズエネルギーは，それぞれ $-21$, $-14$, $-9.2$（単位はいずれも kJ mol$^{-1}$）である．37 °Cにおける加水分解の平衡定数をそれぞれについて計算せよ．

**7·15**　巻末資料の「熱力学データ」を使って，つぎの化合物を吸エルゴン的と発エルゴン的に分類せよ．(a) グルコース，(b) メチルアミン，(c) オクタン，(d) エタノール．

**7·16**　巻末資料の「熱力学データ」を使って，(a) CaCO$_3$ が自発的に分解する温度，(b) CuSO$_4$·5H$_2$O が脱水を起こす温度をそれぞれ求めよ．

**7·17**　反応 Zn(s) + H$_2$O(g) $\rightarrow$ ZnO(s) + H$_2$(g) の標準反応エンタルピーは，温度が920 Kから1280 Kまで変化してもほぼ一定で，$+224$ kJ mol$^{-1}$である．また，1280 Kにおける標準反応ギブズエネルギーは $+33$ kJ mol$^{-1}$である．いずれの値も一定であるとして，平衡定数が1を超える温度を求めよ．

**7·18**　つぎのそれぞれの反応について求めた反応エントロピーと反応エンタルピーの値を使って，298 Kにおける標準反応ギブズエネルギーを求めよ．
(a) HCl(g) + NH$_3$(g) $\longrightarrow$ NH$_4$Cl(s)
(b) 2Al$_2$O$_3$(s) + 3Si(s) $\longrightarrow$ 3SiO$_2$(s) + 4Al(s)
(c) Fe(s) + H$_2$S(g) $\longrightarrow$ FeS(s) + H$_2$(g)
(d) FeS$_2$(s) + 2H$_2$(g) $\longrightarrow$ Fe(s) + 2H$_2$S(g)
(e) 2H$_2$O$_2$(l) + H$_2$S(g) $\longrightarrow$ H$_2$SO$_4$(l) + 2H$_2$(g)

**7·19**　巻末資料の「熱力学データ」にある生成ギブズエネルギーの値を用いて，298 Kで $K > 1$ である反応はつぎのいずれかを判定せよ．
(a) 2CH$_3$CHO(g) + O$_2$(g) $\rightleftharpoons$ 2CH$_3$COOH(l)
(b) 2AgCl(s) + Br$_2$(l) $\rightleftharpoons$ 2AgBr(s) + Cl$_2$(g)
(c) Hg(l) + Cl$_2$(g) $\rightleftharpoons$ HgCl$_2$(s)
(d) Zn(s) + Cu$^{2+}$(aq) $\rightleftharpoons$ Zn$^{2+}$(aq) + Cu(s)
(e) C$_{12}$H$_{22}$O$_{11}$(s) + 12O$_2$(g) $\rightleftharpoons$ 12CO$_2$(g) + 11H$_2$O(l)

**7·20**　固体フェノール（C$_6$H$_5$OH）の298 Kにおける標準燃焼エンタルピーは $-3054$ kJ mol$^{-1}$，標準モルエントロピーは144.0 J K$^{-1}$ mol$^{-1}$である．298 Kにおけるフェノールの標準生成ギブズエネルギーを計算せよ．

**7·21**　ATPからADPへの加水分解の298 Kでの標準反応ギブズエネルギーは $+10$ kJ mol$^{-1}$である．生物学的標準反応ギブズエネルギーはいくらか．

**7·22**　つぎの反応は，激しい運動をして酸素が欠乏した筋細胞で起こるもので，けいれんを起こす原因となって

いる.

$$ピルビン酸イオン^-(aq) + NADH(aq) + H^+(aq)$$
$$\longrightarrow 乳酸イオン^-(aq) + NAD^+(aq)$$

$NAD^+$は，ニコチンアミドアデニンジヌクレオチドの酸化形である．310 K では $\Delta_r G^\oplus = -66.6\ kJ\ mol^{-1}$ である．この反応の生物学的標準ギブズエネルギーを計算せよ.

**7·23** アデノシン一リン酸からリン酸基を取除く反応の，298 K における生物学的標準反応ギブズエネルギーは $-14\ kJ\ mol^{-1}$ である．「生化学へのインパクト 7·1」を参考にして，この反応の熱力学的標準反応ギブズエネルギーを求めよ.

**7·24** 解糖の全反応は $C_6H_{12}O_6(aq) + 2NAD^+(aq) + 2ADP$ $(aq) + 2P_i^-(aq) + 2H_2O(l) \longrightarrow 2CH_3COCO_2^-(aq) + 2NADH$ $(aq) + 2ATP(aq) + 2H_3O^+(aq)$ で表される．この反応は 298 K において $\Delta_r G^\oplus = -80.6\ kJ\ mol^{-1}$ である．$\Delta_r G^\ominus$ の値を求めよ．pH $= 7$ で $H_3O^+$ が存在するときの $Q$ の近似的な値を用いて，関係式 $\Delta_r G = \Delta_r G^\ominus + RT \ln Q$ を使え.

**7·25** 解糖の第二段階は，グルコース 6-リン酸（G6P）からフルクトース 6-リン酸（F6P）への異性化である．例題 7·2 では，F6P と G6P の平衡を考えた．グラフを描いて，反応ギブズエネルギーが溶液中の F6P の割合 $f$ とともに変化する様子を示せ．F6P と G6P の生成反応が自発的となる領域をそれぞれグラフに記入せよ.

**7·26** 気相で起こるボルネオール $C_{10}H_{17}OH$ からイソボルネオールへの異性化反応（演習問題 7·2 を見よ）の 503 K における平衡定数は 0.106 である．ボルネオール 6.70 g とイソボルネオール 12.5 g の混合物を容積 5.0 $dm^3$ の容器中で 503 K まで加熱し，平衡になるのを待った．このとき，容器中に存在する両物質のモル分率を計算せよ.

**7·27** 窒素分圧が 1.00 bar，水素分圧が 4.00 bar の混合気体をある条件下におき，平衡に達するのを待ったところ，生成物であるアンモニアを得た．この条件下では $K = 89.8$ であった．平衡到達後の系の組成を計算せよ.

**7·28** $SbCl_5$, $SbCl_3$, $Cl_2$ から成る気相混合物が 500 K で平衡にある．このとき，$p_{SbCl_5} = 0.17$ bar で $p_{SbCl_3} = 0.22$ bar であった．$SbCl_5(g) \rightleftharpoons SbCl_3(g) + Cl_2(g)$ の反応が $K = 3.5 \times 10^{-4}$ であるとき，$Cl_2$ の平衡分圧を計算せよ.

**7·29** 400 K での反応，$PCl_5(g) \rightleftharpoons PCl_3(g) + Cl_2(g)$ の平衡定数は $K = 0.36$ である．(a) はじめに 250 $cm^3$ の反応容器に 1.5 g の $PCl_5$ を入れておいたとして，平衡混合物に含まれる各成分のモル濃度を求めよ．(b) 400 K で分解した $PCl_5$ の割合を求めよ.

**7·30** ハーバー法のアンモニア合成で，$N_2(g) + 3H_2(g)$ $\rightleftharpoons 2NH_3(g)$ の 500 K における平衡定数は $K = 0.036$ である．反応容器に分圧にして 0.020 bar の $N_2$ と 0.020 bar の $H_2$ を入れたとき，各成分の平衡分圧はいくらか.

**7·31** 500 K で固体ウランと固体水素化ウランとの混合物と平衡にある $H_2$ の平衡圧は 1.04 Torr である．500 K に

おける $UH_3(s)$ の標準生成ギブズエネルギーを計算せよ.

**7·32** 反応 $I_2(g) \rightleftharpoons 2I(g)$ の平衡定数は，1000 K では 0.26 である．このときの $K_c$ の値はいくらか.

**7·33** 反応 $H_2(g) + \frac{1}{2}O_2(g) \rightleftharpoons H_2O(l)$ の 25 °C における標準反応ギブズエネルギーは $-237.13\ kJ\ mol^{-1}$ である．この温度における濃度で表した平衡定数 $K_c$ を求めよ.

**7·34** 温度を 298 K から 10 K だけ上げたとき，平衡定数が (a) 2 倍になる，(b) 半分になる，ような標準反応エンタルピーの値をそれぞれ求めよ.

**7·35** $NH_4Cl$ の解離蒸気圧（固体反応物と平衡に存在する気体生成物の圧力）は，427 °C では 608 kPa であるが，459 °C になれば 1115 kPa に上昇する．この解離反応の，(a) 平衡定数，(b) 標準反応ギブズエネルギー，(c) 標準反応エンタルピー，(d) 標準反応エントロピーを計算せよ．ただし，温度はすべて 427 °C とする．また，この蒸気は完全気体として振舞うとし，ここで考える温度域では $\Delta H^\ominus$ と $\Delta S^\ominus$ は温度変化しないものと仮定する.

**7·36** 反応 $H_2(g) + Cl_2(g) \rightleftharpoons 2HCl(g)$ に関するつぎのデータを使って，標準反応エンタルピーを求めよ.

| $T/K$ | 300 | 500 | 1000 |
|---|---|---|---|
| $K$ | $4.0 \times 10^{31}$ | $4.0 \times 10^{18}$ | $5.1 \times 10^8$ |

**7·37** 反応，$2C_3H_6(g) \rightleftharpoons C_2H_4(g) + C_4H_8(g)$ の平衡定数は，300 K から 600 K の範囲では次式に従うことがわかっている.

$$\ln K = -1.04 - \frac{1088\ K}{T} + \frac{1.51 \times 10^5\ K^2}{T^2}$$

400 K における標準反応エンタルピーと標準反応エントロピーを計算せよ．〔ヒント：まず，390 K と 410 K における $\ln K$ を計算せよ．次に (7·15) 式を使って，標準反応エンタルピーを求めよ．標準反応エントロピーを求めるには，(7·8) 式を使って各温度における標準反応ギブズエネルギーの値を計算し，それから (7·11) 式を使え.〕

**7·38** $N_2O_4(g) \rightleftharpoons 2NO_2(g)$ の平衡定数を，解離した $N_2O_4$ の割合 $\alpha$ および反応混合物の全圧 $p$ で表せ．また，解離度が小さいとき（$\alpha \ll 1$），$\alpha$ は全圧の平方根に反比例（$\alpha \propto p^{-1/2}$）することを示せ.

## プロジェクト問題

記号 ‡ は微積分の計算が必要なことを示す.

**7·39** ‡ ここでは，ファントホッフの式をもう少し詳しく調べよう．(a) ヨウ素分子内の結合は弱く，ヨウ素の高温蒸気にはヨウ素原子もいく分含まれている．1.00 $dm^3$ の密閉容器の中で 1.00 g の $I_2$ を 1000 K まで加熱したところ，得られた平衡混合物には $I_2$ が 0.830 g しか含まれていなかった．この解離平衡 $I_2(g) \rightleftharpoons 2I(g)$ の $K$ を計算せよ．(b) ファントホッフの式 (7·15 式) の熱力学的に正確なかたちは，$d(\ln K)/dT = -\Delta_r H^\ominus/RT^2$ で表される．(a) の

データを使って，そこで扱っている反応の標準反応エンタルピーの温度依存性を表す式を導出し，温度変化を示すグラフを描け．(c) ファントホッフの式 (7·15式) は $K$ についての式であり，$K_c$ ではない．$K_c$ に関する式を示せ．

**7·40** 「生化学へのインパクト 7·2」で示した飽和曲線は，つぎの式で表すこともできる，

$$\log \frac{s}{1-s} = \nu \log p - \nu \log K$$

$s$ は $O_2$ の飽和度，$p$ は $O_2$ の分圧（具体的には $p/p^{\ominus}$），$K$ は定数（ただし，リガンド1個の結合定数ではない），$\nu$ はヒル係数[1] である．ヒル係数は，協同性のない場合の1から，$N$ 個あるリガンド（Hb では $N=4$）が全部結合しているか，どれも結合していないときの値 $N$ まで変化する．ミオグロビンのヒル係数は1であり，ヘモグロビンは2.8である．(a) Mb と Hb の定数 $K$ を飽和度のグラフ（$s=0.5$ のところ）から求め，つぎの酸素分圧の値 $p/\mathrm{kPa}$ に対する Mb と Hb の酸素飽和度を計算せよ．1.0, 1.5, 2.5, 4.0, 8.0．(b)（a）の結果を参考にして，$\nu$ が理論値の最大値4をとるとしたときの，同じ $p$ における $s$ の値を求めよ．

---

1) Hill coefficient

# 8

# 溶液の化学平衡

本章では，動的な化学平衡が成立していると何が起こるかを調べよう．ここでは酸や塩基，塩の水溶液で成り立っている平衡に注目する．このとき，いろいろな化学種の間でプロトン移動が迅速に起こっているから，平衡が常に成り立っている．7章の説明と関係するのは，温度が一定であれば，存在する化学種の活量がそれぞれ変化しても，平衡定数はある一定値のままであるという点である．したがって，すでに平衡にある混合物にある成分物質を加えれば，もとの $K$ の値を維持するように，ほかの物質の濃度が調節される．

## プロトン移動平衡

### 8·1 ブレンステッド–ロウリーの理論
### 8·2 プロトン付加とプロトン脱離
### 8·3 多プロトン酸
### 8·4 両プロトン性を示す化学種

## 塩の水溶液

### 8·5 酸–塩基滴定
### 8·6 緩衝作用
### 8·7 指 示 薬

## 溶解度平衡

### 8·8 溶解度定数
### 8·9 共通イオン効果
### 8·10 溶解度に与える塩の添加効果

## チェックリスト
## 重要な式の一覧
## 問題と演習

## プロトン移動平衡

酸塩基反応は，化学そのものだけでなく，化学分析や合成など応用面でも中心的な役割を演じている．プロトン移動平衡の成立が特に重要となる局面は，生体細胞で見られる．水素イオン濃度が正常な平衡値から少しでもずれるようなことがあれば，病気になったり，細胞が損傷を受けたり，ついには死に至ることにもなりかねないからである．本章を通して覚えておくべきことは，水中では遊離した水素イオン（$H^+$, プロトン）は存在せず，これに常に水分子が付いていて，ヒドロニウムイオン（オキソニウムイオン）$H_3O^+$ のかたちで存在しているということである．

### 8·1 ブレンステッド–ロウリーの理論

酸と塩基に関する**ブレンステッド–ロウリーの理論** [1] によれば，**酸** [2] はプロトン供与体であり，**塩基** [3] はプロトン受容体である [†1]．ここでいうプロトンは水素イオン $H^+$ のことで，水溶液中ではきわめて移動しやすい．また，水溶液中の酸や塩基は，そのプロトン脱離形やプロトン付加形の化学種とヒドロニウムイオン（$H_3O^+$）の間で常に平

---

[†1] 酸と塩基にはいろいろな定義があるが，本書ではブレンステッド–ロウリーの定義に基づいて考える．
[1] Brønsted–Lowry theory　[2] acid　[3] base

衡にある．たとえば，HCN などの酸 HA は，水溶液中ではつぎの平衡にすぐ到達する．

$$HA(aq) + H_2O(l) \rightleftharpoons H_3O^+(aq) + A^-(aq)$$

$$K = \frac{a_{H_3O^+}\, a_{A^-}}{a_{HA}\, a_{H_2O}} \qquad (8\cdot1a)$$

塩基 B（NH$_3$ など）も，ただちにつぎの平衡が成り立つ．

$$B(aq) + H_2O(l) \rightleftharpoons BH^+(aq) + OH^-(aq)$$

$$K = \frac{a_{BH^+}\, a_{OH^-}}{a_B\, a_{H_2O}} \qquad (8\cdot1b)$$

これらの平衡で，A$^-$ は酸 HA の**共役塩基**[1]であり，BH$^+$ は塩基 B の**共役酸**[2]である．酸や塩基を加えなくても，水分子の間ではプロトン移動が起こっており，つぎの**自己プロトリシス平衡**[3]は常に存在している．自己プロトリシスは，<u>自己イオン化</u>[4]ともいわれる．

$$2\,H_2O(l) \rightleftharpoons H_3O^+(aq) + OH^-(aq)$$

$$K = \frac{a_{H_3O^+}\, a_{OH^-}}{a_{H_2O}^2} \qquad \boxed{\text{自己プロトリシス平衡}} \quad (8\cdot2)$$

水溶液中のヒドロニウムイオン濃度はふつう pH で表され，初等化学ですでになじみのものであるが，正式には，つぎのように定義されている．

$$pH = -\log a_{H_3O^+} \qquad \text{定義} \quad \boxed{\text{pH 目盛}} \quad (8\cdot3)$$

この対数の底は 10 である（「必須のツール 2·2」）．初歩的な議論では，ヒドロニウムイオンの活量をモル濃度 $[H_3O^+]$ の数値で置き換えて使うが，それは活量係数 $\gamma$ を 1 とおいて，$a_{H_3O^+} = [H_3O^+]/c^{\ominus}$ と書いたことに相当している．ここで，$c^{\ominus} = 1\ mol\,dm^{-3}$ である．しかし，忘れてならないのは，活量をモル濃度で置き換えると必ず不都合が起きるということである．イオン間の相互作用は長距離に及ぶから，濃度が極端に薄い場合（約 $10^{-3}\ mol\,dm^{-3}$ 以下）でない限り，このような置き換えによって得られた結果は信頼できない．

● **簡単な例示 8·1 pH 目盛**

　　$H_3O^+$ のモル濃度が $2.0\ mmol\,dm^{-3}$ のとき（$1\ mmol = 10^{-3}\ mol$），
$$pH \approx -\log(2.0 \times 10^{-3}) = 2.70$$
である．モル濃度が 10 分の 1 に薄くなり，$0.20\ mmol\,dm^{-3}$ であれば pH は 3.70 となる．ここで，<u>pH が高いほど溶液中のヒドロニウムイオン濃度は低い</u>こと，pH が 1 単位変化すればヒドロニウムイオン濃度が 10 倍変化することに注意しよう．●

---

**自習問題 8·1**

　人間の血しょうの pH は，正常値の 7.4 から ± 0.4 も変化すれば生命に危険が及ぶ．生命維持に必要な水素イオンのモル濃度のおよその範囲を求めよ．
［答: $16\ nmol\,dm^{-3}$ から $100\ nmol\,dm^{-3}$（$1\ nmol = 10^{-9}\ mol$）］

---

## 8·2 プロトン付加とプロトン脱離

　本章で考える水溶液はすべて希薄で，ほぼ純粋の水とみなせるから，水の活量を 1 とおける（表 6·2）．そこで，問題とする溶液すべてについて $a_{H_2O} = 1$ とおいて得られる平衡定数を，酸 HA の**酸定数**[5] $K_a$ という．

$$K_a = \frac{a_{H_3O^+}\, a_{A^-}}{a_{HA}} \approx \frac{([H_3O^+]/c^{\ominus})([A^-]/c^{\ominus})}{([HA]/c^{\ominus})}$$

$$\text{定義} \quad \boxed{\text{酸定数}} \quad (8\cdot4a)$$

この式は扱いにくいから，ふつうは，

$$K_a = \frac{[H_3O^+][A^-]}{[HA]} \qquad (8\cdot4b)$$

と書く．ここでの "[J]" は $[J]/c^{\ominus}$（すなわち，J のモル濃度の数値部分だけで，単位である $mol\,dm^{-3}$ を取除いたもの）のことである．酸定数のことを<u>酸イオン化定数</u>[6]ということもある．また，あまり適切な用語ではないが（プロトン脱離は単に原子に解離することではないから），<u>電離定数</u>[7]ということもある．酸定数は，その常用対数に負号をつけて，つぎのかたちで表されることが多い．

$$pK_a = -\log K_a \qquad (8\cdot5)$$

(7·8) 式を $\ln K = -\Delta_r G^{\ominus}/RT$ のかたちで表せばわかるように，$pK_a$ はプロトン移動反応の $\Delta_r G^{\ominus}$ に比例する（演習問題 8·8 を見よ）．したがって，$pK_a$ や関連する諸量を扱うとき，実際には標準反応ギブズエネルギーを，かたちを変えて扱っていることになる．$\Delta_r G^{\ominus} > 0$ であれば，プロトン脱離平衡が反応物（もとの酸分子）の側にきわめて片寄っていることになるから，$pK_a > 0$ である．

　酸定数の値は，水溶液中での平衡で，プロトン移動が起こっている度合いを示す．$K_a$ の値が小さいほど，すなわち $pK_a$ の値が大きいほど，分子からプロトンがとれてできたイオンの濃度は低い．つまり，酸としては弱い．たいていの酸は $K_a < 1$（ふつうは 1 よりずっと小さい）であり，$pK_a > 0$ である．すなわち，水溶液中の分子のほんの一部しかプロトン脱離していない．このような酸を**弱酸**[8]と分類する．一方，数は少ないが重要な酸に HCl, HBr, HI, HNO$_3$, H$_2$SO$_4$, HClO$_4$ などがあり，それを**強酸**[9]と分類し

---

1) conjugate base　2) conjugate acid　3) autoprotolysis equilibrium　4) autoionization　5) acid constant
6) acid ionization constant　7) dissociation constant　8) weak acid　9) strong acid

ている．これらはふつう，水溶液中でプロトンが完全に脱離しているとみなされる．硫酸 $H_2SO_4$ は，第一プロトン脱離についてのみ強酸であり，第二プロトン脱離（$HSO_4^-$ のプロトン脱離）では弱酸である．

これに対応する式が塩基にもあり，それを**塩基定数**[†2] $K_b$ という．

$$K_b = \frac{a_{BH^+}\, a_{OH^-}}{a_B} \approx \frac{[BH^+][OH^-]}{[B]}$$

$$pK_b = -\log K_b \qquad \text{定義}\quad \boxed{\text{塩基定数}}\quad (8\cdot6)$$

ここでの"[J]"も (8·4b) 式で説明したのと同じである．**強塩基**[1] は $K_b > 1$ であり，水溶液中ではほとんど完全にプロトン付加したかたちで存在する．酸化物イオン（$O^{2-}$）がその一例で，水中でこのイオンが存在することはなく，プロトンが付加した共役酸 $OH^-$ にすぐ変わってしまう．**弱塩基**[2] は $K_b < 1$ であり（ふつうは 1 よりもずっと小さい），水溶液中で完全にプロトン付加されることはない．アンモニア $NH_3$ やその誘導体である有機化合物のアミン類などの水溶液はすべて弱塩基である．これらの分子の共役酸（$NH_4^+$ や $RNH_3^+$）はごくわずかしか存在しない．

水の**自己プロトリシス定数**[3] $K_w$ は，(8·2) 式の水の活量を 1 とおいたときの平衡定数であり，

$$K_w = a_{H_3O^+}\, a_{OH^-} \qquad \text{定義}\quad \boxed{\substack{\text{自己プロトリシス}\\\text{定数}}}\quad (8\cdot7)$$

$$pK_w = -\log K_w$$

で表される．25 °C では，$K_w = 1.00 \times 10^{-14}$ すなわち $pK_w = 14.00$ である（本章では 25 °C の温度しか考えない）．酸定数と塩基定数を掛ければすぐに確かめられるが，塩基 B の共役酸 $BH^+$ の酸定数（すなわち，反応 $BH^+ + H_2O \rightleftharpoons H_3O^+ + B$ の平衡定数）は，B の塩基定数（すなわち，反応 $B + H_2O \rightleftharpoons BH^+ + OH^-$ の平衡定数）とつぎの関係がある．

$$K_a K_b = \frac{a_{H_3O^+}\, a_B}{a_{BH^+}} \times \frac{a_{BH^+}\, a_{OH^-}}{a_B} = a_{H_3O^+}\, a_{OH^-}$$

（色を付けた因子を消去）

$$= K_w \qquad (8\cdot8a)$$

この関係は，$K_b$ が減少すれば $K_a$ は増加して，両者の積が常に一定の $K_w$ に維持されることを表している．すなわち，塩基が弱ければ，その共役酸は強い．また，酸についても同様のことがいえる．ここで (8·8a) 式の両辺の常用対数をとれば（「必須のツール 2·2」の式を使えば），次式が得られる．

$$\underbrace{\log xy}_{} = \underbrace{\log x}_{} + \underbrace{\log y}_{}$$

$$\log K_a K_b = \underset{-pK_a}{\log K_a} + \underset{-pK_b}{\log K_b} = \underset{-pK_w}{\log K_w}$$

したがって，

$$pK_a + pK_b = pK_w \qquad \boxed{pK_a \text{と} pK_b \text{の関係}}\quad (8\cdot8b)$$

である．この関係は，塩基の $pK_b$ の値がその共役酸の $pK_a$ で表せることを示しており，非常に役に立つ．こうして，弱酸と弱塩基の強さはすべて一つの表で表せる（表 8·1）．

● **簡単な例示 8·2　酸定数と塩基定数**

塩基であるメチルアミン（$CH_3NH_2$）の共役酸（$CH_3NH_3^+$）の酸定数がわかっていて $pK_a = 10.56$ のとき，すなわち，

$$CH_3NH_3^+(aq) + H_2O(l)$$
$$\rightleftharpoons H_3O^+(aq) + CH_3NH_2(aq)$$
$$pK_a = 10.56$$

のとき，メチルアミンの塩基定数を求めるには，つぎの平衡の平衡定数を求めればよい．

$$CH_3NH_2(aq) + H_2O(l) \rightleftharpoons CH_3NH_3^+(aq) + OH^-(aq)$$

したがって，

$$pK_b = pK_w - pK_a = 14.00 - 10.56 = 3.44$$

である．●

もう一つの便利な関係式は，$K_w$ の定義である (8·7) 式の両辺の常用対数をとれば得られる．

$$\underbrace{\log xy}_{} = \underbrace{\log x}_{} + \underbrace{\log y}_{}$$

$$\log a_{H_3O^+}\, a_{OH^-} = \underset{-pH}{\log a_{H_3O^+}} + \underset{-pOH}{\log a_{OH^-}}$$

$$= \underset{-pK_w}{\log K_w}$$

したがって，

$$pH + pOH = pK_w \qquad \boxed{pH \text{と} pOH \text{の関係}}\quad (8\cdot9)$$

である．$pOH = -\log a_{OH^-}$ である．このきわめて重要な式は，ヒドロニウムイオンとヒドロキシイオンの活量が（さほど厳密でなくてもよい場合は，モル濃度に等しいとしてよい）互いにシーソーのような関係にあることを示している．すなわち，一方が増加すれば，もう一方は減少し，両者の和は常に $pK_w$ の一定値である．

溶液中の弱酸のプロトン脱離の度合いは，その酸の酸定数と溶液を作成したときの初濃度に依存する．**プロトン脱離率**[4] $f_{\text{プロトン脱離}}$，すなわちプロトンを供与した酸分子 HA の割合は，

$$\text{プロトン脱離率} = \frac{\text{共役塩基の平衡モル濃度}}{\text{酸の初濃度}}$$

$$f_{\text{プロトン脱離}} = \frac{[A^-]_{\text{平衡}}}{[HA]_{\text{溶解前}}}$$

$$\boxed{\text{酸のプロトン脱離率}}\quad (8\cdot10a)$$

---

[†2] basicity constant.〔塩基度定数または塩基性度定数（basicity constant）ということもある．〕
[1] strong base　[2] weak base　[3] autoprotolysis constant　[4] fraction deprotonated

## 8・2 プロトン付加とプロトン脱離

表 8・1  298.15 K での酸定数と塩基定数*

| 酸/塩基 | $K_b$ | $pK_b$ | $K_a$ | $pK_a$ |
|---|---|---|---|---|
| 強い弱酸 | | | | |
| トリクロロ酢酸, $CCl_3COOH$ | $3.3 \times 10^{-14}$ | 13.48 | $3.0 \times 10^{-1}$ | 0.52 |
| ベンゼンスルホン酸, $C_6H_5SO_3H$ | $5.0 \times 10^{-14}$ | 13.30 | $2 \times 10^{-1}$ | 0.70 |
| ヨウ素酸, $HIO_3$ | $5.9 \times 10^{-14}$ | 13.23 | $1.7 \times 10^{-1}$ | 0.77 |
| 亜硫酸, $H_2SO_3$ | $6.3 \times 10^{-13}$ | 12.19 | $1.6 \times 10^{-2}$ | 1.81 |
| 亜塩素酸, $HClO_2$ | $1.0 \times 10^{-12}$ | 12.00 | $1.0 \times 10^{-2}$ | 2.00 |
| リン酸, $H_3PO_4$ | $1.3 \times 10^{-12}$ | 11.88 | $7.6 \times 10^{-3}$ | 2.12 |
| クロロ酢酸, $CH_2ClCOOH$ | $7.1 \times 10^{-12}$ | 11.15 | $1.4 \times 10^{-3}$ | 2.85 |
| 乳酸, $CH_3CH(OH)COOH$ | $1.2 \times 10^{-11}$ | 10.92 | $8.4 \times 10^{-4}$ | 3.08 |
| 亜硝酸, $HNO_2$ | $2.3 \times 10^{-11}$ | 10.63 | $4.3 \times 10^{-4}$ | 3.37 |
| フッ化水素酸, $HF$ | $2.9 \times 10^{-11}$ | 10.55 | $3.5 \times 10^{-4}$ | 3.45 |
| ギ酸, $HCOOH$ | $5.6 \times 10^{-11}$ | 10.25 | $1.8 \times 10^{-4}$ | 3.75 |
| 安息香酸, $C_6H_5COOH$ | $1.5 \times 10^{-10}$ | 9.81 | $6.5 \times 10^{-5}$ | 4.19 |
| 酢酸, $CH_3COOH$ | $5.6 \times 10^{-10}$ | 9.25 | $1.8 \times 10^{-5}$ | 4.75 |
| 炭酸, $H_2CO_3$ | $2.3 \times 10^{-8}$ | 7.63 | $4.3 \times 10^{-7}$ | 6.37 |
| 次亜塩素酸, $HClO$ | $3.3 \times 10^{-7}$ | 6.47 | $3.0 \times 10^{-8}$ | 7.53 |
| 次亜臭素酸, $HBrO$ | $5.0 \times 10^{-6}$ | 5.31 | $2.0 \times 10^{-9}$ | 8.69 |
| ホウ酸, $B(OH)_3$** | $1.4 \times 10^{-5}$ | 4.86 | $7.2 \times 10^{-10}$ | 9.14 |
| シアン化水素酸, $HCN$ | $2.0 \times 10^{-5}$ | 4.69 | $4.9 \times 10^{-10}$ | 9.31 |
| フェノール, $C_6H_5OH$ | $7.7 \times 10^{-5}$ | 4.11 | $1.3 \times 10^{-10}$ | 9.89 |
| 次亜ヨウ素酸, $HIO$ | $4.3 \times 10^{-4}$ | 3.36 | $2.3 \times 10^{-11}$ | 10.64 |
| 弱い弱酸 | | | | |
| 弱い弱塩基 | | | | |
| 尿素, $CO(NH_2)_2$ | $1.3 \times 10^{-14}$ | 13.90 | $7.7 \times 10^{-1}$ | 0.10 |
| アニリン, $C_6H_5NH_2$ | $4.3 \times 10^{-10}$ | 9.37 | $2.3 \times 10^{-5}$ | 4.63 |
| ピリジン, $C_5H_5N$ | $1.8 \times 10^{-9}$ | 8.75 | $5.6 \times 10^{-6}$ | 5.25 |
| ヒドロキシルアミン, $NH_2OH$ | $1.1 \times 10^{-8}$ | 7.97 | $9.1 \times 10^{-7}$ | 6.03 |
| ニコチン, $C_{10}H_{11}N_2$ | $1.0 \times 10^{-6}$ | 5.98 | $1.0 \times 10^{-8}$ | 8.02 |
| モルヒネ, $C_{17}H_{19}O_3N$ | $1.6 \times 10^{-6}$ | 5.79 | $6.3 \times 10^{-9}$ | 8.21 |
| ヒドラジン, $NH_2NH_2$ | $1.7 \times 10^{-6}$ | 5.77 | $5.9 \times 10^{-9}$ | 8.23 |
| アンモニア, $NH_3$ | $1.8 \times 10^{-5}$ | 4.75 | $5.6 \times 10^{-10}$ | 9.25 |
| トリメチルアミン, $(CH_3)_3N$ | $6.5 \times 10^{-5}$ | 4.19 | $1.5 \times 10^{-10}$ | 9.81 |
| メチルアミン, $CH_3NH_2$ | $3.6 \times 10^{-4}$ | 3.44 | $2.8 \times 10^{-11}$ | 10.56 |
| ジメチルアミン, $(CH_3)_2NH$ | $5.4 \times 10^{-4}$ | 3.27 | $1.9 \times 10^{-11}$ | 10.73 |
| エチルアミン, $C_2H_5NH_2$ | $6.5 \times 10^{-4}$ | 3.19 | $1.5 \times 10^{-11}$ | 10.81 |
| トリエチルアミン, $(C_2H_5)_3N$ | $1.0 \times 10^{-3}$ | 2.99 | $1.0 \times 10^{-11}$ | 11.01 |
| 強い弱塩基 | | | | |

\*  多プロトン酸 (2 個以上のプロトンを供与できる酸) の場合は, 第一プロトン脱離の値を示してある.
\*\*  この場合のプロトン移動平衡は, $B(OH)_3(aq) + 2H_2O(l) \rightleftharpoons H_3O^+(aq) + B(OH)_4^-(aq)$ である.

で与えられる. これに対して, 弱塩基 B のプロトン付加の度合いは**プロトン付加率**[1] $f_{プロトン付加}$ で表される.

$$プロトン付加率 = \frac{共役酸の平衡モル濃度}{塩基の初濃度}$$

$$f_{プロトン付加} = \frac{[BH^+]_{平衡}}{[B]_{溶解前}}$$

塩基のプロトン付加率  (8・10b)

7・5 節で説明した平衡表を作成すれば, 弱酸や弱塩基の水溶液の pH を求めて, 上のどちらかの割合を計算することができる.

> **例題 8・1**  弱酸のプロトン脱離率の計算
>
> 0.15 M の $CH_3COOH(aq)$ の pH と $CH_3COOH$ 分子のプロトン脱離率を求めよ.

---

1) fraction protonated

**解法** この溶液の平衡組成を計算すればよい．そのために，$H_3O^+$イオンの平衡到達までのモル濃度変化を$x$として，例題7・3で示した方法を使う．ここでは，純水中に存在するごくわずかなヒドロニウムイオンの量は無視する．$x$が求まれば$pH = -\log x$を計算できる．プロトン脱離の度合いは小さい（弱酸）と考えられるから，$x$は十分小さいとした近似を使って式を簡単にする．

**解答** 平衡表はつぎのように書ける．

| | 化学種 | | |
|---|---|---|---|
| | $CH_3COOH$ | $H_3O^+$ | $CH_3CO_2^-$ |
| 初濃度/<br>$(mol\,dm^{-3})$ | 0.15 | 0 | 0 |
| 平衡到達までの濃度変化/<br>$(mol\,dm^{-3})$ | $-x$ | $+x$ | $+x$ |
| 平衡濃度/<br>$(mol\,dm^{-3})$ | $0.15 - x$ | $x$ | $x$ |

それぞれの平衡濃度をつぎのように酸定数の式に代入すれば$x$の値が求められる．

$$K_a = \frac{[\overset{x}{H_3O^+}][\overset{x}{CH_3CO_2^-}]}{\underset{0.15-x}{[CH_3COOH]}} = \frac{x \times x}{0.15 - x}$$

**ノート** 酢酸 (エタン酸) は，2個の O 原子が等価でないから $CH_3COOH$ と書く．その共役塩基である酢酸イオン (エタン酸イオン) は，2個の O 原子が (共鳴によって) 等価になるから $CH_3CO_2^-$ と書く．

この式を変形すれば2次方程式が得られ，「必須のツール7・1」で説明したように，例題7・3にある2次方程式の解が使える．しかし，もっと巧妙なやり方は，$x$が小さいことを利用して$0.15 - x$を$0.15$で置き換えてしまうことである．（この近似は，$x \ll 0.15$であれば使える．この問題では弱酸であるからおそらく使えるが，$x$を計算した後で実際にそれを確かめておく必要がある．）こうして単純な式，$K_a = x^2/0.15$が得られ，これを変形して$0.15 \times K_a = x^2$となる．これから，

$$x = (0.15 \times K_a)^{1/2} = (0.15 \times 1.8 \times 10^{-5})^{1/2}$$
$$= 1.6 \times 10^{-3}$$

が得られる．ここで，表8・1にある酸定数$K_a$の値を使った．したがって，

$$pH = -\log(1.6 \times 10^{-3}) = 2.80$$

である．この種の計算ではイオン間の相互作用の効果を無視しているから，pH にして小数点以下1桁よりも正確なことはまずない（おそらく小数点以下の1桁目もあやし

い）．そこで，答を pH = 2.8 としておくのがよいだろう．一方，プロトン脱離率$f_{プロトン脱離}$は，

$$f_{プロトン脱離} = \frac{[CH_3CO_2^-]_{平衡}}{[CH_3COOH]_{溶解前}} = \frac{x}{0.15} = \frac{1.6 \times 10^{-3}}{0.15}$$
$$= 0.011$$

で求められる．すなわち，酢酸分子のわずか 1.1 パーセントしかプロトンを供与していない．

**ノート** 途中の計算に近似を使ったときは，得られた結果がその近似の条件を満たしているのを最後に確認しておくこと．上の場合は，$x \ll 0.15$ を仮定し，得られた結果が$x = 0.011$であるから条件を満たしている．

**自習問題8・2**

表8・1のデータを使って，0.010 M の $CH_3CH(OH)$-$COOH(aq)$ (乳酸) 水溶液の pH を求めよ．まず，同じ濃度の酢酸と比較して pH が高いか低いかを予想してから計算せよ．　　　　　　　　　　　　　[答: 2.5]

**例題8・2　弱酸の希薄溶液の pH の計算**

$1.5 \times 10^{-4}$ M の $CH_3COOH(aq)$ の pH を求めよ．この溶液はきわめて希薄であるから注意が必要である．例題8・1で使った近似は使えない．

**解法** 例題8・1と同じように進めればよいが，この溶液の方がずっと希薄であるから，プロトン脱離の度合いは (弱酸といえども) 小さいとは限らない．そこで，2次方程式を解くのに近似を使わず，$K_a$ の式を厳密に扱う必要がある (「必須のツール7・1」を見よ)．

**解答** 例題8・1と同じように，つぎの平衡表を書く．

| | 化学種 | | |
|---|---|---|---|
| | $CH_3COOH$ | $H_3O^+$ | $CH_3CO_2^-$ |
| 初濃度/<br>$(mol\,dm^{-3})$ | $1.5 \times 10^{-4}$ | 0 | 0 |
| 平衡到達までの濃度変化/<br>$(mol\,dm^{-3})$ | $-x$ | $+x$ | $+x$ |
| 平衡濃度/<br>$(mol\,dm^{-3})$ | $1.5 \times 10^{-4} - x$ | $x$ | $x$ |

例題8・1と同じように計算すれば，$x = 5.2 \times 10^{-5}$が得られる．この値は初濃度より小さいには違いないが，近似が使えるほど小さいかどうかはわからない．したがって，つぎの2次方程式を解かなければならない．

$$\overset{a}{1x^2} + \overset{b}{K_a x} - \overset{c}{(1.5 \times 10^{-4})K_a} = 0$$

表8・1から$K_a = 1.8 \times 10^{-5}$であるから，「必須のツール7・1」にある解の式を使えば，

$$x = \frac{\overset{b=K_a}{-1.8\times 10^{-5}} \pm \left\{\overset{b^2}{(1.8\times 10^{-5})^2} - \overset{\overbrace{4ac}}{4\underset{a}{(1)}\times \underset{K_a}{(-1.5\times 10^{-4}\times 1.8\times 10^{-5})}}\right\}^{1/2}}{2\times \underset{a}{1}}$$

$= 4.4\times 10^{-5}$ または $-6.2\times 10^{-5}$

が得られる.$x$ は $H_3O^+$ の濃度であるから負ではない.そこで,この場合の適解として $x=4.4\times 10^{-5}$ を選べば pH $=4.4$ が得られる.($x \ll 1.5\times 10^{-4}$ として近似を使っていれば 4.3 が得られる.)

### 自習問題 8·3

表 8·1 のデータを使って,$CH_3CH(OH)COOH(aq)$(乳酸)の $1.5\times 10^{-4}$ M 水溶液の pH を求めよ.

[答:3.9]

### 例題 8·3  弱塩基のプロトン付加率の計算

塩基であるキノリン (**1**) の共役酸は $pK_a = 4.88$ を示す.0.010 M のキノリン水溶液の pH と,この分子のプロトン付加率を求めよ.

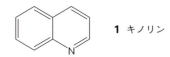

**1** キノリン

**解法** 塩基の水溶液の pH を計算するには,酸の場合より一つ余分のステップが必要である.まず,平衡表の手法を使って溶液中の $OH^-$ イオンの濃度を計算し,それを pOH で表す.次のステップで,(8·2)式の水の自己プロトリシス平衡を使って pOH を pH に変換する.それには pH $=$ $pK_w -$ pOH に変形し,25°C での値 $pK_w = 14.00$ を用いる.一方,プロトン付加率を求めるには,$pK_b = pK_w - pK_a$ を計算しておく必要がある.

**解答** まず,$pK_b = 14.00 - 4.88 = 9.12$ である.すなわち,$K_b = 10^{-9.12} = 7.6\times 10^{-10}$ である.次に平衡表を作成する.ここで,キノリンを Q,その共役酸を $QH^+$ で示す.

| | 化学種 | | |
|---|---|---|---|
| | Q | $OH^-$ | $QH^+$ |
| 初濃度/(mol dm$^{-3}$) | 0.010 | 0 | 0 |
| 平衡到達までの濃度変化/(mol dm$^{-3}$) | $-x$ | $+x$ | $+x$ |
| 平衡濃度/(mol dm$^{-3}$) | $0.010-x$ | $x$ | $x$ |

塩基定数の式にそれぞれの平衡濃度を代入すれば,つぎのように $x$ の値が求められる.

$$K_b = \frac{\overset{x}{[OH^-]}\overset{x}{[QH^+]}}{\underset{0.010-x}{[Q]}} = \frac{x\times x}{\underset{\approx 0.010}{0.010-x}} \approx \frac{x^2}{0.010}$$

ここでは,$x \ll 0.010$ とした.これで上の式は $K_b = x^2/0.010$ と簡単になり,これを変形して,

$$x = (0.010\times \underline{K_b})^{1/2} = (0.010\times \underline{7.6\times 10^{-10}})^{1/2}$$
$$= 2.8\times 10^{-6}$$

と計算できる.この値は,$x \ll 0.010$ とした仮定と矛盾しない.したがって,

$$pOH = -\log[\overset{x}{OH^-}] = -\log(2.8\times 10^{-6}) = 5.55$$

である.そこで,pH $= 14.00 - 5.55 = 8.45$ であり,求める pH は約 8.4 である.一方,プロトン付加率 $f_{プロトン付加}$ は,

$$f_{プロトン付加} = \frac{[QH^+]_{平衡}}{[Q]_{溶解前}} = \frac{x}{0.010} = \frac{2.8\times 10^{-6}}{0.010}$$
$$= 2.8\times 10^{-4}$$

で,この分子 3500 個に 1 個の割合でしかプロトンは付加していない.

### 自習問題 8·4

ニコチン (**2**) の第一プロトン付加の $pK_a$ は 8.02 である.0.015 M のニコチン水溶液の pH とニコチン分子のプロトン付加率を求めよ.

**2** ニコチン

[答:10.1;1/120]

## 8·3 多プロトン酸

**多プロトン酸**[1] は,プロトンを 2 個以上供与できる分子性の化合物である.たとえば,硫酸 $H_2SO_4$ はプロトンを 2 個まで,リン酸 $H_3PO_4$ は 3 個まで供与できる.多プロトン酸は,プロトンを 1 個供与するたびに,別のブレンステッド酸を生成する化学種であると考えればよい.たとえば硫酸は,$H_2SO_4$ そのものと $HSO_4^-$ の二つのブレンステッド酸の親分子であり,リン酸は $H_3PO_4$,$H_2PO_4^-$,

---

1) polyprotic acid

## 8. 溶液の化学平衡

**表 8·2** 多プロトン酸の 298.15 K における逐次酸定数

| 酸 | $K_{a1}$ | p$K_{a1}$ | $K_{a2}$ | p$K_{a2}$ | $K_{a3}$ | p$K_{a3}$ |
|---|---|---|---|---|---|---|
| 炭酸, $H_2CO_3$ | $4.3 \times 10^{-7}$ | 6.37 | $5.6 \times 10^{-11}$ | 10.25 | | |
| 硫化水素酸, $H_2S$ | $1.3 \times 10^{-7}$ | 6.88 | $7.1 \times 10^{-15}$ | 14.15 | | |
| シュウ酸, $(COOH)_2$ | $5.9 \times 10^{-2}$ | 1.23 | $6.5 \times 10^{-5}$ | 4.19 | | |
| リン酸, $H_3PO_4$ | $7.6 \times 10^{-3}$ | 2.12 | $6.2 \times 10^{-8}$ | 7.21 | $2.1 \times 10^{-13}$ | 12.67 |
| 亜リン酸, $H_2PO_3$ | $1.0 \times 10^{-2}$ | 2.00 | $2.6 \times 10^{-7}$ | 6.59 | | |
| 硫酸, $H_2SO_4$ | 強 酸 | | $1.2 \times 10^{-2}$ | 1.92 | | |
| 亜硫酸, $H_2SO_3$ | $1.5 \times 10^{-2}$ | 1.81 | $1.2 \times 10^{-7}$ | 6.91 | | |
| 酒石酸, $C_2H_4O_2(COOH)_2$ | $6.0 \times 10^{-4}$ | 3.22 | $1.5 \times 10^{-5}$ | 4.82 | | |

$HPO_4{}^{2-}$の三つのブレンステッド酸の親分子である.

供与可能な酸プロトンを 2 個もつ化学種 $H_2A$（$H_2SO_4$ など）では，つぎのような逐次平衡を考える必要がある.

$$H_2A(aq) + H_2O(l) \rightleftharpoons H_3O^+(aq) + HA^-(aq)$$

$$K_{a1} = \frac{a_{H_3O^+} \, a_{HA^-}}{a_{H_2A}}$$

$$HA^-(aq) + H_2O(l) \rightleftharpoons H_3O^+(aq) + A^{2-}(aq)$$

$$K_{a2} = \frac{a_{H_3O^+} \, a_{A^{2-}}}{a_{HA^-}}$$

はじめの平衡では，$HA^-$は $H_2A$ の共役塩基である．2 番目の平衡では $HA^-$ が酸として働き，$A^{2-}$はその共役塩基である．いろいろな多プロトン酸の逐次酸定数の値を表 8·2 に示す．どの場合も $K_{a2}$ は $K_{a1}$ より小さく，小さな分子の場合には両者はふつう 3 桁程度も大きさが違っている．それは，$HA^-$ が負の電荷をもち，正電荷をもつ $H^+$ を引きつけて離れにくくしているから，2 個目のプロトンはとれにくいのである．酵素は多プロトン酸である．酵素にはプロトンが多数あり，それを基質分子や細胞を囲んでいる水溶液に供与できる．酵素の場合は一連の酸定数の値はさほど違わない．それは，分子自体が大きいので，ある部分でプロトンを 1 個失っても全体としてあまり大きな影響はなく，次のプロトンを失うのも比較的たやすいからである.

---

**例題 8·4** 炭酸水溶液に含まれる炭酸塩イオンの濃度の計算

地下水には二酸化炭素が溶けていて，炭酸や炭酸水素塩イオン，あるいは炭酸塩イオンもごく微量であるが含まれている．水と $CO_2(g)$ が平衡に達している水溶液に含まれる $CO_3{}^{2-}$ イオンのモル濃度を計算せよ.

**解法** 溶けた $CO_2$ と $H_2CO_3$ のあいだの平衡は非常に遅いから，炭酸が関与する平衡の計算結果の解釈には十分な注意が必要である．生体中では，炭酸デヒドラターゼという酵素がこの平衡を促進している．注目するイオン（$A^{2-}$ と

しよう）を生成する平衡反応から逆向きに考える．まず，その生成反応の酸定数（$K_{a2}$）によってこのイオンの活量を表す式を書く．その式は共役酸（$HA^-$）の活量で表されているから，それを別の酸定数（$K_{a1}$）を使って共役酸（$H_2A$）の活量で表す．分子が比較的小さく，この酸定数がそれ以外の酸定数と大きく違っている場合は，最初にプロトンがとれる反応で全体の平衡がほぼ決まってしまう．そこで，この段階で近似が適用できるだろう.

**解答** $CO_3{}^{2-}$ イオンは，酸である $HCO_3{}^-$ の共役塩基であり，つぎの平衡で生じる.

$$HCO_3{}^-(aq) + H_2O(l) \rightleftharpoons H_3O^+(aq) + CO_3{}^{2-}(aq)$$

$$K_{a2} = \frac{a_{H_3O^+} \, a_{CO_3^{2-}}}{a_{HCO_3^-}}$$

したがって，

$$a_{CO_3^{2-}} = \frac{a_{HCO_3^-} K_{a2}}{a_{H_3O^+}}$$

である．一方，$HCO_3{}^-$ イオンはつぎの平衡で生成する.

$$H_2CO_3(aq) + H_2O(l) \rightleftharpoons H_3O^+(aq) + HCO_3{}^-(aq)$$

$HCO_3{}^-$ イオンが 1 個生成すれば，$H_3O^+$ イオンも 1 個生成する．しかし，$HCO_3{}^-$ の一部は第二段階のプロトン脱離で失われるから，その分だけ $H_3O^+$ が多くなり，両者のモル濃度は厳密には等しくない．また，$HCO_3{}^-$ は弱塩基で，水からプロトンを引き抜いて $H_2CO_3$ を発生させる．しかし，この分の違いは近似計算では無視できる程度である．$HCO_3{}^-$ と $H_3O^+$ のモル濃度はほぼ等しいから活量もほぼ等しいとして $a_{HCO_3^-} \approx a_{H_3O^+}$ とおけば，$a_{CO_3^{2-}} \approx K_{a2}$ となる．そこで，$a_{CO_3^{2-}} \approx [CO_3{}^{2-}]/c^{\ominus}$ の近似を使えば，

$$[CO_3{}^{2-}] \approx K_{a2} c^{\ominus}$$

を得る．表 8·2 より p$K_{a2} = 10.25$ であるから，$[CO_3{}^{2-}] = 5.6 \times 10^{-11} c^{\ominus}$ となる．したがって，実際に平衡が達成されていれば，$CO_3{}^{2-}$ イオンのモル濃度は $5.6 \times 10^{-11}$ mol dm$^{-3}$ であり，（ここでの近似の範囲内で）はじめに存在していた $H_2CO_3$ の濃度に無関係である.

**8・3 多プロトン酸**

**自習問題 8・5**

$H_2S(aq)$ 中での $S^{2-}$ イオンのモル濃度を求めよ.

[答: $7.1 \times 10^{-15}\ \mathrm{mol\ dm^{-3}}$]

---

**例題 8・5 二プロトン酸溶液の分率組成の計算**

シュウ酸 $H_2C_2O_4$（エタン二酸，$HOOC-COOH$）は，水溶液中で $HC_2O_4^-$ と $C_2O_4^{2-}$ と平衡で存在している．シュウ酸を $0.010\ \mathrm{mol\ dm^{-3}}$ 含む水溶液の組成が pH によってどう変化するかを示せ.

**解法** pH が低いあいだはプロトンが完全に付加した化学種（$H_2C_2O_4$）が多く存在し，中間の pH では一部だけプロトンが付いた化学種（$HC_2O_4^-$）が多くなり，もっと pH が高くなればプロトンが完全に脱離した化学種（$C_2O_4^{2-}$）が多く存在すると予想できる．そこで，$H_2C_2O_4$ を親の酸とみなしたときの2種の酸定数を表す式と，シュウ酸の合計濃度を表す式をたてる．こうして得られた，各化学種の割合をヒドロニウムイオンの濃度で表した式を解けばよい.

**解答** 必要な酸定数はつぎの二つである.

$$H_2C_2O_4(aq) + H_2O(l) \rightleftharpoons H_3O^+(aq) + HC_2O_4^-(aq)$$

$$K_{a1} = \frac{[H_3O^+][HC_2O_4^-]}{[H_2C_2O_4]}$$

$$HC_2O_4^-(aq) + H_2O(l) \rightleftharpoons H_3O^+(aq) + C_2O_4^{2-}(aq)$$

$$K_{a2} = \frac{[H_3O^+][C_2O_4^{2-}]}{[HC_2O_4^-]}$$

溶液中でのシュウ酸の三つの形態の濃度の合計は，その初濃度 $O = [H_2C_2O_4]_{溶解前}$ に等しいから，

$$[H_2C_2O_4] + [HC_2O_4^-] + [C_2O_4^{2-}] = O$$

である．これで，3個の未知数 $[H_2C_2O_4]$，$[HC_2O_4^-]$，$[C_2O_4^{2-}]$ に対して，3個の方程式が得られた．これを解くには，まず，$[HC_2O_4^-]$ を $K_{a1}$ と $[H_2C_2O_4]$ を使って表す.

$$[HC_2O_4^-] = \frac{K_{a1}[H_2C_2O_4]}{[H_3O^+]}$$

次に，$[C_2O_4^{2-}]$ を $K_{a2}$ と $[HC_2O_4^-]$ で表す.

$K_{a2}$ の式
$$[C_2O_4^{2-}] = \frac{K_{a2}[HC_2O_4^-]}{[H_3O^+]}$$

$[HC_2O_4^-]$ の式
$$= \frac{K_{a1}K_{a2}[H_2C_2O_4]}{[H_3O^+]^2}$$

そうすれば，全濃度 $O$ の式は $[H_2C_2O_4]$ と $[H_3O^+]$ で表せる.

$$O = [H_2C_2O_4] + \overbrace{\frac{K_{a1}[H_2C_2O_4]}{[H_3O^+]}}^{[HC_2O_4^-]} + \overbrace{\frac{K_{a1}K_{a2}[H_2C_2O_4]}{[H_3O^+]^2}}^{[C_2O_4^{2-}]}$$

$$= \left\{ 1 + \frac{K_{a1}}{[H_3O^+]} + \frac{K_{a1}K_{a2}}{[H_3O^+]^2} \right\}[H_2C_2O_4]$$

$$= \frac{1}{[H_3O^+]^2}\{[H_3O^+]^2 + [H_3O^+]K_{a1} + K_{a1}K_{a2}\} \times [H_2C_2O_4]$$

ここで，次のステップの計算を簡単にするために，最右辺では $1/[H_3O^+]^2$ の因子でまとめてある．こうして，水溶液中に存在する各化学種の分率 $f$ はつぎのように表せる.

$$f(H_2C_2O_4) = \frac{[H_2C_2O_4]}{O}$$

$$= \frac{[H_2C_2O_4]}{(1/[H_3O^+])^2\{[H_3O^+]^2 + [H_3O^+]K_{a1} + K_{a1}K_{a2}\} \times [H_2C_2O_4]}$$

$[H_2C_2O_4]$ を消去
$$= \frac{[H_3O^+]^2}{[H_3O^+]^2 + [H_3O^+]K_{a1} + K_{a1}K_{a2}} \qquad (8\cdot11a)$$

同様にして次式が得られる.

$$f(HC_2O_4^-) = \frac{[HC_2O_4^-]}{O}$$

$$= \frac{[H_3O^+]K_{a1}}{[H_3O^+]^2 + [H_3O^+]K_{a1} + K_{a1}K_{a2}}$$
$$\qquad (8\cdot11b)$$

$$f(C_2O_4^{2-}) = \frac{[C_2O_4^{2-}]}{O}$$

$$= \frac{K_{a1}K_{a2}}{[H_3O^+]^2 + [H_3O^+]K_{a1} + K_{a1}K_{a2}}$$
$$\qquad (8\cdot11c)$$

図 8・1 には，これらの分率を $pH = -\log[H_3O^+]$ に対してプロットしてある（ここで，$[H_3O^+] = 10^{-pH}$ で表される）．このグラフからつぎのことがわかる.

- $pH < pK_{a1}$ のとき，$H_2C_2O_4$ が多く含まれる.
- $pH = pK_{a1}$ のとき，$H_2C_2O_4$ と $HC_2O_4^-$ の濃度は等しい.
- $pH > pK_{a1}$ になれば $HC_2O_4^-$ が多く含まれるようになり，その後，$C_2O_4^{2-}$ が優勢になる.

**自習問題 8・6**

炭酸水溶液中にあるプロトン付加の状態が違う化学種について，分率組成の pH 依存性を示す図を描け.

[答: 図 8・2 に示す]

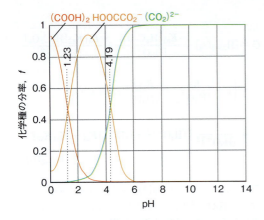

**図 8·1** シュウ酸水溶液中に存在するプロトン付加形と脱離形の分率組成を pH の関数で表した図．共役な酸-塩基対については，溶液の pH がその酸の p$K_a$ に等しいところで両者は等濃度で存在していることがわかる．

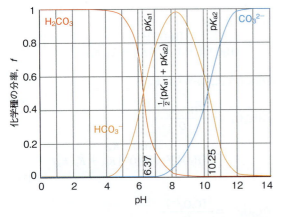

**図 8·2** 炭酸水溶液中に存在するプロトンの付加形と脱離形の分率組成を pH の関数で表した図．

式のかたちに現れる規則性をできるだけ利用しよう．たとえば，例題 8·5 で，化学種の組成を表す三つの式をよく見れば，[$H_3O^+$] や $K$ が規則的に現れている．これに気がつけば，全部について計算しなくても，三プロトン酸の溶液中に存在する化学種すべての式が書ける．

**例題 8·6　三プロトン酸溶液の分率組成の計算**

リン酸 $H_3PO_4$ は，水溶液中で $H_2PO_4^-$, $HPO_4^{2-}$, $PO_4^{3-}$ と平衡に存在している．これら 4 種の分率組成を表す式を書け．

**解法**　リン酸 $H_3PO_4$ の水溶液中では，つぎの一連の平衡を考えなければならない．

$$H_3PO_4(aq) + H_2O(l) \rightleftharpoons H_3O^+(aq) + H_2PO_4^-(aq)$$

$$K_{a1} = \frac{[H_3O^+][H_2PO_4^-]}{[H_3PO_4]}$$

$$H_2PO_4^-(aq) + H_2O(l) \rightleftharpoons H_3O^+(aq) + HPO_4^{2-}(aq)$$

$$K_{a2} = \frac{[H_3O^+][HPO_4^{2-}]}{[H_2PO_4^-]}$$

$$HPO_4^{2-}(aq) + H_2O(l) \rightleftharpoons H_3O^+(aq) + PO_4^{3-}(aq)$$

$$K_{a3} = \frac{[H_3O^+][PO_4^{3-}]}{[HPO_4^{2-}]}$$

例題 8·5 のやり方に従って，つぎのように進めればよい．

- まず，$P = [H_3PO_4]_{溶解前}$ と $H$ を表す式を書く．
- 次に，$f(H_3PO_4)$, $f(H_2PO_4^-)$, $f(HPO_4^{2-})$, $f(PO_4^{3-})$ を表す式を書く．例題 8·5 で求めた式を三プロトン酸の場合に拡張すれば簡単である．

**解答**　$P$ と $H$ を表す式はつぎのように書ける．

$$P = [H_3PO_4]_{溶解前}$$
$$= [H_3PO_4] + [H_2PO_4^-] + [HPO_4^{2-}] + [PO_4^{3-}]$$

$$H = [H_3O^+]^3 + K_{a1}[H_3O^+]^2 + K_{a1}K_{a2}[H_3O^+] + K_{a1}K_{a2}K_{a3}$$

例題 8·5 で求めた式を参考にすれば次式が書ける．

$$f(H_3PO_4) = \frac{[H_3O^+]^3}{H}$$

$$f(H_2PO_4^-) = \frac{K_{a1}[H_3O^+]^2}{H}$$

$$f(HPO_4^{2-}) = \frac{K_{a1}K_{a2}[H_3O^+]}{H}$$

$$f(PO_4^{3-}) = \frac{K_{a1}K_{a2}K_{a3}}{H}$$

**自習問題 8·7**

リン酸水溶液中にあるプロトン付加の状態が違う化学種について，分率組成の pH 依存性を示す図を描け．

［答：図 8·3 に示す］

例題 8·5 と 8·6（および図 8·1～図 8·3）でわかったことは，つぎのようにまとめられる．共役な酸-塩基対について考えたとき，その酸定数を $K_a$ とすれば，

- pH < p$K_a$ では酸形が多い．
- pH = p$K_a$ では酸形と塩基形の濃度は等しい．
- pH > p$K_a$ では塩基形が多い．

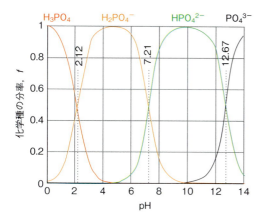

**図 8・3** リン酸水溶液中に存在するプロトンの付加形と脱離形の分率組成を pH の関数で表した図.

多プロトン酸で別のかたちの化学種が存在する系であっても，p$K_a$ の値が互いにきわめて接近していない限り，その存在量は無視できるから，特定の共役対については上のことがいえる.

### 8・4 両プロトン性を示す化学種

**両プロトン性**[1] を示す化学種（分子またはイオン）では，プロトンを受入れることも供与することもできる．たとえば，$HCO_3^-$ は酸として作用する（その結果，$CO_3^{2-}$ができる）．一方で，塩基としても作用する（その結果，$H_2CO_3$ ができる）．ここで，$NaHCO_3$ のように両プロトン性を示すアニオンをもつ塩を水に溶かしたとき，その水溶液の pH を計算する必要がある．$HCO_3^-$ の酸としての性質が現れて溶液は酸性になるのか，それとも塩基としての性質が現れて塩基性になるのであろうか．つぎの「式の導出」で示すように，このような溶液の pH は次式で与えられる．

$$\text{pH} = \frac{1}{2}(\text{p}K_{a1} + \text{p}K_{a2}) \quad \text{両プロトン性を示す塩の水溶液の pH} \quad (8・12)$$

この式が使えるのは塩のモル濃度が高いときで，塩の初濃度を $S$ として，$S/c^\ominus \gg K_w/K_{a2}$ および $S/c^\ominus \gg K_{a1}$ が成り立つ場合に限る（つぎの「式の導出」を見よ）．これらの条件を満たさない場合は，もっと複雑な式を使わなければならない[†3].

● **簡単な例示 8・3** 両プロトン性を示す化学種の水溶液の pH

塩として炭酸水素ナトリウムを溶かした水溶液の pH は，逐次平衡の p$K_a$ の値だけで，<u>濃度に関係なく</u>（ただし，上の近似が有効ならば），

$$\text{pH} = \frac{1}{2}(\overbrace{6.37}^{\text{p}K_{a1}} + \overbrace{10.25}^{\text{p}K_{a2}}) = 8.31$$

と表せる．この溶液は塩基性である．$K_w/K_{a2} = 2 \times 10^{-4}$，$K_{a1} = 4.3 \times 10^{-7}$ であるから，$[NaHCO_3]_{\text{溶解前}}/c^\ominus \gg 2 \times 10^{-4}$（つまり，$[NaHCO_3]_{\text{溶解前}} \gg 0.2 \text{ mmol dm}^{-3}$）であれば，この結果は信頼できる．

リン酸水素カリウムの水溶液でも同様に，$H_3PO_4$ のプロトン付加は無視できるから，$H_3PO_4$ の第二酸定数と第三酸定数だけからつぎのように pH を求めることができる．

$$\text{pH} = \frac{1}{2}(\overbrace{7.21}^{\text{p}K_{a2}} + \overbrace{12.67}^{\text{p}K_{a3}}) = 9.94$$

$K_w/K_{a3} = 0.05$，$K_{a2} = 6.2 \times 10^{-8}$ であるから，$[KH_2PO_4]_{\text{溶解前}}/c^\ominus \gg 0.05$（つまり，$[KH_2PO_4]_{\text{溶解前}} \gg 0.05 \text{ mol dm}^{-3}$）であれば，この結果は信頼できる．●

**式の導出 8・1** 両プロトン性塩の水溶液の pH

塩 MHA の初濃度 $S$ の水溶液を作成したとしよう．$HA^-$ は両プロトン性アニオン（たとえば，$HCO_3^-$）であり，$M^+$ はカチオン（たとえば，$Na^+$）である．このとき平衡表はつぎのようになる．

| | 化学種 | | | |
|---|---|---|---|---|
| | $H_2A$ | $HA^-$ | $A^{2-}$ | $H_3O^+$ |
| 初濃度/(mol dm$^{-3}$) | 0 | $S$ | 0 | 0 |
| 平衡到達までの濃度変化/(mol dm$^{-3}$) | $+x$ | $-(x+y)$ | $+y$ | $+(y-x)$ |
| 平衡濃度/(mol dm$^{-3}$) | $x$ | $S-x-y$ | $y$ | $y-x$ |

酸定数はそれぞれ，

$$K_{a1} = \frac{[\overbrace{H_3O^+}^{y-x}][\overbrace{HA^-}^{S-x-y}]}{\underbrace{[H_2A]}_{x}} = \frac{(y-x)(S-x-y)}{x}$$

$$K_{a2} = \frac{[\overbrace{H_3O^+}^{y-x}][\overbrace{A^{2-}}^{y}]}{\underbrace{[HA^-]}_{S-x-y}} = \frac{(y-x)y}{S-x-y}$$

と表すことができる．両式を掛け，平衡では $y-x = [H_3O^+]$ であることを平衡表から読み取れば次式が得られる．

$$K_{a1}K_{a2} = \frac{(y-x)(S-x-y)}{x}\frac{(y-x)y}{S-x-y} \overset{\text{緑を消去}}{=} \frac{(y-x)^2 y}{x}$$

$$= [H_3O^+]^2 \times \frac{y}{x}$$

---

[†3] "アトキンス生命科学のための物理化学"，第 2 版，邦訳 4 章を見よ．
[1] amphiprotic

次に，$y/x \approx 1$ の近似が成り立つこと，つまり $[H_3O^+]$ = $(K_{a1}K_{a2})^{1/2}$ となることを示そう．そのために，$K_{a1}$ の式をつぎのように変形しておく．

$$xK_{a1} = (y-x)(S-x-y) = Sy - y^2 - Sx + x^2$$

$xK_{a1}$ と $x^2$，$y^2$（青色で示してある）はすべて，$S$ を含む2項に比べて非常に小さいから，この式は簡単に，

$$0 \approx Sy - Sx$$

と表せ，$x \approx y$，つまり $y/x \approx 1$ が得られる．そこで，$[H_3O^+]$ = $(K_{a1}K_{a2})^{1/2}$ の両辺の常用対数をとれば (8・12) 式が得られる．

## 塩 の 水 溶 液

塩を水に溶かしたときにできるイオン，それ自身が酸や塩基であれば，両者はその溶液のpHに影響を与えることになる．たとえば，水に塩化アンモニウムを加えれば酸（$NH_4^+$）と塩基（$Cl^-$）が生じる．このときの溶液は，弱酸（$NH_4^+$）とごく弱い弱塩基（$Cl^-$）から成る．そこで正味の効果として，この溶液は酸性になる．同様にして，酢酸ナトリウムの溶液は中性のイオン（$Na^+$ イオン）と塩基（$CH_3CO_2^-$）からできている．そこで，正味の効果として溶液は塩基性となり，そのpHは7よりも大きい．

塩の水溶液のpHも，"ふつう"の酸や塩基を加えた場合と同じ手続きで求められる．ブレンステッド-ロウリーの理論によれば，酢酸のような"ふつう"の酸と，塩基の共役酸（$NH_4^+$ など）の区別は全くないからである．

### ● 簡単な例示 8・4　塩の水溶液のpH

25 °C における 0.010 M の $NH_4Cl(aq)$ の pH を計算するには例題 8・1 と全く同じようにして，酸（$NH_4^+$）の初濃度を $0.010$ mol dm$^{-3}$ とすればよい．ここで用いる $K_a$ は，酸である $NH_4^+$ の酸定数であり，その値は表 8・1 にある．あるいは，この酸の共役塩基（$NH_3$）の $K_b$ の値を用いて，(8・8a) 式の関係（$K_a K_b = K_w$）から $K_a$ に変換してもよい．これから pH = 5.63 が得られ，中性より酸側に片寄っていることがわかる．全く同じ手続を行えば，酢酸ナトリウムなどの弱酸の塩を溶かした溶液の pH を求めることができる．平衡表では，$CH_3CO_2^-$ アニオンを塩基として扱い（いまの場合はまさにその通りである），その共役酸（$CH_3COOH$）の $K_a$ 値から求めた $K_b$ の値を用いる．

### 自習問題 8・8

25 °C における 0.0025 M の $NH(CH_3)_3Cl(aq)$ の pH を求めよ．　　　　　　　　　　　　　　　[答: 6.2]

## 8・5　酸-塩基滴定

酸-塩基滴定を行うとき，酸定数は重要な役目をする．滴定の**量論点**[1]，すなわち，ある量の塩基に対して化学量論的にちょうど等価な量の酸が加えられた点での，その溶液のpHの値を求めるのに使えるからである．昔からの経緯があるので，滴定の量論点のことを<u>当量点</u>[2] ともいう（これと関係のある用語，滴定の<u>終点</u>[3] については 8・7 節で説明する）．**被分析溶液**[4]（分析される側の溶液）のpHを，加えた**滴定液**[5]（ビュレットに入れてある溶液）の体積に対してプロットしたものを**pH曲線**[6] という．この曲線にはいろいろ注目すべき点があり，ほとんどの滴定がpHを電気的に監視する自動滴定器で行われている今日でも，まだまだ興味深い知見が得られる．自動滴定器は，ここで述べる概念を利用している．

まず，強酸の強塩基による滴定について，塩酸を水酸化ナトリウムで滴定した場合を例として考えよう．その反応は，

$$HCl(aq) + NaOH(aq) \longrightarrow NaCl(aq) + H_2O(l)$$

である．はじめは被分析溶液（塩酸）のpHは小さい．量論点では，存在するイオン（強塩基から $Na^+$ イオン，強酸からは $Cl^-$ イオンが供給されている）がpHにほとんど影響を与えないから，その溶液は純粋な水と変わらない pH = 7 を示す．量論点を過ぎれば，中性の溶液に塩基を加えることになるので pH は急激に上昇する．このような滴定で見られるpH曲線を図8・4に示す．

図8・5は，弱酸（$CH_3COOH$ としよう）を強塩基（$NaOH$）で滴定したときのpH曲線である．量論点では自己プロトリシスによって生じたイオンのほかに，$CH_3CO_2^-$ イオンと $Na^+$ イオンが存在している．溶液中にブレンステッド塩基である $CH_3CO_2^-$ が存在しているから，この場

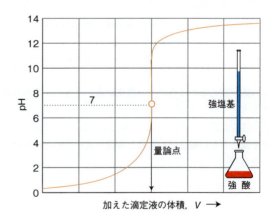

**図8・4**　強酸（被分析溶液）を強塩基（滴定液）で滴定した場合のpH曲線．pH＝7の量論点近傍でpHの急激な変化が見られる．量論点を過ぎると溶液のpHは滴定液のpHに近づく．

---

1) stoichiometric point　2) equivalent point　3) end point　4) analyte　5) titrant　6) pH curve

## 8・5 酸-塩基滴定

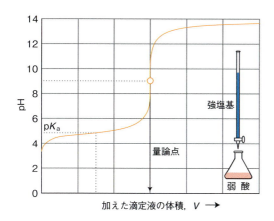

**図 8・5** 弱酸（被分析溶液）を強塩基（滴定液）で滴定した場合の pH 曲線. 量論点は pH > 7 にあり, 量論点近傍での pH の変化は図 8・4 の場合ほど急激でないのがわかる. 酸の p$K_a$ 値は, 量論点までに加えるべき滴定液の体積の半分（中間点）での pH の値に等しい.

合は pH > 7 と考えられる. 弱塩基（$NH_3$ としよう）を強酸（HCl）で滴定したときは, 量論点での溶液中に $NH_4^+$ イオンと $Cl^-$ イオンが存在している. $Cl^-$ は非常に弱いブレンステッド塩基にすぎず, $NH_4^+$ は弱いブレンステッド酸であるから, 結果として溶液は酸性を示し, pH は 7 より小さな値を示すはずである.

次に, 平衡に関与している化学種の酸定数が, 図 8・5 の pH 曲線の形とどんな関係にあるかを考えよう. ここでは, 被分析溶液が弱酸である場合を考え, それに基づくつぎの近似を使う. つまり, もとの弱酸溶液には $A^-$ イオンよりも HA がずっと多量に存在している. また, HA を溶かしたことによって（弱酸とはいえ）多量の $H_3O^+$ イオンができ, それは水の自己プロトリシスによって生じる非常にわずかな $H_3O^+$ イオンよりも圧倒的に多い. また, 量論点を超えてさらに塩基を加えたとき, これから提供される $OH^-$ イオンは水の自己プロトリシスによって生じる $OH^-$ イオンよりも圧倒的に多い.

話を具体的にして, 25 °C において 25.00 cm³ の 0.100 M の $CH_3COOH(aq)$ を 0.200 M の NaOH(aq) で滴定する場合を考えよう. 弱酸を強塩基で滴定するとき, 滴定前の溶液の pH は, 例題 8・1 で説明したやり方で計算でき, pH = 2.9 である. 滴定液を加えれば, つぎの反応によって酸の一部がその共役塩基に変わる.

$$CH_3COOH(aq) + OH^-(aq) \longrightarrow H_2O(l) + CH_3CO_2^-(aq)$$

滴定液をさらに加えれば, 共役塩基の濃度, [塩基] が増え, それとともに酸の濃度, [酸] は減る. このとき, この酸と共役塩基はつぎのように依然として平衡にある.

$$CH_3COOH(aq) + H_2O(l) \rightleftharpoons H_3O^+(aq) + CH_3CO_2^-(aq)$$

したがって,

$$K_a = \frac{a_{H_3O^+} a_{CH_3CO_2^-}}{a_{CH_3COOH}} \approx \frac{a_{H_3O^+}[\text{塩基}]}{[\text{酸}]}$$

と書ける. まず, これを変形して,

$$a_{H_3O^+} \approx \frac{K_a[\text{酸}]}{[\text{塩基}]}$$

とする. 次に, 両辺の常用対数をとれば,

$$\underbrace{\log a_{H_3O^+}}_{-\text{pH}} \approx \log \frac{K_a[\text{酸}]}{[\text{塩基}]}$$

$\log xy = \log x + \log y$

$$= \underbrace{\log K_a}_{-\text{p}K_a} + \log \frac{[\text{酸}]}{[\text{塩基}]}$$

を得る. これを書き換えれば, つぎの**ヘンダーソン-ハッセルバルヒの式**[1] が得られる.

$$\text{pH} \approx \text{p}K_a - \log \frac{[\text{酸}]}{[\text{塩基}]} \quad \text{ヘンダーソン-ハッセルバルヒの式} \quad (8 \cdot 13)$$

### 例題 8・7 滴定途中の溶液の pH の計算

上で考えた滴定で, 被分析溶液に滴定液を 5.00 cm³ だけ加えたときの溶液の pH を計算せよ.

**解法** 加えた滴定液の側に含まれる $OH^-$ イオンの物質量を求めるのが第一段階で, 次にそれを使って, 残っている $CH_3COOH$ の物質量を計算する. 酸と塩基の物質量については, モル濃度の比として (8・13) 式で与えられるから, 溶液の体積は消しあう. また, この濃度比は存在している物質量の比に等しいとおくことができる.

$$\frac{[\text{酸}]}{[\text{塩基}]} = \frac{n_\text{酸}/V}{n_\text{塩基}/V} = \frac{n_\text{酸}}{n_\text{塩基}}$$

**解答** 滴定液を 5.00 cm³, すなわち $5.00 \times 10^{-3}$ dm³ だけ加えたので ($1$ cm³ $= 10^{-3}$ dm³), 物質量として,

$$n_{OH^-} = (5.00 \times 10^{-3} \text{ dm}^3) \times (0.200 \text{ mol dm}^{-3})$$
$$= 1.00 \times 10^{-3} \text{ mol}$$

を加えたことに相当する. 1.00 mmol の $OH^-$ は, 同じ 1.00 mmol の $CH_3COOH$ をその共役塩基 $CH_3CO_2^-$ に変える. 被分析溶液中の $CH_3COOH$ の当初の量は,

$$n_{CH_3COOH} = (25.00 \times 10^{-3} \text{ dm}^3) \times (0.100 \text{ mol dm}^{-3})$$
$$= 2.50 \times 10^{-3} \text{ mol}$$

であるから, 滴定液を滴下した後に残っているのは 1.50 mmol である. したがって, ヘンダーソン-ハッセルバルヒの式により,

$$\text{pH} \approx 4.75 - \log \frac{1.50 \times 10^{-3}}{1.00 \times 10^{-3}} = 4.6$$

---

1) Henderson–Hasselbalch equation

が得られる．塩基を加えたことで溶液のpHが2.9より増加したのは予想通りであろう．すでに述べたように，この計算は大雑把なものであるから，4.6という値をあまり信用してはならない．しかし，酸性を示していたもとのpH値が，塩基を加えることで増加したのは確かである．

### 自習問題 8・9

上の例題からさらに，滴定液を 5.00 cm³ だけ加えたときの溶液の pH を求めよ． ［答：5.4］

量論点までの中間点，すなわち塩基を加えることで酸を半分だけ中和させた点では，酸と塩基の濃度は等しくなっている．そこで，$\log 1 = 0$ であるからヘンダーソン-ハッセルバルヒの式によって，

$$\text{pH} \approx \text{p}K_a \quad \text{量論点までの中間点でのpH} \quad (8\cdot 14)$$

の関係が得られる．いま考えている滴定の場合，この点ではpH ≈ 4.75である．図8・5のpH曲線で，滴定のはじめよりpHがずっと緩やかに変化している領域があることに注目しよう．この点が重要な意味をもつことについては，すぐ後で述べる．(8・14)式によれば，酸の $\text{p}K_a$ 値はこの点における混合溶液のpHであるから，直接読み取れる．実際，滴定途中のpHを記録し，量論点までの中間点における pHの値から，およその $\text{p}K_a$ の値が計算できる．

量論点では，ちょうど適量の塩基が加えられた結果，被分析溶液の酸はすべて共役塩基に変わっており，溶液中には $CH_3CO_2^-$ イオンだけが残っているはずである．このイオンはブレンステッド塩基であるから，このときの溶液のpHは7よりかなり大きく，塩基性を示すと考えられる．弱塩基性溶液のpHをその濃度から求める方法についてはすでに述べた（例題8・3参照）．したがって，量論点における $CH_3CO_2^-$ の濃度さえ計算すれば，量論点でのpHがわかる．

### ● 簡単な例示 8・5　量論点でのpH

被分析溶液にはもともと 2.50 mmol の $CH_3COOH$ が含まれていたから，これを中和するには同じ物質量の塩基を含む滴定液が必要である．それは体積にして，

$$V_{\text{塩基}} = \frac{2.50 \times 10^{-3} \text{ mol}}{0.200 \text{ mol dm}^{-3}} = 1.25 \times 10^{-2} \text{ dm}^3$$

つまり 12.5 cm³ である．したがって，この段階で溶液の全体積は 37.5 cm³ になっている．その結果，塩基の濃度は，

$$[CH_3CO_2^-] = \frac{2.50 \times 10^{-3} \text{ mol}}{37.5 \times 10^{-3} \text{ dm}^3}$$
$$= 6.67 \times 10^{-2} \text{ mol dm}^{-3}$$

である．したがって，例題8・3と同じ計算を行えば（ただし，$CH_3CO_2^-$ は $\text{p}K_b = 9.25$），量論点での溶液のpHは8.8となる．●

ここで重要なことは，<u>弱酸-強塩基の滴定では量論点におけるpHが塩基性の側に片寄っている（pH > 7）</u>ということである．量論点では溶液中に弱塩基（弱酸の共役塩基，ここでは $CH_3CO_2^-$ イオン）と中性のカチオン（滴定液からの $Na^+$ イオン）が含まれているのである．

弱酸-強塩基の滴定で，こうして得られるpH曲線の一般的な形は図8・5に示してある．pHははじめの値から緩やかに増加し，酸と共役塩基が共存する領域ではヘンダーソン-ハッセルバルヒの式に従いながら量論点に向かう．量論点近傍でpHは急激に変化し，中和によってできる塩の溶液に固有な値に到達する．ここでは弱塩基（もとの酸の共役塩基）の溶液が全体のpHを決めている．こうして登りつめたpHは，塩基をもっと過剰に加えても徐々に上昇するだけである．溶液全体が滴定液そのものになるほど滴定液を大量に加えれば，滴定液として使った塩基のpHに限りなく近づくことになる．このときの量論点は，pHが急激に変化するのを観測すれば検出できる．そのpHの値は「簡単な例示8・5」で計算したものである．

被分析溶液が弱塩基（アンモニアなど）で，滴定液が酸（塩酸など）の場合も同じような変化が見られる．この場合には，図8・6に示すようなpH曲線が得られる．すなわち，酸を加えるにつれpHは徐々に下がり，もとの塩基の共役酸（この場合は $NH_4^+$）の溶液に相当するpHのところで急降下し，そこから次第に滴定液として使用した強酸（この場合は HCl）のpHに近づく．量論点でのpHは弱酸性側にあり，その値は例題8・1に示したやり方で計算できる．

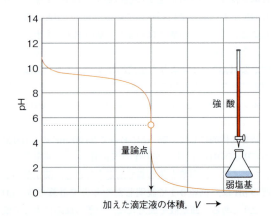

**図8・6**　弱塩基（被分析溶液）を強酸（滴定液）で滴定した場合のpH曲線．量論点はpH < 7にある．量論点を過ぎれば，溶液のpHは滴定液の値に近づく．

## 8・6　緩衝作用

共役な関係にある酸と塩基の濃度がほぼ等しいとき，つまりpH ≈ $\text{p}K_a$ のとき，pHは緩やかに変化する．これが

緩衝作用[1]である．すなわち，ここでは強酸や強塩基が少量加えられても，それによるpH変化に対抗するような作用がある（図8·7）．**酸性緩衝液**[2]は，溶液のpHを7以下の値で安定化させるもので，ふつうは弱酸（酢酸など）とその共役塩基を供給する塩（酢酸ナトリウムなど）の溶液でつくられる．**塩基性緩衝液**[3]は，溶液のpHを7以上の値で安定化させるもので，弱塩基（アンモニアなど）とその共役酸を供給する塩（塩化アンモニウムなど）の溶液でつくられる．

外から塩基を加えてもこれと反応するだけの$H_3O^+$を供給できるのである．塩基性緩衝液でも同様の仕掛けがあり，外から酸を加えても溶液中に存在する塩基Bにはプロトン受容能力があり，外から塩基を加えても共役酸$BH^+$にはプロトン供与能力があるわけである．

これらの能力は，緩衝液に含まれるヒドロニウムイオンの平衡組成の変化を考えれば定量的に表せる．具体的な例を示せばわかりやすいであろう．

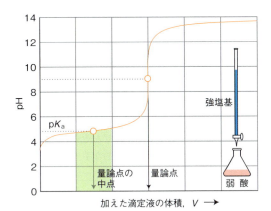

**図8·7** 量論点までの中間点付近では，溶液のpHが緩やかにしか変化しない．この領域では，p$K_a$の値に近いpHに溶液を保つような緩衝作用がある．

● **簡単な例示 8·6　緩衝液のpH**

　$KH_2PO_4(aq)$と$K_2HPO_4(aq)$を等モル含む緩衝液があり，そのpHが知りたいとしよう．この溶液中には2種類のアニオン，$H_2PO_4^-$と$HPO_4^{2-}$が存在する．前者は後者の共役酸という関係にあり，
$H_2PO_4^-(aq) + H_2O(l) \rightleftharpoons H_3O^+(aq) + HPO_4^{2-}(aq)$
という平衡が成り立っている．したがって，酸形である$H_2PO_4^-$のp$K_a$値が必要である．この場合は，リン酸のp$K_{a2}$の値が採用できるから，それを表8·2から得る．p$K_a = 7.21$である．したがって，この溶液はpH = 7付近で緩衝作用をもつ．●

**自習問題 8·10**

　$NH_3$と$NH_4Cl$の等モルから成る緩衝液のpHを求めよ．
　　　　　　　　［答: 9.25．9程度とするのがよい］

酸性緩衝液がpHを安定化できるのは，塩から供給された大量の$A^-$イオンが存在していて，外から酸を加えて$H_3O^+$イオンができてもこれを取除く作用をするからである．また，塩から大量のHA分子も供給されているから，

### 例題 8·8　緩衝液の効果の実例

　$1.0 \ mol \ dm^{-3}$のHCl(aq)を1滴（$0.20 \ cm^3$としよう）純水$25 \ cm^3$に加えると，ヒドロニウムイオンの濃度は$0.0080 \ mol \ dm^{-3}$に増えるから，pHは7.0から2.1まで大きく変化する．同じ1滴を，こんどは$0.040 \ mol \ dm^{-3}$の$NaCH_3CO_2(aq)$と$0.080 \ mol \ dm^{-3}$の$CH_3COOH(aq)$から成る酢酸塩の緩衝液$25 \ cm^3$に加えたとする．pHはどれだけ変化するか．

**解法**　この混合物には酸が含まれているから酸性緩衝液である．ヘンダーソン-ハッセルバルヒの式を使って（もっともよいのは直接に）最初のpHをまず計算する．次に，HCl(aq) 1滴によって加わった$H_3O^+$の物質量と，その結果として見られる溶液中の酢酸と酢酸イオンの物質量の変化を計算する．最後にヘンダーソン-ハッセルバルヒの式を使って，溶液のpHを計算する．

**解答**　この緩衝液の最初のpHは，

$$pH = \underbrace{4.75}_{pK_a} - \log \frac{\overbrace{0.080}^{[CH_3COOH]}}{\underbrace{0.040}_{[CH_3CO_2^-]}} = 4.45$$

である．加えるHCl(aq) 1滴には，

$$n(H_3O^+) = (0.20 \times 10^{-3} \ dm^3) \times (1.0 \ mol \ dm^{-3})$$
$$= 0.20 \ mmol$$

が含まれている．一方，この緩衝液には，

$$n(CH_3CO_2^-) = (25 \times 10^{-3} \ dm^3) \times (0.040 \ mol \ dm^{-3})$$
$$= 1.0 \ mmol$$

$$n(CH_3COOH) = (25 \times 10^{-3} \ dm^3) \times (0.080 \ mol \ dm^{-3})$$
$$= 2.0 \ mmol$$

が含まれている．酸を加えることによって，この酢酸イオンにプロトン付加が起こって，その量は0.8 mmolにまで減少する．その結果，$CH_3COOH$の物質量は2.0 mmolから2.2 mmolまで増加する．溶液の体積はほとんど変化しないから，それぞれの濃度は$NaCH_3CO_2(aq)$が$0.032 \ mol \ dm^{-3}$と$CH_3COOH(aq)$が$0.088 \ mol \ dm^{-3}$となる．そこ

---

1) buffer action　2) acid buffer　3) base buffer

で，ヘンダーソン–ハッセルバルヒの式から，

$$pH = 4.75 - \log \frac{0.088}{0.032} = 4.31$$

ここで上段の $\frac{[CH_3COOH]}{[CH_3CO_2^-]}$ の部分、および $4.75$ が $pK_a$

が得られる．pH の変化は 4.45 から 4.31 であり，緩衝液がない場合に比べてずっと小さなものである．

### 自習問題 8·11

1.5 mol dm$^{-3}$ の NaOH(aq) 0.20 cm$^3$ を，30 cm$^3$ の (a) 純水，(b) 0.20 mol dm$^{-3}$ の KH$_2$PO$_4$(aq) と 0.30 mol dm$^{-3}$ の K$_2$HPO$_4$(aq) から成るリン酸塩緩衝液に加えたときの pH の変化をそれぞれ計算せよ．

[答: (a) 7.00 から 12.00, (b) 7.39 から 7.42]

### 医学へのインパクト 8·1

#### 血液における緩衝作用

人の生理的緩衝液は，血液の pH を 7.37 ～ 7.43 という狭い範囲に保つ役目をしている．それによって，体内の生体高分子を活性なコンホメーションに安定化させ，生化学的諸反応の反応速度を最適化しているのである．血液の pH をこの程度でほぼ一定に維持するために，二つの緩衝系が働いている．一つは，炭酸/重炭酸塩(炭酸水素)イオンの平衡による緩衝作用であり，もう一つは，血液中で O$_2$ を運ぶ役目をするタンパク質のヘモグロビン(インパクト 7·2 参照)のプロトン付加形とプロトン脱離形が関与する緩衝作用である．

血液中では，水と気体 CO$_2$ の反応で炭酸ができる．その CO$_2$ は，吸い込んだ空気や代謝副生物によるものである．

$$CO_2(g) + H_2O(l) \rightleftharpoons H_2CO_3(aq)$$

赤血球中では，この反応は炭酸デヒドラターゼという酵素の触媒作用で促進される．それで，水溶液中では炭酸のプロトンが取れて，重炭酸塩(炭酸水素)イオンが生成する．

$$H_2CO_3(aq) + H_2O(l) \rightleftharpoons H_3O^+(aq) + HCO_3^-(aq)$$

正常な血液の pH は約 7.4 であるから，$[HCO_3^-]/[H_2CO_3]$ ≈ 20 である．体内での血液の pH の調節は，ホメオスタシス(恒常性)の一例である．それは，環境変化に対抗して生体が生理的な応答によってこれを打ち消す能力である．たとえば，炭酸の濃度は呼吸により調節できる．息を吐けば，CO$_2$(g) と H$_2$CO$_3$(aq) から成る系を消費するか

ら，血液の pH は上昇する．逆に，息を吸えば，血液中の炭酸濃度が上昇し，pH は下がる．腎臓もヒドロニウムイオン濃度を調節する重要な役目をしている．アミノ酸(グルタミンなど)からとれた窒素で生成したアンモニアが余分のヒドロニウムイオンと結合し，アンモニウムイオンが尿として排泄されるのである．

アルカローシス[1]は，血液の pH が約 7.45 を超えると起こる．呼吸性アルカローシス(過呼吸)は，過度の呼吸によってひき起こされる．簡単な手当は，紙袋の中で呼吸することで，吸入する CO$_2$ の濃度を少し上げてやることである．代謝性アルカローシスは，病気や中毒，嘔吐の繰返し，利尿薬の乱用などによってひき起こされる．体は，呼吸の速さを遅くすることで血液の pH 上昇を調節している．

アシドーシス[2]は，血液の pH が約 7.35 より低くなると起こる．呼吸性アシドーシスでは，呼吸困難により，血液中に溶けている CO$_2$ 濃度が上昇し，pH が下がる．これは，煙を大量に吸った被災者や，ぜんそくや肺炎，肺気腫の患者に共通している．最も効果的な手当は，換気装置で呼吸させることである．代謝性アシドーシスでは，乳酸などの酸性の代謝副生物が大量に発生し，それが炭酸水素塩イオンと反応して炭酸を生成した結果，血液の pH を下げる．糖尿病や重度の火傷を負った患者にも共通して見られる．

血液中のヒドロニウムイオン濃度はまた，ヘモグロビンによって調節される．ヘモグロビンは，タンパク質の表面に出ているアミノ酸残基のプロトン付加の状況によって，プロトン脱離形(塩基性)とプロトン付加形(酸性)の両方で存在しうる．ヘモグロビン内での炭酸/重炭酸塩(炭酸水素塩)イオンの平衡とプロトン平衡もまた，血液と酸素の結合状況を調節している．この調節機構の鍵になっているのはボーア効果[3]で，ヘモグロビンがプロトン脱離すれば O$_2$ と強く結合し，プロトン付加すれば O$_2$ を放出する．したがって，溶けている CO$_2$ 濃度が高くなり，血液の pH がわずかに低下すれば，ヘモグロビンがプロトン付加形になって，組織に結合している O$_2$ が放出される．逆に，CO$_2$ が排出されて，血液の pH がわずかに上昇すれば，ヘモグロビンはプロトン脱離形となって，O$_2$ を取込む．

## 8·7 指示薬

酸–塩基滴定の量論点近傍では pH に急激な変化が見られるから，指示薬による検出が可能である．**酸–塩基指示薬**[4]には水溶性の有機分子が用いられ，その酸形(HIn)と共役塩基形(In$^-$)とで色が異なることを利用している．この 2 種類の形態が溶液中では平衡にあり，

---

1) alkalosis  2) acidosis  3) Bohr effect  4) acid–base indicator

$$HIn(aq) + H_2O(l) \rightleftharpoons H_3O^+(aq) + In^-(aq)$$

$$K_{In} = \frac{a_{H_3O^+} a_{In^-}}{a_{HIn}} \approx \frac{a_{H_3O^+}[In^-]}{[HIn]}$$

が成り立つ．代表的な指示薬の $pK_{In}$ の値を表8・3に示す．ここで，共役関係にある指示薬の酸形と塩基形の濃度比は，

$$\frac{[In^-]}{[HIn]} \approx \frac{K_{In}}{a_{H_3O^+}}$$

で与えられる．この式は，常用対数をとってから「必須のツール2・2」にある方法を使えば，変形することができ，

$$\log \frac{[In^-]}{[HIn]} \approx \log \frac{K_{In}}{a_{H_3O^+}}$$

$\log(x/y) = \log x - \log y$  $\overbrace{-pK_{In}}$  $\overbrace{-pH}$

$$= \overline{\log K_{In} - \log a_{H_3O^+}}$$

となり，次式のように書ける．

$$\log \frac{[In^-]}{[HIn]} \approx pH - pK_{In} \qquad (8\cdot 15)$$

● **簡単な例示 8・7　指示薬**

溶液に酸を加えたとき，pH は $pK_{In}$ より高い側から低い側へと変化するから，$In^-$ の HIn に対する濃度比も1よりずっと大きな値から1よりずっと小さな値まで大きく変化することがわかる（図8・8参照）．たとえば，pH $= pK_{In} + 1$ なら $[In^-]/[HIn] = 10$ であるが，pH $= pK_{In} - 1$ なら $[In^-]/[HIn] = 10^{-1}$ であり，2桁も減少している．●

**自習問題 8・12**

溶液の pH が (a) 3.7，(b) 4.7，(c) 5.7 のとき，ブロモクレゾールグリーンの黄色形と青色形の存在比を求めよ．

［答： (a) 10:1，(b) 1:1，(c) 1:10］

---

量論点では pH が鋭く変化し，数単位にわたって大きく変わる．つまり，$H_3O^+$ のモル濃度も何桁か変わる．指示薬平衡はこのような pH の変化に応じて変化する．すなわち，量論点の酸性側では酸形の HIn が大勢を占め，このとき $H_3O^+$ が豊富に存在する．一方，量論点の塩基性側では $In^-$ が多く，このとき塩基は HIn からプロトンを奪っている．このような変化に伴う色の違いによって滴定の量論点を知るわけである．実際は，ある範囲の pH にわたって色が次第に変化するのであって，ふつうは HIn が $In^-$ の10倍も存在する pH ≈ $pK_{In} - 1$ から，$In^-$ が HIn の10倍も存在する pH ≈ $pK_{In} + 1$ までの範囲にわたっている．色の変化が起こる pH 領域の中点では pH ≈ $pK_{In}$ であり，HIn と $In^-$ は等量存在している．この点が指示薬の**終点**[1]である．指示薬をうまく選べば，指示薬の終点を滴定の量論点と一致させることができる．

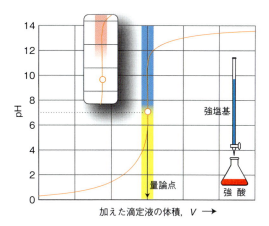

**図 8・8** 指示薬の色が変化する pH の領域を示してある．強酸-強塩基の滴定では，pH = 7 で色が変わる指示薬（ブロモチモールブルーなど）を用いれば，量論点を正確に求められる．しかし，pH の変化は非常に鋭く起こるので，この付近で色の変化が見られる指示薬なら何でもよい．たとえば，フェノールフタレイン（$pK_{In}$ = 9.4，表8・3を見よ）もよく使われる指示薬である．

滴定のタイプに応じて，適切な pH で色変化が起こる指示薬を使わなければならない．すなわち，指示薬の終点を滴定の量論点と一致させる必要があり，したがって $pK_{In}$ が量論点の pH に近い指示薬を選ばなければならない．たとえば，弱酸-強塩基の滴定では，量論点は pH > 7 に存在しているから，その pH で変化する指示薬を選ぶ（図8・9）．同様にして，強酸-弱塩基の滴定の場合は，pH < 7 に終点がある指示薬を選ぶ必要がある．定性的にいえば，

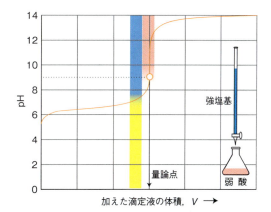

**図 8・9** 弱酸-強塩基の滴定の場合は，$pK_{In}$ ≈ 7 の指示薬（ブロモチモールブルーなど）を使えば量論点の検出を誤ってしまう．量論点の pH に近いところで色の変化を伴う指示薬を使う必要がある．この場合には pH = 9 付近で色が変化するフェノールフタレインが適している．

---

[1] end point

## 8. 溶液の化学平衡

**表8·3** 指示薬とその色の変化

| 指示薬 | 酸形の色 | 色変化のpH領域 | p$K_{In}$ | 塩基形の色 |
|---|---|---|---|---|
| チモールブルー | 赤 | 1.2〜2.8 | 1.7 | 黄 |
| メチルオレンジ | 赤 | 3.2〜4.4 | 3.4 | 黄 |
| ブロモフェノールブルー | 黄 | 3.0〜4.6 | 3.9 | 青 |
| ブロモクレゾールグリーン | 黄 | 4.0〜5.6 | 4.7 | 青 |
| メチルレッド | 赤 | 4.8〜6.0 | 5.0 | 黄 |
| ブロモチモールブルー | 黄 | 6.0〜7.6 | 7.1 | 青 |
| リトマス | 赤 | 5.0〜8.0 | 6.5 | 青 |
| フェノールレッド | 黄 | 6.6〜8.0 | 7.9 | 赤 |
| チモールブルー | 黄 | 9.0〜9.6 | 8.9 | 青 |
| フェノールフタレイン | 無 色 | 8.2〜10.0 | 9.4 | ピンク |
| アリザリンイエロー | 黄 | 10.1〜12.0 | 11.2 | 赤 |
| アリザリン | 赤 | 11.0〜12.4 | 11.7 | 紫 |

強酸–強塩基の滴定には p$K_{In} \approx 7$ の指示薬，強酸–弱塩基の滴定には p$K_{In} < 7$ の指示薬，弱酸–強塩基の滴定には p$K_{In} > 7$ の指示薬を選ぶべきである．

## 溶 解 度 平 衡

　固体が溶媒に溶けるのには限りがあり，その限度以上に固体を加えたときは溶液と固体溶質のあいだに平衡が成立する．このとき，その溶液は**飽和**[1]しているといい，そのモル濃度は加えた固体の**モル溶解度**[2]である．このように固体溶質と溶液の2相が動的平衡状態にあるということは，平衡の概念を使って飽和溶液の組成を吟味できることを示している．溶解度平衡は，関与する化学種が異なる相にある<u>不均一系平衡</u>（この場合は固体の溶質と液体の溶液のあいだの平衡）である．電解質水溶液のさまざまな性質は平衡定数で表されるが，それをこの節で考えよう．ただし，ここでは**難溶性**[3]の化合物，つまり水にほんの少ししか溶けないものに話を限る．このように限定するのは，濃度が高いとイオン–イオン間の相互作用の効果が複雑に関与するので，信頼できる結果を得るにはもっと高級な手法が必要になるからである．ここでも精密な数値を求めることよりも，一般的な傾向や性質に注目することにする．また，系の温度を298 Kとして計算する．

### 8·8 溶解度定数

　難溶性のイオン性化合物，水酸化カルシウム $Ca(OH)_2$ と，水溶液中のそのイオンとの間に成り立つ不均一系平衡は，

$$Ca(OH)_2(s) \rightleftharpoons Ca^{2+}(aq) + 2\,OH^-(aq)$$

$$K_s = \frac{a_{Ca^{2+}} a_{OH^-}^2}{\underline{a_{Ca(OH)_2}}} = a_{Ca^{2+}} a_{OH^-}^2$$

で表される．このようなイオン平衡の平衡定数を**溶解度定数**[4]という（<u>溶解度積定数</u>[5]，もしくは単に<u>溶解度積</u>[6]ともいう）．ここで，固体の活量は1であるから平衡定数の式に現れないことに注意しよう．この溶液は非常に希薄であるから $a_J \approx [J]/c^{\ominus}$ であり，いつものように化学種Jの活量 $a_J$ をモル濃度の数値で置き換えることができる．測定によって得られた溶解度定数の代表的な値を表8·4に示す．

　難溶性物質の溶解度定数は，その**モル溶解度**[7] $s$ の数値で表すことができる．$A^{a+}$ イオンと $B^{b-}$ イオンから成る $A_xB_y$ 型のイオン性の化合物の場合は，溶液中のカチオンのモル濃度は $[A^{a+}] = xs$，アニオンのモル濃度は $[B^{b-}] = ys$ である．その活量をモル濃度で置き換えてよければ，溶解度定数は次式で表せる．

$$K_s = [A^{a+}]^x [B^{b-}]^y = (xs)^x (ys)^y = x^x y^y s^{(x+y)}$$

● **簡単な例示8·8　塩の溶解度**

　水酸化カルシウムの量論関係からわかるように，溶液中の $Ca^{2+}$ イオンのモル濃度は，溶けた $Ca(OH)_2$ のモル濃度に等しい．つまり $[Ca^{2+}] = s$ である．一方，$OH^-$ イオンの濃度は $Ca(OH)_2$ の2倍であるから $[OH^-] = 2s$ である．したがって，

---

1) saturation　2) molar solubility　3) sparingly soluble　4) solubility constant　5) solubility product constant
6) solubility product　7) molar solubility

## 8・9 共通イオン効果

$K_s \approx s \times (2s)^2 = 4s^3$   すなわち   $s \approx (\frac{1}{4}K_s)^{1/3}$

である. 表8・4から$K_s = 5.5 \times 10^{-6}$が得られるから$s \approx 1 \times 10^{-2}$であり, そのモル溶解度は$1 \times 10^{-2}$ mol dm$^{-3}$である. ●

**表8・4** 298.15Kにおける溶解度定数

| 化合物 | 化学式 | $K_s$ |
|---|---|---|
| 臭化銀 | AgBr | $7.7 \times 10^{-13}$ |
| 塩化銀 | AgCl | $1.6 \times 10^{-10}$ |
| 炭酸銀 | Ag$_2$CO$_3$ | $6.2 \times 10^{-12}$ |
| ヨウ化銀 | AgI | $1.5 \times 10^{-16}$ |
| 水酸化銀 | AgOH | $1.5 \times 10^{-8}$ |
| 硫化銀 | Ag$_2$S | $6.3 \times 10^{-51}$ |
| 水酸化アルミニウム | Al(OH)$_3$ | $1.0 \times 10^{-33}$ |
| 炭酸バリウム | BaCO$_3$ | $8.1 \times 10^{-9}$ |
| フッ化バリウム | BaF$_2$ | $1.7 \times 10^{-6}$ |
| 硫酸バリウム | BaSO$_4$ | $1.1 \times 10^{-10}$ |
| 硫化ビスマス（III） | Bi$_2$S$_3$ | $1.0 \times 10^{-97}$ |
| 炭酸カルシウム | CaCO$_3$ | $8.7 \times 10^{-9}$ |
| フッ化カルシウム | CaF$_2$ | $4.0 \times 10^{-11}$ |
| 水酸化カルシウム | Ca(OH)$_2$ | $5.5 \times 10^{-6}$ |
| 硫酸カルシウム | CaSO$_4$ | $2.4 \times 10^{-5}$ |
| 臭化銅（I） | CuBr | $4.2 \times 10^{-8}$ |
| 塩化銅（I） | CuCl | $1.0 \times 10^{-6}$ |
| シュウ酸銅（II） | CuC$_2$O$_4$ | $2.9 \times 10^{-8}$ |
| ヨウ化銅（I） | CuI | $5.1 \times 10^{-12}$ |
| ヨウ素酸銅（II） | Cu(IO$_3$)$_2$ | $1.4 \times 10^{-7}$ |
| 硫化銅（II） | CuS | $8.5 \times 10^{-45}$ |
| 硫化銅（I） | Cu$_2$S | $2.0 \times 10^{-47}$ |
| 水酸化鉄（II） | Fe(OH)$_2$ | $1.6 \times 10^{-14}$ |
| 水酸化鉄（III） | Fe(OH)$_3$ | $2.0 \times 10^{-39}$ |
| 硫化鉄（II） | FeS | $6.3 \times 10^{-18}$ |
| 塩化水銀（I） | Hg$_2$Cl$_2$ | $1.3 \times 10^{-18}$ |
| ヨウ化水銀（I） | Hg$_2$I$_2$ | $1.2 \times 10^{-28}$ |
| 硫化水銀（II） | HgS（黒） | $1.6 \times 10^{-52}$ |
| | （赤） | $1.4 \times 10^{-53}$ |
| 炭酸マグネシウム | MgCO$_3$ | $1.0 \times 10^{-5}$ |
| フッ化マグネシウム | MgF$_2$ | $6.4 \times 10^{-9}$ |
| リン酸マグネシウムアンモニウム | MgNH$_4$PO$_4$ | $2.5 \times 10^{-13}$ |
| 水酸化マグネシウム | Mg(OH)$_2$ | $1.1 \times 10^{-11}$ |
| 水酸化ニッケル（II） | Ni(OH)$_2$ | $6.5 \times 10^{-18}$ |
| 臭化鉛（II） | PbBr$_2$ | $7.9 \times 10^{-5}$ |
| 塩化鉛（II） | PbCl$_2$ | $1.6 \times 10^{-5}$ |
| フッ化鉛（II） | PbF$_2$ | $3.7 \times 10^{-8}$ |
| ヨウ化鉛（II） | PbI$_2$ | $1.4 \times 10^{-8}$ |
| ヨウ素酸鉛（II） | Pb(IO$_3$)$_2$ | $2.6 \times 10^{-13}$ |
| 硫化鉛（II） | PbS | $3.4 \times 10^{-28}$ |
| 硫酸鉛（II） | PbSO$_4$ | $1.6 \times 10^{-8}$ |
| 硫化アンチモン（III） | Sb$_2$S$_3$ | $1.7 \times 10^{-93}$ |
| 水酸化亜鉛 | Zn(OH)$_2$ | $2.0 \times 10^{-17}$ |
| 硫化亜鉛 | ZnS | $1.6 \times 10^{-24}$ |

### 自習問題 8・13

銅はいろいろな鉱物に含まれている. その一つは輝銅鉱Cu$_2$Sである. この化合物の25℃での水に対するおよそのモル溶解度を求めよ. 表8・4にあるCu$_2$Sの値を用いよ.
［答: $1.7 \times 10^{-16}$ mol dm$^{-3}$］

「簡単な例示8・8」で得られた結果は近似にすぎない. それは, イオン−イオンの相互作用を無視したからである. しかし, 考えている固体は難溶性であるからイオンの濃度は低く, その誤差は比較的小さい. きわめて溶けにくい化合物の場合には, 溶かしたものの質量を直接測るよりも溶解度定数から（9章で述べる電気化学的な測定で）求める方が正確な値が得られる.

溶解度定数は平衡定数であるから, 熱力学データ（具体的には, 溶液中のイオンの標準生成ギブズエネルギーと$\Delta_r G^{\ominus} = -RT \ln K$の関係）から計算できる. ほとんど溶けない塩では溶解度の直接測定は非常に困難である. 別の応用として定性分析にも使うことができ, $K_s$の値からわかる濃度をうまく選べば, 混合物中に含まれる化合物（たとえば硫化物）の連続析出や重元素（たとえばバリウム）の検出などが可能である.

### 8・9 共通イオン効果

個々の化学種の濃度が変化しても平衡定数は変化しないという原理は, 溶解度定数にもあてはまる. そこで溶解度定数を使って, 種々の化学種を溶液に加えたときの効果を考えよう. 特に重要なのは, 溶液中に難溶性化合物が溶けているとき, これと共通のイオンをもつ別の溶けやすい化合物を加えたら, その難溶性化合物の溶解度がどうなるかという問題である. たとえば, 塩化銀の飽和水溶液に塩化ナトリウムを加えたときの塩化銀の溶解度について考えてみよう. この場合の共通イオンはCl$^-$である.

ルシャトリエの原理（7章）からはどう予想されるだろうか. 共通イオンの濃度が増加すれば, 平衡はその増加を最小限に抑えるように応答するはずである. その結果, もとの塩の溶解度は減少すると予想される. この効果を定量的に扱うには, 純水に対する塩化銀のモル溶解度は, 溶解度定数と$s \approx K_s^{1/2}$の関係があることに注目する. 共通イオンの効果を調べるために, 溶液にCl$^-$イオンを加えてその濃度を$C$（mol dm$^{-3}$）にしたとする. ただし, これは塩化銀から生じたCl$^-$イオンの濃度よりずっと高いものとする. そうすれば,

$$K_s = a_{Ag^+} a_{Cl^-} \approx ([Ag^+]/c^{\ominus})(C/c^{\ominus})$$

と書くことができる. しかし, イオン性溶液の場合には, 理想的な挙動からのずれを無視するのは非常に危険である. そこで以後の計算は, 難溶性塩の溶液に共通イオンを

加えたときに起こる変化を示すことだけを目的とする．すなわち，以下で得られる結果は定性的な傾向という点では再現できるが，定量的には信頼できない．このことを念頭においたうえで，塩化物イオンを加えたときの塩化銀の溶解度 $s'$ を表せば，

$$\frac{s'}{c^{\ominus}} = \frac{K_s}{C/c^{\ominus}} \quad \text{すなわち} \quad s' = \frac{K_s \times c^{\ominus 2}}{C} \quad (8 \cdot 16)$$

となる．共通イオンを加えることで溶解度が大きく減少することがわかる．このように，共通イオンの存在によって難溶性塩の溶解度が減少することを**共通イオン効果**[1]という．

● **簡単な例示 8·9　共通イオン効果**

水に対する塩化銀の溶解度は $1.3 \times 10^{-5} \, \text{mol dm}^{-3}$ であるから，その溶解度定数は，

$$K_s \approx ([Ag^+]/c^{\ominus})([Cl^-]/c^{\ominus}) = (s/c^{\ominus}) \times (s/c^{\ominus})$$
$$= (s/c^{\ominus})^2$$

である．$0.10 \, \text{M}$ の $NaCl\,(aq)$ が存在するときは，

$$s' = \frac{K_s \times c^{\ominus 2}}{C} \approx \frac{(s/c^{\ominus})^2 \times c^{\ominus 2}}{C} = \frac{s^2}{C}$$
$$= \frac{(1.3 \times 10^{-5} \, \text{mol dm}^{-3})^2}{0.10 \, \text{mol dm}^{-3}} = 1.7 \times 10^{-9} \, \text{mol dm}^{-3}$$

であるから，もとの約 $1/10000$ でしかない．■

---

**自習問題 8·14**

フッ化カルシウム $CaF_2$ の (a) 水，(b) $0.010 \, \text{M}$ の $NaF$ (aq) に対するモル溶解度はどれだけか．

［答：(a) $2.2 \times 10^{-4} \, \text{mol dm}^{-3}$；(b) $4.0 \times 10^{-7} \, \text{mol dm}^{-3}$］

---

## 8·10　溶解度に与える塩の添加効果

難溶性塩と共通のイオンがない塩でも，加えるだけで難溶性塩の溶解度が影響を受ける場合がある．加えた塩の濃度が低いとき，難溶性塩の溶解度が増加するのである．それは，9章で中心テーマとなる現象によって説明できる．水溶液では，カチオンがアニオンの近傍に，アニオンはカチオンの近傍にいようとする．すなわち，各イオンは反対電荷のイオンがつくる"イオン雰囲気"という環境の中にいる．これによって生じる電荷の不均衡は大きなものではない．それは，イオンが熱運動で絶え間なく揺れ動いているからである．それでいてこのイオン雰囲気は，中心イオンのエネルギーをほんのわずか安定化させるには十分なのである．

難溶性塩の水溶液にある可溶性塩を加えると，その可溶性塩による豊富なイオンが難溶性塩のイオンのまわりにイオン雰囲気を形成する．その結果，エネルギーの低下が起こり，その難溶性塩が溶液に溶けやすくなる．すなわち，塩の添加によって難溶性塩の溶解度が上昇するのである．

難溶性塩 AB に可溶性塩 MX を加えたときの効果を求めるために，AB の溶解度定数を活量や活量係数で表しておく．

$$K_s = a_A a_B = \gamma_A \gamma_B [A][B] = \gamma_A \gamma_B s^2$$

すなわち，$s = (K_s/\gamma_A \gamma_B)^{1/2}$ である．したがって，「必須のツール 2·2」から，

$$\log s = \frac{1}{2} \log(K_s/\gamma_A \gamma_B)$$
$$\log(x/y) = \log x - \log y$$
$$= \frac{1}{2} \log K_s - \frac{1}{2} \log \gamma_A \gamma_B$$

が得られる．9章で説明するように，活量係数の積の対数は加えた塩の濃度 $C$ の平方根に比例する．溶媒の種類と温度で決まる定数 $A$ を使って表せば，$\log \gamma_A \gamma_B = -2AC^{1/2}$ である．$25\,^{\circ}C$ の水では $A = 0.51$ である．したがって，

$$\log s = \frac{1}{2} \log K_s + AC^{1/2}$$

AB に MX を添加したとき　塩の添加効果　$(8 \cdot 17)$

となる．ここで，$AC^{1/2}$ は加えた塩の濃度とともに増加するから，予想通り，$\log s$，したがって $s$ そのものも増加することがわかる．このように $\log s$ が $C^{1/2}$ に直線的に増加する依存性が観測されるのは，加えた塩の濃度が低い場合に限る．

● **簡単な例示 8·10　溶解度に与える塩の添加効果**

$25\,^{\circ}C$ の水に対する AgCl の溶解度は $s = K_s^{1/2}$ である．$K_s = 1.6 \times 10^{-10}$ であるから $s = 1.3 \times 10^{-5} \, \text{mol dm}^{-3}$ である．$0.10 \, \text{mol dm}^{-3}$ の $KNO_3$ (aq) が存在すれば，溶解度は，

$$\log s = \frac{1}{2} \times \overbrace{\log(1.6 \times 10^{-10})}^{K_s} + \overbrace{0.51}^{A} \times \overbrace{(0.10)^{1/2}}^{C^{1/2}}$$
$$= -4.74$$

に増加する．これは，$s = 1.8 \times 10^{-5} \, \text{mol dm}^{-3}$ に相当する．■

---

**自習問題 8·15**

AgCl の水に対する溶解度を $2.1 \times 10^{-5} \, \text{mol dm}^{-3}$ に増加させるための $KNO_3$ の濃度を求めよ．

［答：$0.19 \, \text{mol dm}^{-3}$］

---

1) common-ion effect

## チェックリスト

- [ ] 1 酸と塩基のブレンステッド–ロウリーの理論では，酸はプロトン供与体であり，塩基はプロトン受容体である．
- [ ] 2 酸 HA の強さを酸定数 $K_a$ で表し，塩基 B の強さを塩基定数 $K_b$ で表す．
- [ ] 3 弱酸では $K_a < 1$ であり，$pK_a > 0$ である．強酸は，水溶液中ではふつう完全にプロトン脱離している．
- [ ] 4 強塩基は，溶液中で完全にプロトン付加されている（$K_b > 1$）．弱塩基は，水中では完全にはプロトン付加されていない（$K_b < 1$）．
- [ ] 5 $pH < pK_a$ のとき，その化学種の酸形が優勢で，$pH > pK_a$ なら塩基形が優勢である．
- [ ] 6 多プロトン酸は，2個以上のプロトンを供与しうる分子性の化合物である．
- [ ] 7 両プロトン性の化学種は，プロトンを受容することも供与することもできる分子またはイオンである．
- [ ] 8 弱酸とその共役塩基の混合水溶液の pH は，ヘンダーソン–ハッセルバルヒの式で与えられる．
- [ ] 9 弱酸とその共役塩基を等濃度で含む緩衝液の pH は，$pH = pK_a$ である．
- [ ] 10 酸性緩衝液は，溶液の pH を 7 以下に保つもので，それには弱酸とその共役塩基を与える塩の溶液をつくればよい．
- [ ] 11 塩基性緩衝液は，溶液の pH を 7 以上に保つもので，それには弱塩基とその共役酸を与える塩の溶液をつくればよい．
- [ ] 12 酸–塩基指示薬の色変化が起こる滴定終点では，$pH = pK_{In}$ である．滴定では，指示薬の終点が量論点と一致するような指示薬を選ぶこと．
- [ ] 13 固体を溶媒に加えて溶かせば，やがて溶液と固体溶質の平衡が成立する．固体のモル溶解度は，その飽和溶液のモル濃度である．
- [ ] 14 共通イオン効果とは，共通イオンの存在によって難溶性塩の溶解度が減少することをいう．
- [ ] 15 共通イオンをもたない塩を低濃度で加えれば，難溶性塩の溶解度は増加する．

## 重要な式の一覧

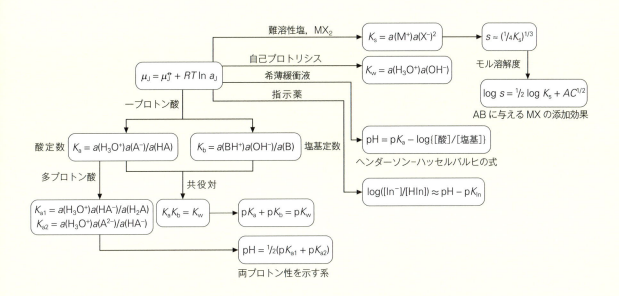

## 問題と演習

### 文章問題

**8・1** 滴定中の pH 変化を，(a) 強塩基による弱酸の滴定，(b) 強酸による弱塩基の滴定，についてそれぞれ説明せよ．

**8・2** 緩衝作用と指示薬による検出の原理について述べよ．

**8・3** 滴定で使う"量論点（当量点）"と"終点"の違いを説明せよ．

**8·4** 三プロトン酸の塩の溶液について，pH が 1 から 14 まで変化したときの組成変化の概略を示せ．

**8·5** 両プロトン性塩の溶液の pH を計算する式が使える条件を述べよ．なぜ，そのような条件が存在するのか．その理由を説明せよ．

**8·6** ヘンダーソン–ハッセルバルヒの式の導出に使う近似について述べ，その近似が成り立つことを説明せよ．

**8·7** 共通イオン効果を説明せよ．

## 演習問題

**8·1** つぎの酸の水溶液中でのプロトン移動平衡を書き，それぞれの場合について共役な酸–塩基対を示せ．(a) $H_2SO_4$, (b) HF (フッ化水素酸), (c) $C_6H_5NH_3^+$ (アニリニウムイオン), (d) $H_2PO_4^-$ (リン酸二水素塩イオン), (e) HCOOH (ギ酸), (f) $NH_2NH_3^+$ (ヒドラジニウムイオン).

**8·2** 生体系には数多くの酸が存在している．生化学的に重要なつぎの酸の水溶液中でのプロトン移動平衡を書け．(a) 乳酸 ($CH_3CHOHCOOH$), (b) グルタミン酸 ($HOOC$-$CH_2CH_2CH(NH_2)COOH$), (c) グリシン ($NH_2CH_2COOH$), (d) シュウ酸 ($HOOCCOOH$).

**8·3** 4種の溶液中の $H_3O^+$ イオンのモル濃度を 25 ℃ で測定し，つぎの値を得た．それぞれの溶液の pH と pOH を計算せよ．(a) $1.5 \times 10^{-5}$ mol dm$^{-3}$ (雨水), (b) 1.5 mmol dm$^{-3}$, (c) $5.1 \times 10^{-14}$ mol dm$^{-3}$, (d) $5.01 \times 10^{-5}$ mol dm$^{-3}$.

**8·4** つぎの溶液の $H_3O^+$ イオンのモル濃度と pH を計算せよ．(a) 0.144 M の HCl(aq) 25.0 cm$^3$ を 0.125 M の NaOH(aq) 25.0 cm$^3$ に加えた溶液，(b) 0.15 M の HCl(aq) 25.0 cm$^3$ を 0.15 M の KOH(aq) 35.0 cm$^3$ に加えた溶液，(c) 0.22 M の HNO$_3$(aq) 21.2 cm$^3$ を 0.30 M の NaOH(aq) 10.0 cm$^3$ に加えた溶液．

**8·5** 生物学的や医学的な応用ではたいていの場合，体温 (37 ℃) でのプロトン移動平衡を考えなければならない．体温における水の $K_w$ の値は $2.5 \times 10^{-14}$ である．(a) 37 ℃ における中性の水の $[H_3O^+]$ の値と pH はいくらか．(b) 37 ℃ における中性の水の OH$^-$ イオンのモル濃度と pOH はいくらか．

**8·6** ビッグバンで宇宙に何らかの異変が起こり，通常の水素の代わりに重水素が多量に存在することになったとしよう．このとき，化学平衡には微妙な変化がいくつも見られるであろう．特に，重水素は重いので塩基との間で起る重水素移動平衡はふつうの水素の場合とは違っているだろう．25 ℃ の重水，$D_2O$ の $K_w$ は $1.35 \times 10^{-15}$ である．(a) $D_2O$ の自己プロトリシス (正しくは，自己デューテロリシス) の平衡式を書け．(b) 25 ℃ における $D_2O$ の p$K_w$ を求めよ．(c) 25 ℃ における中性の重水中の $D_3O^+$ と OD$^-$ のモル濃度を求めよ．(d) 25 ℃ における中性の重水の pD と pOD を求めよ．(e) pD, pOD, p$K_w(D_2O)$ の間に成り立

つ関係を示せ．

**8·7** 0.50 M の HCl(aq) の pH を，理想的な振舞いを仮定して計算せよ．この濃度での平均活量係数は 0.769 である．信頼できる pH の値はいくらか．

**8·8** ファントホッフの式 (7·15式) を使って，p$K_a$ を温度に対してプロットしたグラフの勾配を表す式を導け．

**8·9** 水の p$K_w$ はつぎのように温度変化する．

| $\theta/$℃ | 10 | 15 | 20 | 25 | 30 | 35 |
|---|---|---|---|---|---|---|
| p$K_w$ | 14.5346 | 14.3463 | 14.1669 | 13.9965 | 13.8330 | 13.6801 |

水のプロトン脱離反応の標準反応エンタルピーを求めよ．

**8·10** アンモニア水溶液の p$K_b$ はつぎのように温度変化する．

| $\theta/$℃ | 10 | 15 | 20 | 25 | 30 | 35 |
|---|---|---|---|---|---|---|
| p$K_b$ | 4.804 | 4.782 | 4.767 | 4.751 | 4.740 | 4.733 |

このデータから得られる情報をできる限り多く挙げよ．

**8·11** 有機塩基ニコチンの p$K_b$ は 5.98 である．ニコチンのプロトン付加反応，その共役酸のプロトン脱離反応を書き，ニコチンの p$K_a$ の値を求めよ．

**8·12** つぎの溶液中でプロトン付加またはプロトン脱離している溶質の割合を求めよ．(a) 0.25 M の $C_6H_5COOH$ (aq), (b) 0.150 M の $NH_2NH_2$(aq) (ヒドラジン), (c) 0.112 M の $(CH_3)_3N$(aq) (トリメチルアミン).

**8·13** つぎの水溶液の pH と pOH，プロトン付加またはプロトン脱離している溶質の割合をそれぞれ計算せよ．(a) 0.150 M の $CH_3CH(OH)COOH$(aq) (乳酸), (b) $2.4 \times 10^{-4}$ M の $CH_3CH(OH)COOH$(aq), (c) 0.25 M の $C_6H_5SO_3H$(aq) (ベンゼンスルホン酸).

**8·14** アミノ酸のチロシンでは，カルボン酸基のプロトン脱離に対して p$K_a = 2.20$ であることがわかっている．その溶液の pH が (a) 7, (b) 2.2, (c) 1.5 のときのチロシンとその共役塩基の相対濃度を求めよ．

**8·15** 25 ℃ におけるつぎの酸溶液の pH を計算せよ．(a) $1.0 \times 10^{-4}$ M の $H_3BO_3$(aq) (ホウ酸は一プロトン酸として働く), (b) 0.015 M の $H_3PO_4$(aq), (c) 0.10 M の $H_2SO_3$(aq).

**8·16** 0.15 M の $(COOH)_2$ 水溶液における $(COOH)_2$, $HOOCCO_2^-$, $(CO_2)_2^{2-}$, $H_3O^+$, OH$^-$ のモル濃度をそれぞれ計算せよ．

**8·17** 0.065 M の $H_2S$ 水溶液における $H_2S$, HS$^-$, S$^{2-}$, $H_3O^+$, OH$^-$ のモル濃度をそれぞれ計算せよ．

**8·18** 20 mmol dm$^{-3}$ のグリシン水溶液の組成は pH によってどう変化するか．

**8·19** 亜硫酸水素イオン HSO$_3^-$ は両プロトン性を示す．表 8·2 にある亜硫酸 $H_2SO_3$ の逐次酸定数の値を使って，亜硫酸水素ナトリウム NaHSO$_3$ の水溶液の pH を計算せよ．

8·20 つぎの塩の水溶液のpHは7に等しいか，7より大きいか，あるいは小さいかを示せ．もし，pH＞7またはpH＜7ならば，その根拠となる化学平衡式を書け．
(a) $NH_4Br$，(b) $Na_2CO_3$，(c) $KF$，(d) $KBr$，(e) $AlCl_3$，(f) $Co(NO_3)_2$．

8·21 7.4 gの酢酸ナトリウム $NaCH_3CO_2$ を水に溶かして 250 $cm^3$ の溶液をつくった．その溶液のpHはいくらか．

8·22 2.75 gの塩化アンモニウム $NH_4Cl$ を水に溶かして 100 $cm^3$ の溶液をつくった．その溶液のpHはいくらか．

8·23 1.0 $dm^3$ の水溶液中に 10.0 gの臭化カリウムが溶けている．$Br^-$イオンにプロトン付加した割合はどれだけか．

8·24 0.15 Mの $Ba(OH)_2(aq)$ 25.0 $cm^3$ を 0.22 Mの $HCl(aq)$ で滴定したときに得られるpH曲線をできるだけ正確に描け．その図に，(a) はじめのpH，(b) 量論点でのpHを書き入れよ．

8·25 30 mmol $dm^{-3}$ のチロシン水溶液の組成はpHによってどう変化するか．

8·26 シュウ酸水素ナトリウム水溶液のpHを計算せよ．この結果は，どのような条件なら信頼してよいか．

8·27 (a) 0.10 Mの $NH_4Cl(aq)$，(b) 0.25 Mの $NaCH_3CO_2(aq)$，(c) 0.200 Mの $CH_3COOH(aq)$ のpHをそれぞれ計算せよ．

8·28 0.10 Mの $CH_3COOH(aq)$ 25.0 $cm^3$ を 0.10 Mの $NaOH(aq)$ で滴定する．$CH_3COOH$ の $K_a$ は $1.8 \times 10^{-5}$ である．(a) 0.10 Mの $CH_3COOH(aq)$ のpHはいくらか．(b) 0.10 Mの $NaOH(aq)$ を 10.0 $cm^3$ だけ加えたときのpHはいくらか．(c) 量論点までの中間点に達するには 0.10 Mの $NaOH(aq)$ がどれだけの体積必要か．(d) その中間点におけるpHを求めよ．(e) 量論点に達するまでに必要な 0.10 Mの $NaOH(aq)$ の体積はどれだけか．(f) 量論点でのpHを求めよ．

8·29 弱酸を強塩基で滴定していて，中間点でpHを測定したところ 5.16 であった．この酸の酸定数と $pK_a$ はいくらか．この酸の濃度が 0.025 Mであるとき，この溶液のpHはいくらか．

8·30 0.150 Mの乳酸水溶液 25.00 $cm^3$ を 0.188 Mの $NaOH(aq)$ で滴定したとき，その量論点におけるpHを計算せよ．

8·31 0.10 Mの $NaCH_3CO_2(aq)$ に酢酸を加えたとき，酢酸の量に対する溶液のpH曲線の概略を描け．

8·32 われわれの細胞内には多くの種類の有機酸や有機塩基が存在しており，その組成が細胞内のpHを決めている．そこで，酸や塩基の溶液のpHを求めたり，pHの測定値からいろいろ予測したりできれば役に立つ．乳酸と乳酸ナトリウムの等モル濃度から成る溶液ではpH＝3.08 であった．(a) 乳酸の $pK_a$ と $K_a$ の値はいくらか．(b) 乳酸の濃度が乳酸ナトリウムの2倍であったときpHはいくらになるか．

8·33 トリス(Tris)という通称で知られるトリス(ヒドロキシメチル)アミノメタン (**3**) は弱塩基で，20 ℃では $pK_a = 8.3$ の値をもち，生化学的な応用では緩衝液の成分としてよく用いられる．トリスとその共役酸の等モル濃度から成る溶液で，緩衝作用が効果的に働くpHの領域を示せ．

**3** トリス(ヒドロキシメチル)アミノメタン

8·34 0.10 Mの $CH_3COOH(aq)$ と 0.10 Mの $Na(CH_3CO_2)(aq)$ から成る緩衝液を 100 $cm^3$ つくった．(a) この溶液のpHはいくらか．(b) この緩衝液に 3.3 mmolの $NaOH$ を加えた後のpHはいくらか．(c) はじめの緩衝液に 6.0 mmolの $HNO_3$ を加えたときのpHはいくらか．

8·35 つぎの緩衝液が効果的に作用するpHの領域を示せ．ただし，いずれの場合も加えた酸とその共役塩基のモル濃度は等しいとする．(a) 乳酸ナトリウムと乳酸，(b) 安息香酸ナトリウムと安息香酸，(c) リン酸一水素カリウムとリン酸カリウム，(d) リン酸一水素カリウムとリン酸二水素カリウム，(e) ヒドロキシルアミンと塩化ヒドロキシルアンモニウム．

8·36 表8·1と8·2を参考にして，(a) pH＝2.2，(b) pH＝7.0の緩衝液として適当なものを選べ．

8·37 つぎの化合物の溶解度定数の式を書け．(a) $AgI$，(b) $Hg_2S$，(c) $Fe(OH)_3$，(d) $Ag_2CrO_4$．

8·38 表8·4のデータを使って，(a) $BaSO_4$，(b) $Ag_2CO_3$，(c) $Fe(OH)_3$，(d) $Hg_2Cl_2$ の水に対するモル溶解度をそれぞれ求めよ．

8·39 表8·4のデータを使って，つぎの溶液中における難溶性物質の水に対する溶解度を計算せよ．(a) $1.4 \times 10^{-3}$ Mの $NaBr(aq)$ での臭化銀，(b) $1.1 \times 10^{-5}$ Mの $Na_2CO_3(aq)$ での炭酸マグネシウム，(c) 0.10 Mの $CaSO_4(aq)$ での硫酸鉛(II)，(d) $2.7 \times 10^{-5}$ Mの $NiSO_4(aq)$ での水酸化ニッケル(II)．

8·40 25 ℃におけるヨウ化水銀(I)の水に対する溶解度は 5.5 fmol $dm^{-3}$ である (1 fmol $= 10^{-15}$ mol)．この塩の標準溶解ギブズエネルギーはいくらか．

8·41 溶解度は，直接測定するのが非常に困難な場合でも，その化合物の熱力学データから求めることができる．25 ℃における塩化水銀(II)の水に対する溶解度を標準生成ギブズエネルギーの値から計算せよ．

8·42 (a) $AgCl$ について，異なる温度での溶解度の比を与える式を導出せよ．ただし，$AgCl$ の標準溶解エンタルピーは，この温度域では温度に依存しないと仮定せよ．

202　　8. 溶液の化学平衡

(b) AgCl の溶解度は，温度上昇とともに増加するか，それとも減少すると予想できるか.

## プロジェクト問題

**8·43** リシン（**4**）の水溶液中に存在する化学種の分率を pH の関数として与える式を導出し，その様子をグラフにプロットして表せ. ただし，つぎの酸定数の値を用いよ. $pK_a(H_3Lys^{2+}) = 2.18$, $pK_a(H_2Lys^+) = 8.95$, $pK_a(HLys) = 10.53$.

**4** リシン（Lys）

**8·44** 演習問題 8·43 を解いてわかったことを参考にして，ヒスチジン（**5**）の水溶液中に存在する化学種の分率を，計算を一切せずに，pH の関数としてグラフで概略を示せ. pH がわかる箇所には，その値をグラフに書き込め. $pK_a(H_3His^{2+}) = 1.77$, $pK_a(H_2His^+) = 6.10$, $pK_a(HHis) = 9.18$ を使え.

**5** ヒスチジン（His）

**8·45** ここでは，血液の緩衝作用をもう少し定量的に調べよう.（a）アシドーシスやアルカローシスがはじまるときの $[HCO_3^-]/[H_2CO_3]$ の比をそれぞれ求めよ.（b）ボーア効果は，ヘモグロビンによる $O_2$ との結合の協同性の度合いの pH 依存性と解釈することができる. ここで述べたボーア効果と，演習問題 7·40 を参考にすれば，ヘモグロビンのヒル係数は pH により増加すると考えられるか，それとも減少するか.

# 9

# 電 気 化 学

## 溶液中のイオン

9·1 デバイ-ヒュッケルの理論

9·2 イオンの移動

## 化学電池

9·3 半反応と電極

9·4 電極反応

9·5 いろいろな電池

9·6 電池反応

9·7 電池電位

9·8 平衡状態の電池

9·9 標準電位

9·10 電位の pH による変化

9·11 pH の測定

## 標準電位の応用

9·12 電気化学系列

9·13 熱力学関数の計算

## チェックリスト

重要な式の一覧

問題と演習

燃焼や呼吸，光合成，腐食など一見互いに何の関わりもないと思える過程が，実は密接に関係している．それらはいずれも，電子がある化学種から別の化学種に（ときには原子団を伴って）移動する過程なのである．実際，化学で出会う反応のほとんどは，酸-塩基反応でみられるプロトン移動過程か，このような電子移動を伴う**レドックス反応**[1]という過程のどちらかによって説明できてしまう．本章で取上げるレドックス反応は，実用面でもきわめて重要な意味をもっている．それは，生化学反応や工業的なプロセスの基礎であるだけでなく，化学反応を利用した発電や，電気的な測定による反応研究の基礎にもなっているからである．

本章で述べるような種々の測定を行えば，電解質溶液の特性や，溶液中で見られるさまざまなタイプの平衡を研究するうえできわめて重要な熱力学データが得られる．そのデータは無機化学の分野でも，ある反応が熱力学的に可能かどうかを判断したり，化合物の安定性を評価したりするのに使われている．生理学の分野では，ニューロン内での信号の伝達を詳しく調べるのにも使われている．

本章では，電解質と非電解質の両方を扱う．初等化学で学んだように，**電解質**[2]（あるいは電解質溶液）は導電性の溶液である．たいていの電解質はイオン性の溶液であり，イオンが電荷を運ぶ役目をしている．**非電解質**[3]（あるいは非電解質溶液）にはイオンが存在しないから導電性はない．

## 溶液中のイオン

電解質溶液が非電解質溶液と異なる最も重要な点は，溶液中のイオン間には，長距離まで作用するクーロン相互作用が存在することである．その結果，電解質溶液では溶質粒子であるイオンが互いに独立には動けず，きわめて薄い

---

1) redox reaction  2) electrolyte  3) non-electrolyte

濃度でも非理想的な振舞いをすることになる．イオン－イオンの相互作用がいかに重要であるかは，溶液のモル濃度 $c$ を変えて，それぞれに対応するイオン間の平均距離を求め，そのイオン間に $H_2O$ 分子が平均何個あるかを考えてみればよくわかる．

| $c/(\text{mol dm}^{-3})$ | 0.001 | 0.01 | 0.1 | 1 | 10 |
|---|---|---|---|---|---|
| イオン間の距離 /nm | 12 | 5 | 3 | 1 | 0.5 |
| この間の $H_2O$ 分子の数 | 40 | 18 | 8 | 4 | 2 |

濃度が $0.01\ \text{mol dm}^{-3}$ 以上であれば，イオン間の相互作用は非常に重要である．その扱いについては最初の節で述べる．電解質溶液が非電解質溶液と違うもう一つの重要な点は，溶液中のイオンは，電場があればこれに応答して溶液中を移動し，ある場所から別の場所へと電荷を運ぶことである．人体は導電体であり，いまこの文章を読んでいる読者が頭の中で巡らせている考えも，もとをたどれば脳のきわめて複雑な電気回路の一部となっている膜を通してのイオンの移動に帰着する．

本章で説明することの大半は，電荷をもつイオン間に働くクーロン相互作用のエネルギーによって決まるものである．この相互作用の性質を「必須のツール 9・1」にまとめる．

---

### 必須のツール 9・1　クーロン相互作用

「基本概念」で説明したように，真空中で二つの電荷 $Q_1$ と $Q_2$ が距離 $r$ 離れているとき，両者の間に働くクーロン相互作用は，つぎのクーロンポテンシャルエネルギーで表せる．

$$E_p = \frac{Q_1 Q_2}{4\pi\varepsilon_0 r}$$

$\varepsilon_0 = 8.854 \times 10^{-12}\ \text{J}^{-1}\text{C}^2\text{m}^{-1}$ は真空の誘電率である．$Q_1$ と $Q_2$ の符号が反対ならこの相互作用は引力的（$E_p < 0$）であり，同じなら反発的（$E_p > 0$）であるのがわかる．相手の電荷が無限大の距離にいれば，この電荷のポテンシャルエネルギーは 0 である．電荷が媒質中（水など）にあるときは，真空の誘電率をその媒質の誘電率 $\varepsilon$ に置き換えればよい．

$$E_p = \frac{Q_1 Q_2}{4\pi\varepsilon r}$$

その誘電率は真空の誘電率と $\varepsilon = \varepsilon_r \varepsilon_0$ の関係がある．ここで，$\varepsilon_r$ は実験で求められるもので，これを相対誘電率という（これを単に "誘電率" ということが多い）．

---

## 9・1　デバイ–ヒュッケルの理論

溶質の熱力学的諸性質は，その活量 $a_J$ によって表せると説明した（6・6 節）．活量は無次元の実効濃度であり，濃度に活量係数 $\gamma_J$ を掛けたものに等しい．濃度の表し方にはいろいろあるが，本章のはじめでは質量モル濃度 $b_J$ を使う．このとき，

$$a_J = \gamma_J b_J / b^{\ominus} \tag{9・1a}$$

と書ける．$b^{\ominus} = 1\ \text{mol kg}^{-1}$ である．溶液の質量モル濃度が 0 に近づけば理想的に振舞うから，$b_J \rightarrow 0$ で $\gamma_J \rightarrow 1$ である．$b_J/b^{\ominus}$ を単に $b_J$ と書いて，このときの $b$ は質量モル濃度の数値部分とする．そうすれば，

$$a_J = \gamma_J b_J \tag{9・1b}$$

と書ける．こう書いたときは，$b_J$ が $\text{mol kg}^{-1}$ の単位で表されていれば（たとえば，$0.02\ \text{mol kg}^{-1}$），その単位（$\text{mol kg}^{-1}$）を消して，計算にはその数値（すなわち，0.02）だけを使う．

化学種 J の活量がわかれば，その化学ポテンシャルは次式で書ける．

$$\mu_J = \mu_J^{\ominus} + RT \ln a_J \tag{9・2}$$

イオンが関与する反応の平衡定数などという溶液の熱力学的性質は，濃度の代わりに活量を使えば，理想溶液と同じかたちで表せる．しかし，それを観測結果と結びつけようとすれば，活量と濃度の関係を知る必要がある．酸塩基を扱ったときはこの問題を無視して，活量係数すべてを 1 と仮定した．この章では，もっとよい近似の仕方を考えよう．

最初に立ちはだかる問題は，溶液中ではカチオンとアニオンが常に同居していることである．そのため，カチオンの理想的な挙動からのずれと，アニオンの理想的な挙動からのずれを区別して取出す実験手法がない．つまり，カチオンとアニオンの活量係数を別々に測定することができないのである．実験でできるのは，理想的な振舞いからのずれを，存在するイオンに等しく負わせて，**平均活量係数**[1] $\gamma_\pm$ という量で表すことである．つぎの「式の導出」で示すが，NaCl など MX 型の塩の平均活量係数は，それぞれのイオンの活量係数とつぎの関係がある．

$$\gamma_\pm = (\gamma_+ \gamma_-)^{1/2} \quad \text{MX 型の塩} \quad \boxed{\text{平均活量係数}} \tag{9・3a}$$

$M_p X_q$ 型の塩の平均活量係数は，それぞれのイオンの活量係数とつぎの関係がある．

$$\gamma_\pm = (\gamma_+^p \gamma_-^q)^{1/s} \quad s = p + q$$
$$M_p X_q \text{ 型の塩} \quad \boxed{\text{平均活量係数}} \tag{9・3b}$$

たとえば，$Mg_3(PO_4)_2$ では $p = 3$，$q = 2$，$s = 5$ であるか

---

[1] mean activity coefficient

ら，各タイプのイオンについての平均活量係数は $\gamma_{\pm} = (\gamma_+^3 \gamma_-^2)^{1/5}$ で表される．

### ● 簡単な例示 9・1　平均活量係数 その1

0.010 mol kg$^{-1}$ の Na$_2$SO$_4$(aq) について，Na$^+$イオンと SO$_4^{2-}$イオンの活量係数を個別に計算する方法が見つかり，それぞれの値が 0.65 と 0.84 であったとする（実際の値はわからないが，ここでは仮にそうする）．このとき，$p = 2$，$q = 1$，$s = 3$ であるから平均活量係数は，

$$\gamma_{\pm} = \{(0.65)^2 \times (0.84)\}^{1/3} = 0.71$$

である（0.71 は実測値である）．そうすれば，両イオンの活量はつぎのように計算できる．

$a_+ = \gamma_{\pm} b_+ / b^{\ominus} = 0.71 \times (2 \times 0.010) = 0.014$
$a_- = \gamma_{\pm} b_- / b^{\ominus} = 0.71 \times (0.010) = 0.0071$

### 自習問題 9・1

0.020 mol kg$^{-1}$ の CaCl$_2$(aq) の平均活量係数の実測値は 0.664 である．その Cl$^-$イオンの活量係数は 0.811 とわかっているとする．この溶液の Ca$^{2+}$イオンの活量係数はいくらか． ［答: 0.445］

### 式の導出 9・1　平均活量係数

溶液中で完全に解離する MX 型の塩では，イオンのモルギブズエネルギーは，

$$G_m = \mu_+ + \mu_-$$

である．$\mu_+$ と $\mu_-$ は，それぞれカチオンとアニオンの化学ポテンシャルである．それぞれの化学ポテンシャルは，質量モル濃度 $b$ と活量係数 $\gamma$ を用いて，(9・2) 式 ($\mu = \mu^{\ominus} + RT \ln a$) と (9・1) 式 ($a = \gamma b$) を使えば，

$$G_m = \{\mu_+^{\ominus} + RT \ln a_+\} + \{\mu_-^{\ominus} + RT \ln a_-\}$$
$$= \{\mu_+^{\ominus} + RT \ln \gamma_+ b_+\} + \{\mu_-^{\ominus} + RT \ln \gamma_- b_-\}$$

$\ln xy = \ln x + \ln y$
$$= \{\mu_+^{\ominus} + RT \ln \gamma_+ + RT \ln b_+\}$$
$$\quad + \{\mu_-^{\ominus} + RT \ln \gamma_- + RT \ln b_-\}$$

と表せる．ここで，「必須のツール 2・2」で述べた対数計算の規則を使った．その関係を再び使って，活量係数を含む二つの項（青色で示す）を整理する．

$$G_m = \{\mu_+^{\ominus} + RT \ln b_+\} + \{\mu_-^{\ominus} + RT \ln b_-\}$$
$$\quad + RT \ln \gamma_+ \gamma_-$$

次に，最後の項（青色で示す）の対数の中味を $\gamma_{\pm}^2$ と書けば，

$$G_m = \{\mu_+^{\ominus} + RT \ln b_+\} + \{\mu_-^{\ominus} + RT \ln b_-\}$$
$\ln x^2 = 2 \ln x$
$$\quad\quad\quad\quad + RT \ln \gamma_{\pm}^2$$
$$= \{\mu_+^{\ominus} + RT \ln b_+\} + \{\mu_-^{\ominus} + RT \ln b_-\} + 2 RT \ln \gamma_{\pm}$$
$$= \{\mu_+^{\ominus} + RT \ln b_+ + RT \ln \gamma_{\pm}\}$$
$$\quad\quad + \{\mu_-^{\ominus} + RT \ln b_- + RT \ln \gamma_{\pm}\}$$
$\ln x + \ln y = \ln xy$
$$= \{\mu_+^{\ominus} + RT \ln \gamma_{\pm} b_+\} + \{\mu_-^{\ominus} + RT \ln \gamma_{\pm} b_-\}$$

が得られる．(9・3a) 式で定義した平均活量係数を使えば（両者の活量係数で表しているから），理想的な振舞いからのずれを 2 種のイオンで等しく分担させていることになる．まったく同様にして，M$_p$X$_q$ 型の塩のギブズエネルギーも，(9・3b) 式で定義した平均活量係数を使えば次式のように書ける[†1]．

$$G_m = p\{\mu_+^{\ominus} + RT \ln \gamma_{\pm} b_+\} + q\{\mu_-^{\ominus} + RT \ln \gamma_{\pm} b_-\}$$

しかしながら，どうすれば平均活量係数が求められるかという問題は残っている．1923 年にデバイ[1]とヒュッケル[2]によって，きわめて希薄な溶液の平均係数の値を説明する理論がつくられた．彼らは，溶液中の各イオンは，異符号の電荷をもつ**イオン雰囲気**[3]によって囲まれていると考えた．この"雰囲気"は，溶液全体にわたり全てのイオンを均一に分布させようとする熱運動と，異符号の電荷をもつイオンを近くに引きつけ，同符号の電荷をもつイオンを退けようとするクーロン相互作用との競合で生じる電荷のわずかな不均衡によるものである（図 9・1）．この競合の結果，アニオンの近くにはカチオンが少し余分にあって，それがアニオンのまわりに正に帯電したイオン雰囲気をつくり，カチオンの近くにはアニオンが少し余分

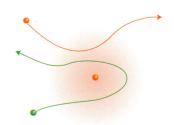

**図 9・1**　中心イオンの近傍には，中心イオンと反対の符号の電荷をもつイオンがやってきて，同じ符号のイオンより長く滞在するので，イオンを取囲むイオン雰囲気には反対電荷の方がわずかに余分に存在している．イオン雰囲気ができれば，中心イオンのエネルギーは下がる．

---

[†1] この一般的な場合については，"アトキンス物理化学"を見よ．本書の演習問題 9・3 も見よ．
1) Peter Debye　2) Erich Hückel　3) ionic atmosphere

にあって，それがカチオンのまわりに負に帯電したイオン雰囲気をつくっている．それぞれのイオンは異符号のイオン雰囲気の中にあるから，そのエネルギーは均一な溶液，つまり理想溶液より低く，したがって，その化学ポテンシャルも理想溶液より低い．理想溶液の化学ポテンシャルより低い値を示すということは，（$\gamma < 1$ のときに $\ln \gamma$ は負となるから）そのイオンの活量係数は1より小さいということである．デバイとヒュッケルは，イオンの濃度が0に近づくにつれて次第に有効になる法則という意味で，ある種の極限則の式を導けたのであった．その**デバイ-ヒュッケルの極限則**[†2] は次式で表される．

$$\log \gamma_\pm = -A|z_+ z_-|I^{1/2} \quad \text{デバイ-ヒュッケルの極限則} \quad (9 \cdot 4)$$

（ここでは常用対数で表されていることに注意しよう．）この式の $A$ は定数で，水溶液の場合，25°C では 0.509 である．$z_J$ はイオンの電荷数である（$Na^+$ では $z_+ = +1$，$SO_4^{2-}$ では $z_- = -2$ である）．絶対値を表す縦棒は，ここでの積の符号を消すためのものである．$I$ という量は，その溶液の**イオン強度**[1] であり，存在するイオンの質量モル濃度の数値によってつぎのように定義される．

$$I = \frac{1}{2}(z_+^2 b_+ + z_-^2 b_-)/b^{\ominus} \quad \text{定義} \quad \text{イオン強度} \quad (9 \cdot 5a)$$

● **簡単な例示 9·2　平均活量係数 その2**

25°C での 0.0010 mol kg$^{-1}$ の Na$_2$SO$_4$(aq) に含まれるイオンの平均活量係数を計算するには，まず，(9·5a) 式を使って溶液のイオン強度を求める．$Na^+$ については $b_+/b^{\ominus} = 2 \times 0.0010$，$z_+ = +1$，$SO_4^{2-}$ については $b_-/b^{\ominus} = 0.0010$，$z_- = -2$ である．

$I = \frac{1}{2}\{(+1)^2 \times (2 \times 0.0010) + (-2)^2 \times (0.0010)\}$
$= 0.0030$

次に，(9·4) 式のデバイ-ヒュッケルの極限則を使って，
$\log \gamma_\pm = -0.509 \times |(+1)(-2)| \times (0.0030)^{1/2}$
$= -2 \times 0.509 \times (0.0030)^{1/2} = -0.056$

と書く．ここで，対数の真数を求めれば，
$$x = 10^{\log x}$$
$$\gamma_\pm = 0.88$$

が得られる．実測値は 0.886 である．■

**自習問題 9·2**

25°C での 0.0005 mol kg$^{-1}$ の Al$_2$(SO$_4$)$_3$ 水溶液に含まれるイオンの平均活量係数を求めよ．　　[答: 0.77]

イオン強度の計算で重要なのは，溶液中に存在する全イオンを計算に含めることであり，注目するイオンの寄与だけでは溶液のイオン強度は得られない．たとえば，塩化銀と硝酸カリウムの混合溶液のイオン強度を計算するには，全部で4種のイオンの寄与を考えなければならない．3種以上のイオンが寄与する場合のイオン強度の計算は，一般に，

存在する全イオンの和

$$I = \frac{1}{2}\sum_i z_i^2 b_i/b^{\ominus} \quad \text{一般の場合} \quad \text{イオン強度} \quad (9 \cdot 5b)$$

と書く．$z_i$ は $i$ 番目のイオンの電荷数（カチオンは正，アニオンは負）であり，$b_i$ は $i$ 番目のイオンの質量モル濃度である．

上で述べたように，(9·4) 式は極限則の一種であり，きわめて希薄な溶液についてのみ成り立つ．約 $10^{-3}$ mol dm$^{-3}$ より濃い溶液の場合は，イオン-イオンの相互作用がもっと重要になるから，経験的に得られた**拡張デバイ-ヒュッケル則**[2] という変形式を使うのがよい．

$$\log \gamma_\pm = -\frac{A|z_+ z_-|I^{1/2}}{1+BI^{1/2}} + CI \quad \text{拡張デバイ-ヒュッケル則} \quad (9 \cdot 6)$$

$B$ と $C$ は無次元の定数である（図 9·2）．$B$ はイオンの最近接距離の目安と解釈できるが，（$C$ と同様に）実験で求める調節パラメーターとみなす方がよい．いつものように，式を覚えるのではなく，つぎのように正しく解釈しておくのが重要である．

• $BI^{1/2} \ll 1$ で $CI$ が小さければ，この拡張則は元の極限則になる．

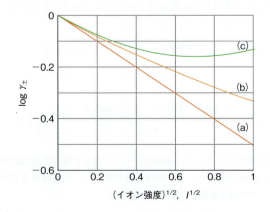

**図 9·2**　拡張デバイ-ヒュッケル則による活量係数のイオン強度に対する変化．(a) 1,1-電解質の極限則．(b) $B = 0.5$ とした拡張則．(c) $CI$ 項を追加した拡張則．ここでは $C = 0.2$ とした．このかたちの拡張則は，実際に観測される挙動を比較的よく再現している．

---

[†2] Debye-Hückel limiting law. デバイ-ヒュッケルの極限則の導出については"アトキンス物理化学"を見よ．
1) ionic strength　2) extended Debye-Hückel law

- イオン強度が大きくなるほど，$I^{1/2}$ に比例する項より $I$ に比例する項の方が重要になる．$CI$ は正であるから，図 9·2 で示すように，極限則の $\log \gamma_\pm$ の値より増加させる効果がある．

## 9·2 イオンの移動

溶液中ではイオンは動きやすい．そこで，ポテンシャルの勾配を下るイオンの動きを研究すれば，そのイオンの大きさの目安や溶媒和の効果，運動の種類の詳しいところまでわかる．溶液中のイオンの移動を調べるには，図 9·3 に示すようなセルに既知濃度の溶液を入れ，その電気抵抗を測定すればよい．実際には，溶液を電気分解してしまう効果を最小限に抑えるため，交流電源を用いるなどの工夫が少し必要であるが，基本的には $R$ を測定して，試料の形状とから伝導率 $\kappa$（カッパ）を求めればよい．「必須のツール 9·2」を見よ．

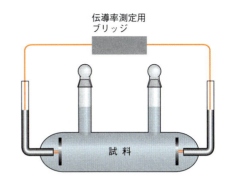

図 9·3 代表的な伝導率セル．セルは伝導率測定用のブリッジ回路の一部になっており，こうして電気抵抗を測定する．ふつうは，伝導率が既知の溶液の測定値と比較することで未知試料の伝導率を測定する．両電極で反応が進行して分解生成物ができないように，測定には交流を使う．

---

**必須のツール 9·2　電　流**

試料溶液の抵抗 $R$（単位はオーム，$\Omega$）によって，二つの電極間に電圧 $\mathcal{V}$（単位はボルト，V）をかけたときに流れる電流 $I$（単位はアンペア，A）が決まる．オームの法則によれば $I = \mathcal{V}/R$ である．

その抵抗値は，物質の種類と温度によって決まり，試料の長さ $L$ と断面積 $A$ の逆数に比例するから，$R \propto L/A$ である．このときの比例定数を **抵抗率**[1] といい，それを $\rho$（ロー）で表して，$R = \rho L/A$ と書く．抵抗率の単位は $\Omega\,\mathrm{m}$ である．抵抗率の逆数 $1/\rho$ を **伝導率**[2] といい，$\kappa$ で表す．その単位は $\Omega^{-1}\,\mathrm{m}^{-1}$ である．電気化学では $\Omega^{-1}$ が頻繁にでてくるので別の単位，ジーメンス（S，$1\,\mathrm{S} = 1\,\Omega^{-1}$）を使うことがあり，その場合の伝導率の単位は $\mathrm{S\,m^{-1}}$ である．

アンペア（A）は SI の基本単位の一つである．電荷はクーロン（C）の単位で表す．$1\,\mathrm{C} = 1\,\mathrm{A\,s}$ である．電位と電位差（電圧）の単位はボルト（V）であり，$1\,\mathrm{V} = 1\,\mathrm{J\,C^{-1}}$（基本単位で書けば，$1\,\mathrm{V} = 1\,\mathrm{kg\,m^2\,A^{-1}\,s^{-3}}$）である．抵抗の単位はオーム（$\Omega$）であり，$1\,\Omega = 1\,\mathrm{V\,A^{-1}}$（基本単位で書けば，$1\,\Omega = 1\,\mathrm{kg\,m^2\,A^{-2}\,s^{-3}}$）と定義されている．したがって，$1\,\mathrm{S} = 1\,\mathrm{A\,V^{-1}}$ である．たいていはアンペアとボルト，クーロンで表せる．

---

測定によって $\kappa$ が決まれば（実際には，使用するセルを伝導率が既知の溶液で校正してから測定する），溶質のモル濃度を $c$ としたときの **モル伝導率**[3] $\Lambda_\mathrm{m}$（ラムダ）は次式で表される．

$$\Lambda_\mathrm{m} = \frac{\kappa}{c} \qquad \text{定義} \quad \text{モル伝導率} \quad (9\cdot7)$$

モル濃度の単位は $\mathrm{mol\,dm^{-3}}$ であるから，モル伝導率は $\mathrm{S\,m^{-1}\,(mol\,dm^{-3})^{-1}}$ で表される．しかし，この単位は扱いにくいので，整理して $\mathrm{mS\,m^2\,mol^{-1}}$ の単位で表すこともある．それは，

$$1\,\mathrm{S\,m^{-1}\,(mol\,dm^{-3})^{-1}} = 1\,\mathrm{mS\,m^2\,mol^{-1}}$$

だからである．$1\,\mathrm{mS} = 10^{-3}\,\mathrm{S}$ である．

強電解質（塩の溶液など，溶液中で溶質がイオンに完全に解離している電解質）のモル伝導率はモル濃度によって変化し，1876 年にコールラウシュ[4] によって見いだされたつぎの経験則に従う．

$$\Lambda_\mathrm{m} = \Lambda_\mathrm{m}^\circ - \mathcal{K}c^{1/2} \quad \text{強電解質} \quad \text{コールラウシュの法則} \quad (9\cdot8)$$

この定数 $\Lambda_\mathrm{m}^\circ$ は **極限モル伝導率**[5] というもので，溶液中でイオン同士が相互作用しないとみなせるほど濃度が低い極限でのモル伝導率である．また，定数 $\mathcal{K}$ は濃度が 0 でないところでの相互作用の効果を表している．この相互作用の項が濃度の平方根に依存することから，これがデバイ-ヒュッケルの理論で問題にした活量係数を決める効果，具体的には，イオンの移動度に与えるイオン雰囲気の効果であるのがわかる．濃度が増加すればモル伝導率が減少するのは，イオンが互いの運動を鈍らせる効果に由来するものと考えることができる．ここでは，極限伝導率に注目しよう．

イオン間の相互作用が無視できるほど互いの距離が遠いときには，溶液中のカチオンとアニオンが独立に逆方向へ移動すると考えられる．そこで，

---

1) resistivity　2) conductivity　3) molar conductivity　4) Friedrich Kohlrausch　5) limiting molar conductivity

と書く．$\lambda_+$, $\lambda_-$ はそれぞれ，カチオンとアニオンの**イオン伝導率**[1] である（表9・1）．

$$\Lambda_m^\circ = \lambda_+ + \lambda_- \qquad 定義 \quad \boxed{イオン伝導率} \quad (9\cdot9)$$

**表9・1** イオン伝導率，$\lambda/(\mathrm{mS\,m^2\,mol^{-1}})$ *

| カチオン | | アニオン | |
|---|---|---|---|
| $H^+(H_3O^+)$ | 34.96 | $OH^-$ | 19.91 |
| $Li^+$ | 3.87 | $F^-$ | 5.54 |
| $Na^+$ | 5.01 | $Cl^-$ | 7.64 |
| $K^+$ | 7.35 | $Br^-$ | 7.81 |
| $Rb^+$ | 7.78 | $I^-$ | 7.68 |
| $Cs^+$ | 7.72 | $CO_3^{2-}$ | 13.86 |
| $Mg^{2+}$ | 10.60 | $NO_3^-$ | 7.15 |
| $Ca^{2+}$ | 11.90 | $SO_4^{2-}$ | 16.00 |
| $Sr^{2+}$ | 11.89 | $CH_3CO_2^-$ | 4.09 |
| $NH_4^+$ | 7.35 | $HCO_2^-$ | 5.46 |
| $[N(CH_3)_4]^+$ | 4.49 | | |
| $[N(CH_2CH_3)_4]^+$ | 3.26 | | |

\* 単位を $\mathrm{S\,m^{-1}\,(mol\,dm^{-3})^{-1}}$ としても同じ数値で表せる．

弱電解質のモル伝導率は，溶質の濃度によってもっと複雑な変化を示す．それは，イオン化の度合い（弱酸や弱塩基の場合にはプロトン脱離やプロトン付加の度合い）が濃度によって違うことによるもので，濃度が低いときにはイオン化の度合いが高いから，濃度が高い場合より相対的に（モル当たりにすれば）多数のイオンが存在していることになる．単純な平衡表の手法を使えば，実際のイオン濃度と仕込みの（初期）濃度の関係がわかるから，モル伝導率の測定によって酸定数を求めることができる．また，イオンが関与した溶液反応では，反応の進行度を監視するのにモル伝導率の測定を使うこともできる．

---

> **例題9・1** 伝導率測定による弱酸の酸定数の求め方

0.010 M の $CH_3COOH(aq)$ のモル伝導率は 1.65 mS m$^2$ mol$^{-1}$ である．この酸の酸定数 $K_a$ を求めよ．

**解法** 酸定数については8・2節で説明した．酢酸は弱電解質であるから，水溶液中では一部しかプロトン脱離していない．イオンになったものだけが電気伝導に寄与するから，プロトン脱離率によって $\Lambda_m$ を表す必要がある．それには，平衡表をつくって $H_3O^+$ イオンと $CH_3CO_2^-$ イオンのモル濃度を求め，測定したモル伝導率との関係を求めればよい．

**解答** $CH_3COOH(aq) + H_2O(l) \rightleftharpoons H_3O^+(aq) + CH_3CO_2^-$ (aq) についての平衡表はつぎの通りである．

| | 化学種 | | |
|---|---|---|---|
| | $CH_3COOH$ | $H_3O^+$ | $CH_3CO_2^-$ |
| 初濃度/<br>（mol dm$^{-3}$） | 0.010 | 0 | 0 |
| 平衡到達までの<br>濃度変化/（mol dm$^{-3}$） | $-x$ | $+x$ | $+x$ |
| 平衡濃度/<br>（mol dm$^{-3}$） | $0.010-x$ | $x$ | $x$ |

平衡表の最終行の値をつぎの $K_a$ の式に代入すれば $x$ の値が求められる．

$$K_a = \frac{[H_3O^+][CH_3CO_2^-]}{[CH_3COOH]} = \frac{x^2}{0.010-x}$$

$x$ は小さいとしてよいから，$0.010-x$ を0.010と置き換えて，$x = (0.010K_a)^{1/2}$ とできる．（この仮定をおきたくなければ，例題8・2と同じように進めればよい．）ここで，溶液中でイオンとして存在する $CH_3COOH$ 分子の割合 $\alpha$ は $x/0.010$ であるから，$\alpha = (K_a/0.010)^{1/2}$ となる．したがって，この溶液のモル伝導率は，酢酸が完全にプロトン脱離したと仮定したときのモル伝導率に対し，この割合を掛けたものである．

$$\Lambda_m = \alpha \Lambda_m^\circ = \alpha(\lambda_{H_3O^+} + \lambda_{CH_3CO_2^-})$$

ここで，$\Lambda_m^\circ = \lambda_{H_3O^+} + \lambda_{CH_3CO_2^-}$ である．また，

$$\begin{aligned}
\lambda_{H_3O^+} &+ \lambda_{CH_3CO_2^-} \\
&= 34.96\,\mathrm{mS\,m^2\,mol^{-1}} + 4.09\,\mathrm{mS\,m^2\,mol^{-1}} \\
&= 39.05\,\mathrm{mS\,m^2\,mol^{-1}}
\end{aligned}$$

であるから，$\alpha = (1.65\,\mathrm{mS\,m^2\,mol^{-1}})/(39.05\,\mathrm{mS\,m^2\,mol^{-1}}) = 0.0423$ となる．したがって，

$$K_a = 0.010\,\alpha^2 = 0.010 \times (0.0423)^2 = 1.8 \times 10^{-5}$$

が得られる．この値は，$pK_a = 4.75$ に相当する．

---

> **自習問題9・3**

0.0250 M の $HCOOH(aq)$ のモル伝導率は 4.61 mS m$^2$ mol$^{-1}$ である．ギ酸の $pK_a$ を求めよ． ［答：3.49］

---

溶液中のイオンが電気を伝える能力は，イオンの動きやすさに依存する．イオンを電場 $\mathcal{E}$ の中に置けば加速される．しかし，イオンが溶液中を速く動けば，媒質の粘性のために逆向きに受ける力もそれだけ大きくなる．結果として，イオンの速さは**ドリフト速さ**[2] $s$ というある極限の値

---

1) ionic conductivity　2) drift speed

に落ち着く．ドリフト速さは外部電場の強さに比例している．

$$s = uE \quad 定義 \quad \text{イオンの移動度} \quad (9\cdot10)$$

イオンの**移動度**[1] $u$ は，イオンの半径 $a$ と溶液の粘度 $\eta$（イータ）に依存している．

$$u = \frac{e|z|}{6\pi\eta a} \quad (9\cdot11\text{a})$$

$z$ は移動するイオンの電荷数である．イオンの移動度によって，溶液中を電荷が運ばれる速さ，つまりモル伝導率が決まる．両者の関係は次式で表される[†3]．

$$\lambda_\pm = |z|u_\pm F \quad \text{伝導率と移動度の関係} \quad (9\cdot11\text{b})$$

表9・2 水中でのイオン移動度（298 K），$u/(10^{-8}\,\text{m}^2\,\text{s}^{-1}\,\text{V}^{-1})$

| カチオン | | アニオン | |
|---|---|---|---|
| $H^+(H_3O^+)$ | 36.23 | $OH^-$ | 20.64 |
| $Li^+$ | 4.01 | $F^-$ | 5.74 |
| $Na^+$ | 5.19 | $Cl^-$ | 7.92 |
| $K^+$ | 7.62 | $Br^-$ | 8.09 |
| $Rb^+$ | 8.06 | $I^-$ | 7.96 |
| $Cs^+$ | 8.00 | $CO_3^{2-}$ | 7.18 |
| $Mg^{2+}$ | 5.50 | $NO_3^-$ | 7.41 |
| $Ca^{2+}$ | 6.17 | $SO_4^{2-}$ | 8.29 |
| $Sr^{2+}$ | 6.16 | | |
| $NH_4^+$ | 7.62 | | |
| $[N(CH_3)_4]^+$ | 4.65 | | |
| $[N(CH_2CH_3)_4]^+$ | 3.38 | | |

### 式の導出 9・2　イオン移動度

電場は荷電粒子を加速する作用をもつ．電場 $E$（ふつう $V\,m^{-1}$ の単位で表す）の中に電荷 $ze$ をもつイオンを置けば，イオンは $|z|eE$ の大きさの力を受けて加速される．一方，イオンが媒質中を動けば摩擦力を受け，その大きさはイオンが速く動くほど大きい．半径 $a$ の球形粒子が速さ $s$ で媒質中を移動するとき，媒質の粘性によって受ける逆向きの力の大きさは，**ストークスの法則**[2]，

$$F_{粘性} = 6\pi\eta as \quad \text{ストークスの法則} \quad (9\cdot12)$$

で与えられる．この粒子の速さが最終的にドリフト速さに落ち着いたとき，電場で加速しようとする力と媒質が粘性で減速しようとする力は等しくなり，

$$\underset{加速させる力}{e|z|E} = \underset{減速させる力}{6\pi\eta as}$$

と書ける．そこで，この式を $s$ について解けば，

$$s = \frac{e|z|E}{6\pi\eta a}$$

が得られる．ここで，このドリフト速さの式と (9・10) 式を比較すれば，イオンの移動度の式，(9・11a) 式が得られる．

---

(9・11a) 式によれば，イオンが小さくて電荷が大きいほど，また，溶液の粘度が低いほどイオンの移動度は大きいはずである．しかし，これは代表的なイオンについて実際に得られた移動度（表9・2）の示す傾向に反している．たとえば，第1族のカチオンに注目すれば，周期表で下へ向かってイオン半径が増加しても移動度はむしろ増加していく

る．これを説明するには，(9・11a) 式で使うべきイオンの半径として，イオンの移動に伴って動く実体すべてを考慮に入れた実効的な半径，つまり**流体力学的半径**[3]をとるべきであるとすればよい．すなわち，イオンが移動するとき，水和している水分子もいっしょに動くのである．小さなイオンは大きなイオンより水和が高度に起こっているから（小さなイオンほど，その近傍には強い電場が生じているから），イオン半径の小さなイオンほど大きな流体力学的半径をもつ．したがって，第1族で周期表を下にたどれば，イオン半径の増加とともに水和の度合いは減少するので，流体力学的半径が減少するわけである．

このような傾向から逸脱しているのはプロトンであり，プロトンは水中で非常に高い移動度を示す．その原因として考えられたのは，上で考えたのと全く異なる伝導機構である**グロッタスの機構**[4]によるものである．それによれば，ある $H_2O$ 分子に属するプロトンが隣の $H_2O$ 分子に移動し，その $H_2O$ 分子にもともと属していたプロトンはそのまた隣の $H_2O$ 分子へ移動するというように，ある鎖に沿って次々に移動するというものである（図9・4）．このときの運動はプロトンの見かけの運動であって，1個のプロトンが端から端まで実際に動いていくわけではない．

図9・4　水中で起こるプロトン伝導に関するグロッタスの機構を単純にモデル化したもの．右端で鎖に沿って右向きに移動して行くプロトンは，左端から移動してくるプロトンと同一のものではない．

---

[†3] この式の導出については，"アトキンス物理化学"を見よ．
1) mobility　2) Stokes' law　3) hydrodynamic radius　4) Grotthus mechanism

### 生化学へのインパクト 9・1

#### イオンチャネルとイオンポンプ

生体膜では，これを横切る分子やイオンの輸送がうまく制御されている．その輸送調節は，神経細胞の刺激伝搬や赤血球内へのグルコースの移送，ATPの合成など，細胞で起こる数々の重要な過程の鍵となる中心的な位置を占めている．ここでは，イオンが脂質二重膜という特異な環境を通り抜ける種々の様式について少し詳しく調べよう．

細胞の内外への分子やイオンの移動を遅らせる何らかの障壁を，膜が与えているとしよう．膜を通して化学種Aを輸送する熱力学的な傾向を決める要素の一つは，膜を挟んでのその化学種の濃度勾配（厳密には，活量勾配）である．結局のところ，それは細胞内外でのモルギブズエネルギーの差である．

$$\Delta G_\mathrm{m} = \overset{\mu^\ominus + RT\ln a_\mathrm{in}}{G_\mathrm{m}(\mathrm{in})} - \overset{\mu^\ominus + RT\ln a_\mathrm{out}}{G_\mathrm{m}(\mathrm{out})} = RT \ln \frac{a_\mathrm{in}}{a_\mathrm{out}}$$

この式を見れば，化学種が分子であってもイオンであっても，$a_\mathrm{in} < a_\mathrm{out}$ のとき，あるいは活量係数を1とすれば $[\mathrm{A}]_\mathrm{in} < [\mathrm{A}]_\mathrm{out}$ のとき，熱力学的に都合がよいのは中性分子やイオンの細胞内への輸送であることがわかる．もし，化学種Aがイオンであれば，脂質二重膜の両側では静電ポテンシャルに差 $\Delta\phi = \phi_\mathrm{in} - \phi_\mathrm{out}$ があるためにイオンのポテンシャルエネルギーが異なり，その差は $zF\Delta\phi$ であるから，この分の寄与が $\Delta G_\mathrm{m}$ に加わる．$z$ はイオンの電荷数，$F$ はファラデー定数である．ファラデー定数は，1 mol の電子がもつ電荷の大きさに相当するから，

$$F = eN_\mathrm{A} = 96\,485\ \mathrm{C\ mol^{-1}} = 96.485\ \mathrm{kC\ mol^{-1}}$$

である．こうして，最終的な $\Delta G$ の式は，

$$\Delta G_\mathrm{m} = RT \ln \frac{[\mathrm{A}]_\mathrm{in}}{[\mathrm{A}]_\mathrm{out}} + zF\Delta\phi$$

となる．この式は，化学種がその濃度勾配や膜電位の勾配の低い側に移動する，**受動輸送**[1] という熱力学的傾向があることを示している．一方，化学種がこの勾配をさかのぼる輸送も可能である．ただし，その場合は，ATPの加水分解などの発エルゴン過程によって化学種の流れが駆動されなければならない．この過程を**能動輸送**[2] という．

膜がもつ疎水的な環境はイオンにとって居心地が悪いものなので，細胞内外へのイオンの輸送には何らかの仲介（別の化学種による手助け）が必要である．イオンの輸送には二つの機構がある．一つはキャリヤー分子による仲介で，もう一つは，イオンが通過できる親水性の細孔（ポア）をつくるタンパク質，**チャネル形成体**[3] を通しての輸送である．チャネル形成体の一例は，ポリペプチドのグラミ

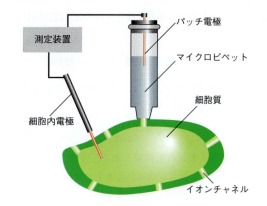

**図9・5** 生きたままの細胞を使って，膜を通過するイオン電流を測定するための代表的なパッチクランプ法．イオンチャネルを1個含む細胞膜の箇所に，電解質溶液とパッチ電極を備えたマイクロピペットの先端を密着させる．細胞内電極を細胞質に差し込み，これら二つの電極に電源と電流測定装置がつないである．

シジンAに見られ，$\mathrm{H^+}$ や $\mathrm{K^+}$，$\mathrm{Na^+}$ などのカチオンの膜透過率を増加させている．

**イオンチャネル**[4] は，特定のイオンについて，その膜電位の勾配に沿って透過しやすくしているタンパク質である．それはきわめて選択的なもので，$\mathrm{Ca^{2+}}$ のチャネルタンパク質，$\mathrm{Cl^-}$ のチャネルタンパク質などが存在する．ゲートを開くきっかけは，膜の両側の電位差によるか，**エフェクター分子**[5] がイオンチャネルの特定の受容部位と結合することによる．

**パッチクランプ法**[6] を使えば，細胞膜を横切るイオンの輸送を測定することができる．いろいろある実験セットの一例を図9・5に示す．細胞全体または壊れた細胞の小片から取出した細胞膜の微小部分"パッチ"を軽く吸引することにより，電解質溶液で満たされた**パッチ電極**[7] をもつマイクロピペットの先端をこれに密着させる．そこで，パッチ電極と細胞質に接触させた細胞内電極との間に一定の電位差（クランプ電位差）を与える．その電位差によって膜がイオンを通すようになれば，電気回路が形成されて電流が流れる．マイクロピペットの先端が 1 μm 以下の十分細いものを使えば，イオンチャネルタンパク質を1個しか含まない膜の断片について測定ができ，実際，数ピコアンペア（1 pA $= 10^{-12}$ A）のイオン電流が観測されている．

イオンチャネルの重要性を示す顕著な例は，神経系の基本単位であるニューロンによる刺激伝達に果たす役割にみられる．ニューロンの細胞膜では，$\mathrm{Na^+}$ イオンや $\mathrm{Cl^-}$ イオンよりも $\mathrm{K^+}$ イオンが透過しやすい．神経細胞の作用のメカニズムで鍵となるのは，$\mathrm{Na^+}$ チャネルや $\mathrm{K^+}$ チャネルを使っていることで，膜電位を変化させることによって，膜

---

[1] passive transport  [2] active transport  [3] channel former  [4] ion channel  [5] effector molecule  [6] patch clamp technique  [7] patch electrode

を通して両イオンを移動させているのである．たとえば，神経細胞が不活性な（何も感じていない）ときには，細胞内の$K^+$イオン濃度は細胞外の約20倍もある．一方，$Na^+$イオン濃度は，細胞外の濃度が細胞内の約10倍もある．このようなイオン濃度の差から生じる電位差（膜電位）は約$-62\,mV$である．ここで，負号は細胞内の電位が低いことを示している．この電位差を，細胞膜の**静止膜電位**[1]ともいう．

膜電位は，神経における刺激の伝達過程できわめて興味深い役割を果たしている．神経細胞が**活動電位**[2]という刺激（インパルス）を受け取ると，細胞膜のある部位が一時的に$Na^+$イオンを透過しやすくなり，膜電位が変化する．この信号を神経細胞に沿って次々と伝搬させるには，その活動電位が膜電位を少なくとも$20\,mV$だけ上げて，$-40\,mV$以上にしなければならない．こうして，膜のある部位の活動電位がきっかけとなり，隣接する部位に活動電位を生じさせればこの刺激は伝搬し，活動電位が過ぎ去った部位では静止膜電位に戻るのである．

$H^+$や$Na^+$，$K^+$，$Ca^{2+}$などのイオンは，**イオンポンプ**[3]というタンパク質群を使って，生体膜を横切って能動輸送されることが多い．イオンポンプは，タンパク質のリン酸化の状態によって，ある特定のイオンは透過し，それ以外のイオンは通さないようなコンホメーションをとることで作動する分子機械である．タンパク質のリン酸化にはATPの脱リン酸化が必要であるから，イオンポンプのゲートを開閉しているコンホメーション変化は吸エルゴン的であり，代謝によって蓄えたエネルギーを使う必要がある．

## 化 学 電 池

**化学電池**[4]は溶液もしくは液体，固体でできた電解質（イオン性導体の一種）と，これに浸した2本の電子導体（金属やグラファイトなど）とから構成されている．この電子導体とそれを囲む電解質を合わせて**電極**[5]といい，それらは**電極隔室**[6]に納められている．2個の電極は同じ隔室を共有することもある（図9・6）．電解質が異なるときは二つの電極隔室を**塩橋**[7]で連絡する．塩橋は電解質溶液でできており，これを通してイオンが電極隔室の間を移動できるように電気回路を確保し，電池として機能させるためのものである（図9・7）．場合によっては二つの電解質溶液が（多孔性の膜などを介して）直接接触して，**液絡**[8]を形成していることもある．しかし，液絡は測定結果の解釈を複雑にするので，ここでは考えないことにする．

電池内部で自発的に起こる反応によって電気を発生させる化学電池を**ガルバニ電池**[9]という（**ボルタの電池**[10]ともいう）．これに対して，外部から直流電流を供給することによって非自発的な反応を起こさせる化学電池を**電解槽**[11]という．電気器具を駆動するのに使う乾電池や水銀電池，ニッケル－カドミウム（"ニッカド"）電池，リチウムイオン電池などの市販の電源はすべてガルバニ電池であり，工場で組込まれたさまざまな物質がそのなかで自発的な化学反応を起こし，電気を発生する仕組みである．**燃料電池**[12]もガルバニ電池の一種であるが，水素と酸素，あるいはメタンと酸素などの反応物を外部から連続的に供給するものである．燃料電池は有人宇宙船に使われており，自動車に使うことも検討されはじめている．また，便利な小型電源として，そのうち家庭でも使われるかもしれないとガス会社が期待をかけている（本章の最後にある「インパクト9・2」参照）．電気ウナギや電気ナマズは生物燃料電池とでもいうべきもので，この場合の燃料は食物であり，筋肉細胞が電池を形成しているのである．電解槽には，水を電気分解して水素と酸素を得る装置や，アルミニウム酸化物からアルミニウムを取出す**ホール－エルー法**[13]の装置

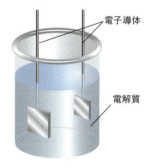

図9・6　二つの電極が同じ電解質をもつ場合の化学電池の構成．

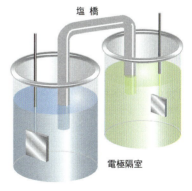

図9・7　電極隔室内の電解質が異なる場合には，その隔室間をイオンが行き来できるようにつないでおく必要がある．それが塩橋である．

---

1) resting potential　2) action potential　3) ion pump　4) electrochemical cell　5) electrode　6) electrode compartment
7) salt bridge　8) liquid junction　9) galvanic cell　10) voltaic cell　11) electrolytic cell　12) fuel cell　13) Hall–Hérault process

## 9. 電 気 化 学

などがある．フッ素の工業的な製造法は電解によるものしかない．呼吸や光合成で起こる電子移動過程は，タンパク質分子の間を電子が移動するもので，一種の化学電池と考えることができる．

## 9・3 半反応と電極

レドックス反応では，電子や場合によっては原子が一方の化学種から奪われ，もう一方の化学種がそれを獲得している．すでに初等化学で学んでいるように，注目している化学種が電子を失えば酸化されたのであり，それは元素の酸化数が増加したことでわかる（酸化数については「必須のツール9・3」を見よ）．一方，酸化数の減少が起これば，その化学種は電子を獲得したのであって還元されたことがわかる．レドックス反応には，$PCl_3$ が $PCl_5$ に変わる場合や $NO_2^-$ が $NO_3^-$ に変化する場合のように，共有結合が切れたり新たにできたりするものがあり，そのためにレドックス反応ではたいてい平衡に達するのが遅く，酸-塩基反応でのプロトン移動とは比較にならないほど遅い．

---

### 必須のツール 9・3  酸 化 数

原子の**酸化数**[1] $N_{ox}$ は，その原子が化合物の一部であるとき，電子の授受を表す形式的な目安である．$O_2$ や $O_3$ など単体の元素の酸化数は 0 である．単原子イオンの酸化数は，そのイオンの電荷数に等しい．たとえば，$Mg^{2+}$ のマグネシウムの酸化数は $+2$ であり，$Cl^-$ の塩素の酸化数は $-1$ である．化学種が多原子から成るときの元素の酸化数は，電気的に陰性な原子に一方的に電子を割り当てることによって計算する．たとえば，共有化合物中の酸素は電子2個を取って $O^{2-}$ と考え，その酸化数を $-2$ とする．酸素以外の元素の酸化数は，その化学種にある全原子に酸化数を割り当てたときの合計が，その化学種の電荷数（0 の場合もある）に等しくなるように調整する．たとえば，$SO_4^{2-}$ は $S^{+6}(O^{2-})_4$ とみなして（酸化数を割り当てる目的だけにこうする），$SO_4^{2-}$ の硫黄は酸化数 $+6$ で存在するとして，$S(+6)$ と表す．酸素は，フッ素を含む化合物を除き，あらゆる化合物中で酸化数 $-2$ とする．酸化数を表すときは，ふつうローマ数字で表す．たとえば，$S(VI)$ としたり，$Fe^{3+}$ では $Fe(III)$ としたりして表す．

酸化数と**酸化状態**[2] は区別して使うことが多い．酸化状態とは，元素がその酸化数にあるとみなせる物理状態をいう．たとえば，酸素の酸化数が $-2$ のとき，それは $-2$ の酸化状態にあるという．また，$SO_4^{2-}$ の硫黄は $+6$ の酸化状態にあるという．

---

### ● 簡単な例示 9・3  酸化剤と還元剤

反応 $CuS(s) + O_2(g) \longrightarrow Cu(s) + SO_2(g)$ で，酸化される化学種と還元される化学種を特定するには，その酸化数（赤色で示す）に注目すればよい．

$$\overset{+2\ -2}{CuS(s)} + \overset{0}{O_2(g)} \longrightarrow \overset{0}{Cu(s)} + \overset{+4\ -2}{SO_2(g)}$$

この反応では，$Cu(+2)$ が還元されて $Cu(0)$ になり，$S(-2)$ は酸化されて $S(+4)$ に，$O(0)$ は還元されて $O(-2)$ になる．●

---

【自習問題 9・4】

反応 $2H_2(g) + O_2(g) \longrightarrow 2H_2O(l)$ では，どの元素が酸化され，どの元素が還元されるか．

［答：H が酸化され，O が還元される．］

---

レドックス反応は，二つの還元**半反応**[3] の差として表すことができる．例を二つ挙げよう．

$Cu^{2+}$ の還元： $Cu^{2+}(aq) + 2e^- \longrightarrow Cu(s)$

$Zn^{2+}$ の還元： $Zn^{2+}(aq) + 2e^- \longrightarrow Zn(s)$

差： $Cu^{2+}(aq) + Zn(s) \longrightarrow Cu(s) + Zn^{2+}(aq)$ （A）

電子移動に原子の移動が伴う半反応の例としては，

$MnO_4^-$ の還元： $MnO_4^-(aq) + 8H^+(aq) + 5e^-$
$$\longrightarrow Mn^{2+}(aq) + 4H_2O(l) \quad (B)$$

がある．この反応では，酸素原子が $MnO_4^-(aq)$ から取れて，それが $H_2O(l)$ になる．レドックス反応を考えるときには，水素イオンを単に $H^+(aq)$ と書くのがふつうで，わざわざヒドロニウムイオン $H_3O^+(aq)$ とはしない．それは，プロトン移動をあまり問題にしないからで，化学式を単純に表すためにそうしている．

半反応は要点だけを示した概念的なものである．レドックス反応は，電子が遊離したかたちで存在するわけでなく，ふつうはもっと複雑な機構で起こっている．このような概念的な反応に現れる電子は"乗りかえ中"の電子であって，それにある特定の状態を割り当てることはできない．半反応で表したとき，還元される化学種と酸化される化学種は**レドックス対**[4] を形成しているという．これを Ox/Red で表す．これまでに述べたレドックス対の例として，$Cu^{2+}/Cu$，$Zn^{2+}/Zn$，$MnO_4^-$, $H^+/Mn^{2+}$, $H_2O$ がある．一般的に書けば，

レドックス対：Ox/Red　　　半反応：$Ox + \nu e^- \longrightarrow Red$

となる．$\nu$ は，この半反応で移動する電子数を表している．

---

1) oxidation number　2) oxidation state　3) half-reaction　4) redox couple

## 9・4 電 極 反 応

### 例題 9·2　半反応による反応の表示

NADH（ニコチンアミドアデニンジヌクレオチド，**1**）は，呼吸を構成する一連の酸化反応に関与している．それは水溶液中の酸素によって酸化されて$NAD^+$（**2**）となり，酸素は還元されて$H_2O_2$になる．この反応を二つの還元半反応によって表せ．全反応は，$NADH(aq) + O_2(g) + H^+(aq) \longrightarrow NAD^+(aq) + H_2O_2(aq)$である．

**1** ニコチンアミドアデニンジヌクレオチド
還元形（NADH）

**解法**　反応を二つの還元半反応の差として表すために，まず反応物の中から還元される化学種を選び，その還元生成物を見つけることによって半反応を一つ書きだす．もう一つの半反応を見つけるには，全反応から第一の半反応を差し引いたのち化学種を移項することによって，量論数がすべて正で，しかも還元反応のかたちをしたものにすればよい．

**解答**　酸素は還元されて$H_2O_2$となる．したがって，一方の半反応は，

$$O_2(g) + 2H^+(aq) + 2e^- \longrightarrow H_2O_2(aq)$$

である．全反応からこの半反応を差し引けば，

$$NADH(aq) - H^+(aq) - 2e^- \longrightarrow NAD^+(aq)$$

が得られる．両辺に$H^+(aq) + 2e^-$を加えれば，

$$NADH(aq) \longrightarrow NAD^+(aq) + H^+(aq) + 2e^-$$

となるが，これは酸化半反応のかたちをしている．そこで，両辺を逆転すれば目的の第二の還元半反応が得られる．

$$NAD^+(aq) + H^+(aq) + 2e^- \longrightarrow NADH(aq)$$

### 自習問題 9·5

酸性溶液中で$H_2$と$O_2$から$H_2O$が生成する反応を二つの還元半反応で表せ．

［答：$4H^+(aq) + 4e^- \longrightarrow 2H_2(g)$，
$O_2(g) + 4H^+(aq) + 4e^- \longrightarrow 2H_2O(l)$］

注目する化学反応を還元半反応のかたちで表すとしても，それがレドックス反応である必要は必ずしもない．たとえば気体の単なる膨張，

$$H_2(g, p_i) \longrightarrow H_2(g, p_f)$$

でも，つぎの二つの還元半反応の差として表すことが可能である．

$$2H^+(aq) + 2e^- \longrightarrow H_2(g, p_f)$$
$$2H^+(aq) + 2e^- \longrightarrow H_2(g, p_i)$$

この場合，どちらの半反応もレドックス対は$H^+/H_2$であり，両者で気体の圧力が違っている．同様にして，難溶性塩である塩化銀の溶解，

$$AgCl(s) \longrightarrow Ag^+(aq) + Cl^-(aq)$$

も，つぎの二つの還元半反応の差で表すことが可能である．

$$AgCl(s) + e^- \longrightarrow Ag(s) + Cl^-(aq)$$
$$Ag^+(aq) + e^- \longrightarrow Ag(s)$$

7章で説明したように，系の組成を反応比$Q$で表してみるのが自然なやり方である．半反応に対する反応比も，全反応の場合と同じように定義できるが，このとき電子は無視する．たとえば，例題 9·2 のレドックス対$NAD^+/NADH$の半反応では，

$$NAD^+(aq) + H^+(aq) + 2e^- \longrightarrow NADH(aq)$$

$$Q = \frac{a_{NADH}}{a_{NAD^+} a_{H^+}} \approx \frac{[NADH]}{[NAD^+][H^+]}$$

と書く．初歩的な計算では，溶液がきわめて希薄なら，活量をモル濃度の数値で置き換えてもよい（表 6·2 を見よ）．しかし，イオン性の溶液の場合，このような置き換えが非常に危険なことはすでに述べたとおりである．そこで，可能な限り最終段階まで置き換えずにそのままにしておいた方がよい．

### 9・4　電 極 反 応

化学電池では，**アノード**[1]は酸化が起こる側で，**カソード**[2]は還元が起こる側である．ガルバニ電池の中で反応が進行すれば，アノードに対して放出された電子は外部回路へ向かう（図 9·8）．その電子はカソード側から電池内に再び入り，そこで還元を起こさせる．このように，負の電荷をもつ電子は電位の高い方（正の側）に向かって進もうとするから，アノード側から外部回路を通って電位のより高いカソード側に電子は流れるのである．これに対して電解槽でも，やはり酸化の起こる側が（定義により）ア

---

1) anode　2) cathode

ノードである．しかし，この場合には，電解によってアノード隔室内にある化学種から電子を引き出さなければならない．したがって，アノードを外部電源のプラス端子に接続しなければならない．同様にして，カソードでは化学種に電子が与えられ還元が起こらなければならないから，カソードは外部電源のマイナス端子に接続しなければならない（図9・9）．

**気体電極**[1]（図9・10）では，不活性金属の存在下で気体が，そのイオンを含む溶液との間で平衡にある．不活性金属には白金が用いられることが多く，それは電子源や電子だめの役目をするが反応には参加しない（しかし，触媒の役目をすることはある）．**水素電極**[2] は重要な例の一つである．それは水素イオンを含む水溶液中に水素を吹き込むもので，このときのレドックス対は $H^+/H_2$ である．水素電極は $Pt(s)|H_2(g)|H^+(aq)$ と表す．ここで縦線は相と相との**接合部**[3] を示しており，この電極には白金と気体の接合部と，気体とその気体のイオンを含む液体との接合部が存在している．

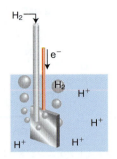

**図9・10** 水素電極の模式的な構造（ほかの気体電極も同じである）．水素イオンを含む溶液に接触している白金黒（粒子が非常に細かい）の表面に水素を吹き込む．白金は電子源（電子だめ）として働くだけでなく電極反応を促進する．それは，水素が原子のかたちでその表面に付着（吸着）するからである．

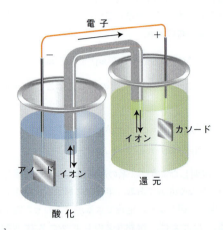

**図9・8** ガルバニ電池の外部回路の電子の流れは，酸化反応によって電子が放出されるアノード側からカソード側へと向かう．そこで電子は還元反応に使われる．電解質全体の電気的中性を保つために，カチオンやアニオンは塩橋を通って互いに逆向きに移動する．

### 例題9・3　気体電極で起こる半反応の書き方

酸性溶液中で，酸素が還元されて水になるときの半反応とその反応比を書け．

**解法**　半反応の化学式を書いて，その反応比を活量と量論係数を使って表す．ここで，生成物側が分子に，反応物側は分母にくる．純粋な（あるいはそれに近い）固体や液体は $Q$ には現れない．電子も反応比に現れない．気体の活量には，分圧を bar の単位で表したときの数値（正式には $a_J = p_J/p^\ominus$）を入れる．

**解答**　酸性溶液中で起こる $O_2$ の還元に対する反応式は，

$$O_2(g) + 4H^+(aq) + 4e^- \longrightarrow 2H_2O(l)$$

である．したがって，この半反応の反応比は，

$$Q = \frac{a_{H_2O}^2}{a_{O_2}a_{H^+}^4} = \frac{1}{p(O_2)a_{H^+}^4}$$

（$a_{H_2O}^2$ の上に 1，$a_{O_2}$ の下に $p(O_2)$ の注記）

である．$Q$ が水素イオンの活量に強く依存することがわかる．

### 自習問題9・6

塩素気体電極の半反応とその反応比を書け．

［答：$Cl_2(g) + 2e^- \longrightarrow 2Cl^-(aq)$，$Q = a_{Cl^-}^2/p_{Cl_2}$］

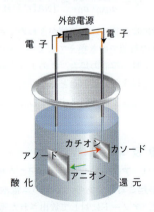

**図9・9** 電解槽における電子とイオンの流れ．外部電源によって電子はカソード側に押し込まれ，そこで還元を起こすのに使われる．一方，アノードでは電子が引き抜かれ，その結果，酸化が起こる．カチオンは負に帯電したカソードに向かって移動し，一方，アニオンは正に帯電したアノードに向かって移動する．電解槽の電極隔室はふつう一つであるが，工業的には二室に分かれているものが多く使われている．

---

1) gas electrode　2) hydrogen electrode　3) junction

**金属-不溶性塩電極**[1] は，金属 M を不溶性塩 MX でできた多孔質膜で覆ったもので，全体を X⁻ イオンを含む溶液中に浸してある（図 9·11）．この電極を M|MX|X⁻ と表示する．ここで，縦線は境界で，それを通過して電子移動が起こる．銀-塩化銀電極 Ag(s)|AgCl(s)|Cl⁻(aq) はその一例であり，還元半反応は，

$$AgCl(s) + e^- \longrightarrow Ag(s) + Cl^-(aq)$$

である．どちらの固体も純粋で標準状態にあるから，活量は 1 である．そこで，

$$Q = a_{Cl^-} \approx [Cl^-]$$

である．この反応比（したがって，後で述べるように電極の電位）が，電解質溶液中の塩化物イオンの活量で決まっているのがわかる．

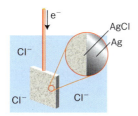

**図 9·11** 銀-塩化銀電極（不溶性塩電極の一つ）の模式的な構造．電極は塩化銀の薄膜で覆った金属銀でできており，それが Cl⁻ イオンを含む溶液と接触している．

---

**例題 9·4** 金属-不溶性塩電極で起こる半反応の書き方

鉛蓄電池の鉛-硫酸鉛電極で起こる半反応とその反応比を書け．この場合，電解質中には硫酸水素イオンがあり，硫酸鉛 (II) として存在する Pb(II) が還元されて金属鉛となる．

**解法** まず，還元される化学種に目をつけ，その半反応を書く．このとき，O 原子が必要なら H₂O 分子を使って，H 原子が必要なら水素イオンを用いて（溶液は酸性だから使える），電荷が必要なら電子を加えて半反応式を完成させる．次に，存在する化学種の量論係数と活量を用いて反応比を書く．生成物側を分子に，反応物側を分母に置いて反応比を完成させればよい．

**解答** 電極は，

$$Pb(s)|PbSO_4(s)|HSO_4^-(aq)$$

であり，Pb(II) は還元されて金属鉛となる．そこで，還元半反応は，

$$PbSO_4(s) + H^+(aq) + 2e^- \longrightarrow Pb(s) + HSO_4^-(aq)$$

と書ける．その反応比は次式で表される．

$$Q = \frac{\overset{1}{\overbrace{a_{Pb}}} a_{HSO_4^-}}{\underset{1}{\underbrace{a_{PbSO_4}}} a_{H^+}} = \frac{a_{HSO_4^-}}{a_{H^+}} \approx \frac{[HSO_4^-]}{[H^+]}$$

**自習問題 9·7**

<u>カロメル電極</u>[2]，Hg(l)|Hg₂Cl₂(s)|Cl⁻(aq) における半反応とその反応比を書け．この場合，塩化水銀 (I) (カロメル) は塩化物イオンの存在下で還元され金属水銀となる．後で説明するように，この電極は pH を測定する装置の一部として使われる．

[答: $Hg_2Cl_2(s) + 2e^- \longrightarrow 2Hg(l) + 2Cl^-(aq)$, $Q = a_{Cl^-}^2$]

---

**レドックス電極**[3] とはふつう，同じ元素が異なる 2 種類の（いずれも 0 でない）酸化状態にあるとき，これを対として電極に使ったものをいう（図 9·12）．Fe³⁺/Fe²⁺ を対とするものが一例である．このときの平衡を一般的に表すと，

$$Ox + \nu e^- \longrightarrow Red \qquad Q = \frac{a_{Red}}{a_{Ox}}$$

となる．レドックス電極を M|Red, Ox と表す．ここで，M は溶液と電気的な接続を確保するための不活性金属（代表的なものは白金）である．したがって，Fe³⁺/Fe²⁺ 対の電極は Pt(s)|Fe²⁺(aq), Fe³⁺(aq) と書き，その還元半反応と反応比はつぎのように表される．

$$Fe^{3+}(aq) + e^- \longrightarrow Fe^{2+}(aq) \qquad Q = \frac{a_{Fe^{2+}}}{a_{Fe^{3+}}}$$

同種のレドックス電極に Pt(s)|NADH(aq), NAD⁺(aq), H⁺(aq) があり，NAD⁺/NADH 対を研究するのに使う．

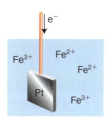

**図 9·12** レドックス電極の模式的な構造．この場合の金属白金は，溶液中の（この例では）Fe²⁺ と Fe³⁺ を相互変換するのに必要な電子の貯蔵庫の役目をしている．

## 9·5 いろいろな電池

ガルバニ電池で最も単純なのは（図 9·6 に示したような）両電極が共通の電解質をもつものである．しかし場合によっては，<u>ダニエル電池</u>[4]（図 9·13）のように異なる電解質に浸す必要がある．図の例では，一方の電極のレドッ

---

1) metal-insoluble salt electrode   2) calomel electrode   3) redox electrode   4) Daniell cell

クス対はCu²⁺/Cuであり，もう一方はZn²⁺/Znである．**電解質濃淡電池**[1]は図9・7のような構造をしており，電極隔室の電解質の成分は同じであるがその濃度を違えてある．**電極濃淡電池**[2]では電極そのものの濃度が違う．気体電極で圧力が違う場合や，アマルガム（水銀溶液）電極で濃度が違う場合がそうである．

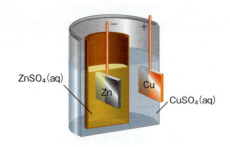

**図9・13** ダニエル電池は硫酸銅（II）溶液に接触した銅と，硫酸亜鉛溶液に接触した亜鉛から成っている．硫酸亜鉛溶液を入れた多孔質容器を介して両電解質は接触している．銅電極がカソード，亜鉛電極はアノードである．

ダニエル電池や電解質濃淡電池などのように電解質溶液が2種類あり，それを接触させている電池では，2種の電解質の界面を隔てて**液間電位差**[3] $E_j$ が生じていて，それが電池の全電位差に含まれている．電位に対するこのような液絡の影響は，寒天ゲル中に電解質溶液（ふつうはKCl）を飽和させた塩橋で電解質の隔室を接続（図9・7のように）することによって（約1〜2mV程度に）減らすことができる．このように塩橋を使うとよいのは，K⁺イオンとCl⁻イオンの移動度が非常に近く，塩橋の両端で生じる液間電位差が最小限に抑えられるからである．

電池を表すとき，相と相の間の界面を縦線 | で示す．たとえば，左側の電極が水素電極で，右側の電極が銀-塩化銀電極の電池は，

$$\text{Pt(s)}|\text{H}_2(\text{g})|\text{HCl(aq)}|\text{AgCl(s)}|\text{Ag(s)}$$

と書く．液間電位差を消失させた界面は二重線 || で表す．たとえば図9・13のような構成の電池で，左側の電極が硫酸亜鉛水溶液に接触した亜鉛，右側の電極が硫酸銅（II）水溶液に接触した銅である場合には，電池をつぎのように書く．

$$\text{Zn(s)}|\text{ZnSO}_4(\text{aq})||\text{CuSO}_4(\text{aq})|\text{Cu(s)}$$

## 9・6 電池反応

ガルバニ電池でつくられた電流は，電池内部で起こる自発反応によって生じたものである．**電池反応**[4]は，電池内で起こる反応であって，右側電極がカソード，つまり，

還元は右側の隔室で起こると仮定して書いたものである．右側の電極が実際にカソードになっているかどうかを見分ける方法はすぐ後でわかるが，もしそうなっていればその電池反応は書いてある向きに自発的に起こる．もし，左側電極がカソードになっていることがわかれば，逆向きが自発反応である．

電池の図に対応した電池反応を書くには，まず，両方の電極で還元が起こるとして半反応を書いてみることである．次に，右側の電極の半反応から左側の電極の半反応を差し引く．たとえば，例題9・2で取上げたNADHとO₂の反応を研究するのに使う電池は，

$$\text{Pt(s)}|\text{NADH(aq)}, \text{NAD}^+(\text{aq}), \text{H}^+(\text{aq})||$$
$$\text{H}_2\text{O}_2(\text{aq}), \text{H}^+(\text{aq})|\text{O}_2(\text{g})|\text{Pt(s)}$$

と表せ，二つの還元半反応は，

右(R): $\text{O}_2(\text{g}) + 2\text{H}^+(\text{aq,R}) + 2\text{e}^- \longrightarrow \text{H}_2\text{O}_2(\text{aq})$

左(L): $\text{NAD}^+(\text{aq}) + \text{H}^+(\text{aq,L}) + 2\text{e}^- \longrightarrow \text{NADH(aq)}$

と書ける．この式を見ればわかるように，H⁺の質量モル濃度は二つの隔室で違っていてもよい．全電池反応は両者の差をとって，

全反応(R−L): $\text{NADH(aq)} + \text{O}_2(\text{g}) + 2\text{H}^+(\text{aq,R})$
$\longrightarrow \text{NAD}^+(\text{aq}) + \text{H}_2\text{O}_2(\text{aq}) + \text{H}^+(\text{aq,L})$

と書くことができる．場合によっては二つの半反応で生じる電子の数を合わせるために，一方を何倍かする必要がある．いずれにしても全反応式に電子は残ってはいけない．

### 自習問題9・8

電池，

$$\text{Ag(s)}|\text{AgBr(s)}|\text{NaBr(aq)}||\text{NaCl(aq)}|\text{Cl}_2(\text{g})|\text{Pt(s)}$$

の化学反応式を書け．

[答: $2\text{Ag(s)} + 2\text{Br}^-(\text{aq}) + \text{Cl}_2(\text{g})$
$\longrightarrow 2\text{AgBr(s)} + 2\text{Cl}^-(\text{aq})$]

## 9・7 電池電位

ガルバニ電池の中で電池反応が進行し，外部回路に電子が供給されればそこで電気的な仕事が行われる．ある量の電子を運搬することによって行われる仕事は，両極間の電位差に依存している．その電位差はボルト（V, $1\text{V} = 1\text{J C}^{-1}$）単位で測る．電位差が大きければ（たとえば2V），電極間を移動する電子は大量の電気的仕事ができ

---

1) electrolyte concentration cell  2) electrode concentration cell  3) liquid junction potential  4) cell reaction

る．一方，電位差が小さければ（たとえば 2 mV），電子の数は同じでもできる仕事はわずかである．電池反応が平衡に達すれば，その電池はもはや仕事ができず，両極間の電位差は 0 である．

4・13 節で考えたように，系（いまの場合は電池）が行える最大の非膨張仕事 $w'_{max}$ は $\Delta G$ の値で与えられる．きちんと書けば，

$$w'_{max} = \Delta G \quad 温度と圧力が一定 \quad 非膨張仕事 \quad (9・13)$$

である．したがって，電池の電位差を測定し，それを反応によって行える電気仕事に変換することができれば，反応ギブズエネルギーという熱力学量を求めるための手段になる．逆に，反応の $\Delta G$ がわかっていれば，電池の両極間の電位差を予測する道が開ける．ところで，(9・13) 式を使うには，最大の仕事が得られるのはその過程が可逆的な場合であることを忘れてはならない．2・4 節で述べたように，熱力学的な可逆性とは外部条件を無限に小さな量だけ変化させれば，注目している過程を逆向きに進められることである．いまの場合は，電池で発生する電位差にちょうど等しい電位差をもつ外部電源を逆向きにつなげば，その電池から可逆的に仕事を取出すことができる．つまり，そうしておけば，外部電圧を無限小だけ変化して反応を自発方向に進行させたり，逆向きに無限小だけ変化して反応を逆向きに進行させたりすることができる．外部電源の電圧と均衡したときの電池の電位差のことを**電池電位**[1]といい，$E_{cell}$ で表す（図 9・14）．これを以前は電池の**起電力**[2]（emf）といった．また，これを**無電流電池電位**[3]ということもある．実際には，電池から取出す電流が無視できるほど小さくてすむ電圧計で電位差を測定すればよい．

つぎの「式の導出」で示すように，電池電位と電池の反応ギブズエネルギーとの関係は，

$$-\nu F E_{cell} = \Delta_r G \quad 温度と圧力が一定 \quad 電池電位 \quad (9・14)$$

で表される．$F$ は**ファラデー定数**[4]である．

> **式の導出 9・3  電池電位**
>
> 電池反応を，$A + \nu e^- \longrightarrow B$ のかたちの二つの半反応に分けたとしよう．電荷 $Q$ が電位差 $\Delta\phi$ の間を動いたときの仕事は，$Q\Delta\phi$ で表される．この反応が 1 モルに相当する量だけ起これば，$\nu N_A$ 個の電子が還元剤から酸化剤に向かって移動する．したがって，電極間を移動する電荷は $\nu N_A \times (-e)$，すなわち $-\nu F$ である．そこで，これだけの電荷がアノードからカソードに移動したときに行われる電気的な仕事 $w'$ は，その電荷と電位差 $E_{cell}$ の積に等しい．
>
> $$w' = -\nu F \times E_{cell}$$
>
> この仕事が一定温度，一定圧力のもとで可逆的に行われれば，その電気的な仕事を反応ギブズエネルギーに等しいとおくことができ，(9・14) 式が得られる．

(9・14) 式を見ればわかるように，電池電位の符号は反応ギブズエネルギーと逆である．ここで，反応ギブズエネルギーは，反応混合物の組成に対して $G$ をプロットしたときの曲線の勾配に相当することを思い出そう (7・1 節)．正方向の反応が自発的であるとき，$\Delta_r G < 0$ であり，$E_{cell} > 0$ である．一方，$\Delta_r G > 0$ なら逆反応が自発的であり，$E_{cell} < 0$ である．平衡では $\Delta_r G = 0$ であるから $E_{cell} = 0$ である．

(9・14) 式は，任意の組成をもつ反応混合物の反応ギブズエネルギーを電気的な測定によって求める方法を与えている．すなわち，電池電位を測定するだけで，それを $\Delta_r G$ に変換すればよい．逆に，ある特定の組成での $\Delta_r G$ がわかっていれば，その電池電位を予測できる．

● **簡単な例示 9・4  電池電位の計算**

$\Delta_r G \approx -1 \times 10^2$ kJ mol$^{-1}$ の反応を考えよう．ただし，$\nu = 1$ である．このとき，

$$E_{cell} = -\frac{\Delta_r G}{\nu F}$$

$$= -\frac{(-1 \times 10^5 \text{ J mol}^{-1})}{1 \times (9.6485 \times 10^4 \text{ C mol}^{-1})} = 1 \text{ V}$$

と計算できる．実際，市販の化学電池の電圧はたいてい 1 V と 2 V の間にある．●

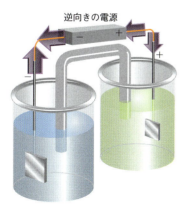

図 9・14  電池電位は，電池反応に対抗するように外部電圧を加え，両者を均衡させて測定する．電流が全く流れなくなったときの外部電圧が電池電位に等しい．

---

1) cell potential  2) electromotive force  3) zero-current cell potential  4) Faraday constant

## 自習問題 9·9

ニッケル-カドミウム電池の電池電位は 1.2 V である. この電池で起こる 2 電子過程の反応ギブズエネルギーを計算せよ. [答: $-2.3 \times 10^2 \, \mathrm{kJ \, mol^{-1}}$]

---

次に, (9·14) 式と反応ギブズエネルギーの組成依存性を表す (7·6) 式 ($\Delta_\mathrm{r} G = \Delta_\mathrm{r} G^\ominus + RT \ln Q$) を使って, $E_\mathrm{cell}$ が組成によってどう変化するかを調べよう. この式の $\Delta_\mathrm{r} G^\ominus$ は電池反応の標準反応ギブズエネルギー, $Q$ は反応比である. (9·14) 式を $E_\mathrm{cell} = -\Delta_\mathrm{r} G / \nu F$ と変形したうえで, 上の式を代入すればつぎの**ネルンストの式**[1] が得られる.

$$E_\mathrm{cell} = E_\mathrm{cell}^\ominus - \frac{RT}{\nu F} \ln Q \qquad \boxed{\text{ネルンストの式}} \quad (9\cdot15)$$

$E_\mathrm{cell}^\ominus$ はこの電池の**標準電池電位**[2] である.

$$E_\mathrm{cell}^\ominus = -\frac{\Delta_\mathrm{r} G^\ominus}{\nu F} \qquad \text{定義} \quad \boxed{\text{標準電池電位}} \quad (9\cdot16)$$

標準電池電位はふつう, 反応物も生成物もすべてがそれぞれの標準状態 (溶質の活量をすべて 1 とし, 純粋な気体や固体の活量も 1 とする. 圧力は 1 bar) であるときの電池電位と解釈される. しかしながら, そのような電池は一般には存在しないから, $E_\mathrm{cell}^\ominus$ は, 単に標準反応ギブズエネルギーを電位で表したものと理解しておくのがよい.

もし, 電池反応の反応式に現れる量論係数をすべて何倍かすれば, $\Delta_\mathrm{r} G^\ominus$ にもその因子が掛かり, それだけ増加する. しかし同時に, $\nu$ にも同じ因子が掛かっているので, 標準電池電位には変化がない. 同様にして, $Q$ には同じ因子が "べき" として掛かり, たとえば, 量論係数が 2 倍になれば, $Q$ は $Q^2$ となる. しかし, $\ln Q^2 = 2 \ln Q$ であるから (2 以外の因子でも結局は同じで) ネルンストの式の右辺第 2 項も変化しない. すなわち, 電池反応をどう書いても $E_\mathrm{cell}$ は不変である.

### ● 簡単な例示 9·5 ネルンストの式

25.00 ℃ では,

$$\frac{RT}{F} = \frac{(8.314 \, 46 \, \mathrm{J \, K^{-1} \, mol^{-1}}) \times (298.15 \, \mathrm{K})}{9.6485 \times 10^4 \, \mathrm{C \, mol^{-1}}}$$

$$= 2.5693 \times 10^{-2} \, \mathrm{J \, C^{-1}}$$

である. ここで, 1 J = 1 V C であるから 1 J C$^{-1}$ = 1 V, また, $10^{-3}$ V = 1 mV であるから,

$$\frac{RT}{F} = 25.693 \, \mathrm{mV}$$

と書ける. この値は約 25.7 mV である. その結果, ネルンストの式によれば, $\nu = 1$ の反応では $Q$ が 10 分の 1 になれば電池電位は (25.7 mV) $\times \ln 10 = 59.2 \, \mathrm{mV}$ だけ

増加する. このとき反応は生成物を形成する傾向がずっと強くなる. 逆に, $Q$ が 10 倍になれば電池電位は 59.2 mV だけ減少し, 反応は生成物を形成する傾向が弱くなる. ●

## 9·8 平衡状態の電池

ネルンストの式は, ある特殊な場合に化学できわめて重要となる. それは反応が平衡に達した場合である. このときは $Q = K$ である. ここで, $K$ は電池反応の平衡定数である. しかし, 化学反応は平衡になればもはや仕事をしないから, 電池の場合には電極間に電位差を生じない. したがって, ネルンストの式で $Q = K$ および $E_\mathrm{cell} = 0$ とおいて,

$$0 = E_\mathrm{cell}^\ominus - \frac{RT}{\nu F} \ln K$$

したがって,

$$\ln K = \frac{\nu F E_\mathrm{cell}^\ominus}{RT} \qquad \boxed{\text{平衡定数}} \quad (9\cdot17)$$

が成り立つ. このきわめて重要な式のおかげで, 標準電池電位から平衡定数を求めることができる. (9·17) 式は (7·8) 式 ($\ln K = -\Delta_\mathrm{r} G^\ominus / RT$) を電気化学的に書き直しただけのものといえる. ここで, 覚えておくべきことをまとめる.

- $E_\mathrm{cell}^\ominus > 0$ ならば $K > 1$ であり, 平衡に達した電池反応は生成物側に片寄っている.
- $E_\mathrm{cell}^\ominus < 0$ ならば $K < 1$ であり, 平衡に達した電池反応は反応物側に片寄っている.

### ● 簡単な例示 9·6 標準電池電位から平衡定数を求める方法

ダニエル電池の標準電位は $+1.10$ V であるから, その電池反応 (反応 A) の平衡定数は,

$$\ln K = \frac{\overbrace{2}^{\nu} \times \overbrace{(9.6485 \times 10^4 \, \mathrm{C \, mol^{-1}})}^{F} \times \overbrace{(1.10 \, \mathrm{V})}^{E_\mathrm{cell}^\ominus}}{\underbrace{(8.3145 \, \mathrm{J \, K^{-1} \, mol^{-1}})}_{R} \times \underbrace{(298.15 \, \mathrm{K})}_{T}}$$

$$= \frac{2 \times 9.6485 \times 10^4 \times 1.10}{8.3145 \times 298.15}$$

$$= 85.63$$

から求められる (1 C V = 1 J を使って単位は消えた). つまり, $K = 1.5 \times 10^{37}$ である. 平衡における $Zn^{2+}$ イオンの濃度が $Cu^{2+}$ イオンの約 $10^{37}$ 倍ということから, 銅を亜鉛で置換する反応がほぼ完璧に進行することがわかる. この平衡定数の値は大きすぎて, 従来の分析手法では測定できない. しかし, 電気化学的な測定をすれば簡単に求められる. ここで, $+1$ V という標準電池電位は, 非常に大きな平衡定数に (また, $-1$ V は, 非常に小さな平衡定数に) 対応していることに注意しよう. ●

---

1) Nernst equation  2) standard cell potential

## 9·9 標 準 電 位

ガルバニ電池のそれぞれの電極は，全電池電位に対して固有の寄与をしている．一方の電極だけの寄与を実際に測定することはできないが，ある電極の電位を選び，それを0として相対値で表すことはできる．このために特に選ばれた電極が**標準水素電極** [1]（SHE），

$$Pt(s)|H_2(g)|H^+(aq) \qquad E^{\ominus}=0 \qquad （温度は任意）$$

である．そこで，レドックス対 Ox/Red の**標準電位** [2] $E^{\ominus}$(Ox/Red) は，これを右側電極とし，標準水素電極を左側電極にもつような電池を組んで測定することができる [†4]．たとえば，$Ag^+/Ag$ 対の標準電位はつぎの電池の標準電位であり，その値は $+0.80\,V$ である．

$$Pt(s)|H_2(g)|H^+(aq)\,\|\,Ag^+(aq)|Ag(s)$$

表9·3に，代表的な標準電位を掲げる．巻末の資料「標準

**表9·3** 25 °C における標準電位*

| 還元半反応 | | | | | $E^{\ominus}/V$ | |
|---|---|---|---|---|---|---|
| 酸化剤 | | | | 還元剤 | | |
| 酸化力が強い | | | | | | |
| $F_2$ | $+$ | $2e^-$ | $\rightarrow$ | $2F^-$ | $+2.87$ | |
| $S_2O_8^{2-}$ | $+$ | $2e^-$ | $\rightarrow$ | $2SO_4^{2-}$ | $+2.05$ | |
| $Au^+$ | $+$ | $e^-$ | $\rightarrow$ | $Au$ | $+1.69$ | |
| $Pb^{4+}$ | $+$ | $2e^-$ | $\rightarrow$ | $Pb^{2+}$ | $+1.67$ | |
| $Ce^{4+}$ | $+$ | $e^-$ | $\rightarrow$ | $Ce^{3+}$ | $+1.61$ | |
| $MnO_4^- + 8H^+$ | $+$ | $5e^-$ | $\rightarrow$ | $Mn^{2+} + 4H_2O$ | $+1.51$ | |
| $Cl_2$ | $+$ | $2e^-$ | $\rightarrow$ | $2Cl^-$ | $+1.36$ | |
| $Cr_2O_7^{2-} + 14H^+$ | $+$ | $6e^-$ | $\rightarrow$ | $2Cr^{3+} + 7H_2O$ | $+1.33$ | |
| $O_2 + 4H^+$ | $+$ | $4e^-$ | $\rightarrow$ | $2H_2O$ | $+1.23$ | |
| | | | | | $+0.81$ | pH=7 のとき |
| $Br_2$ | $+$ | $2e^-$ | $\rightarrow$ | $2Br^-$ | $+1.09$ | |
| $Ag^+$ | $+$ | $e^-$ | $\rightarrow$ | $Ag$ | $+0.80$ | |
| $Hg_2^{2+}$ | $+$ | $2e^-$ | $\rightarrow$ | $2Hg$ | $+0.79$ | |
| $Fe^{3+}$ | $+$ | $e^-$ | $\rightarrow$ | $Fe^{2+}$ | $+0.77$ | |
| $I_2$ | $+$ | $2e^-$ | $\rightarrow$ | $2I^-$ | $+0.54$ | |
| $O_2 + 2H_2O$ | $+$ | $4e^-$ | $\rightarrow$ | $4OH^-$ | $+0.40$ | |
| | | | | | $+0.81$ | pH=7 のとき |
| $Cu^{2+}$ | $+$ | $2e^-$ | $\rightarrow$ | $Cu$ | $+0.34$ | |
| $AgCl$ | $+$ | $e^-$ | $\rightarrow$ | $Ag + Cl^-$ | $+0.22$ | |
| $2H^+$ | $+$ | $2e^-$ | $\rightarrow$ | $H_2$ | 0, 定義 | |
| $Fe^{3+}$ | $+$ | $3e^-$ | $\rightarrow$ | $Fe$ | $-0.04$ | |
| $O_2 + H_2O$ | $+$ | $2e^-$ | $\rightarrow$ | $HO_2^- + OH^-$ | $-0.08$ | |
| $Pb^{2+}$ | $+$ | $2e^-$ | $\rightarrow$ | $Pb$ | $-0.13$ | |
| $Sn^{2+}$ | $+$ | $2e^-$ | $\rightarrow$ | $Sn$ | $-0.14$ | |
| $Fe^{2+}$ | $+$ | $2e^-$ | $\rightarrow$ | $Fe$ | $-0.44$ | |
| $Zn^{2+}$ | $+$ | $2e^-$ | $\rightarrow$ | $Zn$ | $-0.76$ | |
| $2H_2O$ | $+$ | $2e^-$ | $\rightarrow$ | $H_2 + 2OH^-$ | $-0.83$ | |
| | | | | | $-0.42$ | pH=7 のとき |
| $Al^{3+}$ | $+$ | $3e^-$ | $\rightarrow$ | $Al$ | $-1.66$ | |
| $Mg^{2+}$ | $+$ | $2e^-$ | $\rightarrow$ | $Mg$ | $-2.36$ | |
| $Na^+$ | $+$ | $e^-$ | $\rightarrow$ | $Na$ | $-2.71$ | |
| $Ca^{2+}$ | $+$ | $2e^-$ | $\rightarrow$ | $Ca$ | $-2.87$ | |
| $K^+$ | $+$ | $e^-$ | $\rightarrow$ | $K$ | $-2.93$ | |
| $Li^+$ | $+$ | $e^-$ | $\rightarrow$ | $Li$ | $-3.05$ | |
| | | | | 還元力が強い | | |

\* 巻末の資料「標準電位」にもっと詳しい表がある．

---

[†4] 標準電位は，標準電極電位あるいは標準還元電位ともいわれる．古いデータ集では，標準酸化電位 の値を見かけるかもしれない．その符号を逆転すれば，標準還元電位の値として使える．

1) standard hydrogen electrode　2) standard potential

220　9. 電 気 化 学

電位」にもっと詳しい表がある.

　任意の電極を組合わせてつくった電池の標準電位は, それぞれの標準電位の差をとれば計算できる.

$$E_{cell}^{\ominus} = E_R^{\ominus} - E_L^{\ominus}$$ 　標準電位からの　(9·18)
　　　　　　　　　　　　電池電位の計算

ここで, $E_R^{\ominus}$ は右側電極, $E_L^{\ominus}$ は左側電極の標準電位である. $E_{cell}^{\ominus}$ の値が得られれば (9·17) 式を使って電池反応の平衡定数を計算することができる.

### 例題 9·5　平衡定数の計算

　298 K における不均化反応, $2\,Cu^+(aq) \rightleftharpoons Cu(s) + Cu^{2+}(aq)$ の平衡定数を計算せよ.

**解法**　この反応の $E_{cell}^{\ominus}$ と $\nu$ がわかればよい. それが求められれば (9·17) 式が使える. そのためにまず, 全反応を二つの還元半反応の差として表す. このときの $\nu$ の値は, 両半反応の釣り合いをとるのに必要な電子の量論係数である. 次に, それぞれの半反応の標準電位を表から得て, その差から $E_{cell}^{\ominus}$ を求める. $RT/F = 25.69$ mV $(2.569 \times 10^{-2}$ V) を使う.

**解答**　まず, 全反応を次の半反応で表す.

　右側: $Cu^+(aq) + e^- \longrightarrow Cu(s)$
　　　　　　　　$E^{\ominus}(Cu^+, Cu) = +0.52$ V

　左側: $Cu^{2+}(aq) + e^- \longrightarrow Cu^+(aq)$
　　　　　　　　$E^{\ominus}(Cu^{2+}, Cu^+) = +0.16$ V

したがって電位差は,

$$E_{cell}^{\ominus} = E_R^{\ominus} - E_L^{\ominus} = (0.52\,V) - (0.16\,V) = +0.36\,V$$

である. (9·16) 式で $\nu = 1$ とおけば,

$$\ln K = \frac{0.36\,V}{\underbrace{2.569 \times 10^{-2}\,V}_{RT/F}} = \frac{36}{2.569}$$

したがって, $K = e^{\ln K}$ であるから,

$$K = e^{36/2.569} = 1.2 \times 10^6$$

である. $K$ の値が非常に大きいから, 平衡はかなり生成物側に片寄っており, 水溶液中ではほとんど完全に $Cu^+$ の不均化が起こっているのがわかる.

　**ノート**　対数の真数を求める計算は, 答を求める最終段階で行うこと. それは, $e^x$ が $x$ の値に非常に敏感で, $x$ に丸め誤差を生じていると最終結果に大きく影響するからである.

### 自習問題 9·10

　298 K での反応, $Sn^{2+}(aq) + Pb(s) \rightleftharpoons Sn(s) + Pb^{2+}(aq)$ の平衡定数を計算せよ.　　　　　　［答: 0.46］

## 9·10　電位の pH による変化

　レドックス対の半反応には水素イオンが関与していることが多い. たとえば, 細胞中でのグルコースの好気的分解に関わっているフマル酸/コハク酸のレドックス対, $(HOOCCH=CHCOOH/HOOCCH_2CH_2COOH)$ は,

$$HOOCCH=CHCOOH(aq) + 2\,H^+(aq) + 2\,e^- \longrightarrow$$
$$HOOCCH_2CH_2COOH(aq)$$

で表せる. この種の半反応では電位は媒質の pH に依存する. この例でも水素イオンが反応物の一つとして参加しており, pH が増加すれば水素イオンの活量が減少するから平衡は反応物側に片寄り, フマル酸が還元される熱力学的傾向は弱くなる. したがって, pH が上昇するにつれフマル酸/コハク酸 対の還元電位は下がるはずである.

　pH が変化したときに見られる還元電位の定量的な変化は, その半反応にネルンストの式を適用し, つぎの関係 (「必須のツール 2·2」を見よ) を使えば求められる.

$$\ln a_{H^+} = (\ln 10) \times \log a_{H^+} = -\ln 10 \times pH$$

$\ln 10 = 2.303\cdots$ である. ここでもし, フマル酸もコハク酸も一定濃度であるとすれば, フマル酸/コハク酸 のレドックス対に対する還元電位は,

$$E = E^{\ominus} - \frac{RT}{2F} \ln \overbrace{\frac{a_{suc}}{a_{fum}\,a_{H^+}^2}}^{\ln(x/y^2)}$$

$$\ln(x/y^2) = \ln x + \ln(1/y^2)$$

$$= E^{\ominus} - \frac{RT}{2F} \ln \frac{a_{suc}}{a_{fum}} - \frac{RT}{2F} \ln \frac{1}{a_{H^+}^2}$$

$$\ln(1/y^2) = -2\ln y$$

$$= \underbrace{E^{\ominus} - \frac{RT}{2F} \ln \frac{a_{suc}}{a_{fum}}}_{E'} + \frac{RT}{F} \overbrace{\ln a_{H^+}}^{\ln 10 \times \log a_{H^+}}$$

と表せる. $\log a_{H^+} = -pH$ の関係を使って変形すれば,

$$E = E' - \frac{RT \ln 10}{F} \times pH$$

となって, 25 °C では,

$$E = E' - (59.2\,mV) \times pH$$

である. このように, pH が 1 単位だけ増加すれば還元電位は 59.2 mV だけ下がる. この結果は, はじめに予想した通りのもので, pH を増加させればフマル酸の還元が抑えられる.

　同じ考えを適用することで, 標準電位を**生物学的標準電位**[1] $E^{\oplus}$, つまり中性溶液中 (pH = 7) での標準電位に変換することができる (生物学的標準状態については, 「インパクト 7·1」を見よ). 還元半反応の反応物側に水素イオンが入っていれば, 生物学的標準電位はもとの標準電位よ

---

1) biological standard potential

りも低い（フマル酸/コハク酸のレドックス対の場合は，7 × 59.2 mV = 414 mV つまり約 0.4 V だけ低い）．逆に水素イオンが生成物側にあれば，生物学的標準電位は熱力学的標準電位よりも高い．その違いは半反応に関与する電子数とプロトン数によって決まる．

### 例題 9・6　標準電位から生物学的標準電位への変換

25 °C での NAD$^+$/NADH 対（例題 9・2）の生物学的標準電位を計算せよ．その還元半反応は，

$$\text{NAD}^+(\text{aq}) + \text{H}^+(\text{aq}) + 2\,\text{e}^- \longrightarrow \text{NADH}(\text{aq})$$
$$E^\ominus_{\text{cell}} = -0.11\,\text{V}$$

で表される．

**解法**　ネルンストの式は電池全体だけでなく，個々の電極にも適用できる．したがって，電位に関するネルンストの式をここでも書いて，それぞれの化学種の活量を用いて反応比を表す．H$^+$ を除くすべての化学種は標準状態にあるから，その活量は 1 である．あとは本文で示したのと全く同様に pH によって水素イオン活量を表せばよい．ここで，pH = 7 とおく．

**解答**　この半反応についてのネルンストの式は，$\nu = 2$ として，

$$E = E^\ominus - \frac{RT}{2F}\ln\frac{a_{\text{NADH}}}{a_{\text{H}^+}a_{\text{NAD}^+}} = E^\ominus - \frac{RT}{2F}\ln\frac{1}{a_{\text{H}^+}}$$

$$\ln(1/x) = -\ln x$$
$$= E^\ominus + \frac{RT}{2F}\ln a_{\text{H}^+}$$

である．$\ln x = \ln 10 \times \log x$ および $\log a_{\text{H}^+} = -\text{pH}$ を使ってこの式を変形すれば，

$$E = E^\ominus + \frac{RT}{2F}\ln a_{\text{H}^+} = E^\ominus - \frac{RT\ln 10}{2F}\times\text{pH}$$
$$= E^\ominus - (29.58\,\text{mV})\times\text{pH}$$

が得られる．したがって，生物学的標準電位（pH = 7 における値）は以下の値となる．

$$E^\ominus = (-0.11\,\text{V}) - (29.58\times 10^{-3}\,\text{V})\times 7 = -0.32\,\text{V}$$

### 自習問題 9・11

25 °C における熱力学的標準状態での半反応 O$_2$(g) + 4H$^+$(aq) + 4e$^-$ → 2H$_2$O(l) の標準電位は +1.23 V である．その生物学的標準電位を求めよ．

［答：+0.82 V］

## 9・11　pH の測定

水素電極の電位は溶液の pH に比例している．しかし実際には，標準水素電極を使わず別の間接的な方法を用いる方がずっと便利である．それが<u>ガラス電極</u>[1]である（図 9・15）．この電極は水素イオンの活量に敏感で，しかも pH に対して直線的な依存性を示す電位が得られる．それは Cl$^-$ イオンを含むリン酸塩の緩衝液で満たされており，まわりの媒質が pH = 7 であるとき，都合のよいことに $E \approx 0$ である．このようなガラス電極は気体電極に比べて扱いがずっと簡単で，すでに pH がわかっている溶液（たとえば 8・6 節で説明したような緩衝液）で校正しておけば使える．

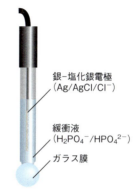

**図 9・15**　ガラス電極では，浸した媒質の水素イオン濃度によって電位が変化する．ガラス製の薄膜の中には電解質と銀－塩化銀電極が納められており，塩橋を介して試験溶液と接触しているカロメル（Hg$_2$Cl$_2$）電極との間で電池を組む．ガラス電極とカロメル電極は，ふつう一組にして使う．

これで酸の p$K_\text{a}$ を電気的に測定する方法が得られた．8・5 節で説明したように，酸とその共役塩基が同じ量だけ含まれている溶液では pH = p$K_\text{a}$ である．したがって，pH 測定と同じ方法で電気化学的に p$K_\text{a}$ が測定できることがわかる．

## 標準電位の応用

電池電位を測定すれば，反応ギブズエネルギーや反応エンタルピー，反応エントロピーのデータが簡単に得られる．事実，それらの標準値（および生物学的標準値）には通常この方法で求めた値が採用されている．

## 9・12　電気化学系列

$E^\ominus_{\text{cell}} > 0$ の電池反応では $K > 1$ であり，$E_{\text{cell}} > 0$ のとき，右側の電極で（すでに述べた慣習に従えば）還元が起こることを見てきた．また，二つのレドックス対を左と右

---

[1] glass electrode

**9. 電 気 化 学**

の電極としたとき，$E_{cell}^{\ominus}$ がそれらの標準電位の差で書けることも示した（9·18式，$E_{cell}^{\ominus} = E_R^{\ominus} - E_L^{\ominus}$）．したがって，右側電極で還元が起こる反応では，$E_L^{\ominus} < E_R^{\ominus}$ で $K > 1$ である．そこで，つぎのことがいえる．

- 標準電位の低いレドックス対は，標準電位がそれより高いレドックス対を還元する熱力学的傾向をもつ．

簡単に，低い方が高い方を還元すると覚えればよい．高い方が低い方を酸化すると覚えても同じである．

● **簡単な例示 9·7　還元しやすさの傾向**

たとえば，

$$E^{\ominus}(Zn^{2+}, Zn) = -0.76\,V < E^{\ominus}(Cu^{2+}, Cu)$$
$$= +0.34\,V$$

であるから，標準条件のもとでは $Zn(s)$ は $Cu^{2+}(aq)$ を還元する熱力学的傾向があるといえる．したがって，

$$Zn(s) + CuSO_4(aq) \rightleftharpoons ZnSO_4(aq) + Cu(s)$$

の反応は $K > 1$ と予測できる．（事実，298 K で $K = 1.5 \times 10^{37}$ であることはすでに示した）．●

---

**自習問題 9·12**

酸性溶液中の二クロム酸イオン（$Cr_2O_7{}^{2-}$）は，水銀を酸化して水銀（I）イオンにする熱力学的傾向をもつか．

［答：もつ］

---

## 9·13　熱力学関数の計算

　電池の標準電位と電池反応の標準反応ギブズエネルギーとの間には，(9·16) 式の関係（$\Delta_r G^{\ominus} = -\nu F E_{cell}^{\ominus}$）があることを見た．したがって，目的の反応が起こっている電池の標準電位を測定すれば，標準反応ギブズエネルギーを求めることができる．もし生物学的標準状態での値が必要なら，同じかたちの式を書いて pH = 7 での標準電池電位で表せばよい（$\Delta_r G^{\oplus} = -\nu F E_{cell}^{\oplus}$）．

　電池の標準電位と標準反応ギブズエネルギーの関係がわかったので，それを使えばあるレドックス対の標準電位を別のレドックス対の標準電位から導くことができる．$G$ が状態関数であることを利用して，全反応のギブズエネルギーが部分反応のギブズエネルギーの和で表されることを使う．ギブズエネルギーは $\nu$ の値によって変わるから，一般には $E^{\ominus}$ の値を直接加えることはできない．レドックス対によって $\nu$ の値が違う場合があるからである．

**例題 9·7　二つの標準電位を使って別の標準電位を算出する方法**

　標準電位として，$E^{\ominus}(Cu^{2+}, Cu) = +0.340\,V$ および $E^{\ominus}(Cu^+, Cu) = +0.522\,V$ が与えられている．$E^{\ominus}(Cu^{2+},$

$Cu^+$）を計算せよ．

**解法**　(9·16) 式を使ってそれぞれの $E^{\ominus}$ を $\Delta_r G^{\ominus}$ に変換し，符号に注意して両者を加え，得られた全 $\Delta_r G^{\ominus}$ に対して再び (9·16) 式を適用して $E^{\ominus}$ を求めればよい．計算に現れる $F$ は最終的に消しあうから，途中ではそのままにしておく．

**解答**　この場合の電極反応はつぎの通りである．

(a) $Cu^{2+}(aq) + 2e^- \longrightarrow Cu(s)$　　$E^{\ominus} = +0.340\,V$
$$\Delta_r G^{\ominus}(a) = -2F \times (0.340\,V) = (-0.680\,V) \times F$$

(b) $Cu^+(aq) + e^- \longrightarrow Cu(s)$　　$E^{\ominus} = +0.522\,V$
$$\Delta_r G^{\ominus}(b) = -F \times (0.522\,V) = (-0.522\,V) \times F$$

ここで目的とする反応は，

(c) $Cu^{2+}(aq) + e^- \longrightarrow Cu^+(aq)$
$$\Delta_r G^{\ominus}(c) = -FE^{\ominus}$$

である．(c) = (a) － (b) であるから結局，

$$\Delta_r G^{\ominus}(c) = \Delta_r G^{\ominus}(a) - \Delta_r G^{\ominus}(b)$$

となり，したがって (9·16) 式より，

$$FE^{\ominus}(c) = -\{(-0.680\,V)F - (-0.522\,V)F\}$$
$$= (+0.158\,V)F$$

となる．ここで，$F$ は消しあうから，残った $E^{\ominus}(c) = +0.158\,V$ が答である．

　**ノート**　二つの標準電位から第三の標準電位を求めるときは，常に，それらのギブズエネルギーを通して計算すること．ギブズエネルギーには加成性があるが，標準電位は，一般には加成性がないからである．

---

**自習問題 9·13**

標準電位として，$E^{\ominus}(Fe^{3+}, Fe) = -0.04\,V$ と $E^{\ominus}(Fe^{2+}, Fe) = -0.44\,V$ が与えられている．$E^{\ominus}(Fe^{3+}, Fe^{2+})$ を計算せよ．　　［答：+0.76 V］

---

　測定によって $\Delta_r G^{\ominus}$ が得られれば，熱力学的な関係を使って他の量を求めることもできる．たとえば，つぎの「式の導出」で示すように，電池の標準反応エントロピーは，電池電位の温度変化から次式で求めることができる．

$$\Delta_r S^{\ominus} = \frac{\nu F(E_{cell}^{\ominus} - E_{cell}^{\ominus\prime})}{T - T'}$$

標準反応エントロピー　(9·19)

### 式の導出 9・4 電池電位から反応エントロピーを求める方法

ギブズエネルギーの定義により, $G = H - TS$ である. 反応に関与する全ての物質についてこの式が成り立つから, ある温度では, $\Delta_r G^\ominus(T) = \Delta_r H^\ominus - T\Delta_r S^\ominus$ である. ここで, $\Delta_r H^\ominus$ と $\Delta_r S^\ominus$ の温度依存性は小さくて無視できるとすれば, 温度 $T'$ では, $\Delta_r G^\ominus(T') = \Delta_r H^\ominus - T'\Delta_r S^\ominus$ と書ける. したがって,

$$\Delta_r G^\ominus(T') - \Delta_r G^\ominus(T) = -(T' - T)\Delta_r S^\ominus$$

である. ここで, $\Delta_r G^\ominus = -\nu F E_{cell}^\ominus$ を代入すれば,

$$-\nu F E_{cell}^{\ominus\prime} + \nu F E_{cell}^\ominus = -(T' - T)\Delta_r S^\ominus$$

が得られる. これから (9・19) 式が得られる.

---

(9・19) 式によれば, 電池反応の標準反応エントロピーが正ならば, 標準電池電位は温度とともに増加する. また, 電位を温度に対してプロットしたときの勾配は反応エントロピーに比例する (図9・16). 一例として, 電池反応によって大量の気体が生成すれば, 電位は温度とともに増加する. 逆に, 気体を消費する反応であれば, 電位は温度とともに減少する.

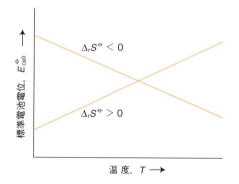

**図9・16** 電池の標準電位の温度変化は, 電池反応の標準反応エントロピーに依存している.

最後に, 以上で得られた結果を組合わせれば標準反応エンタルピーを求めることができる. それには, $G = H - TS$ を変形して $H = G + TS$ としておく. そうすれば,

$$\Delta_r H^\ominus = \Delta_r G^\ominus + T\Delta_r S^\ominus \quad (9\cdot20)$$

が得られる. ここで, $\Delta_r G^\ominus$ は電池電位から求めたものであり, $\Delta_r S^\ominus$ はその温度変化から得られたものである. こうして, 熱量測定によることなく反応エンタルピーを求める方法を導くことができた.

### 例題 9・8 電池電位の温度係数の利用

つぎの電池の標準電位は, 293 K で +0.2699 V, 303 K では +0.2669 V であった.

$$Pt(s)|H_2(g)|HCl(aq)|Hg_2Cl_2(s)|Hg(l)$$

つぎの反応の 298 K における標準反応ギブズエネルギー, 標準反応エンタルピー, 標準反応エントロピーをそれぞれ求めよ.

$$Hg_2Cl_2(s) + H_2(g) \longrightarrow 2\,Hg(l) + 2\,HCl(aq)$$

**解法**　2点の温度間で直線補間し, (9・16) 式を使って 298 K における標準反応ギブズエネルギーを標準電池電位から求める. (この場合, 293 K と 303 K の中点は 298 K であり, $E_{cell}^\ominus$ も中点の値を採用する.) 標準反応エントロピーは (9・19) 式にデータを代入すれば得られる. 標準反応エンタルピーは, (9・20) 式を使ってこれら2量を組合わせれば求められる. 1 C V = 1 J の関係を使え.

**解答**　中点の標準電池電位は +0.2684 V であり, この反応では $\nu = 2$ であるから,

$$\begin{aligned}\Delta_r G^\ominus &= -\nu F E_{cell}^\ominus \\ &= -2 \times (9.6485 \times 10^4\,\text{C mol}^{-1}) \times (0.2684\,\text{V}) \\ &= -51.79\,\text{kJ mol}^{-1}\end{aligned}$$

が得られる. (9・19) 式から標準反応エントロピーは,

$$\Delta_r S^\ominus = \frac{\overbrace{2}^{\nu} \times \overbrace{(9.6485 \times 10^4\,\text{C mol}^{-1})}^{F} \times (\overbrace{0.2699\,\text{V}}^{E_{cell}^\ominus} - \overbrace{0.2669\,\text{V}}^{E_{cell}^{\ominus\prime}})}{\underbrace{293\,\text{K}}_{T} - \underbrace{303\,\text{K}}_{T'}}$$

$$= -57.9\,\text{J K}^{-1}\,\text{mol}^{-1}$$

と計算できる. この値を $-5.79 \times 10^{-2}\,\text{kJ K}^{-1}\,\text{mol}^{-1}$ と書いておくと後で都合がよい. そこで, (9・20) 式より標準反応エンタルピーとして,

$$\begin{aligned}\Delta_r H^\ominus &= (-51.79\,\text{kJ mol}^{-1}) \\ &\quad + (298\,\text{K}) \times (-5.79 \times 10^{-2}\,\text{kJ K}^{-1}\,\text{mol}^{-1}) \\ &= -69.0\,\text{kJ mol}^{-1}\end{aligned}$$

が得られる. この方法の難点は, 電池電位のわずかな温度変化を正確に測定しなければならないことである. しかし, 電気測定の結果と熱的性質という一見何の関わりもない両者を結びつけたのは熱力学であり, これは熱力学の威力を示す一例といえよう.

### 自習問題 9・14

298 K での熱力学データを使って, 303 K におけるつぎのハーネド電池[1]の標準電位を求めよ.

---

[1] Harned cell

$$\mathrm{Pt(s)\,|\,H_2(g)\,|\,HCl(aq)\,|\,AgCl(s)\,|\,Ag(s)}$$

[答： $+0.2168\,\mathrm{V}$]

---

## 工業技術へのインパクト 9·2

### 燃料電池

燃料電池は，ふつうのガルバニ電池と動作は似ているが，反応物質が電池の一部を構成するガルバニ電池と違って，外部から反応物質が供給される．燃料電池の中でも基本的で重要なタイプは，スペースシャトルに搭載されたり，試験的に自動車に搭載されたりしている水素/酸素燃料電池である．よく使われる電解質は，200℃で20～40atmに保った水酸化カリウムの濃厚水溶液である．電極には，ニッケル粉末を圧縮加工したシート状の多孔性ニッケルを使う．カソードでは，つぎの還元反応が起こり，

$$\mathrm{O_2(g) + 2H_2O(l) + 4e^- \longrightarrow 4OH^-(aq)}$$
$$E^{\ominus} = +0.40\,\mathrm{V}$$

アノードでは，つぎの酸化反応が起こる．

$$\mathrm{H_2(g) + 2OH^-(aq) \longrightarrow 2H_2O(l) + 2e^-}$$
$$E^{\ominus} = +0.83\,\mathrm{V}$$

全反応は，

$$\mathrm{2H_2(g) + O_2(g) \longrightarrow 2H_2O(l)} \qquad E^{\ominus}_{\mathrm{cell}} = +1.23\,\mathrm{V}$$

であり，自発的に進行するが，同時に発熱反応でもあるから，200℃では25℃より熱力学的に不利である．つまり，温度が高いほど電池電位は低くなる．しかしながら，圧力を加えることで温度上昇による不利が解消でき，200℃で40atmなら$E_{\mathrm{cell}} \approx +1.2\,\mathrm{V}$が得られる．

電極の効率を決めているのは**電流密度**[1]であり，それは電極を流れる電流をその面積で割った量である．水素/酸素燃料電池の利点の一つは，水素反応の**交換電流密度**[2]が大きいことである．交換電流密度というのは，電極が平衡にあるときの正逆両方向の電流密度（この両者は大きさが等しい）のことである．しかし，残念ながら酸素反応の交換電流密度は約$0.1\,\mathrm{nA\,cm^{-2}}$にすぎず，これがこの電池から取出せる電流の限界を決めている．これを回避する一つの方法は，大きな表面積をもつ触媒表面を使うことである．近年，開発が高度に進んだ燃料電池には，電解質としてリン酸を使い，水素と空気を用いて200℃で作動させ

るものがある．その水素には，天然ガスの改質反応で得られる水素を使っている．

アノード： $\mathrm{2H_2(g) \longrightarrow 4H^+(aq) + 4e^-}$

カソード： $\mathrm{O_2(g) + 4H^+(aq) + 4e^- \longrightarrow 2H_2O(l)}$

この燃料電池は，熱電併給（CHP）システムに組込むことが有望視されている．システムの排熱をビル暖房に使ったり，あるいは別の仕事に利用したりする．その効率は80パーセントに達することも可能である．また，このような電池を多数連結して出力が10MW程度にも達している．水素は確かに魅力的な燃料に違いないが，自動車への応用には難点がある．貯蔵するのが困難で，取扱いも危険だからである．携帯できる燃料電池への道は，水素をカーボンナノチューブに貯蔵することである．ヘリングボーン模様に並べたカーボンナノチューブは大量の水素を貯蔵し，ガソリンの2倍ものエネルギー密度が得られることがわかっている．

溶融炭酸塩を電解質とし約600℃で作動する燃料電池では，天然ガスをそのまま利用することが可能である．しかし，これらの材料開発が進むまでは，魅力的な燃料の一つはメタノールである．取扱いが簡単で，含まれる水素原子の数が多いからである．

アノード： $\mathrm{CH_3OH(l) + 6OH^-(aq)}$
$$\mathrm{\longrightarrow 5H_2O(l) + CO_2(g) + 6e^-}$$

カソード： $\mathrm{O_2(g) + 4e^- + 2H_2O(l) \longrightarrow 4OH^-(aq)}$

しかしながら，メタノールの欠点として**電気浸透抗力**[3]の現象がある．アノードとカソードを隔離する高分子の電解質膜をプロトンが通り抜けるとき，水やメタノールをいっしょにカソード隔室に運びこみ，そこでは$\mathrm{CH_3OH}$を$\mathrm{CO_2}$に酸化してしまうだけの電位があるから，それが原因で電池の効率を下げてしまうのである．固体イオン伝導体を用いた酸化物型燃料電池は，約1000℃で作動し，燃料として種々の炭化水素がそのまま使える．

バイオ燃料電池はふつうの燃料電池と似ているが，白金触媒の代わりに酵素や，場合によっては微生物を使うこともある．電子移動の担い手になれる有機分子があれば，そこから電気が取出せる．たとえば，ペースメーカーなど体内に埋め込んだ医療器具の電源として，その場合はおそらく，血流で供給されるグルコースを燃料とした電池の応用が見込まれる．

---

1) current density　2) exchange current density　3) electro-osmotic drag

## チェックリスト

- □1 イオン性溶液における理想性からのずれは，イオンとそのイオン雰囲気との相互作用による．
- □2 デバイ-ヒュッケルの極限則は，溶液中に存在するイオンの平均活量とイオン強度との関係を表す．
- □3 強電解質のモル伝導率は，コールラウシュの法則に従う．
- □4 溶液中をイオンが移動する速さは，そのイオンの移動度で決まる．それは，イオンの電荷や流体力学的半径，溶液の粘度に依存する．
- □5 プロトンは，図9・4に示したグロッタスの機構により移動する．
- □6 ガルバニ電池は，自発的な化学反応により電位差を生じる化学電池である．
- □7 電解槽は，外部の電流源を使って非自発的な化学反応を駆動する化学電池である．
- □8 レドックス反応は，二つの還元半反応の差で表される．
- □9 カソードは，還元が起こる側である．アノードは，酸化が起こる側である．
- □10 電池電位は，電池を可逆的に作動させたときに生じる電位差である．
- □11 ネルンストの式は，電池電位と反応混合物の組成との関係を表す．
- □12 レドックス対の標準電位は，それを右側電極に置き，左側に水素電極を置いたときの標準電池電位である．
- □13 溶液のpHは，ガラス電極の電位を測定すれば求められる．
- □14 標準電位の低いレドックス対は，標準電位の高いレドックス対を還元する熱力学的傾向をもつ（$K > 1$ である）．
- □15 電池反応の反応エントロピーおよび反応エンタルピーは，その電池の電池電位の温度変化を測定すれば得られる．

## 重要な式の一覧

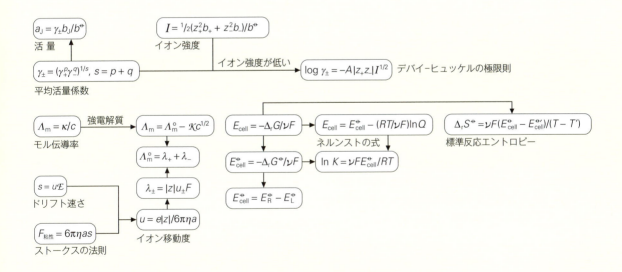

## 問題と演習

### 文章問題

**9・1** 電解質溶液に関するデバイ-ヒュッケルの理論の内容を述べよ．溶液の濃度が非常に低いところでしか使えないのは，どんな近似があるためか．

**9・2** 水中でのプロトンの伝導機構を説明せよ．液体アンモニア中でのプロトン伝導でも同様の機構がありうるか．

**9・3** ガルバニ電池，電解槽，燃料電池の違いを述べよ．化学電池の測定でよく塩橋が使われる理由を説明せよ．

**9・4** あるレドックス反応が自発的かは，電気化学系列からどうわかるかを説明せよ．

**9·5** 化学反応の熱力学的性質を求めるための電気化学的な方法について述べよ.

## 演習問題

**9·1** $0.15 \ \mathrm{mol \ kg^{-1}}$ の $KCl(aq)$ と $0.30 \ \mathrm{mol \ kg^{-1}}$ の $CuSO_4$ (aq) について,それぞれのイオン強度を計算せよ.

**9·2** 溶媒 $500 \ \mathrm{g}$ を含む $0.150 \ \mathrm{mol \ kg^{-1}}$ の $KNO_3(aq)$ に,(a) $Ca(NO_3)_2$,(b) $NaCl$ をそれぞれ別々に加えて,イオン強度を $0.250$ にまで上げたい.溶液に加えるべき質量を,それぞれ計算せよ.

**9·3** $MgF_2$ の水溶液中のイオンの平均活量係数を,個々のイオンの活量係数を用いて表せ.

**9·4** $0.015 \ \mathrm{mol \ kg^{-1}}$ の $MgF_2(aq)$ と $0.025 \ \mathrm{mol \ kg^{-1}}$ の $NaCl$ (aq) について,それぞれの平均活量係数と平均活量を計算せよ.

**9·5** $25 \ ^\circ C$ における $HBr$ の希薄水溶液 3 種の平均活量係数が,$0.930 \ (5.0 \ \mathrm{mmol \ kg^{-1}})$,$0.907 \ (10.0 \ \mathrm{mmol \ kg^{-1}})$,$0.879 \ (20.0 \ \mathrm{mmol \ kg^{-1}})$ であった.拡張デバイ-ヒュッケル則における $B$ の値を計算せよ.

**9·6** $KCl$,$KNO_3$,$AgNO_3$ の極限モル伝導率は,それぞれ $14.99 \ \mathrm{mS \ m^2 \ mol^{-1}}$,$14.50 \ \mathrm{mS \ m^2}$ $\mathrm{mol^{-1}}$,$13.34 \ \mathrm{mS \ m^2}$ $\mathrm{mol^{-1}}$(いずれも $25 \ ^\circ C$ の値)である.同じ温度での $AgCl$ の極限モル伝導率はいくらか.

**9·7** $25 \ ^\circ C$ の水溶液中での塩化物イオンの移動度は,$7.91 \times 10^{-8} \ \mathrm{m^2 \ s^{-1} \ V^{-1}}$ である.そのモルイオン伝導率を計算せよ.

**9·8** $25 \ ^\circ C$ の水溶液中での $Rb^+$ イオンの移動度は,$7.92 \times 10^{-8} \ \mathrm{m^2 \ s^{-1} \ V^{-1}}$ である.この溶液に挿入した二つの電極間に生じた電位差は $35.0 \ \mathrm{V}$ であった.電極間の距離が $8.00 \ \mathrm{mm}$ であったとして,$Rb^+$ イオンのドリフト速さを求めよ.

**9·9** $NaCl$ の水溶液を少しずつ薄めてつくった一連の濃度の溶液について,セル定数 $C$ が $0.2063 \ \mathrm{cm^{-1}}$ の伝導率セルを使って,その抵抗 $R$ を測定した($\kappa = C/R$ の関係がある).実測値は以下の通りであった.

| $c/(\mathrm{mol \ dm^{-3}})$ | 0.00050 | 0.0010 | 0.0050 | 0.010 | 0.020 | 0.050 |
|---|---|---|---|---|---|---|
| $R/\Omega$ | 3314 | 1669 | 342.1 | 174.1 | 89.08 | 37.14 |

(a) モル伝導率がコールラウシュの法則に従うことを確かめ,極限モル伝導率を求めよ.(b) 係数 $\mathcal{K}$ を求めよ.(c) $\mathcal{K}$ の値(イオンの性質にのみ依存し,同一ではない)と,$\lambda$ $(Na^+) = 5.01 \ \mathrm{mS \ m^2 \ mol^{-1}}$,$\lambda(I^-) = 7.68 \ \mathrm{mS \ m^2 \ mol^{-1}}$ を使って,$25 \ ^\circ C$ における $0.010 \ \mathrm{mol \ dm^{-3}}$ の $NaI \ (aq)$ を測定したときの,(i) モル伝導率,(ii) 伝導率,(iii) 実際に測定される抵抗をそれぞれ予測せよ.

**9·10** $25 \ ^\circ C$ における $AgCl$ の飽和水溶液の伝導率は,水による伝導率補正をしたところ,$0.1887 \ \mathrm{mS \ m^{-1}}$ であっ

た.この温度での塩化銀の溶解度を求めよ.

**9·11** $0.020 \ \mathrm{M}$ の $HCOOH \ (aq)$ のモル伝導率は $3.83 \ \mathrm{mS}$ $\mathrm{m^2 \ mol^{-1}}$ である.ギ酸の $pK_a$ の値を求めよ.

**9·12** イオンの移動度はその電荷に依存する.タンパク質のような大きな分子で,正味の電荷が $0$ となる状態をつくることができれば,分子は電場に応答しない.このような "等電点" は,媒質の $pH$ を変化させて得られる.ウシ血清アルブミン(BSA)の水溶液に電場をかけ,分子の移動する速さを種々の $pH$ のもとで測定した.得られたデータをつぎに示す.このタンパク質の等電点を求めよ.

| pH | 4.20 | 4.56 | 5.20 | 5.65 | 6.30 | 7.00 |
|---|---|---|---|---|---|---|
| 速さ/($\mu \mathrm{m \ s^{-1}}$) | 0.50 | 0.18 | $-0.25$ | $-0.60$ | $-0.95$ | $-1.20$ |

〔ヒント:$pH$ に対して速さをプロットし,速さが $0$ となる $pH$ を求める.それが,この分子が正味の電荷をもたないときの $pH$ である.〕

**9·13** システイン($HSCH_2CH(NH_2)COOH$)が酸化されシスチン($HOOCCH(NH_2)CH_2SSCH_2CH(NH_2)COOH$)となる反応を二つの半反応の差で表せ.半反応の一つは $O_2(g) + 4H^+(aq) + 4e^- \longrightarrow 2H_2O(l)$ である.

**9·14** 生物学的標準電池電位が $E^\oplus(O_2, H^+, H_2O) = +0.82 \ \mathrm{V}$ と $E^\oplus(NAD^+, H^+, NADH) = -0.32 \ \mathrm{V}$ の半反応がある.これらの値を用いて,$NADH$ が酸化され $NAD^+$ となる反応の標準電位を計算せよ.また,その反応の生物学的標準反応ギブズエネルギーを計算せよ.

**9·15** $25 \ ^\circ C$ の $HBr$ 水溶液中で水素電極を $1.45 \ \mathrm{bar}$ で使った.その溶液の濃度を $5.0 \ \mathrm{mmol \ dm^{-3}}$ から $15.0 \ \mathrm{mmol}$ $\mathrm{dm^{-3}}$ に変えたとき,電極電位の変化を計算せよ.

**9·16** 電池反応が $Mn(s) + Cl_2(g) \longrightarrow MnCl_2(aq)$ である電池を書き表せ.その両電極で起こる半反応を示せ.また,標準電池電位が $+2.54 \ \mathrm{V}$ であるとしてレドックス対 $Mn^{2+}/Mn$ の標準電位を求めよ.

**9·17** つぎの電池で起こる電池反応と電極半反応,ネルンストの式をそれぞれ書け.

(a) $Ag(s) | AgNO_3(aq, b_L) || AgNO_3(aq, b_R) | Ag(s)$

(b) $Pt(s) | H_2 \ (g, p_L) | HCl(aq) | H_2(g, p_R) | Pt(s)$

(c) $Pt(s) | K_3[Fe(CN)_6](aq), K_4[Fe(CN)_6](aq) ||$ $Mn^{2+}(aq), H^+(aq) | MnO_2(s) | Pt(s)$

(d) $Pt(s) | Cl_2(g) | HCl(aq) || HBr(aq) | Br_2(l) | Pt(s)$

(e) $Pt(s) | Fe^{3+}(aq), Fe^{2+}(aq) ||$ $Sn^{4+}(aq), Sn^{2+}(aq) | Pt(s)$

(f) $Fe(s) | Fe^{2+}(aq) || Mn^{2+}(aq), H^+(aq) | MnO_2(s) | Pt(s)$

**9·18** 演習問題 9·17 の電池について,両電極の標準電位の値を用いて電池の標準電位を計算せよ.

**9·19** つぎの電池反応が起こる電池を書け.ネルンストの式に使う $\nu$ 値をそれぞれ示せ.

(a) $Fe(s) + PbSO_4(aq) \longrightarrow FeSO_4(aq) + Pb(s)$

## 9. 電 気 化 学

(b) $Hg_2Cl_2(s) + H_2(g) \longrightarrow 2\,HCl(aq) + 2\,Hg(l)$

(c) $2\,H_2(g) + O_2(g) \longrightarrow 2\,H_2O(l)$

(d) $H_2(g) + O_2(g) \longrightarrow H_2O_2(aq)$

(e) $H_2(g) + I_2(g) \longrightarrow 2\,HI(aq)$

(f) $2\,CuCl(aq) \longrightarrow Cu(s) + CuCl_2(aq)$

**9・20** 演習問題 9・19 の電池について，両電極の標準電位の値を用いて電池の標準電位を計算せよ．

**9・21** 燃料電池では，燃料源として外部から供給した試薬が化学反応を起こし，電位差を生じる．(a) 水素と酸素の反応，(b) ベンゼンの完全酸化を利用した燃料電池について，1.0 bar，298 K における電池電位はそれぞれいくらか．

**9・22** 両電極ともメタンの酸化反応を利用した燃料電池を組んだ．左側の電極ではメタンが二酸化炭素と水に完全に酸化され，右側の電極ではメタンが一酸化炭素と水に部分酸化される．(a) どちらの電極がカソードか．(b) 気体の圧力はどちらも 1 bar として，25 °C における電池電位を求めよ．

**9・23** 演習問題 9・17 の電池でつぎの変化が起きたとき，それぞれの電池電位にどんな変化が見られるかを予測せよ．それぞれについて，ネルンストの式を用いて予測を確かめよ．

(a) 左側の電極隔室に入れてある硝酸銀溶液のモル濃度が増加したとき

(b) 左側の電極隔室で水素の圧力が増加したとき

(c) 右側の電極隔室の溶液の pH が低下したとき

(d) HCl の濃度が増加したとき

(e) 両電極隔室に塩化鉄（Ⅲ）を加えたとき

(f) 両電極隔室に酸を加えたとき

**9・24** 演習問題 9・19 の電池でつぎの変化が起きたとき，それぞれの電池電位にどんな変化が見られるかを予測せよ．それぞれについて，ネルンストの式を用いて予測を確かめよ．

(a) $FeSO_4$ のモル濃度が増加したとき

(b) 両電極隔室に硝酸を加えたとき

(c) 酸素の圧力が増加したとき

(d) 水素の圧力が増加したとき

(e) 両電極隔室に (ⅰ) 塩酸，(ⅱ) ヨウ化水素酸を加えたとき

(f) 両電極隔室に塩酸を加えたとき

**9・25** (a) 電池，$Hg(l)\,|\,HgCl_2(aq)\,||\,TlNO_3(aq)\,|\,Tl(s)$ の 25 °C における標準電位を計算せよ．(b) $Hg^{2+}$ イオンのモル濃度が 0.230 mol dm$^{-3}$，$Tl^+$ イオンのモル濃度が 0.720 mol dm$^{-3}$ のとき，この電池の電池電位を計算せよ．

**9・26** 巻末の資料「標準電位」のデータを使って，つぎの反応の 25 °C における標準反応ギブズエネルギーを計算せよ．

(a) $Ca(s) + 2\,H_2O(l) \longrightarrow Ca(OH)_2(aq) + H_2(g)$

(b) $2\,Ca(s) + 4\,H_2O(l) \longrightarrow 2\,Ca(OH)_2(aq) + 2\,H_2(g)$

(c) $Fe(s) + 2\,H_2O(l) \longrightarrow Fe(OH)_2(aq) + H_2(g)$

(d) $Na_2S_2O_8(aq) + 2\,NaI(aq) \longrightarrow I_2(s) + 2\,Na_2SO_4(aq)$

(e) $Na_2S_2O_8(aq) + 2\,KI(aq) \longrightarrow$
$$I_2(s) + Na_2SO_4(aq) + K_2SO_4(aq)$$

(f) $Pb(s) + Na_2CO_3(aq) \longrightarrow PbCO_3(aq) + 2\,Na(s)$

**9・27** つぎの反応や半反応について，生物学的標準反応ギブズエネルギーを計算せよ．

(a) $2\,NADH(aq) + O_2(g) + 2\,H^+(aq) \longrightarrow$
$$2\,NAD^+(aq) + 2\,H_2O(l) \qquad E^{\oplus} = +1.14\,V$$

(b) リンゴ酸$(aq) + NAD^+(aq) \longrightarrow$
$$オキサロ酢酸(aq) + NADH(aq) + H^+(aq)$$
$$E^{\oplus} = -0.154\,V$$

(c) $O_2(g) + 4\,H^+(aq) + 4\,e^- \longrightarrow 2\,H_2O(l)$
$$E^{\oplus} = +0.81\,V$$

**9・28** 電池の標準電位は，直接測定できなくても熱力学データの表を使って予測することができる．反応，$K_2CrO_4$ $(aq) + 2\,Ag(s) + 2\,FeCl_3(aq) \longrightarrow Ag_2CrO_4(s) + 2\,FeCl_2$ $(aq) + 2\,KCl\,(aq)$ の 298 K における標準反応ギブズエネルギーは $-62.5$ kJ mol$^{-1}$ である．(a) これに対応するガルバニ電池の標準電位を計算せよ．(b) レドックス対 $Ag_2CrO_4/Ag, CrO_4^{2-}$ の標準電位を計算せよ．

**9・29** つぎの電池の 25 °C における電位を計算せよ．

$$Ag(s)\,|\,AgCl(s)\,|\,KCl\,(aq,\,0.025\,mol\,kg^{-1})\,||$$
$$AgNO_3\,(aq,\,0.010\,mol\,kg^{-1})\,|\,Ag(s)$$

**9・30** (a) 電池，$Ag(s)\,|\,AgNO_3(aq)\,||\,Cu(NO_3)_2(aq)\,|\,Cu$ $(s)$ の 25 °C における標準電位，およびその電池反応の標準反応ギブズエネルギーと標準反応エンタルピーを，巻末の資料「標準電位」のデータを用いて計算せよ．(b) 35 °C における $\Delta_r G^{\oplus}$ の値を計算せよ．

**9・31** (a) 電池，$Pt(s)\,|\,シスチン(aq), システイン(aq)\,||$ $H^+(aq)\,|\,O_2(g)\,|\,Pt(s)$ の 25 °C における標準電位，およびその電池反応の標準反応ギブズエネルギー，標準反応エンタルピーを計算せよ．(b) 35 °C における $\Delta_r G^{\oplus}$ の値を計算せよ．ただし，シスチン/システインのレドックス対の標準電位 $E^{\ominus} = -0.34\,V$ を用いよ．

**9・32** 標準電位のデータを使って，つぎの反応の 25 °C における平衡定数を求めよ．

(a) $Sn(s) + Sn^{4+}(aq) \rightleftharpoons 2\,Sn^{2+}(aq)$

(b) $Sn(s) + 2\,AgBr(s) \rightleftharpoons SnBr_2(aq) + 2\,Ag(s)$

(c) $Fe(s) + Hg(NO_3)_2(aq) \rightleftharpoons Hg(l) + Fe(NO_3)_2(aq)$

(d) $Cd(s) + CuSO_4(aq) \rightleftharpoons Cu(s) + CdSO_4(aq)$

(e) $Cu^{2+}(aq) + Cu(s) \rightleftharpoons 2\,Cu^+(aq)$

(f) $3\,Au^{2+}(aq) \rightleftharpoons Au(s) + 2\,Au^{3+}(aq)$

**9・33** 酸性溶液中の二クロム酸イオンは，有機化合物に対してよく使う酸化剤である．酸性溶液中で $Cr_2O_7^{2-}$ イオンが $Cr^{3+}$ イオンに還元される反応を半反応とする電極について，その電位を表す式を導け．

**9·34** 過マンガン酸イオンはよく使われる酸化剤の一つである.レドックス対 $MnO_4^-, H^+/Mn^{2+}$ の標準電位を (a) pH = 6.00 の場合,(b) 任意の pH の値の場合についてそれぞれ求めよ.

**9·35** ピルビン酸/乳酸のレドックス対について,25 °C での生物学的標準電位は $-0.19\ V$ である.その熱力学的標準電位はいくらか.ピルビン酸は $CH_3COCOOH$,乳酸は $CH_3CH(OH)COOH$ である.

**9·36** 生態学的に重要な平衡として,天然水中での炭酸イオンと炭酸水素イオンの平衡がある.(a) $CO_3^{2-}(aq)$ と $HCO_3^-(aq)$ の標準生成ギブズエネルギーは,それぞれ $-527.81\ kJ\ mol^{-1}$,$-586.77\ kJ\ mol^{-1}$ である.レドックス対 $HCO_3^-/CO_3^{2-}, H_2$ の標準電位を求めよ.(b) 電池反応が $Na_2CO_3(aq) + H_2O(l) \longrightarrow NaHCO_3(aq) + NaOH(aq)$ である電池の標準電位を求めよ.(c) その電池のネルンストの式を書け.(d) pH を 7.0 に変えたときの電位の変化についてまず予測し,次に計算せよ.(e) $HCO_3^-(aq)$ の $pK_a$ の値を求めよ.

**9·37** (a) 水銀は,標準条件のもとで硫酸亜鉛水溶液から金属亜鉛を析出させられるか.(b) 気体塩素は,塩基性溶液中の標準条件のもとで水を酸化して気体酸素をつくれるか.

**9·38** 水素/酸素タイプの燃料電池の全電池反応 $2H_2(g) + O_2(g) \longrightarrow 2H_2O(l)$ には 4 個の電子が関与しており,標準電池電位は 293 K で $+1.2335\ V$,303 K で $+1.2251\ V$ である.この温度範囲で得られる標準反応エンタルピーと標準反応エントロピーを計算せよ.

## プロジェクト問題

**9·39** ハーネド電池,$Pt(s)|H_2(g, 1\ bar)|HCl(aq, b)|AgCl(s)|Ag(s)$ について考える.(a) 銀-塩化銀電極の標準電位は,$E - (RT/F)\ln b$ を $b^{1/2}$ に対してプロットすれば得られることを示せ.〔ヒント:電池電位を活量で表し,デバイ-ヒュッケル則を使って平均活量係数を計算せよ.〕

(b) (a) で用いた方法と 25 °C でのつぎのデータを使って,銀-塩化銀電極の標準電位を求めよ.

| $b/(10^{-3} b^{\ominus})$ | 3.215 | 5.619 | 9.138 | 25.63 |
|---|---|---|---|---|
| $E/V$ | 0.520 53 | 0.492 57 | 0.468 60 | 0.418 24 |

**9·40** タンパク質の標準電位は,この章で説明した方法ではふつう測定しない.それは,タンパク質が電極表面で反応するときに天然の構造と機能を失うことが多いからである.別法として,酸化されたタンパク質を溶液中で適当な電子供与体と反応させる.そのタンパク質の標準電位をネルンストの式と,溶液内のすべての物質種の平衡濃度,その電子供与体の標準電位(既知のもの)から求める.シトクロム $c$(cyt と書く)というタンパク質についてこの方法を調べよう.(a) シトクロム $c$ と 2,6-ジクロロインドフェノール(D と書く)との間の 1 電子反応は,

$$cyt_{ox} + D_{red} \rightleftharpoons cyt_{red} + D_{ox}$$

と書ける.$E_{cyt}^{\ominus}$ と $E_D^{\ominus}$ とをそれぞれシトクロム $c$ と D の標準電位としよう.平衡(eq)では $\ln([D_{ox}]_{eq}/[D_{red}]_{eq})$ を $\ln([cyt_{ox}]_{eq}/[cyt_{red}]_{eq})$ に対してプロットすると直線になり,その勾配は1,$y$ 軸の切片は $F(E_{cyt}^{\ominus} - E_D^{\ominus})/RT$ であることを示せ.ただし,平衡の活量を平衡のモル濃度で置き換えてある.(b) 298 K で pH 6.5 の緩衝液中での酸化されたシトクロム $c$ と還元された D との間の反応に関して以下のデータが得られた.$[D_{ox}]_{eq}/[D_{red}]_{eq}$ と $[cyt_{ox}]_{eq}/[cyt_{red}]_{eq}$ は,酸化されたシトクロム $c$ と還元された D を含む溶液に対して,強い還元剤であるアスコルビン酸ナトリウムの溶液を既知体積だけ加えることによって調節した.このデータと D の標準電位 $+0.237\ V$ とから 298 K,pH 6.5 におけるシトクロム $c$ の標準電位を求めよ.

| $[D_{ox}]_{eq}/[D_{red}]_{eq}$ | 0.002 79 | 0.008 43 | 0.0257 | 0.0497 |
|---|---|---|---|---|
| $[cyt_{ox}]_{eq}/[cyt_{red}]_{eq}$ | 0.0106 | 0.0230 | 0.0894 | 0.197 |

| $[D_{ox}]_{eq}/[D_{red}]_{eq}$ | 0.0748 | 0.238 | 0.534 |
|---|---|---|---|
| $[cyt_{ox}]_{eq}/[cyt_{red}]_{eq}$ | 0.335 | 0.809 | 1.39 |

# 10

# 反 応 速 度

## 経験的な反応速度論

10・1　光電分光法

10・2　実験法

## 反応速度

10・3　反応速度の定義

10・4　速度式と速度定数

10・5　反応次数

10・6　速度式の求め方

10・7　積分形速度式

10・8　半減期と時定数

## 反応速度の温度依存性

10・9　アレニウスパラメーター

10・10　衝突理論

10・11　遷移状態理論

**チェックリスト**

**重要な式の一覧**

**問題と演習**

物理化学の一分野である**化学反応速度論**[1]では化学反応の速さを扱う．すなわち，どういう速さで反応物が消費され生成物が生成するのか，その速さがさまざまな条件の変化や触媒の有無によってどう変わるのかを研究し，さらに反応がどんな段階を経て起こるのかを研究する．

反応速度を調べる理由の一つは，反応混合物がどういう速さで平衡に近づくかを予測するという実用上の重要性にある．反応速度は圧力や温度，触媒の有無など制御可能な変数によって変わるから，条件をうまく選べば最適化することができる．もう一つの理由は，反応速度を研究すれば反応の**機構**[2]が解明できることで，反応を一連の素過程に分解できれば詳しい機構がわかったことになる．たとえば，水素と臭素から臭化水素が生成する反応は，実は$Br_2$分子の解離に始まり，$Br$原子が$H_2$分子を攻撃し，その後何段階かの過程を経て進行するというようなことが発見できる．生化学反応の速度を解析すれば，生物学的な触媒である酵素がどんな作用をするかを見いだすことができるかもしれない．**酵素反応速度論**[3]は，酵素が反応速度に与える効果を調べるもので，この巨大分子がどのような機能をもっているかを知るための重要な突破口でもある．

反応速度が大幅に異なる過程に対処しなければならず，見かけ上は遅い過程も，実はもっと速いステップが多数あるためかもしれない．とくに生命現象の裏で働く化学反応ではそのような場合が多い．光合成や植物の遅い成長を担う過程のような光生物学的な過程は，実は約 1 ps のうちに生起している．神経伝達体の結合は約 1 μs 後にはじめて効果が現れる．遺伝子がいったん活動を始めると 1 個のタンパク質が約 100 s 以内に出現するが，このような時間のスケールでも，新しくできたポリペプチド鎖が 1 ステップに 1 ps かけて身をくねらせ，活性になれる配置をとろうとするような，多くの時間スケールが関与している．化学反応速度論をもっと広い視野で見れば，ここで使ういろいろな式は生体の全個体数がどんな変遷をたどるかにも応

---

1) chemical kinetics　2) mechanism　3) enzyme kinetics

用できる．このような生物社会は $10^7 \sim 10^9$ s の時間スケールで変化しているのである．

## 経験的な反応速度論

反応の速度と機構を研究するための第一段階は，反応全体の化学量論関係を求め，何か別の副反応が存在しないかを知ることである．次は，反応が始まってから反応物と生成物の濃度が時間とともにどう変化するかを知ることである．化学反応の速度は温度に敏感であるから，反応が起こっている間は反応混合物の温度を一定に保っておかなければならない．そうしないと，見かけの速度を観測しても，いろいろな温度での何か訳のわからない平均をとったことになって，無意味だからである．

反応物と生成物の濃度およびその時間変化を監視するのにどんな方法を選ぶべきかは，その反応に関わっている物質と，その濃度変化がどの程度の速さで起こるかによって異なる（表10·1）．ある物質による光の吸収を測る**光電分光法**[1]は，濃度を追跡するのに広く使われている．反応によって溶液中に存在するイオンの数やタイプが変わるときは，溶液の伝導率を監視すれば濃度を追跡できる．水素イオンの濃度が変わる反応では，ガラス電極で溶液のpHを監視すれば研究できる．組成を監視するこれ以外の方法として，発光，滴定，質量分析，ガスクロマトグラフィー，磁気共鳴（EPRとNMR，21章参照）などがある．旋光度測定，すなわち反応混合物の光学活性の観測も使える場合がある．

### 表10·1 迅速反応の速度測定法

| 方　法 | 時間スケールの範囲/s |
|---|---|
| 閃光光分解 | $> 10^{-15}$ |
| 蛍光の減衰[a] | $10^{-10} \sim 10^{-6}$ |
| 超音波の吸収 | $10^{-10} \sim 10^{-4}$ |
| EPR[b] | $10^{-9} \sim 10^{-4}$ |
| 電場ジャンプ[c] | $10^{-7} \sim 1$ |
| 温度ジャンプ[c] | $10^{-6} \sim 1$ |
| りん光の減衰[a] | $10^{-6} \sim 10$ |
| NMR[b] | $10^{-5} \sim 1$ |
| 圧力ジャンプ[c] | $> 10^{-5}$ |
| 流通停止 | $> 10^{-3}$ |

a 蛍光とりん光は，物質からの発光放射を利用するものである．20章を見よ．
b EPR は electron paramagnetic resonance（電子常磁性共鳴）の略．〔ESR, electron spin resonance（電子スピン共鳴）ともいう〕．NMR は nuclear magnetic resonance（核磁気共鳴）の略．21章を見よ．
c これらの手法については11章で説明する．

## 10·1 光電分光法

ある波長の放射線の吸収強度を測定して，これを吸収する物質の濃度 [J] を求めるには，経験的な法則であるつぎの**ベール-ランベルトの法則**[2]を使う（図10·1）．

$$A = \log \frac{I_0}{I} = \varepsilon[\text{J}]L \quad \text{ベール-ランベルトの法則} \quad (10·1)$$

（底を10とする常用対数を使っていることに注意しよう．）この式については20章で詳しく説明する．いまのところは，これを使った実験結果の解釈の仕方を知っておけばよい．この式で，$A$ は**吸光度**[3]（次元をもたない），$I_0$ は入射光の強度，$I$ は透過光の強度，$L$ は試料の長さである．$\varepsilon$（イプシロン）は**モル吸収係数**[4]であり（以前は吸収係数[5]といった．いまも広く使われている名称である），その次元は（濃度）$^{-1}$（長さ）$^{-1}$で，ふつうは $\text{dm}^3\,\text{mol}^{-1}\,\text{cm}^{-1}$ で表す．これは入射光の波長によって変わるもので，吸収が最も強いところで最大になる．ふつうの分光計では，吸光度を波長の関数で表すから，ある波長でのデータがそのまま $A$ を表している．

● **簡単な例示 10·1　ベール-ランベルトの法則**

ある透明な（吸収のない）溶媒に溶けたベンゼンの波長 256 nm の光によるモル吸収係数は $1.6 \times 10^2\,\text{dm}^3\,\text{mol}^{-1}\,\text{cm}^{-1}$ である．この溶媒中でのベンゼンの反応速度を調べる実験で，長さ $L = 1.0\,\text{mm} = 0.10\,\text{cm}$ の試料セルを使って吸光度を測定したところ $A = 0.80$ であった．(10·1) 式を変形して [J] $= A/\varepsilon L$ とし，これからベンゼンの濃度を計算すれば，

$$[\text{J}] = \frac{\overset{A}{0.80}}{\underset{\varepsilon}{(1.6 \times 10^2\,\text{dm}^3\,\text{mol}^{-1}\,\text{cm}^{-1})} \times \underset{L}{(0.10\,\text{cm})}}$$

$$= \frac{0.80}{(1.6 \times 10^2) \times 0.10}\,\text{mol}\,\text{dm}^{-3}$$

$$= 5.0 \times 10^{-2}\,\text{mol}\,\text{dm}^{-3} \quad \text{となる．} \ ●$$

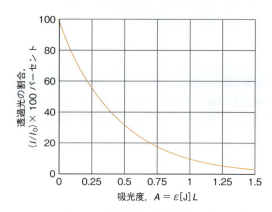

図10·1　試料が光を吸収すれば，透過光の強度は試料中の経路の長さとともに指数関数的に減少する．（濃度が均一であれば，吸光度は経路長に比例する．）

---

1) spectrophotometry　2) Beer–Lambert law　3) absorbance　4) molar absorption coefficient　5) extinction coefficient

## 10・2 実 験 法

**実時間分析**[1] では，反応が進行中に反応混合物を分光法で直接観測して系の組成を分析する．**流通法**[2] では反応物（反応原系）を混合室に流し込み混合する（図10・2）．そこで完全に混合された溶液は，毛管を通って約 $10\,\mathrm{m\,s^{-1}}$ の速さで流れ出ながら反応はひき続き起こっているから，毛管上で出口からの距離が反応開始からの経過時間に相当している．そこで，管に沿ったさまざまな位置で分光光度測定を行えば，混合した後のいろいろな時間における反応混合物の組成を測定したことになる．この方法は，もともとは酸素がヘモグロビンと化合する速度の研究で開発されたものである．流通法の欠点は，反応混合物を装置に流し続けなければならないので大量の試料が必要なことである．反応が非常に速く起こる場合には，流れを速くして混合室からの距離を稼がなければならず，この欠点は特に重要である．

**流通停止法**[3] はこの欠点を克服したものである（図10・3）．混合室では溶液が乱流になり，急速にしかも完全に混合できるようにしておき，これに 2 種類の反応溶液を注入して急速に（1 ms 以内に）混合する．反応室の後方には棒ピストンを取付けた観測セルがあり，液体が流入するにつれてピストンが押し出されるが，一定体積の混合液が導入されるとそこでピストンは止まるようにしてある．反応器が溶液で満たされた瞬間が，反応混合物の初期状態に相当する．その反応は完全に混ざった溶液中で継続するから，それを光電分光法で追跡する．反応容器が小さく 1 回だけの注入なので流通法に比べるとはるかに経済的である．したがって，流通停止法は試料量が少ない場合，とくに生化学反応に適しており，酵素作用の速度論の研究に広く用いられている．最近の技術では，光電分光法で組成を追跡するとき，1 ms の間隔で約 300 nm の波長領域を繰返し走査できる．

非常に速い反応の研究には**閃光光分解法**[4] を使う．この場合は，試料を閃光に短時間さらして反応を開始させ，その後反応容器の内容を光電分光法で追跡する．レーザー光によってナノ秒程度の閃光が日常的に使え，ピコ秒のものもごく簡単に，特別な装置を使えば数フェムト秒（$1\,\mathrm{fs} = 10^{-15}\,\mathrm{s}$）〜数アト秒（$1\,\mathrm{as} = 10^{-18}\,\mathrm{s}$）というきわめて短い閃光も使えるようになった．閃光の代わりに，短時間に大量の高速電子線を使う**パルス放射線分解**[5] でも高速反応を研究できる．

実時間分析と対照的に，**急冷法**[6] では反応がある程度進んでからこれを急冷して停止させ，あとでゆっくり組成を分析するものである．急冷するには，試料（反応混合物全体もしくは一部を取出した試料）を急激に冷却するか，反応混合物を大量の溶媒中に入れるか，あるいは酸性試薬ならこれを急激に中和するなどする．この方法は，急冷中には反応混合物がほとんど反応しない遅い反応にしか適さない．

## 反 応 速 度

反応速度を実測して得た生のデータ（試料の吸光度など）は，反応開始後の一連の時刻での反応物と生成物の濃度あるいは分圧に比例する．理想的には，中間体があればその情報も得られるはずであるが，その存在ははかないもので，濃度も低いから研究できないことが多い．温度をいろいろ変えてデータが得られれば，反応についてもっと詳しい情報が引き出せる．そのような観測結果についてつぎの数節で詳しく調べてみよう．

## 10・3 反応速度の定義

容積一定の容器内での反応の速さは，ある指定した化学種の濃度の変化の速さと定義される．すなわち，

**図10・2** 反応速度を調べる流通法の装置．反応物はシリンジから一定の速さで混合室へ噴出する．これには蠕動ポンプ（血管のようにやわらかい管を通して液体を押し出すポンプ）が使える．分光計の位置が反応開始後のいろいろな時間に対応する．

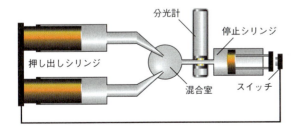

**図10・3** 流通停止法では反応物を急速に混合室へ送り込み，濃度の時間依存性を追跡監視する．スイッチは，ある一定体積の反応混合物を注入したら，そこで流れを止めるためのものである．

$$\text{速度} = \frac{|\Delta[\mathrm{J}]|}{\Delta t} \qquad \text{定義 平均の速度} \qquad (10\cdot2)$$

[J]の変化量
|⋯| は負号を無視せよという記号
注目する時間間隔

---

1) real-time analysis　2) flow method　3) stopped-flow technique　4) flash photolysis　5) pulse radiolysis　6) quenching method

である．$\Delta[\mathrm{J}]$ は，時間 $\Delta t$ の間に起こる化学種 J のモル濃度の変化量である．濃度変化を絶対値の記号（$|\cdots|$）で挟んだのは，速度がすべて正の量になるようにするためである．すなわち，J を反応物とすると，その濃度は減少するから $\Delta[\mathrm{J}]$ は負であるが，$|\Delta[\mathrm{J}]|$ は正である．

反応進行中は，反応物が減少して生成物が形成される速度は刻々と変化するから，反応の**瞬間速度**[1]，すなわち，ある瞬間の速さを考える必要がある．反応物が消費される瞬間速度は，反応物のモル濃度を時間に対してプロットしたグラフ上で，注目する時刻でのグラフの接線の傾きに相当し（図 10・4），それは正の量である．同様にして生成物の生成の瞬間速度は，そのモル濃度をプロットしたグラフ上での接線の勾配に相当し，これも正の量である．どちらの場合も，勾配が急であるほど反応速度は速い．濃度の単位を立方デシメートル当たりのモル，時間を秒で表すから，反応速度の単位は $\mathrm{mol\,dm^{-3}\,s^{-1}}$ である．以下では瞬間速度を $v$ で表すことにする．

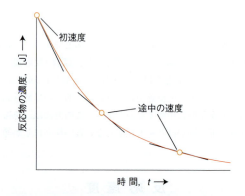

**図 10・4** 化学反応の速度は，ある化学種の濃度が時間変化する様子を示す曲線の接線の勾配である．このグラフは，反応が進むにつれ消費される反応物の濃度をプロットしたものである．反応が進めば反応物の濃度が減少するから消費速度は次第に遅くなる．

**ノート** 反応の速さを表すには微分法を使うのがよい．$[\mathrm{J}]$ を時間に対してプロットした曲線のある時刻における接線の傾きは，導関数の大きさ $|d[\mathrm{J}]/dt|$ で表される．これは（10・2）式の時間間隔 $\Delta t$（濃度変化 $\Delta[\mathrm{J}]$ も）を無限小にした式である．したがって，反応速度の厳密な定義は，$v = |d[\mathrm{J}]|/dt$ である．

一般には，ある反応に関与するいろいろな反応物はそれぞれ違った速度で消費されていく．また，生成物もそれぞれ違った速度で生成するが，これらの速度の間には反応の量論関係がある．

● **簡単な例示 10・2　反応速度と反応の化学量論**
酸性溶液中の尿素 $(\mathrm{NH_2})_2\mathrm{CO}$ の分解反応，

$$(\mathrm{NH_2})_2\mathrm{CO(aq)} + 2\mathrm{H_2O(l)} \longrightarrow 2\mathrm{NH_4^+(aq)} + \mathrm{CO_3^{2-}(aq)}$$

において，$\mathrm{NH_4^+}$ の生成速度は $(\mathrm{NH_2})_2\mathrm{CO}$ の減少速度の 2 倍である．つまり，$(\mathrm{NH_2})_2\mathrm{CO}$ が 1 mol 消費されると $\mathrm{NH_4^+}$ が 2 mol 生成する．どれか一つの物質の生成速度または消費速度がわかれば，反応の化学量論を使って，反応に関わるその他のものの生成速度や消費速度を導くことができる．上の例ではつぎの関係がある．

$$\mathrm{NH_4^+}\text{の生成速度} = 2 \times (\mathrm{NH_2})_2\mathrm{CO}\text{の消費速度}$$ ●

（10・2）式のような関係があるから，"反応速度" というとき，どの化学種の反応速度のことかをはっきり指定しなければならない．そこで，その反応に**固有の反応速度**[2] を定義するもっともよい方法は，化学方程式に現れる量論数 $\nu_\mathrm{J}$ を使うことによる．量論数は，量論係数の符号を生成物では正，反応物では負としたものである．そうすると，速度は，

$$v = \frac{1}{\nu_\mathrm{J}} \frac{\Delta[\mathrm{J}]}{\Delta t} \qquad \text{定義　固有の反応速度} \quad (10\cdot 3)$$

で表される．ここで，$\Delta[\mathrm{J}]$ の絶対値記号がなくなったことに注意しよう．しかし，反応速度は常に正である．それは，$\Delta[\mathrm{J}]/\Delta t$ が負（反応物が減少する）であっても，量論数も負（反応物では負）となるからである．

● **簡単な例示 10・3　固有の反応速度**
反応 $\mathrm{N_2(g)} + 3\mathrm{H_2(g)} \longrightarrow 2\mathrm{NH_3(g)}$ における $\mathrm{NH_3}$ の生成速度が，ある条件のもとでは，$1.2\,\mathrm{mmol\,dm^{-3}\,s^{-1}}$ であった．この反応では，$\nu_{\mathrm{NH_3}} = +2$，$\nu_{\mathrm{N_2}} = -1$，$\nu_{\mathrm{H_2}} = -3$ である．この反応に固有の反応速度をアンモニアの濃度変化で表せば，

$$v = \frac{1}{\nu_{\mathrm{NH_3}}} \frac{\Delta[\mathrm{NH_3}]}{\Delta t} = \frac{1}{2} \times (1.2\,\mathrm{mmol\,dm^{-3}\,s^{-1}})$$
$$= 0.6\,\mathrm{mmol\,dm^{-3}\,s^{-1}}$$

である．また，

$$v = -\frac{\Delta[\mathrm{N_2}]}{\Delta t} = -\frac{1}{3} \frac{\Delta[\mathrm{H_2}]}{\Delta t}$$

で表すこともできる．たとえば，$[\mathrm{H_2}]$ の変化速度をつぎのように予測できる．

$$\frac{\Delta[\mathrm{H_2}]}{\Delta t} = -3v = -1.8\,\mathrm{mmol\,dm^{-3}\,s^{-1}}$$

この場合は，$\mathrm{H_2}$ の消費速度は（正にしてから）$1.8\,\mathrm{mmol\,dm^{-3}\,s^{-1}}$ ということができる．●

一つ複雑な状況が生じる可能性がある．それは，ゆっくりしか分解しない中間体が反応物から生成する場合で（あとで実例が出てくる），そうなると生成物ができる速度は反応物が中間体になる速度と等しくなくなる．このような場合は，測定した反応速度の解釈に細心の注意を払わなけ

---

1) instantaneous rate　2) unique rate

ればならない．この複雑さには反面，利点もある．すなわち，消費速度と生成速度が反応の化学量論の関係にならないときは，寿命の長い中間体が反応に関与していることの現れだからである．

## 10・4 速度式と速度定数

反応速度を調べて気づく重要なことは，反応速度が反応物のモル濃度の簡単なべき乗に比例することがよくある，ということである．たとえば，反応速度が反応物 A と B の濃度に比例して，

$$v = k_r[\mathrm{A}][\mathrm{B}] \qquad (10\cdot4)$$

となる場合がある．係数 $k_r$ はその反応に固有なもので**速度定数**[1]という（**速度係数**[2]ともいう）．速度定数は反応に関与するどの化学種の濃度にも無関係であるが，温度に依存する．こうして実験で求めた式を反応の"**速度式**[†1]"という．もっと厳密にいえば，速度式とは，反応全体に関与している化学種（生成物があれば，それも関わるかもしれない）の濃度（または分圧）で反応速度を表した式のことである．

$k_r$ の単位は常に，これに濃度の積を掛けたときに，単位時間当たりの濃度変化で表した反応速度に変換するようなものになっている．たとえば，(10・4) 式で表せる反応速度式の場合，濃度の単位は $\mathrm{mol\,dm^{-3}}$ であるから $k_r$ の単位は $\mathrm{dm^3\,mol^{-1}\,s^{-1}}$ である．それは，

$$\underbrace{\mathrm{dm^3\,mol^{-1}\,s^{-1}}}_{k_r\text{の単位}} \times \underbrace{\mathrm{mol\,dm^{-3}}}_{[\mathrm{A}]\text{の単位}} \times \underbrace{\mathrm{mol\,dm^{-3}}}_{[\mathrm{B}]\text{の単位}}$$

$$= \underbrace{\mathrm{mol\,dm^{-3}\,s^{-1}}}_{v\text{の単位}}$$

だからである．大気中で起こる過程など気相の研究では，ふつう濃度を $\mathrm{molecules\,cm^{-3}}$ で表すから，上の反応の速度定数は $\mathrm{cm^3\,molecule^{-1}\,s^{-1}}$ となる．このようにすれば，速度式がどんなかたちをしていても，速度定数の単位を求めることができる．たとえば，速度式が $v = k_r[\mathrm{A}]$ のかたちの反応の速度定数はふつう $\mathrm{s^{-1}}$ で表される．

**例題 10・1** 速度定数を別の単位で表す

反応，$\mathrm{O(g)} + \mathrm{O_3(g)} \longrightarrow 2\mathrm{O_2(g)}$ の 298 K での速度定数は $8.0 \times 10^{-15}\,\mathrm{cm^3\,molecule^{-1}\,s^{-1}}$ である．この速度定数を $\mathrm{dm^3\,mol^{-1}\,s^{-1}}$ 単位で表せ．

**解法** つぎの関係を利用する．

$$1\,\mathrm{cm} = 10^{-2}\,\mathrm{m} = 10^{-2} \times 10\,\mathrm{dm} = 10^{-1}\,\mathrm{dm} = \frac{1\,\mathrm{dm}}{10}$$

$$1\,\mathrm{mol} = 6.022 \times 10^{23}\,\mathrm{molecules}$$

$$\text{したがって，} \quad 1\,\mathrm{molecule} = \frac{1\,\mathrm{mol}}{6.022 \times 10^{23}}$$

**解答** 上の関係から単位を変換すれば，

$$k_r = 8.0 \times 10^{-15}\,\mathrm{cm^3\,molecule^{-1}\,s^{-1}}$$

$$= 8.0 \times 10^{-15} \underbrace{\left(\frac{1\,\mathrm{dm}}{10}\right)^3}_{\mathrm{cm^3}} \underbrace{\left(\frac{1\,\mathrm{mol}}{6.022 \times 10^{23}}\right)^{-1}}_{\mathrm{molecule^{-1}}} \mathrm{s^{-1}}$$

$$= \frac{8.0 \times 10^{-15} \times 6.022 \times 10^{23}}{10^3}\,\mathrm{dm^3\,mol^{-1}\,s^{-1}}$$

$$= 4.8 \times 10^6\,\mathrm{dm^3\,mol^{-1}\,s^{-1}}$$

となる．予想通りであるが（しかし確かめよ），分子 1 モル当たりの速度で表した数値は，分子 1 個（molecule）当たりの速度よりずっと（$6.022 \times 10^{23}$ 倍）大きい．

**自習問題 10・1**

ある反応の速度式が $k_r[\mathrm{A}]^2[\mathrm{B}]$ で表される．反応速度を $\mathrm{mol\,dm^{-3}\,s^{-1}}$ 単位で測定したら，速度定数 $k_r$ の単位はどうなるか． 　　　　　[答: $\mathrm{dm^6\,mol^{-2}\,s^{-1}}$]

速度式と速度定数がわかれば，反応混合物の任意の組成について反応速度が予測できる．また，速度式を用いて反応開始後の任意の時刻における反応物と生成物の濃度を予測することもできる．さらに，実験で求めた速度式は反応機構を解明するときの重要な手掛かりにもなる．それは，どんな機構を提案しても，それが実測の速度式と矛盾のないものでなければならないからである．

## 10・5 反応次数

反応の速度式に基づいて，速度論に従った分類をすることができる．分類しておくと便利なのは，分類によって同じ組に属するとした反応は速度論的に似た振舞いをするからで，反応速度および反応物と生成物の濃度が組成によってよく似た変化をすることになる．そのような分類は，反応の"次数"によるものである．反応の**次数**[3]とは，速度式で表したとき，ある化学種の濃度にかかる"べき"のことである．たとえば，

A について 1 次: 　$v = k_r[\mathrm{A}]$ 　　　(10・5a)

A について 1 次，B についても 1 次:

$$v = k_r[\mathrm{A}][\mathrm{B}] \qquad (10\cdot5\mathrm{b})$$

A について 2 次: 　$v = k_r[\mathrm{A}]^2$ 　　　(10・5c)

---

†1　rate equation. 訳注: 原著は速度法則 rate law としているが，本書では日本の慣習に従って速度式とする．
1) rate constant　2) rate coefficient　3) order

である．速度式 $v = k_r[A]^a[B]^b[C]^c \cdots$ で表された反応の**全次数**[1]は，すべての成分の次数の和 $a + b + c + \cdots$ である．(10·5b) 式と (10·5c) 式の速度式は，どちらも全次数が2次である．

● **簡単な例示 10·4　反応次数**

(10·5b) 式のタイプの反応の例には，DNA の二重らせんが温度や pH が上がって2本のストランドに分かれた後に二重らせんを再構築するつぎの反応がある．

ストランド ＋ 補ストランド ⟶ 二重らせん

$v = k_r$ [ストランド] [補ストランド]

この反応は，各ストランドについて1次で全次数は2である．(10·5c) 式のタイプの例には，一酸化炭素による二酸化窒素の還元がある．

$$NO_2(g) + CO(g) \longrightarrow NO(g) + CO_2(g)$$
$$v = k_r[NO_2]^2$$

この場合は，$NO_2$ について2次であるが，それ以外の化学種は速度式に現れないから全次数も2次である．つまり，少しでも CO が存在すればよく，この反応速度は CO の濃度には無関係である．このとき，この反応は CO について0次であるという．それは濃度の0乗が1（代数学で $x^0 = 1$ であるのと同様に $[CO]^0 = 1$）だからである．●

整数の次数で表される反応ばかりとは限らない．気相反応にはそうでないものが多い．たとえば，

$$v = k_r[A]^{1/2}[B] \tag{10·6}$$

で表される反応は A について $\frac{1}{2}$ 次，B について1次，全体として $\frac{3}{2}$ 次である．

また，速度式が $k_r[A]^a[B]^b[C]^c \cdots$ のかたちをしていない場合は反応に全次数はない．たとえば，気相反応 $H_2(g) + Br_2(g) \longrightarrow 2HBr(g)$ について実験で求めた速度式は，

$$v = \frac{k_a[H_2][Br_2]^{3/2}}{[Br_2] + k_b[HBr]} \tag{10·7}$$

である．この反応は $H_2$ について1次であるが，$Br_2$ と HBr については次数が不定である．反応全体としても次数は決まらない．基質 S に対する酵素 E の作用についての代表的な速度式も同様で（11 章参照），

$$v = \frac{k_r[E][S]}{[S] + K_M} \tag{10·8}$$

で表される．ここで，$K_M$ は定数である．この速度式は酵素について1次であるが，基質についてははっきりした次数がない．

全次数のない複雑な速度式でも，ある状況のもとでは単純化できて速度式がはっきりした次数をもつ場合がある．たとえば，酵素触媒反応における基質濃度が非常に低くて

$[S] \ll K_M$ であれば，(10·8) 式は簡単に，

$$v = \frac{k_r}{K_M}[E][S] \tag{10·9}$$

と表せる．すなわち，S について1次，E について1次，全体で2次である．

速度式は実験によって求めるものであり，化学反応式から推測することは一般にはできないというのはきわめて重要な点である．たとえば，水素と臭素の反応は，

$$H_2(g) + Br_2(g) \longrightarrow 2HBr(g)$$

であり，化学量論からは非常に単純にみえるが，速度式（10·7 式）は非常に複雑である．しかし，速度式がたまたま反応の化学量論を反映する場合も確かにある．その例として，水素とヨウ素の反応がある．この場合の量論は水素と臭素の反応と同じであるが，速度式はつぎのようにずっと単純である．

$$H_2(g) + I_2(g) \longrightarrow 2HI(g) \qquad v = k_r[H_2][I_2]$$

## 10·6　速度式の求め方

化学反応を研究して，その速度式に関する情報を取出す方法はいろいろある．ここでは，実際によく使う二つの取組み方について説明しよう．

### (a) 分　離　法

速度式を求めるとき**分離法**[2]を使えば簡単になる．そのためには，注目する反応物以外はすべて大過剰に存在するような条件をつくりだすことである．ほかの反応物を大過剰に存在するようにして，それぞれに対して速度がどう依存するかを見いだし，その結果を集めて全体の速度式を組立てる．たとえば，溶液中の $CH_3I$ の濃度を 0.2 mol dm$^{-3}$ としておき，それを攻撃する求核剤をわずか 0.01 mol dm$^{-3}$ の濃度にするのである．

もし，反応物 B が大過剰にあれば，その濃度は反応中も一定とする近似は妥当なものである．このとき，本来の速度式は $v = k_r[A][B]^2$ であったとしても，$[B]$ を（反応中ほとんど変化しないので）初濃度 $[B]_0$ で近似することができる．そうすれば，

$$v = k_{r,\,eff}[A], \qquad ただし \qquad k_{r,\,eff} = k_r[B]_0^2$$

<u>B が過剰の擬 1 次反応</u> (10·10a)

と書くことができる．この場合，B の濃度を一定と仮定することによって真の速度式を強引に1次のかたちで表したわけで，この実効的な見かけの速度式を**擬 1 次**[3]と分類し，$k_{r,eff}$ を B の濃度を一定に固定したときの**実効速度定数**[4]という．もし，A の濃度を大過剰にして実際上一定と

---

1) overall order　2) isolation method　3) pseudofirst-order　4) effective rate constant

見なしたとすると，見かけの速度式は簡単になって，

$$v = k_{r,\text{eff}}[B]^2 \quad \text{ただし，ここでは} \quad k_{r,\text{eff}} = k_r[A]_0$$

Aが過剰の擬1次反応　　　（10・10b）

となる．これは**擬2次の速度式**[1]であり，完全な速度式に比べ解析するのも見分けるのもずっと簡単である．AとBのどちらを過剰にするかによって，反応次数も実効速度定数のかたちも変わるから注意が必要である．0次のように見える反応もある．

● **簡単な例示 10・5　見かけの反応次数**
　　たとえば肝臓の中で，肝臓アルコールデヒドロゲナーゼという酵素の存在のもとで，$NAD^+$ によってエタノールがアセトアルデヒド（エタナール）に酸化される反応，
$CH_3CH_2OH(aq) + NAD^+(aq) + H_2O(l)$
　　$\longrightarrow CH_3CHO(aq) + NADH(aq) + H_3O^+(aq)$
はエタノールが過剰で，$NAD^+$ の濃度は正常な代謝過程によって一定に保たれるから，全次数は0である．水溶液中で起こる反応で1次か2次と報告されているものには，実際は擬1次か擬2次という反応が多い．それは，反応に水が関わっていて，その量が一定とみなせるほど大量に存在するからである．●

### (b) 初速度の方法

**初速度**[2]の方法は分離法と組合わせて用いることが多く，反応物の初濃度をいろいろ変えて，反応開始直後の瞬間速度を測定するものである．たとえば，Aについて分離した速度式が，

$$v = k_{r,\text{eff}}[A]^a$$

であるとする．このとき，反応の初速度 $v_0$ はAの初濃度で，

$$v_0 = k_{r,\text{eff}}[A]_0^a \quad \text{a 次反応の初速度} \quad (10 \cdot 11)$$

と表される．両辺の常用対数をとると，

$\log xy = \log x + \log y$
$\log v_0 = \log(k_{r,\text{eff}}[A]_0^a) = \log k_{r,\text{eff}} + \log[A]_0^a$
$\log x^a = a \log x$
$\quad\quad\quad = \log k_{r,\text{eff}} + a\log[A]_0 \quad\quad (10\cdot12)$

となり，この式は直線の方程式のかたちをしている．

$$\underbrace{\log v_0}_{y} = \underbrace{\log k_{r,\text{eff}}}_{\text{切片}} + \underbrace{a\log[A]_0}_{\text{勾配} \times x}$$

したがって，Aの初濃度を変えて測定し，初速度の対数をAの初濃度の対数に対してプロットすれば直線になるはずで，そのグラフの勾配がAに関する反応次数 $a$ である（図10・5）．

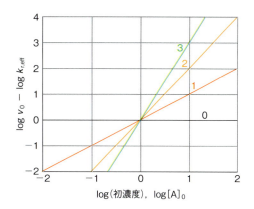

**図 10・5** $\log v_0$（またはこの図のように $\log v_0 - \log k_{r,\text{eff}}$）を $\log [A]_0$ に対してプロットすれば直線が得られ，その勾配は反応の次数に等しい．

### 例題 10・2　初速度法の応用

アルゴンの存在下で気相のヨウ素原子の再結合反応を調べた．（このときのアルゴンの役目は，I–I の結合生成によって放出されたエネルギーを取除き，新しくできた $I_2$ 分子がすぐに解離してしまうのを防ぐことである．）そこで，反応次数を初速度法によって求めた．反応 $2I(g) + Ar(g) \longrightarrow I_2(g) + Ar(g)$ の初速度はつぎの通りであった．

$[I]_0/(10^{-5}\,\text{mol dm}^{-3})$
　1.0　　　2.0　　　4.0　　　6.0
$v_0/(\text{mol dm}^{-3}\,\text{s}^{-1})$
(a)　$8.70\times10^{-4}$　$3.48\times10^{-3}$　$1.39\times10^{-2}$　$3.13\times10^{-2}$
(b)　$4.35\times10^{-3}$　$1.74\times10^{-2}$　$6.96\times10^{-2}$　$1.57\times10^{-1}$
(c)　$8.69\times10^{-3}$　$3.47\times10^{-2}$　$1.38\times10^{-1}$　$3.13\times10^{-1}$

Arの濃度は (a) $1.0\times10^{-3}\,\text{mol dm}^{-3}$，(b) $5.0\times10^{-3}\,\text{mol dm}^{-3}$，(c) $1.0\times10^{-2}\,\text{mol dm}^{-3}$ であった．IおよびArについての反応次数と速度定数をそれぞれ求めよ．

**解法**　一定の $[Ar]_0$ について初速度の式は $v_0 = k_{r,\text{eff}}[I]_0^a$ のかたちで $k_{r,\text{eff}} = k_r[Ar]_0^b$ である．したがって，

$$\log v_0 = \log k_{r,\text{eff}} + a\log[I]_0$$

である．ある $[Ar]_0$ について $\log v_0$ を $\log[I]_0$ に対してプロットし，その勾配から反応次数を，$\log[I]_0 = 0$ での切片から $k_{r,\text{eff}}$ の値をそれぞれ求める．そこで，

$$\log k_{r,\text{eff}} = \log k_r + b\log[Ar]_0$$

であるから，$\log k_{r,\text{eff}}$ を $\log[Ar]_0$ に対してプロットすれば，その切片から $\log k_r$，勾配から $b$ が得られる．

**解答**　問題のデータから，グラフ上の点がつぎのように与えられる．

---

1) pseudosecondorder rate equation　2) initial rate

| log([I]₀/mol dm⁻³) | −5.00 | −4.70 | −4.40 | −4.22 |
|---|---|---|---|---|
| log(v₀/mol dm⁻³ s⁻¹) | | | | |
| (a) | −3.060 | −2.458 | −1.857 | −1.504 |
| (b) | −2.362 | −1.759 | −1.157 | −0.804 |
| (c) | −2.061 | −1.460 | −0.860 | −0.504 |

このデータのグラフを図10·6に示してある．直線の勾配は2であるから，この反応はIについて2次である．その実効速度定数 $k_{r,eff}$ はつぎのようになる．

| [Ar]₀/(mol dm⁻³) | 1.0×10⁻³ | 5.0×10⁻³ | 1.0×10⁻² |
|---|---|---|---|
| log([Ar]₀/mol dm⁻³) | −3.00 | −2.30 | −2.00 |
| log($k_{r,eff}$/dm³ mol⁻¹ s⁻¹) | 6.93 | 7.64 | 7.93 |

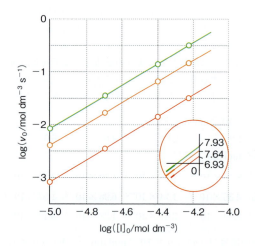

**図10·6** 例題10·2のデータで，Iについての反応次数を求めるためのプロット．

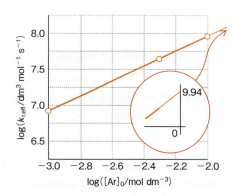

**図10·7** 例題10·2のデータで，Arについての反応次数を求めるためのプロット．

図10·7は $\log k_{r,eff}$ を $\log[Ar]_0$ に対してプロットしたものである．その勾配は1であるから $b=1$ であり，この反応はArについて1次である．$\log[Ar]_0 = 0$ のところの切片は $\log k_{r,eff} = 9.94$ であるから，$k_r = 8.7 \times 10^9$ dm⁶ mol⁻² s⁻¹ となる．したがって，全体の初速度式は，

$$v = k_r[I]_0^2[Ar]_0$$

である．

**ノート** $x.xx \times 10^n$ で表された数の常用対数をとれば，得られた答の有効数字は4桁あるが，小数点の前の数は10のべきを表しているだけである．逆に，$y.yyy$ の常用真数を求めれば，得られた答の有効数字は3桁しかない．対数をとるときは，物理量を単位で割って単なる数値にしておかなければならない．

> **自習問題 10·2**
>
> ある反応の初速度が，物質Jの濃度によってつぎのように変化した．
>
> | [J]₀/(10⁻³ mol dm⁻³) | 5.0 | 10.2 | 17 | 30 |
> |---|---|---|---|---|
> | v₀/(10⁻⁷ mol dm⁻³ s⁻¹) | 3.6 | 9.6 | 41 | 130 |
>
> Jに関する反応次数と速度定数を求めよ．
>
> [答: 2, $1.6 \times 10^{-2}$ dm³ mol⁻¹ s⁻¹]

初速度の方法で速度式の全体がわかるとは限らない．複雑な反応では生成物が速度に影響を与えることがあるからである．HBrの合成がその例で，(10·7)式からわかるように，HBrは最初は全く存在しないのに，速度式はその濃度に依存している．

## 10·7 積分形速度式

反応速度式があれば，(反応混合物の組成が与えられると) ある瞬間の反応速度がわかる．これは，自動車が走行している各点でその速さがわかるようなものである．一方，自動車の運行では，いろいろに変わる速さがわかったうえで，ある時刻にそれまでに走った距離を知りたい場合があるだろう．化学反応でも，いろいろに変化する反応速度が与えられたうえで，ある時刻での反応混合物の組成を知りたいことがある．**積分形速度式**[1] は，ある物質種の濃度を時間の関数として与える式である．

積分形速度式には主な用途が二つある．一つは，反応が始まった後の任意の時刻における，ある物質種の濃度を予測することである．もう一つは，速度定数と反応次数を求める助けとすることである．実際，反応速度の測り方との関連で速度式を導入してきたが，勾配を正確に求めるのは非常に困難なので，そのような速度を直接測定することは

---

1) integrated rate equation

ほとんどない．たいていの化学反応速度論の実験研究では積分形速度式を扱う．そうすることの大きな利点は，速度式が濃度と時間という実験で観測可能な量で表されているからである．コンピューターによって，かなり込み入った速度式でも数値計算で積分することができるし，閉じたかたちの代数的な式が得られる場合もある．しかし，簡単な場合はたいてい初歩的な方法で代数解が得られ，それが非常に役立つことがわかる．

反応が，

$$A \longrightarrow \text{生成物}$$

$$A \text{の減少速度} = k_r[A] \quad (10 \cdot 13)$$

の速度式に従う場合は，積分形速度式は，

$$\ln \frac{[A]}{[A]_0} = -k_r t \quad \boxed{\text{1 次の積分形速度式}} \quad (10 \cdot 14\text{a})$$

で表されることをつぎの「式の導出」に示す．ここで，$[A]_0$ はAの初濃度である．この式はつぎのように書いても同じである．

$$[A] = [A]_0 e^{-k_r t} \quad \boxed{\text{指数関数的減衰}} \quad (10 \cdot 14\text{b})$$

(10・14b) 式は**指数関数的減衰**[1]のかたち（図 10・8）をしている．したがって，1 次反応すべてに共通な特徴は，<u>反応物の濃度が時間とともに指数関数的に減衰する</u>ということである．

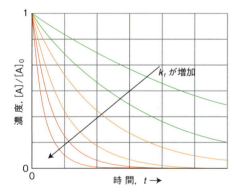

**図 10・8** 1 次反応における反応物の指数関数的減衰．速度定数が大きいほど減衰が速い．

### 式の導出 10・1  1 次の積分形速度式

最初のステップは，反応物Aの減少速度を数学的に表すことである．10・3 節で述べたように，反応速度は $|d[A]/dt|$ である．Aは反応物であるから，その変化速度は負である．したがって，速度は $-d[A]/dt$ と解釈する．そうすると，1 次反応の速度式は，

$$-\frac{d[A]}{dt} = k_r[A]$$

で表される．これは微分方程式（「必須のツール 10・1」を見よ）の一例で，$d[A]$ や $dt$ は代数量のように演算できるから，

$$\frac{d[A]}{[A]} = -k_r \, dt$$

に変形してから両辺を積分する．Aのモル濃度が $[A]_0$ である時刻 $t = 0$ からモル濃度 $[A]$ になる時刻 $t$ までの積分は，

$$\int_{[A]_0}^{[A]} \frac{d[A]}{[A]} = -k_r \int_0^t dt$$

と書ける．ここで，左辺を計算するのにつぎの積分公式を使う（「必須のツール 2・1」）．

$$\int \frac{dx}{x} = \ln x + \text{定数}$$

また，$\ln(x/y) = \ln x - \ln y$ の関係（「必須のツール 2・2」）を使えば，

$$\int_{[A]_0}^{[A]} \frac{d[A]}{[A]} = \ln \frac{[A]}{[A]_0}$$

を得る．両辺の計算結果を合わせれば (10・14a) 式となる．

---

(10・14b) 式から，反応開始後の任意の時刻におけるAの濃度を予測することができる．(10・14a) 式を見ると，$\ln([A]/[A]_0)$ を $t$ に対してプロットすれば，反応が 1 次の場合には直線が得られることがわかる．実験データをこのようにプロットしたとき直線が得られなければ，その反応は 1 次ではない．プロットが直線であれば，(10・14a) 式から勾配が $-k_r$ であるから，このグラフから速度定数もわかる．こうして求めた速度定数を表 10・2 に示してある．

**表 10・2** 1 次反応の速度論データ

| 反応 | 相 | $\theta/°C$ | $k_r/s^{-1}$* | $t_{1/2}$ |
|---|---|---|---|---|
| $2\,N_2O_5 \longrightarrow 4\,NO_2 + \mathbf{O_2}$ | g | 25 | $3.38 \times 10^{-5}$ | 2.85 h |
| $2\,N_2O_5 \longrightarrow 4\,NO_2 + \mathbf{O_2}$ | $Br_2(l)$ | 25 | $4.27 \times 10^{-5}$ | 2.25 h |
| $\mathbf{C_2H_6} \longrightarrow 2\,CH_3$ | g | 700 | $5.46 \times 10^{-4}$ | 21.2 min |
| シクロプロパン $\longrightarrow$ プロペン | g | 500 | $6.17 \times 10^{-4}$ | 18.7 min |

\* 速度定数は太字で書いた物質の生成または消費の速度に対するものである．太字でない物質についての速度式は反応の量論から得られる．

---

[1] exponential decay

## 必須のツール 10・1　常微分方程式

常微分方程式は，関数のある変数についての導関数と，関数そのものとの関係を表すつぎのような式である．

(A) $a\dfrac{dy}{dx} + bx + c = 0$

(B) $a\dfrac{d^2y}{dx^2} + b\dfrac{dy}{dx} + cx + d = 0$

係数 $a, b, \cdots$ は定数，または $x$ の関数でもよい．もっとも高次の導関数で微分方程式の階数が決まるから，(A) は一階微分方程式，(B) は二階微分方程式である．微分方程式を"解く"というのは，もとの関数を求めることであり，上の場合はその方程式を満たす $y(x)$ を求めることである．

一般解にはたいてい，$y(x) +$ 定数 のように定数項が現れる．その定数は<u>境界条件</u>，つまり方程式の解はある特別な点での値が決まっているから，その条件を課すことで求めることができる．二階微分方程式には境界条件が二つあり，一階微分方程式には一つしかない．時間に依存する微分方程式の"境界条件"を<u>初期条件</u>といい，ふつうは $t = 0$ でとるべき値のことである．

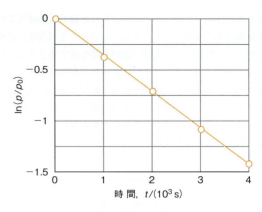

**図 10・9**　1 次反応の速度定数の求め方．$\ln[A]$（または $\ln p$，$p$ は注目している物質の分圧）を $t$ に対してプロットすると直線が得られる．その勾配から速度定数が $-k_r$ と得られる．データは例題 10・3 から採った．

### 自習問題 10・3

液体臭素に溶かした $N_2O_5$ の濃度が時間とともにつぎのように変化した．

| $t/s$ | 0 | 200 | 400 | 600 | 1000 |
|---|---|---|---|---|---|
| $[N_2O_5]/(\text{mol dm}^{-3})$ | 0.110 | 0.073 | 0.048 | 0.032 | 0.014 |

この反応が $N_2O_5$ について 1 次であることを確かめ，その速度定数を求めよ． 　　　[答: $2.1 \times 10^{-3}\,\text{s}^{-1}$]

次に，$A \longrightarrow$ 生成物 の 2 次反応の速度式が，

$$A \text{の減少速度} = k_r[A]^2 \qquad (10\cdot15)$$

で表されるとき，濃度が時間とともにどう変化するかを調べなければならない．前と同様に，$t = 0$ における A の濃度を $[A]_0$ とすれば，つぎの「式の導出」で示すように，

$$\dfrac{1}{[A]_0} - \dfrac{1}{[A]} = -k_r t \qquad \boxed{2\text{次の積分形速度式}} \quad (10\cdot16\text{a})$$

を得る．これを書き換えると次式が得られる．

$$[A] = \dfrac{[A]_0}{1 + k_r t\,[A]_0} \qquad (10\cdot16\text{b})$$

### 式の導出 10・2　2 次の積分形速度式

前と同様に反応物 A の減少速度は $-d[A]/dt$ であるから，速度の微分方程式は，

$$-\dfrac{d[A]}{dt} = k_r[A]^2$$

である．この式を解くために，

$$\dfrac{d[A]}{[A]^2} = -k_r\,dt$$

と変形して，この式を，A の濃度が $[A]_0$ である時刻 $t = 0$ から，A の濃度が $[A]$ となる注目する時刻 $t$ まで積分する．

### 例題 10・3　1 次反応の解析

アゾメタンの分圧の時間変化を 600 K で追跡し，以下の結果を得た．分解反応 $CH_3N_2CH_3(g) \longrightarrow CH_3CH_3(g) + N_2(g)$ がアゾメタンについて 1 次であることを確かめ，600 K での速度定数を求めよ．

| $t/s$ | 0 | 1000 | 2000 | 3000 | 4000 |
|---|---|---|---|---|---|
| $p/\text{Pa}$ | 10.9 | 7.63 | 5.32 | 3.71 | 2.59 |

**解法**　1 次反応であることを確かめるには，$\ln([A]/[A]_0)$ を時間に対してプロットすればよい．それで，直線が得られることが予想される．気体の分圧は濃度に比例するから，$\ln(p/p_0)$ を $t$ に対してプロットしても同じことである．グラフで直線が得られれば，その勾配が $-k_r$ である．「必須のツール 1・1」で述べたグラフの書き方に従えばよい．

**解答**　つぎの表をつくる．

| $t/s$ | 0 | 1000 | 2000 | 3000 | 4000 |
|---|---|---|---|---|---|
| $\ln(p/p_0)$ | 0 | $-0.357$ | $-0.717$ | $-1.078$ | $-1.437$ |

図 10・9 は，$t$ に対して $\ln(p/p_0)$ をプロットしたグラフである．プロットは直線で，1 次反応であることがわかる．その勾配は $-3.6 \times 10^{-4}$ であるから，$k_r = 3.6 \times 10^{-4}\,\text{s}^{-1}$ である．

$$\int_{[A]_0}^{[A]} \frac{d[A]}{[A]^2} = -k_r \int_0^t dt$$

右辺は $-k_r t$ である．左辺の積分は公式，

$$\int \frac{dx}{x^2} = -\frac{1}{x} + 定数$$

を使って計算すれば，結果は，

$$\int_a^b \frac{dx}{x^2} = \left\{-\frac{1}{x} + 定数\right\}\bigg|_b - \left\{-\frac{1}{x} + 定数\right\}\bigg|_a$$
$$= -\frac{1}{b} + \frac{1}{a}$$

となって (10·16a) 式を得る．

(10·16a) 式によれば，2次反応かどうかは $1/[A]$ を $t$ に対してプロットし，それが直線になるかどうかを調べればよい．直線が得られればその反応はAについて2次で，直線の勾配は速度定数に等しい（図10·10）．こうして得

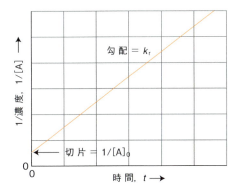

図10·10 2次反応の速度定数の求め方．$1/[A]$（または $1/p$，$p$ は注目している物質の分圧）を $t$ に対してプロットすると直線が得られる．その勾配が速度定数 $k_r$ である．

られた速度定数を表10·3に示す．(10·16b) 式から，反応開始後の任意の時刻におけるAの濃度を予測することができる（図10·11）．

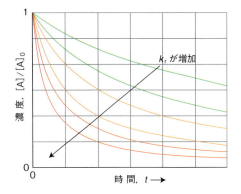

図10·11 2次反応における反応物濃度の時間変化

$[A]$ の $t$ に対するプロットを見れば，2次反応の場合，Aの濃度は同じ初速度の1次反応よりずっとゆっくり0に近づく様子がわかる（図10·12）．つまり，2次過程で減少していく反応物は，その減少の仕方が1次であるとした場合よりも，低濃度ではゆっくりと減少していく．これと関連して興味深いのは，汚染物質はふつう2次過程で減少するので，許容濃度まで減るのに非常に長時間かかるということである．

表10·4に単純なタイプのいろいろな反応の積分形速度式をまとめてある．

## 10·8 半減期と時定数

1次反応の速さを示すとき役に立つ指標は反応物の**半減期**[1] $t_{1/2}$ である．これはその化学種の濃度が初期値の半分まで減少するのに要する時間のことである．1次反応 (10·13式) で濃度が減衰する化学種の半減期は，(10·

表10·3 2次反応の速度論データ

| 反 応 | 相 | $\theta/°C$ | $k_r/(dm^3\ mol^{-1}\ s^{-1})$* |
|---|---|---|---|
| $2\ NOBr \rightarrow 2\ NO + \mathbf{Br_2}$ | g | 10 | 0.80 |
| $2\ NO_2 \rightarrow 2\ NO + \mathbf{O_2}$ | g | 300 | 0.54 |
| $H_2 + I_2 \rightarrow 2\ HI$ | g | 400 | $2.42 \times 10^{-2}$ |
| $D_2 + HCl \rightarrow DH + DCl$ | g | 600 | 0.141 |
| $2\ I \rightarrow \mathbf{I_2}$ | g | 23 | $7 \times 10^9$ |
|  | ヘキサン | 50 | $1.8 \times 10^{10}$ |
| $\mathbf{CH_3Cl} + CH_3O^-$ | $CH_3OH(l)$ | 20 | $2.29 \times 10^{-6}$ |
| $\mathbf{CH_3Br} + CH_3O^-$ | $CH_3OH(l)$ | 20 | $9.23 \times 10^{-6}$ |
| $H^+ + OH^- \rightarrow H_2O$ | 水 | 25 | $1.5 \times 10^{11}$ |

\* 速度定数は太字で書いた物質の生成または消費の速度に対するものである．太字以外の物質についての速度式は反応の量論から得られる．

---

[1] half-life

表 10·4 積分形の速度式

| 次 数 | 反応のタイプ | 速度式 | 積分形速度式 |
|---|---|---|---|
| 0 | A ⟶ P | $v = k_r$ | $[P] = k_r t$ ただし $k_r t \leq [A]_0$ |
| 1 | A ⟶ P | $v = k_r [A]$ | $[P] = [A]_0 (1 - e^{-k_r t})$ |
| 2 | A ⟶ P | $v = k_r [A]^2$ | $[P] = \dfrac{k_r t [A]_0^2}{1 + k_r t [A]_0}$ |
|   | A + B ⟶ P | $v = k_r [A][B]$ | $[P] = \dfrac{[A]_0 [B]_0 (1 - e^{([B]_0 - [A]_0) k_r t})}{[A]_0 - [B]_0 e^{([B]_0 - [A]_0) k_r t}}$ |

14 a) 式に $[A] = \frac{1}{2}[A]_0$ と $t = t_{1/2}$ を代入すれば得られる．

$$k_r t_{1/2} = -\ln \frac{\frac{1}{2}[A]_0}{[A]_0} = -\ln \frac{1}{2} = \ln 2$$

（[A]$_0$ を消去　$\ln(1/x) = -\ln x$）

これから，

$$t_{1/2} = \frac{\ln 2}{k_r} \qquad \text{1 次反応の半減期} \quad (10\cdot 17)$$

となる．

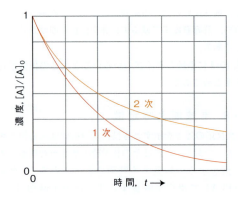

図 10·12　2 次反応では，反応物濃度の最初の減衰は速くても，時間が経てば，同じ初速度の 1 次反応よりゆっくりと 0 に近づく．

● 簡単な例示 10·6　1 次反応の半減期

つぎの 1 次反応では，

$$N_2O_5(g) \longrightarrow 2 NO_2(g) + \tfrac{1}{2} O_2(g)$$

$N_2O_5$ の減少速度 $= k_r [N_2O_5]$

であり，25 ℃ での速度定数が $6.76 \times 10^{-5}\,\mathrm{s}^{-1}$ であることから，$N_2O_5$ の半減期は，

$$t_{1/2} = \frac{\ln 2}{\underbrace{6.76 \times 10^{-5}\,\mathrm{s}^{-1}}_{k_r}} = 1.03 \times 10^4\,\mathrm{s}$$

つまり，2.85 h である．したがって，$N_2O_5$ の濃度は 2.85 h 経てば初期値の半分になり，さらに 2.85 h 経てばそのまた半分になるという具合に変わる（図 10·13）．これは，ふつう反対向きの手順として使う．すなわち，半減期をまず測定し，それから (10·17) 式を使って $k_r = (\ln 2)/t_{1/2}$ から $k_r$ を求める．●

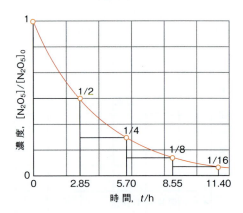

図 10·13　$N_2O_5$ のモル濃度の変化．半減期ごとに濃度が半減する．

自習問題 10·4

シクロプロパンからプロペンへの 1 次の異性化反応の速度定数は，25 ℃ において $4.65 \times 10^{-4}\,\mathrm{s}^{-1}$ である．シクロプロパンの半減期はいくらか． ［答: 1490 s］

(10·17) 式で大事なことは，1 次反応では反応物の半減期はその濃度に無関係であるということである．したがって，反応途中の任意の時刻の A の濃度を [A] とすれば，それから $(\ln 2)/k_r$ だけ時間が経てば濃度は $\frac{1}{2}[A]$ にまで減少する．これは [A] が実際にどんな値かによらない（図 10·14）．表 10·2 に半減期を示してある．

● 簡単な例示 10·7　半減期と反応の進行の仕方

二糖のスクロース（ショ糖）は，酸性溶液中で擬 1 次反応によって単糖のグルコースとフルクトースの混合物に

変わる．あるpHのときスクロースの半減期が28.4 min であった．その試料の濃度が8.0 mmol dm$^{-3}$ から 1.0 mmol dm$^{-3}$ になるのに要する時間を計算するには，

モル濃度 / (mmol dm$^{-3}$)

8.0 $\xrightarrow{28.4\,\text{min}}$ 4.0 $\xrightarrow{28.4\,\text{min}}$ 2.0 $\xrightarrow{28.4\,\text{min}}$ 1.0

であることに注意すれば，必要な時間は $3 \times 28.4$ min $= 85.2$ min である．

### 自習問題 10・5

ある酵素触媒1次反応では，基質の半減期が138 sである．基質の濃度が 1.28 mmol dm$^{-3}$ から 0.040 mmol dm$^{-3}$ になるにはどれだけの時間を要するか．　　[答: 690 s]

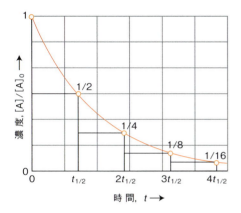

**図 10・14**　1次反応の反応物濃度は，$t_{1/2}$ の期間が経過するごとに，その期間の始めの濃度の半分に減衰する．半減期が $n$ 回経過した後の濃度は初濃度の $(1/2)^n$ になる．

ある物質に注目し，その半減期を調べれば1次反応かどうかを見分けることができる．その組成の時間変化のデータを調べたとき，ある時間で初濃度の半分になり，それから同じ時間経ったとき濃度がさらに半分になっていれば，その反応は1次と考えてよい．すでに述べたように，$\ln[A]$ を $t$ に対してプロットして直線が得られれば，これが確かめられたことになる．

1次反応のもう一つの指標として**時定数**[1] $\tau$ がある．これは反応物の濃度がその初期値の $1/e$ に減少するのにかかる時間である．(10・14a) 式から，

$[A] = [A]_0/e$ とおく　　$[A]_0$ を消去

$$k_r \tau = -\ln\left(\frac{[A]_0/e}{[A]_0}\right) = -\ln\frac{1}{e} = 1$$

を得る．したがって，時定数は速度定数の逆数である．

$$\tau = \frac{1}{k_r} \qquad \text{1次反応の時定数} \quad (10\cdot18)$$

(10・16a) 式で，$t = t_{1/2}$, $[A] = \frac{1}{2}[A]_0$ とおけば，化学種Aが2次反応で消費される半減期が次式で表されることがわかる．

$$t_{1/2} = \frac{1}{k_r[A]_0} \qquad \text{2次反応の半減期} \quad (10\cdot19)$$

したがって，1次反応の場合と違って，2次反応では物質の半減期は初濃度によって変わる．

### ● 簡単な例示 10・8　2次反応の半減期

2次反応 2A → P を考えよう．その速度定数は $k_r = 5.0 \times 10^4$ dm$^3$ mol$^{-1}$ s$^{-1}$ である．$[A]_0 = 2.50 \times 10^{-2}$ mol dm$^{-3}$ のときのAの半減期は，

$$t_{1/2} = \frac{1}{\underbrace{(5.0 \times 10^4\,\text{dm}^3\,\text{mol}^{-1}\,\text{s}^{-1})}_{k_r} \times \underbrace{(2.50 \times 10^{-2}\,\text{mol}\,\text{dm}^{-3})}_{[A]_0}}$$

$$= 8.0 \times 10^{-4}\,\text{s}$$

である．しかし，$[A]_0$ が $1.00 \times 10^{-3}$ mol dm$^{-3}$ に小さくなれば，その半減期は，

$$t_{1/2} = \frac{1}{\underbrace{(5.0 \times 10^4\,\text{dm}^3\,\text{mol}^{-1}\,\text{s}^{-1})}_{k_r} \times \underbrace{(1.00 \times 10^{-3}\,\text{mol}\,\text{dm}^{-3})}_{[A]_0}}$$

$$= 2.0 \times 10^{-2}\,\text{s}$$

となる．この半減期の濃度依存性が実際に問題となるのは，2次反応で減衰する化学種（環境汚染物質では特に問題となる）が長期間にわたって残留することである．それは，濃度が低いほど半減期は長くなるからである．

## 反応速度の温度依存性

たいていの化学反応の速度は，温度が上昇すれば速くなる．溶液中で起こる有機反応は，エタン酸メチルの加水分解（35 ℃での速度定数は25 ℃の場合の1.8倍）と，スクロースの加水分解（同じく4.1倍）の間にほとんど入る．酵素による触媒反応はもっと複雑な温度依存性を示すことがあるが，それは温度を上げるとコンホメーションの変化を起こして，酵素の有効性を減殺することがあるためである．われわれが発熱することによって感染症とたたかう理由の一つは，体温を上げて，感染した生体中の反応速度のバランスを崩して破壊するところにある．しかし，侵入者を殺すのと，侵入された側を殺すのとの間の境界は微妙である．

### 10・9　アレニウスパラメーター

反応速度に関するデータがかなり蓄積された19世紀の末，スウェーデンの化学者アレニウス[2]は経験的に，ほとんど全ての反応速度がよく似た温度依存性を示すことを

---

1) time constant　　2) Svante Arrhenius

見いだした．とくに注目したのは $\ln k_r$（$k_r$ は反応の速度定数）を $1/T$（$T$ は $k_r$ を測定した熱力学温度）に対してプロットしたグラフは直線で，その勾配がその反応に特有なものである点であった（図 10・15）．これを数学的に表せば，速度定数は次のように温度変化することになる．

$$\ln k_r = 切片 + 勾配 \times \frac{1}{T} \qquad 経験的な温度依存性 \qquad (10・20a)$$

この式はふつう，**アレニウスの式**[1] というつぎのかたちに書いて表す．

$$\ln k_r = \ln A - \frac{E_a}{RT} \qquad アレニウスの式 \qquad (10・20b)$$

この式は，$\ln k_r - \ln A = \ln(k_r/A)$ を使い，両辺の真数 $e^x$ をとって，つぎのようにも書く．

$$k_r = A e^{-E_a/RT} \qquad もう一つのかたち \qquad アレニウスの式 \qquad (10・20c)$$

ここで，パラメーター $A$（単位は $k_r$ と同じ）を**頻度因子**[2]（**前指数因子**[3]）といい，$E_a$（$RT$ と同様にモルエネルギーであり，単位は $kJ\,mol^{-1}$）を**活性化エネルギー**[4] という．この二つのパラメーターを合わせて反応の**アレニウスパラメーター**[5] という（表 10・5）．

(10・20) 式で実用上重要な点は，図 10・16 からわかるように，活性化エネルギーが大きいと反応速度が温度に非常

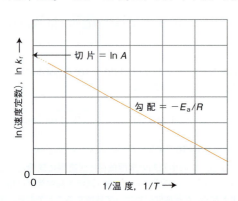

**図 10・15** $\ln k_r$ 対 $1/T$ のアレニウスプロットの一般形．勾配は $-E_a/R$ に等しく，$1/T = 0$ の切片は $\ln A$ に等しい．

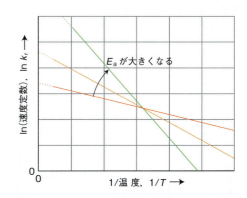

**図 10・16** この三つのアレニウスプロットは活性化エネルギーが異なる三つの場合に対応している．活性化エネルギーが大きいほうのプロットでは勾配が急で，反応速度が温度に敏感であることを示している．

**表 10・5** アレニウスパラメーター

| 1 次反応 | $A/s^{-1}$ | $E_a/(kJ\,mol^{-1})$ |
|---|---|---|
| シクロプロペン $\to$ プロパン | $1.58 \times 10^{15}$ | 272 |
| $CH_3NC \to CH_3CN$ | $3.98 \times 10^{13}$ | 160 |
| $cis\text{-}CHD=CHD \to trans\text{-}CHD=CHD$ | $3.16 \times 10^{12}$ | 256 |
| シクロブタン $\to 2\,C_2H_4$ | $3.98 \times 10^{15}$ | 261 |
| $2\,N_2O_5 \to 4\,NO_2 + O_2$ | $4.94 \times 10^{13}$ | 103 |
| $N_2O \to N_2 + O$ | $7.94 \times 10^{11}$ | 250 |

| 2 次反応，気相 | $A/(dm^3\,mol^{-1}\,s^{-1})$ | $E_a/(kJ\,mol^{-1})$ |
|---|---|---|
| $O + N_2 \to NO + N$ | $1 \times 10^{11}$ | 315 |
| $OH + H_2 \to H_2O + H$ | $8 \times 10^{10}$ | 42 |
| $Cl + H_2 \to HCl + H$ | $8 \times 10^{10}$ | 23 |
| $CH_3 + CH_3 \to C_2H_6$ | $2 \times 10^{10}$ | 0 |
| $NO + Cl_2 \to NOCl + Cl$ | $4 \times 10^9$ | 85 |

| 2 次反応，溶液 | $A/(dm^3\,mol^{-1}\,s^{-1})$ | $E_a/(kJ\,mol^{-1})$ |
|---|---|---|
| $NaC_2H_5O + CH_3I$（エタノール溶液） | $2.42 \times 10^{11}$ | 81.6 |
| $C_2H_5Br + OH^-$（水溶液） | $4.30 \times 10^{11}$ | 89.5 |
| $CH_3I + S_2O_3^{2-}$（水溶液） | $2.19 \times 10^{12}$ | 78.7 |
| スクロース $+ H_2O$（酸性溶液） | $1.50 \times 10^{15}$ | 107.9 |

---

1) Arrhenius equation  2) frequency factor  3) pre-exponential factor  4) activation energy  5) Arrhenius parameters

に敏感である（アレニウスプロットの勾配が急）ということである．反対に活性化エネルギーが小さいと反応速度が温度によって少ししか変化しない（勾配がゆるい）．気相でのラジカルの再結合反応のように活性化エネルギーが0の反応は，ほとんど温度に無関係な速度を示す．

### 例題 10·4　アレニウスパラメーターの求め方

アセトアルデヒド（エタナール，$CH_3CHO$）の2次の分解反応の速度を700 Kから1000 Kの温度範囲で測定した．得られた速度定数はつぎの通りであった．$E_a$とAを求めよ．

| $T$/K | 700 | 730 | 760 | 790 |
|---|---|---|---|---|
| $k_r$/(dm$^3$ mol$^{-1}$ s$^{-1}$) | 0.011 | 0.035 | 0.105 | 0.343 |
| $T$/K | 810 | 840 | 910 | 1000 |
| $k_r$/(dm$^3$ mol$^{-1}$ s$^{-1}$) | 0.789 | 2.17 | 20.0 | 145 |

**解法**　(10·20b)式に基づいてデータを解析するには，$1/(T/K)$ または $(10^3\text{ K})/T$ に対して $\ln(k_r/\text{dm}^3\text{ mol}^{-1}\text{ s}^{-1})$ をプロットする．それで直線が得られる．このとき得られる勾配は無次元で表されているから，$-E_a/R$ = 勾配/単位（この場合の単位は $1/(10^3\text{ K})$ である）から，$E_a = -$ 勾配 $\times R \times 10^3$ K によって活性化エネルギーが求められる．$1/T = 0$ に補外した切片は $\ln(A/\text{dm}^3\text{ mol}^{-1}\text{ s}^{-1})$ である．最小二乗法を使って，これらのパラメーターを求めればよい．

**解答**　グラフにプロットするデータはつぎの通りである．

| $(10^3\text{ K})/T$ | 1.43 | 1.37 | 1.32 | 1.27 |
|---|---|---|---|---|
| $\ln(k_r/\text{dm}^3\text{ mol}^{-1}\text{ s}^{-1})$ | $-4.51$ | $-3.35$ | $-2.25$ | $-1.07$ |
| $(10^3\text{ K})/T$ | 1.23 | 1.19 | 1.10 | 1.00 |
| $\ln(k_r/\text{dm}^3\text{ mol}^{-1}\text{ s}^{-1})$ | $-0.24$ | 0.77 | 3.00 | 4.98 |

そこで，$1/T$ に対して $\ln k_r$ をプロットする（図 10·17）．

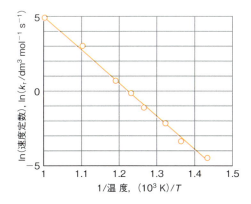

**図 10·17**　$CH_3CHO$ の分解反応のアレニウスプロットとデータ点に最もよく合う（最小二乗法の）直線．データは例題10·4から採った．

最小二乗法によって合わせた最適直線の勾配は $E_a/R = -22.7$ であり，$1/T = 0$ の点における切片は $\ln(A/\text{dm}^3\text{ mol}^{-1}\text{ s}^{-1}) = 27.7$ であるから，

$$E_a = 勾配 \times R = 22.7 \times (8.3145\text{ J K}^{-1}\text{ mol}^{-1}) \times 10^3\text{ K}$$
$$= 189\text{ kJ mol}^{-1}$$

$$A = e^{切片} \times \text{dm}^3\text{ mol}^{-1}\text{ s}^{-1} = e^{27.7} \times \text{dm}^3\text{ mol}^{-1}\text{ s}^{-1}$$
$$= 1.1 \times 10^{12}\text{ dm}^3\text{ mol}^{-1}\text{ s}^{-1}$$

が得られる．Aの単位は $k_r$ と同じである．

### 自習問題 10·6

つぎのデータからAと$E_a$を求めよ．

| $T$/K | 300 | 350 | 400 |
|---|---|---|---|
| $k_r$/(dm$^3$ mol$^{-1}$ s$^{-1}$) | $7.9 \times 10^6$ | $3.0 \times 10^7$ | $7.9 \times 10^7$ |
| $T$/K | | 450 | 500 |
| $k_r$/(dm$^3$ mol$^{-1}$ s$^{-1}$) | | $1.7 \times 10^8$ | $3.2 \times 10^8$ |

［答：$8 \times 10^{10}\text{ dm}^3\text{ mol}^{-1}\text{ s}^{-1}$，$23\text{ kJ mol}^{-1}$］

---

反応の活性化エネルギーがわかっていれば，温度 $T$ での速度定数 $k_r(T)$ から，別の温度 $T'$ での速度定数 $k_r(T')$ を予測するのは簡単である．そのためには，

$$\ln k_{r,2} = \ln A - \frac{E_a}{RT_2}$$

と書く．次に，これから(10·20b)式を引けば（ただし，$T$ を $T_1$ とおき，$k_r$ を $k_{r,1}$ とおく），

$$\ln k_{r,2} - \ln k_{r,1} = -\frac{E_a}{RT_2} + \frac{E_a}{RT_1}$$

となる．これを変形すれば次式が得られる．

$$\ln \frac{k_{r,2}}{k_{r,1}} = \frac{E_a}{R}\left(\frac{1}{T_1} - \frac{1}{T_2}\right) \quad \text{速度定数の温度依存性} \quad (10·21)$$

#### ● 簡単な例示 10·9　アレニウスの式

活性化エネルギーが $50\text{ kJ mol}^{-1}$ の反応を考える．25 °C から 37 °C（体温）まで温度を上げると，それに対応して，

$$\ln \frac{k_{r,2}}{k_{r,1}} = \underbrace{\frac{\overbrace{50 \times 10^3\text{ J mol}^{-1}}^{E_a}}{\underbrace{8.3145\text{ J K}^{-1}\text{ mol}^{-1}}_{R}}}_{単位を消去}\left(\underbrace{\frac{1}{298\text{ K}}}_{1/T_1} - \underbrace{\frac{1}{310\text{ K}}}_{1/T_2}\right)$$

$$= \frac{50 \times 10^3}{8.3145}\left(\frac{1}{298} - \frac{1}{310}\right)$$

となる．（右辺を計算すれば，0.781…となるが，ここで計算せずにつぎのようにすればよい．）自然真数をとれば（すなわち $e^x$ をつくれば）$k_{r,2} = 2.18\, k_{r,1}$ となる．これから，反応速度は2倍を少し超えることがわかる．●

### 自習問題 10・7

ある生化学過程に含まれる反応の活性化エネルギーが 87 kJ mol$^{-1}$ であった．温度が 37 ℃ から 15 ℃ に下がったとき速度定数はどう変わるか．

[答: $k_r$(15 ℃) = 0.076 $k_r$(37 ℃)]

## 10・10 衝突理論

アレニウスパラメーターの起源を理解するには，気相で2分子が出会えば反応が起こるというタイプの反応を考察すれば簡単である．11・4節で導入する用語を使えば，気相2分子反応を考えるわけである．このような反応速度の**衝突理論**[1]では，2分子が接近する線上で，ある最小の運動エネルギー以上の2分子が衝突するときだけ反応が起こるとする（図10・18）．衝突理論では，反応はでき損ないのビリヤードの球が2個衝突するのと似ている．わずかしかエネルギーをもたなければ衝突しても跳ね返るだけである．一方，ある最小値以上の運動エネルギーをもって衝突すれば壊れて破片（生成物）が生じるというわけである．地球大気で起こっていて，大気の組成と温度の変動を支配するいろいろなタイプの過程に対して，この反応モデルはかなりよい第一近似となっている．

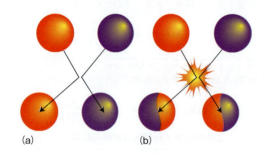

図 10・18 気相化学反応の衝突理論では，反応は2分子が衝突して起こるが，その衝突が十分に激しい場合に限る．(a) 激しさが不十分な衝突．反応物分子は衝突するがそのまま跳ね返る．(b) 十分激しい衝突であれば反応が起こる．

衝突理論における**反応断面図**[2]とは，2分子のポテンシャルエネルギーの図で，1個の反応物分子がもう1個の分子に近づき，生成物が離れていくときの変化を示したものである（図10・19）．左側の水平部分は，2個の反応物分子が互いに遠く離れているときのポテンシャルエネルギーを表している．分子が接触するほど距離が近づくときだけポテンシャルエネルギーはこの値から上昇する．このとき，分子の結合は曲がり，壊れ始める．2分子がきわめて歪んだ状態になったときポテンシャルエネルギーがピーク

に達する．その後，新たな結合ができるに従ってポテンシャルエネルギーは減少しはじめる．極大の右側の分子間距離では，生成した分子が離れるにつれて，ポテンシャルエネルギーは急速に減少する．反応がうまくいくためには反応物分子が**活性化障壁**[3]，つまり反応断面図のピークを越えるだけの運動エネルギーを，互いに接近する方向にもっていなければならない．後で述べるように，この活性化障壁の高さが反応の活性化エネルギーなのである．

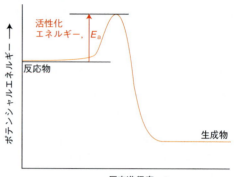

図 10・19 反応断面図．2個の分子が接近し，衝突して反応が起こり，生成物になるときのポテンシャルエネルギーの変化を概念的に表すグラフ．反応物のポテンシャルエネルギーから測った障壁の高さが活性化エネルギーである．

このような反応断面図を念頭におけば，アレニウス型の振舞いが衝突理論によって説明できるのが簡単に理解できるだろう．たとえば，化学種 A と B の**衝突頻度**[4] は双方の濃度に比例する．すなわち，B の濃度が2倍になれば分子 A が分子 B と衝突できる頻度は2倍になり，A の濃度が2倍になれば分子 B が分子 A と衝突できる頻度も2倍になる．このように，分子 A と B との衝突頻度は A と B の濃度に比例する．つまり，

$$衝突頻度 \propto [A][B]$$

と書ける．

次に，この衝突頻度に，近づく方向に沿って少なくとも運動エネルギー $E_a$ をもって衝突が起こる割合 $f$ を掛ける必要がある（図10・20）．つまり，そういう衝突によってしか生成物が形成できないからである．$E_a$ より小さな運動エネルギーしかもたずに接近した分子は，活性化障壁に向かって転がってきたボールが，それを乗り越えることができずに，もとへ戻ってしまうのと同じことになる．1・6節で見たように，気相で非常に大きな速さをもつ分子の割合は少ししかないが，その割合は温度が上昇すると急速に増大する．運動エネルギーは速さの2乗に比例するから

---

1) collision theory  2) reaction profile  3) activation barrier  4) collision frequency

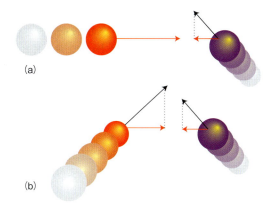

図 10·20 (a) 反応に至る衝突かどうかの判断基準は，2個の分子が分子間を結ぶ線に沿って，その反応に特有なある最小エネルギー $E_a$ を超える運動エネルギーをもって，接近して衝突することである．(b) この 2 分子はほかの方向にも速度成分（それに対応する運動エネルギー）をもっているかもしれない（たとえば，紙面の上や下に動いているかもしれない）．しかし，活性化エネルギーを越えるのに使えるのは，互いに接近する方向のエネルギーだけである．

（速さ $v$ で運動する質量 $m$ の物体では運動エネルギーが $E_k = \frac{1}{2}mv^2$ である），高温になるほど生成物の生成に必要な最小の速さと運動エネルギーを超える分子の割合も大きくなる（図 10·21）．22 章で説明するように，分子が少なくとも $E_a$ の運動エネルギーをもつ衝突の割合は，きわめて一般的な考察によって，分子がある特定のエネルギーをもつ確率から計算することができる．その結果は，

$$f = e^{-E_a/RT} \qquad (10\cdot22)$$

で表される．この割合は $T = 0$ では 0 で，$T$ が無限大になると 1 まで増加する．

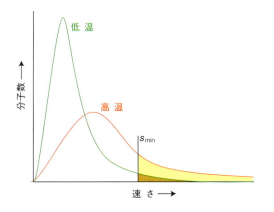

図 10·21 マクスウエルの速さの分布（1·6 節）によれば，温度が上がるにつれて，ある値 $s_{min}$ を超える速さの気相分子の割合は増加する．運動エネルギーは速さの 2 乗に比例するから，高温になるほど最低の運動エネルギー $E_a$（活性化エネルギー）をもって衝突できる分子が増える．

● 簡単な例示 10·10　十分な運動エネルギーで衝突する割合

活性化エネルギーが 50 kJ mol$^{-1}$ のとき，25 °C で十分なエネルギーをもって反応できる衝突の割合は，つぎのように計算できる．

$$f = e^{-\overbrace{(5.0 \times 10^4 \text{ J mol}^{-1})}^{E_a}/\overbrace{(8.3145 \text{ J K}^{-1} \text{ mol}^{-1})}^{R} \times \overbrace{(298 \text{ K})}^{T}}$$

$$= 1.7 \times 10^{-9}$$

自習問題 10·8

上と同じ反応で，500 °C で十分なエネルギーをもって反応する衝突の割合はいくらか．　　[答：$4.2 \times 10^{-4}$]

この段階で，反応速度が衝突頻度と衝突の成功率の積に比例すると結論でき，

$$v \propto [\text{A}][\text{B}] \, e^{-E_a/RT}$$

と書ける．これと 2 次反応の速度式，

$$v = k_r [\text{A}][\text{B}]$$

を比較してみると，

$$k_r \propto e^{-E_a/RT}$$

であることがわかる．ここで，比例定数を $A$ とおけば，この式がすなわちアレニウスの式（10·20 式）そのものであることがわかる．衝突理論を適用した結果わかったことをつぎにまとめておく．

- 頻度因子 $A$ は，反応物の濃度と反応物分子が衝突する頻度を結ぶ比例定数である．

- 活性化エネルギー $E_a$ は，衝突で反応を起こすのに必要な最低限の運動エネルギーである．

$A$ の値は気体運動論（1 章）によってつぎのように計算することができる．

$$A = \sigma \left( \frac{8kT}{\pi \mu} \right)^{1/2} N_A \qquad \mu = \frac{m_A \, m_B}{m_A + m_B}$$

気体運動論における頻度因子　（10·23）

ここで，$m_A$ と $m_B$ は分子 A と B の質量，$\sigma$ は衝突断面積（1·8 節）である．しかし，実験によって求められる $A$ の値は気体運動論からの計算値よりも小さい場合が多い．その説明の一つとして考えられるのは，分子は十分なエネルギーをもって衝突しなければならないだけでなく，分子同士がある特別な相対的な向きで衝突しなければならないとするものである（図 10·22）．そうすると，反応速度はある正しい相対的配向で分子が出会う確率に比例することに

なる．したがって，頻度因子 $A$ の中には**立体因子**[1] $P$ も含まれることになる．ここで，立体因子は 0（どういう向きをとっても反応を起こさない）から 1（どんな向きでも反応が起こる）までの値をとる．

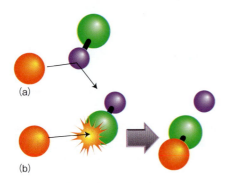

**図 10・22** 反応に至る出会いの条件はエネルギーだけでなく，相対的な向きもある役割を果たす．(a) この衝突では反応物が接近するときの相対的な向きが不適当で，エネルギーは十分にあっても反応は起こらない．(b) この出会いでは，エネルギーも向きも反応に適している．

■ **簡単な例示 10・11　立体因子**
　衝突によって起こるつぎの反応を考えよう．

$$NOCl + NOCl \longrightarrow NO + NO + Cl_2$$

この場合，NOCl 分子 2 個が衝突して NO 分子 2 個と $Cl_2$ 分子 1 個ができるのであるが，$P \approx 0.16$ である．水素付加反応，

$$H_2 + H_2C=CH_2 \longrightarrow H_3C-CH_3$$

では，水素分子がエテン分子に直接付いてエタン分子ができるが，$P$ は $1.7 \times 10^{-6}$ にすぎない．この反応には衝突時の配向に関して厳しい要請があるのがわかる．■

　反応によっては $P > 1$ の場合もある．このような値をとるのは何かがおかしいと思うだろう．それは，分子が出会うよりも頻繁に反応が起こることを示しているからである．このような反応の例として，

$$K + Br_2 \longrightarrow KBr + Br$$

がある．この場合，K 原子は $Br_2$ 分子から Br 原子を引き抜く．この反応の $P$ の実験値は 4.10 である．この反応では本来反応が起こらない衝突でも，分子が接近してくる経路が途中で曲がってしまう．このような意外な結論を説明するために，この反応は**銛機構**[2] によって進行するという考えが提唱された．それは，K 原子が $Br_2$ に接近して十分近くに来ると，電子（銛の役目をする）1 個が $Br_2$ 分子に跳び移る．これによって，もともと中性であった両者はいずれもイオンとなり，その間にクーロン引力が発生する．これが銛についたロープなのである．そこで両イオンは引き寄せられ（ロープがたぐり寄せられる）反応が起こり KBr と Br が生じる．すなわち，銛のおかげで反応を起こす出会いの断面積が大きくなったわけで，単に K と $Br_2$ が機械的に接触するとして求めた衝突断面積から反応速度を計算したのでは非常に小さく見積もり過ぎることがわかる．銛機構というのはまさに適切な名前である．

### 10・11　遷移状態理論

　気相だけでなく溶液中で起こる反応にも適用できる，もっと洗練された反応速度の理論がある．この**遷移状態理論**[3]（**活性錯合体理論**[4] ともいう）では，図 10・23 の反応断面図に示すように，反応物が互いに近づくとそのポテンシャルエネルギーは上昇し，あるところで極大に達する．この極大点では**活性錯合体**[5] が形成されると考える．それはある種の原子クラスターであり，この状態から生成物ができることもあるし，壊れてもとの反応物に戻ることもあるという拮抗した状態にある（図 10・24）．活性錯合体は，単離してふつうの分子のように調べることができる反応中間体ではない．このような活性錯合体の概念は，気相だけでなく溶液中で起こる反応にも適用できる．つまり，まわりに存在する溶媒分子が関与した活性錯合体を考える

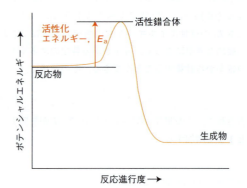

**図 10・23**　図 10・19 と同様に，活性錯合体理論で考察する反応断面図を表すグラフ．活性化エネルギーは，反応物から測った活性錯合体のポテンシャルエネルギーである．

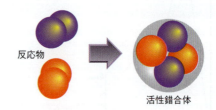

**図 10・24**　活性錯合体はここに示したように，原子同士が比較的弱く結合したクラスターを形成しており，再配列を起こせば生成物が形成される．実際の反応では，活性錯合体の反応部位にある原子の結合だけがかなり弱くなり，ほかの部分の結合はほとんど変わらずそのままである．

---

1) steric factor　2) harpoon mechanism　3) transition-state theory　4) activated complex theory　5) activated complex

こともできるからである.

はじめは反応物 A と B だけが存在している. 反応が始まると A と B は近づき, 接触し, 歪んだ末に原子の交換や切り離しが起こりはじめる. やがてポテンシャルエネルギーは極大まで増加し, その極大近くの領域に相当する原子のクラスターが活性錯合体である. クラスターの中で原子の再配列が起こるとポテンシャルエネルギーは下がり, やがて生成物に特有の値に達する. 反応が最高潮に達するのはポテンシャルエネルギーが極大のところである. そこでは反応物の分子 2 個が接近して変形を受け, あとほんのわずかでも変形を受ければ生成物の方向に移っていくという状況である. このような微妙で決定的な原子配置を反応の**遷移状態**[1)]という. 遷移状態にさしかかった分子でも再び反応物側に戻るものもあるが, この配置を通り過ぎてしまえば生成物が生じる.

**反応座標**[2)]はこの過程がどの段階まで進行したかを示す指標である. 左側には, 歪んでいない, 遠く離れた反応物がある. 右側には生成物がある. その中間のどこかに活性錯合体の形成に相当する反応段階がある. 遷移状態理論の主な目標は, 反応物が出会って活性錯合体をつくり, それが崩壊して生成物になっていく歴史をたどることによって速度定数の式を書き下ろすことである.

## (a) 遷移状態理論の概要

ここで, 速度定数を最適化するような分子レベルでのできごとを探りながら, その計算の各段階を概観することにしよう.

反応物 A, B から活性錯合体 $C^\ddagger$ が生じ, たいした理由はないが, A, B, $C^\ddagger$ の間に平衡が成り立つとしよう. その平衡定数 $K^\ddagger$ と A, B, $C^\ddagger$ の濃度の関係は,

$$A + B \rightleftharpoons C^\ddagger \qquad K^\ddagger = \frac{[C^\ddagger]c^\ominus}{[A][B]}$$

で表される. $c^\ominus = 1\ \mathrm{mol\ dm^{-3}}$ である (6·1 節). 遷移状態においては, 反応座標に沿った方向の運動はこの錯合体の中の原子すべてが関与する振動に似た複雑な集団運動になる (溶媒分子が関与すれば, その運動も含む). しかし, 反応座標に沿った運動がすべて, 錯合体から生成物 P の方へ遷移状態を通り抜けるような運動とは限らない. A, B, $C^\ddagger$ の間の平衡と, $C^\ddagger$ がうまく遷移状態を通り抜ける割合を考えて, 速度定数に関する**アイリングの式**[3)],

$$k_r = \kappa \times \frac{kT}{h} \times \frac{K^\ddagger}{c^\ominus} \qquad \text{アイリングの式} \quad (10 \cdot 24)$$

を導くことができる. $k = 1.381 \times 10^{-23}\ \mathrm{J\ K^{-1}}$ はボルツマン定数, $h = 6.626 \times 10^{-34}\ \mathrm{J\ s}$ はプランク定数である (ど

ちらの定数も「基本概念」で導入した). $\kappa$ (カッパ) は**透過係数**[4)]であり, 活性錯合体が常に遷移状態に到達するとは限らないことを考慮に入れる係数である. $\kappa$ がよくわからないときは 1 であると仮定する.

**ノート**　ボルツマン定数 $k$ と速度定数の記号 $k_r$ とは注意して区別しなければならない. ボルツマン定数であることをはっきりさせるために $k_B$ と書くこともある. (速度定数も $k$ と書けば混乱する.)

(10·24) 式の $kT/h$ という因子は, $C^\ddagger$ の中のある結合が切れて, またはある結合ができて, 生成物になっていくような, 原子のいろいろな運動についての考察から入っている因子である ($kT$ はエネルギーで, これを $h$ で割るとエネルギーが振動数に変わる. $kT$ の単位は J, $kT/h$ の単位は $\mathrm{s^{-1}}$ である). 温度を上げると反応速度が速くなるのは, 活性錯合体中の原子振動が激しくなって原子の再配列が促進され, その結果新しい結合ができやすくなるためと考えられる.

平衡定数 $K^\ddagger$ の計算は, 単純なモデルで表せる場合以外は非常に困難である. たとえば, 反応物が 2 個の原子だけとし, 活性錯合体が二原子分子でその結合長を $R_{\mathrm{bond}}$ とすれば, $k_r$ は衝突理論の式と同じになる. ただ, この場合は, (10·23) 式の衝突断面積を $\pi R_{\mathrm{bond}}^2$ とおく[†2].

アイリングの式を熱力学パラメーターで表し, これらの実測値から反応を吟味する方が便利である. 7·3 節で見たように, 平衡定数は標準反応ギブズエネルギーで表すことができる ($-RT \ln K = \Delta_r G^\ominus$). 同様に考えて, このギブズエネルギーを**活性化ギブズエネルギー**[5)]といい, $\Delta^\ddagger G$ と書く. これから,

$$\Delta^\ddagger G = -RT \ln K^\ddagger \quad \text{したがって} \quad K^\ddagger = e^{-\Delta^\ddagger G / RT}$$

となるから,

$$\Delta^\ddagger G = \Delta^\ddagger H - T\Delta^\ddagger S \qquad (10 \cdot 25)$$

と書けば, $\kappa = 1$ とおいて,

$$k_r = \frac{kT}{h} e^{-(\Delta^\ddagger H - T\Delta^\ddagger S)/RT} = \left(\frac{kT}{h} e^{\Delta^\ddagger S/R}\right) e^{-\Delta^\ddagger H/RT}$$

熱力学パラメーターで表したアイリングの式 (10·26)

が得られる. **活性化エンタルピー**[6)] $\Delta^\ddagger H$ を活性化エネルギーと読み替え, **活性化エントロピー**[7)] $\Delta^\ddagger S$ に依存する (　) 内の量を頻度因子と読み替えれば, この式はアレニウスの式 (10·20 式) のかたちをしている.

衝突理論よりも遷移状態理論の方が優れている点として, 気相だけでなく溶液中で起こる反応についても適用で

---

†2　訳注: 衝突断面積 (1·8 節) は (10·24) 式の $\kappa$ に含まれている.
1) transition state　2) reaction coordinate　3) Eyring equation　4) transmission coefficient　5) activation Gibbs energy
6) enthalpy of activation　7) entropy of activation

きることがあげられる．立体因子 $P$ を計算によって求める手掛かりもある程度与えてくれる．それは，配向に関する要請が活性化エントロピーの中に入っているからである．たとえば，配向の条件が非常に厳しい場合には（基質分子が酵素に接近する場合など），活性化エントロピーは負の大きな値をもち（活性錯合体が生成すれば乱れが減少する）頻度因子は小さくなる．場合によっては活性化エントロピーの符号も大きさも実際に求めることができる．つまり，速度定数を求めることもできる．遷移状態理論の重要性は，気相での衝突という単純なものだけでなく，非常に込み入った事象が起こっている場合でもアレニウス型の振舞いを示すことができ，活性化エネルギーの概念が適用できるところにある．

● **簡単な例示 10·12　活性化エントロピー**
　水溶液中で起こるある反応を考えよう．この反応について，符号が反対の 2 種類のイオンが電気的に中性な活性錯合体を形成する機構が提案されている．このとき，活性化エントロピーに対する溶媒の寄与は正であろう．中性の化学種のまわりでは，電荷をもつ化学種のまわりほど $H_2O$ は整列しにくいからである．●

### (b) 活性錯合体の観測

活性錯合体は非常にはかない存在で，数ピコ秒の寿命しかないことが多いので，最近まで直接観測されたことはなかった．しかし，フェムト秒（$1\,\mathrm{fs} = 10^{-15}\,\mathrm{s}$）のパルスのレーザーと**フェムト化学**[1] という化学への応用分野が開発されたおかげで，活性錯合体といろいろな点で似ている短寿命の化学種について観察することが可能になった．さらに進歩してアト秒（$1\,\mathrm{as} = 10^{-18}\,\mathrm{s}$）での研究まで視野に入ってきた．

典型的な実験では，フェムト秒のパルスからのエネルギーで分子を解離させ，そのパルスからある時間をおいて第 2 のパルスを当てる．第 2 のパルスの振動数は遊離した分解生成物の吸収の位置に合わせてあるから，吸収を測れば分解物の量の見当がつく．たとえば，第 1 のパルスでICN が分解するとき，CN の出現は遊離の CN の吸収が次第に強くなるのを監視すれば確かめられる．この方法で，CN は分解した破片が $205\,\mathrm{fs}$ かかって約 $600\,\mathrm{pm}$ 離れるまでは CN の信号は 0 であることがわかった．

化学反応の詳しい機構の研究がどれくらい進んでいるかを感じ取ってもらうために，$Na^+I^-$ のイオン対の分解反応の例を見てみよう．フェムト秒パルスからこのイオン対がエネルギーを吸収すると電子の配置換えが起こり，共有結合した NaI 分子に対応する状態が生じる．そこで，検出用のパルスの振動数を遊離の Na 原子の吸収か，Na 原子が錯合体の一部であるときの吸収振動数に合わせて系を調べる．後者の振動数は Na−I の長さに依存するから，錯合体が振動してこの長さに戻るたびに 1 回吸収が起こる．

代表的な結果を図 10·25 に示してある．束縛状態の Na の吸収が約 $1\,\mathrm{ps}$ の間隔で繰返すパルスの形で現れる．これは錯合体がこの周期で振動していることを示す．強度が次第に小さくなるのは，この 2 原子が互いに振動しながら解離していく速さを示している．遊離の Na の吸収はやはり振動しながら強度が増す．これも錯合体が振動する周期性を表し，1 回振動するたびに解離する機会がある．NaI の正確な振動周期は $1.25\,\mathrm{ps}$ である．錯合体は 10 回くらい振動する間は解離しないでもちこたえる．これと対照的に，NaBr の場合は振動数はほぼ同じであるが，1 回の振動でも解離してしまう．

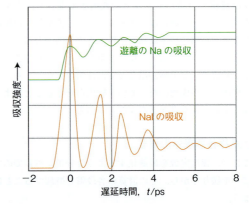

**図 10·25**　フェムト秒閃光を照射した直後の NaI と Na の吸収スペクトル．スペクトルが振動を示しているのは，最終生成物になる前に，これらの物質がまず生成し，前駆体をつくることを示している．（A. H. Zewail, *Science*, **242**, 1645 (1988) に基づく．）

フェムト化学の技術は 2 分子反応での活性錯合体類似の状態の研究に用いられている．一例として，ゆるい結合をした錯合体（ファンデルワールス分子ともいう）IH⋯OCO を考えよう．HI 結合はフェムト秒パルスで解離できるから，放出された H 原子が隣にいる $CO_2$ 分子の O 原子に向かって行き，HOCO をつくる．したがって，この錯合体は，

$$H + CO_2 \longrightarrow [HOCO]^{\ddagger} \longrightarrow HO + CO$$

の反応の活性錯合体に似たものとなる．検出用のパルスの振動数を OH ラジカルの振動数に合わせると，$[HOCO]^{\ddagger}$ の出現を実時間で研究できる．フェムト秒の技術は，ディールス−アルダー反応，親核置換反応，ペリ環状付加反応，結合開裂反応などもっと複雑な反応の研究にも使われている．

---

1) femtochemistry

## チェックリスト

- [ ] 1 化学反応の速度は，反応混合物中にある化学種の濃度を監視できる方法を使って測定する（表10·1）．
- [ ] 2 光電分光法では物質による光の吸収を測定する．
- [ ] 3 ベール-ランベルトの法則は，吸光度と試料中にある吸収体の濃度との関係を表す．
- [ ] 4 実験法としては実時間法，急冷法，流通法，流通停止法，閃光光分解法などがある．
- [ ] 5 瞬間反応速度とは，濃度を時間に対してプロットした曲線の接線の勾配である（正の量として表す）．
- [ ] 6 速度式は，反応の速度を全反応式に現れる化学種の濃度の関数として表した式である．
- [ ] 7 $v = k_r[A]^a[B]^b \cdots$ の速度式では，反応次数はAについて $a$ であり，全次数は $a + b + \cdots$ である．
- [ ] 8 積分形速度式は，反応物または生成物の濃度を時間の関数として表した式である．
- [ ] 9 1次反応の半減期とは，ある化学種の濃度がその初期値の半分まで減少するのに要する時間である．
- [ ] 10 反応速度定数の温度依存性はふつうアレニウスの法則に従う．
- [ ] 11 活性化エネルギーが大きいほど，速度定数は温度に敏感である．
- [ ] 12 衝突理論の考えでは，反応速度は衝突頻度，立体因子，中心線上で少なくとも $E_a$ の運動エネルギーをもって衝突する割合に比例する．
- [ ] 13 遷移状態理論の考えでは，活性錯合体は反応物と平衡にあり，その錯合体から生成物が生じる速度は遷移状態を通過する速度に依存する．その結果はアイリングの式で表される．

## 重要な式の一覧

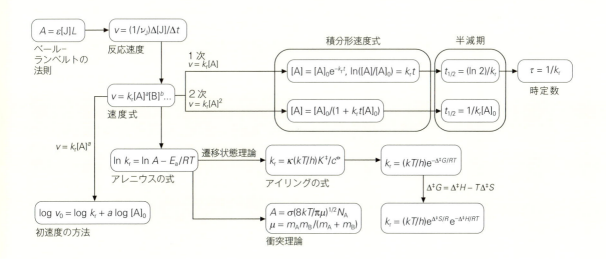

## 問題と演習

### 文章問題

**10·1** 文献などを参考にして，つぎの過程が起こる時間スケールを示せ．プロトン移動反応，溶液中のイオン複合体における電子移動，鋸機構反応，液体中の分子衝突．

**10·2** いろいろな条件のもとで求めた化学反応速度からどんな情報が引きだせるか．

**10·3** 反応速度式を求めるのに使うつぎの方法の特徴，長所，短所を述べよ．分離法，初速度の方法，積分形速度式にデータを合わせる方法．

**10·4** 0次反応，1次反応，2次反応，擬1次反応の判別を説明せよ．どのような条件のもとで見かけの反応次数が変化するか．

**10·5** $\ln k_r = \ln A - E_a/RT$ の式の各項を説明し，この式の一般性の限界を述べよ．アレニウスの式からのずれが起こりうるのはなぜか．

**10·6** 定常状態の近似とは何かを説明せよ．その近似の

妥当性はどこからくるものか.

**10·7** アイリングの式の組立てを示せ. これが反応速度の衝突理論より優れている点は何か.

## 演習問題

**10·1** 肝臓と小腸で有害物質を分解する過程に関与する酵素, シトクロム P450 のモル吸収係数は 522 nm で $291 \, dm^3 \, mol^{-1} \, cm^{-1}$ である. この波長の光がこの溶質の溶液を入れた長さ 6.5 mm のセルを通過するとき 39.8 パーセントの光が吸収された. この溶液のモル濃度はいくらか.

**10·2** 反応 $2A + B \longrightarrow 4C + 3D$ における C の生成速度が $3.2 \, mol \, dm^{-3} \, s^{-1}$ であった. A, B, D の生成, 消費の速度はいくらか.

**10·3** (10·3) 式はある反応に固有の速度を定義する式である. 反応 $2A + B \longrightarrow 4C + 3D$ の各物質種の $v$ の式を書け. 演習問題 10·2 にある情報から $v$ の値を求めよ.

**10·4** 演習問題 10·2 の反応速度式が $v = k_r [A][B][C]$ と報告された. 濃度はモル濃度 ($mol \, dm^{-3}$), 時間は秒の単位で表す. $k_r$ の単位は何か.

**10·5** 速度式が $v = k_{r1}[A][B]/(1 + k_{r2}[B])$ である. この二つの速度定数の単位は何か. 濃度は $mol \, dm^{-3}$ で表す.

**10·6** 速度式が $v = k_{r1} p_B p_A^{3/2}/(p_A + k_{r2} p_B)$ である. 分圧を kPa, 速度を $kPa \, s^{-1}$ で表したとき, この二つの速度定数の単位は何か.

**10·7** ある気相反応の速度定数が 298 K で $6.2 \times 10^{-14} \, cm^3 \, molecule^{-1} \, s^{-1}$ であった. 単位を $dm^3 \, mol^{-1} \, s^{-1}$ としたら値はいくらか.

**10·8** 一連の実験の結果つぎの速度式が得られた.

$$v = \frac{k_{r1}[A][B]}{k_{r2} + k_{r3}[B]^{1/2}}$$

この反応を反応次数で分類できるのは, どんな条件においてか.

**10·9** 濃度 $1.34 \, mmol \, dm^{-3}$ の酵素ヘキソキナーゼ (酵母から得られる) にグルコースが結合する速度について, つぎの初速度データが得られた. (a) 反応次数はグルコースについていくらか. (b) 速度定数はいくらか.

| $[C_6H_{12}O_6]/(mmol \, dm^{-3})$ | 1.00 | 1.54 | 3.12 | 4.02 |
|---|---|---|---|---|
| $v_0/(mol \, dm^{-3} \, s^{-1})$ | 5.0 | 7.6 | 15.5 | 20.0 |

**10·10** 水溶液中で, ある d 金属錯体の反応の初速度について以下のデータが得られた. (a) 錯体と反応物 Y についての反応次数はそれぞれいくらか. (b) 速度定数はいくらか. (a) の実験では $[Y] = 2.7 \, mmol \, dm^{-3}$, (b) の実験では $[Y] = 6.1 \, mmol \, dm^{-3}$ であった.

| [錯体]/$(mmol \, dm^{-3})$ | | 8.01 | 9.22 | 12.11 |
|---|---|---|---|---|
| $v_0/(mol \, dm^{-3} \, s^{-1})$ | (a) | 125 | 144 | 190 |
| | (b) | 640 | 730 | 960 |

**10·11** アルコールデヒドロゲナーゼが触媒するエタノール酸化の研究で, エタノールのモル濃度が $220 \, mmol \, dm^{-3}$ から $56.0 \, mmol \, dm^{-3}$ まで, 1 次反応として $1.22 \times 10^4 \, s$ かかって減少した. この反応の速度定数はいくらか.

**10·12** デカルボキシラーゼという酵素によってピルビン酸イオンから二酸化炭素を脱離させる反応を, 二酸化炭素が 20 °C で $250 \, cm^3$ のフラスコ内で生成するときの分圧を測定して追跡した. ある実験で, $100 \, cm^3$ の溶液中のピルビン酸イオンの初濃度が $3.23 \, mmol \, dm^{-3}$ のとき分圧が 0 から 100 Pa まで増加するのに 1 次反応の速度式に従い 522 s かかった. この反応の速度定数はいくらか.

**10·13** 気相 2 次反応の研究で, ある反応物の濃度が $1.22 \times 10^4 \, s$ で $220 \, mmol \, dm^{-3}$ から $56.0 \, mmol \, dm^{-3}$ まで減少した. この反応の速度定数はいくらか.

**10·14** カルボニックアンヒドラーゼは亜鉛を含む酵素であり, 二酸化炭素を炭酸に転換する. その効果を調べる実験で, 溶液中の二酸化炭素のモル濃度が $1.22 \times 10^4 \, s$ で $220 \, mmol \, dm^{-3}$ から $56.0 \, mmol \, dm^{-3}$ まで減少した. この反応の速度定数はいくらか.

**10·15** 塩素が大過剰の条件で, NOCl が NO から生成する反応は NO について擬 2 次である. この反応を調べる実験で, 522 s で NOCl の分圧が 0 から 100 Pa まで増加した. NO のはじめの分圧が 300 Pa であったとして, この反応の速度定数を求めよ.

**10·16** 触媒の表面で起こる多くの反応が, 反応物について 0 次である. その一例として, 熱いタングステン上でのアンモニアの分解がある. ある実験で, 770 s でアンモニアの分圧が 21 kPa から 10 kPa まで減少した. (a) この 0 次反応の速度定数はいくらか. (b) アンモニアがすべて消費されるのにどれだけの時間がかかるか.

**10·17** $2ICl(g) + H_2(g) \longrightarrow I_2(g) + 2HCl(g)$ の反応について, つぎの速度データが得られた ($v_0$ は初速度である).

| 実験番号 | $[ICl]_0/$ $(mmol \, dm^{-3})$ | $[H_2]_0/$ $(mmol \, dm^{-3})$ | $v_0/$ $(mol \, dm^{-3} \, s^{-1})$ |
|---|---|---|---|
| 1 | 1.5 | 1.5 | $3.7 \times 10^{-7}$ |
| 2 | 3.0 | 1.5 | $7.4 \times 10^{-7}$ |
| 3 | 3.0 | 4.5 | $22 \times 10^{-7}$ |
| 4 | 4.7 | 2.7 | ? |

(a) この反応の速度式を書け. (b) 上のデータから速度定数の値を計算せよ. (c) 上のデータから, 実験 4 の初速度を予測せよ.

**10·18** ジメチル水銀の分圧 $p$ の変化を 800 K で追跡して つぎの結果を得た. この分解反応 $Hg(CH_3)_2(g) \longrightarrow Hg(g) + 2CH_3(g)$ が $Hg(CH_3)_2$ について 1 次であることを確かめ, この温度での速度定数を求めよ.

| $t/s$ | 0 | 1.0 | 2.0 | 3.0 | 4.0 |
|---|---|---|---|---|---|
| $p/kPa$ | 15.1 | 11.8 | 9.21 | 7.2 | 5.6 |

**10·19** 反応 $2HI(g) \longrightarrow H_2(g) + I_2(g)$ について, 580 K でつぎのデータが得られた.

| $t/s$ | 0 | 1000 | 2000 | 3000 | 4000 |
|---|---|---|---|---|---|
| $[HI]/(mol\,dm^{-3})$ | 1.00 | 0.112 | 0.061 | 0.041 | 0.031 |

(a) データをうまくプロットしてこの反応の次数を求めよ. (b) そのグラフから速度定数を求めよ.

**10·20** 反応 $H_2(g) + I_2(g) \longrightarrow 2HI(g)$ について, 780 K でつぎのデータが得られた.

| $t/s$ | 0 | 1 | 2 | 3 | 4 |
|---|---|---|---|---|---|
| $[HI]/(mol\,dm^{-3})$ | 1 | 0.43 | 0.27 | 0.2 | 0.16 |

(a) データをうまくプロットしてこの反応の次数を求めよ. (b) そのグラフから速度定数を求めよ.

**10·21** ミオグロビン (Mb) などのヘムタンパク質への CO の結合速度を測るのに, レーザー閃光光分解の方法が しばしば使われる. それは強く鋭いパルス光によって CO が比較的容易に束縛状態から解放されるからである. この 反応は通常擬 1 次反応の条件下で行われる. $[Mb]_0 = 10\,mmol\,dm^{-3}$, $[CO] = 400\,mmol\,dm^{-3}$, 速度定数が $5.8 \times 10^5\,dm^3\,mol^{-1}\,s^{-1}$ の反応について, $[Mb]$ を時間に対してプロットせよ. 観測している反応は $Mb + CO \longrightarrow MbCO$ である.

**10·22** $3A \longrightarrow B$ のかたちの 2 次反応の積分形速度式は $[A] = [A]_0/(1 + k_r t\,[A]_0)$ である. B の濃度はどんな時間変化をするか.

**10·23** 液相反応 $2A \longrightarrow B$ の組成を光電分光法で追跡し, つぎの結果を得た.

| $t/min$ | 0 | 10 | 20 | 30 | 40 | $\infty$ |
|---|---|---|---|---|---|---|
| $[B]/(mol\,dm^{-3})$ | 0 | 0.372 | 0.426 | 0.448 | 0.460 | 0.500 |

反応次数と速度定数 (10·5c 式のかたちに書いた場合) を求めよ.

**10·24** 例題 10·3 に気相 1 次反応のデータを与えてある. この試料の全圧はどんな時間変化をするか.

**10·25** アミノトランスフェラーゼという酵素の存在下で, ピルビン酸の (アラニンになる) 半減期が 221 s であることがわかった. この 1 次反応で, ピルビン酸の濃度が初期値の 1/64 まで減少するのにどれだけの時間がかかるか.

**10·26** $^{14}C$ の (1 次の) 放射性壊変の半減期は 5730 a である (1 a は 1 年の SI 単位である. この核種は 0.16 MeV のエネルギーをもつ高エネルギー電子, つまり β 線を放出

する). ある考古学試料の $^{14}C$ 含有量は, 生きている木の 69 パーセントしかなかった. その年齢を求めよ.

**10·27** 核爆発が及ぼす危害の一つは $^{90}Sr$ の発生によって, これが骨のカルシウムに代わって体内に取込まれる問題である. この核種は 0.55 MeV のエネルギーの β 線を放出し, 半減期は 28.1 a である (1 a は 1 年の SI 単位である). この核種が 1.00 µg だけ新生児に取込まれてしまったとする. 代謝によっては排出されないと仮定して, (a) 19 a 後, (b) 75 a 後にどれだけ残っているかを計算せよ.

**10·28** 2 次反応 $CH_3COOC_2H_5(aq) + OH^-(aq) \longrightarrow CH_3CO_2^-(aq) + CH_3CH_2OH(aq)$ の速度定数は $0.11\,dm^3\,mol^{-1}\,s^{-1}$ である. 水酸化ナトリウムに酢酸エチルを加えて, 初濃度を $[NaOH] = 0.055\,mol\,dm^{-3}$, $[CH_3COOC_2H_5] = 0.150\,mol\,dm^{-3}$ としたとき, (a) 15 s 後, (b) 15 min 後のエステルの濃度を求めよ.

**10·29** 反応 $2A \longrightarrow P$ は 2 次の速度式に従い $k_r = 1.44\,dm^3\,mol^{-1}\,s^{-1}$ である. A の濃度が $0.460\,mol\,dm^{-3}$ から $0.046\,mol\,dm^{-3}$ まで変化するのに要する時間を求めよ.

**10·30** 1 次の分解反応 $2N_2O_5(g) \longrightarrow 4NO_2(g) + O_2(g)$, $v = k_r[N_2O_5]$ における $N_2O_5$ の分解の速度定数は 25 °C において $k_r = 3.38 \times 10^{-5}\,s^{-1}$ である. $N_2O_5$ の半減期はいくらか. 純粋な $N_2O_5$ 蒸気がはじめ 78.4 kPa だけあったとして, 反応が開始して (a) 5.0 s 後, (b) 5.0 min 後の全圧を求めよ.

**10·31** ある 1 次反応の半減期が 439 s であることがわかった. この反応の時定数はいくらか.

**10·32** 反応 $C_4H_8(g) \longrightarrow 2C_2H_4(g)$ のアレニウスパラメーターは $\log(A/s^{-1}) = 15.6$, $E_a = 261\,kJ\,mol^{-1}$ であった ($C_4H_8$ はシクロブタンである). シクロブタンの半減期は (a) 20 °C, (b) 500 °C でいくらか.

**10·33** ある速度定数が, 19 °C で $2.78 \times 10^{-4}\,dm^3\,mol^{-1}\,s^{-1}$, 37 °C では $3.38 \times 10^{-3}\,dm^3\,mol^{-1}\,s^{-1}$ であった. この反応のアレニウスパラメーターを求めよ.

**10·34** ベンゼンジアゾニウムクロリドの分解の活性化エネルギーは $99.1\,kJ\,mol^{-1}$ である. 25 °C における速度よりも 10 パーセント大きな速度になる温度を求めよ.

**10·35** 活性化エネルギーが $52\,kJ\,mol^{-1}$ の反応と $25\,kJ\,mol^{-1}$ の反応とではどちらの方が温度に敏感か.

**10·36** ある反応の速度定数が, 温度が 20 °C から 27 °C になったとき 1.41 倍になった. この反応の活性化エネルギーはいくらか.

**10·37** シクロプロパンからプロペンへの変換に関するつぎのデータのアレニウスプロットをつくり, この反応の活性化エネルギーを計算せよ.

| $T/K$ | 750 | 800 | 850 | 900 |
|---|---|---|---|---|
| $k_r/s^{-1}$ | $1.8 \times 10^{-4}$ | $2.7 \times 10^{-3}$ | $3.0 \times 10^{-2}$ | 0.26 |

**10·38** 食品は 25 °C では 4 °C で保存したときの約 40 倍

の速さで腐敗する．その分解の全過程の見かけの活性化エネルギーを求めよ．

**10·39** 温度を 20 ℃ から 27 ℃ まで上げたとき，ある反応の速度定数が 1.23 の因子だけ減少した（1.23 分の 1 になった）．この反応の活性化エネルギーについて何がいえるか．

**10·40** ウレアーゼという酵素は，尿素を分解してアンモニアと二酸化炭素を生じる反応を触媒する．ある量のウレアーゼに対して，この擬 1 次反応での尿素の半減期は温度が 20 ℃ から 10 ℃ になると 2 倍になるが，ミカエリス定数はほとんど変化しない．この反応の活性化エネルギーはいくらか．

**10·41** 反応 $2NO_2(g) \longrightarrow 2NO(g) + O_2(g)$ の活性化エネルギーは $111\ kJ\ mol^{-1}$ である．温度が（a）20 ℃，（b）200 ℃ のとき，$NO_2$ 分子の間の衝突のうち，反応に至るだけのエネルギーをもつ衝突の割合はいくらか．衝突理論を使って，この反応の頻度因子を計算せよ．実験値は $2 \times 10^9\ dm^3\ mol^{-1}\ s^{-1}$ である．計算値との違いがもしあれば，それは何によるものか．

**10·42** メチルラジカルの衝突断面積は $2.62\ nm^2$ である．衝突理論を使って，298 K での反応 $CH_3(g) + CH_3(g) \longrightarrow C_2H_6(g)$ のアレニウスの頻度因子を求めよ．計算値より測定値がかなり小さいのはなぜか．

**10·43** 電気的に陰性な反応物 1 個と，イオン化エネルギーが小さな反応物との間で（銛機構のように）電子が一方から他方へ跳び移るためには，互いに 500 pm まで接近しなければならないとしよう．その反応断面積を求めよ．

**10·44** $CO(NH_2)_2(aq) + 2H_2O(l) \longrightarrow 2NH_4^+(aq) + CO_3^{2-}(aq)$ の反応で尿素が分解するときの活性化ギブズエネルギーを求めよ．この反応は擬 1 次で，速度定数は 60 ℃ で $1.2 \times 10^{-7}\ s^{-1}$，70 ℃ で $4.6 \times 10^{-7}\ s^{-1}$ である．

**10·45** 演習問題 10·44 の反応の活性化エントロピーをこの二つの温度で求めよ．

## プロジェクト問題

記号 ‡ は微積分の計算が必要なことを示す．

**10·46 ‡** この問題では，積分形速度式をもう少し詳しく調べよう．（a）$v = k_r[A]^3$ のかたちの 3 次の速度式の積分形を書け．ある反応が 3 次であることを確かめるにはどんなプロットが適当か．（b）反応 $A + B \longrightarrow 生成物$ の 2 次の速度式 $v = k_r[A][B]$ の積分形を書け．ただし，（i）A と B の初濃度が異なる場合，（ii）反応物の初濃度が同じ場合を考慮せよ．A の濃度が $[A]_0 - x$ まで減少するとき B の濃度は $[B]_0 - x$ まで減少する．これらの関係を使えば，速度式は，

$$\frac{dx}{dt} = k_r([A]_0 - x)([B]_0 - x)$$

と書けることを示せ．〔ヒント：速度式の積分にはつぎの公式を使え．〕

$$\int \frac{dx}{(a-x)(b-x)} = \frac{1}{b-a} \left( \ln \frac{1}{a-x} - \ln \frac{1}{b-x} \right) + 定数$$

**10·47 前生物的反応[1]** とは，地球上で最初の生物体が出現する以前の環境条件のもとで起こったと考えられる反応で，現在知られている生命維持に必須の分子の仲間の生成にいたる可能性のある反応である．そのためには，この反応はかなりの速さで進行し平衡定数も都合のよいものでなければならない．前生物的反応の例としては，ウラシルとホルムアルデヒド（HCHO）から 5-ヒドロキシメチルウラシル（HMU）ができる反応がある．$H_2S$, HCN, インドール，イミダゾールなどの求核試薬を使った反応により，前生物的条件のもとで HMU からアミノ酸類をつくることができる．pH = 7 で HMU を合成する反応の速度定数の温度依存性は，

$$\log\{k_r/(dm^3\ mol^{-1}\ s^{-1})\} = 11.75 - 5488/(T/K)$$

で与えられる．平衡定数の温度依存性は，

$$\log K = -1.36 + 1794/(T/K)$$

である．（a）この反応について，0〜50 ℃ というような前生物的と考えられる温度範囲で，速度と平衡定数を計算し，それを温度に対してプロットせよ．（b）25 ℃ における活性化エネルギーおよび標準反応ギブズエネルギーと標準反応エンタルピーを計算せよ．（c）前生物的条件は標準状態とは思えない．実際の反応ギブズエネルギーと反応エンタルピーが標準状態の値からどう異なるかを推論せよ．それでも反応が起こると思うか．

---

1) prebiotic reaction

# 11

# 速度式の解釈

非常に単純な速度式でも，実際の挙動は複雑な場合がある．心臓は一生の間，規則正しく鼓動を刻むが，いったん発作をはじめると心臓細動を起こすのは，そのような複雑さによるものである．人間に直接関わらない例でいえば，反応によって反応中間体ができたり壊れたりしながらも，すべては平衡に接近するのである．反応速度の挙動が複雑であれば，これを調べることによって反応が実際どう起こっているかを解明できることにもなる．10章で説明したように，速度式は反応の**機構**[1]を探る窓口である．反応機構というのは，反応原系から生成系に至る一連の単純な分子素過程をまとめたものである．

## いろいろな反応様式

### いろいろな反応様式

11·1 平衡への接近

11·2 緩 和 法

11·3 逐次反応

### 反応機構

11·4 素 反 応

11·5 速度式のつくり方

11·6 定常状態の近似

11·7 律速段階

11·8 速度論的支配

11·9 1分子反応

### 溶液内の反応

11·10 活性化律速と拡散律速

11·11 拡 散

### 均一系触媒作用

11·12 酸塩基触媒作用

11·13 酵 素

### 連鎖反応

11·14 連鎖反応の仕組み

11·15 連鎖反応の速度式

補遺 11·1 フィックの拡散法則

チェックリスト

重要な式の一覧

問題と演習

これまで，反応物が消費されたり，生成物が生成されたりという非常に単純な速度式を考察してきた．しかし，実際の反応はすべて平衡状態に向かって進むものであるから，次第に逆反応が重要になってくる．また，多くの反応では一連の中間体を通って生成物に至る．しかし，工業過程では中間体の一つが決定的に重要なもので，最終生成物は廃棄物にすぎない場合もある．

本章では，正方向の一般の速度定数を表すときは $k_r$ を使い，対応する逆反応の速度には $k_r'$ を使う．同じ機構の中にいくつものステップ $a, b, \cdots$ がある場合には，正反応と逆反応の速度定数をそれぞれ $k_a, k_b, \cdots$ と $k_a', k_b', \cdots$ と書くことにする．

### 11·1 平衡への接近

正方向の反応は必ずその逆反応を伴っている．生成物がほとんどない反応のはじめでは，逆反応の速度は無視できる．しかし，生成物の濃度が増加するにつれて，それが分解して反応原系に戻る速度が次第に大きくなる．平衡で

---

1) mechanism

は，**逆反応**[1]の速度が**正反応**[2]の速度と釣り合い，反応物と生成物がその反応の平衡定数で決まる比の量になる．

この挙動を解析するために，非常に単純なつぎの反応について考えよう．

正反応：A ⟶ B　　Bの生成速度 = $k_r[A]$

逆反応：B ⟶ A　　Bの分解速度 = $k_r'[B]$

たとえば，このような様式としてDNA分子がコイルに巻いた形（A）とコイルがほどけた形（B）の間の相互転換を思い浮かべることもできよう．Bの<u>正味の</u>生成速度は，Bの生成速度と分解速度の差であるから，

Bの正味の生成速度 = $k_r[A] - k_r'[B]$

である．反応が平衡に達した後はAとBの濃度は $[A]_{eq}$ と $[B]_{eq}$ で，AもBも正味の量は変わらない．すなわち，

$$k_r[A]_{eq} = k_r'[B]_{eq}$$

である．したがって，もし活量をモル濃度で近似できるなら，反応の平衡定数と速度定数との間には，

$$K = \frac{[B]_{eq}}{[A]_{eq}} = \frac{k_r}{k_r'} \quad A \rightleftharpoons B \text{のとき} \quad (11・1a)$$

（平衡定数と速度定数の関係）

が成り立つ．正反応の速度定数が逆反応の速度定数よりもずっと大きければ，$K \gg 1$ である．反対ならば $K \ll 1$ となる．この結果は，反応速度論と平衡の性質を結ぶ基本的に重要な関係であるだけでなく，実際上も，平衡定数と一方の速度定数がわかれば，未知のもう一方の速度定数を（11・1a）式から計算で求められるから役に立つ．この関係から逆に，反応速度の測定から平衡定数を計算することもできる．この関係式は，正反応と逆反応の次数が違っていても正しいが，その場合は単位に注意しなければならない．たとえば，反応 A + B ⟶ C が正方向では2次で逆方向では1次であれば，平衡の条件は $k_r[A]_{eq}[B]_{eq} = k_r'[C]_{eq}$ である．平衡定数は無次元であるから，これを完全なかたちで書けば，

$$K = \frac{[C]_{eq}/c^\ominus}{([A]_{eq}/c^\ominus)([B]_{eq}/c^\ominus)} = \frac{[C]_{eq} c^\ominus}{[A]_{eq}[B]_{eq}}$$

$$= \frac{k_r}{k_r'} \times c^\ominus \quad A + B \rightleftharpoons C \text{のとき} \quad (11・1b)$$

となる．最右辺に $c^\ominus = 1 \text{ mol dm}^{-3}$ があるから，2次と1次で速度定数の単位は違うが，平衡定数は無次元の量で表される．

● **簡単な例示 11・1　速度定数と平衡定数の関係**

ある抗生物質の二量化反応について，その正逆両方向の速度定数がそれぞれ $8.1 \times 10^8 \text{ dm}^3 \text{ mol}^{-1} \text{ s}^{-1}$ （2次），$2.0 \times 10^6 \text{ s}^{-1}$ （1次）であった．したがって，この二量化の平衡定数は，つぎのように計算できる．

$$K = \frac{\overset{k_r}{\overbrace{8.1 \times 10^8 \text{ dm}^3 \text{ mol}^{-1} \text{ s}^{-1}}}}{\underset{k_r'}{\underbrace{2.0 \times 10^6 \text{ s}^{-1}}}} \times \overset{c^\ominus}{\overbrace{1 \text{ mol dm}^{-3}}}$$

$$= 4.1 \times 10^2$$

**自習問題 11・1**

異性化反応 $CH_3CN \longrightarrow CH_3NC$ の 500 K での平衡定数は $3.6 \times 10^{-11}$ である．また，この温度での正反応の速度定数は $7.68 \times 10^{-4} \text{ s}^{-1}$ である．逆反応の速度定数を計算せよ．　　　　　　　　　　　　　　　［答：$2.1 \times 10^7 \text{ s}^{-1}$］

（11・1）式から，平衡定数の温度変化についてもある程度のことがわかる．まず，正逆両反応がアレニウス型の挙動を示すと考えよう（10・9節参照）．図11・1からわかるように，発熱反応では正反応の活性化エネルギーは逆反応よりも小さいから，温度が上昇したときの速度定数の増加の仕方は，正反応のほうが逆反応より緩やかである．したがって，平衡にある系の温度を上げれば，$k_r'$ は $k_r$ よりも増加が急であるから，$k_r/k_r'$ つまり $K$ は減少することになる．これは熱力学の議論に基づいてファントホッフの式（7・15式）から導いた結論にほかならない．

（11・1）式は，長時間が経過して反応が平衡に達した後の濃度比を与える式であるが，反応途中の濃度を知るには積分形の速度式が必要になる．はじめBが存在しなかっ

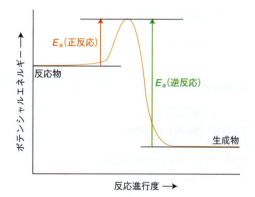

図 11・1　発熱反応の反応断面図．正反応より逆反応の方が活性化エネルギーは大きいから，温度が上がっても正反応の速度は逆反応ほど急速には大きくならない．その結果，温度が上がれば平衡定数は反応物が多い側にずれる．

---

1) reverse reaction　2) forward reaction

たとすると，つぎの「式の導出」で示すように，

$$[A] = \frac{(k_r' + k_r e^{-(k_r + k_r')t})[A]_0}{k_r + k_r'} \quad \text{平衡への接近} \quad (11\cdot 2a)$$

$$[B] = \frac{k_r(1 - e^{-(k_r + k_r')t})[A]_0}{k_r + k_r'} \quad (11\cdot 2b)$$

が得られる．$[A]_0$ は A の初濃度である．

**式の導出 11・1** 平衡への接近

A の濃度は正反応が進めば（$k_r[A]$ の速さで）減少するが，逆反応では（$k_r'[B]$ の速さで）増加する．したがって，正味の変化は，

$$\frac{d[A]}{dt} = -k_r[A] + k_r'[B]$$

となる．A の初濃度を $[A]_0$ とし，はじめは B がなかったとすれば，いつでも $[A] + [B] = [A]_0$ の関係がある．そこで，$[B]$ を $[A]_0 - [A]$ で置換すると，

$$\frac{d[A]}{dt} = -k_r[A] + k_r'([A]_0 - [A])$$
$$= -(k_r + k_r')[A] + k_r'[A]_0$$

が得られる．この微分方程式の解は (11・2a) 式である．実際に確かめてみればよい．

$$\frac{d[A]}{dt} = \frac{d}{dt}\frac{(k_r' + k_r e^{-(k_r + k_r')t})[A]_0}{k_r + k_r'}$$

微分 $\underbrace{-(k_r + k_r')[A]}$

$$= -(k_r' + k_r e^{-(k_r + k_r')t})[A]_0 + k_r'[A]_0$$

(11・2b) 式を導くには (11・2a) 式と $[B] = [A]_0 - [A]$ を使う．

図 11・2 を見ればわかるように，濃度はその初期値から出発し，$t$ が無限大に接近するにつれて次第に最後の平衡値へ向かう．その平衡値を求めるのに，(11・2) 式で $t$ を無限大とおいて，$x = \infty$ のとき $e^{-x} = 0$ であることを使うと，

$$[A]_{eq} = \frac{k_r'[A]_0}{k_r + k_r'} \quad [B]_{eq} = \frac{k_r[A]_0}{k_r + k_r'} \quad (11\cdot 3)$$

となる．この二つの式の比をとれば，(11・1) 式（すなわち $[B]_{eq}/[A]_{eq} = k_r/k_r'$）の平衡定数になるのがわかる．

## 11・2 緩 和 法

**緩和**[1]) というのは系が平衡状態へ戻ることである．この用語を化学反応論で使うときは，外部から（ふつうは急速に）加えた影響で反応の平衡位置がずれてしまったのが，新しい条件に合った平衡組成になるように反応が自分で調節することをいう（図 11・3）．ここでは，急に温度を変える**温度ジャンプ**[2]) に対して，反応速度がどう応答をするかについて考えよう．7・8 節で見たように，$\Delta_r H^{\ominus}$ が 0 でない限り，反応の平衡組成は温度に依存するから，温度のずれは系に対する撹乱として作用する．温度ジャンプをひき起こすには，系にイオンを加えるなどによって伝導性にしたうえで，蓄電器から系に放電を通す．レーザーやマイクロ波放電も使われる．放電によって約 1 μs の間に 5 K ないし 10 K の温度ジャンプが達成できる．水溶液試料であれば，パルスレーザーの高エネルギー出力を使って数ナノ秒の間に 10〜30 K の温度ジャンプをつくることができる．この技術は，タンパク質のフォールディング[3]) で起こる現象の研究に適している．反応物と生成物で体積差がある場合は，平衡は圧力にも敏感であるから，**圧力ジャンプ法**[4]) を使うこともできる．

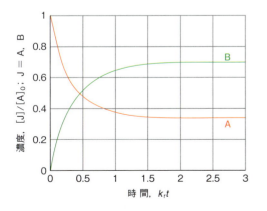

図 11・2 双方向に 1 次の反応が平衡に近づく様子．$k_r = 2k_r'$ としてある．$K = 2$ に対応して，濃度比が平衡では 2：1 になることがわかる．

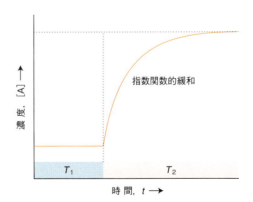

図 11・3 はじめ温度 $T_1$ で平衡にあった反応に，温度変化を急に起こさせて $T_2$ にしたとき，新しい平衡組成へと緩和する様子．

---

1) relaxation  2) temperature jump  3) folding  4) pressure-jump technique

つぎの「式の導出」で示すように，単純な $A \rightleftharpoons B$ 平衡で，どちら向きにも1次反応であるときは，温度ジャンプを急に加えれば組成は新しい平衡組成に向かって指数関数的に緩和する．

$$x = x_0\,e^{-t/\tau} \qquad \tau = \frac{1}{k_r + k_r'} \qquad \begin{array}{c} A \rightleftharpoons B \\ \text{のとき} \end{array} \quad \text{緩和} \quad (11\cdot4)$$

$x$ は新しい温度における平衡からのずれ，$x_0$ は温度ジャンプ直後における平衡からのずれ，$\tau$（タウ）は**緩和時間**[1]である．

### 式の導出 11·2  平衡に向かっての緩和

速度定数は温度に依存することをいつも念頭におかねばならない．最初の温度の速度定数が $k_{r,\text{始}}$ と $k_{r,\text{始}}'$ であるとき，[A] の正味の変化速度は，

$$\frac{d[A]}{dt} = \overbrace{-k_{r,\text{始}}[A]}^{\text{Aの消費}} + \overbrace{k_{r,\text{始}}'[B]}^{\text{BからAの生成}}$$

である．この温度での平衡濃度を $[A]_{\text{eq,始}}$，$[B]_{\text{eq,始}}$ と書けば，$d[A]/dt = 0$ であるから，

$$k_{r,\text{始}}[A]_{\text{eq,始}} = k_{r,\text{始}}'[B]_{\text{eq,始}}$$

である．温度を急に上げたとき，それぞれの速度定数は変化して $k_r, k_r'$ となるが，AとBの濃度はその瞬間には前の平衡濃度にある．系が平衡から外れると，新しい平衡濃度への調節が起こるが，それは，

$$k_r[A]_{\text{eq,終}} = k_r'[B]_{\text{eq,終}}$$

に従う．このときの速度は新しい速度定数に従う．

[A] の新しい平衡値からのずれを $x$ と書けば，$[A] = x + [A]_{\text{eq,終}}$，$[B] = [B]_{\text{eq,終}} - x$ である．そこでAの濃度はつぎのように変化する．

$$\begin{aligned}
\frac{d[A]}{dt} &= -k_r[A] + k_r'[B] \\
&= -k_r(x + [A]_{\text{eq,終}}) + k_r'(-x + [B]_{\text{eq,終}}) \\
&= -k_r x - k_r' x \underbrace{- k_r[A]_{\text{eq,終}} + k_r'[B]_{\text{eq,終}}}_{0} \\
&= -(k_r + k_r')x
\end{aligned}$$

$[A] = x + [A]_{\text{eq,終}}$ であるが，$[A]_{\text{eq,終}}$ は定数であるから $d[A]/dt = dx/dt$ である．したがって，

$$\frac{dx}{dt} = -(k_r + k_r')x$$

となる．この式を解くために，両辺を $x$ で割って $dt$ を掛けると，

$$\frac{dx}{x} = -(k_r + k_r')dt$$

となる．この両辺を積分する．$t = 0$ のとき，$x$ は初期値 $x_0$ であるから（$x = x_0$），積分式は「必須のツール 2·1」にあるつぎのかたちをしている．

$$\overbrace{\int_{x_0}^{x} \frac{dx}{x}}^{\ln(x/x_0)} = -(k_r + k_r')\overbrace{\int_0^t dt}^{t}$$

したがって積分の結果は，

$$\ln \frac{x}{x_0} = -(k_r + k_r')t$$

である．両辺の真数をとれば，(11·4) 式になる．

---

(11·4) 式からわかるように，AとBの濃度は新しい平衡に向かって，新しい二つの速度定数の和で決まる速度で緩和する．新しい条件のもとでの平衡定数は $K \approx k_r/k_r'$ であるから，この値と緩和時間の測定を組合わせれば，$k_r$ と $k_r'$ をべつべつに求めることができる．

### ● 簡単な例示 11·2  緩 和

正反応と逆反応がどちらも1次反応で，その速度定数はそれぞれ $5.0 \times 10^4\,\text{s}^{-1}$，$2.0 \times 10^3\,\text{s}^{-1}$ である．このとき，熱パルスを加えた後に平衡に戻る緩和時間は，

$$\tau = \frac{1}{(5.0\times10^4 + 2.0\times10^3)\,\text{s}^{-1}} = \frac{1}{5.2\times10^4\,\text{s}^{-1}}$$

$$= 1.9\times10^{-5}\,\text{s}$$

と計算できる．その緩和時間は 19 μs である． ■

### 自習問題 11·2

ある1次反応の緩和時間は 1.3 ms であった．正反応の速度定数が $320\,\text{s}^{-1}$ であるとして，逆反応の速度定数を求めよ． 　　　　　[答: $450\,\text{s}^{-1}$]

---

## 11·3  逐 次 反 応

反応物が中間体を生じ，それが分解して生成物になる場合がよくある．**放射性壊変**[2]はこの型のものが多く，ある**核種**[3]が分解して別の核種になり，それがさらに壊変して第3の核種になる．

$$^{239}\text{U} \xrightarrow{2.35\,\text{min}} {}^{239}\text{Np} \xrightarrow{2.35\,\text{d}} {}^{239}\text{Pu}$$

ここでの時間は半減期である．生化学的な過程は，この単純なモデルがもっと複雑になったかたちをとることが多

---

1) relaxation time  2) radioactive decay  3) nuclide

い．たとえば，**制限酵素**[1] *Eco*RI は DNA を切断する反応を触媒し，つぎの一連の反応を起こす．

スーパーコイル DNA → 開環状 DNA → 線状 DNA

この場合の考え方を説明するために，反応が 2 段階で進行するとしよう．まず，第 1 段階で反応物 A（たとえばスーパーコイル DNA）が 1 次反応によって中間体 I（開環状 DNA）を生じ，次に，その I が 1 次反応で分解して生成物 P（線状 DNA）を生じると考えよう．

$$A \longrightarrow I \quad Iの生成速度 = k_a[A]$$
$$I \longrightarrow P \quad Pの生成速度 = k_b[I]$$

ここでは，簡単のために逆反応を無視しているが，逆反応が遅ければそうしてもよい．最初の速度式によれば，

$$[A] = [A]_0 e^{-k_a t} \quad (11\cdot 5a)$$

である．I の正味の生成速度は，その生成速度と消費速度の差であるから，

$$Iの正味の生成速度 = k_a[A] - k_b[I]$$

と書ける．ここで，[A] は (11・5a) 式で与えられる．この式を数式で書けば $d[I]/dt = k_a[A] - k_b[I]$ であり，「必須のツール 11・1」にある標準形をしているから，この方程式の解は，

$$[I] = \frac{k_a}{k_b - k_a}(e^{-k_a t} - e^{-k_b t})[A]_0 \quad (11\cdot 5b)$$

である．最後に，反応のどの段階でも $[A]+[I]+[P]=[A]_0$ であるから，P の濃度は $[P]=[A]_0-[A]-[I]$ であり，したがって，[A] と [I] の式を代入すれば，

$$[P] = \left(1 + \frac{k_a e^{-k_b t} - k_b e^{-k_a t}}{k_b - k_a}\right)[A]_0 \quad (11\cdot 5c)$$

が得られる．これらの解を図 11・4 に示す．中間体の濃度ははじめ増加するが，A が消費されてしまえば減少することがわかる．一方，P の濃度は単調に最終値まで増加する．つぎの「式の導出」に示すように，中間体が極大濃度になる時刻は，

$$t = \frac{1}{k_a - k_b} \ln \frac{k_a}{k_b} \quad \text{[I] が極大を示す時刻} \quad (11\cdot 6)$$

である．したがって，この中間体を製造するときは，これが取出すべき最適の時刻である．

### 必須のツール 11・1　速度論で必要な微分方程式

常微分方程式については「必須のツール 10・1」で説明した．本章では二つのタイプの微分方程式が必要となる．一つのタイプは，

$$\frac{dy}{dx} + ay = b$$

である．$a$ と $b$ は定数である．「式の導出 11・1」ではこの方程式が現れた．その解は，

$$y(x) = c e^{-ax} + b/a$$

である．$c$ は定数である．これが解であることを確かめるには，

$$\frac{d}{dx} e^{\pm ax} = \pm a e^{\pm ax}$$

を使えばよい．第 2 のタイプは，つぎのように少し複雑なかたちをしている．

$$\frac{dy}{dx} + a(x) y = f(x)$$

この方程式の解は，

$$y(x) = e^{-F(x)} \int e^{F(x)} f(x) \, dx + c e^{-F(x)}$$

である．$c$ は定数であり，

$$F(x) = \int a(x) \, dx$$

である．このタイプの方程式は 11・3 節にある．$a$ は定数であり（そこで，$F(x) = ax$ となる），$f(x) = b e^{-b'x}$ である．$b$ と $b'$ は定数である．このような特別な場合の解は，

$$y = \frac{b e^{-b'x}}{a - b'} + c e^{-ax}$$

である．

● **簡単な例示 11・3　中間体が極大濃度を示す時刻**

あるバッチ過程（一度に仕込んで行う反応）では，$k_a = 0.120 \, h^{-1}$，$k_b = 0.012 \, h^{-1}$ である．反応開始後，中間

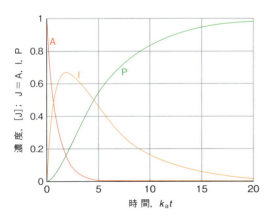

図 11・4　A → I → P の逐次反応に関与する物質の濃度．I は中間体，P は生成物である．$k_a = 5k_b$ とした．どの時刻でも三つの濃度の和は一定である．

---

[1] restriction enzyme

体の濃度が極大を示す時間は，つぎのように計算できる．

$$t = \frac{1}{(0.120 - 0.012)\text{h}^{-1}} \ln \frac{0.120}{0.012}$$

$$= \frac{\text{h}}{0.108} \ln \frac{0.120}{0.012} = 21 \text{ h}$$

### 式の導出 11・3　極大濃度になるまでの時間

中間体の濃度が極大になる時間を求めるには，(11・5b) 式を微分して $d[I]/dt = 0$ になる時刻を見いだせばよい．まず，$de^{at}/dt = ae^{at}$ であるから，

$$\frac{d[I]}{dt} = \frac{d}{dt} \frac{k_a}{k_b - k_a} (e^{-k_a t} - e^{-k_b t})[A]_0$$

$$= \frac{k_a [A]_0}{k_b - k_a} \frac{d}{dt} (e^{-k_a t} - e^{-k_b t})$$

$$= \frac{k_a [A]_0}{k_b - k_a} (-k_a e^{-k_a t} + k_b e^{-k_b t}) = 0$$

を得る．この式は，

$$k_a e^{-k_a t} = k_b e^{-k_b t}$$

のときに成立する．$e^x e^y = e^{x+y}$ であるから，上の式は，

$$\frac{k_a}{k_b} = e^{k_a t - k_b t}$$

と書ける．両辺の対数をとれば (11・6) 式が得られる．

## 反応機構

ここまでは単純な二つのタイプの反応，すなわち"平衡に接近する反応"と"逐次反応"について調べ，濃度が時間に対してどのような独特な依存性を示すかを見てきた．ほかの反応でも，時間とともに変化する様子を調べれば，その反応機構を識別するのに役立つと思われる．

### 11・4　素反応

反応の多くは，**素反応**[1]というステップがつぎつぎに起こって進行する．素反応には1分子か2分子しか関与しない．素反応を表すときは，化学種の物理的な状態は示さず化学方程式を書くだけにする．たとえば，

$$\text{H} + \text{Br}_2 \longrightarrow \text{HBr} + \text{Br}$$

とする．すでに10章で扱った二，三の反応で断りなしにこの書き方を採用した．この式が示しているのは，ある H 原子がある $\text{Br}_2$ 分子を攻撃して HBr 分子1個と Br 原子1個を生成したということである．ふつうの化学方程式は，単にその反応全体としての量論関係をまとめたものであり，何か特定の機構を表すものではない．

素反応の**分子度**[2]とは，互いに接近して反応する分子の数のことである．**1分子反応**[3]では1個の分子が自分から分裂するか，または新しい原子配置をつくる (図11・5)．

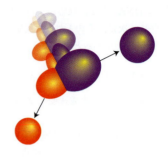

図11・5　1分子素反応では，エネルギー的に励起した分子が，自分でからだを揺すって分解して生成物になる．

シクロプロパンからプロペンへの異性化がその一例である．原子核の放射性壊変は，原子核1個が自分で分裂するという意味では"1分子反応"である（たとえば，トリチウム原子核が β 粒子を放出して壊変するのがその例である．これは，特定の原子団の行方を追跡するのに使われる）．**2分子反応**[4]では分子2個が衝突し，エネルギーや原子，あるいは原子団を交換し，場合によってはその他の変化も起こす．2分子反応は H と $\text{F}_2$ の反応，H と $\text{Br}_2$ の反応などで見られる（図11・6）．

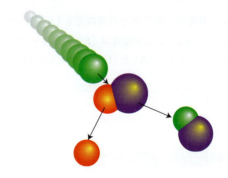

図11・6　2分子素反応では，2個の分子が反応に参加する．

反応の次数と分子度は区別することが重要である．反応の次数は実験で得られる量で，実験で求めた速度式を調べればわかる．一方，反応の分子度は，個々の素反応についてのもので，その素反応は提案された反応機構の各段階を構成すると仮定したものである．有機化学の置換反応の多くは（たとえば，$S_N 2$ 求核置換反応などは）2分子反応であり，2個の反応分子でできた活性錯合体が関与している．

---

1) elementary reaction　2) molecularity　3) unimolecular reaction　4) bimolecular reaction

酵素が触媒する反応（11・13節）は，基質と酵素分子の出会いによって起こるという意味で，2分子反応と考えるのはよい近似である．

素反応の速度式は，その化学方程式を見れば書ける．最初に1分子反応を考えよう．A分子がはじめ100個しか存在しない場合に比べて，1000個存在するときの方が同じ時間のあいだに10倍の分子が崩壊する．つまり，Aの分解速度はその濃度に比例している．したがって，1分子反応は1次であるといえる．つまり，

$$\text{A} \longrightarrow \text{ 生成物} \qquad v = k_r[\text{A}] \qquad \boxed{\text{1分子反応}} \qquad (11\cdot7)$$

である．2分子反応では，反応速度は反応物が出会う頻度に比例し，それはそれぞれの濃度に比例するから2次である．したがって，反応速度は二つの濃度の積に比例し，2分子素反応は全体として2次である．

$$\text{A} + \text{B} \longrightarrow \text{ 生成物} \quad v = k_r[\text{A}][\text{B}] \quad \boxed{\text{2分子反応}} \quad (11\cdot8)$$

すぐ後で，単純な過程を並べて一つの機構を構成する方法と，それに対応する速度式にたどり着く方法について述べる．現段階で強調しておくべきことは，反応が2分子素反応ならばその反応は2次であるが，速度式が2次の反応は2分子反応かもしれないが，もっと複雑な反応である場合がありうるということである．

## 11・5 速度式のつくり方

ある反応が一連の素反応の結果であるとしよう．そのような機構に合う速度式はどうすればつくれるだろうか．酸化窒素（一酸化窒素 NO）の気相酸化反応，

$$2\,\text{NO(g)} + \text{O}_2\text{(g)} \longrightarrow 2\,\text{NO}_2\text{(g)}$$

の速度式を例としてその方法を説明しよう．酸化窒素は大気汚染の重要な成分で，自動車や飛行機のジェットエンジンの高温の排気中で生成するもので，この酸化反応は酸性雨の生成の一段階である．この化合物はまた，性的刺激で起こる生理的な変化に関与する脳伝達体でもある．実験によって，この反応は全体として3次であることがわかっている．

$$v = k_r[\text{NO}]^2[\text{O}_2]$$

この実測の速度次数を説明するのに，2個の NO 分子と1個の O$_2$ 分子が同時に衝突する3分子反応が素反応として起こるという考え方もできよう．しかし，このような衝突はめったに起こるものではないから，ふつうは3分子衝突を無視できる．その機構による速度は非常に遅いから，ふつうは別の機構が優先する．

実際にはつぎの機構が提案されている．

第1ステップ：2個の NO 分子が衝突して二量体をつくる．

$$\text{NO} + \text{NO} \longrightarrow \text{N}_2\text{O}_2$$

$$\text{N}_2\text{O}_2 \text{ の生成速度} = k_a[\text{NO}]^2$$

NO は奇電子をもつラジカルで，2個のラジカルが出会うと電子を共有して共有結合をつくるから，このステップは妥当と考えられる．固体でも N$_2$O$_2$ 二量体が認められているから，この提案はもっともである．一般に，中間体が既知の化合物の仲間と考えて調べるのは，戦略としてよく使うやり方である．

第2ステップ：N$_2$O$_2$ 二量体が分解して NO 分子になる．

$$\text{N}_2\text{O}_2 \longrightarrow \text{NO} + \text{NO}$$

$$\text{N}_2\text{O}_2 \text{ の分解速度} = k_a'[\text{N}_2\text{O}_2]$$

このステップは第1ステップの逆反応で1分子分解であり，二量体が自分から分裂する．逆反応の速度定数にはプライム（′）をつける約束である（正反応は $k_a$ で，逆反応は $k_a'$ とする）．

第3ステップ：あるいは，この二量体が O$_2$ 分子と衝突して NO$_2$ を生じる．

$$\text{N}_2\text{O}_2 + \text{O}_2 \longrightarrow \text{NO}_2 + \text{NO}_2$$

$$\text{N}_2\text{O}_2 \text{ の減少速度} = k_b[\text{N}_2\text{O}_2][\text{O}_2]$$

以上のような機構を提案したとき，どんな速度式が得られるかを導こう．生成物の生成速度は第3ステップから直接導かれる．すなわち，

$$\text{NO}_2 \text{ の生成速度} = 2k_b[\text{N}_2\text{O}_2][\text{O}_2]$$

である．速度式に2が現れるのは，反応が1回起こるたびに NO$_2$ 分子が2個できるからで，NO$_2$ の濃度の増加速度は N$_2$O$_2$ 濃度が減少する速度の2倍である．しかし，この式には中間体 N$_2$O$_2$ の濃度が入っているから，全体の速度式としては採用できない．全反応の速度式は全反応式に現れる物質だけで表さなければならない．そのため，N$_2$O$_2$ の濃度を表す式が必要になる．それには，中間体生成の正味の速度，つまり中間体の生成と消滅の速度の差を考える．N$_2$O$_2$ は第1ステップで生成し，第2と第3のステップで消費されるから，その正味の生成速度は，

$$\text{N}_2\text{O}_2 \text{ の正味の生成速度}$$
$$= k_a[\text{NO}]^2 - k_a'[\text{N}_2\text{O}_2] - k_b[\text{N}_2\text{O}_2][\text{O}_2]$$

である．生成の項はプラスであるが，消費の項は正味の生成速度を減少させるから，負号をつけてある．

もし，この式を解くことができれば，N$_2$O$_2$ の濃度を NO と O$_2$ の濃度で表すことができるから，それを一つ前の式に代入して全速度の式が得られるはずであるが，それ

には非常に難しい微分方程式を解かねばならず，その結果はとてつもなく複雑な式になる．実際問題としては，こんな単純な例であっても，コンピューターを使って数値解が得られるだけである．簡単な式を得るためには，ここで一つの近似をおかなければならない．

## 11・6 定常状態の近似

　速度式を導くために，ここで**定常状態の近似**[1]を導入するのが普通のやり方である．これは，反応している間，中間体の濃度はすべて一定で小さいとする近似である．ただし，反応の開始時と終了時には中間体は存在しない．**中間体**[2]とは，全反応の式には現れないが，反応機構の中で恣意的に導入した物質のことである．いまの場合には，$N_2O_2$ がその中間体だから，

$$N_2O_2 \text{の正味の生成速度} = 0$$

と書く．これはつまり，

$$k_a[NO]^2 - k_a'[N_2O_2] - k_b[N_2O_2][O_2] = 0$$

ということである．この式を整理すれば，$N_2O_2$ の濃度の式はつぎのようになる．

$$k_a[NO]^2 - (k_a' + k_b[O_2])[N_2O_2] = 0$$

これを $[N_2O_2]$ について解けば，

$$[N_2O_2] = \frac{k_a[NO]^2}{k_a' + k_b[O_2]}$$

となる．したがって，$NO_2$ の生成速度は，

$$NO_2 \text{の生成速度} = 2k_b[N_2O_2][O_2]$$
$$= \frac{2k_ak_b[NO]^2[O_2]}{k_a' + k_b[O_2]} \qquad (11 \cdot 9)$$

となる．このままでは，速度式は実測の速度式より複雑であるが，式の分子は似たかたちをしている．二量体の分解が二量体と酸素との反応よりずっと速いとすれば，つまり，$k_a'[N_2O_2] \gg k_b[N_2O_2][O_2]$ ならば，$[N_2O_2]$ を消去して $k_a' \gg k_b[O_2]$ となり，(11・9) 式は実測の速度式と同じになる．すなわち，このような条件が満たされれば，全反応の速度式の分母は $k_a'$ と近似することができ，その結果，

$$NO_2 \text{の生成速度} = \underbrace{\frac{2k_ak_b[NO]^2[O_2]}{k_a' + k_b[O_2]}}_{k_a' \gg k_b[O_2] \text{のとき} \approx k_a'}$$

$$= \left(\frac{2k_ak_b}{k_a'}\right)[NO]^2[O_2] \qquad (11 \cdot 10)$$

となる．これは全反応について観測された3次の速度式の

かたちをしている．また，実測の速度定数は素反応の速度定数の組合わせによってつぎのように表される．

$$k_r = \frac{2k_ak_b}{k_a'} \qquad (11 \cdot 11)$$

### 例題 11・1　定常状態の近似の使い方

　上の反応における別の反応機構として，$O_2$ の濃度が高く NO の濃度が低ければ，第1ステップが $NO + O_2 \rightarrow NO \cdots O_2$ とその逆反応，第2ステップは $NO \cdots O_2 + NO \rightarrow NO_2 + NO_2$ という場合も考えられる．ここで，点線は弱く結合したクラスターを表している．NO の濃度が低ければ，この機構でも実測の速度式になることを確かめよ．

**解法**　個々の素反応について速度式をつくり，どれが反応中間体かを確認したうえで，その正味の生成速度を0とおく．次に，生成物の生成を表す速度式を解く．最後に，妥当な条件を課して速度式を簡単にすればよい．

**解答**　関与する素反応とその速度式はつぎの通りである．

(a) $NO + O_2 \rightarrow NO \cdots O_2$
　　$NO \cdots O_2$ の生成速度 $= k_a[NO][O_2]$

(a′) $NO \cdots O_2 \rightarrow NO + O_2$
　　$NO \cdots O_2$ の分解速度 $= k_a'[NO \cdots O_2]$

(b) $NO \cdots O_2 + NO \rightarrow NO_2 + NO_2$
　　$NO \cdots O_2$ の消滅速度 $= k_b[NO \cdots O_2][NO]$
　　$NO_2$ の生成速度 $= 2k_b[NO \cdots O_2][NO]$

この反応の中間体は $NO \cdots O_2$ である．その正味の生成速度（その生成速度から消滅速度の和を引いたもので，上の a − a′ − b に相当する速度）は，

$NO \cdots O_2$ の正味の生成速度

$$= k_a[NO][O_2] - k_a'[NO \cdots O_2] - k_b[NO \cdots O_2][NO] = 0$$

すなわち，

$$k_a[NO][O_2] - (k_a' + k_b[NO])[NO \cdots O_2] = 0$$

である．したがって，この中間体の定常状態の濃度は，

$$[NO \cdots O_2] = \frac{k_a[NO][O_2]}{k_a' + k_b[NO]}$$

である．そこで，この反応の生成物の速度式は，(b) から，

$$NO_2 \text{の生成速度} = 2k_b \times \frac{k_a[NO][O_2]}{k_a' + k_b[NO]} \times [NO]$$

$$= \frac{2k_ak_b[NO]^2[O_2]}{k_a' + k_b[NO]}$$

---

1) steady-state approximation　2) intermediate

である．NO の濃度が $k_b[NO] \ll k_a'$ で表せるほど低い場合は，分母の第 2 項は無視できるから，

$$\text{NO}_2 \text{の生成速度} = \underbrace{\frac{2k_ak_b}{k_a'}}_{k_r}[\text{NO}]^2[\text{O}_2] = k_r[\text{NO}]^2[\text{O}_2]$$

とすることができる．こうして求めた速度式も，観測されたものと一致している．

**自習問題 11・3**

ある二重らせんがそのストランド A と B から復元する反応の機構として，A + B ⇌ 不安定ならせん（速い反応，速度定数は $k_a$ と $k_a'$）に続いて，不安定ならせん → 安定な二重らせん（遅い反応，速度定数は $k_b$）が起こると提案された．定常状態の近似を使って，二重らせん生成の速度式をつくれ．　　　[答: $v = k_ak_b[A][B]/(k_a' + k_b)$]

一つ注意すべきことがある．それは，(11・11) 式の中の速度定数はどれも温度が上がると増加するが，$k_r$ 自身は必ずしもそうならないことである．つまり，$k_a'$ が $k_ak_b$ の増加よりも速く増加すれば，$k_r$ は温度上昇によって減少し，反応は高温ほど遅くなる．その物理的な理由は，二量体 $N_2O_2$ が高温ではひとりでに分解するのが非常に速いために，$O_2$ との反応が起こりにくくなって，生成物の生成が遅くなってしまうことである．数学的にはこの複合反応は"負の活性化エネルギー"をもつことになる．たとえば，(11・11) 式の中の速度定数がすべてアレニウス型の温度依存性を示すとしよう．このときの全反応定数は，

$$k_r = \frac{2 \overbrace{(A_a e^{-E_{a,a}/RT})}^{k_a} \overbrace{(A_b e^{-E_{a,b}/RT})}^{k_b}}{\underbrace{A_a' e^{-E_{a,a'}/RT}}_{k_a'}}$$

$$= \frac{2A_aA_b}{A_a'} e^{-(E_{a,a} + E_{a,b} - E_{a,a'})/RT} = A e^{-E_a/RT}$$

ここで，$A = \dfrac{2A_aA_b}{A_a'}$

および $E_a = E_{a,a} + E_{a,b} - E_{a,a'}$

で表される．この場合，$E_{a,a'} > (E_{a,a} + E_{a,b})$ なら $E_a < 0$ となる．ステップがいくつもある反応に対する温度の効果について予測するときは，よく注意しなければならない．

## 11・7 律速段階

一酸化窒素の酸化反応の機構を例に，もう一つの重要な概念を導入する．第 3 ステップの速度が非常に速く，(11・9) 式で $k_a'$ は $k_b[O_2]$ に比べて無視できる程度であるとする．この条件を満たす一つのやり方は，反応混合物中の $O_2$ の濃度を増加させることである．そうすれば速度式は簡単になって，

$$\text{NO}_2 \text{の生成速度} = \frac{2k_ak_b[\text{NO}]^2[\text{O}_2]}{k_a' + k_b[\text{O}_2]}$$

$\underbrace{\phantom{k_b[O_2] \gg k_a'}}_{k_b[O_2] \gg k_a' \text{のとき} \approx k_b[O_2]}$

$$= \frac{2k_ak_b[\text{NO}]^2[\text{O}_2]}{k_b[\text{O}_2]}$$

$k_b$ と $[O_2]$ を消去

$$= 2k_a[\text{NO}]^2 \qquad (11 \cdot 12)$$

で表される．こうすれば，この反応は NO について 2 次であり，$O_2$ の濃度は速度式には現れない．その物理的な解釈は，系の $O_2$ 濃度が高くて $N_2O_2$ の反応速度は速いから，$N_2O_2$ が少しでもできれば，たちまち反応に使われてしまうというものである．したがって，このような条件のもとでは，$NO_2$ の生成速度は $N_2O_2$ の生成速度で決まる．最も遅いステップが全反応の速度を支配するわけで，このステップを**律速段階**[1]（RDS）という．

最も遅いステップなら律速段階というわけにはいかない．遅いだけでなく同時に，生成物ができるのに必ず必要な通り道でなければならない．生成物ができるもっと速い反応があれば，遅いステップは横にどけておかれるので，最も遅いことは問題でなくなるからである（図 11・7）．律速段階は二つの高速道路を結ぶ遅いフェリーのようなもので，目的地に到着する速さは結局フェリーの速さで決まることになる．もし，フェリーのところに別に橋を架けたら，フェリーは最も遅いステップであることに変わりはないが，もはや律速段階ではなくなる．

律速段階が存在する反応の速度式は，ほとんど見ただけで書ける場合が多い．もし，反応機構の第 1 ステップが律

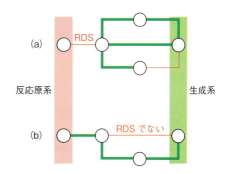

図 11・7　律速段階（RDS）は反応の中で最も遅いステップで，しかも隘路となるものである．この概念図では速い反応を太い線（高速道路）で表し，遅い反応を細い線（田舎道）で表している．円は物質を示す．(a) 第 1 ステップが律速段階．(b) 第 2 ステップが最も遅いが，これは隘路ではないので，律速段階ではない（これを回り道すると，もっと速いルートがある）．

---

[1] rate-determining step

速であれば，全反応の速度はその速度に等しい．それは，あとの反応は速いので，最初の中間体さえできればすぐに生成物の生成につながるからである．図 11·8 にこの種の機構に見られる反応断面図を示してあるが，最も遅いステップは活性化エネルギーが最大のものである．いったん最初の障壁を越えて中間体ができれば，あとは生成物へなだれ込むのである．

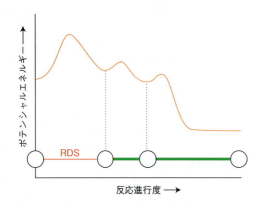

図 11·8　第 1 ステップが律速段階（RDS）である機構の反応断面図．

## 11·8　速度論的支配

同じ反応物からいろいろな生成物ができる場合がある．一置換ベンゼンのニトロ化がその例で，付いていた置換基の指向性によって，オルト，メタ，パラ置換生成物がいろいろな割合でできる．2 種の生成物 $P_1$ と $P_2$ が，

$$A+B \longrightarrow P_1 \quad P_1 \text{の生成速度} = k_{r,1}[A][B]$$
$$A+B \longrightarrow P_2 \quad P_2 \text{の生成速度} = k_{r,2}[A][B]$$

のように，競合する反応で生じると考えよう．反応のある途中の段階（平衡に達する前）で，この 2 種の生成物が生じる相対比はその 2 種の速度の比で決まるから，結局，速度定数の比で決まる．

$$\frac{[P_2]}{[P_1]} = \frac{k_{r,2}}{k_{r,1}} \quad \text{速度論的支配} \quad (11·13)$$

この比は，生成物の割合に対する**速度論的支配**[1]を表しており，有機化学でよく見られる反応に共通する特徴である．そこで，望みの生成物ができやすいように反応物を選択しているのである．もし，ある反応を平衡に達するまで進行させれば，得られる生成物の割合は速度論的ではなく，熱力学的支配で決まってしまう．そのときの濃度比は，すべての反応物と生成物の標準ギブズエネルギーの考察から得られる．

## 11·9　1 分子反応

気相反応には 1 次の速度式に従うものが多い．すでに述べたシクロプロパンの異性化反応もそうで，このとき歪みをもった三角形分子が壊れて非環式のアルケンになる．

$$cyclo\text{-}C_3H_6 \longrightarrow CH_3CH=CH_2 \quad v = k_r[cyclo\text{-}C_3H_6]$$

この種の反応での問題は，おそらく分子はほかの分子と衝突するだろうから，それで反応に必要なエネルギーを獲得するのではないかということである．衝突は単純な **2 分子**過程であるから，これがどうして 1 次の速度式を与えるのだろうか．1 次の気相反応が広く"1 分子反応"といわれるのは，あとで説明するように，反応分子が生成物に変わる 1 分子素反応が律速段階だからである．しかし，この用語は注意して使わねばならない．複合した反応機構の中に 1 分子ステップや 2 分子ステップが潜んでいるからである．

1 分子反応に初めてうまい説明を与えたのはリンデマン[2]とされている（1921 年）．**リンデマン機構**[3]（リンデマン-ヒンシェルウッド機構ともいう）は，以下に説明する機構である．

第 1 ステップ：　反応物分子 A が別の A 分子と衝突して，そのエネルギーで励起される（$A^*$ で表す）．

$$A+A \longrightarrow A^* + A \quad A^* \text{の生成速度} = k_a[A]^2$$

第 2 ステップ：　エネルギーをもらった分子が別の分子と衝突して余分なエネルギーを失うこともある．

$$A^* + A \longrightarrow A+A \quad A^* \text{の失活速度} = k_a'[A^*][A]$$

第 3 ステップ：　あるいは励起分子が自ら分解して生成物 P を形成する．つまり，ここで 1 分子分解が起こる．

$$A^* \longrightarrow P \quad P \text{の生成速度} = k_b[A^*]$$
$$\phantom{A^* \longrightarrow P \quad} A^* \text{の消滅速度} = k_b[A^*]$$

もし，この第 3 ステップの 1 分子反応が遅くて律速段階になれば，反応全体として 1 次であり，観測結果と一致する．それを示すには，中間体 $A^*$ の正味の生成速度について定常状態の近似を適用すればよい．つぎの「式の導出」でわかるように，

$$P \text{の生成速度} = k_r[A], \quad \text{ただし} \quad k_r = \frac{k_a k_b}{k_a'} \quad (11·14)$$

となる．この速度式は 1 次である．これをつぎに説明しよう．

---

1) kinetic control　2) Frederick Lindemann　3) Lindemann mechanism

## 式の導出 11·4　リンデマン機構

まず $A^*$ の正味の生成速度を表す式を書き，それを 0 とおく．すなわち，

$A^*$ の正味の生成速度

ステップ1 による生成　ステップ2 による失活　ステップ3 による消滅

$$= k_a[A]^2 - k_a'[A^*][A] - k_b[A^*] = 0$$

である．したがって，

$$k_a[A]^2 - (k_a'[A] + k_b)[A^*] = 0$$

である．この方程式の解は，

$$[A^*] = \frac{k_a[A]^2}{k_b + k_a'[A]}$$

である．したがって，生成物の生成の速度式は，

$$P の生成速度 = k_b[A^*] = \frac{k_a k_b[A]^2}{k_b + k_a'[A]}$$

となる．この段階の速度式は A について 1 次になっていない．しかしながら，$(A^*, A)$ 衝突による $A^*$ の失活速度が $A^*$ の 1 分子分解速度よりずっと大きければ，すなわち，$A^*$ の 1 分子分解が律速段階であれば，$k_a'[A^*][A] \gg k_b[A^*]$，つまり $k_a'[A] \gg k_b$ となる．このときは，速度式の分母の $k_b$ を無視できるから（11·14）式が得られる．

## 例題 11·2　速度式のつくり方

不活性気体 M が存在し，A の励起も $A^*$ の失活もそれによって起こるとする．このとき，生成物の生成を表す速度式を導け．

**解法**　実際に起こりそうな素反応を書き，その 1 分子過程や 2 分子過程に相当する速度式を書く．反応中間体を特定し，その正味の生成速度を 0 とおく．中間体の濃度を表す式を解き，それを生成物の生成の速度式に代入する．ここで，M が関与する過程がそれ以外の競合過程より優勢であると仮定して，速度式を簡単にする．

**解答**　ここで考える素過程と速度式は，つぎの通りである．

(a) $A + A \longrightarrow A^* + A$ 　$A^*$ の生成速度 $= k_a[A]^2$

(a') $A^* + A \longrightarrow A + A$ 　$A^*$ の除去速度 $= k_a'[A][A^*]$

(b) $A + M \longrightarrow A^* + M$ 　$A^*$ の生成速度 $= k_b[A][M]$

(b') $A^* + M \longrightarrow A + M$ 　$A^*$ の除去速度 $= k_b'[M][A^*]$

(c) $A^* \longrightarrow P$ 　$A^*$ の除去速度 $= k_c[A^*]$

　　　　　　　　　　　　　P の生成速度 $= k_c[A^*]$

$A^*$ が中間体である．その正味の生成速度（生成速度の和から除去速度の和を引いて得られる．素反応に付けた記号で表せば $a + b - a' - b' - c$）は，

$$k_a[A]^2 + k_b[A][M]$$
$$- k_a'[A][A^*] - k_b'[M][A^*] - k_c[A^*] = 0$$

である．これを変形して，

$$k_a[A]^2 + k_b[A][M] - (k_a'[A] + k_b'[M] + k_c)[A^*] = 0$$

とすれば，$A^*$ の定常状態の濃度は，

$$[A^*] = \frac{k_a[A]^2 + k_b[A][M]}{k_a'[A] + k_b'[M] + k_c}$$

で表される．したがって，生成物の生成速度は，

$$P の生成速度 = k_c[A^*] = k_c \times \frac{k_a[A]^2 + k_b[A][M]}{k_a'[A] + k_b'[M] + k_c}$$

である．ここで，$k_b[A][M] \gg k_a[A]^2$ および $k_b'[M] \gg k_a'[A] + k_c$ とおけば，

$$P の生成速度 \approx k_c \times \frac{k_b[A][M]}{k_b'[M]} = \frac{k_b k_c}{k_b'}[A]$$

となり，この反応は A について実効的に 1 次となる．

## 自習問題 11·4

ここで，P そのものが最も効果的な $A^*$ の失活剤である場合（M が存在しないとき）を考えよう．このときの速度式をつくれ．　[答：$P の生成速度 \approx (k_a k_c / k_b)[A]^2 / [P]$]

# 溶液内の反応

ここで，溶液内の反応に目を向けることにしよう．気体と違って溶液では分子が密に詰まった構造があるから，反応物分子は自由に飛び回って衝突することはなく，できた隙間をくねくねと動き回っている．

## 11·10　活性化律速と拡散律速

溶液内の反応では，律速段階という考えが重要な役目を果たす．そこでは**拡散律速**[1] と**活性化律速**[2] の区別が発生する．これを説明するために，2 個の溶質分子 A, B の反応がつぎの機構で起こる場合を考えよう．まず，**拡散**[3] の過程によって，A と B が互いに他方の近傍へと動いていく場合である．このとき，両者はランダムな方向に一連の小さなステップを繰返しながら系内を移動する．そこで，それぞれの濃度に比例した速度で**遭遇対**[4] AB を形成

---

1) diffusion control　2) activation control　3) diffusion　4) encounter pair

するのである.

$$A + B \longrightarrow AB \qquad AB\text{の生成速度} = k_{r,d}[A][B]$$

下つき添字の d でこの過程が拡散によることを表す. A と B はまわりにある溶媒分子を通り抜けて急速に逃げ出すことができないで, 互いに近くに留めおかれる. この籠効果[1] のために遭遇対はしばらくの時間そこにとどまるが, A と B が拡散によって離れれば遭遇対は壊れる. そこで, つぎの過程も考慮しなければならない.

$$AB \longrightarrow A + B \qquad AB\text{の消滅速度} = k'_{r,d}[AB]$$

この過程は AB について 1 次であるとしよう. この過程と競合するものとして, 遭遇対として存在する間に A と B の間で起こる反応がある. この反応が起こるかどうかは, 十分なエネルギーを獲得できるかどうかにかかっている. そのためのエネルギーは, 溶媒分子の熱運動によるぶつかり合いからくるものと考えてよいだろう. この反応過程は AB に関して 1 次であるとしよう. しかし, もし溶媒分子も反応に関与していれば, 溶媒はいつも大過剰で一定量存在するとして, 反応を擬 1 次とみなす方が正確である. いずれにしても, この反応は,

$$AB \longrightarrow \text{生成物}$$

$$\text{反応による}AB\text{の消滅速度} = k_{r,a}[AB]$$

と表せる. 下つきの a は, この過程が, AB がある最小限のエネルギーを獲得する必要があるという点で, 活性化過程であることを示すものである.

ここで定常状態の近似を使い, 生成物の生成の速度式をつくれば, つぎの「式の導出」で示すように, 次式が得られる.

$$\text{生成物の生成速度} = k_r[A][B]$$

$$k_r = \frac{k_{r,a}\,k_{r,d}}{k_{r,a} + k'_{r,d}} \qquad (11\cdot15)$$

### 式の導出 11・5　拡散律速

AB の正味の生成速度は,

$$\text{AB の正味の生成速度} =$$
$$k_{r,d}[A][B] - k'_{r,d}[AB] - k_{r,a}[AB]$$

である. 定常状態ではこの速度は 0 だから,

$$k_{r,d}[A][B] - k'_{r,d}[AB] - k_{r,a}[AB] = 0$$

と書ける. これを [AB] について解けば,

$$[AB] = \frac{k_{r,d}[A][B]}{k_{r,a} + k'_{r,d}}$$

を得る. したがって, 生成物の生成速度 (これは反応による AB の消滅速度に等しい) は,

$$\text{生成物の生成速度} = k_{r,a}[AB] = \frac{k_{r,a}\,k_{r,d}[A][B]}{k_{r,a} + k'_{r,d}}$$

となる. これが (11・15) 式である.

---

ここで, 二つの極限の場合を区別して考えよう. まず, 反応速度が遭遇対の分解速度よりずっと速い場合である. このとき, $k_r$ の式で $k_{r,a} \gg k'_{r,d}$ であるから, (11・15) 式の分母で $k'_{r,d}$ を無視できる. そこで,

$$\text{生成物の生成速度} = \frac{k_{r,a}\,k_{r,d}[A][B]}{k_{r,a}}$$

となる. $k_{r,a}$ は分子と分母で消しあうから, 結局,

$$\text{生成物の生成速度} = k_{r,d}[A][B] \quad \boxed{\text{拡散律速極限}} \qquad (11\cdot16)$$

となる. この**拡散律速極限**[2] では, 反応速度は反応物が拡散する速度 ($k_{r,d}$ で表される) で支配される. いったん出会うと反応自体は非常に速いから, 反応せずに拡散して分かれるよりは生成物を確実に形成することになる. これと違って, 遭遇対が反応に十分なエネルギーを蓄積する速度が非常に遅くて, 遭遇対の分裂の方が起こりやすい場合には, $k_r$ の式で $k_{r,a} \ll k'_{r,d}$ とおけるから,

$$\text{生成物の生成速度} = \frac{k_{r,a}\,k_{r,d}}{k'_{r,d}}[A][B] \quad \boxed{\text{活性化律速極限}} \qquad (11\cdot17)$$

を得る. この**活性化律速極限**[3] では, 反応速度は遭遇対にエネルギーがたまる速度 ($k_{r,a}$ で表される) で決まる.

上の分析からわかることは, 律速段階という概念はかなり微妙なものだということである. たとえば, 拡散律速極限の場合に, 遭遇する速度が律速となる条件は, それが最も遅いステップだということではなく, 遭遇対が反応する速度が分裂する速度より速いということである. 活性化律速極限の場合は, エネルギーがたまる速度が律速段階になる条件は, 同じように, その対の反応速度と対が分裂する速度との競合で決まり, 3 種の速度定数すべてが全体としての速度を決めている. 競合するいろいろな速度を分析するには, いま説明したように全体の速度式をつくり, どれかの素反応がほかの素反応よりはるかに優勢である場合に, その式がどのように簡略化できるかを解析するのが最善の方法である.

## 11・11 拡　　散

拡散は, 溶液内の反応に関わる過程できわめて重要な役割を演じるので, もっと詳しく調べてみよう. 液体中の分

---

1) cage effect　2) diffusion-controlled limit　3) activation-controlled limit

子についてはつぎのようなイメージをもっておけばよい．分子はほかの分子に囲まれているが，ほかの分子が一瞬どいた隙に自分の直径の何分の一かの距離を動けるから，そこで衝突を起こすことができる．液体中の分子運動，たとえば反応物の拡散などは，絶えず向きを変えながら短い歩幅で動き続けていて，目的地なしにひしめき合っている群集のようなものである．このような分子の運動は，でたらめな方向に短いジャンプをしているように見ることができ，これを**ランダム歩行**[1]という．

液体中にはじめ濃度勾配があると（たとえば，溶液のある領域に反応物が注入されたときのように，そこでの溶質濃度が高くなった場合など），分子が広がる速度は濃度勾配に比例するから，

$$\text{拡散速度} \propto \text{濃度勾配}$$

と書ける．この関係を数学的に表すために，**流束**[2] $J$ を導入する．流束とは，ある時間に仮想的な窓を通過する粒子の数を，窓の面積とその時間で割ったものである．すなわち，

$$J = \frac{\text{窓を通過する粒子数}}{\text{窓の面積} \times \text{時間}} \quad \text{定義 流束} \quad (11\cdot 18\text{a})$$

である．速度は勾配に比例するものであるから，

$$J = -D \times \text{濃度勾配} \quad \text{フィックの第一法則} \quad (11\cdot 18\text{b})$$

と書ける．$D$ は比例係数である．この式を数式できちんと表せば，

$$J = -D\frac{d\mathcal{N}}{dx} \quad \text{フィックの第一法則} \quad (11\cdot 18\text{c})$$

となる．$\mathcal{N}$ は数密度（ある体積中に含まれる溶質分子の数をその体積で割ったもの）であり，$d\mathcal{N}/dx$ はその数密度の勾配である．$\mathcal{N} = N/V = nN_A/V = cN_A$ であるから，数密度はモル濃度に比例する．$N_A$ はアボガドロ定数である．(11·18b) 式を**フィックの拡散の第一法則**[3] という（式の導出については「補遺 11·1」を見よ）．係数 $D$ は，面積を時間で割った次元（単位は $m^2\,s^{-1}$）をもち，これを**拡散係数**[4] という．$D$ が大きければ分子の拡散が速い．その例を表 11·1 に示してある．(11·18b) 式の負号は，濃度勾配が負であれば（図 11·9 のように左から右に向かって減少する）流束は正である（左から右へ流れる）ことを示す．ある時間にある窓を通過する分子数を求めるには，流束に窓の面積と時間を掛ければよい．(11·18b) 式の濃度がモル濃度であれば，流束は分子数でなく，モル単位で表されるから，$\mathcal{N}$ は $c$ で置き換わる．

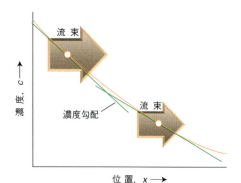

**図 11·9** 溶質粒子の流束は濃度勾配に比例する．この図では左から右へ向かって濃度が減少する溶液を考えている（曲線で表してある）．勾配は負（右向きに減少する）で，流束は正（右向き）である．流束が最大になるところは勾配がもっとも急なところ（図の左端）である．

● **簡単な例示 11·4 流 束**

撹拌せずにおいたスクロースの水溶液のある領域で，モル濃度勾配が $-0.10\,\text{mol dm}^{-3}\,\text{cm}^{-1}$ であるとする．ここで表 11·1 の拡散係数の値を使えば，この勾配から生じる流束は，

$$J = -\overbrace{(0.522\times 10^{-9}\,\text{m}^2\,\text{s}^{-1})}^{D} \times \overbrace{(-0.10\,\text{mol dm}^{-3}\,\text{cm}^{-1})}^{dc/dx}$$

$$= 5.22 \times 1.0 \times 10^{-11}\,\frac{\text{m}^2\,\text{s}^{-1}\,\text{mol}}{\text{dm}^3\,\text{cm}}$$

$$= 5.22 \times 1.0 \times 10^{-11}\,\frac{\text{m}^2\,\text{s}^{-1}\,\text{mol}}{(10^{-3}\,\text{m}^3)\times(10^{-2}\,\text{m})}$$

$$= 5.2 \times 10^{-6}\,\text{mol m}^{-2}\,\text{s}^{-1}$$

である．したがって，10 分間に 10 cm 四方の窓を通過するスクロースの量は，

$$n = JA\Delta t$$

$$= (5.2\times 10^{-6}\,\text{mol m}^{-2}\,\text{s}^{-1})\times(1.0\times 10^{-2}\,\text{m})^2$$

$$\times (10\times 60\,\text{s})$$

$$= 3.1\times 10^{-7}\,\text{mol}$$

となる．●

分子の拡散は，流体全体としての運動（大気中で風が吹くとか湖で水が流れるなど）によって促進される．ふつうは後者の方がはるかに速い．この運動を**対流**[5] という．拡散は非常に遅いので，溶質分子が広がるのを促進するた

**表 11·1** 25°C での拡散係数 $D/(10^{-9}\,\text{m}^2\,\text{s}^{-1})$

| | |
|---|---|
| 四塩化炭素中の Ar | 3.63 |
| 水中の $C_{12}H_{22}O_{11}$（スクロース） | 0.522 |
| 水中の $CH_3OH$ | 1.58 |
| 水中の $H_2O$ | 2.26 |
| 水中の $NH_2CH_2COOH$ | 0.673 |
| 四塩化炭素中の $O_2$ | 3.82 |

---

1) random walk  2) flux  3) Fick's first law of diffusion  4) diffusion coefficient  5) convection

めに流体を撹拌したり，換気扇を回したり，あるいは風や嵐などの自然現象を利用して対流を起こさせる．

流体の物理化学で最も重要な式の一つは**拡散方程式**[1]である．この式によって不均一な溶液中の溶質の濃度が変化する速度を予測できる．簡単にいえば，拡散方程式は溶液中で濃度に皺があると，それが自然に伸びる様子を表すものである．拡散方程式は言葉で表現すればつぎのようになる．これを**フィックの拡散の第二法則**[2]という．

ある領域での濃度の変化速度
  $= D \times$（その領域での濃度の曲率）

<u>フィックの第二法則</u>　　(11·19a)

"曲率"というのは濃度の皺のより方の目安である（あとで説明する）．この式の導出は「補遺 11·1」にあるが，そこでこの法則をフィックの第一法則からどうやって導くかを示す．この方程式の両辺の濃度は，数密度 $\mathcal{N}$（たとえば molecule m$^{-3}$）でもモル濃度 $c$ でもよい．この拡散方程式を数学的にきちんと表せば，

$$\frac{d\mathcal{N}}{dt} = D\frac{d^2\mathcal{N}}{dx^2} \quad (11·19b)$$

である．二階導関数 $d^2\mathcal{N}/dx^2$ は濃度 $c$ の曲率の目安と解釈する[†1]．

拡散方程式からつぎのことがわかる．

- ある領域で濃度が一様であるか，またはその断面で勾配が一定であれば，そこでの濃度に正味の変化はない．

この場合は，その領域の一方の壁から入ってくる速度が反対側の壁から出て行く速度と等しいからである．濃度の勾配が領域内で変化している場合だけ，つまり濃度に皺がよっている場合だけ，濃度の時間的な変化が生じる．その場合は，

- 曲率が正のところ（谷，図 11·10）では，濃度の変化が正で，谷が埋まる方向の変化が起こる．

- 曲率が負（山）のところでは，濃度の変化が負で，山が崩れて広がろうとする．

温度が上がるとまわりの分子の引力から逃れるのが容易になるから，拡散係数は温度とともに増大する（分子は動きやすくなる）．ランダム歩行の頻度 $(1/\tau)$ がアレニウス型の温度依存性に従い，活性化エネルギーが $E_a$ であるとすると，拡散係数は，

$$D(T) = D_0 e^{-E_a/RT} \quad (11·20)$$

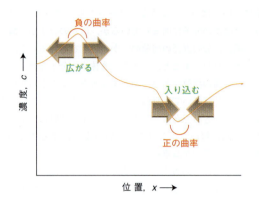

図 11·10　自然は皺を嫌う．拡散方程式からわかるように，分布の山（負の曲率の領域）では広がり，分布の谷（正の曲率の領域）ではまわりから入り込む．

に従う．粒子が液体中を拡散する速度は粘性率に依存するので，粘性率が低い液体ほど拡散係数が大きいはずである．すなわち，$\eta \propto 1/D$ となると思われる．$\eta$ は粘性率である．実際，**アインシュタインの式**[3]は，

$$D = \frac{kT}{6\pi\eta a} \quad \underline{アインシュタインの式} \quad (11·21)$$

であることを示している．$a$ は分子半径である．これから，

$$\eta(T) = \eta_0 e^{E_a/RT} \quad (11·22)$$

が導かれる．指数の符号が変わっていることに注意しよう．粘性率は温度が上がると減少する．指数の項の強い温度依存性の方が，(11·21) 式の分子にある $T$ に比例する弱い依存性に勝ると考えるのである．(11·22) 式の温度依存性は，比較的狭い温度範囲であれば実際に観測されている

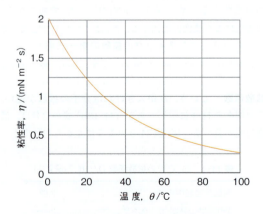

図 11·11　水の粘性率の温度変化の実験値．温度が上がると，まわりの分子がつくるポテンシャルの井戸から逃げ出せる分子の数が増えるから，液体の流動性が増す．

---

[†1] 濃度は時間と位置の両方の関数であるから，この導関数は実は偏導関数であって，ふつうは $\partial\mathcal{N}/\partial t = D\partial^2\mathcal{N}/\partial x^2$ と書く．もっと正式に書けば，$(\partial\mathcal{N}/\partial t)_x = D(\partial^2\mathcal{N}/\partial x^2)_t$ である．

1) diffusion equation　2) Fick's second law of diffusion　3) Einstein relation

(図11・11).$E_a$の大きさは分子間ポテンシャルで支配されているが,それを計算するのはすごく難しい問題で,まだほとんど解決されていない.

### 例題11・3 粘性率の活性化エネルギー

図11・11の粘性率のグラフから40 °Cの値 (0.785 mN m$^{-2}$ s) と80 °Cの値 (0.416 mN m$^{-2}$ s) を読み取り,水の粘性率の活性化エネルギーを求めよ.

**解法** (11・22) 式のような式を使って,2個の粘性率の比の対数の式をつくり,その活性化エネルギー$E_a$について解けばよい.

**解答** (11・22) 式の両辺の対数をとり,「必須のツール2・2」にある規則を使えば,

$\ln xy = \ln x + \ln y \qquad \ln e^x = x$

$$\ln \eta(T) = \ln \eta_0 + \ln(e^{E_a/RT}) = \ln \eta_0 + \frac{E_a}{RT}$$

が得られる.したがって,異なる温度$T_1$と$T_2$の式の差をとれば,

$$\ln \eta(T_2) - \ln \eta(T_1) = \left(\ln \eta_0 + \frac{E_a}{RT_2}\right) - \left(\ln \eta_0 + \frac{E_a}{RT_1}\right)$$

$$= \frac{E_a}{RT_2} - \frac{E_a}{RT_1} = \frac{E_a}{R}\left(\frac{1}{T_2} - \frac{1}{T_1}\right)$$

となる.これから,

$\ln x - \ln y = \ln(x/y)$

$$E_a = \frac{\ln \eta(T_2) - \ln \eta(T_1)}{\frac{1}{R}\left(\frac{1}{T_2} - \frac{1}{T_1}\right)} = \frac{R}{1/T_2 - 1/T_1} \ln \frac{\eta(T_2)}{\eta(T_1)}$$

が得られる.ここで,グラフのデータを代入すればよい.ただし,40 °Cは313 K,80 °Cは353 Kである.$\eta(313\text{ K}) = 0.785$ mN m$^{-2}$ s,$\eta(353\text{ K}) = 0.416$ mN m$^{-2}$ s であるから,

$$E_a = \frac{8.3145 \text{ J K}^{-1}\text{ mol}^{-1}}{(1/353\text{ K}) - (1/313\text{ K})} \ln \frac{0.416 \text{ mN m}^{-2}\text{ s}}{0.785 \text{ mN m}^{-2}\text{ s}}$$

$$= \frac{8.3145 \text{ J mol}^{-1}}{(1/353) - (1/313)} \ln \frac{0.416}{0.785}$$

$$= 1.46 \times 10^4 \text{ J mol}^{-1}$$

となる.つまり 14.6 kJ mol$^{-1}$ である.

### 自習問題 11・5

活性化エネルギーは温度に依存するだろうか.80 °Cの値 (0.416 mN m$^{-2}$ s) と 100 °Cの値 (0.329 mN m$^{-2}$ s) を使って活性化エネルギーを求め,これを検討せよ.

[答: 12.8 kJ mol$^{-1}$]

---

ここで,粘性率を反応速度論の観点から考えよう.液体中の分子の拡散速度の詳しい解析から,速度定数$k_{r,d}$は媒質の**粘性率**[1] $\eta$ (イータ) との間に,

$$k_{r,d} = \frac{8RT}{3\eta} \qquad (11\cdot 23)$$

の関係があることがわかっている[†2].粘性率が大きいほど拡散の速度定数が小さいから,拡散律速の反応が遅くなる.

#### ● 簡単な例示11・5 拡散律速の速度定数

水溶液中のある拡散律速反応では,25 °Cで$\eta = 8.9 \times 10^{-4}$ kg m$^{-1}$ s$^{-1}$である.そこで,

$$k_{r,d} = \frac{8 \times (8.3145 \text{ J K}^{-1}\text{ mol}^{-1}) \times (298\text{ K})}{3 \times (8.9 \times 10^{-4}\text{ kg m}^{-1}\text{ s}^{-1})}$$

kg m$^2$ s$^{-2}$

$$= \frac{8 \times 8.3145 \times 298}{3 \times 8.9 \times 10^{-4}} \frac{\text{J}}{\text{kg m}^{-1}\text{ s}^{-1}} \text{ mol}^{-1}$$

$$= 7.4 \times 10^6 \frac{\text{kg m}^2\text{ s}^{-2}\text{ mol}^{-1}}{\text{kg m}^{-1}\text{ s}^{-1}}$$

$$= 7.4 \times 10^6 \text{ m}^3\text{ s}^{-1}\text{ mol}^{-1}$$

である.1 m$^3$ = 10$^3$ dm$^3$ であるから,この結果は$k_{r,d} = 7.4 \times 10^9$ dm$^3$ mol$^{-1}$ s$^{-1}$ と書ける.この種の反応では,ほぼこの大きさであるのを覚えておくと役に立つ.●

## 均一系触媒作用

**触媒**[2] は反応速度を増大させるが,自分は何も正味の化学変化を受けない物質である.触媒なしの反応の遅い律速段階を避け,別の反応経路を提供して活性化エネルギー

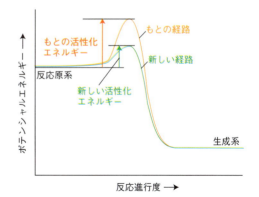

図11・12 触媒は反応原系と生成系との間に,もとの経路よりも活性化エネルギーが低い新しい反応経路を提供して作用する.

---

†2 この式の導出については,"アトキンス物理化学"を見よ.
1) coefficient of viscosity  2) catalyst

を下げる作用がある（図11・12）．触媒はきわめて有効に作用することがある．たとえば，溶液中での過酸化水素の分解は活性化エネルギーが$76\,kJ\,mol^{-1}$で，室温では遅い反応であるが，少量のヨウ化物イオンを添加すると活性化エネルギーは$57\,kJ\,mol^{-1}$まで下がり，速度定数が2000倍に増加する．**酵素**[1]は生物学的な触媒であって，非常に選択性が強く，それが反応に対して劇的な効果を及ぼす．たとえば，カタラーゼという酵素は過酸化水素の分解の活性化エネルギーを$8\,kJ\,mol^{-1}$に下げる．これは$298\,K$において反応を$10^{15}$倍に加速することに相当する．

**均一系触媒**[2]は，反応混合物と同じ相にある触媒である．たとえば，過酸化水素の水溶液中での分解は臭化物イオンやカタラーゼで触媒される．**不均一系触媒**[3]は，反応混合物と異なる相にある触媒である．たとえば，エテンからエタンへの水素化は気相反応で，パラジウム，白金，あるいはニッケルのような固体触媒の存在によって加速される．このような金属は反応物を束縛する表面を提供している．この束縛によって反応物同士の遭遇が促進され反応速度が増加するのである．不均一系触媒は18章で調べることにして，ここでは均一系触媒だけを考えよう．

## 11・12 酸塩基触媒作用

**酸触媒作用**[4]で重要なのは，プロトンを基質に移送する段階である．

$$X + HA \longrightarrow HX^+ + A^- \qquad HX^+ \longrightarrow 生成物$$

ケト-エノール互変異性[5]には酸触媒作用が重要である．

$$CH_3COCH_2CH_3 \xrightarrow{H^+} CH_3C(OH){=}CHCH_3$$

**塩基触媒作用**[6]では，つぎのようにプロトンが基質から塩基へ移送される．

$$HX + B \longrightarrow X^- + HB^+$$

その例としては，つぎのエステルの加水分解がある．

$$CH_3COOCH_2CH_3 + H_2O$$

$$\xrightarrow{OH^-} CH_3COOH(CH_3CO_2{}^- として) + CH_3CH_2OH$$

## 11・13 酵 素

酵素作用の最も初期の説明は**ミカエリス-メンテン機構**[7]によるものであった．この機構はすべて水溶液中におけるもので，つぎのような機構である．

第1ステップ　2分子反応による酵素と基質が結びついた複合体ESの生成：

$$E + S \longrightarrow ES \qquad ESの生成速度 = k_a[E][S]$$

第2ステップ　その複合体の1分子分解反応：

$$ES \longrightarrow E + S \qquad ESの分解速度 = k_a'[ES]$$

第3ステップ　1分子反応による複合体からの生成物生成と，基質との結合からの酵素離脱：

$$ES \longrightarrow P + E \qquad Pの生成速度 = k_b[ES]$$
$$ESの消滅速度 = k_b[ES]$$

つぎの「式の導出」に示すように，生成物の生成速度を酵素と基質の濃度で表した速度式は，

$$Pの生成速度 = k_r[E]_0$$
$$k_r = \frac{k_b[S]}{[S] + K_M} \qquad \boxed{\text{ミカエリス-メンテンの速度式}} \quad (11\cdot24)$$

である．ここで$K_M$は**ミカエリス定数**[8]（濃度の次元をもつ）で，

$$K_M = \frac{k_a' + k_b}{k_a} \qquad \boxed{\text{ミカエリス定数}} \quad (11\cdot25)$$

である．$[E]_0$は酵素の全濃度（束縛，非束縛両方を含む）である．

**式の導出 11・6**　ミカエリス-メンテンの速度式

生成物は第3ステップで（非可逆的に）生成するから，まず，

$$Pの生成速度 = k_b[ES]$$

と書く．濃度$[ES]$を計算するために，ESの正味の生成速度の式を，ESが第1ステップででき，第2ステップと第3ステップで除去されることを考慮してつくる．それから，定常状態の近似を使って，その正味の速度を0とおく．

ESの正味の生成速度
$$= k_a[E][S] - k_a'[ES] - k_b[ES] = 0$$

したがって，

$$k_a[E][S] - (k_a' + k_b)[ES] = 0$$

となり，

$$[ES] = \frac{k_a[E][S]}{k_a' + k_b}$$

---

1) enzyme　2) homogeneous catalyst　3) heterogeneous catalyst　4) acid catalysis　5) keto-enol tautomerism　6) base catalysis
7) Michaelis–Menten mechanism　8) Michaelis constant

が得られる．しかし，[E]と[S]は遊離の酵素と遊離の基質のモル濃度である．酵素の全濃度を$[E]_0$とおけば，$[E]+[ES]=[E]_0$であるから，上の式の[E]を$[E]_0-[ES]$で置き換えることができる．したがって，

$$[ES] = \frac{k_a([E]_0-[ES])[S]}{k_a'+k_b}$$

である．両辺に$k_a'+k_b$を掛けると，まず，

$$k_a'[ES]+k_b[ES] = k_a[E]_0[S]-k_a[ES][S]$$

となる．これを整理すると，

$$(k_a'+k_b+k_a[S])[ES] = k_a[E]_0[S]$$

を得る．この式を$k_a$で割ると，

$$\left(\overbrace{\frac{k_a'+k_b}{k_a}}^{K_M}+[S]\right)[ES] = [E]_0[S]$$

となる．（ ）の中の第1項は$K_M$であるから，この式は，

$$(K_M+[S])[ES] = [E]_0[S]$$

である．これより，

$$[ES] = \frac{[E]_0[S]}{[S]+K_M}$$

となる．この導出の最初の式から，生成物の生成速度は（11·24）式で与えられることが導かれる．

---

（11·24）式によれば，酵素分解反応の速度は加えた酵素の濃度について1次であるが，実効的な速度定数$k_r$は基質の濃度に依存する．(11·24) 式からつぎのことが推論できる．

- $[S]\ll K_M$のとき，実効速度定数は$k_b[S]/K_M$に等しい．したがって，速度は低濃度のところでは[S]に対して直線的に増加する．

- $[S]\gg K_M$のときは，実効速度定数は$k_b$に等しいから，(11·24) 式は，

$$\text{Pの生成速度} = k_b[E]_0 \qquad (11·26)$$

となる．$[S]\gg K_M$のときは速度がSの濃度によらないことになるが，それは，基質が非常に大量にあるので，生成物ができつつあるときでも，ほとんど同じ濃度のままだからである．この条件のとき，生成物の生成速度は極大で，この理由から，$k_b[E]_0$を酵素分解の**最大速度**[1] $v_{max}$という．

$$v_{max} = k_b[E]_0 \qquad 定義\quad \text{最大速度}\quad (11·27)$$

律速段階は第3ステップである．それは，ESが十分な量存在する（Sが多い）からで，その速度はESが反応して生成物をつくる速度で決まっている．

（11·24）式と（11·27）式から，一般の基質組成の場合の反応速度$v$は最大速度とつぎの関係にあることがわかる．

$$v = k_b\frac{[S][E]_0}{[S]+K_M} = \frac{[S]}{[S]+K_M}v_{max} \qquad (11·28)$$

この関係を図11·13に示す．このグラフを見れば$K_M$の意味がわかる．すなわち，$[S]=K_M$のとき酵素分解反応の速度は$\frac{1}{2}v_{max}$に近づく（11·28式からもわかる）．したがって，大雑把にいえば$K_M$は，それ以上の濃度で酵素が有効になる目安を与えている．

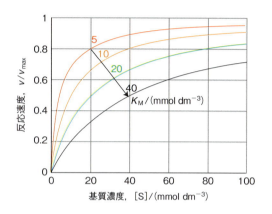

**図11·13** 酵素触媒反応の速度は，基質濃度によって変化する（ミカエリス-メンテンのモデルによる）．$[S]\ll K_M$のとき速度は[S]に比例する．$[S]\gg K_M$のとき速度は[S]に依存しない．

（11·28）式によって酵素反応速度のデータを解析するのであるが，その際，$1/v$（反応速度の逆数）を$1/[S]$（基質濃度の逆数）に対してプロットした**ラインウィーバー-バークのプロット**[2]を用いる．(11·28) 式の両辺の逆数をとると，

$$\frac{1}{v} = \left(\frac{[S]+K_M}{[S]}\right)\frac{1}{v_{max}} = \left(1+\frac{K_M}{[S]}\right)\frac{1}{v_{max}}$$

$$= \frac{1}{v_{max}} + \left(\frac{K_M}{v_{max}}\right)\frac{1}{[S]} \qquad (11·29a)$$

となる．この式は$y=b+mx$のかたちをしているから，$y=1/v$, $x=1/[S]$とみなして，

$$\overset{y}{\frac{1}{v}} = \overset{b}{\frac{1}{v_{max}}} + \overset{m}{\left(\frac{K_M}{v_{max}}\right)}\overset{x}{\frac{1}{[S]}}$$

ラインウィーバー-バークのプロット　(11·29b)

---

1) maximum velocity　2) Lineweaver–Burk plot

とできる．そこで，$1/[S]$ に対して $1/v$ をプロットすれば直線が得られる（「必須のツール 1・1」を見よ）．その直線の勾配は $K_M/v_{max}$ で $1/[S]=0$ へ補外した切片は $1/v_{max}$ に等しい（図 11・14）．したがって，切片から $v_{max}$ がわかり，それと勾配を組合わせると $K_M$ の値が見つかる．あるいは，補外した横軸（$1/v=0$ の線）上の切片が $1/[S]=-1/K_M$ のところにあるのを利用してもよい．

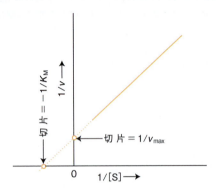

**図 11・14** ラインウィーバー–バークのプロットは酵素触媒反応の速度データの解析に使われる．生成物の生成速度の逆数（$1/v$）を基質濃度の逆数（$1/[S]$）に対してプロットしてある．データ点はすべて（図の太い線の領域にある）同じ全酵素濃度 $[E]_0$ に対応する．補外した直線（点線）の横軸上の切片からミカエリス定数 $K_M$ が得られる．縦軸上の切片からは $v_{max}=k_b[E]_0$ が得られ，それから $k_b$ が求められる．勾配を使ってもよいが，その場合は勾配は $K_M/v_{max}$ に等しい．

ラインウィーバー–バークのプロットから求められるパラメーター以外のパラメーターも計算でき，それによって，いろいろな酵素の触媒活性を比較することができる．酵素の**ターンオーバー数**[1]（**触媒定数**[2] ともいう）$k_{cat}$ とは，ある時間に触媒サイクル（ターンオーバー）が起こる回数をその時間間隔で割ったものである．すなわち，

$$k_{cat} = \frac{触媒サイクルの回数}{時間間隔}$$

定義　ターンオーバー数　（11・30）

である．ES の 1 次分解反応の時定数は $1/k_b$ である．そこで，時間間隔 $\Delta t$ に起こる触媒事象の数は $\Delta t/(1/k_b) = k_b \Delta t$ である．したがって，このような事象が起こる頻度は，この数を時間間隔 $\Delta t$ で割ったものであるから，$k_b$ そのものである．すなわち，$k_{cat}=k_b$ である（もっと複雑な反応系ではもっと複雑である）．$k_{cat}$ と $k_b$ が同じものであることから，また (11・27) 式から，

$$k_{cat} = k_b = \frac{v_{max}}{[E]_0} \quad (11\cdot 31)$$

が得られる．したがって，$k_{cat}$ のもう一つの解釈は，活性サイトの濃度で割って得られる酵素分解の最大速度であることから，活性サイトの有効性の目安である．

ある酵素の**触媒効率**[3] $\eta$ は，つぎの比で定義される．

$$\eta = \frac{k_{cat}}{K_M} \qquad 定義　触媒効率 \quad (11\cdot 32)$$

この関係は，$k_{cat}$ が酵素の効果の目安であり，$K_M$ は酵素が効果的になる濃度の目安であることから，妥当なものである．$\eta$ の値が大きいほどその酵素の効率は高い．この触媒効率は，いわば酵素反応の実効速度定数と考えることができる．$K_M = (k_a' + k_b)/k_a$ と (11・32) 式から，

$$\eta = \frac{\overbrace{k_b}^{k_{cat}}}{\underbrace{(k_a' + k_b)/k_a}_{K_M}} = \frac{k_a k_b}{k_a' + k_b} \quad (11\cdot 33)$$

となる．効率は $k_b \gg k_a'$ のときに最大値 $k_a$ に達する．$k_a$ は溶液中を自由に拡散している 2 種の物質から複合体ができるときの速度定数であるから，11・11 節で説明したように，最大効率は溶液中での E と S の拡散の最大速度と関係がある．この極限では，速度定数は酵素のような大きな分子について室温で $10^8 \sim 10^9 \, dm^3 \, mol^{-1} \, s^{-1}$ 程度の大きさである．カタラーゼという酵素では，$\eta = 4.0 \times 10^8 \, dm^3 \, mol^{-1} \, s^{-1}$ で，それが触媒する反応は拡散だけで支配されており，基質が接触するとすぐに作用が起こるので，"完全な触媒" の状態を達成しているといわれる．

**例題 11・4**　酵素の触媒効率の求め方

炭酸デヒドラターゼは赤血球の中で $CO_2$ の水和を触媒し，炭酸水素塩イオンをつくる．

$$CO_2(g) + H_2O(l) \longrightarrow HCO_3^-(aq) + H^+(aq)$$

この反応について，pH=7.1，273.5 K，酵素濃度 2.3 nmol $dm^{-3}$ でつぎのデータが得られた．

| $[CO_2]/(mmol\,dm^{-3})$ | 1.25 | 2.50 |
|---|---|---|
| $v/(mmol\,dm^{-3}\,s^{-1})$ | $2.78\times 10^{-2}$ | $5.00\times 10^{-2}$ |

| $[CO_2]/(mmol\,dm^{-3})$ | 5.00 | 20.0 |
|---|---|---|
| $v/(mmol\,dm^{-3}\,s^{-1})$ | $8.33\times 10^{-2}$ | $1.67\times 10^{-1}$ |

273.5 K における炭酸デヒドラターゼの触媒効率を求めよ．

**解法**　$1/[S]$ と $1/v$ の表をつくり，ラインウィーバー–バークのプロットをする．$1/[S]=0$ における切片が $1/v_{max}$ で，プロットした点を通る直線の勾配が $K_M/v_{max}$ であるから，勾配を切片で割れば $K_M$ が得られる．(11・31) 式と酵素濃度から，(11・32) 式を使って $k_{cat}$ と酵素効率が計算できる．

---

1) turnover number または turnover frequency　2) catalytic constant　3) catalytic efficiency

**解答** つぎの表をつくる.

| $1/([CO_2]/(\text{mmol dm}^{-3}))$ | 0.800 | 0.400 | 0.200 | 0.050 |
| $1/(v/(\text{mmol dm}^{-3}\,\text{s}^{-1}))$ | 36.0 | 20.0 | 12.0 | 5.99 |

このデータを図 11・15 にプロットしてある. 最小二乗法により, 切片が 4.00, 勾配が 40.0 となる. したがって,

$$v_{\max}/(\text{mmol dm}^{-3}\,\text{s}^{-1}) = \frac{1}{\text{切片}} = \frac{1}{4.00} = 0.250$$

$$K_\text{M}/(\text{mmol dm}^{-3}) = \frac{\text{勾配}}{\text{切片}} = \frac{40.0}{4.00} = 10.0$$

である. この 2 式から,

$$k_\text{cat} = \frac{v_{\max}}{[\text{E}]_0} = \frac{2.5 \times 10^{-4}\,\text{mol dm}^{-3}\,\text{s}^{-1}}{2.3 \times 10^{-9}\,\text{mol dm}^{-3}} = 1.1 \times 10^{5}\,\text{s}^{-1}$$

$$\eta = \frac{k_\text{cat}}{K_\text{M}} = \frac{1.1 \times 10^{5}\,\text{s}^{-1}}{1.0 \times 10^{-2}\,\text{mol dm}^{-3}} = 1.1 \times 10^{7}\,\text{dm}^{3}\,\text{mol}^{-1}\,\text{s}^{-1}$$

が得られる.

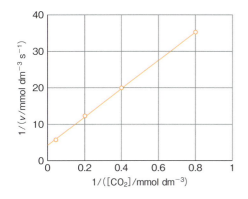

**図 11・15** 例題 11・4 のデータによるラインウィーバー–バークのプロット.

**ノート** 勾配と切片には単位がない.「必須のツール 1・1」を見よ.

---

**自習問題 11・6**

酵素 α キモトリプシンは哺乳類の膵臓で分泌され, ある種のアミノ酸がつくるペプチド結合を開裂する. 小さなペプチド, $N$-グルタリル-L-フェニルアラニン-$p$-ニトロアニリドの溶液を異なる濃度で数種つくり, それぞれに等量の α キモトリプシンを少し加えた. つぎのデータが生成物の生成の初速度について得られた. この反応の最大速度とミカエリス定数を求めよ.

| $[S]/(\text{mmol dm}^{-3})$ | 0.334 | 0.450 | 0.667 | 1.00 | 1.33 | 1.67 |
| $v/(\text{mmol dm}^{-3}\,\text{s}^{-1})$ | 0.152 | 0.201 | 0.269 | 0.417 | 0.505 | 0.667 |

[答: $v_{\max} = 2.80\,\text{mmol dm}^{-3}\,\text{s}^{-1}$, $K_\text{M} = 5.89\,\text{mmol dm}^{-3}$]

---

場合によっては酵素の作用が別の物質, **阻害剤**[1] によって部分的に抑えられることがある. このような阻害剤には, 生物が服用した毒素もあれば, 細胞の中にもともとあって細胞の調節機構に関与している物質もある. **競合阻害**[2] では, 阻害剤分子が基質分子と競合して活性部位を取合うために, 基質と結合する酵素の能力を低下させる (図 11・16). **非競合阻害**[3] では, 阻害剤は酵素分子の活性部位を狙わず別の部分に付き, その構造を歪ませることによって基質と結合する能力を抑える (図 11・17).

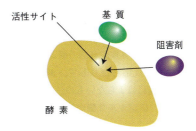

**図 11・16** 競合阻害では, 基質と阻害剤が活性サイトを奪いあう. 基質が活性サイトにうまく付いたときだけ反応が起こる.

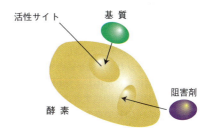

**図 11・17** 非競合阻害の一例. 基質と阻害剤が酵素分子の中の遠く離れたサイトに付き, 両方が付いた錯合体は生成物の生成には至らない.

## 連 鎖 反 応

多くの気相反応や液相での重合反応は**連鎖反応**[4] である. それは, あるステップで生成した中間体が次のステップで反応性の中間体をつくり, それがまた別の反応性中間体をつくるという具合に進む反応である.

### 11・14 連鎖反応の仕組み

連鎖反応が成長するための鍵を握る中間体を**連鎖担体**[5] という. **ラジカル連鎖反応**[6] の連鎖担体はラジカルである. イオンが連鎖反応を成長させる場合もある. 核分裂反応の連鎖担体は中性子である. ここでは, 連鎖担体として

---

1) inhibitor  2) competitive inhibition  3) non-competitive inhibition  4) chain reaction  5) chain carrier  6) radical chain reaction

ラジカルに注目する．ラジカルであることを強調するときは，不対電子を表す点を書いて（・$CH_3$ のように）表す．

ラジカル連鎖反応には，ふつうつぎの段階がある．ただし，すべてが必要なわけではない．

- **開始段階**[1]： ラジカルでない分子からラジカルができる．
- **成長段階**[2]： ラジカルが分子を攻撃し，新しいラジカルができる．
- **分岐段階**[3]： ラジカルによる攻撃でラジカルが 2 個できる．
- **遅延段階**[4]： ラジカルによる攻撃で生成物分子が減少する．
- **抑制段階**[5]： ラジカルが容器の壁と反応したり，外から加えた試薬と反応したりして，減少する．ただし，停止段階の機構にはよらないもの．
- **停止段階**[6]： ラジカル 2 個が結合して分子をつくり，連鎖が終了する．

### ● 簡単な例示 11・6 連鎖反応

開始段階では，熱分解反応による激しい分子間衝突，もしくは光分解反応によるフォトンの吸収によって $CH_3CH_3$ 分子が解離し，・$CH_3$ ラジカルができる．成長段階では，このラジカルが・$CH_3 + CH_3CH_3 \longrightarrow CH_4 +$ ・$CH_2CH_3$ の反応によって，別の反応物分子を攻撃する．停止段階では，$CH_3CH_2\cdot + \cdot CH_2CH_3 \longrightarrow CH_3CH_2CH_2CH_3$ の反応によって，ラジカル 2 個が結合する．・$CH_2CH_3$ ラジカルが反応容器の壁と反応して気相から取除かれることがあれば，抑制段階も関与することになる．もし，生成物が $CH_3CH_2CH_2CH_3$ であれば，$CH_3CH_2CH_2CH_3 +$ ・$CH_2CH_3 \longrightarrow \cdot CH_2CH_2CH_2CH_3 + CH_3CH_3$ のような原子の引抜き反応が遅延段階となるだろう． ●

### 自習問題 11・7

・$O\cdot + H_2O \longrightarrow HO\cdot + HO\cdot$ の過程は，どの段階に当てはまるか． ［答：分岐段階］

NO 分子は不対電子を 1 個もっており，きわめて効果的な連鎖抑制剤である．もし，NO を添加したとき気相反応が停止すれば，それはラジカル連鎖機構が働いている証拠である．

### 11・15 連鎖反応の速度式

連鎖反応は複雑な速度式を与えることがよくある（必ずというわけではない）．最初の例として，$H_2$ と $Br_2$ の間で起こる熱反応を考えよう．全反応と観測された速度式はつぎの通りである．

$$H_2(g) + Br_2(g) \longrightarrow 2\,HBr(g)$$

$$HBr\ の生成速度 = \frac{k_{r1}[H_2][Br_2]^{3/2}}{[Br_2] + k_{r2}[HBr]} \qquad (11\cdot34)$$

この速度式が複雑なのは，複雑な機構が関与していることを示している．この反応についてつぎのようなラジカル連鎖機構が提案されている．

**第 1 ステップ　開始段階**： $Br_2 \longrightarrow Br\cdot + Br\cdot$

$$Br_2\ の消滅速度 = k_a[Br_2]$$

**第 2 ステップ　成長段階**：

$$Br\cdot + H_2 \longrightarrow HBr + H\cdot \qquad v = k_b[Br][H_2]$$
$$H\cdot + Br_2 \longrightarrow HBr + Br\cdot \qquad v = k_c[H][Br_2]$$

このステップおよびこれ以降のステップで "速度" $v$ というときには，生成物のうちの一つの生成速度，あるいは反応物のうちの一つの消費速度のことである．

**第 3 ステップ　遅延段階**：

$$H\cdot + HBr \longrightarrow H_2 + Br\cdot \qquad v = k_d[H][HBr]$$

**第 4 ステップ　停止段階**：

$$Br\cdot + \cdot Br + M \longrightarrow Br_2 + M \qquad v = k_e[Br]^2$$

"第三体" としての M は不活性気体の分子で，再結合のエネルギーを除去する役目をする．M の濃度は一定なので速度定数 $k_e$ の中に含めてある．これ以外に考えられる停止段階には，H 原子が再結合して $H_2$ を形成するものや，H 原子と Br 原子が結合するものなどがある．しかし，Br 原子同士の再結合だけが重要であることがわかっている．

つぎの「式の導出」で示すように，この機構によれば観測された速度式をうまく説明することができ，そのときの経験的な速度定数は，それぞれの速度定数とつぎの関係にある．

$$k_{r1} = 2k_b \left(\frac{k_a}{k_e}\right)^{1/2} \qquad k_{r2} = \frac{k_d}{k_c} \qquad (11\cdot35)$$

このように考えてきた機構は，観測された速度式と少なくとも矛盾しないといえる．この機構をさらに検証するには，ここで考えた中間体を（分光法によって）実際に検出し，各素反応の速度定数を測定することによって，観測された複合速度定数が正しく再現できるかどうかを確かめればよい．

### 式の導出 11・7 連鎖反応の速度式

実験的に得られた速度式は，生成物 HBr の生成速度で表されている．そこで，HBr の正味の生成速度式を書くことからはじめる．HBr は第 2 ステップ（その両方の反応）で生成され，第 3 ステップで消費される．

---

1) initiation step　2) propagation step　3) branching step　4) retardation step　5) inhibition step　6) termination step

HBr の正味の生成速度

$= k_b[\text{Br}][\text{H}_2] + k_c[\text{H}][\text{Br}_2] - k_d[\text{H}][\text{HBr}]$

ここからさらに進めるためには，中間体である Br と H の濃度が必要である．そこで，それぞれの正味の生成速度を表す式を書き，その両方に定常状態の仮定を適用する．

H の正味の生成速度

$= k_b[\text{Br}][\text{H}_2] - k_c[\text{H}][\text{Br}_2] - k_d[\text{H}][\text{HBr}]$
$= 0$

Br の正味の生成速度

$= 2k_a[\text{Br}_2] - k_b[\text{Br}][\text{H}_2] + k_c[\text{H}][\text{Br}_2]$
$\qquad + k_d[\text{H}][\text{HBr}] - 2k_e[\text{Br}]^2$
$= 0$

これらの中間体の定常状態における濃度は両式を解けば求めることができ，

$$[\text{Br}] = \left(\frac{k_a[\text{Br}_2]}{k_e}\right)^{1/2} \quad [\text{H}] = \frac{k_b(k_a/k_e)^{1/2}[\text{H}_2][\text{Br}_2]^{1/2}}{k_c[\text{Br}_2] + k_d[\text{HBr}]}$$

が得られる．これらの濃度を HBr の生成速度の式に代入すれば次式が得られる．

$$\text{HBr の生成速度} = \frac{\overbrace{2k_b(k_a/k_e)^{1/2}[\text{H}_2][\text{Br}_2]^{3/2}}^{k_{r1}}}{[\text{Br}_2] + \underbrace{(k_d/k_c)}_{k_{r2}}[\text{HBr}]}$$

この式は実験で得られた速度式と同じかたちをしており，実験で求めた 2 個の速度定数は (11·35) 式で与えられることがわかる．

## 補遺 11·1

### フィックの拡散法則

#### 1. フィックの拡散の第一法則

図 11·18 のような系を考えよう．面積 $A$ の窓を左から時間 $\Delta t$ の間に通り抜ける分子の数は時間間隔 $\Delta t$ に比例し，また窓の左側で，厚さ $l$，面積 $A$ の，すなわち体積 $lA$ の薄板の中に入っている分子数に比例する．そこでの平均の (数) 濃度は $\mathcal{N}(x - \tfrac{1}{2}l)$ である．すなわち，

$$\text{左から来る数} \propto \mathcal{N}(x - \tfrac{1}{2}l) lA\Delta t$$

となる．同様に同じ時間に右から来る数は，

$$\text{右から来る数} \propto \mathcal{N}(x + \tfrac{1}{2}l) lA\Delta t$$

である．したがって，正味の流束はこれらの数の差を面積と時間間隔で割ったもので，

$$J \propto \frac{\mathcal{N}(x - \tfrac{1}{2}l) lA\Delta t - \mathcal{N}(x + \tfrac{1}{2}l) lA\Delta t}{A\Delta t}$$

$A\Delta t$ を消去

$$\propto \{\mathcal{N}(x - \tfrac{1}{2}l) - \mathcal{N}(x + \tfrac{1}{2}l)\} l$$

である．この二つの濃度を窓の位置での濃度 $\mathcal{N}(x)$ と濃度勾配 $\Delta\mathcal{N}/\Delta x$ で表すと，

$$\mathcal{N}\left(x + \tfrac{1}{2}l\right) = \mathcal{N}(x) + \tfrac{1}{2}l\frac{\Delta\mathcal{N}}{\Delta x}$$

$$\mathcal{N}\left(x - \tfrac{1}{2}l\right) = \mathcal{N}(x) - \tfrac{1}{2}l\frac{\Delta\mathcal{N}}{\Delta x}$$

となる．これから，

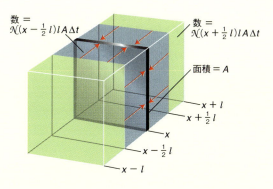

図 11·18 拡散速度の計算では，面積 $A$ の平面に両側から平均として $\tfrac{1}{2}l$ の距離のところから到達する分子の正味の流束を考察する．

$$J \propto \left\{\left(\mathcal{N}(x) - \tfrac{1}{2}l\frac{\Delta\mathcal{N}}{\Delta x}\right) - \left(\mathcal{N}(x) + \tfrac{1}{2}l\frac{\Delta\mathcal{N}}{\Delta x}\right)\right\} l$$

$$\propto -l^2 \frac{\Delta\mathcal{N}}{\Delta x}$$

を得る．ここで，比例定数を $D$ と書く (この中に $l^2$ を含めてしまう)．そうすれば (11·18) 式が得られる．

#### 2. フィックの拡散の第二法則

図 11·19 の系を考えよう．位置 $x$ にある面積 $A$ の窓を時間 $\Delta t$ の間に通り抜ける溶質粒子の数は $J(x)A\Delta t$ である．$J(x)$ は $x$ での流束である．少し離れた $x + \Delta x$ のところで面積 $A$ の窓を通って，この領域から外へ出る粒子の

数は $J(x+\Delta x)A\Delta t$ である．ここで，$J(x+\Delta x)$ はこの窓の場所での流束である．この二つの窓のところで濃度勾配が異なっていると，流入する流束と流出する流束は異なる．窓と窓の間の領域における溶質粒子の数の正味の変化は，

$$数の正味の変化 = J(x)A\Delta t - J(x+\Delta x)A\Delta t$$
$$= \{J(x) - J(x+\Delta x)\}A\Delta t$$

となる．ここで，$x+\Delta x$ における流束を $x$ における流束と流束の勾配 $\Delta J/\Delta x$ で表すと，

$$J(x+\Delta x) = J(x) + \frac{\Delta J}{\Delta x} \times \Delta x$$

となる．これから，

$$数の正味の変化 = \left\{J(x) - \left(J(x) + \frac{\Delta J}{\Delta x} \times \Delta x\right)\right\} \times A\Delta t$$
$$= -\frac{\Delta J}{\Delta x} \times \Delta x \times A\Delta t$$

が得られる．二つの窓の間の領域の中での濃度の変化は，数の正味の変化をその領域の体積 ($A\Delta x$) で割ったものに等しいから，正味の変化速度はこの濃度変化を時間間隔 $\Delta t$ で割れば得られる．すなわち $A\Delta x$ と $\Delta t$ の両方で割ると，

$$濃度変化の速度 = -\frac{\Delta J}{\Delta x}$$

となる．最後に，流束をフィックの第一法則でつぎのように表す．

$$濃度変化の速度 = -\frac{\Delta(-D \times \Delta \mathcal{N}/\Delta x)}{\Delta x}$$
$$= D\frac{\Delta^2 \mathcal{N}}{(\Delta x)^2}$$

濃度の"勾配の勾配"は前に濃度の"曲率"と書いたものであるから，(11・19) 式が得られたことになる．ここまでは $\Delta$ を使って説明してきたが，もっと正式に書けば，無限小変化 d の式が得られる．

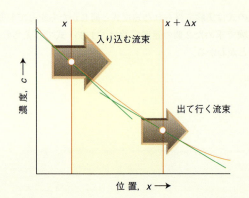

図 11・19 窓と窓のあいだでの濃度の変化を計算するには，左から入り込む流束と右へ出て行く流束の正味の効果を考えなければならない．2個の窓のところで濃度勾配が異なる場合にのみ正味の変化が生じる．

## チェックリスト

- [ ] 1 速度分析の緩和法では，まず反応の平衡位置を急速にシフトし，その後新しい条件に固有の平衡組成に再編成されるのに任せる．
- [ ] 2 素反応の分子度とは，互いに接近して反応する分子の数である．
- [ ] 3 1分子素反応は1次の速度式に従う．2分子素反応は2次の速度式に従う．
- [ ] 4 定常状態の近似では，中間体の濃度は反応の進行中ずっと小さく，一定であると仮定する．
- [ ] 5 律速段階とは反応機構の中で最も遅い段階で，全反応の速度を決めているものをいう．
- [ ] 6 反応が平衡に達していない限り，競合反応の生成物は速度論的に支配される．
- [ ] 7 "1分子"反応のリンデマン機構とは，気相1次反応の速度を説明する理論である．
- [ ] 8 溶液内の反応は，拡散律速か活性化律速のどちらかである．
- [ ] 9 触媒とは，反応を促進するが，自分は正味の化学変化を受けない物質である．
- [ ] 10 均一系触媒とは，反応混合物と同じ相にある触媒である．
- [ ] 11 酵素は生物学的な均一系触媒である．
- [ ] 12 酵素反応論のミカエリス–メンテン機構は，反応速度が基質の濃度にどう依存するかを説明する．
- [ ] 13 連鎖反応では，あるステップで生成する中間体 (連鎖担体) があとのステップで反応性の中間体を生成する．
- [ ] 14 連鎖反応には，開始段階，成長段階，抑制段階，遅延段階，分岐段階，停止段階がある．

## 重要な式の一覧

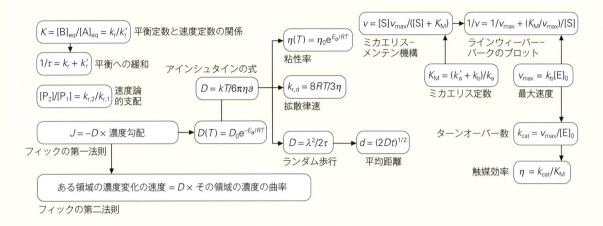

## 問題と演習

### 文章問題

**11·1** 正逆反応がともに2次であるとき，濃度が平衡に向かう時間変化の様子を，計算せずにグラフで概略を表せ．そのグラフは図11·2とどこが違うか．

**11·2** 律速段階は，反応機構のなかで最も遅い段階であるといってもよいか．

**11·3** 前駆平衡の近似と定常状態の近似を述べ，この二つから異なる結論が導かれる場合がある理由を説明せよ．

**11·4** 反応の速度論的支配と熱力学的支配の相違を説明せよ．どちらの場合が当てはまるかの判断基準は何か．

**11·5** 気相反応の中に1次反応があるのはなぜか．

**11·6** 酵素作用のミカエリス−メンテン機構の要点，応用，適用限界について説明せよ．

### 演習問題

**11·1** 基質がある酵素の活性部位につくときの平衡定数が $200\ dm^3\ mol^{-1}$ と測定された．別の実験で，この付着の2次速度定数は $1.5 \times 10^8\ dm^3\ mol^{-1}\ s^{-1}$ であることがわかった．活性部位から未反応の基質が離れるときの速度定数はいくらか．

**11·2** 25 °C で平衡 $NH_3(aq) + H_2O(l) \rightleftharpoons NH_4^+(aq) + OH^-(aq)$ に温度ジャンプをかけたところ，$NH_4^+(aq)$ と $OH^-(aq)$ の濃度が少し増加した．緩和時間の測定値は 7.61 ns であった．系の平衡定数は 25 °C で $1.78 \times 10^{-5}$，$NH_3(aq)$ の平衡濃度は $0.15\ mol\ dm^{-3}$ であった．正反応と逆反応の速度定数を計算せよ．

**11·3** 2種の放射性核種が逐次1次過程，

$$X \xrightarrow{22.5\ d} Y \xrightarrow{33.0\ d} Z$$

で崩壊する．ここでの時間は半減期（日）である．Yは医療用に必要な同位体であるとしよう．Xがはじめに生成したのち，Yが最も大量に存在するのはいつか．

**11·4** つぎの反応機構には中間体Aが関与している．

$$A_2 \rightleftharpoons A + A \quad (速い)$$
$$A + B \longrightarrow P \quad (遅い)$$

Pの生成の速度式を導け．

**11·5** つぎの機構による反応の速度式を導き，その際に行った近似を示せ．ただし，Mは不活性な物質とする．この機構が正しいか誤っているかを調べられる実験法を考案せよ．

$$A + M \longrightarrow A^* + M \quad A^* の生成速度 = k_a[A][M]$$
$$A^* + M \longrightarrow A + M \quad A^* の失活速度 = k_a'[A^*][M]$$
$$A^* \longrightarrow P \quad\quad\quad P の生成速度 = k_b[A^*]$$

**11·6** 前問の機構で，Aの活性化とA*の失活の両方にAとMが関与する場合の速度式を導け．この機構が正しいか誤っているかを調べられる実験法を考案せよ．

**11·7** 水溶液中での次亜塩素酸イオン $ClO^-$ から塩素酸イオン $ClO_3^-$ への転換は，つぎの2段階の機構で進行する．

(1) $ClO^- + ClO^- \longrightarrow ClO_2^- + Cl^-$

(2) $ClO_2^- + ClO^- \longrightarrow ClO_3^- + Cl^-$

塩素酸イオンの生成速度は，次亜塩素酸イオンの濃度の2乗に比例することがわかっている．(a) 全反応式を書け．(b) この機構の律速段階は何か．

**11·8** 水溶液中で2−クロロエタノール $CH_2ClCH_2OH$ と水酸イオンからエチレンオキシド $(CH_2CH_2)O$ が生成す

る反応の機構は，つぎの2段階から成ると考えられている.

(1) $CH_2ClCH_2OH + OH^-$
$$\rightleftharpoons CH_2ClCH_2O^- + H_2O \quad (速い)$$

(2) $CH_2ClCH_2O^- \longrightarrow (CH_2CH_2)O + Cl^- \quad (遅い)$

この機構について，エチレンオキシドの生成速度が次式で表されることを示せ.

$$速度 = k_2 K [CH_2ClCH_2OH][OH^-]$$

$K$ は第1段階の平衡定数，$k_2$ は第2段階の速度定数である.

**11·9** 大気中でのオゾンの分解について，つぎの機構が提案されている.

(1) $O_3 \longrightarrow O_2 + O$ および その逆反応 $(k_1, k_1')$

(2) $O + O_3 \longrightarrow O_2 + O_2$ $(k_2,$ 逆反応は無視できるほど遅い$)$

O を中間体として扱って定常状態の近似を用い，$O_3$ の分解速度の式を求めよ. また第2ステップが遅いとすると，分解速度は $O_3$ について2次，$O_2$ について −1次であることを示せ.

**11·10** ある一本鎖 A と B から二重ヘリックスが生成する反応について，つぎの機構を考えよう.

A + B $\rightleftharpoons$ 不安定ヘリックス （速い）

不安定ヘリックス $\longrightarrow$ 安定二重ヘリックス （遅い）

二重ヘリックス生成の速度式を導き，この反応の速度定数をそれぞれのステップの速度定数を使って表せ. 前駆平衡の近似の代わりに定常状態の近似を使ったら，結果はどう変わるか.

**11·11** 2種の生成物ができる反応で，その生成物の比が速度論的支配を受けると考えよう. 生成物1が生じる反応の活性化エネルギーは，生成物2が生じる場合より大きいとする. 温度を上げたら，この生成物の濃度比 $[P_1]/[P_2]$ は増加するか，それとも減少するか.

**11·12** リンデマン機構に従うある気相反応の実効速度定数が，$1.30\,kPa$ では $2.50 \times 10^{-4}\,s^{-1}$ で $12\,Pa$ では $2.10 \times 10^{-5}\,s^{-1}$ であった. この機構のうち活性化ステップの速度定数を計算せよ.

**11·13** (a) 水，(b) ペンタン に溶けた溶質の $298\,K$ での拡散律速の速度定数を計算せよ. ただし，粘性率はそれぞれ $1.00 \times 10^{-3}\,kg\,m^{-1}\,s^{-1}$, $2.2 \times 10^{-4}\,kg\,m^{-1}\,s^{-1}$ である.

**11·14** (a) 濃度勾配が $0.10\,mol\,dm^{-3}\,m^{-1}$ のところを流れる栄養剤分子の流束はいくらか. (b) 面積 $5.0\,mm^2$ の断面を通って $1.0\,min$ に通過する分子の量（モル単位で）はいくらか. 拡散係数の値としてスクロース水溶液の値 $(5.22 \times 10^{-10}\,m^2\,s^{-1})$ を使え.

**11·15** 水に溶けたスクロース分子について，$25\,°C$ で出発点からある一次元方向に (a) $10\,mm$, (b) $10\,cm$, (c) $10\,m$ 拡散するのにどれだけの時間がかかるか.

**11·16** 流体中での物質の移動度は，栄養学的な過程で最も重要な性質である. (a) 一次元で，$1.8\,ps$ ごとに $150\,pm$ ジャンプする分子の拡散係数を求めよ. (b) 各ステップで半分だけジャンプするとしたら，この分子の拡散係数はどうなるか.

**11·17** 湖でも拡散は重要だろうか. $H_2O$ 程度の大きさの汚染物質の分子が，幅 $100\,m$ の湖を横断するのにどれだけの時間がかかるか.

**11·18** 汚染物質は環境中で対流（風や流れ）と拡散で広がる. 分子が一次元のランダム歩行をするとして，出発点から $1000$ ステップ分の距離のところまで行くのに何ステップ必要か.

**11·19** 水の粘性率は $20\,°C$ で $1.0019\,mN\,m^{-2}\,s$, $30\,°C$ では $0.7982\,mN\,m^{-2}\,s$ である. 水分子の運動の活性化エネルギーはいくらか.

**11·20** ある反応の活性化ギブズエネルギーが，触媒を使うことよって $150\,kJ\,mol^{-1}$ から $15\,kJ\,mol^{-1}$ まで減少した. $37\,°C$ で，触媒があるときとないときの反応速度の比を計算せよ.

**11·21** 反応 $2H_2O_2(aq) \longrightarrow 2H_2O(l) + O_2(g)$ は，$Br^-$ イオンによって触媒作用を受ける. この機構が，

$$H_2O_2 + Br^- \longrightarrow H_2O + BrO^- \quad (遅い)$$

$$BrO^- + H_2O_2 \longrightarrow H_2O + O_2 + Br^- \quad (速い)$$

であると仮定して，反応に関与する化学種について反応の次数を示せ.

**11·22** つぎの酸触媒反応について，

$$HA + H^+ \rightleftharpoons HAH^+ \quad (速い)$$

$$HAH^+ + B \longrightarrow BH^+ + AH \quad (遅い)$$

速度式を導き，それが $[H^+]$ に無関係なかたちで表せることを示せ.

**11·23** 水溶液中でのアセトン（プロパノン）$(CH_3)_2CO$ の縮合反応は，塩基 B によって触媒される. この塩基はアセトンと可逆的に反応してカルボアニオン $C_3H_5O^-$ をつくる. そのカルボアニオンはアセトン1分子と反応して生成物を与える. この機構を単純化して表すと，

(1) $AH + B \longrightarrow BH^+ + A^-$

(2) $A^- + BH^+ \longrightarrow AH + B$

(3) $A^- + HA \longrightarrow 生成物$

となる. AH はアセトンを，$A^-$ はそのカルボアニオンを表す. 定常状態の近似を使ってカルボアニオンの濃度を求め，生成物の生成の速度式を導け.

**11·24** 「式の導出 11·6」で説明したように，ミカエリスとメンテンは E, S, ES の間で急速に前駆平衡が成り立っていると仮定して速度式を導いた. このやり方で速度式を導き，どんな条件のときに定常状態の近似に基づく速度式（11·24式）と同じになるかを示せ.

**11·25** ある基質の酵素触媒変換反応の $25\,°C$ におけるミ

カエリス定数は $0.045\ mol\ dm^{-3}$ である．基質の濃度が $0.110\ mol\ dm^{-3}$ のとき，この反応の速度は $1.15\ mmol\ dm^{-3}\ s^{-1}$ であった．この酵素反応の最大速度はどれだけか．

**11·26** ある基質の酵素触媒変換反応の $25\ ^\circ C$ におけるミカエリス定数は $0.015\ mol\ dm^{-3}$ である．酵素の濃度が $3.60\times10^{-9}\ mol\ dm^{-3}$ のとき，この反応の最大速度が $4.25\times10^{-4}\ mol\ dm^{-3}\ s^{-1}$ であった．$k_{cat}$ と触媒効率 $\eta$ を計算せよ．この酵素は "触媒として完全" か．

**11·27** $20\ ^\circ C$ において，ATP アーゼの濃度が $20\ nmol\ dm^{-3}$ のとき，ATP に対する ATP アーゼの作用についてつぎの結果が得られた．

| $[ATP]/(\mu mol\ dm^{-3})$ | 0.60 | 0.80 | 1.4 | 2.0 | 3.0 |
|---|---|---|---|---|---|
| $v/(\mu mol\ dm^{-3}\ s^{-1})$ | 0.81 | 0.97 | 1.30 | 1.47 | 1.69 |

ミカエリス定数，この反応の最大速度，酵素の最大ターンオーバー数を求めよ．

**11·28** 酵素触媒反応のデータを表し，解析するにはいろいろな方法が使える．たとえば，**イーディー‐ホフステープロット** [1] では，$v/[S]_0$ に対して $v$ をプロットする．また，**ヘインズプロット** [2] では，$[S]_0/v$ を $[S]_0$ に対してプロットする．(a) 単純ミカエリス‐メンテン機構を使って $v/[S]_0$ と $v$ の間の関係および $[S]_0/v$ と $[S]_0$ の間の関係を導け．(b) イーディー‐ホフステープロットおよびヘインズプロットの解析から，どのようにして $K_M$ と $v_{max}$ の値が得られるか．(c) 演習問題 11·27 の反応について，イーディー‐ホフステープロットおよびヘインズプロットでデータを解析して，この反応のミカエリス定数と最大速度を求めよ．

**11·29** つぎの連鎖機構を考える．

(1) $AH \longrightarrow A\cdot + H\cdot$

(2) $A\cdot \longrightarrow B\cdot + C$

(3) $AH + B\cdot \longrightarrow A\cdot + D$

(4) $A\cdot + B\cdot \longrightarrow P$

この連鎖反応の開始段階，成長段階，停止段階はどれか．また，定常状態の近似を用いて AH の分解反応が AH について 1 次であることを示せ．

**11·30** $R_2$ の熱分解について，つぎの機構を考えた．

(1) $R_2 \longrightarrow R + R$

(2) $R + R_2 \longrightarrow P_B + R'$

(3) $R' \longrightarrow P_A + R$

(4) $R + R \longrightarrow P_A + P_B$

ここで，$R_2, P_A, P_B$ は安定な炭化水素であり，R と R′ はラジカルである．$R_2$ の分解速度は $R_2$ の濃度にどう依存するか．

**11·31** (a) 「式の導出 11·7」を参考にして，H と Br の正味の生成速度を表す式から，[H] と [Br] の定常状態の濃度を表す式を求めよ．(b) HBr の濃度が (i) 非常に低いとき，(ii) 非常に高いとき，この反応の次数は（各化学種について）いくらか．それぞれの場合について説明せよ．

## プロジェクト問題

記号 ‡ は微積分の計算が必要なことを示す．

**11·32** 10 章で説明した実験法を酵素触媒反応に適用することについてレポートを書け．ただし，つぎの項目を含めよ．(a) 長時間のスケールで反応速度を測定すること．(b) 基質が酵素に結合するときの速度定数と平衡定数を求めること．(c) 一つの触媒サイクルで発生する中間体を同定すること．レポートは本書の「インパクト」の程度の内容と長さでよい．

**11·33 ‡** ここでは，平衡に接近する反応速度をもっと定量的に吟味しよう．(a) (11·2) 式が平衡に接近する速度式の正しい解であることを（微分によって）確かめよ．(b) (11·2) 式を導くときの同じ速度式の解を求めよ．ただし，最初に B がいくらか存在しているものとせよ．また，求めた解が，$[B]_0 = 0$ のときには (11·2) 式に帰着することを確かめよ．

**11·34 ‡** (11·5) 式の 3 式が，逐次 1 次反応の速度式の正しい解であることを確かめよ．

**11·35** タンパク質は，溶液中や生体細胞中で特定の三次元構造を示す高分子である．それは，いろいろ異なるアミノ酸がペプチド鎖 $-CONH-$ によって結びついてできたポリペプチドである．ポリペプチドのアミノ酸の間を結ぶ水素結合によって，安定ならせん構造もしくはシート構造ができる．ある条件が変われば，その構造は崩壊してランダムコイルになる．ここで，鎖の中ほどで開始段階が起こるようなポリペプチド鎖のヘリックス‐コイル転移，

$$hhhh\cdots \rightleftharpoons hchh\cdots$$
$$hchh\cdots \rightleftharpoons cccc\cdots$$

の機構を考えよう．h と c はそれぞれ，ヘリックス領域のアミノ酸残基とコイル領域のアミノ酸残基を表す．どちらのステップも比較的遅いから，どちらも律速段階となりうる．(a) この機構に対する速度式をつくれ．(b) 定常状態の近似を用い，この状況では，この機構は $hhhh\cdots \rightleftharpoons cccc\cdots$ と同等であることを示せ．(c) 実験法についての知識と (a) と (b) の結果から考えて，つぎのようにいうことができるか．賛成または反対の理由も述べよ．"単純な速度の測定からではタンパク質のフォールディングにおける中間体についての実験的な証拠を得ることは困難で，特殊な時間分解法，あるいはトラッピングの方法を使わなければ中間体を直接検出することはできない."

---

1) Eadie–Hofstee plot　2) Hanes plot

# 12

# 量 子 論

### 量子論の出現

12・1　原子スペクトルと分子スペクトル:
エネルギーの塊

12・2　光電効果: 粒子としての光

12・3　電子の回折: 波としての粒子

### 微視的な系の動力学

12・4　シュレーディンガー方程式

12・5　ボルンの解釈

12・6　不確定性原理

### 量子力学の応用

12・7　並進運動

12・8　回転運動

12・9　振動運動: 調和振動子

### 補遺 12・1　変数分離法

### チェックリスト

### 重要な式の一覧

### 問題と演習

　化学の諸現象は，われわれが物質について現在もっている最も基本的な記述法である量子力学の基本概念をしっかり理解しなければ完全に理解することはできない．このことは，組成や構造の研究に中心的な地位を占めているほとんどすべての分光法でもいえる．化学反応の研究も著しく進歩し，現代では得られる情報が非常に詳しいから，その解釈に量子力学を使わなければならない．もちろん，化学の最先端である原子や分子の電子構造に関する研究では，量子力学の概念を使わなければ論じることができない．

　量子力学の役割は，実はその存在すら，20 世紀になって初めて認められたものである．それまでは，原子やそれを構成する粒子の運動は，17 世紀にニュートン[1] によって導入された古典力学の諸法則 (「基本概念」を見よ) を使えば表せると考えられていた．それによって惑星の運動や振り子，投射物など日常的な物体の運動が見事に説明されたからであった．しかしながら，19 世紀末にかけて，原子や核，電子など非常に小さな粒子に古典力学を適用するときや，エネルギーの移動量が非常に小さいときは，うまく説明できない実験事実が次々に現れてきた．そして，やがて 1926 年になって，それをうまく記述する概念や式が見いだされたのであった．

## 量 子 論 の 出 現

　量子論は 19 世紀末に行われた一連の実験結果から生まれたものである．ここで関係のあるものとして，きわめて重要な実験が三つある．その一つは，それまで 2 世紀にわたって正しいとされてきた考えとは反対に，系と系の間で，エネルギーがある量の塊としてしか移動できないことを示すものであった．もう一つは，長年の間，波と考えられてきた電磁放射線 (光) が実は粒子の流れのように振舞うことを示すものであった．3 番目は，1897 年に発見され

---

1) Isaac Newton

て以来，粒子であると考えられてきた電子が実は波のように振舞うことを示す実験結果であった．この節では，これら三つの実験を振り返ってみて，正しい力学が備えなければならない性質を解明することにしよう．

## 12・1 原子スペクトルと分子スペクトル：エネルギーの塊

**スペクトル**[1] というのは，原子や分子によって吸収されたり放出されたりした電磁放射線の振動数または波長（この二つの間には $\lambda = c/\nu$ の関係がある）を図に表したものである．代表的な原子発光スペクトルを図 12・1 に，分子吸収スペクトルを図 12・2 にそれぞれ示す．この両方のスペクトルの特徴は，<u>一連の離散的な振動数の光が放射されたり吸収されたりする</u>ということである．このように，とびとびの振動数の光が発射されることは，つぎのように考えれば理解できる．すなわち，

- 原子や分子がもつエネルギー自体が離散的である．そこで，原子や分子が許される状態の間で飛び移るとき，エネルギーは塊としてしか放出や吸収がされない（図12・3）．
- 放射線の振動数は，始めと終わりの状態のエネルギー差に関係している．

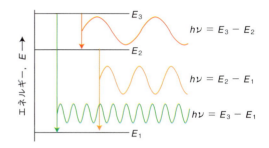

図 12・3 分子が離散的なエネルギー準位間で変化するときにフォトンを放出すると仮定すれば，スペクトル線を説明することができる．その遷移に関与する二つの準位のエネルギーが大きく異なるときは高振動数の放射線が放出され，二つの準位のエネルギーが近いときは低振動数の放射線が放出される．

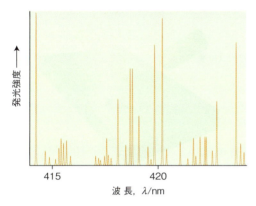

図 12・1 励起した鉄原子が放出する放射線のスペクトルの一部．一連のとびとびの波長（つまり振動数）の放射線からなる．

最も簡単な仮定は**ボーアの振動数条件**[2]で，これは振動数 $\nu$（ニュー）がエネルギー差 $\Delta E$ と比例関係にあるというもので，

$$\Delta E = h\nu \qquad \text{ボーアの振動数条件} \qquad (12 \cdot 1)$$

と書ける．$h$ は比例定数である．あとで説明する実験的な証拠から，この簡単な関係が正しいことがわかり，$h = 6.626 \times 10^{-34}\,\mathrm{J\,s}$ という値が得られる．この定数はいまでは**プランク定数**[3] として知られているが，それはドイツの物理学者プランク[4]が，彼の理論の中で導入したことによる（12・2 節を見よ）．

### ● 簡単な例示 12・1　ボーアの振動数条件

街路灯に使われているナトリウム原子が発する明るい黄色光の波長は 590 nm である．波長と振動数の間には $\nu = c/\lambda$ の関係があるから，原子がエネルギー $\Delta E = hc/\lambda$ を失うとき，その分の光が放出される．いまの場合は，

$$\Delta E = \frac{(6.626 \times 10^{-34}\,\mathrm{J\,s}) \times (2.998 \times 10^{8}\,\mathrm{m\,s^{-1}})}{5.9 \times 10^{-7}\,\mathrm{m}}$$

$$= 3.4 \times 10^{-19}\,\mathrm{J}$$

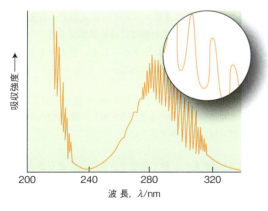

図 12・2 分子が状態を変えるときは，あるはっきりした振動数の放射線を吸収する．この図は二酸化硫黄（$SO_2$）分子のスペクトルの一部を示す．このスペクトルから，分子は連続的に変化するエネルギーでなく，離散的なエネルギーしかもてないことがわかる．

---

1) spectrum　2) Bohr frequency condition　3) Planck's constant　4) Max Planck

すなわち 0.34 aJ である．このエネルギーは，いろいろなやり方で表すことができる．

- アボガドロ定数を掛ければ，原子 1 mol 当たりのエネルギー差として 200 kJ mol$^{-1}$ と表せる．これは，弱い化学結合と同じくらいのエネルギーである．
- 非常に便利な単位として，電子ボルト (eV) が使える．1 eV は，電子が電位差 1 V の間を通過して加速されたときに獲得する運動エネルギーに相当している．1 eV = 1.602 × 10$^{-19}$ J である．したがって，上の $\Delta E$ の計算値は 2.1 eV である．原子のイオン化エネルギーはふつう数 eV である．

**自習問題 12・1**

ネオンランプは，波長 736 nm の赤色の光を出す．この発光に関与するエネルギー準位の間隔を J，kJ mol$^{-1}$，eV の単位で表せ．

［答： 2.70 × 10$^{-19}$ J， 163 kJ mol$^{-1}$， 1.69 eV］

ここまでくれば，力学のどんな体系でも守らなければならない自然の摂理として，原子や分子の内部モードはある決まった大きさのエネルギーしかもてないと結論することができる．すなわち，これらのモードのエネルギーは**量子化**[1]されている．

## 12・2 光電効果: 粒子としての光

19 世紀の半ばまでは，電磁放射線は波であるという見方が一般的であった（「基本概念」を見よ）．この見方を強力に支持する事実が山ほどあった．特に有力だったのは，光が**回折**[2]を起こすということで，この現象は波の通路に置いた一つの物体によって波の干渉が引き起こされる現象で，観測位置では明暗の縞模様が生じるものである．

電磁放射線に対する新しい見方が出現し始めたのは 1900 年で，電磁振動子のエネルギーは離散的な値に限られ，任意の値をとれないのをドイツの物理学者プランクが発見したときであった．彼の提案は，どんなエネルギー値でもとれるとする古典物理学の見方と全く相容れないものであった．具体的には，熱い物体が発する放射線のエネルギー分布を説明するには，振動数 $\nu$ の電磁振動子は $h\nu$ の整数倍のエネルギーしかとれないと仮定するしかないのをプランクは発見したのであった．すなわち，

$$E = nh\nu \quad n = 0, 1, 2, \cdots \quad (12\cdot2)$$

電磁振動子のエネルギーの量子化

である．$h$ はプランク定数である．この結論をきっかけとしてアインシュタイン[3]は，放射線というのは粒子の流れであり，それぞれの粒子は $h\nu$ というエネルギーをもつと考えるに至った．このような粒子が 1 個あれば，その放射線のエネルギーは $h\nu$ であり，同じ振動数の粒子が 2 個あれば $2h\nu$ などとなる．このような電磁放射線の粒子を，いまでは**フォトン**[4]という．放射線を粒子の流れと考えるこのような描像によれば，強い単色の（振動数が一つの）放射線というのは，同じフォトンの密度の濃い流れによるものである．同じ振動数で弱い放射線というのは，同じフォトンの数が比較的少ないものである．

放射線（光）を粒子の流れと解釈する見方を確実なものにした証拠は**光電効果**[5]からもたらされた．これは金属に紫外放射線を照射したとき電子が金属から放出される現象である（図 12・4）．光電効果の特徴をまとめるとつぎのとおりである．

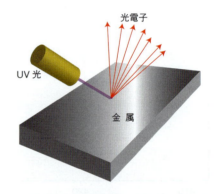

図 12・4 光電効果を見せる実験．金属表面の一部を紫外線で照射すると，その光の振動数が金属の種類で決まるしきい値を超えていれば，その表面から電子が放出される．

1. 光の振動数がその金属に特有なあるしきい値を超えない限り，光の強度に関わらず電子は全く放出されない．
2. 放出された電子の運動エネルギーは入射光の振動数と直線関係があるが，光の強度には無関係である．
3. 弱い光であっても振動数がそのしきい値よりも上ならば，電子はただちに放出される．

**ノート** $y$ と $x$ の間に $y = b + mx$ の関係があるとき，$y$ と $x$ には直線関係があるという．もし，関係式が $y = mx$ であれば $y$ は $x$ に**比例する**という．

これらの観測事実から強く推察できるのは，何らかの粒子状の投射物が金属中の電子をたたき出すのに必要なエネルギーをもっていれば，光電効果はそれと電子が衝突することによると解釈できるということである．$\nu$ をその放射線の振動数であるとして，その投射物がエネルギー $h\nu$ のフォトンであるとすれば，エネルギーの保存則によって，電子の運動エネルギー $E_k$（電子の速さを $v$ とすれば

---

1) quantized　2) diffraction　3) Albert Einstein　4) photon　5) photoelectric effect

$\frac{1}{2}m_e v^2$) はフォトンが与えたエネルギーから金属中の電子を取除くのに必要なエネルギー $\Phi$ (大文字ファイ) を差し引いたエネルギーに等しくなければならない (図 12·5). すなわち,

$$E_k = h\nu - \Phi \quad \text{光電効果} \quad (12·3)$$

である. $\Phi$ をその金属の**仕事関数**[1] という. 原子でいえば, これはイオン化エネルギーに相当する量である.

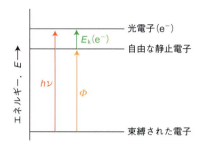

**図 12·5** 光電効果では, 入射するフォトンはある決まった量のエネルギー $h\nu$ を運んでくる. そのフォトンが標的金属の表面に近い電子と衝突してそのエネルギーを移す. 仕事関数 $\Phi$ とエネルギー $h\nu$ との差が放出された電子の運動エネルギーとして現れる.

$h\nu < \Phi$ のときは, フォトンは電子を追い出すだけのエネルギーを与えないから, **光電子放出**[2] (光による電子の放出) は起こらない. このことは上で述べた観測結果 1 と合う. (12·3) 式から, 放出された電子のエネルギーは振動数に対して直線的に増加すると予測できる. それは上の観測結果 2 と合う. フォトンは電子と衝突すれば, もっていたエネルギーすべてを失うので, フォトンが十分なエネルギーをもって衝突すれば, 電子はただちに飛び出してくると思われる. それが観測結果 3 である.

このように光電効果は光の粒子性とフォトンの存在を示す強い証拠になっている. さらに, $E_k$ を $\nu$ に対してプロットすれば勾配 $h$ の直線になるから, これは $h$ を求める方法でもある.

**例題 12·1 光電子放出のしきい値の計算**

ある金属に波長 $\lambda = 305$ nm の放射線 (フォトン) を当てたとき, $E_k = 1.77$ eV の電子が放出された. この光電子放出のしきい値を計算せよ. それは, この金属からたたき出された電子の運動エネルギーが 0 のときの入射放射線の振動数 (または波長) である.

**解法** まず, この金属の仕事関数を計算する. それには, $\nu = c/\lambda$ の関係と (12·3) 式を変形した式 $\Phi = h\nu - E_k$ を使う. 光電子放出のしきい値は, 振動数 $\nu_{\text{最小}} = \Phi/h$,

波長 $\lambda_{\text{最大}} = c/\nu_{\text{最小}}$ に相当する.

**解答** 仕事関数の式 $\Phi = h\nu - E_k$ から, 光電子放出の最小振動数は,

$$\nu_{\text{最小}} = \frac{\Phi}{h} = \frac{h\nu - E_k}{h} = \overset{\nu = c/\lambda}{\frac{c}{\lambda}} - \frac{E_k}{h}$$

である. 入射フォトンの波長は $\lambda = 305$ nm $= 3.05 \times 10^{-7}$ m であるから, そのときの電子の運動エネルギーは,

$$E_k = 1.77 \text{ eV} \times (1.602 \times 10^{-19} \text{ J eV}^{-1})$$
$$= 2.84 \times 10^{-19} \text{ J}$$

である. そこで,

$$\nu_{\text{最小}} = \underset{\lambda}{\frac{\overset{c}{2.998 \times 10^8 \text{ m s}^{-1}}}{3.05 \times 10^{-7} \text{ m}}} - \underset{h}{\frac{\overset{E_k}{2.84 \times 10^{-19} \text{ J}}}{6.626 \times 10^{-34} \text{ J s}}}$$

$$= 5.54 \times 10^{14} \text{ s}^{-1}$$

となる. したがって, 最大波長は,

$$\lambda_{\text{最大}} = \frac{\overset{c}{2.998 \times 10^8 \text{ m s}^{-1}}}{\underset{\nu_{\text{最小}}}{5.54 \times 10^{14} \text{ s}^{-1}}} = 5.41 \times 10^{-7} \text{ m}$$

である. つまり 541 nm である.

**自習問題 12·2**

ある金属表面に波長 165 nm の紫外光を当てたとき, 電子が 1.24 Mm s$^{-1}$ (1 Mm $= 10^6$ m) の速さで放出された. この金属に波長 265 nm の放射線を当てたとき放出される電子の速さを計算せよ. [答: 735 km s$^{-1}$]

## 12·3 電子の回折: 波としての粒子

光電効果は, 光が粒子のある性質を備えていることを示している. それは長年確立していた光の波動説に反するものであったが, 同様の見解が示されたことはそれまでもあった. しかし, そのつど捨て去られたわけである. 一方, 著名な科学者で, ものが波動の振舞いをするという見解を示した人は誰もいなかった. しかしながら, 1920 年代はじめに行われた実験によって, 人々はそのような結論さえも容認せざるを得なくなった. その決定的な実験はアメリカの物理学者デビソン[3] とガーマー[4] によって行われたもので, 彼らは結晶による電子の回折を観測した (図 12·6).

"もの" に関する二つの見方をまとめて一つの見解とするにはどうすればいいかについて混乱が生じたのは当然であった. これはいまに至っても続いている. その方向への

---

1) work function  2) photoejection  3) Clinton Davisson  4) Lester Germer

ある程度の進展が，1924年，ドブローイ[1]によってもたらされた．彼は，直線運動量 $p = mv$ で運動する粒子は何であっても，**ドブローイの式**[2]，

$$\lambda = \frac{h}{p} \quad \text{ドブローイの式} \quad (12\cdot4)$$

を満たす波長 $\lambda$ を（ある意味で）もつはずであると提案した．この波長に対応する波をドブローイは"**物質波**"[3]と名付けたが，数学的には $\sin(2\pi x/\lambda)$ で表されるものである．ドブローイの式によれば，粒子の速さが速くなれば"物質波"の波長は短くなる（図12·7）．また，速さが同じであれば重い粒子は軽い粒子よりも波長の短い波を伴う．デビソン-ガーマーの実験で使われた電子について (12·4) 式で予測された波長が，観測された回折パターンと詳細な点まで一致したから，これによって (12·4) 式は確かめられたのである．

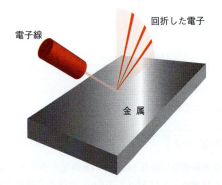

**図12·6** デビソン-ガーマーの実験では，ニッケルの単結晶に向けて電子線を当てたとき，散乱された電子は角度によって強度が異なる．その強度変化は電子が波動性をもっていて，それが固体の原子層で回折されると考えたときに予想される模様に対応するものであった．

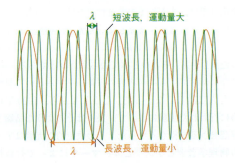

**図12·7** ドブローイの式によれば，運動量の小さな粒子は波長が長く，運動量の大きな粒子は波長が短い．運動量が大きいのは，質量が大きいか速度が大きいかによる（$p = mv$ だから）．マクロな物体は質量が非常に大きいから，たとえ非常にゆっくり運動していても，その波長は検出できないほど短い．

**例題12·2** ドブローイ波長の計算

静止している電子に 1.00 kV の電位差をかけて加速したとき，その電子の波長を求めよ．

**解法** 一連の関係式を立てる必要がある．電位差の値から加速された電子が獲得する運動エネルギーを導くことができる．次に，その運動エネルギーから電子の直線運動量を求める必要がある．最後に，その直線運動量を使ってドブローイの式から波長を計算する．

**解答** 電荷 $-e$ の電子が静止状態から電位差 $\Delta\phi$ で加速されたとき獲得する運動エネルギーは，

$$E_k = e\Delta\phi$$

である．$E_k = \frac{1}{2}m_e v^2$ と $p = m_e v$ から，直線運動量と運動エネルギーの間の関係は $p = (2m_e E_k)^{1/2}$ となるから，

$$p = (2m_e e\Delta\phi)^{1/2}$$

を得る．この式をドブローイの式に入れれば，

$$\lambda = \frac{h}{(2m_e e\Delta\phi)^{1/2}}$$

となる．ここでデータを代入し，1 C V = 1 J，1 J = 1 kg m² s⁻² を使えば，

$$\lambda = \frac{\overbrace{6.626 \times 10^{-34} \text{ J s}}^{h}}{\left[2 \times \underbrace{(9.109 \times 10^{-31} \text{ kg})}_{m_e} \times \underbrace{(1.602 \times 10^{-19} \text{ C})}_{e} \times \underbrace{(1.00 \times 10^3 \text{ V})}_{\Delta\phi}\right]^{1/2}}$$

$$= \frac{6.626 \times 10^{-34}}{\left[2 \times (9.109 \times 10^{-31}) \times (1.602 \times 10^{-19}) \times (1.00 \times 10^3)\right]^{1/2}} \times \underbrace{\frac{\overbrace{\text{J s}}^{\text{kg m}^2 \text{s}^{-1}}}{\underbrace{(\text{kg C V})^{1/2}}_{\text{kg m s}^{-1}}}}$$

$$= 3.88 \times 10^{-11} \text{ m}$$

が得られる．38.8 pm という波長は，分子内の代表的な結合長（約 100 pm）の程度である．そこで，こうして加速された電子は**電子回折**[4]に使われる．これは電子ビームを試料に当てたときの干渉で生じる図形を解釈して，原子の位置を求める技法である．

**自習問題12·3**

10 MeV（1 MeV = $10^6$ eV）の粒子加速器中の電子の波長を求めよ． ［答: 0.39 pm］

---

1) Louis de Broglie  2) de Broglie relation  3) matter wave  4) electron diffraction

その後，水素や $C_{60}$ 分子などほかの粒子についてもデビソン-ガーマーの実験が行われ，"粒子"が波動性をもつことがはっきりと示された．また，すでに説明したように"波"は粒子性をもつ．こうして，われわれは近代物理学の核心に迫ることになる．原子的な尺度で調べると，粒子と波動の概念は融合してしまい，粒子は波動の特性をもち，波動は粒子の特性をもつ．物質と放射線がもつ粒子と波が合わさった特性のことを**波-粒子二重性**[1]という．これは以下の説明で中心をなす考え方である．

## 微視的な系の動力学

あるとびとびの決まったエネルギーをもつ原子と分子だけが存在できること，波が粒子の性質を示すこと，粒子が波の性質を示すこと，これらの事実とどう折り合いをつければよいのだろうか．

ここではドブロイの式を出発点におき，粒子がはっきりした速さで厳密に決まった道，すなわち軌道の上を運動するという古典的な考え方を捨てることにする．ここからは，粒子は波のように空間に広がっているという量子力学的な見方を採用する．その分布を記述するために，厳密な軌道の代わりに**波動関数**[2] $\psi$（プサイ）という概念を導入し，$\psi$ を計算し解釈する方式をつくりだす．"波動関数"はドブロイの"物質波"の現代版の用語で，ごく粗い第一近似としては，ぼやけた軌道を表すものとみてもよい（図12・8）．しかし，以下の数節でこの見方をもっと洗練されたものにしよう．波動関数の定義を形式的に表せば，系の状態に関する動力学的な情報をすべて含む数学関数といえる．

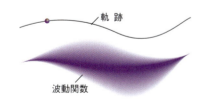

**図 12・8** 古典力学によれば，粒子ははっきり決まった軌跡を描き，各瞬間に厳密に指定できる位置と運動量をもつ（図でははっきりした経路として示してある）．量子力学によれば，粒子ははっきりした軌道をもつことはなく，どの瞬間にも，ある位置にその粒子を見いだす確率があるだけである．その確率分布を決めている波動関数は，いわばぼやけた軌跡である．この図では，影をつけた領域で波動関数を表している．影が濃い領域ほどそこに粒子を見いだす確率が大きい．

## 12・4 シュレーディンガー方程式

1926年，オーストリアの物理学者シュレーディンガー[3]は，波動関数を計算するための方程式を提案した．質量 $m$，エネルギー $E$ で一次元の運動をしている1個の粒子の**シュレーディンガー方程式**[4]，なかでも時間に依存しないシュレーディンガー方程式はつぎのように表される．

$$-\frac{\hbar^2}{2m}\frac{d^2\psi}{dx^2} + V(x)\psi = E\psi$$

シュレーディンガー方程式　(12・5a)

シュレーディンガー方程式は微分方程式であり，この場合は二階常微分方程式である（「必須のツール 10・1」を見よ）．(12・5a) 式の $V(x)$ はポテンシャルエネルギーである．$\hbar$（エイチ バー と読む）はよく使うプランク定数の変形で，

$$\hbar = \frac{h}{2\pi} = 1.055 \times 10^{-34} \text{ J s}$$

である．$d^2\psi/dx^2$ に比例する項は運動エネルギー（これに $V$ を加えると全エネルギー $E$ になる）と密接な関係がある．数学的には，これは各位置における波動関数の曲率を表すものと解釈できる．すなわち，波動関数が鋭く曲がっていると $d^2\psi/dx^2$ が大きく，わずかしかカーブしていなければ $d^2\psi/dx^2$ は小さい．この解釈の意味はあとではっきりするが，いまは頭の隅にとどめておけばよい．

(12・5a) 式を非常に簡単なかたちに，

$$\hat{H}\psi = E\psi$$

シュレーディンガー方程式の簡略形　(12・5b)

と書くことが多い．"$\hat{H}\psi$" は (12・5a) 式の左辺全体を表す．$\hat{H}$ を系の**ハミルトニアン（ハミルトン演算子）**[5]という．これは，古典力学をこの概念を使うかたちに整理した数学者ハミルトン[6]に因んだ命名である．文字の上に ^ を付けてあるのは，それが"演算子[7]"であることを示すためのもので，演算子とはただ $\psi$ にそれを掛ける（$E\psi$ は $\psi$ に $E$ を掛けてある）のでなく，ある一連の数学操作を行うものである．つぎの「式の導出」を見よ．量子力学ではいろいろな演算子を使った式がたくさん出てくるが[†1]，本書ではこれ以上使うことはほとんどない．

シュレーディンガー方程式が正しいかたちのものであることはつぎの「式の導出」で説明する．シュレーディンガー方程式は微分方程式であるが，だからといって驚くことはない．たいていの場合，その解をただ引用するだけで，どうやって解くかには立ち入らないからである．解の具体的なかたちを見る必要がまれに生じても，そこには非常に単純な関数しか出てこない．

---

[†1] "アトキンス物理化学"を見よ．

1) wave-particle duality　2) wavefunction　3) Erwin Schrödinger　4) Schrödinger equation　5) hamiltonian　6) William Hamilton　7) operator

## ● 簡単な例示 12・2　単純な波動関数

単純だが重要な例をつぎに三つ示そう．ここでは定数を省いて表してあり，関数形に注目しておこう．どの関数も見慣れたものばかりである．

- 自由に動ける粒子の波動関数は，ドブロイの物質波と全く同じで $\sin x$ である．
- ある点の付近で行ったり来たりして自由に振動する粒子の波動関数は $e^{-x^2}$ で，$x$ はその点からの変位を表す．
- 水素原子内の電子の最低エネルギー状態の波動関数は $e^{-r}$ で，$r$ は核からの距離を表す．

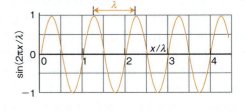

図 12・9　$\sin(2\pi x/\lambda)$ のかたちの調和波の波長．波の振幅は中心線より上の高さの最大値である．

### 式の導出 12・1　シュレーディンガー方程式の妥当性

自由に運動する粒子のドブロイの式が，実はシュレーディンガー方程式から出てくることを示せば，シュレーディンガー方程式のかたちがある程度納得できるだろう．自由な運動とは，ポテンシャルエネルギーが0（どこでも $V=0$）での運動である．その場合，(12・5a) 式は簡単になって，

$$-\frac{\hbar^2}{2m}\frac{d^2\psi}{dx^2} = E\psi \quad \text{自由に運動する粒子のシュレーディンガー方程式} \quad (12・6)$$

である．この方程式の一つの解は，

$$\psi = \sin(kx) \qquad k = \frac{(2mE)^{1/2}}{\hbar}$$

である．この解をもとの方程式の両辺に代入すれば，正しい解であることが確かめられる．

波長 $\lambda$ の調和波の標準形は $\sin(2\pi x/\lambda)$ であるから（図12・9），$\sin(kx)$ をこれと比較すれば，関数 $\sin(kx)$ は波長が $\lambda = 2\pi/k$ の波である．次に，この粒子のエネルギーは運動エネルギーだけであるから（どこでも $V=0$ なので），粒子の全エネルギーは運動エネルギーに等しく，

$$E = E_k = \frac{p^2}{2m}$$

となる．$E$ と $k$ の間には $E = k^2\hbar^2/2m$ の関係があるから，上の二つの式の比較から，$p = k\hbar$ が導かれる．したがって，直線運動量と波動関数の波長の間には，

$$p = \overset{k}{\overline{\frac{2\pi}{\lambda}}} \times \overset{\hbar}{\overline{\frac{h}{2\pi}}} = \frac{h}{\lambda}$$

が成り立つ．これはドブロイの式である．このように，自由に運動する粒子の場合には，実験で確かめられている結論が，シュレーディンガー方程式から導かれることがわかった．

## 12・5　ボルンの解釈

先へ進む前に，波動関数の物理的な意味を理解しておく方がよいだろう．広く用いられている解釈は，ドイツの物理学者ボルン[1]の提唱に基づくものである．それは，光の波動理論からの類推で，電磁波の振幅の2乗をその強度であるとする解釈であるが，これは量子論の言葉でいえば，存在するフォトンの数と解釈するものである．彼は類推から波動関数の2乗が粒子を空間のある領域に見いだす確率の指標であるとした．**ボルンの解釈**[2]ではつぎのことを主張している．

- 粒子をある小さな体積 $\delta V$ に見いだす確率は $\psi^2 \delta V$ に比例する．$\psi$ はその領域における波動関数の値である．

すなわち，$\psi^2$ は **確率密度**[3] である．質量密度（ふつうの"密度"）のようなほかの種類の密度と同様に，確率密度 $\psi^2$ に注目する領域の体積 $\delta V$ を掛けると確率が得られる[†2]．

> **ノート**　記号 δ はパラメーターの小さな変化を表し，$X$ が $X + \delta X$ に変化するというような場合に使う．Δ という記号は二つの量の間の有限の大きさの（測定できるくらいの）差を表すときに，$\Delta X = X_{\text{終}} - X_{\text{始}}$ のように使う．Δ は測定できるくらいの大きさの量に，δ はもっと小さな量に，d は無限小量にそれぞれ使う．

ボルンの解釈によれば，ある決まった大きさの，小さな"検査体積"$\delta V$ のなかで $\psi^2$ が大きければ粒子を見いだす確率が大きい．逆に，$\psi^2$ が小さければ，粒子を見いだす確率は小さい．図12・10 で示した影の濃さは，このような **確率論的な解釈**[4] を表したものである．この解釈では，粒子をどこかに見いだす確率だけが予測可能ということになる．古典物理学では，ある瞬間に粒子がその経路上のある決まった位置にいるのが予測できるが，この解釈はそれと対照的である．

---

†2　本書では $\psi$ は実関数であるとしている．すなわち，i（−1の平方根）を含まない関数である．しかし，一般には複素であり（実と虚の部分がある），その場合は $\psi^2$ を $\psi^*\psi$ で置き換える．$\psi^*$ は $\psi$ の複素共役である（複素関数のなかの i を −i で置換した関数を複素共役な関数という）．本書では複素関数は扱わない．複素関数の役目と性質，解釈については"アトキンス物理化学"を見よ．

1) Max Born　2) Born interpretation　3) probability density　4) probabilistic interpretation

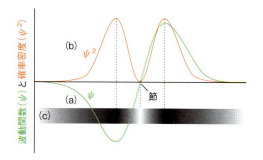

**図12·10** (a) 波動関数に直接の物理的解釈はない．しかし，(b) その 2 乗（複素なら絶対値の 2 乗）から粒子をその位置に見いだす確率がわかる．(c) この波動関数からの確率密度を影の濃さで表してある．

### 例題 12·3　波動関数の解釈

水素原子の最低のエネルギー状態にある電子の波動関数は $e^{-r/a_0}$ に比例している．ここで $a_0 = 52.9$ pm であり，$r$ は核からの距離である（図 12·11）．(a) 核が存在する場所，(b) 核から距離 $a_0$ だけ離れた場所で，小さな立方体の体積のなかに電子を見いだす相対確率を求めよ．

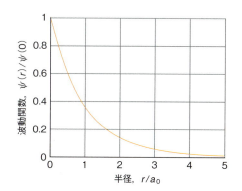

**図 12·11** 水素原子の基底状態にある電子の波動関数は $e^{-r/a_0}$ のかたちの，指数関数的に減少する関数である．$a_0$ はボーア半径である．

**解法**　確率はある指定した場所で計算した $\psi^2 \delta V$ に比例する．その場所の体積は非常に小さい（原子の尺度でも小さい）ので，その中で $\psi$ が変化することは無視できるから，

$$\text{確率} \propto \psi^2 \delta V$$

である．ただし，$\psi$ はその指定した点で計算したものである．

**解答**　(a) 核の位置 $r = 0$ では $\psi^2 \propto 1.0$ ($e^0 = 1$ だから) であり，確率は $1.0 \times \delta V$ である．(b) 核から任意の方向の距離 $r = a_0$ の場所では 確率 $\propto e^{-2} \times \delta V = 0.14 \times \delta V$ であるから，確率の比は $1.0/0.14 = 7.1$ である．核から距離 $a_0$ だけ離れた場所よりも核の位置でのほうが，同じ大きさの体積要素内に電子を見いだす確率は (7.1倍) 大きい．

### 自習問題 12·4

$He^+$ イオンの最低エネルギー状態の波動関数は $e^{-2r/a_0}$ に比例している．このイオンについて上と同じ計算を行え．また，得られた結果について気づいた点を述べよ．

［答: 55 倍，核の電荷が大きいから波動関数はずっと緻密である］

波動関数 $\psi$ には，ある場所に粒子を見いだす確率だけでなく，もっと豊富な情報が含まれている．(12·5a) 式の第 1 項が，粒子の運動エネルギーと波動関数の曲率の関係を示すものとしたところに，そのヒントが隠されている．すなわち，波動関数が鋭くカーブしていると，その波動関数が表している粒子の運動エネルギーが大きく，ゆるくカーブしていれば，粒子は小さな運動エネルギーしかもたない．この解釈はドブローイの式とも合う．すなわち，波長が短いときは波動関数が鋭くカーブしており，同時に直線運動量も大きい．すなわち，運動エネルギーが大きい（図 12·12）．もっと複雑な波動関数の場合には，曲率は場所によって異なるから，運動エネルギーへの全体としての寄与は空間の全領域についての平均になる．

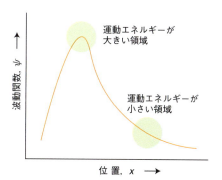

**図 12·12** ある粒子について測定される運動エネルギーは，波動関数が広がっている全空間からの寄与の平均値である．鋭く曲がっている領域からは平均値への寄与が大きく，曲がりがゆるやかな領域からは小さな寄与しかない．

波動関数には，それが表している粒子の動力学的な情報がすべて含まれているということは重要な点で，これははっきり記憶しておかなければならない．"動力学的"であるから，粒子の運動に関するあらゆる性質のことである．ある位置における波動関数の振幅から，その位置での粒子の確率密度がわかり，その形の細かな点から，粒子の運動量や運動エネルギーなど他の性質を知ることができる．

ボルンの解釈にはもっと重要な意味がある．それは，波動関数が妥当なものであるためには，つぎの条件を満足しなければならないということである．

- 波動関数は一価でなければならない（各点で一つだけの値をもつ）．すなわち，ある点には一つの確率密度しか存在しない．

- 波動関数が有限の空間領域で無限大になることはできない．つまり，ある領域に粒子を見いだす全確率は1を超えない．

これらの条件は，核の位置とか，領域の端とか，無限遠など，特定の点で波動関数が特定の値をとれば，満たされることがわかる．すなわち，ある決まった位置で，波動関数が取らなければならない値を指定する**境界条件**[1)]を満たさなければならない．その実例はあとでたくさん出てくる．あと二つの条件が，シュレーディンガー方程式自身から発生する．すなわち，つぎのことが成り立たなければシュレーディンガー方程式を書くことができない．

- 波動関数はどこでも連続である．

- 波動関数の勾配がどこでも連続である．

この二つの条件は，(12·5a)式の第1項の"曲率"がどこでもはっきり決まるということである．以上の4条件を図12·13にまとめてある．

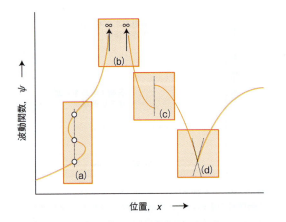

**図 12·13** この図のような波動関数は受け入れられない．それは (a) 一価でない，(b) 有限の領域で無限大になっている，(c) 連続でない，(d) 勾配が連続でない からである．

これらの要請から，ある重要な結論を導くことができる．どんなシュレーディンガー方程式にも共通の性質として，それはすべての微分方程式に共通の性質でもあるのだが，数学的には無限個の解がありうる．たとえば，$\sin x$が方程式の一つの解であるとすれば，$a$と$b$を任意の定数として$a\sin(bx)$も解であって，それぞれの解が特定の$E$の値に対応している．しかし，物理的にはこれらの解のうちあるものだけが上記の条件に合うことがわかる．ここ

で，量子力学の中心命題に足を踏み込むことになる．すなわち，ある解だけが許容され，そのおのおのが固有の$E$の値に対応していることから，あるエネルギー値だけが許容されることになる．つまり，シュレーディンガー方程式を，解が満足しなければならない境界条件のもとで解けば，系のエネルギーが量子化されていることがわかるのである（図12·14）．

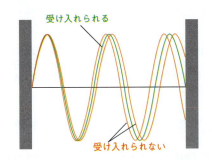

**図 12·14** シュレーディンガー方程式の解は無限に存在するが，その全部が物理的に受け入れられるわけではない．許容される波動関数は，ある境界条件を満たす必要があり，それは与えられた系によって異なる．ここに示した例では，粒子は透過できない壁と壁の間に閉じ込められていて，許容される波動関数は（いっぱいに伸びた糸の振動のように）壁と壁の間にちょうどはまるものだけである．波動関数一つずつがある固有のエネルギーに対応するが，多くの解が境界条件のために除外されるから，あるエネルギーだけが許されることになる．

## 12·6 不確定性原理

ドブローイの式によれば，波長が一定の波〔つまり波動関数が$\sin(2\pi x/\lambda)$〕ははっきりした直線運動量$p=h/\lambda$をもつ粒子に相当することがわかった．しかし，波は空間の特定の場所に存在しているわけでないから，粒子がはっきりした運動量をもてば，その厳密な位置を指定することはできない．事実，$\sin$波は空間全体に広がっており粒子の位置は全くわからない．すなわち，波はあらゆるところに広がっていて，粒子は宇宙全体のどこにあってもおかしくない．この主張はハイゼンベルク[2)]によって1927年に提唱された**不確定性原理**[3)]の一部（半分）で，量子力学で最も有名な結果の一つである．

- 粒子の運動量と位置を同時に，任意の正確さで指定することは不可能である．

もっと厳密にいえば，これは位置−運動量の不確定性原理[4)]である．

この原理について詳しく述べる前に，残りの半分の内容を知っておくべきであろう．それは，粒子の位置を正確に知れば，運動量については何もいえないことである．仮に，

---

1) boundary condition  2) Werner Heisenberg  3) uncertainty principle  4) position−momentum uncertainty principle

粒子がある特定の位置に存在すると認識できたなら，その粒子の波動関数はそこでは0ではなく，それ以外のところではどこでも0である（図12·15）．このような波動関数は，多数の波動関数の**重ね合わせ**[1]）によってつくれる．つまり，多数のsin関数の振幅を足し合わせれば再現できる（図12·16）．この方法を使えば，ある特定の位置では波の振幅が足し合わされて合計の振幅を0でなくすることができ，それ以外のあらゆるところでは振幅が打ち消しあって合計の振幅を0にできる．いい換えれば，さまざまな波長，あるいはドブローイの式によれば，さまざまな直線運動量に対応する波動関数を足し合わせることによって，鋭く局在した波動関数をつくりだすことができるのである．

限られた数のsin関数を足し合わせただけでは幅の広い，あまり位置の定まらない波動関数しか得られない．しかし，関数の数を増やせば，その成分の間で正と負の領域がうまく干渉し合って，波動関数は次第に鋭くなる．無限個の成分を使えば波動関数は鋭く，幅は限りなく狭くなる（図12·15）．それは，粒子が完全に局在することに対応している．このとき，粒子は完全に局在化したが，そのために運動量に関する情報をすべて放棄したという対価を払ったのである．

**位置−運動量の不確定性関係**[2]）は，

$$\Delta p \Delta x \geq \frac{1}{2}\hbar \qquad \text{位置−運動量の不確定性関係} \quad (12\cdot7)$$

で表される．ここで，$\Delta p$は直線運動量の"不確かさ"であり，$\Delta x$は位置の"不確かさ"である（図12·16のピークの幅に比例している）[†3]．(12·7)式が定量的に表していることは，粒子の位置を厳密に指定（$\Delta x$の値を小さく）しようとすればするほど，その座標に沿った運動量の不確かさは増し（$\Delta p$の値が大きく），逆に運動量を厳密に指定しようとすれば位置の不確かさが増すということである（図12·17）．$\Delta x = 0$のとき，それは粒子の位置が厳密にわかる場合であるが，$\Delta p$は無限大であり直線運動量については全くわからない．一方，$\Delta p = 0$なら（直線運動量について正確にわかる場合）$\Delta x = \infty$である（粒子がどこにあるか全くわからない）．位置−運動量の不確定性原理は同じ軸の上の位置と運動量に適用するもので，ある軸の上の位置と，それに垂直な軸の上の運動量については指定することに制約はない．

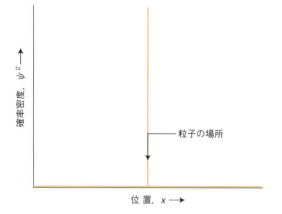

**図12·15** はっきり決まった場所にある粒子の波動関数は，その粒子の位置以外はどこでも振幅が0の鋭くとがった関数である．

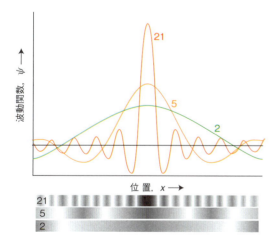

**図12·16** 場所がはっきり決まらない粒子の波動関数は，あるところでは強め合い，ほかのところでは弱めあう干渉をしている波長の異なる数個の波動関数の和（重ね合わせ）とみなすことができる．この重ね合わせに使う波動関数の数が多ければ多いほど，その粒子の場所は次第にはっきりするが，そのかわり粒子の運動量は次第に不確かになる．完全に位置が決まった粒子の波動関数をつくるには無限個の波が必要である．図で曲線に添えた数は重ね合わせに使ったsin波の数である．

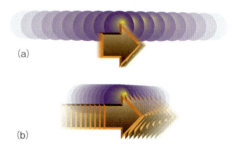

**図12·17** 不確定性原理の内容の説明．粒子のいる場所の範囲は球で，運動量の範囲は矢で示してある．(a)では位置はかなり不確かで，運動量の範囲は狭い．(b)では粒子の位置はもっとはっきりしているが，運動量はかなり不確かである．

---

[†3] 訳注：厳密にいえば，運動量の不確かさはその平均値からの根平均二乗偏差 $\Delta p = (\langle p^2 \rangle - \langle p \rangle^2)^{1/2}$である．ここで，角ブラケットは平均値を表す．同様にして，位置の不確かさはその平均値からの根平均二乗偏差 $\Delta x = (\langle x^2 \rangle - \langle x \rangle^2)^{1/2}$である．

1) superposition  2) position−momentum uncertainty relation

## ● 簡単な例示 12·3　不確定性原理

質量 1.0 g の投射物の速さが $\Delta v = 1.0\ \mu m\ s^{-1}$ の不確かさでわかるとする．$\Delta p\,\Delta x \geq \frac{1}{2}\hbar$ から，それが飛ぶ方向での位置の不確かさは，

$$\Delta x \geq \frac{\hbar}{2\Delta p} = \frac{\hbar}{2m\Delta v}$$

$$= \frac{\overbrace{1.055 \times 10^{-34}\ \text{J s}}^{\hbar}}{2 \times \underbrace{(1.0 \times 10^{-3}\ \text{kg})}_{m} \times \underbrace{(1.0 \times 10^{-6}\ \text{m s}^{-1})}_{\Delta v}}$$

$$\text{J} = \text{kg m}^2\ \text{s}^{-2}$$

$$= 5.3 \times 10^{-26}\ \text{m}$$

である．この程度の不確かさはふつう全く無視できる大きさである．そのために，ニュートンが彼の力学の体系をつくりあげてから 200 年以上もの間，量子力学の必要性が認識されなかったし，それから生じるいろいろな制限に日常生活ではまったく気がつかないのである．しかしながら，質量が電子くらいに小さくなれば，その速さの不確かさが同じなら，位置の不確かさは原子の直径よりもはるかに大きくなる．そのため，軌道の概念，つまり厳密な位置と厳密な運動量を合わせもつということは成立しなくなる．■

### 自習問題 12·5

水素原子（直径を 100 pm とせよ）の電子の速さの不確かさの下限を求めよ．　　　　　　　［答: 580 km s$^{-1}$］

---

不確定性原理は，古典力学と量子力学の主要な相違点の一つを見事にとらえている．古典力学では，いまでは間違っているとわかっているが，粒子の位置も運動量も任意の精度で同時に指定できると考えた．一方，量子力学では位置と運動量は**相補的**[1])で，同時には指定できない量であり，いずれかを選ばなくてはならないことを示している．すなわち，運動量を犠牲にすれば位置が指定できるし，位置を犠牲にすれば運動量が指定できるのである[†4]．

不確定性原理は，原子や分子の中の電子を記述しようとするとき重要な働きをする．したがって，それは化学全体で重要な原理となっている．原子の有核モデルが最初に提案されたとき，核のまわりの電子の運動は古典力学で記述でき，一種の軌道のようなところを運動すると考えられた．その軌道を指定するには，電子が動く経路上の各点の位置と運動量を指定する必要があるが，その可能性は不確定性原理によって排除されたのである．原子内の電子の性質は化学の基本であるが，すぐあとで学ぶように，それは完全に違う仕方で理解しなければならなかった．

# 量子力学の応用

量子力学を化学に応用するための準備として，並進（空間を移動する運動），回転，振動という三つの基本的なタイプの運動について理解しておかなければならない．すぐあとでわかるように，ある面内の自由な並進運動と回転運動の波動関数は，シュレーディンガー方程式を解くまでもなくドブロイの式から直接つくれるから，その簡単なやり方で求めよう．しかしながら，三次元の回転と振動運動についてはもっと複雑であるから，波動関数を求めるのにシュレーディンガー方程式を解かなければならない．

## 12·7　並進運動

最も単純なタイプの運動は一次元の並進である．一次元の並進運動の問題が古典力学でどう扱えるかはすでに説明した（基本概念 0·5〜0·7）．量子力学の扱いとの重要な違いは，二つの無限に高い壁と壁の間に閉じ込められた粒子の運動に適用したときにわかる．量子力学によれば，ある境界条件によって，特定の波動関数とエネルギーだけが許容されるのである．つまり並進のエネルギーは量子化されている．また，壁の高さが有限のときは，シュレーディンガー方程式の解は驚くべき結果を明らかにする．すなわち，古典物理学では全く禁止されている領域へと粒子が侵入できることを示すのである．

### (a) 一次元の運動

まず，"箱の中の粒子"の並進運動を考えよう．距離 $L$ だけ離れた二つの壁の間に閉じ込められ，一次元の（$x$ 軸に沿った）直線上でだけ並進運動できる質量 $m$ の粒子を

図 12·18　両端に侵入できない壁がある一次元の領域にいる粒子．$x = 0$ と $x = L$ の間では粒子のポテンシャルエネルギーは 0 で，粒子がどちらかの壁にさわると急に無限大に上昇する．

---

[†4] 相補的な観測量のこれ以外の例については，"アトキンス基礎物理化学"を見よ．
1) complementary

考える．この粒子のポテンシャルエネルギー $V$ は箱の中では0で，両側の壁のところでは急に上昇し無限大とする（図12·18）．この粒子は，水平な針金に通したビーズ玉を想像すればよい．それは，2個のストッパーの間を自由に滑って動けるとする．この問題は非常に初歩的なものであるが，近年，四角い壁で囲まれた空洞に電子を閉じ込めるのにナノスケールの構造体が使われており，研究者の関心が再燃している．

この系の境界条件は，粒子の許される波動関数は，箱の中にぴったりと（図12·14で示したように）バイオリンの弦の振動のようにおさまらなければならないというものである．もっと厳密にいうと，波動関数がどこでも連続でなければならないという要請から境界条件が現れる．箱の外では波動関数は0であるから，$x = 0$ と $x = L$ のところで0でなければならない．

したがって，許される波動関数の波長 $\lambda$ はつぎの値のどれかでなければならない．

$$\lambda = 2L, L, \frac{2}{3}L, \cdots \quad \text{すなわち} \quad \lambda = \frac{2L}{n}$$

$$\text{ただし } n = 1, 2, 3, \cdots$$

$n = 0$ では弦が一直線になり，振幅が0になってしまうから，これは除外される．波動関数は，これらのうちのどれかの波長をもつ sin 波である．波長 $\lambda$ の sin 波は $\sin(2\pi x/\lambda)$ で表せるから，許される波動関数は，

$$\psi_n = N \sin\left(\frac{n\pi x}{L}\right) \quad \substack{\text{波動関数}} \quad \boxed{\substack{\text{一次元の}\\\text{箱の中の}\\\text{粒子}}} \quad (12·8)$$

$$n = 1, 2, \cdots$$

である．定数 $N$ を**規格化定数**[1]という．それは，箱の中に粒子を見いだす確率の合計が1となるように選ぶもので，つぎの「式の導出」で示すように $N = (2/L)^{1/2}$ である．ここでの整数 $n$ は**量子数**[2]の一例であり，系の状態を指定する整数である（一般には半整数のこともある）．

---

### 式の導出 12·2　規格化定数

ボルンの解釈によれば，位置 $x$ で長さ $\mathrm{d}x$ の無限小領域にこの粒子を見いだす確率は，規格化された波動関数がその位置で $\psi$ という値をもつとすれば，$\psi^2 \mathrm{d}x$ に等しい．したがって，$x = 0$ と $x = L$ の間に粒子を見いだす全確率は，無限小領域に粒子がある確率を全領域にわたって足し合わせた（積分した）ものである．全確率は1であるから（粒子はこの領域のどこかにいるから），

粒子を0と$L$の間に見いだす全確率

$$\int_0^L \psi^2 \, \mathrm{d}x = 1$$

である．この式に波動関数 $\psi_n = N \sin(n\pi x/L)$ を代入すれば，

$$N^2 \int_0^L \sin^2\left(\frac{n\pi x}{L}\right) \mathrm{d}x = 1$$

となる．この式を $N$ について解けばよいわけで，つぎの積分公式を使えば，

$$\int \sin^2(ax) \, \mathrm{d}x = \frac{1}{2}x - \frac{\sin(2ax)}{4a} + \text{定数}$$

$a = n\pi/L$ であることから，

$$\int_0^L \sin^2\left(\frac{n\pi x}{L}\right) \mathrm{d}x = \left(\frac{1}{2}L - \overset{0}{\frac{\sin(2n\pi)}{4n\pi/L}} + \text{定数}\right)$$

$$- \left(\frac{1}{2} \times 0 - \overset{0}{\frac{\sin 0}{4n\pi/L}} + \text{定数}\right)$$

$$= \frac{1}{2}L$$

と書ける．したがって，

$$N^2 \times \frac{1}{2}L = 1$$

から $N = (2/L)^{1/2}$ が得られる．この場合には，$n$ の値に無関係に，同じ規格化因子がすべての波動関数に当てはまることがわかる．ただし，これは一般に成り立つわけではない．

---

系のエネルギーは粒子の運動エネルギーだけであるから，この場合に許されるエネルギー準位を見いだすのは簡単である．すなわち，箱の中のポテンシャルエネルギーはどこでも0で，粒子は箱の外に出られない．まず，ドブローイの式によって，直線運動量の許される値はつぎのものに限られることがわかる．

$\lambda = 2L/n$

$$p = \frac{h}{\lambda} = \frac{nh}{2L} \quad n = 1, 2, \cdots$$

次に，運動量 $p$，質量 $m$ の粒子の運動エネルギーは $E_k = p^2/2m$ であり，ポテンシャルエネルギーは0であるから，この粒子の許されるエネルギーはつぎのようになる．

$$E_n = \frac{n^2 h^2}{8mL^2} \quad \substack{\text{量子化された}\\\text{エネルギー}} \quad \boxed{\substack{\text{一次元の}\\\text{箱の中の}\\\text{粒子}}} \quad (12·9)$$

$$n = 1, 2, \cdots$$

(12·8) 式と (12·9) 式からわかるように，箱の中の粒子の波動関数とエネルギーは量子数 $n$ という標識を付けて表してある．量子数は単に標識であるだけでなく，系のある種の物理的性質を指定する役目もする．いまの場合，$n$ は (12·9) 式に入っていて粒子のエネルギーを指定している．

---

1) normalization constant　2) quantum number

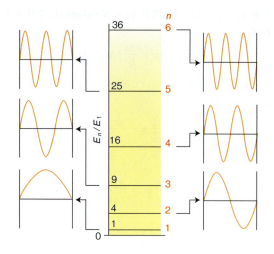

**図 12・19** 箱の中の粒子の許されるエネルギー準位と対応する（sin 波）波動関数．エネルギー準位は $n^2$ に比例して増加するから，その間隔は $n$ が大きくなれば増加する．波動関数はすべて定在波で，$n$ が一つ進むごとに半波長増え，それに応じて波長が短くなる．

粒子の許されるエネルギーは図 12・19 に示すもので，$n=1$ から 6 までについて波動関数の形も示してある．最低エネルギーの波動関数（$n=1$）以外には関数が 0 をよぎる**節**[1]という点がある．0 をよぎるというのは節の定義の重要な一部である．単に 0 になるだけでは不十分である．箱の端では $\psi=0$ であるが，0 をよぎるわけではないので節でない．図に示した波動関数の節の数は 0（$n=1$）から 5（$n=6$）まである．最低エネルギーの状態には節がないというのが量子力学の一般的な性質で，波動関数の節の数が増加するにつれてエネルギーも増加する．

箱の中の粒子の解には，量子力学のもう一つの重要な一般的性質が表れている．量子数 $n$ は（この系の場合は）0 になれないから，粒子がもてるエネルギーの最小値は古典力学で許される 0 ではなく，$h^2/8mL^2$（$n=1$ のときのエネルギー）となる．この最低の，取除けないエネルギーのことを**零点エネルギー**[2]という．零点エネルギーが存在することは不確定性原理の要請にかなっている．それは，有限の領域内に粒子を閉じ込めれば，その位置は完全には不確定でないので，その結果，運動量を厳密に 0 と指定することができなくなるからである．つまり，運動エネルギーも厳密に 0 ではありえない．零点エネルギーはべつに神秘的な，特別なエネルギーというわけではない．粒子が放出できるエネルギーの最後の残り物にすぎないのである．箱の中の粒子の場合には，それは二つの壁で閉じ込められた粒子が止むことなく動き回っていることから生じるエネルギーであると解釈できる．

隣合った準位間のエネルギー差は，

$$\Delta E = E_{n+1} - E_n = \overbrace{(n+1)^2}^{n^2+2n+1}\frac{h^2}{8mL^2} - n^2\frac{h^2}{8mL^2}$$

$$= (2n+1)\frac{h^2}{8mL^2} \qquad (12\cdot10)$$

である．この差は箱の長さ $L$ が大きくなれば減少し，壁が無限遠方に離れてしまえばエネルギー間隔は 0 になる（図 12・20）．したがって，実験室で用いる程度の大きな容器では $L$ が非常に大きいので，その中で自由に運動している原子や分子は，量子化されていないとして扱ってよい．このエネルギー間隔は粒子の質量が増えても狭まる．つまり，マクロな質量をもった粒子は（ボールや惑星など，目に見えないほこりでもまだ重い）並進運動が量子化されていないかのように振舞う．つぎの二つの結論は一般に成り立つ．

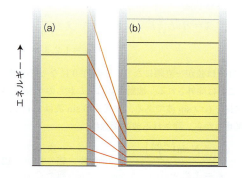

**図 12・20** (a) 狭い箱ではエネルギー準位の間隔が広い．(b) 広い箱ではエネルギー準位の間隔が狭い．（どの場合にも，間隔は粒子の質量にも依存する．）

- 閉じ込めた領域が大きいほど量子化の効果は重要でなくなる．小さな領域に閉じ込めると量子化が重要になる．

- 粒子の質量が増えるほど量子化の効果は重要でなくなる．非常に小さな質量の粒子では量子化は非常に重要である．

本章の冒頭で，自然界の正しい記述法は，離散的な振動数で遷移が観測されるという事実を説明できるものでなければならないと述べた．箱の中の粒子モデルで表せる系で予測されるのは，まさにこのことである．それは，粒子が量子数 $n_\text{始}$ の状態から $n_\text{終}$ の状態へ遷移するときのエネルギー変化は，

$$\Delta E = E_\text{終} - E_\text{始} = (n_\text{終}^2 - n_\text{始}^2)\frac{h^2}{8mL^2} \qquad (12\cdot11)$$

だからである．この二つの量子数は整数しかとれないから，特定のエネルギー変化だけが許され，その結果，

---

1) node　2) zero-point energy

$\nu = \Delta E/h$ の関係によって，特定の振動数だけが遷移のスペクトルに現れることになる．

### 例題 12·4　吸収波長の求め方

β-カロテン（**1**）は直線形ポリエンで，22個の炭素原子が単結合10個と二重結合11個で交互に連なっている．各 CC 結合長を 140 pm とすれば，β-カロテンでは分子の箱の長さ $L$ を $L = 2.94$ nm とできる．この分子が基底状態からすぐ上の励起状態に励起するために吸収すべき光の波長を求めよ．

**1** β-カロテン

**解法**　初等化学で学んだと思うが（詳しくは14章で説明する），各 C 原子は π オービタルに p 電子 1 個を提供している．(12·11) 式を使えば，最高被占準位と最低空準位のエネルギー間隔を計算することができ，ボーアの振動数条件 (12·1 式) を使えばそのエネルギーを波長に変換できる．

**解答**　この共役結合鎖には 22 個の炭素原子があり，その準位にそれぞれ p 電子 1 個を提供するから，$n = 11$ までの準位に電子が 2 個ずつ入る．$n_{始} = 11$ から $n_{終} = 12$ に電子が 1 個昇位した状態と基底状態のエネルギー差は，

$$\Delta E = E_{12} - E_{11}$$
$$= (12^2 - 11^2) \frac{(6.626 \times 10^{-34} \text{ J s})^2}{8 \times (9.109 \times 10^{-31} \text{ kg}) \times (2.94 \times 10^{-9} \text{ m})^2}$$
$$= 1.60 \times 10^{-19} \text{ J}$$

（$n_{終}^2$, $n_{始}^2$, $h^2$, $m_e$, $L^2$）

である．そこで，ボーアの振動数条件 ($\Delta E = h\nu$) によって，この遷移をひき起こすために必要な光の振動数は，

$$\nu = \frac{\Delta E}{h} = \frac{1.60 \times 10^{-19} \text{ J}}{6.626 \times 10^{-34} \text{ J s}}$$
$$= 2.41 \times 10^{14} \text{ s}^{-1}$$

である．つまり，241 THz（1 THz = $10^{12}$ Hz）であり，これは波長 $\lambda = 1240$ nm に相当する．実測値は 603 THz （$\lambda = 497$ nm）であり，電磁スペクトルの可視領域に相当している．ここで採用したモデルは非常に粗いものであるから，振動数の計算値と実測値が 2.5 倍違っていても落胆することはない．

**ノート**　この例のように物性値の量位をちょっと見積もってみる能力は科学者ならば備えるべきものである．

### 自習問題 12·6

核の直径（約 $1 \times 10^{-15}$ m，つまり 1 fm）に等しい長さの一次元の箱に閉じ込められたプロトンの第一励起エネルギーを計算することで，代表的な核の励起エネルギーを eV の単位（1 eV $= 1.602 \times 10^{-19}$ J，1 GeV $= 10^9$ eV）で求めよ．

[答: 0.6 GeV]

### (b) トンネル効果

容器の壁の中で粒子のポテンシャルエネルギー $V$ が無限大でなく，$E < V$ であれば（全エネルギーがポテンシャルエネルギーより小さければ，古典的には粒子は容器から脱出できない），波動関数は急に0になるわけではない．波動関数は箱の中では振動しており (12·6 式)，壁の領域では指数関数的に減衰して，壁の向こう側の外部では再び振動している（図 12·21）．壁が薄くて粒子の質量が小さく，壁の右側から出るときの波動関数がまだ 0 まで減っていなければ，古典力学では粒子が箱から逃げ出すにはエネルギーが不十分であるにもかかわらず，実際には箱の外で粒子が見いだされる．このように古典的には禁止された領域へしみ出していく現象を**トンネル効果**[1]という．

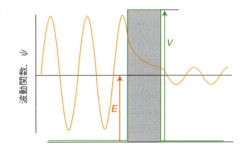

**図 12·21**　壁に左から近づく粒子の波動関数は振動しているが，壁の中では振動しない（$E < V$ だから）．この壁が厚すぎない限り，壁の反対側の表面でも波動関数は 0 になっていないから，そこで再び振動が始まる．

シュレーディンガー方程式を使えば，障壁にぶつかった粒子がトンネルする確率，つまり，ある高さの障壁に粒子が入射したときの**透過確率**[2] $T$ を求めることができる．この障壁が非常に高く ($V/E \gg 1$)，しかも厚い（波動関数の振幅の大半が障壁の内部で失われてしまう）条件のもとでは，つぎのように書ける[†5]．

$$T \approx 16\varepsilon(1-\varepsilon)e^{-2\kappa L}$$

$$\kappa = \frac{\{2m(V-E)\}^{1/2}}{\hbar}$$

一次元障壁が高くて厚い場合　**透過確率**　(12·12)

---

†5　計算の詳細については "アトキンス物理化学" を見よ．
1) tunnelling　2) transmission probability

$\varepsilon = E/V$ であり，$L$ は障壁の厚さである．透過確率は $L$ と $m^{1/2}$ に依存して指数関数的に減少する．したがって，質量の小さな粒子の方が，重い粒子より障壁をトンネルしやすい（図 12・21）．そのため，トンネル効果は電子では非常に重要で，プロトンでもかなり重要だが，それより重い粒子ではさほど重要でない．

### ● 簡単な例示 12・4　プロトンや水素の移動反応におけるトンネル効果

プロトン移動反応（8章）で平衡到達がきわめて速いのは，プロトンが障壁を通ってトンネルし，酸から塩基へ急速に移動できる能力の現れである．この過程は，障壁を乗り越えるのに十分なエネルギーがプロトンになくても，障壁を通り抜ける現象とみなせる（図 12・22）．水素原子やプロトンの移動が関与する反応で，温度が低すぎて反応物分子のほとんどが活性化障壁を乗り越えられないとき，量子力学的トンネル効果が重要な過程となりうる．トンネル効果でプロトン移動が起こっている兆候は，アレニウスプロット（10・9節）で見られる．すなわち，低温側で直線からのずれが見られ，室温からの補外で予測されるより反応速度が速いのである．●

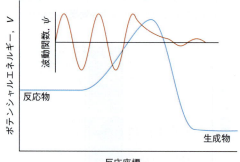

**図 12・22**　プロトンは，反応物と生成物の間を隔てている活性化エネルギー障壁を通り抜けてトンネルできるから，この障壁の実効的な高さは減少し，プロトン移動反応の速度は上昇する．この効果は，障壁の近くのプロトンの波動関数を描けばわかる．プロトンのトンネル効果は，反応物の大半がこの障壁の左側に捕捉された状況の低温でしか重要でない．

### （c）二次元の運動

一次元の並進が扱えれば，次元を高くするのは簡単である．その際，量子力学で非常に重要な二つの性質が明らかになる．これについては以下で何度も出てくるが，一つは"変数分離法"という方法でシュレーディンガー方程式を簡単にできることで，もう一つは"縮退"の存在である．

いま，底板が長方形の箱の中の粒子を考えよう（図 12・23）．この箱の $x$ 方向の長さは $L_X$，$y$ 方向の長さは $L_Y$

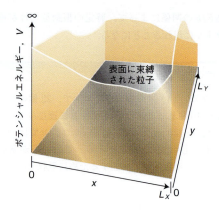

**図 12・23**　二次元の長方形の箱．粒子は侵入できない壁で囲まれた平面長方形の中に閉じ込められている．粒子が壁に接触すると，そこではポテンシャルエネルギーが無限大である．

である．この波動関数は $x$ と $y$ の両方の関数で，これを $\psi(x,y)$ と書く．「補遺 12・1」で示すように，この場合に **変数分離法**[1] を使えば，波動関数は各方向の波動関数の積で表すことができる．すなわち，

$$\psi(x,y) = X(x)Y(y) \tag{12・13}$$

と書く．それぞれの波動関数は，(12・5) 式のような "自分の" シュレーディンガー方程式を満足する．その解は，

$$\psi_{n_X, n_Y}(x,y) = X_{n_X}(x) Y_{n_Y}(y)$$

$$= \overbrace{\left(\frac{2}{L_X}\right)^{1/2} \sin\left(\frac{n_X \pi x}{L_X}\right)}^{X_{n_X}(x)} \overbrace{\left(\frac{2}{L_Y}\right)^{1/2} \sin\left(\frac{n_Y \pi y}{L_Y}\right)}^{Y_{n_Y}(y)}$$

$$= \left(\frac{4}{L_X L_Y}\right)^{1/2} \sin\left(\frac{n_X \pi x}{L_X}\right) \sin\left(\frac{n_Y \pi y}{L_Y}\right)$$

波動関数　二次元の箱の中の粒子　(12・14a)

であり，エネルギーは，

$$E_{n_X, n_Y} = E_{n_X} + E_{n_Y}$$

$$= \frac{n_X^2 h^2}{8mL_X^2} + \frac{n_Y^2 h^2}{8mL_Y^2} = \left(\frac{n_X^2}{L_X^2} + \frac{n_Y^2}{L_Y^2}\right) \frac{h^2}{8m}$$

エネルギー　二次元の箱の中の粒子　(12・14b)

である．量子数が 2 個あり（$n_X$ と $n_Y$），それぞれ独立に 1，2，… の値が許される．変数分離法は非常に重要なもので，化学のいろいろな分野で（ときには断りなしに）使われる．それは，複数の独立な系のエネルギーが個々の系のエネルギーの和で表せることと，波動関数が個々の成分の波動関数の積で表せるからである．以下の章の数ヶ所でこの方法が出てくる．

---

[1] separation of variables procedure

● **簡単な例示 12・5　二次元の箱の中の粒子の零点エネルギー**

電子1個が $L_X = 1.0$ nm と $L_Y = 2.0$ nm の空洞内に束縛されている状況は，箱の中の粒子モデルで表すことができる．この電子の零点エネルギーは（12・14b）式で $n_X = 1$，$n_Y = 1$ とすればつぎのように求められる．

$$E_{1,1} = \left\{ \underbrace{\frac{\overbrace{1^2}^{n_X^2}}{(1.0 \times 10^{-9} \text{ m})^2}}_{L_X^2} + \underbrace{\frac{\overbrace{1^2}^{n_Y^2}}{(2.0 \times 10^{-9} \text{ m})^2}}_{L_Y^2} \right\}$$

$$\times \frac{\overbrace{(6.626 \times 10^{-34} \text{ J s})^2}^{h^2}}{8 \times \underbrace{(9.109 \times 10^{-31} \text{ kg})}_{m_e}} = 7.5 \times 10^{-20} \text{ J}$$

このエネルギーは 75 zJ（1 zJ = $10^{-21}$ J）で，047 eV に相当している．●

**自習問題 12・7**

一辺の長さ 1.0 nm の正方形の空洞に束縛された電子の，$n_X = n_Y = 2$ の状態と $n_X = n_Y = 1$ の状態の間のエネルギー間隔を計算せよ． ［答：$3.6 \times 10^{-19}$ J，2.2 eV］

図 12・24 に二次元の波動関数の例を示してある．一次元では波動関数は両端を固定したバイオリンの弦の振動のようなものであったが，二次元では長方形のシートの辺を固定したときの振動のようなものになる．特に興味深いのは，$L_X = L_Y = L$ の正方形の場合で，このとき許されるエネルギーは，

$$E_{n_X, n_Y} = (n_X^2 + n_Y^2) \frac{h^2}{8mL^2} \quad (12 \cdot 15\text{a})$$

である．この式が興味深いのは，異なる波動関数が同じエネルギーに対応する場合があることである．たとえば，$n_X = 1$，$n_Y = 2$ の波動関数と $n_X = 2$，$n_Y = 1$ の波動関数は，

$$\psi_{1,2}(x, y) = \frac{2}{L} \sin\left(\frac{\pi x}{L}\right) \sin\left(\frac{2\pi y}{L}\right)$$

$$\psi_{2,1}(x, y) = \frac{2}{L} \sin\left(\frac{2\pi x}{L}\right) \sin\left(\frac{\pi y}{L}\right) \quad (12 \cdot 15\text{b})$$

のように異なるが，エネルギーは両方とも $5h^2/8mL^2$ である．エネルギーが同じでありながら異なる状態は**縮退**[1]しているという．縮退は常に対称性と関係がある．いまの場合は，束縛領域が正方形なので，90°回せば $n_X = 1$，$n_Y = 2$ の波動関数は $n_X = 2$，$n_Y = 1$ の波動関数に変わることはすぐわかる．対称性がすぐにはわからない場合もあるが，それは常に関与している．

変数分離法は，回転運動と原子の構造を吟味するときにも現れる．一方，縮退は原子の場合に非常に重要で，周期表の構造はこの性質から生じている．

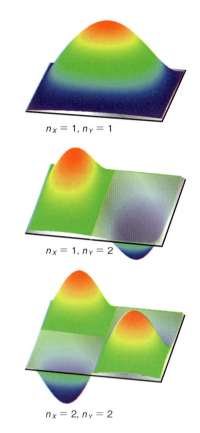

$n_X = 1, n_Y = 1$

$n_X = 1, n_Y = 2$

$n_X = 2, n_Y = 2$

**図 12・24**　長方形の表面に束縛された粒子の3個の波動関数

## 12・8　回 転 運 動

回転運動は化学ではいろいろな理由で重要なものである．まず，電子が原子の中で核のまわりを回っており，周期表の構造とそこにまとめられている原子の性質を理解するためには，電子の軌道の回転挙動を理解することが必須だからである．また，気相では分子が回転していて，許される回転状態の間の遷移からいろいろな分光法が生まれ，それによって分子の形と結合長がわかる．実際，角運動量（回転に伴う運動量，「基本概念」を見よ）は，化学と物理で方向が問題になる現象には必ず現れる．原子内の電子分布の形，それによって決まる化学結合をつくる向きなどがその例である．

### (a) 二次元の回転

並進運動の考察では直線運動量 $p$ に注目したが，回転運動では，それと似た量である**角運動量**[2] $\mathcal{J}$（「基本概念 0・5」を見よ）に注目しなければならない．$xy$ 面内で半径

---

1) degenerate　2) angular momentum

$r$ の円周上を $z$ 軸まわりに運動する粒子，つまり，$xy$ 面内に束縛された粒子の角運動量の大きさはつぎのように定義される．

$$\mathcal{J}_z = pr \quad \text{円環上を運動する粒子の角運動量の大きさ} \quad (12 \cdot 16)$$

$p$ は任意の瞬間の直線運動量 ($p = mv$) である．円周上を高速で運動している粒子は，同じ質量でゆっくり運動している粒子よりも大きな角運動量をもっている．大きな角運動量をもつ物体（はずみ車など）を停止させるには，大きな力（厳密にいえば，大きな"トルク"）でブレーキをかける必要がある．

量子力学で回転運動をどう扱えるかを調べるために，水平な半径 $r$ の円周上を運動している質量 $m$ の粒子を考えよう．この粒子のポテンシャルエネルギーはどこでも一定であるからこれを 0 とおくことができ，エネルギーはすべて運動エネルギーである．したがって，$E = p^2/2m$ と書ける．(12・16) 式を $p = \mathcal{J}_z/r$ として使えば，このエネルギーを角運動量で表すことができる．

$$p = \mathcal{J}_z/r$$
$$E = \frac{p^2}{2m} = \frac{\mathcal{J}_z^2}{2mr^2} \quad \text{運動エネルギー} \quad \text{環上の粒子} \quad (12 \cdot 17)$$
$$I$$

「基本概念 0・5」で述べたように，$mr^2$ はこの粒子の $z$ 軸のまわりの**慣性モーメント**[1] という量であり，これを $I$ で表す（図 12・25）．そこで，粒子のエネルギーはつぎのように表せる．

$$E = \frac{\mathcal{J}_z^2}{2I} \quad \text{慣性モーメントで表した運動エネルギー} \quad \text{環上の粒子} \quad (12 \cdot 18)$$

ここで，ド・ブロイの式 ($\lambda = h/p$) を使って，回転のエネルギーが量子化されている様子をみよう．そのために

角運動量をつぎのように粒子の波長で表す．

$$p = h/\lambda$$
$$\mathcal{J}_z = pr = \frac{hr}{\lambda} \quad \text{波長で表した角運動量} \quad \text{環上の粒子} \quad (12 \cdot 19)$$

ここではとりあえず，$\lambda$ は任意の値をとれるとしておこう．このとき，波動関数の振幅は図 12・26 に示すように角度に依存する．角度が $2\pi$（つまり $360°$）を超えても波動関数は次の周回で依然として変化を続ける．しかし，波長が任意なら，各点で振幅が異なってきて一価ではなくなるから (12・5 節の許される波動関数の要請)，このような波は許容されない．円周上をひき続き回ったとき波動関数が 1 周前の状況を再現する場合にのみ妥当な解が得られる．すなわち $\phi = 2\pi$（1 周した後）での波動関数が $\phi = 0$ における波動関数と同じでなければならない．このことを，波動関数が**周期的境界条件**[2] を満たさなければならないという．具体的には，1 周したとき元と同じになるような，許容される波動関数は，

$$\lambda = \frac{\overbrace{2\pi r}^{\text{環の円周}}}{n} \quad n = 0, 1, \cdots$$

の波長で表される．$n = 0$ では波長が無限大なので，振幅が 0 でない一様な場合に相当する．許されるエネルギーは，

$$E = \mathcal{J}_z^2/2I$$
$$\mathcal{J}_z = hr/\lambda \quad \lambda = 2\pi r/n \quad h/2\pi = \hbar$$
$$E_n = \frac{(hr/\lambda)^2}{2I} = \frac{(nh/2\pi)^2}{2I} = \frac{n^2\hbar^2}{2I}$$

であることがわかる．ここで，$n = 0, \pm 1, \pm 2, \cdots$ である．

回転運動を論じるときは，あとで明らかになる理由から，量子数を $n$ でなく $m_l$ という記号で表す約束になっている．したがって，エネルギー準位を表す式は最終的に，

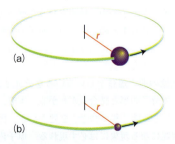

**図 12・25** 円形軌道上を運動している粒子は $mr^2$ で与えられる慣性モーメント $I$ をもつ．(a) この重い粒子は中心点に関して大きな慣性モーメントをもつ．(b) この軽い粒子は同じ半径の軌道上を運動しているが，慣性モーメントは小さい．慣性モーメントは，直線運動で質量が果たす役割に似た役割を円運動で果たしている．すなわち，ある回転状態まで加速するのに，慣性モーメントが大きな粒子では加速しにくいし，回転を止めるのにも大きなブレーキ力が必要である．

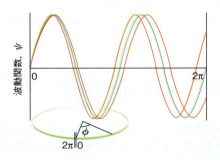

**図 12・26** 環上を動く粒子のシュレーディンガー方程式について得られる解の二つのタイプ．環を切って直線で表してあるから，$\phi = 0$ と $\phi = 2\pi$ とは同じ点である．赤色で示した解は，1 周するごとに違う値になるから，前の周回と打ち消しあいの干渉を起こすことになり，受け入れられない．緑色で示した解は，周回のつど 1 周前と重なるから受け入れられる解である．

---

1) moment of inertia　2) cyclic boundary condition

$$E_{m_l} = \frac{m_l^2 \hbar^2}{2I} \quad \text{量子化された エネルギー} \quad \boxed{\text{環上の 粒子}} \quad (12 \cdot 20)$$

$$m_l = 0, \pm 1, \cdots$$

である．このエネルギー準位を図 12·27 に示す．エネルギーの式で $m_l^2$ が現れるのは，同じエネルギーに対応して，$m_l = +1$ と $m_l = -1$ のように $m_l$ の符号が反対の運動状態が二つあることを示している．この縮退は，エネルギーが運動の向きによらないことから生じるものである．$m_l = 0$ の状態には縮退がない．もう一つ注意すべき点は，この粒子には零点エネルギーがないことで，$m_l$ は 0 でもよく，その場合は $E_0 = 0$ である．

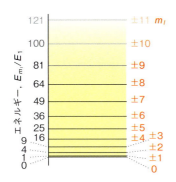

**図 12·27** 円軌道上を動ける粒子のエネルギー準位．古典物理学によれば，粒子は任意のエネルギーで運動できる（図の薄い色で示した連続領域）．しかし，量子力学では，離散的なエネルギーだけが許される．$m_l = 0$ 以外のエネルギー準位はすべて二重に縮退している．これは粒子の回転エネルギーが，時計回りでも反時計回りでも同じだからである．

もうひとつの重要な結論は，<u>粒子の角運動量が量子化されている</u>ことである．角運動量と直線運動量との関係 ($J_z = pr$) および直線運動量と粒子の許される波長との関係 ($\lambda = 2\pi r / m_l$) を使えば，$z$ 軸まわりの粒子の角運動量がつぎの値に限られることがわかる．

$$J_z = pr \overset{p=h/\lambda}{=} \frac{hr}{\lambda} \overset{\lambda=2\pi r/m_l}{=} \frac{hr}{2\pi r/m_l} \overset{\text{消去と変形}}{=} m_l \times \frac{h}{2\pi}$$

すなわち，この回転軸のまわりの粒子の角運動量は，

$$J_z = m_l \hbar \quad \text{角運動量の } z \text{ 成分} \quad \boxed{\text{環上の粒子}} \quad (12 \cdot 21)$$

の値に限られる．$m_l = 0, \pm 1, \pm 2, \cdots$ である．正の $m_l$ は時計まわり（下から見て）の回転に対応し，負の値は反時計まわりの回転を示している（図 12·28）．その量子化した運動は，角運動量が一連のとびとびの値しかとれない自転車の車輪の運動を想像すれば理解できよう．車輪を角運動量 0（静止している）から回して加速するとき，その値

が $\hbar$, $2\hbar$, $\cdots$ とガタンガタンと上げていくことはできるが，その間の中間の値はとれない自転車である．

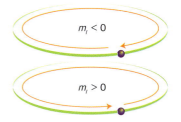

**図 12·28** $m_l$ の符号の意味．$m_l < 0$ のとき，粒子は下から見て反時計回りの方向に運動している．$m_l > 0$ のときは時計回りである．

● **簡単な例示 12·6　ベンゼンの電子構造**

ベンゼンのような芳香族分子の π 電子を考えよう．第一近似として，この分子は半径 140 pm の環とみなすことができ，この共役系にある 6 個の電子がこの環上を運動している．ここでは，例題 12·4 で示したように，各炭素原子の電子 1 個だけがこの環上を自由に運動することができ，この分子の基底状態では各準位が 2 個の電子で占められていると仮定する．したがって，$m_l = 0, +1, -1$ の準位だけが占有されている（後の 2 状態は縮退している）．(12·20) 式から，$m_l = \pm 1$ と $m_l = \pm 2$ の準位間のエネルギー間隔は，

$$\Delta E = E_{\pm 2} - E_{\pm 1}$$

$$= (\overset{m_{l,\text{終}}^2}{4} - \overset{m_{l,\text{始}}^2}{1}) \frac{\overset{\hbar^2}{\overbrace{(1.055 \times 10^{-34} \text{ J s})^2}}}{2 \times \underbrace{(9.109 \times 10^{-31} \text{ kg}) \times (1.40 \times 10^{-10} \text{ m})^2}_{I = m_e r^2}}$$

$$= 9.35 \times 10^{-19} \text{ J}$$

である．このエネルギーは 5.84 eV であり，吸収の振動数 1.41 PHz（1 PHz = $10^{15}$ Hz），波長 213 nm に相当する．この値は，この種の遷移の実測値 260 nm に近い．●

**(b) 三次元の回転**

三次元での回転には，原子核のまわりの電子の運動がある．したがって，原子の電子構造を理解するには三次元の回転運動を理解することが欠かせない．気相の分子も三次元で自由に回転するので，それに許されるエネルギーを（19 章で説明する分光法を使って）研究すれば，結合長，結合角，双極子モーメントを推定することができる．

地球上での位置を指定するのに緯度と経度を使うのと全く同様に，ある点からの距離が一定のところで自由に運動する粒子の位置は**余緯度**[1] $\theta$（シータ）と**方位角**[2] $\phi$（ファイ）の二つの角で指定する（図 12·29）．したがって，この粒子の波動関数は両方の角の関数で，$\psi(\theta, \phi)$ と書く．この波動関数は変数分離法で $\theta$ の関数と $\phi$ の関数の積に分

---

[1] colatitude　[2] azimuth

けられることがわかる．後者はすでに説明した環の上を動く粒子のものと全く同じである．球面上の粒子の運動は，積み重なった多数の環の上での運動と同じで，環と環の間を移動できる自由度が加わったものといってもよい．

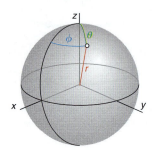

**図 12·29** 球面極座標，$r$（半径），$\theta$（余緯度），$\phi$（方位角）

シュレーディンガー方程式の解の選び方を制約する束縛条件は 2 組ある．一つは（環の上の粒子と同じく）赤道を一周するとき波動関数が合わなければならないという条件である．前に説明したように，この条件から量子数 $m_l$ が導入される．もう一つの条件は，両極を通る経路を回るときに波動関数が合わなければならないということで，この束縛条件から第 2 の量子数，**オービタル角運動量量子数**[1] が導入される．これを $l$ で表す．解の詳細には立ち入らないで，結果だけ示すと，これらの量子数にはつぎの値が許される．

$$l = 0, 1, 2, \cdots \qquad m_l = l, l-1, \cdots, -l$$

ある与えられた $l$ の値に対して，$m_l$ には $2l+1$ 個の値がある．この粒子のエネルギーは，

$$E_l = l(l+1)\frac{\hbar^2}{2I} \qquad \text{量子化された} \atop \text{エネルギー} \qquad \boxed{\text{球面上}\atop\text{の粒子}} \quad (12\cdot 22)$$

$$l = 0, 1, 2, \cdots$$

で与えられる．$r$ は粒子がいる球の半径である．すぐあとで理由は説明するが，エネルギーは $l$ に依存しても，$m_l$ に無関係であることが式からわかる．この波動関数はいろいろな応用にあたって現れる関数で，**球面調和関数**[2] という．ふつう $Y_{l,m_l}(\theta, \phi)$ と書き，いわば球殻にできた波のようなひだと考えればよい（図 12·30）．

(12·22) 式のエネルギーの式と古典論のエネルギーの式を比較すると，もう一つ非常に重要な結果が得られる．

| 古典力学 | 量子力学 |
|---|---|
| $E = \dfrac{\mathcal{J}^2}{2mr^2}$ | $E_l = \dfrac{l(l+1)\hbar^2}{2mr^2}$ |

ここで，$\mathcal{J}$ はこの粒子の角運動量の大きさである．角運動量の大きさは量子化されていて，その値は，

$$\mathcal{J} = \{l(l+1)\}^{1/2} \hbar \qquad \text{角運動量} \atop \text{の大きさ} \qquad \boxed{\text{球面上}\atop\text{の粒子}} \quad (12\cdot 23)$$

$$l = 0, 1, 2, \cdots$$

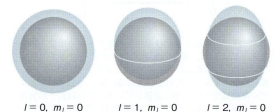

$l = 0, m_l = 0$ ／ $l = 1, m_l = 0$ ／ $l = 2, m_l = 0$

**図 12·30** 球面上の粒子の波動関数の形は，球を変形させたときの形（ひだ）を想像すればよい．これらの"球面調和関数"を三つだけ示してある．

---

### 必須のツール 12·1　ベクトル

ベクトル量には大きさと方向がある．概略図 12·1 に示したベクトル **v** には $x, y, z$ 軸上の成分 $v_x, v_y, v_z$ がある．各成分の向きは ＋ と − の符号で示す．たとえば，$v_x = -1.0$ ならば，ベクトル **v** の $x$ 成分は大きさが 1.0 で $-x$ の方を向いている．ベクトルの大きさは $v$ または $|\mathbf{v}|$ で表す．その値は，

$$v = (v_x^2 + v_y^2 + v_z^2)^{1/2}$$

で与えられる．たとえば，成分が $v_x = -1.0$，$v_y = +2.5$，$v_z = +1.1$ のベクトルの大きさは 2.9 であるから，それを 2.9 単位の長さの矢で表すことができる．ベクトルの演算は，数値の演算ほど単純ではない．本書で必要となる演算については「必須のツール 13·1」で説明する．

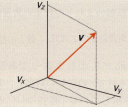

**概略図 12·1** ベクトルの成分と大きさの関係

---

1) orbital angular momentum quantum number　2) spherical harmonics

に限られる．すなわち，角運動量の大きさとして許される値は，0, $2^{1/2}\hbar$, $6^{1/2}\hbar$, … である．「基本概念」で述べたように，角運動量はベクトル量である（「必須のツール12・1」を見よ）．三次元回転の角運動量には，$J_x, J_y, J_z$ という3成分がある．$z$ 軸（球の極軸）のまわりの角運動量は $m_l\hbar$ であることは上で見た通りである．以上をまとめると，

- オービタル角運動量の量子数 $l$ は負でない整数，0, 1, 2, … をもつ．これから (12・23) 式によって粒子のオービタル角運動量の大きさが決まる．
- 磁気量子数 $m_l$ は $l, l-1, \cdots, -l$ という $2l+1$ 個の値に限られる．これから $m_l\hbar$ によって，オービタル角運動量の $z$ 成分が決まる．

これで二，三の特徴的な性質が明らかになった．第一には，$m_l$ が $l$ に依存するある範囲の値に限られるのはなぜかということで，これは，ある一つの軸のまわりの角運動量（$m_l$ で表される）は角運動量の大きさ（$l$ で表される）を超えることはできないからである．第二には，ある大きさのものが，$z$ 軸まわりの角運動量成分の異なる値に対応するためには，その角運動量が異なる角度を向いていなければならないということである（図12・31）．したがって，$m_l$ の値は粒子の運動が $z$ 軸となす角度を示すことになる．粒子の角運動量の大きさが決まっていると，運動エネルギー（これ以外のエネルギーはない）は運動経路の向きにはよらない，つまりエネルギーが $m_l$ に依存しないことは上で述べたとおりである．

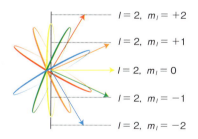

**図12・31** $l=2$ の場合について量子数 $l$ と $m_l$ の意味を表す図．角運動量の大きさは $l$ で決まる（矢の長さで表してある）．$m_l$ はその角運動量の $z$ 成分である．

$x$ 軸と $y$ 軸のまわりの角運動量成分について何かいえることがあるだろうか．実はほとんどない．これらの成分が角運動量の大きさを超えることはできないのはわかるが，その正確な値を決める量子数はない．$J_x, J_y, J_z$ という角運動量の3成分は不確定性原理に関連して12・6節で説明したような意味で互いに相補的なオブザーバブルであっ

て，1成分が正確にわかっていると（たとえば，$J_z$ の値が $m_l\hbar$ であるというように），あとの2成分の値は指定できない．この理由から，角運動量の表現として，与えられた $z$ 成分（$m_l$ の値を示す）と辺の長さ（$\{l(l+1)\}^{1/2}$ の値を表す）をもつ円錐面上のどこかにいるが，$x$ 軸と $y$ 軸への射影は不定であるといういい方をすることがある（図12・32）．角運動量の**ベクトルモデル**[1]は角運動量の量子力学的な見方の一つの表現にすぎないもので，その大きさははっきりしており，1成分もはっきりしているが，あとの2成分は不確定であることを表すモデルである．

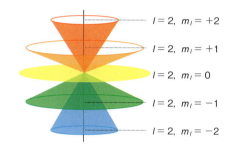

**図12・32** 角運動量のベクトルモデル．角運動量の $z$ 成分が与えられても，$x$ 成分と $y$ 成分については何も決まらない．この角運動量の状況を円錐で表してある．

● **簡単な例示12・7** **角運動量のベクトルモデル**

ある粒子が $l=3$ の状態にいるとしよう．このとき，角運動量の大きさは $12^{1/2}\hbar$ であるから，図12・33aに示すように，角運動量そのものを表すのに $12^{1/2}=3.46\cdots$ 単位の長さの矢を使うことができる．角運動量はその $z$ 成分が $m_l\hbar$ で，$m_l=+3, +2, +1, 0, -1, -2, -3$ の7個の向きのどれか一つをとれるから，$z$ 軸に長さ $m_l$ の単位の射影を与える向きの矢で表される（図12・33b）．次に不確定性原理を使えば，$x$ 成分も $y$ 成分も全くわからないから，その矢を円錐に置き換えて，$z$ 軸まわりの向きは指定できないことを表す（図12・33c）．●

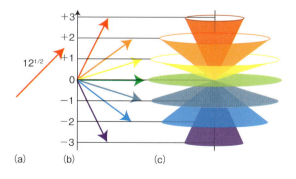

**図12・33** (a) $l=3$ の粒子の角運動量．(b) この角運動量ベクトルは7通りの配向がとれる．(c) それぞれの円錐は $z$ 軸まわりの可能な配向を表している（配向は決まらない）．

[1] vector model

## 12・9 振動運動：調和振動子

分子の運動できわめて重要なタイプに原子団の振動，つまり結合が伸びたり縮んだり，曲がったりする運動がある．分子は静止して凍りついた原子の並びではない．原子は互いに絶えず動いている．すぐあとでわかるように，この節の説明は，19章で述べる振動分光法を考察するうえで基礎となるものである．同じ説明は，化学反応のいろいろな側面を考察するときにも使える．

**調和振動子**[1]として知られるタイプの振動運動では，力に関する**フックの法則**[2]に従うバネに付いた粒子が左右に振動する．フックの法則によれば，復元力は変位 $x$ に比例する．

$$\text{復元力} = -k_f x \qquad \text{フックの法則} \qquad (12\cdot24\text{a})$$

比例定数 $k_f$ を**力の定数**[3]という．硬いバネでは力の定数が大きく（変位が小さくても復元力が強い），弱いバネでは力の定数が小さい．$k_f$ のSI単位はメートル当たりのニュートン（$\text{N m}^{-1}$）である．(12・24a) 式に負号が付いているのは，右への変位（$x$ の正の方向）に対応するのが左向き（$x$ の負の方向）の力だからである．つぎの「式の導出」でわかるように，この力を受けている粒子のポテンシャルエネルギーは変位の2乗で増加する．具体的には，

$$V(x) = \tfrac{1}{2} k_f x^2 \qquad \text{ポテンシャルエネルギー} \qquad \text{調和振動子} \qquad (12\cdot24\text{b})$$

である．$V$ の $x$ による変化を図 12・34 に示してある．これは放物線の形（$y = ax^2$ の形の曲線）をしており，調和振動をする粒子は"放物線形のポテンシャルエネルギー"をもつという．

---

**式の導出 12・3　調和振動子のポテンシャルエネルギー**

力は，ポテンシャルエネルギーの勾配に負号を付けたものに等しい．つまり，$F = -dV/dx$ である．無限小量は代数計算と同じように扱えるから，これを $dV = -F\,dx$ と変形し，この両辺をポテンシャルエネルギーが $V(0)$ の $x = 0$ から $V(x)$ の $x$ まで積分すれば，

$$V(x) - V(0) = -\int_0^x F(x)\,dx$$

である．ここで，$F(x) = -k_f x$ を代入すれば，

$$V(x) - V(0) = -\int_0^x \underbrace{(-k_f x)}_{F(x)}\,dx = k_f \int_0^x \underbrace{x\,dx}_{\tfrac{1}{2}x^2} = \tfrac{1}{2} k_f x^2$$

となる．$V(0) = 0$ としてよいから，(12・24b) 式が得られる．

---

前に考えたのとは違って，ポテンシャルエネルギーは場所によって変わるから，シュレーディンガー方程式の中で $V(x)$ を使わなければならない．そこで，境界条件を満足する解を選ぶ必要がある．ここでの境界条件は，ポテンシャルエネルギーを表す放物線に合うものでなければならない．もっと厳密にいえば，波動関数は $x = 0$ から両側に大きく変位したところですべて 0 にならなければならないということである．放物線の端で急に 0 になる必要はない．

この方程式の解は非常に簡単になる．たとえば，境界条件を満足する解のエネルギーは，

$$E_v = (v + \tfrac{1}{2}) h\nu \qquad \text{量子化されたエネルギー} \qquad \text{調和振動子} \qquad (12\cdot25)$$

$$v = 0, 1, 2, \cdots$$

$$\nu = \frac{1}{2\pi}\left(\frac{k_f}{m}\right)^{1/2}$$

である．$m$ は粒子の質量，$v$ は**振動の量子数**[4]である．こ

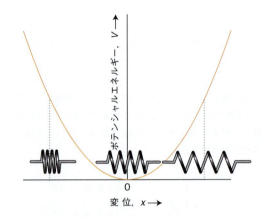

**図 12・34**　調和振動子に特有な放物線形のポテンシャルエネルギー．変位が正の領域ではバネが伸び，負の領域ではバネが縮む．

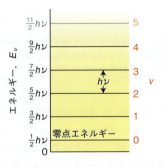

**図 12・35**　調和振動子のエネルギー準位の配列（準位は上方に無限に続く）．エネルギー間隔は質量と力の定数によって変化する．零点エネルギーが存在する．

---

1) harmonic oscillation　2) Hooke's law　3) force constant　4) vibrational quantum number

こで，量子数 $v$（ブイ）と振動数 $\nu$（ニュー）を混同しないように注意しよう．これらのエネルギー値は間隔が一定で $h\nu$ のはしごの形をしている（図 12・35）．$\nu$ という量は振動数で（単位は毎秒のサイクル，すなわちヘルツ Hz），質量 $m$ で力の定数 $k_f$ の古典的な振動子がもつはずの振動数と全く同じと計算される．しかし，量子力学では $\nu$ から（$h\nu$ を経由して）隣接したエネルギー準位の間隔がわかる．この間隔はバネが硬いとき，また質量が小さいとき広く開いている．

● **簡単な例示 12・8　化学結合の振動数**

H–Cl 結合の力の定数は $516\,\mathrm{N\,m^{-1}}$ である．ニュートン（N）は力の SI 単位（$1\,\mathrm{N} = 1\,\mathrm{kg\,m\,s^{-2}}$）である．塩素原子は相対的に非常に重いから水素原子だけが動くと考える．そこで，$m$ に水素原子の質量（$^1$H では $1.67 \times 10^{-27}\,\mathrm{kg}$）を入れれば，

$$\nu = \frac{1}{2\pi}\left(\frac{k_f}{m}\right)^{1/2} = \frac{1}{2\pi}\left(\frac{516\ \overbrace{\mathrm{N}}^{\mathrm{kg\,m\,s^{-2}}}\mathrm{m^{-1}}}{1.67 \times 10^{-27}\ \mathrm{kg}}\right)^{1/2}$$

単位を消去
$1\,\mathrm{s^{-1}} = 1\,\mathrm{Hz}$
$= 8.85 \times 10^{13}\,\mathrm{Hz}$

となる．隣接する準位の間隔はこの振動数に $h$ を掛けたもので，$5.86 \times 10^{-20}\,\mathrm{J}$（58.6 zJ）となる．これは $35.3\,\mathrm{kJ\,mol^{-1}}$ に相当する．●

**自習問題 12・8**

H–I 結合の振動数は $6.95 \times 10^{13}\,\mathrm{s^{-1}}$ である．この分子では H 原子だけが動くものとして，この結合の力の定数を求めよ．　　　　　　　　［答：$318\,\mathrm{N\,m^{-1}}$］

---

図 12・36 に調和振動子の最初の数個の波動関数の形を示してある．基底状態の波動関数（$v = 0$ に対応し，$\frac{1}{2}h\nu$ の零点エネルギーをもつ）は釣鐘形で，$e^{-x^2}$ の形の曲線（ガウス関数，「必須のツール 1・2」を見よ）であり，節がない．この形から，粒子が $x = 0$（変位がない）の場所にいる確率が最大であって，それから遠くなるにつれて存在確率が減少するのがわかる．第一励起状態の波動関数は $x = 0$ に節があり，その両側に正と負のピークがある．したがって，この状態では，粒子はバネが伸びているか，または同じ量だけ縮んだところにいる確率が最も高い．しかし，古典的な振動子が運動できる限界を越えて波動関数は広がっている（図 12・37）．これは量子力学的なトンネル効果のもう一つの例である．この性質によるいろいろな影響については後の章，特に 19 章で説明する．

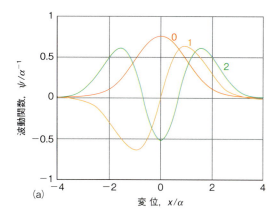

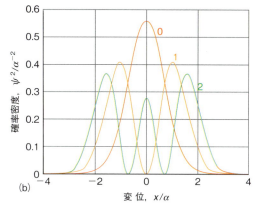

**図 12・36** 調和振動子の最初の三つの状態の (a) 波動関数，(b) 確率密度．励起の度合いが増すにつれ，変位の大きな領域に振動子を見いだす確率が増加していることに注目しよう．波動関数と変位を $\alpha = (\hbar^2/mk_f)^{1/4}$ を単位として数値で表してある．

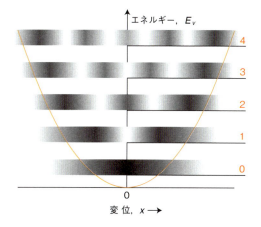

**図 12・37** 調和振動子をある変位の場所に見いだす確率密度を表す図．古典的には，全エネルギーがポテンシャルエネルギーより小さい領域に振動子を見いだすことはできない（運動エネルギーが負になれないから）．しかし，量子振動子は，古典的に禁止された領域でもトンネル効果によって入り込める．

## 補遺 12·1

### 変数分離法

　二次元の箱の中の粒子の波動関数は，二つの変数 $x$ と $y$ に依存している．したがって，12·7 節で見たように，$\psi(x, y)$ には $x$ についての偏導関数 $\partial\psi(x, y)/\partial x$ （$y$ 一定として計算したもの）と，$y$ についての偏導関数 $\partial\psi(x, y)/\partial y$ （$x$ 一定として計算したもの）の二つが含まれている．この場合のシュレーディンガー方程式は，偏微分方程式でつぎのように書ける（必須のツール 12·2）.

$$-\frac{\hbar^2}{2m}\frac{\partial^2\psi(x, y)}{\partial x^2} - \frac{\hbar^2}{2m}\frac{\partial^2\psi(x, y)}{\partial y^2} = E\psi(x, y)$$

これは簡単に，

$$\hat{H}_X\psi(x, y) + \hat{H}_Y\psi(x, y) = E\psi(x, y)$$

と書くこともできる．$\hat{H}_X$ は $x$ の関数にだけ影響を及ぼす（数学では演算するという）．$\hat{H}_Y$ は $y$ の関数にだけ演算する．「式の導出 12·1」からほんの少しだけ一般化すると，$\hat{H}_X$ は "$x$ に関する二階の導関数をとる" というだけの意味の記号で，$\hat{H}_Y$ は $y$ について同じ意味である．$\psi(x, y) = X(x)Y(y)$ が実際に解になっているかどうかをみるために，これを上の式の両辺に代入すると，

$$\hat{H}_X X(x)Y(y) + \hat{H}_Y X(x)Y(y) = EX(x)Y(y)$$

となる．$\hat{H}_X$ は $X(x)$ にだけ演算し，そのとき $Y(y)$ は定数として扱う．$\hat{H}_Y$ は $Y(y)$ にだけ演算し，そのとき $X(x)$ は定数として扱う．したがって，$\hat{H}_X X(x)Y(y) = Y(y)\hat{H}_X X(x)$ および $\hat{H}_Y X(x)Y(y) = X(x)\hat{H}_Y Y(y)$ となり，上の方程式は，

$$Y(y)\hat{H}_X X(x) + X(x)\hat{H}_Y Y(y) = EX(x)Y(y)$$

となる．両辺を $X(x)Y(y)$ で割ると，

$$\frac{1}{X(x)}\hat{H}_X X(x) + \frac{1}{Y(y)}\hat{H}_Y Y(y) = E$$

を得る.

　ここからが，鍵となる大切な議論である．左辺の第 1 項は $x$ だけに依存し，第 2 項は $y$ だけに依存する．したがって，$x$ が変化したとき第 1 項だけが変化できる．ところが，第 2 項は不変で，それとの和が定数 $E$ であるから，$x$ が変化したときも実は第 1 項は変化できない．つまり，第 1 項はある定数に等しいので，それを $E_X$ と書く．同じ議論は $y$ が変化したときの第 2 項にもあてはまるので，これもある定数に等しい．これを $E_Y$ と書くと，この二つの定数の

和が $E$ である．すなわち，

$$\frac{1}{X(x)}\hat{H}_X X(x) = E_X \qquad \frac{1}{Y(y)}\hat{H}_Y Y(y) = E_Y$$

であることを証明したことになる．ただし，$E_X + E_Y = E$ である．この二つの方程式は簡単に，

$$\hat{H}_X X(x) = E_X X(x) \qquad \hat{H}_Y Y(y) = E_Y Y(y)$$

と書ける．それぞれは一次元の運動のシュレーディンガー方程式で，一つは $x$ 軸に沿うもの，もう一つは $y$ 軸に沿うものであることがわかる．これで，変数が分離できたわけであるが，束縛条件はどちらの軸でも同じ（長さ $L_X$ と $L_Y$ の値が違うだけ）であるから，個々の波動関数はすでに一次元の場合にわかっているものとほとんど同じである．

---

### 必須のツール 12·2　偏微分方程式

　常微分方程式については「必須のツール 10·1」で説明した．未知の関数 $f$ が 2 個以上の変数に依存するとき，たとえば，

$$a\left(\frac{\partial^2 f}{\partial x^2}\right)_y + b\left(\frac{\partial^2 f}{\partial y^2}\right)_x = cf$$

のとき，この方程式を偏微分方程式という．ここで，$f$ は $x$ と $y$ の関数であるから，これを $f(x, y)$ と書く．また，$a, b, c$ という因子は定数であっても，一方または両方の変数の関数であってもよい．変化を表す記号が d から $\partial$ に変わっていて，それが偏導関数を表していることに注意しよう．偏導関数は，関数をある変数で微分するのに，それ以外の変数を一定に保ったものであり，その一定の変数を下付きで表してある（2·8 節を見よ）.

　偏微分方程式について知っておくべきことは，**変数分離法**[1] という手法を使えば，それを二つ以上の常微分方程式に分離できるということだけである．その解が $f(x, y)$ である微分方程式が，この方法で実際に解けるかどうかをみるために，その解が $x$ にのみ依存する関数と $y$ にのみ依存する関数の積で書けるとして，$f(x, y) = X(x)Y(y)$ と書く．具体的な方法については補遺 12·1 にある.

---

1) separation of variables

## チェックリスト

- [ ] 1 原子スペクトルと分子スペクトルによって，原子と分子のエネルギーが量子化されていることがわかる．
- [ ] 2 光電効果は，あるしきい値より大きな振動数の放射線を金属に当てたとき電子がはじき出される現象である．
- [ ] 3 電子の波動性はデビソン-ガーマーの回折実験で示された．
- [ ] 4 ものと放射線について，波－粒子の性質が合体していることを波－粒子の二重性という．
- [ ] 5 波動関数 $\psi$ には系の動力学的な情報がすべて含まれている．適切なシュレーディンガー方程式を立て，境界条件という制限に合う解を探せば波動関数が得られる．
- [ ] 6 ボルンの解釈に従えば，ある粒子を体積 $\delta V$ の小さな領域に見いだす確率は $\psi^2 \delta V$ に比例している．ここで，$\psi$ はその領域での波動関数の値である．
- [ ] 7 ハイゼンベルクの不確定性原理によれば，粒子の運動量と位置の両方を同時に任意の精度で指定することはできない．
- [ ] 8 長さ $L$ の箱に入った質量 $m$ の粒子のエネルギー準位は量子化されており，その波動関数は正弦関数である（つぎの「重要な式の一覧」を見よ）．
- [ ] 9 零点エネルギーは系に許される最低エネルギーである．
- [ ] 10 同じエネルギーの異なる状態は縮退しているという．
- [ ] 11 一般に，波動関数は急に 0 になることはないから，粒子は古典的に禁止されている領域にまでトンネルして入り込める．
- [ ] 12 円環上を自由に運動する粒子の角運動量と運動エネルギーは量子化されており，その量子数を $m_l$ で表す．
- [ ] 13 環上の粒子や球面上の粒子は周期的境界条件（波動関数が次々のサイクルで同じになる）を満足しなければならない．
- [ ] 14 球面上の粒子の角運動量と運動エネルギーは量子化されていて，その値は量子数 $l$ と $m_l$ で決まる（つぎの「重要な式の一覧」を見よ）．その波動関数は球面調和関数である．
- [ ] 15 粒子がフックの法則に従う復元力（変位に比例する力）を受けていれば，調和振動を行う．
- [ ] 16 調和振動子のエネルギー準位は等間隔であり，量子数 $v = 0, 1, 2, \cdots$ で指定される．

## 重要な式の一覧

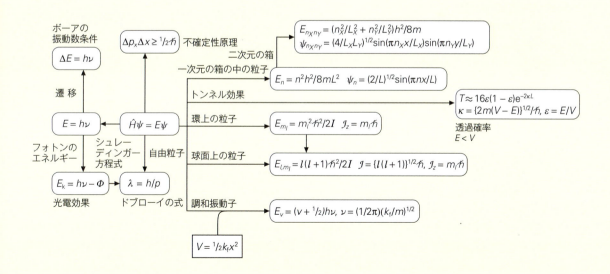

302                                    12. 量　子　論

## 問題と演習

### 文章問題

**12・1**　量子論が導入されるに至った実験的証拠について概説せよ.

**12・2**　一次元の箱内や環上に運動が制限された粒子について，エネルギー量子化の物理的起源を説明せよ.

**12・3**　零点エネルギーとは何か. なぜ現れるかについて例を挙げて説明せよ.

**12・4**　波動関数に関するボルンの解釈を説明し，その妥当性を示せ.

**12・5**　不確定性原理からどんな結果が導かれるか.

**12・6**　量子力学的トンネル現象の物理的起源を説明せよ. 化学ではトンネル現象はどのように現れるか.

### 演習問題

**12・1**　水素原子のスペクトルで明るい赤色線の波長は652 nm である. この遷移で生じるフォトンのエネルギーはいくらか.

**12・2**　水素原子が 10.20 eV のエネルギー変化に相当する遷移を起こすとき，放出される放射線の波数はいくらか.

**12・3**　(a) 振動数 $1.0 \times 10^{15}$ Hz の電子運動，(b) 周期 20 fs の分子振動，(c) 周期 0.50 s の振り子について，励起に関与する量子の大きさをそれぞれ計算せよ. その結果をジュールおよびモル当たりのキロジュールで表せ.

**12・4**　金属セシウムの仕事関数は 2.14 eV である. 波長が (a) 750 nm，(b) 250 nm の光で放出される電子の運動エネルギーと速さを計算せよ.

**12・5**　ある金属にいろいろな波長の放射線を当てたとき放出された光電子の運動エネルギーに関するつぎのデータを使って，プランク定数とこの金属の仕事関数の値を求めよ.

| $\lambda$/nm | 300 | 350 | 400 | 450 |
|---|---|---|---|---|
| $E_k$/eV | 1.613 | 1.022 | 0.579 | 0.235 |

**12・6**　ある回折実験で，波長が 550 pm の電子を使う必要があった. この電子の速さを計算せよ.

**12・7**　つぎのもののドブローイ波長を求めよ. (a) 1.0 m s$^{-1}$ で運動している質量 1.0 g の物体，(b) $1.00 \times 10^5$ km s$^{-1}$ で運動している同じ物体，(c) 1000 m s$^{-1}$ で運動している He 原子 (室温での速さはこの程度である).

**12・8**　電子に電位差 $\Delta\phi$ をかけて加速すれば，その電子は運動エネルギー $e\Delta\phi$ を獲得する. 静止状態にある電子につぎの電位差をかけて加速したとき，その電子の運動量とドブローイ波長を求めよ. (a) 1.00 V，(b) 1.00 kV，(c) 100 kV.

**12・9**　君自身が 8 km h$^{-1}$ の速さで移動しているときのドブローイ波長を計算せよ. 止まったら波長はどうなるか.

**12・10**　波長が (a) 600 nm，(b) 70 pm，(c) 200 m のフォトンの直線運動量を計算せよ.

**12・11**　質量 1.0 g の粒子が波長 300 nm のフォトンと同じ直線運動量をもつためには，どれだけの速さで飛ばなければならないか.

**12・12**　フォトンの圧力で作動する宇宙船を設計したとしよう. 帆は完全に光を吸収する布でできており，その面積は 1.0 km$^2$ である. 月面上の基地からそれに向かって波長 650 nm の 1.0 kW の赤色レーザー光を照射した. (a) その力の大きさはいくらか. (b) このレーザー光が帆に及ぼす圧力はいくらか. (c) 宇宙船の質量を 1.0 kg とし，静止状態からある時間加速したとき，宇宙船が 1.0 m s$^{-1}$ の速さになるのにかかる時間を求めよ. (速さ) ＝ (力/質量) × (時間) である.

**12・13**　ある波動関数が $x = 0$ と $x = L$ の間では一定値 $A$ で，それ以外では 0 である. この波動関数を規格化せよ.

**12・14**　ある粒子の波動関数が $\psi(x) = Ne^{-ax^2}$ である. この波動関数の形の概略を描け. 粒子が最も見いだされやすい場所はどこか. 粒子を見いだす確率が最大値から 50 パーセントになるのは $x$ がいくらのところか.

**12・15**　あるプロトンの速さが 350 km s$^{-1}$ である. その運動量の不確かさが 0.0100 パーセントだとしたら，位置にはどれだけの不確かさを許容しなければならないか.

**12・16**　質量 500 g のボールがバットに当たった位置が 5.0 μm 以内としかわからないとき，そのボールの速さの不確かさは少なくともどれだけあるか.

**12・17**　質量 5.0 g の弾丸の速さが 350.000001 m s$^{-1}$ と 350.000000 m s$^{-1}$ の間であるとわかっている. この弾丸の位置の不確かさは少なくともどれだけか.

**12・18**　ある電子が原子の直径程度 (100 pm とする) の長さに一次元的に閉じ込められている. その位置と速さの不確かさは少なくともどれだけあるかを計算せよ.

**12・19**　質量 $m$ の粒子がある領域では，ポテンシャルエネルギーが $ax^4$ で変化しているとする. $a$ は定数である. これに相当するシュレーディンガー方程式を書け.

**12・20**　長さ $L = 10$ nm の箱の中で，(a) $x = 0.1$ nm と 0.2 nm の間，(b) 4.9 nm と 5.2 nm の間に電子を見いだす確率を計算せよ. ただし，その波動関数は $\psi = (2/L)^{1/2} \times \sin(2\pi x/L)$ である. また，いま考えている小さな領域では波動関数は一定であるとしてよく，一次元系では $\delta V$ を $\delta x$ とできる.

**12・21**　水素原子を質点と考え，それが長さ 1.0 nm の一次元の井戸に閉じ込められているとする. $n = 2$ の準位から最低エネルギー準位へ落ちるときどれだけのエネルギーを放出するか.

## 12. 量 子 論

**12·22** 辺の長さが $L$ と $2L$ の長方形の領域を考えよう. このときの並進運動に縮退状態が存在するか. もしあれば, 最も低い二つの状態はどんなものか.

**12·23** ゼオライト触媒の空孔は非常に小さいので, その中での原子や分子の分布に対する量子力学的効果はかなりの大きさになりうる. 長さ $L$ の箱の中で, $n=1$ のとき粒子を見いだす確率が最大確率の 50 パーセントである場所はどこか.

**12·24** アルカリ金属が液体アンモニアに溶けた青色の溶液は, その金属カチオンと, アンモニア分子がつくる空洞に捕らえられた電子とから成る. (a) 長さ 5.0 nm の一次元の箱の中の電子の $n=4$ と $n=5$ の準位のエネルギー間隔を計算せよ. (b) この 2 準位間で電子遷移が起こるとき放出される放射線の波長を計算せよ.

**12·25** 本文で書いたように, 箱の中の粒子モデルは, カロテンや関連分子など共役ポリエンの電子の分布とエネルギーを表す粗いモデルとして使える. カロテンには 22 個の炭素原子から成る鎖があり, これに沿って C–C の単結合 (10 個) と二重結合 (11 個) が交互に並んでいる. C–C 結合長が約 140 pm で, $n=11$ から $n=12$ への上向きの遷移が観測できる最初の遷移として, この遷移の波長を求めよ.

**12·26** ある粒子のポテンシャルエネルギーが $x<0$ で 0, $0 \leq x \leq L$ では一定値 $V$, $x>L$ では再び 0 とする. このポテンシャルの概略を描け. 波動関数は, この障壁の左側では sin 関数で表され, 障壁内では指数関数に従って減衰し, 右側で再び sin 関数で表されるとしよう. ただし, この波動関数はどこでも連続で, その勾配も連続とする. ポテンシャルエネルギーの図に波動関数を重ねて描け.

**12·27** 幅 $L$, 高さ $V = \hbar^2/2m_e L^2$ のポテンシャルエネルギー障壁に電子 1 個が入射した. この電子が (a) $V/10$, (b) $V/100$ のエネルギーをもつとき, この障壁をトンネルする確率を求めよ.

**12·28** 回転する HI 分子を扱うのに, I 原子は止まっていて, そのまわりを H 原子が 161 pm の距離を保ったまま平面内で回転しているとしよう. (a) この分子の慣性モーメント, (b) この分子の回転を励起できる放射線の最大波長を計算せよ.

**12·29** $H_2O$ 分子の HOH 角を 2 等分する軸のまわりの慣性モーメントは $1.91 \times 10^{-47}$ kg m$^2$ である. この軸のまわりの角運動量の 0 でない最小値は $\hbar$ である. この状態を古典力学で考えれば, H 原子はこの軸のまわりに毎秒何回まわっているか.

**12·30** 前問で考えた軸のまわりで $H_2O$ 分子の回転を励起するのには, 最低どれだけのエネルギーが必要か.

**12·31** $CH_4$ の慣性モーメントは, C–H 結合長を $R$ として, $I = \frac{8}{3} m_H R^2$ で計算できる ($R = 109$ pm とする). この分子の最小の (0 でない) 回転エネルギーとその回転状態の縮退度を求めよ.

**12·32** 質量 1 g のハチが水平な小枝の先端にとまったところ, 周期 1 s で上下振動が始まった. この小枝を質量のないバネとして扱ったときの力の定数を求めよ.

**12·33** 振動する HI 分子を扱うのに, I 原子は止まっていて, この I 原子に H 原子が近づいたり離れたり振動しているとしよう. HI 結合の力の定数が 314 N m$^{-1}$ とわかっているとき, (a) この分子の振動数, (b) この分子の振動を励起するのに必要な放射線の波長を計算せよ.

**12·34** HI 分子の H を重水素で置換したら, HI の振動数は何倍になるか.

### プロジェクト問題

記号 ‡ は微積分の計算が必要なことを示す.

**12·35‡** ここでは確率について, 微積分を使ってもっと正確な計算をしよう. (a) 演習問題 12·20 で表した波動関数が注目する領域で変化するものとして, 同じ問題を解け. 演習問題 12·20 のやり方で生じる誤差は何パーセントか. 長さ $L$ の箱の中にある質量 $m$ の粒子が $n=1$ の状態にあるとき, (a) 左側 1/3 の領域, (b) 中央の 1/3 の領域, (c) 右側 1/3 の領域に見いだされる確率はそれぞれいくらか. 〔ヒント: 各領域内で $\psi^2 dx$ を積分しなければならない. 必要な不定積分の式は「式の導出 12·2」にある.〕

**12·36‡** この問題では, 量子力学的な調和振動子を定量的にもっと詳しく調べよう. (a) 調和振動子の基底状態の波動関数は $e^{-ax^2/2}$ に比例する. ここで, $a$ は質量と力の定数に依存する. (i) この波動関数を規格化せよ. この計算には積分公式 $\int_{-\infty}^{\infty} e^{-\alpha x^2} dx = (\pi/\alpha)^{1/2}$ が必要である. (ii) 基底状態にあるこの振動子を見いだす確率がもっとも大きいのは, どの変位のところか. 関数 $f(x)$ の極大 (または極小) は $df/dx = 0$ となる $x$ の値にある. (b) 調和振動子の第一励起状態の波動関数は $xe^{-ax^2/2}$ に比例している. この場合について (a) の計算を行え.

**12·37** 調和振動子のシュレーディンガー方程式の解は二原子分子にも使える. ただし, 結合で結ばれた原子は両方とも動けるから少し複雑で, このときの振動子の "質量" の解釈に注意を要する. 詳しい計算によれば, 力の定数 $k_f$ の結合で結ばれた質量 $m_A$ と $m_B$ の 2 原子については, エネルギー準位を求めるのに (12·25) 式を使うことはできるが, その $m$ を "実効質量" $\mu = m_A m_B/(m_A + m_B)$ で置き換える必要がある. 生体内で $O_2$ の輸送や貯蔵の妨げになる毒物, 一酸化炭素の振動を考えよう. $^{12}C^{16}O$ 分子の結合の力の定数は 1860 N m$^{-1}$ である. (a) この分子の振動数 $\nu$ を計算せよ. (b) 赤外分光法では, 分子の振動数を振動波数 $\tilde{\nu}(\tilde{\nu} = \nu/c)$ に変換して表す習慣がある. $^{12}C^{16}O$ 分子の振動波数はいくらか. (c) C≡O 結合の力の定数が同位体置換の影響を受けないと仮定して, つぎの分子の振動波数を計算せよ. $^{13}C^{16}O$, $^{12}C^{18}O$, $^{13}C^{18}O$.

# 13

# 原 子 構 造

## 水素型原子

13·1　水素型原子のスペクトル

13·2　水素型原子に許されるエネルギー

13·3　量 子 数

13·4　波動関数: s オービタル

13·5　波動関数: p, d オービタル

13·6　電子スピン

13·7　スペクトル遷移と選択律

## 多電子原子の構造

13·8　オービタル近似

13·9　パウリの原理

13·10　浸透と遮蔽

13·11　構成原理

13·12　d オービタルの占有

13·13　カチオンとアニオンの電子配置

13·14　つじつまの合う場のオービタル

## 原子の性質の周期性

13·15　原子半径

13·16　イオン化エネルギーと電子親和力

## 複雑な原子のスペクトル

13·17　項の記号

13·18　スピン−軌道カップリング

13·19　選択律

補遺 13·1　パウリの原理

チェックリスト

重要な式の一覧

問題と演習

12 章で量子論の基礎を詳しく説明したので, ここでは原子構造の説明に話を進める. 原子構造とは, 原子の中で電子がどんな配置をとるかを表したもので, 分子や固体の構造を理解し, 元素とその化合物の物理的性質や化学的性質すべてを理解するうえで基礎となるから, それは化学の重要な部分を占めている.

**水素型原子**[1] とは原子番号 $Z$ は何でもよく, 電子が 1 個しかない原子またはイオンをいう. 水素型原子には H, $He^+, Li^{2+}, C^{5+}$ などがあり, $U^{91+}$ もそうである. このような非常に高度にイオン化した原子は星の外側の領域で見いだされる. **多電子原子**[2] とは, 2 個以上の電子をもつ原子またはイオンである. 多電子原子には H 以外のすべての中性原子が含まれる. たとえば, ヘリウムには電子が 2 個あるから多電子原子である. 水素型原子, 特に H はそのシュレーディンガー方程式が解けて構造を厳密に論じることができるので重要である. 水素型原子は, 多電子原子の構造や分子の構造 (次章で説明する) を表すのに使える概念をいろいろ提供している.

## 水 素 型 原 子

気体や蒸気に放電を起こさせたり, 元素を熱い炎にさらしたりすると, エネルギー的に励起した原子ができる. それがエネルギーを捨てて最低エネルギーの状態である**基底状態**[3] に戻るとき離散的な振動数をもつ光を放射する (図 13·1). 放出される放射線の振動数 ($\nu$, ふつうはヘルツ Hz 単位), 波数 ($\tilde{\nu} = \nu/c$, ふつうは $cm^{-1}$ 単位), あるいは波長 ($\lambda = c/\nu$, ふつうは nm 単位) を記録したものをその原子の**発光スペクトル**[4] という. ごく初期には, 放射線は写真法で一列の線 (光を取出すときの狭いスリットの焦点像) として検出された. そのため, スペクトル中の光の成分をいまでも広くスペクトル"線"といっている.

---

1) hydrogenic atom　2) many-electron atom

3) ground state　4) emission spectrum

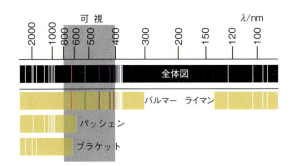

**図 13・1** 水素原子のスペクトル．スペクトル全体を最上部に示す．その重なりを分解して表したそれぞれの系列を下に示す．バルマー系列は大部分が可視部にある．

## 13・1 水素型原子のスペクトル

気体水素に放電を起こさせたときに観測される水素原子のスペクトルを理解するのに最初に重要な貢献をしたのはスイスの学校教師バルマー[1]で，彼は1885年に，可視領域の電磁スペクトルに観測された光の（いまの用語でいえば）波数が，

$$\tilde{\nu} \propto \frac{1}{2^2} - \frac{1}{n^2}$$

に合うと指摘した．ここで，$n = 3, 4, \cdots$ である．この式で表される線列はいまではスペクトルの**バルマー系列**[2]といわれている．その後，べつの系列がスペクトルの紫外領域に発見され，それを**ライマン系列**[3]という．さらに赤外線の検出器が使えるようになって赤外領域の系列も見いだされた．それは**パッシェン系列**[4]である．このような結果をもとにして，スウェーデンの分光学者リュードベリ[5]はすべての線列が，

$$\tilde{\nu} = R_H \left( \frac{1}{n_1^2} - \frac{1}{n_2^2} \right) \quad \text{リュードベリの式} \quad (13 \cdot 1)$$

に合うことに気付いた（1890年）．ここで，$n_1 = 1, 2, \cdots$，$n_2 = n_1 + 1, n_1 + 2, \cdots$ で $R_H = 109\,677 \text{ cm}^{-1}$ である．定数 $R_H$ はいまでは水素の**リュードベリ定数**[6]という．最初の5個の系列は $n_1$ が1（ライマン），2（バルマー），3（パッシェン），4（ブラケット[7]），5（フント[8]）の線列に相当している．

12・1節で説明したように，スペクトル線がとびとびに存在することから，原子のエネルギーは量子化されていると考えられる．原子のエネルギーが $\Delta E$ 変化するとき，このエネルギー差は振動数 $\nu$ のフォトンとして運び去られ，その間には**ボーアの振動数条件**[9]，

$$\Delta E = h\nu \quad \text{ボーアの振動数条件} \quad (13 \cdot 2)$$

の関係がある（12・1式を見よ）．放射線の波数 $\tilde{\nu}$ を使って書けば，ボーアの振動数条件は $\Delta E = hc\tilde{\nu}$ である．このことから，原子内の電子が一連の決まったエネルギー状態にだけ存在でき，電磁波がそれらの間の遷移をひき起こすと考えれば，離散的な（とびとびの）スペクトル線が観測されることが予想できる．

## 13・2 水素型原子に許されるエネルギー

水素型原子の構造を量子力学的に表すにはラザフォードの**有核モデル**[10]を使う．すなわち原子は，中心にあって電荷 $Ze$ を帯びた核と，その外側にある電子1個とからできているとみる．この型の原子の詳しい構造とエネルギー準位を明らかにするには，電荷 $+Ze$ の核と電子の電荷 $-e$ の間に働くクーロンポテンシャルエネルギー $V$ をポテンシャルエネルギーとしてシュレーディンガー方程式をつくり，これを解かなければならない．「必須のツール9・1」で述べたように，電荷 $Q_1$ が別の電荷 $Q_2$ から距離 $r$ にあるときのクーロンポテンシャルエネルギーは，

$$V(r) = \frac{Q_1 Q_2}{4\pi\varepsilon_0 r} \quad \text{クーロンポテンシャルエネルギー} \quad (13 \cdot 3\text{a})$$

である．$\varepsilon_0 = 8.854 \times 10^{-12} \text{ J}^{-1} \text{ C}^2 \text{ m}^{-1}$ は真空の誘電率である．$Q_1 = +Ze$, $Q_2 = -e$ とおけばこの式は，

$$V(r) = -\frac{Ze^2}{4\pi\varepsilon_0 r} \quad \begin{array}{l}\text{水素型原子}\\\text{の電子}\end{array} \quad \text{クーロンポテンシャルエネルギー} \quad (13 \cdot 3\text{b})$$

となる．負号は，核と電子の間の距離が減少するにつれてポテンシャルエネルギーが減少する（もっと負になる）ことを示している．

ここで，波動関数が受け入れられるために満足すべき適切な条件を設定する必要がある．水素原子における条件は，波動関数がどこでも無限大になってはならないことと，核のまわりを赤道に沿って回っても，南北に回っても1周したらもとの値に戻らなければならないこと（ちょうど球面上の粒子の場合のように）である．満足しなければならない条件がこのように三つあるから，3個の量子数が現れる．

上のポテンシャルエネルギーとこの条件のもとで，大量の計算をするとシュレーディンガー方程式を解くことができる．これらの条件を満足しなければならないから，いつもの通り，電子はある決まったエネルギー値しかもてないことになるが，これはスペクトルからの証拠と定性的に合う．シュレーディンガー自身，原子番号が $Z$ の水素型原子で核の質量が $m_N$ のとき，許されるエネルギー準位は，

---

1) Johann Balmer　2) Balmer series　3) Lyman series　4) Paschen series　5) Johannes Rydberg　6) Rydberg constant
7) Brackett　8) Pfund　9) Bohr frequency condition　10) nuclear model

$$E_n = -\frac{hcR_{\mathrm{N}}Z^2}{n^2} \quad \text{水素型原子} \quad \text{エネルギー準位} \qquad (13\cdot 4\mathrm{a})$$

で表せることを見いだした．ここで，

$$R_{\mathrm{N}} = \frac{\mu e^4}{8\varepsilon_0^2 h^3 c} \qquad \mu = \frac{m_{\mathrm{e}} m_{\mathrm{N}}}{m_{\mathrm{e}} + m_{\mathrm{N}}}$$

リュードベリ定数，換算質量 $\qquad (13\cdot 4\mathrm{b})$

であり，$n = 1, 2, \cdots$ である．$\mu$ は原子の**換算質量**[1]である．これは，原子内の運動はもっぱら電子によるものであるが，重い核であっても完全に止まっているわけではないから，これを考慮に入れた実効的な質量である．もし，$m_{\mathrm{N}}$ をプロトンの質量に等しいとおいたら，定数 $R_{\mathrm{N}}$ の数値は実験で得られるリュードベリ定数 $R_{\mathrm{H}}$ と等しくなる．水素原子であっても $m_{\mathrm{N}} \gg m_{\mathrm{e}}$ であるから，厳密な計算が必要な場合を除いて $\mu = m_{\mathrm{e}}$ とおける．シュレーディンガーは $R_{\mathrm{H}}$ を計算したとき，その値が実験値とほとんど等しくなったのを見て，震えを感じるほど興奮したであろう．

ここでは，$(13\cdot 4\mathrm{a})$ 式に注目し，その意味を解き明かすことにする．そこで，三つの側面について調べよう．それは，$n$ の役割，負号の意味，$Z^2$ が式に現れることである．

量子数 $n$ を**主量子数**[2]という．$n$ の値を $(13\cdot 4\mathrm{a})$ 式に代入すれば原子内の電子のエネルギーを計算できる．それで得られたエネルギー準位を図 $13\cdot 2$ に示す．注目すべき点は，$n$ が小さいときは準位の間が広く開いているが，$n$ が増加するにつれて収斂（れん）していることである．$n$ の値が小さいときは，反対電荷の間の引力によって電子が核のそばに寄っているので，狭い箱の中の粒子のエネルギーと同様にエネルギー準位の間隔が広い．$n$ の値が大きくなると，電子のエネルギーが大きく，電子は遠くまで行けるから，大きな箱の中の粒子の場合のようにエネルギー準位が互いに接近してくる．

次に，$(13\cdot 4\mathrm{a})$ 式の符号について説明しよう．このエネルギーはすべて負であり，それは原子内の電子のエネルギーが，自由な場合より低いことを表している．エネルギーの零点（$n = \infty$ のとき）は，電子と核が無限に遠く離れて（したがって，クーロンポテンシャルエネルギーは 0）静止している場合（運動エネルギーが 0）に対応している．最低のエネルギー（つまり負で最大の値）の状態は原子の基底状態であって，$n = 1$（$n$ に許される最小値で，エネルギーは負で最も大きい）の状態である．この状態のエネルギーは $E_1 = -hcR_{\mathrm{N}}Z^2$ である．符号が負であるから，基底状態は，核と電子が無限の遠方に離れて静止したときのエネルギーよりも $hcR_{\mathrm{N}}Z^2$ だけ下にあるという意味である．原子の第一励起状態は $n = 2$ の状態で，$E_2 = -\frac{1}{4}hcR_{\mathrm{N}}Z^2$ のところにある．このエネルギー準位は基底状態より $\frac{3}{4}hcR_{\mathrm{N}}Z^2$ だけ上にある．

これで水素原子（$R_{\mathrm{N}} = R_{\mathrm{H}}$ で $Z = 1$）の発光スペクトルで観測されるスペクトル線を表す経験式を説明する準備ができた．電子がある遷移を起こして，ある量子数（$n_2$）の準位からそれより低いエネルギーの状態（量子数が $n_1$）へとジャンプしたとする．これによって放出されるエネルギーは，

$$\Delta E = \left(-\frac{hcR_{\mathrm{H}}}{n_2^2}\right) - \left(-\frac{hcR_{\mathrm{H}}}{n_1^2}\right) = hcR_{\mathrm{H}}\left(\frac{1}{n_1^2} - \frac{1}{n_2^2}\right)$$

である．このエネルギーが $hc\tilde{\nu}$ のエネルギーをもつフォトンによって運び去られる．そこで，このエネルギーを $\Delta E$ に等しいとおけば $(13\cdot 1)$ 式がすぐに得られる．

さて，$(13\cdot 4\mathrm{a})$ 式の $Z^2$ の意味について考えよう．エネルギー準位が $Z^2$ に比例するのは二つの効果によるものである．第一は，電荷 $Ze$ の核からある距離にある電子は，プロトン（これは $Z = 1$）から同じ距離にある電子に比べて $Z$ 倍（負で）大きいポテンシャルエネルギーをもつ．一方，核電荷が大きければ電子はずっと核の近くに引き付けられるから，プロトンの場合よりも電荷 $Z$ の核の場合には核のそばに見いだされる傾向が強い．この効果も $Z$ に比例するから，全体として電子のエネルギーは $Z$ の 2 乗に比例すると予想される．つまり，第一の効果では核の場が $Z$ 倍強いことを表し，第二の効果は核のそばに $Z$ 倍多く見いだされることを表す．

● **簡単な例示 13·1　水素型原子の遷移**

水素のパッシェン系列で波長が最も短い遷移の波長は 821 nm である．$(13\cdot 4\mathrm{a})$ 式によれば，1 電子の原子やイオンの許されるエネルギーは $Z^2$ に比例するから，同じ 2 準位間であっても遷移の振動数は $Z^2$ に比例して大きくなる．波長は振動数に反比例するから，遷移波長については

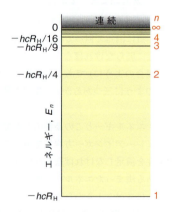

図 13·2　水素原子のエネルギー準位．エネルギー値はプロトンと電子が無限遠方に離れて静止した状態を基準にしている．

---

1) reduced mass　2) principal quantum number

$1/Z^2$ に比例する．したがって，$Li^{2+}$ $(Z=3)$ の同じ遷移は $\frac{1}{9} \times 821\,nm = 91.2\,nm$ と予測できる．●

### 自習問題 13·1

$Li^{2+}$ のブラケット系列のある遷移が波長 $450\,nm$ に観測されている．この遷移の上側のエネルギー準位の量子数はいくらか．　　　　　　　　　　　　　　　　　[答: 5]

---

1 個の電子を原子から完全に取除くのに必要なエネルギーを**イオン化エネルギー**[1] $I$ という．水素原子のイオン化エネルギーは，基底状態（$n=1$ でエネルギー $E_1 = -hcR_H$）から電子が完全に取除かれた状態（$n=\infty$，エネルギーは 0 の状態）までもち上げるのに必要なエネルギーである．したがって，与えるべきエネルギーは $I = hcR_H = 2.180 \times 10^{-18}\,J$ で，これは $1312\,kJ\,mol^{-1}$，すなわち $13.59\,eV$ に相当する．

### ● 簡単な例示 13·2　水素型原子のイオン化エネルギー

「簡単な例示 13·1」で述べたように，(13·4a) 式によれば，許されるエネルギーは $Z^2$ に比例しているから，1 電子から成る化学種のイオン化エネルギーも $Z^2$ で大きくなる．$H$ のイオン化エネルギーは $13.59\,eV$ であるから，$He^+$ $(Z=2)$ のイオン化エネルギーは $I_{He^+} = 4I_H = 54.36\,eV$ と予測される．実測値もこれに等しい．●

## 13·3　量　子　数

水素型原子の電子の波動関数を**原子オービタル**[2] という．オービタルという名称は古典力学で使う"軌道（オービット）"よりもややあいまいであることを表すためである．ある波動関数で表される電子はそのオービタルを"占めている"という．それで，原子の基底状態では電子は最低エネルギーのオービタル（$n=1$ のオービタル）を占める．

オービタルには 3 個の数学的な条件があることを前に書いた．すなわち，波動関数は無限遠に行くにつれ 0 に接近しなければならないこと，赤道上を回るとき 2 周目が最初の 1 周と重なること，南北に回るとき 2 周目が最初の 1 周と重なることの 3 条件である．条件 1 個ごとに 1 個の量子数が生じるから，各オービタルは 3 個の量子数で指定される．これは原子内の電子の"アドレス"のような働きをする．この 3 個の量子数に許される値は互いに関係がある．それは，赤道を回るときに波動関数が形をどのように変えるかを見たうえで，南北に回るときに正しい形になるようにしなければならないからである．許される値の間の関係は実は非常に簡単なものである．

12 章で説明したように，波動関数は座標ごとに因子に分解できる場合があり，シュレーディンガー方程式も座標ごとに分けて簡単化できる場合がある．水素原子のような系では，変数分離法を使って，シュレーディンガー方程式を電子が核のまわりを運動する一つの方程式（12·8 節で扱った球面上の粒子の場合と類似のもの）と半径方向の依存性を表す方程式とに分けられると考える．それに対応して，波動関数も因子に分解して，

$$\psi_{n,l,m_l}(r,\theta,\phi) = \underbrace{R_{n,l}(r)}_{\text{動径波動関数}} \times \underbrace{Y_{l,m_l}(\theta,\phi)}_{\text{方位波動関数}}$$

水素型オービタル　(13·5)

と書ける．$R_{n,l}(r)$ を**動径波動関数**[3] という．$Y_{l,m_l}(\theta,\phi)$ を**方位波動関数**[4] といい，これは球面上の粒子の波動関数そのものである．この式からわかるように，波動関数は 3 個の量子数で指定されるが，3 個ともすでに違うかたちで出会ったものである（13·2 節および 12 章）．

| 量子数 | 名　称 | 許される値 | それが決めるもの |
|---|---|---|---|
| $n$ | 主量子数 | $1, 2, \cdots$ | エネルギー，$E_n = -hcR_N Z^2/n^2$ |
| $l$ | オービタル角運動量量子数 | $0, 1, \cdots, n-1$ | オービタル角運動量，$\mathcal{J} = \{l(l+1)\}^{1/2}\hbar$ |
| $m_l$ | 磁気量子数 | $l, l-1, l-2, \cdots, -l$ | オービタル角運動量の $z$ 成分，$\mathcal{J}_z = m_l\hbar$ |

動径波動関数 $R_{n,l}(r)$ は $n$ と $l$ だけに依存するから，$n$ と $l$ が与えられると，$m_l$ の値にかかわらず動径部分の形は同じである．同様に，方位波動関数 $Y_{l,m_l}(\theta,\phi)$ は $l$ と $m_l$ だけに依存するから，$l$ と $m_l$ が与えられると $n$ の値にかかわらず，方位部分の形は同じである．代表的なオービタルの詳しい式を表 13·1 に掲げる．記号の意味は表の下に示してある．

### ● 簡単な例示 13·3　量子数とオービタル

量子数の値に関する制限から，$n=1$ のオービタルは一つしかない．それは $n=1$ のときは $l$ の値は 0 しかとれず，その結果，$m_l$ は 0 しかとれないからである．同様にして，$n=2$ のオービタルは 4 個ある．それは $l$ が 0 または 1 の値をとることができ，$l=1$ のときの $m_l$ は $+1, 0, -1$ の三つの値をとるからである．一般に，ある $n$ の値をもつオービタルは $n^2$ 個ある．●

ノート　　$m_l$ にはいつも符号をつけて書くこと．正の場合でも，$m_l = 1$ とせずに $m_l = +1$ と書くのがよい．

あるオービタルを指定するには 3 個の量子数全部が必要

---

1) ionization energy　2) atomic orbital　3) radial wavefunction　4) angular wavefunction

**13. 原 子 構 造**

であるが，水素型原子の場合にはエネルギーは主量子数 $n$ だけで決まることが（13·4a）式からわかる．あとで，これは水素型原子の場合だけであることがわかる．したがって，水素型原子の場合には，しかもその場合だけ，$n$ の値が同じオービタルは $l$ や $m_l$ の値が違っても，すべて同じエネルギーである．12·7節で説明したように，同じエネルギーをもつ波動関数が2個以上あるとき，それらの波動関数は"縮退"しているという．それで，水素型原子では $n$ の値が等しいオービタルはすべて縮退しているということができる．この縮退は，中心対称をもつクーロンポテンシャルの対称性によるものである．そこで，2個以上の電子から成る原子では，この高度な対称性は破れるから，このような縮退の一部は失われると考えられ，実際にも本章のあとでそれを見ることになる．

$n$ の値が同じオービタルはすべて縮退している（「簡単な例示13·3」に書いたようにオービタルは $n^2$ 個ある）ことと，その平均半径が似ていることから，これらのオービタルはその原子の同じ**殻**[1]に属するという．殻を順番に文字で，

$$n \quad 1 \quad 2 \quad 3 \quad 4 \cdots$$
$$\quad\quad K \quad L \quad M \quad N \cdots$$

と書くのがふつうである．たとえば，$n = 2$ の殻の4個のオービタルはすべて，その原子のL殻をつくる．

$n$ が同じで $l$ の値が違うオービタルは，同じ殻の異なる**副殻**[2]に属する．副殻はs, p, …という文字で表す[†1]．その対応は，

$$l \quad 0 \quad 1 \quad 2 \quad 3 \cdots$$
$$\quad\quad s \quad p \quad d \quad f \cdots$$

である．実際に重要なのはこの4種の副殻だけである．

表13·1 水素型波動関数*

| オービタル | 動径波動関数 | 方位波動関数 |
|---|---|---|
| 1s | $2\left(\dfrac{Z}{a_0}\right)^{3/2} e^{-Zr/a_0}$ | $\dfrac{1}{2\pi^{1/2}}$ |
| 2s | $\dfrac{1}{8^{1/2}}\left(\dfrac{Z}{a_0}\right)^{3/2}\left(2 - \dfrac{Zr}{a_0}\right)e^{-Zr/2a_0}$ | $\dfrac{1}{2\pi^{1/2}}$ |
| 2p$_x$ | $\dfrac{1}{24^{1/2}}\left(\dfrac{Z}{a_0}\right)^{3/2}\left(\dfrac{Zr}{a_0}\right)e^{-Zr/2a_0}$ | $\dfrac{1}{2}\left(\dfrac{3}{\pi}\right)^{1/2}\sin\theta\cos\phi$ |
| 2p$_y$ | | $\dfrac{1}{2}\left(\dfrac{3}{\pi}\right)^{1/2}\sin\theta\sin\phi$ |
| 2p$_z$ | | $\dfrac{1}{2}\left(\dfrac{3}{\pi}\right)^{1/2}\cos\theta$ |
| 3s | $\dfrac{2}{243^{1/2}}\left(\dfrac{Z}{a_0}\right)^{3/2}\left(3 - \dfrac{2Zr}{a_0} + \dfrac{2Z^2r^2}{9a_0^2}\right)e^{-Zr/3a_0}$ | $\dfrac{1}{2\pi^{1/2}}$ |
| 3p$_x$ | $\dfrac{2}{486^{1/2}}\left(\dfrac{Z}{a_0}\right)^{3/2}\left(2 - \dfrac{Zr}{3a_0}\right)e^{-Zr/3a_0}$ | $\dfrac{1}{2}\left(\dfrac{3}{\pi}\right)^{1/2}\sin\theta\cos\phi$ |
| 3p$_y$ | | $\dfrac{1}{2}\left(\dfrac{3}{\pi}\right)^{1/2}\sin\theta\sin\phi$ |
| 3p$_z$ | | $\dfrac{1}{2}\left(\dfrac{3}{\pi}\right)^{1/2}\cos\theta$ |
| 3d$_{xy}$ | $\dfrac{1}{2430^{1/2}}\left(\dfrac{Z}{a_0}\right)^{3/2}\left(\dfrac{2Zr}{3a_0}\right)^2 e^{-Zr/3a_0}$ | $\dfrac{1}{4}\left(\dfrac{15}{\pi}\right)^{1/2}\sin^2\theta\sin 2\phi$ |
| 3d$_{yz}$ | | $\dfrac{1}{2}\left(\dfrac{15}{\pi}\right)^{1/2}\cos\theta\sin\theta\sin\phi$ |
| 3d$_{zx}$ | | $\dfrac{1}{2}\left(\dfrac{15}{\pi}\right)^{1/2}\cos\theta\sin\theta\cos\phi$ |
| 3d$_{x^2-y^2}$ | | $\dfrac{1}{4}\left(\dfrac{15}{\pi}\right)^{1/2}\sin^2\theta\cos 2\phi$ |
| 3d$_{z^2}$ | | $\dfrac{1}{4}\left(\dfrac{5}{\pi}\right)^{1/2}(3\cos^2\theta - 1)$ |

\* $a_0 = 4\pi\varepsilon_0\hbar^2/m_e e^2$，ボーア半径．副殻のオービタルはすべて同じ動径波動関数である．

---

[†1] これらの文字で表す理由は歴史的な経緯でしかない．あるスペクトル線の特徴を表すのに当初は，それぞれを sharp, principal, diffuse, fundamental としていたからである．

1) shell　2) subshell

$n=1$ の殻の副殻は $l=0$ の一つしかない．$n=2$ ($l=0$, 1 が許される）の殻には副殻が 2 個あり，2s 副殻 ($l=0$) と 2p 副殻 ($l=1$) である．はじめの 3 個の殻とその副殻の現れ方を図 13·3 に示す．水素型原子では，ある殻の副殻はすべて同じエネルギーである（エネルギーは $n$ で決まり，$l$ によらないからである）．

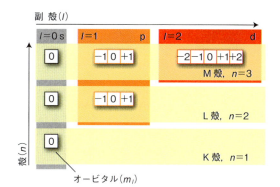

**図 13·3** 原子構造は，主量子数 $n$ でラベルした電子の殻をもとに表される．それぞれの殻には $n$ 個から成る一組の副殻があり，各副殻には量子数 $l$ を記号としてつける．それぞれの副殻には $2l+1$ 個のオービタルがある．

オービタル角運動量量子数が $l$ であれば，$m_l$ は $2l+1$ 通りの値，$m_l = 0, \pm 1, \cdots, \pm l$ をとる．したがって，副殻はそれぞれ $2l+1$ 個のオービタルをもつ．副殻のオービタルの数を示しておくと，

| s | p | d | f | ⋯ |
|---|---|---|---|---|
| 1 | 3 | 5 | 7 | ⋯ |

である．$l=0$（したがって，必ず $m_l = 0$）のオービタルを **s オービタル**[1] という．p 副殻（$l=1$）は 3 個の **p オービタル**（$m_l = +1, 0, -1$）から成る．s オービタルを占める電子を **s 電子**[2] という．同様に，占めるオービタルにしたがって，p 電子，d 電子，⋯ という．

● **簡単な例示 13·4　殻の構成**

「簡単な例示 13·3」で述べたように，主量子数 $n$ の殻には $n^2$ 個のオービタルがあるから，$n=5$ の殻には 25 個のオービタルがある．このときのオービタル角運動量量子数 $l$ は 0, 1, 2, 3, 4 の値をとれるから，それぞれの殻について $2l+1$ 個のオービタルが存在する．そこで，$n=5$ の殻にあるオービタルは，1 個の s，3 個の p，5 個の d，7 個の f，9 個の g である．●

## 13·4　波動関数：s オービタル

水素原子の 1s オービタル（$n=1$, $l=0$, $m_l=0$ の波動関数）は，

$$\psi_{1s} = \overbrace{2\left(\frac{1}{a_0^3}\right)^{1/2} e^{-r/a_0}}^{R_{1,0}} \times \overbrace{\frac{1}{2\pi^{1/2}}}^{Y_{0,0}} = \frac{1}{(\pi a_0^3)^{1/2}} e^{-r/a_0}$$

H1s オービタル　(13·6a)

である．ここで，

$$a_0 = \frac{4\pi\varepsilon_0 \hbar^2}{m_e e^2} \quad \text{定義} \quad \text{ボーア半径} \quad (13·6b)$$

である．この場合，方位波動関数 $Y_{0,0} = 1/2\pi^{1/2}$ は角度 $\theta$, $\phi$ によらず定数になる．「例題 12·3」で水素原子の電子の波動関数は $e^{-r}$ に比例すると予測したが，(13·6a) 式がその厳密なかたちである．定数 $a_0$ は**ボーア半径**[3] といい（水素原子の性質をボーアが計算したときに出てきたのでこの名前がある），52.9177 pm の値をもつ．(13·6) 式の波動関数は 1 に規格化（12·7 節）されているから，ある与えられた点での小さな体積 $\delta V$ に電子を見いだす確率は $\psi^2 \delta V$ に等しい．ただし，$\psi$ はその点で計算したものである．$\delta V$ は非常に小さく，その中では波動関数は変化しないと考える．

原子の全エネルギーへのポテンシャルエネルギーと運動エネルギーの寄与について考えれば，基底状態の波動関数の一般的なかたちを理解できる．電子が平均として原子核に近いほど，その平均のポテンシャルエネルギーは低くなる．この依存性から，原子核の位置で大きな振幅をもち，ほかの場所では 0 であるような鋭く尖った波動関数（図 13·4）の場合に最低のポテンシャルエネルギーが得られる

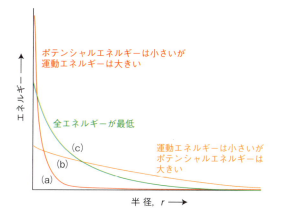

**図 13·4** 水素（および類似の原子）の基底状態の構造は，運動エネルギーとポテンシャルエネルギーのバランスによって説明できる．(a) カーブが急で局在しているオービタルでは，平均運動エネルギーは大きいが，平均ポテンシャルエネルギーは小さい．(b) この場合は，平均運動エネルギーは小さいが，ポテンシャルエネルギーの点で有利でない．(c) 適度の運動エネルギーと適当に有利なポテンシャルエネルギーの場合に全エネルギーは最低になる．

---

1) s orbital　2) s electron　3) Bohr radius

と考えられる．しかし，このかたちでは運動エネルギーが大きくなってしまう．このような波動関数は非常に大きな平均曲率をもつからである．もし，電子の波動関数が非常に小さな平均曲率しかもたなければ，運動エネルギーは非常に小さいはずである．しかし，そのような波動関数は原子核からずっと離れたところまで広がってしまい，それに応じて電子の平均のポテンシャルエネルギーは大きくなるであろう．現実の基底状態の波動関数は，この二つの極端な場合の中間である．つまり，波動関数は原子核から離れたところまで広がっており（ポテンシャルエネルギーは最初の例ほど小さくないが，非常に大きくもない），しかも適当に小さな平均曲率をもつ（したがって，運動エネルギーは小さすぎないが，最初の例のように大きくもない）．

1sオービタルは注目する場所における半径 $r$ だけに依存し，角度（その場所の緯度と経度）にはよらない．したがって，このオービタルは，原子核からの距離が同じならば，角度によらずすべての点で同じ振幅をもつ．電子を見いだす確率は波動関数の2乗に比例するから，電子は（核からの距離が決まれば）どの方向でも同じ確率で見いだされることがわかる．このように角度に依存しないことを一言でいえば，1s電子は**球対称**[1)]であるということである．$l=0$ のオービタルすべてについて $Y$ は同じだから，sオービタルはすべて同じ球対称性をもつ．

(13・6)式の波動関数は核の位置での最大値から0に向かって指数関数的に減少している（図13・5）．このことから，電子を見いだす確率が最も高い場所は核自身の位置であることになる．空間の各点で電子を見いだす確率を図示する方法として，たとえば，$\psi^2$ を図で影の濃さで示す方法がある（図13・6）．もっと簡単なのは，電子の存在確率の約90パーセントを含む形の**境界面**[2)]だけで表す方法で

ある．1sオービタルの境界面は核を中心とする球である（図13・7）．

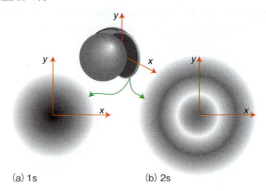

(a) 1s　　　　　　　(b) 2s

**図 13・6**　水素型のはじめの2個のsオービタル (a) 1s, (b) 2sを原子の中心で輪切りにした電子密度（影の濃さで表してある）．

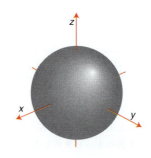

**図 13・7**　sオービタルの境界面．この内側では電子を見いだす確率が高い．

● **簡単な例示 13・5　確率分布**

水素原子で，核の位置の1.0 pm³の体積中に電子を見いだす確率を計算するには，$\psi$ の式で $r=0$，$\delta V = 1.0$ pm³ とおき，$e^0 = 1$ であることを使えばよい．核の位置での $\psi$ の値は $1/(\pi a_0^3)^{1/2}$ であるから，$\psi^2 = 1/(\pi a_0^3)$ で，

$$\text{確率} = \frac{1}{\pi a_0^3} \times \delta V = \frac{1}{\pi \times (52.9 \text{ pm})^3} \times (1.0 \text{ pm}^3)$$

$$= \frac{1.0}{\pi \times 52.9^3} = 2.15 \times 10^{-6}$$

と書くことができる．この結果から，電子をこの体積中に見いだすのは，465000回観測して1回だけであることがわかる．■

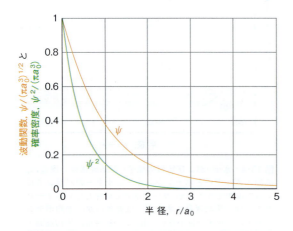

**図 13・5**　1sオービタル（$n=1$, $l=0$）の波動関数の動径方向の変化とそれに対応する確率密度．$a_0$ はボーア半径（52.9 pm）である．

| 自習問題 13・2 |

ボーア半径のところの同じ体積中に電子を見いだす確率を計算せよ．［答: $2.9 \times 10^{-7}$, 3400000回観測して1回］

---

1) spherically symmetrical　2) boundary surface

核からの距離だけを指定して，方向を問わずに電子を見いだす確率を知りたい場合が多い（図 13·8）．(13·5) 式の波動関数とボルンの解釈を組合わせれば，つぎの「式の導出」に示すように，s オービタルについてこの確率を，

$$確率 = P(r)\delta r \quad ただし，P(r) = 4\pi r^2 \psi^2$$

s オービタル　動径分布関数　(13·7a)

と求めることができる．関数 $P$ を**動径分布関数**[1] という．角度に依存するオービタルにも適用できるもっと一般的なかたちは，

$$P(r) = r^2 R(r)^2 \quad 一般形 \quad 動径分布関数 \quad (13·7b)$$

である．ここで，$R(r)$ は動径波動関数である．

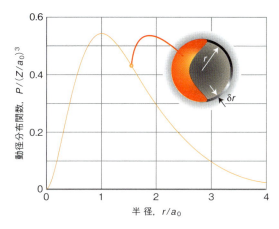

**図 13·8** 動径分布関数は半径 $r$，厚さ $\delta r$ の球殻内のどこかに電子を見いだす確率を表しており，角度にはよらない．厚さ $\delta r$ が一定の球殻の形をした確率検出器があったとして，その出力を半径を変化させて測定した結果を曲線で表してある．

**例題 13·1**　動径分布関数の使い方

原子番号 $Z$ の水素型原子の 1s オービタルを占める電子について，半径 $a_0$ とそれより 1.0 pm 大きい半径の間に挟まれた球殻のどこかに電子を見いだす確率を計算し，それを $Z=1$ の場合に適用せよ．

**解法**　表 13·1 からオービタルを表す（一般の $Z$ の）式を選び，それに (13·7a) 式の $P$ の式を代入する．このときの球殻の厚みは小さいから，その中の波動関数は均一であるとする．

**解答**　水素型 1s 波動関数は，

$$\psi_{1s} = \overbrace{2\left(\frac{Z}{a_0}\right)^{3/2} e^{-Zr/a_0}}^{R_{1,0}} \times \overbrace{\frac{1}{2\pi^{1/2}}}^{Y_{0,0}} = \frac{1}{\pi^{1/2}}\left(\frac{Z}{a_0}\right)^{3/2} e^{-Zr/a_0}$$

であるから，このオービタルの動径分布関数は，

$$P(r) = 4\pi r^2 \left(\frac{1}{\pi^{1/2}}\left(\frac{Z}{a_0}\right)^{3/2} e^{-Zr/a_0}\right)^2 = 4\left(\frac{Z}{a_0}\right)^3 r^2 e^{-2Zr/a_0}$$

である．ここで，$r = a_0$ を代入すれば，この距離における動径分布関数がつぎのように求められる．

$$P(a_0) = 4\left(\frac{Z}{a_0}\right)^3 a_0^2 e^{-2Za_0/a_0} = \frac{4Z^3}{a_0} e^{-2Z}$$

水素原子では，$\delta r = 1.0$ pm，$Z=1$ として，

$$確率 = P(a_0)\delta r = \frac{4}{a_0} e^{-2} \times \delta r$$

$$= \frac{4}{\underbrace{52.92 \text{ pm}}_{a_0}} \times e^{-2} \times \overbrace{(1.0 \text{ pm})}^{\delta r} = 0.010$$

となる．すなわち，ほぼ 100 回の観測のうち 1 回の確率である．

> **自習問題 13·3**
>
> 2s オービタルについて，上と同じ計算を行え．
> ［答：$8.7 \times 10^{-4}$，1100 回の観測のうち 1 回の確率］

> **式の導出 13·1**　動径分布関数
>
> 核を中心とする同心の球面を考え，一つは半径 $r$，もう一つは半径 $r+\delta r$ とする．方向によらず，半径 $r$ の位置に電子を見いだす確率は，この 2 個の球面の間に電子を見いだす確率に等しい．2 個の球面の間の空間の体積は内側の表面積 $4\pi r^2$ に，その領域の厚さ $\delta r$ を掛けたものだから，$4\pi r^2 \delta r$ である．ボルンの解釈に従えば，$\delta V$ という小さい体積の中に電子を見いだす確率は，規格化した波動関数を使って $\psi^2 \delta V$ で表される．ただし，$\psi$ はこの領域内で一定であるとする．s オービタルは方向によらず，核からの距離が同じなら同じ値であるから，（$\delta r$ が非常に小さい限り）その中では一定である．したがって，$\delta V$ を球殻の体積とすれば，(13·7a) 式のように，
>
> $$確率 = \psi^2 \times (4\pi r^2 \delta r)$$
>
> となる．ここで導いた結果は s オービタルについてだけ成り立つものである．

動径分布関数から，方向によらず電子が核の位置から距離 $r$ のところに見いだされる確率がわかる．$r^2$ は $r$ が増加するにつれて 0 から次第に増加するが，$\psi^2$ は指数関数的に 0 に向かって減少するから，$P$ は 0 から始まって極大を通り，再び減少して 0 に向かう．極大の位置は電子が見い

---

[1] radial distribution function

だされる確率最大の半径（点ではない）に相当する．水素の1sオービタルでは極大がボーア半径$a_0$にある．電子の動径分布関数の意味をつかむには，地球が完全な球であるとして地球上の人口の分布に相当すると考えればよいだろう．地球の中心から6400 kmのところ（地球表面）までは動径分布関数は0で，そこで鋭いピークになった後に再び急速に0に向かう．表面から約10 kmを超える半径ではほとんど0である．ほとんどすべての人口が$r=6400$ kmに非常に近いところに見いだされる．いまは緯度と経度の非常に広い範囲で人口が均一でないことは関係がない．世界中を見ると6400 kmの上下にも人がいる確率が小さいながらもあるのは，たまたま地下の坑道にいる人や，デンバーやチベットのような高地に住んでいる人がいるからである．

2sオービタル（$n=2$, $l=0$, $m_l=0$）も球対称だから，その境界面は球である．2sオービタルに入る電子は1sよりもエネルギーが高く，核から離れているから，このオー

ビタルは1sに比べて核から遠いところまで広がっており，境界面の半径も大きい．また，動径方向の依存性でも1sとは異なっている（図 13・9）．すなわち，波動関数が核の位置で0でない値からスタートするのは他のsオービタルと同じであるが，途中で一度0を通り，再び増加して，遠距離では指数関数的に0へ向かっていく．どの向きにも，ある半径のところで波動関数が0を通る性質を，そのオービタルには**動径節**[1)]があるという．3sオービタルには2個の動径節があり，4sオービタルには3個の動径節がある．一般に，$ns$オービタルには$n-1$個の動径節がある．

オービタルの一般的な性質として，動径節が増えれば，それを波動関数に組込むために半径の大きな方まで広がるから，平均半径は$n$とともに増加する．同じ主量子数のオービタルがよく似た平均半径をもつことは，原子が殻構造をもつことを反映している．$Z$が増すと核の電荷が大きくなって電子を核の近傍に強く引きつけるから，平均半径は減少する．

### 13・5 波動関数: p, d オービタル

pオービタル（$l=1$のオービタル）の形はすべて，図13・10に示す二重ローブである．二つのローブの間には，核の位置をよぎる**節面**[2)]が方位波動関数$Y_{l,m_l}(\theta,\phi)$から生じる．この面上では電子の確率密度が0である．一例として2$p_z$オービタルの式を具体的に書くと，

$$\psi = \frac{1}{2}\overbrace{\left(\frac{1}{6a_0^3}\right)^{1/2}\frac{r}{a_0}e^{-r/2a_0}}^{R_{2,1}} \times \overbrace{\left(\frac{3}{4\pi}\right)^{1/2}\cos\theta}^{Y_{1,0}}$$

$$= \left(\frac{1}{32\pi a_0^5}\right)^{1/2} r\cos\theta\, e^{-r/2a_0}$$

である．$\psi$には因子$r$があるから，核の位置で$\psi$は0で，核の位置に電子を見いだす確率は0である．$r$は負の値をとらず，波動関数が0をよぎることはないから，核の位置に動径節はない．しかし，核間には節面がある．すなわち，$\cos\theta=0$の面（$\theta=90°$の面）ではどこでもオービタルは0であり，この面をよぎれば波動関数の符号が変わる．$p_x$，

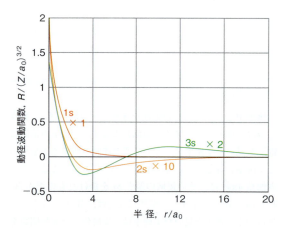

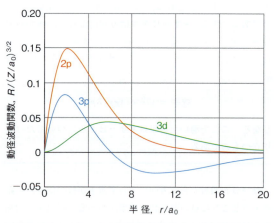

**図 13・9** 水素型の s, p, d オービタルの動径波動関数．sオービタルはどれも核の位置で0でない有限の値をもつことに注目しよう．縦軸の目盛はそれぞれの場合に異なる．

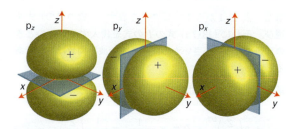

**図 13・10** pオービタルの境界面．核の位置を通る節面によって各オービタルは二つのローブに分かれる．

---

1) radial node  2) nodal plane

$p_y$ オービタルも同様だが，その節面はこれに垂直である．

核の位置に電子が行かないことは s オービタル以外のすべての原子オービタルに共通の性質である．この性質がどこから生じてくるかを知るためには，量子数 $l$ の値が核のまわりでの電子の角運動量の大きさ（古典的にいえば，角運動量は核のまわりをどれだけ速く回っているかを示す量）を示していることを理解すればよい．s オービタルではオービタル角運動量が 0 ($l=0$) だから，古典的ないい方をすれば，電子は核のまわりを回っていない．p オービタルでは $l=1$ だから，p 電子の角運動量の大きさは $2^{1/2}\hbar$ である．したがって p 電子は，古典的ないい方では，その運動によって生じる遠心力のために核から投げ飛ばされるが，s 電子ではそうならない．d オービタルや f オービタルなど ($l>0$ のオービタル) はすべて角運動量があるから，同様な遠心力が現れる．これらのオービタルには核の位置を通る節面がある．

p 副殻には 3 個のオービタル ($m_l = +1, 0, -1$) がある．この 3 個のオービタルはふつう図 13・10 に示すような境界面で表される．$p_x$ オービタルは $x$ 方向に向いた対称的な二重ローブの形をしている．同様に，$p_y$ と $p_z$ オービタルはそれぞれ $y$ 軸と $z$ 軸方向を向いている．$n$ が大きくなるにつれて，s オービタルの場合と同じ理由によって，p オービタルは次第に大きくなり，$n-2$ 個の動径節がある．しかし，その境界面は図に示したように二重ローブの形を保ったままである．

d 副殻 ($l=2$) は 5 個のオービタル ($m_l = +2, +1, 0,$ $-1, -2$) から成る．図 13・11 にこれらのオービタルの境界面とその記号を示してある．

核を通る任意の軸のまわりにもつ電子のオービタル角運動量の成分は，量子数 $m_l$ を使って $m_l\hbar$ と表せる．12・8 節で説明したように，$m_l$ が正であれば，電子の運動は下から見て時計回りの運動に対応し，負であれば反時計回りの運動に対応する．s 電子では $m_l = 0$ であるから，どの軸のまわりにもオービタル角運動量はない．p 電子は $m_l = +1$ のとき，一つの軸のまわりで下から見て時計回りに回転できる．その全オービタル角運動量 $2^{1/2}\hbar = 1.414\hbar$ のうち，$\hbar$ という量はある選ばれた軸のまわりの運動によるものである（残りは他の 2 軸のまわりの運動による）．p 電子は $m_l = -1$ のとき，下から見て反時計回りに周回できるが，$m_l = 0$ のときは実際にはその軸のまわりに周回できない．d 副殻にある電子は任意の軸のまわりに 5 通りのオービタル角運動量で周回できる（$+2\hbar, +\hbar, 0, -\hbar,$ $-2\hbar$）．

$m_l = 0$ のオービタルを除けば，$m_l$ の値と図に示したオービタルとの間には 1：1 の関係はない．たとえば，$p_x$ オービタルでは $m_l = +1$ であるとはいえない．これは表現の方法の問題であって，図に描くオービタルは，実は $m_l$ の二つの互いに反対の値をもつオービタルの組合わせなのである．たとえば，$p_x$ は $m_l = +1$ と $-1$ のオービタルの和（重ね合わせ）である．

## 13・6 電子スピン

水素型原子の記述を完成させるためには，もう一つ電子スピンという概念を導入する必要がある．電子の**スピン**[1] とは質量や電荷のように，すべての電子がもっているもので，変更したり無くしたりできない固有の角運動量である．"スピン"という名称は，ボールが自分の中心軸のまわりに自転している様子を思い出させるが，こういう古典的な解釈も（注意して使えば）その運動を思い浮かべるには役に立つ．しかし，実際は，スピンというのは完全に量子力学的な現象であって，古典論では対応するものがないから，類推を使うには注意が必要である．

電子スピンについては，つぎの二つの性質を使う（図 13・12）．

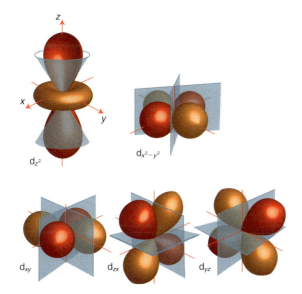

図 13・11　d オービタルの境界面．核の位置で二つの節面が交差し，各オービタルを 4 個のローブに分けている．（ただし，$d_{z^2}$ オービタルでは節面が円錐形の面にかわる．）色の違う領域では波動関数の符号が反対である．

図 13・12　電子に許される二つのスピン状態の古典論的な表現．スピン角運動量の大きさはどちらも $(3^{1/2}/2)\hbar$ であるが，スピンの向きは反対である．

---

1) spin

1. 電子スピンは**スピン量子数**[1] $s$（オービタル角運動量の場合の $l$ に対応する）で指定する．$s$ はすべての電子について，常に $\frac{1}{2}$ というただ一つの（正の）値をもつ．
2. スピンは時計回りにも反時計回りにもなれる．この二つの状態は**スピン磁気量子数**[2] $m_s$ で区別する．$m_s$ は $+\frac{1}{2}$ または $-\frac{1}{2}$ をとり，それ以外の値にはならない．

$m_s = +\frac{1}{2}$ の電子を **α 電子**[3]といい，ふつう α または ↑ で表す．$m_s = -\frac{1}{2}$ の電子は **β 電子**といい，β または ↓ で表す．

**ノート** 量子数 $s$ は電子では $\frac{1}{2}$ である．これをときどき誤って $s = +\frac{1}{2}$ や $s = -\frac{1}{2}$ と書いてあるのを見かけるが，スピンの射影を表すときは必ず $m_s$ を使う．

電子スピンの存在は，1921 年に行われたシュテルン[4]とゲルラッハ[5]の実験で確認された．彼らは銀原子のビームを強い不均一な磁場に打ち込んだ（図 13・13）．銀原子には電子が 47 個あり，そのうち 23 個は ↑ のスピンで 23 個が ↓ のスピンである（その理由はあとで説明する）．残る 1 個は ↑ か ↓ のどちらでもよい[†2]．↑ の電子と ↓ の電子のスピン角運動量は互いに消しあうから，この原子には電子スピンが 1 個しかないように見える．シュテルン–ゲルラッハの実験のアイディアは，帯電体（いまの場合は電子）が回転すると磁石と同じ挙動をし，外部磁場と相互作用するというものである．電子スピンの向きによって，磁場は電子を押したり引いたりするから，最初 1 本であった原子ビームは 2 本のビームに分裂するはずである．一方は ↑ スピンをもつ原子のビームで，他方は ↓ のスピンをもつ原子のビームである．実験の結果はその通りであった．

ほかの素粒子も特有のスピンをもつ．たとえば，プロトンと中性子は**スピン $\frac{1}{2}$ の粒子**[6]（$s = \frac{1}{2}$）であり，取除くことのできない角運動量をもつ．プロトンと中性子の質量は電子の質量よりはるかに大きいが，同じスピン角運動量しかないから，古典的な見方をすれば，電子よりはるかにゆっくり自転する粒子であるといえる．素粒子の中には $s = 1$ のものもあるから，電子より大きな固有の角運動量もある．本書で最も重要な**スピン 1 の粒子**[7]はフォトンである．

物質をつくっている基本粒子が半整数のスピンをもつ（電子やクオークなどは $s = \frac{1}{2}$）というのは，自然界の深い意義のある性質である．これらの粒子と粒子の間に力を伝えて粒子を結び付けて核や原子，星などをつくる役目の粒子はすべて整数のスピンをもつ．その例がフォトンで $s = 1$，これは帯電粒子の間で電磁相互作用を伝達する役目をする．半整数のスピンをもつ基本粒子を**フェルミ粒子**[†3]といい，整数スピンをもつ粒子を**ボース粒子**[†4]という．したがって，物質はフェルミ粒子がボース粒子を交換することで結ばれてできている．

## 13・7 スペクトル遷移と選択律

電子があるオービタルから別のオービタルへと空間分布を変えるときの電子分布の急激な変化は，電磁場を振動させ，その振動がフォトンの生成をひき起こすと考えられる．しかし，存在するオービタルすべての間で，あらゆる遷移が可能とは限らない．たとえば，3d オービタルにいる電子は 1s オービタルへ遷移することはできない．遷移がスペクトル線を生じる場合はその遷移は**許容**[8]であるといい，そうでない場合は**禁制**[9]であるという．遷移が許容されるか禁止されるかという性質の起源は，上で述べたフォトンのスピンの働きにまで遡る．1 単位の角運動量をもつフォトンが遷移によって生成すると，そのフォトンが運び去る角運動量を補償するために電子の角運動量が 1 単位変化しなければならない．つまり角運動量は，衝突のときの直線運動量と同様に，消滅も生成もせず，保存されなければならない．それで，d オービタル（$l = 2$）にいる電子は s オービタル（$l = 0$）へ遷移できないのである．フォトンがそのための角運動量の変化分を運びきれないからである．同様に，s 電子はべつの s オービタルへ遷移できない．この場合は電子の角運動量に変化がなくて，フォ

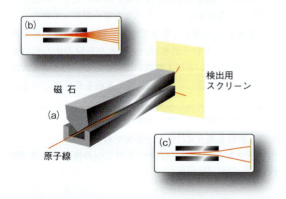

**図 13・13** (a) シュテルン–ゲルラッハの実験の装置．この磁石で不均一磁場をつくっている．(b) 古典論で予想される結果．電子スピンはあらゆる方向を向ける．(c) 銀原子を使った観測結果．電子スピンは二つの向きしかとれない（↑ と ↓）．

---

[†2] 訳注：たぶん初等化学で話を聞いていると思うが，46 個の電子は対をつくって構成原理に従ってオービタルを占める．
[†3] フェルミオン fermion ともいう．
[†4] ボソン boson ともいう．

1) spin quantum number　2) spin magnetic quantum number　3) α electron　4) Otto Stern　5) Walther Gerlach
6) spin-$\frac{1}{2}$ particle　7) spin-1 particle　8) allowed　9) forbidden

トンが運び去る角運動量の埋め合わせができないからである．

どのスペクトル遷移が許容されるかを表す条件を**選択律**[1]という．これは（原子の場合には）フォトンが放出されたり吸収されたりするときに，どんな遷移なら角運動量が保存されるかを調べれば導くことができる．水素型原子の選択律は，

$$\Delta l = \pm 1 \quad \Delta m_l = 0, \pm 1$$

である．主量子数 $n$ は角運動量と直接関係がないから，遷移の $\Delta l$ と矛盾さえしなければ，どれだけ変化してもよい．

● **簡単な例示 13・6　水素型原子の選択律**

水素型原子の 4d 電子がどのオービタルへスペクトル遷移ができるかを調べるには，選択律，特に $l$ に関係する規則を使う．$l=2$ であるから，終状態のオービタルは $l=1$ または $l=3$ でなければならない．たとえば，4d オービタルの電子はすべての $np$ オービタル（ただし $\Delta m_l = 0, \pm 1$）とすべての $nf$ オービタル（同じ規則）へ遷移できる．しかし，それ以外のオービタルへの遷移を起こすことはできない．つまり，すべての $ns$ オービタルと他の $nd$ オービタルへの遷移は禁制である．●

**自習問題 13・4**

4s 電子はどのオービタルへスペクトル遷移ができるか．
　　　　　　　　　　　　　　　　　　［答：$np$ オービタルだけ］

選択律を使えば，**グロトリアン図**[2]をつくることができる（図 13・14）．これは，いろいろな状態のエネルギーとそれらの間の許容遷移をまとめて表した図である．遷移の線の太さでスペクトルのおよその相対強度を示すこともある．

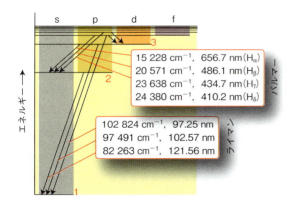

図 13・14　水素原子のスペクトルの現れ方と解析の結果をまとめたグロトリアン図．

## 多電子原子の構造

多電子原子ではすべての電子が互いに相互作用するから，シュレーディンガー方程式はきわめて複雑になる．電子が 2 個しかない He 原子についてさえ，オービタルやエネルギーを数学式で書くことができないので，近似を使うより仕方がない．しかし，いまでは計算技術が進歩して，これから説明する近似を精密にすることができるので，エネルギーや波動関数について非常に正確な数値計算ができるようになった．

### 13・8　オービタル近似

つぎの「式の導出」で示すように，相互作用していない数個の粒子の波動関数は個々の粒子の波動関数の積であるというのが，量子力学の一般的な規則である．この規則によって，**オービタル近似**[3]をおくことができる．すなわち，厳密な波動関数に対する妥当な第一近似として，各電子がそれぞれ"自分の"オービタルを占めると考え，

$$\psi = \psi(1)\psi(2)\cdots \tag{13・8}$$

と書く．$\psi(1)$ は電子 1 の波動関数，$\psi(2)$ は電子 2 の波動関数…とする．

**式の導出 13・2　多電子波動関数**

2 電子系を考えよう．電子が互いに相互作用していなければ，シュレーディンガー方程式に現れるハミルトニアンは各電子からの寄与の和で表される．全体のシュレーディンガー方程式を (12・5b) 式のかたちで表せば，

$$\{\hat{H}(1) + \hat{H}(2)\}\psi(1,2) = E\psi(1,2)$$

となる．$\psi(1)$ と $\psi(2)$ が別々に，つぎのように"自分の"シュレーディンガー方程式の解であるとしたとき，

$$\hat{H}(1)\psi(1) = E(1)\psi(1)$$
$$\hat{H}(2)\psi(2) = E(2)\psi(2)$$

$\psi(1,2) = \psi(1)\psi(2)$ が全体のシュレーディンガー方程式の解であることを示す必要がある．それには $\psi(1,2) = \psi(1)\psi(2)$ を全体の方程式に代入して，$\hat{H}(1)$ を $\psi(1)$ に演算し，$\hat{H}(2)$ を $\psi(2)$ に演算すればよい．すなわち，

$$\{\hat{H}(1) + \hat{H}(2)\}\psi(1)\psi(2)$$
$$= \hat{H}(1)\psi(1)\psi(2) + \psi(1)\hat{H}(2)\psi(2)$$
$$= E(1)\psi(1)\psi(2) + \psi(1)E(2)\psi(2)$$
$$= \{E(1) + E(2)\}\psi(1)\psi(2)$$

---

1) selection rule　2) Grotrian diagram　3) orbital approximation

となる．この式はもとのシュレーディンガー方程式のかたちをしているから，$\psi(1,2)=\psi(1)\psi(2)$ は確かに一つの解であって，全エネルギーは $E=E(1)+E(2)$ であることがわかる．このような証明は，粒子が互いに相互作用するときは成り立たない．相互作用があればハミルトニアンにはそれに関する項が追加され，変数が分離できないからである．したがって，同じ原子内の電子について $\psi(1,2)=\psi(1)\psi(2)$ と書くこと自体が近似なのである．

個々の波動関数は水素型波動関数に似ていると考えればよいが，核の電荷は原子内に他の電子もいることを考えて，変更が必要である．このような記述法は近似にすぎないが，原子の性質を論じるときに役立つモデルであって，原子構造をさらに細かく見ていくときの出発点となる．

● **簡単な例示 13・7　2電子波動関数**

原子番号 $Z$ の原子の2電子が同じ 1s オービタルを占めるとする．He $(Z=2)$ の各電子の波動関数は $\psi=(8/\pi a_0^3)^{1/2}\,e^{-2r/a_0}$ である．電子1が半径 $r_1$ にあり，電子2が半径 $r_2$ にあるとすれば（その方位は問題にしない），この2電子原子の全波動関数はつぎのように表される．

$$\psi=\psi(1)\psi(2)$$

$$=\underbrace{\left(\frac{8}{\pi a_0^3}\right)^{1/2}e^{-2r_1/a_0}}_{\psi(1)}\times\underbrace{\left(\frac{8}{\pi a_0^3}\right)^{1/2}e^{-2r_2/a_0}}_{\psi(2)}$$

$e^x e^y = e^{x+y}$

$$=\frac{8}{\pi a_0^3}e^{-2(r_1+r_2)/a_0}$$
●

オービタル近似によれば，電子の配置，すなわち占有されたオービタルのリスト（ふつうは基底状態だが，そうでないこともある）によって，その原子の電子構造を表すことができる．たとえば，水素原子の基底状態は 1s オービタルにある1個の電子からできているから，その配置を $1s^1$ と書く（イチエスイチと読む）．ヘリウム原子には電子が2個ある．この場合には（電荷が $2e$ の）裸の原子核のまわりのオービタルに順次電子を加えていくと考えればよい．最初の電子は水素型の 1s オービタルを占めるが，$Z=2$ なのでこのオービタルは H よりも小さくなっている．第2の電子も同じ 1s オービタルに入るから He の基底状態の**電子配置**[1] は $1s^2$（イチエスニと読む）である．

## 13・9　パウリの原理

リチウムは $Z=3$ で電子が3個ある．そのうち2個は He よりも高電荷の核の近くに引きつけられた 1s オービタルを占める．しかし，3番目の電子は，1s オービタルにあ

る2個の電子と合流して $1s^3$ の配置になることはない．これは，**パウリの排他原理**[2] という自然界の基本的な性質によって禁止されるからである．その原理は，

● どのオービタルにも2個より多くの電子が入ることはできず，もし2個の電子が1個のオービタルを占める場合にはそのスピンは対にならなければならない．

というものである．スピンが対になった電子を↑↓で表す．こうなると，一方の電子のスピン角運動量が他方のスピン角運動量によって打ち消されるので，正味のスピン角運動量は0である．排他原理は複雑な原子の構造を理解し，化学における周期性や分子構造を解く鍵である．この原理はオーストリアのパウリ[3] がヘリウムのスペクトルの中で，ある種の線が欠けていることを説明しようとして 1924 年に提唱したものである．「補遺 13・1」で，排他原理は波動関数の根本的な性質から生じる一つの結果であることがわかる．

リチウムで3番目の電子は，1s オービタルがすでに満員になっているからそこへ入ることはできない．この状況を K 殻（$n=1$）が**完成**[4] しているといい，2個の電子で**閉殻**[5] をつくっているという．同様な閉殻は He 原子でも存在するから，それを［He］と書く．第3の電子は K 殻からはみ出すので，つぎに使えるオービタルである $n=2$ に入らなければならず，L 殻に所属することになる．しかし，ここで，つぎに使えるオービタルが 2s なのか 2p なのかを決めなければならない．つまり，リチウム原子の最低エネルギーの配置が［He］$2s^1$ なのか，それとも［He］$2p^1$ なのかという問題である．

## 13・10　浸透と遮蔽

水素型原子の場合と違って，多電子原子では 2s と 2p のオービタルは（一般に，ある殻の副殻すべては）縮退していない．すぐあとで説明する理由から，ある一つの殻の中では s 電子は一般に p 電子よりもエネルギーが低く，p 電子は d 電子よりもエネルギーが低い．

多電子原子では電子は自分以外のすべての電子からのクーロン反発力を受ける．電子が核から距離 $r$ にあるとき，その電子が他の電子から受ける反発力は，核から半径 $r$ の球の中の全電子の電荷が核の位置に集まった負の点電荷とみなしたモデルで扱うことができる（図 13・15）．この負の点電荷によって，核の全電荷 $Ze$ を**実効核電荷**[6] $Z_{実効}e$ にまで減少させることになる．ある電子が，他の電子の存在で変化を生じた核電荷を見ることになるが，この効果を電子が**遮蔽核電荷**[7] を見るという．他の電子は核のクーロン引力を完全に遮蔽するわけではない．実効核電

---

1) electron configuration　2) Pauli exclusion principle　3) Wolfgang Pauli　4) complete　5) closed shell
6) effective nuclear charge　7) shielded nuclear charge

荷というのは，核からの引力と電子間の反発力の正味の効果を，原子の中心においた等価な電荷1個で表すという簡便法である．

**ノート** $Z_\text{実効}$をふつう"実効核電荷"というが，これは厳密には$Z_\text{実効}e$のことである．

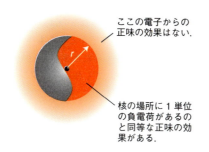

**図 13·15** 核から$r$の距離にある1個の電子は，半径$r$の球の中にある全電子からクーロン反発力を受ける．これは核の場所に負電荷を1個置いたときの反発力と同等である．この点電荷の効果は，核の見かけの電荷を$Ze$から$Z_\text{実効}e$まで減少させている．

s電子とp電子では見ている実効核電荷が異なる．それは電子の波動関数が異なるため核のまわりの分布が異なるからである（図13·16）．s電子は同じ殻のp電子に比べて，内側の殻を通って**浸透**[1]する傾向が強く，s電子の方が核の近くに見いだされるチャンスが大きい（図13·17）．浸透が大きい結果として，s電子は同じ殻のp電子よりも遮蔽が小さく，したがってそれが見る$Z_\text{実効}e$が大きい．その結果，浸透と遮蔽の効果が重なってs電子は同じ殻のp電子よりも核に強く束縛されている．同様に，d電子は

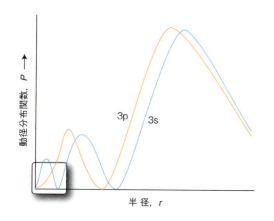

**図 13·16** sオービタル（ここでは3s）の電子は同じ殻のp電子に比べて，核に近いところに見いだされる確率が大きい．

同じ殻にあるp電子よりも浸透が小さく，そのため遮蔽が大きく，$Z_\text{実効}e$はさらに小さい．

一般に，浸透と遮蔽の効果が重なると，多電子原子の中で同じ殻にあるオービタルのエネルギーはs＜p＜d＜fの順になる．ある副殻にある個々のオービタル（たとえばp副殻の3個のpオービタル）は，動径方向の性質がすべて同じで，見る実効核電荷も同じなので，縮退したままである．

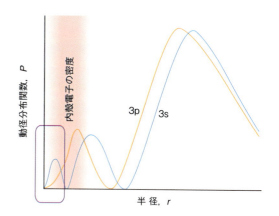

**図 13·17** $ns$オービタル（ここでは$n=3$）の動径分布関数からわかるように，これを占める電子は$np$オービタルより内殻電子の密度（影をつけた領域）の内部に深く侵入しているから，核電荷の遮蔽をあまり受けない．

これでLiの話を完結させることができる．$n=2$の殻には2個の副殻があり，それは互いに縮退していない．そのうち2sオービタルは3個の2pオービタルよりもエネルギーが低いから，第三の電子は2sオービタルに入る．こうして，基底状態の配置は$1s^22s^1$すなわち[He]$2s^1$となる．結局，この原子の構造は中心にある核のまわりを1s電子2個が入った満員のヘリウムと同様な殻が囲み，その外側を，もっと広がった2s電子が囲んでいると考えることができる．基底状態にある原子の最外殻に入っている電子を**原子価電子**[2]という．それは，その原子が形成できる化学結合にこれらの電子が主として働くからである（また，あとで説明するように，原子が結合をつくることができる程度を"原子価"という）．たとえば，Liの原子価電子は1個の2s電子で，リチウムの残りの2個の電子は**内殻**[3]に属し，結合の形成にはあまり関与しない．

## 13·11 構 成 原 理

H, He, Liに用いた手法を他の原子に拡張することを**構成原理**[†5]という．構成原理によれば，実験によって求めた中性原子の基底状態の配置を組立てるのに，電子がどの

---

[†5] building-up principle. 組立てるという意味のドイツ語から，Aufbau principle ともいう．
[1] penetration　[2] valence electron　[3] core

オービタルから占めていくかの順序を指定することができる.

原子番号が$Z$の裸の原子核を考え,このとき利用できるオービタルに$Z$個の電子を順に入れていく.構成原理の最初の二つの規則は,

- オービタルの占有順序は,1s 2s 2p 3s 3p 4s 3d 4p 5s 4d 5p 6s 4f 5d 6p … である.
- パウリの排他原理により,各オービタルは2個までの電子を収容できる.

占有順序はだいたい各オービタルのエネルギーの順になっている.つまり一般に,オービタルのエネルギーが低いほど,そのオービタルを占めれば原子全体としてのエネルギーが低くなるからである.s副殻は2個の電子が入れば満員になる.ある殻の3個のpオービタルはおのおの2個ずつ電子が入れば満員であるから,p副殻は6個の電子で満員である.d副殻にはオービタルが5個あるから,電子を10個まで収容できる.

● **簡単な例示 13·8 電子配置**

炭素原子を考えよう.炭素では$Z=6$であるから,収容すべき電子は6個ある.2個は1sオービタルに入ってこれを満たし,つぎの2個は2sオービタルに入ってやはりこれを満たし,残りの2個の電子は2p副殻のオービタルを占める.したがって,基底配置は$1s^2 2s^2 2p^2$,あるいは簡潔に書けば$[He]2s^2 2p^2$である.ここで,$[He]$はヘリウム型の$1s^2$原子芯である. ●

実は,炭素原子の基底状態の電子配置が$[He]2s^2 2p^2$であるという「簡単な例示 13·8」の結論より,もっと詳しく指定することができる.つまり,静電相互作用を考えると,最後の2個の電子は異なる2pオービタルを占めると予想できるのである.そうすれば,その2個の電子は同じオービタルに入った場合に比べて,平均として互いに遠く離れることができ,反発が小さくなるからである.そこで,1個の電子は$2p_x$オービタルを占め,もう1個は$2p_y$オービタルを占めると考えることができ,炭素原子の最低エネルギー配置は$[He]2s^2 2p_x^1 2p_y^1$となる.副殻の縮退したオービタルが占有の対象になっているときには,いつもこの規則が適用できる.したがって,構成原理のもう一つの規則はつぎのように表せる.

- 電子はある一つの副殻のオービタルのどれか一つを2個で占める前に,まず同じ副殻の異なるオービタルを占める.

この規則から,窒素原子($Z=7$)の配置は$[He]2s^2 2p_x^1 2p_y^1 2p_z^1$となる.酸素($Z=8$)まで行って初めて,一つの

2pオービタルが2電子で占有され,配置が$[He]2s^2 2p_x^2 2p_y^1 2p_z^1$となる.

実は,縮退しているオービタル(たとえば3個の2pオービタル)に電子が1個ずつ入っているときには別の問題が生じている.C, N, Oの場合がそうである.つまり,このときスピンが対をつくらねばならないという要請はないからである.そこで,Cのように問題の電子が2個あるとき,最低エネルギーが達成されるのは,電子スピンが同じときか(たとえば問題の電子がどちらも↑,つまり↑↑のとき),それとも対をつくったときか(↑↓)を知る必要がある.この問題を解決してくれるのが**フントの規則**[1]である.

- 基底状態の原子は,不対電子の数が最大になるような配置をとる.

フントの規則の説明は込み入っているが,それは**スピン相関**[2]という量子力学的性質を反映したものである.スピン相関とはスピンが平行の電子は互いに十分に離れようとする量子力学的傾向のことである(この傾向はその電荷とは何の関係もない.仮に電子に"電荷がなかった"としても同じ挙動をする).互いに相手の電子を避けようとするために,原子がわずかに縮むので,スピンが平行のときには電子–核の相互作用が強くなる.このようにしてC原子の基底状態では,2個の2p電子は同じスピンをもち,N原子では3個の2p電子全部が同じスピンをもち,O原子では1個しか入っていない2pオービタルの電子2個は同じスピンをもつ($2p_x$オービタルの2個は必ず対をつくる)ことがわかる.

ネオンは$Z=10$で$[He]2s^2 2p^6$の配置をもち,L殻($n=2$)を完成させている.この閉殻配置を$[Ne]$と表し,これに続く元素の内殻として働く.つぎの電子は3sオービタルに入って新しい殻を始めなければならない.そこで,Na原子は$Z=11$で$[Ne]3s^1$という配置をもつ.配置が$[He]2s^1$のLiの場合と同じように,ナトリウムは満員の内殻の外側にs電子を1個もっている.

この解析の結果から,化学的な周期性の原因について知ることができる.すなわち,L殻は8個の電子で満員になるので,$Z=3$の元素(Li)は$Z=11$の元素(Na)と似た性質をもつはずである.同様に,Be($Z=4$)はMg($Z=12$)と似ているはずで,このような関係が続いてHe($Z=2$)やNe($Z=10$),Ar($Z=18$)という貴ガスに至るのである.

## 13·12 dオービタルの占有

アルゴンでは3s副殻および3p副殻は完成している.3dオービタルのエネルギーが高いので,原子は閉殻配置を

---

1) Hund's rule  2) spin correlation

とっているのとほとんど同じである．事実，4sオービタルは核の近くに浸透する能力があってエネルギーが低いから，つぎの電子（カリウムの場合）は3dオービタルに入らず4sオービタルを占める．そのため，K原子はNa原子と似ている．同じことはCa原子についてもいえ，それは同族のMg（[Ne]3s$^2$の配置）と似て[Ar]4s$^2$の配置をもっている．

5個ある3dオービタルは電子を10個まで収容できる．このことから，スカンジウムから亜鉛までの電子配置が説明できる．しかし，構成原理はこれらの元素の基底状態の配置について明確な予測を示すことができず，単純な解析はうまくいかない．計算によれば，これらの原子については，3dオービタルのエネルギーがいつも4sオービタルのエネルギーより低くなっている．しかし，分光法による研究結果によれば，Scは[Ar]3d$^3$や[Ar]3d$^2$4s$^1$ではなくて[Ar]3d$^1$4s$^2$の配置である．この実験結果を理解するには，3dオービタルと4sオービタルでの電子－電子反発の性質を考慮しなければならない．3d電子の核からの最確距離は4s電子の距離より短いから，2個の3d電子の間の反発は2個の4s電子の間の反発よりも強い．その結果，Scは上述のように[Ar]3d$^1$4s$^2$の配置をとるのである．つまりそうすれば，3dオービタルにおける電子間の強い反発が最小に抑えられるからである．その場合，電子を高エネルギーの4sオービタルに入れるという代償を払っても，この原子の全エネルギーは最低にとどまることができる（図13・18）．このような効果は一般に（必ずというわけではない）スカンジウムから亜鉛までの原子に成り立つから，その電子配置は[Ar]3d$^N$4s$^2$のかたちになる．スカンジウムでは$N=1$，亜鉛では$N=10$である．

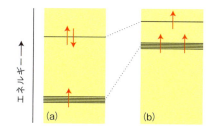

**図 13・18** スカンジウム原子の基底状態では3dオービタルの強い電子－電子反発が問題になるが，その電子配置が(a) [Ar]3d$^1$4s$^2$であれば，(b) [Ar] 3d$^2$4s$^1$よりも反発が小さく最小限に抑えられる．すなわち，エネルギーの高い4sに電子を入れるという代償を払っても，[Ar] 3d$^1$4s$^2$の配置の方が原子の全エネルギーは低い．

ガリウムになると，3dオービタルのエネルギーは4sオービタルや4pオービタルよりずっと低いところまで下がっているから，3dオービタル（いまは満員）の存在は関係がなくなって前の周期と同じように構成原理が使えるようになる．そこで，4sおよび4pの副殻が原子価殻を形成し，この周期はクリプトンで終了する．アルゴンから数えて18個の電子がこの周期に関与しているので，これを周期表の第一**長周期**[1]という．このような**dブロック元素**[2]（すなわち"**遷移金属**[3]"）の存在は3dオービタルが段階的に詰まっていくことを反映したもので，この系列ではエネルギー差が微妙になっているために，d金属の無機化学（無機生化学もそうである）は複雑で変化に富んだものになっている．第6周期と第7周期でもfオービタルによる同様の割り込みがあり，周期表に**fブロック**（ランタノイドとアクチノイド）が存在することを説明できる．

### 13・13　カチオンとアニオンの電子配置

周期表のs, p, dのブロックにある元素のカチオンの配置を導くには，中性原子の基底状態の配置から特定の順序で電子を取除いていけばよい．まず原子価殻p電子，次に原子価殻s電子を取除く．それから望みの電荷量が得られるまで必要なd電子を取除く．アニオンの配置を導くには，構成原理の手順を続けていき，次の貴ガス配置が達成されるまで中性原子に電子を加える．

● **簡単な例示 13・9　イオンの電子配置**
　　Feの配置は[Ar]3d$^6$4s$^2$であるから，Fe$^{3+}$カチオンは[Ar]3d$^5$の配置をもつ．O$^{2-}$イオンの配置は，[He]2s$^2$2p$^4$に電子2個を加えて[He]2s$^2$2p$^6$，つまりNeと同じ配置にすれば得られる．●

**自習問題 13・5**

(a) Cu$^{2+}$イオンと(b) S$^{2-}$イオンの基底状態の電子配置を予測せよ．　　　[答: (a) [Ar] 3d$^9$, (b) [Ne] 3s$^2$3p$^6$]

### 13・14　つじつまの合う場のオービタル

すべての電子の相互作用を考慮に入れてシュレーディンガー方程式の厳密な解を得ることは全く望みがないから，多電子系の電子配置についてこれまで説明したことは，近似的なものにすぎない．しかし，計算技術を利用すれば波動関数とエネルギーについて非常に詳細で信頼できる近似解が得られる．この方法は最初ハートリー[4]によって（コンピューターが普及する以前に）導入され，その後フォック[5]によってパウリの原理を正確に取入れるように改良された．概略を説明すると，**ハートリー－フォックのつじつまの合う場**（HF-SCF）[6]の方法はつぎのようなものである．

---

1) long period　2) d-block element　3) transition metal　4) D.R. Hartree　5) V. Fock　6) Hartree-Fock self-consistent field

まず，原子の構造がほぼわかっているとしよう．たとえば，Ne 原子では，オービタル近似によって，そのオービタルを水素型原子のオービタルで近似すれば，配置は $1s^2 2s^2 2p^6$ と考えられる．ここで 2p 電子のうちの 1 個を考えよう．この電子のシュレーディンガー方程式は，原子核からの引力と他の電子からの反発とから生じるポテンシャルエネルギーを与えれば書くことができる．その方程式は 2p オービタルについてのものであるが，原子内の他のすべての被占オービタルの波動関数に依存する．この方程式を解くために，2p 以外のすべてのオービタルの波動関数の近似的なかたちを仮定して，このシュレーディンガー方程式を 2p オービタルについて解く．次に，この手続きを 1s と 2s のオービタルについて繰返す．この一連の計算によって 2p，2s および 1s オービタルのかたちが得られるが，これは一般に計算を開始するために最初に使ったセットとは異なっているであろう．こうして改良されたオービタルを次の計算のサイクルに使うと，2 回目の改良されたオービタルのセットと改良されたエネルギー値が得られる．この繰返し作業を，得られたオービタルとエネルギーが最新のサイクルの出発時点で使ったものとほとんど違わないようになるまで続ける．こうして得た解はつじつまが合ったもので，この問題の解として受け入れられる．

図 13·19 は，ナトリウムについての HF-SCF の動径分布関数の例をプロットしたものである．これから，電子密度がまとまって殻になっていることがわかるが，これは昔の化学者が予想した通りであり，また上で説明した通り，浸透の程度が異なっていることもわかる．したがって，これらの SCF 計算は，化学の周期性の説明に使った定性的な議論に裏付けを与えるものである．また，詳細な波動関数と正確なエネルギーが提供されるので，この議論をもっと発展させることもできる．

## 原子の性質の周期性

原子番号が増えるとともに類似の基底状態の電子配置が繰返し周期的に現れることから，原子の性質の周期的な変化が説明できる．ここでは，原子半径とイオン化エネルギーに見られる周期性に注目する．このどちらの性質も実効核電荷と関係があり，実効核電荷は最初の 3 周期について図 13·20 に見られるような変化を示す．

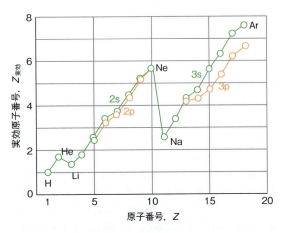

図 13·20　周期表のはじめの 3 周期における実効原子番号 ($Z_{実効}$) の変化．$Z_{実効}$ の値は電子が占めるオービタルによって異なる．ここでは，原子価電子の値だけを示してある．実効核電荷は $Z_{実効} e$ である．

## 13·15　原子半径

元素の**原子半径**[1] とは（Cu などの）固体中の隣接原子の間の距離の半分をいう．非金属の場合は（$H_2$ や $S_8$ のような）等核分子の中の隣接原子間距離の半分をとる．化学では原子半径はきわめて重要である．原子の大きさは，原子が化学結合を何個つくれるかを決める重要な一つの制限因子だからである．また，分子の大きさと形は構成している原子の大きさに依存し，その分子の形と大きさは，生物学的な機能の決定的な側面を担っているのである．原子半径はまた工業的な意味でも重要であり，d ブロック元素が互いによく混ざっていろいろな合金，特にさまざまな種類の鋼などを形成できるのは，その原子半径が似ていることが主な理由なのである．

一般に，周期表を左から右へ進むにつれ原子半径は小さくなり，同じ族では下ほど大きい (表 13·2, 図 13·21)．一つの周期内で次第に減少するのは，核の電荷が大きくなって電子をいっそう近くに引きつけるためである．核の電荷の増加は部分的に電子数の増加で打ち消されるが，電

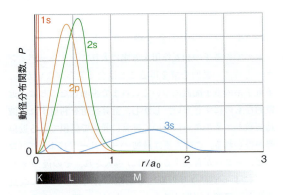

図 13·19　SCF 計算による Na のオービタルの動径分布関数．内部の K 殻と L 殻の外側に 3s オービタルがあるという殻の構造がはっきりしている．

---

1) atomic radius

表 13·2 主要族元素の原子半径 r/pm

| Li | Be | B | C | N | O | F |
|---|---|---|---|---|---|---|
| 157 | 112 | 88 | 77 | 74 | 66 | 64 |
| Na | Mg | Al | Si | P | S | Cl |
| 191 | 160 | 143 | 118 | 110 | 104 | 99 |
| K | Ca | Ga | Ge | As | Se | Br |
| 235 | 197 | 153 | 122 | 121 | 117 | 114 |
| Rb | Sr | In | Sn | Sb | Te | I |
| 250 | 215 | 167 | 158 | 141 | 137 | 133 |
| Cs | Ba | Tl | Pb | Bi | Po |  |
| 272 | 224 | 171 | 175 | 182 | 167 |  |

い. この原因は, 第6周期にはfオービタルを順次占める過程が含まれているからである. f電子は（動径方向の広がりから見て）, 核電荷の遮蔽体としてはきわめて効率の悪いもので, LaからLuまで（ランタノイドでは）原子番号が増加するにつれて, 原子半径がかなり縮む. その後, Luから再びd副殻を電子が占めるようになって, 核電荷が増加してもたいして遮蔽されず, まわりの電子をさらに引き寄せるため, もっと原子が小さくなるのである. その結果, 周期表のそれ以降の金属（特にイリジウムから鉛まで）の密度は非常に大きくなっている. 原子半径が一つ前の周期から補外して予想される以上に減少する効果を**ランタノイド収縮**[1]という.

### 13·16 イオン化エネルギーと電子親和力

多電子原子から電子を1個取除くのに必要な最小のエネルギーが**第一イオン化エネルギー**[2] $I_1$ である. **第二イオン化エネルギー**[3] $I_2$ は（1価のカチオンから）電子をもう1個取除くのに必要な最小のエネルギーである.

$$X(g) \rightarrow X^+(g) + e^-(g) \qquad I_1 = E(X^+) - E(X)$$

$$X^+(g) \rightarrow X^{2+}(g) + e^-(g) \qquad I_2 = E(X^{2+}) - E(X^+)$$

イオン化エネルギー　　(13·9)

周期表における第一イオン化エネルギーの変化を図13·22に示し, 代表的な数値を表13·3に与えてある. 元素のイオン化エネルギーは, 結合生成に関与する能力を表す量として中心的な役割を果たすものであり（14章で述べるが, 結合生成はある原子から別の原子に電子を配置替えすることによるものである）, 原子半径に次いで元素の化学的性質を決めている最も重要な量である.

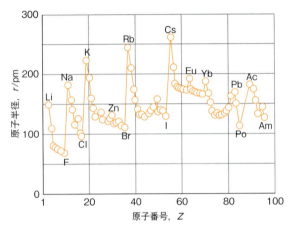

図 13·21　周期表の順に並べたときの原子半径の変化. 第6周期のランタノイドのあと（実際にはイッテルビウム, Yb以降）の半径の収縮に注目しよう.

子の方は空間に広がっているため, 1個の電子で核の電荷1単位を完全には遮蔽できずに核の電荷が増える効果が勝るわけである. 同じ族で下ほど（核の電荷が増えるにもかかわらず）原子半径が大きくなるのは, ひとつ周期が進めば原子価殻が大きな主量子数に対応するものになるからと説明できる. すなわち, 原子の殻は玉ねぎのような構造をしていて, 各周期のはじめでつぎつぎの殻（だんだん遠くへ行く）を満たしはじめ, それが前の殻を囲みながらこれを満員にしてその周期を終わるのである. 次第に遠くの殻に入らなければならないために, 核の電荷が大きくなるにもかかわらず原子は大きくなるのである.

同じ族を下へ行くときの原子半径の増加傾向に変化が見られるのは第6周期である. すなわち, そのdブロックの後半からそれに続くpブロックの領域では, 同じ族の中で単純な補外から予想されるほど原子半径が大きくならな

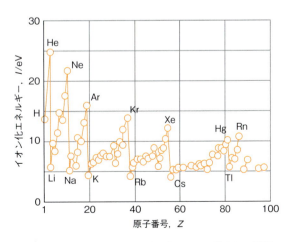

図 13·22　元素の第一イオン化エネルギーに見られる周期的な変化.

---

1) lanthanide contraction　2) first ionization energy　3) second ionization energy

この図からつぎの傾向が読みとれる.

- リチウムの第一イオン化エネルギーは小さい. その最外殻電子は内殻電子によって核からよく遮蔽されているから ($Z=3$ に対して $Z_{実効}=1.3$) 簡単に取除ける.

- ベリリウムはリチウムよりも大きな核電荷をもつから, 最外殻電子 (2個の 2s 電子のうちの一つ) を取除くのはもっと困難で, したがってイオン化エネルギーはもっと大きい.

- ベリリウムとホウ素の間でイオン化エネルギーが減少するのは, ホウ素の最外殻電子が 2p オービタルを占めているからで, それが 2s 電子であったとした場合ほど束縛されていないからである.

- ホウ素と炭素の間でイオン化エネルギーが増加するのは, 炭素の最外殻電子も 2p であり, 核電荷が増加しているからである.

- 窒素になると核の電荷がもっと大きくてイオン化エネルギーはさらに大きくなる.

ここで, この曲線には "こぶ" があり, 酸素のイオン化エネルギーは単純な補外で予想されるよりも小さくなっている.

- 酸素では 2p オービタルのうちのひとつが 2 電子で占有されなければならず, 電子–電子の反発がその周期の中で単純な補外から予想されるよりも大きいからである. (つぎの周期ではこの "こぶ" は目立たない. それはリンと硫黄ではオービタルが広がっているからである.)

- 酸素, フッ素, ネオンがほぼ一直線上にのるのは, 最外殻電子に対する核の引力の増加がイオン化エネルギーの増加にそのまま反映されるからである.

- ナトリウムの最外殻電子は 3s である. それは核から遠く離れており, 核の電荷はネオン型の引き締まった満員の内殻電子によってよく遮蔽されている. その結果, ナトリウムのイオン化エネルギーはネオンに比べてかなり小さくなっている.

- この列から再び周期的な繰返しがはじまり, 上で述べたのと同じ論法でイオン化エネルギーの変化が解釈できる.

**電子親和力**[1] $E_{ea}$ は, 中性原子とそのアニオンとのエネルギー差である. これはつぎの過程で放出されるエネルギーである.

$$X(g) + e^-(g) \longrightarrow X^-(g)$$
$$E_{ea} = E(X) - E(X^-) \qquad \text{電子親和力} \quad (13\cdot10a)$$

アニオンの方が中性原子よりエネルギーが低ければ電子親和力は正である. 電子親和力と電子付加エンタルピーとは注意して区別しなければならない (3・2 節). 数値は非常に近いが符号は反対である.

$$X(g) + e^-(g) \longrightarrow X^-(g)$$
$$\Delta_{eg}H^{\ominus} = H_m^{\ominus}(X^-) - H_m^{\ominus}(X) \qquad \text{電子付加エンタルピー}$$
$$(13\cdot10b)$$

電子親和力 (表 13・4) は周期表でイオン化エネルギーほど規則的な変化をしない. しかし, 全体としてつぎのよう

表 13・3　主要族元素の第一イオン化エネルギー　$I$/eV*

| H 13.60 | | | | | | | He 24.59 |
|---|---|---|---|---|---|---|---|
| Li 5.32 | Be 9.32 | B 8.30 | C 11.26 | N 14.53 | O 13.62 | F 17.42 | Ne 21.56 |
| Na 5.14 | Mg 7.65 | Al 5.98 | Si 8.15 | P 10.49 | S 10.36 | Cl 12.97 | Ar 15.76 |
| K 4.34 | Ca 6.11 | Ga 6.00 | Ge 7.90 | As 9.81 | Se 9.75 | Br 11.81 | Kr 14.00 |
| Rb 4.18 | Sr 5.70 | In 5.79 | Sn 7.34 | Sb 8.64 | Te 9.01 | I 10.45 | Xe 12.13 |
| Cs 3.89 | Ba 5.21 | Tl 6.11 | Pb 7.42 | Bi 7.29 | Po 8.42 | At 9.64 | Rn 10.78 |

\* 1 eV $= 96.485$ kJ mol$^{-1}$. 表 3・2 も参照せよ.

---

1) electron affinity

## 13・17 項の記号

な重要な傾向が見られる.

- 大雑把な言い方をすれば,最大の電子親和力はフッ素の付近にある.ハロゲンでは,電子が入るのは原子価殻で,核からの強い引力を受ける.

- 貴ガスの電子親和力は負である.すなわち,アニオンの方が中性原子よりもエネルギーが高い.それは入ってくる電子が満員の原子価殻の外のオービタルを占めるからで,核から遠く,閉じた満員の殻の電子から反発を受けるからである.

- 酸素の第一電子親和力は正であるが,その理由はハロゲンの場合と同じである.一方,第二電子親和力（$O^-$から$O^{2-}$の生成に相当する）は負で大きい.それは,電子が入るのは原子価殻であるが,それが$O^-$イオンの正味の負電荷から強い反発を受けるからである.

### 複雑な原子のスペクトル

多電子原子のスペクトルは非常に複雑な場合があるが,複雑であるだけに電子間の相互作用に関する詳細な情報が含まれていることになる.ここでは,原子の状態を指定するときに使う記号について考える.たとえば,大気中の光化学過程や星の化学組成（「インパクト 13・1」を見よ）を記述するとき,原子の状態をどのように表現するかを知らなければならない.分子スペクトルや分子の磁性に重要な関係のある相互作用を表すときも同様である.

### 13・17 項の記号

歴史的な経緯から,原子のエネルギー準位を**項**[1]といい,項を指定するのに使う記号を**項の記号**[2]という.項の記号はたとえば$^3D_2$のようなもので,3,D,2の成分それぞれが原子内の電子の角運動量について何かを教えてくれる.原子の項の記号にたどり着くために使う方式を**ラッセル-ソーンダースカップリング**[3]という.これは各電子のオービタル角運動量とスピン角運動量がまず互いにカップルし,その後これらの合成角運動量が互いにカップルして全体として全角運動量を与える.内殻電子は原子の全角運動量には寄与しないから,計算では原子価電子だけに注目する.

文字（たとえば D）は原子内の電子の全オービタル角運動量を示す.これを指定するためには,以下に示す仕方で**全オービタル角運動量量子数**[4]$L$を求め,つぎのコードを使う.

$$
\begin{array}{ccccc}
L & 0 & 1 & 2 & 3\cdots \\
 & S & P & D & F\cdots
\end{array}
$$

コードはオービタルのコードと同じであるが,大文字を使う.$L$の値を見つけるには,原子の原子価殻にある電子のオービタル角運動量量子数（たとえば$l_1$と$l_2$）を見いだし,つぎの級数をつくる.

$$L = l_1 + l_2,\, l_1 + l_2 - 1,\, \cdots,\, |l_1 - l_2|$$

この級数および別のタイプの角運動量についてあとで導入する同様の級数を**クレブシュ-ゴーダン級数**[5]という.絶対値の記号は,この級数が正の値で終わるのを示すだけの

表13・4　主要族元素の電子親和力　$E_{ea}/eV$*

| H | | | | | | | He |
|---|---|---|---|---|---|---|---|
| +0.75 | | | | | | | <0** |
| Li | Be | B | C | N | O | F | Ne |
| +0.62 | −0.19 | +0.28 | +1.26 | −0.07 | +1.46 | +3.40 | −0.30** |
| Na | Mg | Al | Si | P | S | Cl | Ar |
| +0.55 | −0.22 | +0.46 | +1.38 | +0.46 | +2.08 | +3.62 | −0.36** |
| K | Ca | Ga | Ge | As | Se | Br | Kr |
| +0.50 | −1.99 | +0.3 | +1.20 | +0.81 | +2.02 | +3.37 | −0.40** |
| Rb | Sr | In | Sn | Sb | Te | I | Xe |
| +0.49 | +1.51 | +0.3 | +1.20 | +1.05 | +1.97 | +3.06 | −0.42** |
| Cs | Ba | Tl | Pb | Bi | Po | At | Rn |
| +0.47 | −0.48 | +0.2 | +0.36 | +0.95 | +1.90 | +2.80 | −0.42** |

\* 1 eV = 96.485 kJ mol$^{-1}$. 表 3・3 も参照せよ.
\*\* 計算値.

---

1) term　2) term symbol　3) Russel-Saunders coupling　4) total orbital angular momentum quantum number
5) Clebsch-Gordan series

ものである．最大の全オービタル角運動量の値が生じるのは，古典的に太陽のまわりを惑星が回る類推を使えば，この2電子が同じ向きに回るときである．最小値は反対向きに回るときである．

---

**必須のツール 13・1　ベクトルの加減演算**

つぎのような互いに $\theta$ の角をなす二つのベクトル $v_1$ と $v_2$ を考えよう．

$v_1$ に $v_2$ を加えるときの最初のステップは，つぎの図のように $v_2$ の尾を $v_1$ の頭に付けることである．

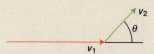

第二のステップでは，つぎの図のように $v_1$ の尾から $v_2$ の頭まで**合成ベクトル**[2] $v_{合成}$ をひく．

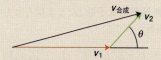

合成ベクトルの大きさ $v_{合成}$ は，

$$v_{合成} = (v_1^2 + v_2^2 + 2v_1v_2\cos\theta)^{1/2}$$

で与えられる．$v_1$ と $v_2$ は，それぞれベクトル $v_1$ と $v_2$ の大きさである．

ベクトルの減算は上の加算と同じ原理に従う．すなわち，$v_1$ を $v_2$ から引くことは，$v_1$ に $-v_2$ を加えることと同じであるから，つぎのようにすればよい．

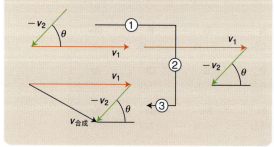

---

● **簡単な例示 13・10　原子の項の記号**

炭素の 2p 電子1個が 3p オービタルに昇位した励起状態の配置 [He] $2s^2 2p^1 3p^1$ を考えよう（電磁放射線による昇位ではない．13・19節を見よ）．s 電子にはオービタル角運動量がないから，p 電子だけに注目する．この電子

---

おのおのについて $l=1$（つまり考えている2個の電子に対して $l_1=1$, $l_2=1$）である．そこで，

$$L = 1+1, 1+1-1, \cdots, |1-1| = 2, 1, 0$$

となる．この結果をわかりやすく図13・23に示す．これは，ベクトルの加減演算の規則（必須のツール13・1）を使って表したものである．この配置から，全オービタル角運動量の三つの許容される値に対応して，D, P, S の三つの項が得られる．■

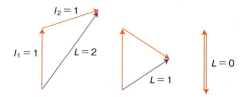

**図13・23**　二つの角運動量をカップルさせて合成するときの規則．この場合は，$l_1 = l_2 = 1$ からの合成で $L = 2, 1, 0$ ができる．どの場合も，ベクトルの長さは $\{l(l+1)\}^{1/2}$ に比例している．

---

**自習問題 13・6**

電子配置 [Ar] $3d^1 4d^1$ で表されるカルシウム原子の励起状態で考えられる項を求めよ．　　　[答: G, F, D, P, S]

---

**例題 13・2　3電子の殻の項の求め方**

電子配置 $p^3$ から生じる項を求めよ．

**解法**　互いにカップルする電子が2個よりも多いときは，二つのクレブシュ-ゴーダン級数を続けて使う．まず，2個の電子をカップルさせ，次にこの組合わされた状態の1個ずつに3番目の電子をカップルさせればよい．

**解答**　オービタル角運動量が $l_1 = l_2 = 1$ の2個の電子をカップルさせると，最小値は $|1-1|=0$ である．したがって，この2個の電子だけの全オービタル角運動量を $L'$ で表すと，

$$L' = 1+1, 1+1-1, \cdots, 0 = 2, 1, 0$$

を得る．続いて3電子系の全オービタル角運動量量子数 $L$ を計算する．

$l_3$ を $L'=2$ とカップルさせて $L=3, 2, 1$ が得られる．
$l_3$ を $L'=1$ とカップルさせて $L=2, 1, 0$ が得られる．
$l_3$ を $L'=0$ とカップルさせて $L=1$ が得られる．

全体の結果として，

---

2) resultant vector

## 13・18 スピン‐軌道カップリング

$$L = 3, 2, 2, 1, 1, 1, 0$$

であるから，項の数は F が 1 個，D が 2 個，P が 3 個，S が 1 個となる．

### 自習問題 13・7

電子配置 $d^2p^1$ から生じる項を求めよ．

[答: H, 2G, 3F, 3D, 3P, S]

次に**全スピン角運動量量子数**[1]$S$ を考えよう．この量子数も $L$ と同様に個々のスピン角運動量量子数を足し合わせて得られる．

$$S = s_1 + s_2, \; s_1 + s_2 - 1, \; \cdots, \; |s_1 - s_2|$$

電子については $s = \frac{1}{2}$ だから，2 個の電子については，

$$S = \tfrac{1}{2} + \tfrac{1}{2}, \; \tfrac{1}{2} + \tfrac{1}{2} - 1, \; \cdots, \; \left| \tfrac{1}{2} - \tfrac{1}{2} \right| = 1, 0$$

である．そこで，項の記号では項の**多重度**[2]で $S$ の値を表す．つまり，左上に $2S + 1$ の値を書く．項の多重度が大きいほど，原子内で同じ向きに回る電子の数が多い．もっと詳しい取扱いによれば，スピンとオービタル角運動量のある組合わせはパウリの原理によって禁止されるのがわかる．

### ● 簡単な例示 13・11　項の多重度

炭素の励起状態の配置 [He]$2s^2 2p^1 3p^1$ では，2 個の p 電子おのおのが $s = \frac{1}{2}$ だから $S = 1, 0$ となる．対応する多重度は $2 \times 1 + 1 = 3$（"三重項"）と $2 \times 0 + 1 = 1$（"一重項"）である．したがって対応する項の記号は，

三重項: $^3$D, $^3$P, $^3$S　　一重項: $^1$D, $^1$P, $^1$S

である．●

**ノート**　　"項"というべきところを"状態"といってはいけない．あとでわかるが，一般に一つの項は多くの状態からできているからである．

最後に，右下の数字について説明しよう．これは**全角運動量量子数**[3]$J$ で，オービタル角運動量とスピン角運動量の和が全角運動量である．$J$ は正の数で，これを見いだすにはつぎの数列をつくる．

$$J = L + S, \; L + S - 1, \; \cdots, \; |L - S|$$

もし，軌道運動と同じ向きのスピンをもつ電子が多いと $J$ は大きいが，スピンが軌道運動と反対になっていると $J$ は小さい．$J$ の値それぞれは，ある項に属する特定の**準位**[4]に対応している．

### ● 簡単な例示 13・12　項の準位

$^3$D 項に現れる準位を見いだすには $L = 2$, $S = 1$ とおけば，

$$J = 2 + 1, \; 2 + 1 - 1, \; \cdots, \; |2 - 1| = 3, 2, 1$$

であるから，$^3$D 項には $^3$D$_3$, $^3$D$_2$, $^3$D$_1$ の三つの準位がある．この三重項には三つの準位がある．$^3$D$_3$ 準位では，2 個の p 電子が同じ向きの軌道運動をするだけでなく 2 個のスピンが互いに同じ向きに自転しており，全スピンがオービタル角運動量と同じ向きになっている．$^3$D$_1$ では，全スピンが全オービタル角運動量と反対向きなので，全体として全角運動量が比較的小さい．●

**ノート**　　"準位"は"状態"ではない．ある量子数 $J$ をもつ準位は，その一つずつが $2J + 1$ 個の状態からできており，各状態は量子数 $M_J$ で区別できる．

### 自習問題 13・8

配置…$4p^1 3d^1$ から，どんな項と準位が現れるか．

[答: $^1$F$_3$, $^1$D$_2$, $^1$P$_1$, $^3$F$_{4,3,2}$, $^3$D$_{3,2,1}$, $^3$P$_{2,1,0}$]

ある配置のいろいろな項は，異なるオービタルを占めていて，平行スピンをもつ電子数も異なるから，一般にエネルギーが異なっている．ふつうはフントの規則によって平行スピン数が最大の項がエネルギー最低とすることができる（13・11 節）．平行なスピンは互いに離れる傾向があって，そのため原子がわずかながら縮むからである．いい換えれば，

- 多重度が最大の項が最低エネルギーをもつ．

「簡単な例示 13・11」にある炭素の励起状態の配置では，三重項が一重項よりも下にあるから，$^3$D, $^3$P, $^3$S のどれかが一番下にくる．また，項を多重度の大きさで仕分けるとふつうは，

- オービタル角運動量が最大の項が最低の準位である．

古典的に見れば，交差点が円周をまわる形をした道路を自動車が走るように，同じ向きに回る電子が多いとオービタル角運動量の最大の項となり，そのため電子が互いに離れていけると考えればよい．したがって，[He]$2s^2 2p^1 3p^1$ の配置から生じるすべての項のうち，$^3$D 項が最低の位置にあると予想できる．この項の三つの準位のうちどれが最低であるかを見いだすには，もう一つ別の概念が必要になる．

## 13・18　スピン‐軌道カップリング

電子は電荷をもつ粒子であるから，そのオービタル角運動量から磁場が生じる．それはちょうど，電磁石のループ

---

1) total spin angular momentum quantum number　　2) multiplicity　　3) total angular momentum quantum number　　4) level

に電流が流れると磁場を生じるのと同じである．すなわち，オービタル角運動量をもつ電子は小さな棒磁石のように振舞う．電子にはスピン角運動量もあるから，電子に固有の"自転運動"によっても小さな棒磁石として働く．スピンから生じる磁石は軌道運動から生じる磁石と相互作用する．その結果，**スピン-軌道カップリング**[1]という相互作用が発生する．

この2個の磁石は反平行よりも平行なときの方がエネルギーは高い（図13・24）．磁石の相対的な向きはオービタルとスピンの角運動量の相対的な向きを反映するものだから，原子のエネルギーは全角運動量量子数 $J$ に依存する（この値が2種の運動量の相対的な向きを反映するからである）．角運動量つまり棒磁石が互いに反平行なときエネルギーが低い．このような二つの角運動量の配置が $J$ の小さな値に対応する．したがって，最低の $J$ をもつ準位がエネルギーは最低であると予想できる．いまの例では，$^3$D 項のうち最低の準位は $^3$D$_1$ であると予測できる．多電子原子に適用できる一般的な表現をすれば，つぎのようになる．

- 殻の占有度が半分より少ない原子では，最小の $J$ の準位のエネルギーが最低である．半分より多く占有されている殻をもつ原子では，最大の $J$ の準位のエネルギーが最低である．

スピン-軌道カップリングの強さは原子番号が増すと急速に増大する．第2周期の原子では，$10^2\,\mathrm{cm}^{-1}$ の程度の準位の分裂をひき起こすが，第3周期ではその分裂は $10^3\,\mathrm{cm}^{-1}$ に近い．オービタル磁場の起源を考えれば，この増大の仕方を理解できる．そこで，いま電子に乗って核のまわりを周回していると考えよう．自分から見れば，（コペルニクス以前の人々が太陽は地球のまわりを回っていると考えていたように）核が自分のまわりを回っているように見える．原子番号が大きければ核の電荷が大きく，強い電流の中心にいるように見えるから，強い磁場を感じることになる．原子番号が小さければ，自分のまわりには小さな電流しかないから弱い磁場と感じる．

スピン-軌道カップリングは光化学，特に"りん光"現象の存在に重要な働きをするが，それについては20章で説明する．

## 13・19 選 択 律

さて，複雑な原子のエネルギー準位の説明が済んだので，どのスペクトル遷移が許され，どれが禁制であるかを判断することができるようになった．すでに説明したように，スペクトルの選択律は遷移に際して角運動量が保存されることから出てくるもので，フォトンのスピンが1であることが基本にある．項の記号には角運動量の情報が入っているから，項の記号を使って選択律を表すことができる．詳しい解析の結果，選択律はつぎの通りである．

$$\Delta S = 0 \qquad \Delta L = 0, \pm 1 \qquad \Delta l = \pm 1$$
$$\Delta J = 0, \pm 1 \quad \text{しかし} \quad J = 0 \longleftrightarrow J = 0 \text{ は禁制}$$

$\Delta S$ に関する規則（全体としてスピンに変化がない）は，光がスピンには直接影響しないことから出てくる．$\Delta L$ と $\Delta l$ に関する規則は，個々の電子のオービタル角運動量が変化しなければならないが（つまり $\Delta l = \pm 1$），それがオービタル角運動量の全変化を生じるかどうかは角運動量同士のカップリングの仕方次第である．これらの選択律は周期表の上の方の比較的軽い原子については厳密に成り立つが，原子番号が大きくなるにつれて，スピン-軌道カップリングが強くなるので，次第に成り立たなくなる．そのため，たとえば，重原子では一重項と三重項の間の遷移が許容される．

### 天文学へのインパクト 13・1

#### 星のスペクトル

星をつくる物質は大部分が水素原子とヘリウム原子で，中性のものとイオンになったものがある．このヘリウムは核融合による"水素燃焼"の産物である．しかし，核融合によってもっと重い元素もできる．星の表面層は H, He,

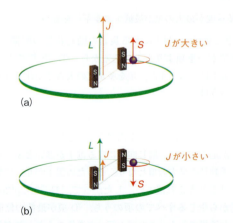

図 13・24 スピン-軌道カップリングを起こす磁気的相互作用．(a) 磁気モーメント（棒磁石で表してある）が平行に配列するのに対応して全角運動量が大きく，エネルギーも高い．(b) 磁気モーメントが反平行に配列すると全角運動量が小さく，エネルギーが低い．このエネルギー差は全角運動量の差から直接の結果として生じるものではない．つまり，全角運動量からは2個の磁気モーメントの相対的な向きがわかるだけである．

---

1) spin-orbit coupling

C, N, O, Ne などの軽い元素の中性原子またはイオンでできていることは一般に認められている. Si, Mg, Ca, S, Ar などの比較的重い元素は星の内部の芯に近いところで見いだされる. これらも中性原子とイオンの両方がある. 内部の芯では最も重い種類の元素があり, $^{56}Fe$ が特に多くて非常に安定である. 星の内部は非常に高温なので, これらの元素は気相状態にある. たとえば, 太陽の表面から中心に向かって半分のところの温度は 3.6 MK (1 MK = $10^6$ K) と推定されている.

天文学者は, 星の化学組成を知るためにいろいろな分光法を駆使する. それは星から発射される光の中にはその星にある元素の特徴, さらには各同位体のスペクトルの特徴が刻み込まれているからである. 星のスペクトルを理解するには, まず星がなぜ光るのかを知らなければならない. 星の内部の高密度のところで起こる核反応によって放射線が発生し, それが内部より密度の薄い外側の層を通過する. 内部での原子やイオンによるフォトンの吸収と再発射の結果として, 放射エネルギーがほぼ連続的になり, それが光球[1] という気体の薄層から外部空間へ放射される. 星の光球から放射されるエネルギーの分布は, 非常に高温の物体における分布にきわめて近い. たとえば, われわれの太陽の光球のエネルギー分布は温度を 5800 K とした分布に似ている. 連続帯の放射線に, 光球に存在する中性原子, イオンから生じる鋭い吸収と発光が重なっている. ハッブル宇宙望遠鏡のような望遠鏡に分光計を取付けて星

の光を分析すれば, 既知の元素スペクトルと比較することによって, 星の光球の化学組成がわかる. ある種の, 実効温度が比較的低い "冷たい" 星については, CN, $C_2$, TiO, ZrO のような小さな分子の存在も明らかにされている.

星の最も外側にあるのは彩層[2]とコロナ[3]である. 彩層は光球のすぐ上にあり, コロナは彩層のさらに外にあって日食のとき (適切な注意が必要だが) 肉眼で見ることができる. 光球, 彩層, コロナが星の "大気" を構成する. 太陽の彩層は光球よりもずっと密度が薄く, 温度はずっと高くて, 10 kK (1 kK = $10^3$ K) に達する. 温度がこれほど上がる理由はよくわかっていない. 太陽のコロナの温度は非常に高く, 1.5 MK もあるから放射は X 線からラジオ波にわたって非常に強い. 太陽のコロナのスペクトルは大部分が電子的に励起した中性分子や高度にイオン化した原子からの発光線でできている. 可視領域で最も強い発光線は 530.3 nm にある $Fe^{13+}$ の線, 637.4 nm の $Fe^{9+}$ の線と 569.4 nm にある $Ca^{4+}$ からの線である.

望遠鏡では星の外層からの光しか検出されないから, 全体としての化学組成は内部に関する理論と大気のスペクトル分析から推論しなければならない. 太陽に関するデータによれば, 92 パーセントが水素, 7.8 パーセントがヘリウムであるが, 残りの 0.2 パーセントはそれよりも重い元素で, その大部分は C, N, O, Ne, Fe である. 星のスペクトルのもっと高度な解析をすれば, 相対的な速さや実効温度など, 他の性質を知ることもできる.

---

## 補遺 13・1

### パウリの原理

パウリの排他原理は, つぎに示す**パウリの原理**[1] といわれる一般原理の特殊な場合に当たる.

- 任意の 2 個の同じフェルミ粒子のラベルを交換するとき, 全波動関数は符号を変える. 2 個の同じボース粒子のラベルを交換するときは, 全波動関数の符号は同じままである.

本文で説明したように, フェルミ粒子とは, 半整数のスピンをもつ粒子 (電子, プロトン, 中性子など) で, ボース粒子とは整数のスピンをもつ粒子 (スピン 1 のフォトンなど) である. パウリの排他原理はフェルミ粒子だけに適用される. "全波動関数" というときは, 粒子のスピンまで含めた完全な波動関数を指す.

2 個の電子の波動関数 $\Psi(1, 2)$ を考えよう. パウリの原理によれば, ラベル 1 と 2 が波動関数のどこにあってもこの二つをすべて交換すると, 波動関数は符号を変えなければならない, ということが自然の摂理である. つまり $\Psi(2, 1) = -\Psi(1, 2)$ となる. ある原子において 2 個の電子があるオービタル $\psi$ を占めているものとすると, オービタル近似では全体の波動関数は $\psi(1)\psi(2)$ である. パウリの原理を適用するためには, 全波動関数, すなわちスピンも含む波動関数を取扱わなければならない. 2 個のスピンについては,

$$\alpha(1)\,\alpha(2) \qquad \alpha(1)\,\beta(2) \qquad \beta(1)\,\alpha(2) \qquad \beta(1)\,\beta(2)$$

の 4 通りの可能性がある. このうち二つの可能性を考えよう. すなわち, 状態 $\alpha(1)\,\alpha(2)$ はスピンが平行な場合に

---

1) photosphere  2) chromosphere  3) corona  4) Pauli principle

対応するが，$\alpha(1)\beta(2) - \beta(1)\alpha(2)$ はスピンが対をつくった場合に対応する（スピンの角運動量が互いに打ち消しあうことに関係する数学的な理由から，この組合わせをとる）．したがって，この系の全波動関数はつぎの二つのどちらかになる．

平行スピン：$\psi(1)\psi(2)\,\alpha(1)\alpha(2)$

対のスピン：$\psi(1)\psi(2)\{\alpha(1)\beta(2) - \beta(1)\alpha(2)\}$

しかし，パウリの原理によると，ある波動関数が（電子について）許容されるためには，電子を交換したときその符号が変わらなければならない．それぞれの場合に，ラベル1と2を交換すると，$\psi(1)\psi(2)$ は $\psi(2)\psi(1)$ に変換するが，関数を掛ける順序が変わっても積の値は変わらないから，両者は同じである．$\alpha(1)\alpha(2)$ についても同じである．したがって，はじめの組合わせは符号が変わらないか

ら許されない．しかし，2番目の組合わせは，

$$\psi(2)\psi(1)\{\alpha(2)\beta(1) - \beta(2)\alpha(1)\}$$
$$= -\psi(1)\psi(2)\{\alpha(1)\beta(2) - \beta(1)\alpha(2)\}$$

に変わる．この組合わせは確かに符号が変わる（反対称である）から，許容される．

こうして，同じオービタルにある2電子について，パウリの原理によって許容される可能な状態はスピンが対になったものだけであることがわかる．これがパウリの排他原理の内容である．電子によって占められるオービタルが異なるときは，排他原理には無関係に，両方の電子が同じスピン状態をもっていても（もっていなくても）かまわない．しかし，たとえその場合でも，全波動関数はいつでも全体として反対称でなければならず，またパウリの原理そのものを満足していなければならない．

## チェックリスト

□ **1** 水素型原子とは，電子が1個しかない原子である．

□ **2** 水素型原子の波動関数には3種の量子数が付属している．主量子数 $n = 1, 2, \cdots$，オービタル角運動量量子数 $l = 0, 1, \cdots, n-1$，磁気量子数 $m_l = l, l-1, \cdots, -l$ の3種である．

□ **3** sオービタルは球対称で，核の位置での振幅が0でない．

□ **4** 動径分布関数 $P(r)$ は，電子を半径 $r$ のところに見いだす確率密度である．$r$ と $r + \delta r$ との間に見いだす確率は $P(r)\,\delta r$ である．

□ **5** 電子のオービタル角運動量の大きさは，$\{l(l+1)\}^{1/2}\hbar$ で，ある軸のまわりの角運動量の成分は $m_l\hbar$ である．

□ **6** 電子は固有の角運動量，つまりスピンをもっており，その量子数は $s = \frac{1}{2}$ と $m_s = \pm\frac{1}{2}$ で表される．

□ **7** 選択律はどのスペクトル遷移が許容かに関する規則である．

□ **8** オービタル近似では，多電子原子の各電子は自分のオービタルを占めると考える．

□ **9** パウリの排他原理は，2個よりも多くの電子が一つのオービタルを占めることは許されず，2個の電子が一つのオービタルを占めるときはそのスピンが対にならなければならないという原理である．

□ **10** 多電子原子では，浸透と遮蔽の結果，同じ殻のオービタルはs＜p＜d＜fの順に並ぶ．

□ **11** 原子半径は，同じ周期の中では左から右へ行くにつれて減少し，同じ族の中では上から下へ行くにつれて増加する．

□ **12** イオン化エネルギーは，同じ周期の中では左から右へ行くにつれて増加し，同じ族の中では上から下へ行くにつれて減少する．

□ **13** 電子親和力は周期表の右上（フッ素のあたり）に向かって最大に近づく．

□ **14** 項の記号は $^{2S+1}\{L\}_J$ のかたちで表され，$2S+1$ は多重度，$\{L\}$ は全オービタル角運動量量子数 $L$ の値を表す文字である．

□ **15** ある与えられた電子配置に対しては，最大の多重度をもつ項がエネルギーは最も低く，$L$ が最大の項が最低のエネルギーである．殻が半分より少ない占有度の原子では $J$ が最小の項がエネルギーは最も低い．これらのことは基底状態の配置について最もよく成り立つ．

□ **16** 同じ項の異なる準位ではスピン–軌道カップリングのためにエネルギーが異なる．スピン–軌道カップリングの強さは，原子番号が増加するにつれて急速に増加する．

## 重要な式の一覧

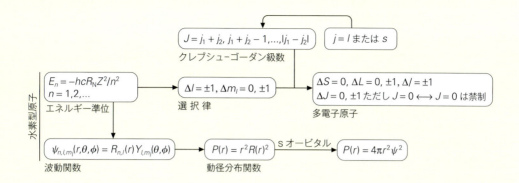

## 問題と演習

### 文章問題

**13・1** 水素型原子の内部状態を指定するのに必要な量子数をあげ，それぞれの意味を説明せよ．

**13・2** 水素型原子のオービタルの（a）境界面，（b）動径分布関数の意味を説明せよ．

**13・3** 多電子原子の波動関数に対するオービタル近似について説明せよ．この近似法の限界は何か．

**13・4** 多電子原子について，周期表上の位置と電子配置との関係を説明せよ．

**13・5** 多電子原子のオービタルの形とエネルギーを求めるSCF法について説明せよ．

**13・6** 周期表の第2周期に沿って第一イオン化エネルギーがどう変化しているかを述べ，それを説明せよ．第3周期も同じ変化をすると期待できるか．

**13・7** スピン-軌道カップリングの起源と，それがスペクトルの現れ方にどう影響を及ぼすかを説明せよ．

**13・8** （a）水素型原子，（b）多電子原子 のスペクトル遷移の選択律を示し，その意味を具体的に説明せよ．

### 演習問題

**13・1** 水素原子のスペクトルのバルマー系列で $n = 6$ の線の波長を計算せよ．

**13・2** 水素原子のスペクトルのパッシェン系列で，ある線の振動数が $2.7415 \times 10^{15}$ Hz である．この遷移のエネルギーの高い状態の主量子数を求めよ．

**13・3** H 原子の項の一つは 27414 cm$^{-1}$ にある．この項と組合わせて波長 486.1 nm の光を発生させた．（a）その光の波数はいくらか．（b）遷移先の項のエネルギーはどれ

だけか．

**13・4** リュードベリ定数（13・4 b 式）は核の質量によって変わる．水素と重水素の 3p → 1s 遷移の波数の差はいくらか．

**13・5** He$^+$ のどの遷移が H の 2p → 1s 遷移と同じ振動数をもつか．ただし，質量の違いを無視せよ．

**13・6** すべての星において最も豊富に存在する元素は水素であるが，実効温度が 25 000 K より高い星では，中性の水素による発光や吸収が観測されていない．この観測結果を説明せよ．

**13・7** 元素の同位体の分布から，星の内部で起こっている核反応について手がかりが得られる場合がある．たとえば，ある星に $^4$He$^+$ と $^3$He$^+$ の両方が存在するのを分光法で確かめることができる．それぞれの同位体の $n = 3 \rightarrow n = 2$ と $n = 2 \rightarrow n = 1$ の遷移の波数を計算せよ．

**13・8** He$^+$ のイオン化エネルギーが 54.36 eV であることを使って，Li$^{2+}$ のイオン化エネルギーを予測せよ．

**13・9** 水素原子のスペクトル系列に"ハンフリース[1]系列"がある．それは 12 368 nm から始まり，3281.4 nm までである．（a）これらはどの遷移によるものか．（b）この中間に観測される遷移の波長はいくらか．

**13・10** 水素型の原子やイオンのエネルギー準位は $Z^2$ に比例している．He$^+$ のハンフリース系列（前問を見よ）の遷移で最大の波長を予測せよ．

**13・11** 水素原子のスペクトル線の波長が 656.46 nm，486.27 nm，434.17 nm，410.29 nm の系列がある．（a）この系列の次の線の波長はどれだけか．（b）原子がこれらの遷移の低い方の状態にあるとき，そのイオン化エネルギーはいくらか．

---

[1] Humphreys

**13·12** $Li^{2+}$ イオンは水素型で，ライマン系列の遷移 740747 $cm^{-1}$，877924 $cm^{-1}$，925933 $cm^{-1}$ などを示す．(a) エネルギー準位が $-hcR_{Li}/n^2$ のかたちをしていることを示し，このイオンの $R_{Li}$ の値を求めよ．(b) また，このイオンのバルマー系列で最も波長の長い二つの遷移の波数を予測し，(c) このイオンのイオン化エネルギーを求めよ．

**13·13** 1価のアニオンのイオン化エネルギーと，元の原子の電子親和力との間にはどんな関係があるか．

**13·14** ヘリウムランプからの波長 58.4 nm の紫外線をクリプトンの試料に照射したところ，電子が $1.59 \times 10^6$ m $s^{-1}$ の速さで放出された．クリプトンのイオン化エネルギーを計算せよ．

**13·15** 原子の N 殻には何個のオービタルがあるか．

**13·16** (a) 1s, (b) 3s, (c) 3d, (d) 2p, (e) 3p オービタルの電子のオービタル角運動量はいくらか．$\hbar$ を単位として表せ．それぞれの場合の方位節と動径節の数はいくらか．

**13·17** 水素原子について，エネルギーが (a) $-hcR_H$，(b) $-\frac{1}{9}hcR_H$，(c) $-\frac{1}{49}hcR_H$ の準位のオービタル多重度はいくらか．

**13·18** $l$ の値が (a) 0, (b) 3, (c) 5 の副殻には最大何個の電子が入れるか．

**13·19** H 原子の基底状態で，ある点を中心とする微小体積中に電子を見いだす確率が，その最大値の 30 パーセントになる場所は半径がいくらのところか．

**13·20** H 原子の基底状態の動径分布関数が，その最大値の (a) 30 パーセント，(b) 5 パーセントになる半径を求めよ．

**13·21** (a) 水素原子，(b) $He^+$ イオンで，核を中心とする 6.5 $pm^3$ の体積中に電子を見いだす確率はいくらか．

**13·22** 水素原子の (a) 3s オービタル，(b) 4s オービタルの動径節はどこにあるか．

**13·23** ある一つの p オービタルを占めている電子が，その p オービタルのロープの一つの中のどこかに見いだされる確率はいくらか．

**13·24** d オービタルの一つの波動関数は $\sin\theta\cos\theta$ に比例している．どの角度に節面があるか．

**13·25** 量子数 $n$ と $l$ の原子オービタルについて，(a) 動径節，(b) 方位節，(c) 節はそれぞれいくつあるか．

**13·26** (a) 電子，(b) プロトン，(c) 中性子，(d) フォトンをフェルミ粒子とボース粒子に分類せよ．

**13·27** 水素型原子の通常の発光電子スペクトルで，つぎの遷移のうち許容されるものはどれか．(a) 2s → 1s, (b) 2p → 1s, (c) 3d → 2p, (d) 5d → 2s, (e) 5p → 3s, (f) 6f → 4p.

**13·28** 水素型原子の 5f 電子がスペクトル遷移を起こせる先のオービタルは何か．

**13·29** イットリウム原子の電子配置が $[Kr]4d^15s^2$ で，銀原子の電子配置が $[Kr]4d^{10}5s^1$ なのはなぜか．

**13·30** 炭素の励起状態の配置 $[He]2s^22p^13d^1$ からどんな項 (S, D など) が生じうるか．

**13·31** クレブシュ—ゴーダン級数をうまく使えば，数個の電子の全角運動量の可能な値を求めることができる．電子 4 個から生じる全スピン角運動量を求めよ．

**13·32** つぎの項にどんな準位がありうるか．(a) $^1S$, (b) $^3F$, (c) $^5S$, (d) $^5P$.

**13·33** $Ti^{2+}$ イオンの基底配置は $[Ar]3d^2$ である．(a) 最低エネルギーの項はどれか．また，その項の準位のうち最低のものはどれか．(b) その最低準位には何個の状態が属するか．

**13·34** $Sc^{2+}$ イオンの基底状態の配置は何か．この配置からどんな準位が生じるか．そのうち，エネルギーが最低の準位はどれか．

**13·35** Al 原子と Cl 原子の最低の項は $^2P$ であり，それは $^2P_{1/2}$ と $^2P_{3/2}$ の準位を生じる．それぞれの原子について，どちらの準位のエネルギーが低いかを予測せよ．

**13·36** 原子半径やイオン半径が果たす重要な働きの一つとして，ヘモグロビンによる酸素摂取の制御がある．ヘモグロビンに $O_2$ が付けば Fe (II) が Fe (III) となり，そのイオン半径が変化するため，タンパク質のコンホメーション変化を起こす引き金になる．$Fe^{2+}$ と $Fe^{3+}$ ではどちらが大きいか．その理由も述べよ．

**13·37** カリウムのイオン化エネルギーは 4.34 eV であり，Br の電子親和力は 3.36 eV である．反応 K(g) + Br(g) → $K^+$(g) + $Br^-$(g) のエネルギー変化を求めよ．その答を eV と kJ $mol^{-1}$ の単位で表せ．

**13·38** 多電子原子の通常の発光電子スペクトルで，つぎの項の間の遷移のうち許容されるものはどれか．(a) $^3D_2 \rightarrow {}^3P_1$, (b) $^3P_2 \rightarrow {}^1S_0$, (c) $^3F_4 \rightarrow {}^3D_3$.

**13·39** ナトリウム原子の $[Ne]3p^1 \rightarrow [Ne]3s^1$ の発光スペクトルには，589.0 nm と 589.6 nm の二つの遷移が観測される．上の項の $^2P_{3/2}$ 準位と $^2P_{1/2}$ 準位のエネルギー差を求め，その答を eV 単位で表せ．

## プロジェクト問題

記号 ‡ は微積分の計算が必要なことを示す．

**13·40‡** この問題では水素型波動関数を定量的にもっと詳しく調べよう．(a) 水素型 1s 電子の動径分布関数の極大から，基底状態の水素原子の核と電子の最確距離を求めよ．(b) 水素の 2s オービタルの (規格化した) 波動関数は，

$$\psi = \left(\frac{1}{32\pi a_0^3}\right)^{1/2}\left(2 - \frac{r}{a_0}\right)e^{-r/2a_0}$$

である．(i) 核の中心，(ii) ボーア半径のところ，(iii) ボー

ア半径の2倍の位置において，この波動関数で表される電子を $1.0\ \mathrm{pm}^3$ の体積内に見いだす確率を計算せよ．(c) 水素型 2s 電子の動径分布関数をつくり（オービタルの形については (b) を見よ），その関数を $r$ に対してプロットせよ．電子を見いだす最確の半径はいくらか．(d) H2s オービタルについて，動径分布関数を微分して極大の場所を見つけて，電子を見いだす最確の半径をもっと正確に求めよ．

**13·41** 神経毒であるタリウムは周期表の 13 族で最も重い元素で，通常は +1 の酸化状態にある．貧血や認知症をひき起こすアルミニウムも同じ族であるが，その化学的性質は +3 の酸化状態が圧倒的に多い．13 族元素の第一から第三までのイオン化エネルギーを原子番号に対してプロットして，この問題を吟味せよ．観察される傾向について論じよ．必要なデータは，原子の性質に関するデータベースで探せ[6]．

**13·42** 星のスペクトルを使って，太陽に相対的な<u>動径方向速度</u>，すなわちこの星の速度ベクトルの，星と太陽を結ぶベクトルに平行な成分を求めることができる．この測定では，<u>ドップラー効果</u>[1]，すなわち放射線源が観測者に向かったり観測者から遠ざかったりするときに放射線の振動数がシフトする現象を利用する．振動数 $\nu$ の電磁放射線を放出している星が観測者に相対速さ $s$ で動いているときは，この観測者は振動数 $\nu_{\text{遠ざかる}} = \nu f$ または $\nu_{\text{近づく}} = \nu/f$ の放射線を検出する．ここで，$f = \{(1 - s/c)/(1 + s/c)\}^{1/2}$ であり，$c$ は光速である．(a) 大マゼラン雲に属する HDE 271182 という星の鉄原子の 3 本のスペクトル線は，438.882 nm，441.000 nm，442.020 nm にある．地球に固定した鉄のアークのスペクトルでは，同じ線が 438.392 nm，440.510 nm，441.510 nm にある．HDE 271182 は地球から遠ざかっているか，それとも近づいているか．この星の地球に相対的な動径方向の速さを求めよ．(b) 太陽に相対的な HDE 271182 の動径方向速度を計算するには，さらにどんな情報が必要か．

---

[6] 訳注: たとえば，米国 National Institute of Standards and Technology の標準データは信頼度が高い (http://www.nist.gov/srd/)．
[1] Doppler effect

# 14

# 化 学 結 合

## いろいろな概念

14·1　結合の分類

14·2　ポテンシャルエネルギー曲線

## 原子価結合法

14·3　二原子分子

14·4　多原子分子

14·5　昇位と混成

14·6　共　鳴

14·7　VB 法で使う用語

## 分子オービタル

14·8　原子オービタルの一次結合

14·9　結合性オービタルと反結合性オービタル

14·10　等核二原子分子の構造

14·11　異核二原子分子の構造

14·12　多原子分子の構造

14·13　ヒュッケル法

## 計算化学

14·14　種々の方法

14·15　グラフ表示

14·16　計算化学の応用

## チェックリスト

重要な式の一覧

問題と演習

　**化学結合**[1] は原子と原子をつなぐもので，化学のあらゆる面で中心的な地位にある．結合は反応によってできたり壊れたりし，固体や個々の分子の構造は化学結合によって変わる．個々の分子や巨視的な物体の物理的性質も，そのほとんどが原子が結合をつくるときに生じる電子密度の変化に起因するものである．原子間の化学結合の数，強度，三次元的な配列の起源に関する理論を**結合論**[2] という．

　結合論は，分子の大きさに関係なくいろいろな分子の性質を説明しようとする．たとえば，大気中に存在する酸素の強力な酸化力を薄める役目をしている $N_2$ 分子が，なぜそれほど不活性なのかを説明する．結合論はまた，大きな分子の極限では，タンパク質分子の機能や DNA の分子生物学がどんな構造の結果として現れるのかを扱う．コンピューターが使えるようになって化学結合を記述する手法が飛躍的に向上したので，いまではどんな複雑な分子でも電子分布を詳しく計算できるようになった．しかし，結合形成について定性的にごく簡単に理解するだけでも多くのことがわかるので，この章では最初にそのような見方に注目することにする．

　分子構造の計算には主な方法が二つある．**原子価結合法**[3]（VB 法）と**分子軌道法**[4]（MO 法）である．最近はほとんどのコンピューター計算が MO 法で行われるので，本章では主にこれを説明しよう．しかし，VB 法には化学で使う用語にその名残があるので，化学者が日常的に使う用語の意味を知っておくことは重要である．そこで，本章の構成をつぎのようにする．最初に，方法によらない共通の概念を二，三紹介しよう．次に，化学でいまも使われている VB 法の概念（混成や共鳴など）について説明する．それから MO 法の基本的な考え方を導入し，最後に分子構造に関する議論に計算化学の技法がどれほど浸透しているかを見ることにしよう．

---

1) chemical bond　2) valence theory（この名称は"強さ"という意味のラテン語に由来する．）　3) valence bond theory
4) molecular orbital theory

# いろいろな概念

結合論については初等化学である程度学んだことであろう. この節ではそれを復習しておこう.

## 14・1 結合の分類

結合をつぎの二つのタイプに区別する.

- **イオン結合**[1]は, ある原子から別の原子に電子が移動し, その結果できたイオン間に引力が生じることによって形成される.

- **共有結合**[2]は, 二つの原子が電子対を共有したとき形成される.

本章で主として取上げる共有結合は, G.N. ルイスによってその特徴が認識されたのであった (量子力学がまだ完全には確立していない 1916 年のことであった). ルイスの考えについては, 読者はすでに知っているものとする. この章では, 電子の量子力学的性質に基づいて化学結合の形成を解釈しようとする近代的な理論について述べる. そのなかで, ルイスの考えを新しい見方で取入れることにする. そうすれば, イオン結合と共有結合は一つの結合型の両極端にあることがわかるだろう. しかし, イオン性固体には特に注意すべき点があるので, それについては 17 章でべつに扱う.

ルイスのもとの理論では分子の形を説明することはできなかった. 分子の形を説明する最も初歩的な (しかし, 定性的には非常に成功した) 理論は, 原子価殻の電子対の間に働く反発力が分子の形を決めているとする**原子価殻電子対反発モデル**[5] (VSEPR モデル) である. このモデルの簡単な解説を「必須のツール 14・1 と 14・2」にまとめる. この章ではこのような初歩的な論議を拡張して, 分子がなぜ固有の形をとるのかを理解するために, 量子論がどんな貢献をしたかを多少とも示すのが目的である.

---

### 必須のツール 14・1 共有結合に関するルイスの理論

共有結合に関する初期の理論については初等化学で学んだことと思うが, ルイスは, 各結合は一つの電子対からなり, 分子を構成している原子同士が電子を共有することによって, その原子と周期表で近い位置にある貴ガス原子に特有な**八隅子**[3]配置をとると考えた. (水素は例外で, 電子の**二隅子**[4]でよい.) このような考えでルイス構造を書くにはつぎのようにすればよい.

1. 分子にある原子を並べる.
2. 結合している原子間に電子対を一対 (：で表す) 書き加える.
3. すべての原子が八隅子を完成するように, 残った電子対を書き加える. それには孤立電子対をつくるか, それとも多重結合をつくる.
4. 結合電子対を線 (−) に書き換える. 一方, 孤立電子対はそのまま (：) にしておく.

ルイス構造は (ごく単純な場合を除いて) 分子の実際の幾何構造を表すことはない. それは, 結合している原子同士の相対的な位置関係を表したものにすぎない.

---

### 必須のツール 14・2 VSEPR モデル

原子価殻電子対反発 (VSEPR) モデルの基本的な仮定は, 中心原子の原子価殻にある複数の電子対が, その間の距離を最大にする位置を占めるというものである. たとえば, 原子価殻に電子対が 4 個ある原子では, 電子対はその原子のまわりに四面体形に配置される. 電子対が 5 個あるときは三方両錐形の配置をとる. このような電子対の配置をつぎにまとめる.

| 電子対の数 | 配 置 |
|---|---|
| 2 | 直 線 |
| 3 | 平面三角形 |
| 4 | 四面体 |
| 5 | 三方両錐 |
| 6 | 八面体 |
| 7 | 五角両錐 |

電子対の基本的な配置がわかれば, どれが結合電子対でどれが非結合電子対かを調べて, 中心原子のまわりの原子の配置に注目して分子の形を分類する.

VSEPR モデルを適用する次の段階は, 結合電子対より非結合電子対の方が反発の効果が大きいのを取入れることである. すなわち, 結合電子対は非結合電子対から遠ざかろうとする. そのために別の結合電子対に近づくことがあっても非結合電子対を避けることを優先する. 多重結合を考慮に入れるには, 二重結合の 2 組の電子対や三重結合の 3 組の電子対をそれぞれまとめて, 電子密度の高い一つの領域として扱う.

---

1) ionic bond　2) covalent bond　3) octet　4) duplet　5) valence-shell electron pair repulsion model

## 14・2 ポテンシャルエネルギー曲線

分子構造の理論ではすべて**ボルン-オッペンハイマーの近似**[1]を採用する．この近似では，核は電子に比べずっと重いので相対的にゆっくりとしか動かず，電子が核のまわりを回っている間は核は静止していると考える．そうすれば，核はそれぞれの位置に固定されているから，電子だけを表すシュレーディンガー方程式を解けばよい．この近似は基底電子状態の分子についてはかなりよい．計算によれば，(古典的ないい方をすれば) $H_2$ では電子が 1000 pm 走り回る間に核は 1 pm ほどしか動かない．

ボルン-オッペンハイマーの近似を使えば，二原子分子については，ある核間距離での電子のシュレーディンガー方程式を解くことができる．そこで，別の核間距離をいろいろ選び計算を繰返す．そうすれば，分子のエネルギーが結合の長さでどう変化するかを調べることができ，**分子のポテンシャルエネルギー曲線**[2]を求めることができる．それは，分子のエネルギーが核間距離にどう依存するかを表す曲線である (図 14・1)．これを<u>ポテンシャルエネルギー曲線</u>といえるのは，核が静止していて，運動エネルギーはないとしているからである．この曲線が計算できれば，**平衡結合長**[3] (この曲線の極小での核間距離) $R_e$ や原子が互いに無限遠にいるときのエネルギーを基準とした極小の深さ $D_e$ を求めることができる．19 章で示すように，このポテンシャルの井戸の狭さは結合の硬さを表している．多原子分子では結合長だけでなく結合角も変化できるが，その場合も同様な考え方が当てはまる．

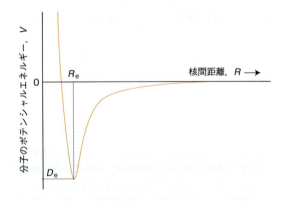

**図 14・1** 分子のポテンシャルエネルギー曲線．平衡結合長 $R_e$ はエネルギー極小 $D_e$ に対応している．

## 原子価結合法

原子価結合法 (VB 法) では，ある原子オービタルを占める電子のスピンが別の原子の原子オービタルの電子のス

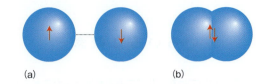

**図 14・2** VB 法によれば，σ 結合は (a) 隣接原子のオービタルの電子 2 個が対をつくるときにできる．(b) オービタル同士は合体して円柱形の電子雲になる．

ピンと対をつくるとき，そこに結合が形成されると考える (図 14・2)．このような電子対の形成でなぜ結合ができるのかを理解するには，結合をつくる 2 個の電子の波動関数を調べなければならない．

## 14・3 二原子分子

最も単純な化学結合といえる水素分子の H-H 結合から始めよう．基底状態にある 2 個の H 原子が遠く離れているとき，電子 1 は原子 A の 1s オービタルにあり，電子 2 は原子 B の 1s オービタルにあるといえる．この 2 個の 1s オービタルをそれぞれ $\psi_A(1)$，$\psi_B(2)$ で表そう．12・7 節で説明したように，粒子が互いに相互作用しないときの波動関数は，各粒子の波動関数の積で表せるというのが量子力学の一般則であるから，2 電子間の相互作用が無視できれば，$\psi(1,2) = \psi_A(1)\psi_B(2)$ と書くことができる．

この 2 原子が結合距離にあるときも，電子 1 は A にあり，電子 2 は B にあってよい．しかし，電子 1 が A から逃げ出して B に行き，電子 2 が A に行くような状況も同等な可能性がある．そのときの波動関数は $\psi(1,2) = \psi_A(2)\psi_B(1)$ である．量子力学の規則によれば，ある二つの結果が同等に起こりうる場合は，その二つに対応する波動関数を加え合わせる (正しくは**重ね合わせる**[4])．したがって，水素分子の 2 電子の (規格化していない) 波動関数は，

$$\psi_{H-H}(1,2) = \psi_A(1)\psi_B(2) + \psi_A(2)\psi_B(1) \quad (14・1)$$

である．これが水素分子の結合の VB 波動関数である．この式は，どちらの電子の位置も追跡できないこと，したがって，その分布は互いに混ざり合っていることを表している．2 電子は互いに近くにいるから，相互作用しないというのは正しくない．そこで，この波動関数は近似にすぎない．しかし，この近似波動関数は，結合に関する VB 法のすべての議論の出発点として妥当なものである．

つぎの「式の導出」で説明するように，パウリの排他原理があるから，(14・1) 式の波動関数は 2 電子が反対スピンをもつときに限って存在できる．したがって，結合を生じるオービタルの合体では，それに関与している電子の対

---

1) Born-Oppenheimer approximation　2) molecular potential energy curve　3) equilibrium bond length　4) superimpose

形成がいつも起こっている．電子が対になろうとして結合ができるのではなくて，スピンが対になった電子によって自然に結合形成が可能になるのである．

> **式の導出 14・1　パウリの原理と結合の形成**
>
> (14・1) 式の VB 波動関数では，ラベル 1 と 2 を入れ替えても符号が変化しない．パウリの原理（補遺 13・1）に従い，ラベル 1 と 2 を入れ替えたとき符号の変わる波動関数をつくるには，上の対称的な空間波動関数 $\psi(1)\psi(2)$ と反対称のスピン関数 $\alpha(1)\beta(2) - \beta(1)\alpha(2)$ を組合わせて，
>
> $$\psi_{\text{A-B}}(2,1) = \{\psi_A(1)\psi_B(2) + \psi_A(2)\psi_B(1)\} \\ \times \{\alpha(1)\beta(2) - \beta(1)\alpha(2)\}$$
>
> と書かなければならない．これが空間関数とスピン関数の唯一の許される組合わせである．$\alpha(1)\beta(2) - \beta(1)\alpha(2)$ はこの 2 電子のスピンが対になった状態を表しているから，パウリの原理によれば，結合中の 2 電子は対（↑↓）になっていなければならないことがわかる．

$\psi_{\text{H-H}}$ は H1s オービタルを合体してつくれるから，分子内の電子の全体としての分布は図 14・2 のようなソーセージ形になると予想できる．核間軸のまわりに円柱対称をもつ VB 波動関数を **σ 結合**[1] という．この名称の由来は，核間軸から見たとき，1 個の s オービタルに一対の電子が入っている状況に似ているからである．（σ は s に対応するギリシャ文字）．VB 波動関数は，同様にして，その原子が提供する原子オービタルを使ってすべてつくられる．したがって，一般に A-B 結合の（非規格化）VB 波動関数は，つぎのように表される．

$$\psi_{\text{A-B}}(1,2) = \psi_A(1)\psi_B(2) + \psi_A(2)\psi_B(1)$$

　　　　　　　　　　　　　　VB 波動関数　　(14・2)

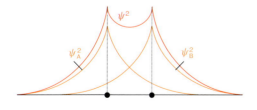

**図 14・3**　化学結合の VB モデルによる $H_2$ の電子密度とそれに寄与する原子オービタルに対応する電子密度．原子核は水平線上の大きな点で表してある．核と核の間の領域に電子密度が蓄積している．

一連の核間距離 $R$ での分子のエネルギーを計算するには，VB 波動関数をその分子のシュレーディンガー方程式に代入し，必要な数学操作をして対応するエネルギーの値を計算する．そのエネルギーを $R$ に対してプロットすれば図 14・1 に示すような曲線を得る．$R$ が無限大から減少するにつれて，各電子が次第に他方の原子へも自由に漂流して行けるようになるから，エネルギーは H 原子が互いに離れたときよりも下がる．このようなエネルギーの低下は，つぎの三つの効果によるものである．

- 2 原子が接近するにつれ，核と核の間の領域で電子密度が蓄積される（図 14・3）．この電子が 2 個の核を互いに引き付けるから，ポテンシャルエネルギーが低下する．

- 核と核の間で電子密度が蓄積する一方で，核に近いところの電子密度は減るから，これはポテンシャルエネルギーの増加をもたらす．

- 電子が原子間の領域へも自由に行けるようになれば，ちょうど，電子が小さい箱から大きな箱へ移されたのと同じであるから（箱の中の粒子の場合に見たように）運動エネルギーは低下する．

$H_2$ では最後の効果が主であるが，もっと複雑な分子では，ポテンシャルエネルギーの変化と運動エネルギーの変化のどちらが重要かはまだよくわかっていない．

電子が再分布することによる分子全体としてのエネルギー低下は，正に帯電した 2 個の核（電荷が $Z_A e$ と $Z_B e$）の間に働くつぎのクーロン反発によるエネルギー増加によって，一部は打ち消される．

$$V_{\text{核-核}}(R) = \frac{Z_A Z_B e^2}{4\pi\varepsilon_0 R} \qquad \begin{array}{c}\text{2 個の核の間の}\\ \text{クーロン反発}\end{array} \quad (14\cdot3)$$

ここで，$H_2$ では $Z_A = Z_B = 1$ である．エネルギーに対するこの正の寄与は，$R$ が小さくなればずっと大きくなる（このときの電子の運動エネルギーの減少はあまり重要でない．それは，このときの"大きな箱"は，はじめの 2 個の"小さな箱"からさほど大きくないからである）．その結果，全エネルギー曲線は極小を通過した後，2 個の核がさらに押し付けられるにつれて大きな正の値の方向へ峠を上っていく．

結合をつくるのに 2 個以上の電子を提供する原子からできた分子についても，上と同様な説明を行うことができる．一例として，$N_2$ を VB 法で扱うときの N 原子の価電子の配置を考えよう．それは $2s^2 2p_x^1 2p_y^1 2p_z^1$ である．核間軸を $z$ 軸に選ぶ慣習なので，一方の N 原子の $2p_z$ オービタルはもう一方の N 原子の $2p_z$ オービタルと同じ方向を向

---

1) σ bond

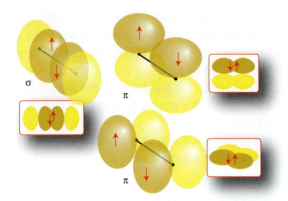

図 14·4 $N_2$ の結合は，N2p オービタルの電子が対をつくることによって形成されている．しかし，σ結合をつくれるのは各原子に 1 個だけのオービタルで，分子軸と垂直なオービタルは π 結合を形成する．

いており，$2p_x$ と $2p_y$ のオービタルはこの軸に垂直である（図 14·4）．構成原理によれば，これらの p オービタルには電子が 1 個ずつしかないから，隣の原子の適合するオービタルと合体して電子が対をつくることによって分子ができると考えられる．$2p_z$ オービタル 2 個が合体して電子対が形成されれば，円柱対称の σ 結合が得られる．一方，残りの p オービタルは核間軸のまわりに円柱対称をもたないから，合体しても σ 結合をつくれない．その代わり，2 個の $2p_x$ オービタルが合体して電子対をつくれば π **結合**[1]が 1 本できる．この名称の由来は，核間軸の方向から見たとき一対の電子が 1 個の p オービタルを占めているのに似ているからである．（π は p に対応するギリシャ文字）．同様に，$2p_y$ オービタル同士が合体し，電子が対をつくればもう 1 本の π 結合になる．一般に，p オービタルが横方向に接近して合体し，その電子が対をつくれば π 結合ができる．

● **簡単な例示 14·1** $N_2$ と $O_2$ の結合様式

上の考察から，$N_2$ の結合様式は σ 結合 1 本と π 結合 2 本ということになり，これは N 原子 2 個が三重結合で結ばれたルイス構造 :N≡N: と合っている．同様に考えれば，$O_2$ の結合様式は σ 結合 1 本（$O2p_z, O2p_z$）と π 結合 1 本（$O2p_x, O2p_x$）と予測できる．しかし，$O_2$ については別の問題がある．14·10 節を見よ．●

## 14·4 多原子分子

多原子分子でも，核間軸まわりに円柱対称をもつ原子オービタルが合体して，その電子がスピン対をつくれば σ 結合が形成される．同様にして，適切な対称性（適切な形といってもよい）をもつ原子オービタル同士で電子が対を形成すれば π 結合が形成される．

● **簡単な例示 14·2** $H_2O$ の VB 法による表し方

O 原子の価電子の配置は $2s^2 2p_x^2 2p_y^1 2p_z^1$ である．O2p オービタルの不対電子 2 個はそれぞれ，H1s オービタルの電子と対をつくることができ，いずれも σ 結合を形成する（O−H 結合軸のまわりにそれぞれ円柱対称をもつ）．$2p_y$ オービタルと $2p_z$ オービタルは互いに 90°をなしているから，それぞれがつくる σ 結合も 90°の角度をもつ（図 14·5）．したがって，$H_2O$ は屈曲形分子のはずであり，実際にもそうなっている．しかし，このモデルでは結合角として 90°を推定しているのに，実際の結合角は 104°である．●

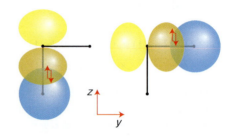

図 14·5 $H_2O$ 分子の結合は，一つの H 原子に属する電子 1 個が O2p オービタルの電子 1 個と対をつくることによるとみなせる．もう一方の結合も同様にしてできるが，垂直な O2p オービタルを使う．その結果，推定される結合角は 90°で，実験値（104°）との一致はよくない．

> **自習問題 14·1**
>
> $NH_3$ を VB 法で説明し，それに基づいて分子の結合角を推定せよ．　［答：σ 結合（N2p, H1s）が 3 本；90°；結合角の実験値は 107°である．］

このように，VB 法はだいたい正しい解釈を与えるが，欠点が二つある．一つは結合角の推定値が正しくないことで，$H_2O$ の場合が（$NH_3$ など他の分子でも）そうである．事実，この方法では定性的な VSEPR モデルで推定した結果よりも悪い．すなわち，VSEPR モデルでは $H_2O$ や $NH_3$ の結合角 HOH や HNH を 109°よりもわずかに小さいと推定している．第二の重大な欠点は，原子がつくる結合の数を説明できないことで，特に炭素が 4 価であることを VB 法では説明できない．C 原子の価電子の基底状態の配置が $2s^2 2p_x^1 2p_y^1$ であることから，つくれる結合は 2 本だけで，4 本にはならないのである．

## 14·5 昇位と混成

このような問題点をすべて解決するには，二つの点で改良をすればよい．構成原理で予測されるように，すべての原子はエネルギーが最低の配置にあるとこれまで仮定して

---

[1] π bond

きた．そこで，一つの改良は，結合ができるとき原子価電子が，ある満員のオービタルから空のオービタルに**昇位**[1]するのを許すことである．そうすれば，対になっていた2電子から不対電子が2個でき，どちらも結合形成に参加できるようになる．たとえば，炭素の場合，2s電子1個が2pオービタルに昇位すれば電子配置は $2s^1 2p_x^1 2p_y^1 2p_z^1$ となり，4個の不対電子が別々のオービタルに入る．これらの電子は相手の原子のオービタル（$CH_4$ 分子の場合はH1sオービタル4個）の電子4個とそれぞれ対をつくることができ，4本のσ結合がつくれる．昇位するにはエネルギーが必要であるが，結合を形成した結果，結合が強くなるか結合の数が多くなって，それ以上のエネルギーを回収できれば，昇位する値打ちがあるというものである．

こう考えれば，4価の炭素がごく普通に見られる理由がわかるであろう．炭素では2sオービタルに2個入っていた電子の1個が空の2pオービタルに移るだけで，しかもその結果2sオービタルにいたときに受けていた電子-電子の反発がかなり緩和される．このため炭素では昇位エネルギーは小さい．さらに，昇位しなければ2本しか結合をつくれないが，昇位によって4本の結合がつくれるから，昇位に要するエネルギーを補っても余りがある．

しかし，このような昇位が起こると，同じタイプのσ結合3本（$CH_4$ の場合はH1sとC2pのオービタルの合体）と，これと全く異なるタイプの第4のσ結合1本（H1sとC2sの合体）ができることになる．ところが，メタンの4本の結合はすべて化学的性質でも物理的性質（長さ，強さ，硬さ）でも厳密に等価であることがよく知られている．

この問題は，VB法では同じ電子分布をいろいろな仕方で表現できるという量子力学の数学的な特徴によって克服することができる．いまの場合は，昇位した原子の電子分布を，sオービタル1個とpオービタル3個からの電子4個から生じたものとしてもよいが，これらのオービタルが異なる仕方で混合した4種のオービタルの4個の電子から生じたものとしても表せる．同じ原子の原子オービタルの混合物（正しくは一次結合）を**混成オービタル**[2] という．sオービタルとpオービタルの波動関数が干渉して強め合う領域と弱め合う領域が生じ，4個の新しいかたちを生じるのである（12・3節で，干渉は波の特性であることを説明した）．等価な4個の混成オービタルを生じる特有の一次結合の式は，

$$h_1 = s + p_x + p_y + p_z$$
$$h_2 = s - p_x - p_y + p_z$$
$$h_3 = s - p_x + p_y - p_z$$
$$h_4 = s + p_x - p_y - p_z$$

**sp³混成オービタル** (14・4)

である．（一般に，関数 $f$ と $g$ の"一次結合"は $c_1 f + c_2 g$ で表される．係数 $c_1$ と $c_2$ は別の値であってよいから，一次結合という用語は"和"よりも一般的である．和の場合は $c_1 = c_2 = 1$ である．）

成分のオービタルの正の領域と負の領域の間で強め合いと弱め合いの干渉が起こった結果できた4個の混成オービタルは，正四面体の角を向いた大きなローブでできている（図14・6）．各混成オービタルはsオービタル1個とpオービタル3個によるものだから，これを**sp³混成オービタル**[3] という．

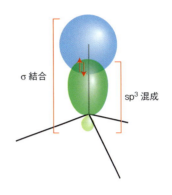

**図14・6** 炭素原子の2sオービタル1個と2pオービタル3個が混成を起こした結果できる混成オービタルは，正四面体の頂点を向いている．H1sオービタルの電子と混成オービタルの一つにある電子が対を形成してσ結合ができる．できた分子は正四面体形である．

メタン分子をVB法でこのように表せば，どうして4個の等価なC−H結合をもつ四面体分子ができるかは簡単に理解できる．炭素原子が昇位を起こしても（結合形成を考慮に入れれば最終的に），エネルギーの点で有利なのである．昇位した配置では，4個の四面体混成オービタルそれぞれを電子1個が占める電子分布になっている．昇位した原子の混成オービタルは不対電子を1個ずつもち，水素の1s電子がそれぞれと対を形成して，四面体の頂点を向いたσ結合を生じる．sp³混成オービタルはどれも同じ組成をもっているから，できたσ結合は4本とも空間的な向き以外は等価である．

混成を使えばアルケン分子もVB法で表せる．エテン分子は平面形で，HCH結合角もHCC結合角も120°に近い．この分子のσ結合構造を再現するのに，C原子が $2s^1 2p_x^1 2p_y^1 2p_z^1$ の配置に昇位したと考えよう．ただし，混成を形成するのにこれら4個のオービタル全部は使わずに，sオービタル1個とpオービタル2個だけの干渉から**sp²混成オービタル**[4] をつくるとする．図14・7に示すように，この3個の混成オービタル，

---

[1] promotion　[2] hybrid orbital　[3] sp³ hybrid orbital　[4] sp² hybrid orbital

$$h_1 = s + 2^{1/2} p_x$$
$$h_2 = s + \left(\tfrac{3}{2}\right)^{1/2} p_x - \left(\tfrac{1}{2}\right)^{1/2} p_y \quad \text{sp}^2\text{混成オービタル} \quad (14\cdot5)$$
$$h_3 = s - \left(\tfrac{3}{2}\right)^{1/2} p_x - \left(\tfrac{1}{2}\right)^{1/2} p_y$$

は同じ平面内にあり正三角形の頂点を向いている．3番目の 2p オービタル（2p$_z$）は混成には含まれない．その軸は混成オービタルがある面に垂直である．混成オービタルの係数 $2^{1/2}$ などは混成オービタルの向きが正しくなるように選んである．この係数の**2乗**が混成オービタルの中の各原子オービタルの割合を示している．3個の混成オービタルはすべて，sp$^2$ という記号が示す通り，s オービタルとp オービタルを 1：2 の割合で含んでいる．

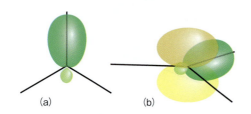

**図 14・7** (a) s オービタル 1 個と p オービタル 2 個の混成から平面三角形の混成オービタルができる．三つのローブは平面上にあり互いに 120°の角度をなしている．(b) sp$^2$ 混成をした原子の原子価殻に残っている p オービタルは，3個の混成オービタルの面から垂直に突き出ている．

sp$^2$ 混成した C 原子は，もう一方の C 原子の混成オービタル $h_1$ または H 原子の 1s オービタルと電子対を形成することによって σ 結合を 3 本つくる．したがって，この σ 結合の骨格は互いに 120°の角をなす結合からできている．しかも，CH$_2$ 基 2 個が同じ面内にあるから，混成に使われなかった 2 個の C2p$_z$ オービタルの 2 個の電子は対をつくって π 結合をつくれる（図 14・8）．この π 結合の形成は

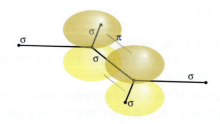

**図 14・8** エテンで見られる炭素–炭素二重結合の構造を VB 法で表したもの．sp$^2$ 混成オービタルのうち互いに向かい合った 2 個のオービタルの電子は対を形成して σ 結合をつくる．対をつくるオービタルの面から垂直に突き出た 2 個の p オービタル同士は電子対を形成して π 結合 1 個ができる．残った混成オービタルの電子は他の原子（エテンの場合は H 原子）との間で結合をつくる．

分子骨格を一平面内に固定した構造に保つ働きがある．それは，もし CH$_2$ 基が相対的に回転すれば π 結合が弱まる（つまり分子のエネルギーが上昇してしまう）からである．

次に，直線形分子エチン（アセチレン）H–C≡C–H について考えよう．この場合の炭素原子は **sp 混成**[1] しており，つぎのかたちの混成原子オービタルから σ 結合がつくられる．

$$h_1 = s + p_z$$
$$h_2 = s - p_z \quad \text{sp 混成オービタル} \quad (14\cdot6)$$

ここで，s と p が同じ割合で寄与していることに注意しよう．この二つの混成オービタルは $z$ 軸方向にある．その電子は，もう一方の C 原子の対応する混成オービタルの電子，または H1s オービタルの電子と対を形成する．どちらの C 原子も分子軸に垂直に突き出た p オービタルを 2 個ずつ残しており，それに入っている電子が対をつくって互いに垂直な π 結合が 2 本できる（図 14・9）．

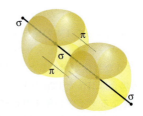

**図 14・9** エチン（アセチレン）の電子構造．C 原子の 2 個の sp 混成オービタルの電子は，もう一方の C 原子または H 原子の電子と対をつくって，σ 結合を形成する．C 原子の混成をしない 2 個の 2p オービタルは結合軸に垂直に突き出ている．そして，C 原子対の対応する 2p オービタルの電子は対をつくり，その結果 π 結合が 2 個形成される．電子分布は全体として円柱形である．

これ以外の混成の仕方，特に d オービタルが関与するものがよく利用されて，分子の立体構造を解釈するのに使われる（少なくとも矛盾しないような説明ができる）（表 14・1）．

重要な注意点は，N 個の原子オービタルの混成からは必ず N 個の混成オービタルができるということである．

**表 14・1** 混成オービタル

| 配位数 | 形 | 混成* |
|---|---|---|
| 2 | 直　線 | sp |
| 3 | 平面三方 | sp$^2$ |
| 4 | 四面体 | sp$^3$ |
| 5 | 三方両錐 | sp$^3$d |
| 6 | 八面体 | sp$^3$d$^2$ |

\* 他の組合わせもできる．

---

1) sp hybridization

### ● 簡単な例示 14・3　多原子分子の結合様式

P 原子が中心にある PCl$_5$ 分子には 5 個の等価な P–Cl 結合がある．この結合はすべて，中心の P 原子の sp$^3$d 混成オービタルから生じる σ 結合である．SF$_6$ の 6 個の等価な S–F 結合は，中心の S 原子の sp$^3$d$^2$ 混成オービタルから生じる σ 結合であり，その結合は正八面体の頂点を向いている．このような八面体形の混成様式は，SF$_6$ などの八面体形分子の構造を説明するのに使われることがある．■

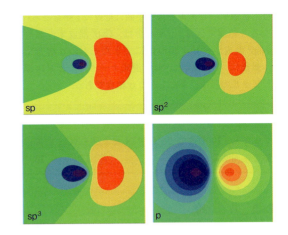

図 14・11　sp$^n$ 混成オービタルの振幅を示す等高線図．この図は水素型 2s オービタルと 2p オービタルを使ってつくった．

表 14・1 に示したような"純粋な"混成様式しかないわけではなくて，原子オービタルの混ざり具合によって中間的な組成の混成オービタルをつくることができる．たとえば，sp 混成に p オービタル性が余分に加わるにつれ，混成様式は sp$^2$ に向かって徐々に変化し，混成オービタル間の角度は純粋な sp 混成のときの 180° から純粋な sp$^2$ 混成のときの 120° に向かって次第に変わっていく．**p 性**[1] がもっと増えれば（s オービタルの割合が減って）最終的には純粋な p オービタルとなり，互いの角度は 90° となる（図 14・10）．図 14・11 には 2p 性と 2s 性の比が増すにつれて混成オービタルがどう変わるかを等高線図で表してある．

### 例題 14・1　アミド基の結合様式

アミド基（**1**）の構造に基づいて，その CO 結合，CN 結合，NH 結合をそれぞれ VB 法で説明せよ．

**1**　アミド基

**解法**　混成オービタルの数を計算するには，各オービタルが電子を 1 個か 2 個もてることに注目すればよい．1 個の場合は，その混成オービタルは，別の原子のオービタルと σ 結合を 1 本つくれる．電子対を 1 対もつオービタルでは，結合の形成には参加せず孤立電子対として働く．したがって，ある原子の混成オービタルの数は，その原子に向かう σ 結合の数とその原子がもつ孤立電子対の数の和に等しい．14・3 節で説明したように，混成していない p オービタルは π 結合に参加できる．また，14・10 節で説明するように，二重結合は σ 結合 1 本と π 結合 1 本とからできている．

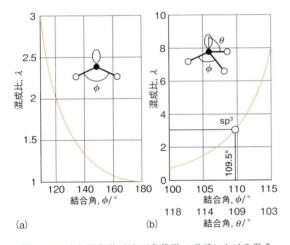

図 14・10　(a) 屈曲形，(b) 三角錐形 の分子における混成の結合角による変化．縦軸は p 性の s 性に対する比で，大きいほど p 性が大きい．

### ● 簡単な例示 14・4　H$_2$O の構造の VB 法による解釈

以上のように考えれば「簡単な例示 14・2」の問題を解決して，結合角が 104° という H$_2$O の構造を説明することができる．すなわち，O 原子の混成オービタルの組成が，純粋な p（この場合は結合角が 90°）と純粋な sp$^2$（この場合は結合角が 120°）の間の組成で O–H の σ 結合が形成されるのである．結合角を変化させたときの分子のエネルギーを計算し，それが極小になる角度を探せば，実際の結合角と混成様式を見つけることができる．■

**解答**　アミド基の O 原子は孤立電子対を 2 対もち，C 原子と σ 結合を 1 本つくっているから sp$^2$ 混成である．その C 原子は O 原子と 1 本，C$_{α1}$ 原子と 1 本，N 原子と 1 本の合計 3 本の σ 結合をつくっているから sp$^2$ 混成である．N 原子は孤立電子対を 1 対もち，H 原子と 1 本，C 原子と 1 本，C$_{α2}$ 原子と 1 本の合計 3 本の結合をつくるから sp$^3$ 混成である．

CO 結合は，Csp$^2$ 混成オービタルと Osp$^2$ 混成オービタルの間にできる σ 結合 1 本と，混成していない C2p$_z$ オービタルと O2p$_z$ オービタルの間にできる π 結合 1 本（ここ

---

[1] p character

では，混成オービタルを含む平面に垂直に $z$ 軸をとる）からなると結論できる．CN 結合は，C$sp^2$ 混成オービタルと N$sp^3$ 混成オービタルの間にできた 1 本の $\sigma$ 結合である．最後に，NH 結合は N$sp^3$ 混成オービタルと H1s 原子オービタルの間にできた 1 本の $\sigma$ 結合である．

### 自習問題 14·2

アミド基（**1**）の構造で，C$_{\alpha1}$CN および CNC$_{\alpha2}$ の結合角の値を推測せよ．　　　　　[答：120°，< 109°]

## 14·6 共　鳴

VB 法が化学にもたらしたもう一つの用語として**共鳴**[1]がある．これは核がつくる骨格構造は同じでありながら，いろいろな電子分布を表す波動関数を重ね合わせることである．その意味を理解するために，純粋に共有結合でできた HCl 分子を VB 法で表すことを考えよう．これは，

$$\psi_{H-Cl}(1,2) = \psi_H(1)\psi_{Cl}(2) + \psi_H(2)\psi_{Cl}(1)$$

と書けるだろう．それは，この結合は H1s オービタル $\psi_H$ の電子と Cl3p$_z$ オービタル $\psi_{Cl}$ の電子がスピンを対にすることで生じると考えたからである．しかし，この記述法にはおかしいところがある．つまり，電子 2 が Cl 原子にあれば電子 1 は H 原子にあり，反対に電子 2 が H にあれば電子 1 は Cl にあるとしているが，両原子の間で電子密度を平等に分け合わない場合を考えていない．物理的に考えて，HCl が純粋に共有結合であるというのは，この分子を正しく表したことにならない．つまり，Cl 原子は H 原子に比べてイオン化エネルギーが大きく，電子親和力も大きいから，H$^+$Cl$^-$ のイオン形が重要な役割をしていると期待できるのである．そこで，両電子とも Cl3p$_z$ オービタルに入ったイオン構造の波動関数は，

$$\psi_{H^+Cl^-}(1,2) = \psi_{Cl}(1)\psi_{Cl}(2)$$

と書くことができる．しかし，HCl はイオン性の物質ではないから，この波動関数だけでは現実的でない．この分子の波動関数としてもっとよいのは，共有結合型とイオン結合型の重ね合わせで（記号をすこし単純化して），

$$\psi_{HCl} = \psi_{H-Cl} + \lambda\psi_{H^+Cl^-}$$

と書くことである．$\lambda$（ラムダ）は係数である．そこで，一般のかたちに書けば，

$$\psi = \psi_{共有} + \lambda\psi_{イオン} \tag{14·7}$$

となる．$\psi_{共有}$ は純粋に共有結合型の場合の波動関数で，$\psi_{イオン}$ は純粋にイオン結合型の場合の波動関数を表す．量子力学の一般規則によれば，確率は波動関数の 2 乗に関係するから，$\lambda$ の 2 乗はイオン結合型の寄与の割合と解釈する．$\lambda^2$ が非常に小さければ共有結合型が優勢で，$\lambda^2$ が非常に大きければイオン結合型が優勢である．

$\lambda$ の数値を見つけるには**変分定理**[2]を使う．それにはまず，その分子についてよさそうな波動関数（これを**試行波動関数**[3]という）を書く．これは $\lambda$ を可変パラメーターとした（14·7）式のようなものである．変分定理はつぎのことを述べている．

- 試行波動関数のエネルギーは，真のエネルギーより小さいことは絶対にない．

この定理によれば，エネルギーが最低になるまで $\lambda$ を変化させれば，その $\lambda$ の値をもつ波動関数が，そのかたちの波動関数で得られる最善のものである．

（14·7）式で集約されている手法，つまり，核の位置は同じままで，波動関数をいろいろな構造に対応する波動関数の重ね合わせとして表す方法を共鳴という．いまの場合は一つの構造は純粋に共有結合型で，他方は純粋にイオン結合型なので，これを**イオン-共有共鳴**[4]という．このような波動関数の解釈を**共鳴混成**[5]というが，もし，分子を詳しく検査できたとすれば，イオン構造をもつ確率が $\lambda^2$ に比例していることを表している．

### ● 簡単な例示 14·5　共鳴混成

（14·7）式で表せる結合を考えよう．$\lambda = 0.1$ のときに最低エネルギーが達成されたら，その分子の結合の最善の記述法は $\psi = \psi_{共有} + 0.1\psi_{イオン}$ となる．この波動関数から，分子を共有結合型とイオン結合型に見いだす確率の比は 100 : 1（$0.1^2 = 0.01$ だから）と考えられる．●

最も有名な共鳴の例はベンゼンの VB 法による表現に見られる．この場合，分子の波動関数は二つの共有結合型の**ケクレ構造**[6]（**2**）と（**3**）の波動関数の重ね合わせとして書く．

**2**　　　**3**

$$\psi = \psi_{Kek2} + \psi_{Kek3} \tag{14·8}$$

この二つの成分構造はエネルギーが同じであるから，同等に重ね合わせに寄与する．この場合の共鳴（双方向矢印で示す）の効果は二重結合性を環全体に分布させて，炭素-炭素結合の長さや強さをすべて同じにすることである．共鳴を許すことによって電子の位置をもっと正確に記述でき，その分布をエネルギーの低下した状態に合わせられるから，波動関数がそれだけ改良される．このエネルギー低

---

1) resonance　2) variation theorem　3) trial wavefunction　4) ionic-covalent resonance　5) resonance hybrid　6) Kekulé structure

下を分子の**共鳴安定化**[1]という．VB 法の表現に従えば，これが芳香環の異常ともいえる安定性の主な原因である．共鳴があるとエネルギーは常に低下する．しかも，その低下は成分構造が同じくらいのエネルギーをもつとき最大である．ベンゼンの波動関数は，(**4**) のような構造を少し混ぜてイオン-共有共鳴も許すことにすれば，いっそう改良することができ，計算で得られるエネルギーはさらに低下する．

**4**

共鳴というのは，それに参加する複数の構造の間を実際に行ったり来たりしているわけではない．それぞれの特徴が混ざっているだけであって，ちょうどラバが馬とロバの混ざったものであるのと同じである．参加している構造のうちの一つの構造だけで分子の波動関数を表すよりも，もっと真に近い波動関数をつくるための数学的な工夫なのである．

## 14・7　VB 法で使う用語

VB 法で化学に導入された概念をまとめておこう．近年は MO 法による計算が主力というものの，これらの概念は現在も使われている．

1. <u>結合タイプの名称</u>：　σ 結合や π 結合は，隣合う原子の電子がスピン対をつくることによって形成される．

2. <u>昇位</u>：　原子価電子は，結果として全体のエネルギーが低下するなら，空のオービタルへと昇位されることがある．

3. <u>混成</u>：　原子オービタルは混成されることがあり，それによって分子の実際の幾何構造が得られる．

4. <u>共鳴</u>：　個々の構造の重ね合わせのこと．共鳴によって多重結合性が分子内に振り分けられ，分子全体のエネルギーが低下する．

## 分子オービタル

MO 法では，電子が分子全体にわたって広がったものとして捉え，電子それぞれは全部の結合の強さに寄与すると考える．この方法は VB 法よりもはるかに進んで発展しており，小さな無機分子や d 金属錯体，固体などの結合を考える際に，現に広く用いられている便利な考え方を提供している．13 章で原子構造を考えたときには，基本的な化学種として電子が 1 個だけの水素原子をまず取上げ，それから多電子原子の記述に拡張したが，ここでもそれと同じやり方を踏襲する．この節では，最も単純な分子としてまず電子が 1 個の水素分子イオン $H_2^+$ を考えて，その結合の本質的な特性を導入し，それをもっと複雑な系の構造の手本として用いることにする．

## 14・8　原子オービタルの一次結合

**分子オービタル**[2] (MO) は分子全体に広がった一電子波動関数である．このオービタルの数学的なかたちは $H_2^+$ のような単純な物質種についても非常に複雑で，わかっていない場合が多い．現在採用されている方法では，分子を構成する原子にある原子オービタルの一次結合を基礎として，いろいろなモデルを組立てることによって，真の分子オービタルに対する近似とする．

まず，量子力学では，可能性として数種の結果がありうるときは，それらを表す波動関数を重ね合わせる（加え合わせる）という一般原理があることを想起する．この原理は VB 波動関数をつくるときに使った．$H_2^+$ では二つの可能性がある．つまり，電子は分子全体に広がっているから，原子 A のオービタル $\psi_A$ にいるか B のオービタル $\psi_B$ にいるかの両方の可能性がある．そこで，

$$\psi = c_A \psi_A + c_B \psi_B \qquad \text{LCAO} \qquad (14 \cdot 9a)$$

と書く．$c_A, c_B$ は数値で表される係数である．こうしてつくった波動関数を，**原子オービタルの一次結合**[3] (LCAO) といい，対応する分子オービタルを LCAO-MO という．その係数の 2 乗から，分子オービタルに寄与する原子オービタルの割合がわかる．等核二原子分子では，電子はオービタル A とオービタル B に等しい確率で見いだされるから，その係数の 2 乗は等しくなければならない．すなわち，$c_B = \pm c_A$ である．したがって，この二つの可能な (非規格化) 波動関数は，

$$\psi = \psi_A \pm \psi_B \qquad \text{等核二原子分子の LCAO} \qquad (14 \cdot 9b)$$

である．

まず，プラス符号の LCAO-MO，$\psi = \psi_A + \psi_B$ を考えよう．あとでわかるように，これがエネルギーの低い方の分子オービタルだからである．このオービタルの形を図 14・12 に示してある．これは軸の方向から見たとき s オービタルに似ているので，**σ オービタル**[4] という．この名称の由来は，s 電子が核のまわりのオービタル角運動量が 0 であるのと全く同様に，σ 電子は核間軸のまわりの角運動量が 0 であるところにある．あとでわかるように，これが最低エネルギーの σ オービタルなので，1σ という記号を使う．σ オービタルを占める電子を **σ 電子**[5] という．

---

1) resonance stabilization　2) molecular orbital　3) linear combination of atomic orbitals　4) σ orbital　5) σ electron

$H_2^+$ の基底状態では $1\sigma$ 電子が 1 個だけなので，$H_2^+$ の基底状態の配置は $1\sigma^1$ であるという．

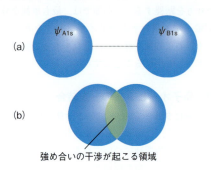

図 14・12　結合性の分子オービタル（σオービタル）の形成．(a) H1s オービタル 2 個が近づく．(b) 原子オービタルが重なり，強め合う干渉が起こり，核間の領域で振幅が大きくなる．生じたオービタルは結合軸のまわりに円柱対称をもつ．それが対をつくった 2 個の電子で占有されると $\sigma^2$ の配置となり，σ結合 1 本ができる．

LCAO-MO を調べると，結合形成の原因となるエネルギー低下がどうして生じるかがわかる．この二つの原子オービタルは隣接する核にそれぞれ中心をもつ波のようなものである．核間の領域では，波の振幅が強め合う干渉をするから，そこでは波動関数の振幅が大きくなる（図 14・13）．VB 法で結合力に寄与する三つの要素を挙げたが（14・3 節），同じことがここでも成り立つ．すなわち，核間に電子密度が蓄積し，核に近いところで電子密度が減少し，電子が両方の核に広がる結果，運動エネルギーが低下するのである．

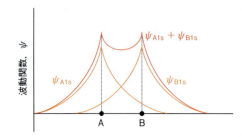

図 14・13　結合性分子オービタルの結合軸方向の波動関数．核と核の間で振幅の増加が見られるから，この領域で結合電子を見いだす確率が増加している．

核間の領域に確率密度が蓄積する度合いは **重なり積分**[1] $S$ で測る．つぎの「式の導出」で示すように，$S=1$ のときは二つの原子オービタルは完全に重なり，$S=0$ のときは重なりが全くない（図 14・14）．おおまかにいえば，重なり積分が大きいほど，できた分子オービタルの電子による結合の効果は強い．

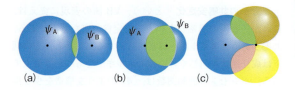

図 14・14　重なり積分への寄与を模式的に表した図．(a) オービタル同士が遠く離れていてその積が常に小さいから $S \approx 0$ である．(b) 積 $\psi_A \psi_B$ がかなり広い領域にわたって大きいから $S$ は大きい（しかし 1 より小さい）．(c) 正の重なりの領域が負の重なりの領域とちょうど相殺するから $S=0$ である．

式の導出 14・2　重なり積分

重なり積分を計算するには，空間を多数の小さな領域に分け，各領域で $\psi_A$ と $\psi_B$ を掛け合わせ，その積をすべての領域で足し合わせる（積分する）．正式には，このルールを，

$$S_{AB} = \int \psi_A \psi_B d\tau \qquad \text{重なり積分} \quad (14 \cdot 10)$$

と書いて表す．$d\tau$（τ はタウと読む）は無限小の体積素片（たとえば，三次元直交座標では $d\tau = dx dy dz$）である．もし，$\psi_A$ が大きいところでいつも $\psi_B$ が小さいとき（2 個の水素原子核が遠く離れている場合など），あるいはその逆の場合には，両者の積はどこでも小さく，その積分も小さい．これは $S_{AB}$ が小さいことに相当する．結合ができるような距離では，核間の領域で $\psi_A$ と $\psi_B$ がどちらも大きいから，その積も大きく，積分も大きい．これは $S_{AB}$ の値が 1 に近づいた場合（ふつうは 0.4 くらい）に相当する．2 個の原子オービタルが同じものの場合には，この 2 個はどこでも同じ値だからその積の積分は $S_{AB}=1$ である．

水素型オービタルの重なり積分を計算することはできる

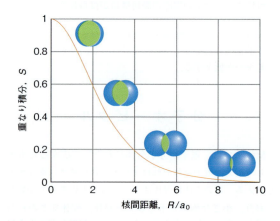

図 14・15　2 個の H1s オービタルの重なり積分は，核間距離によって変化する．

---

[1] overlap integral

が，簡単ではない．距離 $R$ 離れた 2 個の水素原子核にある 2 個の 1s オービタルについての計算結果は，

$$S_{HH} = \left\{1 + \frac{R}{a_0} + \frac{R^2}{3a_0^2}\right\} e^{-R/a_0} \quad (14\cdot11)$$

となる．この関数を図 14·15 にプロットしてある．指数の因子があるから，距離の遠いところで重なり積分が 0 になるのがわかる．

## 14·9　結合性オービタルと反結合性オービタル

1σ オービタルは**結合性オービタル**[1]の一例であって，そこに電子が入ると原子間の結合を強める．VB 法のときと同様に波動関数 $\psi = \psi_A + \psi_B$ を，核の間隔 $R$ を固定したこの分子イオンのシュレーディンガー方程式に代入し，これを解いてエネルギーを求めることができる．このエネルギーを $R$ に対してプロットして得られる分子のポテンシャルエネルギー曲線は図 14·1 の曲線に非常によく似たものである．分子のエネルギーは $R$ が大きな値から減少するにつれて下がってくる．それは，2 個の原子オービタルが効率よく干渉できるようになるにつれて，核間領域に電子が見いだされる確率が増加するからである．しかし，核間距離がもっと短くなると，核間の空間が狭くなりすぎて電子密度があまり蓄積できなくなる．さらに核–核の反発 $V_{核-核}$（14·3 式）が大きくなり，電子の運動エネルギーがあまり小さくならない．その結果，エネルギーははじめ低下するものの，核間距離が小さくなると，ポテンシャルエネルギー曲線は極小を通り，その後，急速に大きくなる．$H_2^+$ についての計算では，平衡結合長は 130 pm，結合解離エネルギーは 171 kJ mol$^{-1}$ と得られる．実験値は 106 pm，250 kJ mol$^{-1}$ であるから，この単純な LCAO-MO 法で分子を表すのは不正確ではあるが，ひどく間違っているわけでもない．

次にもう一つの LCAO-MO，すなわちマイナス符号の $\psi = \psi_A - \psi_B$ の方を考えよう．この波動関数も核間軸のまわりに円柱対称であるから，これも σ オービタルである．そこでこれを 1σ* と書いて表す（図 14·16）．これをシュレーディンガー方程式に代入すると，結合性の 1σ オービタルよりもエネルギーが高いことがわかる．そのうえ，実は成分である 2 個の原子オービタルのどちらよりもエネルギーが高いのである．

1σ* オービタルのエネルギーが高い原因は，**節面**[2]が存在するためと考えてよい．節面というのは，波動関数が 0 を通る面のことである．この面は核と核の中点のところにあり，そこで核間軸を切る．2 個の原子オービタルの符号は反対であるから，この面上では弱め合いの干渉になり，打ち消しあう．図 14·12 と図 14·16 のような図で，同じ符号のオービタルの重なり（1σ ができるときのような）を同じ色で表し，反対符号のオービタルの重なり（1σ* ができるときのような）を表すには違う色で表す．

1σ* オービタルは**反結合性オービタル**[3]の一例である．これは，そこに電子が入ると 2 原子間の結合を弱めるようなオービタルである．1σ* オービタルの反結合性は，核間の領域から電子を排除して結合領域の外側へ追い出すことによるのが一因で，それによって核同士を引き寄せるよりは引き離すことになる（図 14·17）．反結合性オービタルは，対応する結合性オービタルが結合性である以上に強く反結合性であるのが普通である．そうなる理由は一つには，電子の"のり"作用と"逆のり"作用とは同じ程度でも，どちらの場合も核同士が反発するので，これが両方のエネルギー準位を持ち上げるためである．

ここで記号について少し説明しておこう．等核二原子分子では，分子オービタルに**反転対称**[4]があることに注目

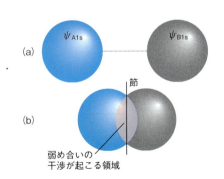

**図 14·16**　反結合性の分子オービタル（σ*オービタル）の形成．(a) H1s オービタル 2 個が近づく．(b) 符号が逆の原子オービタル（色を変えて表してある）が重なれば，弱め合う干渉が起こり，核間領域で振幅が減少する．核間のちょうど中央に節面が存在し，その面上ではこのオービタルを占める電子は見いだされない．

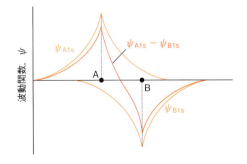

**図 14·17**　反結合性分子オービタルの結合軸方向の波動関数．核と核の間で振幅の減少が見られるから，この領域で結合電子を見いだす確率が減少している．

---

1) bonding orbital　2) nodal plane　3) antibonding orbital　4) inversion symmetry

すれば，電子遷移を議論するときに役に立つ（20章）．"反転対称"とは分子の中心（正しくは反転中心）について波動関数を**反転**[1]したとき，波動関数がどうなるかを示す性質のことである．たとえば，σ結合性オービタルの任意の点を考え，分子中心に関してその反対側で等距離のところへ投影すると，そこでは波動関数の値がもとの点と同じ値である（図14・18）．このいわゆる**"偶"の対称性**[2]を下つき文字gで表し$\sigma_g$と書く．一方，同じ操作を反結合性σ*オービタルに行うと，波動関数の値は同じだが符号が反対になる．この**"奇"の対称性**[3]を下つき文字uで示し$\sigma_u$と書く．このような反転対称性による分類（"パリティ[4]"という）は，異核二原子分子（COなど）では反転中心がないから当てはまらない．

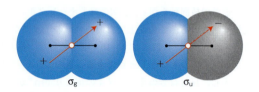

**図14・18** 結合性σ結合と反結合性σ結合の偶奇性（パリティ）．

## 14・10 等核二原子分子の構造

13章では，水素型原子オービタルと構成原理を用いて多電子原子の基底電子配置を導き出した．ここでも類似の手法を多電子二原子分子に適用できるが（2個しか電子をもたない$H_2$だけでなく，70個の$Br_2$でもできる），基本として使うのは$H_2^+$分子オービタルである．一般的な手順はつぎの通りである．

1. 原子から供給された適当な原子価殻原子オービタルすべてについて一次結合をつくり，それによって分子オービタルを組立てる（"適当な"の意味についてはすぐ後で述べる）．そうすればN個の原子オービタルからN個の分子オービタルができる．

2. 原子から供給された原子価電子を，全体として最低のエネルギーが達成されるような仕方でオービタルに収容していく．その際，一つのオービタルには2個より多くの電子は入れない（したがって，2個の電子は対をつくらなければならない）というパウリの排他原理の制約に従わなければならない．

3. もし，エネルギーが等しい分子オービタルが二つ以上あれば，それぞれのオービタルに1個ずつ電子を割り当てた後に，一つのオービタルに電子を2個入れるようにする（電子-電子の反発を最小に抑えるためである）．

4. もし，縮退した異なるオービタルを電子が占めるならば，そのスピンは平行であるというフントの規則（13・11節）にも注意する必要がある．

以下の節でこれらの規則を実際にどう使うかを説明しよう．

### （a）水素分子とヘリウム分子

最も単純な多電子二原子分子$H_2$についての最初の手順は，分子オービタルを組立てることである．$H_2$の各H原子は（$H_2^+$の場合と同様に）1sオービタル1個を提供するから，すでに述べたように1σ（正確には$1\sigma_g$）結合性オービタルと1σ*（すなわち$1\sigma_u$）反結合性オービタルをつくることができる．平衡核間距離では，これらのオービタルは図14・19の水平線で示すようなエネルギーをもつと考えられる．

収容すべき電子は2個あり（各原子から1個ずつ），スピン対をつくって両方とも$1\sigma_g$に入ることができる（図14・20）．したがって，基底配置は$1\sigma_g^2$であり，結合性のσオービタル中の電子対からなる結合によって原子同士が結ばれている．$H_2^+$の電子1個の場合に比べると，2個の電子によって核同士は強く結び付けられるので，結合長

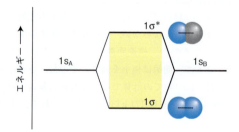

**図14・19** （1s, 1s）の重なりによってできるオービタルの分子オービタルエネルギー準位図．準位の間隔は平衡結合長に対応している．

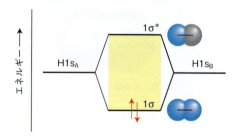

**図14・20** $H_2$の基底電子配置は，使えるオービタルのうちエネルギーが最も低いもの（結合性オービタル）に電子を2個収容することにより得られる．

---

1) inversion   2) gerade symmetry（ドイツ語でevenに当たる語）   3) ungerade symmetry（ドイツ語でoddに当たる語）   4) parity

は 106 pm から 74 pm となり近くに引き寄せられている。σ オービタル中の電子対を **σ 結合**[1] といい，それは VB 法での σ 結合と非常によく似ている．両者は結合で結ばれる 2 原子の間の電子分布が細かい点で違っているが，どちらの場合も，核間に電子密度が蓄積している．

結合形成における電子対の重要性は，結合性の分子オービタル 1 個に入ることができる電子の最大数は 2 個であるという事実に由来していると結論できる．電子は対になることを"望んでいる"わけではない．それでも対をつくるのは，以下の「式の導出」で示すように，つぎのパウリの排他原理があるからである．

- 電子 2 個は，スピン対をつくるときに限って，どちらも結合性オービタルに入ることができる．

- どのオービタルにも，電子は 2 個を超えて入れない．

### 式の導出 14・3　MO 法における電子対の形成

(14・9) 式で表されるようなオービタルのうち結合性分子オービタル $\psi$ にある 2 個の電子の空間波動関数は，$\psi(1)\psi(2)$ である．この 2 電子波動関数は，電子のラベルを交換しても対称的なことは明らかである．パウリの原理を満足するには，これに反対称スピン状態を表す $\alpha(1)\beta(2) - \beta(1)\alpha(2)$ を掛けて，全体として反対称の状態にしなければならない．

$$\psi(1,2) = \psi(1)\psi(2) \times \{\alpha(1)\beta(2) - \beta(1)\alpha(2)\}$$

$\alpha(1)\beta(2) - \beta(1)\alpha(2)$ は電子スピンが対を形成していることに対応するから（補遺 13・1），スピンが対をつくっているときにのみ，2 個の電子が同じ分子オービタル（この場合は結合性オービタル）を占めるのがわかる．

---

同じように考えれば，なぜ He が単原子分子なのかがわかる．仮想分子として He$_2$ を考えてみよう．各 He 原子は 1s オービタルを提供し，その一次結合によって分子オービタルができるから，$1\sigma_g$ と $1\sigma_u$ の分子オービタルをつくることができる．He1s オービタルは H1s よりも引き締まっているから，これらの分子オービタルは H$_2$ の場合と細かいところで違いがあるが，形はだいたい同じであり，定性的な検討には H$_2$ と同じ分子オービタルのエネルギー準位図が使える．各原子は電子を 2 個提供するので収容すべき電子は 4 個ある．そのうち 2 個は $1\sigma_g$ に入れるが，(パウリの排他原理によって) それで満員であるから，残りの 2 個は反結合性の $1\sigma_u$ オービタルに入らなければならない（図 14・21）．したがって，He$_2$ の基底電子配置は $1\sigma_g^2 1\sigma_u^2$

である．結合性オービタルが結合的である以上に反結合性オービタルは反結合的であるから，He$_2$ 分子は離れた 2 個の原子でいるよりもエネルギーが高く，不安定である．そこで，基底状態にある He 原子が互いに結合をつくることはなく，ヘリウムは単原子気体なのである．

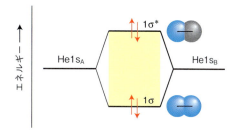

**図 14・21** 四電子分子 He$_2$ の基底電子配置には，結合性電子 2 個と反結合性電子 2 個がある．この配置は，原子が別々に存在する場合よりエネルギーが高い．つまり，He$_2$ は He 原子 2 個に比べて不安定である．

### 例題 14・2　等核二原子分子の安定性の判定

原子価殻の s オービタルだけが分子オービタルに寄与すると仮定して，Li$_2$ が存在しうるかどうかを判定せよ．

**解法**　使える原子価殻オービタルからどんな分子オービタルがつくれるかを考え，それのエネルギーの順序を判断して，各原子の原子価殻オービタルから供給される電子を詰めていく．そのうえで，全体として原子間に結合効果があるか，反結合効果があるかを判定する．

**解答**　それぞれの分子オービタルは 2s 原子オービタルからできており，結合性オービタル ($1\sigma_g$) と反結合性オービタル ($1\sigma_u$) を 1 個ずつ与える．各 Li 原子は価電子 1 個を提供するので，この 2 個が $1\sigma_g$ オービタルを満たして $1\sigma_g^2$ という配置を与える．これは結合性である．

### 自習問題 14・3

Li 原子がその 2s オービタルだけを使うとして，LiH は存在するか．　［答：存在する．$\sigma(\text{Li}2s, \text{H}1s)^2$］

### (b) 第 2 周期の等核二原子分子

これまでに導入した概念が等核二原子分子，すなわち N$_2$ や Cl$_2$ のような同じ原子から成る二原子分子や O$_2^{2-}$ のような二原子イオンにどのように適用されるかを調べよう．構成原理の手順に従って，まず原子価殻オービタルから形成される可能性のある分子オービタルを考え，何個の

---

[1] σ bond

電子が使えるかは（当面は）気にしないことにする．

第2周期では原子価殻オービタルは2sと2pである．はじめは，この2種のオービタルを別々に考える．まず，2個の原子の2sオービタルが重なり合って結合性の$1\sigma_g$と反結合性の$1\sigma_u$をつくる．同様にして，2個の$2p_z$オービタル（ふつうは核間軸を$z$軸とする）は核間軸のまわりに円柱対称をもつから，σオービタルの形成に参加して結合性の$2\sigma_g$と反結合性の$2\sigma_u$をつくることができる（図14・22）．その結果，σオービタルのエネルギー準位は図14・23のMOのエネルギー準位図に示したようになる．$\sigma_g$オービタルには順に番号をつけ（$1\sigma_g$, $2\sigma_g$, …），$\sigma_u$オービタルも同様にする．

厳密には，sオービタルと$p_z$オービタルを別々に考えてはならない．それは，双方ともσオービタルの形成に寄与するからである．そこで，さらに高度な取扱いでは，4個のオービタルすべてを組合わせて，4個のσ分子オービタルをつくる．それぞれは，

$$\psi = c_1 \psi_{A2s} + c_2 \psi_{B2s} + c_3 \psi_{A2p_z} + c_4 \psi_{B2p_z}$$

のかたちである．係数は4個あり，各原子オービタルが分子オービタル全体に対して異なる寄与をすることを反映するもので，変分定理を使って求めることができる．しかし，実際には，この種の一次結合で最も低いエネルギーをもつのは，すでに記した2sオービタルの$1\sigma_g$と$1\sigma_u$の2通りの組合わせとほとんど同じで，一方，エネルギーが最も高いのは$2p_z$オービタルの一次結合の$2\sigma_g$と$2\sigma_u$とほとんど同じである．いずれの場合も小さな差はある．たとえば，$1\sigma_g$オービタルには少し$2p_z$が混ざっており，$2\sigma_g$オービタルには2sが少し混ざっている．そのため，"純粋な"一次結合だけで考えたときよりもエネルギーがわずかにずれている．しかし，その変化は大きくないので，$1\sigma_g$と$1\sigma_u$が結合性と反結合性の対をつくり，$2\sigma_g$と$2\sigma_u$は別の対をつくると考えられる．このようにして得た4個のオービタルを図14・24の中央の欄に示してある．$1\sigma_u$と$2\sigma_g$が図のような位置関係にあるという保証は全くない．図14・23のような位置関係のものが見られる分子もある（あとで説明する）．

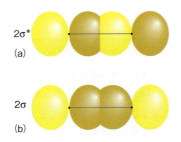

**図14・22** pオービタル2個が結合軸に沿って重なり合うと，(a) 干渉によって反結合性σ*オービタルと，(b) それに対応する結合性σオービタルが形成される．

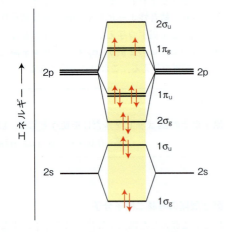

**図14・23** 第2周期の等核二原子分子の代表的な分子オービタルのエネルギー準位図．左右に価電子の原子オービタルを，中央に分子オービタルをそれぞれ示してある．πオービタルは二重に縮退した電子対を形成していることに注目しよう．分子オービタルと原子オービタルを結ぶ斜めの線は，分子オービタルの主な成分を示したものである．この準位図は$O_2$と$F_2$に使える．この図は$O_2$の配置を表している．

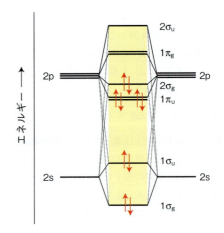

**図14・24** 第2周期の等核二原子分子の代表的な分子オービタルのエネルギー準位図．この準位図は$N_2$とそれ以前の元素の分子に使える．この図は$N_2$の配置を表している．

これに関連してもう一つ注意すべき点がある．この4個の原子オービタルをLCAOに組込んでしまうと，単純な対になったLCAOとかたちが似ているものは指摘できるが，ある一次結合が果たして結合性なのか反結合性なのかが明瞭ではなくなってしまうのである．はっきり言えることは，この4個の一次結合が順にエネルギーが高くなっているということだけである．しかし，パリティによる分類は影響を受けないので，オービタルをgとuによって分類することはできる．等核二原子分子では反転対称性の方が，結合性か反結合性かの分類よりもずっと基本的な分類方式なのである．

次に，各原子の$2p_x$と$2p_y$のオービタルを考えよう．これらは核間軸に垂直で，横向きに重なり合える．この重なり合いは強め合いも弱め合いも可能で，その結果，結合性と反結合性の**πオービタル**[1]ができる．これを最初はそれぞれ$1\pi$および$1\pi^*$と表す．πという記号は原子におけるpに対応するもので，分子軸の方向から眺めるとπオービタルはpオービタルのように見えるからである（図14・25）．厳密にいえば，πオービタルを占める電子は核間軸のまわりにオービタル角運動量を1単位だけもつ．2個の$2p_x$オービタルが重なり合って結合性πオービタルと反結合性πオービタルをつくり，2個の$2p_y$オービタルも同様になる．この二つの結合性オービタルは同じエネルギーをもち，反結合性オービタル同士も同じエネルギーをもつ．したがって，どちらのπエネルギー準位も二重に縮退していて，異なる二つのオービタルからなる．ふつうは（常にではないが），πオービタルにいる電子の結合効果は同じ分子内のσオービタルよりも小さい．それはπオービタルの電子密度は核と核の間に完全には入り込まないからである．同様に，$\pi^*$オービタルにある電子の反結合効果は同じ分子の$\sigma^*$オービタルを占めるときよりも普通は小さい．πオービタルの電子2個は**π結合**[2]を構成する．このような結合はVB法のπ結合と似ているが，電子分布の様子はわずかに違う．

反転対称による分類はπオービタルにも当てはまる．結合性πオービタルは，図14・26でわかるように，分子の中心についての反転で符号が変わるからuと分類される．一方，反結合性$\pi^*$オービタルは反転によって符号が変わらないからgである．したがって，結合性と反結合性の一次結合はそれぞれ$1\pi_u$と$1\pi_g$で表される．分子のσオービタルとπオービタルのエネルギーの順序は詳しい計算をしないと簡単には予測できず，原子の2sオービタルと2pオービタルのエネルギー差によって変わる．ある分子では図14・23に示したような順序となり，べつの分子では図14・24のような順になる．その順序が移り変わる様子を図14・27に示してある．これは第2周期の等核二原子分子のエネルギー準位を計算によって求めたものである．中性分子については，図14・23の順序は$O_2$と$F_2$に見られ，図14・24の順序は第2周期のそれ以前の元素で見られる．

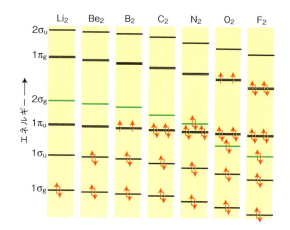

図14・27　第2周期の等核二原子分子のオービタルエネルギーの移り変わり．原子価殻のオービタルだけを示してある．

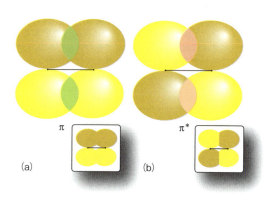

図14・25　干渉によって（a）結合性πオービタルと，（b）それに対応する反結合性πオービタルが形成される．

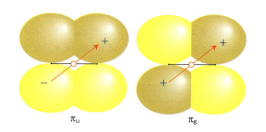

図14・26　結合性と反結合性のπオービタルの偶奇性（パリティ）．

### (c) 対称性と重なり

ここまでくると，MO法の一つの重要な特徴を扱うことができる．sと$p_z$のオービタルはσオービタルの形成に寄与でき，一方，$p_x$と$p_y$のオービタルはπオービタルの形成に寄与できることを見てきた．しかし，sオービタルと$p_x$オービタル（あるいは$p_y$でもよい）が重なり合ってできるオービタルのことは全く考える必要はない．<u>分子オービタルを組立てるとき考えなければならないのは，核間軸について同じ対称性をもつ原子オービタルの一次結合だけである</u>．sオービタルは核間軸のまわりに円柱対称をもつが$p_x$オービタルはそうでないから，この二つの原子オービタルは同じ分子オービタルには寄与できない．対称性に基づくこのような区別は，sオービタルと$p_x$オービタ

---

1) π orbital　2) π bond

ルの間の干渉を考えればわかる（図14・28）．すなわち，核間軸の一方の側ではこの2個のオービタルは強め合いの干渉をするが，反対側でそれを完全に相殺してしまうような干渉が起こり，正味には結合効果も反結合効果もないからである．

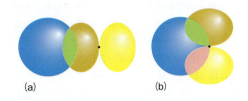

**図14・28** sオービタルとpオービタルの重なり．(a) 縦向きに重なると重なりは0とならず，軸対称のσオービタルができる．(b) 側面から重なると電子密度には正味の蓄積も減少もなく，結合には寄与しない．

この解釈と合致して，ある原子の1sオービタルと相手の原子の2p$_x$オービタルとの重なり積分（核間軸を$z$軸として）は0である．「式の導出14・2」の説明を参照すれば，図14・28からわかるように，$\psi_A\psi_B$という積が非常に大きいところもあるが，図の下の方には$\psi_A\psi_B$が全く同じ大きさで符号が反対のところがある．積分を計算すると，この二つの寄与が加算されるから，打消しあってしまう．図の上半分のどの点をとっても，それを打消す点が下半分にあるので$S=0$となる．したがって，このような配置ではsとpのオービタルの間には対称性の理由で正味の重なりがないのである．

### (d) 分子オービタルのつくり方

これで，分子オービタルを組立てるときに使うべき原子オービタルの選び方がわかった．

1. 双方の原子の使える原子価殻オービタルをすべて使う．
2. 原子オービタルを核間軸についてσ対称をもつものとπ対称をもつものに分類し，与えられた対称性のすべての原子オービタルを使ってσオービタルとπオービタルをつくる．
3. σ対称をもつ原子オービタルが$N_\sigma$個あれば，σ分子オービタルを$N_\sigma$個つくることができ，結合性の強いものから反結合性の強いものに向かって順にエネルギーが高くなる．
4. π対称をもつ原子オービタルが$N_\pi$個あれば，π分子オービタルを$N_\pi$個つくることができ，結合性の強いものから反結合性の強いものに向かって順にエネルギーが高くなる．これらのπオービタルは二重縮退の2個ずつが対になる．

一般的な規則として，それぞれの型のオービタル（σかπ）のエネルギーは核間に存在する節の数と共に高くなる．σ，πそれぞれについて，最低のエネルギーをもつオービタルには両原子の間に節面がないが，最高エネルギーのオービタルでは隣接する原子の間に1個ずつ節面がある（図14・29）．

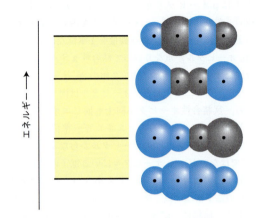

**図14・29** 原子が4個連なった鎖で，4個のsオービタルから形成される4個の分子オービタルを模式的に表したもの．エネルギーが最低の一次結合（一番下の図）は符号が同じ原子オービタルでできており，核間に節はない．次に低いオービタルは節を一つ（分子の中央に）もち，その次のオービタルには核間に2個の節がある．いちばん上の最もエネルギーの高いオービタルは核間の隣り合う原子との間に1個ずつ，合計3個の節をもち，完全に反結合性である．分子オービタルに対する原子オービタルの寄与の大きさを球の大きさに反映させてある．色を変えて符号が違うことを表してある．

---

**例題14・3** dオービタルの寄与の仕方

分子オービタルがdオービタルでどう組立てられるかを見るために，二原子分子のσオービタルとπオービタルの形成にdオービタルがどう寄与できるかを示せ．

**解法** dオービタルが，核間の$z$軸についてどういう対称性をもつかを調べておく必要がある．対称性が同じオービタルなら，分子オービタルに参加できるからである．

**解答** $d_{z^2}$オービタルは$z$軸のまわりに円柱対称をもつから，σオービタルに参加できる．$d_{zx}$と$d_{yz}$のオービタルは$z$軸に関してπ対称をもつから（図14・30）πオービタルに参加できる．

---

**自習問題14・4**

残りの2個のdオービタルで形成される（ある種のd金属クラスター化合物の結合に寄与する）"δ"オービタルの図を描け．また，反転対称による分類を書け．δオービタルは核間軸から見たとき，ローブが4個あるdオービタルのように見える．

［答：図 14・30 を見よ．結合性オービタルは g，反結合性は u である．］

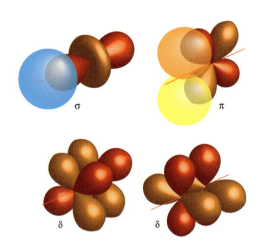

**図 14・30** d オービタルが参加できる分子オービタルの型．対称性の合った s, p, d オービタルを使えば σ 型や π 型の一次結合をつくれる．しかし，δ オービタルは 2 個の原子の d オービタル同士の重なりでしかつくれない．

### (e) 等核二原子分子の電子構造と結合次数

図 14・23 と図 14・24 には，第 2 周期の元素からなる等核二原子分子の原子価殻原子オービタルの一般的な配列を左右に示してある．中央の線は，原子オービタルの重なりによって形成できる分子オービタルのエネルギーがどこにあるかを示している．8 個の原子価殻のオービタル（各原子あたり 4 個）から 8 個の分子オービタルをつくることができる．そのうち 4 個は σ オービタル，4 個は 2 個ずつ対をつくって二重縮退した π オービタル 2 対である．このようなオービタルが準備できれば，各オービタルに適当な数の電子を入れ，構成原理に従って分子の基底状態の電子配置を導き出すことができる．帯電した化学種（過酸化物イオン $O_2^{2-}$ や $C_2^+$ など）では，中性分子より多くの電子が必要か（アニオンの場合），少なくてすむか（カチオンの場合）のどちらかである．

$N_2$ を例としてその手続きを示そう．$N_2$ には価電子が 10 個ある．この分子の場合は図 14・24 を適用する．はじめに 2 個の電子が対をつくって $1\sigma_g$ オービタルに入り，これを満たす．次の 2 個は $1\sigma_u$ に入って，これを満たす．あと 6 個の電子が残っている．$1\pi_u$ オービタルは 2 個あるから 4 個の電子を収容できる．最後に残った 2 個の電子は $2\sigma_g$ オービタルに入る．こうして $N_2$ の基底状態の配置は，$1\sigma_g^2 1\sigma_u^2 1\pi_u^4 2\sigma_g^2$ となる．この配置は図 14・24 に示してある．

分子の結合の強さは，各オービタルに入った電子の結合性の効果と反結合性の効果の正味の結果で決まる．二原子分子の**結合次数**[1] $b$ は，

$$b = \tfrac{1}{2}(N - N^*) \qquad \text{結合次数} \quad (14\cdot 12)$$

で定義される．ここで，$N$ は結合性オービタルの電子数であり，$N^*$ は反結合性オービタルの電子数である（単純な対になった LCAO とのオービタルの類似性から判別する）．結合性オービタルの電子対は結合次数を 1 増加させ，反結合性オービタルの電子対は 1 減少させる．

● **簡単な例示 14・6　結合次数**

$H_2$ では $b=1$ であり，原子間に単結合がある．この結合次数はこの分子のルイス構造 H–H とも合う．$He_2$ では結合性電子と反結合性電子の数が等しく（$N=2$ および $N^*=2$）結合次数は $b=0$ であり，つまり結合はない．$N_2$ では $1\sigma_g, 2\sigma_g, 1\pi_u$ が結合性オービタルであるから $N=2+2+4=8$ である．しかし，$1\sigma_u$（$1\sigma_g$ に対応する反結合性オービタル）は反結合性であるから $N^*=2$ となり，$N_2$ の結合次数は $b=\tfrac{1}{2}(8-2)=3$ である．この値も，2 原子間に三重結合がある : N≡N : というルイス構造と合う．●

結合次数は結合の特性を議論するうえで役に立つパラメーターである．それは，結合長と関係があり，原子の対が与えられたとき原子間の結合次数が大きいほど結合は短いからである．結合次数は結合の強さとも関係があり，結合次数が大きいほど結合は強い．$N_2$ の結合次数が大きいのは解離エネルギーが大きい（$942\,\text{kJ}\,\text{mol}^{-1}$）ことと合う．

> **例題 14・4　等核二原子分子の電子配置の書き方**
>
> $O_2$ の基底状態の電子配置を書け．また，その結合次数を計算せよ．
>
> **解法**　MO のエネルギー準位図（図 14・23 と図 14・24）のどちらを使うかを判定する．原子価電子の数を数え，構成原理に従って電子を入れていく．
>
> **解答**　酸素には図 14・23 が適合する．準位に入れるべき原子価電子は 12 個ある．最初の 10 個を入れるところまでは $N_2$ の配置と同じである（$2\sigma_g$ と $1\pi_u$ のオービタルの順序は逆になる）．残る 2 個の電子は $1\pi_g$ オービタルを占めなければならない．したがって，配置は $1\sigma_g^2 1\sigma_u^2 2\sigma_g^2 1\pi_u^4 1\pi_g^2$ である．この配置は図 14・23 に描いてある．$1\sigma_g, 2\sigma_g, 1\pi_u$ は結合性で，$1\sigma_u, 1\pi_g$ は反結合性であるから，結合次数は $b=\tfrac{1}{2}(8-4)=2$ である．この結合次数は，酸素が二重結合であるという古典的な見方と一致している．

---

[1] bond order

## 自習問題 14・5

$F_2$ の電子配置を書き，その結合次数を求めよ．

[答：$1\sigma_g^2 1\sigma_u^2 2\sigma_g^2 1\pi_u^4 1\pi_g^4$, $b = 1$]

---

例題 14・4 から $O_2$ の電子配置が $1\sigma_g^2 1\sigma_u^2 2\sigma_g^2 1\pi_u^4 1\pi_g^2$ であることがわかった．構成原理によれば，$O_2$ の $1\pi_g$ 電子 2 個は違うオービタルを占めるはずである．一つは $2p_x$ の重なりによってできた $1\pi_g$ に入り，もう一つは，これと縮退している仲間である $2p_y$ の重なりによってできた $1\pi_g$ に入る．この 2 個の電子は別々のオービタルを占めているので，フントの規則によってスピンは平行（↑↑）である．したがって，$O_2$ は 2 個の不対電子をもつビラジカル[1]である（本来のビラジカルでは 2 個の電子のスピンは互いに無関係であるが，$O_2$ ではスピンが平行である）．したがって，MO 法では $O_2$ は地球大気の反応性の成分であることになるが，これは事実その通りである．$O_2$ の最も重要な生物学的な役目は酸化剤としてのものである．これと対照的に $N_2$ はわれわれが呼吸する空気の主成分であるが，きわめて反応性に乏しく，ある種の微生物による大気中の $N_2$ の還元による $NH_3$ の生成（窒素固定という）は多くの生物学的な過程のうち熱力学的に最も難しい反応であって，それに必要な大量のエネルギーを代謝過程から調達している．

$O_2$ 分子の電子配置を見ると 2 個ある不対電子がつくる磁場が互いに打ち消しあうことがないので，磁性をもつと考えられる．具体的には $O_2$ は **常磁性**[2]物質，つまり磁場の中に引き込まれる性質をもつ物質であると推定できる．たいていの物質は（電子スピンが対をつくるので）**反磁性**[3]であり，磁場から押し出される性質をもつ．$O_2$ が実際に常磁性の気体であるというのは，分子オービタルによる記述がルイスの記述や VB 法（すべての電子は対をつくるとした）に比べ優れている顕著な証拠である．酸素の常磁性は，気体の磁性を測定してインキュベーター内の酸素濃度を監視するのに利用されている．

$F_2$ 分子は $O_2$ 分子より電子が 2 個多く，その配置は $1\sigma_g^2 1\sigma_u^2 2\sigma_g^2 1\pi_u^4 1\pi_g^4$ で結合次数は 1 である．そこで，$F_2$ は単結合をもつ分子であるといえ，そのルイス構造と合っている．$F_2$ の結合次数が低いことは解離エネルギーが低い（$154\,kJ\,mol^{-1}$）こととも矛盾しない．仮想的な分子である $Ne_2$ 分子では電子はさらに 2 個多く，その電子配置は $1\sigma_g^2 1\sigma_u^2 2\sigma_g^2 1\pi_u^4 1\pi_g^4 2\sigma_u^2$ で結合次数は 0 のはずである．結合次数が 0 であることは，ネオン原子同士は結合しないということで，Ne が単原子分子であることと合う．

---

## 例題 14・5　分子とイオンの相対的な結合強度の判定

過酸化物イオン $O_2^-$ は，生物で起こる老化の過程で重要な役割を果たしている．$O_2^-$ は $O_2$ に比べて解離エネルギーが大きいか小さいかを判定せよ．

**解法**　結合次数が大きいと解離エネルギーも大きいことが多いから，電子配置を比較して結合次数を求める．

**解答**　図 14・23 から，

$$O_2 \qquad 1\sigma_g^2 1\sigma_u^2 2\sigma_g^2 1\pi_u^4 1\pi_g^2 \qquad b = 2$$

$$O_2^- \qquad 1\sigma_g^2 1\sigma_u^2 2\sigma_g^2 1\pi_u^4 1\pi_g^3 \qquad b = 1.5$$

である．アニオンの方が結合次数は小さいから，解離エネルギーも小さいと推測される．

---

## 自習問題 14・6

解離エネルギーは，$F_2$ と $F_2^+$ のどちらが大きいと予測されるか．

[答：$F_2^+$]

---

## 14・11　異核二原子分子の構造

**異核二原子分子**[4] とは，CO や HCl のように二つの異なる元素の原子からできている二原子分子である．その 2 種の原子間の共有結合における電子分布は対称的でない．それは，結合電子対にとっては片方の原子の近くにある方がもう一方の近くにあるよりもエネルギー的に有利だからである．この不均衡のために **極性結合**[5] ができる．これは 2 個の原子が電子対を平等でない仕方で共有する結合である．ある元素の **電気陰性度**[6] $\chi$（カイ）とは，その原子が化合物の一部になっているとき自分の方へ電子をひきつける能力である．したがって，ある結合の極性は元素間の相対的な電気陰性度に依存すると期待できる．

ポーリング[7]は，結合解離エネルギー $E(A-B)$ の考察から電気陰性度の数値の目盛をつくった．

$$|\chi_A - \chi_B| = 0.102 \times \{\Delta E / (kJ\,mol^{-1})\}^{1/2}$$

ポーリングの電気陰性度目盛　（14・13a）

ここで，

$$\Delta E = E(A-B) - \frac{1}{2}\{E(A-A) + E(B-B)\} \quad (14\cdot13b)$$

である．表 14・2 には主要族元素の値を掲げてある．マリケン[8]は別の定義を提案し，元素のイオン化エネルギー $I$ と電子親和力 $E_{ea}$ を電子ボルト単位で表した数値を使って表した．

$$\chi = \frac{1}{2}(I + E_{ea})/eV$$

マリケンの電気陰性度目盛　（14・14）

---

1) biradical　2) paramagnetic　3) diamagnetic　4) heteronuclear diatomic molecule　5) polar bond　6) electronegativity
7) Linus Pauling　8) Robert Mulliken

表 14・2　主要族元素の電気陰性度*

| H 2.20 | | | | | | |
|---|---|---|---|---|---|---|
| Li 0.98 | Be 1.57 | B 2.04 | C 2.55 | N 3.04 | O 3.44 | F 3.98 |
| Na 0.93 | Mg 1.31 | Al 1.61 | Si 1.90 | P 2.19 | S 2.58 | Cl 3.16 |
| K 0.82 | Ca 1.00 | Ga 1.81 | Ge 2.01 | As 2.18 | Se 2.55 | Br 2.96 |
| Rb 0.82 | Sr 0.95 | In 1.78 | Sn 1.96 | Sb 2.05 | Te 2.10 | I 2.66 |
| Cs 0.79 | Ba 0.89 | Tl 2.04 | Pb 2.33 | Bi 2.02 | Po 2.00 | |

\* ポーリングの値

この関係式はもっともらしいかたちをしている．すなわち，電気陰性度の高い原子はイオン化エネルギーが高いはずで（つまり分子内にある他の原子に電子を譲りにくく），しかも電子親和力が高いはずだからである（つまり電子がそこへ近づく方がエネルギー的に有利である）．マリケンの電気陰性度はポーリングのものにほぼ比例する．電気陰性度は周期性を示し，周期表の上でフッ素に近い元素が最大の電気陰性度をもつ．

異核二原子分子の一方の原子に結合電子対が偏っていれば，その原子は正味の負電荷をもつことになる．これを**部分負電荷**[5]といい $\delta-$ で表す．このとき，もう一方の原子にはこれを補う**部分正電荷**[6] $\delta+$ がある．代表的な異核二原子分子では，電気陰性度の高い方の元素は部分負電荷をもち，陽性元素の方は部分正電荷をもつ．

極性結合も簡単に MO 法に取込むことができる．極性結合はつぎのかたちのオービタルにある 2 個の電子から成る．

$$\psi = c_A \psi_A + c_B \psi_B \quad \text{一般の LCAO} \quad (14・15)$$

ここで，$c_B^2$ は $c_A^2$ と等しくない．$c_B^2 > c_A^2$ であれば，電子は A より B に見いだされる確率が大きく，$\delta+$A–B$\delta-$ となるからこの分子には極性がある．非極性結合，すなわち電子対が二原子に平等に共有され，どちらの原子も部分電荷をもたない共有結合では $c_A^2 = c_B^2$ である．純粋なイオン結合では（第一近似では，Cs$^+$F$^-$ のように）一方の原子が電子対をほとんど専有するので，片方の係数は 0 である（それで A$^+$B$^-$ では $c_A^2 = 0$，$c_B^2 = 1$ である）．

異種の原子間の分子オービタルで見られる一般的な特徴は，エネルギーの低い原子オービタルの方が（それは電気陰性度が高い方の原子に属していて）最低エネルギーの分子オービタルへの寄与が大きいということである．最高エネルギーの（最も反結合性の強い）オービタルではこれが逆で，主な寄与はエネルギーの高い方の原子オービタル（それは電気陰性度が低い方の原子に属する）から生じる．すなわち，つぎのように表せる．

結合性オービタル：　$\chi_A > \chi_B$ の場合，$c_A^2 > c_B^2$

反結合性オービタル：　$\chi_A > \chi_B$ の場合，$c_A^2 < c_B^2$

これを模式的に表したのが図 14・31 である．

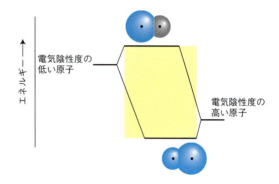

**図 14・31**　結合性分子オービタルおよび反結合性分子オービタルについて，電気陰性度の異なる原子が及ぼす相対的な寄与を模式的に表したもの．結合性オービタルについては，電気陰性度の高い原子の方が大きな寄与をする（大きな球で示してある）から，結合に関与する電子はその原子上で見いだされる確率の方が高い．反結合性オービタルではこれと逆である．反結合性オービタルのエネルギーの方が高い理由の一つは，これを占める電子が電気的に陽性な原子の方で見いだされる確率が高いことである．

● **簡単な例示 14・7　HF の分子オービタル**

極性結合で見られるこのような特徴を HF を例として説明しよう．HF の分子オービタルの一般的なかたちは，$\psi = c_H \psi_H + c_F \psi_F$ である．ここで，$\psi_H$ は H1s オービタルで，$\psi_F$ は F2$p_z$ オービタルである．それぞれのオービタルのエネルギーはイオン化エネルギーと電子親和力から求めることができる．たとえば，極端な場合として，分子内の原子 X が電子を完全に失えば X$^+$ と表され，その電子を結合相手と平等に共有していれば X，結合電子 2 個とも占有したら X$^-$ と表せる．X$^+$ の状態をエネルギー 0 の基準にとれば，X のエネルギーは $-I(X)$ で表され，X$^-$ は $-\{I(X) + E_{ea}(X)\}$ で表せる．ここで，$I$ はイオン化エネルギー，$E_{ea}$ は電子親和力である．実際のオービタルのエネルギーはどこか中間的なところにあり，ほかに情報がなければ，低い方の半分のエネルギー，すなわち $-\frac{1}{2}\{I(X) + E_{ea}(X)\}$ と推測するしかない．これを H1s と F2$p_z$ に適用すれば，それぞれ −7.2 eV，−10.4 eV というエネルギーが得られる（図 14・32）．計算の結果，HF における結合性 σ オービタルは主に F2$p_z$ オービタルであり，反結合性 σ オービタルは主として H1s オービタルの性質を帯びていることがわかる．結合性オービタル

---

1) partial negative charge　2) partial positive charge

にある 2 個の電子はほとんど F2p$_z$ オービタルに見いだされることになるから，F 原子には部分負電荷があり，H 原子には部分正電荷がある． ●

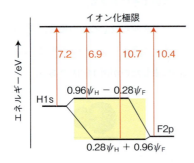

図 14・32　H 原子と F 原子の原子オービタルと HF の分子オービタルのエネルギー準位．エネルギーは電子ボルト単位で表してある．

一次結合の係数 $c_A$ と $c_B$ を系統的に見いだすには，変分定理 (14・6 節) を使ってエネルギーが最低になる係数値を探すことである．

● 簡単な例示 14・8　変分定理

H$_2$ 分子に変分定理を適用すれば，2 個の H1s オービタルが結合性オービタルに同じ寄与をするとき，エネルギーの計算値は最低になる．しかし，これを HF に適用すれば，オービタルが $\psi = 0.28\psi_H + 0.96\psi_F$ のときに最低のエネルギーが得られる．実際，この結合性 σ オービタルには，F2p$_z$ オービタルの方が大きな寄与をしていることがわかる．HF の σ 電子が F2p$_z$ オービタルに見いだされる確率は，つぎのように計算できる．

$c_F^2 \times 100$ パーセント $= (0.96)^2 \times 100$ パーセント
$= 92$ パーセント

実は，この一次結合にもっと多くのオービタル (F2s や F3p$_z$ など) を加えれば，計算はもっと面倒になるが，さらに低いエネルギー値を得ることができる．しかし，エネルギー低下の主役がエネルギーの似た原子オービタルであることに変わりはない． ●

図 14・33 は CO の結合様式で，これまでに指摘したいろいろな点を示してくれる．基底配置は $1\sigma^2 2\sigma^2 1\pi^4 3\sigma^2$ である．(分子が異核二原子分子なので g,u の表示はなく，σ オービタルは順番に $1\sigma, 2\sigma, \cdots$ とし，π オービタルも同様に番号をつける．) 最低エネルギーのオービタルは，酸素の方が電気的に陰性なので，もっぱら O の性格をもつ．**最高被占分子オービタル**[1] (HOMO) は $3\sigma$ であって，これは C を中心とするほぼ非結合性のオービタルであるから，これに入る 2 個の電子は C 原子の孤立電子対とみな

すことができる．**最低空分子オービタル**[2] (LUMO) は $2\pi$ で，これは炭素にある 2p 性の二重縮退オービタルの性格が強い．

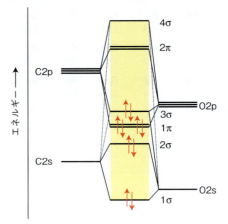

図 14・33　CO の分子オービタルのエネルギー準位図

この C の孤立電子対と，やはりほぼ C にある空の π オービタルとの組合わせが，d ブロック元素の化学において一酸化炭素が果たす重要性の根底にある．それは，$3\sigma$ オービタルからの電子供与と $2\pi$ オービタルでの電子受容の組合わせによってきわめて多彩なカルボニル錯体を形成できるからである．HOMO と LUMO はともに分子の**フロンティアオービタル**[3] を形成し，その分子の反応性を評価する際に非常に重要なものである．

### 14・12　多原子分子の構造

多原子分子の結合も二原子分子の場合と同じようにしてつくられるが，分子オービタルを組立てるのにもっと多数の原子オービタルを使うことになる．これらの分子オービタルは結合を介して隣接する原子だけでなく，分子全体にわたって広がっている．一般論としては，分子オービタルは分子を構成するすべての原子のすべての原子オービタルの一次結合である．たとえば，H$_2$O の原子オービタルは (原子価殻だけを考えれば) 2 個の H1s オービタル，O2s オービタル，3 個の O2p オービタルである．これらの 6 個の原子オービタルから，3 個の原子全体に広がった 6 個の分子オービタルをつくることができる．これらの分子オービタルのエネルギーはそれぞれ違っていて，最低のエネルギーの，すなわち最も結合性が強いオービタルでは，隣合う原子の間の節の数が最小であり，最高のエネルギーの，最も反結合性の強いオービタルでは隣接原子間の節の数が最も多い．

MO 法によれば，ある一つの電子対の結合力はすべての原子に広がっていて，各電子対 (つまり一つの分子オービ

---

1) highest occupied molecular orbital (HOMO)　　2) lowest unoccupied molecular orbital (LUMO)　　3) frontier orbital

タルを占めることができる電子の最大数）が全部の原子を結びつけるように働いている．LCAO 近似では各分子オービタルは，その分子内のすべての原子の原子オービタルを使って，原子オービタルの一次結合によって表される．たとえば，H₂O の代表的な分子オービタルは H1s オービタル（$\psi_{H1s(A)}$, $\psi_{H1s(B)}$ と書く），O2s, O2p オービタル（$\psi_{O2s}$, $\psi_{O2p_z}$ と書く）からつくられ，つぎの構成である．

$$\psi = c_1\psi_{H1s(A)} + c_2\psi_{O2s} + c_3\psi_{O2p_z} + c_4\psi_{H1s(B)}$$
(14・16)

この LCAO をつくるのに 4 個の原子オービタルが使われているから，分子オービタルとしてはこの種の 4 通りの可能性がある．すなわち，最低エネルギーの（最も結合性が強い）オービタルでは核間に節がなく，最高エネルギーの（最も反結合性が強い）オービタルでは各隣接原子対の原子間に節がある（図 14・34）．

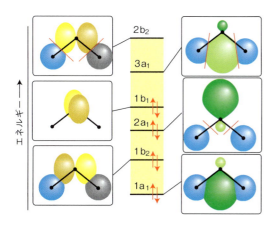

図 14・34　H₂O の分子オービタルの概略の形

最後に，非直線形多原子分子では，分子オービタルを σ と π に厳密に分類することはできないことに注意しよう．その代わりに，分子がもつ実際の対称性に基づいた分類様式によって，a₁ や b₁ などという記号を使う[†1]．しかしながら，σ と π という分類は局所的には意味のあるものである．たとえば，H₂O の σ 結合は O 原子と H 原子の間にあるといえるからである．

## 14・13　ヒュッケル法

MO 法の応用対象の重要な例として，アミノ酸フェニルアラニンのフェニル環のオービタルなど，分子面に垂直な p オービタルからつくられるオービタルがある．一つの計算法はヒュッケル[1]が提案したもので，π 電子系，とりわけエテンやベンゼンとそれらの誘導体などの炭化水素について，その分子オービタルを求める単純な方法を与えてくれる．一般的なやり方は，σ 結合による骨組みについては VB 法の考え方で扱い，MO 法で π 電子系だけを扱うことである．ここでもそのようなアプローチを行おう．

### (a) エ テ ン

エテン CH₂=CH₂ の炭素原子はどちらも sp² 混成していて，それで C–C と C–H の σ 結合は互いに 120° をなすと考えられる．それは（VB 法の考え方から）スピン対の形成と，(Csp², Csp²) または (Csp², H1s) の重なりによるものである．この σ 結合骨格から垂直に張り出した混成に参加していない C2p_z オービタル（$\psi_A$ と $\psi_B$）は，それぞれ 1 個の電子で占められていて，つぎの分子オービタルをつくるのに使われる．

$$\psi = c_A\psi_A + c_B\psi_B \quad (14・17)$$

つぎの「式の導出」で示すように，この 2 個の原子オービタルからつくれる 2 個の分子オービタルのエネルギーと係数を求めるには，つぎの連立方程式を解く必要がある．

$$(H_{AA} - ES_{AA})c_A + (H_{AB} - ES_{AB})c_B = 0$$
$$(H_{BA} - ES_{BA})c_A + (H_{BB} - ES_{BB})c_B = 0$$

エテンの永年方程式　(14・18)

この連立方程式のことを MO 法では**永年方程式**[2]という．$H_{JK}$ は，電子同士の反発や電子と核の引力の効果など，エネルギーに寄与するいろいろな効果を反映したものである．$S_{JK}$ は，原子 J と原子 K のオービタルの重なり積分である．

### 式の導出 14・4　永年方程式

まず，シュレーディンガー方程式 $\hat{H}\psi = E\psi$ に (14・17) 式を代入する．

$$\hat{H}(c_A\psi_A + c_B\psi_B) = \hat{H}c_A\psi_A + \hat{H}c_B\psi_B$$

これらの演算子は $\psi$ にのみ作用するから，

$$c_A\hat{H}\psi_A + c_B\hat{H}\psi_B = c_AE\psi_A + c_BE\psi_B$$

と書ける．次に両辺に $\psi_A$ を掛ける．

$$c_A\psi_A\hat{H}\psi_A + c_B\psi_A\hat{H}\psi_B = c_A\psi_AE\psi_A + c_B\psi_AE\psi_B$$

これを空間全体について積分すれば（$d\tau$ は直交座標で表した三次元の無限小体積素片，$d\tau = dx\,dy\,dz$），

---

[†1] 多原子分子のオービタルの対称性による分類については"アトキンス物理化学"を見よ．
1) Erich Hückel　2) secular equations

$$\overbrace{c_A \int \psi_A \hat{H} \psi_A d\tau}^{H_{AA}} + \overbrace{c_B \int \psi_A \hat{H} \psi_B d\tau}^{H_{AB}}$$

$$= c_A E \underbrace{\int \psi_A \psi_A d\tau}_{S_{AA}} + c_B E \underbrace{\int \psi_A \psi_B d\tau}_{S_{AB}}$$

である. $E$ は定数だから積分の外に出した. したがって,

$$c_A H_{AA} + c_B H_{AB} = c_A E S_{AA} + c_B E S_{AB}$$

となる. これを整理すれば (14・18) 式の最初の式が得られる. $\psi_A$ を掛ける代わりに $\psi_B$ を掛けて積分すれば, (14・18) 式の2番目の式が得られる.

---

永年方程式の解を単純化するために, ヒュッケルは大胆なつぎの仮定を設けた.

- $H_{JJ}$ については, これを全部 $\alpha$ で置き換える. これを**クーロン積分**[1]という.

- $H_{JK}$ については, 原子Jと原子Kが隣合わない限り, これを全部0とおく. 隣合う場合は, これを全部 $\beta$ (負の量である) で置き換える. これを**共鳴積分**[2]という.

- $S_{JJ}$ については, これを全部1とおく. $S_{JK}$ については, 原子Jと原子Kが隣合うかどうかに関係なく, これを全部0とおく.

以上のような "ヒュッケル近似" を使えば, エテンの永年方程式は,

$$(\alpha - E)c_A + \beta c_B = 0$$
$$\beta c_A + (\alpha - E)c_B = 0$$

エテンの
ヒュッケル近似　(14・19a)

となる.「必須のツール14・3」で説明するように, この二元連立方程式は**永年行列式**[3]がつぎのように消える場合に限って解をもつ.

$$\begin{vmatrix} \alpha - E & \beta \\ \beta & \alpha - E \end{vmatrix} = (\alpha - E)^2 - \beta^2 = 0$$

エテンのヒュッケル永年行列式　(14・19b)

この条件を満足するのは,

$$E = \alpha \pm \beta$$　エテンのヒュッケルエネルギー　(14・19c)

の場合である. それぞれの値を (14・19a) 式に代入すれば,

$E = \alpha + \beta$ の場合, $c_A = c_B$, $\psi = c_A(\psi_A + \psi_B)$

$E = \alpha - \beta$ の場合, $c_A = -c_B$, $\psi = c_A(\psi_A - \psi_B)$

が得られる.（$\beta < 0$ であるから, $E = \alpha + \beta$ は低い方のエネルギーである.）そのエネルギーとオービタルを図14・35 に示す. $C2p_z$ 原子オービタルの一次結合によって, 結合性オービタルと反結合性オービタルがつくられたと考えられる. $c_A$ の値は未知であるが, 各オービタルを規格化すれば求められる. しかし, ここでは厳密な値は必要ない.

この場合の収容すべき電子は2個あるから, どちらもエ

---

## 必須のツール14・3　連立方程式

つぎのかたちの二元連立方程式,

$$ax + by = 0$$
$$cx + dy = 0$$

は, その係数から成るつぎの "行列式" が0に等しいときに限って解をもつ. それを,

$$\begin{vmatrix} a & b \\ c & d \end{vmatrix} = 0$$

と書く. 左辺は行列式というもので, その意味はつぎのようなものである.

$$\begin{vmatrix} a & b \\ c & d \end{vmatrix} = ad - bc$$

つぎのかたちの三元連立方程式,

$$ax + by + cz = 0$$
$$dx + ey + fz = 0$$
$$gx + hy + iz = 0$$

は, つぎの場合に限って解をもつ. すなわち,

$$\begin{vmatrix} a & b & c \\ d & e & f \\ g & h & i \end{vmatrix} = 0$$

である. この3×3の行列式はつぎのように展開できる.

$$\begin{vmatrix} a & b & c \\ d & e & f \\ g & h & i \end{vmatrix} = a\begin{vmatrix} e & f \\ h & i \end{vmatrix} - b\begin{vmatrix} d & f \\ g & i \end{vmatrix} + c\begin{vmatrix} d & e \\ g & h \end{vmatrix}$$

ここで, 列が一つ変わるごとに符号が変わっていることに注目しよう. 2×2の行列式でも同じように展開した.

---

1) Coulomb integral  2) resonance integral  3) secular determinant

ネルギーの低い方に入ることによって分子のエネルギーに $2\alpha + 2\beta$ の寄与をする．また，π 電子 1 個を反結合性オービタルへと励起するのに必要なエネルギーは $2|\beta|$ であることがわかる．種々の炭化水素の $\beta$ の代表的な値は約 $-2.4\,\mathrm{eV}$，すなわち $-230\,\mathrm{kJ\,mol^{-1}}$ である．

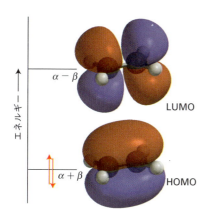

**図 14·35** エテンの結合性および反結合性の π 分子オービタルとそのエネルギー．

---

**例題 14·6** ブタジエンのヒュッケルエネルギーの計算

ブタジエン（**5**）のヒュッケル方程式は，

$$(\alpha - E)c_A + \beta c_B = 0$$
$$\beta c_A + (\alpha - E)c_B + \beta c_C = 0$$
$$\beta c_B + (\alpha - E)c_C + \beta c_D = 0$$
$$\beta c_C + (\alpha - E)c_D = 0$$

である．π オービタルのエネルギーを求める永年方程式を書き，それを解け．

**5** ブタジエン

**解法** 式が 4 個と $c_i$ が 4 個あるから，永年方程式は 4 行 4 列からなる．その行列式の第 1 行の要素は，左から右へ順に，$\alpha - E$, $\beta$, $0$, $0$ である．すなわち，これにそれぞれ $c_A, c_B, c_C, c_D$ を掛けた項が上の最初の式になっている．ほかの行の要素も上の式から同様にして求める．この行列式は，「必須のツール 14·3」で説明した方法を拡張すれば，手計算でも解くことができる．しかし，数学ソフトウエアを使えばずっと簡単で，しかも速い．

**解答** 永年行列式は，

$$\begin{vmatrix} \alpha - E & \beta & 0 & 0 \\ \beta & \alpha - E & \beta & 0 \\ 0 & \beta & \alpha - E & \beta \\ 0 & 0 & \beta & \alpha - E \end{vmatrix}$$

である．この行列式を解く数学ソフトウエアのルーチンでは，この値を 0 とおいてから，"行列式の値 = 0" の式を満たす四つの $E$ の値を探す．この場合の結果は，

$$E = \alpha \pm 1.62\beta, \quad \alpha \pm 0.62\beta$$

である．この方程式を手計算で解くには，行列式をつぎのように展開する．

$$(\alpha - E)^4 - 3(\alpha - E)^2 \beta^2 + \beta^4 = 0$$

ここで，$x = (\alpha - E)^2$ とおけば，$x$ についてのつぎの二次方程式が得られる．

$$x^2 - 3\beta^2 x + \beta^4 = 0$$

その解は（「必須のツール 7·1」によれば）$x = \frac{1}{2}(3 \pm 5^{1/2})\beta^2$ であるから，数学ソフトウエアを使って計算した四つの $E$ と同じ値が得られる．$\alpha$ と $\beta$ はどちらも負の値であるから，最も結合性の強い解からエネルギーが高くなる順に並べれば，$\alpha + 1.62\beta$, $\alpha + 0.62\beta$, $\alpha - 0.62\beta$, $\alpha - 1.62\beta$ となる．

---

**自習問題 14·7**

π 電子の結合エネルギー $E_\pi$ は，p オービタルを占有している電子による全エネルギーである．ブタジエンの基底状態の $E_\pi$ はいくらか． ［答：$4\alpha + 4.48\beta$］

---

**(b) ベンゼン**

ベンゼン $C_6H_6$ にも全く同じ方法が使える．C 原子はいずれも $sp^2$ 混成（これも VB 法の考え）をしていて，σ 結合でできた平面六角形の骨格構造を形成している（図 14·36）．各原子には混成に参加していない $C2p_z$ オービタルが 1 個ずつあり，いずれもベンゼン環に垂直に出ているから，それを使って分子オービタルがつくれる．この 6 個の原子オービタルから，つぎのかたちの 6 個の分子オービタルをつくる．

$$\psi = c_A \psi_A + c_B \psi_B + c_C \psi_C + c_D \psi_D + c_E \psi_E + c_F \psi_F \tag{14·20}$$

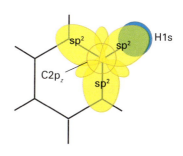

**図 14·36** ベンゼンの分子オービタルをつくるのに使うオービタル．

次に，これらの係数でできた六元連立方程式とそれに対応する 6×6 の永年行列式をつくり，ヒュッケル近似を適用する．これを真正面から解いて 6 個の $E$ の値を求めるのはかなり面倒な作業である．対称性をうまく利用するやり方がある場合は特に，それによって解は非常に簡単になる．得られるエネルギーと対応する（規格化されていない）分子オービタルはつぎのようなものである（図 14·37）．

に，核間軸からわずかに外れているが），結合性は強くなるのである．最も反結合性が強いオービタルでは，上の一次結合で符号が交互に変わるため，すぐ隣の p オービタルと弱め合いの干渉が起こり，図に示すように，隣接対の間に節面のある分子オービタルができる．残る 4 個の中間のオービタルは，二重に縮退した対 2 個からなり，そのうち一対は正味の結合性，もう一対は正味の反結合性があることがわかる．

収容すべき電子が 6 個（各 C 原子から 1 個ずつ）あるが，図 14·37 に示すように，それらは低い方の 3 個のオービタルを占める．これから生じる電子分布は二重のドーナツ形である．占有されているオービタルがすべて正味の結合性をもつものだけであるということは，それがベンゼン分子の安定性に（エネルギーが低いという意味で）役立っているので，重要な特徴である．

ベンゼンを分子オービタルで表したときの特徴は，各分子オービタルが $C_6$ 環に沿って分子全体または一部に広がっていることである．すなわち，π 結合が**非局在化**[1]していて，各電子対が C 原子数個または全部を結びつけるのに役立っている．結合力の影響が非局在化していることは MO 法の最も重要な性質であり，共役系について考えるときに再び出会うことになる．**非局在化エネルギー**[2] $E_{非局在}$ は，p 電子が限られた結合領域に局在するのではなく，分子全体に広がることで分子のエネルギーがさらに低下した分である．

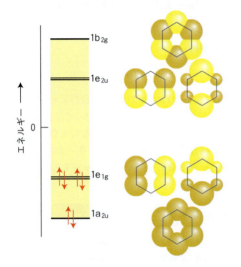

**図 14·37** ベンゼンの π オービタルとエネルギー．エネルギーが最も低いオービタルは，隣接原子間で完全に結合性であるが，エネルギーが最も高いオービタルは，すべての隣接原子間で反結合性である．その間にある二重縮退した 2 対の分子オービタルでは，核間の節の数は中間的である．これまで通り，色の違いは波動関数の符号の違いを示している．

| エネルギー | オービタル |
|---|---|
| 最 高 (最も反結合性が強い) | |
| $\alpha - 2\beta$ | $\psi = \psi_A - \psi_B + \psi_C - \psi_D + \psi_E - \psi_F$ |
| $\alpha - \beta$ | $\psi = 2^{1/2}\psi_A - \psi_B - \psi_C + 2^{1/2}\psi_D - \psi_E - \psi_F$ |
| $\alpha - \beta$ | $\psi = \psi_B - \psi_C + \psi_E - \psi_F$ |
| $\alpha + \beta$ | $\psi = 2^{1/2}\psi_A + \psi_B + \psi_C - 2^{1/2}\psi_D - \psi_E - \psi_F$ |
| $\alpha + \beta$ | $\psi = \psi_B + \psi_C + \psi_E + \psi_F$ |
| $\alpha + 2\beta$ | $\psi = \psi_A + \psi_B + \psi_C + \psi_D + \psi_E + \psi_F$ |
| 最 低 (最も結合性が強い) | |

エネルギーが最低で，最も結合性の強いオービタルでは核間に節がないことに注意しよう．隣合う p オービタル同士で強め合いの干渉が起これば，電子密度が核間でうまく蓄積されるから（ただし，二原子分子の π 結合と同じよう

■ **簡単な例示 14·9　ベンゼンの非局在化エネルギー**

ベンゼンの 6 個の π 電子が 3 個の局在したエテン型オービタルを占めたと仮定すれば，そのエネルギーは $3 \times (2\alpha + 2\beta) = 6\alpha + 6\beta$ となるだろう．しかし，ベンゼンではそのエネルギーは $2(\alpha + 2\beta) + 4(\alpha + \beta) = 6\alpha + 8\beta$ である．非局在化エネルギーは，この二つのエネルギーの差であるから，

$$E_{非局在} = 6\alpha + 8\beta - (6\alpha + 6\beta) = 2\beta$$

となる．これは約 $-460 \text{ kJ mol}^{-1}$ である．■

**自習問題 14·8**

ブタジエンの非局在化エネルギーを計算せよ．

［答：$0.48\beta$］

## 計 算 化 学

計算化学はいまでは化学研究で日常的に使われる手法になっている．その主要な応用の一つとして，薬化学での応用がある．ある分子がもっていそうな薬理学的な活性を調

---

1) delocalization　2) delocalization energy

べるために，高価で倫理的にも問題となる生体でのテストを実際に行う前に，分子の形と電子分布から計算によって予測することができる．分子の電子構造を計算し，その結果をグラフ表示するソフトウエアがいろいろ市販されている．この計算はすべてボルン-オッペンハイマーの近似のもとで行われ，分子オービタルを原子オービタルの一次結合で表す．

## 14・14 種々の方法

多電子多原子分子のシュレーディンガー方程式を解く主な方法が二つある．その一つ，**半経験的方法**[1] ではシュレーディンガー方程式の中に現れるある積分を，生成エンタルピーなどの実験値に最もよく合うように選んだ一組のパラメーターに等しいとおく．半経験的方法では，原子の数がほとんど無制限なのでいろいろな分子に応用でき，広く使われている．もっと基本的な第二の方法，**アブイニシオ法**[2] では，構造を，存在する原子の原子番号だけ使って，第一原理から計算しようとする．この方法は本来，半経験的方法よりも信頼性が高いが，コンピューターへの要求はずっと厳しい．

どちらの方法でも，**つじつまの合う場**[3]（SCF）の手続きを踏む．これは LCAO の構成についてはじめは大まかな想定から出発し，循環計算をしても解が変化しなくなるまで改良していく．まず，分子オービタルを組立てるのに使う LCAO の係数の値を想定する．そして，シュレーディンガー方程式を解いて，一つの LCAO の係数を，ほかのすべての占有されたオービタルの係数について想定した値を使って求める．これによって一つの LCAO 係数の一次近似が得られるから，他のすべての占有された分子オービタルについて同じ手続きの計算をする．この段階の終わりで，最初に想定した係数とは異なる新しい一組の LCAO 係数が得られ，同時に分子のエネルギーの推測値が得られる．この改良された一組の係数を使って計算をはじめから繰返して，新しい一組の係数とエネルギー値を得る．一般に，LCAO の係数とエネルギーはその計算の新しい出発点での値とは異なる．しかし，いずれ計算を繰返しても係数値とエネルギーの値がもはや変化しないような段階に達する．その段階で，オービタルはつじつまが合ったといい，それを分子の記述法として受け入れる．

ヒュッケル法で行った粗い近似は，その後次第にもっとよい近似で置き換えられてきた．新しい近似にはそれぞれ頭字語がついている．例を挙げると，CNDO（"微分重なりの完全無視[4]"），INDO（"微分重なりの中程度の無視[5]"），MINDO（"変形微分重なりの中間の無視[6]"），AM1（"オースティンモデル1[7]"，これは MINDO の第2版）な

どがある．これらの方法すべてについて計算のソフトウエアができており，かなりの程度の進んだ計算が「手のひら」コンピューターでも行うことができる．分子構造を計算するために最近かなり基礎がしっかりしてきた半経験的方法に**密度汎関数法**[8]（DFT）というのがあって，これが最も広く使われる方法の一つになった．計算に必要な労力が比較的軽く，計算時間も短く，特にd金属錯体の場合などには，ほかの方法よりも実験との一致がよい．

アブイニシオ法（非経験的方法）でも計算をなるべく単純にするが，問題の立て方は違っていて，実験データの助けを借りてパラメーターの値を見積もることはしない．この方法では先端的な方法でシュレーディンガー方程式を数値計算で解く．この方法の難点は，詳しい計算をするのに膨大な時間がかかることである．その時間を短くするために，LCAO をつくるのに使った水素型原子オービタルを**ガウス型オービタル**[9]（GTO）で置き換える．つまり，実際のオービタルの特徴である指数関数 $e^{-r}$ を $e^{-r^2}$ のガウス関数の和で置き換える．

## 14・15 グラフ表示

計算化学における最も重要な発展の一つは，分子オービタルと電子密度をグラフ表示する機能が導入されたことである．分子構造を計算したときの生の出力は，各分子オービタルの式中の原子オービタルの係数のリストとこれらの

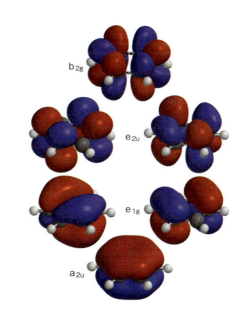

図 14・38 ベンゼンの π オービタルの計算結果の出力．波動関数の符号の違いは色の違いで表してある．この分子オービタルの形と図 14・37 の模式図を比較しよう．

---

1) semi-empirical method 2) *ab initio* method 3) self-consistent field 4) complete neglect of differential overlap (CNDO)
5) intermediate neglect of differential overlap (INDO) 6) modified intermediate neglect of differential overlap (MINDO)
7) Austin Model 1 (AM1) 8) density functional theory (DFT) 9) Gaussian-type orbital

オービタルのエネルギー値である．分子オービタルのグラフ表示では基底セットを表すのにスタイルの決まったかたちを用い，その大きさは LCAO の係数の値を示すように調節する．波動関数の符号の違いは色の違いで示す（図 14・38）．

係数がわかれば，どのオービタルが占有されているかに注目し，そのオービタルの 2 乗をつくることによって，分子内の電子密度の表現を組立てることができる．ある点における総電子密度は，その点で計算した波動関数の 2 乗の和であることになる．この結果はふつう**等密度面**[1]で表す．これは総電子密度が一定の面（図 14・39）である．等電子密度面の表し方には数種ある．塗りつぶすもの，分子を球と棒で表して内蔵させた透視型，あるいは網目での表現もある．

図 14・39　図 14・38 と同じソフトウエアを使って得られたベンゼンの等密度面．

幾何学的な形のほかに，その表面上の電気ポテンシャルの分布も分子の重要な性質である．ふつうのやり方は，等電子密度面上の各点で正味のポテンシャルを計算する．こうしてできるのが**静電ポテンシャル面**[2]（エルポット面）で，正味の正のポテンシャルをある色で表し，正味の負のポテンシャルは別の色で表し，中間には色の勾配をつける（図 14・40）．

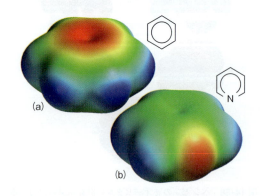

図 14・40　(a) ベンゼン，(b) ピリジンの静電ポテンシャル面．ピリジンでは窒素原子に負のポテンシャルが集中しており，それ以外の原子と違っている．

## 14・16　計算化学の応用

計算化学の一つの目標は，少なくとも大きな分子に応用するときは，究極の正確さを得ようと無駄な努力をするよりは，分子の性質の傾向に関する洞察を得るようにすることである．一例として，メチルシクロヘキサン分子のエクアトリアル配座（**6**）とアキシアル配座（**7**）の標準生成エンタルピーの予測について考えよう．例題 3・3 のような方法（平均結合エネルギーを使った方法）では，両者は全く同じ生成エンタルピーを与える．しかし，実験的には，配座の違う両分子で標準生成エンタルピーに違いが観測されている．それは，メチル基がアキシアル位置にある方がエクアトリアル位置にあるよりも立体反発が大きいからである．

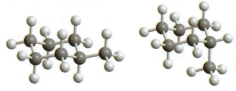

**6** エクアトリアル配座　　**7** アキシアル配座

今日では計算化学を使って，複雑な三次元構造をもつ分子でも標準生成エンタルピーが計算できる．それで，同じ分子で配座の異なるものも区別できる．しかし，計算値と実験値がよく一致するのは比較的まれである．計算結果によれば，どの配座で分子が最も安定かはほぼ確実にわかるが，生成エンタルピーの差まで正しく予測できるわけではない．

● **簡単な例示 14・10　標準生成エンタルピーの計算**
　　計算化学ソフトウエアのパッケージには，それぞれ独自の手順があるが，一般的なアプローチは似ている．まず，分子の構造を指定してから，希望する計算の種類を選ぶことである．メチルシクロヘキサンの二つの異性体に適用すれば，気相ではエクアトリアル異性体の標準生成エンタルピーは $-153\,\mathrm{kJ\,mol^{-1}}$，アキシアル異性体は $-139\,\mathrm{kJ\,mol^{-1}}$ であり，その差は $14\,\mathrm{kJ\,mol^{-1}}$ もある．実測値の差は $7.5\,\mathrm{kJ\,mol^{-1}}$ である．●

溶媒分子の存在を無視した計算を行えば，注目する分子の気相での諸性質がわかる．一方，溶質分子の生成エンタルピーに与える溶媒効果を対象とする計算法もある．しかし，ここでも得られる数値結果は見積もり程度にすぎず，この種の計算のおもな目的は，溶媒との相互作用が生成エンタルピーを増加させる向きに働くか，それとも減少させるのかを予測することである．たとえば，中性形と両性イオン形が存在するアミノ酸グリシンを考えよう．それぞれ，$H_2NCH_2COOH$ および $^+H_3NCH_2CO_2^-$ で表される．後

---

[1] isodensity surface　[2] electrostatic potential surface（elpot surface）

者はアミノ基にプロトンが付き，カルボキシル基からプロトンが取れている．分子モデリングによれば，気相では中性形の方が両性イオン形より生成エンタルピーは低い．しかし，水中では逆で，極性溶媒と**両性イオン**[1]がもつ電荷の間に働く相互作用が強いことがわかる．

MO 法の計算は，標準電位のような電気化学的性質の傾向を予測するのにも使える（9 章）．芳香族炭化水素についての実験と計算による研究から，分子の LUMO のエネルギーが減少すると，同時に分子の標準電位の値が増加して，LUMO へ電子を受け入れる能力が増す．

分子がエネルギー $hc/\lambda$ のフォトンを吸収または放出すると，分子の量子化した 2 個のエネルギー準位の間で遷移が起こることは 12 章で説明した．最小エネルギーの遷移（最長の波長の遷移）は HOMO と LUMO の間で起こる．12 章ではまた，箱の中の粒子モデルを使って，直線形ポリエンの遷移波長を求めることによって，このモデルが粗いもので定性的な見方しか与えないことを注意した．もっとよいモデルは計算化学を利用するもので，HOMO-LUMO のエネルギー間隔と吸収波長の間の相関関係を求める．たとえば，表 14・3 に挙げた直線形ポリエンを考えてみよう．これらはすべてスペクトルの紫外領域に吸収がある分子である．この表から，予想通り，最小エネルギーの電子遷移は HOMO と LUMO の間のエネルギー差が増加するにつれて波長が減少することがわかる．また，HOMO-LUMO の間隔が最小で吸収波長が最長のものは，このグループの中で最も長いポリエンであるオクタテトラエンであることも見えている．実際，直鎖のポリエンの遷移波長は共役二重結合の数が増加すると長くなる．こ

**表 14・3** 4 種の直鎖ポリエンのアブイニシオ計算とスペクトルデータのまとめ

| | $\Delta E_{\text{HOMO-LUMO}}/\text{eV}$ | $\lambda_{遷移}/\text{nm}$ |
|---|---|---|
| | 18.1 | 163 |
| | 14.5 | 217 |
| | 12.7 | 252 |
| | 11.6 | 304 |

$1\,\text{eV} = 1.602 \times 10^{-19}\,\text{J}$

の傾向を補外すると，直鎖ポリエンが十分長くなると，電磁スペクトルの可視領域の光を吸収するようになると考えられる．実際 β-カロテン（12・7 節の構造 **1**）では光の吸収は $\lambda = 450\,\text{nm}$ で起こる．β-カロテンが可視光を吸収する能力があることは，植物が光合成のために太陽光を取込む作戦の一部として使われている（「インパクト 20・2」を見よ）．

MO 法の計算から反応に関してその内部の仕組みを知る方法が数種ある．たとえば，分子の中で電子の少ない領域が他の分子の電子の多い領域と会合したり反応したりする場合，その領域を視覚に訴えるような静電ポテンシャル面を使うことがある．このような考察は，医薬の候補物質の薬理学的な活性を評価するときに重要である．計算化学は，非常に不安定か寿命が短いために実験で研究できない物質をモデルにできる．この理由から，反応速度を増加させる因子を記述することを念頭に，遷移状態の研究にしばしば使われている．

## チェックリスト

☐ **1** イオン結合は，一方の原子からもう一方の原子へ電子が移動し，できたイオン間に働く引力によって形成される．

☐ **2** 共有結合は，二つの原子が電子対を共有したとき形成される．

☐ **3** ボルン-オッペンハイマーの近似では，原子核のまわりを電子が運動してもその原子核は静止しているとして扱う．

☐ **4** 原子価結合法（VB 法）では，一方の原子の原子オービタルを占める電子のスピンが，もう一方の原子の原子オービタルの電子のスピンと対をつくるとき，そこに結合が形成されると考える．

☐ **5** 核間軸のまわりに円柱対称をもつ VB 波動関数は σ 結合である．

☐ **6** π 結合は，二つの p オービタルが互いに横向きに接近して合体し，両者の電子が対をつくることによってできる．

☐ **7** 混成オービタルは，同じ原子の複数の原子オービタルが混合したものである．VB 法では，混成を使って分子の形と合っているかを調べる．

☐ **8** 共鳴は，原子核がつくる同じ骨格構造において，異なる電子分布を表す波動関数の重ね合わせである．

☐ **9** 分子軌道法（MO 法）では，電子は分子全体に広がっているとして扱う．

---

1) zwitterion

□ 10 結合性オービタルは，占有されると2原子間の結合が強くなる分子オービタルである．
□ 11 反結合性オービタルは，占有されると2原子間の結合が弱くなる分子オービタルである．
□ 12 構成原理は，分子オービタルのエネルギー準位図に基づいて分子の電子配置を組立てる手順を示している．
□ 13 分子オービタルを組立てるときは，似たエネルギーをもち，核間軸のまわりに同じ対称性をもつ原子オービタルの組合わせを考えるだけでよい．
□ 14 元素の電気陰性度とは，その原子が化合物の一部であるとき自分自身に電子を引きつける能力である．
□ 15 異種原子間の結合では，電気陰性度の高い原子に属する原子オービタルほど，エネルギーの最も低い分子オービタルに寄与する度合いが大きい．エネルギーの最も高い分子オービタルには，電気陰性度の低い原子に属する原子オービタルが主として寄与する．
□ 16 ヒュッケル法は，π電子系の分子オービタルを扱う単純な方法である．炭化水素を扱う場合は，混成に参加していないC2pオービタルの一次結合をつくる．
□ 17 つじつまの合う場(SCF)の手続きでは，分子オービタルの構成について，はじめは大まかな想定から出発し，循環計算しても解が変化しなくなるまで改良していく．
□ 18 電子構造を求める半経験的方法では，目的とする実験値と一致するように選んだパラメーターを使ってシュレーディンガー方程式を書く．
□ 19 アブイニシオ法は，第一原理から構造を計算するものである．

## 重要な式の一覧

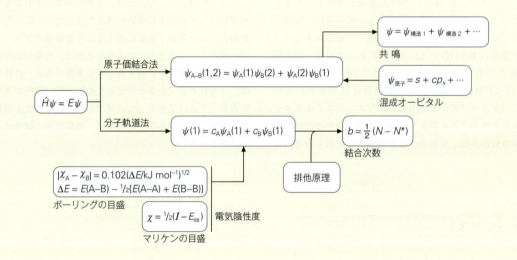

## 問題と演習

### 文章問題

14·1 原子価結合(VB)法と分子軌道(MO)法に組込まれている近似を比較せよ．

14·2 $sp^3$, $sp^2$, $sp$ 混成オービタルをつくる手順を説明せよ．

14·3 ふつうのタイプの結合がMO法によってどう表せるかを説明せよ．

14·4 化学結合の理論で，電子対がきわめて重要な概念である理由を説明せよ．

14·5 ポーリングとマリケンの電気陰性度目盛の違いを述べよ．

14·6 オービタルの重なりが化学結合の強さを表す指標になるのはなぜか．指標にならない場合があるのはなぜか．

14·7 炭化水素を扱うときヒュッケル法で使う近似は何か．それが使えるのはなぜか．

14·8 電子構造を求めるための半経験的方法とアブイニシオ法の違いを説明せよ．

## 演習問題

**14·1** つぎのモースポテンシャルエネルギー関数を使えば，

$$V(R) = D_e\{1 - e^{-a(R - R_e)}\}^2$$

二原子分子のポテンシャルエネルギー $V$ が，その核間距離 $R$ でどう変化するかを表せる．代表的なパラメーターの値として，$D_e = 50\ kJ\ mol^{-1}$，$R_e = 0.30\ nm$，$a = 0.18\ nm^{-1}$ を使って，この関数のおよその形を描け．これら三つのパラメーターの意味について説明せよ．

**14·2** 2個の水素原子核が $H_2$ における距離（74.1 pm）だけ離れているときのクーロン反発エネルギーを計算し，その答を $kJ\ mol^{-1}$ の単位で表せ．このエネルギーは，結合をつくるときの電子に起因する引力のエネルギーでもある．

**14·3** ある分子の $C-H$ グループの結合について，その VB 波動関数を書け．

**14·4** $P_2$ 分子の VB 波動関数を書け．$P_4$ 分子の方がリン分子の安定形なのはなぜか．

**14·5** 窒素分子の VB 波動関数を書け．

**14·6** $SO_2$ の VB 波動関数を，その結合形成に使っている S 原子のオービタルを用いて表せ．VB 法に基づいて，$SO_2$ が直線形か屈曲形かを予測せよ．

**14·7** $CH_4$ の炭素原子の混成オービタル $h$ に基づいて，この分子の VB 波動関数を書け．

**14·8** 視覚の色素レチナールの構造を (**8**) に示す．各原子についてその混成状態を示し，タイプの異なる結合についてその構成を説明せよ．

**8** 11-*cis*-レチナール

**14·9** ナフタレン $C_{10}H_8$ の共鳴構造に参加する非イオン構造を三つ書け．

**14·10** ある規格化した VB 波動関数は $\psi = 0.889\,\psi_{共有} + 0.458\,\psi_{イオン}$ で表せる．この分子を 1000 回観測したとき，この結合に関与する両電子が一方の原子に見いだされるチャンスは何回あるか．

**14·11** ベンゼンはふつう二つのケクレ構造[1]の共鳴混成とみなされるが，ほかにも寄与しうる構造がある．共有 π 結合だけからなる（隣接しない C 原子間の結合も許す）他の 3 個の構造を書け．また，イオン結合が一つある構造 2 個を書け．この分子を単純に表すときは，これらの構造を

無視してよいのはなぜか．

**14·12** 箱の中の粒子の波動関数のうち最初の 4 個の準位について，そのパリティ（g, u）を示せ．

**14·13** (a) 調和振動子の最初の 4 個の準位の波動関数のパリティを示せ．(b) そのパリティは量子数 $v$ を使ってどのように表せるか．

**14·14** ナフタレンの π 電子分子オービタルが，二次元の長方形の箱の中の粒子の波動関数で表されるとしよう．このとき占有されているオービタルのパリティを書け．

**14·15** 隣接する原子間の p オービタルと d オービタルが結合性および反結合性の分子オービタルを形成できるような，いろいろな配向を示す図を描け．

**14·16** 二つの隣接する原子の f オービタルからつくれる結合性および反結合性の "φオービタル" の形を予測せよ．そのパリティはどうか．

**14·17** つぎの化学種を結合長が増加する順に並べよ．$F_2^-$，$F_2, F_2^+$．それぞれの結合次数はいくらか．

**14·18** つぎの化学種を結合長が増加する順に並べよ．$O_2^+$，$O_2, O_2^-, O_2^{2-}$．それぞれの結合次数はいくらか．

**14·19** つぎの化学種の基底状態の電子配置を記せ．(a) $H_2^-$，(b) $Li_2$，(c) $Be_2$，(d) $C_2$，(e) $N_2$，(f) $O_2$．

**14·20** $B_2$ と $C_2$ の基底状態の電子配置から，どちらの結合解離エネルギーが大きいかを予測せよ．

**14·21** s, p, d, f オービタルすべてが結合形成に重要である二原子分子があるとき，分子オービタルは何個できるか．

**14·22** つぎのうちのパリティが定義できるものについて，そのパリティを示せ．(a) $F_2$ の $2\pi^*$，(b) NO の $2\sigma$，(c) $Tl_2$ の $1\delta$，(d) $Fe_2$ の $2\delta^*$．

**14·23** 化学反応には，二原子分子との間で電子移動が起こってから進行するものがある．$N_2$, NO, $O_2$, $C_2$, $F_2$, CN のうち，(a) 電子を付加して $AB^-$ となる (b) 電子を失って $AB^+$ となることで安定になる分子はどれか．

**14·24** 人類の繁栄にとって重要な二原子分子に NO と $N_2$ がある．前者は汚染物質であり神経伝達物質でもある．後者はタンパク質などの生体分子にとって究極の窒素源である．NO と $N_2$ の電子配置から，結合長はどちらが短いかを予測せよ．

**14·25** 生命現象を推進するか阻害するかという点で，生物学的に重要な三つの二原子分子種がある．(a) CO，(b) NO，(c) $CN^-$．CO はヘモグロビンに結合する．NO は神経伝達物質であり，$CN^-$ は呼吸の電子伝達鎖を切断する．これらの生化学的な活性は，そのオービタル構造の現れである．それぞれの基底状態の電子配置を書け．異核二原子分子のエネルギー準位図は，第一近似では等核二原子分子とだいたい同じと考えてよい．

**14·26** 貴ガスの化合物が存在することは驚きをもって迎

---

1) Kekulé structure

えられ，多くの理論研究を生んだ．XeF の分子オービタルのエネルギー準位図を描き，その基底状態の電子配置を書け．XeF の結合長は XeF$^+$ より短いか．

**14·27** (a) エテン，(b) エチン には混成による $CH_2$ 基や CH 基がある．それぞれについて，分子オービタルのエネルギー準位図をつくれ．

**14·28** (a) P–H，(b) B–H の結合の極性を予測せよ．

**14·29** ベンゼンの 6 個の π オービタルのパリティを示せ（図 14·37 を見よ）．

**14·30** 草木の色は，共役 π 電子系の電子遷移によるものが多い．<u>自由電子分子オービタル</u>[1]（FEMO）理論では，共役分子の電子は長さ $L$ の箱の中の独立な粒子として扱う．(a) ブタジエンについて，このモデルで推定される二つの占有されたオービタルの形を描き，この分子の最小励起エネルギーを予測せよ．(b) たいていの場合，箱の両端に結合長の半分の長さを余分に加える．したがって，テトラエン $CH_2=CHCH=CHCH=CHCH=CH_2$ は長さ $8R$ の箱として扱える．ここで，$R = 140\,pm$ である．この分子の最小励起エネルギーを計算し，その HOMO と LUMO の図を描け．

**14·31** 共役分子の FEMO 理論（演習問題 14·30）はかなり粗いものであって，単純ヒュッケル法を使った方がよい結果が得られる．(a) $N$ 個の炭素原子のおのおのが 2p オービタルの電子を 1 個提供するする直鎖共役ポリエンでは，できあがった π 分子オービタルのエネルギー $E_k$ は次式で与えられる．

$$E_k = \alpha + 2\beta\cos\frac{k\pi}{N+1} \qquad k = 1, 2, 3, \cdots, N$$

この式を使って，エテン，ブタジエン，ヘキサトリエン，オクタテトラエンからなる同族系列における**共鳴積分**[2] $\beta$ のまずまずの経験的な推定値を求めよ．ただし，結合性 π オービタルの HOMO から反結合性 π$^*$ オービタルの LUMO への紫外吸収は，それぞれの分子について 61 500，46 080，39 750，32 900 $cm^{-1}$ にある．(b) オクタテトラエンの π 電子非局在化エネルギー，$E_{非局在} = E_\pi - n(\alpha + \beta)$ を計算せよ．ここで，$E_\pi$ は全 π 電子結合エネルギー，$n$ は π 電子の総数である．

**14·32** $N$ 個の炭素原子それぞれが 2p オービタルの電子を 1 個ずつ提供している単環式共役ポリエン（シクロブタジエンやベンゼンなど）について，単純ヒュッケル法で得られる π 分子オービタルのエネルギー $E_k$ は次式で与えられる．

$$E_k = \alpha + 2\beta\cos\frac{2k\pi}{N}$$

$k = 0, \pm1, \pm2, \pm3, \cdots, \pm N/2$ （$N$ が偶数のとき）

$k = 0, \pm1, \pm2, \cdots, \pm(N-1)/2$ （$N$ が奇数のとき）

(a) ベンゼンとシクロオクタエンの π 分子オービタルのエネルギーを計算せよ．縮退したエネルギー準位は存在するか．(b) 演習問題 14·31 の式を使って，ベンゼンとヘキサトリエンの非局在化エネルギーを計算し，両者を比較せよ．その結果から，どんな結論が得られるか．(c) シクロオクタエンとオクタテトラエンの非局在化エネルギーを計算して比べよ．この 2 種の分子について得られた結論は，(b) の 2 種の分子についてのものと同じか．

**14·33** (a) ベンゼンアニオン，(b) ベンゼンカチオンの電子配置を予測せよ．それぞれについて π 結合エネルギーを求めよ．

## プロジェクト問題

記号 ‡ は微積分の計算が必要なことを示す．

**14·34 ‡** ここでは混成オービタルを定量的にもっと詳しく調べよう．二つの関数の積の積分が 0 のとき，両関数は互いに直交しているという．(a) 二つのオービタル $h_1 = s + p_x + p_y + p_z$ と $h_2 = s - p_x - p_y + p_z$ は互いに直交していることを示せ．原子オービタルはそれぞれ 1 に規格化されている．また，(i) s と p のオービタルは互いに直交していること，(ii) 互いに直角な p オービタルは直交していることに注目せよ．(b) $s$ と $p$ がそれぞれ 1 に規格化されていれば，sp$^2$ 混成オービタル $(s + 2^{1/2}p)/3^{1/2}$ も 1 に規格化されていることを示せ．(c) 上の (b) の混成オービタルと直交するもう 1 個の sp$^2$ 混成オービタルを見いだせ．

**14·35 ‡** 重なりを無視すれば，(a) 2 個の原子オービタルの一次結合で表される任意の分子オービタルは $\psi = \psi_A\cos\theta + \psi_B\sin\theta$ と書けることを示せ．$\theta$ は 0 と π/2 の間で変化するパラメーターである．(b) もし，$\psi_A$ と $\psi_B$ が直交し，どちらも 1 に規格化されていれば，$\psi$ も 1 に規格化されていることを示せ．(c) 等核二原子分子の結合性オービタルと反結合性オービタルは，それぞれどんな $\theta$ の値に対応するか．

**14·36 ‡** オービタルの重なりと重なり積分について詳しく調べよう．(a) 計算をせずに，H1s オービタルと 2p オービタルの重なりが，両者の間隔にどのように依存するかを予想して図示せよ．(b) 距離 $R$ だけ離れた二つの原子核の H1s オービタルと H2p オービタルの間の重なり積分は，$S = (R/a_0)\{1 + (R/a_0) + \frac{1}{3}(R/a_0)^2\}e^{-R/a_0}$ である．この関数をプロットし，重なりが最大になる核間距離を求めよ．(c) 分子オービタルが $N(0.245A + 0.644B)$ で表せるとしよう．$A$ と $B$ のオービタルの一次結合で，この一次結合と重ならない（つまり，直交する）ものを見いだせ．(d) 波動関数 $\psi = \psi_{共有} + \lambda\psi_{イオン}$ を規格化せよ．ただ

---

1) free-electron molecular orbital　2) resonance integral

し，$\lambda$ および共有型とイオン型の波動関数の間の重なり積分 $S$ はパラメーターである．

**14·37** 計算化学のソフトウエアを使って，ピリジン $C_6H_5N$ の結合について調べよう．(a) 選択したソフトウエアもしくは推奨のソフトウエアで使えるいろいろな方法を用いて，最高被占分子オービタルと最低空分子オービタルの形とエネルギーを求めよ．(b) これから，HOMO-LUMO 遷移の波長を求めよ．いろいろな計算手法で得られた値と，352 nm に最大吸収を示すピリジンの実測の可視スペクトルを比較せよ．(c) いろいろな方法を使って，気相でのピリジンの生成エンタルピーを計算せよ．その計算値は，298 K での実測値 140.2 kJ mol$^{-1}$ と合っているか．

# 15

# 分 子 間 相 互 作 用

ファンデルワールス相互作用

15·1 部分電荷の間の相互作用

15·2 電気双極子モーメント

15·3 双極子間の相互作用

15·4 誘起双極子モーメント

15·5 分散相互作用

全相互作用

15·6 水素結合

15·7 疎水効果

15·8 全相互作用のモデル化

分子運動と相互作用

チェックリスト

重要な式の一覧

問題と演習

　原子価殻が満員の原子や分子で，その原子価がすべて満たされていても，なお互いに引力を及ぼすことができる．原子直径の数倍程度の距離まで引き合うし，もっと押し付ければ反発する．これらの"残り物"の力が実は非常に重要である．たとえば，これによって気体が凝縮して液体になることや分子結晶の構造を説明することができる．有機液体や固体，ベンゼンのような小さな分子からほとんど無限大のセルロースや織物をつくる高分子に至るまですべてが，この章で説明する引力でつくられ，それによって互いに結びつけられている．これはまた，生体高分子が構造組織をもつ原因でもあって，ポリペプチド，ポリヌクレオチド，脂質などの構造成分を結び，その生理機能を発現するのに本質的に重要な並び方をつくり出す力である．

　この章では分子間相互作用の基礎理論を説明し，それが液体の性質に対してどんな働きをしているかを調べる．次章ではその同じ相互作用が**巨大分子**[1]や分子集団の性質にどんな寄与をしているかを調べることにする．本章の内容はクーロンの法則に基づくのがほとんどである（「必須のツール 9·1」および「基本概念 0·9」参照）．

## ファンデルワールス相互作用

　分子間または分子内（たとえば巨大分子の分子内）の相互作用には極性分子，非極性分子，さらには官能基がもつ部分電荷の間の引力と反発力の相互作用，および原子核の密度くらいに高い密度まで物質が完全に押しつぶされるのを防いでいる反発相互作用などがある．この反発相互作用は閉殻分子種のオービタルが重なる領域から電子が排除されることから生じるものである．これらの相互作用を**ファンデルワールス相互作用**[2]というが，これには共有結合とイオン結合をつくっている相互作用は含めない．ファン

---

1) macromolecule. 高分子ともいう.

2) van der Waals interaction

デルワールスの引力相互作用から生じるポテンシャルエネルギーは，ふつう分子間または官能基間の距離の6乗に反比例する．分子間の力はもう一つ高次のべきに反比例するから，ポテンシャルエネルギーが距離の6乗に反比例するファンデルワールス相互作用は，距離の7乗に反比例する力に対応する．このことを「式の導出12・3」の式 $F = -dV/dr$ を使って確かめておこう．ここで，$V(r)$ はポテンシャルエネルギーであり，

$$V(r) = -\frac{C}{r^6} \quad (15 \cdot 1)$$

と書けば，これに対応する力は次式で表される．

$$F(r) = -\frac{dV(r)}{dr} = -\frac{d}{dr}\left(-\frac{C}{r^6}\right) = -\frac{6C}{r^7}$$

($dx^n/dx = nx^{n-1}$, $n = -6$)

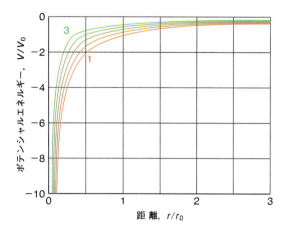

図15・1　2個の電荷間のクーロンポテンシャルエネルギーとその距離依存性．ここで，$V_0 = -Q_1 Q_2 / 4\pi\varepsilon_0 r_0$ である．曲線は比誘電率の値の違う場合に対応する（1は真空，3はある液体）．

## 15・1　部分電荷の間の相互作用

分子内の原子には一般に部分電荷がある．表15・1にはペプチドでよく見られる部分電荷を示してある．部分電荷の間は，クーロンの法則に従って互いに引き合ったり反発し合ったりする（このときのポテンシャルエネルギー $E_p$ を，ここでは $V$ で表すことにする）．真空中ではこれを，

$$V(r) = \frac{Q_1 Q_2}{4\pi\varepsilon_0 r} \quad (15 \cdot 2a)$$

（部分電荷間の相互作用）

と書く．$Q_1$ と $Q_2$ は部分電荷，$r$ はその間の距離である．しかし，分子の他の部分やまたは他の分子がこの二つの電荷の間に割り込んで相互作用を弱める可能性を考慮に入れる必要がある．この非常に複雑な効果を取込む最も簡単な方法は，媒質を一様な物質として扱い，

$$V(r) = \frac{Q_1 Q_2}{4\pi\varepsilon r} \quad (15 \cdot 2b)$$

と書くことである．$\varepsilon$ は電荷の間にある媒質の**誘電率**[1]である（「必須のツール9・1」を見よ）．誘電率が大きいと，二つの電荷の間の相互作用の強さが媒質によって減殺され

る．「必須のツール」で説明したように，誘電率は真空の誘電率の倍数のかたちで表すのが普通で，$\varepsilon = \varepsilon_r \varepsilon_0$ と書く．この無次元の量 $\varepsilon_r$ を**比誘電率**[†1]という．媒質の影響は非常に大きいことがある．水では25℃で $\varepsilon_r = 78$ なので2個の電荷の間に液体の水が入り込んだときのポテンシャルエネルギーは，真空中の場合に比べてほとんど2桁も小さくなってしまう（図15・1）．ポリペプチドや核酸の計算では，二つの部分電荷の間に水や生体高分子鎖が入り込むかもしれないので，この問題はもっと深刻である．この効果を取入れるためにいろいろなモデルが提案されたが，最も簡単なのは $\varepsilon_r = 3.5$ とおいて，うまくいくことを願うわけである．

## 15・2　電気双極子モーメント

いま考えている分子や基が遠く離れていれば，その間の相互作用を表すのに，原子の部分電荷を扱うより，電荷分布に伴う双極子モーメントで表すほうが簡単であることがわかる．最も単純な場合の**電気双極子**[2]は，距離 $l$ 離れた2個の電荷 $+Q$ と $-Q$ から成るものである．このときの積 $Ql$ を**電気双極子モーメント**[3] $\mu$ という．双極子モーメントは，$\mu$ に比例する長さで負電荷から正電荷に向かう矢印（**1**）で表す（この向きの約束には注意が必要で，歴史的な事情から反対の表し方がまだ広く使われている）．

表15・1　ポリペプチドの部分電荷

| 原　子 | 部分電荷/$e$ |
|---|---|
| C(=O) | +0.45 |
| C(-CO) | +0.06 |
| H(-C) | +0.02 |
| H(-N) | +0.18 |
| H(-O) | +0.42 |
| N | -0.36 |
| O | -0.38 |

$+Q$　　$l$　　$-Q$
**1**

---

†1　relative permittivity．相対誘電率ともいう．dielectric constant（これの訳語は誘電率）という名称もまだ広く使われている．
1) permittivity　2) electric dipole　3) electric dipole moment

双極子モーメントは電荷（クーロン単位，C）と長さ（メートル単位，m）の積であるから，双極子モーメントのSI単位はC mである．しかし，双極子モーメントを**デバイ**[1]（D）単位で表すほうがずっと便利なことが多い．すなわち，

$$1\,\mathrm{D} = 3.33564 \times 10^{-30}\,\mathrm{C\,m}$$　　デバイ（単位）の定義

の関係がある．こうすればいろいろな分子の実験値が1Dに近い値で表せるからである（表15·2）．この単位の名称は分子の双極子モーメントの研究の先駆者であるオランダのデバイ[2]に因んだものである．電荷$+e$と$-e$が代表的な化学結合距離100 pm離れているとき，その双極子モーメントは$1.6 \times 10^{-29}$ C mであり，これは4.8 Dに相当する．小さな分子の双極子モーメントの値はこれより小さく，約1Dであるから，単純な分子では電荷の分離は部分的なものであることがわかる．

**極性分子**[3]には，原子の部分電荷（14·11節）から生じる永久電気双極子モーメントがある．**無極性分子**[4]に永久電気双極子モーメントはない．異核二原子分子は，2個の原子の電気陰性度の差から，0でない部分電荷を生じるので極性分子である．双極子モーメントの代表的な値は，HClの1.08 DやHIの0.42 Dなどである（表15·2）．

**表15·2** 双極子モーメント（$\mu$），平均分極率（$\alpha$），分極率体積（$\alpha'$）

|  | $\mu$/D | $\alpha/(10^{-40}\,\mathrm{J^{-1}C^2m^2})$ | $\alpha'/(10^{-30}\,\mathrm{m}^3)$ |
|---|---|---|---|
| Ar | 0 | 1.85 | 1.66 |
| CCl$_4$ | 0 | 11.7 | 10.3 |
| C$_6$H$_6$ | 0 | 11.6 | 10.4 |
| H$_2$ | 0 | 0.911 | 0.819 |
| H$_2$O | 1.85 | 1.65 | 1.48 |
| NH$_3$ | 1.47 | 2.47 | 2.22 |
| HCl | 1.08 | 2.93 | 2.63 |
| HBr | 0.80 | 4.01 | 3.61 |
| HI | 0.42 | 6.06 | 5.45 |

きわめて粗い近似であるが，双極子モーメントと二つの原子のポーリングの電気陰性度（表14·2）の差$\Delta\chi$との間には，つぎの関係がある．

$$\mu/\mathrm{D} \approx \chi_\mathrm{A} - \chi_\mathrm{B} = \Delta\chi \quad (15\cdot3)$$
双極子モーメントと電気陰性度の差の関係

● **簡単な例示 15·1** 双極子モーメントと電気陰性度
　水素と臭素の電気陰性度はそれぞれ2.20，2.96である．この差は0.76であるから，HBrの電気双極子モーメントは0.76 Dと予測される．実験値は0.80 Dである．■

**自習問題 15·1**
ある有機分子の断片C–Hの双極子モーメントを求めよ．どちらの原子が負の端か．［答：$\mu = 0.35$ D，C原子］

電気陰性度の大きい原子の方が電子を強くひきつけるから，双極子の負の端になるのが普通である．しかし，例外もあり，反結合性オービタルが占められているときは特にそうである．たとえば，COの双極子モーメントはごく小さいが（0.12 D），電気陰性度はO原子の方が大きいにも関わらず双極子の負の端はC原子の側にある．これはパラドックスのように思われるが，COでは反結合性オービタルが占有されていること（図14·33を見よ）を考えれば解決できる．反結合性オービタルに入った電子は，電気陰性度の小さな原子の近くで見いだされる確率が高いから，その原子に負の部分電荷を与える．この寄与が，結合性オービタルに入った電子からの反対向きの寄与より大きければ，その正味の効果は電気陰性度の<u>小さい方</u>の原子に小さな負の部分電荷をつくることになる．

ある多原子分子が極性かどうかを判定するのに，分子の対称性は最も重要な性質である．実はこれは分子内の二つの原子が同じ元素かどうかよりも重要なくらいである．等核多原子分子の対称性が低く，原子が互いに非等価の位置を占めていれば，その分子は極性になる．たとえば，屈曲形の分子オゾンO$_3$（**2**）は等核分子であるが，中央のO原子が他の2個の原子と違う（結合する相手が2個か1個か）ので極性である．また，各結合にある双極子モーメントは互いに角度をもっているので打ち消しあわない．異核多原子分子でも対称性が高ければ結合双極子が消しあって無極性になる場合がある．たとえば，直線形三原子分子CO$_2$（**3**）では，この3原子すべてに部分電荷があるけれども，OC結合の双極子がCO結合の双極子と向きが反対で消しあうために無極性である．

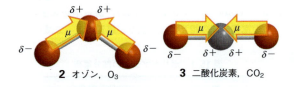

**2** オゾン，O$_3$　　**3** 二酸化炭素，CO$_2$

**例題 15·1** 分子の極性の調べ方

ClF$_3$分子は極性か，それとも無極性か．

**解法**　まず，結合そのものが極性かどうかを調べる．結合に極性がなければ分子は無極性である．（電気陰性度の差を参考にするのはよいが，あまり信頼できない．それは，同じ元素でも原子が非等価な位置にあれば，部分電荷は異

---

1) debye　2) Peter Debye　3) polar molecule　4) nonpolar molecule

なるからである.) 次に, VSEPR 理論（「必須のツール 14·2」を見よ）を使って分子の形を求め, 結合双極子が打ち消しあうかどうかを判定する. もし, 完全に打ち消しあえば（正四面体形分子のように）その分子は無極性である. もし, 打ち消しあわなければ分子は極性である.

**解答**　Cl と F の電気陰性度は, それぞれ 3.16 と 3.98 であるから, Cl-F 結合には約 0.8 D の双極子モーメントがある. VSEPR 理論を適用するのにルイス構造 (**4**) に注目すれば, 中心原子には電子密度の高い領域が 5 カ所ある（結合が 3 個と孤立電子対が 2 個）から, それらは三方両錐形 (**5**) に配置されるだろう. 孤立電子対 2 個がエクアトリアルの位置を占めることで互いが少し離れれば, その間の反発を最小限に抑えられる. 残りの三つの位置を 3 個の F 原子が占めれば, 分子は T 字形 (**6**) になる. この配置ではこれら 3 個の結合双極子モーメントは打ち消しあわないから, この分子は極性である.

**自習問題 15·2**

$SF_4$ 分子は極性か.　　　　　　　　　　　　　[答: 極性]

---

第一近似として, 多原子分子の双極子モーメントを, 分子を構成しているさまざまな原子団の双極子モーメントの大きさと向きの寄与に分解することはできる（図 15·2）. たとえば 1,4-ジクロロベンゼンでは, C-Cl による二つのモーメントの大きさが等しく, 逆向きに相殺するような対称性があるため（二酸化炭素とまったく同様に）無極性である. しかし, 1,2-ジクロロベンゼンは双極子モーメントをもち, それは二つのクロロベンゼンの双極子モーメントが 60°の角度をなして並んだ結果できた合成双極子

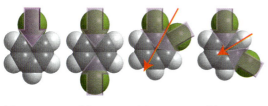

(a) $\mu_{obs} = 1.57$ D　(b) $\mu_{calc} = 0$　(c) $\mu_{calc} = 2.7$ D　(d) $\mu_{calc} = 1.6$ D
　　　　　　　　　　　$\mu_{obs} = 0$　　$\mu_{obs} = 2.25$ D　$\mu_{obs} = 1.48$ D

**図 15·2**　ジクロロベンゼンのいろいろな異性体の双極子モーメントは, クロロベンゼンの双極子モーメント (1.57 D) の 2 個のベクトル和で近似的に得られる.

モーメントにほぼ等しい. この"ベクトル加算"（「必須のツール 13·1」を見よ）の方法は, 一連の関連分子に応用して, かなりうまくいくことがわかっており, 互いに $\theta$ の角度をなすように置いた二つの双極子モーメント $\mu_1$ と $\mu_2$ の合成モーメント $\mu_{合成}$ (**7**) は,

$$\mu_{合成} \approx (\mu_1^2 + \mu_2^2 + 2\mu_1\mu_2 \cos\theta)^{1/2} \quad (15·4)$$

でだいたい表される（「必須のツール 13·1」を見よ）. 双極子モーメントは, 厳密には加成性がないから, この式は正確なものではない.

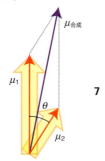

● **簡単な例示 15·2　合成双極子モーメント**

オルト (1,2-) とメタ (1,3-) の 2 置換ベンゼンの電気双極子モーメントの比を求めるときは, オルト異性体では $\theta = 60°$, メタ異性体では $\theta = 120°$ であることに注目する. C-R のグループ双極子モーメントは同じであるから, 両置換体について (15·4) 式を $\mu_{合成} = 2^{1/2}\mu(1 + \cos\theta)^{1/2}$ としてから使う. このとき, 求める比はつぎの値になる.

$$\frac{\mu(オルト)}{\mu(メタ)} = \frac{2^{1/2}\mu(1+\cos 60°)^{1/2}}{2^{1/2}\mu(1+\cos 120°)^{1/2}} = 1.7$$

**自習問題 15·3**

O-H の結合双極子モーメントは約 1.4 D である. $H_2O_2$ 分子の双極子モーメントを求めよ. ただし, 二つの O-H 結合は互いに 90°の角度をなしており, 両者は O-O 結合とも 90°にある.　　　　　　　　　　　[答: 2.0 D]

---

双極子モーメントを計算するもっとよい方法は, 全部の原子について, ある部分電荷の位置と大きさを考慮することである. このような部分電荷は多くの分子構造関係のソフトウエアの出力に含まれている. 実際これらのプログラムでは, つぎに説明する仕方で分子の双極子モーメントを計算している. 電気双極子モーメントはベクトル量 $\boldsymbol{\mu}$ で 3 個の成分 $\mu_x$, $\mu_y$, $\mu_z$ (**8**) がある. $\boldsymbol{\mu}$ の向きは分子内の双極子の向きを示し, その長さは双極子モーメントの大きさ $\mu$ を示す. 一般に, ベクトルの大きさと成分の間には,

$$\mu = (\mu_x^2 + \mu_y^2 + \mu_z^2)^{1/2} \quad (15·5a)$$

の関係がある．$\mu$ を計算するためには，この3成分を計算して，それを上の式に代入する必要がある．たとえば，$x$ 成分を計算するには，まず各原子にある部分電荷を知り，分子内のある1点を基準にしたその原子の $x$ 座標を知って，

$$\mu_x = \sum_J Q_J x_J \quad (15 \cdot 5b)$$

の和をとればよい．$Q_J$ は原子 J の部分電荷，$x_J$ は原子 J の $x$ 座標である．この和は分子内のすべての原子についてとる．$y$ 成分と $z$ 成分についても同様な式ができる．電気的に中性な分子では座標の原点はどこにとってもよいので，測りやすいところにおけばよい．

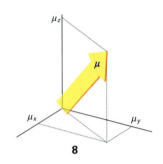

**8**

### 例題 15・2　分子の双極子モーメントの計算

表 15・1 の部分電荷（$e$ を単位として）と（**9**）に示した原子位置を使って，ペプチドグループの電気双極子モーメントを計算せよ [†2]．

(182, −87, 0) H +0.18
(132, 0, 0) N −0.36
C (0, 0, 0) +0.45
O (−62, 107, 0) −0.38

**9**

**解法**　(15・5b) 式を使って双極子モーメントの各成分を計算し，つぎに (15・5a) 式を使って3成分を双極子モーメントの大きさにまとめる．部分電荷は電気素量 $e = 1.602 \times 10^{-19}$ C を単位として表す．

**解答**　$\mu_x$ の式は，

$$\mu_x = (-0.36e) \times (132 \text{ pm}) + (0.45e) \times (0 \text{ pm})$$
$$+ (0.18e) \times (182 \text{ pm}) + (-0.38e) \times (-62 \text{ pm})$$
$$= 8.8e \text{ pm}$$
$$= 8.8 \times (1.602 \times 10^{-19} \text{ C}) \times (10^{-12} \text{ m})$$
$$= 1.4 \times 10^{-30} \text{ C m}$$

となる．これは $\mu_x = +0.42$ D に相当する．$\mu_y$ の式は，

$$\mu_y = (-0.36e) \times (0 \text{ pm}) + (0.45e) \times (0 \text{ pm})$$
$$+ (0.18e) \times (-87 \text{ pm}) + (-0.38e) \times (107 \text{ pm})$$
$$= -56e \text{ pm} = -9.0 \times 10^{-30} \text{ C m}$$

で $\mu_y = -2.7$ D が得られる．$\mu_z = 0$ であるから，

$$\mu = \{(0.42 \text{ D})^2 + (-2.7 \text{ D})^2\}^{1/2} = 2.7 \text{ D}$$

である．双極子モーメントの向きは長さが 2.7 単位の矢印を，$x, y, z$ 成分が 0.42, −2.7, 0 単位になるようにおけば求められる．この向きを（**9**）に重ね書きして示した．

### 自習問題 15・4

メタナール（**10**）に与えた情報から，その電気双極子モーメントを計算せよ．

(0, 118, 0) O −0.28
C (0, 0, 0) +0.14
(−94, −61, 0) H +0.07
(94, −61, 0) H +0.07

**10**

[答：2.0 D]

## 15・3　双極子間の相互作用

電荷 $Q_2$ が存在するときの双極子 $\mu_1$ のポテンシャルエネルギーを，双極子の2個の部分電荷とその電荷 $Q_2$ との相互作用（一つは反発力，他方は引力）を考慮して計算できる．つぎの「式の導出」に示すように，（**11**）の配置については次式が得られる [†3]．

$$V(r) = -\frac{\mu_1 Q_2}{4\pi\varepsilon_0 r^2} \quad \begin{array}{l}\text{電荷-双極子}\\\text{相互作用}\end{array} \quad (15 \cdot 6a)$$

$+Q_1 \xleftarrow{\quad l \quad} -Q_1 \quad\quad\quad +Q_2$
$\xleftarrow{\quad\quad r \quad\quad}$

**11**

### 式の導出 15・1　電荷と双極子の相互作用

電荷と双極子が一直線上にある場合（**11**）には，ポテンシャルエネルギーは，

$$V(r) = \underbrace{\frac{Q_1 Q_2}{4\pi\varepsilon_0 (r+\tfrac{1}{2}l)}}_{+Q_1 と +Q_2 の間の反発} - \underbrace{\frac{Q_1 Q_2}{4\pi\varepsilon_0 (r-\tfrac{1}{2}l)}}_{-Q_1 と +Q_2 の間の引力}$$

$$= \frac{Q_1 Q_2}{4\pi\varepsilon_0 r\left(1+\dfrac{l}{2r}\right)} - \frac{Q_1 Q_2}{4\pi\varepsilon_0 r\left(1-\dfrac{l}{2r}\right)}$$

---

[†2] 訳注：（**9**）は完全な分子でなく，部分電荷の和が 0 でないので，この部分だけの双極子モーメントを (15・5b) 式から求めるのは適当でない．完全な分子ならばこの計算法でよい．

[†3] 訳注：ここでは考えやすくするために，$Q_1 > 0$, $Q_2 > 0$ として式を導出している．$Q_1 < 0$ のときは $\mu_1 < 0$（双極子が逆向き）とすれば $Q_2$ の符号によらず同じ式が使える．

である．次に，双極子内の電荷の間隔が電荷 $+Q_2$ への距離よりもずっと小さく $l/2r \ll 1$ であるとする．この場合は，

$$\frac{1}{1+x} \approx 1-x \qquad \frac{1}{1-x} \approx 1+x$$

が使えるから（「必須のツール 6・1」を見よ），

$$V(r) \approx \frac{Q_1 Q_2}{4\pi\varepsilon_0 r}\left\{\left(1-\frac{l}{2r}\right)-\left(1+\frac{l}{2r}\right)\right\}$$

$$= -\frac{Q_1 Q_2 l}{4\pi\varepsilon_0 r^2}$$

と書ける．$Q_1 l = \mu_1$ で，これは分子1の双極子モーメントであるから (15・6a) 式が得られる．

つぎの (**12**) に示すような一般の向きについて同様な計算をすると次式が得られる．

$$V(r) = -\frac{\mu_1 Q_2 \cos\theta}{4\pi\varepsilon_0 r^2} \quad \text{電荷-双極子相互作用} \quad (15\cdot 6b)$$

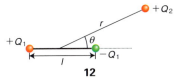

**12**

$Q_1$ と $Q_2$ が同符号であれば，$\theta=0$ ($\cos\theta=1$) のときエネルギーは最低になる．図の配置のときは，双極子の負の部分電荷の方が正の部分電荷よりも点電荷に近いので引力が反発力を上回るからである．この相互作用エネルギーは距離が伸びると急速に減少し，2個の点電荷の場合よりも急である（$1/r$ でなく $1/r^2$ に依存する）．これは，独立な電荷の方から見ると，点双極子[†4] の部分電荷は合体してしまい，距離 $r$ が増加するにつれて打ち消しあうからである．

2個の双極子 $\mu_1$, $\mu_2$ の間の相互作用エネルギーも，(**13**) に示す向きについて，その2個の双極子の4個の電荷全部を考慮して同様に計算できる．その結果[†5] は次式で表される．

$$V(r, \theta) = \frac{\mu_1 \mu_2 (1-3\cos^2\theta)}{4\pi\varepsilon_0 r^3}$$

向きは固定　双極子-双極子相互作用　(15・7)

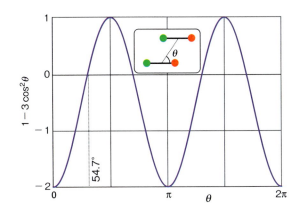

**図 15・3** 向きが互いに平行な2個の電気双極子のポテンシャルエネルギーの角度依存性．

この式の解釈をして，ポテンシャルエネルギーの角度依存性を表す図 15・3 について説明しておこう．

- ポテンシャルエネルギーは (15・6) 式よりも急速に減少する ($1/r^2$ でなく $1/r^3$)．それは，双極子間の間隔が増加するにつれて，どちらの双極子の電荷も合体しているように見えるからである．

- 角度を含む因子は，双極子の相対的な向きが変化するとき，同符号または反対符号の電荷がどのように接近するかを考慮に入れる部分である．

- $\theta=0$ または $180°$ のとき ($1-3\cos^2\theta=-2$ のとき)，反対符号の部分電荷の方が同符号の部分電荷よりも接近するから，エネルギーは最低である．

- $\theta < 54.7°$ ($\cos\theta=(1/3)^{1/2}$ に対応して $1-3\cos^2\theta=0$ となる角度）の向きでは，反対符号の電荷の方が同符号の電荷より近くなるから，ポテンシャルエネルギーは負（引力）になる．

- これに対して，$\theta > 54.7°$ のときは同符号の電荷の方が反対符号の電荷よりも近くなるから，ポテンシャルエネルギーは正（反発）になる．

- $54.7°$ の線上および $180°-54.7°=125.3°$ の線上では二つの引力項と二つの反発項とが打ち消しあうから，ポテンシャルエネルギーは 0 である（**14**）．

**14**

---

†4 訳注：点双極子（point dipole）とは，双極子をつくっている2個の部分電荷の間隔が狭くなって合体した極限の双極子をいう．
†5 (15・7) 式の導出については，"アトキンス物理化学"を見よ．

### ● 簡単な例示 15・3　双極子–双極子相互作用

2個のペプチド結合が1本のポリペプチド鎖の中で互いに 3.0 nm 離れている。$\theta = 180°$ としてモル当たりの双極子相互作用のポテンシャルエネルギーを計算する。$\mu_1 = \mu_2 = 2.7 \, \mathrm{D}$ ($9.0 \times 10^{-30}$ C m に相当) とすれば，

$$V(3.0 \, \mathrm{nm}, 180°)$$

$$= \frac{\overbrace{(9.0 \times 10^{-30} \, \mathrm{C \, m})^2}^{\mu_1\mu_2 = \mu^2} \times \overbrace{(-2)}^{(1-3\cos^2\theta)\,\theta=180°}}{\underbrace{4\pi \times (8.854 \times 10^{-12} \, \mathrm{J^{-1} \, C^2 \, m^{-1}})}_{4\pi\varepsilon_0} \times \underbrace{(3.0 \times 10^{-9} \, \mathrm{m})^3}_{r^3}}$$

$$= \frac{(9.0 \times 10^{-30})^2 \times (-2)}{4\pi \times (8.854 \times 10^{-12}) \times (3.0 \times 10^{-9})^3} \frac{\mathrm{C^2 \, m^2}}{\mathrm{J^{-1} \, C^2 \, m^{-1} \, m^3}}$$

$$= -5.4 \times 10^{-23} \, \mathrm{J}$$

を得る。これは（アボガドロ定数を掛ければ）$-33 \, \mathrm{J \, mol^{-1}}$ に相当する。■

**ノート**　計算の各段階で単位を含めて書くことは，前にも注意したが，重要なことである。そうすれば，単位が互いに消しあうとき，計算を正しく計画し実行していることが確かめられるという効果もある。

分子が完全に自由に回転してしまっている流体（気体または液体）の場合には，引力と反発力のエネルギーが相殺するので，双極子間の相互作用は平均化されて0となる。しかし，別の双極子が近くにあれば，双極子のポテンシャルエネルギーは相対的な向きによるから，実際には気体中でも分子は相互に力を及ぼし，完全に自由に回転することはない。その結果，分子は少しでも低いエネルギーの配置をとろうとして，極性分子間の相互作用は回転していても0にはならない（図15・4）。この平均の相互作用エネルギーの詳しい計算はきわめて煩雑であるが，最終的な答はつぎのように簡単である。

$$V(r) = -\frac{2\mu_1^2 \mu_2^2}{3(4\pi\varepsilon_0)^2 k T r^6} \quad \text{分子は回転}\quad\boxed{\text{双極子–双極子相互作用}} \quad (15 \cdot 8)$$

$k$ はボルツマン定数である。前と同様にこの式を読み解くと，

- 双極子の間の相互作用はファンデルワールス相互作用の一例であって，エネルギーが距離の6乗に反比例して変化する。

- 温度に反比例 ($V \propto 1/T$) することは，温度が高くなれば熱運動が激しくなって，それが双極子間相互の配向効果を上回ることを反映している。

### ● 簡単な例示 15・4　分子が回転しているときの双極子相互作用

$\mu = 1.0 \, \mathrm{D}$ の分子が2個 0.30 nm 離れて回転しているとき，25 ℃ での平均の相互作用エネルギーは，

$$V(0.30 \, \mathrm{nm})$$

$$= -\frac{2 \overbrace{(3.3 \times 10^{-30} \, \mathrm{C \, m})^2}^{\mu_1^2} \times \overbrace{(3.3 \times 10^{-30} \, \mathrm{C \, m})^2}^{\mu_2^2}}{3\underbrace{(4\pi \times 8.85 \times 10^{-12} \, \mathrm{J^{-1} \, C^2 \, m^{-1}})^2}_{(4\pi\varepsilon_0)^2} \times \underbrace{(1.381 \times 10^{-23} \, \mathrm{J \, K^{-1}})}_{k}}$$

$$\times \frac{1}{\underbrace{(298 \, \mathrm{K})}_{T} \times \underbrace{(3.0 \times 10^{-10} \, \mathrm{m})^6}_{r^6}}$$

$$= -\frac{2 \times 3.3^4 \times 10^{-120}}{3(4\pi \times 8.85)^2 \times 1.381 \times 298 \times 3.0^6 \times 10^{-107}} \frac{\mathrm{C^4 \, m^4}}{\mathrm{J^{-1} \, C^4 \, m^4}}$$

$$= -2.1 \times 10^{-21} \, \mathrm{J}$$

つまり，約 $-1.3 \, \mathrm{kJ \, mol^{-1}}$ である。このエネルギーを，同じ温度における平均のモル運動エネルギー $\frac{3}{2}RT = 3.7 \, \mathrm{kJ \, mol^{-1}}$ と比較してみればよい（「基本概念 0・12」を見よ）。両者はさほど違わず，どちらも化学結合をつくったり壊したりするときに関与するエネルギーよりはずっと小さいことがわかる。■

### 15・4　誘起双極子モーメント

無極性分子でも，近くにいるイオンや極性分子のつくる電場の影響を受けると，一時的な**誘起双極子モーメント**[1] $\mu^*$ をもつことがある。この電場が分子の電子分布を歪ませ，その中に電気双極子を生じさせる。この分子は**分極可能**であるという。この誘起双極子モーメントの大きさは外部電場 $\mathcal{E}$ の強さに比例するが，これをつぎのように書く。

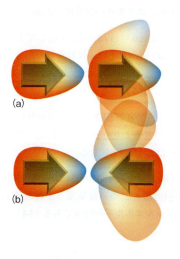

図15・4　双極子–双極子相互作用．一対の分子が相対的にあらゆる方向を等確率でとれるときは，引力になる配向 (a) と反発力になる配向 (b) とが打ち消しあうので，平均の相互作用は0になる．実際の流体では (a) の相互作用がわずかに優勢である．

---

[1) induced dipole moment

$$\mu^* = \alpha \mathcal{E} \quad \text{誘起双極子モーメント} \quad (15\cdot 9)$$

比例定数 $\alpha$ は分子の**分極率**[1]である．分極率にはつぎの性質がある．

- 分子の分極率が大きいほど，電場の強さが同じでも生じる変形は大きい．

- 分子に少数の電子しかなければ（$N_2$ のように），電子は核の電荷で厳しく制御されていて，分極率は小さい．分子が大きな原子を含んでいて，核から電子まで距離がある場合には（$I_2$ のように）核による制御が弱く，分子の分極率は大きい．

- 分子のイオン化エネルギーが大きいとき，その分極率は小さい．すなわち，電子が強く束縛されているほど核のまわりの電子分布を変形させるのが困難である．

- 分子が四面体（$CCl_4$ など），八面体（$SF_6$ など），二十面体（$C_{60}$）でなければ，分極率は電場に対する分子の向きによって異なる．原子，四面体，八面体，二十面体の分子は等方的[2]な（向きによらない）分極率をもつが，これら以外の分子はすべて異方的[3]な（向きに依存する）分極率をもつ．

表15·2にはつぎに定義する**分極率体積**[4] $\alpha'$ が与えてある．それは，分極率そのものより使いやすいことが多い．

$$\alpha' = \frac{\alpha}{4\pi\varepsilon_0} \quad \text{定義} \quad \text{分極率体積} \quad (15\cdot 10)$$

分極率体積の次元は体積（ここからこの名前ができた）であって，大きさが分子の体積と同程度である．

● **簡単な例示 15·5　誘起双極子**

分極率体積が $1.0 \times 10^{-29}\,m^3$ の分子（$CCl_4$ など）で，$1.0\,\mu D$ の電気双極子モーメントを誘起するのに必要な電場の強さを求めるには，(15·9) 式を $\mathcal{E} = \mu^*/\alpha$ と書いて，これに与えられたデータを代入する．$1\,D = 3.336 \times 10^{-30}\,C\,m$ である．また，(15·10) 式を $\alpha = 4\pi\varepsilon_0\alpha'$ と変形して，分極率体積を分極率に変換しておく必要がある．そうすれば，つぎのように計算できる．

$$\mathcal{E} = \frac{\mu^*}{\alpha}$$

$$= \frac{\overbrace{3.336 \times 10^{-30} \times 1.0 \times 10^{-6}}^{1.0\,\mu D}\,C\,m}{4\pi \times \underbrace{(8.854 \times 10^{-12}\,J^{-1}\,C^2\,m^{-1})}_{\varepsilon_0} \times \underbrace{(1.0 \times 10^{-29}\,m^3)}_{\alpha'}}$$

$$= \frac{3.336 \times 10^{-36}}{4\pi \times (8.854 \times 10^{-12}) \times (1.0 \times 10^{-29})} \underbrace{\frac{C\,m}{J^{-1}\,C^2\,m^2}}_{V}$$

$$= 3.0 \times 10^3\,J\,C^{-1}\,m^{-1} = 3.0\,kV\,m^{-1}$$

双極子モーメント $\mu_1$ をもつ極性分子は，分極可能な分子（この分子自体は極性でも無極性でもよい）に双極子モーメントを誘起させることができる．それは，極性分子の中の部分電荷が第2の分子を変形させるような電場を発生するからである．こうして誘起された双極子は元の分子の永久双極子と相互作用して互いに引き合うことになる（図 15·5）．**双極子–誘起双極子相互作用エネルギー**[5] の式は，

$$V(r) = -\frac{\mu_1^2 \alpha_2'}{4\pi\varepsilon_0 r^6} \quad \text{双極子–誘起双極子} \atop \text{相互作用} \quad (15\cdot 11)$$

である．$\alpha_2'$ は第2の分子の分極率である．符号が負であるから，分子が近づけば0よりエネルギーは低下し，この相互作用は引力的であることを示している．双極子と誘起双極子の間の相互作用が距離の6乗に反比例することは，これもファンデルワールス相互作用の一つであることを示している．

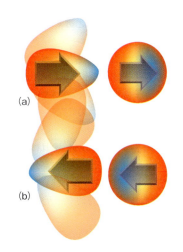

**図 15·5**　双極子–誘起双極子相互作用．誘起双極子（右側の分子）は永久双極子（左側の分子）の向きの変化に追随する．(a) でも (b) でも引力的な相互作用が得られる．

● **簡単な例示 15·6　双極子–誘起双極子相互作用エネルギー**

$\mu = 1.0\,D$ の分子（HClなど）が分極率体積 $\alpha_2' = 1.0 \times 10^{-29}\,m^3$ の分子（ベンゼンなど，表 15·2）のそばにあって，その距離が 0.30 nm のときの平均の相互作用エネルギーは，

$$V(0.30\,nm)$$

$$= -\frac{\overbrace{(3.3 \times 10^{-30}\,C\,m)^2}^{\mu_1^2} \times \overbrace{(1.0 \times 10^{-29}\,m^3)}^{\alpha_2'}}{\underbrace{(4\pi \times 8.85 \times 10^{-12}\,J^{-1}\,C^2\,m^{-1})}_{4\pi\varepsilon_0} \times \underbrace{(3.0 \times 10^{-10}\,m)^6}_{r^6}}$$

$$= -\frac{3.3^2 \times 1.0 \times 10^{-89}}{4\pi \times 8.85 \times 3.0^6 \times 10^{-72}} \frac{C^2\,m^5}{J^{-1}\,C^2\,m^5}$$

$$= -1.3 \times 10^{-21}\,J$$

---

1) polarizability　2) isotropic　3) anisotropic　4) polarizability volume　5) dipole–induced dipole interaction energy

と計算できる．これにアボガドロ定数を掛ければ，このエネルギーは約 $-0.8\,\text{kJ mol}^{-1}$ に相当する．●

## 15・5 分散相互作用

最後に，正味の電荷も永久電気双極子モーメントもない化学種同士（たとえば，気体の Xe 原子 2 個とかタンパク質のペプチド残基上の 2 個の無極性基）の間に働く相互作用について考えよう．部分電荷がなくても，ベンゼンや液体水素，液体キセノンなどの凝縮相を形成することから考えて，帯電していない無極性分子同士でも相互作用することがわかる．

無極性分子の間の **分散相互作用**[1] すなわち **ロンドン相互作用**[2] は，その電子密度分布が瞬間ごとに位置を変えることでもつ一時的な双極子から生じるものである（図 15・6）．たとえば，分子内の電子の位置がゆらいで分子に部分正電荷と部分負電荷ができて，$\mu_1$ という瞬間双極子モーメントが生じたとする．この双極子が存続している間，それが相手の分子を分極させて，瞬間双極子モーメント $\mu_2$ を誘起させることができる．この二つの双極子は互いに引き合い，この 2 分子のポテンシャルエネルギーは低くなる．第一の分子の双極子の大きさや向きが変わり続けても（おそらく $10^{-16}\,\text{s}$ くらいの時間），第二の分子はそれに追随する．すなわち，二つの双極子の間には噛み合った歯車のような，向きの相関がある．それは，一方の分子の正の部分電荷が常に相手の分子の負の部分電荷の近くにあるという具合である．このように，部分電荷の相対的な位置関係に相関があって，引力的な相互作用が生じるために，二つの瞬間双極子の間の引力は平均しても 0 になることはなく，正味の引力相互作用が生じる．極性分子は双極子-双極子相互作用のほか，分散相互作用によっても相互作用し，分散相互作用の方が優勢なこともある．

分散相互作用の実際の計算はきわめて込み入ったものであるが，この相互作用エネルギーに対するかなりよい近似がつぎの **ロンドンの式**[3] である．

$$V(r) = -\frac{3}{2} \times \frac{\alpha_1' \alpha_2'}{r^6} \times \frac{I_1 I_2}{I_1 + I_2} \qquad \text{ロンドンの式} \quad (15\cdot12)$$

ここで，$I_1$ と $I_2$ は二つの分子のイオン化エネルギーである．分散相互作用の強さは，第一の分子の分極率に依存する．すなわち，瞬間双極子 $\mu_1$ の大きさは，核の電荷が外殻電子におよぼす支配力がどれくらい弱いかに依存しているからである．その支配力が弱ければ電子分布が比較的大きなゆらぎを起こすことができる．そのうえ，核の支配力が弱いと，電子分布は外部電場に対して強く反応できるので分極率が大きいことになる．分極率が大きいということは局所的な電荷密度のゆらぎが大きいことの現れである．分散相互作用の強さは第二の分子の分極率にも依存する．それは，第一の分子の存在によって，第二の分子で双極子がどれほど容易に誘起されるかはその分極率によって決まるからである．したがって，(15・12)式のように $V \propto \alpha_1 \alpha_2$ となるだろうと予想できる．

● **簡単な例示 15・7　分散相互作用の強さ**

分極率体積 $1.0 \times 10^{-29}\,\text{m}^3$（ベンゼンなど）で $I = 9.2\,\text{eV}$（$1.5 \times 10^{-18}\,\text{J}$ に相当）の分子 2 個が $0.30\,\text{nm}$ の距離を隔てているとき，イオン化エネルギーが等しい場合の式，$I_1 I_2 /(I_1+I_2) = \frac{1}{2}I$ を使えばロンドンの式からつぎのように計算できる．

$$V(0.30\,\text{nm})$$
$$= -\frac{3}{2} \times \underbrace{\frac{\overbrace{(1.0 \times 10^{-29}\,\text{m}^3)^2}^{\alpha_1' \alpha_2'}}{\underbrace{(3.0 \times 10^{-10}\,\text{m})^6}_{r^6}}} \times \frac{1}{2}\overbrace{(1.5 \times 10^{-18}\,\text{J})}^{I}$$

$$= -\frac{3 \times 1.0^2 \times 1.5 \times 10^{-76}}{4 \times 3.0^6 \times 10^{-60}}\,\frac{\text{J m}^6}{\text{m}^6} = -1.5 \times 10^{-19}\,\text{J}$$

これは約 $-90\,\text{kJ mol}^{-1}$ に相当する．●

(15・12) 式について，前と同じく数式の解釈をすると，

- この相互作用のポテンシャルエネルギーは，イオン化エネルギーが減少すると増加する．

イオン化エネルギーの積が (15・12) 式の右辺の分子にあるから，この結論は，ちょっと見るとおかしいと思うかもしれない．しかし，分極率はイオン化エネルギーに反比例する（15・4 節）から，$\alpha_1' \alpha_2' \propto (I_1 I_2)^{-1}$ である．そこで，

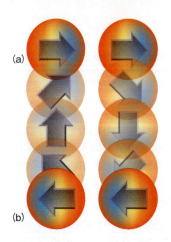

図 15・6　分散相互作用では，(a) 一方の分子の瞬間的な双極子が他方の分子に双極子を誘起し，この二つの双極子が相互作用してエネルギーを下げる．(b) この二つの一時的な双極子の向きには相関があり，瞬間瞬間で違う向きになるが，相互作用は平均しても 0 にならない．

---

1) dispersion interaction　2) London interaction　3) London formula

距離 $r$ が一定の場合は $V \propto (I_1 + I_2)^{-1}$ である．すなわち，ポテンシャルエネルギーはイオン化エネルギーの和に反比例するのである．

- この相互作用のポテンシャルエネルギーは距離の6乗に反比例する．

この章でこれまでに説明したほかの相互作用でも同じ結果があった．つまり，引力のファンデルワールス相互作用はふつう $r^{-6}$ に反比例する．

## 全 相 互 作 用

これまで距離の6乗に反比例して変化する引力相互作用について説明した．しかし，ほかのタイプの引力や反発力の相互作用が数種あり，その中にはこれまでに説明した相互作用より強いものもある．

### 15・6 水素結合

最も強い分子間相互作用は**水素結合**[1]の形成によるものである．水素結合では，電気陰性度の高い2個の原子の間に水素原子が介在し，両者を結びつけている．水素結合はふつう X–H⋯Y と書いて表す．X と Y は窒素，酸素，フッ素である．すでに説明した他の相互作用と違って，水素結合はどんな場合でも存在するわけではなく，これらの原子を含む分子に限られる．ふつうは，水素結合は液体の水や氷で見られるような，O–H 基と O 原子の間にできるものである．水素結合の距離への依存性はこれまでに考察した他の相互作用とは非常に異なり，X–H 基が Y 原子と直接に接触した場合に生じる"接触型"の相互作用と考えるのが妥当である．

最も初歩的な記述では，(X–Hの) 電子求引性のX原子に結合して一部露出したプロトンの正電荷と，第二の原子 Y にある孤立電子対の負電荷との間にクーロン相互作用が働いた結果，$\delta^-$X–H$^{\delta+}$⋯:Y$^{\delta-}$ のようになって，水素結合が形成されるとする．

● **簡単な例示 15・8 水素結合**
　演習問題 15・22 で，この相互作用のポテンシャルエネルギーが OOH 角 (**15** の $\theta$) によってどう変化するかを計算する．その結果をプロットしたのが図 15・7 である．$\theta = 0$ つまり OHO の原子が一直線上にあるとき，ポテンシャルエネルギーは $-19\,\mathrm{kJ\,mol^{-1}}$ であることがわかる．エネルギーの角度依存性が非常に急であることが見られる．負になるのは直線配置からわずか ±12°の範囲でしかない．■

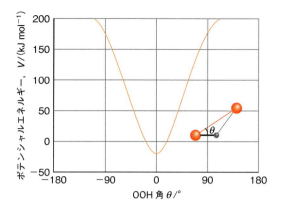

図 15・7　水素結合で，O–H と :O の間の角度が変化したときの相互作用エネルギーの変化（静電モデル）．

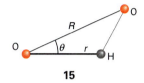

**15**

MO 法によれば別の記述ができる．それは，非局在結合の概念と，それによって電子対が2個以上の原子を結びつける能力をもてるとする解釈である (14・13 節)．そこで，X–H 結合が X のオービタル ($\psi_X$) と水素の 1s オービタル $\psi_H$ の重なりから形成され，Y にある孤立電子対は Y のオービタル $\psi_Y$ を占めるとすると，この2分子が近づけば3個の基底オービタルを使って，つぎの3個の分子オービタルを組立てることができる．

$$\psi = c_1 \psi_X + c_2 \psi_H + c_3 \psi_Y$$

この分子オービタルのうち一つは結合性で，一つはほとんど非結合性，3番目は反結合性である（図 15・8）．この 3 個の分子オービタルに電子を 4 個収容する必要がある（もとの X–H 結合の 2 個と Y の孤立電子対の 2 個）．そこで，2個は結合性オービタルに入り，あと2個は非結合性オービタルに入る．反結合性オービタルは空のままであるから，ほとんど非結合性のオービタルのエネルギーにもよるが，正味の効果としてエネルギーの低下が得られる．

実験的な証拠と理論的な検討によれば，静電モデルでも MO 法でもよく説明できる．最近の実験によれば，氷の水素結合にはかなり共有結合性があるので，MO 法のほうがうまく説明できる．しかし，実験結果の解釈については，静電モデルの方がよいという研究もあり，この問題は解決していない．

水素結合の強さは $20\,\mathrm{kJ\,mol^{-1}}$ 程度が代表的な値であり[†6]，ファンデルワールス相互作用よりも強い．水素結合によっ

---

[†6] 訳注：この数値は水の蒸発エンタルピーのほぼ半分である．水では $H_2O$ 分子当たり平均として2本の水素結合がある．
[1] hydrogen bond

て，スクロースや氷などの分子固体における"かたさ"，水などの液体の低い蒸気圧，その高い粘度と表面張力，タンパク質の 2 次構造（ポリペプチド鎖のヘリックスやシートの形成），DNA の構造と遺伝情報の伝達，医薬のタンパク質のレセプターサイトへの結合などを説明できる．水素結合はまた，アンモニアやヒドロキシ基を含む化合物などの水への溶解度やアニオンの水和にも貢献している．Cl⁻ や HS⁻ などのイオンでさえ水と水素結合をつくるが，それは，電荷があるので H₂O のヒドロキシ基のプロトンと相互作用できるからである．

媒から水へ移すとき発熱する（$\Delta H < 0$）ことが多い．したがって，この移動が自発的でないことから，エントロピー変化が負でなければならない（$\Delta S < 0$）ことがわかる．無極性溶媒から極性溶媒への移送のギブズエネルギーが正の物質は**疎水的**[1]であるという．このギブズエネルギーが負の物質は**親水性**[2]であるという．たとえば，CH₄(CCl₄ 溶液) → CH₄(aq) では，298 K で $\Delta G = +12\,\text{kJ mol}^{-1}$，$\Delta H = -10\,\text{kJ mol}^{-1}$，$\Delta S = -75\,\text{J K}^{-1}\,\text{mol}^{-1}$ である．したがって，CH₄ は疎水性の性質をもつという．

● **簡単な例示 15・9　疎水性物質と親水性物質**
　メチルベンゼンを水の中から塩化ナトリウム水溶液に移送したときのギブズエネルギーは正である．これは，メチルベンゼンが Na⁺ イオンと Cl⁻ イオンの溶媒和を切断しにくいから水溶液中で溶けにくいものと考えられる．これと逆の効果は，トルエンを塩化グアニジニウム (NH₂)₂C=NH₂⁺Cl⁻ の水溶液に移送したときに見られる．すなわち，その移送ギブズエネルギーは塩濃度の増加とともに負で大きくなり，この塩が存在すればメチルベンゼンは溶けやすいことを示している．これは，おそらく二つの化学種の間の引力的な相互作用で説明できるだろう．■

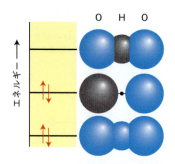

**図 15・8**　X, H, Y のオービタルからできた分子オービタルによって X–H…Y 水素結合が生じることを表す模式図．最低エネルギーの一次結合は完全に結合性，その次は非結合性，最高エネルギーのものは反結合性である．反結合性のオービタルには X–H 結合と :Y の孤立電子対からの電子は入らない．したがって，ここに示した配置から，ある場合には（すなわち X, Y 原子が N, O, F の場合）正味のエネルギー低下が起こる．

これまで考えてきたさまざまな引力相互作用の強さと距離依存性を表 15・3 にまとめてある．

### 15・7　疎水効果

もう一つ考えなければならない相互作用のタイプがある．それは生体高分子が溶媒である水の媒介によってある形をとるとき，その形に影響を及ぼす見かけの力である．そもそも炭化水素分子が水にあまり溶けない理由を理解する必要がある．実験では，炭化水素分子 1 個を無極性溶

炭化水素が水に溶けるのを妨げるエントロピー減少は，この疎水性の分子のまわりにできる溶媒の籠（かご）のためである（図 15・9）．この籠ができると水分子はバルクの液体よりも乱れの少ない配列をとる必要があるから，系のエントロピーは減少する．しかし，溶質分子が多数集まってクラスターをつくれば，籠は大きくても数は少なくてすむので，自由に動ける溶媒分子の数は多くなる．そのため，疎水性分子の大きなクラスターができることの正味の結果は，溶媒の組織化の減少であって，系のエントロピーの正味の増加をもたらす．溶媒のエントロピーのこの増加はかなり大きいので，極性溶媒中での疎水性分子の会合が自発過程になるのである．
　溶媒の側で構造上の要求が少なくなることから生じるエントロピーの増加が**疎水効果**[3]の原因であって，それに

**表 15・3**　分子間相互作用のポテンシャルエネルギー

| 相互作用のタイプ | ポテンシャルエネルギーの距離依存性 | 代表的なエネルギー/($\text{kJ mol}^{-1}$) | 注 |
|---|---|---|---|
| イオン–イオン | $1/r$ | 250 | イオンとイオンの間のみ |
| イオン–双極子 | $1/r^2$ | 15 | |
| 双極子–双極子 | $1/r^3$ | 2 | 静止した極性分子の間 |
|  | $1/r^6$ | 0.3 | 回転する極性分子の間 |
| ロンドン（分散力） | $1/r^6$ | 2 | あらゆる分子やイオンの間 |
| 水素結合 |  | 20 | X–H…Y の型で X, Y=N, O, F のときに生じる |

---

1) hydrophobic　2) hydrophilic　3) hydrophobic effect

よって，ミセルや生体高分子中で疎水基がクラスターをつくりやすくなる．ポリペプチドに疎水基が存在するため，まわりの水に構造ができエントロピーが減少する．しかし，疎水基が高分子の内部へ押し込まれるような変形が起こると水分子は開放され，その乱れが増大するのでエントロピーが増加に転じることができる．疎水性相互作用は，溶媒の乱れが大きくなろうとする傾向によって間接的に生じる仮想的な力の一種で，かえって秩序化が安定になる過程の一例である．

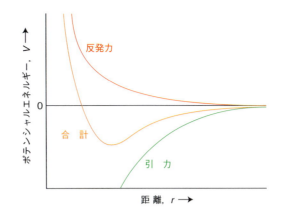

**図15・10** 分子間のポテンシャルエネルギー曲線の一般形（2個の閉殻分子の間の距離が変わったときのポテンシャルエネルギーのグラフ）．引力の寄与（負）は長距離力に相当するが，反発力の寄与（正）は分子が接触するほどになると急速に増大する．全ポテンシャルエネルギーは合計と書いた曲線である．

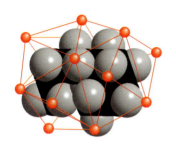

**図15・9** 炭化水素分子が水で囲まれると，水分子が"包接籠"を形成する．このような構造ができると水のエントロピーが減少するから，炭化水素が水に分散するのはエントロピー的に不利な過程である．逆に，炭化水素が集まって一つの大きな液滴になる方がエントロピーは有利である．

## 15・8 全相互作用のモデル化

回転していて水素結合をつくれない分子の間の全引力相互作用エネルギーは，双極子-双極子相互作用，双極子-誘起双極子相互作用，分散相互作用の三つの寄与の和で表される．（もっと進んだ扱いでは，高次の"多重極子"の相互作用を考える必要がある[†7]．）もし，分子が両方とも無極性の場合は分散相互作用しか働かない．三つの相互作用はすべて距離の6乗に反比例して変化するから，これをつぎのように書ける．

$$V(r) = -\frac{C}{r^6} \quad \text{ファンデルワールスの引力相互作用} \quad (15・13)$$

$C$は個々の分子によって異なり，また相互作用のタイプによっても変わる係数である．

分子同士を押しつけると（図15・10），たとえば衝突によって衝撃を加えたり，物質におもりを載せて力をかけたり，あるいは単に分子を引きつける引力の結果などで，反発項が次第に重要になり引力を上回りはじめる．この反発相互作用は，同じ空間領域を2個の電子が占めるのを禁止するパウリの排他原理から生じるものと考えてよい．この反発は距離が縮まれば急激に大きくなるが，その増加の仕方は，非常に大規模で複雑な分子構造の計算によらなければ求めることができない．しかし，たいていの場合は，ポテンシャルエネルギーを非常に簡単な式で表すことによって議論を進展させることができる．このとき，細かいところは無視して，一般的な特徴を少数の調整可能なパラメーターで表すのである．

そのような近似の一つが**剛体球ポテンシャル**[1]であり，粒子がある間隔$\sigma$よりも内側に入った途端にポテンシャルエネルギーが無限大に上昇すると仮定する（図15・11）．すなわち，

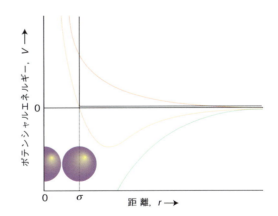

**図15・11** 真の分子間ポテンシャルはいろいろな仕方でモデル化することができる．最も単純なのはこの剛体球ポテンシャルエネルギーで，2分子が距離$\sigma$に近づくまでは相互作用のポテンシャルエネルギーが0で，この距離になると，侵入を許さない剛体球が接触して互いに斥け合うから，ポテンシャルエネルギーが急に無限大になる．

---

[†7] "アトキンス物理化学"を見よ．
1) hard-sphere potential

$$V(r) = \begin{cases} \infty & r \leq \sigma \text{ のとき} \\ 0 & r > \sigma \text{ のとき} \end{cases} \quad \text{剛体球ポテンシャルエネルギー} \quad (15 \cdot 14)$$

である．この非常に単純なポテンシャルが種々の性質を調べるうえで驚くほど役に立つのである．

もう一つよく使われる近似は，短距離で作用する反発ポテンシャルエネルギーを $r$ の高次のべきに反比例するかたちで表すものである．

$$V(r) = +\frac{C^*}{r^n} \quad \text{反発の寄与} \quad (15 \cdot 15)$$

$C^*$ はもう一つの定数である（*印は反発項を表している）．ふつうは $n$ を 12 とし，その場合は短距離になると $C^*/r^{12} \gg C/r^6$ であるから，反発項が $1/r^6$ の引力項よりもはるかに大きくなる．$n = 12$ の反発相互作用と (15·13) 式で与えられる引力相互作用の和を**レナード-ジョーンズ (12, 6) ポテンシャル**[1]という．ふつうはつぎのかたちで書く．

$$V(r) = 4\varepsilon\left\{\left(\frac{\sigma}{r}\right)^{12} - \left(\frac{\sigma}{r}\right)^6\right\} \quad \begin{array}{c}\text{反発項} \quad \text{引力項}\\ \text{レナード-ジョーンズ (12, 6)}\\ \text{ポテンシャルエネルギー}\end{array} \quad (15 \cdot 16)$$

これを図 15·12 のグラフに示した．この場合の二つのパラメーターは，井戸の深さ $\varepsilon$（イプシロン）と，$V = 0$ となる距離 $\sigma$ である．（この $\varepsilon$ は真空の誘電率ではないから，注意しよう．）代表的な値を表 15·4 に示してある．井戸の極小は $r = 2^{1/6}\sigma$ のところにある．

**表 15·4** レナード-ジョーンズの (12, 6) ポテンシャルのパラメーター

| | $\varepsilon/(\text{kJ mol}^{-1})$ | $\sigma/\text{pm}$ |
|---|---|---|
| Ar | 128 | 342 |
| Br$_2$ | 536 | 427 |
| C$_6$H$_6$ | 454 | 527 |
| Cl$_2$ | 368 | 412 |
| H$_2$ | 34 | 297 |
| He | 11 | 258 |
| Xe | 236 | 406 |

● **簡単な例示 15·10** レナード-ジョーンズのポテンシャルエネルギー

貴ガスのアルゴンとキセノンについて，それぞれ一対の原子のレナード-ジョーンズのポテンシャルエネルギーを距離の関数として図 15·13 に示してある．周期表で同じ族を下に行くほど，極小の位置は距離の遠い側に移動する．これは，原子が大きくなることから予想されることである．原子の電子数とともに分極率も増加するから，ポテンシャルの極小の深さも増加する．●

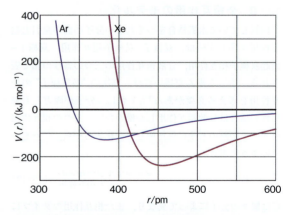

**図 15·13** 同じ貴ガス原子 2 個の間のレナード-ジョーンズのポテンシャルエネルギーの距離依存性．

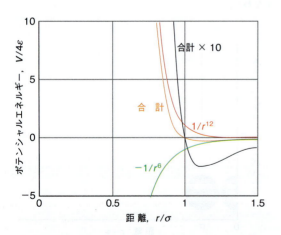

**図 15·12** レナード-ジョーンズのポテンシャルエネルギーは，真の分子間ポテンシャルエネルギー曲線に対するもう一つの近似である．このモデルでは，引力成分を $1/r^6$ に比例する寄与で表し，反発力成分を $1/r^{12}$ に比例する寄与で表す．このように選んだものをレナード-ジョーンズの (12, 6) ポテンシャルという．引力については妥当な理論的根拠があるが，反発エネルギーを $1/r^{12}$ の項で表すのは非常に貧弱な近似にすぎないとする証拠がたくさんある．

計算には (12, 6) ポテンシャルがよく用いられるが，反発力ポテンシャルを $1/r^{12}$ で表すのは非常に貧弱な近似で，指数関数のかたち $\mathrm{e}^{-r/\sigma}$ で表した方がずっとよいという証拠がいくつもある．指数関数の方が，距離の大きなところで原子の波動関数が指数関数的に減衰する様子，つまり反発の原因である波動関数の重なりの距離依存性を忠実に表現している．しかし，指数関数形の欠点は計算に時間

---

1) Lennard-Jones (12, 6) potential

がかかることで，この時間の問題は液体や生体高分子のように多数の原子の間の相互作用を考えるときには重要である．

### 医学へのインパクト 15・1

#### 分子認識と医薬の設計

分子間相互作用は多くの生体物質の構造をまとめあげる原動力である．タンパク質，核酸，細胞膜などの生体高分子の三次元構造には，水素結合と疎水相互作用がおもに関わっている．ホストである生体高分子とゲストであるリガンドとの間の結合も分子間相互作用で支配されている．生化学的なホスト-ゲスト複合体の例としては，酵素-基質複合体，抗原-抗体複合体，医薬-レセプター複合体などがある．これらのどの場合においても，ゲスト上のあるサイトに官能基があり，ホストにはそれと相補的な官能基があって，それらの間で相互作用できる．たとえば，ゲストにある水素結合供与基はホストの水素結合受容基の近くに行かなければしっかりした結合が起こらない．一般に，生化学的なホスト-ゲスト複合体では多くの特異的な分子間の接触がなければならず，それによってゲストが化学的に似たホストにだけ結合できる．ホストの側から，相手のゲストを分子的に認識するための厳密な規則があって，すべての生物学的な過程がそれで制御されている．代謝から免疫反応に至るまですべてそうで，これが，疾病の治療のために有効な医薬を設計するための重要な手がかりを与えてくれる．

無極性基同士の相互作用がゲストとホストの結合に重要なこともある．たとえば，酵素の活性部位には基質の無極性基と結合する疎水性のポケットをもつものが多い．分散力，反発力，疎水効果の相互作用のほかに，πスタッキング相互作用といわれる相互作用もできる．これは芳香族の大きな環の平面π系がほとんど平行な向きに重なるものである．この種の相互作用は図15・14に示すようにDNAの水素結合した塩基対の重なり（スタッキング）ができるもとになっている．図の長方形で示したように平面π系をもつ医薬に有効なものがあるのは，πスタッキング相互作用によってそれが塩基対同士の間に割って入り，らせんを少しだけ緩めてDNAの機能を変化させるためである．

生体高分子の内部では，水系の外部よりも比誘電率がずっと低いと考えられるので，クーロン相互作用も重要になりうる．たとえば，生理的pHでは，カルボン酸またはアミノ基を含むアミノ酸側鎖が，負と正にそれぞれ帯電して互いに引き合うことができる．また，生体高分子ではペプチド結合 $-\text{CONH}-$（例題15・2）などもあるので，その構成成分は多くのものが極性だから，双極子-双極子相互作用もできる．しかし，生化学的なホスト-ゲスト複合体ではやはり水素結合が圧倒的に主要なものである．市販の有効な医薬の多くのものが，疾病の進行に関与する酵素に結合して，疾病の進行に関わる作用を阻害する．多くの場合に，有効な阻害剤は，その酵素が正常な基質とつくることのできる結合サイトと同じ水素結合をつくることができる．医薬の場合はそれが酵素に対して化学的に不活性なだけである．この作戦は，ヒトの免疫不全ウイルス[1]（HIV）でひき起こされる後天性免疫不全症候群（エイズ）[2]の治療薬の設計に使われた（プロジェクト問題15・28を参照）．

## 分子運動と相互作用

これまで説明してきた種々の分子間相互作用は，複雑な分子がとる形やいろいろな性質だけでなく液体での分子運動を支配している．これらの相互作用と構造との関係については次章でとりあげるので，この節では分子運動を記述するのに相互作用をどのように取込むかを考えよう．

**分子動力学**[3]のシミュレーションでは，分子をある指定した温度まで加熱することによって運動を開始させる．そして，分子間力の影響のもとで可能な原子の軌跡をすべての分子についてニュートンの運動法則から計算する．運動方程式は数値計算で解くが，1フェムト秒（$1\,\text{fs} = 10^{-15}\,\text{s}$）ごとに各分子の位置と速度を確かめる．これを何万回も繰返し行う．

同じ手法は16章で考察するタンパク質などの生体高分子の内部運動を調べるのにも使うことができ，そのためのソフトウエアも入手できるから，多数の原子の三次元の軌跡が計算できる．この軌跡はシミュレーションを実行する指定温度において，分子がとるいろいろな配座に相当して

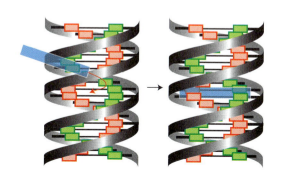

図15・14 平面π系をもつ医薬の中には青の長方形で示したように，DNAの2個の塩基対の間に割り込むものがある．

---

1) human immunodeficiency virus（HIV）　2) acquired immunodeficiency syndrome（AIDS）　3) molecular dynamics

いる．非常に低い温度では分子内で隣接する成分は図15・12のような井戸の中に入り込んでいて原子の運動が制限されるので，分子がとりうる配座はわずかな数しかない．高温では越えられるポテンシャル障壁の数が増えるので，多数の配座が可能になる．

**モンテカルロ法**[1]では，生体高分子の中の原子や液体中の分子を乱雑に小さな距離だけ動かして，ポテンシャルエネルギーの変化を計算する．もし，動かす前よりポテンシャルエネルギーが大きくなければ，その新しい配列を受け入れる．一方，もし大きくなったら，受け入れるかどうかをべつの基準で判断しなければならない．その判断基準をつくるためには，ボルツマン分布（「基本概念 0・11」を見よ）を使う．これによれば，温度 $T$ の平衡状態ではエネルギーが $\Delta E$ だけ異なる二つの状態の占有比は $e^{-\Delta E/kT}$（$k$ はボルツマン定数）である．モンテカルロ法ではこの指数因子を新しい配列について計算し，0 と 1 の間の乱数と比較する．もし，指数因子がその乱数よりも大きければその新しい原子配列や分子配列を受け入れるが，大きくなければ，その新しい配列は排除して別の配列を発生させる．

## チェックリスト

☐ **1** 分子間や分子内のファンデルワールス相互作用は，非結合性の引力または反発の相互作用である．

☐ **2** 極性分子とは永久電気双極子モーメントをもつ分子である．双極子モーメントの大きさは部分電荷と距離の積である．

☐ **3** 双極子モーメントは（ベクトルの）加成性がほぼ成り立つ．

☐ **4** 分極率は，電場によって分子が双極子モーメントを誘起できる能力の目安である．

☐ **5** 水素結合は X–H⋯Y のかたちの相互作用である．X と Y は N, O, F のどれかの原子である．

☐ **6** 疎水性相互作用は，溶媒が乱れを増大させようとする傾向によって媒介される秩序化の過程である．それによって疎水基が互いにクラスターをつくるからである．

☐ **7** レナード-ジョーンズ (12, 6) ポテンシャルは，分子間の全ポテンシャルエネルギーのモデルである．

☐ **8** 分子動力学の計算ではニュートンの運動の法則を使い，流体中の分子の運動（あるいは高分子内の原子の運動）を計算する．

☐ **9** モンテカルロ法のシミュレーションではある選択基準を使って，原子または分子の新しい配列を受け入れるかどうかを決める．

## 重要な式の一覧

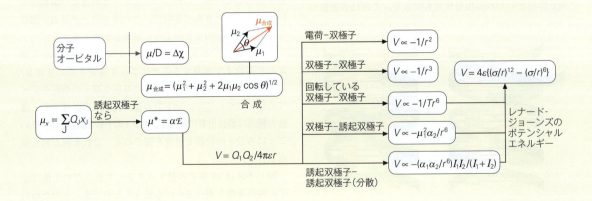

---

1) Monte Carlo method

# 問題と演習

## 文章問題

15·1 分子の永久双極子モーメントと分極率が何から生じるのか，また，これらが分子構造にどう依存するかについて説明せよ．

15·2 分子間の引力相互作用では，距離について $1/r^6$ で変化するものが多いという理論的な結論はどう解釈できるか．

15·3 ファンデルワールス相互作用は分子の構造にどう依存するかを説明せよ．

15·4 貴ガスのレナード-ジョーンズパラメーター $\varepsilon$ と $\sigma$ の値が，周期表の 18 族を下に行くほど大きくなるのはなぜかを説明せよ．

15·5 水素結合の形成を（a）静電相互作用，（b）分子軌道によって説明せよ．どちらのモデルがよいかはどうやって判定するか．

15·6 疎水効果を説明し，それがどのように現れるかを述べよ．

15·7 流体中の分子や分子内の原子の運動を計算で求めるのに使う方法の概略を述べよ．

## 演習問題

15·1 水中で距離 50 nm にある 1 価に帯電した正のイオンと負のイオンについて，その間の相互作用のモルポテンシャルエネルギーを計算せよ．

15·2 HF 分子の双極子モーメントを元素の電気陰性度から予測し，その答を D（デバイ）単位と C m 単位で表せ．

15·3 VSEPR モデルによって $PCl_5$ 分子が極性かどうかを判断せよ．

15·4 トルエン（メチルベンゼン）の電気双極子モーメントは 0.40 D である．3 種のキシレン（ジメチルベンゼン）の双極子モーメントを求めよ．その答のうち確信をもっていえるのはどれか．

15·5 双極子モーメントが 1.20 D と 0.60 D の互いに 107° の角度をなす二つの双極子の合成モーメントを計算せよ．

15·6 演習問題 15·4 の結果から（a）1,2,3-トリメチルベンゼン，（b）1,2,4-トリメチルベンゼン，（c）1,3,5-トリメチルベンゼンの双極子モーメントをそれぞれ求めよ．その答のうち確信をもっていえるのはどれか．

15·7 1,2-ジクロロエタン分子は，(**16**), (**17**), (**18**) に示す 3 種の配座を低温では異なる確率でとる．C–Cl 結合の双極子モーメントは 1.50 D とする．（a）3 種の配座が等確率のとき，（b）配座 (**17**) だけが現れるとき，（c）3 種の配座が 2：1：1 の確率比で存在するとき，（d）その確率比が 1：2：2 のとき，この分子の平均双極子モーメントをそれぞれ計算せよ．

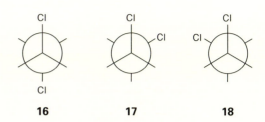

**16**  **17**  **18**

15·8 xy 平面上に 3 個の電荷がつぎのように並んでいるとき，その双極子モーメントの大きさと方向を計算せよ．$(0, 0)$ に $3e$, $(0.32 \text{ nm}, 0)$ に $-e$, $x$ 軸から 20°の角度で原点から 0.23 nm の距離に $-2e$.

15·9 表 15·1 の部分電荷と (**19**) に示す原子座標（単位は pm）から，グリシン分子の電気双極子モーメントを計算せよ．

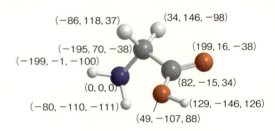

**19** グリシン, $NH_2CH_2COOH$

15·10 （a）過酸化水素の H–OO–H 角（方位角）$\phi$ が変化したとき，電気双極子モーメントの大きさの変化をプロットせよ．(**20**) に示した寸法（単位は pm）を使え．(b) 角度と大きさがどう変化するかを図示する方法を考え出せ．

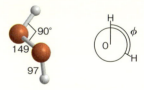

**20** 過酸化水素, $H_2O_2$

15·11 $Li^+$ イオンから（a）150 pm，（b）350 pm のところにある水分子の向きを反転させるのに必要なモル当たりのエネルギーを計算せよ．水の双極子モーメントを 1.85 D とする．

15·12 2 個の電気双極子モーメントが本文中に示した構造 (**13**) の向きにあるとき，そのポテンシャルエネルギーが (15·7) 式で与えられることを「式の導出 15·1」の手順に従って示せ．

15·13 298 K で 0.50 mol の気体塩化水素が 1.0 dm³ の体

積に閉じ込められているとき，この塩化水素分子の全モルエネルギーに対する（a）運動エネルギー，（b）分子間相互作用によるポテンシャルエネルギーの寄与はいくらか．この場合，気体運動論は使えるか．

**15・14** （a）分極率 $\alpha$ の単位は何か．（b）分極率体積の単位が立方メートル（$m^3$）であることを示せ．

**15・15** 点電荷 $Q$ から $r$ の距離のところでの電場の大きさは $Q/4\pi\varepsilon_0 r$ である．プロトンが水分子（分極率体積は $1.48 \times 10^{-30}$ $m^3$）に接近したとき，水分子に誘起される双極子モーメントが永久双極子モーメント（1.85 D）と等しくなるには，プロトンはどこまで接近しなければならないか．

**15・16** 2個の Ar 原子が 1.0 nm 離れているときの分散相互作用のエネルギーを求めよ（ロンドンの式を使え）．

**15・17** フェニルアラニン（Phe，**21**）は天然に存在するアミノ酸であり，ベンゼン環をもつ．このベンゼン環と隣接するペプチドグループの電気双極子モーメントとの間の相互作用エネルギーはいくらか．ただし，その間の距離を 4.0 nm とし，ベンゼン環はベンゼン分子として扱え．ペプチドグループの双極子モーメントは 2.7 D とする．

**21** フェニルアラニン

**15・18** Phe 残基が付いたベンゼン環（演習問題 15・17 を見よ）2個の間のロンドンの相互作用を考えよう．この 2 個の環（ベンゼン分子として扱う）が 4.0 nm 離れているときの引力のポテンシャルエネルギーを求めよ．イオン化エネルギーは $I = 5.0$ eV，1 eV $= 1.602 \times 10^{-19}$ J である．

**15・19** 酸素を貯蔵するタンパク質ミオグロビンのある領域では，チロシン残基の OH 基がヒスチジン残基の N 原子に（**22**）のように水素結合している．表 15・1 の部分電荷を使って，この相互作用のポテンシャルエネルギーを求めよ．

**22**

**15・20** 酢酸の蒸気には，水素結合した平面形の二量体（**23**）がある割合で含まれている．純粋な気体の酢酸分子

の見かけの双極子モーメントは，温度の上昇とともに増加する．これをどう解釈すればよいか．

**23**

**15・21** 酢酸二量体の原子座標（単位は pm）を（**24**）に詳しく示してある．点電荷の間に点線で示したクーロン相互作用と，それと対称の関係にある相互作用だけを考える．$R$ がどんな距離のときこの相互作用は引力的になるか．

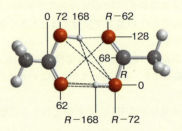

**24** $(CH_3COOH)_2$

**15・22** 本文の（**15**）に示した O-H 基と O 原子から成る系の配置で，水素結合の静電モデルを使い，相互作用のモルポテンシャルエネルギーが角度 $\theta$ にどう依存するかを計算せよ．H と O の部分電荷をそれぞれ $0.45e$, $-0.83e$ とし，$R = 200$ pm，$r = 95.7$ pm とする．

**15・23** 表 15・4 のレナード-ジョーンズのポテンシャルエネルギーのパラメーターを使って，2個の臭素分子の間の相互作用のポテンシャルエネルギーが最低になる距離を計算せよ．

**15・24** レナード-ジョーンズのポテンシャルエネルギー関数を $V(r) = A/r^{12} - B/r^6$ で表すことがある．四塩化炭素 $CCl_4$ では $A = 7.31 \times 10^{13}$ J $pm^{12}$ および $B = 1.24 \times 10^{-3}$ J $pm^6$ である．そのポテンシャルエネルギーが極小を示す距離とポテンシャルの井戸の深さを求めよ．

**15・25** エタンの $CH_3$ 基が C-C 結合のまわりに回転するときのポテンシャルエネルギーは $V = \frac{1}{2}V_0(1 + \cos 3\phi)$ と書くことができる．$\phi$ は方位角（**25**）で，$V_0 = 11.6$ kJ $mol^{-1}$ である．（a）トランス配座と完全な重なり形の配座との間のポテンシャルエネルギーの差はいくらか．（b）C-C 結合のまわりのねじれ運動は，角度の変化が小さいときは調和振動子の運動で表せることを示せ．（c）このねじれ振動の振動数を求めよ．

**25**

## プロジェクト問題

　記号‡は微積分の計算が必要なことを示す.

**15・26‡**　ここでは，ロンドン相互作用を詳しく調べる. 力はポテンシャルの勾配の符号を変えたものであることから，互いにロンドンの分散相互作用をしている重合鎖の中の非結合原子群の間に働く力の距離依存性を計算しよう. (a) この力が 0 になる距離はいくらか. (b) まず，$R$ と $R + \delta R$ (ただし，$\delta R \ll R$ とする) におけるポテンシャルエネルギーを考え，$\{V(R + \delta R) - V(R)\}/\delta R$ から勾配を計算せよ. そのためには展開式，

$$(1 + x)^{-1} = 1 - x + \cdots$$

$$(1 \pm x + \cdots)^6 = 1 \pm 6x + \cdots$$

$$(1 \pm x + \cdots)^{12} = 1 \pm 12x + \cdots$$

が必要である. 最後に $\delta R$ を無視できるほど小さいとしよう. (c) $F(R) = -dV/dR$ を使って，$V$ の式を微分してから (b) と同じ計算を行え.

**15・27‡**　レナード-ジョーンズのポテンシャルの代替品を探そう. (a) ある高分子の配座を求めるとき，レナード-ジョーンズの (12, 6) ポテンシャルは信頼がおけないから，その反発項を $e^{-r/\sigma}$ のかたちの指数関数で置き換えたとする. ポテンシャルエネルギーの形を描き，それが極小になる距離を求めよ. (b) この exp-6 ポテンシャルが極小になる距離を微分を使って求めよ.

**15・28**　宿主の生体中で成熟した HIV 粒子ができるためには，ウイルスゲノムによってコードされた数種の大きなタンパク質がプロテアーゼという酵素で切断されなければならない. 医薬であるクリキシバン (**26**) は HIV プロテアーゼの競合阻害剤であり，この酵素の活性部位への結合を最適化するような分子構造上の性質を備えている. 関連する文献を調べて，この医薬が有効である原因と考えられている，クリキシバンと HIV プロテアーゼとの間の分子間相互作用に関してまとめた簡単なレポートを書け.

**26** クリキシバン

# 16

# 高分子と分子集団

**生体高分子と合成高分子**

16・1　高分子の構造モデル

16・2　高分子の機械的性質

16・3　高分子の電気的性質

**中間相と分散系**

16・4　液晶

16・5　分散系の分類

16・6　表面構造とその安定性

16・7　電気二重層

16・8　液体表面と界面活性剤

**分子集団の形と大きさの測定**

16・9　平均モル質量

16・10　質量分析法

16・11　超遠心

16・12　電気泳動

16・13　レーザー光散乱

チェックリスト

重要な式の一覧

問題と演習

**生体高分子**[1]は，生合成によって小さな分子から構築された非常に大きな分子であり，生体内はもちろんのこと化学実験室や工業規模の反応容器の中でも合成される．天然に存在する生体高分子にはセルロースなどの多糖類，タンパク質酵素のようなポリペプチド，デオキシリボ核酸（DNA）などのポリヌクレオチドなどがある．一方，合成高分子にはナイロンやポリスチレンのように小さな**単量体**[2]（モノマー）分子をつないだり，ときには架橋接続したりして製造した**高分子**[3]（ポリマー）がある（図 16・1）．

天然の生体高分子には合成高分子と違う面がいろいろあり，特にその組成には違いが見られ，結果として構造に違いが現れる．その一方で共通の性質も多い．本章の最初の部分では，まず共通の性質に注目する．2番目の部分では，小さな分子が集合して大きな粒子をつくる"自己構築[†1]"という過程によって，どのような分子集団ができるかを調べよう．その一例は，ミオグロビン様ポリペプチド四つ

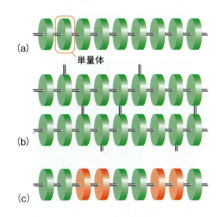

図 16・1　3種の高分子．(a) 単純な線状高分子，(b) 橋かけ重合体，(c) 共重合体の一種（"ブロック共重合体"）．

---

[†1] self-assembly. 訳注："自己組織化"ともいう．生物学などでは特に"自己組織化（self-organization）"を非平衡現象として，"self-assembly"と区別することがある．

1) macromolecule　2) monomer　3) polymer

から成るヘモグロビンという集合体である．いろいろな**分散相**[1]を生じるのもこれと似た集団化の現象で，コロイドもその一種である．これら分散相の性質は高分子溶液の性質とある程度類似しているので，その共通の性質について説明する．本章の3番目の部分では，高分子や分散相の大きさや形を求める方法について述べる．

## 生体高分子と合成高分子

高分子は，15章で説明した相互作用がいろいろ組合わさった結果として，分子の形や性質がどう決まっているかを表す例として大変興味深く，しかも重要である．たとえば，ポリペプチド全体の形はファンデルワールス相互作用，水素結合，疎水効果など，さまざまな分子間相互作用で保たれているのである．

### 16・1 高分子の構造モデル

高分子で"構造"というとき，単量体がつくる分子鎖やネットワークの配列をどういう観点で見るかによって，その概念にはいろいろ異なる意味がある．高分子の**一次構造**[2]とは，それを構成する小さな分子残基の結合順序（シーケンス）のことである．分子残基はポリエテン（ポリエチレン）のように単純な鎖を形成したり，橋かけ重合したポリアクリルアミドのように，いろいろな鎖の間を橋かけしてずっと複雑なネットワークを形成したりする．合成高分子の場合は，ほぼすべての分子残基は同じものだから，合成に使う分子残基を単量体といってもよい．たとえば，ポリエテンとその誘導体の繰返し単位は $-CHXCH_2-$ であり，その鎖の一次構造を表すときは $-(CHXCH_2)_n-$ と書けばよい．

一次構造の概念は，合成共重合体や生体高分子では簡単なものでなくなる．これらの高分子鎖は一般に，いろいろ異なる分子でできているからである．たとえば，タンパク質は，いろいろなアミノ酸（天然には約20種ある）が**ペプチド鎖**[3] $-CONH-$ で連なった**ポリペプチド**[4]であるが，その一次構造を求めるのはきわめて困難な問題であり，それは**シーケンシング**[5]という化学分析によっている．高分子の**分解**[6]は，一次構造が崩壊して鎖が小さな成分になることである．

**コンホメーション**[7]（配座）という用語は，同じ鎖の異なる部分の空間的な配列をいう場合に使う．あるコンホメーションは，分子鎖の一部をある結合まわりに回転することで別のコンホメーションに変えることができる．高分子のコンホメーションの違いは，構造に関する三つの階層でそれぞれ異なる様式で現れる．高分子の**二次構造**[8]とは，鎖の空間的な（たいていは局所的な）配列のことである．ポリエテン分子の良溶媒中での二次構造はふつうランダムコイルであるが，溶媒がなければ分子は結晶をつくり，約100個の単量体の単位ごとに折り返された積層シートからなる．これはおそらく，この程度の単量体の数であれば分子間（この場合は分子内）のポテンシャルエネルギーが大きくなって，熱運動による乱れを克服できるからであろう．タンパク質の二次構造は，主として水素結合で決まる高度に組織化された配列をしており，分子のいろいろなセグメントはランダムコイルをつくったり，ヘリックス（図16・2a）やシートなどの秩序構造をつくったりしている．

**三次構造**[9]とは，高分子全体としての三次元構造のことであり，これによってもっと高い階層のコンホメーションを生み出す．たとえば，図16・2bに示す仮想的なタンパク質には，ランダムコイルからなる短い部分で結ばれたヘリックス部分がある．ヘリックス同士が相互作用すればコンパクトな三次構造が形成される．変性はこの階層で見られる．

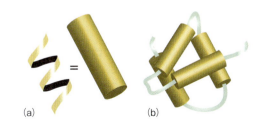

図16・2 (a) 高度に組織化されたらせん配座は，高分子の二次構造の例である．らせんは円柱で表した部分である．(b) 複数のらせん部分が短いランダムコイルで結ばれて詰め込まれた構造は，三次構造の一例である．

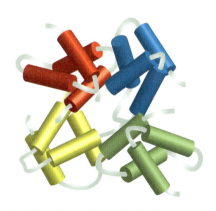

図16・3 特定の三次構造をもつ複数のサブユニットが詰め込まれると四次構造ができる．

---

1) disperse phase  2) primary structure  3) peptide link  4) polypeptide  5) sequencing  6) degradation
7) conformation  8) secondary structure  9) tertiary structure

**四次構造**[1] とは，大きな分子が凝集して一つの集合体を形成する様式である．図 16・3 は，特定の三次構造をもつ 4 個のサブユニットが凝集して四次構造を形成する様子を表している．四次構造は生物学では非常に重要である．たとえば，酸素輸送タンパク質ヘモグロビンは四つのサブユニットからなり，$O_2$ を取入れたり，放出したりしている．

### (a) ランダムコイル

同一の単位から成り，水素結合やほかのいかなる特定の結合をつくる可能性もない高分子鎖では，実現の可能性が最も高い二次構造は**ランダムコイル**[2] である．単純な例はポリエテンであるが，ランダムコイルモデルは溶液中の高分子や変性したタンパク質のいろいろな性質のだいたいの値を見積もる出発点として役に立っている[†2]．

最も単純なモデルは**自由連結鎖**[3] であって，このモデルでは，どの結合もその一つ前の結合に対して自由に任意の角度をとれる（図 16・4）．残基が占める体積を 0 と仮定するが，そうすると鎖の異なる部分が空間の同じ領域を占められることになってしまう．ある一つの結合は，実際は隣接する結合によって決まる方向を軸とするある円錐角の中に拘束されていて，それがある体積を占めているから，このモデルは明らかに単純化しすぎである．仮想的な一次元の自由連結鎖では，残基はすべて一直線上にあり，隣接残基の間の角は 0° か 180° のどちらかである．三次元の自由連結鎖では残基は直線上あるいは平面上にあるという制約はない．

高分子の**実鎖長**[4] $R_c$ とは，単量体から単量体へつながるバックボーンに沿って測った高分子の長さである．すなわち，

$$R_c = Nl \quad \text{ランダムコイル} \quad \boxed{\text{実鎖長}} \quad (16\cdot1a)$$

である．実鎖長は，高分子をつくっている単量体の数 $N$

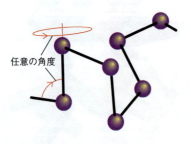

**図 16・4** 自由連結鎖は三次元ランダム歩行と同じようなものであり，一歩ごとにどの方向を向いてもよいが，一歩の長さは同じである．

と，単量体の単位が占める長さ $l$ に比例する．しかしながら，その高分子がランダムコイルの形をとるときは，鎖が長くなってもコイルは折りたたまれて結合同士が互いに近接することになるから，コイルの半径は $N$ の平方根に比例するだけになる．具体的に表せば，距離の 2 乗の平均値の平方根である**根平均二乗距離**[5] $R_{rms}$ は，ランダムコイルの両末端の間の平均距離の目安である．すなわち，

$$R_{rms} = N^{1/2} l \quad \text{ランダムコイル} \quad \boxed{\text{根平均二乗距離}} \quad (16\cdot1b)$$

である．その結果，コイルが占める体積は $N^{3/2}$ に従って増加する．ランダムコイルの**回転半径**[6] $R_g$ は，質量と慣性モーメントがその分子と同じである薄い中空の球殻（卓球のボールを想像すればよい）で置き換えたときの半径である．卓球のボールの回転半径は実際の半径と同じである．また，半径 $r$ の固体の球の回転半径は $R_g = (\frac{3}{5})^{1/2} r$ となる．一次元と三次元のランダムコイルの場合の回転半径は，それぞれ，

$$R_g = N^{1/2} l \quad \text{一次元ランダムコイル} \quad \boxed{\text{回転半径}} \quad (16\cdot1c)$$

$$R_g = \left(\frac{N}{6}\right)^{1/2} l \quad \text{三次元ランダムコイル} \quad \boxed{\text{回転半径}} \quad (16\cdot1d)$$

である．ここでは一次元でも"コイル"という用語を使っているが，折れ曲がったときに折り返して同じ直線上にあるという意味である．

● **簡単な例示 16・1　ランダムコイルの大きさの目安**

$M = 112 \text{ kg mol}^{-1}$ のポリエテン鎖（$N = 4000$ に相当する）を考えよう．C-C 結合では $l = 154 \text{ pm}$ であるから，つぎの値が得られる（$10^3 \text{ pm} = 1 \text{ nm}$）．

(16・1a) 式から：$R_c = 4000 \times 154 \text{ pm} = 616 \text{ nm}$
(16・1b) 式から：$R_{rms} = (4000)^{1/2} \times 154 \text{ pm} = 9.74 \text{ nm}$
(16・1c) 式から：$R_g = \left(\frac{4000}{6}\right)^{1/2} \times 154 \text{ pm} = 3.98 \text{ nm}$

である．●

**自習問題 16・1**

ポリエテンの別の試料の実鎖長は 17 μm であった．ランダムコイルのモデルを仮定して，その根平均二乗距離と回転半径を計算せよ．この試料のモル質量はいくらか．

［答：51 nm，21 nm，$3.1 \times 10^3 \text{ kg mol}^{-1}$］

ランダムコイルのモデルでは溶媒の役割を無視している．すなわち，貧溶媒では溶質と溶媒の接触を最小にしよ

---

[†2] この節で現れる式の導出については"アトキンス物理化学"を見よ．
1) quaternary structure　2) random coil　3) freely jointed chain　4) contour length　5) root mean square separation
6) radius of gyration

うとするからコイルはひき締まるが，良溶媒ではその反対になる．したがって，このモデルに基づいた計算値は良溶媒では高分子の寸法の下限であり，貧溶媒の場合は上限とみなすのがよい．バルクの固体試料の高分子の場合には自然な寸法をとると考えられるので，このモデルの信頼度は非常に高い．

ランダムコイルは，ほとんど構造のない高分子鎖の配座である．それは，その状態をとるのに可能な仕方の数が最大（たとえば，直鎖の配座なら1通りの仕方しかないのと対照的である）の配座であって，エントロピーが最大の状態に対応するという意味である．このコイルをどのように引き伸ばしても，秩序が生じてエントロピーは下がる．逆にいえば，伸びた形からランダムコイルができるのは（エンタルピーの寄与がじゃましないとして）自発的な過程である．長さ $l$ の結合を $N$ 個含む一次元の高分子が $nl$ だけ伸びるか縮むかしたときの**配座エントロピー**[1]，すなわち，結合の配列から生じるエントロピーの変化は，

$$\Delta S = -\frac{1}{2} kN \ln\{(1+\nu)^{1+\nu}(1-\nu)^{1-\nu}\}$$

$$\nu = \frac{n}{N}$$

ランダムコイル　<u>配座エントロピー</u>　（16・2）

である．$k$ はボルツマン定数である．この関数を図16・5にプロットしてある．完全にコイルになった伸びが最小の状態（$n=0$）がエントロピー最大であることがわかる．このようなコイルになろうとする自発的な傾向はゴム（理想的なゴムで，少なくとも分子間相互作用がないもの）を引き伸ばしたあと自然に元の形に戻ろうとする傾向の原因である．

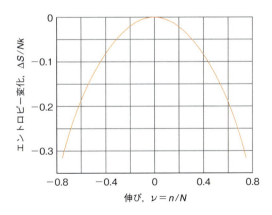

**図 16・5**　一次元の完全エラストマーの伸びが変化したときのモルエントロピーの変化．$\nu=1$ は完全に伸びた状態に対応し，$\nu=0$ はエントロピーが最大の配座でランダムコイルに対応する．

### (b) ポリペプチドとポリヌクレオチド

ポリペプチドは，構造の観点ではランダムコイルとほとんど正反対の極限にあり，非常に高度に秩序だったものになれる．生物学でいう構造はほとんど機能のことなので，このことは当然である．タンパク質の二次構造は，ペプチド結合の $-\text{NH}-$ 基と $-\text{CO}-$ 基の間の水素結合によってだいたい整理することができる（図16・6）．水素結合によって2種の主要な構造ができる．その一つは同じ鎖の中のペプチド結合が互いに水素結合して安定化するもので，**αヘリックス**[2]という．もう一つは異なる鎖または同じ鎖でも離れた場所との水素結合で安定化するもので，**βシート**[3]（あるいは，<u>襞（ひだ）つきβシート</u>[4]）という．

αヘリックスを図16・7に示してある．ヘリックスの一巻きには3.6個のアミノ酸残基があるから，ヘリックスが5巻きすると18個の残基がある．一巻きのピッチ（完全な1回転に相当するらせんの進み）は544 pmである．$\text{N}-\text{H}\cdots\text{O}$ 結合は軸に平行で，四つ目の基と結合する

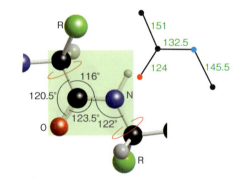

**図 16・6**　ペプチド結合に固有の形と寸法（長さの単位はpm）．$\text{C}-\text{NH}-\text{CO}-\text{C}$ をつくる原子は一平面上にある（$\text{C}-\text{N}$ 結合が部分的二重結合性をもつからである）．$\text{C}-\text{CO}$ 結合と $\text{N}-\text{C}$ 結合のまわりの回転の自由度がある．

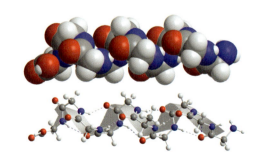

**図 16・7**　ポリペプチドのαヘリックス．例としてポリ-L-グリシンを示してある．1回転当たり3.6個の残基があり，1個の残基当たりらせんに沿って約150 pm進む．そのピッチは544 pmであり，直径は（側鎖を無視すると）約600 pmである．

---

1) conformational entropy　2) α helix　3) β sheet　4) pleated β sheet

(残基 $i$ が残基 $i-4$ および $i+4$ と結合する). ヘリックスが右巻きのらせんになるか左巻きになるかの自由度があるが,あとで説明するように,天然に産するアミノ酸ではLの配置が優勢なので,天然のポリペプチドは圧倒的に右巻きである.L-アミノ酸の右巻き α ヘリックスは同じアミノ酸からなる左巻きヘリックスよりもほんのわずかエネルギーが低く,実験と一致している.β シートは,伸びたポリペプチド鎖の間の水素結合によってできる.側鎖はシートの上にあるものと下にあるものがある.成分の鎖の間の水素結合のでき方によって2種類の構造がある.(a) 反平行 β シート(図16・8)では水素結合をつくる N–H⋯O の原子が一直線上にある.(b) 平行 β シート(図16・9)では N–H⋯O の原子は直線上にない.

二次構造を決めている相互作用に打ち勝つほどの強さの他の相互作用が鎖の残基間にあると,ヘリックス状またはシート状のポリペプチド鎖は折りたたまれて三次構造をつくる.折りたたみ(フォールディング)の原因としては −S−S− 結合(**ジスルフィド結合**[1])もあるし,ファンデルワールス相互作用,疎水性相互作用,イオン相互作用(pH に依存する)や強い水素結合(O–H⋯O など)もある.

$M > 50 \, \text{kg mol}^{-1}$ のタンパク質は,2個以上のポリペプチド鎖の集団であることが多い.このような**四次構造**の可能性があるので,モル質量の測定で混乱することがしばしばある.違う方法で測ると,2倍以上違う値が得られることがあるからである.4本のミオグロビン類似の鎖からできているヘモグロビンは四次構造の一例である(図16・10).ミオグロビンは酸素を貯蔵するタンパク質である.この分子が4個集まってヘモグロビンを形成することで生じる微妙な差によって,酸素輸送のタンパク質であるヘモグロビンが協同的に $O_2$ を取込んだり,放出したりできる(「インパクト7・2」を見よ).

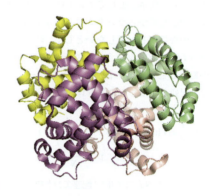

図 16・10 ヘモグロビン分子はミオグロビンに似た単位4個から成る.そのヘム基の鉄原子に $O_2$ 分子1個がつく.

デオキシリボ核酸(DNA)とリボ核酸(RNA)は,生体細胞にあって**遺伝情報**[2]の蓄積と移送の機構を担ううえで鍵を握る物質であり,これを**ポリヌクレオチド**[3]という.これらの分子では,糖とリン酸基が交互に結合して骨格をなしており,それぞれの糖には塩基が付いている.その塩基は,アデニン[4](A),シトシン[5](C),グアニン[6](G),チミン[7](T, DNA だけにある),ウラシル[8]

図 16・8 反平行 β シート.水素結合の N–H⋯O 原子はほぼ直線上にある.

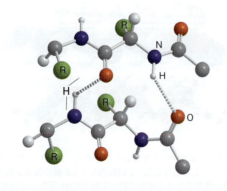

図 16・9 平行 β シート.水素結合の N–H⋯O 原子は反平行 β シートほど直線上にない.

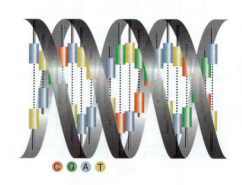

図 16・11 DNA の二重らせん.2本のポリヌクレオチド鎖の間で,アデニン(A)とチミン(T)の間とシトシン(C)とグアニン(G)の間に水素結合があって,鎖どうしがつながっている.

---

1) disulfide link  2) genetic information  3) polynucleotide  4) adenine  5) cytosine  6) guanine  7) thymine  8) uracil

（U，RNA だけにある）のどれかである．生体細胞で最も普通に見られるタイプの DNA である B-DNA では，2 本のポリペプチド鎖が A-T の塩基対と C-G の塩基対によって結ばれ（**1**，**2**），互いを巻き合いながら右巻き二重らせんを形成している（図 16・11）．「インパクト 15・1」で述べたように，その構造は π スタッキング相互作用によってさらに安定化している．これに対して，RNA はだいたい一本鎖のかたちで存在し，A-U，G-C の**塩基対**[1] の形成によって折りたたまれて，複雑な構造をとっている．

**1** A-T 塩基対

**2** C-G 塩基対

生体高分子の**変性**[2] すなわち構造の喪失は，いろいろな手段でひき起こすことができるが，それによって構造の異なる側面に影響が現れる．二次構造のレベルでは水素結合を壊す試薬によって変性がひき起こされる．熱運動でも変性を起こすのに十分なこともあり，その場合，変性は一種の分子内融解とみることもできる．卵を料理するときはアルブミンが非可逆的に変性し，タンパク質の構造がつぶれてランダムコイルのような構造になる．このポリペプチドの**ヘリックス-コイル転移**[3] は協同現象なので，ふつうの融解のように鋭く起こる．すなわち，1 本の水素結合が切れるとまわりの水素結合が切れやすくなり，それによってさらに他の結合が切れやすくなるというように進行する協同現象である．この破壊の連鎖がヘリックスに沿って伝わって鋭い転移が起こる．変性は化学的にも生じうる．たとえば，ヘリックス内部の水素結合より強い水素結合をつくる溶媒は，NH や CO 基を奪う競争をして勝つことができる．酸や塩基もいろいろな基のプロトン付加やプロトン脱離によって変性をひき起こすことができる．

現代の物理化学と分子生物物理学では，ここで説明した

ポリペプチドや核酸のような生体分子の構造の解釈や予測に関する膨大な研究が行われており，そこでは 15 章で説明したいろいろな相互作用が使われている（インパクト 16・1）．

#### 生化学へのインパクト 16・1

### タンパク質の構造の予測

ポリペプチド鎖はギブズエネルギーの極小に対応するコンホメーションをとる．そのギブズエネルギーは**コンホメーションエネルギー**[4]，すなわち鎖の異なる部分の間の相互作用エネルギーと，鎖とまわりの溶媒分子との相互作用エネルギーに依存している．細胞の水性の環境においては，タンパク質分子の外表面には動ける水分子のカバーがあり，内部にも水分子の入ったポケットがある．これらの水分子は鎖の中のアミノ酸への水素結合や疎水相互作用によって，鎖がとりうるコンホメーションを決めるのに重要な役割を果たしている．

ポリペプチド鎖のコンホメーションエネルギーの最も単純な計算では，エントロピー効果と溶媒効果を無視し，非結合原子間の相互作用すべての全ポテンシャルエネルギーに注目する．たとえば，本文で述べたように，これらの計算では，L-アミノ酸の右巻き α ヘリックスは同じアミノ酸の左巻きヘリックスよりもほんのわずか安定であることが予測されている．

あるコンホメーションのエネルギーを計算するためには，15 章で説明した相互作用だけでなくそれ以外の相互作用も使わなければならない．

1．**結合の伸縮** 結合はがっしりした硬いものではない．鎖の部分同士が互いに押し付けられるとき，結合のうちあるものはすこし伸び，あるものはすこし縮む方が全体として有利になることもある．結合をばねに見立てると，そのポテンシャルエネルギーは（12・9 節を見よ），

$$V_{伸縮}(R) = \tfrac{1}{2} k_{\mathrm{f},伸縮}(R - R_{\mathrm{e}})^2$$

と書ける．$R_{\mathrm{e}}$ は平衡の結合長で，$k_{\mathrm{f},伸縮}$ は力の定数（注目する結合の硬さの目安）である．

2．**結合角の変化** 分子が全体としてうまく収まるために，O-C-H 結合角が（あるいは他の角も）すこし開いたりすぼんだりすることがある．平衡の結合角を $\theta_{\mathrm{e}}$ とすると，

$$V_{変角}(\theta) = \tfrac{1}{2} k_{\mathrm{f},変角}(\theta - \theta_{\mathrm{e}})^2$$

と書ける．$k_{\mathrm{f},変角}$ は力の定数で，結合角を変えるのがどれくらい困難かの目安である．

---

1）base pair　2）denaturation　3）helix-coil transition　4）conformational energy

● **簡単な例示 16・2　結合角の変化に要するエネルギー**

理論研究によれば，ルミフラビン（**3**）のイソアロキサジン環構造は折れ曲り角が 15°のところにエネルギー極小があるが，それを 30°に増加するのに $1.41 \times 10^{-20}$ J，つまり 8.50 kJ mol$^{-1}$ のエネルギーしか要しないと見積もられている．これから，ルミフラビンの変角の力の定数は，

$$k_{f,変角} = \frac{2V_{変角}(\theta)}{(\theta - \theta_e)^2} = \frac{2 \times (1.41 \times 10^{-20}\,\text{J})}{(30° - 15°)^2}$$
$$= 1.3 \times 10^{-22}\,\text{J deg}^{-2}$$

と計算できる．これは 75 J deg$^{-2}$ mol$^{-1}$ に相当する．●

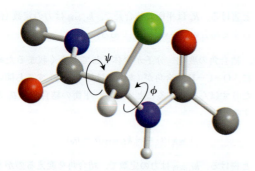

**3** ルミフラビン

> **自習問題 16・2**
>
> C–C–C 結合をその平衡結合角から 2.0°曲げるには 0.90 aJ が必要である．この変角運動の力の定数はいくらか． ［答: $4.5 \times 10^{-19}$ J deg$^{-2}$, 270 kJ deg$^{-2}$ mol$^{-1}$］

**3．結合のねじれ**　ある結合がべつの結合に対して内部回転するときは（エタンの内部回転の場合と同じく）障壁がある．ペプチド結合はかなり硬く平面形を保っているので，ポリペプチド鎖の立体構造は，隣接する 2 個の平面形ペプチド結合がなす角度二つで指定することができる．図 16・12 に，この相対配向を指定するのにふつう使われる 2 個の角 $\phi$ と $\psi$ を示してある．符号の約束として，手前の原子を奥の原子に重なる位置にもってくるのに時計回りに回さなければならないとき，正の角度とす

る．そうすれば厳密には，

右巻き α ヘリックスの場合：
　　　　　すべて $\phi = -57°$，すべて $\psi = -47°$

左巻き α ヘリックスの場合：
　　　　　すべて $\phi = 57°$，すべて $\psi = 47°$

反平行 β シートの場合：$\phi = -139°$，$\psi = 113°$

となる．ここで，全ポテンシャルエネルギーへのねじれの寄与は，

$$V_{ねじれ}(\phi, \psi) = A(1 + \cos 3\phi) + B(1 + \cos 3\psi)$$

で表される．$A$ と $B$ は 1 kJ mol$^{-1}$ の程度の小さな定数である．ヘリックスのコンホメーションを指定するのに，二つの角だけが必要で，その範囲は $-180°$ から $+180°$ であるから，分子全体のねじれのポテンシャルエネルギーを**ラマチャンドランのプロット**[1]，すなわち，一方の軸が $\phi$ を表し，もう一方の軸が $\psi$ を表す等高線図で表すことができる（図 16・13）．

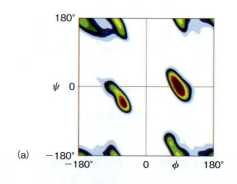

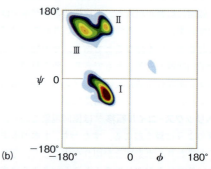

**図 16・13**　ポテンシャルエネルギーをねじれ角 $\psi$ と $\phi$ に対してプロットした等高線図はラマチャンドラン図として知られている．この図は（a）グリシン，（b）平均的な L-アミノ酸残基のものである．〔Hovmoller *et al.*, *Acta Cryst.*, **D58**, 768（2002）による〕

**4．部分電荷の間の相互作用**　原子 $i$ と $j$ にある部分電荷 $Q_i$ と $Q_j$ がわかっていれば，$1/r$ のかたちのクーロン型の寄与，

**図 16・12**　2 個のペプチドの間のねじれ角 $\psi$ と $\phi$ の定義

---

1) Ramachandran plot

$$V_{クーロン}(r) = \frac{Q_i Q_j}{4\pi\varepsilon r}$$

を含めることができる．$\varepsilon$ は電荷のまわりの媒質の誘電率である．N と H にそれぞれ $-0.28e$ と $+0.28e$ の電荷を割当て，O と C に $-0.39e$ と $+0.39e$ を割当てる．部分電荷の間の相互作用を計算すれば双極子-双極子相互作用を取込む必要がなくなる．双極子-双極子相互作用は，結局おのおのの部分電荷をきちんと取扱えば含まれてしまうからである．

5. <u>分散と反発の相互作用</u>　互いに距離 $r$ 離れた（$\phi$ と $\psi$ が決まればわかる）2 原子間の相互作用エネルギーはレナード-ジョーンズ (12,6) のかたちで与えられる（15・8 節）．

$$V_{LJ}(r) = \frac{C^*}{r^{12}} - \frac{C}{r^6}$$

6. <u>水素結合</u>　構造モデルによっては，水素結合の効果が部分電荷の間の相互作用で取込まれている場合がある．しかし，べつの構造モデルでは，

$$V_{H結合}(r) = \frac{D^*}{r^{12}} - \frac{D}{r^{10}}$$

のかたちのべつの相互作用としてつけ加えることもある．

ある与えられたコンホメーション（$\phi, \psi$）の全ポテンシャルエネルギーは，分子内のすべての結合角（ねじれ角も含む）とすべての原子対について，上述の式の寄与を足し合わせれば計算できる．このやり方は**分子力学**[1] シミュレーションというもので，市販の分子モデリングのソフトウエアで自動化されている．大きな分子では，ポテンシャルエネルギーを結合長か結合角に対してプロットすれば，部分部分だけに関する極小がいくつも現れ，そのほかに結晶全体としての極小がある（図 16・14）．市販のソフトウエアには原子の位置を変えてこれらの極小を系統的に探す機能が含まれている．

図 16・13 には，キラルでないアミノ酸としてグリシン（R = H）から成るポリペプチド鎖と，キラルなアミノ酸である L-アラニン（R = CH₃）をはじめとする L-アミノ酸のポテンシャルエネルギー等高線図を示してある．この等高線図は選んだ角度に対して上で説明したすべての寄与の合計を計算して，ポテンシャルエネルギーの等しいところをつないだ図である．グリシンの地図は対称的で深さの等しい極小（右巻きと左巻きのヘリックスに相当）がある．これと対照的に L-アミノ酸の地図は非対称的で，エネルギーの低いコンホメーションが 3 個ある（Ⅰ，Ⅱ，Ⅲ と記してある）．Ⅰの領域の極小は右巻きの α ヘリックスの角度に近いが，これと対称的な位置の（グリシンにあった）極小は浅く，天然の L-アミノ酸では右巻きヘリックスができることと合う．

分子力学のシミュレーションで得られる真の最小に対応する構造は，$T=0$ での分子の瞬間写真である．それはポテンシャルエネルギーだけしか計算に含めておらず，全エネルギーへの運動エネルギーの寄与が入っていないからである．**分子動力学**[2] のシミュレーションでは，分子をある指定した温度まで加熱して運動を起こさせる（15 章を見よ）．次に，ニュートンの運動方程式を積分することによって，分子間ポテンシャルの影響下における全原子の軌跡が計算される．この軌跡は，シミュレーション温度で分子がとりうるコンホメーションを反映している．したがって，高分子の変形しやすさを見るには分子動力学の計算は役に立つ手段である．

## 16・2　高分子の機械的性質

合成高分子は**結晶化度**[3]，すなわち固体状態で達成された三次元の秩序の程度に従って，<u>エラストマー</u>[4]，<u>繊維</u>[5]，<u>プラスチック</u>[6] に大まかに分類される．

**エラストマー**は外力を加えると簡単に拡張したり収縮したりする可撓性の高分子である．エラストマーは重力を取去ると元の形に戻すような架橋結合が多数ある高分子である．シリコーンの大きな弾性はケイ素-酸素結合に弱いながらも指向性があることが原因である．**完全エラストマー**[7] というのは内部エネルギーがランダムコイルの伸びに無関係な高分子で，自由連結鎖でモデル化できる．

16・1 節で説明したが，伸びた鎖が縮んでランダムコイルになる過程はエントロピーが増加するから自発過程である．コイルが生じるとき，エネルギーは放出も吸収もされないから外界のエントロピー変化は 0 である．このコンホ

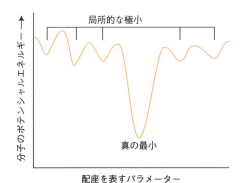

図 16・14　大きな分子では，ポテンシャルエネルギーを分子の立体座標に対してプロットすると，数個の局所的な極小と真の最小が現れる．

---

1) molecular mechanics　2) molecular dynamics　3) crystallinity　4) elastomer　5) fiber　6) plastic　7) perfect elastomer

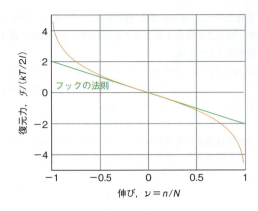

**図16·15** 一次元の完全エラストマーの復元力 $\mathcal{F}$. ひずみが小さいところでは，$\mathcal{F}$ はフックの法則に従って伸びに比例する．

メーションエントロピーを使えば，一次元の完全エラストマーが温度 $T$ で復元する力 $\mathcal{F}$ は[†3]，

$$\mathcal{F} = \frac{kT}{2l} \ln\left(\frac{1+\nu}{1-\nu}\right) \quad \nu = \frac{n}{N}$$

一次元ランダムコイル　復元力　(16·3a)

で与えられる．$N$ は長さ $l$ の結合の総数で，この高分子は $nl$ だけ伸びたり縮んだりする（$k$ はボルツマン定数）．この関数を図 16·15 にプロットしてある．低温では $\nu \ll 1$ であり，「必須のツール 6·1」にある近似が使えるから，

$\ln(x/y) = \ln x - \ln y$

$$\mathcal{F} = \frac{kT}{2l}\{\ln(1+\nu) - \ln(1-\nu)\}$$

$\ln(1+x) = x - \frac{1}{2}x^2 + \cdots$
$\ln(1-x) = -x - \frac{1}{2}x^2 + \cdots$

$$= \frac{kT}{2l}\{(\nu - \frac{1}{2}\nu^2 + \cdots) - (-\nu - \frac{1}{2}\nu^2 + \cdots)\}$$

項を消去

$$= \frac{kT}{2l}\{2\nu + \cdots\} \approx \frac{\nu kT}{l}$$

となり，すなわち，

$n/N$

$$\mathcal{F} \approx \frac{\nu kT}{l} = \frac{nkT}{Nl}$$　近似形　復元力　(16·3b)

である．復元力は変位（それは $n$ に比例する）に比例している．したがって，この試料はフックの法則に従うから（12章の表し方では（12·24a）式の $\mathcal{F} = -k_f x$)，変位が小さいときは，コイル全体が単振動でゆれることになる．

**繊維**は，分子が互いに平行に並んで分子間相互作用で強度が得られるほどに分枝の少ない重合体である．ナイロン 66 はその一例である（図 16·16）．エラストマーとは対照的に，繊維は伸張に対して抵抗力が必要で，そのためには鎖がほとんど完全に伸びていなければならず，鎖同士の間に強い相互作用がなければならない．ナイロンのように鎖の間に水素結合ができることもこの抵抗力を達成する一つの方法で，側鎖があると秩序だった微結晶領域ができるのが妨げられるので，側鎖は望ましくない．条件を整えれば，ナイロン 66 は結晶化度の高い状態のものを作ることができ，その場合は，隣接鎖のペプチド結合の間で水素結合ができ秩序だった配列になる．

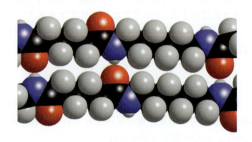

**図16·16** 2本のナイロン 66 の鎖の一部．鎖と鎖の間の引力を生じる水素結合の様子を示す．

**プラスチック**は結晶化度があまり高くないので，繊維ほどの強度はなく，エラストマーほどの弾力もない．ナイロン 66 のような物質は繊維にすることも，プラスチックにすることもできる．ナイロン 66 のプラスチックは，水素結合した結晶質のいろいろな大きさの領域が無定形のランダムコイルの領域のあいだに点在したものとみることができる．同じ種類の高分子が 2 種以上の特性を示すことがある．繊維の特性を示すためには高分子は整列しなければならないが，鎖が整列していなければそれはプラスチックになる．このような物質の例にはナイロン，ポリ塩化ビニル，シロキサンがある．

合成高分子の結晶化度は，十分高温では熱運動によって壊される．結晶化度がなくなるのは，結晶質の固体がいわば分子内の融解で液体状のランダムコイルになる現象と考えることができる．高分子の融解は固有の**融解温度**[1] $T_\mathrm{m}$ でも起こる．物質内の分子間相互作用が増えて強くなれば融解温度は高くなる．

● **簡単な例示 16·3**　合成高分子や生体高分子の融解温度

ポリエテンでは鎖の間の相互作用は非常に弱く $T_\mathrm{m} = 414\,\mathrm{K}$ であるが，鎖の間に強い水素結合をもつナイロン 66 では $T_\mathrm{m} = 530\,\mathrm{K}$ である．繊維でもプラスチックでも実用的にはふつうは融解温度が高いほうが望ましい．生体高分子でもヘリックスやシートのような秩序ある構造

---

[†3] この式の導出とその後の変形については，"アトキンス物理化学" を見よ．
[1] melting temperature

から可撓性のランダムコイルに変わる"融解"がある特定の温度で起こるし，その温度はその物質の中の相互作用の数と強さが増加するとともに上昇する．DNA の融解温度，したがって熱的安定性はシーケンスの中の G-C 塩基対の数とともに増大する．これは A-T 塩基対では水素結合が 2 本しかないのに比べて G-C 塩基対では 3 本あるからである．二重ヘリックスでは平均として塩基対当たりの水素結合の数が多いので，それをほどくにはさらにエネルギーが必要である．■

合成高分子はすべて，固有の**ガラス転移温度**[1] $T_g$ 以下で鎖の移動度が高い状態から低い状態へ転移する．この転移は示差走査熱量測定（DSC,「インパクト 3・1」参照）によって簡単に検出できる．ガラス転移を理解するために，エラストマーの温度を下げたときに何が起こるかを考えてみよう．ふつうの温度では結合のまわりにある程度回転でき，鎖も多少ねじれるほどのエネルギーがある．低温では，ねじれの運動の振幅は次第に減少し，ある温度 $T_g$ に達すると運動がほぼ完全に凍結してガラス状態になる．室温でエラストマーを使うには，そのガラス転移温度が 300 K よりずっと低いことが望ましい．

### 16・3 高分子の電気的性質

本章で考えている高分子や自己構築した構造は大半が絶縁体，または電気伝導率が非常に低いものである．しかしながら，新規に開発されたいろいろな高分子には，シリコン半導体や金属導体に匹敵する電気伝導率を示すものがある（17 章）．

**伝導性高分子**[2] には長い共役二重結合があり，それが高分子鎖に沿った電気伝導を担っている．伝導性高分子の一例にポリアセチレンがある（ポリエチン，図 16・17）．非局在化した π 結合が存在することから，電子が鎖を行ったり来たりできることがわかるが，$I_2$ や強い酸化剤で一部を酸化すればポリアセチレンの電気伝導はかなり増加する．このとき生成するのは**ポーラロン**[3] であり，それは部分的に局所化したカチオンラジカルであり，図 16・17 に示すように鎖を動ける．この高分子をもう一段階酸化すると，ジカチオンの単位で鎖を動ける**バイポーラロン**[4] か，それとも 2 個のカチオンラジカルが独立に動ける**ソリトン**[5] が形成される．ポリアセチレンの電荷伝導機構にはポーラロンとソリトンが寄与している．

伝導性高分子の電気伝導はシリコン半導体より少しよいが，金属導体よりずっと悪い．伝導性高分子は近年，電池の電極や電解コンデンサー，種々のセンサーなどいろいろなデバイスに使われている．伝導性高分子によるフォトン放出に関する最近の研究によれば，発光ダイオード（LED）やフラットパネルディスプレイ（FPD）への新規技術として実を結ぶかもしれない．伝導性高分子はまた，ナノメートル程度の大きさの電子素子に組込める分子ワイヤーとして期待されている．

## 中間相と分散系

**中間相**[6] というのは固体と液体の中間の性格をもつ相である．最も重要なタイプの中間相は**液晶**[7] で，これはある方向には液体のような不完全な長距離秩序をもつが，他の方向には結晶のようなある種の短距離秩序をもつ物質である．液晶は生体膜のモデルとして使うことができ，細胞に出入りして物質を輸送する過程を探究するためにも研究されている．それはまた，電子機器の液晶表示器に使われるので，工業的にも重要である．**分散系**[8] というのはある物質の小粒子がべつの物質の中に分散したものである．この小粒子をふつう**コロイド**[9] という．ここで，"小粒子"というのは直径 1 μm 程度以下（可視光の波長のほぼ 2 倍）のことである．一般に，それは多数の原子や分子の集団であるが，ふつうの光学顕微鏡では見えないくらい小さい．たいていの沪紙を通過するが，光散乱，沈降，浸透によって検出することができる．

### 16・4 液　晶

液晶には重要なタイプのものが 3 種ある．それは保持している長距離秩序のタイプが異なるものである．一つのタイプでは**スメクチック相**[10]（"せっけん様の"という意味のギリシャ語から派生した語）が生じ，分子が層をつくって並ぶ（図 16・18）．他の物質および高温のスメクチック液晶のあるものでは，層構造はないが平行な配列は保持される（図 16・19）．この中間相を**ネマチック相**[11]（"糸"という意味のギリシャ語から派生した語）という．ネマチッ

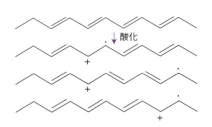

**図 16・17** ポリアセチレンでみられるポーラロンという一部局所化したカチオンラジカルの移動機構．

---

1) glass transition temperature　2) conducting polymer　3) polaron　4) bipolaron　5) soliton
6) mesophase（intermediate phase ともいう）　7) liquid crystal　8) disperse system　9) colloid　10) smectic phase
11) nematic phase

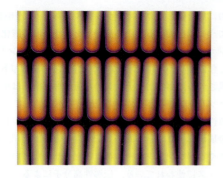

図 16·18　液晶のスメクチック相における分子配列

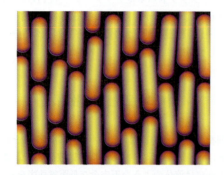

図 16·19　液晶のネマチック相における分子配列

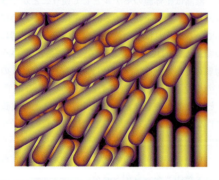

図 16·20　液晶のコレステリック相における分子配列．3層だけ示してある．この3層の配列が次々に繰返されて，全体としてらせん構造になる．

ば色も変わる．人などの生体の温度分布を検出するのに使われ，また織物に織り込むこともある．液晶は生体細胞膜のモデルである（「インパクト 16·2」を見よ）．

液晶物質は多数あるが，この中間相が存在できる温度範囲を実用上便利なところに合わせるのは難しいことが多い．それを解決するには混合物を使うこともできる．その場合の典型的な相図を図 16·21 に示してある．図からわかるように，どちらかの液晶成分だけの場合よりも広い温度範囲で中間相が存在する．

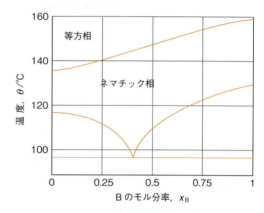

図 16·21　2種の液晶物質，4,4-ジメトキシアゾキシベンゼン（A）と 4,4-ジエトキシアゾキシベンゼン（B）の2成分系の1気圧における相図．

## 16·5　分散系の分類

関係する物質の種類によって分散系の名称が異なる．**ゾル**[2] は固体が液体中に分散したもの（たとえば，金原子の集団が水に分散したゾル）または固体が固体中に分散したもの（たとえば，ルビーガラス，これは金がガラスに分散したゾルでその色は散乱による）である．**エアロゾル**[3] は液体が気体に分散したもの（霧やスプレー）や固体が気体に分散したもの（煙など）である．エアロゾルの粒子は顕微鏡で見えるほど大きい場合も多い．**エマルション**[4] は液体が液体中に分散したもの（ミルクやある種の塗料）である．**ゲル**[5] は，少なくともその1成分の剛性が低く（架橋結合した高分子や脂質二重層），また少なくとも1成分の移動度が高い（たとえば溶媒）系である．

エアロゾルをつくるのはくしゃみをするくらいに容易である（くしゃみをするとエアロゾルができる）．実験室あるいは工業的な製法としては数種の方法がある．材料（たとえば石英）を分散媒の存在下ですりつぶしてもよい．電池に大電流を流すと，電極がぼろぼろに砕けてコロイド粒子になることもある．支持媒質中に置いた電極の間で放電させるとコロイドができる．化学的な沈殿によってもコロイドができることがある．すでにできた沈殿（ヨウ化銀な

ク液晶は異方性の強い光学的性質をもっていて，その電場に対する応答を利用してデータ表示に使う．**コレステリック相**[1] はコレステロールのある誘導体がこの液晶形を示すところからこの名がある．分子はシートをつくり，隣接したシートの間ではある角度で向きが異なり，その角度が次々のシートで変化している（図 16·20）．その結果ヘリックス構造をつくる．そのヘリックスのピッチは温度によって変化する．コレステリック液晶は回折によって色を帯び，その色はピッチによって変化するので，温度が変われ

---

1) cholesteric phase　2) sol　3) aerosol　4) emulsion. 乳濁液ともいう．　5) gel

ど）に，コロイドを分散させる物質，すなわち**解膠剤**[1]を加えると，コロイドに転換することができる．解膠剤の一例はヨウ化カリウムで，これはコロイド粒子に付くイオンを提供し，その電荷が相互に反発する．粘土はアルカリで解膠されるが，これは $OH^-$ イオンが活性剤になるからである．

エマルションを作成するには，ふつう2成分をいっしょに振るが，生成物を安定化させるためにある種の**乳化剤**[2]が必要である．乳化剤としては，セッケン（長鎖脂肪酸の塩），界面活性剤，あるいは分散した相のまわりに保護膜を形成する親液ゾルなどが使える．ミルクは水の中に脂肪が分散したエマルションであるが，その乳化剤はカゼインというリン酸基を含むタンパク質である．カゼインでミルクの乳化が完全にうまくいくわけでないのは，表面にクリームが生成することから明らかである．つまり，分散している脂肪が合体して油状の液滴となって表面に浮いてくる．この分離を防ぐには，最初にエマルションを非常に細かく確実に分散させておく．超音波による激しい撹拌や非常に細かな篩を通して押し出すことによってこれが実現できて，その生成物が"均質（ホモ）"ミルクである．

エアロゾルは，液体の飛沫が気体の噴射によってばらばらになるときにできる．このとき液体に電荷を与えると分散の助けになる．それは静電的な反発によって噴流が吹き飛ばされて小さな液滴になるからである．この手順はエマルションを作るのにも使えるが，それは帯電した液相をべつの液体中に噴出させるときにできる．

分散系は**透析**[3]で精製することが多い．それは浸透（6・8節）に基づく方法であり，溶媒とイオンは透過させるが，それよりもずっと大きなコロイド粒子は通さない膜（たとえばセルロース）を選ぶ．透析の目的は，コロイドの生成に伴って生じたイオン性の物質をほとんど（あとで理由を説明するが，全部ではない）取除くことである．透析は非常に遅いので，ふつうは電場をかけ，多くのコロイドが帯びている電荷を利用して加速する．この方法を**電気透析**[4]という．

## 16・6　表面構造とその安定性

コロイドのおもな特徴は，分散相の表面積が，同じ量のふつうの物質に比べて非常に大きいことである．たとえば，一辺が1cmの立方体の物質の表面積は $6\,cm^2$ であるが，これを一辺10nmの小さな立方体 $10^{18}$ 個に分散させると，全表面積は $6 \times 10^6\,cm^2$ となる（これはテニスコートほどの大きさである）．面積がこのように劇的に増加することから，分散系の化学では表面効果が最も重要であることがわかる．

表面積が大きいために，コロイドはバルクに比べて熱力学的には不安定である．すなわち，コロイドは（液体と同様に）その表面積を小さくしようとする熱力学的な傾向がある．したがって，その見かけの安定性は，コロイドが壊れる速度過程の結果（すなわち，崩壊の活性化エネルギーが高いから）そうなっているだけで，コロイドは熱力学的に安定なのではなく，速度論的に安定なのである．しかし，ちょっと考えると速度論の議論もうまくいかないようにみえる．つまり，コロイド粒子は遠距離まで分散相互作用で互いに引き合っており，コロイド粒子を集めて単一の小塊にするような長距離力が働いていると考えられる．

遠距離の分散引力に逆らう因子が二，三ある．たとえば，コロイド粒子の表面には二つの粒子が接触しても侵入し合うことができないような保護膜があって，これが界面を安定化している．たとえば，水中の白金ゾルの表面原子は，化学的に反応して $-(OH)_3H_3$ が配位し，その層が貝殻のように粒子を包む．脂肪はセッケンによって乳化する．それは長い炭化水素の尾が油滴に浸透していくものの，頭の $-CO_2^-$ 基（あるいは洗剤中の他の親水基）が表面を取巻いて水と水素結合をつくり，負電荷の外殻を形成するので，べつの負電荷の粒子を遠ざけることによる．

**界面活性剤**[5]というのは2種の相または物質（その一方は空気でもよい）の界面に集まって界面の性質を変える物質である．効力のある界面活性剤は相と相の間の界面に蓄積し，どちらのバルクの相にもよく溶けない．代表的な界面活性剤分子は長い炭化水素の尾をもち，炭化水素などの無極性物質に溶けると同時に，親水性の**頭部**[6]があって有極性溶媒（水など）に溶ける．頭部となる代表的な基には $-CO_2^-$ や $-SO_3^-$ などのイオン種と， $-(OC_2H_4)_6OH$ や $-(OC_2H_4)_8OH$ などの非イオン種がある．界面活性剤は疎水性と親水性の両方の部分をもっているので**両親媒性**[7]の物質である（amphi- はギリシャ語で"両方"の意）．たとえば，セッケンは長鎖カルボン酸のアルカリ金属塩からできており，合成洗剤のなかの界面活性剤はふつう，長鎖のベンゼンスルホン酸（ $R-C_6H_4SO_3H$ ）またはその塩である．洗剤やセッケンの中の界面活性剤の作用は，水と炭化水素の相の表面が接触しているところで，その両相に溶けて，炭化水素の相を可溶化し，洗い流せるようにすることである（図16・22）．

界面活性剤分子は油滴がないときでも互いに集まって**ミセル**[8]，すなわちコロイドの大きさの分子クラスター（集合体）を形成できる．これは，これらの分子の疎水性の尾同士が集まる傾向があるうえ，親水性の頭部がそれを保護するからである（図16・23）．ミセルは，界面活性剤の濃度が**臨界ミセル濃度**（CMC）[9]以上の値でなければ形成さ

---

1) peptizing agent　2) emulsifying agent　3) dialysis　4) electrodialysis　5) surfactant　6) head group　7) amphipathic
8) micelle　9) critical micelle concentration

れない．界面活性剤はまた，**クラフト温度**[1] $T_K$ という臨界値以上の温度でしかミセルを形成しない．

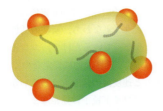

**図 16・22** 洗剤やセッケンの中の界面活性剤分子の作用は，疎水性の炭化水素の尾部を油の中につけ，親水性の頭部を油の表面に残して，周囲の水と引力相互作用ができるようにするところにある．

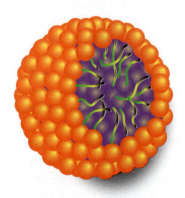

**図 16・23** 球状ミセルのモデル図．親水性の基を球で，疎水性の炭化水素鎖を長い棒で表してある．炭化水素鎖は動くことができる．

ミセル形成にある臨界温度が存在することは熱力学によって説明できる．いろいろな実験によれば，水溶液系のミセルの生成エンタルピーは正であり（すなわち，この生成は吸熱），界面活性剤 1 モル当たり $\Delta H \approx 1 \sim 2\,\mathrm{kJ}$ である．それは主として，界面活性剤の頭部同士に働く反発力に起因するものである．ミセルが CMC 以上で実際に形成されるということは，このミセルの生成過程に伴うギブズエネルギー変化 ($\Delta G = \Delta H - T\Delta S$) が負であり，それにはエントロピー変化が正でなければならないことを示しており，測定によって，室温で約 $+140\,\mathrm{J\,K^{-1}\,mol^{-1}}$ という値が推定されている．分子が凝集してクラスターをつくるにもかかわらずエントロピー変化が正であることは，溶媒もエントロピーに寄与していることを示している．すなわち，まわりの溶媒分子はもはや個々の界面活性剤分子に溶媒和する必要がなく，疎水効果（15・7 節）で見られるように秩序性が失われるのである．温度が高ければ，このエントロピー効果は増幅され（$T\Delta S$ に因子 $T$ が掛かっている），$\Delta G$ は負となって，ミセル形成が自発過程となるの

である．

ミセルの自己構築には協同性という特徴がある．それは，いったん形成されたクラスターに界面活性剤分子が加われば，その凝集体のサイズがますます大きくなるというもので，したがって，ミセル形成は最初ゆっくりでも一気に増幅される．大勢を占めるミセル $M_N$ が $N$ 個の単量体 M から成っているとしよう．このとき考慮すべきおもな平衡は，

$$NM \rightleftharpoons M_N \qquad K = \frac{[M_N]}{[M]^N} \qquad (16\cdot4\mathrm{a})$$

である．単量体のサイズが大きいので無理なのだが，ここでは溶液が理想溶液であって，活量をモル濃度に置き換えてよいと仮定している．各ミセルは $N$ 個の単量体分子から成るから，界面活性剤の全濃度は $[\mathrm{M}]_\mathrm{全} = [\mathrm{M}] + N[\mathrm{M}_N]$ である．したがって，

$$K = \frac{[\mathrm{M}_N]}{([\mathrm{M}]_\mathrm{全} - N[\mathrm{M}_N])^N} \qquad (16\cdot4\mathrm{b})$$

である．

- ● **簡単な例示 16・4　ミセルにおける界面活性剤分子の割合**
  
  (16・4b) 式は，適当な数値を与えれば解くことができ，界面活性剤の全濃度の関数としてミセルの濃度を表せる．$K = 1$ のときの結果の一部を図 16・24 に示す．ミセルの中に存在する界面活性剤の濃度の全濃度に対する比をプロットしたとき，$N$ が大きいと比較的鋭い転移が見えることがわかる．これは，CMC が存在することの現れである．■

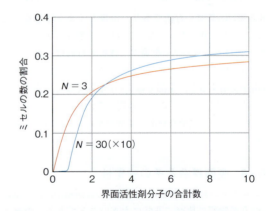

**図 16・24** ミセル濃度を界面活性剤の全濃度の関数として表したもの．$K = 1$ とした．

イオン性の界面活性剤は頭部同士のクーロン反発で崩壊する傾向があり，ふつうは 10 個ないし 100 個の分子の集団に限られる．一方，非イオン界面活性剤分子は 1000 個以上の分子が寄り集まってクラスターをつくれるが，温度が上昇すれば，**曇点**[2] という温度で大きな凝集体が分離

---

1) Krafft temperature　2) cloud point

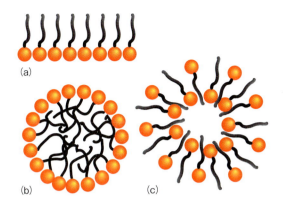

図 16·25 両親媒性の分子は水の中でいろいろな構造をとる．(a) 単分子層，(b) 球状ミセル，(c) 二重層小胞．

してべつの相になる．個々のミセルの形は濃度によって変わる．球形のミセルもできることはできるが，CMC の近傍では球を平らにした形になるのがふつうであり，もっと濃度が高いと棒状になる．ミセルの内部は油滴のようになっていて，炭化水素の尾は動けるが，それでもバルクよりは少し束縛が強いということが磁気共鳴分光法によってわかっている．

ミセルには可溶化という機能があるので，産業や生物学では重要である．つまり物質をミセル内部の炭化水素に溶解させておいて水流で輸送することができる．このため，ミセル系は洗剤や薬剤の輸送手段として使われるほか，有機合成，発泡剤，石油回収などに使われる．ミセルは，両親媒性の物質が水の中に存在するときに形成されるいろいろな構造体の一員であると考えられる（図 16·25）．空気–水の界面では親水性の頭部が水の方を向いて**単分子層**[1]をつくる．ミセルはある領域を囲む単分子層のようなものである．**二重層小胞**[2]はいわば二重ミセルで，内側に向いた分子の内部表面が，外側に向いた外層で囲まれている．これを"平ら"にすると細胞膜に似たものになる．

ミセルの中には，濃度が高くなると大きな平行シートをつくるものがある．これを<u>ラメラミセル</u>[3]といい，2分子の厚さがある．個々の分子はシートに垂直で，親水基は外側の水系の方を向き，内側に無極性の媒質がある．このようなラメラミセルは生体膜によく似たところがあるので，生体の構造を研究するための基礎として役立つことが多い．

### 生化学へのインパクト 16·2

#### 生 体 膜

ラメラミセルは細胞膜の便利なモデル物質であるが，実際の細胞膜は高度に精緻で複雑な構造体である．膜の基本

となる構造要素はホスファチジルコリン（**4**）などのリン脂質で，$-CH_2CH_2N(CH_3)_3^+$ などいろいろな極性基がついた長い炭化水素鎖（ふつうは $C_{14}\sim C_{24}$）を含む．この疎水性の鎖は互いに整列して厚さ約 5 nm の大きな**二重層**[4]をつくる．脂質分子の炭化水素鎖は非常にかさ高いので，球形に近いクラスターの形に詰め合わせることができず，ミセルでなく層をつくる．

**4** ホスファチジルコリン（レシチン）

この二重層は非常に動きやすい構造をしている．炭化水素の鎖が極性基と極性基の間の領域で，絶え間なくねじれたり折れたりしているだけでなく，二重層に挿入されたリン脂質などの分子も表面を動き回っている．この膜は永久的な構造体と考えるよりは，水の 100 倍ほども粘性のある流体と考える方がよい．拡散の一般的な挙動（11·11 節）であるが，拡散する平均距離は時間の平方根に比例する．リン脂質分子の場合はだいたい 1 分間に約 1 μm（細胞の直径）動く．

**表在性タンパク質**[5]は二重層についたタンパク質で，**内在性タンパク質**[6]は移動性はあるが粘性の高い二重層の中に埋没している．これらのタンパク質は二重層の深さいっぱいに広がりがあり，ぎっしり詰まったαヘリックス，または場合によっては，二重層の炭化水素領域にうまくはまり込んだ疎水性の残基を含むβシートからできている．二重層の中での内在性タンパク質の運動については2通りの見方ができる．**流動モザイクモデル**[7]では，タンパク質は動けるが，その拡散係数は脂質よりもずっと小さい．**脂質イカダモデル**[8]では脂質とコレステロールの分子が集まって"イカダ"のような組織構造をつくり，それがタンパク質を包んで細胞の特定の場所に運んでいく．

二重層は動けるので，外部表面のそばにある分子の周辺を流動して分子を包み込み，**エンドサイトーシス**[9]という過程によって，それを細胞内部へ取込むことができる．あるいは，細胞膜で包まれた細胞内部から物質が細胞壁自身と合体することで，細胞壁はその物質を引き出した後，**エキソサイトーシス**[10]という過程によって外部へ放出することもできる．しかし，二重層に埋め込まれたタンパク

---

1) monolayer (monomolecular layer)　2) bilayer vesicle　3) lamellar micelle　4) bilayer　5) peripheral protein
6) integral protein　7) fluid mosaic model　8) lipid raft model　9) endocytosis　10) exocytosis

質の機能は，もっと微妙な仕方で物質を細胞に出し入れする仕掛けとして作用することである．もともとは疎水性の環境のところに親水性のチャネル（通路）をタンパク質が提供することによって，タンパク質はイオンチャネルとして，あるいはイオンポンプとして作用する（インパクト 9・1）．

脂質二重層はすべて，その脂質の構造によって決まるある温度で鎖の動きやすさが変化する転移を起こす．室温でも，結合がある程度回転したり，可撓性の鎖がねじれたりするだけのエネルギーはある．しかし，二重層がばらばらになることもないので膜にはかなりの秩序がなお存在しており，この系は液晶とみるのが最適である（図 16・26a）．低温ではねじれ運動の振幅が次第に減少し，ある温度に至ると運動がほとんど凍結する．そのとき膜はゲルとして存在するという（図 16・26b）．生体膜は生理学的な温度では液晶として存在する．

## 16・7 電気二重層

分散系の物理的な安定化の問題とは別に，速度論的な安定性が生じるのはコロイド粒子の表面に電荷が存在するためである．この電荷のために，反対電荷をもつイオンがそばに来て，クラスターをつくろうとする．

この電荷については二つの領域を区別しなければならない．一つには，ほとんど動けないイオンの層があって，それがコロイド粒子の表面にしっかり付いていて水分子を（もし水が分散媒であれば）含んでいる可能性がある．この固い層を捕捉している球の半径を**ずり半径**[1]といい，粒子の動きやすさを支配する主要な因子である（図 16・27）．ずり半径の位置における電位を，離れたバルクの媒質中の電位を 0 として，**界面動電位**[2]または**ゼータ（ζ）電位**[3]という．帯電した単位は反対電荷のイオン雰囲気を引きつける．電荷の内殻と外側の雰囲気を合わせて**電気二重層**[4]という．

電荷の大きなイオンの濃度が高いところでは，電荷の雰囲気が濃く，電位はわずかな距離だけ進めばバルクの値に落ちつく．この場合には 2 個のコロイド粒子が接近するの

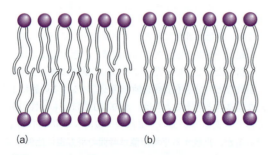

**図 16・26** 脂質二重層における炭化水素鎖の可撓性の温度変化．(a) 生理的温度では，二重層は液晶として存在し，秩序がいくぶん残るものの炭化水素鎖はうねっている．(b) ある温度まで冷えると，炭化水素鎖はほぼ凍結し，二重層はゲルとして存在するといえる．

生体膜のリン脂質の間に埋め込まれてコレステロール（**5**）などのステロールが存在する．これはほとんどが疎水性の部分であるが親水性の −OH 基もある．細胞の種類によって含まれる割合は違うが，ステロールは脂質の疎水性の鎖が"凍って"ゲルになるのを防ぎ，また鎖のパッキングを壊して膜の融点をある温度範囲に広げている．

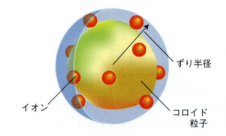

**図 16・27** コロイド粒子のずり半径の定義．球はコロイド粒子についたイオンを表す．

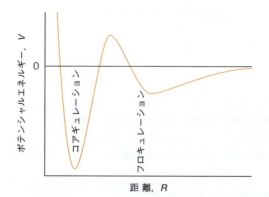

**図 16・28** 2 個のコロイド粒子間に働く相互作用のポテンシャルエネルギーは，距離とともに図のように変化する．比較的浅い外側のくぼみは，粒子間に働くファンデルワールス相互作用を表しており，フロキュレーションの原因となる．内側の深いくぼみは，粒子間でコアギュレーションが起こることを表している．

**5** コレステロール

---

1) radius of shear　2) electrokinetic potential　3) zeta potential　4) electric double layer

を妨げるような静電反発力は弱い．その結果，コロイドの合体すなわち**フロキュレーション（凝結）**[1]がファンデルワールス力によって起こる（図16・28）．フロキュレーションは可逆であることが多く，コロイドが非可逆的に壊れてバルクの相になってしまう**コアギュレーション（凝析）**[2]とは区別しなければならない．コロイド状の粘土を含む川の水が海に流れ込むと，塩水がコアギュレーションを誘発し河口が沈泥でふさがる主な原因となる．

金属の酸化物と硫化物のゾルはpHに依存する電荷をもつ．硫黄や貴金属は負に帯電する傾向がある．天然に生成する高分子も水中に分散させると電荷を獲得するが，タンパク質などの天然高分子の重要な特性は，その全電荷が媒質のpHに依存することである．たとえば，酸性の環境ではプロトンが塩基性の基に付くので，高分子の正味の電荷は正になる．塩基性の媒質中では，プロトンが失われる結果，正味の電荷は負になる．**等電点**[3]のpHでは，高分子に正味の電荷がない．

電気二重層の基本的な役目は，コロイドに速度論的な安定性（すなわち，熱力学的には不安定でありながら，長時間にわたって存在しうる）を与えることである．コロイド粒子同士が衝突すると，その衝突のエネルギーが十分大きくてイオン層や溶媒和した分子の層を破壊できるとか，あるいは表面に集まっている電荷が熱運動によってかきまわされて消散するときに限り，二重層が壊れて合体するようになる．このような二重層の破壊は高温で起こることがあるので，それがゾルを加熱したとき沈殿する理由の一つである．二重層にはこのような保護作用があるので，コロイドを透析によって精製するときにイオンを全部除去しないことが重要である．（ただし，全体として電気的な中性は保たなければならない．）タンパク質が等電点で最も容易に凝析するのはこの理由による．

透析や電気泳動におけるように，コロイド粒子や天然高分子に電荷が存在することを利用してその運動を制御することもできる．電気泳動はモル質量の測定に利用するが，そのほかにも分析化学や技術的な応用がある．分析への応用としては16・12節で説明するように，いろいろな高分子を分離することがある．技術的な応用としては音のでないインクジェットプリンターや帯電した塗料液滴の吹き付けによる物体の塗装，目的とする製品（たとえば外科用手袋）の形に作った陰極に帯電したゴムの分子を析出させる電気泳動ゴム製造などがある．

## 16・8 液体表面と界面活性剤

液体表面は動ける界面であって，そこに溶質が集まって液体の性質に影響を与えることができる．じっとした液体に滑らかな表面ができるのは，実は力の不均衡によるものである．それは，液体内部にいる分子はあらゆる方向から引力を受けているのに，表面の分子は内側からの引力しか受けていないからである．空気−液体の界面にいる分子は，相互作用できるまわりの分子の数が少ないから，液体内部にいる分子よりも高いポテンシャルエネルギーをもつ．そこで，分子をバルクから表面層に運ぶには仕事が必要である．表面積を$\Delta\sigma$だけ増加させるのに必要な仕事は，その増加分に比例するから，$w = \gamma\Delta\sigma$と書ける．ここで，比例定数$\gamma$を**表面張力**[4]という．$\gamma\Delta\sigma$はジュール単位で表せるから，$\gamma$の単位は$\mathrm{N\,m^{-1}}$である（$1\,\mathrm{N\,m^{-1}} \times 1\,\mathrm{m^2} = 1\,\mathrm{N\,m} = 1\,\mathrm{J}$）．代表的な表面張力の値を表16・1に掲げる．おおざっぱにいえば，水や水銀のように分子や原子の間で強い力が働く場合は表面張力が大きい．表面張力は一般に，温度が高くなれば小さくなり，沸点で消滅する．

表16・1　293 Kでの液体の表面張力

|  | $\gamma/(\mathrm{mN\,m^{-1}})$ |
|---|---|
| ベンゼン | 28.88 |
| 水銀 | 472 |
| メタノール | 22.6 |
| 水 | 72.75 |

$1\,\mathrm{N\,m^{-1}} = 1\,\mathrm{J\,m^{-2}}$である．

4章で見たように，非膨張の仕事（外圧に対抗して体積が膨張することによる以外の仕事）は，ギブズエネルギー変化$\Delta G$で表すことができる．そこで，

$$\Delta G = \gamma\Delta\sigma \qquad (16\cdot 5)$$

と書ける．これは，表面の性質と熱力学を結ぶ重要な式である．

(16・5)式で表されたギブズエネルギー変化からいえることは，液体表面が曲がっているところ（液滴や液体中にできた空洞など）では両側の圧力が違うということである．つぎの「式の導出」で示すように，半径$r$の球面の両側での圧力は**ラプラスの式**[5]で与えられる．

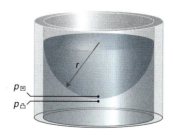

図16・29　曲がった界面のすぐ外側の圧力（$p_凸$）は内側（$p_凹$）より低い．その差は，液体の表面張力が大きいほど大きくなる．

---

1) flocculation  2) coagulation  3) isoelectric point  4) surface tension  5) Laplace equation

$$p_凹 = p_凸 + \frac{2\gamma}{r}　　　ラプラスの式　(16・6)$$

この式は，曲がった界面のすぐ外側（凸の側，図 16・29）の圧力は内側（凹の側）より低く，液体の表面張力が大きいほどその差は大きいことを示している．

### 式の導出 16・1　ラプラスの式

球状の空洞の内側の圧力を $p_凹$ とすれば，空洞の壁の面積 $4\pi r^2$ に働く力（圧力×面積）は $4\pi r^2 p_凹$ である．この空洞を圧縮しようとする力は，空洞の外側（界面の凸側）の圧力と表面張力による効果の合計である．前者の力は $4\pi r^2 p_凸$ である．表面張力による力はつぎのように計算できる．

空洞の半径が $r$ から $r + \delta r$ まで（$\delta r$ だけ）わずかに大きくなれば表面積の変化は，

$$\delta \sigma = 4\pi(r + \delta r)^2 - 4\pi r^2$$
$$= 4\pi(r^2 + 2r\delta r + \underbrace{(\delta r)^2}_{無視できる}) - 4\pi r^2$$
$$\approx 8\pi r \delta r + 4\pi(\delta r)^2$$

である．したがって，(16・5)式から，このときのギブズエネルギー変化は $8\pi\gamma r \delta r$ である．圧力および温度が一定のときのギブズエネルギー変化は，その変化に伴う非膨張仕事に等しい（ただし，いまの場合の膨張は外の大気圧に対抗するものではないから，4 章でいう余分の"非膨張"仕事に当たる）．したがって，この空洞が $\delta r$ だけ膨張するときに行われる仕事は $w = 8\pi\gamma r \delta r$ である．「基本概念 0・9」によって，仕事の大きさは力と距離の積に等しいから，この場合の対抗する力は $8\pi\gamma r$ である．したがって，対抗する合計の力は $4\pi r^2 p_凸 + 8\pi\gamma r$ である．こうして，内向きの力と外向きの力が釣り合うときには，

$$4\pi r^2 p_凹 = 4\pi r^2 p_凸 + 8\pi\gamma r$$

が成り立つ．この式の両辺を $4\pi r^2$ で割れば (16・6) 式が得られる．

---

曲がった界面を介しての圧力差は，いろいろな結果をもたらす．まず，**毛管作用**[1]を生じさせる．それは，液体が毛管の中を上昇する現象である．図 16・30 でわかるように，毛管内の液体のメニスカス直下の圧力は大気圧よりも $2\gamma/r$ だけ低いから，液体は静水圧に等しくなるまで押し上げられる．この液柱による圧力によって，曲率で生じた圧力降下分が打ち消されるのである．液柱の高さが $h$ のときの静水圧は $\rho g h$ に等しい．ここで，$\rho$ は液体の質量密度，$g$ は自然落下の加速度である．すなわち，液体は，$\rho g h = 2\gamma/r$ となる高さまで上昇するのである．したがって，

$$h = \frac{2\gamma}{\rho g r}　　　毛管作用　(16・7)$$

となる．この式によれば（$\gamma = \frac{1}{2}\rho g r h$ と変形すれば）簡単な方法で液体の表面張力を測定できる．

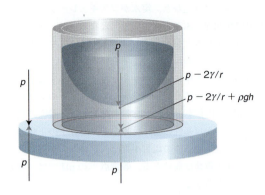

**図 16・30**　毛管を液体の中に立てれば，液体はその内壁をはい上がり，その表面は曲がる．液柱の底の全圧力（大気圧と表面の曲率効果，および静水圧による寄与の合計）が大気圧に等しくなるまで液体は上昇し続ける．

### ● 簡単な例示 16・5　毛管作用

25 ℃で水が，内径 0.20 mm の毛管を高さ 7.36 cm だけ上昇したとき，その表面張力は，

$$\gamma = \frac{1}{2}(997.1 \text{ kg m}^{-3}) \times (9.81 \text{ m s}^{-2})$$
$$\times (7.36 \times 10^{-2} \text{ m}) \times (2.0 \times 10^{-4} \text{ m})$$
$$= 7.2 \times 10^{-2} \text{ kg s}^{-2} = 7.2 \times 10^{-2} \text{ N m}^{-1}$$

と計算できる．この値は，72 mN m$^{-1}$ である．●

界面活性剤が存在すれば，液体の表面張力は著しく変化する．両親媒性分子は水−空気の界面に集まるが，そのとき疎水基を空気の側に向けて水との相互作用を最小にする．バルク液体と比べたときの表面での蓄積の状況を**表面過剰量**[2]，$\Gamma$（ガンマ）で表す．界面活性剤が液体表面を覆う蒸気に現れない単純な場合は，液体試料中の界面活性剤の全量を $n_全$ とし，それからバルク溶液中に存在する量 $n_{溶液}$ を差し引けば表面過剰量がわかるので，濃度の測定から求めることができる．すなわち，

$$\Gamma = \frac{n_全 - n_{溶液}}{\sigma}　　　表面過剰量　(16・8)$$

である．$\sigma$ は表面の面積である．臨界ミセル濃度以下では，濃度の対数に対して表面張力をプロットしたグラフの勾配は $-RT\Gamma$ に等しいから，これから $\Gamma$ を求めることができる[†4]．CMC 以上では，表面張力は界面活性剤の濃度に無関係であるから，グラフから CMC を見極めることができ

---

†4　"アトキンス物理化学"を見よ．
1) capillary action　2) surface excess

る（図16·31）．

　純粋な液体は泡を形成しない．表面ができればそれだけギブズエネルギーは上昇するから，液体中の空洞は常に崩壊する自発的な傾向がある．沸騰する水に見られる気泡は，表面まで上昇して，そこで消滅する．一方，界面活性剤が存在すれば，泡の中と周囲とでわずかな圧力差があるので，界面活性剤の表面過剰量によって安定化される．界面活性剤の溶液中の気泡は，発生すれば表面まで上昇するが，表面で生き残る．そこで，別の泡と合体して大きくなるだろう．その泡の構造は，数学的な取扱いとしても非常に興味深い対象である．はじめ球形をしていた泡が，全表面積を最小化する多面体に変形するからである．最もよく現れる多面体は，数学的には13.4面をもつと予想されている．実際に最もよく観測されるのは14面のもので，次に多いのが12面である．

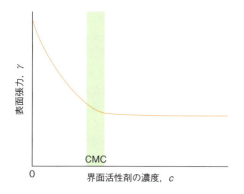

図16·31　界面活性剤の濃度による表面張力の変化

## 分子集団の形と大きさの測定

　X線回折の手法を使えば，17章で詳しく説明するように，非常に大きな分子であっても水素以外のほとんどすべての原子の位置を明らかにすることができる．しかし，ほかの方法も使わなければならない理由がいくつもある．第一に，試料が鎖長や橋かけ結合の程度の異なる分子の混合物かもしれない．その場合にはX線の先鋭な図形が得られない．また，試料中の分子がすべて同じものであっても，単結晶が得られないかもしれない．さらに，タンパク質やDNAに関するX線研究でわかるように，得られたデータがどんなに興味深く，研究意欲をそそるものであっても，得られる情報は不完全なものにすぎない．たとえば，分子の形が細胞の中のような天然の環境ではどうなっているのだろうか．その形は環境の変化によってどう変わるのだろうかという疑問は残る．

　X線とNMRを用いた方法は非常に重要であるから，17章と21章でそれぞれ詳しく説明する．ここでは，これらの手法が使えないとき，あるいはそれが適当でないときに代わりに使える手法に注目しよう．その前にまず，対象とする試料にモル質量の異なる分子が混ざっているとき，そのモル質量をどう表せばよいかを明らかにしておく必要がある．

### 16·9　平均モル質量

　多くのタンパク質（特に酵素タンパク質）は**単分散**[1]である．つまり，単一の決まったモル質量をもつ．ただ，試料の供給源によっては，アミノ酸が1個べつのアミノ酸と置き換わるなど，小さな変動はありうる．一方，合成高分子は，試料が鎖長やモル質量がまちまちの分子の混合物であるという意味で**多分散**[2]である．モル質量を測定するのにどの方法を使ったかによって，多分散系についてはいろいろなタイプの平均値が得られる．**数平均モル質量**[3] $\bar{M}_n$ は，おのおのの分子のモル質量に，試料中に存在するその分子の数の分率（$N_i/N$）を掛けて得られる値である．すなわち，

$$\bar{M}_n = \frac{1}{N}\sum N_i M_i \qquad 定義 \quad \text{数平均モル質量} \qquad (16·9a)$$

である．分子は全部で $N$ 個あり，$N_i$（$i = 1, 2, \cdots$）はモル質量 $M_i$ の分子の数である．この式の分子と分母をどちらもアボガドロ定数 $N_A$ で割って，$N_i/N_A = n_i$，$N/N_A = n$ と書けば，分子の個数ではなく物質量（モル単位）で表すことができる．

$$\bar{M}_n = \frac{1}{n}\sum_i n_i M_i \qquad べつの形 \quad \text{数平均モル質量} \qquad (16·9b)$$

**重み平均モル質量**[4] $\bar{M}_w$ は，各分子のモル質量に，試料中にあるその分子の質量分率（$m_i/m$）を掛けて計算した平均値である．つまり，

$$\bar{M}_w = \frac{1}{m}\sum_i m_i M_i \qquad 定義 \quad \text{重み平均モル質量} \qquad (16·9c)$$

である．$m_i$ はモル質量 $M_i$ の分子の総質量で，$m$ は試料の総質量である．一般に，上の2種の平均値は異なるが，その比 $\bar{M}_w/\bar{M}_n$ を**不均一度指数**[5]（または"多分散性指数[6]"）という．タンパク質のモル質量を求めるときは，分解が起こっていない限り単分散であるから，いろいろな平均値は同じはずである．合成高分子では，モル質量に幅があるのがふつうで，タイプの違う平均をとれば異なる値になる．代表的な合成物質では，$\bar{M}_w/\bar{M}_n \approx 4$ である．"単分散"という用語は，ふつうこの指数が1.1より小さな高

---

1) monodisperse　2) polydisperse　3) number-average molar mass　4) weight-average molar mass．重量平均モル質量ともいう．
5) heterogeneity index　6) polydispersity index

分子に使われる．市販のポリエテン試料はずっと不均一で，この比が 30 に近いこともある．合成高分子でモル質量の分布の幅が狭いと，固体が結晶性に優れていることが多い．その結果，密度も融点も高くなる．モル質量の分布の広がりは触媒や反応条件を選ぶことで制御できる．

### 例題 16・1 高分子試料の不均一度指数の求め方

つぎのデータからこのポリ塩化ビニル試料の不均一度指数を求めよ．

| モル質量の区間/ $(kg\ mol^{-1})$ | 区間内の平均モル質量/ $(kg\ mol^{-1})$ | 区間内の試料の質量/g |
|---|---|---|
| 5〜10 | 7.5 | 9.6 |
| 10〜15 | 12.5 | 8.7 |
| 15〜20 | 17.5 | 8.9 |
| 20〜25 | 22.5 | 5.6 |
| 25〜30 | 27.5 | 3.1 |
| 30〜35 | 32.5 | 1.7 |

**解法** まず，数平均モル質量と重み平均モル質量をそれぞれ (16・9b) 式と (16・9c) 式から計算する．それには，各区間のモル質量にその区間の分子の数分率および質量分率をそれぞれ掛ければよい．各区間の物質量（モル単位）を求めるには，各区間の試料の質量を対応する平均モル質量で割る．それから (16・9b) 式を使うことになる．最後に，平均モル質量を使って試料の不均一度指数を比 $\overline{M}_w/\overline{M}_n$ として計算する．

**解答** 各区間における物質量は，つぎのようになる．

| 区間 | 5〜10 | 10〜15 | 15〜20 |
|---|---|---|---|
| モル質量/ $(kg\ mol^{-1})$ | 7.5 | 12.5 | 17.5 |
| 物質量/mmol | 1.30 | 0.70 | 0.51 |

| 区間 | 20〜25 | 25〜30 | 30〜35 |
|---|---|---|---|
| モル質量/ $(kg\ mol^{-1})$ | 22.5 | 27.5 | 32.5 |
| 物質量/mmol | 0.25 | 0.11 | 0.052 |

総物質量/mmol 2.92

したがって，数平均モル質量は，

$$\overline{M}_n/(kg\ mol^{-1}) = \frac{1}{2.92}(1.30 \times 7.5 + 0.70 \times 12.5$$
$$+ 0.51 \times 17.5 + 0.25 \times 22.5 + 0.11 \times 27.5$$
$$+ 0.052 \times 32.5) = 13$$

重み平均モル質量は，試料の総質量が 37.6 g であることに注目すれば，上のデータから計算できる．すなわち，

$$\overline{M}_w/(kg\ mol^{-1}) = \frac{1}{37.6}(9.6 \times 7.5 + 8.7 \times 12.5$$
$$+ 8.9 \times 17.5 + 5.6 \times 22.5 + 3.1 \times 27.5$$
$$+ 1.7 \times 32.5) = 16$$

である．したがって，不均一度指数は $\overline{M}_w/\overline{M}_n = 1.2$ である．

### 自習問題 16・3

Z 平均モル質量は，

$$\overline{M}_Z = \frac{\sum_i N_i M_i^3}{\sum_i N_i M_i^2}$$

で定義される．例題 16・1 の試料の Z 平均モル質量を求めよ．　　　　　　　　　　[答: 19 kg mol$^{-1}$]

数平均モル質量は，高分子溶液の浸透圧（6・8 節）を測定すれば求めることができる．膜浸透圧法の信頼性の上限は約 1000 kg mol$^{-1}$ である．しかし，モル質量が比較的小さな高分子（約 10 kg mol$^{-1}$ 以下）に対してこの方法を使うときの主な問題点は，それが膜を通って浸透してしまうことである．膜浸透圧法で一部が透過してしまうと，多分散の混合物の平均モル質量を大きく見積もりすぎることになる．このような制約を受けないでモル質量と多分散度を求める方法として，質量分析法，レーザー光散乱，超遠心分離，電気泳動，クロマトグラフ法などがある．

**ノート** 高分子の質量をドルトン（Da）で表すことがよくある．1 Da = $m_u$ である（$m_u = 1.661 \times 10^{-27}$ kg）．1 Da というのは分子質量の目安であり，モル質量でないことに注意しよう．ある高分子の質量（モル質量ではない）が 100 kDa（つまり，$100 \times 10^3 \times m_u$）といえば，そのモル質量は 100 kg mol$^{-1}$ に相当している．習慣でつい言ってしまいがちだが，モル質量が 100 kDa とはいわない．

### 16・10 質量分析法

質量分析法はモル質量を求める方法としては最も正確な部類に属する．この方法では，試料を気体にしてイオン化し，すべてのイオンの質量と電荷数の比（$m/z$）を測定する[†5]．高分子に対してこれは難しい問題で，ばらばらにせず大きな化学種のまま，その気体のイオンを作るのは困難である．しかし，**マトリックス媒体レーザー脱着/イオン化法**[1]（MALDI 法）はこの問題を解決した．この方法では，高分子を有機物と，食塩やトリフルオロ酢酸銀，$AgCF_3CO_2$ などの無機塩から成るマトリックス（固体媒

---

†5 訳注: 質量分析法で用いる "$m/z$" は次元のない量であり，厳密には $m/(zm_u)$ のことである．

1) matrix-assisted laser desorption/ionization

体）に埋め込む．その試料にパルスレーザーを照射すると，マトリックスにより吸収されたレーザーのエネルギーによって，電子的に励起したマトリックスのイオン，カチオン，さらに中性の高分子が射出されるので，固体表面のすぐ上に濃い気体が雲のように巻き上がる．高分子が $H^+$, $Na^+$, $Ag^+$ のような小さなカチオンと衝突したり合体したりしてイオン化するから，そのイオンを質量分析計で定量する．

図 16・32 はポリブチレンアジペートといわれる多分散のポリオキシブテンオキシアジポイル（**6**）で得られた MALDI 質量スペクトルで，マトリックスに NaCl を使ったものである．MALDI 法ではふつう分解することなく電荷を 1 単位もつ分子イオンを生じる．したがって，スペクトルでいくつもピークが現れるのはいろいろな長さの高分子（いろいろな "$N$ 量体"．$N$ は繰返し単位）に由来するものである．そのピークの強度が試料中の各 $N$ 量体の存在比を示す．このデータから $\overline{M}_n$, $\overline{M}_w$ の値，不均一度指数が計算できる．また，つぎの例題で示すように，質量スペクトルを使えば高分子の構造を検証することもできる．

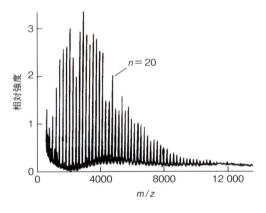

**図 16・32** ポリブチレンアジペート（$\overline{M}_n = 4525 \text{ g mol}^{-1}$）の MALDI スペクトル．Mudiman et al., *J. Chem. Educ.*, **74**, 1288（1997）から再録．

**6** ポリオキシブテンオキシアジポイル（ポリブチレンアジペート）

**例題 16・2** 高分子の質量スペクトルの解釈

図 16・32 の質量スペクトルは，間隔が 200 g mol$^{-1}$ の等間隔のピークからできている．4113 g mol$^{-1}$ のピークは繰返し単位 $N=20$ の高分子に対応している．使ったマトリックスには NaCl が含まれている．これらのデータから，この試料は（**6**）の一般的な構造をもつ高分子からできていることを検証せよ．

**解法** 各ピークは $N$ が異なる高分子に対応するから，隣のピークとのモル質量の違い $\Delta M$ は繰返し単位（**6** の ［ ］ の中の部分）のモル質量 $M$ に相当する．さらに末端基（**6** の ［ ］ の外の部分）のモル質量は，任意のピークのモル質量からつぎの式で求められる．

$$M(\text{末端基}) = M(N \text{量体}) - N \Delta M - M(\text{カチオン})$$

ここで，最後の項はイオン化のときにこの高分子に付いたカチオンのモル質量である．

**解答** $\Delta M$ の値は（**6**）の繰返し単位のモル質量に相当し，200 g mol$^{-1}$ である．末端基のモル質量は，$Na^+$ がこのマトリックス中のカチオンであることから計算できる．すなわち，

$$M(\text{末端基}) = 4113 \text{ g mol}^{-1} - 20 \times (200 \text{ g mol}^{-1})$$
$$- 23 \text{ g mol}^{-1} = 90 \text{ g mol}^{-1}$$

である．この結果は，末端基として $-O(CH_2)_4OH$ のモル質量（89 g mol$^{-1}$）と末端基 $-H$ のモル質量（1 g mol$^{-1}$）の和に相当する．

**自習問題 16・4**

マトリックスとして NaCl でなくトリフルオロ酢酸銀を使っていたとすれば，$N=20$ の高分子のモル質量はいくらになるか．　　　　　　　　　　［答: 4.2 kg mol$^{-1}$］

## 16・11 超遠心

重力場のもとでは，重い粒子は**沈降**[1]という過程によって，溶液のカラムの底に沈もうとする．沈降の速度は場の強さに依存し，また粒子の質量と形に依存する．球形の分子は（また一般に小さくまとまった分子は），棒状の分子や大きく広がった分子よりも速く沈降する．たとえば，DNA のらせん分子は，形がくずれてランダムコイルになった方がずっと速く沈降するから，沈降速度を使って変性（構造が失われること）の研究ができる．ふつう沈降は非常に遅いが，**超遠心**[2] によって重力場を遠心力場で置き換える方法を使えば加速できる．これは，超遠心機によって実現できる．この機械は要するに 1 本の円筒であって，試料をその周辺近くにあるセルに入れて，円筒の軸のまわりに高速回転できるようになっている（図 16・33）．最新の超遠心機は地球の重力のほぼ $10^5$ 倍の加速度（"$10^5 g$"）をつくることができる．はじめ試料は均一であるが，溶質分子はセル外側の端に向かって移動する．その

---

1) sedimentation　2) ultracentrifugation

移動速度は数平均モル質量によって説明できる．もう一つの"平衡"型の測定では，ある角速度 $\omega$（毎秒ラジアンの単位）で運転している遠心機の二つの異なる半径のところでの高分子濃度 $c$ の比から重み平均モル質量を得ることができる．

$$\overline{M}_\mathrm{w} = \frac{2RT}{(r_2^2 - r_1^2)b\omega^2} \ln \frac{c_2}{c_1} \quad (16\cdot10)$$

$b$ は媒質の浮力を考慮する因子である．この方法では，溶質がすべて容器の底に押し付けられて薄い膜のようになるのを防ぐために，沈降速度法の場合よりも遠心機をゆっくり運転する．速度を遅くすると平衡に達するのに数日かかることもある．

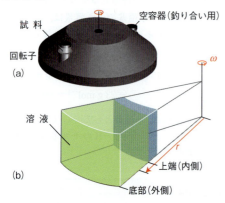

**図 16·33** (a) 超遠心機のヘッド．片側に試料を入れ，反対側はバランス用のダミーを入れる．(b) 回転中の容器内の試料部分．"上端"表面というのは内側の表面のことで，遠心力のために沈降は外側の表面に向かって起こる．半径 $r$ のところにある粒子は $mr\omega^2$ の大きさの力を受ける．

**例題 16·3** 超遠心によるモル質量の測定

あるタンパク質水溶液について平衡型の超遠心実験を 295 K で行った．得られたデータを使って，$(r/\mathrm{cm})^2$ に対して $\ln c$ をプロットしたところ，勾配が 0.959 の直線のグラフが得られた．遠心機の回転速度は 50 000 rpm（1 分間当たりの回転数）で，$b = 0.55$ であった．このタンパク質の重み平均モル質量を計算せよ．

**解法** $r^2$ に対して $\ln c$ をプロットしたときのグラフの勾配が使えるように，(16·10) 式をつぎのように書いておく．

$$\overline{M}_\mathrm{w} = \frac{2RT}{(r_2^2 - r_1^2)b\omega^2} \ln \frac{c_2}{c_1}$$

$\ln(x/y) = \ln x - \ln y$

$$= \frac{2RT}{(r_2^2 - r_1^2)b\omega^2}(\ln c_2 - \ln c_1)$$

変形　$\ln c$ 対 $r^2$ の勾配

$$= \frac{2RT}{b\omega^2} \times \frac{\ln c_2 - \ln c_1}{r_2^2 - r_1^2}$$

$r^2$ に対する $\ln c$ のプロットが直線を示せば，そのときの比 $(\ln c_2 - \ln c_1)/(r_2^2 - r_1^2)$ は直線の勾配に相当している．実際には，$\ln(c/\mathrm{g\,cm}^{-3})$ を $(r/\mathrm{cm})^2$ に対してプロットすることにより，次元をもたない勾配の値が得られる．そこで，

$$\overline{M}_\mathrm{w} = \frac{2RT}{b\omega^2} \times (勾配 \times \mathrm{cm}^{-2}) \quad (16\cdot11)$$

となり，与えられたデータを使えば重み平均モル質量 $\overline{M}_\mathrm{w}$ を計算できる．ローターの 1 回転は $2\pi$ ラジアンの角度変化に相当するから，角振動数 $\omega$ を求めるには，1 秒当たりの回転数で表した回転速度に $2\pi$ を掛けておく．

**解答** 角振動数は，

$$\omega = 2\pi \times 50\,000\ \mathrm{min}^{-1} \times \frac{1\ \mathrm{min}}{60\ \mathrm{s}}$$

$$= 2\pi \times \frac{50\,000}{60}\ \mathrm{s}^{-1}$$

である．(16·11) 式と $1\ \mathrm{cm}^{-2} = 10^4\ \mathrm{m}^{-2}$ の関係，勾配の値 0.959 を使えば，重み平均モル質量はつぎのように計算できる．

$$\overline{M}_\mathrm{w} = \frac{2 \times \overbrace{(8.3145\ \mathrm{J\,K^{-1}\,mol^{-1}})}^{R,\ \mathrm{kg\,m^2\,s^{-2}}} \times \overbrace{(295\ \mathrm{K})}^{T} \times \overbrace{(0.959 \times 10^4\ \mathrm{m}^{-2})}^{勾配}}{\underbrace{0.55}_{b} \times \underbrace{\left(2\pi \times \frac{50\,000}{60}\ \mathrm{s}^{-1}\right)^2}_{\omega}}$$

$$= 3.1\ \mathrm{kg\,mol}^{-1}$$

**自習問題 16·5**

ある高分子を溶質とする水溶液について，293 K で沈降平衡の実験を行った．得られたデータを使って $(r/\mathrm{cm})^2$ に対して $\ln(c/\mathrm{g\,cm}^{-3})$ をプロットしたグラフでは，勾配が 0.821 の直線が得られた．遠心機の回転速度は 450 Hz（$1\ \mathrm{Hz} = 1\ \mathrm{s}^{-1}$）で，$b = 0.60$ であった．この溶質分子の重み平均モル質量を計算せよ．　　［答: $8.3\ \mathrm{kg\,mol}^{-1}$］

## 16·12 電気泳動

DNA をはじめ多くの高分子は電気を帯びており，電場に応答して動く．この運動を**電気泳動**[1]という．電気泳動の移動度とは，電場の駆動力と摩擦からの抵抗力が釣り合ったときにイオンが到達する一定のドリフト速さのことである．電気泳動は，生体細胞の分別で得た生体高分子を複雑な混合物から分離するための非常に役に立つ道具である．**ゲル電気泳動**[2]では，イオンの動きは板状のゲルの塊の中で起こる．**毛管電気泳動**[3]では試料を（メチルセルロースなどの）媒質中に分散させ，それを直径が 20 ない

---

1) electrophoresis　2) gel electrophoresis　3) capillary electrophoresis

し 100 μm の細いガラス製またはプラスチック製の管に入れる．装置が小さいので強い電場をかけたときに出る熱を放散させやすい．それで，時間単位でなく分の単位で良好な分離効果が得られる．また，毛管から順次出てくる高分子の分画おのおのについて，MALDI など他の方法で性質を調べることができる．

## 16・13 レーザー光散乱

　高分子の大きさを光散乱で測定する方法は，大きな粒子が光を効率よく散乱することを利用している．よく知られた例として，太陽光線の中にある細かな塵による光の散乱がある．試料に当てた単色のレーザービームの入射光が，いろいろな角度で散乱された光の強度を分析すれば，高分子や大きな分子集団（コロイドなど，16・6節），タンパク質からウイルスに至る大きな生体系の形とモル質量が得られる．

　**動的光散乱**[1] を使えば，溶液中の高分子の拡散を調べることができる．2個の高分子が一つのレーザー光線で照射されたとしよう．この2個の分子から散乱された波が，ある瞬間に検出器のところで強め合いの干渉となれば，そこで大きな信号を生じる．しかし，分子が溶液中を動き回っていると，べつの瞬間では散乱波が弱め合いの干渉を起こし，何の信号も生じないだろう．この挙動が溶液中の非常に多数の分子について起こると，光の強度がゆらぐことになるので，それを解析すればその高分子のモル質量と拡散係数を知ることができる．

---

## チェックリスト

☐1　高分子は，小さな分子から構築された非常に大きな分子である．

☐2　合成高分子は，単量体という小さな単位をつなぎ合わせてできたもので，その間を架橋接続したものもある．

☐3　高分子のコンホメーションは，同じ鎖の異なる部分の空間的な配列である．

☐4　生体高分子の一次構造は単量体単位の結合順序（シーケンス）である．

☐5　規則構造から最も遠い高分子モデルはランダムコイルである．

☐6　タンパク質の二次構造はポリペプチド鎖の立体配列で，これには α ヘリックスと β シートがある．

☐7　ヘリックス状とシート状のポリペプチド鎖は，鎖の残基の間の結合効果によって折りたたまれて三次構造をつくる．

☐8　2本以上のポリペプチド鎖の集まりとして四次構造をもつ生体高分子もある．

☐9　タンパク質の変性は構造を失う過程である．ヘリックス–コイル転移は協同過程である．

☐10　合成高分子はエラストマー，繊維，プラスチックに分類される．

☐11　完全エラストマーとは，内部エネルギーがランダムコイルの伸び方に無関係な高分子である．伸びが小さいとき，ランダムコイルモデルは復元力に関するフックの法則に従う．

☐12　合成高分子を冷却すると，ガラス転移温度 $T_g$ で分子の動きやすさの大きい状態から小さい状態へ転移する．

☐13　中間相とは固体と液体の中間の性質をもつバルクの相である．

☐14　分散系とは一つの物質がもう1種の物質の中に小さな粒として分散したものである．

☐15　液晶はスメクチック，ネマチック，コレステリックに分類される．

☐16　界面活性剤は2種の相または物質の界面に集まり，表面の性質を変える物質である．

☐17　ずり半径とはコロイド粒子に付いて動けない電荷の層をかたどる球の半径である．

☐18　界面動電位とは，ずり半径のところの電位で，遠方のバルクの領域の媒質の電位を基準にとる．

☐19　電荷がつくる内殻とその外側の雰囲気とで電気二重層ができる．

☐20　多くのコロイド粒子は熱力学的に不安定であるが，速度論的には不安定でない．

☐21　表面張力は，液体表面をつくるのに必要な仕事の目安である．

☐22　曲がった表面があれば，凸の側の圧力は凹の側よりも低い．その差が毛管作用を生じさせる．

☐23　表面に界面活性剤が蓄積すれば表面張力は小さくなる．

☐24　多くのタンパク質（特にタンパク質酵素）は単分散であるが，合成高分子は多分散である．

☐25　高分子の平均モル質量を求める方法として，浸透法，質量スペクトル法（MALDI 法），沈降速度と沈降平衡，ゲル電気泳動と毛管電気泳動，レーザー光散乱などがある．

---

1) dynamic light scattering

## 重要な式の一覧

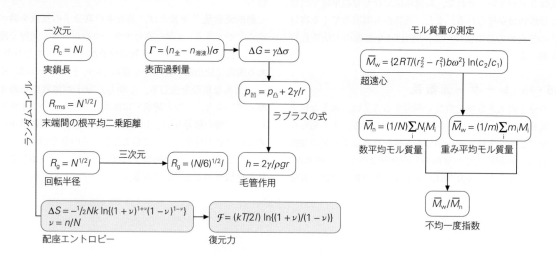

青色で示した式は完全エラストマーに限る.

## 問題と演習

### 文章問題

**16・1** 数平均モル質量と重み平均モル質量の違いを説明せよ. なぜ違うか.

**16・2** ランダムコイルの実鎖長, 根平均二乗距離, 回転半径の相違を説明せよ.

**16・3** 高分子のランダムコイルモデルの限界は何か.

**16・4** 生体高分子や合成高分子のモル質量を求めるのに使える方法を説明せよ.

**16・5** 完全エラストマーはなぜコイル状のばねのように働くのか.

**16・6** 高分子物質の生成や熱的安定性, 機械的強度に関与する分子間相互作用は何か.

**16・7** 界面活性剤がもつ表面活性について, その物理的な起源を説明せよ.

**16・8** 分散系の観点から電気二重層の形成と重要性について説明せよ.

### 演習問題

**16・1** ある高分子鎖が長さ 1.10 nm のセグメント 800 個からできている. もし, 鎖が理想的な可撓性をもっているとしたら, (a) 実鎖長, (b) 鎖の両端間の根平均二乗距離はいくらか.

**16・2** モル質量が 250 kg mol$^{-1}$ のポリエテンの実鎖長と鎖の両端間の根平均二乗距離を計算せよ.

**16・3** ある長鎖状分子の回転半径が 7.3 nm であることがわかった. この鎖は C-C 結合でできている. 鎖がランダムコイルであると仮定して, 鎖の中の結合の数を求めよ.

**16・4** 完全に巻いたランダムコイルから少し伸びて 10 パーセント〔つまり (16・2) 式で $\nu = 0.1$〕まで変化したとき, 配座エントロピーの変化はどれだけか.

**16・5** ポリブタジエン $-(CH_2CHCHCH_2)_n-$ の可撓性の鎖があり, 150 pm を単位として $n = 4000$ である. その全長の 5.0 パーセントを引き伸ばした. 25 °C での復元力の大きさはいくらか. フックの法則を使ってこのエラストマーの力の定数を計算し, この鎖が伸縮振動したときの振動数を計算せよ.

**16・6** つぎの表は数種の高分子のガラス転移温度 $T_g$ である. 単量体の構造が $T_g$ の値に影響する理由を説明せよ.

| 高分子 | ポリオキシメチレン | ポリエテン |
|---|---|---|
| 構造 | $-(OCH_2)_n-$ | $-(CH_2CH_2)_n-$ |
| $T_g/K$ | 198 | 253 |

| 高分子 | ポリ塩化ビニル | ポリスチレン |
|---|---|---|
| 構造 | $-(CH_2CHCl)_n-$ | $-(CH_2CH(C_6H_5))_n-$ |
| $T_g/K$ | 354 | 381 |

**16・7** つぎの情報と固体球の回転半径の式を使って, それぞれの化学種を球状と棒状に分類せよ. 比体積 $v_s$ は密

## 16. 高分子と分子集団

度の逆数である.

| | $M/(\text{g mol}^{-1})$ | $v_s/(\text{cm}^3\,\text{g}^{-1})$ | $R_g/\text{nm}$ |
|---|---|---|---|
| 血清アルブミン | $66 \times 10^3$ | 0.752 | 2.98 |
| ブッシイスタント<br>ウイルス | $10.6 \times 10^6$ | 0.741 | 12.0 |
| DNA | $4 \times 10^6$ | 0.556 | 117.0 |

**16·8** 298 K の水中にできた半径 5.0 mm の空気の泡(球形の空洞として扱う)の体積を 2 倍にするのに必要な仕事を求めよ.この温度での水の表面張力は 72 mN m$^{-1}$ である.

**16·9** 毛管作用によってエタノール(298 K では $\gamma = 22.39$ mN m$^{-1}$, $\rho = 789$ kg m$^{-3}$)は,内側半径が 0.10 mm の毛管の中をどれだけ昇るか.

**16·10** メタノール(298 K で $\rho = 791$ kg m$^{-3}$)の表面張力を測定する実験で,内側半径が 0.20 mm の毛管の中を高さ 5.8 cm だけ昇ることがわかった.メタノールの 298 K における表面張力はいくらか.

**16·11** ラプラスの式を使って,半径が (a) 0.10 mm, (b) 1.0 mm の水滴(298 K では $\gamma = 72$ mN m$^{-1}$)の曲がった表面の両側の圧力差を計算せよ.

**16·12** つぎのデータから溶質の表面過剰量を計算せよ.

作成時のバルク溶液のモル濃度: 1.000 mol dm$^{-3}$

実際に測定されたバルク溶液のモル濃度:

0.981 mol dm$^{-3}$

使った溶液の総体積: 100 cm$^3$

溶液を入れたビーカーの半径: 2.50 cm

**16·13** $M = 82$ kg mol$^{-1}$ と $M = 108$ kg mol$^{-1}$ の 2 種の等量の高分子から成る混合物の数平均モル質量と重み平均モル質量を計算せよ.

**16·14** ある溶媒と,30 質量パーセントの $M = 30$ kg mol$^{-1}$ の二量体とその単量体から成る溶液がある.(a) 浸透圧,(b) 光散乱の測定からどんな平均モル質量が得られるか.

**16·15** ポリスチレンのある試料の不均一度をつぎのデータから求めよ.

| モル質量の区間 /<br>(kg mol$^{-1}$) | 区間内の平均モル<br>質量/(kg mol$^{-1}$) | 区間内の試料の<br>質量/g |
|---|---|---|
| 5～10 | 6.5 | 16.0 |
| 10～15 | 11.5 | 27.1 |
| 15～20 | 19.5 | 29.5 |
| 20～25 | 23.5 | 13.4 |
| 25～30 | 28.5 | 8.7 |
| 30～35 | 35.5 | 3.5 |

**16·16** ポリスチレンは $+\text{CH}_2\text{CH}(\text{C}_6\text{H}_5)\,\frac{}{}_n$ の組成の合成高分子である.$t$-ブチルラジカルを使って重合を開始し,多分散のポリスチレンの試料を作った.その結果,

$t$-ブチル基が最終生成物の端に共有結合で付くと期待される.この試料をトリフルオロ酢酸銀を含む有機マトリックスに埋め込んで測定した MALDI–TOF スペクトルは 104 g mol$^{-1}$ の間隔をもつ多数のピークから成り,最も強いピークは 25 578 g mol$^{-1}$ にあった.この試料の純度について吟味し,スペクトルの最も強いピークを生じる分子種の中の $-\text{CH}_2\text{CH}(\text{C}_6\text{H}_5)-$ 単位の数を求めよ.

**16·17** 水溶液中のある高分子溶質について 300 K で行った沈降平衡の実験のデータでは,$\ln c$ 対 $(r/\text{cm})^2$ のプロットは勾配 659 の直線であった.遠心機の回転速度は 55 000 rpm であった.溶質の比体積は $v_s = 0.61$ cm$^3$ g$^{-1}$ である.この溶質のモル質量を計算せよ.〔ヒント:(16·10) 式を使え.浮力の補正は $b = 1 - \rho v_s$ である.$\rho = 0.996$ g cm$^{-3}$ とする.〕

### プロジェクト問題

記号‡は微積分の計算が必要なことを示す.

**16·18‡** 長さ $l$ の単位 $N$ 個から成る三次元ランダムコイルにおいて,末端間の距離が $R$ と $R + \text{d}R$ の範囲にある確率は $f(R)\text{d}R$ で表せる.ここで,$f(R) = 4\pi(a/\pi^{1/2})R^2\,e^{-a^2R^2}$ である.また,$a = (\frac{3}{2}Nl^2)^{1/2}$ である.この式を使ってつぎの式を導け.(a) 鎖の両端の間の根平均二乗距離,(b) 両端間の平均距離,(c) 両端間の距離の最確値.これらの値を $N = 5000$, $l = 154$ pm の完全に可撓性のある鎖について計算せよ.

**16·19** 数学ソフトウエアや表計算ソフトウエアを使って,乱数発生機能から二次元のランダム歩行をつくれ.50 歩と 100 歩をつくれ.もし多数の人がこの問題に取組んでいたら,直接の測定をプロットして平均正味移動距離と最確正味移動距離を調べよ.それらは $N^{1/2}$ に比例しているか.

**16·20‡** ここでは,エラストマーを定量的に詳しく調べよう.(a) 1000 個の結合から成るランダムコイル(完全エラストマー)を完全にコイルした状態から 300 K で 10 パーセント伸ばすのに必要な力を計算せよ.(b) ランダムコイルが $\text{d}x$ だけ伸びたときに働く復元力は $\mathcal{F} = -T\text{d}S/\text{d}x$ で表され,配座エントロピーの変化との関係を示すものである.この式を使って (16·3a) 式と (16·3b) 式を導け.

**16·21** (16·4b) 式を実際に解くのは驚くほどやっかいなものである.非常に単純な $N = 2$ および $K = 1$ の場合についてどうなるかを考えて,[M$_2$] を求める式をつくれ.〔ヒント:[M$_2$] < [M]$_全$ であることを使って,2 次方程式の解に現れる根の一方を捨てよ.〕ここで,数学ソフトウエアを使うことにより,転移が鋭くなるまで系統的に $N$ を大きくして (16·4b) 式の解き方を拡張しよう.はじめ $K = 1$ として,手法を確立できたら $K$ を変更したときの結果を調べよ.

# 17

# 金属，イオン性固体，共有結合性固体

## 固体の結合様式

17·1 固体のバンド理論

17·2 バンドの占有

17·3 接合の光学的性質

17·4 超 伝 導

17·5 イオン結合モデル

17·6 格子エンタルピー

17·7 格子エンタルピーの起源

17·8 共有結合ネットワーク

17·9 固体の磁性

## 結晶構造

17·10 単 位 胞

17·11 結晶面の同定

17·12 構造の測定

17·13 ブラッグの法則

17·14 実 験 法

17·15 金属結晶

17·16 イオン結晶

17·17 分子結晶

## チェックリスト

重要な式の一覧

問題と演習

現代化学は固体の諸性質に深い関わりがある．固体は本来，構造物として役に立つものであるが，それにとどまらず最新の固体は半導体に革命をもたらしてきたし，セラミックス材料の最近の進歩は超伝導にも革命をひき起こす勢いである．固体中の電子の移動に関する研究の進歩は生物学にも役立つ．それは，光合成や呼吸など多くの生化学反応に電子の輸送過程が関わっているからである．

凝縮相，特に結晶性固体の原子の配列を調べる主要な手段はX線回折法である．しかし，核磁気共鳴（NMR, 21章）も重要な役目を果たすようになってきた．X線回折とNMRから得られる情報は分子生物学全般の基礎であって，本章で説明する事項は16章での生体分子の構造の議論のもとになるものである．どんな場合にも，実験でわかった結晶構造は，さまざまな形をしたものを凝集させて，最低エネルギーの集団（絶対零度より温度が高いときには最小ギブズエネルギーの集団）にするという問題に対する自然界の解答である．

## 固 体 の 結 合 様 式

固体中の結合にはいろいろな種類のものがある．最も単純なもの（原理的に）は**金属性固体**[1]における結合である．この場合は，同種のカチオンが並んだ中で電子は非局在化することによって全体を結びつけ，硬いが展性のある構造をつくっている．電子の非局在化によって指向性のほとんどない結合様式となるから，金属の結晶構造は，球形の原子を並べて密な規則正しい配列にするという幾何学の問題でだいたい決まる．**イオン性固体**[2]では，イオン（一般には半径は異なるし，必ずしも球形でない）が，クーロ

---

1) metallic solid  2) ionic solid

ン相互作用で結ばれて詰まっており，全体として電気的に中性の構造を与える．**共有結合性固体**[1]（ネットワーク固体[2]）では，空間的にはっきり決まった指向性をもつ共有結合が原子を結んで，結晶全体に広がるネットワークをつくる．球を詰め合わせるという幾何学的な問題よりも，原子価結合の立体化学的な要請の方が優先され，手の込んだ広がりのある構造ができる．共有結合性固体の重要な例はダイヤモンドとグラファイトである（17・8節）．**分子性固体**[3]は，現在では構造測定の対象として圧倒的多数を占めるが，15章で説明した相互作用によって個々の分子が引き付けられてできている．

ある種の固体，特に金属では，可動性の電子があるために電気を伝える．これらの**電子伝導体**[4]は，電気伝導率の温度変化の違いによって分類される（図17・1）．

- **金属性伝導体**[5]は，温度上昇とともに伝導率が低下する電子伝導体である．
- **半導体**[6]は，温度上昇とともに伝導率が上昇する物質である．

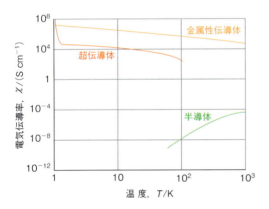

**図17・1** いろいろな種類の電子伝導体の電気伝導率の典型的な温度変化．

金属性伝導体には，金属元素やその合金，グラファイト（グラフェン面に平行な方向）などが含まれる．有機固体のなかにも金属性伝導体がある．半導体には，ケイ素やダイヤモンド，ヒ化ガリウムなどがある．ふつうは半導体の伝導率は金属よりも低い．しかし，伝導率の大きさはここでの区別とは無関係である．たいていのイオン性固体のように，電気伝導率のきわめて低い物質は**絶縁体**[7]として分類する習慣になっている．ここでも絶縁体という用語を用いるが，それは便宜上の問題であって，基本的な意味からではない．**超伝導体**[8]は抵抗0で電気を伝える物質である．極低温（液体ヘリウムの温度）における金属の超伝導の機構はよくわかっているが，実用的でもっと役に立つ$YBa_2Cu_3O_7$などの混合酸化物セラミックス[9]から成る**高温超伝導体**（HTSC）[10]については，その機構がまだ解明されていない．

## 17・1 固体のバンド理論

金属とイオン性固体はどちらも分子軌道法で扱うことができる．その長所は，これによって両者を同じ種類の固体の両極端とみることができる点にある．どちらの場合も，結合に関与する電子は固体全体にわたって（ベンゼン分子のように，ただしずっと大きな規模で）非局在化している．単体の金属では電子はすべての原子のところに一様な確率で見いだされる．これは金属がカチオンからできていて，それがほとんど一様な電子の"海"に埋まっているという初歩的な見方とも合う．イオン性固体では，非局在化した電子が占める波動関数はほとんど完全にアニオンに集中している．たとえば，NaClのCl原子はCl$^-$イオンとして存在し，Na原子は原子価電子の密度が低くなり，Na$^+$イオンとして存在するのである．

固体の分子軌道理論をつくるために，まず同種の原子が無限に長い1本の線上に並んだものを考えよう．各原子はsオービタルを1個もっていて分子オービタルをつくるのに使える（たとえばナトリウム）とする．この固体の1個の原子は，ある決まったエネルギーの1個のsオービタルを提供する（図17・2）．2番目の原子を追加すると，それは結合性オービタルを一つと反結合性オービタルを一つつ

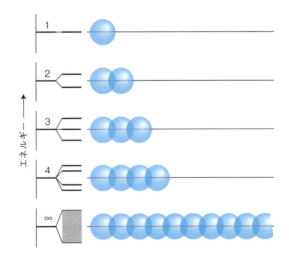

**図17・2** N個の原子を直線状に次々加えていくにつれて，N個の分子オービタルのバンドが形成される様子．バンドの幅は常に有限であることに注意．また，Nが大きいと連続なように見えるが，実はN個の異なるオービタルからできている．

---

1) covalent solid  2) network solid  3) molecular solid  4) electronic conductor  5) metallic conductor
6) semiconductor  7) insulator  8) superconductor  9) ceramics  10) high-temperature superconductor（HTSC）

くる．3番目の原子は隣接原子と重なりをもち（第二近傍ともわずかに重なりがある），これら3個の原子オービタルから3個の分子オービタルが形成される．4番目の原子によって4番目の分子オービタルができる．このようにして原子を次々ともち込めば，一般的な結果として，分子オービタルが占めるエネルギー範囲が広がっていき，オービタルが増えれば増えるほど（原子1個加わるごとに1個増える），あるエネルギー領域にオービタルが詰まっていく様子が見えはじめてくる．線上に$N$個の原子が並んだ段階では，有限の幅をもつバンドを$N$個の分子オービタルで覆うことになる．このバンドの中でエネルギー最低のオービタルは完全に結合性であり，エネルギー最高のオービタルは隣り合う原子間で完全に反結合性である（図17・3）．ヒュッケル近似（14・13節）では，これらのオービタルのエネルギーが，

$$E_k = \alpha + 2\beta \cos\left(\frac{k\pi}{N+1}\right) \qquad k = 1, 2, \cdots, N$$

金属のオービタルのエネルギー　　（17・1）

で与えられる．$\alpha$ はその原子のイオン化エネルギー（符号を変えたもの）にほぼ等しく，$\beta$ は隣接する原子間の相互作用によるエネルギー低下を表す量で，これも負である．$N$ が無限大になると隣接した準位の間の間隔 $E_{k+1} - E_k$ は 0 になるが，つぎの「式の導出」で示すようにバンドの幅 $E_N - E_1$ は $4|\beta|$ で有限である．

である．$N$が無限大になると$\cos$項は$\cos 0$（つまり1）となる．したがって，この極限では，$E_1 = \alpha + 2\beta$である．$k$が最大値$N$をとると，

$$E_N = \alpha + 2\beta \cos\left(\frac{N\pi}{N+1}\right)$$

となるが，$N$が無限大に近づくにつれて，分母の1は無視できるようになるから，$\cos$項は$\cos\pi$，つまり$-1$となる．この極限では，$E_N = \alpha - 2\beta$である．したがって，このバンドの最大と最小のエネルギー差は$4|\beta|$である．ここで，$\beta$そのものは負であるが，バンドの幅は正であるから，絶対値の記号（負号を無視するという$|\ |$）を付けて表してある．

sオービタル同士の重なりによってできるバンドを**sバンド**[1]という．原子がpオービタルを使えるなら，同じようにして**pバンド**[2]ができる（図17・3の上半分の図．ただし，(17・1) 式の$\alpha$と$\beta$の値はそれぞれ異なる）．この図のpバンドは，鎖に沿ってできたσ重なりによるものである．同じpバンドでも，隣接原子間のπ重なりによるものもある．もし，pオービタルがsオービタルよりエネルギーが高ければ，pバンドはsバンドよりも高いところにあり，その間には**バンドギャップ**[3]，つまり分子オービタルが存在しないエネルギー領域が生じる可能性がある．もし，この原子オービタルのエネルギー差が大きくなければ，この2種のバンドは重なるかもしれない．

### 17・2　バンドの占有

ここで，原子価オービタル1個と電子1個を提供できる原子（たとえばアルカリ金属）からできた固体の電子構造を考えよう．原子オービタルが$N$個存在するから，分子オービタルも$N$個あり，それが有限幅のバンドの中に押し込まれている．これに収容すべき電子は$N$個あり，対をつくって，下から順に $\frac{1}{2}N$ 個の分子オービタルに入る（図17・4）．最高被占オービタルの準位を**フェルミ準位**[4]という．しかし，14章で考察した孤立分子の場合と違って，フェルミ準位のすぐ上のエネルギーのところに空のオービタルがあるから，一番上の電子を励起するにはほとんどエネルギーがいらない．そのため，この部分の電子は非常に可動性があり，これによって電気伝導を生じるのである．満員でないオービタルのバンドを**伝導バンド**[5]という．

すでに述べたように，金属伝導は温度の上昇に伴って減少するという特徴がある．この挙動はいま考えているモデルに当てはまる．温度が上がれば原子の熱運動が激しくなり，動いていく電子と原子の間の衝突が多くなるからであ

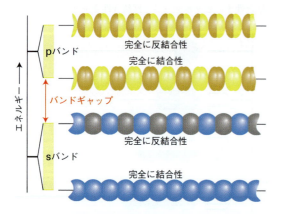

**図17・3** sオービタルの重なりからsバンドができ，pオービタルの重なりからpバンドができる．この図の場合は，原子内のsオービタルとpオービタルの間隔が広いのでバンドギャップがあるが，この間隔が狭くてバンドが重なる場合も多い．

---

**式の導出 17・1**　バンドの幅

$k = 1$ の準位のエネルギーは，

$$E_1 = \alpha + 2\beta \cos\left(\frac{\pi}{N+1}\right)$$

---

1) s band　2) p band　3) band gap　4) Fermi level　5) conduction band

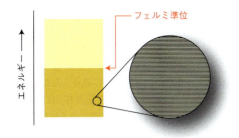

**図17·4** $N$ 個の電子が $N$ 個のオービタルからできたバンドを占めるとき，半分満員になるだけなので，フェルミ準位（占められた準位の上端）の付近の電子は動くことができる．

る．つまり，高温では固体中の電子は，その進路から外されて散乱し，電荷の輸送効率が落ちるのである．

原子がそれぞれ原子価オービタル 1 個と電子 2 個を提供するときには，s バンドの $N$ 個のオービタルを $2N$ 個の電子が満たすことになる．この場合，フェルミ準位はバンドの上端にあり，次のバンドが始まるまでにはギャップが存在する（図 17·5a）．この満員のバンドを**価電子バンド**[1]という．このような元素には 2 族の元素が含まれるが，これらは絶縁体になるのではないかと考えられる．しかし，場合によっては，p オービタルもバンドを形成し，それが，2 族の元素のように，s バンドと重なることがある．そうなると，電子が入るバンドは満員でなくなり，その元素は金属性伝導体になる．

もし，元素の s バンドと p バンドの間にギャップがあって，s バンドが満員であると，その物質は金属性伝導体ではない．しかし，温度が上がれば，電子は上のバンドの空のオービタルを占められるようになる（図 17·5b）．「基本概念」で示したように，温度が上がればボルツマン分布は高いエネルギー準位の側に広がる．そうなると電子は動けるから，その固体は電子伝導体となる．これが実は半導体である．このときの電気伝導率はギャップを越えて昇位した電子の数に依存し，その数は温度が上がると増加して電気伝導率が増加するのである．このような状況は Si や Ge などの元素で観測される．この場合は，原子価電子がつくるバンドが互いに重なることなく，その間にギャップを生じるのである．

もしギャップが大きいと，室温ではギャップを越えて昇位する電子はほんのわずかなので，伝導率はほぼ 0 のままで絶縁体となる．したがって，絶縁体と半導体の区別はバンドギャップの大きさに関係するだけで，金属（$T=0$ でも完全に満たされないバンドがある）と半導体（$T=0$ でバンドが完全に満たされている）の区別のように絶対的なものではない．

電荷の担体の数を増やし，固体の半導体としての伝導率を増強するもう一つの方法は，純粋な物質に異原子を注入することである．もし，ドーパント（添加不純物）[2] が電子を捕捉するなら（ケイ素にインジウムやガリウムを添加した場合．In と Ga は Si より価電子が 1 個少ないからそうなる），満員のバンドから電子を引き抜いて空孔を残し，残っている電子を動けるようにする（図 17·6a）．このような不純物添加によって **p 型半導性**[3] が生じる．バンド内では空孔が電子に対して相対的に正（positive）であるから p でそれを表している．これに対して，ドーパントが過剰の電子をもっていて（たとえば，ゲルマニウムに添加されたリン原子），もともと空であったバンドをこの余分の電子が占めれば，**n 型半導性**[4] が生じる（図 17·6b）．n は担体が負（negative）電荷をもつことを表している．

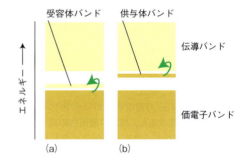

**図17·6** (a) ホストよりも電子が少ないドーパントを注入すれば狭いバンドができて，価電子バンドからの電子を受け取ることができる．価電子バンド内の空孔は動けるので，この物質は p 型半導体である．(b) ホストよりも電子が多いドーパントを注入すれば狭いバンドができて，伝導バンドに電子を供給できる．供給された電子は動けるので，この物質は n 型半導体である．

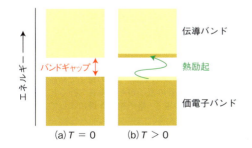

**図17·5** (a) $2N$ 個の電子が存在するとき，$T=0$ ではバンドは完全に満たされて，この物質は絶縁体である．(b) $T=0$ より高い温度では，電子は一部が価電子バンドを放棄して伝導バンドを占めるようになり，固体は半導体となる．

## 17·3　接合の光学的性質

2 種の半導体の界面にある **p-n 接合**[5] のバンド構造を図 17·7 に示す．外部回路から，接合の n 側に電子を供給

---

1) valence band　2) dopant　3) p-type semiconductivity　4) n-type semiconductivity　5) p-n junction

すると，n 型半導体の伝導バンドにある電子が p 型半導体の価電子バンドの空孔に落ちる．

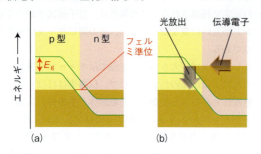

図 17·7　ダイオード接合の構造．(a) バイアスのない場合，(b) バイアスのある場合（電位差をかけた場合）．

電子が上のバンドから下のバンドに落ちるときはエネルギーを放出する．固体によっては，上の状態と下の状態で波動関数の波長が異なる．つまり，最初と最後の状態の電子の直線運動量が異なる（ドブローイの式 $p = h/\lambda$ による）．その結果，電子が直線運動量を格子に譲り渡す場合にのみ遷移が可能であるから，その場合は原子の振動が刺激されて素子の温度が上がる．シリコンの半導体ではこれが起こるのが一つの理由となって，コンピューターには効率のよい冷却装置が必要である．

ヒ化ガリウム GaAs など，ある種の物質では電子の最初と最後の状態の波動関数が同じ波長で，同じ直線運動量に相当している．その結果，格子が直線運動量の差を埋める必要がないから，格子は関与せずに遷移が起こる．それで，エネルギー差がそのまま光として放射される．この種の実用的な**発光ダイオード**[1] は電子ディスプレーに広く使われている．純粋なヒ化ガリウムは赤外線を放射するが，これにリンを加えればバンドギャップの幅は増加する．

● 簡単な例示 17·1　発光ダイオード
　　ほぼ $GaAs_{0.6}P_{0.4}$ の組成の材料は赤色光を出す．Ga, As, P の組成を変えると，橙色や琥珀色の発光ダイオードも得られる．黄色から青色までのスペクトル領域は，リン化ガリウム（黄色と緑色）や窒化ガリウム（緑色と青色）でつくりだすことができる．これらの材料は，少し加工すればダイオードレーザーの製造に使うこともできる．レーザーについては 20 章で説明する．●

## 17·4　超　伝　導

水銀が液体ヘリウムの沸点 4.2 K を**臨界温度**[2] $T_c$ として，それ以下で超伝導体であることを発見したのはオランダの物理学者カメルリンオネス[3] で，それは 1911 年のことであった．その後も，臨界温度のもっと高い超伝導体の発見に向かって物理学者や化学者はゆっくりだが着実な進歩を遂げてきた．タングステン，水銀，鉛などの金属は 10 K 以下に臨界温度がある．また，$Nb_3X$ (X = Sn, Al, Ge) などの金属間化合物や Nb/Ti や Nb/Zr などの合金では，臨界温度が 10 K と 23 K の間にある．しかし，1986 年になって，まったく新種の高温超伝導体（HTSC）が発見された．その臨界温度は安価な冷媒である液体窒素の沸点 77 K よりもずっと上にある．たとえば，$HgBa_2Ca_2Cu_2O_8$ では $T_c$ = 153 K である．

超伝導を説明する中心概念は**クーパー対**[4] の存在にある．これは，原子核の仲介によって格子内に生じる間接的な電子－電子相互作用によるものである．いま電子 1 個が固体中のある領域にいたとすると，そこにある核はその電子に向かって動き，局所的にひずんだ構造になる（図 17·8）．このひずみのところには正電荷が多いから，2 番目の電子が最初の電子に合流しやすい．それで，この 2 電子の間にはまるで引力があるのと同じで，両者は対をつくって動く．クーパー対は個々の電子と違って，固体中を動くとき散乱を受けることが少ないが，それは，1 個の電子でひずみが生じているので，もう一方の電子が衝突によってその経路から外れて散乱を受ける場合には，その電子を引き戻すことができるからである．クーパー対は散乱に対して安定であるから，固体中で自由に電荷を運ぶことができ，これによって超伝導を生じる．この局所的なひずみは固体中のイオンの熱運動によって簡単に壊れるから，非常に低い温度でしかこのような見かけの引力は生じない．

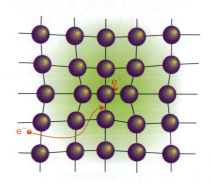

図 17·8　クーパー対の生成．1 個の電子で結晶格子に歪みが生じれば，2 番目の電子がその領域へ行くとエネルギーが低くなる．この電子－格子相互作用によって 2 個の電子が効率よく対をつくる．

低温での超伝導の原因になっているクーパー対は HTSC でも重要なように考えられるが，その対をつくる機構については激しい論争の的になっている．

---

1) light-emitting diode　2) critical temperature　3) Heike Kamerlingh Onnes　4) Cooper pair

● **簡単な例示 17・2　高温超伝導体**

最もよく研究されてきた超伝導体の一つは $YBa_2Cu_3O_7$ である．これは，正方錐形の $CuO_5$ が単位になった層と平面正方形の $CuO_4$ のほとんど平らなシートからできている（図 17・9）．つながった $CuO_4$ 単位に沿った電子の運動が超伝導を担っており，$CuO_5$ の単位のつながりは超伝導層の電子数を適当な数に保つための"電荷の貯蔵庫"になっていると考えられている．●

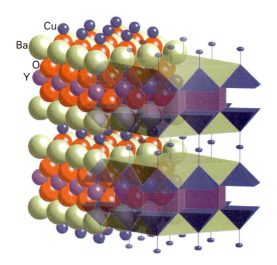

図 17・9　$YBa_2Cu_3O_7$ 超伝導体の構造．多面体は酸素原子の位置を示す．金属イオンの配位は平面正方および正方錐になっていることがわかる．

## 17・5　イオン結合モデル

これまでは同種の原子を扱ってきたが，ここでナトリウムと塩素のように電気陰性度が異なる原子が一列に並んだ場合を考えよう．各ナトリウム原子は1個の s オービタルと1個の電子を供出する．また，塩素原子は p オービタル1個と電子1個を供出する．

この s と p のオービタルを使って固体全体に広がった分子オービタルをつくる．ただし，いまの場合はこれまでと

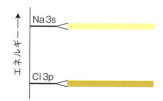

図 17・10　電気陰性度が非常に違う2種の元素（たとえばナトリウムと塩素）からできるバンド．両者の間隔は広く，それぞれの幅は狭い．各原子から電子を1個ずつ供給すると下のバンドは満員で，この物質は絶縁体になる．

大きな違いがある．この2種の原子オービタルはエネルギーが非常に異なっているから，14・11節で二原子分子の分子オービタルをつくったときと全く同様に，それらを別々に考えよう．Cl 3p オービタル同士は相互作用によって一つのバンドをつくり，エネルギーの高い Na 3s オービタル同士も相互作用して別のバンドをつくる．ところが，ナトリウム原子同士はほとんど重なりがない（間に塩素原子がある）から，Na 3s バンドの幅は非常に狭い．Cl 3p バンドについても全く同様である．その結果，この二つの狭いバンドの間には大きなギャップができている（図 17・10）．

さて，このバンドに電子を入れることにする．ナトリウム原子が $N$ 個，塩素原子が $N$ 個あると，$2N$ 個の電子を入れることになる（各 Na 原子から1個と各 Cl 原子から1個）．これらの電子はエネルギーの低い Cl 3p バンドに入り，これを満たす．その上には大きなバンドギャップがあるから，この物質は絶縁体である．また，Cl 3p バンドだけが占有されるから，電子密度はほとんど完全に塩素原子のところにある．いい換えれば，この固体は初歩的なイオン結合モデルで表されるように，$Na^+$ カチオンと $Cl^-$ アニオンとからできているとして扱える．

この固体については，電子密度の大部分がどこにあるかがわかったから，もっと簡単なモデルを採用することができる．すなわち，その構造を分子オービタルで表すのでなく，カチオンとアニオンの集団として扱う方がよい．このように単純化したのが**イオン結合モデル**[1]である．

## 17・6　格子エンタルピー

共有結合の強さはその解離エネルギー，すなわち結合で結ばれている2個の原子を切り離すのに必要なエネルギーで測る．熱力学的な応用では，このエネルギーを結合エンタルピー（3・2節）で表す．イオン結合の強さも同様にして測るが，そのときは固体中のすべてのイオンをばらばらに切り離すのに必要なエネルギーを考慮しなければならない．熱力学的な応用では，このエネルギーをあるエンタルピー変化として表さなければならない．**格子エンタルピー**[2] $\Delta H_L^\ominus$ というのは，固体を構成するすべての分子種（固体がイオン性であればイオン，分子性であれば分子）をばらばらにするときの，化学式単位1モル当たりの標準エンタルピー変化である．たとえば，塩化ナトリウムのようなイオン性固体の格子エンタルピーは，つぎの過程に伴う標準モルエンタルピー変化である．

$NaCl(s) \longrightarrow Na^+(g) + Cl^-(g)$　　　$\Delta H_L^\ominus = 786 \text{ kJ mol}^{-1}$

格子エンタルピーは常に正の量であるから，＋の符号をつけないで表す．氷のような分子性固体の格子エンタル

---

[1] ionic model of bonding　[2] lattice enthalpy

表17·1 格子エンタルピー，$\Delta H_L^{\ominus} / (\text{kJ mol}^{-1})$

| LiF | 1037 | LiCl | 852 | LiBr | 815 | LiI | 761 |
| NaF | 926 | NaCl | 786 | NaBr | 752 | NaI | 705 |
| KF | 821 | KCl | 717 | KBr | 689 | KI | 649 |
| MgO | 3850 | CaO | 3461 | SrO | 3283 | BaO | 3114 |
| MgS | 3406 | CaS | 3119 | SrS | 2974 | BaS | 2832 |
| $Al_2O_3$ | $15.9 \times 10^3$ | | | | | | |

ピーは標準モル昇華エンタルピーである．金属の格子エンタルピーは原子化エンタルピーである．

　固体の格子エンタルピーを求めるには**ボルン-ハーバーのサイクル**[1]を利用し，ほかの実験データを使う．それは格子の形成を一つのステップとして含み，いろいろなステップからできたサイクル（閉じた経路）である．このサイクルをうまくつくれば，格子エンタルピーはこのサイクルの唯一の未知数とすることができ，同じ温度でサイクルを完全に1周したときエンタルピー変化の和が0である（エンタルピーは状態関数であるから）という要請から求められる．イオン性の化合物の代表的なサイクルは図 17·11 のかたちをしている．つぎの例題はこのサイクルの使い方を示したもので，表 17·1 に格子エンタルピーの数値がある．

KCl(s) の格子エンタルピーを求めよ．これらはすべて25 °Cの値である．

| ステップ | $\Delta H^{\ominus} / (\text{kJ mol}^{-1})$ |
| --- | --- |
| K(s) の昇華 | +89 |
| K(g) のイオン化 | +418 |
| $Cl_2$(g) の解離 | +244 |
| Cl(g) への電子付加 | −349 |
| KCl(s) の生成 | −437 |

**解法** まず，元素の原子化，次にそのイオン化，固体格子の形成というステップを描いてから，生成エンタルピーを使って固体化合物からもとの元素へ戻るサイクルを完成させる．このサイクルを一巡するエンタルピー変化の和は0であるから，数値を入れてすべての項の和を0とおく．それで1個の未知数（格子エンタルピー）の式を解けばよい．

**解答** 図 17·12 が必要なサイクルである．

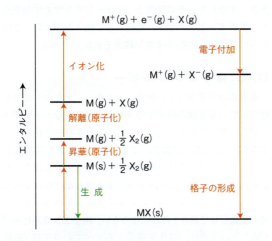

**図 17·11** 未知のエンタルピーの一つ，普通は格子エンタルピーを求めるためのボルン-ハーバーのサイクル．上向きの矢は正のエンタルピー変化を表し，下向きの矢は負のエンタルピー変化を表している．サイクル内のステップはすべて同じ温度におけるものとする．

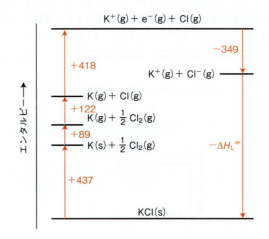

**図 17·12** 塩化カリウムの格子エンタルピーを求めるためのボルン-ハーバーのサイクル．エンタルピー変化の和はサイクルを1周すれば0である．数値は $\text{kJ mol}^{-1}$ 単位である．

例題 17·1 ボルン-ハーバーのサイクルを利用した格子エンタルピーの求め方

ボルン-ハーバーのサイクルを使い，つぎのデータから

---

1) Born-Haber cycle

最初のステップは固体カリウムの昇華（原子化）である：

$$\Delta H^{\ominus}/(\text{kJ mol}^{-1})$$
$$K(s) \longrightarrow K(g) \qquad +89$$

<mark>カリウムの昇華すなわち原子化のエンタルピー変化</mark>

塩素原子は $Cl_2$ の解離でできる：

$$\tfrac{1}{2}Cl_2(g) \longrightarrow Cl(g) \qquad +122$$

<mark>Cl–Cl 結合エンタルピーの半分</mark>

カリウムイオンは気相の原子のイオン化でできる：

$$K(g) \longrightarrow K^+(g) + e^-(g) \qquad +418$$

<mark>カリウムのイオン化エンタルピー</mark>

塩化物イオンは塩素原子への電子付加でできる：

$$Cl(g) + e^-(g) \longrightarrow Cl^-(g) \qquad -349$$

<mark>塩素の電子付加エンタルピー</mark>

そこで固体が生じる：

$$K^+(g) + Cl^-(g) \longrightarrow KCl(s) \qquad -\Delta H_L^{\ominus}$$

<mark>格子を形成するときの
エンタルピー変化は，
格子エンタルピーの符号を変えたもの</mark>

KCl(s) を分解して元素単体にすればサイクルが完成する：

$$KCl(s) \longrightarrow K(s) + \tfrac{1}{2}Cl_2(g) \qquad +437$$

<mark>KCl の生成エンタルピーの
符号を変えたもの</mark>

エンタルピー変化の総和は $-\Delta H_L^{\ominus} + 717\ \text{kJ mol}^{-1}$ である．この和は 0 に等しくなければならないから，$\Delta H_L^{\ominus} = 717\ \text{kJ mol}^{-1}$ である．

### 自習問題 17・1

つぎのデータと巻末の資料「熱力学データ」の情報から，臭化マグネシウムの格子エンタルピーを計算せよ．

| ステップ | $\Delta H^{\ominus}/(\text{kJ mol}^{-1})$ |
| --- | --- |
| Mg(s) の昇華 | +148 |
| Mg(g) から $Mg^{2+}$(g) へのイオン化 | +2187 |
| $Br_2$(g) の解離 | +193 |
| Br(g) への電子付加 | −325 |

［答：2402 kJ mol$^{-1}$］

## 17・7 格子エンタルピーの起源

次に，格子エンタルピーの値を吟味しよう．イオン格子において最も優勢な引力相互作用はイオン間のクーロン相互作用で，これは他のどんな引力相互作用よりもはるかに強い．それで，もっぱらこれを考えることにする．

出発点は電荷数 $z_1$ と $z_2$（カチオンについては正の電荷数，アニオンについては負の電荷数）の 2 個のイオンが $r_{12}$ だけ離れているときの相互作用であり，そのクーロンポテンシャルエネルギーは（「必須のツール 9・1」および「基本概念 0・9」を見よ），

$$V_{12} = \frac{(z_1 e) \times (z_2 e)}{4\pi\varepsilon_0 r_{12}} \qquad (17 \cdot 2)$$

である．$\varepsilon_0$ は真空の誘電率である．結晶中のすべてのイオンの全ポテンシャルエネルギーを計算するには，存在するすべてのイオンについてこの式の和をとらなければならない．最近傍イオンは反対符号なので引き合い，その寄与は大きな負の項になる．第 2 近傍イオンは同じ符号なので反発するが，これより少し小さな正の項であり，順次このような状況が続く（図 17・13）．しかし，全体としては，カチオンとアニオンの間に正味の引力があり，固体のエネルギーに好都合な負の寄与をする．たとえば，つぎの「式の導出」で示すように，一直線上にカチオンとアニオンが交互に等間隔に並んだ場合は，$z_1 = +z$，$z_2 = -z$ とおき，隣接イオンの中心間の距離を $d$ とすると次式が得られる．

$$V = -\frac{z^2 e^2}{4\pi\varepsilon_0 d} \times 2\ln 2 \qquad (17 \cdot 3)$$

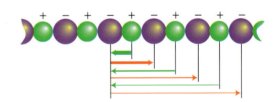

図 17・13 同種電荷の間には反発力，異種電荷の間には引力が働くため，結晶格子のポテンシャルエネルギーには正の寄与と負の寄与が交互に現れる．全ポテンシャルエネルギーは負であるが，この和の収束は非常に遅い．

### 式の導出 17・2 　一次元結晶の格子エネルギー

カチオンとアニオンが直線上で交互に並び，その右側にも左側にも無限に続く場合を考えよう．注目するイオンの右側にあるイオンとのクーロン相互作用エネルギーはつぎのような項の和で表される．

$$V = \frac{1}{4\pi\varepsilon_0} \times \left( -\overbrace{\frac{z^2 e^2}{d}}^{\text{引力}} + \overbrace{\frac{z^2 e^2}{2d}}^{\text{反発力}} - \overbrace{\frac{z^2 e^2}{3d}}^{\text{引力}} + \overbrace{\frac{z^2 e^2}{4d}}^{\text{反発力}} - \cdots \right)$$

$$= -\frac{z^2 e^2}{4\pi\varepsilon_0 d} \times (1 - \tfrac{1}{2} + \tfrac{1}{3} - \tfrac{1}{4} + \cdots)$$

青色で示した級数はよく知られた無限級数であり（「必須のツール 6・1」を見よ），その値は $\ln 2$ である．すなわち，

$$1 - \frac{1}{2} + \frac{1}{3} - \frac{1}{4} + \cdots = \ln 2$$

であるから，つぎのように求められる．

$$V = -\frac{z^2 e^2}{4\pi\varepsilon_0 d} \times \ln 2$$

注目するイオンの左側にあるイオンとの相互作用もこれと同じであるから，相互作用の全ポテンシャルエネルギーは上の $V$ の式の 2 倍となり，それが（17・3）式である．

この計算を，イオンが三次元的に並んだ実際の結晶に近い場合について行えば，やはりポテンシャルエネルギーはイオンの電荷数に依存し，パラメーター $d$ にのみ依存することがわかる．$d$ は最近傍イオンの中心間の距離であり，

$$V = \frac{e^2}{4\pi\varepsilon_0} \times \frac{z_1 z_2}{d} \times A \qquad \text{全クーロン相互作用} \quad (17\cdot4)$$

となる．$A$ はある数で，これを**マーデルング定数**[1]という．上で見たように，直線上に並んだイオンのマーデルング定数の値は $2\ln 2 = 1.386\cdots$ である．この章の後の方で説明する結晶構造に対する，いろいろな格子のマーデルング定数の計算値を表 17・2 に示してある．電荷数はカチオンが正でアニオンが負であるから，その積 $z_1 z_2$ は負である．それで $V$ も負であり，イオン同士が遠く離れた気体状態に比べて固体のポテンシャルエネルギーは低くなっている．

**表 17・2** マーデルング定数

| 構造型 | $A$ |
|---|---|
| 塩化セシウム | 1.763 |
| ホタル石 | 2.519 |
| 岩 塩 | 1.748 |
| 紅玉（ルチル） | 2.408 |

ここまではイオン間のクーロン相互作用だけを考えてきた．しかし，イオンはその符号が何であっても互いに押しつけられて波動関数が重なると相互に反発する．この反発はイオン間の正味のクーロン引力に逆らって働く．それは固体のエネルギーを高くする．この効果を考慮に入れると，格子エンタルピーは**ボルン‒メイヤーの式**[2]，

$$\Delta H_\mathrm{L}^{\ominus} = \frac{|z_1 z_2|}{d} \times \frac{N_A e^2}{4\pi\varepsilon_0} \times \left(1 - \frac{d^*}{d}\right) \times A$$

ボルン‒メイヤーの式 （17・5）

で与えられる[†1]．$d^*$ は経験的なパラメーターで 34.5 pm とすることが多い（この値が実験とよく合うという理由だけである）．絶対値の記号（$|\cdots|$）は $z_1$ と $z_2$ の積に負号があってもそれを除くという意味である．つまり，格子エンタルピーは正の量である．この式の重要な特徴はつぎの通りである．

- $\Delta H_\mathrm{L}^{\ominus} \propto |z_1 z_2|$ であるから，格子エンタルピーはイオンの電荷数の増加に伴って増加する．

- $\Delta H_\mathrm{L}^{\ominus} \propto 1/d$ であるから，格子エンタルピーはイオン半径が小さいほど大きい．

この 2 番目の結論はイオン半径が小さいほど，$d$ の値が小さいことによる．この特徴は表 17・1 の実験値の傾向と合う．

● **簡単な例示 17・3　ボルン‒メイヤーの式**

岩塩構造（$A = 1.748$）の MgO の格子エンタルピーを求めるために，本章の後半にある表 17・6 の値から $d = r(\mathrm{Mg}^{2+}) + r(\mathrm{O}^{2-}) = (72 + 140)\,\mathrm{pm} = 212\,\mathrm{pm}$ を使う．また，この後でも使うことになるが，

$$\frac{N_A e^2}{4\pi\varepsilon_0} = \frac{(6.022\cdots \times 10^{23}\,\mathrm{mol}^{-1}) \times (1.602\cdots \times 10^{-19}\,\mathrm{C})^2}{4\pi \times (8.854\cdots \times 10^{-12}\,\mathrm{J}^{-1}\,\mathrm{C}^2\,\mathrm{m}^{-1})}$$

$$= 1.389\,354\cdots \times 10^{-4}\,\mathrm{J\,m\,mol}^{-1}$$

を使えば，つぎの値が得られる．

$$\Delta H_\mathrm{L}^{\ominus} = \frac{4}{2.12 \times 10^{-10}\,\mathrm{m}} \times (1.389\,354\cdots \times 10^{-4}\,\mathrm{J\,m\,mol}^{-1})$$

$$\times \left(1 - \frac{34.5\,\mathrm{pm}}{212\,\mathrm{pm}}\right) \times 1.748$$

$$= 3840\,\mathrm{kJ\,mol}^{-1}$$

有効数字は 3 桁である．実験値は 3850 kJ mol$^{-1}$ であるから，この化合物にイオン結合モデルは有効である．●

**自習問題 17・2**

酸化マグネシウムと酸化ストロンチウムでは，格子エンタルピーはどちらが大きいと考えられるか．　［答: MgO］

## 17・8　共有結合ネットワーク

すでに述べたように，空間で特定の向きをとる共有結合は，原子同士をつないで共有結合ネットワークの固体をつくる．共有結合性固体は一般に硬く，非反応性のものが多い．その例としてケイ素，赤リン，窒化ホウ素などがあり，非常に重要なダイヤモンドとグラファイトもそうである．この最後の二つについて詳しく説明しよう．

ダイヤモンドとグラファイトは炭素の 2 種の**同素体**[3]

---

[†1]　この式の導出については "アトキンス物理化学" を見よ．
1) Madelung constant　2) Born-Meyer equation　3) allotrope

である．ダイヤモンドでは炭素原子がどれも sp³ 混成して 4 個の隣接原子と正四面体的に結合している（図 17・14）．強い C−C 結合でできたネットワークが結晶をつくり上げているから，ダイヤモンドは最も硬い物質として知られている．

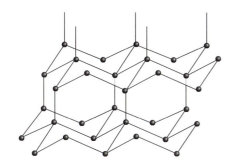

図 17・14 ダイヤモンドの構造の一部．各炭素原子は 4 個の隣接原子と四面体的に結合している．このような骨組構造のおかげで，大きな熱伝導率をもつ硬い結晶となる．

**ノート** 同素体というのは，同じ元素でありながら原子の結合の仕方が異なるものである．同素体という用語は元素単体にだけ使う（$O_2$ と $O_3$ のような分子のものもある）．**多形**[1]という用語は，元素または化合物が固体で異なる構造をとる場合に使う．相の異なる鉄（これは同素体でもある）や炭酸カルシウム（これは多形であり，同素体ではない）がその例である．

グラファイトでは，sp² 混成した炭素原子が σ 結合によって六員環をつくり，それが平面内で繰返されて結晶全体に広がったシートになっている（図 17・15）．このシート間に不純物が存在すれば，互いに滑ることができるから，グラファイトは潤滑材として広く使われている．しかし，宇宙ではこれを潤滑剤として使えない．その不純物が気体として抜け出して，シート間で動けなくなるからである．

ダイヤモンドとグラファイトの電気的性質の違いは，固体での結合様式の違いで決まっている．グラファイトには六員環シートに垂直に張り出した混成していない p オービタルがあり，それが互いに重なることによってバンドが形成されている．このバンドは満員でないから電子はその中を自由に動け，したがってグラファイトは電子伝導体である．このバンドモデルによって，グラファイトのシート内で電気が良く伝わるが，シート間ではあまり伝わらないという実験結果を説明することができる．この炭素原子の（グラファイト状の）"グラフェン"シートは，ナノメートル級のサイズのいろいろな電子素子の設計で考慮の対象となっている．図 17・14 からわかるように，このグラファイトと対照的に，ダイヤモンドは非局在化した π ネットワー

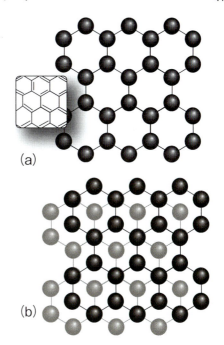

図 17・15 グラファイトは炭素原子のつくる六角形の平らな面が積み重なってできている．(a) 1 枚のシート中の炭素原子の配列，(b) 隣接したシートの相対配列．不純物が存在すれば，シート間で容易に滑る．グラファイトはこの面内では電気をよく伝えるが，面に垂直な方向ではあまり伝導性がない．

クをつくれないから絶縁体（厳密にいえば，バンドギャップの大きい半導体）である．

### 工業技術へのインパクト 17・1

#### ナノワイヤー

工業技術のいろいろな応用面で，ごく小さな構成単位として使えるナノメートル程度の大きさの原子や分子の集団をつくる研究が盛んに行われている．ナノメートル級の部品でつくる種々の素子の応用技術の集積，いわゆる**ナノ技術**[2]が将来の経済に及ぼす影響はきわめて大きなものになるだろう．たとえば，ごく小さなデジタル電子素子に対する需要が増大していることから，もっと小さく，もっと強力なマイクロプロセッサーの設計に弾みがついてきた．しかし，現在の製造技術では，シリコン主体のチップに組込める電子回路の密度には限界がある．そのデータ処理能力はチップの中の回路数が増えれば増大するから，もし処理能力をどこまでも伸ばすのであれば，チップも素子ももっと大きくしなければならなくなる．この問題を回避する一つの方法はナノメートルの部品で素子をつくることで

---

1) polymorphism  2) nanotechnology

ある．ナノメートルの大きさの電子素子，いわゆるナノ素子[1]）をつくるもう一つの利点は，量子力学的な効果を利用できる可能性があることである．たとえば，薄い絶縁体領域が間に入った2個の伝導体領域の間で電子のトンネルが起これば電子伝導が速くなり，その結果デジタル・ナノプロセッサーでのデータ処理のスピードも上がる．

ナノ素子の研究によって，化学反応の基本的な理解を前進させることもできるだろう．ナノメートルの大きさの反応器は，閉じ込めた環境における化学反応研究の実験室になりうる．このような環境での反応は，ナノメートルのサイズの化学センサーをつくる基礎になるものもあり，特に医学の分野での応用は可能性を秘めている．たとえば，細心の注意をもって設計した生化学的な性質をもつナノ素子は，ワクチンの中の活性種であるウイルスや細菌の代わりになることがあるかもしれない．

ナノメートルのサイズの構造物をつくる技術はすでにいろいろ開発されている．ごく小さな原子集団で電気伝導性をもつナノワイヤー[2]）の合成は，ナノ素子の作成のための主要なステップである．ある重要なタイプのナノワイヤーはカーボンナノチューブをもとにしている．これは炭素原子でできた細いシリンダーであり，機械強度が強く，電気伝導性が高い．近年，ナノチューブを選択的に合成する方法が開発されたが，それは触媒の存在下で，あるいは触媒なしで，炭素のプラズマをいろいろな仕方で凝縮させる方法である．最も単純なデザインの構造は単層壁ナノチューブ[3]）（SWNT）といわれるもので，図17・16に示してある．SWNTでは，$sp^2$混成の炭素原子がグラファイトにおける炭素のシート構造に似た六員環をつくっている．このチューブは直径が0.4～2 nmで，長さ数マイクロメートルに及ぶ．図に見られる構造的な特徴は走査トンネル顕微鏡による直接観察で確かめられている．多層壁ナノチューブ[4]）（MWNT）は同心の数個のSWNTからなり，その直径は1～25 nmの間でいろいろなものがある．

カーボンナノチューブの電気伝導の起源は，グラファイトの場合（17・8節）と同じで，混成していないpオービタルを占めるπ電子の非局在化によるものである．最近の研究によれば，SWNTの構造と伝導性との間には相関がある．図は半導体になるSWNTを示す．この六角形をそれぞれ60°回せば，生じるSWNTは金属性伝導体になる．

ケイ素と鉄から成る固体の標的にパルスレーザーを照射すれば，ケイ素のナノワイヤーをつくることができる．レーザー光によって固体表面にあるFeとSiの原子が放出されて蒸気となり，十分低温であれば，それが凝縮して液体状態の$FeSi_n$の組成のナノクラスターになる．この複雑な混合物の相図を見ると，固体のケイ素と液体の$FeSi_n$は1473 K以上の温度で共存できるのがわかる．したがって，実験条件を制御してケイ素で飽和した液体中に$FeSi_n$ナノクラスターが存在するようにすれば，固体ケイ素をこの混合物から析出させることができる．実験によれば，この析出したケイ素は直径が約10 nm，長さが1 µm以上のナノワイヤーからできている．

ナノワイヤーは分子線エピタキシー（MBE）[5]）でつくることもできる．この場合は，真空の容器の中に置いた結晶の表面に気体の原子や分子を吹きつける．容器の温度や吹き付け方を注意して制御する必要があるが，この方法で，指定した形のナノメートル程度の集団をつくり出すことも可能である．たとえば，図17・17に示したのはケイ素の表面につくったゲルマニウムのナノワイヤーである．このワイヤーは高さが約2 nm，幅が10～32 nm，長さは10～600 nmである．また，表面にナノメートル程度の箱や球を原子からつくることもできる．これはいわゆる量子ドット[6]）である．半導性の量子ドットはナノメートル程度の大きさのレーザーの構成単位として重要なものになるであろう．

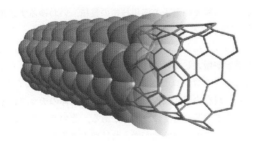

図17・16　炭素の単層壁ナノチューブ（SWNT）では，$sp^2$混成の炭素原子が六員環をつくり，それが直径0.4～2 nm，長さ数マイクロメートルの管の形に成長する．

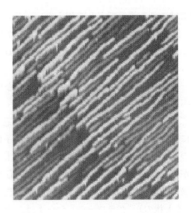

図17・17　分子線エピタキシーでケイ素表面に作成したゲルマニウムのナノワイヤーを原子間力顕微鏡で観察したもの．T. Ogino *et al.*, *Acc. Chem. Res.*, **32**, 447 (1999) から許可を得て複製．

---

1) nanodevice　2) nanowire　3) single-walled nanotube　4) multiwalled nanotube　5) molecular beam epitaxy　6) quantum dot

表面上についた原子を直接操作してもナノワイヤーをつくれる．すなわち，原子1個と走査トンネル顕微鏡（STM，18・2節）の先端チップとの間に働くクーロン引力を利用して，表面で原子を動かしたり模様をつくったり（ワイヤーも一つの模様）することができる．

## 17・9 固体の磁性

固体の磁性は電子スピン間の相互作用によって決まる．もともと磁性をもつ物質もあるが，外部磁場の中に置いたときに磁化されるものもある．強さ $\mathcal{H}$ の磁場に試料を置いたとき**磁化**[1] $\mathcal{M}$ を生じる．これは $\mathcal{H}$ に比例する．

$$\mathcal{M} = \chi \mathcal{H} \qquad \chi \text{ の定義} \quad \boxed{\text{磁化}} \quad (17 \cdot 6)$$

ここで，$\chi$（カイ）は無次元の**体積磁化率**[2]（表17・3）である．磁化は，物質中の**力線**[3]の密度に影響を与えると考えられる（図17・18）．$\chi$ が負の物質は**反磁性**[4]であるといい，磁場から押し出される．すなわち，力線密度が真空中よりも小さい．$\chi$ が正の物質は**常磁性**[5]であるといい，磁場に引き込まれる．つまり，力線密度が真空中よりも大きい．

表 17・3　298 K での磁化率*

|  | $\chi/10^{-6}$ | $\chi_m/(10^{-10}\text{ m}^3\text{ mol}^{-1})$ |
| --- | --- | --- |
| Al(s) | +20.7 | +2.07 |
| Cu(s) | −9.7 | −0.69 |
| CuSO$_4$·5H$_2$O(s) | +167 | +183 |
| H$_2$O(l) | −9.02 | −1.63 |
| MnSO$_4$·4H$_2$O(s) | +1859 | +1835 |
| NaCl(s) | −16 | −3.8 |
| S(s) | −12.6 | −1.95 |

\* 磁場と磁化を SI 単位（A m$^{-1}$）で表したときの無次元の磁化率 $\chi$ とモル磁化率 $\chi_m$．両者には $\chi_m = \chi V_m$ の関係がある．$V_m$ はその物質のモル体積である．

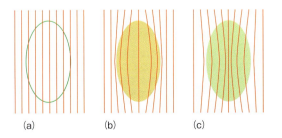

図 17・18　(a) 真空中での磁場の強さは力線の密度で表される．(b) 反磁性体の中では力線の数が減る．(c) 常磁性体の中では力線の数が増える．

反磁性は分子内の電子への外部磁場の影響で生じるものである．具体的には，外部磁場で電子流が誘起されるもので，普通は外部磁場に逆らう向きに起こり，そのため力線の密度が減少する．不対電子のない分子は大多数が反磁性である．この場合の誘起電流は，基底状態で電子が満員の分子オービタルの中で生じるものである．

最もよくある常磁性は不対電子のスピンによるもので，不対電子のスピンが外部磁場と同じ向きに並ぶ傾向のある小さな棒磁石のように働く．このように並ぶものが多いほどエネルギーの低下も大きく，その試料は外部磁場に大きく引き込まれる．d ブロック元素の化合物の多くが常磁性を示すが，それは，数はさまざまだが不対 d 電子を含んでいるからである．不対電子をもつ分子，特にラジカルは常磁性である．その例として，褐色の気体二酸化窒素（NO$_2$）やペルオキシルラジカル（HO$_2$）がある．両方とも大気の化学で重要である．少数ではあるが，不対電子が存在しない場合でも，誘起磁場が外部磁場を補強し，その結果物質内の力線密度が増加するものがある．このような場合には，誘起電子流は空のオービタルを経て生じる電子移動から生じるので，この種の常磁性は励起状態のエネルギーが低いとき（d 錯体，f 錯体の場合のように）だけに起こる．

● 簡単な例示 17・4　磁気的性質

固体マグネシウムは金属であり，Mg 原子 1 個当たり 2 個の原子価電子を 3s オービタルでできたオービタルバンドに供出している．$N$ 個の原子オービタルから $N$ 個の分子オービタルがつくられ，それは金属全体に広がっている．各原子は電子 2 個を提供しており，$2N$ 個の電子が $N$ 個のオービタルを占めて，これを満たす．不対電子はないから，この金属は反磁性である．O$_2$ 分子の電子構造については 14・10 節で説明したように，2 個の電子は別の反結合性 π オービタルを占めて，そのスピンは互いに平行である．そこで，酸素は常磁性の気体であるといえる．

---

自習問題 17・3

Zn(s) と NO(g) について上と同じ解析を行え．
　　　　［答：Zn は反磁性，NO は常磁性］

---

常磁性を示す固体の中には，低温で電子スピンが平行に並んだ大きな**ドメイン**[6]をもつ相に転移するものがある．この協同的な並び方によって非常に強い磁化を生じる．数百万倍もの大きさの磁化になる場合もあり，これを**強磁性**[7]という（図 17・19）．また，協同効果の作用によってスピ

---

1) magnetization　2) volume magnetic susceptibility　3) line of force　4) diamagnetic　5) paramagnetic　6) domain
7) ferromagnetism

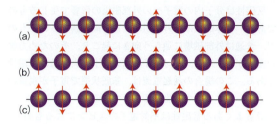

**図 17・19** (a) 常磁性体では，外部磁場がなければ電子スピンは乱雑な向きをとる．(b) 強磁性体の大きなドメインの内部では，電子スピンが平行な配列に固定されている．(c) 反強磁性体では，電子スピンが反平行の配列に固定されている．(b) と (c) の場合は外部磁場がなくてもその配列が維持される．

ンの向きが交互になって，スピンが磁化の小さな配列に落着くものもある．これを**反強磁性**[1]といい，この相では向きの異なるスピンからの寄与が互いに消しあうので磁化は 0 である．強磁性相への転移は**キュリー温度**[2] $T_C$ で起こり，反強磁性相への転移は**ネール温度**[3] $T_N$ で起こる．

超伝導体は特異な磁性を示す．第 1 種の超伝導体では，物質固有の臨界値 $\mathcal{H}_c$ を超える外部磁場がかかると急に超伝導性を失う．また，第 1 種超伝導体は $\mathcal{H}_c$ 以下で完全反磁性を示し，その力線が完全に排除される．物質中から磁場が排除されるこの効果を**マイスナー効果**[4]という．この効果は，超伝導体を磁場の上に置くと空中に浮かぶことで実感できる．第 2 種の超伝導体には HTSC が含まれるが，この場合は磁場が強くなると次第に超伝導性と反磁性が失われる．

## 結 晶 構 造

ここで，原子やイオンが集まって結晶性の固体をつくるとき，どんな構造をとるかという問題に移ろう．結晶構造は実用面からも非常に重要であり，地学をはじめ，いろいろな物質，半導体や高温超伝導体などのハイテク材料から生物学に至るまで深く関わっている．生物学的に重要な生体高分子の X 線構造解析をするうえの最初の難関は，そのような大きな分子が規則正しく並んだ結晶をつくることである．一方，ウイルス粒子 1 個が結晶化してしまえばこれを流布することができなくなるから，このような死滅を避けるのにウイルスが採用している対抗策は，結晶のパッキングの立体配列を無意識のうちに利用することである．

### 17・10 単 位 胞

結晶中で原子やイオン，分子が示す模様は，個々の化学種の位置を表す点の配列，すなわち**格子**[5]で表される（図 17・20）．結晶の**単位胞**[6]というのは，ふつうはこれらの格子点のうち 8 個を結んで得られる小さな三次元の図形で，並進の変位をするだけで結晶全体をつくりあげられるような単位である．いわば煉瓦から壁をつくるのに似ている（図 17・21）．同じ構造を表すのに単位胞は無限に選べるが，対称が最も高く，大きさが最小のものを選ぶ約束になっている．

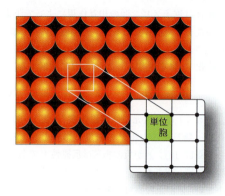

**図 17・20** 結晶はこの図の球で表したように，原子や分子，イオンが一様に並んでできている．多くの場合に結晶の成分は球形からほど遠い形をしているが，この図はだいたいのイメージを表したものである．それぞれの原子や分子，イオンの場所は一つの点で表すことができる．ここでは（単に便宜上）球の中心を点で示してある．拡大図で色をつけた部分が単位胞であり，これによって結晶全体を構築できる最小のブロックである．ただし，そのブロックを回転したり，変更を加えたりしてはならない．

**図 17・21** 単位胞をここでは三次元で示してあるが，壁をつくるのに使う煉瓦のようなものである．この場合も，結晶をつくり上げるのに純粋な並進だけが許される（壁をつくるときは煉瓦を回転させて模様をつくることがあるが，そのときの煉瓦は単位胞ではない）．

単位胞は，いろいろな軸のまわりに回転させたときの対称性に従って 7 種の**結晶系**[7]に分類される．たとえば，**立方晶系**[8]は 3 回の回転軸を 4 本もつ（図 17・22）．3 回軸

---

1) antiferromagnetism  2) Curie temperature  3) Néel temperature  4) Meissner effect  5) lattice  6) unit cell
7) crystal system  8) cubic system

というのは，単位胞をそのまわりに1回転させたとき，120°，240°，360°回転したところで合計3回，もとと同じ外見が現れる回転軸のことである．この4本の軸は互いに四面体角をなしている．**単斜晶系**[1]は2回軸を1本もつ（図17·23）．2回軸は，単位胞をそのまわりに1回転させたとき，180°と360°のところで2回，もとと同じ外見が現れる回転軸である．**必須対称**[2]，つまり単位胞がある特定の結晶系に属するために備えていなければならない性質を表17·4に掲げてある．

単位胞は，必ずしも互いに垂直な面でできている必要はなく，頂点以外のところに格子点があってもよいから，結晶系それぞれにはいろいろな変種がある．たとえば，単位胞の必須対称を壊さなければ，格子点が面の上にあっても，内部にあってもよい．このようないろいろな可能性から**ブラベ格子**[3]という14種の単位胞のタイプができる（図17·24）．

表17·4　7種の結晶系の必須対称

| 系 | 必須対称 |
| --- | --- |
| 三　斜 | なし |
| 単　斜 | 2回軸1本 |
| 直　方 | 直交する2回軸3本 |
| 菱面体（三方） | 3回軸1本 |
| 正　方 | 4回軸1本 |
| 六　方 | 6回軸1本 |
| 立　方 | 4本の3回軸の四面体配置 |

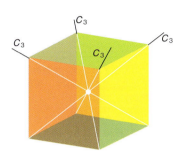

**図17·22**　立方晶系に属する単位胞には，四面体的に配列した3回軸（$C_3$と書く）が4本ある．

## 17·11　結晶面の同定

単位胞を完全に指定するには，その対称性だけでなく，辺の長さなど，単位胞の大きさを知ることも必要である．格子点を通る面と面の間隔を測定できることはあとで説明するが，この間隔と辺の長さとの間には役に立つある関係がある．

三次元より二次元の方が点の配列が見やすいから，はじめは二次元について必要な概念を導入し，その結論を三次元に拡張することにしよう．辺の長さが$a, b$の長方形の単位胞からできる二次元の点の配列を考えよう（図17·25）．この図に表された4種の面は，その面が両方の軸と交差するまでの距離で区別することができる．そこで，各組の面

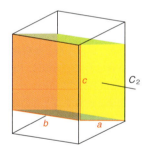

**図17·23**　単斜晶系に属する単位胞には，2回軸（$C_2$と書く）が1本ある（$b$軸に沿っている）．

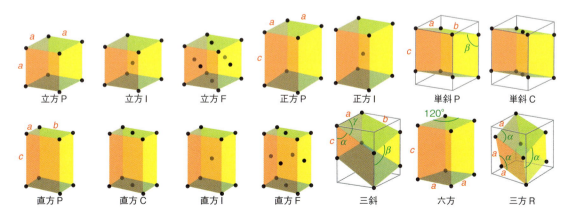

**図17·24**　14種のブラベ格子．Pは単純単位胞を示す．Iは体心単位胞，Fは面心単位胞，C（またはA, B）は向き合う2面の中心に格子点がある底心単位胞．

---

1) monoclinic system　2) essential symmetry　3) Bravais lattice

を記号で表すには，最小の交差距離を使うのが一つの方法である．たとえば，この図の4組の面を $(1a, 1b)$, $(3a, 2b)$, $(-1a, 1b)$, $(\infty a, 1b)$ と表すこともできよう．しかし，軸に沿った距離を示すのに単位胞の長さの倍数で表すことにすれば，$a, b$ を省略してもっと簡単に $(1, 1)$, $(3, 2)$, $(-1, 1)$, $(\infty, 1)$ とすることもできるだろう．

もし，図17・25の配列が三次元の直方体格子で，単位胞が $z$ 方向に $c$ の長さをもつものを上から見た図だとすれば，すべての組の面は $z$ 軸と無限遠で交わることになるから，完全な書き方をすれば，これらの格子点がつくる面は $(1, 1, \infty)$, $(3, 2, \infty)$, $(-1, 1, \infty)$, $(\infty, 1, \infty)$ となる．

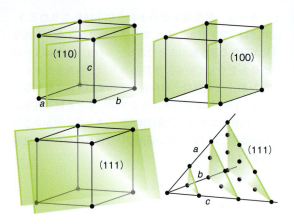

**図 17・26** 三次元の面とそのミラー指数の例．0はその面が対応する軸に平行であることを示す．指数付けは非直交軸の単位胞にも使える．

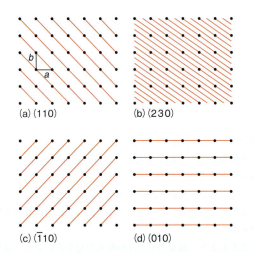

**図 17・25** 空間格子のいろいろな点を通る面とそれに対応するミラー指数 $(hkl)$．指数を付けるための座標の原点は，それぞれの格子の左下隅にある格子点にある．

負の指数は数の上に横棒を置き，図17・25cの $(\bar{1}10)$ 面のように書く．図17・26には三次元の面の例を示した．互いに直交しない軸をもつ格子における配列の例も示してある．

図17・25からわかるように，ミラー指数 $(hkl)$ の $h$ の値が小さいほどその面は $a$ 軸に平行に近づくことを覚えておくと便利である．$k$ と $b$ 軸，$l$ と $c$ 軸についても同様である．$h = 0$ のとき，面は $a$ 軸と無限遠で交わるから，$(0kl)$ 面は $a$ 軸と平行である．同様に，$(h0l)$ 面は $b$ 軸に平行，$(hk0)$ 面は $c$ 軸に平行である．

ミラー指数は面間隔を計算するときに非常に役に立つ．たとえば，つぎの「式の導出」で示すように，直方格子の $(hkl)$ 面の間隔 $d$ を求める非常に簡単な次式を導くのにミラー指数を使うことができる．

$$\frac{1}{d^2} = \frac{h^2}{a^2} + \frac{k^2}{b^2} + \frac{l^2}{c^2} \quad \text{直方格子} \quad \boxed{\text{格子面の間隔}} \quad (17\cdot 7)$$

ここで，ラベルの中に $\infty$ があるのは不便だから，それぞれの逆数をとることにすればそれが解消できるし，これにはほかの利点もあることが後でわかる．こうしてできる**ミラー指数**[1] $(hkl)$ は ( ) の中の数の逆数をとって，分母を払ったものである．

● **簡単な例示 17・5　ミラー指数**

図17・25の $(1, 1, \infty)$ の面はミラーの記号では，$1/1 = 1$ で $1/\infty = 0$ だから，$(110)$ 面である．同様に，$(3, 2, \infty)$ の面はまず逆数をとると $(\frac{1}{3}, \frac{1}{2}, 0)$ となり，全体に6を掛けて分母を払うと $(2, 3, 0)$ となる．それで，この面を $(230)$ 面という．●

**自習問題 17・4**

結晶内の一組の面がそれぞれの軸と $3a, 2b, 2c$ で交わる．この組の面のミラー指数は何か． ［答：$(233)$］

**式の導出 17・3　格子面の間隔**

直方単位胞の格子で，一辺の長さ $a$ と $b$ の長方形格子の $(hk0)$ 面について考えよう（図17・27）．その面間隔は $d$ である．図に示す角度 $\phi$ について三角法の式を書くと，

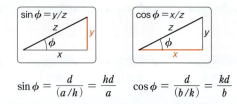

$$\sin \phi = \frac{d}{(a/h)} = \frac{hd}{a} \quad \cos \phi = \frac{d}{(b/k)} = \frac{kd}{b}$$

が得られる．この格子面は $a$ 軸と $h$ 回交わる間に $b$ 軸とは

---

1) Miller index

$k$ 回交わるから，$a$ を $h$ で割り，$b$ を $k$ で割っておけば，その面間隔 $d$ が計算できる．ここで，$\sin^2\phi + \cos^2\phi = 1$ であるから，

$$\left(\frac{hd}{a}\right)^2 + \left(\frac{kd}{b}\right)^2 = 1$$

となる．この式の両辺を $d^2$ で割って整理すると，

$$\frac{1}{d^2} = \frac{h^2}{a^2} + \frac{k^2}{b^2}$$

を得る．この式を三次元に一般化したのが (17・7) 式である．

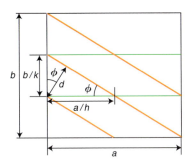

**図 17・27** 面間隔と単位胞の大きさとの関係を示す図

---

**例題 17・2** ミラー指数の応用

$a = 0.82$ nm, $b = 0.94$ nm, $c = 0.75$ nm の直方単位胞の (a) (123) 面, (b) (246) 面の面間隔を計算せよ．

**解法** はじめの問題は与えられた数値を (17・7) 式に代入すればよい．2番目については，同じ計算をしなくても，3個のミラー指数を 2 倍する（一般に $n$ 倍する）とき (17・7) 式の $d$ がどう変化するかを調べればよい．

**解答** データを (17・7) 式に代入すると，

$$\frac{1}{d^2} = \frac{1^2}{(0.82 \text{ nm})^2} + \frac{2^2}{(0.94 \text{ nm})^2} + \frac{3^2}{(0.75 \text{ nm})^2} = \frac{22}{\text{nm}^2}$$

が得られ，$d = 0.21$ nm となる．指数を全部 2 倍すると面間隔は，

$$\frac{1}{d^2} = \frac{(2 \times 1)^2}{(0.82 \text{ nm})^2} + \frac{(2 \times 2)^2}{(0.94 \text{ nm})^2} + \frac{(2 \times 3)^2}{(0.75 \text{ nm})^2} = 4 \times \frac{22}{\text{nm}^2}$$

となる．したがって，この面については $d = 0.11$ nm である．一般に，指数すべてに同じ因子 $n$ を掛けると，面間隔は $n$ 分の 1 になる．

---

**自習問題 17・5**

上と同じ格子について，(133) 面と (399) 面の間隔を計算せよ． ［答: 0.19 nm, 0.063 nm］

## 17・12 構造の測定

結晶構造を求める最も重要な実験法の一つが **X 線回折**[1] である．ごく単純な方法を使うだけで，格子の型と格子点のつくる面間隔（つまり原子やイオンの中心間の距離）を知ることができる．一方，最も精緻で進んだ技法を使えば，タンパク質のような複雑な分子であっても，すべての原子の位置に関する詳細な情報が X 線回折から得られる．化学反応に伴う構造変化を調べるための特殊な方法も開発されている．分子生物学が華々しい成果を収めたのは，X 線回折法の感度と適用範囲が広がったおかげであり，それは計算技術がいっそう強力になったうえに近年，X 線源が一段と強力になったからである．ここでは，この方法の原理に話を限ることとし，結晶中の原子の間隔を求めるのにどのように使うかを説明しよう．

波の特徴の一つは互いに**干渉**[2]することである．その変位が加算されるときは振幅が大きくなり，変位が差し引かれるときは振幅が小さくなる（図 17・28）．前者を"**強め合いの干渉**[3]"，後者を"**弱め合いの干渉**[4]"という．電磁波の強度は波の振幅の 2 乗に比例するから，強め合いと弱め合いの干渉領域は，強度が増大および減少する領域としてそれぞれ現れる．**回折**[5]の現象は波の進路に置かれた物体がひき起こす干渉であり，その結果生じる強度の強弱の模様を**回折図形**[6]という．回折という現象は，それを起こす物体の大きさが放射線の波長と同じ程度のときに起こる．波長が 1 m 程度の音波は巨視的な大きさの物体

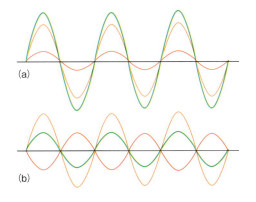

**図 17・28** 二つの波（赤色と橙色で示した）が同じ空間領域にあれば干渉が起こる．両者の位相の違いによって，その干渉（緑色）は (a) 強め合いで振幅を増加させたり，(b) 弱め合いで振幅を減少させたりする．

---

1) X-ray diffraction  2) interference  3) constructive interference  4) destructive interference  5) diffraction  6) diffraction pattern

で起こるし, 波長が 500 nm 程度の光波は狭い幅のスリットで回折される.

X線は分子内の結合長や結晶内の原子間隔と同程度の波長（約 100 pm）であるから, それによって回折される. 回折図形を解析することによって, 原子位置を表す詳細な図面をつくることができる. 電子は（約 4 kV で加速すれば）約 $2 \times 10^4$ km s$^{-1}$ で運動し, 約 20 pm の波長をもつから（例題 12・2 参照）, 電子も分子によって回折される. 原子炉でつくられる中性子も熱運動の速度まで減速されると（すなわち, 原子核で何回も跳ね返されて次第に標的と同じ運動エネルギーをもつようになった中性子は）同じくらいの波長になるので回折研究に使用できる.

### 例題 17・3 熱中性子の波長の求め方

中性子が 300 K の外界の原子との衝突で減速されたとき, その波長を求めよ.

**解法** ドブロイの式 $\lambda = h/p$ と, その平均直線運動量を粒子の平均運動エネルギーから求める式 $E_k = \frac{1}{2}mv^2 = p^2/2m$ を結ぶ必要がある. この平均運動エネルギーは均分定理（基本概念 0・12）から求めることができ, 三次元の並進運動では $E_k = \frac{3}{2}kT$ である.

**解答** $E_k = p^2/2m$ から $p = (2mE_k)^{1/2}$, $E_k = \frac{3}{2}kT$ から $p = (3mkT)^{1/2}$ である. したがって, ドブロイの式によって,

$$\lambda = \frac{h}{p} = \frac{h}{(3mkT)^{1/2}}$$

となる. ここでデータを代入する. 中性子の質量は $m_n = 1.675 \times 10^{-27}$ kg であるから,

$$\lambda = \frac{\overbrace{6.626 \times 10^{-34}\,\text{J s}}^{h}}{\{3 \times \underbrace{(1.675 \times 10^{-27}\,\text{kg})}_{m_n} \times \underbrace{(1.381 \times 10^{-23}\,\text{J K}^{-1})}_{k} \times \underbrace{(300\,\text{K})}_{T}\}^{1/2}}$$

$$= \frac{6.626 \times 10^{-34}}{(3 \times 1.675 \times 1.381 \times 10^{-50} \times 300)^{1/2}} \underbrace{\frac{\overbrace{\text{J s}}^{\text{kg m}^2\,\text{s}^{-1}}}{\underbrace{(\text{J kg})^{1/2}}_{\text{kg}^2\,\text{m}^2\,\text{s}^{-2}}}}_{\text{kg m s}^{-1}}$$

$$= 1.45 \times 10^{-10}\,\text{m}$$

となる. 単位を消去するのに 1 J = 1 kg m$^2$ s$^{-2}$ を使った. 求める波長は 145 pm である.

### 自習問題 17・6

プロトンを使って回折実験を行おうとしている. 静止状態のプロトンを 100 kV の電圧で加速させたとき, そのプロトンの波長はいくらか. 〔ヒント: 例題 12・2 を参考にせよ.〕　　　　　　　　　　　　　〔答: 905 pm〕

X線という短波長の電磁波は, 高エネルギーの電子で金属をたたいてつくる. 電子が金属の中にとび込めば減速され, 連続した波長の放射線を発生する. この放射線を**制動放射**[1]という. その連続領域には数個の強くて鋭いピークが重なっている. これらのピークは入射電子が原子の内殻の電子と相互作用して生じるものである. 衝突によって内殻電子がはね飛ばされると（図 17・29）そのあとに, それよりも高いエネルギー準位にある電子が落ちてきて, そこで過剰になったエネルギーをX線のフォトンとして放出する. この過程の例をあげると, 銅の K 殻 ($n = 1$ の殻) から電子がはね飛ばされて空孔ができ, 外側の電子がそこへ遷移する. これによって放出されるエネルギーが波長 154 pm の銅 K$_\alpha$ 線になる. しかし, 現代は, 高輝度の単色X線源として**シンクロトロン放射光**[2]を使うようになっている. シンクロトロン放射光は, 電子が高速で円軌道を動くときに発生する. このときの電子の向きは時々刻々変化しているから加速度が生じており, 電荷が加速されれば電磁波を生じるのである. シンクロトロンという粒子加速器では非常に大きな速度をつくれるので, 非常に高い振動数の放射線ができる. その主な欠点としては, シンクロトロン光源の建設費が高くて国の施設としてしか建設できない点である.

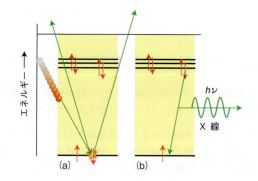

**図 17・29** X 線の生成. (a) 金属に高エネルギーの電子ビームを当てると, 原子の内殻の電子がはじき出される. (b) 別の電子がずっと高い準位からこの空のオービタルへ落ちるとき, 余分になったエネルギーがX線のフォトンとして放出される.

1912 年, ドイツの物理学者ラウエ[3]は, X 線の波長が結晶内の原子間隔の程度であることと, 回折は放射線の波長が対象物の大きさと同程度のときに起こることから, X 線は結晶で回折を起こしてもおかしくないと考えた. このラウエの考えは, すぐにフリードリッヒ[4]とクニッピング[5]によって確かめられた. さらにウィリアムブラッグとローレンスブラッグ父子によって発展させられ, それ

---

1) bremsstrahlung. Bremse はブレーキのドイツ語. Strahlung は光線.　　2) synchrotron radiation　　3) Max von Laue
4) Walter Friedrich　　5) Paul Knipping

以後 X 線回折法は比肩するもののないほど強力な実験法として成長を遂げた．この二人は後に共同でノーベル賞を受賞した．

## 17・13 ブラッグの法則

X 線回折パターンの解析法は初期の段階では，結晶の原子面を半透明な鏡とみなし，結晶は間隔 $d$ の反射面が積み重なったものとするモデルによるものであった（図 17・30）．このモデルによれば，入射する X 線ビームが強め合いの干渉を起こすために，結晶が入射線に対してとらなければならない角度を容易に計算できる．このモデルによって，強め合いの干渉から生じる強い斑点に対して**反射**[1]という名称を与えることになった．

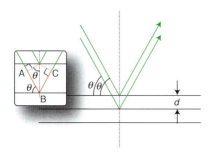

**図 17・30** ブラッグの法則を導くには，各格子面が入射 X 線を反射すると考える．経路長の差は AB + BC で，これは視射角 $\theta$ によって変わる．強め合いの干渉（"反射"）は AB + BC が波長の整数倍のときに起こる．

図に示した 2 本の X 線の経路の差は，

$$\text{AB} + \text{BC} = 2d \sin \theta$$

である．ここで $\theta$ は**視射角**[†2]である．経路差が 1 波長に等しいとき（AB + BC = $\lambda$），反射波は強め合いの干渉をする．このことから，視射角が**ブラッグの法則**[2]，

$$\lambda = 2d \sin \theta \qquad \text{ブラッグの法則} \quad (17 \cdot 8)$$

を満足するとき反射が観測されるはずである．ブラッグの法則の主な応用は，原子層の間隔の測定である．ある反射に対応する角 $\theta$ がわかりさえすれば，$d$ はすぐに計算できるからである．

**ノート** ブラッグの法則を $n\lambda = 2d \sin \theta$（$n$ は整数で**次数**[3]という）と書いてある本もあるが，最近は $n$ を省略して，回折が $d/n$ の間隔の面で起こるように扱うのが普通になった（例題 17・2 の説明を参照せよ）．

**例題 17・4** ブラッグの法則の応用

立方結晶の (111) 面からの反射が，波長 154 pm の $CuK_\alpha$ の X 線を使ったとき，視射角 11.2°で観測された．この単位胞の一辺の長さはいくらか．

**解法** (17・8) 式を使うとデータから格子面の間隔 $d$ がわかる．そうすれば，(17・7) 式から単位胞の一辺の長さがわかる．この単位胞は立方であるから $a = b = c$ であり，(17・7) 式は，

$$\frac{1}{d^2} = \frac{h^2}{a^2} + \frac{k^2}{a^2} + \frac{l^2}{a^2} = \frac{h^2 + k^2 + l^2}{a^2}$$

と簡単になる．これを整理すれば，$a^2 = d^2 \times (h^2 + k^2 + l^2)$ となるから，

$$a = d \times (h^2 + k^2 + l^2)^{1/2}$$

を得る．

**解答** ブラッグの法則によれば，この回折を起こす (111) 面の間隔は，

$$d = \frac{\lambda}{2 \sin \theta} = \frac{154 \text{ pm}}{2 \sin 11.2°}$$

である．これから，$h = k = l = 1$ とおくと，

$$a = \overbrace{\frac{154 \text{ pm}}{2 \sin 11.2°}}^{d} \times \overbrace{3^{1/2}}^{(h^2+k^2+l^2)^{1/2}} = 687 \text{ pm}$$

を得る．

**自習問題 17・7**

上と同じ格子の (123) 面からの反射を与える視射角を計算せよ． ［答: 24.8°］

## 17・14 実 験 法

ラウエのもとの方法では単結晶に波長幅の広い X 線ビームを当てて，回折パターンを写真に記録した．この方法の背後にある考え方は，特定の波長に対して単結晶が回折格子になる向きに置かれていなくても，X 線ビームの波長に幅があれば，結晶がどの向きを向いていても，少なくとも一つの波長に対してはブラッグの条件が満たされるだろうということであった．

これと異なる方法がデバイ[4]とシェラー[5]によって，また独立にハル[6]によっても開発された．彼らは単色（単一波長）の X 線と粉末試料を用いた．試料が粉末のときは，乱雑に分布した微結晶のどれかは必ずブラッグの法則を満足するような向きになっている．たとえば，間隔が $d$ の (111) 面がある角度で反射を生じるような向きの微結

---

[†2] glancing angle. 訳注："入射角"ということもある．ただし，光学の分野でいう入射角 (incident angle) は，反射面の法線と光線がなす角度のことであり，視射角とは余角（和が 90°）の関係にある．$2\theta$ を回折角という．

1) reflection  2) Bragg's law  3) order  4) Peter Debye  5) Paul Scherrer  6) Albert Hull

晶がいくらか存在する．また，(230)面が別の角度で反射を与えるような微結晶もあるはずである．(hkl)面の各組が異なる角度で反射を生じるのである．最近の実験法では，**粉末回折計**[1)]を用いている．この装置では試料を平らな面に広げて載せ，回折パターンを電子的に測定する．こうして得られる回折パターンは指紋のようなもので，データベースを参照すれば物質を同定できるので，定性分析がおもな応用である（図17·31）．この方法は単結晶になりにくい物質の同定だけでなく，単位胞の大きさと対称性を予備的に知るのにも使われる．

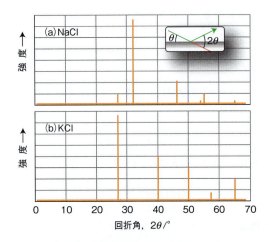

**図 17·31** 物質を同定したり，単位胞の大きさを求めたりするのに使われる典型的なX線粉末回折パターン．(a) 塩化ナトリウム，(b) 塩化カリウム．

いまのX線回折は図17·32の**X線回折計**[2)]を用い，きわめて精緻な実験技術になっている．単結晶を回折格子として用い，単色のX線ビームで回折パターンを得る方法は，ブラッグ父子が先駆的な開発を行った実験技術であったが，これがこれまでで最も詳細な情報をもたらした．単結晶（長さが1mm以下）を入射ビームに対して回転させ，結晶の配向を変えながら回折パターンを電子的に測定す

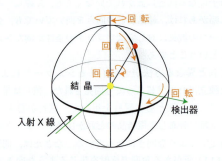

**図 17·32** 4軸回折計．各部の向きはコンピューターで制御し，反射を順番に測定して強度を記録する．

る．したがって，得られる生のデータはミラー指数 ($hkl$) とその面ごとに対応する反射強度 $I_{hkl}$ の組である．いま，($h00$)面に注目し，その強度を $I_h$ と書くことにする．

強度から結晶の構造を導くには，この信号を生じる波の**振幅**[3)]に変換する必要がある．電磁波の強度は振幅の2乗であるから，これから**構造因子**[4)] $F_h = (I_h)^{1/2}$ をつくる必要があるのである．ここで最初の困難に出会う．つまり，その符号がわからないからである．たとえば，もし $I_h = 4$ であれば，$F_h$ は $+2$ か $-2$ のどちらかである．この任意性をX線回折の**位相問題**[5)]という．しかし，構造因子が得られさえすれば，つぎの和，

$$\rho(x) = \frac{1}{V}\left\{F_0 + 2\sum_{h=1}^{\infty} F_h \cos(2h\pi x)\right\}$$

電子密度の再構成 　(17·9)

をつくることによって電子密度 $\rho(x)$ を計算できる．$V$ は単位胞の体積である．この式を電子密度の**フーリエ合成**[6)]という．この使い方についてはつぎの例題で説明する．フーリエ合成は，波長の異なる多数の $\cos$ 波を重ね合わせることによって，単位胞のいろいろな電子密度を再構成しようとするものである．指数 $h$ の値が小さいところは，波長の長い $\cos$ 項に対応しており，構造の大まかな特徴を表している．一方，$h$ の値の大きいところは波長の短い $\cos$ 項に対応しており，構造の細かな点を表す．$F_h$ の符号がわからなければ，上の和のなかの対応する項が正か負かわからないから，符号の選び方次第で電子密度は異なるし，結晶構造も異なるものを得ることになる．

**例題 17·5** 電子密度図の作成

ある有機物固体についての実験で，つぎの強度データが得られた．

| $h$ | 0 | 1 | 2 | 3 | 4 | 5 | 6 | 7 | 8 | 9 |
|---|---|---|---|---|---|---|---|---|---|---|
| $I_h$ | 256 | 100 | 5 | 1 | 50 | 100 | 8 | 10 | 5 | 10 |

| $h$ | 10 | 11 | 12 | 13 | 14 | 15 |
|---|---|---|---|---|---|---|
| $I_h$ | 40 | 25 | 9 | 4 | 4 | 9 |

$x$方向の電子密度図をつくれ．

**解法** 構造因子を求めるために，$F_h = (I_h)^{1/2}$ を使って $I_h$ の対応する値から構造因子を計算する．次に (17·9) 式を使って，$x$ に対して電子密度 $V\rho(x)$ をプロットする．しかし，$F_h$ は正か負のどちらかであるから，$F_h$ の符号については，あてずっぽうに選ぶことになる．その選び方によって，異なるプロットができるから，どの選び方がもっともらしいかを判断しなければならない．

---

1) powder diffractometer　2) X-ray diffractometer　3) amplitude　4) structure factor　5) phase problem　6) Fourier synthesis

**解答** 構造因子を求めるために，強度の平方根をつぎのように計算しておく．

| $h$ | 0 | 1 | 2 | 3 | 4 | 5 | 6 | 7 |
|---|---|---|---|---|---|---|---|---|
| $F_h$ | ±16.0 | ±10 | ±2.2 | ±1 | ±7.1 | ±10 | ±2.8 | ±3.2 |

| $h$ | 8 | 9 | 10 | 11 | 12 | 13 | 14 | 15 |
|---|---|---|---|---|---|---|---|---|
| $F_h$ | ±2.2 | ±3.2 | ±6.3 | ±5 | ±3 | ±2 | ±2 | ±3 |

符号が交互に，＋－＋－…のように現れると考えれば，(17・9) 式に従って電子密度は，

$$V\rho(x) = 16 - 20\cos(2\pi x) + 4.4\cos(4\pi x) - \cdots - 6\cos(30\pi x)$$

である．この関数を図 17・33 に緑色の線で示してある．この電子密度の図の山の位置から数種の原子の位置が容易にわかる．もし，$h=5$ までは＋の符号をとり，それ以降は－をとると，電子密度は，

$$V\rho(x) = 16 + 20\cos(2\pi x) + 4.4\cos(4\pi x) + \cdots - 6\cos(30\pi x)$$

となる．この密度は図 17・33 に赤色の線で示してある．この構造では電子密度が負になってしまう領域が多いから，最初の位相の選び方から得られた構造より不適当である．

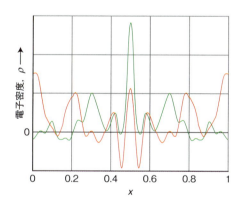

**図 17・33** 一次元結晶の電子密度を，「例題 17・5」にあるデータを使ってつくったフーリエ合成．緑色の線は構造因子の符号を交互にした場合．赤色の線は $h=5$ までは正の符号，それより先は負の符号の場合．

**自習問題 17・8**

あるX線回折の研究で，つぎの構造因子が計算された．これに対応する方向での電子密度図をつくれ．

| $h$ | 0 | 1 | 2 | 3 | 4 | 5 | 6 | 7 | 8 | 9 |
|---|---|---|---|---|---|---|---|---|---|---|
| $F_h$ | 10 | −10 | 8 | −8 | 6 | −6 | 4 | −4 | 2 | −2 |

［答：図 17・34］

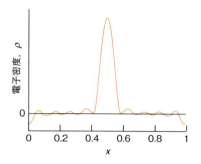

**図 17・34** 「自習問題 17・8」のデータから計算した電子密度

この位相問題は，重原子を結晶に導入する**同形置換法**[1] である程度は克服できる．X線の散乱は入射する電磁波が原子内の電子にひき起こす振動によって生じるので，重原子の方が軽原子よりも強い散乱を生じることを利用するのである．したがって，重原子によって回折パターンがほとんど決まるから，その解釈が非常に単純になる．あるいはまた，計算した構造が化学的に妥当かどうか，電子密度がどこでも正になっているかを見て判断して求めることもでき，さらに洗練された数学的な方法で解決することもできる．このようにして，膨大な数の結晶構造がこれまでに求められてきた．以下の節ではそれをどのように整理できるかを概観する．金属や単原子イオンについては，原子とイオンを剛体球とみなすことができる．そこで，その球がどう詰め合わされて規則的で，しかも電気的に中性な配列をとるかを考えよう．

### 17・15 金属結晶

たいていの金属結晶は 3 種の簡単な形式のどれかで結晶をつくっている．そのうち 2 種は球をなるべく密になるように充填する仕方として説明することができる．このような**最密パッキング構造**[2] では原子を表す球が，空間をできるだけ無駄なく占め，それぞれの球が可能な限り多数の最近傍原子をもつように詰め合わされている．

空間を最も有効に使って同種の球を最密パッキングで並べた層は，図 17・35a に示すようにつくることができる．最密パッキングの第 2 層は第 1 層のくぼみに球を置いてつくる（図 17・35b）．第 3 層を重ねるには 2 通りの仕方があり，どちらの仕方でもパッキングの度合いは同じである．その一つは，第 1 層と同じになるように球を置く（図 17・35c）もので，これで層が ABA の並び方になる．もう一つの仕方は，第 1 層の残っている隙間の上に球を置く（図 17・35d）もので，これは ABC の並びになる．

この 2 通りの積み重ね方を垂直方向に繰返すと 2 種の構造ができる．ABA 方式を繰返すと層の並びは ABABAB…

---

[1] isomorphous replacement　[2] close-packed structure

で球は**六方最密**[1]（hcp）で並ぶ．この名前は単位胞の対称性を表している（図17・36）．hcp 構造をもつ金属には，ベリリウム，カドミウム，コバルト，マンガン，チタン，亜鉛などがある．固体ヘリウム（加圧してはじめてできる）もこの原子配列である．もう一つの方式では，ABC が繰返されて層の並びは ABCABC… となり，**立方最密**[2]（ccp）である．この名前も単位胞の対称を表している（図17・37）．この構造をもつ金属には銀，アルミニウム，金，カルシウム，銅，ニッケル，鉛，白金などがある．ヘリウム以外の貴ガスも固体では ccp 構造をとる．

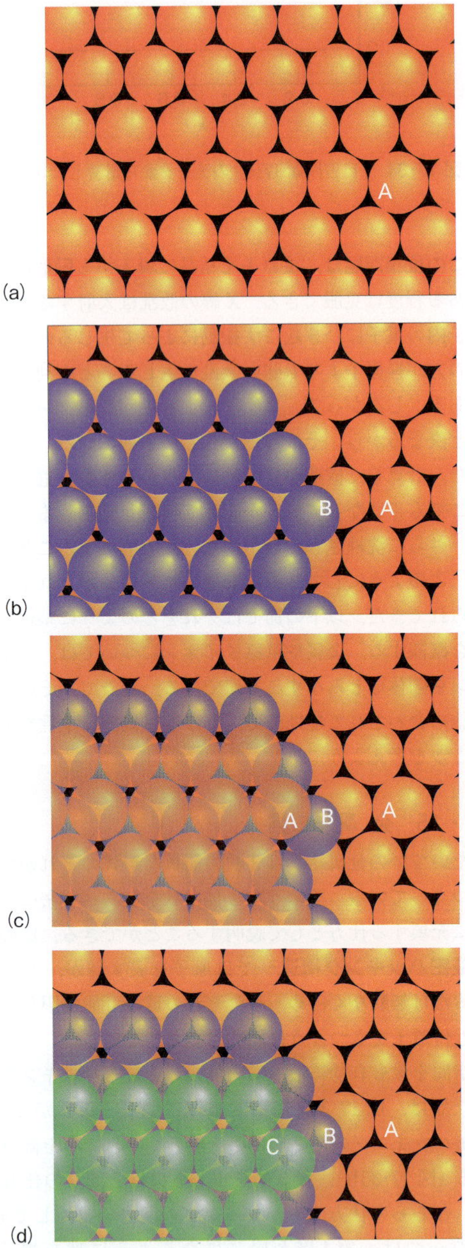

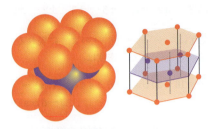

図17・36 六方最密構造．3 種の原子層を表す球の色のつけ方は図17・35 と同じである．

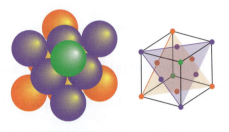

図17・37 立方最密構造．球につけた色は図17・35 と同じである．

ccp と hcp の構造の詰まり方の度合いは，ある一つの原子のすぐまわりにある原子の数，すなわち**配位数**[3]で示す．両方とも配位数は 12 である．詰まり具合のもう一つの目安は**充填率**[4]，つまり球が占める空間の割合で，これはつぎの「式の導出」で示すように，どちらも 0.740 である．すなわち，同種の球が最密パッキングになった固体では空間の 74.0 パーセントが占められ，全体積の 26.0 パーセントしか空き間がない．

### 式の導出 17・4 　充填率

図17・38 の立方最密パッキングの単位胞について考えよう．この単位胞には，球の半分が 6 個（全球 3 個分）と，球の $\frac{1}{8}$ が 8 個（全球 1 個分）の合計 4 個の球が入っている．この球 1 個の体積は $\frac{4}{3}\pi r^3$ であるから，全部で $\frac{16}{3}\pi r^3$ の体積を占めている．一方，この立方体側面の対角線の長さは $4r$ であるから，ピタゴラスの定理によって，立方体の一辺の長さ $a$ は，$a^2 + a^2 = (4r)^2$ であり $a = 8^{1/2}r$ である．したがって，この立方単位胞の体積は $a^3 = 8^{3/2} r^3$ である．

図17・35 同種の球の最密パッキング．(a) 最密パッキングの第 1 層，(b) 第 2 層は第 1 層のくぼみに入る．この 2 枚の層が構造の AB 成分となる．(c) 第 3 層が第 2 層のくぼみに入るが，第 1 層の球の真上を占めて ABA 構造になる場合．(d) 第 3 層が第 2 層のくぼみに入りながら，第 1 層の球の真上にない場合．このときは ABC 構造になる．

---

1) hexagonally close-packed　2) cubic close-packed　3) coordination number　4) packing fraction

そこで，この立方体を球が占める割合は，

$$\frac{球の全体積}{立方体の体積} = \frac{(16/3)\pi r^3}{8^{3/2} r^3} = \frac{2\pi}{3 \times 8^{1/2}} = 0.7405$$

である．この比は充填率 74.05 パーセントに相当している．hcp 単位胞も同じ充填率をもち，最密パッキングである．

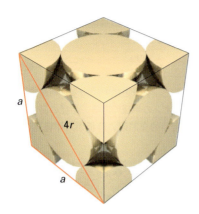

図 17・38　ccp 単位胞の充填率を計算するために必要な寸法

多くの金属が最密パッキングになっていることから，金属の密度が大きいという共通の特性が説明できる．しかし，ccp の金属と hcp の金属の間には相違点が一つある．立方最密パッキングでは立方体の各面が結晶全体に伸びていて**ずり面**[1]をつくる．ccp 構造を詳しく調べると，いろいろな方向を向いたずり面が 8 個あるのに対して，hcp 構造ではずり面が 1 組しかない．金属に応力がかかると原子層がずり面に沿って互いにずれを生じる．ccp 金属は hcp 金属よりもずり面が多いから，ccp 型金属は hcp 型金属よりも展性に富む．たとえば，銅は ccp で非常に展性に富むが，hcp の亜鉛はそれよりずっと脆い．しかし，注意しなければならないのは，実用の金属は単結晶ではなく，多数の粒子状の領域があり，構造の内部に格子欠陥が入り込んだ多結晶だということである．この粒状構造の密度の制御と粒界の制御は金相学の大きな分野である．

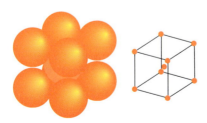

図 17・39　体心立方単位胞．頂点にある球は中心の球に接触しているが，最密パッキングの 2 種の構造と比べれば，ずっと空き間の多いパッキング図形になっている．

ふつうの金属にも最密パッキングでない構造をとるものは多数あり，隣接原子間の指向性のある共有結合が構造に影響を及ぼして，固有の立体配列をとる傾向が見られる．そのような配列の一つとして**体心立方**（bcc）[2] 格子がある．これは 8 個の原子がつくる立方体の中心にも球が 1 個ある格子である（図 17・39）．ふつうの金属で体心立方構造をとるものは多く，バリウム，セシウム，クロム，鉄，カリウム，タングステンなどがその例である．bcc 格子の配位数は 8 で，その充填率は 0.68 しかない．つまり空間の $\frac{2}{3}$ くらいしか占められていないことになる．

### 例題 17・6　充填率の求め方

立方体のそれぞれの角に格子点がある単純立方格子の配位数と充填率を求めよ．

**解法**　図 17・40 の単位胞の図を見ながら，単位胞の格子点一つについて，その最隣接の数を調べ，隣接する単位胞の存在を想像することによって配位数を計算する．充填率については，隣接する球は互いに接しているものと仮定して，単位胞の体積と各角にある球の全体積を計算する．充填率を求めるには，両者の体積の比を計算すればよい．

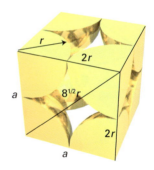

図 17・40　単純立方単位胞の充填率を計算するために必要な寸法．

**解答**　それぞれの格子点は 6 個の最隣接格子点をもつから，その配位数は 6 である．一辺 $a$ ($= 2r$) のこの単位胞の体積は $a^3$ である．それぞれの球の半径は $\frac{1}{2}a$ である．球は 8 個あるが，単位胞にある部分の体積はどれも $\frac{1}{8}$ しかないから，単位胞の中にある球の全体積は 1 個分しかない．この球の体積は $\frac{4}{3}\pi (\frac{1}{2}a)^3 = \frac{1}{6}\pi a^3$ である．したがって，充填率は $\frac{1}{6}\pi a^3 / a^3 = \frac{1}{6}\pi$ となり，すなわち 0.52 である．

### 自習問題 17・9

円柱が最密パッキングで積み重ねてあるとき，その充填率を求めよ．〔ヒント：三角形の面積は，$\frac{1}{2} \times$ 底辺 $\times$ 高さである．〕　〔答：$\pi/2\sqrt{3} = 0.91$〕

---

1) slip plane　2) body-centered cubic

## 17・16 イオン結晶

イオン結晶の構造について球の積み重ねモデルをつくるには，化合物に2種以上のイオンがあって，それが異なるイオン半径（ふつうはカチオンがアニオンよりも小さい）や異なる電荷をもつことを取入れなければならない．

イオン結晶の場合，イオンの配位数は反対電荷の最近傍イオンの数である．イオンの大きさがたまたま同じであっても，単位胞が電気的に中性であることを保証するには，配位数12の最密パッキング構造はありえない．この理由からイオン結晶は一般に金属ほど密度が大きくない．達成可能な最密パッキングは**塩化セシウム構造**[1]の8配位である．この構造では各カチオンは8個のアニオンで囲まれ，各アニオンは8個のカチオンで囲まれている（図17・41）．塩化セシウム構造では一方の電荷をもったイオンが立方単位胞の中心を占め，反対電荷のイオン8個が頂点を占める．塩化セシウム構造をとるのは，塩化セシウム自身のほか硫化カルシウム，シアン化セシウム（すこし歪んでいる），黄銅（CuZn）の一つの形態などがある．

もし，塩化セシウムの場合よりイオン半径に大きな差があれば，8配位のパッキングも実現できない．その場合ふつうにとる構造は，塩化ナトリウムに代表される6配位の**岩塩構造**[2]（岩塩は塩化ナトリウムの鉱物名）で，各カチオンが6個のアニオンで囲まれ，各アニオンも6個のカチオンで囲まれている（図17・42）．岩塩構造は塩化ナトリウム自身の構造であるが，臭化カリウム，塩化銀，酸化マグネシウムなどMX型化合物の構造でもある．

塩化セシウム構造から岩塩構造への変化は（多くの例において），**半径比**[3],

$$\gamma = \frac{r_\text{小}}{r_\text{大}} \qquad 定義 \quad \boxed{半径比} \quad (17・10)$$

と相関がある．二つの半径 $r_\text{小}$ と $r_\text{大}$ は結晶内の小さい方と大きい方のイオンの半径である．半径の異なる球を詰め込むという幾何学的な問題の解析から**半径比の規則**[4]が導

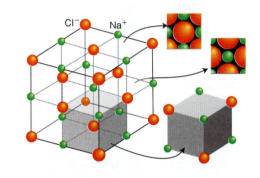

**図17・42** 岩塩（NaCl）構造は，やや拡張した2個の面心立方格子が互いに侵入したかたちである．追加した図を見れば詳しい構造がわかる．

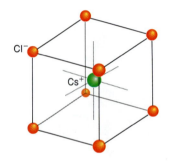

**図17・41** 塩化セシウム構造は，二つの単純立方格子が互いに他方に侵入したかたちでできていて，一方はカチオンだけ，他方はアニオンだけの格子である．そして，一方のイオンの単純立方体の中心には対イオンがある．この図では中心にCs⁺イオンをもつ単位胞を示す．これらの単位胞が8個積み重なった大きな立方体を想像すれば，Cs⁺が頂点にあり，Cl⁻イオンが中心にある別の単位胞が想像できるだろう．

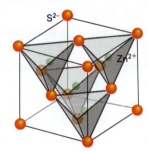

**図17・43** 閃亜鉛鉱（ZnS）構造．この構造は反対電荷のイオンの半径が大きく異なる場合の典型的な構造である．

**表17・5** 半径比と結晶構造のタイプ

| 半径比 | | 配位数 | 結晶構造のタイプ |
|---|---|---|---|
| $\gamma > 3^{1/2}-1 = 0.732$ | | (8, 8) | 塩化セシウム型 |
| $2^{1/2}-1 = 0.414 < \gamma < 0.732$ | | (6, 6) | 岩塩型 |
| $\gamma < 0.414$ | | (4, 4) | 閃亜鉛鉱型 |

---

1) caesium-chloride structure  2) rock-salt structure  3) radius ratio  4) radius-ratio rule

## 17・17 分子結晶

かれている．この規則によれば，表17・5に示す構造のタイプが対応する．閃亜鉛鉱は硫化亜鉛 ZnS の一つの形態である（図17・43）．半径比の規則は実際かなりよく成り立っている．ある構造がこの予想から外れるときは，イオン結合から共有結合への移行が起こっている現れとみなされることが多い．

半径比 $\gamma$ を計算するときや，イオンの大きさが必要な場合に引き合いに出される**イオン半径**[1] は，結晶内の隣接イオンの中心間の距離から導かれる．しかし，回折実験で測定するのはイオンの中心間の距離である．そのイオン間隔を2個のイオンに割り当てるには，あるイオンの半径を決めて，ほかのイオンの半径はそれを基準にする必要がある．広く使われている目盛りは $O^{2-}$ イオンの半径を 140 pm として基準にしている（表17・6）．他の目盛り（ハロゲン化物を論じるときの $F^-$ を基準にするもの）もあるから，異なる目盛りの値を混ぜて使わないことが重要である．イオン半径は任意性が大きいので，それに基づく予測（半径比の規則などを使った予測）には注意が必要である．

### 17・17 分子結晶

固体のX線回折の研究によって，原子間距離や結合角，立体化学構造，振動パラメーターなど膨大な量の情報が明らかになっている．**分子性固体**[2] は，現在では圧倒的多数の構造測定の対象となっており，分子は互いにファンデルワールス相互作用（15章）によって引き付けあっている．実験で求められた結晶構造は，さまざまな形をした物体を凝集させてエネルギー（実際には，$T>0$ ではギブズエネルギー）が極小になる集合体をつくるという問題に対して，自然が与えた解答である．構造を予測するのは，分子が大きければ特に困難な仕事であるが，相互作用エネルギーを調べるのに特別に設計されたソフトウエアがあり，ある程度信頼できる予想ができるようになった．この問題は，水素結合が存在するともっと複雑になる．水素結合は，たとえば氷のように結晶構造を支配する場合もあるが（図17・44），ほかの場合は（たとえばフェノール），ファンデルワールス相互作用でほぼ決まっている構造を少し歪ませるだけである．

表17・6　イオン半径, $r$/pm

| | | | | | |
|---|---|---|---|---|---|
| Li$^+$ | Be$^{2+}$ | B$^{3+}$ | N$^{3-}$ | O$^{2-}$ | F$^-$ |
| 59 | 27 | 12 | 171 | 140 | 133 |
| Na$^+$ | Mg$^{2+}$ | Al$^{3+}$ | P$^{3-}$ | S$^{2-}$ | Cl$^-$ |
| 102 | 72 | 53 | 212 | 184 | 181 |
| K$^+$ | Ca$^{2+}$ | Ga$^{3+}$ | As$^{3-}$ | Se$^{2-}$ | Br$^-$ |
| 138 | 100 | 62 | 222 | 198 | 196 |
| Rb$^+$ | Sr$^{2+}$ | | | | I$^-$ |
| 149 | 116 | | | | 220 |
| Cs$^+$ | Ba$^{2+}$ | | | | |
| 167 | 136 | | | | |

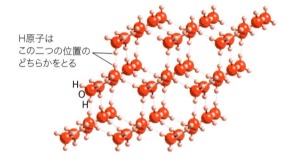

図17・44　氷（氷-I）の結晶構造の一部．O原子は，それから 276 pm 離れた4個のO原子がつくる正四面体の中心にある．中心のO原子は二つの短いO-H結合で2個のH原子についており，また隣接する分子のうち2個の分子のH原子と2本の長い水素結合でつながっている．全体的に見て，この構造は，H$_2$O 分子がつくる（椅子型のシクロヘキサンのような）六方折れ曲がり環からできている．O原子と隣の分子のO原子の間にH原子が2個あるのは，可能な2通りの位置を示している．

● **簡単な例示 17・6　半径比の規則**

マグネシウムイオン（$Mg^{2+}$）と酸素イオン（$O^{2-}$）のイオン半径はそれぞれ 72 pm, 140 pm である．したがって，MgO の半径比は，

$$\gamma = \frac{72\text{ pm}}{140\text{ pm}} = 0.51$$

である．表17・5によれば，この比は岩塩構造を示している．実際そうである．●

**自習問題 17・10**

ヨウ化ナトリウムは岩塩構造をとるか，それとも塩化セシウム構造をとるか．　　　　　　　　　　　［答：岩塩構造］

### 生化学へのインパクト 17・2

#### 生体高分子のX線結晶学

**X線結晶学**[3] は，X線回折の技術から発展して分子内のすべての原子の位置を求められるようになった分野で，いまでは生体高分子のような複雑な分子でも扱える．現代の生化学がDNAの複製や，タンパク質の生合成，酵素の触媒作用などの過程の説明に成功したのは，X線結晶学によって多数の生体高分子の構造測定が行われたからであ

---

1) ionic radius　2) molecular solid　3) X-ray crystallography

り，そのための試料作製法，装置の開発，そして計算方法などが開発されたことによる．現在は，ほとんどの研究が，繊維でなく大きな分子が規則正しく並んだ結晶について行われている．帯電したタンパク質でもうまく結晶化させる方法は，その生体高分子を含む緩衝液に $(NH_4)_2SO_4$ などの塩を大量に加えることである．溶液のイオン強度が高くなれば，タンパク質の溶解度がかなりの程度まで下がりタンパク質が沈殿するのだが，場合によってはX線回折で容易に解析できる良質の結晶が得られる．結晶化を誘発するのによく使われる戦略には，蒸気拡散[1] によって生体高分子の溶液から溶媒を徐々に取除く操作がある．蒸気拡散法を実施するにあたっては，図 17·45 に示すように，生体高分子溶液を一滴，水溶液（貯槽）の上にぶら下げておく．

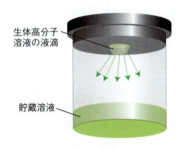

図 17·45　生体高分子を結晶化させるために用いるふつうの蒸気拡散法では，不揮発性の溶質の非常に濃厚な貯蔵溶液の上に生体高分子の溶液を一滴だけぶら下げる．希薄な方の液滴から溶媒が蒸発して，ついには密閉容器中の水の蒸気圧が一定の平衡値になる．蒸発の過程で（下向きの矢印で表してある）生体高分子溶液の濃縮が起こり，あるところで結晶ができ始める．

もし，貯槽の溶液の方が生体高分子溶液よりも非揮発性の溶質（たとえば塩）の濃度が高ければ，液滴から溶媒がゆっくり蒸発する．それと同時に液滴中の生体高分子の濃度がゆっくり増大して結晶ができ始めるのである．

細胞膜の二重層を形成するタンパク質のような疎水性タンパク質を結晶化させるには，特別の方法が使われる．そのような場合は，リン脂質のように極性の末端基と疎水性の尾をもつ界面活性分子を使ってタンパク質分子をすっぽり包み，それを緩衝水溶液に溶けるようにする．そうしておいて蒸気拡散を使うと，結晶化を誘発させることができる．

適当な結晶が得られたら，X線回折データを集め，本文で説明したように解析する．この仕方で，非常に多くの生体高分子の三次元構造が求められている．しかし，これまで議論してきた方法では静的な映像しか得られないので，動的特性や反応性の研究には使えない．この制約は，ブラッグの回転法がデータ収集に長時間を要し，その間ずっと結晶が安定で構造を変えないことが必須だからである．しかし，近年は特別な時間分解X線回折法が使えるようになり，いまや化学反応や生化学反応の間に起こる原子運動を見事に詳細に測定することができる．

時間分解X線回折法はシンクロトロン線源を利用するが，これは強力なX線の多色性パルスを，パルス幅を 100 ps（1 ps $= 10^{-12}$ s）ないし 200 ps で変化させて放射できる．ブラッグ法ではなくラウエ法を使うが，これはたくさんの反射を同時に収集できて，試料の回転を必要とせず，データ収集時間が短いからである．しかし，1個のX線パルスだけからはよい回折図形は得られないので，数個のパルスからの反射を平均化しなければならない．実際は，この平均操作によって実験の時間分解能が制約を受けるのだが，それは一般に数十マイクロ秒以内である．

反応の進行状況は，進行中の系の実時間分析によるか，中間体を物理的ないし化学的な手段で捉えて研究できる．どの方法をとるにせよ，結晶内のすべての分子が同時に反応を起こすようにしなければならないから，特殊な反応開始の方法が必要である．そのための一つの方法は，一方の反応物を含む溶液を他方の反応物を含む結晶中へ拡散させる方法である．この方法は簡単ではあるが，その溶液が結晶学的な測定に使えるほどの大きさの結晶中へと拡散するのには，数秒から数分の時間がかかるから，時間の制約を受けてしまう．

---

[1] vapor diffusion

## チェックリスト

- □ 1 固体は金属性固体，イオン性固体，共有結合性固体，分子性固体に分類される．
- □ 2 電子伝導体は，その電気伝導率の温度依存性によって，金属性伝導体と半導体に分類される．
- □ 3 超伝導体は抵抗が 0 の電子伝導体である．
- □ 4 バンド理論によれば，電子は原子オービタルの重なりで生じた分子オービタルを占める．
- □ 5 満員のバンドを価電子バンドといい，空のバンドを伝導バンドという．
- □ 6 半導体は，その電気伝導が価電子バンドの中の空孔によるか，それとも伝導バンドの中の電子によるかによって，p 型と n 型に分類される．
- □ 7 格子エンタルピーとは，ある固体の成分が完全にばらばらになるときの（化学式単位の 1 モル当たりの）エンタルピー変化である．
- □ 8 物質が磁場から押し出される傾向があれば，その物質は反磁性である．磁場に引き込まれるならば常磁性である．
- □ 9 強磁性とは物質中の電子スピンが協同的に配列する現象で，強い磁化を生じる．
- □ 10 反強磁性は物質中のスピンが交互に反対の向きに配列することで生じ，その磁化は弱い．
- □ 11 第 1 種の超伝導体は，外部磁場の強さがその物質に固有の臨界値 $\mathcal{H}_c$ を超えると，突然に超伝導性を失う．また，その $\mathcal{H}_c$ 以下では完全に反磁性である．
- □ 12 第 2 種の超伝導体では，磁場が強くなるにつれ超伝導性と反磁性が次第に失われる．
- □ 13 単位胞はその回転対称に従って 7 種の結晶形に分類される．
- □ 14 単位胞は，並進変位だけで結晶全体をつくりあげるのに使われる小さな三次元図形である．
- □ 15 ブラベ格子は単位胞のタイプであり，図 17·24 に示した 14 種がある．
- □ 16 格子面は一組のミラー指数 ($hkl$) で指定される．
- □ 17 金属元素は配位数 12 の最密パッキング構造をとるものが多い．
- □ 18 最密パッキング構造は立方 (ccp) または六方 (hcp) である．
- □ 19 代表的なイオン結晶の構造には，塩化セシウム型，岩塩型，閃亜鉛鉱型の構造がある．
- □ 20 半径比の規則はこれら 3 種の構造のどれに当たるかを予測できるが，注意して使う必要がある．

## 重要な式の一覧

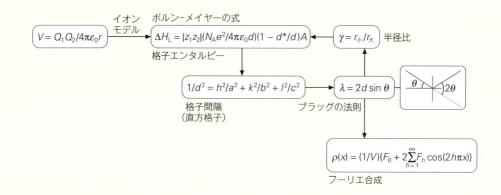

## 問題と演習

### 文章問題

**17·1** 金属性伝導体，半導体，絶縁体はそれぞれどんなものかを述べ，その性質をバンド理論によって説明せよ．グラファイトが電子伝導体であるのに，ダイヤモンドが絶縁体であるのはなぜか．

**17·2** 格子点がつくる面をどのように指定するか．ラベルの付け方を説明せよ．

**17·3** 構造因子を求める際の位相問題はどんな結果をもたらすか．それをどうすれば克服できるか．

**17·4** 金属元素の固体の構造を剛体球のパッキングの考えから説明せよ．

**17·5** 塩化セシウム構造と岩塩構造はどんな構造か．半

径比の法則はこれらの型に分類するのにどう役立つか.

**17·6** 物質が示す磁性のタイプにはどんなものがあるか. それぞれは何によって生じるか.

## 演習問題

**17·1** 温度を $0\,{}^\circ\mathrm{C}$ から $100\,{}^\circ\mathrm{C}$ に変えたとき, ある試料の電気抵抗が $100\,\Omega$ から増加して $120\,\Omega$ になった. この物質は金属性伝導体かそれとも半導体か.

**17·2** $N$ 個の原子のエネルギー準位は, ヒュッケル近似では,

$$E_k = \alpha + 2\beta \cos\left(\frac{k\pi}{N+1}\right) \qquad k = 1, 2, \cdots, N$$

で与えられる (17·1 式). もし原子が環状に並んでいたら, そのエネルギー準位は,

$$E_k = \alpha + 2\beta \cos\left(\frac{2k\pi}{N}\right) \qquad k = 0, \pm 1, \pm 2, \cdots, \pm \tfrac{1}{2}N$$

である (ただし $N$ は偶数とする). はじめ真っ直ぐだった試料の両端をつないだら何が起こるかを述べよ.

**17·3** (a) ゲルマニウムにリン, (b) ゲルマニウムにインジウムを注入してつくった半導体を n 型, p 型に分類せよ.

**17·4** 第 1 種の超伝導体は, 外部磁場の強さがある臨界値 $\mathcal{H}_c$ を越えると超伝導性を突然失う. この臨界値はつぎの式によって温度と $T_c$ に依存する.

$$\mathcal{H}_c(T) = \mathcal{H}_c(0)\left(1 - \frac{T^2}{T_c^2}\right)$$

ここで, $\mathcal{H}_c(0)$ は $T \to 0$ のときの $\mathcal{H}_c$ の値である. 鉛では $T_c = 7.19\,\mathrm{K}$, $\mathcal{H}_c = 63.9\,\mathrm{kA\,m^{-1}}$ である. 磁場が $20.0\,\mathrm{kA\,m^{-1}}$ のとき, 鉛は何度で超伝導になるか.

**17·5** 酸化カルシウム CaO の結合を, Ca と O の原子オービタルでできたバンドによって説明せよ. この化合物をイオンモデルで扱ってよいことはどうしてわかるか.

**17·6** つぎのデータから CaO の格子エンタルピーを計算せよ.

| | $\Delta H/(\mathrm{kJ\,mol^{-1}})$ |
|---|---|
| Ca(s) の昇華 | $+178$ |
| Ca(g) から $Ca^{2+}$(g) へのイオン化 | $+1735$ |
| $O_2$(g) の解離 | $+249$ |
| O(g) への電子付加 | $-141$ |
| $O^-$(g) への電子付加 | $+844$ |
| Ca(s) と $O_2$(g) からの CaO(s) の生成 | $-635$ |

**17·7** つぎのデータから $MgBr_2$ の格子エンタルピーを計算せよ.

| | $\Delta H/(\mathrm{kJ\,mol^{-1}})$ |
|---|---|
| Mg(s) の昇華 | $+148$ |
| Mg(g) から $Mg^{2+}$(g) へのイオン化 | $+2187$ |
| $Br_2$(l) の蒸発 | $+31$ |
| $Br_2$(g) の解離 | $+193$ |
| Br(g) への電子付加 | $-331$ |
| Mg(s) と $Br_2$(l) からの $MgBr_2$(s) の生成 | $-524$ |

**17·8** ボルン‐メイヤーの式から, SrO と CaO の格子エンタルピーの比を求めよ. 表 17·6 のイオン半径を用いよ.

**17·9** "球形の結晶" の中心にイオンが 1 個ある. この結晶は同心の複数の球殻からできていて, その表面には反対電荷のイオンが中心イオンを囲んでいる. 球面上のイオンの数は中心から遠くなるにつれて急速に減少するとする. 中心イオンのポテンシャルエネルギーを計算せよ. 次々の球殻が半径 $d, 2d, \cdots$ のところにあり, 次々の球殻にあるイオン (一つの球殻ではすべて同じ電荷) の数はその半径に反比例するとする. つぎの和の公式を使え.

$$1 - \frac{1}{2^2} + \frac{1}{3^2} - \frac{1}{4^2} + \cdots = \frac{\pi^2}{12}$$

**17·10** 走査トンネル顕微鏡のチップを使うと表面にある原子を動かすことができる. 原子やイオンの動きは, ある位置から離れてべつの位置に付く能力に依存するから, このとき起こるエネルギー変化に依存する. 一例として, 二次元で 1 価の正負のイオンが 200 pm の間隔で正方格子をつくっていると考え, その上に 1 個のカチオンを置くことを考える. 1 個のアニオンの真上にある空の格子点に置いたとき, 直接和をとることによってクーロン相互作用を計算せよ.

**17·11** 化合物 $Rb_3TlF_6$ は $a = 651\,\mathrm{pm}$, $c = 934\,\mathrm{pm}$ の正方晶の単位胞をもっている. この単位胞の体積とこの固体の密度を計算せよ.

**17·12** $NiSO_4$ の直方晶の単位胞は $a = 634\,\mathrm{pm}$, $b = 784\,\mathrm{pm}$, $c = 516\,\mathrm{pm}$ で, この固体の密度は $3.9\,\mathrm{g\,cm^{-3}}$ と推定されている. 単位胞に何個の式量単位が含まれているか. もっと精密な密度の値を計算せよ.

**17·13** $SbCl_3$ の単位胞は直方で $a = 812\,\mathrm{pm}$, $b = 947\,\mathrm{pm}$, $c = 637\,\mathrm{pm}$ である. (a) (321) 面, (b) (642) 面の間隔を計算せよ.

**17·14** 一辺が $a$ と $b$ の単位胞で長方形に点を並べて描き, ミラー指数が (10), (01), (11), (12), (23), (41), ($4\bar{1}$) の面を記入せよ.

**17·15** $a$ 軸と $b$ 軸が $60^\circ$ の角度をなす場合について, 演習問題 17·14 をもう一度解け.

**17·16** ある単位胞で, 原子面がそれぞれの結晶軸を $(2a, 3b, c)$, $(a, b, c)$, $(6a, 3b, 3c)$, $(2a, -3b, -3c)$ で切るとき, その面をそれぞれミラー指数で表せ.

**17·17** 直方晶の単位胞を描き, (100), (010), (001), (011), (101), ($10\bar{1}$) 面を記入せよ.

**17·18** 三斜晶の単位胞を描き, (100), (010), (001), (011), (101), ($10\bar{1}$) 面を記入せよ.

**17·19** 立方晶の単位胞の一辺が 572 pm の結晶について, (111), (211), (100) 面の間隔を計算せよ.

**17·20** 単位胞の辺が 784, 633, 454 pm の直方結晶の (123), (236) 面の間隔を計算せよ.

**17·21** 間隔が 97.3 pm の結晶面でブラッグ反射を起こす

ときの視射角が19.85°であった．このX線の波長を計算せよ．

**17·22** 波長179 pmのCo K$_\alpha$放射線を使って正方結晶構造のチタン酸バリウムBaTiO$_3$を調べたところ，視射角9.13°で(110)面からの反射が観測された．この単位胞のパラメーター$a$の値を求めよ．

**17·23** つぎの構造因子が与えられたとき，結晶の$x$軸に沿って電子密度を描け．

| $h$ | 0 | 1 | 2 | 3 | 4 | 5 | 6 | 7 |
|---|---|---|---|---|---|---|---|---|
| $F_h$ | +30.0 | +8.2 | +6.5 | +4.1 | +5.5 | −2.4 | +5.4 | +3.2 |

| $h$ | 8 | 9 | 10 | 11 | 12 | 13 | 14 | 15 |
|---|---|---|---|---|---|---|---|---|
| $F_h$ | −1.0 | +1.1 | +6.5 | +5.2 | −4.3 | −1.2 | +0.1 | +2.1 |

**17·24** 金属リチウムの(100)面の面間隔は350 pmで，その密度は0.53 g cm$^{-3}$である．リチウムの構造は面心立方と体心立方のどちらか．

**17·25** 銅の結晶は面心立方構造で，単位胞の一辺は361 pmである．(a) X線の波長154 pmのとき粉末回折パターンはどうなるかを予測せよ．(b) このデータから銅の密度を計算せよ．

**17·26** 円柱を積み重ねたときの充填率を計算せよ．

**17·27** 立方最密パッキング構造の充填率を計算せよ．

**17·28** ウイルスを球とみなし，六方最密パッキングの配列をとると考えよう．ウイルスの密度が，水と同じ(1.00 g cm$^{-3}$)としたらこの固体の密度はいくらか．

**17·29** 体心立方構造では(a)最近傍原子，(b)第2近傍原子の数はいくらか．立方体の一辺が600 nmとしたら，それらの原子間距離はいくらか．

**17·30** 立方最密構造では(a)最近傍原子，(b)第2近傍原子の数はいくらか．立方体の一辺が600 nmとしたら，それらの原子間距離はいくらか．

**17·31** 材料を熱的または機械的に加工したとき，望みの物性をもつことは目的とする応用の見地から重要である．ある金属元素が転移を起こして，結晶構造が立方最密から体心立方に変わった．(a)その密度は増えるか．(b)密度の変化の割合はいくらか．

**17·32** 半径比の規則から予測される酸化マグネシウムの結晶構造はどんなものか．

## プロジェクト問題

記号‡は微積分の計算が必要なことを示す．

**17·33**‡ 固体のバンド理論をもう少し詳しく調べよう．(a) (17·1)式を用い，$N$個の原子から成るバンドにおける隣接準位の間隔を求める式をつくり，$N$が無限大まで増加すればその間隔が0になることを示せ．(b) 長く1列に並んだ原子の状態密度を計算せよ．状態密度とは$dE = \rho(k)dk$の式における$\rho(k)$のことである．$\rho(k)$のグラフを描け．状態密度が最大になるのはどこか．〔ヒント：(17·1)式を使い$dE/dk$をつくれ．〕(c) 上の(a)と(b)の取扱いは，一次元の固体だけにあてはまる．三次元の固体では，状態密度は図17·46のように変化する．三次元固体では状態密度の最大のところはバンドの中央に近く，密度の最小の場所はバンドの両端にあるのはなぜかを説明せよ．

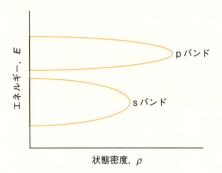

**図17·46** 固体の状態密度の典型例

**17·34** *Ectothiorhodospira halophila*という細菌の"負の走光性[1]"（光から逃げる方向への運動）に関与する光活性な黄色タンパク質がある．$\lambda = 446$ nmのフォトンを吸収してから1 ns以内にタンパク質に結合したフェノラートイオン(**1**)がシス-トランス異性化を起こして図の右側に示した中間体になる．それに続いて，タンパク質の奥深くの結合サイトからこの発色団を放出し，さらにそのサイトに再結合して，トランスのコンホメーションに戻る．最近の文献を調べて，この発色団が，レーザーパルスで電子的に励起された後に起こす構造変化を調べるために，時間分解X線回折法をどう使うかについて簡単なレポートを書け．

**17·35** トランジスタは，電気信号のスイッチや増幅器に広く使われている半導体素子である．カーボンナノチューブを部品として使うナノメートル程度の大きさのトランジスタの設計について，簡単なレポートを書け．出発点として，Tansらによってまとめられた研究結果〔*Nature*, **393**, 49 (1998)〕が適当である．

---

1) negative phototactic response

# 18

# 固 体 表 面

## 固体表面の成長と構造

18・1　表面の成長

18・2　表面の組成と構造

## 吸着の度合い

18・3　物理吸着と化学吸着

18・4　吸着等温式

18・5　表面過程の速さ

## 表面における触媒作用

18・6　1分子反応

18・7　ラングミュア–ヒンシェルウッド機構

18・8　イーレイ–リディール機構

## 電極における諸過程

18・9　電極と溶液の界面

18・10　電荷移動の速さ

18・11　ボルタンメトリー

18・12　電気分解

**チェックリスト**

**重要な式の一覧**

**問題と演習**

固体表面で起こる諸過程は，触媒作用などの建設的なものから，工業製品を台無しにしてしまう腐食などの破壊的なものまで，産業の成り立ち自体を左右している．固体表面における化学反応は，内部（バルク）での反応とは明らかに違っている．表面では，活性化エネルギーがずっと低い反応経路が用意されているから，それが触媒作用をもたらすのである．近年，ミクロな孔をもつ種々の材料が触媒として使えるようになり，固体表面という概念が拡張されてきている．その場合の"表面"は多孔性固体の内部も含んでいる．

本章では，はじめに清浄な表面をとりあげるが，化学者としては，表面が重要になる局面は表面への物質の付着や，そこで起こる諸反応にあることを忘れてはならない．また，"清浄"表面からほど遠い対象として，溶媒に浸した表面や高圧気体に曝された表面も興味深い．加えて，アルミニウム表面が酸化膜で覆われている場合のように，表面では構造だけでなく元素組成さえも，内部のバルク物質とまったく異なることがありうる．表面で起こる反応にはふつう，表面の数原子層しか関与していないので，その反応性は表面固有の組成だけで決まり，バルクの組成とほとんど関係がない場合もある．

表面での反応には，電気化学で中心的な役割をする過程もある．そこで，本章の最後では9章の話題を再びもち出すことになるが，ここでは電極反応の平衡性質ではなく，種々の電極過程の動的な振舞いに注目する．

## 固体表面の成長と構造

分子が表面に付着することを**吸着**[1] という．吸着した物質は**吸着質**[2] であり，本章で注目する下地の物質は**吸着媒**[3] あるいは**基質**[4] である．吸着の逆は**脱着**[5] である．

---

1) adsorption　2) adsorbate　3) adsorbent
4) substrate. 基板や下地ということもある．5) desorption

## 18・1 表面の成長

完全な結晶表面は,果物屋で見かけるお盆に並べたオレンジのようなものである(図18・1).この固体表面に衝突する気体分子は,オレンジの上ででたらめに跳ね返るピンポン球と考えればよい.その分子は,分子間力を受けながら跳ね返るので少しずつエネルギーを失うが,おそらく完全に運動エネルギーを失って捕捉される前に表面から逃れ出るであろう.溶液と接触しているイオン結晶でも,ある程度同じことがいえる.溶液中のイオンが,それに溶媒和している溶媒分子の一部を振払って,平坦な表面が露出した場所にくっついたとしても,エネルギーとしてはほとんど得をしないのである.

しかし,表面に欠陥があれば状況は変わる.原子やイオンが欠落して層が不完全なままのうね(リッジ)が存在するからである.典型的なタイプの表面欠陥は,本来なら平坦な原子層(**テラス**[1]という)二つの間にできる**ステップ**[2]である(図18・2).ステップ欠陥には**キンク**[3]ができることもある.ある原子がテラスに降りてくると,分子間ポテンシャルの影響を受けてテラス上を動きまわるが,やがてステップやキンクの隅にやってくるだろう.そうすれば,テラスの上で1個の原子だけと相互作用するのではなく,複数の原子と相互作用できる.この相互作用が十分強くて,その原子が捕捉されることにもなる.同様に,溶液からイオンが析出するときも,析出によって溶媒和相互作用が失われるのであるが,やって来るイオンと表面欠陥にいる複数のイオンとの間で強いクーロン相互作用が得られるので埋め合わせができるのである.

結晶成長の速さは関与する結晶面によって異なる.意外と思うだろうが,成長の最も遅い面が結晶の外観を支配する[†1].このことは図18・3で説明してある.この図では水平な面が最も速く成長するが,成長するほど面は小さくなって,やがて消えてなくなり,成長のもっと遅い面が生き残ることがわかる.

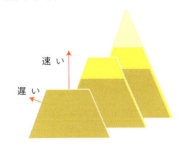

図18・3 成長の遅い結晶面が,結晶の最終的な外見を決める.成長を3段階で示してある.

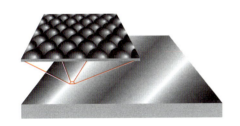

図18・1 平坦な固体表面の概念図.走査トンネル顕微鏡で得られる像によって,この単純なモデルが強く支持される.

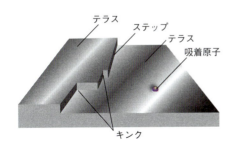

図18・2 本来は完全な表面であるテラスにできる種々の欠陥.欠陥は,表面の成長や触媒作用で重要な役割を演じる.

## 18・2 表面の組成と構造

ふつうの条件下では,気体に曝された表面は絶えず気体分子の衝突を受けているので,新しくつくった清浄な表面もすぐにこれらの分子で覆われてしまう.それがどの程度速いかは,気体運動論と原子や分子が表面に衝突する速さを表す式を使えば計算できる.実験室で表面の組成と構造を研究しようとすれば,以下で述べるような特別な方法が必要である.

### (a) 衝突流束

**衝突流束**[4] $Z_W$ とは,ある時間内に表面に衝突する回数をその面積と時間で割ったものである[†2].

$$Z_W = \frac{p}{(2\pi mkT)^{1/2}} \quad \text{完全気体} \quad \text{衝突流束} \quad (18・1a)$$

$m$ は分子の質量である.気体のモル質量 $M$ を使って $m = M/N_A$ と書けば,(18・1a)式は,

$$Z_W = \frac{\overset{Z_0}{\overbrace{(N_A/2\pi k)^{1/2} p}}}{(TM)^{1/2}} \quad \text{別のかたち} \quad \text{衝突流束} \quad (18・1b)$$

となる.これに定数の値を代入し,変数をその単位とともに示せば,この式の実用的なかたちは次式で表される.

---

†1 訳注:結晶面の成長というのは面が広くなるのではなく,面に垂直な方向に層が積み重なる成長をいう.
†2 この式の起源については"アトキンス物理化学"を見よ.
1) terrace  2) step  3) kink  4) collision flux

$$Z_W = \frac{Z_0(p/\text{Pa})}{\{(T/\text{K})(M/(\text{g mol}^{-1}))\}^{1/2}}$$

ここで，$Z_0 = 2.63 \times 10^{24}\,\text{m}^{-2}\,\text{s}^{-1}$

別のかたち　衝突流束　(18·1c)

いつものように，与えられた数学式に含まれる物理的な意味を吟味しておこう．(18·1)式は一見，温度が上昇すれば分子は速く動くはずなのに，衝突流束は減少するといっている．しかし実際は，一定体積の容器内では圧力が温度に比例するから，全体としての温度依存性は $T/T^{1/2}$ となる．すなわち，$Z_W \propto T^{1/2}$ であり，やはり衝突流束は温度とともに増加し，分子の速さに比例しているのである．

● **簡単な例示 18·1　衝突流束**

空気では $M \approx 29\,\text{g mol}^{-1}$ であり，$p = 1\,\text{atm} = 1.013\,25 \times 10^5\,\text{Pa}$，$T = 298\,\text{K}$ の条件では，

$$Z_W = \frac{\overbrace{(2.63 \times 10^{24}\,\text{m}^{-2}\,\text{s}^{-1})}^{Z_0} \times \overbrace{(1.013\,25 \times 10^5)}^{p/\text{Pa}}}{\underbrace{(298}_{T/\text{K}} \times \underbrace{29)}_{M/\text{g mol}^{-1}}^{1/2}}$$

$= 2.9 \times 10^{27}\,\text{m}^{-2}\,\text{s}^{-1}$

となる．$1\,\text{m}^2$ の金属表面には約 $10^{19}$ 個の原子があるから，各原子は毎秒 $10^8$ 回も衝突を受けている．数回の衝突が起こらない限り分子は吸着されないとしても，新しくつくった表面が清浄なままでいる時間は非常に短い．●

**自習問題 18·1**

$25\,°\text{C}$ で $100\,\text{Pa}$ の圧力のプロパンが入った容器の内壁の衝突流束を計算せよ．〔答：$Z_W = 2.30 \times 10^{24}\,\text{m}^{-2}\,\text{s}^{-1}$〕

### (b) 実 験 法

表面の清浄さを保つ方法は当然，気体の圧力を下げることである．圧力を $0.1\,\text{mPa}$（簡単な真空系で得られる）まで下げれば，衝突流束は約 $10^{18}\,\text{m}^{-2}\,\text{s}^{-1}$ に落ちて，これは 1 個の表面原子に対して $0.1\,\text{s}$ に 1 回の割合で衝突することに相当する．たいていの実験ではこれでも間隔が短すぎる．そこで，**超高真空**[1]（UHV）技術を使えば，常時 $0.1\,\mu\text{Pa}$（$Z_W = 10^{15}\,\text{m}^{-2}\,\text{s}^{-1}$ に相当）という低い圧力が達成されるし，注意深く扱えば $1\,\text{nPa}$（$Z_W = 10^{13}\,\text{m}^{-2}\,\text{s}^{-1}$ に相当）にも到達できる．このとき衝突流束は，表面の各原子がそれぞれ $10^5\,\text{s}$ から $10^6\,\text{s}$ に 1 回，つまり 1 日に約 1 回しか衝突を受けないことに相当する．

表面の化学組成は種々のイオン化技術によって測定できる．同じ方法を使えば，洗浄後なお残っている汚れを検出したり，その後の実験で吸着した物質の層を検出したりで

きる．この目的に使えるのは光電効果から派生した手法，**光電子放射分光法**[2]で，X 線（XPS の場合）あるいは硬（短波長）紫外（UPS の場合）の電離放射線を使って，吸着質から電子をたたき出すものである．オービタルから放射された電子の運動エネルギーを測定して得られるパターンは，存在する物質の同定に使われる（図 18·4）．UPS は原子価殻から放射された電子を調べるので，表面にある物質の結合の特性や詳しい電子構造を測定するのにも使える．これが有用なのは，吸着質のどのオービタルが吸着媒との結合に関与しているかが明らかにできる点にある．たとえば，吸着していないベンゼン分子とパラジウムに吸着したベンゼンの光電子放射の結果のおもな違いは，$\pi$ 電子のエネルギーにある．この違いは，$C_6H_6$ 分子が表面に平行になっていて，その $\pi$ オービタルで表面に結合しているものとして解釈される．これに対して，ピリジン（$C_5H_5N$）は表面に対しほぼ垂直に立っていて，窒素の非共有電子対が $\sigma$ 結合をつくって付いていることがわかる．

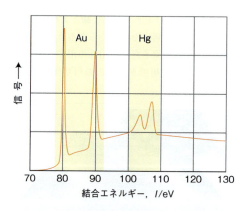

**図 18·4**　金の表面を水銀の表面層で汚した試料の X 線光電子放射スペクトル．〔M.W. Roberts, C.S. McKee, "Chemistry of the metal-gas interface", Oxford (1978).〕

マイクロエレクトロニクス産業で広く使われている非常に重要な手法に**オージェ電子分光法**[3]（AES）がある．**オージェ効果**[4]とは，高エネルギーの放射線によって電子を追い出した後に，別の電子の放射が起こることである．最初の電子がなくなると，低いオービタルに空孔が残り，そこに高いエネルギーのオービタルから電子が落ち込む．この遷移によって放出されるエネルギーは，**蛍光 X 線**[5]という放射線の発生（図 18·5a），あるいは別の電子の放出（図 18·5b）というかたちをとる．後者がオージェ効果の二次電子である．この二次電子のエネルギーはその物質固有のものであるから，オージェ効果はその試料の"指紋"として使える（図 18·6）．実際にオージェスペクトルを得るには，電磁放射線ではなく，電子ビームを試料に照

---

1) ultra-high vacuum　2) photoemission spectroscopy　3) Auger electron spectroscopy　4) Auger effect　5) X-ray fluorescence

## 18・2 表面の組成と構造

射するのがふつうである．**走査型オージェ電子顕微鏡法**[1] (SAM) では，焦点を絞った電子ビームで表面を走査し，表面組成の地図を描く．その分解能は，約 50 nm 以下にまで上げることができる．

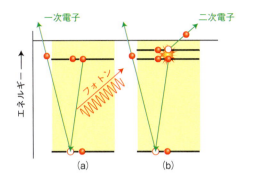

図 18・5 固体から電子（一次電子）が追い出されると，(a) もっとエネルギーの高い電子が，空いたオービタルに落ち込んで X 線のフォトンを放出し，蛍光 X 線を生じる．(b) このオービタルに落ち込んだ電子が，別の電子にエネルギーを与えることがあると，オージェ効果でその電子（二次電子）が放射される．

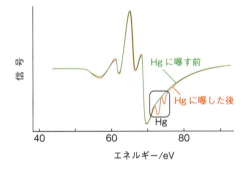

図 18・6 図 18・4 と同じ試料で，水銀の蒸着前後でとったオージェスペクトル．〔M.W. Roberts, C.S. McKee, "Chemistry of the metal–gas interface", Oxford (1978).〕

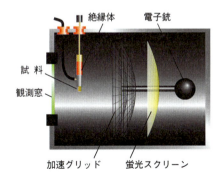

図 18・7 LEED の実験に使う装置の概略図．表面層で回折された電子を，蛍光スクリーン上で発生する蛍光によって検出する．

表面付近の原子配列や表面に吸着した原子の配列を求めるための最も有効な方法の一つは，**低エネルギー電子回折**[2] (LEED) である．この手法は X 線回折に似ていて，電子の波動性を利用する．低エネルギーの電子（エネルギーが 10～200 eV の電子で，波長にして 100～400 pm に相当）を用いることによって，表面上の，あるいは表面近くの原子だけから回折が起こるようにできる．実験装置を図 18・7 に示し，観測窓を通し蛍光スクリーンを撮影して得られた代表的な LEED パターンを図 18・8 に示す．

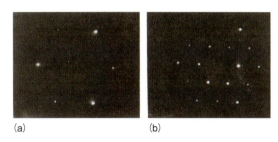

図 18・8 (a) 清浄な白金表面，(b) プロピン $CH_3C≡CH$ に曝した後の LEED 写真．（G.A. Samorjai 教授 提供）

### 例題 18・1　LEED パターンの解釈

パラジウムの清浄表面で，再構成の起こっていない (110) 面からの LEED パターンを (a) に示す．再構成表面は (b) の LEED パターンを与える．再構成表面の構造について何がいえるか．

**解法**　ブラッグの法則によれば，$\lambda = 2d\sin\theta$ である（17・13 節）．波長が一定なら，原子層の間の距離 $d$ が短いほど（$2d\sin\theta$ が一定となるように）散乱角は大きくなる．LEED パターンでは，観測している原子層が離れているほど，LEED パターン上の斑点は近づいて現れる．原子間距離が 2 倍あれば，斑点の間の距離は半分となり，その逆もいえる．このことから，二つのパターンをよく見比べ，再構成前後の関係を明らかにすればよい．

**解答**　水平線上の斑点間の距離に変化がないことから，再構成が起こった後もその方向には原子は動いておらず，同じ位置にいることがわかる．一方，垂直線上の斑点間の距離は半分になっているから，再構成前に比べその方向の原子間隔は 2 倍に離れたことがわかる．

---

1) scanning Auger electron microscopy　2) low-energy electron diffraction

**自習問題 18・2**

上の (a) で示した表面構造が再構成を起こして，縦方向の原子間距離が3倍になったときのLEEDパターンを描け．

LEEDの実験をしてみれば，結晶内部をスライスしたとして，それと実際の結晶表面が全く同じかたちをしているのはまれなことがわかる．一般的な規則として，金属表面ではバルクの結晶格子を単に切断したものと一致することが多いが，原子の最外層とそのすぐ下の層との間隔が5パーセントほど収縮していることがわかっている．半導体では一般に，表面では数層の深さまで再構成が起こっている．イオン性固体でも再構成が起こる．たとえば，フッ化リチウムでは，表面付近の$Li^+$イオンと$F^-$イオンとはわずかに異なる面の上に並んでいることがわかっている．今日，洗練されたLEED法を使えばどの程度の詳しいことがわかるかという実例を，ロジウムの (111) 面に吸着した$CH_3C-$について図18·9に示しておく．

テラスやステップ，キンクが表面に存在することはLEEDパターンで確認でき，その表面密度（単位面積当たりの欠陥の数）を見積もることができる．ステップやキンクがLEEDパターンにどう影響するかを，三つの例で図18·10に示す．ここで使った試料は，ある原子面に対していろいろな角度で結晶を劈開して得たものである．原子面に平行に切断したときはテラスだけが生じるが，切断角が大きくなるにつれステップの密度が増えている．LEEDパターンが単にぼやけるだけでなく，別の構造が観測されることから，ステップが規則的に配列していることがわかる．

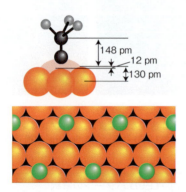

**図 18·9** 300 K でロジウムの (111) 面に $CH_3C-$ が付着した付近の表面構造と，化学吸着に伴う金属原子の位置の変化．

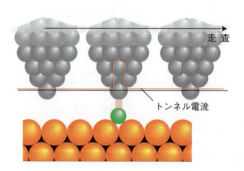

**図 18·11** 走査トンネル顕微鏡は，針の先端（チップ）と表面との間をトンネル効果で通り抜けた電子による電流を利用している．この電流は，チップと表面の距離に非常に敏感である．

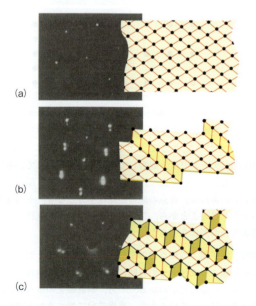

**図 18·10** LEEDパターンを使って，表面の欠陥密度を調べることができる．ここに示すのは白金表面で，(a) 欠陥密度が低いもの，(b) 約4原子ごとに規則的なステップがあるもの，(c) キンクのある規則的なステップがあるものの写真である．(G.A. Samorjai 教授 提供)

**図 18·12** ヒ化ガリウムの表面に吸着したセシウム原子のSTM像．

 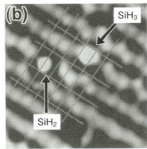 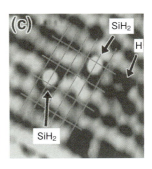

図 18・13　Si(001) 表面の 4.7 nm × 4.7 nm の領域で起こる反応, $SiH_3 \to SiH_2 + H$ を STM によって観察したもの. (a) $Si_2H_6$(g) に曝す前の Si(001) 表面. (b) 吸着した $Si_2H_6$ は解離して, $SiH_2$(表面) と $SiH_3$(表面) になる. (c) 8 分後には, $SiH_3$ (表面) が解離して $SiH_2$(表面) と H(表面) になる. 〔Y. Wang, M.J. Bronikowski, R.J. Hamers, *Surface Science*, **64**, 311 (1994) より許可を得て再録.〕

表面に存在するテラスやステップ, キンク, 転位[1]などは, **走査トンネル顕微鏡法**[2] (STM) や**原子間力顕微鏡法**[3] (AFM) によって観測できる. いずれも, 表面研究を革新的に進歩させた手法である. STM では, 白金‐ロジウム合金やタングステンの針を使って, 伝導性の固体表面を走査する. 針の先端 (チップ) を表面のごく近傍に近づけると, トンネル現象によって, 隙間の空間を電子が流れる (図 18・11). これを定電流モードで作動させると, 針は表面の形に応じて上下に動き, 吸着質を含めた表面の特徴的な構造を原子スケールで描くことができる. 針を垂直運動させるには, それを圧電性の円筒に取付けておいて, 圧電体にかかる電位差によってこの円筒が伸縮するのを利用する. 座標 $z$ 一定のモードでは, 針の垂直位置を一定に保っておいて, トンネル電流を監視する. トンネルが起こる確率は隙間の大きさに非常に敏感であるから, この顕微鏡は表面の高さの原子スケールの微小変化を検出できる. 清浄表面で得られた像の一例を図 18・12 に示す. ここで, 崖の高さは 1 原子分でしかない. 図 18・13 には, Si(001) 面に吸着した $SiH_3$ が, $SiH_2$ と H 原子に解離して吸着している様子を示してある. STM の針を使えば, 表面の吸着分子を操作することもでき, その手法でナノメートルサイズの電子部品など, 複雑でしかもきわめて微小な構造を作ることができる.

AFM では, 尖った針をレバーに取付けて表面を走査する. 表面や吸着質との間で働く力が針を押したり引いたりして, それがレバーをたわませる (図 18・14). そのたわみを, レーザービームを使って監視するのである. 試料と探針の間に電流が流れる必要がないので, この手法は非伝導性の表面にも適用できる. AFM の能力が存分に発揮された例を図 18・15 に示す. この図では, 固体表面にある個々の DNA 分子が見えている.

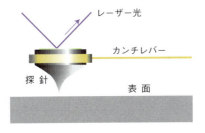

図 18・14　原子間力顕微鏡では, 表面原子と探針の間に働く引力や反発力によって微小な変化をする探針の位置を, レーザービームを使って監視する.

## 吸着の度合い

表面が吸着質で覆われている度合いを表すのに, ふつう**被覆率**[4] $\theta$ (シータ) を用いる.

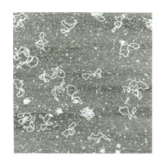

図 18・15　マイカ (雲母) 表面の細菌の DNA プラスミドの AFM 像. (Veeco Instruments 提供)

$$\theta = \frac{\text{占有されている吸着サイトの数}}{\text{吸着サイトの総数}}$$

定義　被覆率　(18・2)

---

1) dislocation　2) scanning tunneling microscopy　3) atomic force microscopy　4) fractional coverage

被覆率は，吸着した吸着質の体積を用いて $\theta = V/V_\infty$ で表せる．ここで，$V_\infty$ は（吸着分子が）単分子層を完成させるのに必要な吸着質の体積である．$\theta$ の定義に用いる体積は，いずれも標準の温度と圧力（STP）で測定された吸着していない気体のものであり，表面に吸着した後に占める体積ではない．**吸着の速さ**[1] は表面被覆率の変化の速さであり，被覆率の時間変化を観測することによって測定される．

● **簡単な例示 18·2　被　覆　率**

活性炭に対する CO の 273 K での吸着では，$V_\infty =$ 111 cm³ である．この値は，1 atm に補正した値である．CO の分圧が 80.0 kPa のとき，その $V$ の値（1 atm に補正した値）は 41.6 cm³ であるから被覆率は，

$$\theta = \frac{V}{V_\infty} = \frac{41.6\ \text{cm}^3}{111\ \text{cm}^3} = 0.375$$

である．これは，表面の 37.5 パーセントが覆われたことに相当している．●

吸着，脱着の速さを測定する主な方法の一つに流通法がある．この方法では，吸着によって気体から分子が除去されるので，試料そのものがポンプとして働く．そこで，一般に使われる手法では，系の入口と出口で気体の流速を監視し，その差から気体が試料に取込まれた速さを求める．**瞬間脱着**[2] では，試料を急激に（電気的に）加熱し，その結果の圧力上昇を，試料に吸着していた吸着質の量によって説明する．何らかの化合物をつくって脱着に関与することがあると（たとえば，タングステン表面の酸素が $WO_3$ として脱着すると）この説明は混乱を招くことになる．**表面プラズモン共鳴**[3]（SPR）は，金の表面の光学的性質に与える吸脱着の影響を検出することによって，とりわけ生物系の表面過程について速度論や熱力学を展開するための手法である．実験中の試料の重量を微量はかりで監視する**重量分析法**[4] も吸着研究に使える．その重量測定にふつう使うのは**微量水晶天秤**[5]（QCM）である．このはかりは，水晶の結晶表面に試料が吸着したとき，その質量が水晶の力学的性質の変化と関係があることを利用している．QCM の動作原理で鍵となるのは，水晶に交流電場を加えたとき，水晶がある特性振動数で振動する性質である．結晶表面を物質が覆うとその振動数は減少し，減少分が物質の質量に比例する．この方法を使えば，数ナノグラム（1 ng = $10^{-9}$ g）程度の小さな質量でも信頼できる測定が行える．

## 18·3　物理吸着と化学吸着

分子や原子は二つの異なるタイプの吸着様式で表面に吸着する．ただし，両者に明確な境目があるわけではない．**物理吸着**[6] では，吸着質と吸着媒の間にファンデルワールス相互作用（蒸気が液体に凝縮するのに関与する分散相互作用や 15·3 節で述べたような双極子相互作用など）が働く．分子が物理吸着したときに放出されるエネルギーは，凝縮のエンタルピーと同程度の大きさである．このような少量のエネルギーは格子の振動として吸収され，熱運動として消費されるので，表面を跳ねまわる分子は次第にそのエネルギーを失い，最終的には**適応**[7] という過程で表面に吸着する．物理吸着のエンタルピーは，熱容量が既知の試料で吸着による温度上昇を監視すれば測定できる．代表的な値は $-20$ kJ mol⁻¹ で，この付近にある（表 18·1）．

**表 18·1**　物理吸着の吸着エンタルピーで実測された最大値

| 吸着質 | $\Delta_{\text{ads}} H^{\ominus}/(\text{kJ mol}^{-1})$ |
| --- | --- |
| $CH_4$ | $-21$ |
| $H_2$ | $-84$ |
| $H_2O$ | $-59$ |
| $N_2$ | $-21$ |

この小さなエンタルピー変化では結合を切断するには不十分であり，したがって，物理吸着した分子はそのままの性質を保つ．ただし，表面が存在するために分子がひずむことはある．物理吸着の吸着エンタルピーは，吸着等温式に現れるパラメーターの温度依存性を観測しても測定できる（18·4 節参照）．

**化学吸着**[8] では，分子（あるいは原子）が表面と化学結合（ふつうは共有結合）を形成して吸着し，吸着媒との間で配位数が最大になれる場所を探す傾向がある．化学吸着のエンタルピーは物理吸着よりもずっと負で大きく，代表的な値は $-200$ kJ mol⁻¹ で，この付近にある（表 18·2）．表面に最も近い吸着質原子までの距離も，ふつうは化学吸着の方が物理吸着よりも短い．吸着によって表面原子の原子価が満たされない場合には，化学吸着で分子が分解することもある．このように，化学吸着の結果として表面に分

**表 18·2**　化学吸着の吸着エンタルピー，$\Delta_{\text{ads}} H^{\ominus}/(\text{kJ mol}^{-1})$

| 吸着質 | 吸着媒（基質） | | |
| --- | --- | --- | --- |
| | Cr | Fe | Ni |
| $C_2H_4$ | $-427$ | $-285$ | $-243$ |
| CO | | $-192$ | |
| $H_2$ | $-188$ | $-134$ | |
| $NH_3$ | | $-188$ | $-155$ |

---

1) rate of adsorption　2) flash desorption　3) surface plasmon resonance　4) gravimetry　5) quartz crystal microbalance
6) physisorption．"physical adsorption" の省略形．　7) accommodation　8) chemisorption．"chemical adsorption" の省略形．

子の断片が存在することが，固体表面が反応に対して触媒作用をもつ理由の一つである．

化学吸着の一例として近年，注目を集めているのは**自己組織化単分子膜**[1]（SAM）の形成である．それは，有機物質から成る秩序ある分子集合体が表面に単層膜を形成したものである．SAMの形成を理解するために，アルキルチオールRSH（Rはアルキル鎖）などの分子を金の表面に触れさせたとしよう．すると，金の表面にチオールが化学吸着して，RS–Au(I)という付加化合物を形成する．吸着サイトの近くにいる金原子の集団を，たとえば$Au_n$などと表すことにすれば，表面に付着している様子をつぎのように書くことができる．

$$RSH + Au_n \longrightarrow RS-Au(I) \cdot Au_{n-1} + \frac{1}{2}H_2(g)$$

Rの鎖が十分長ければ，吸着したRS–単位の間で働くファンデルワールス相互作用が有効になって，高度に秩序化した単分子膜が表面に形成されることになる（図18・16）．

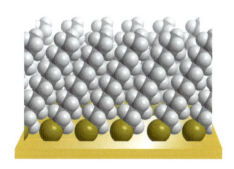

**図 18・16** チオール基とアルキル鎖の集合体が，金表面に化学吸着して形成したアルキルチオールの自己組織化単分子膜．

## 18・4 吸着等温式

吸着していない気体Aとその吸着気体とは，

$$A(g) + M(\text{表面}) \rightleftharpoons AM(\text{表面})$$

で表される動的平衡にある．表面の被覆率$\theta$は，これを覆っている気相の圧力に依存する．この正反応に伴うエンタルピー変化は（吸着種のモル当たりの）**吸着エンタルピー**[2] $\Delta_{ads}H$である．設定した温度における$\theta$の圧力変化を**吸着等温式**[3]という．

物理的に妥当な最も単純な吸着等温式は，つぎの三つの仮定に基づいている．

1. 吸着は，単分子層を超えて進行することはない．
2. すべての吸着サイトは等価であり，表面は一様である（つまり，表面は微視的なスケールで完全に平らである）．
3. 吸着分子間には相互作用がない．したがって，分子がある吸着サイトに吸着する能力は，隣接する吸着サイトをすでに別の分子が占めているかどうかに無関係である．

### (a) ラングミュアの等温式

仮定2と3はそれぞれ，すべての吸着サイトで吸着エンタルピーが同じであって，表面被覆率の度合いにもよらないことを表している．つぎの「式の導出」で示すように，被覆率$\theta$と気体Aの分圧$p$の関係は，上の三つの仮定により導くことができ，つぎの**ラングミュアの等温式**[4]で表される．

$$\theta = \frac{\alpha p}{1 + \alpha p} \qquad \alpha = \frac{k_a}{k_d} \qquad \text{ラングミュアの等温式} \quad (18 \cdot 3)$$

$k_a$と$k_d$はそれぞれ，吸着と脱着の速度定数である．$\alpha$は正反応と逆反応の速度定数の比であり，ある種の平衡定数を表すが（7章），圧力の逆数の次元をもつから本来の平衡定数でないことに注意しよう．図18・17に示すように，この式を$\alpha$の値をいろいろ変えてプロットすればつぎのことがわかる．

- Aの分圧が増加するにつれ被覆率が1に向かって増加する．$p = 1/\alpha$のときに表面の半分が覆われる．
- 低圧（$\alpha p \ll 1$）では，分母を1とできるから$\theta = \alpha p$である．この条件下では，表面被覆率は圧力に対し直線的に増加する．
- 高圧（$\alpha p \gg 1$）では，分母にある1が無視できて，$\alpha p$が消えるから$\theta = 1$である．このとき表面は吸着質で飽和している．

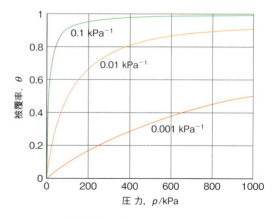

**図 18・17** 非解離性の吸着で，いろいろな$\alpha$の値に対するラングミュアの等温式．

---

1) self-assembled monolayer　2) enthalpy of adsorption　3) adsorption isotherm　4) Langmuir isotherm

## 式の導出 18・1　ラングミュアの等温式

ラングミュアの等温式を得るには、気体Aが表面に吸着する速さ（毎秒吸着する分子数）がその分圧に比例する（分子が表面にぶつかる頻度は、圧力に比例するから）と考える。また、その時点でまだ占められていない吸着サイトの数、$(1-\theta)N$ にも比例すると考える。そこで、

$$\text{吸着の速さ} = k_a N(1-\theta)p$$

である。ここで、$k_a$ は吸着の速度定数である。一方、吸着している分子が表面を去る速さは、表面に現に存在している吸着分子数 $(N\theta)$ に比例するから、

$$\text{脱着の速さ} = k_d N\theta$$

である。ここで、$k_d$ は脱着の速度定数である。平衡では、これらの速さは等しいから、

$$k_a N(1-\theta)p = k_d N\theta$$

と書ける。両辺の $N$ は消えて、$\alpha = k_a/k_d$ を使えば、

$$\alpha p(1-\theta) = \theta$$

が得られる。これを変形すれば (18・3) 式となる。

---

## 例題 18・2　ラングミュアの等温式の使い方

つぎのデータは、273 K における CO の活性炭への吸着についてのものである。ラングミュアの等温式に合うことを確かめ、定数 $\alpha$ と完全被覆に相当する CO の体積を求めよ。いずれの場合も、$V$ は 1 atm（正確には 101.325 kPa）に補正されている。

| $p$/kPa | 13.3 | 26.7 | 40.0 | 53.3 | 66.7 | 80.0 | 93.3 |
|---|---|---|---|---|---|---|---|
| $V$/cm³ | 10.2 | 18.6 | 25.5 | 31.5 | 36.9 | 41.6 | 46.1 |

**解法**　(18・3) 式から、

$$\frac{1}{\theta} = \frac{1+\alpha p}{\alpha p} = \frac{1}{\alpha p} + 1$$

である。次に、$\theta = V/V_\infty$ で置き換えて次式を得る。ただし、$V_\infty$ は完全被覆に相当する体積（273 K、1 atm での測定値）である。

$$\frac{V_\infty}{V} = \frac{1}{\alpha p} + 1$$

ここで、両辺を $V_\infty$ で割り、$p$ を掛ければ、

$$\underset{y}{\frac{p}{V}} = \underset{\text{切片}}{\frac{1}{\alpha V_\infty}} + \underset{\text{勾配} \times x}{\frac{1}{V_\infty} \times p}$$

を得る。したがって、$p/V$ を $p$ に対してプロットすると、勾配が $1/V_\infty$ で切片が $1/\alpha V_\infty$ の直線が得られるはずである。また、この勾配と切片の比から $\alpha$ がつぎのように

$$\frac{\text{勾配}}{\text{切片}} = \frac{1/V_\infty}{1/\alpha V_\infty} = \frac{1}{V_\infty} \times \alpha V_\infty = \alpha$$

得られる。

**解答**　実際にプロットするためのデータはつぎの通りである。

| $p$/kPa | 13.3 | 26.7 | 40.0 | 53.3 | 66.7 |
|---|---|---|---|---|---|
| $(p/\text{kPa})/(V/\text{cm}^3)$ | 1.30 | 1.44 | 1.57 | 1.69 | 1.81 |

| $p$/kPa | 80.0 | 93.3 |
|---|---|---|
| $(p/\text{kPa})/(V/\text{cm}^3)$ | 1.92 | 2.02 |

これらの点を図 18・18 にプロットしてある。（最小二乗法により求めた）勾配は 0.00900 であり、これから $V_\infty = 111$ cm³ である。$p = 0$ における切片は 1.20 であり、したがって、

$$\alpha = \underset{\text{切片}}{\underset{1.20}{\overset{0.00900}{\frac{\text{勾配}}{\phantom{1.20}}}}} \underset{p/V \text{の単位}}{\underset{\text{kPa cm}^{-3}}{\overset{\text{cm}^{-3}}{\frac{(p/V)/p\text{の単位}}{\phantom{\text{kPa cm}^{-3}}}}}}$$

$$= 7.50 \times 10^{-3} \text{ kPa}^{-1}$$

となる。ここで、「必須のツール 1・1」で説明したやり方を使って、次元のない量で表された切片と勾配に単位を与えた。すなわち、勾配は、$p$ に対して $p/V$ をプロットしたのであるから $(p/V)/p$ に相当する単位、切片は縦軸との交点であるから $p/V$ に相当する単位をそれぞれ与える。

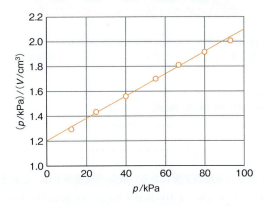

**図 18・18**　例題 18・2 のデータのプロット。ここに示すように、$p/V$ を $p$ に対してプロットすれば直線が得られることが、ラングミュアの等温式によって予測される。

---

## 自習問題 18・3

つぎのデータを使って、上と同じ計算を行え。

| $p$/kPa | 13.3 | 26.7 | 40.0 | 53.3 | 66.7 | 80.0 | 93.3 |
|---|---|---|---|---|---|---|---|
| $V$/cm³ | 10.3 | 19.3 | 27.3 | 34.1 | 40.0 | 45.5 | 48.0 |

[答：128 cm³、$6.68 \times 10^{-3}$ kPa⁻¹]

## (b) 等量吸着エンタルピー

(18·3)式のところで述べたように，$\alpha$は平衡定数に相当する量であるから，その温度依存性はファントホッフの式(7·8節)で与えられるといえる．すなわち，

$$\ln \alpha = \ln \alpha' - \frac{\Delta_{ads}H^{\ominus}}{R}\left(\frac{1}{T} - \frac{1}{T'}\right)$$

等量吸着エンタルピー (18·4)

である．したがって，$\ln \alpha$を$1/T$に対してプロットしたときのグラフの勾配は$-\Delta_{ads}H^{\ominus}/R$に等しい．ここで，$\Delta_{ads}H^{\ominus}$は標準吸着エンタルピーである．しかしながら，吸着質分子が互いに相互作用したり，異なる一連の吸着サイトで吸着が起こったりすれば，吸着エンタルピーは表面被覆の度合いによって変化するから，被覆率が同じところでの$\alpha$を採用するように注意しなければならない．こうして得られる$\Delta_{ads}H^{\ominus}$を**等量吸着エンタルピー**[1]という．$\Delta_{ads}H^{\ominus}$の$\theta$による変化を調べれば，ラングミュアの等温式を適用するための仮定が成り立っているかどうかがわかる．

### 例題 18·3　等量吸着エンタルピー

ルチル(TiO$_2$)表面に窒素が被覆率$\theta=0.10$で吸着した層があり，これと平衡にある気体窒素の圧力を測定したところ，つぎの温度変化が観測された．

| $T$/K | 220 | 240 | 260 | 280 | 300 |
|---|---|---|---|---|---|
| $p$/kPa | 2.8 | 7.7 | 17.0 | 38.0 | 68.0 |

$\theta=0.10$における等量吸着エンタルピーを求めよ．

**解法**　まず，ラングミュアの等温式の$\alpha$と，ある被覆率での圧力$p$の関係を見いだす．次に，$\alpha$と$T$の関係を表すファントホッフの式を使って変形し，$p$と$T$の関係を表す式をつくる．最後に，データをプロットする適切な方法を考えよ．

**解答**　(18·3)式を変形して，

$$\alpha = \frac{\theta}{1-\theta} \times \frac{1}{p}$$

としておき，両辺の対数をとる．

$$\ln \alpha = \ln\left(\frac{\theta}{1-\theta}\right) + \ln\frac{1}{p} = 定数 - \ln p$$

（$\theta$一定だから定数，$\ln(1/x) = -\ln x$）

そこで，ファントホッフの式は，

$$\underbrace{定数 - \ln p}_{\ln \alpha} = \underbrace{定数 - \ln p'}_{\ln \alpha'} - \frac{\Delta_{ads}H^{\ominus}}{R}\left(\frac{1}{T} - \frac{1}{T'}\right)$$

となる．定数を消去し，両辺の符号を変えてから式を変形すれば，

$$\underbrace{\ln p}_{y} = \underbrace{\ln p' - \frac{\Delta_{ads}H^{\ominus}}{RT'}}_{切片} + \underbrace{\frac{\Delta_{ads}H^{\ominus}}{R}}_{勾配} \underbrace{\times \frac{1}{T}}_{\times x}$$

となる．したがって，$\ln p$を$1/T$に対してプロットすれば，$\Delta_{ads}H^{\ominus}/R$を勾配とする直線が得られるはずである．そのために，与えられたデータを計算してつぎの表をつくっておく．

| $(10^3$ K$)/T$ | 4.55 | 4.17 | 3.85 | 3.57 | 3.33 |
|---|---|---|---|---|---|
| $\ln(p$/kPa$)$ | 1.03 | 2.04 | 2.83 | 3.64 | 4.22 |

図18·19に結果をプロットしてある．直線の(最小二乗法で得られる)勾配は$-2.64$である．これから，

$$\frac{\Delta_{ads}H^{\ominus}}{R} = \underbrace{-2.64}_{勾配} \times \underbrace{10^3 \text{ K}}_{\ln p/(1/T)\text{の単位}}$$

である．したがって，

$$\Delta_{ads}H^{\ominus} = (-2.64 \times 10^3 \text{ K}) \times (8.3145 \text{ J K}^{-1}\text{ mol}^{-1})$$
$$= -22.0 \times 10^3 \text{ J mol}^{-1}$$

つまり，$-22.0$ kJ mol$^{-1}$である．

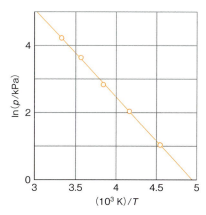

**図 18·19**　等量吸着エンタルピーは，$\ln p$を$1/T$に対してプロットしたグラフの勾配から得られる．ただし，$p$は特定の表面被覆率を達成するのに必要な試料気体の圧力である．ここでは，例題18·3のデータを使った．

### 自習問題 18·4

つぎのデータは，COの吸着体積を10.0 cm$^3$ (1.00 atm, 273 Kに補正した値)とするのに必要な気体COの圧力である．この表面被覆率における等量吸着エンタルピーを計算せよ．

| $T$/K | 200 | 210 | 220 | 230 | 240 | 250 |
|---|---|---|---|---|---|---|
| $p$/kPa | 4.00 | 4.95 | 6.03 | 7.20 | 8.47 | 9.85 |

[答：$-7.49$ kJ mol$^{-1}$]

---

1) isosteric enthalpy of adsorption

ここで，表面への吸着によって吸着質がつぎのように解離したとしよう．

$$A_2(g) + M(表面) \rightleftarrows A-M(表面) + A-M(表面)$$

つぎの「式の導出」で示すように，この結果として得られる等温式は，

$$\theta = \frac{(\alpha p)^{1/2}}{1+(\alpha p)^{1/2}} \quad \text{解離を伴う吸着のラングミュアの等温式} \quad (18\cdot 5)$$

である．この場合は，表面被覆率が試料気体の圧力そのものでなく，平方根に依存している（図18·20）．

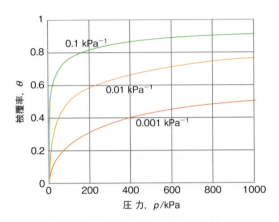

**図 18·20** 解離性の吸着 $A_2(g) \rightarrow 2A$（表面）で，いろいろな $\alpha$ の値に対するラングミュアの等温式．

**式の導出 18·2** 吸着質の解離がラングミュアの等温式に与える影響

吸着によって吸着質が解離すれば，吸着の速さは気体の圧力に比例し，しかも，両方の原子が吸着サイトを見つける確率に比例することになる．後者は，空いた吸着サイトの数の2乗に比例する．

$$吸着の速さ = k_a p\{N(1-\theta)\}^2$$

一方，脱着の速さは表面で原子同士が出会う頻度に比例する．したがって，存在する原子の数の2乗に比例する．

$$脱着の速さ = k_d (N\theta)^2$$

正味の変化はない（吸着の速さと脱着の速さが等しい）から，

$$k_a p\{N(1-\theta)\}^2 = k_d (N\theta)^2$$

が成り立つ．$\alpha = k_a/k_d$ とおいて $N$ を消去すれば，

$$\alpha p (1-\theta)^2 = \theta^2$$

となり，ここで両辺の平方根をとれば，

$(\alpha p)^{1/2}(1-\theta) = \theta$ つまり $(\alpha p)^{1/2} = \{1+(\alpha p)^{1/2}\}\theta$

が得られる．これを整理すれば (18·5) 式が得られる．

---

ここで考えておくべきラングミュアの等温式のもう一つの変形として，2種の気体AとBの混合物が表面の同じ吸着サイトを競い合う**共吸着**[1]を扱える式がある．AとBがいずれもラングミュアの等温式に従い，解離せずに表面に吸着する場合は次式が成り立つ．これを示すのは読者の演習（演習問題18·13）に残しておく．

$$\theta_A = \frac{\alpha_A p_A}{1+\alpha_A p_A + \alpha_B p_B}$$
$$\theta_B = \frac{\alpha_B p_B}{1+\alpha_A p_A + \alpha_B p_B} \quad \text{共吸着のラングミュアの等温式} \quad (18\cdot 6)$$

$\alpha_J$ は化学種J（AまたはB）に対する吸着の速度定数と脱着の速度定数の比であり，$p_J$ は気相でのそれぞれの分圧，$\theta_J$ は全吸着サイトのうち化学種Jが占める割合である．この種の共吸着は触媒作用では重要であり，これらの吸着等温式を後でも使う．

### (c) BETの等温式

最初にできた吸着層が，それ以後の吸着（たとえば物理吸着）に対する吸着媒として作用するなら，等温線は高圧下である飽和値に達して平坦になることはなく，表面にもっと多くの分子が凝縮して等温線はどこまでも上昇すると期待できる．それは，液体の水の表面に水蒸気が限りなく凝縮できるのと似ている．多分子層吸着を扱う等温式で最も広く使われているのは，Brunauer, Emmett, Teller によって導かれた**BETの等温式**[2]というものである．

$$\frac{V}{V_{mon}} = \frac{cz}{(1-z)\{1-(1-c)z\}} \quad \text{ここで，} z = \frac{p}{p^*}$$

BETの等温式 (18·7)

この式で，$p^*$ は1分子相当以上の厚さをもつ吸着質の層の上にある気相の蒸気圧であり，したがって，バルク液体の蒸気圧とすることができる．$V_{mon}$ は単分子層被覆に相当する試料気体の体積である．$c$ は定数で $\alpha_0/\alpha_1$ に等しい．ここで，$\alpha_0$ は吸着媒への吸着の平衡定数であり，$\alpha_1$ はすでにある吸着層への物理吸着の平衡定数である（図18·21を見よ）．化学吸着でも物理吸着でも吸着エントロピーは等しいとすれば，

$$c = e^{(\Delta_{des}H^\ominus - \Delta_{vap}H^\ominus)/RT} \quad (18\cdot 8)$$

と書ける．$\Delta_{des}H^\ominus$ は吸着媒からの標準脱着エンタルピー，

---

1) co-adsorption  2) BET isotherm

$\Delta_{vap}H^\ominus$ は吸着質のバルク液体の標準蒸発エンタルピーである.

図 18·22 に，BET の等温線の形を示してある．低圧で主として起こるのは単分子膜吸着であるから，このときの BET の等温式はラングミュアの等温式と似ていると予想できる．実際，$p \ll p^*$ では $z \ll 1$ であるから，

$$\frac{V}{V_{mon}} = \frac{cz}{\underbrace{(1-z)}_{\approx 1}\underbrace{\{1-z+cz\}}_{\approx 1}} \approx \frac{cz}{1+cz} \quad (18·9)$$

と書くことができ，ラングミュアの等温式のかたちをしている．しかし，圧力が増加するにつれ多分子層の吸着が顕著になり，被覆率は限りなく上昇する．BET の等温式は，どの圧力でも正確というわけではないが，固体の表面積を求めるのに工業的には広く使われている．

$c \gg 1$ で $cz \gg 1$ のとき，つまり表面からの脱着エンタルピーが非常に大きいときには，BET の等温式はつぎのような簡単なかたちをとる．

$$\frac{V}{V_{mon}} = \frac{cz}{(1-z)\underbrace{\{1-z+cz\}}_{\approx cz}}$$

$$\approx \frac{cz}{(1-z)cz} = \frac{1}{1-z} \quad (18·10)$$

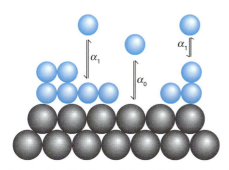

**図 18·21** 下地の吸着媒への吸着は平衡定数 $\alpha_0$ で起こり，すでに吸着している吸着層への物理吸着は平衡定数 $\alpha_1$ で起こる．

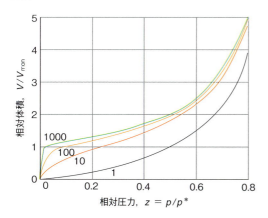

**図 18·22** BET の等温式を $c$ の値を変えてプロットしたもの．すでに吸着質で覆われた吸着媒にさらに吸着質が凝縮できるので，$V/V_{mon}$ の値はずっと上昇を続ける．

この式は，極性表面に非反応性気体が吸着した場合に適用でき，その場合には $c \approx 10^2$ である．

BET の等温式は，$0.8 < \theta < 2$ の被覆率では比較的信頼できるから，固体の表面積（$\theta=1$ に相当する）を求めるにはよい手法となる．その場合の吸着質としてふつう窒素を使う．

### 例題 18·4　BET の等温式を用いた表面積の求め方

シリカ $0.30\,g$ に吸着する $N_2$ の $77\,K$（窒素の通常沸点）での吸着量を，その吸着した気体の体積を測定することで求め，それから完全気体の法則を使って物質量を計算した．その結果，つぎの値が得られた．

| $p/Torr$ | 100 | 200 | 300 | 400 |
|---|---|---|---|---|
| $n/mmol$ | 0.90 | 1.10 | 1.40 | 1.90 |

この試料について，$c$ の値と吸着サイトの数を求めよ．

**解法** BET の等温式を使うが，まず (18·7) 式の両辺の逆数をとる．

$$\frac{V_{mon}}{V} = \frac{(1-z)\{1-(1-c)z\}}{cz}$$

$$= \frac{(1-z)-(1-z)(1-c)z}{cz}$$

$(A-B)/C = A/C - B/C$

$$= \frac{1-z}{cz} - \frac{(1-c)(1-z)}{c}$$

$V_{mon}/V$ の比は $n_{mon}/n$ に等しい．$n$ は吸着した吸着質分子の物質量，$n_{mon}$ は単分子層に相当する吸着質分子の物質量である．そこで，

$$\frac{n_{mon}}{n} = \frac{1-z}{cz} - \frac{(1-c)(1-z)}{c}$$

と書ける．直線で表せる式 $y = $ 切片 $+$ 勾配 $\times x$ に変形するには，この式の両辺に $z/n_{mon}(1-z)$ を掛ければよい．そうすれば，

$$\frac{zn_{mon}}{n_{mon}(1-z)n} = \frac{z}{n_{mon}(1-z)}\left(\frac{1-z}{cz}\right) - \frac{z(1-c)(1-z)}{n_{mon}(1-z)c}$$

となり，青色で示した部分を消去すれば，

$$\underbrace{\frac{z}{(1-z)n}}_{y} = \underbrace{\frac{1}{cn_{mon}}}_{切片} - \underbrace{\frac{(1-c)}{cn_{mon}}}_{勾配} \underbrace{\times z}_{\times x} \quad (18·11)$$

となる．$p^* = 760\,Torr$ として（通常沸点における蒸気圧は $1\,atm$ であるから）$z = p/p^*$ を計算する．上の式の左辺の値を $z$ に対してプロットすれば直線が得られ，その切片は $1/cn_{mon}$，勾配は $(c-1)/cn_{mon}$ である．これらの値から $c$ と $n_{mon}$ の値が求められる．

**解答** プロットに必要な量をつぎの表にまとめる．

| $p/Torr$ | 100 | 200 | 300 | 400 |
|---|---|---|---|---|
| $z = p/p^*$ | 0.132 | 0.263 | 0.395 | 0.526 |
| $z/(1-z)(n/mmol)$ | 0.17 | 0.32 | 0.47 | 0.58 |

図 18·23 は，このデータをプロットしたものである．切片は 0.039 であり，$1/\{c(n_{mon}/mmol)\} = 0.039$ であるから，$cn_{mon} = 15\,mmol$ である．また，勾配は 1.1 であり，$(c-1)/\{c(n_{mon}/mmol)\} = 1.1$ であるから，

$$c - 1 = 1.1 \times 15 = 16$$

である．これから，$c = 17$ および $n_{mon} = (15\,mmol)/16 = 0.94\,mmol$ が得られる．したがって，吸着サイトの数は，

$$\begin{aligned}N_{mon} &= n_{mon} N_A \\ &= (9.4 \times 10^{-4}\,mol) \times (6.022 \times 10^{23}\,mol^{-1}) \\ &= 5.7 \times 10^{20}\end{aligned}$$

である．

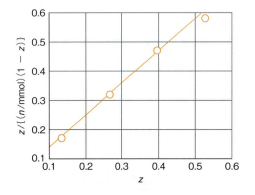

図 18·23 例題 18·4 のデータのプロット

**自習問題 18·5**

別のシリカ試料で得られたつぎのデータについて，上の例題と同様の解析を行え．

| $p$/Torr | 100 | 150 | 200 | 250 | 300 | 350 |
|---|---|---|---|---|---|---|
| $n$/mmol | 1.28 | 1.55 | 1.79 | 2.05 | 2.33 | 2.67 |

［答：$n_{mon} = 1.54\,mmol$，$N_{mon} = 9.27 \times 10^{20}$］

## 18·5 表面過程の速さ

図 18·24 は，分子と吸着サイトとの間の距離によって，そのポテンシャルエネルギーがどう変化するかを示している．分子が表面に近づくにつれ，まず物理吸着が起こり，化学吸着への**前駆状態**[1]になるので，分子のポテンシャルエネルギーは下がる．一方，分子が化学吸着状態まで近づくと，解離が起こって断片になることがよくある．このとき，結合が伸びるにつれ，はじめはエネルギーが上がるが，その後，吸着質-吸着媒 の結合が一番強くなるところで急激に減少する．分子が断片にならない場合でも，分子が表面に近づけば結合はそれに順応するので，最初にポテンシャルエネルギーが上昇することがあってもよい．

このように，ほとんどの場合，前駆状態と化学吸着した状態の間にはポテンシャルエネルギー障壁が存在すると予想できる．しかしながら，この障壁が低くて，遠くに静止している分子のエネルギーを超えないこともある（図 18·24a）．その場合の化学吸着は活性化過程でなくなる．それは，表面に近づいた分子はその運動エネルギーの大小にかかわらず，すべて表面に吸着するからである．したがって，化学吸着は速やかに起こると推測できる．清浄な金属表面への種々の気体の吸着は，非活性化過程と思われる．しかし場合によっては，障壁が（図 18·24b のように）エネルギー 0 の線より高くなることがある．このような化学吸着には活性化が必要なので，非活性化吸着よりも遅くなる．それは，表面に近づいた分子の一部しか化学吸着できないからである．一例は，銅の表面への $H_2$ の吸着で，活性化エネルギーは 20〜40 kJ mol$^{-1}$ の範囲にある．

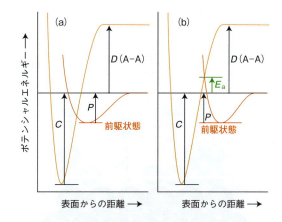

図 18·24 $A_2$ 分子の解離性の化学吸着に対するポテンシャルエネルギーの概略図．いずれの場合も $P$ は（非解離性の）物理吸着エンタルピーで，$C$ は（$T=0$ における）化学吸着エンタルピーである．曲線の相対的な位置によって，化学吸着が（a）非活性化過程であるか，（b）活性化過程であるかが決まる．

上の議論からわかる重要な点は，吸着の速さは，物理吸着と化学吸着を区別するよい基準ではない，ということである．化学吸着は，活性化エネルギーが小さいか 0 であれば速いが，活性化エネルギーが大きいと遅くなる．物理吸着はふつう速いが，多孔質の媒質に吸着する場合には遅いこともある．

### （a）固着確率

吸着質が表面を覆う速さは，吸着分子が表面にぶつかったとき，そのエネルギーを吸着媒の熱運動として逃がしてしまう能力に依存している．そのエネルギーが速やかに散

---

1) precursor state

逸しなければ，分子は表面を動き続け，そのうち振動によってすぐ上の気体へと跳ね返されるか，あるいは表面の端に追いやられることになる．表面との衝突のうち，うまく吸着をひき起こす割合を**固着確率**[1] $s$ という．

$$s = \frac{\text{表面に分子が吸着する頻度}}{\text{表面に分子が衝突する頻度}}$$

定義　固着確率　(18・12)

上の式の分母は気体運動論から（18・1式を使えば）計算できるし，分子の方は圧力変化の速さを観測すれば測定できる．$s$ の値は大きく変化する．たとえば，室温では種々のd金属表面に対して CO の $s$ は 0.1～1.0 の範囲にあり，衝突が起こればほとんどすべて付着することを示している．一方，レニウム表面に対する $N_2$ の場合は $s < 10^{-2}$ であり，分子1個が表面にうまく付着するには100回以上の衝突が必要であることを示している．

脱着では，分子をポテンシャル井戸の底から引き上げなければならないから，これは常に活性化過程である．しかし，物理吸着した分子は浅いポテンシャル井戸の中で振動しているので，短時間のうちに表面から振り払われて脱出する可能性がある．脱出の1次反応速度の温度依存性はアレニウス型になると期待でき，

$$k_d = A\,e^{-E_d/RT}$$

活性化脱離　(18・13)

で表せる．$A$ は頻度因子（前指数因子）であり，アレニウスプロット（10・9節）の $1/T = 0$ の切片から得られる．脱着の活性化エネルギー $E_d$ は，ふつう物理吸着エンタルピー程度の大きさである．1次反応の半減期（10・8節）は $t_{1/2} = (\ln 2)/k$ であるから，脱着の場合は，表面に留まる半減期はつぎの温度依存性をもつ．

$$t_{1/2} = \frac{\ln 2}{k_d} = \tau_0\,e^{E_d/RT}$$

$$\tau_0 = \frac{\ln 2}{A}$$

滞留半減期　(18・14)

ここで，指数部の符号が正であることに注意しよう．つまり，半減期は温度上昇とともに<u>減少</u>する．

● **簡単な例示 18・3　滞留半減期**

　もし，分子-表面の相互作用が弱い結合でみられる振動数（約 $10^{12}$ Hz）と $1/\tau_0$ が同じ程度で，$E_d \approx 25$ kJ mol$^{-1}$ であるとすれば，室温での滞留半減期は約 10 ns と予測される．この場合，温度を約 100 K に下げたとき，はじめて 1 s に近い寿命が得られる．化学吸着では，$E_d \approx 100$ kJ mol$^{-1}$ であるとして，（吸着質-吸着媒の結合は非常に固いから）$\tau_0 = 10^{-14}$ s と考えられ，室温でも約 $3 \times 10^3$ s（約1時間）の滞留半減期となり，約 350 K でやっと 1 s まで減少すると予測できる．●

### 自習問題 18・6

ある表面へのある原子の脱着の活性化エネルギーが 200 kJ mol$^{-1}$ のとき，その 800 K での半減期はいくらか．$\tau_0 = 0.10$ ps とせよ．　　[答：$t_{1/2} = 1.3$ s]

**(b) 実 験 法**

脱着活性化エネルギーを測定する一つの方法は，試料の保持温度を変えながら昇温したときの圧力を監視するもので，その結果を使ってアレニウスプロットをつくってみることである．もっと洗練された方法は，**昇温脱離法**[2]（TPD）または**昇温脱離ガス分析法**[3]（TDS）である．基本的には，脱着が急速に起こる温度まで直線的に温度を上昇させて，脱着の速さが急上昇するのを観測する（質量分析計で測定する）ものである．しかし，一度脱着が起こってしまえば，もはや表面から出てくる吸着質はないから，昇温を続けると脱着流束は再び下がる．したがって，TPD スペクトル，すなわち脱着流束の温度に対するプロットはピークを示すが，そのピーク位置は脱着の活性化エネルギーに依存する．図 18・25 に示した例では三つの極大があり，活性化エネルギーの違う吸着サイトが三つ存在することを示している．

たいていの場合，単一の活性化エネルギー（TPD スペクトルにピークが一つ）しか観測されない．ピークが多数観測されるときは，それらは異なる結晶面への吸着，あるいは多分子層吸着に対応すると考えられる．

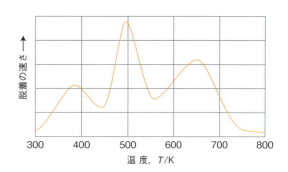

**図 18・25**　タングステンの (100) 面に吸着した $H_2$ の熱脱着スペクトル．三つのピークは，吸着エンタルピー，つまり脱着の活性化エネルギーの異なる三つの吸着サイトが存在することを示している．〔P.W. Tamm, L.D. Schmidt, *J. Chem. Phys.* **51**, 5352 (1969).〕

● **簡単な例示 18・4　昇温脱離法**

　タングステン表面に吸着した Cd 原子は，2種の活性化エネルギーを示し，一つは 18 kJ mol$^{-1}$ でもう一つは 90 kJ mol$^{-1}$ である．その解釈は，緊密に束縛された方の Cd 原子は吸着媒に直接付着しており，さほど強く束縛さ

---

1) sticking probability　2) temperature programmed desorption　3) thermal desorption spectroscopy

れていない方は1番目の被覆層の上にある一層（あるいは複数の層）にあるというものである．2種の脱着活性化エネルギーを示す系のもう一つの例は，タングステン表面に吸着した CO で，その値は 120 kJ mol$^{-1}$ と 300 kJ mol$^{-1}$ である．その解釈として考えられているのは，金属-吸着質の結合サイトに二つのタイプが存在するというもので，一つは単純な M−CO 結合によるもの，もう一つは解離を伴って C 原子と O 原子が別々に吸着するというものである．■

## 表面における触媒作用

11章で述べたように，触媒は活性化エネルギーの低い別の反応経路を提供することにより働くもので，系の最終的な平衡組成を乱すことなく，同じ平衡に近づく速さだけを変化させる．この節では，触媒と試薬が異なる相にある場合の**不均一系触媒作用**[1]を考える．よくある例は固体触媒で，不均一系触媒として気相反応に導入される．工業プロセスの大多数は不均一系触媒を利用しており，白金やロジウム，ゼオライト（18・8節を見よ），種々の金属酸化物などが使われる．しかし，冷却が簡単という理由もあり，次第に均一系触媒が注目されている．一方，均一系触媒を使えば余分な分離操作が必要となるから，それを避けるためにふつうは均一系触媒を担体に固定して使う．ただ，その場合は不均一系触媒になってしまう．一般に，不均一系触媒は選択性が強いので，適切な触媒を見つけるには個々の反応について調べる必要がある．触媒活性を予測するためのさまざまな計算手法が豊富な情報を与えつつある．

金属は，化学吸着によって反応物が付着できる表面を提供することで，気相反応に対する不均一系触媒として働く．たとえば，水素分子は原子としてニッケル表面に付着して，その原子は分子の場合よりずっと容易に別の化学種（アルケン分子など）と反応できる．したがって，化学吸着の段階が結局，触媒がない場合に比べ活性化エネルギーの低い反応経路となっている．触媒活性にはふつう化学吸着が必要であることに注目しよう．化学吸着の前に物理吸着が起こる場合もあるが，物理吸着そのものは十分な触媒活性をもたらさない．

不均一系触媒が働くためには，ふつう少なくとも一つの反応物が触媒に吸着（ふつうは化学吸着）して，それが容易に反応を起こせるように変化することが必要である．その変化は，反応物分子の分裂というかたちをとることが多い．**触媒集合体**[2]とは，表面の活性サイトに存在すべき最小限の原子配置のことで，それを使えば触媒作用をモデル化することができる．たとえば，化学的に活性な金属を不活性な金属で薄めた合金をつくり，その触媒活性を観測

すればよい．このような方法によって，エタンからメタンへ変換するのに必要な C−C 結合の開裂には，少なくとも12個の Ni 原子が近接している必要があるというようなことがわかっている．

## 18・6  1分子反応

ある物質が表面で分解する反応など，反応速度が表面被覆率に比例することがあれば，その表面触媒による1分子反応の速度式は吸着等温式を使って書ける．たとえば，$\theta$ がラングミュアの等温式〔18・3式，$\theta = \alpha p/(1+\alpha p)$〕で与えられれば，

$$\text{速度} = k_r \theta = \frac{k_r \alpha p}{1+\alpha p} \qquad (18 \cdot 15)$$

と書ける．$p$ は吸着質の圧力である．

### ● 簡単な例示 18・5　表面触媒による1分子分解反応

タングステン表面に吸着したホスフィン（PH$_3$）の分解反応について考えよう．この反応は低圧で1次である．（18・15）式を使えばこの実験結果を説明できる．圧力が非常に低くて $\alpha p \ll 1$ であるときは，（18・15）式の分母の $\alpha p$ は無視できて，

$$\text{速度} = \frac{k_r \alpha p}{\underbrace{1+\alpha p}_{\approx 1}} \approx k_r \alpha p$$

が得られる．この分解反応は1次と予測されるから観測結果と合っている．■

### 自習問題 18・7

タングステン表面に吸着したホスフィン（PH$_3$）の分解反応について，高圧での速度式を書け．

[答：速度 $= k_r$，高圧での反応は0次]

## 18・7　ラングミュアーヒンシェルウッド機構

表面触媒反応の**ラングミュアーヒンシェルウッド機構**[3]では，表面に吸着した分子の断片と原子が出会うことによって反応が起こる．したがって，反応速度式は表面被覆率に関して全体として2次になると予測できる．すなわち，

$$A + B \longrightarrow P \qquad \text{速度} = k_r \theta_A \theta_B$$

である．A と B に対して適当な等温式を適用すると，反応物の分圧で表した反応速度が得られる．たとえば，もし A と B が（18・6）式で与えられた共吸着の等温式に従うなら，反応速度式は次式で表されると予測できる．

---

1) heterogeneous catalysis   2) catalyst ensemble   3) Langmuir–Hinshelwood mechanism

$$\text{速度} = k_r \times \overbrace{\frac{\alpha_A p_A}{(1 + \alpha_A p_A + \alpha_B p_B)}}^{\text{Aのラングミュアの等温式}} \times \overbrace{\frac{\alpha_B p_B}{(1 + \alpha_A p_A + \alpha_B p_B)}}^{\text{Bのラングミュアの等温式}}$$

$$= \frac{k_r \alpha_A \alpha_B p_A p_B}{(1 + \alpha_A p_A + \alpha_B p_B)^2} \tag{18·16}$$

等温式のパラメーター $\alpha$ と速度定数 $k_r$ はすべてが温度に依存するから，反応速度が $e^{-E_a/RT}$ に比例するとは考えられないので，反応速度の温度依存性は全体として強い非アレニウス型を示すであろう．白金の (111) 表面に吸着した $CO$ の $CO_2$ への接触酸化反応は，ラングミュア–ヒンシェルウッド機構がおもである．

## 18·8 イーレイ–リディール機構

表面触媒反応の**イーレイ–リディール機構**[1]では，気相分子が，すでに表面に吸着している別の分子と衝突する．したがって，生成物の生成速度は，吸着していない気体 B の分圧 $p_B$ と吸着している気体 A の表面被覆率 $\theta_A$ に比例すると予測できる．このことから，反応速度式は，つぎのようになるはずである．

$$A + B \longrightarrow P \qquad \text{速度} = k_r p_B \theta_A$$

表面での反応の方が活性化エネルギーは低く，吸着そのものは活性化過程でないことが多いから，速度定数 $k_r$ は触媒なしの気相反応よりずっと大きいであろう．もし，A の吸着等温式がわかっていれば，A の分圧 $p_A$ を使って反応速度式が表せる．たとえば，A の吸着が，問題にしている圧力範囲でラングミュアの等温式 $\theta_A = \alpha_A p_A / (1 + \alpha_A p_A)$ に従うなら，反応速度式は，

$$\text{速度} = \frac{k_r \alpha p_A p_B}{1 + \alpha p_A} \tag{18·17}$$

となる．もし A が二原子分子で，解離して原子で吸着するのであれば，代わりに (18·5) 式の等温式を代入すればよい．

### ● 簡単な例示 18·6　イーレイ–リディール機構

(18·17) 式によれば，A の分圧が高い（$\alpha p_A \gg 1$）ときは表面被覆がほぼ完成していて，反応速度式は，

$$\text{速度} = \frac{k_r \alpha p_A p_B}{\underset{\approx\, \alpha p_A}{\underline{1 + \alpha p_A}}} \approx \frac{k_r \overset{\alpha p_A を消去}{\overbrace{\alpha p_A}} p_B}{\alpha p_A} \approx k_r p_B$$

となり，反応速度は $k_r p_B$ に等しい．このときの律速段階は，吸着している分解物と B が衝突する段階である．A の圧力が低いとき（$\alpha p_A \ll 1$）（反応の結果そうなることもある），その反応速度は $k_r \alpha p_A p_B$ に等しい．この場合は，反応速度を求めるうえで表面被覆率がいくらかは重要である．●

### 自習問題 18·8

A が二原子分子で，解離して原子として吸着する場合の (18·17) 式を書け．

[答：速度 $= k_r p_B (\alpha p_A)^{1/2} / (1 + (\alpha p_A)^{1/2})$]

---

熱的な表面触媒反応はほとんどすべてラングミュア–ヒンシェルウッド機構によって起こると考えられているが，分子線の研究によって，イーレイ–リディール機構の反応も数多くあることが確認されている．たとえば，$H(g)$ と $D(ad)$ から $HD(g)$ が生成する反応はイーレイ–リディール機構によるもので，入射 H 原子が吸着している D 原子に直接衝突して，連れ去る過程が関与していると考えられる．しかしながら，実際には二つの機構は理想的な極限と考えるべきで，あらゆる反応は両者のあいだのどこかにあり，いずれの特徴も備えている．

### 工業技術へのインパクト 18·1

#### 不均一系触媒作用の例

現代の化学工業のほとんど全体が，触媒の開発や選択，応用に頼っている（表18·3）．この節でできることはせいぜい，触媒作用に関する諸問題のうち一部について簡単に指摘しておくことぐらいである．ここで考える以外の問題としては，触媒が副生成物や不純物によって阻害される危険性や，費用や寿命に関わる経済的な問題などがある．

触媒の活性は，図18·26の"火山形"（全体のかたちから，こういわれる）曲線で表されるように，化学吸着の強さに依存する．火山形とはいえ，この図の縦軸は対数であるから，実際の活性の違いはかなり大きいことに注目しよう．触媒が活性であるためには，それが吸着質によって十分に覆われていなければならず，化学吸着が強い場合にはそうなっている．一方，もし吸着媒–吸着質の結合が強く

表 18·3　触媒の性質

| 触媒 | 機能 | 例 |
|---|---|---|
| 金属 | {水素化 / 脱水素化} | Fe, Ni, Pt, Ag |
| 酸化物半導体 / 硫化物半導体 | {酸化 / 脱硫} | {NiO, ZnO, MgO / $Bi_2O_3/MoO_3$, $MoS_2$} |
| 酸化物絶縁体 | 脱水 | $Al_2O_3$, $SiO_2$, MgO |
| 酸 | {重合 / 異性化 / クラッキング / アルキル化} | {$H_3PO_4$, $H_2SO_4$ / $SiO_2/Al_2O_3$, ゼオライト} |

---

1) Eley–Rideal mechanism

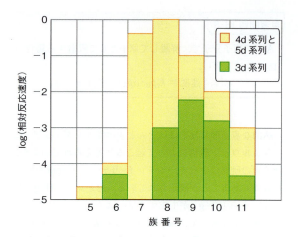

**図 18·26** 触媒活性にこのような"火山形"曲線が見られるのは，反応物はかなり強く吸着する必要はあるのだが，動けなくなるほど強く吸着してはならないからである．緑色と黄色の長方形はそれぞれ，3d系列金属および (4d, 5d) 系列金属に対応している．族番号は周期表と合わせてある（裏表紙の見返しを見よ）．

なりすぎると，相手の反応分子が吸着質と反応できなくなるか，吸着質分子が表面で動けなくなるかのいずれかによって，活性は低下してしまう．このような振舞いのパターンからわかることは，吸着の強度が強くなるにつれ触媒活性は初め増加し（たとえば，吸着エンタルピーによっても測れる），その後低下していくこと，また，最も活性の高い触媒はこの"火山"の頂上付近にあるということである．その最も活性な金属は，d ブロックの中央付近の金属である．

不均一系触媒作用は表面現象の一種であるから，表面積が大きいことは重要である．たとえば，固体触媒を細かく粉砕してもよいし，内部構造にチャネルや孔をもつ（以下に示すゼオライトなどの）固体も有効である．何らかの触媒不活性な担体を使えば，これに触媒ナノ粒子を分散させて安定化させることもできる．

多くの金属は気体の吸着に適しており，吸着の強度は一般に $O_2, C_2H_2, C_2H_4, CO, H_2, CO_2, N_2$ の順に減少する．これらの分子のあるものは解離して吸着する（たとえば $H_2$）．鉄やバナジウム，クロムのような d ブロック元素は，これらすべての気体に対して強い吸着活性を示すが，マンガンや銅には $N_2$ や $CO_2$ は吸着できない．周期表の左の方にある金属（たとえば，マグネシウムやリチウム）には，最も活性な気体 ($O_2$) しか吸着できない（実際，これとしか反応しない）．このような傾向を表18·4にまとめてある．

触媒作用の一例を見るために，アルケンの水素化について考えよう．アルケン分子 (**1**) は触媒に吸着して，その表面と二つの結合をつくる (**2**)．一方，同じその表面には吸着している H 原子があることだろう．そこで両者がたまたま出会うと，アルケンと表面の結合の一つが壊れて (**3** または **4** ができる)，その後，2 番目の H 原子と出会えば，もう一方の結合も壊れて完全に水素化した炭化水素ができる．これが熱力学的により安定な化学種である．ここで，反応がこのような 2 段階で起こるという証拠は，反応物にはない別の異性体アルケンが混合物中に現れるという事実である．このような異性体が生成するのは，炭化水素鎖が金属表面でうねっている間に，鎖の 1 原子が再び化学吸着して (**5**) を形成するかもしれず，そうすればそれが脱着して (**6**)，つまり元の分子の異性体ができるからである．二つの水素原子が同時に 1 段階で付着したのであれば，新しいアルケン異性体は形成されるはずがない．

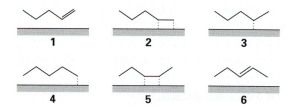

接触酸化反応は工業的に，また公害の抑制にも広く利用されている．アンモニアから硝酸を製造するときのように，完全に酸化を達成するのが望ましい場合もあるが，部分的な酸化を目的とする場合もある．たとえば，プロペンを完全酸化して二酸化炭素と水にしてしまうのは無駄というものである．部分酸化してプロペナール（アクロレイン，$CH_2=CHCHO$）にすれば重要な工業プロセスの出発物質となる．同様に，エテンの酸化を制御してエタノールやエ

**表 18·4** 化学吸着する能力

|  | $O_2$ | $C_2H_2$ | $C_2H_4$ | CO | $H_2$ | $CO_2$ | $N_2$ |
|---|---|---|---|---|---|---|---|
| Ti, Cr, Mo, Fe | + | + | + | + | + | + | + |
| Ni, Co | + | + | + | + | + | + | − |
| Pd, Pt | + | + | + | + | + | − | − |
| Mn, Cu | + | + | + | + | ± | − | − |
| Al, Au | + | + | + | − | − | − | − |
| Li, Na, K | + | + | − | − | − | − | − |
| Mg, Ag, Zn, Pb | + | − | − | − | − | − | − |

＋ 強い化学吸着　　± 化学吸着　　− 化学吸着なし

タナール（アセトアルデヒド）を得たり，（塩素の存在下で）クロロエテン（塩化ビニル，これは PVC の製造に使われる）にしたりするのは，非常に重要な化学工業の第一段階である．

これらの反応のあるものは種々の d 金属酸化物が触媒する．酸化物表面の物理化学は非常に複雑である．このことは，モリブデン酸ビスマスの表面でプロペンが酸化されプロペナールになる間に何が起こるかを考えればわかる．最初の段階ではプロペン分子が吸着して水素を失い，プロペニル（アリル）ラジカル $CH_2=CHCH_2\cdot$ ができる．そうすれば，表面にある O 原子がこのラジカルに移ることができて，その結果プロペナールが生成して表面から脱着する．このとき，H 原子も表面の O 原子といっしょに離脱し，さらに進んで $H_2O$ をつくって表面から離れていく．あとの表面には空孔と，酸化状態が低くなった金属イオンが残る．この空孔は，覆っている気体中の $O_2$ 分子によって攻撃を受け，そこで酸素は $O^{2-}$ イオンとしてこれに化学吸着する．こうして触媒は再生されるのである．この一連のできごとを**マースファンクレヴェレン機構**[1]というが，これは表面の大きな変動を伴うので，応力がかかって破損する物質もある．

あらゆる種類の化学製品の製造に使われる小さな有機分子の多くは，石油から得られる．高分子や石油化学製品一般のもとになるこれらの小さな基本単位は，ふつうは石油として地下から汲み出された長鎖炭化水素から切り出される．触媒を使って長鎖炭化水素を小間切れにすることを**クラッキング**[2]といい，しばしばシリカ-アルミナ触媒上で行われる．これらの触媒が作用すると不安定なカルボカチオンができるが，これは解離して枝分かれの多い異性体に再転換する．この枝分かれした異性体は内燃機関で円滑に，しかも効率よく燃焼するので，高オクタン価燃料の生産に利用される．

接触**改質**[3]は，白金と酸性アルミナの分散混合物のような二元機能触媒を使う．白金は金属機能を提供し，脱水素化や水素化をもたらす．一方，アルミナは酸機能を提供し，アルケンからカルボカチオンをつくり出すことができる．接触改質における一連の事象から改質が複雑な反応であることがよくわかるが，この反応が重要である限りは，これを理解し改善するためにその機構を解明しなければならない．第一段階は，長鎖炭化水素の化学吸着による白金への付着である．この過程で最初の H 原子が失われ，ついで 2 番目の H 原子が失われてアルケンが生成する．このアルケンはブレンステッド酸のサイトに移動し，そこでプロトンを受け取り，カルボカチオンとして表面に付着する．このカルボカチオンはいくつもの異なる反応を起こす．二つに分裂してもっと枝分かれの多いかたちに異性化

したり，いろいろなかたちの閉環反応を起こしたりする．それから吸着分子はプロトンを失って表面から離脱し，アルケンとして（おそらく気体中を動きまわって）触媒の金属部分に移動し，そこで水素化する．最終的にはこれを回収し，分留し，他の製品の原料として利用できるような多種多様な小さな分子が得られる．

近年，**ミクロ孔物質**[4]が使えるようになって，固体表面の概念は拡張されてきた．この物質では事実上，固体内部の奥深くまで表面が広がっている．ゼオライトはミクロ孔をもち，一般式 $\{[M^{n+}]_{x/n}\cdot[H_2O]_m\}\{[AlO_2]_x[SiO_2]_y\}^{x-}$ で表されるアルミノケイ酸塩である．ここで，$M^{n+}$ カチオンや $H_2O$ 分子は Al–O–Si の骨格の中にできた空隙（図 18・27），つまりミクロ孔内に取込まれ結合している．$CO_2$ や $NH_3$，炭化水素（芳香族化合物を含む）などの小さな中性分子も，この内部表面に吸着することができる．このことからもゼオライトの触媒としての有用性が理解できよう．

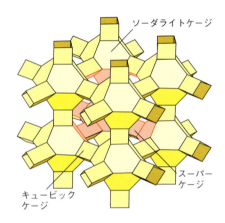

**図 18・27** Si, Al, O 原子から成るゼオライトの一般的な骨格構造．各頂点には Si や Al 原子があり，各辺は O 原子の位置にほぼ対応している．中央にある大きな空隙には，カチオンや水分子，その他の小さな分子が入れる．

$M = H^+$ のゼオライトは非常に強い酸である場合があり，石油化学工業で特に重要な種々の反応に対して触媒作用をもつ．その触媒反応の一例として，メタノールを脱水してガソリンなどの炭化水素やその他の燃料を生成する反応，

$$x\,CH_3OH \xrightarrow{\text{ゼオライト}} (CH_2)_x + x\,H_2O$$

あるいは，1,3-ジメチルベンゼン（$m$-キシレン）の異性化による 1,4-ジメチルベンゼン（$p$-キシレン）の生成反応などがある．触媒という観点では，これらの酸性ゼオライトの重要なかたちはブレンステッド酸（**7**）か，あるいはルイス酸（**8**）であろう．酵素のように特定の組成と構造をもつゼオライト触媒は，ある特定の反応物や生成物に対し

---

1) Mars van Krevelen mechanism 2) cracking 3) reforming 4) microporous material

きわめて選択的に作用する．それは，ある特定のサイズの分子だけが触媒作用の起こるミクロ孔内に出入りできるからである．また，ゼオライトは，ミクロ孔にうまくフィットできる遷移状態だけを拘束し，安定化させるので，そのような能力により選択性を発揮しているといってもよい．ゼオライトの触媒作用のメカニズムの解析は，ミクロ孔をもつ系を扱う計算機シミュレーションの進歩により大変容易になった．それによって，分子がミクロ孔内にどのようにフィットし，ミクロ孔のトンネル内をすり抜けて移動し，最後に目的とする活性サイトで反応を起こすのかがわかる．

### 電極における諸過程

非常に特殊な表面として，電解質と接触している電極表面がある．電気化学では，電極表面での諸過程の研究はきわめて重要である．それによって，電極と溶液中にある電気的に活性な化学種の間で起こる電子移動の速さ（頻度）に関する情報が得られる．また，電池や燃料電池（インパクト 9・2）の性能向上にとっても重要である．電子移動の速さを決める因子について詳細な知識をもっていれば，電池の電力発生の仕組みがよく理解でき，金属や半導体，ナノメートルサイズの電子デバイス中での電子伝導の様子もよく理解できる．実際，電極過程の経済面での重要性ははかりしれないほど大きい．現代の発電方法のほとんどは非効率なのである．しかし，燃料電池が開発されれば，大気汚染物質である窒素酸化物の発生を少なからず抑えることによって，エネルギーの生産と供給の能力をもっと高めることができるであろう．今日，われわれはエネルギーを非効率に生産し，それを使って，やがては腐食して朽ち果ててしまう製品を生産している．こうした不経済な筋道の各段階は，電気化学過程の速度論に関してもっと多くのことが発見されれば改善できるはずである．同様に，有機および無機の電解合成の手法においては，電極が工業プロセスでの活性素子になるが，この手法は，電極で起こる過程の動力学をどれほど詳細に理解できているかに依存している．

### 18・9 電極と溶液の界面

これまでほとんど気体–固体の界面に注目してきたが，ここでは対象をイオンの水溶液に浸された金属導体に移そう．固相と液相の境界を記述する最も素朴なモデルは**電気二重層**[1]である．それは，電極表面にある正電荷のシートと，溶液中でその隣にできた負電荷のシート（あるいはその逆）から構成される．このような配置によって，バルクの電極とバルクの溶液の間に**ガルバニ電位差**[2]という電位差が生じる．以下では簡単のために，ガルバニ電位差は，9 章で電極電位といったものと同じとしよう．

界面についてもっと詳細なイメージを得るには，溶液中のイオンや電気双極子の配列について考えてみればよい．界面の**ヘルムホルツ層モデル**[3]では，溶媒和したイオンが電極表面に沿って整列しているが，これらのイオンはその水和球によって電極から隔てられている（図 18・28）．イオン電荷のシートの位置を**外部ヘルムホルツ面**[4]（OHP）というが，これは溶媒和したイオンが並んだ面のことである．この単純なモデルでは，電極表面と OHP で挟まれた層内の電位は，厚さの方向に直線的に変化しているとする．もっと精密なモデルにするには，溶媒和していた分子を捨ててしまって，化学結合で電極表面に付着するようになったイオンが，**内部ヘルムホルツ面**[5]（IHP）を

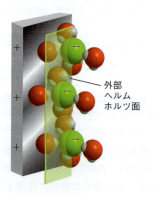

図 18・28 電極–溶液 の界面の単純なモデルは，それを二つの電荷の剛体面として扱うもので，一方の面，すなわち外部ヘルムホルツ面（OHP）は溶媒和分子を伴ったイオンによるものであり，もう一方の面は電極そのものの上にある電荷によるものである．

---

1) electrical double layer  2) Galvani potential difference  3) Helmholtz layer model  4) outer Helmholtz plane
5) inner Helmholtz plane

形成するとみなす．ヘルムホルツ層モデルでは，熱運動がその破壊効果によって硬い外部電極面を壊し，ばらばらにしようとする効果を無視している．**拡散二重層**[1]の**グイ–チャップマンモデル**[2]では熱運動の撹乱効果を考慮に入れている．それはちょうど，デバイ–ヒュッケルのモデルにおいて1個の中心イオンのまわりにイオン雰囲気を考えたモデル（9·1節）とだいたい同じ仕方であるが，その1個のイオンを無限に広がった平らな電極で置き換えていることになる（図18·29）．

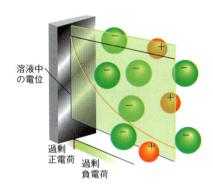

**図18·29** 電気二重層のグイ–チャップマンのモデルは，イオン雰囲気のデバイ–ヒュッケルの理論と同じように，外部領域を反対電荷の雰囲気として扱う．電極表面からの距離に対し電位をプロットして，拡散二重層の意味を示してある（詳しくは本文を見よ）．

## 18·10 電荷移動の速さ

電子1個の移動によってイオンが1個還元される反応が律速段階である電極反応を考えよう．ここで，"律速段階"ということが重要である．たとえば，カドミウムの析出では，全体としては2個の電子の移動が関与しているにもかかわらず，律速段階では電子1個だけが移動する．注目するのは**電流密度**[3] $j$ であり，電極を流れる電流をその面積で割った量である．遷移状態理論（10·11節）を適用して，電極でのガルバニ電位差が電流密度に及ぼす影響を解析すれば，**バトラー–フォルマーの式**[†3] が得られる．

$$j = j_0\{e^{(1-\alpha)f\eta} - e^{-\alpha f\eta}\} \quad \text{バトラー–フォルマーの式} \quad (18·18)$$

ここで，$f = F/RT$ とおいた．$F$ はファラデー定数である（9·7節．298 K では $f = 38.9\ \mathrm{V}^{-1}$ である）．この式のほかのパラメーターについて説明しておこう．

- $\eta$（イータ）は**過電圧**[4]である．

$$\eta = E' - E \quad \text{過電圧} \quad (18·19)$$

$E$ は平衡，つまり正味の電流が流れていないときの電極電位であり，$E'$ は電池から電流を取出しているときの電極電位である．

- $\alpha$ は**移行係数**[5]であり，溶液中の電気的に活性な化学種の還元形と酸化形の間にある遷移状態が反応物に似ているか（その場合は $\alpha = 0$）それとも生成物に似ているか（その場合は $\alpha = 1$）の指標となる量であり，ふつうは0.5に近い．

- $j_0$ は**交換電流密度**[6]であり，電池が平衡のときのそれぞれの電極の電流密度で，大きさが等しく符号は逆である．化学ではよく出会うように，平衡は常に動的なものであるから，電極に正味の電流は流れていなくても，電極に入る電子の流れと電極から出る電子の流れの向きが逆で釣り合っている．

図18·30は，(18·18)式の予測を表したもので，いろいろな移行係数の値に対して電流密度が過電圧にどう依存するかを示している．

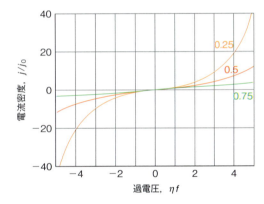

**図18·30** いろいろな移行係数における電流密度の過電圧依存性．

過電圧が小さく $f\eta \ll 1$ のとき（実際には，$\eta$ が約0.01 V以下のとき），(18·18)式の指数項は $e^x = 1 + x + \cdots$ および $e^{-x} = 1 - x + \cdots$（「必須のツール6·1」を見よ）を使って展開できて，

$$j = j_0\{\underbrace{1 + (1-\alpha)f\eta + \cdots}_{e^{(1-\alpha)f\eta}} - \underbrace{(1 - \alpha f\eta + \cdots)}_{e^{-\alpha f\eta}}\}$$

$$\approx j_0 f\eta \quad (18·20)$$

が得られる．この式は，電流密度が過電圧に比例することを示している．したがって，過電圧が小さければ，界面はオームの法則に従う（電流が電圧に比例する）導体として

---

[†3] Butler–Volmer equation．"アトキンス物理化学"を見よ．
1) diffuse double layer  2) Gouy–Chapman model  3) current density  4) overpotential  5) transfer coefficient
6) exchange-current density

振舞う.

過電圧が大きくて正のとき (実際には, $\eta \geq 0.12\,\text{V}$ のとき), (18・18) 式の2番目の指数項は1番目よりずっと小さくなるので無視してもよい. たとえば, $\eta = 0.2\,\text{V}$, $\alpha = 0.5$ のとき $e^{-\alpha f\eta} = 0.02$ であり, 一方, $e^{(1-\alpha)f\eta} = 49$ である. したがって (符号は電流の向きを表すだけであるから, ここでは無視して),

$$j = j_0 e^{(1-\alpha)f\eta}$$

が得られる. 両辺の対数をとって (それから「必須のツール 2・2」で説明した対数の規則, $\ln xy = \ln x + \ln y$ と $\ln e^x = x$ を使えば) 次式が得られる.

$$\ln j = \ln j_0 + (1-\alpha)f\eta \quad (18\cdot21\text{a})$$

電流密度の対数を過電圧に対してプロットしたものを**ターフェルプロット**[1]という. その勾配 $(1-\alpha)f$ から $\alpha$ が求められ, $\eta = 0$ での切片は交換電流密度を与える. 一方, 過電圧が負で大きい場合は (実際には, $\eta \leq -0.12\,\text{V}$ のとき), (18・18) 式の第1項を無視してもよい. そこで,

$$j = j_0 e^{-\alpha f\eta}$$

となり, 上と同じように対数をとれば,

$$\ln j = \ln j_0 - \alpha f\eta \quad (18\cdot21\text{b})$$

となる. この場合のターフェルプロットの勾配は $-\alpha f$ である.

### 例題 18・5　ターフェルプロットの解釈

つぎのデータは, 298 K で $Fe^{3+}$, $Fe^{2+}$ の水溶液と接触する面積が $2.0\,\text{cm}^2$ の白金電極を流れるアノード電流である. この電極過程に対する交換電流密度と移行係数を計算せよ.

| $\eta/\text{mV}$ | 50 | 100 | 150 | 200 | 250 |
|---|---|---|---|---|---|
| $I/\text{mA}$ | 8.8 | 25.0 | 58.0 | 131 | 298 |

**解法**　このアノード過程は, $Fe^{2+}(aq) \rightarrow Fe^{3+}(aq) + e^-$ という酸化である. データを解析するために, アノード形の式 (18・21a 式) を使って ($\eta$ に対して $\ln j$ をプロットした) ターフェルプロットを行う. $\eta = 0$ の切片が $\ln j_0$ で, 勾配は $(1-\alpha)f$ である.

**解答**　つぎの表を作成する.

| $\eta/\text{mV}$ | 50 | 100 | 150 | 200 | 250 |
|---|---|---|---|---|---|
| $j/(\text{mA cm}^{-2})$ | 4.4 | 12.5 | 29.0 | 65.5 | 149 |
| $\ln(j/(\text{mA cm}^{-2}))$ | 1.48 | 2.53 | 3.37 | 4.18 | 5.00 |

これらの点を図 18・31 にプロットしてある. 過電圧の高い領域で直線が得られ, その切片は 0.88, 勾配は 0.0165 である. 前者から, $\ln(j_0/(\text{mA cm}^{-2})) = 0.88$, つまり $j_0 = 2.4\,\text{mA cm}^{-2}$ であることがわかる. 後者からは,

$$(1-\alpha)f = 0.0165\,\text{mV}^{-1}$$

となるから,

$$\alpha = 1 - \frac{(0.0165\,\text{mV}^{-1})}{f} = 1 - 0.42\cdots$$
$$= 0.58$$

である. ターフェルプロットは $\eta < 100\,\text{mV}$ では直線にならないことに注意しよう. この領域では, $\alpha f\eta < 2.3$ であり, $\alpha f\eta \gg 1$ という近似は成り立たない.

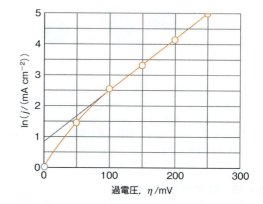

図 18・31　ターフェルプロットを使って, 交換電流密度 ($\eta = 0$ に補外した切片から求める) と移行係数 (勾配から求める) を求める. データは例題 18・5 からとってある.

### 自習問題 18・9

つぎのカソード電流のデータを使って, 上と同じ解析を行え.

| $\eta/\text{mV}$ | $-50$ | $-100$ | $-150$ | $-200$ | $-250$ | $-300$ |
|---|---|---|---|---|---|---|
| $I/\text{mA}$ | 0.3 | 1.5 | 6.4 | 27.6 | 118.6 | 510 |

[答: $\alpha = 0.75$, $j_0 = 0.041\,\text{mA cm}^{-2}$]

バトラー–フォルマーのパラメーターの実測値の例を表 18・5 に示してある. これから, 交換電流密度が非常に広範囲にわたり変化することがわかる. たとえば, 白金上の $N_2/N_3^-$ 対では $j_0 = 10^{-76}\,\text{A cm}^{-2}$ であるのに対し, 白金上の $H^+/H_2$ 対では $j_0 = 8 \times 10^{-4}\,\text{A cm}^{-2}$ であり, 両者には 73 桁もの違いがある. レドックス過程に伴って結合の

---

1) Tafel plot

表 18・5　298 K における交換電流密度と移行係数

| 反応 | 電極 | $j_0/(\mathrm{A\,cm^{-2}})$ | $\alpha$ |
|---|---|---|---|
| $2\mathrm{H}^+ + 2\mathrm{e}^- \rightarrow \mathrm{H}_2$ | Pt | $7.9 \times 10^{-4}$ | |
| | Ni | $6.3 \times 10^{-6}$ | 0.58 |
| | Pb | $5.0 \times 10^{-12}$ | |
| $\mathrm{Fe}^{3+} + \mathrm{e}^- \rightarrow \mathrm{Fe}^{2+}$ | Pt | $2.5 \times 10^{-3}$ | 0.58 |

切断が起こらないとき（$[\mathrm{Fe(CN)}_6]^{3-}/[\mathrm{Fe(CN)}_6]^{4-}$ 対の場合）や，起こっても弱い結合が切れるだけのとき（$\mathrm{Cl}_2/\mathrm{Cl}^-$ 対の場合）には，交換電流は一般に大きくなる．2 個以上の電子の移動が必要なときや，$\mathrm{N}_2/\mathrm{N}_3^-$ 対や有機化合物のレドックス反応の場合のように多重結合や強い結合が切れるときには，交換電流は一般に小さくなる．

電流が流れるときに電位がほんの少ししか変化しない電極は，**非分極性**[1] 電極と分類される．一方，電位が電流に強く依存するのは**分極性**[2] 電極と分類される．線形化した式（18・21 式）から明らかなのは，分極率が低いという判断の基準は，交換電流密度が高い（つまり，$j$ が大きい場合でも，$\eta$ は小さくてよい）ということである．カロメル電極と $\mathrm{H}_2|\mathrm{Pt}$ 電極はいずれも非分極性が強いが，このことが電気化学で参照電極として広く使われている理由の一つである．

## 18・11　ボルタンメトリー

バトラー–フォルマーの式を導出するときの仮定の一つは，電流密度が低いところでは電気活性な化学種の変換が無視できて，その結果として電極付近の濃度が均一になっているというものである．電流密度の高いところでは，電極付近の電気活性な化学種が消費される結果として濃度勾配が生じるので，この仮定は成り立たなくなる．バルク溶液から電極に向かう化学種の拡散は遅く，それが律速段階になる可能性がある．このとき，所定の電流を発生させるには大きな過電圧が必要となる．この効果を**濃度分極**[3] という．濃度分極は，与えた電位差の関数として電極に流れる電流を調べる手法，**ボルタンメトリー**[4] の結果を解釈する上で重要である．

**直線走査型ボルタンメトリー**[5] の出力の例を図 18・32 に示す．最初は電位の絶対値が小さく，観測される電流は溶液中のイオンの移動によって起こる．しかし，還元されるべき溶質の還元電位に電位が近づくにつれ，電流は次第に増加する．電位が還元電位を超えるとすぐに電流は増加して極大値に達する．この極大電流はその化学種のモル濃度に比例するから，ベースラインを補外して得られるピークの高さから濃度が求められる．

**サイクリックボルタンメトリー**[6] では，三角形の（直線的に上昇して，直線的に下降する）波形の電位をかけて，流れる電流を監視する．代表的なサイクリックボルタン図形を図 18・33 に示す．曲線の形は，最初は直線走査実験のものと似ているが，走査の向きが逆転したあとは，電極付近では還元性の走査で生成した酸化可能な化学種の濃度が高くなるために，電流に急激な変化が見られる．電位が還元された化学種を酸化するのに必要とされる値に近づくと，酸化がすべて完了するまではかなりのアノード電流が流れるが，そのあと電流は 0 に戻る．サイクリックボルタンメトリーのデータは，約 $50\,\mathrm{mV\,s^{-1}}$ の走査速度で得られるので，2 V の範囲を走査するには約 80 s かかる．

電極における還元反応が，$[\mathrm{Fe(CN)}_6]^{3-}/[\mathrm{Fe(CN)}_6]^{4-}$ 対の場合のように逆転できるときには，サイクリックボル

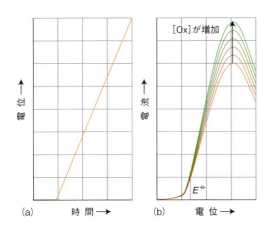

図 18・32　ボルタンメトリーの実験における，(a) 電位の時間変化，(b) その結果得られる電流–電位曲線．電流密度のピーク値は，溶液中の電気活性種の濃度（たとえば，$[\mathrm{Ox}]$）に比例する．

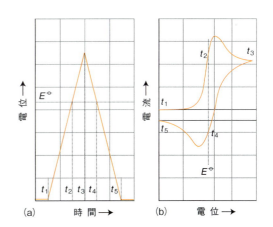

図 18・33　サイクリックボルタンメトリーの実験における，(a) 電位の時間変化，(b) その結果得られる電流–電位曲線．

---

1) nonpolarizable　2) polarizable　3) concentration polarization　4) voltammetry　5) linear-sweep voltammetry
6) cyclic voltammetry

タン図形は（図 18·33 のように）その対の標準電位に関してほぼ対称的である．溶液中に $[Fe(CN)_6]^{3-}$ が存在する状態から走査を始めると，電位がこの対の $E^⦵$ に近づくにつれて電極付近の $[Fe(CN)_6]^{3-}$ が還元されて，電流が流れはじめる．電位が変化し続けると電流は再び低下しはじめるが，これは電極付近のすべての $[Fe(CN)_6]^{3-}$ が還元されてしまい，電流がその極値に近づくからである．ついで，電位を直線的にその初期値に戻すと，前向きの走査中に生成した $[Fe(CN)_6]^{4-}$ が酸化されるので，こんどは逆向きの現象が起こることになる．電流の（逆向きの）ピークは $E^⦵$ の反対側にあるから，二つのピーク位置を注意深く観察することによって，図に示すように溶液中に存在する化学種とその標準電位を知ることができる．

曲線の全体の形から，電極過程の速度論の詳細がわかるし，電位の変化速度を変えたときの形の変化から，関与する過程の速さに関する情報が得られる．たとえば，電位を走査したとき，戻りの位相に相当するピークがなくなることがあるが，このことは，酸化（あるいは還元）が非可逆であることを示している．曲線の外見は走査の時間スケールに依存することもある．それは，もし走査が速すぎると，観測する過程によってはそれが起こる時間がなくなる可能性があるからである．このタイプの解析については，つぎの例題で説明する．

（図 18·34a）．走査速度が速いと，2 番目の反応が起こる時間的な余裕がなくなるので，逆向きの走査に入ると中間体である $BrC_6H_4NO_2^-$ の酸化が起こりはじめる．したがって，そのボルタン図形は，可逆的 1 電子還元に特有のものとなるはずである（図 18·34b）．

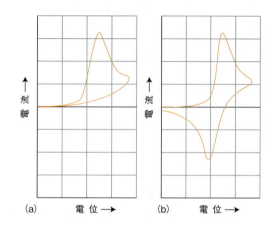

**図 18·34** (a) 反応機構に非可逆な段階があり，それが起こる時間的な余裕が十分あるときに得られるサイクリックボルタン図形は，サイクルの戻りの段階で酸化あるいは還元のピークを示さない．(b) しかし，走査速度を速めると，非可逆な段階が割込む時間がないくらいにサイクルの戻りが速くなり，典型的な"可逆的"ボルタン図形が得られる．

### 例題 18·6 サイクリックボルタンメトリーの実験結果の解析

液体アンモニア中の p-ブロモニトロベンゼンの電解還元は，つぎの機構で起こると考えられている．

$$BrC_6H_4NO_2 + e^- \longrightarrow BrC_6H_4NO_2^-$$
$$BrC_6H_4NO_2^- \longrightarrow \cdot C_6H_4NO_2 + Br^-$$
$$\cdot C_6H_4NO_2 + e^- \longrightarrow C_6H_4NO_2^-$$
$$C_6H_4NO_2^- + H^+ \longrightarrow C_6H_5NO_2$$

この機構に基づいて予想されるサイクリックボルタン図形はどんな形になるか．

**解法** 電位を走査する時間スケールの中で，可逆的と思われる段階はどれかを決める．そのような過程は，対称的なサイクリックボルタン図形を与えるであろう．非可逆な過程では，還元（あるいは酸化）が起こらないはずだから非対称な形になる．しかしながら，走査速度が速いと，中間体が反応する時間の余裕がなくなるはずで，そのときには可逆的な形が観測されてしまう．

**解答** 走査速度が遅いと，2 番目の反応が起こる時間的な余裕があって，2 電子還元に特有の曲線が観測される．しかし，生成物である $C_6H_5NO_2$ は酸化されないから，サイクルの後半には酸化のピークは観測されないはずである

### 自習問題 18·10

図 18·35 に示すサイクリックボルタン図形を解釈せよ．電気活性物質は $ClC_6H_4CN$ の酸性溶液である．$ClC_6H_4CN^-$ に還元されたのちは，そのラジカルアニオンから $C_6H_5CN$ が非可逆的に生成する．

[答： $ClC_6H_4CN + e^- \rightleftharpoons ClC_6H_4CN^-$,
$ClC_6H_4CN^- + H^+ + e^- \longrightarrow C_6H_5CN + Cl^-$,
$C_6H_5CN + e^- \rightleftharpoons C_6H_5CN^-$ ]

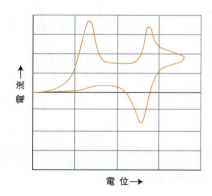

**図 18·35** 自習問題 18·10 で取上げたサイクリックボルタン図形．

## 18・12 電気分解

電解槽に電流を流して，非自発的な電池反応を起こさせるためには，加える電位差が電池電位よりも，少なくとも**電池の過電圧**[1]だけ大きくなければならない．電池の過電圧とは，二つの電極における過電圧と，電解質を流れる電流による電圧降下（$IR_s$，ここで $R_s$ は電池の内部抵抗である）を加えたものである．電極における交換電流密度が小さいときは，検出できるほどの反応速度を得るために必要な追加の電位が大きいことが要求される．

電気分解で起こる気体の発生速度あるいは金属の析出速度は，バトラー–フォルマーの式と交換電流密度の表から求めることができる．交換電流密度は電極表面の性質に大きく依存し，一つの金属が他の金属の上に電析する間にも変化する．過電圧が約 0.6 V を超えたときに限り，気体の放出あるいは析出が起こるというのが大雑把な基準である．

表 18・5 を見ただけで，金属/水素電極に対する交換電流密度が，いかに広い範囲にあるかがわかる．最も不活発な交換電流は鉛と水銀に対するもので，$1\,pA\,cm^{-2}$ という値は，単原子層を入れ替えるのに約 5 a（a は SI 単位で "年" を表す）かかることに相当する．このような系では，有意の水素発生を誘発するためには大きな過電圧が必要である．これに対して，白金の値（$1\,mA\,cm^{-2}$）は，単原子層が 0.1 s で置き換わることに相当するから，ずっと低い過電圧で気体の発生が起こる．

---

## チェックリスト

☐ 1　吸着とは，分子が表面に付着することをいう．吸着の逆は脱着である．

☐ 2　吸着する物質は吸着質であり，その下地の物質は吸着媒あるいは基質という．

☐ 3　表面の組成や構造を研究する手法には，走査トンネル顕微鏡法（STM）や原子間力顕微鏡法（AFM），光電子放射分光法，オージェ電子分光法（AES），低エネルギー電子回折（LEED）などがある．

☐ 4　被覆率 $\theta$ は，吸着可能なサイト数に対する占有されている吸着サイト数の比である．

☐ 5　表面過程の速さを研究する手法として，瞬間吸着，表面プラズモン共鳴（SPR），微量水晶天秤（QCM）を用いた重量分析法などがある．

☐ 6　物理吸着は，ファンデルワールス相互作用による吸着である．化学吸着は，化学結合（ふつうは共有結合）を形成することによる吸着である．

☐ 7　等量吸着エンタルピーは，$\ln \alpha$ の $1/T$ に対するプロットから求められる．

☐ 8　固着確率 $s$ は，表面との衝突のうち，うまく吸着をひき起こす割合である．

☐ 9　脱着は活性化過程である．脱着活性化エネルギーは，昇温脱離法（TPD）または昇温脱離ガス分析法（TDS）で測定される．

☐ 10　表面触媒反応のラングミュアーヒンシェルウッド機構では，表面に吸着した分子の断片と原子が出会うことによって反応が起こる．

☐ 11　表面触媒反応のイーレイ-リディール機構では，気相分子が，すでに表面に吸着している別の分子と衝突する．

☐ 12　電気二重層は，電極表面にある正電荷のシートと，溶液中でその隣にできた負電荷のシート（あるいはその逆）から構成される．

☐ 13　ガルバニ電位差は，バルクの金属電極とバルクの溶液の間に生じる電位差である．

☐ 14　電気二重層のモデルには，ヘルムホルツ層モデルやグイーチャップマンモデルなどがある．

☐ 15　ターフェルプロットとは，電流密度の対数を過電圧に対してプロットしたものである．その勾配から $\alpha$ の値が得られ，$\eta = 0$ での切片は交換電流密度を与える．

☐ 16　ボルタンメトリーでは，電極に加えた電位差の関数として流れる電流を調べる．

☐ 17　電解槽に電流を流すには，その電池電位より少なくとも電池の過電圧だけ大きな電位差を加えなければならない．

---

1)　cell overpotential

## 重要な式の一覧

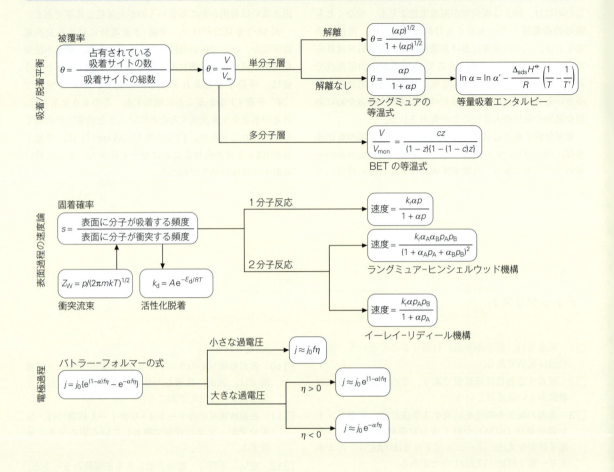

## 問題と演習

### 文章問題

**18·1** 表面の組成と構造を研究するのに使える手法をまとめよ.

**18·2** ラングミュアの等温式を導出する際に使った仮定を説明し，その妥当性を示せ.

**18·3** BETの等温式が多層膜吸着を説明することを示し，その種々のパラメーターを変化させたとき，物理的な根拠に基づいて等温式が予想通りに振舞うことを示せ.

**18·4** 表面触媒反応に関するラングミュアーヒンシェルウッド機構とイーレイーリディール機構について，それぞれの重要な特徴を記せ．それらを実験的に検証するにはどうすればよいか.

**18·5** 触媒反応のマースファンクレヴェレン機構の各段階を説明せよ．それを実験的に検証するにはどうすればよいか.

**18·6** 電極—電解質界面の構造に関する種々のモデルについて説明せよ.

**18·7** サイクリックボルタンメトリーの手法について述べ，図18·33や図18·34に示したようなサイクリックボルタン図形の特徴的な形について説明せよ.

### 演習問題

**18·1** 25°Cで(a)水素，(b)プロパンが入っている容器の中の圧力が(i) 100 Pa, (ii) 0.10 μTorrのときの，内表面1 cm² 当たりの分子衝突の頻度を計算せよ.

**18·2** 気体アルゴンが450 Kで直径2.5 mmの円筒形の表面に衝突する頻度を $8.5 \times 10^{20}\,\mathrm{s}^{-1}$ にするには，その圧力をいくらにする必要があるか.

**18·3** 金属銅の(100)面を100 Kで圧力が25 Paの気体ヘリウムに曝したときに，表面にある1個のCu原子にHe原子が衝突する平均の頻度を計算せよ．銅の結晶は，

面心立方で単位胞の一辺の長さは 361 pm である.

**18·4** ある吸着実験で，一定量の気体の吸着質が入った一定体積の容器の温度を 300 K から 400 K まで上げた. その衝突流束は何倍に上昇するか.

**18·5** 77 K，つまり液体窒素の沸点で，1.00 g の Fe/$Al_2O_3$ 触媒の表面に CO 分子（表面で占める実効面積は 0.165 $nm^2$）の単分子層が吸着している. 温度を上げて脱着させたら，この一酸化炭素は 0 ℃，1.00 bar で 4.25 $cm^3$ を占めた. この触媒の表面積はいくらか.

**18·6** ある気体の吸着がラングミュアの等温式で説明できて，25 ℃ で $\alpha = 1.85$ $kPa^{-1}$ である. 表面被覆率が (a) 0.10，(b) 0.90 のときの圧力を計算せよ.

**18·7** 分子が表面に衝突する頻度の式 (18·1) 式からはじめて，ラングミュアの等温式を導出せよ.

**18·8** つぎのデータは 25 ℃ における銅粉上の水素の化学吸着に対するものである. このデータが低被覆率でラングミュアの等温式に合うことを確かめよ. 次に，この吸着平衡の $\alpha$ の値と，完全被覆に相当する吸着体積を求めよ.

| $p$/Pa | 25 | 129 | 253 | 540 | 1000 | 1593 |
|---|---|---|---|---|---|---|
| $V$/$cm^3$ | 0.042 | 0.163 | 0.221 | 0.321 | 0.411 | 0.471 |

**18·9** 活性炭への CO の吸着の $\alpha$ の値は，273 K では 1.0 × $10^{-3}$ $Torr^{-1}$ で，250 K では 2.7 × $10^{-3}$ $Torr^{-1}$ である. この吸着エンタルピーを計算せよ.

**18·10** つぎのデータは，例題 18·2 と同じ試料を使って実験し，CO の吸着体積（1.00 atm, 273 K に補正した値）が 10.0 $cm^3$ となるために必要な CO の圧力を示したものである. この表面における CO の吸着エンタルピーを計算せよ.

| $T$/K | 200 | 210 | 220 | 230 | 240 | 250 |
|---|---|---|---|---|---|---|
| $p$/kPa | 4.32 | 5.59 | 7.07 | 8.80 | 10.67 | 12.80 |

**18·11** 解離性の吸着質について，ある表面被覆率に設定したいとしよう. $p$ が $\theta$ にどう依存するかを (18·5) 式から導け.

**18·12** オゾン分子 1 個がある表面に吸着すれば，3 個の酸素原子に解離するとする. その吸着等温式を導け.

**18·13** 2 種の反応物 A と B が表面の同じサイトを奪い合うとき，吸着等温式が (18·6) 式で表されることを確かめよ.

**18·14** 0 ℃ におけるフッ化バリウム表面へのアンモニアの吸着に対するデータが，つぎのように報告されている. ただし，$p^* = 429.6$ kPa である. これが BET の等温式に合うことを確かめ，$c$ と $V_{mon}$ の値を求めよ.

| $p$/kPa | 14.0 | 37.6 | 65.6 | 79.2 | 82.7 | 100.7 | 106.4 |
|---|---|---|---|---|---|---|---|
| $V$/$cm^3$ | 11.1 | 13.5 | 14.9 | 16.0 | 15.5 | 17.3 | 16.5 |

**18·15** ニッケル表面へのアンモニアの吸着エンタルピーは，−155 kJ $mol^{-1}$ であることがわかっている. 600 K のこの表面上での $NH_3$ 分子の平均寿命を計算せよ.

**18·16** 酸素原子がタングステン表面に吸着したまま留まる平均時間は 2548 K で 0.36 s，2362 K で 3.49 s である. (a) 脱着の活性化エネルギーを求めよ. (b) このように緊密に化学吸着した原子に対する頻度因子（前指数因子）はいくらか.

**18·17** タングステン表面への酸素の吸着実験で，同じ体積の酸素を脱着させるのに 1856 K では 27 min, 1978 K では 2.0 min かかることがわかった. 脱着の活性化エネルギーを求めよ. これと同じ量の酸素を脱着させるのに，(a) 298 K，(b) 3000 K ではどれだけの時間がかかるか.

**18·18** 表面積 10 $cm^2$ の表面に対して，210 K で 10.0 Pa のアンモニアが 0.33 mmol $s^{-1}$ の速さで吸着した. その固着確率はいくらか.

**18·19** ヨウ化水素は金の表面に非常に強く吸着するが，白金にはごく弱く吸着するだけである. この吸着がラングミュアの等温式に従うと仮定して，二つの金属表面それぞれにおける HI の分解反応の次数を予測せよ.

**18·20** 表面触媒反応のラングミュア-ヒンシェルウッド機構によれば，A と B との反応の速さは吸着質が互いに出会う頻度に依存する. (a) この機構に従う反応の速度式を書け. (b) 反応物の分圧が低い極限における速度式を求めよ. (c) この速度式は 0 次の反応速度を説明することができるか.

**18·21** 25 ℃ の水溶液中で $M^{2+}$ および $M^{3+}$ と接触しているある電極の移行係数は 0.48 である. また，過電圧が 115 mV のときの電流密度は 17.0 mA $cm^{-2}$ であることがわかっている. 電流密度を 38 mA $cm^{-2}$ にするために必要な過電圧はいくらか.

**18·22** 演習問題 18·21 で与えられた情報から，交換電流密度を求めよ.

**18·23** 白金表面で放電する $H^+$ に対する交換電流密度の代表的な値は，25 ℃ では 0.79 mA $cm^{-2}$ である. この電極における電流密度は，過電圧が，(a) 10 mV，(b) 100 mV，(c) − 5.0 V のときいくらになるか. ただし，$\alpha = 0.5$ とする.

**18·24** 電極 Pt｜$H_2$｜$H^+$，Pt｜$Fe^{3+}$, $Fe^{2+}$ および Pb｜$H_2$｜$H^+$ が 25 ℃ で平衡にあるとき，1 秒当たりどれだけの数の電子またはプロトンがその二重層を通って移動するか. それぞれの場合について，面積は 1.0 $cm^2$ とせよ. 表面上の 1 個の原子が 1 秒当たりに何回電子移動の現象に関与するかを計算せよ. ただし，電極上の 1 個の原子はこの表面の約 (280 pm)$^2$ を占めると仮定する.

**18·25** $H_2SO_4$ の希薄溶液中で Pt｜$H_2$｜$H^+$ 電極を用いた実験で，25 ℃ においてつぎのような電流密度が観測された. この電極に対する $\alpha$ と $j_0$ を計算せよ.

| $\eta$/mV | 50 | 100 | 150 | 200 | 250 |
|---|---|---|---|---|---|
| $j$/(mA $cm^{-2}$) | 2.66 | 8.91 | 29.9 | 100 | 335 |

この電極における電流密度は，大きさがこれと同じで反対符号の過電圧によってどのように変わるか.

**18·26** 標準水素電極を基準としたインジウムのアノードについて，293 K でつぎの電流−電圧データが得られた.

| $-E/V$ | 0.388 | 0.365 | 0.350 | 0.335 |
|---|---|---|---|---|
| $j/(A m^{-2})$ | 0 | 0.590 | 1.438 | 3.507 |

このデータを使って，移行係数と交換電流密度を計算せよ. 過電圧が 0.365 V のとき，カソード電流密度はいくらか.

**18·27** 25 °C において $H_2SO_4$ の希薄水溶液中の水銀電極を使って，$H_2$ を発生させる過電圧に関するつぎのデータが得られた. 交換電流密度と移行係数 $\alpha$ を求めよ.

| $\eta/V$ | 0.60 | 0.65 | 0.73 | 0.79 | 0.84 | 0.89 |
|---|---|---|---|---|---|---|
| $j/(mA\,m^{-2})$ | 2.9 | 6.3 | 28 | 100 | 250 | 630 |

| $\eta/V$ | 0.93 | 0.96 |
|---|---|---|
| $j/(mA\,m^{-2})$ | 1650 | 3300 |

ターフェルの式で予想される結果からずれるとしたら，それはどう説明できるか.

**18·28** つぎの図は，四つの異なるボルタン図形の例である. それぞれの系で起こっている過程について述べよ. いずれの図も，縦軸は電流，横軸は（負の）電極電位である.

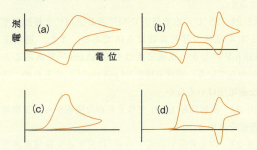

## プロジェクト問題

記号 ‡ は微積分の計算が必要なことを示す.

**18·29‡** ここでは原子間力顕微鏡法（AFM）を定量的に調べよう. (a)「基本概念」で見たように，二つの電荷 $Q_1$ と $Q_2$ が距離 $r$ だけ離れているときの相互作用のポテンシャルエネルギーは，$V = Q_1Q_2/4\pi\varepsilon_0 r$ である. AFM で測定される力の大きさがどの程度のものかを知るために，0.50 nm 離れた電子の間に働く力を計算せよ. 電子が 0.60 nm にまで離れたとき，働く力はどれだけに減少するか. 〔ヒント：働く力とポテンシャルエネルギーの関係は，$F = -dV/dr$ である.〕 (b) AFM 実験で観測される相互作用は，レナード-ジョーンズポテンシャル (15·8 節) で表せるとする. この力は距離とともにどう変化するか.

**18·30‡** 平衡定数の温度変化に関するファントホッフの式の微分形は，$d(\ln K)/dT = \Delta_r H^\circ/RT^2$ である. ラングミュアの等温式に基づいて，被覆率が与えられたとき，この式に対応する圧力の温度依存性の式を導け.

**18·31** ここでは燃料電池（インパクト 9·2）の設計と動作について詳しく調べよう. (a) 燃料電池が作動する電池電位の熱力学的な限界を，(i) 水素/酸素燃料電池, (ii) メタン/空気燃料電池について計算せよ. 巻末の資料「熱力学データ」にあるギブズエネルギーのデータを使え. ただし，化学種はいずれも 25 °C の標準状態にあるとする. (b) 水素/酸素燃料電池が作動するには反応，$2H^+ + 2e^- \rightarrow H_2$ が重要である. ニッケル表面でのこの反応の 25 °C における交換電流密度と移行係数のデータは表 18·5 の値を使って，0.20 V の過電圧を得るために必要な電流密度を (i) バトラー−フォルマーの式, (ii) ターフェルの式を用いて計算せよ. ターフェル近似の有効性は，比較的高い過電圧 (0.4 V 以上) でも保たれるか.

# 19

# 分子の回転と振動

## 回転分光法

19·1 分子の回転エネルギー準位

19·2 禁制回転状態と許容回転状態

19·3 熱平衡での占有数

19·4 回転遷移: マイクロ波分光法

19·5 線 幅

19·6 回転ラマンスペクトル

## 振動分光法

19·7 分子の振動

19·8 振動遷移

19·9 非調和性

19·10 二原子分子の振動ラマンスペクトル

19·11 多原子分子の振動

19·12 振動回転スペクトル

19·13 多原子分子の振動ラマンスペクトル

## チェックリスト

重要な式の一覧

問題と演習

**分光法**[1] は分子が放出したり，吸収したり，散乱したりする電磁放射線の分析法である．13章で説明したように，フォトンは原子の内部からのメッセンジャーとして働くので，原子スペクトルを使えば，電子構造について詳しい情報を入手することができる．ラジオ波から紫外部に至る放射線のフォトンは，分子に関する情報も運んでくる．しかし，分子分光法が原子分光法と違うところは，分子のエネルギーが電子遷移の結果生じるだけでなく，分子の回転状態や振動状態の間の遷移によっても起こるところにある．分子スペクトルは原子スペクトルよりずっと複雑であるが，電子エネルギー準位，結合長，結合角，結合の強さなどの多くの情報を含んでいる．分子分光法は物質の分析に使われるほか，反応速度の研究で濃度の変化を追跡するのにも使われる（10·1節）．

原子スペクトルの場合と同様，放出または吸収されるフォトンの振動数はボーアの振動数条件（13·1節），

$$h\nu = |E_1 - E_2| \qquad \text{ボーアの振動数条件} \quad (19·1)$$

で与えられる．$E_1$ と $E_2$ は遷移を起こす二つの状態のエネルギーで，$h$ はプランク定数である．この式は，

$$\lambda = \frac{c}{\nu} \qquad \text{波長} \quad (19·2\text{a})$$

の関係（「基本概念 0·13」で説明した）を使って光の波長 $\lambda$（ラムダ）で表すことがよくある．$c$ は光速である．また，

$$\tilde{\nu} = \frac{1}{\lambda} = \frac{\nu}{c} \qquad \text{波数} \quad (19·2\text{b})$$

で定義される**波数**[2] $\tilde{\nu}$（ニューティルド）で表すこともある．波数の単位はほとんど常にセンチメートルの逆数（$\text{cm}^{-1}$）を選ぶから，放射線の波数とは 1 cm 当たりの波長の数だと考えればよい．「基本概念」の図 0·8 には，いろいろな領域の電磁波スペクトルについて振動数，波長，波数の関係を示してある．

---

1) spectroscopy  2) wave number

**ノート** 振動数のことをいうとき，"いくらの波数"という人がいるが，これは二重に間違っている．まず，振動数と波数はべつの物理量で，単位も違うから区別しなければならない．次に，"波数"は単位ではなく「1/長さ」の次元をもつ観測量で，ふつうはセンチメートルの逆数（cm$^{-1}$）を単位とする．

本章では，回転分光法と振動分光法を扱う．まず分子に許される回転と振動のエネルギーを明らかにし，次にそれに対応する状態間の遷移を説明する．

## 回 転 分 光 法

分子の回転状態を変えるには，ほんの少しのエネルギーしかいらないので，吸収または放出される電磁波は波長が0.1～1 cm 程度の（振動数が 10 GHz に近い）マイクロ波の領域にある．それで気相の試料の回転分光法は**マイクロ波分光法**[1]ともいう．吸収を強く観測するためには，気体試料の経路を非常に長く，数メートルにもしなければならない．経路を長くするためには，試料の入った共振空洞の両端に鏡を平行に置き，ビームを何回も反射させる．マイクロ波を発生させるには**クライストロン**[2]が使われる（これはレーダーや電子レンジにも使われている）が，いまでは**ガンダイオード**[3]という半導体素子の方が普通である．マイクロ波の検出器はふつう**結晶ダイオード**で，タングステンのチップがゲルマニウム，ケイ素，ヒ化ガリウムなどの半導体に接触したタイプである．検出器に到着する放射線の強度を変調するのがふつうであるが，これは交流信号の方が直流よりも増幅しやすいからである．回転（マイクロ波）分光法では気相の試料を使うことが必須である．気相では分子が自由に回転できるからである．

### 19・1 分子の回転エネルギー準位

分子の回転状態は，第一近似では**剛体回転子**[4]というモデル系で扱える．これは回転の応力によって変形することがない物体である．剛体回転子の最も単純なタイプは**直線形回転子**[5]で，HCl，$CO_2$，HC≡CH などの直線形分子に対応し，回転によって曲がったり伸びたりしないとする．つぎの「式の導出」で示すように，直線形回転子のエネルギーは，

$$E_J = hBJ(J+1) \quad J = 0, 1, 2, \cdots$$

直線形回転子　回転エネルギー準位　（19・3）

であることがわかる．$J$ は**回転量子数**[6]である．定数 $B$（振動数の次元をもち，単位はヘルツ Hz である．1 Hz は毎秒1サイクル）を分子の**回転定数**[7]といい，

$$B = \frac{\hbar}{4\pi I}$$

回転定数　（19・4）

で定義する．$I$ は分子の**慣性モーメント**[8]（「基本概念 0・5」で導入した）である．分子の慣性モーメントは，各原子の質量に回転軸からの距離の2乗を掛けたものである（図 19・1）．

$$I = \sum_i m_i r_i^2$$

慣性モーメント　（19・5）

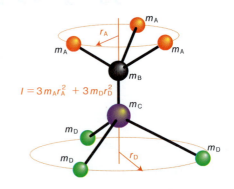

**図19・1** 慣性モーメントの定義．この分子では B 原子に3個の同じ原子 A が付いており，C 原子にはそれとは違うべつの同じ3個の原子 D が付いている．この例では，質量中心は B 原子と C 原子を通る軸の上にあるから，垂直距離はこの軸から測る．

**ノート** 慣性モーメントを正確に計算するには，核種を指定する必要がある．また，使う質量値は元素のモル質量でなく，実際の原子質量でなければならない．核種の質量は原子質量定数 $m_u$（定数であって単位ではない）の倍数で表す．そこで，たとえば，$16.00\,m_u$ と書き，$16.00\,m_u$ とはしない．

> **式の導出 19・1** 直線形回転子のエネルギー準位
>
> これを導く出発点は，「基本概念 0・5 と 0.9」で導入した角運動量とエネルギーの概念を使うことである．直線形分子の分子軸を $z$ 軸とすれば，これに垂直な固定軸である $x$ 軸と $y$ 軸のまわりに回転することができる．$x$ 軸と $y$ 軸のまわりの慣性モーメントはどちらも $I$ であるが，$z$ 軸のまわりの慣性モーメントは 0（すべての原子がこの軸上にあるから）である．そこで，この回転子の全回転運動エネルギー，したがって全エネルギーはこの二つの寄与の和で表される．すなわち，
>
> $$E = \frac{1}{2} I \omega_x^2 + \frac{1}{2} I \omega_y^2$$
>
> である．それぞれの軸のまわりの角運動量 $J_q = I\omega_q$ を使って表せば，

---

1) microwave spectroscopy　2) klystron　3) Gunn diode　4) rigid rotor　5) linear rotor　6) rotational quantum number
7) rotational constant　8) moment of inertia

$$E = \frac{\mathcal{J}_x^2}{2I} + \frac{\mathcal{J}_y^2}{2I} = \frac{\mathcal{J}^2}{2I}$$

となる. $\mathcal{J}$ は全角運動量である(直線形回転子には $z$ 成分がない).

ここで, 古典力学から量子力学に移行しよう. 量子力学によれば, 量子数 $J = 0, 1, 2 \cdots$ として, 角運動量の大きさの2乗は $J(J+1)\hbar^2$ で表される(12·8節). したがって, 直線形回転子のエネルギーを表す量子力学の式は,

$\hbar = h/2\pi$

$$E = J(J+1)\frac{\hbar^2}{2I} = J(J+1)\frac{\hbar}{2I} \times \frac{h}{2\pi} = h\overset{B}{\overbrace{\frac{\hbar}{4\pi I}}}J(J+1)$$

である. $B = \hbar/4\pi I$ とすれば, この式は(19·3)式と同じである.

慣性モーメントは並進運動で質量が果たすのと同様な役割を回転運動で果たす. 慣性モーメントが大きな物体(は

表 19·1 慣性モーメント*

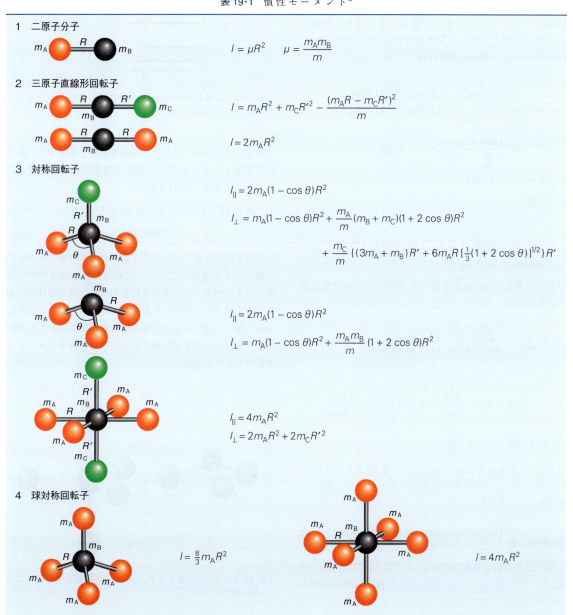

* どの場合にも $m$ は分子の全質量を表す.

ずみ車や重い分子）は，ねじりの力（トルク）を加えたとき回転の加速が小さいが，慣性モーメントが小さいと同じトルクでも大きな加速になる．いろいろなタイプの分子の慣性モーメントをその中の原子の質量，結合長，結合角で表す式を表 19・1 に掲げてある．

### 例題 19・1　回転定数の求め方

$^1$H$^{35}$Cl 分子の回転定数を求めよ．

**解法**　まず，表 19・1 から正しい式を選んで，この分子の慣性モーメントを計算する．次に，(19・4)式を使って，その慣性モーメントを回転定数に変換すればよい．

**解答**　$^1$H 原子と $^{35}$Cl 原子の質量は，それぞれ 1.008$m_u$，34.969$m_u$ である．また，平衡結合長は 127.4 pm である．表 19・1 から $\mu$ の値を計算すれば，

$$\mu = \frac{m_A \, m_B}{m} = \frac{(1.008 m_u) \times (34.969 m_u)}{1.008 m_u + 34.969 m_u}$$

$$= \frac{1.008 \times 34.969}{1.008 + 34.969} m_u = 0.9798 m_u$$

であるから，その慣性モーメントは，

$$I = \mu R^2$$
$$= 0.9798 \times (1.660\,54 \times 10^{-27}\,\text{kg}) \times (1.274 \times 10^{-10}\,\text{m})^2$$
$$= 2.6407 \times 10^{-47}\,\text{kg m}^2$$

である．次に，(19・4)式を使って $^1$H$^{35}$Cl 分子の回転定数を計算すれば，

$$B = \frac{\hbar}{4\pi I} = \frac{1.054\,57 \times 10^{-34}\,\text{J s}}{4\pi (2.6407 \times 10^{-47}\,\text{kg m}^2)}$$

$$= 3.1779 \times 10^{11} \frac{\text{J s}}{\text{kg m}^2} = 3.1779 \times 10^{11} \frac{\text{kg m}^2\,\text{s}^{-2}\,\text{s}}{\text{kg m}^2}$$

$$= 3.1779 \times 10^{11}\,\text{s}^{-1}$$

となる．この値は $3.1779 \times 10^{11}$ Hz（つまり，0.317 79 THz）に相当する．これを波数で表せば，$\tilde{B} = B/c$ であるから，10.600 cm$^{-1}$ となる．

### 自習問題 19・1

$^2$H$^{35}$Cl の回転定数を計算せよ．$m(^2\text{H}) = 2.0141 m_u$ である．　　　　　　　　　　　[答：0.163 50 THz]

(19・3)式から予測されるエネルギー準位を図 19・2 に示す．準位の間隔が $J$ の値とともに増加していることがわかる．また，$J$ は 0 になれるから（12・8 節），可能な最低エネルギーは $E_0 = 0$ であり，分子の回転では零点エネルギーがない．

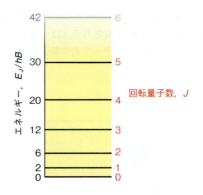

図 19・2　直線形剛体回転子のエネルギー準位．$hB$ を単位として表してある．

分子は実は剛体ではなく，回転の影響で変形する．結合長が増加するとエネルギー準位の間隔はわずかに狭くなる．この効果は(19・3)式を，

$$E_J = hBJ(J+1) - hDJ^2(J+1)^2$$

直線形回転子　**遠心ひずみ**　(19・6)

と変更すれば考慮に入れることができる．パラメーター $D$ を**遠心ひずみ定数**[1] という．これは結合が伸びやすいと値が大きいから，$D$ の大きさはその結合の硬さの目安である力の定数（19・7 節）とも関係がある．あとで分子振動について考えれば，$B$ が分子の振動状態に依存することがわかる．それは，分子が振動すれば分子の慣性モーメントが変化するからである．

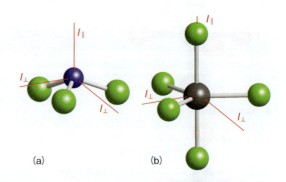

図 19・3　(a) 三角錐形分子，(b) 三方両錐形分子の異なる 2 種の慣性モーメント．

---
1) centrifugal distortion constant

非直線形分子は三つの軸のまわりで回転できるが，その多くが**対称回転子**[1]として扱える．これは慣性モーメントが2軸のまわりでは等しく，第3の軸のまわりでは異なる（そして三つとも0でない）剛体回転子である．分子が対称回転子であることの形式的な判断基準は，3回対称軸またはそれ以上の高い対称軸をもつことである．例としては，アンモニア $NH_3$ や五塩化リン $PCl_5$ がある（図19·3）．つぎの「式の導出」に示すように，対称回転子の回転エネルギー準位は2個の量子数 $J$ と $K$ で決まり，

$$E_{J,K} = hBJ(J+1) + h(A-B)K^2 \quad \text{対称回転子} \quad (19·7)$$
$$J = 0, 1, 2, \cdots$$
$$K = J, J-1, \cdots, -J$$

で与えられる．回転定数 $A$ と $B$ は，それぞれ分子軸に平行な慣性モーメントと垂直な慣性モーメントに反比例してつぎのように表せる（図19·4）．

$$A = \frac{\hbar}{4\pi I_\parallel} \qquad B = \frac{\hbar}{4\pi I_\perp} \quad \text{回転定数} \quad (19·8)$$

量子数 $K$ が与えられると，$K\hbar$ から，分子軸のまわりの角運動量成分がわかる．(図19·5)．すなわち $K=0$ であると分子はとんぼがえり回転をし，自分自身の軸のまわりには回らないが，$K=\pm J$（とれる最大値）であれば，主として分子軸のまわりの回転になる．中間の値はこの二つの回転様式の混合に対応する．

### 式の導出 19·2　対称回転子のエネルギー準位

これを導く出発点は，直線形回転子について求めた全エネルギーの式を一般化することである．すなわち，

$$E = \frac{\mathcal{J}_x^2}{2I_\perp} + \frac{\mathcal{J}_y^2}{2I_\perp} + \frac{\mathcal{J}_z^2}{2I_\parallel}$$

である．この式を角運動量の大きさ $\mathcal{J}^2 = \mathcal{J}_x^2 + \mathcal{J}_y^2 + \mathcal{J}_z^2$ を使って表しておくと便利である．そうすれば，

$$E = \frac{\mathcal{J}_x^2}{2I_\perp} + \frac{\mathcal{J}_y^2}{2I_\perp} + \frac{\mathcal{J}_z^2}{2I_\parallel} + \overbrace{\frac{\mathcal{J}_z^2}{2I_\perp} - \frac{\mathcal{J}_z^2}{2I_\perp}}^{0}$$
$$= \frac{\mathcal{J}^2}{2I_\perp} + \left(\frac{1}{2I_\parallel} - \frac{1}{2I_\perp}\right)\mathcal{J}_z^2$$

となる．ここで，前の「式の導出」で行ったように，古典力学から量子力学へと移行する．量子力学によれば，量子数 $J = 0, 1, 2 \cdots$ として，角運動量の大きさの2乗は $J(J+1)\hbar^2$ で表され，任意の成分（たとえば $\mathcal{J}_z$）の値は $K\hbar$ に限られる．ここで，$K = J, J-1, \cdots, -J$ である．量子数 $K$ は，分子内で決めた軸の成分については $M_J$ の役目をしており，$M_J$ は分子について定義した $z$ 軸への角運動量の射影である．したがって，対称回転子のエネルギーを表す量子力学的な式は，

$$E = \frac{\overbrace{J(J+1)\hbar^2}^{\mathcal{J}^2}}{2I_\perp} + \left(\frac{1}{2I_\parallel} - \frac{1}{2I_\perp}\right)\underbrace{K^2\hbar^2}_{\mathcal{J}_z^2}$$

となる．最後に，(19·8)式で定義した $A$ と $B$ を使えば，(19·7)式が得られる．

---

対称回転子の特別な場合が**球対称回転子**[2]で，三つの慣性モーメントが（球のように）等しい剛体である．$CH_4$，$SF_6$，$C_{60}$ のような四面体，八面体，二十面体形分子は球対称回転子である．そのエネルギー準位は単純で，$I_\parallel = I_\perp$ のときは回転定数 $A, B$ が等しく，(19·7)式が(19·3)式のように簡単になる．

## 19·2　禁制回転状態と許容回転状態

$H_2$ や $CO_2$ のような対称的な分子では，$J = 0, 1, 2, \cdots$ というすべての回転状態が許されるわけではない．ある状態が除外されるのはパウリの排他原理の結果であるが，この原理によって，13章で説明したように，ある原子状態（1個のオービタルに3個の電子がある状態とか，同じオービタルにスピンが平行な電子が2個入った状態など）が現れるのが禁止される．このように，パウリの原理によって許される回転状態に制約が生じることは，もとをたどれば，

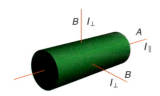

図19·4　対称回転子の2種の回転定数．これは分子軸に平行および垂直な慣性モーメントに反比例する．

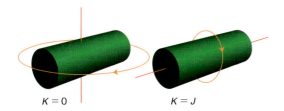

図19·5　対称回転子で $K=0$ のとき，分子全体の運動は回転子の対称軸に垂直な軸のまわりに起こる．$|K|$ の値が $J$ に近いとき，ほとんどすべての運動は対称軸のまわりに起こる．

---

1) symmetric rotor　2) spherical rotor

核スピンの効果であって，この効果を**核統計**[1]という．

パウリの排他原理が，ある種の回転状態をどのように除外するかを理解するためには，電子だけを扱った「補遺 13・1」よりも一般的な表現でこの原理を表す必要がある．パウリの原理の最も一般的な表現はつぎのものである．

- 任意の2個の，互いに区別がつかないフェルミ粒子[2]を交換したとき，その波動関数は符号を変えなければならず，任意の2個の区別がつかないボース粒子[3]を交換したときはその波動関数の符号は不変である．

(ボース粒子は0を含む整数のスピン量子数をもつ粒子で，フェルミ粒子は半整数のスピン量子数をもつ粒子である．13・6節参照)．したがって，A と B が区別のつかない粒子であれば，

フェルミ粒子ならば　　$\psi(B,A) = -\psi(A,B)$

ボース粒子ならば　　$\psi(B,A) = \psi(A,B)$

である．この原理のフェルミ粒子の部分がパウリの排他原理のことである（13章参照）．しかし，このかたちにしておくことでもっと一般的になり，応用も広がる．

**ノート**　上で示した一般的なかたちがパウリの原理である．パウリの排他原理は，パウリの原理の一つの結果であり，電子が同じ状態に2個を超えて占めるのが排除されることをいう．

いま $CO_2$ 分子を考え（もっと正確には，$^{16}OC^{16}O$ のように2個の O 原子がまったく同じ $CO_2$ 分子），それを $O_ACO_B$ と書くことにする．分子が 180° 回ると2個の O 原子が交換されて $O_BCO_A$ となる．酸素16の核スピン量子数は0であるから，これはボース粒子である．したがって，波動関数はこの交換によって変化しない．しかし，任意の分子について，それを 180° 回すと，波動関数は $(-1)^J$ の因子だけ変化する．その理由を見るために，環の上を動く粒子の始めの3個の波動関数を図19・6に描いた．$J = 0, 2, \cdots$ の波動関数は 180° 回転で不変だが，$J = 1, 3, \cdots$ の波動関数では符号が変わることがわかる．二つの要請（波動関数の符号が変わらないことと $(-1)^J$ だけ変化すること）を同時に満足させる方法としては，$J$ が偶数に限るとするのが唯一の解答である．すなわち，$CO_2$ 分子は $J = 0, 2, 4, \cdots$ の回転状態でしか存在できない．

核スピン量子数が0でない分子（スピン $\frac{1}{2}$ の核をもつ $H_2$ など）についてはこのような解析はもっと複雑である．それは，許される回転状態が核スピンの相対的な向きに依存するからであるが，結果はつぎのように非常に簡単に表すことができる．

$$\frac{\text{奇数の}J\text{を達成する仕方の数}}{\text{偶数の}J\text{を達成する仕方の数}}$$

$$= \begin{cases} \text{半整数スピンの核では } (I+1)/I \\ \text{整数スピンの核では } I/(I+1) \end{cases}$$

核統計　(19・9)

$I$ は核スピン量子数である．

● **簡単な例示 19・1　核スピン統計**
　$H_2$ は核スピン $\frac{1}{2}$ の核からなるので，

$$\frac{\text{奇数の}J\text{を達成する仕方の数}}{\text{偶数の}J\text{を達成する仕方の数}} = \frac{I+1}{I} = \frac{1/2+1}{1/2} = 3$$

である．したがって，$J$ が奇数の回転状態の数は $J$ が偶数の回転状態の3倍ある．$J$ が奇数の準位は核スピンが平行な水素分子であり，これを**オルト水素**[4]という．一方，$J$ が偶数の準位では核スピンが反平行の対をつくっており，これを**パラ水素**[5]という．核スピンの向きが相対的に異なるこれらの状態が互いに入れ替わる変化は，ごくゆっくりとしか起こらないので，平行核スピンの $H_2$ 分子は，対をつくった核スピンをもつ $H_2$ とは別のものとして長期間存在できる．この2種のかたちの水素は物理的な手段で分離でき，貯蔵しておくことができる．■

**自習問題 19.2**

$D_2$ について，$J$ が奇数と偶数の回転準位を達成できる数の比を求めよ．D は重水素核 $^2H$ であり，$I = 1$ である．

[答：1：2]

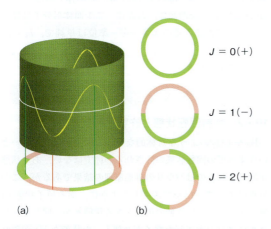

**図 19・6**　環の上に乗った粒子の波動関数の位相．始めの3個の状態を示す．波動関数のパリティ（環の中心に関する反転に対する挙動）は 偶, 奇, 偶, … となる．

---

1) nuclear statistics　2) fermion, フェルミオンともいう．　3) boson, ボソンともいう．　4) ortho-hydrogen　5) para-hydrogen

## 19・3 熱平衡での占有数

分子の回転状態では隣り合う状態のエネルギー間隔が狭いので、室温でも多くの状態が占有されていると考えられる。しかし、回転準位の縮退を考慮に入れなければならない。それは、一つずつの状態の占有数は小さいかもしれないが、同じエネルギーの状態が多数あると、ある<u>エネルギー準位</u>の全占有数は非常に大きいかもしれないからである。

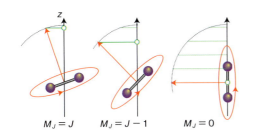

**図 19・7** 量子数 $M_J$ の意味（この場合は $J=4$）。外部の軸に関する分子の回転角運動量の向きを示すものである。

ここでは、核スピン統計が関与する複雑な問題を避けるために、対称中心をもたない HCl や OCS などの直線形分子についてだけ考えよう。すなわち、これらの分子ではどの回転状態が許容かというパウリの原理による制約がない。この場合は、分子の角運動量はある外部の軸に関して $2J+1$ 通りの異なる向きをとることができ、それを量子数の値 $M_J = J, J-1, \cdots, -J$ で表す（図 19・7、原子の場合に、オービタル角運動量には $2l+1$ 通りの向きがあって、その一つずつが $m_l$ の許される値に対応したのと全く同じである）。分子の回転エネルギーは回転面によらないから、$(2J+1)$ 個の状態のエネルギーはすべて同じである。したがって、それぞれの $J$ の回転準位には $(2J+1)$ 個の状態がある。「基本概念 0・11」で説明したように、それぞれの<u>状態</u>（準位ではない）の占有数は、ボルツマン因子 $e^{-E_J/kT}$ に比例しており、いまの場合は $E_J = hBJ(J+1)$ である。ボルツマン分布を状態ではなく準位に課すときは、各準位の状態数 $g_J = 2J+1$ を掛けておく必要がある。そこで、エネルギーが最低の $J=0$ の準位には 1 個の状態 ($M_J=0$) しかないから、これに対する $(2J+1)$ 個の状態からなる準位の全占有数 $P_J$ の比は、

$$\frac{P_J}{P_0} = (2J+1)\mathrm{e}^{-hBJ(J+1)/kT}$$

直線形回転子　ボルツマン分布による占有数　(19・10)

で表される。図 19・8 には、この占有数が $J$ とともにどう変化するかを示してある。つぎの「式の導出」に示すように、これは、

$$J_{\max} = \left(\frac{kT}{2hB}\right)^{1/2} - \frac{1}{2}$$

直線形回転子　最大占有数の準位　(19・11)

のところで極大を示すから、これに近い整数値の準位の占有数が最大となる。室温で、代表的な直線形分子（たとえば OCS、この分子では $B=6\,\mathrm{GHz}$）では $J_{\max}=22$ となる。それで大雑把に言えば、分子の吸収スペクトルも同じような強度分布をもつはずである。

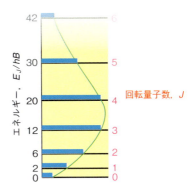

**図 19・8** 熱平衡にあるときの直線形回転子の回転エネルギー準位の相対占有数。

● **簡単な例示 19・2　占有数が最大の準位**

$^1$H$^{35}$Cl では $B = 3.1779 \times 10^{11}\,\mathrm{Hz}$ であることを例題 19・1 で求めた。したがって、298 K で最も占有数の多い回転エネルギー準位は、

$$J_{\max} = \left[\frac{\overbrace{(1.381\times10^{-23}\,\mathrm{J\,K^{-1}})}^{k}\times\overbrace{(298\,\mathrm{K})}^{T}}{2\times\underbrace{(6.626\times10^{-34}\,\mathrm{J\,s})}_{h}\times\underbrace{(3.1779\times10^{11}\,\mathrm{Hz})}_{B}}\right]^{1/2} - \frac{1}{2}$$
$$= 2.6$$

に近い整数値の $J$ の準位であるから、それは 3 である。そこで、298 K では $J=3$ の準位（これには 7 個の状態がある）の占有数が最も多い。この分子全体の回転は、Cl 原子がほぼ静止していて、そのまわりを H 原子が回っている状況であるから、分子の慣性モーメントは小さい。そのため回転エネルギー準位の間隔は広く開いており、低温で熱的に励起できる準位の数はごく限られる。●

**式の導出 19・3　占有数が最大の準位**

$P_J$ が極大になる $J$ の値を見つけなければならない。「必須のツール 1・3」で述べたように、ある関数 $f(x)$ の極値（極大または極小）に相当する $x$ の値を見いだすためには、その関数を微分して 0 に等しいとおき、その式を $x$ について解けばよい。(19・10)式の $J$ を連続変数とみなしてこの手続きをとれば、

$$\frac{d}{dJ}\overbrace{(2J+1)}^{f}\overbrace{e^{-hBJ(J+1)/kT}}^{g}$$

$d(fg)/dx = (df/dx)g + f(dg/dx)$

$$= \underbrace{\left\{\frac{d}{dJ}(2J+1)\right\}e^{-hBJ(J+1)/kT}}_{2}^{(df/dx)g}$$

$$+ (2J+1)\underbrace{\left\{\frac{d}{dJ}e^{-hBJ(J+1)/kT}\right\}}_{-\{hB(2J+1)/kT\}e^{-hBJ(J+1)/kT}}^{f(dg/dx)}$$

$$= 2e^{-hBJ(J+1)/kT} + (2J+1)$$
$$\times \left\{-\frac{hB(2J+1)}{kT}e^{-hBJ(J+1)/kT}\right\}$$

$$= \left\{2 - \frac{hB(2J+1)^2}{kT}\right\}e^{-hBJ(J+1)/kT}$$

となる．この式が0となるのは指数関数（青色で示してある）に掛かっている因子が0の場合であるから，そのJを $J_{max}$ とおいて，

$$2 - \frac{hB(2J_{max}+1)^2}{kT} = 0$$

とする．これを解けば，(19·11)式が得られる．ここではJを連続変数とみなしたが，実際は整数値に限られる．したがって，占有数が最大のJの実際の値は，計算で得られた $J_{max}$ に最も近い整数値とするのがよい．

## 19·4 回転遷移: マイクロ波分光法

ある遷移が外部の電磁場の振動によってひき起こされたり，逆に遷移が外部場の振動をひき起こしたりするかどうかは，**遷移双極子モーメント**[1] によって決まる．この量は遷移に伴って起こる電荷のずれの目安である（図19·9）[†1]．

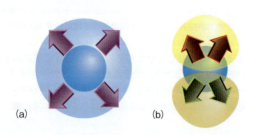

**図19·9** 遷移双極子モーメントは遷移の間に起こる電荷のずれの大きさの目安である．(a) この遷移のように球形の再分布が起こっても，双極子モーメントを生じないので電磁波を発生しない．(b) このような電荷の再分布では双極子モーメントが生じる．

遷移の強度はそれに付随する遷移双極子モーメントの2乗に比例する．遷移双極子モーメントが大きいと，その遷移は電磁場に強いショックを与えるから，電磁場と分子が強く相互作用するのである．**選択律**[2] というのは，どの場合に遷移双極子が0でないかを指示する規則である．選択律には二つある．

- **選択概律**[3] は，分子がその種類のスペクトルを示すために備えていなければならない一般的な性質を指定するものである．
- **個別選択律**[4] は，量子数がどう変化できるかを具体的に指定するものである．

個別選択律によって許される遷移は**許容遷移**[5] であるといい，許されない遷移は**禁制遷移**[6] であるという．個別選択律はある近似に基づいており，それには少し不正確さがあるから，禁制遷移であっても，ときには弱く観測されることがある．

回転遷移の選択概律は分子が極性でなければならないというものである．この規則は古典的には，回転している極性分子は，静止している観測者からは，その部分電荷が前後に振動しているように見え，それが電磁場をゆさぶって振動させることができると考えればよい（図19·10）．分子が極性でなければならないから，四面体（たとえば $CH_4$），八面体（$SF_6$），対称直線形（$CO_2$）の分子，および等核二原子分子（$H_2$）は回転スペクトルをもたない．他方，異核二原子分子（HCl）および対称性の低い極性多原子分子（$NH_3$）は極性で，実際回転スペクトルをもつ．極性分子は**回転活性**[7] であるといい，無極性分子は

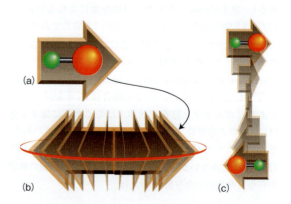

**図19·10** 外部の観測者の目には，回転する極性分子（a）は，方向を変えるような振動（c）をしている双極子（矢印）（b）をもっているように見える．この振動双極子が電磁場と相互作用できる．

---

[†1] もう少し正確にいえば，始状態 → 終状態への遷移の遷移双極子モーメントとは，積分値 $\int \psi_{終}\mu\psi_{始}d\tau$ のことである．詳しくは"アトキンス物理化学"を見よ．

1) transition dipole moment  2) selection rule  3) gross selection rule  4) specific selection rule  5) allowed transition
6) forbidden transition  7) rotationally active

回転不活性[1]であるという．

回転遷移の個別選択律は，

$$\Delta J = \pm 1 \qquad \Delta K = 0 \qquad \text{回転の個別選択律} \quad (19 \cdot 12)$$

である．このうち最初のものは，原子の場合の $\Delta l = \pm 1$ の規則（13・7節）のように，フォトン1個を吸収または発生するときは全角運動量が保存されることによる．フォトンはスピンが1の粒子なので，それが1個吸収されるか，または発生するときは，分子の角運動量がそれを打ち消すだけ変化しなければならない．$J$ は分子の角運動量の大きさの目安であるから，$J$ は $\pm 1$ しか変化できない（純回転スペクトルでは $\Delta J = +1$ は吸収に対応し，$\Delta J = -1$ は放射に対応する）．一方，$K$ に関する選択律（$\Delta K = 0$，つまり量子数 $K$ は変化してはいけない）の起源は，極性分子の双極子モーメントは分子がその対称軸のまわりに回転しても動かないことによる（3回軸のまわりに回転する $NH_3$ を考えてみよ）．したがって，その軸のまわりの分子回転は，電磁波を吸収または放出して加速や減速が起こることはない．

非対称直線形の剛体分子が，吸収によってその回転量子数を $J$ から $J+1$ に変化するときの分子の回転エネルギーの変化は，

$$E_J = hBJ(J+1)$$

$$\Delta E = E_{J+1} - E_J = hB(J+1)(J+2) - hBJ(J+1)$$
$$= hB\{J^2 + 3J + 2 - (J^2 + J)\}$$
$$= 2hB(J+1)$$

である．この遷移によって $K$ は変化しないから，これと同じ式は対称回転子にも成り立つ．したがって，準位 $J$ から出発する遷移で吸収される放射線の振動数は，

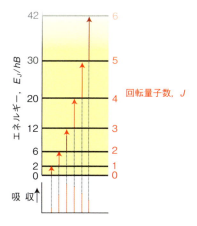

**図 19・11** 直線形分子の許容回転遷移（吸収として表してある）．

$$\nu_J = 2B(J+1) \qquad \text{剛体回転子} \qquad \text{回転遷移の振動数} \quad (19 \cdot 13a)$$

となり，吸収線は $2B, 4B, 6B, \cdots$ のところに生じる．強度の分布は図 19・11 のようになり，$\nu_{J_{max}}$ のところで強度が最大になる．$J_{max}$ は（19・11）式で与えられる．直線形の極性分子（HCl）や極性の対称回転子（$NH_3$）の回転スペクトルは間隔が $2B$ の一連の線からなる．

● **簡単な例示 19・3　回転遷移の振動数**
例題 19・1 では，$^1H^{35}Cl$ の回転定数を計算し，$3.1779 \times 10^{11}$ Hz（317.79 GHz）という値を得た．したがって，この分子の回転スペクトルは 635.6 GHz を間隔として，635.6 GHz, 1271.2 GHz, 1906.8 GHz, $\cdots$ という一連の吸収線からなる．その最初の吸収線の波長は 0.472 mm である．●

**自習問題 19・3**

$^2H^{35}Cl$ 分子の $J = 1 \leftarrow 0$ 遷移の振動数と波長はいくらか．$^2H$ の質量は $2.014 m_u$ である．計算する前に，振動数が $^1H^{35}Cl$ よりも高いはずか，それとも低いはずかを考えよ．　　　　　［答：327.0 GHz, 0.9167 mm］

もし，遠心力ひずみが著しい場合には，（19・6）式を同様に用い，

$$\nu_J = 2B(J+1) - 4D(J+1)^3$$

非剛体回転子　　回転遷移の振動数　（19・13b）

を得る．第1項は第2項に比べてずっと大きいが，$J$ が増加するにつれ第1項から第2項を引くことになるから，吸収線はそのうち収束する．$B$ と $D$ を求めるには，この両辺を $J+1$ で割れば，

$$\underbrace{\frac{\nu_J}{J+1}}_{y} = \underbrace{2B}_{\text{切片}} - \underbrace{4D}_{\text{勾配}} \times \underbrace{(J+1)^2}_{\times x} \quad (19 \cdot 14)$$

が得られるから，$\nu_J/(J+1)$ を $(J+1)^2$ に対してプロットすれば直線が得られ，その切片が $2B$，勾配が $-4D$ である（演習問題 19・17 を見よ）．

分子の回転スペクトルで隣接する線の間隔を測定し，それを $B$ に変換しさえすれば，その $B$ の値を使って慣性モーメント $I_\perp$ を得ることができる．二原子分子については（19・4）式からその値を結合長 $R$ の値に変換することができる．きわめて正確な結合長がこの方法で得られる．同位体置換法が役立つ場合もある．その古典的な例として，OCS 分子の二つの結合長を求める場合がある．この直線形分子のマイクロ波スペクトルからは，回転定数の値1個

---

[1] rotationally inactive

が得られるだけであるから，2個の異なる結合長を求めることはできないが，2種の同位体置換分子 $^{16}O^{12}C^{33}S$ と $^{16}O^{12}C^{34}S$ の吸収スペクトルを測り，同位体置換によって結合長が変わることはないと仮定すれば，2個の情報，すなわち各置換体分子の慣性モーメントが得られるので，二つの結合長を求めることができる（演習問題 19・18 を見よ）．

## 19・5 線 幅

スペクトル線は無限に細いわけではない．気体の試料における線幅の広がりの重要な原因の一つは，**ドップラー効果**[1] である．これは，光源が観測者に近づいたり観測者から遠ざかったりするときに，放射線の振動数がずれる（シフトする）現象である（図 19・12）．気体では分子があらゆる方向に高速になるので，止まっている観測者，つまり分光器は，それに対応してドップラーシフトを起こした振動数領域の振動数を検出する．ある分子は観測者に近づき，あるものは遠ざかる．ある分子は速く，ある分子は遅く運動している．検出されるスペクトルの"線"は，こうして生じたすべてのドップラーシフトから生じる吸収・放出の断面図である．この断面図は，観測者に接近したり遠ざかったりするマクスウェルの分子の速さの分布（1・6節）を反映している．その結果は釣鐘状のガウス曲線（$e^{-x^2}$ で表される曲線，図 19・13，「必須のツール 1・2」を見よ）である．温度が $T$ で分子のモル質量が $M$ のときは，スペクトル線の半値幅（高さが半分のところの幅）は，

$$\delta\nu = \frac{2\nu}{c}\left(\frac{2RT\ln 2}{M}\right)^{1/2} \quad \text{半値幅} \quad (19\cdot 15)$$

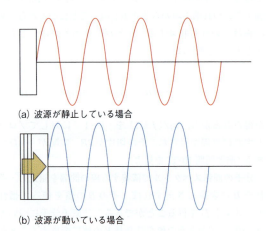

(a) 波源が静止している場合

(b) 波源が動いている場合

**図 19・12** ドップラー効果．(a) 放射線が静止している波源から放出された場合．(b) 波源が観測者に向かって動けば，その放射線の振動数は高い側にシフトして観測される．逆に，波源が観測者から遠ざかって動けば，放射線の振動数は低い側にシフトして観測される．

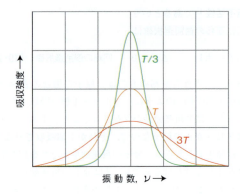

**図 19・13** ドップラー幅で広がったスペクトル線の形は，実験温度における試料のマクスウェルの速さの分布を反映している．温度が上がると線幅が広がる．半値幅は (19・15) 式で与えられる．

となる．この式は $\delta\nu \propto (T/M)^{1/2}$ と覚えればよい．ドップラー幅が温度とともに増加するのは，分子がとる速さの幅が広がるからである（図 1・9 を思い起こそう）．したがって，できるだけ鋭いスペクトルを得るためには，冷却した気体試料で実験を行うのがよい．

● **簡単な例示 19・4　ドップラー幅**

$^1H^{35}Cl$（モル質量は 35.973 g mol$^{-1}$，$3.5973 \times 10^{-2}$ kg mol$^{-1}$ に相当）の $J = 1 \leftarrow 0$ 遷移の 298 K でのドップラー幅は，

$$\delta\nu = \frac{2 \times \overbrace{(6.356 \times 10^{11}\,s^{-1})}^{\nu}}{\underbrace{2.998 \times 10^8\,m\,s^{-1}}_{c}}$$

$$\times \left(\frac{2 \times \overbrace{(8.3145\,J\,K^{-1}\,mol^{-1})}^{R} \times \overbrace{(298\,K)}^{T} \times \ln 2}{\underbrace{3.5973 \times 10^{-2}\,kg\,mol^{-1}}_{M}}\right)^{1/2}$$

$$= \frac{2 \times 6.356 \times 10^{11}}{2.998 \times 10^8}$$

$$\times \left(\frac{2 \times 8.3145 \times 298 \times \ln 2}{3.5973 \times 10^{-2}}\right)^{1/2}$$

$$\times \frac{1}{m}\left(\frac{\overbrace{\frac{J}{kg\,m^2\,s^{-2}\,mol^{-1}}}^{m\,s^{-1}}}{kg\,mol^{-1}}\right)^{1/2}$$

$$= 1.310 \times 10^6\,s^{-1}$$

である．この値は，1.310 MHz の幅に相当する．■

**自習問題 19・4**

$^{12}C^{16}O$ の $J = 4 \leftarrow 3$ 遷移は 461.0 MHz に観測される．この遷移の 400 K でのドップラー幅を求めよ．

［答：1.248 kHz］

---

1) Doppler effect

線幅の広がりのもう一つの原因は，遷移にかかわる状態の寿命が有限であることである．時間とともに変化する系のシュレーディンガー方程式を解くと，系の状態は厳密に指定されるエネルギーをもったものでないことがわかる．ある状態が崩壊する時定数が $\tau$ (タウ) であるとする（これをその状態の**寿命**[1] という）と，そのエネルギー準位は，$\delta E$ ほどの大きさ（振動数にすると $\delta\nu = \delta E/h$）だけぼやける．

$$\delta E \approx \frac{\hbar}{\tau} \quad \text{あるいは} \quad \delta\nu \approx \frac{1}{2\pi\tau} \quad \text{寿命幅} \quad (19\cdot16)$$

ここで，状態の崩壊は指数関数的で，$e^{-t/\tau}$ に比例すると仮定した．状態の寿命が短いほど，エネルギーがぼやけることがわかる．寿命が有限な系の状態に固有のエネルギー幅を**寿命幅**[2] という．$\tau$ が無限大のときだけ，状態のエネルギーが厳密に指定される ($\delta E = 0$)．しかし，寿命が無限大の励起状態はなく，あらゆる状態にある程度の寿命幅があるから，遷移に関わる状態の寿命が短いほど，対応するスペクトル線は幅が広い．

● **簡単な例示 19・5 寿命幅**

寿命が 50 ps の状態からの遷移の幅は，

$$\delta\nu \approx \frac{1}{2\pi(5.0 \times 10^{-11}\ \text{s})} = 3.2 \times 10^9\ \text{s}^{-1}$$

である．この幅は 3.2 GHz に相当する．●

**自習問題 19・5**

$NO_2$ の短寿命の励起状態のスペクトル線の幅は，その寿命幅によるものである．寿命幅 47 kHz のスペクトル線を生じる状態の寿命を計算せよ．　　［答：3.4 µs］

---

ノート　寿命幅は "不確定性幅" ということもある．それは (19・16) 式を $\tau\delta E \approx \hbar$ と書くことができ，これがエネルギーと時間に関するハイゼンベルクの不確定性原理のかたちに似ているからであるが，この式を真の不確定性原理の式とはみなせない理由があるので（要するに，量子力学では，時間の演算子は存在しないから），"寿命幅" という方がよい．

励起状態に有限の寿命を与え，その状態が出発点または終点となる遷移に幅を与える原因となる過程は二つある．最も重要な過程は**衝突失活**[3] で，これは分子同士または分子と容器の壁との衝突によって生じる．**衝突寿命**[4] が $\tau_{\text{col}}$ であれば，その結果生じる衝突の線幅は $\delta E_{\text{col}} \approx \hbar/\tau_{\text{col}}$ である．気体では，低圧で実験することによって，衝突寿命を長くし，幅（この場合は**圧力幅**[5] ともいう）を小さく

できる．第二の寄与は**自然放出**[6]（「補遺 20・2」を見よ）で，励起状態がそれより低い状態へ落ちるときの放射線の放出である．自然放出の頻度は励起状態およびその下の状態の波動関数の詳細な性質に依存する．自然放出の頻度は変えられない（分子を変えない限り）から，これが励起状態の寿命の本来の極限であって，その結果生じる寿命幅がその遷移の**自然幅**[7] である．

遷移の自然幅は，温度や圧力を変えても変えることはできない．自然幅は，遷移振動数 $\nu$ に強く依存する ($\nu^3$ に従って変化する) から，低振動数の遷移（回転分光法のマイクロ波領域の遷移など）では自然幅は非常に小さく，その場合は衝突やドップラー効果による過程が支配的となる．

## 19・6　回転ラマンスペクトル

**ラマン分光法**[8] では，分子によって散乱される光の中にある振動数を調べて分子のエネルギー準位を知る．ふつうは，単色のレーザー入射光を試料に当て，試料の前面から散乱される光を調べる．入射光のフォトン $10^7$ 個のうち 1 個くらいが分子と衝突し，そのエネルギーの一部を譲り渡し，その分だけ小さなエネルギー，つまり低い振動数をもって散乱される．このように，入射光よりも低い振動数の散乱光を**ストークス線**[9] という．反対に分子からエネルギーをもらって（もし分子がすでに励起していれば）出てくる入射フォトンもある．それを高振動数の**反ストークス線**[10] という．散乱光のうち振動数が変化せずに前方へ散乱される成分を**レイリー光**[11] という．

ラマン分光計で光源としてレーザーが使われるのには二つの理由がある．一つは入射光に対する散乱光の振動数のずれが非常に小さいので，そのずれを観測するためにはレーザーからの高度に単色性の光が必要であること，第二には，散乱光の強度が弱いので，レーザーのような強い入射光が必要なことである．

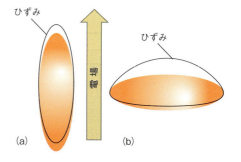

**図 19・14**　分極率の異方性を，ここでは電場をかけたときの分子のひずみで表してある．分子が電場と (a) 平行，(b) 垂直に並んでいるときに誘起されるひずみ．

---

1) lifetime　2) lifetime broadening　3) collisional deactivation　4) collisional lifetime　5) pressure broadening
6) spontaneous emission　7) natural linewidth　8) Raman spectroscopy　9) Stokes line　10) anti-Stokes line　11) Rayleigh radiation

回転ラマンスペクトルの選択概律は，分子の分極率が異方性をもたなければならないというものである．分子の分極率[1]は外からかけた電場が電気双極子モーメントを誘起する度合い（$\mu^* = \alpha\mathcal{E}$）を表す（15・4節参照）．分極率の異方性[2]は，この分極率が分子の向きによって異なる現象である（図19・14）．四面体形（$CH_4$），八面体形（$SF_6$），二十面体形（$C_{60}$）の分子では，どの向きでも同じ分極率をもつ．球回転子はすべてそうである．そのためこれらの分子は**回転ラマン不活性**[3]である，つまり回転ラマンスペクトルを示さない．他の分子はすべて，$H_2$のような等核二原子分子を含め，**回転ラマン活性**[4]である．

直線形分子（いまはこれしか考えない）の回転ラマン遷移の個別選択律は，

$$\Delta J = +2 \text{（ストークス線）}$$
$$\Delta J = -2 \text{（反ストークス線）}$$

回転ラマンの選択律　　（19・17）

である．これから剛体回転子が$J \to J+2$の遷移をするときのエネルギーの変化は，

$E_J = hBJ(J+1)$

$$\Delta E = E_{J+2} - E_J = hB(J+2)(J+3) - hBJ(J+1)$$
$$= hB\{J^2 + 5J + 6 - (J^2 + J)\}$$
$$= 2hB(2J+3)$$

である．したがって，この遷移の振動数シフトは，

$$\Delta \nu = 2B(2J+3) \quad \text{ラマンシフト} \quad (19 \cdot 18)$$

である．そこで，回転状態が$J = 0, 1, 2, \cdots$にある分子からフォトンが散乱され，このとき分子にエネルギーを渡すと，フォトンの振動数は入射のときの振動数よりも$6B, 10B, 14B, \cdots$だけ低くなることがわかる．反対にフォトンが衝突でエネルギーを獲得すると，同様の考えから，入射線よりも$6B, 10B, 14B, \cdots$だけ振動数が高いところに反ストークス線が現れる（図19・15）．ラマン線の間隔を測れば$B$の値を求めることができ，それから結合長を計算できる．等核二原子分子でも異核二原子分子と同様に，回転ラマンが活性なのでこの方法が利用できる．

$H_2$や$C^{16}O_2$のような対称の高い分子については，重要な点を一つ付け加えておく．19・2節で説明したように，核の統計からある状態が除外されるか，あるいは占有数が交互に現れる．たとえば，$C^{16}O_2$は$J$が偶数の状態にしか存在できない．その結果，その回転ラマンスペクトルでは$J$が奇数の状態から出発する線が抜けるので，$8B$の間隔の開いた$6B, 14B, 22B, \cdots$のところに線が現れる．核スピンが0でない分子についてはすべてのラマン線が存在するが，強度の交互性がある．たとえば，$H_2$については$J$が奇数の線は$J$が偶数の線の3倍の吸収強度があるが，$D_2$と$N_2$では$J$が偶数の線が奇数の線の2倍の強度である．

## 振動分光法

分子はすべて振動することができる．複雑な分子ではいろいろな振動のモード（様式）がある．原子が12個しかないベンゼンでも，30通りの異なる振動モードがあって，その中には環が周期的に一様に膨らんだり，縮んだりする振動もあるが，いろいろな形に屈曲する振動もある．タンパク質のような大きな分子では，何千もの異なる仕方で振動し，さまざまな部分で，さまざまな様子にねじれたり，伸びたり，折れ曲がったりするモードがある．振動は電磁波を吸収することによって励起されるので，吸収が起こる振動数を観測すれば，非常に貴重な分子の個性に関する情報が得られ，結合の曲がりやすさについて定量的な情報が得られる．

### 19・7　分子の振動

図19・16を使って説明しよう．この図（図14・1と同じ）は二原子分子において，原子を引き離したり押し縮めたりして，結合を伸縮させたときの代表的なポテンシャルエネルギー曲線である．平衡の結合長（曲線の極小の位置）$R_e$に近い領域において，ポテンシャルエネルギーは近似的に放物線（$y = x^2$のかたちの曲線）で表されるから，

$$V(x) = \tfrac{1}{2}k_f x^2 \quad \text{放物線形のポテンシャル} \quad (19 \cdot 19)$$

と書くことができる．$x = R - R_e$は平衡位置からの変位，$k_f$は結合の力の定数（単位は$\mathrm{N\,m^{-1}}$）であって，12・9節で振動の説明をしたところと同じである．ポテンシャルの壁が急峻であるほど（結合が硬いほど）力の定数が大きい．

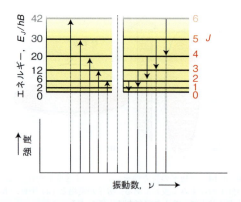

**図19・15**　直線形分子の回転ラマンスペクトルのストークス線と反ストークス線をひき起こす遷移．

---

1) polarizability　2) anisotropy　3) rotationally Raman inactive　4) rotationally Raman active

## 19・7 分子の振動

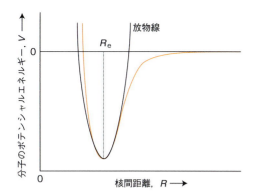

**図 19・16** 分子のポテンシャルエネルギー曲線は，井戸の底の付近では放物線で近似できる．放物線形のポテンシャルからは調和振動が導かれる．振動励起エネルギーが大きいと，放物線という近似は悪くなる．

(19・19) 式のポテンシャルエネルギーは調和振動子のもの（12・9 節）と同じであるから，そこで与えたシュレーディンガー方程式の解を使うことができる．いまの場合には一つだけ複雑な点があって，それは結合している原子が両方とも動くので，振動子の"質量"の解釈には注意が必要である．詳しい計算によれば，力の定数が $k_f$ の結合で結ばれた質量が $m_A$, $m_B$ の 2 個の原子についてエネルギー準位は，

$$E_v = (v + \tfrac{1}{2})h\nu \qquad v = 0, 1, 2, \cdots$$

調和近似　エネルギー準位　(19・20a)

である．ここで，

$$\nu = \frac{1}{2\pi}\left(\frac{k_f}{\mu}\right)^{1/2} \qquad \text{振動数} \quad (19\cdot 20\text{b})$$

また，

$$\mu = \frac{m_A m_B}{m_A + m_B} \qquad \text{二原子分子} \quad \text{実効質量} \quad (19\cdot 20\text{c})$$

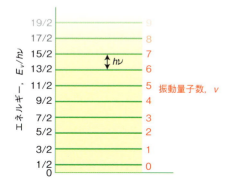

**図 19・17** 調和振動子のエネルギー準位．量子数 $v$ は 0 から無限大までとれる．許されるエネルギー準位は間隔が $h\nu$ で等間隔のはしごのかたちである．

である．分子の**実効質量**[1] $\mu$ は，振動で動く物体の分量の目安となる量である．多原子分子では，各原子の質量の違いによってどれだけ動くかが決まるから，その実効質量は原子質量の複雑な組合わせである．振動遷移は波数（単位はセンチメートルの逆数）として表すのが普通であるから，(19・20a) 式は，

$$E_v = (v + \tfrac{1}{2})hc\tilde{\nu} \qquad \tilde{\nu} = \frac{\nu}{c} \qquad (19\cdot 20\text{d})$$

と書いておくと便利なことが多い．このエネルギー準位を図 19・17（図 12・35 と同じ図）に示す．隣合った準位の間隔が $hc\tilde{\nu}$ で等間隔のはしごを形成している．

**ノート**　実効質量を換算質量といってしまうことが多い．しかし，そういえるのは二原子分子の場合だけであり，このときの実効質量は換算質量と同じ式で表される．換算質量は，分子の内部運動を分子全体の並進運動から分離したときに現れる量である．多原子分子では，実効質量は換算質量と同じではなく，その振動モードによって異なる値をもつ．最初から両者を区別しておくのがよい．

ちょっと考えると，2 原子の全質量でなく実効質量が現れるのはおかしいと思うかもしれない．しかし，$\mu$ が入っているのは物理的にはもっともである．もし，原子 A が煉瓦塀のように重いとすると，振動の間ほとんど動かず，振動数は軽い方の動きやすい原子で決まるであろう．もし，A が煉瓦塀だとすると，$\mu$ の式の分母の $m_B$ は $m_A$ に比べて無視することができ，$\mu \approx m_B$ となって，ほとんど軽い方の原子の質量になる．これは，たとえば HI 分子のような場合で，I 原子はほとんど動かず $\mu \approx m_H$ である．等核二原子分子の場合には $m_A = m_B = m$ だから，実効質量は 1 原子の質量の半分で $\mu = \tfrac{1}{2}m$ である．

### ● 簡単な例示 19・6　振動数

$^1$H$^{35}$Cl 分子では力の定数が 516 N m$^{-1}$ で，普通の大きさである．その実効質量（例題 19・1 で計算した"換算質量"と同じ）は $0.9798\,m_u$ である．したがって，その振動数は，

$$\nu = \frac{1}{2\pi}\left(\frac{\overbrace{516}^{k_f}\ \overbrace{\text{N}}^{\text{kg m s}^{-2}}\ \text{m}^{-1}}{0.9798 \times \underbrace{(1.660\,54 \times 10^{-27}\,\text{kg})}_{m_u}}\right)^{1/2}$$

$$= 8.96 \times 10^{13}\,\text{s}^{-1}$$

である．単位を消去するために，1 N = 1 kg m s$^{-2}$ を使った．この振動数は 89.6 THz に相当する．「簡単な例示 12・8」では，Cl 原子が静止しているとして振動数を計算し，88.5 THz という値を得たのであった．上の結果を波数に変換すれば，

---
1) effective mass

$$\tilde{\nu} = \frac{\nu}{c} = \frac{8.96 \times 10^{13}\,\text{s}^{-1}}{2.998 \times 10^{8}\,\text{m s}^{-1}} = 2.99 \times 10^{5}\,\text{m}^{-1}$$

となり，この値は $2.99 \times 10^{3}\,\text{cm}^{-1}$ に相当する．■

## 19・8 振動遷移

代表的な振動遷移の振動数は $10^{13} \sim 10^{14}\,\text{Hz}$ の程度だから，これを励起できるのは赤外光に相当する．すなわち，振動遷移は**赤外分光法**[1]で観測される．赤外分光法では遷移を波数で表すのが普通で，だいたい $300 \sim 3000\,\text{cm}^{-1}$ の範囲にある．

振動遷移の選択概律は，分子の電気双極子モーメントが振動の間に変化しなければならないということである．この規則は，分子が振動すると振動するような双極子をもっている場合に限って（図19・18），それが電磁場を振動させることができると考えればよい．分子が永久双極子をもつ必要はない．この規則は双極子モーメントが変化することだけを要求するもので，0からの変化でもよい．等核二原子分子の伸縮振動では分子の双極子モーメントは0から変化しないから，これらの分子の振動は光を発したり吸収したりすることはない．したがって，等核二原子分子はその結合がどんなに長く伸びても，双極子モーメントは0のままだから**赤外不活性**[2]であるが，異核二原子分子は結合が伸びたり収縮したりすると双極子モーメントが変化するから**赤外活性**[3]である．

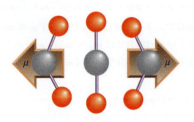

**図19・18** 分子が無極性であっても，振動したときに振動双極子が生じれば，それが電磁場と相互作用できる．ここでは $CO_2$ の変角モードを例としている．

### 例題 19・2　選択概律の使い方

つぎの分子のうちどれが赤外活性か．$N_2, CO_2, OCS, H_2O, CH_2=CH_2, C_6H_6$

**解法**　赤外活性な分子（つまり振動スペクトルを示す分子）は振動するときに変化するような双極子モーメントをもっている．したがって，分子の変形によって，その双極子モーメントが変化（0からの変化を含めて）するかどうかを判定すればよい．

**解答**　$N_2$ 以外の分子はすべて双極子モーメントの変化を起こすような振動モードを少なくとも一つもっているから，$N_2$ 以外はすべて赤外活性である．複雑な分子ではモードがすべて赤外活性とは限らないことに注意する必要がある．たとえば $CO_2$ の振動で O—C—O 結合が対称的に伸縮する振動では，双極子モーメントが0のままで変化しないので，不活性である．しかし，この分子の変角運動は活性で光を吸収できる．

### 自習問題 19・6

$H_2, NO, N_2O$ について同様な吟味をせよ．

[答: $NO, N_2O$ は赤外活性]

振動遷移についての個別選択律は，

$$\Delta v = \pm 1 \qquad \text{振動遷移の個別選択律} \quad (19\cdot 21)$$

である．量子数が $v$ の状態から $v+1$ の状態への遷移のエネルギー変化は，

$$\Delta E = E_{v+1} - E_v$$
$$E_v = (v + \tfrac{1}{2})hc\tilde{\nu}$$
$$= (v + \tfrac{3}{2})hc\tilde{\nu} - (v + \tfrac{1}{2})hc\tilde{\nu} = hc\tilde{\nu} \quad (19\cdot 22)$$

である．入射光がこれだけのエネルギーをもったフォトンを供給するとき，したがって入射光が(19・20d)式で与えられる波数をもつとき吸収が起こることになる．質量の小さな（$\mu$ が小さい）原子を結んでいる結合が硬い（$k_f$ が大きい）分子では振動波数が高い．変角モードは伸縮モードほど硬くないから，スペクトルの中で変角は伸縮よりも低波数のところに現れる傾向がある．

室温では，ほとんどすべての分子がはじめは振動の基底状態（$v = 0$ の状態）にある．したがって，最も重要なスペクトル遷移は $v = 0$ から $v = 1$ へのものである．

### ■ 簡単な例示 19・7　振動遷移

HCl についての $\tilde{\nu}$ の計算（簡単な例示 19・6）から $\tilde{\nu} = 2990\,\text{cm}^{-1}$ であるから，この分子の赤外スペクトルではこの振動波数のところに吸収がある．対応する振動数と波長はそれぞれ $89.6\,\text{THz}, 3.34\,\mu\text{m}$ である．■

### 自習問題 19・7

ペプチド結合の CO 基の結合の力の定数は約 $1.2\,\text{kN m}^{-1}$ である．吸収の起こる波数を予測せよ．〔ヒント: 実効質量の計算には CO 基を $^{12}C^{16}O$ 分子とみなしてよい．〕

[答: 約 $1720\,\text{cm}^{-1}$]

---

1) infrared spectroscopy　2) infrared inactive　3) infrared active

## 19・9 非調和性

(19・20)式の振動項は，実際のポテンシャルエネルギー曲線に対して放物線で近似しているので，近似的なものにすぎない．放物線では分子は解離できないから，結合長がいくら伸びても放物線というのは正しくない．振動が高度に励起されたところでは，原子が大きく振れて（正確にいえば振動の波動関数が広がって）ポテンシャルエネルギー曲線の放物線近似があまりよくない領域までいく．このとき運動は**非調和的**[1)]になる．それは復元力が変位に比例しなくなるという意味である．実際の曲線は放物線よりも開いているから，箱の中の粒子のエネルギー準位が箱の長さが増加すると詰まってくるのと同様に，励起が大きいとエネルギー準位の間隔は狭くなる．

振動量子数が大きいところでの準位の収束は (19・20) 式の代わりに，

$$E_v = (v + \tfrac{1}{2})hc\tilde{\nu} - (v + \tfrac{1}{2})^2 hc\tilde{\nu}x_e + \cdots$$

非調和性の補正　(19・23)

で表される．$x_e$ は（無次元の）**非調和性定数**[2)]である．非調和性があることで，$\Delta v = +2, +3, \cdots$ の遷移に相当する**倍音**[3)]という弱い吸収線も観測されることが説明できる．つまり，普通の選択律は，非調和性があるときは，近似的にしか正しくない調和振動子の性質から導かれたものであることから倍音が現れるのである．振動スペクトルの倍音は近赤外領域に現れる．**倍音分光法**[4)]は，分析化学者が食品の同定に使っている．

## 19・10 二原子分子の振動ラマンスペクトル

**振動ラマン分光法**[5)]では，入射するフォトンが分子と衝突してその振動モードにエネルギーを少し譲り渡すか，すでに励起している分子の振動からエネルギーを奪う．

振動ラマン遷移の選択概律は，分子分極率が振動の間に変化しなければならないことである．分極率が振動ラマン分光法に関与する理由は，フォトン-分子の衝突に際して振動励起が起こるためには，分子がねじれたり伸縮したりしなければならないからである．等核，異核二原子分子は両方とも振動によって伸びたり縮んだりするから，電子に対する原子核のコントロール，つまり分子分極率も変化する．したがって，両方のタイプの二原子分子が振動ラマンについて活性である．

振動ラマン遷移の個別選択律は赤外吸収と同じで，

$$\Delta v = \pm 1$$

ラマンの選択律　(19・24)

である．入射光よりも低い波数で散乱されるフォトンは $\Delta v = +1$ で，これがストークス線である．ストークス線は反ストークス線（$\Delta v = -1$）よりも強いが，それはもと

もと振動励起状態に存在する分子が非常に少ないからである．

振動ラマンスペクトルでは，等核二原子分子も研究できるので，赤外分光法からの情報に上乗せされる．スペクトルの解釈から力の定数，解離エネルギー，結合長が得られる．表 19・2 にはそれらの情報も含まれている．たとえば，統計熱力学の方法で平衡定数を計算するときにその情報を使う．

**表 19・2** 二原子分子の性質

| | $\tilde{\nu}/cm^{-1}$ | $R_e/pm$ | $k_f/(N\,m^{-1})$ | $D/(kJ\,mol^{-1})$ |
|---|---|---|---|---|
| $^1H_2{}^+$ | 2322 | 106 | 160 | 256 |
| $^1H_2$ | 4401 | 74 | 575 | 432 |
| $^2H_2$ | 3118 | 74 | 577 | 440 |
| $^1H^{19}F$ | 4138 | 92 | 955 | 564 |
| $^1H^{35}Cl$ | 2991 | 127 | 516 | 428 |
| $^1H^{81}Br$ | 2649 | 141 | 412 | 363 |
| $^1H^{127}I$ | 2308 | 161 | 314 | 295 |
| $^{14}N_2$ | 2358 | 110 | 2294 | 942 |
| $^{16}O_2$ | 1580 | 121 | 1177 | 494 |
| $^{19}F_2$ | 892 | 142 | 445 | 154 |
| $^{35}Cl_2$ | 560 | 199 | 323 | 239 |

## 19・11 多原子分子の振動

多原子分子では何個の振動モードがあるだろうか．この疑問に答えるには各原子が位置を変える仕方を考えればよい．つぎの「式の導出」によれば，$N$ 原子から成る分子の振動モードの数 $N_{vib}$ は，

非直線形分子：$N_{vib} = 3N - 6$

直線形分子：$N_{vib} = 3N - 5$

である．

● **簡単な例示 19・8　振動モードの数**

水分子 $H_2O$ は三原子分子で非直線形であって，振動モードが 3 個ある．ナフタレン $C_{10}H_8$ には 48 個の異なる振動モードがある．二原子分子（$N = 2$）はすべて 1 個の振動モードをもつ．二酸化炭素（$N = 3$）には 4 個の振動モードがある．●

**自習問題 19・8**

(a) エチン（HC≡CH），(b) 4000 個の原子から成るタンパク質分子に基準振動モードはいくつあるか．

［答：(a) 7，(b) 11994］

---

1) anharmonic　2) anharmonicity constant　3) overtone　4) overtone spectroscopy　5) vibrational Raman spectroscopy

## 式の導出 19·4　基準モードの数

各原子は 3 本の直交軸の任意の軸に沿って動くことができるから，$N$ 個の原子から成る分子内でのこのような変位の総数は $3N$ 通りある．これらの変位のうち 3 個は分子の質量中心の移動になるから，これは分子全体としての並進運動に相当する．残る $3N-3$ 個の変位は質量中心を不変に保つような，分子の"内部"モードである．非直線形分子の空間における向きを指定するのに 3 個の角度が必要である（図 19·19）．したがって，$3N-3$ 個の内部変位のうち 3 個は，結合角と結合長はすべて不変に保ちつつ分子全体の向きを変える．そこで，この 3 個は回転である．これで $3N-6$ 個の変位が，分子の質量中心も，空間における分子の向きも変えないものとして残る．この $3N-6$ 個の変位が振動モードである．直線形分子では空間での向きを指定するのに 2 個の角度でよいから，同様な計算をするとこれらの分子では $3N-5$ 個の振動モードがある．

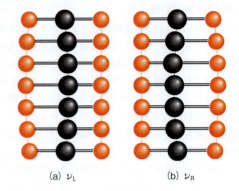

**図 19·20**　$CO_2$ 分子の伸縮振動はいろいろな表し方ができる．この表示法では (a) 1 個の O＝C 結合が振動し，残りの O 原子は止まっている．(b) その C＝O 結合が他方の O 原子が止まっている間に振動する．止まっている原子は C 原子に結合しているから長い間止まっているわけにはいかない．すなわち，一つの振動が始まると他方も急速に刺激されて振動が始まる．

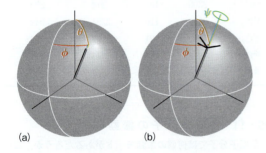

**図 19·19**　(a) 直線形分子の向きは 2 個の角度を指定すれば決まる（分子の軸の緯度と経度）．(b) 非直線形分子の向きを指定するには 3 個の角度が必要である（分子軸の緯度，経度およびその軸のまわりの方位角）．

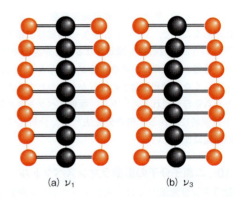

多原子分子の振動を記述するのは，各結合の伸縮と変角の組合わせをとると，ずっと単純になる．たとえば，$CO_2$ 分子の 4 個の振動のうち 2 個を図 19·20 のように個々の炭素–酸素結合の伸縮 $\nu_L, \nu_R$ とみることもできるが，これらの振動の 2 種の組合わせをとればずっと単純になる．個々の結合の伸縮を扱うときの問題の一つは，それらが互いに独立でないことである．すなわち，1 個の結合が励起されて振動すれば，共有された C 原子の運動によって別の結合が急速に刺激されて振動するのである．一つの組合わせは図 19·21 の $\nu_1$ で，この組合わせを**対称伸縮**[1]という．もう一つの組合わせは $\nu_3$ で，これは 2 個の O 原子が，常に同じ方向に動くが，C 原子とは反対方向に動く，**逆対称伸縮**[2]である．この二つのモードは独立で，一方の振動が励起されても，そのために他方が励起されることはない．これは分子の 4 個の"基準モード"のうちの二つで

る．基準モードは互いに独立で，集団的な振動変位である．あと二つの（縮退した）基準モードは**変角モード**[3]，$\nu_2$ である．一般に，**基準モード**[4]というのは，原子群の独立で同期のとれた運動であって，ほかの基準振動を励起することなく励起できるような運動である．

$CO_2$ の 4 個の基準振動モード，一般には多原子分子の $3N-6$（または $3N-5$）個の基準モードは（たとえば，メタンの場合は図 19·22），分子振動を記述するときの基礎になる．各基準モードは独立な調和振動子のように振舞い，振動準位のエネルギーは (19·20) 式と同じ式で与えら

---

1) symmetric stretch　2) antisymmetric stretch　3) bending mode　4) normal mode

れるが，実効質量は各原子が振動に際してどの程度動くかによって，その値が変わる．$CO_2$ の対称伸縮における C 原子のように動かない原子は実効質量に寄与しない．力の定数も，振動にあたって結合がどれくらい曲がるか，または伸びるかに複雑に関係する．ほとんど完全に変角振動であるような基準モードは，ほとんど完全に伸縮振動であるようなモードよりも力の定数が小さい（振動数が低い）．

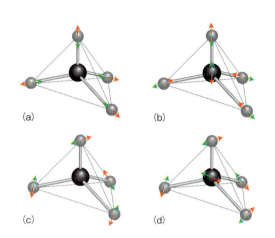

**図 19·22** $CH_4$ の基準振動モードの一部．矢印は振動の間に原子が動く方向を示す．

基準モードの赤外活性に関する選択規律は，<u>基準モードに相当する運動は，双極子モーメントの変化をひき起こすものでなければならない</u>というものである．実際そうなるかどうかを決めるのは見ただけでできる場合もある．たとえば，$CO_2$ の対称伸縮では双極子モーメントは変化しない（0 のまま）から，このモードは赤外不活性で分子の赤外スペクトルには何も現れない．しかし，逆対称伸縮では，振動している間，分子が非対称になるから，双極子モーメントが変化し，赤外活性である．このモードが赤外線を吸収するから，二酸化炭素は地球表面から放射される赤外線を吸収して，いわゆる温室効果を起こす気体となる．双極子モーメントの変化が，逆対称伸縮モードでは分子軸に平行であるから，このモードから生じる遷移はスペクトル上では**平行バンド**[1]に分類する．変角モードは両方とも赤外活性である．この場合は，分子軸に垂直な双極子モーメントの変化があるので，これに関する遷移からはスペクトル上で**垂直バンド**[2]が生じる．

● **簡単な例示 19·9　赤外活性**

酸化二窒素（亜酸化窒素，$N_2O$）と二酸化炭素はどちらも直線形三原子分子でありながら，その赤外スペクトルはいろいろな点で異なる．まず，原子の質量や力の定数が異なるから同じ振動モードでも振動数が異なる．また，$CO_2$ では対称伸縮モードは赤外活性ではないから，三つのモード（非対称伸縮と二重縮退した変角モード）だけが赤外活性である．これに対して，$N_2O$ では四つの振動モード全部が赤外活性である．●

有機分子の基準モードの中には，個別の官能基の運動とみなせるものもあるが，そのように局部的なモードとみなせなく，分子全体にわたる集団運動とすべき場合もある．後者はだいたい振動数が低く，スペクトルには約 1500 cm$^{-1}$ 以下の波数に現れる．分子全体にわたる振動が吸収スペクトルに現れる領域をスペクトルの**指紋領域**[3]という．それは分子ごとに特有なものだからである．スペクトル集の中の既知の化合物のスペクトルと指紋領域で比較すると，ある特定の物質の存在を確かめる非常に強力な手段になる．

指紋領域のそとに出現する官能基に特有な振動は，未知の化合物の同定に非常に役にたつ．これらの振動の大部分は伸縮モードとみなすことができる．低振動数の変角モードはふつう指紋領域内にあるから，同定はさほど簡単ではない．官能基の特性波数を表 19·3 に示す．

**表 19·3** 代表的な振動の波数

| 振動型 | $\tilde{\nu}/\text{cm}^{-1}$ |
|---|---|
| C−H 伸縮 | 2850〜2960 |
| C−H 変角 | 1340〜1465 |
| C−C 伸縮，変角 | 700〜1250 |
| C=C 伸縮 | 1620〜1680 |
| C≡C 伸縮 | 2100〜2260 |
| O−H 伸縮 | 3590〜3650 |
| C=O 伸縮 | 1640〜1780 |
| C≡N 伸縮 | 2215〜2275 |
| N−H 伸縮 | 3200〜3500 |
| 水素結合 | 3200〜3570 |

**例題 19·3　赤外スペクトルの解釈**

ある有機化合物の赤外スペクトルを図 19·23 に示す．この物質を推定せよ．

**解法**　1500 cm$^{-1}$ 以上の波数の特徴は表 19·3 のデータと比較すれば同定が可能である．

**解答**　(a) ベンゼン環の C−H 伸縮だから，これはベンゼン置換体である．(b) カルボン酸の O−H 伸縮だから，カルボン酸である．(c) 共役 C≡C 基の強い吸収だから，これはアルキン置換体である．(d) この強い吸収は炭素−炭素多重結合と共役したカルボン酸特有のものである．(e) ベンゼン環の特性振動だから，(a) の推論を裏付ける．(f) 炭素−炭素多重結合についたニトロ基（−$NO_2$）の特性

---

1) parallel band　2) perpendicular band　3) fingerprint region

吸収だから，ニトロ置換ベンゼンであろう．結局この分子は，構成要素としてベンゼン環，芳香族炭素-炭素結合，-COOH基，-NO₂基を含んでいる．実はこの分子は$O_2N-C_6H_4-C\equiv C-COOH$である．もっと詳しい解析と指紋領域の比較をすると，1,4異性体であることがわかる．

**自習問題 19・9**

図19・24のスペクトルを与える有機化合物は何かを推定せよ．〔ヒント: この化合物の分子式は$C_3H_5ClO$である．〕
〔答: $CH_2=CClCH_2OH$〕

の線に分裂し，その間隔が分子の回転定数で決まることである．

振動遷移に関する，いわゆる"バンド構造"を導くために，まず振動準位と回転準位の式を書く．直線形分子については（いまはこれだけ考える），(19・3)式と(19・20)式を組合わせて，

$$E_{v,J} = (v + \tfrac{1}{2})h\nu + hBJ(J+1)$$

振動回転エネルギー　(19・25)

と書ける（ここの話だけに限れば，振動遷移を波数でなく振動数で表す方が簡単であるからそうする．必要なら相互の変換は簡単にできる）．19・1節で述べたように，$B$は振動状態に依存するから$v$にも依存する．しかし，ここでは簡単のためにそれを無視することにしよう．次に選択律を適用する．分子が極性であるか，または少なくとも（$CO_2$が変角や**非対称伸縮**[1]をするときのように）振動遷移で双極子モーメントを獲得すれば，回転量子数の変化は±1または（すぐあとで示すように場合によっては）0である．そうすると吸収はスペクトルの**分枝**[2]というグループ3種に分かれる．すなわち，

**P枝**，$\Delta J = -1$の遷移；$\nu_J = \nu - 2BJ$

**Q枝**，$\Delta J = 0$の遷移；$\nu_J = \nu$

**R枝**，$\Delta J = +1$の遷移；$\nu_J = \nu + 2B(J+1)$

の3枝になる．ただし，Q枝がいつも許容されるとは限らない．これは，たとえばNOの振動スペクトルでは見られるが，HClのスペクトルにはない．その違いは，元をただせば，NOでは$\pi$オービタルに電子が1個あって，核を結ぶ軸のまわりに電子オービタル角運動量をもつからQ枝が存在するが，HClではそのような角運動量がないからである[†2]．

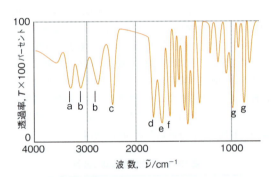

**図19・23**　試料を臭化カリウムとともにディスクに成形してとった赤外吸収スペクトルの例．例題19・3で説明したようにこの物質は$O_2N-C_6H_4-C\equiv C-COOH$と同定される．

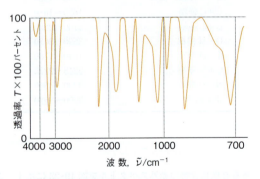

**図19・24**　自習問題19・9で取上げたスペクトル

## 19・12　振動回転スペクトル

気相分子の振動スペクトルはここで説明したよりも，はるかに複雑である．それは振動が励起されると回転の励起も起こるからである．この効果はフィギュアスケートで腕を張り出したときと縮めたときの効果に似ている．それで回転が遅くなったり速くなったりするからである．スペクトルに対する効果は，振動遷移から生じる1本の線が複数

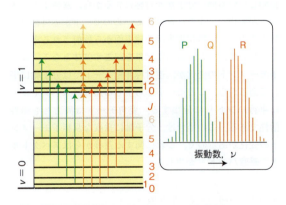

**図19・25**　振動回転スペクトルのP, Q, R分枝の形成．強度は遷移の始めの回転準位の占有数を反映している．

---

[†2]　詳しい説明については"アトキンス物理化学"を見よ．
1) asymmetric stretch　2) branch

この結果として，代表的なスペクトルの分枝がどんなふうに現れるかを図19·25に示してある．振動遷移のP枝とR枝の間の線の間隔は2Bである．したがって，純回転マイクロ波スペクトルをとらなくても，結合長を導くことができる．しかし，純回転スペクトルを使う方が精密である．

## 19·13　多原子分子の振動ラマンスペクトル

多原子分子の振動ラマンスペクトルに関する選択概律は，<u>振動の基準モードが分極率の変化を伴っていなければならない</u>ということである．しかし，見ただけでそれを判定するのは非常に難しいことが多い．たとえば，$CO_2$ の対称伸縮では，分子が交互に膨張・収縮を繰返すので，分極率が変化するから，このモードはラマン活性である．$CO_2$ の残りのモードでは原子の集団運動によって分極率が変化することはないのでラマン不活性である．非常に簡単な説明は（いつもうまくいくわけではないが），分子の分極率は分子の大きさによるので，対称伸縮では分子の大きさが変化するのに対して，逆対称伸縮や変角のモードでは，少なくとも第一近似では，大きさの変化がないという説明である．

場合によっては，振動モードの赤外活性とラマン活性に関するきわめて一般的な規則を利用することができる．この**交互禁制律**[1)]によれば，

- 分子が対称中心をもつ場合，赤外活性で同時にラマン活性な振動モードはない．

（両方に不活性なモードはあってもよい．）分子が，その中の各原子を，ある1点で反転して反対側に等距離の位置に置いたとき，もとのままに見えれば反転中心（対称中心）をもつ（図19·26）．あるモードで分子の双極子モーメントが変化するかどうかは直感的に判定できることが多いから，この交互禁制律を使ってラマン活性でないモードを突きとめることができる．この規則は $CO_2$ には成り立つが，$H_2O$ や $CH_4$ には対称中心がないから成り立たない．$CO_2$ では逆対称伸縮モードも変角モードも赤外活性であるから，これらはラマン不活性であることが上の説明からすぐにわかる．

● **簡単な例示 19·10　ラマン活性**

ベンゼンの振動モードの一つに"呼吸"モードがある．これは環全体が対称的に膨張と収縮を交互に繰返すモードである（図19·27）．この分子が圧縮されているときと広がっているときでは，電場によって電子の分布は異なる変調を受けるから，分子の分極率は変化することになる．その結果，このモードはラマン活性である．一方，分子の双極子モーメントは変化せずそのまま（0）であるから，赤外不活性である．■

図 19·27　ベンゼン分子の対称呼吸振動モード

---

**自習問題 19·10**

エテン $C_2H_4$ の対称伸縮モードは，すべてのC-H結合が位相を合わせて振動するモードである．それが赤外活性か，ラマン活性か，それとも両方とも活性かを予測せよ．

［答：ラマンについてのみ活性］

---

基本のラマン効果の一つの変形にあたるラマン分光法がある．これは，その試料の電子遷移の振動数とほぼ一致するような入射光を使うものである（図19·28）．この方法を**共鳴ラマン分光法**[2)] という．この方法の特徴は散乱光の強度がはるかに強いこと，ほんの少数の振動モードだけが強い散乱に寄与するので，きわめて簡単なラマンスペクトルになることである．共鳴ラマン分光法は，紫外および可視部に強い吸収がある生体高分子を研究するのに使われる．数例をあげれば，ヘモグロビンとシトクロムのヘム補酵素や，色素である β-カロテンとクロロフィルのように植物の光合成のとき太陽光を取込む分子がある．

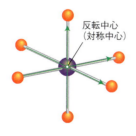

図 19·26　反転の操作では，分子内のあらゆる点について，それぞれを，分子の中心を通り反対側の等距離のところに投影する．

---

1) exclusion rule. 相互禁制律ともいう．　2) resonance Raman spectroscopy

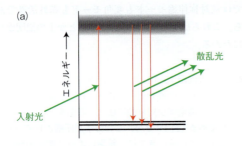 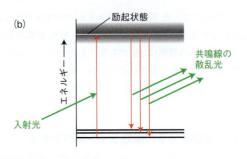

図 19・28 (a) ラマン分光法では入射フォトンが分子で散乱され，振動数が増加するか（光が分子からエネルギーを奪う場合），またはここに示すように，分子にエネルギーを与えて振動数は低くなる．この過程は分子がいろいろな状態に励起され（図で影をつけてある），その後，分子が低い状態に戻ることによると考えることができる．このとき正味のエネルギー変化分がフォトンによって運び去られる．(b) 共鳴ラマン効果では，入射光は分子の実在の電子励起に相当する振動数の光である．励起状態から基底状態の近くに落ちるときにフォトンが放出される．

## 環境問題へのインパクト 19・1

### 気候変動

太陽エネルギーは地球大気の上部に 343 W m$^{-2}$ の割合で注いでいる．このエネルギーの約 30 パーセントは，地球またはその大気で反射して宇宙空間へ戻る．地球−大気の系が残りのエネルギーを吸収し，それを熱い物体の放射特性である"黒体放射"として宇宙へ再放出しているが，その放射の強度はほとんどが 200〜2500 cm$^{-1}$ (4〜50 µm) の赤外線によるものである．地球が吸収する太陽の放射光と地球から放出される黒体放射との間のエネルギーバランスで地球の平均温度が維持されている．

大気中のある種のガスによって赤外光が閉じ込められる効果は <u>温室効果</u>[1) として知られている．この名前は，地球がまるで巨大な温室のように囲まれているために，地球を温めるという現象から由来している．このような天然の温室効果によって，地上の平均温度が水の凝固点よりもかなり高く上がり，生命が維持できる環境ができている．等核二原子分子は赤外光を吸収できないから，地球大気の主成分である $O_2$ と $N_2$ は温室効果には寄与しない．しかし，大気の少量成分である水蒸気と $CO_2$ は赤外光を吸収するので温室効果を起こす原因となる（図 19・29）．水蒸気は 1300〜1900 cm$^{-1}$ (5.3〜7.7 µm) と 3550〜3900 cm$^{-1}$ (2.6〜2.8 µm) の領域に強い吸収がある．一方，$CO_2$ は 500〜725 cm$^{-1}$ (14〜20 µm) と 2250〜2400 cm$^{-1}$ (4.2〜4.4 µm) に強い吸収がある．

温室効果ガスにはメタン，酸化二窒素，オゾン，数種のクロロフルオロカーボンも含まれるが，これらの量が人類の活動の結果として増加すると，天然の温室効果を強める可能性があり，そのため地球がかなり暖まることになる．この問題を <u>地球温暖化</u>[2) という．ここで少し詳しくこの問題を調べてみよう．

大気中の水蒸気の濃度は一定に保たれてきたが，ほかの温室効果ガスの濃度は上昇しているものがある．1000 年ごろから 1750 年ごろにかけては，$CO_2$ の濃度はかなり安定していたが，その後は 28 パーセント増加した．この期間にメタンの濃度は 2 倍以上に増加し，いまはここ 160 000 年間 (160 ka，a は 1 年を表す SI 単位) で最高のレベルにある．南極の氷芯に閉じ込められたエアポケットの研究から，過去 160 ka の間の大気中の $CO_2$ と $CH_4$ の濃度の増加が地球表面の温度の上昇とよい相関を示すことがわかっている．

大気中の $CO_2$ と $CH_4$ の濃度の上昇は人類の活動が主原因である．大気中の $CO_2$ は主に炭化水素燃料を燃やすことから生じるもので，これは 19 世紀半ばの産業革命以来大規模に始まった．それにメタンが加わったのは，主に石油産業および農業からの放出による．

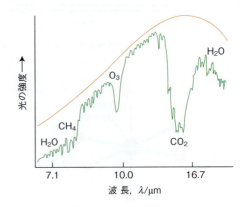

図 19・29 温室効果ガスがないとき，地球から失われるはずの赤外線の強度を滑らかな曲線で示す．ギザギザの線は実際に放射される光の強度．個々の温室効果ガスが吸収する極大波長を示してある．

---

1) greenhouse effect  2) global warming

地球表面の温度は 19 世紀の中ごろから約 0.8 ℃ 上昇した（図 19・30）．2007 年に，気候変動に関する政府間パネル（IPPC）[1] は，もし炭化水素燃料への依存が継続し，いまの人口増加の傾向が続けば，2000 年の地球表面温度に比べて，2100 年までに地球の温度が 1〜3 ℃ 上昇するという予測を発表した．さらにその温度変化の速度は，過去 10 ka の間のいつの時期よりも速いだろうと考えられている．これから 3 ℃ 上昇するという予想を実感するためには，直近の氷河期の平均の地球温度は現在よりも 6 ℃ 低いだけだったことと比較してみればよい．地球を冷やす（氷河期のように）だけで生態系に致命的な損害を与えるが，地球を劇的に暖めることも同様な効果を及ぼすことになろう．3 ℃ 温度が上昇することで生じる環境の変化の例として，海面が約 0.5 m 上昇することが挙げられる．それだけでも気候のパターンを変え，いまの沿岸の生態系を水没させるのに十分である．

次の 200 年についてのコンピューター予測では，大気の $CO_2$ のレベルがいっそう増加するので，$CO_2$ をいまの濃度に保つためには，炭化水素燃料の消費量をただちに減ら

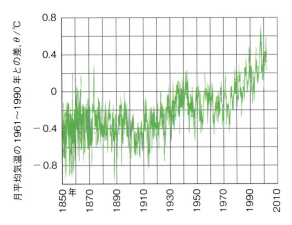

図 19・30　地球の平均表面温度の年次変化．2007 年の IPCC 報告によるもの．

さなければならないとしている．地球温暖化の傾向を逆転させるためには，水素（燃料電池に使える．「インパクト 9・2」を見よ）や太陽光利用技術など，化石燃料に代わるものを開発する必要があることは明らかである．

## チェックリスト

- ☐ 1　回転エネルギー準位の占有数は，各準位の縮退度を考慮したうえで，ボルツマン分布を適用すれば求められる．
- ☐ 2　遷移の強度は遷移双極子モーメントの 2 乗に比例する．
- ☐ 3　選択律とはどんなときに遷移双極子モーメントが 0 でないかを述べたものである．
- ☐ 4　選択概律は，分子がその種のスペクトルを示すためにもたねばならない一般的な性質を規定するものである．
- ☐ 5　個別選択律は，遷移に際して量子数にどんな変化が起こりうるかを述べたものである．
- ☐ 6　回転遷移の選択概律は分子が極性でなければならないということである．個別選択律はつぎの「重要な式の一覧」にある．
- ☐ 7　パウリの原理によれば，フェルミ粒子については $\psi(B,A) = -\psi(A,B)$ で，ボース粒子については $\psi(B,A) = \psi(A,B)$ である．
- ☐ 8　回転状態についてパウリの原理から導かれる結果を核統計という．
- ☐ 9　極性直線形分子と極性対称回転子の回転スペクトルは間隔が $2B$ の一連の線からなる．
- ☐ 10　線幅への一つの寄与はドップラー効果で，もう一つは寿命幅である．
- ☐ 11　ラマンスペクトルで入射光よりも低振動数側にずれた線をストークス線といい，高振動数側にずれた線を反ストークス線という．
- ☐ 12　回転ラマンスペクトルの選択概律は，分子の分極率に異方性がなければならないということである．個別選択律はつぎの「重要な式の一覧」にある．
- ☐ 13　振動スペクトルの選択概律は，振動の間に分子の電気双極子モーメントが変化しなければならないということである．個別選択律はつぎの「重要な式の一覧」にある．
- ☐ 14　非直線形分子の振動モードの数は $3N-6$ で，直線形分子では $3N-5$ である．
- ☐ 15　振動遷移には回転遷移も付随するので，スペクトルが P 枝（$\Delta J = -1$），Q 枝（$\Delta J = 0$），R 枝（$\Delta J = +1$）に分裂する．
- ☐ 16　Q 枝は分子がその軸のまわりに角運動量をもつ場合にだけ観測される．
- ☐ 17　多原子分子の振動ラマンスペクトルの選択概律は，振動の基準モードが分極率の変化を伴うことである．
- ☐ 18　交互禁制律によれば，分子に対称中心があれば，赤外活性で同時にラマン活性のモードは存在しない．
- ☐ 19　共鳴ラマン分光法では，電子遷移とほぼ一致する振動数の光を使って試料を励起させる．その結果，散乱光の強度が著しく増大する．

---

[1] Intergovernmental Panel on Climate Change, IPCC

## 重要な式の一覧

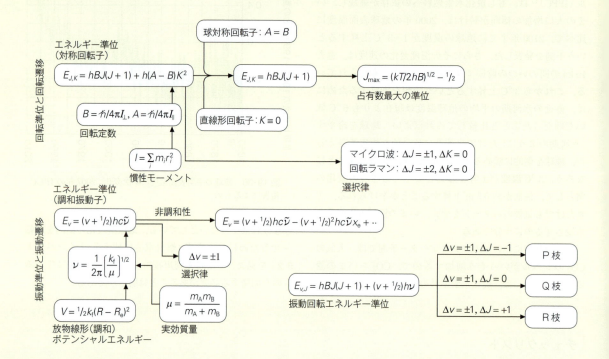

## 問題と演習

### 文章問題

**19·1** マイクロ波スペクトルと回転ラマンスペクトルの選択概律の物理的な起源を説明せよ．

**19·2** 気体，液体，固体の吸収スペクトルと発光スペクトルの線幅の物理的な原因を述べよ．どうすれば，それを狭くできるか．

**19·3** 振動の基底状態でありながら遠心力ひずみを非常に受けやすい二原子分子を考えよう．この分子の回転が高いエネルギー準位に励起されて，その平衡結合長が変化することがあると思うか．その理由を論じよ．

**19·4** 二原子分子の振動状態が回転定数に影響を及ぼすのはなぜか．ポテンシャルが厳密に放物線形でも影響があるか．

**19·5** $N$個の原子から成る直線形多原子分子が，$N$個の原子から成る非直線形分子よりも振動モードが1個だけ多いことの物理的な理由を述べよ．

**19·6** (a) 赤外スペクトルと振動ラマンスペクトルの選択概律の物理的な起源を説明せよ．(b) 気相のベンゼンの基準振動を同定したいとき，赤外吸収スペクトルとラマンスペクトルの両方を入手することが重要な理由は何か．

**19·7** $CO_2$ の $^{12}C$ を $^{13}C$ で置換すると，その振動の振動数のあるものが影響を受けるが，すべての振動数ではない理由は何か．

**19·8** 二原子分子の振動回転スペクトルにP, Q, R 枝が現れるわけを説明せよ．

### 演習問題

この演習問題では，つぎの数値を使え．
$m(^{1}H) = 1.0078m_u$, $m(^{2}H) = 2.0140m_u$,
$m(^{12}C) = 12.0000m_u$,
$m(^{13}C) = 13.0034m_u$, $m(^{16}O) = 15.9949m_u$,
$m(^{19}F) = 18.9984m_u$, $m(^{32}S) = 31.9721m_u$,
$m(^{34}S) = 33.9679m_u$, $m(^{35}Cl) = 34.9688m_u$,
$m(^{127}I) = 126.9045m_u$.

**19·1** 波長 442 nm を (a) 振動数，(b) 波数で表せ．

**19·2** 88.0 MHz の FM ラジオ放送で使われる電波の (a) 波数，(b) 波長はいくらか．

**19·3** 毎秒1回転している自転車の車輪の運動エネルギーは約 0.2 J である．これはどんな回転量子数に対応す

### 19. 分子の回転と振動

るか. 慣性モーメントを求めるために, 車輪の質量 (外縁に集中しているとせよ) を 0.75 kg, 直径を 70 cm とせよ.

**19·4** (a) $^1H_2$, (b) $^2H_2$, (c) $^{12}C^{16}O_2$, (d) $^{13}C^{16}O_2$ の慣性モーメントを計算せよ.

**19·5** 演習問題 19·4 の分子の回転定数を計算せよ. その答をヘルツ (Hz) 単位の振動数と $cm^{-1}$ 単位の波数で表せ.

**19·6** (a) 八面体形の $AB_6$ 分子の慣性モーメントを結合長と B 原子の質量で表せ. (b) $^{32}S^{19}F_6$ の回転定数を計算せよ. S–F 結合長を 158 pm とする.

**19·7** 平面正方形の $AB_4$ 分子の 2 個の慣性モーメントを結合長と B 原子の質量で表す式を導け.

**19·8** 星雲気体のマイクロ波スペクトルの中に (平面形の) $SO_3$ 分子の存在を探しているとしよう. (a) 回転定数 $A, B$ の値が必要である. これを $^{32}S^{16}O_3$ について計算せよ. S–O 結合長は 143 pm とする. (b) マイクロ波分光法で, $^{32}S^{16}O_3$ と $^{33}S^{16}O_3$ の相対存在量を知ることができるか.

**19·9** つぎの分子でどれが純回転スペクトルを示すことができるか. (a) HCl, (b) $N_2O$, (c) $O_3$, (d) $SF_4$, (e) $XeF_4$.

**19·10** 演習問題 19·9 の分子のうちどれが回転ラマンスペクトルを示すか.

**19·11** 回転するメタン分子は量子数 $J, M_J, K$ で記述できる. $J = 8$ でエネルギーが $hBJ(J+1)$ に等しい回転状態はいくつあるか.

**19·12** 演習問題 19·11 のメタンの代わりにクロロメタンを考えよう. $J = 8$ でエネルギーが $hBJ(J+1)$ に等しい回転状態はいくつあるか.

**19·13** $^1H^{35}Cl$ の回転定数は 318.0 GHz である. 純回転スペクトルの線間隔を (a) GHz, (b) $cm^{-1}$ 単位で表せ.

**19·14** $^{127}I^{35}Cl$ の回転定数は 0.1142 $cm^{-1}$ である. I–Cl 結合長を計算せよ.

**19·15** $^1H^{35}Cl$ の水素を重水素で置換したとする. $J = 1 \longleftarrow 0$ 遷移の波数は高くなるか, 低くなるか.

**19·16** $^1H^{127}I$ のマイクロ波スペクトルは間隔が 384 GHz の一連の線である. その結合長を計算せよ. $^2H^{127}I$ では線の間隔はいくらか.

**19·17** OCS の回転スペクトルでつぎの波数が観測された. 1.217 1054 $cm^{-1}$, 1.622 8005 $cm^{-1}$, 2.028 4883 $cm^{-1}$, 2.434 1708 $cm^{-1}$. この分子の $B$ と $D$ の値を (19·14) 式から考えられるグラフ解法で推定せよ.

**19·18** $^{16}O^{12}CS$ のマイクロ波スペクトルはつぎの吸収線を与える (単位は GHz).

| $J$ | 1 | 2 | 3 | 4 |
|---|---|---|---|---|
| $^{32}S$ | 24.325 92 | 36.488 82 | 48.651 64 | 60.814 08 |
| $^{34}S$ | 23.732 33 | | 47.462 40 | |

同位体置換しても結合長は変化しないと仮定して, OCS の CO と CS の結合長を計算せよ. 〔ヒント: ABC の直線形分子の慣性モーメントは,

$$I = m_A R_{AB}^2 + m_C R_{BC}^2 - \frac{(m_A R_{AB} - m_C R_{BC})^2}{m_A + m_B + m_C}$$

である. $R_{AB}$ と $R_{BC}$ はそれぞれ A–B, B–C の結合長である.〕

**19·19** 65 mph (104 km h$^{-1}$) で赤信号 (660 nm) に接近したとき, ドップラーシフトした波長はいくらか. どんなスピードならば, 青信号 (520 nm, 緑色) に見えるか.

**19·20** 遠方の星の $^{48}Ti^{8+}$ のスペクトル線が 654.2 nm から 706.5 nm にずれて, 幅が 61.8 pm まで広がっていることがわかった. この星が遠ざかっていく速さと星の表面温度はいくらか.

**19·21** 幅が (a) 0.10 $cm^{-1}$, (b) 1.0 $cm^{-1}$, (c) 1.0 GHz のスペクトル線を生じる状態の寿命を求めよ.

**19·22** ある液体の分子が毎秒約 $1.0 \times 10^{13}$ 回衝突する. (a) 毎回の衝突がこの分子の振動を失活させるのに有効, (b) 200 回に 1 回だけが有効とした場合の, 分子の振動遷移の幅を $cm^{-1}$ 単位で表せ.

**19·23** あるラマン分光計の入射光の波数が 20 623 $cm^{-1}$ である. $^{16}O_2$ の $J = 4 \longleftarrow 2$ 遷移から散乱されるストークス線の波数はいくらか.

**19·24** $^{12}C^{16}O_2$ の回転定数 (ラマン分光法で測定) は 11.70 GHz である. この分子の CO 結合長はいくらか.

**19·25** ペプチド結合の C=O 基が分子の他の部分とは独立とみなせると考えよう. カルボニル基の結合の力の定数は 908 N m$^{-1}$ である. これを使って (a) $^{12}C{=}^{16}O$, (b) $^{13}C{=}^{16}O$ の振動の振動数を計算せよ.

**19·26** $Cl_2$ の基本振動遷移の波数は 565 $cm^{-1}$ である. この結合の力の定数を計算せよ.

**19·27** ハロゲン化水素の基本振動の波数は,

| | HF | HCl | HBr | HI |
|---|---|---|---|---|
| $\tilde{\nu}$/cm$^{-1}$ | 4141.3 | 2988.9 | 2649.7 | 2309.5 |

である. 水素–ハロゲン結合の力の定数を計算せよ.

**19·28** 演習問題 19·27 のデータから, ハロゲン化重水素の基本振動の波数を予測せよ.

**19·29** つぎの分子のうち, 赤外吸収スペクトルを示す可能性があるのはどれか. (a) $H_2$, (b) HCl, (c) $CO_2$, (d) $H_2O$, (e) $CH_3CH_3$, (f) $CH_4$, (g) $CH_3Cl$, (h) $N_2$.

**19·30** CO の赤外スペクトルには, 2143.29 $cm^{-1}$ を中心とする強い振動遷移のほかに 4259.66 $cm^{-1}$ に弱い遷移が観測されている. CO の振動波数と非調和定数を求めよ.

**19·31** つぎの分子ではそれぞれ基準振動モードが何個あるか. (a) $NO_2$, (b) $N_2O$, (c) シクロヘキサン, (d) ヘキサン.

**19·32** $^1H^{81}Br$ の赤外吸収には $v = 0$ からの遷移の R 枝が現れる. $J = 2$ の回転状態からの遷移の線の波数はいくらか.

**19·33** $^{1}H^{19}F$ の赤外スペクトルには，2886.50, 2908.51, 2930.43, 2974.55, 2996.57, 3018.58 cm$^{-1}$ に振動回転遷移が観測された．図 19·25 を参考にして各遷移を帰属せよ．それをもとに $^{1}H^{19}F$ の結合長を求めよ．

**19·34** ベンゼン環の一様な膨張に対応する振動モードを考える．これは (a) ラマン活性か，(b) 赤外活性か．

**19·35** 非直線形分子である $H_2O_2$ について三つのコンホメーションが提案されているとしよう (**1, 2, 3**)．気体 $H_2O_2$ の赤外吸収スペクトルには，870, 1370, 2869, 3417 cm$^{-1}$ にバンドがある．同じ試料のラマンスペクトルには，877, 1408, 1435, 3407 cm$^{-1}$ にバンドがある．すべてのバンドは基本振動の波数に相当し，つぎのように仮定してもよい：(i) 870 と 877 cm$^{-1}$ のバンドは同じ基準振動から生じる．(ii) 3417 と 3407 cm$^{-1}$ のバンドは同じ基準振動から生じる．(a) もしも $H_2O_2$ が直線形であったとすると，この分子は基準振動をいくつもつことになるか．(b) 提案されたコンホメーションのうちのどれが分光学的データに矛盾するかを示し，その理由を説明せよ．

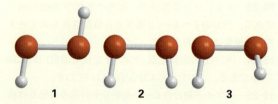

## プロジェクト問題

記号 ‡ は微積分の計算が必要なことを示す．

**19·36‡** 直線形回転子の回転エネルギー準位のうち最も占有数が多い準位は (19·11) 式で与えられる．球対称回転子の縮退度が $(2J+1)^2$ であることを考慮し，最も占有数の多い回転エネルギー準位を求めよ．

**19·37** ヘムエリトリン[1] (Her と略す) というタンパク質は，ある種の無脊椎動物における $O_2$ の結合や輸送を担っている．各タンパク質分子は，$Fe^{2+}$ イオンを 2 個もっているが，この両者は非常に接近していて，いっしょになって $O_2$ の分子 1 個を結合するように働く．酸素付加したヘムエリトリンの $Fe_2O_2$ 基は着色していて，500 nm に電子吸収バンドがある．(a) 酸素付加したヘムエリトリンを 500 nm のレーザーで励起して得られた共鳴ラマンスペクトルは，844 cm$^{-1}$ にバンドがあるが，これは束縛された $^{16}O_2$ の O–O 伸縮モードに起因するとされている．ヘムエリトリンへの酸素の結合を研究する方法として，赤外分光法ではなく共鳴ラマン分光法を選ぶのはなぜか．(b) 844 cm$^{-1}$ のバンドが，結合した $O_2$ 種から生じるという証拠は，$^{16}O_2$ の代わりに $^{18}O_2$ と混合したヘムエリトリンの試料について実験を行うことによって得られる．$^{18}O_2$ で処理したヘムエリトリンの試料における $^{18}O-^{18}O$ 伸縮モードの基本振動の波数を予測せよ．(c) $O_2, O_2^-$ (超酸化物アニオン)，$O_2^{2-}$ (過酸化物アニオン) の O–O 伸縮振動の基本振動の波数は，それぞれ 1555, 1107, 878 cm$^{-1}$ である．(i) この傾向を $O_2, O_2^-, O_2^{2-}$ の電子構造の点から説明せよ．(ii) $O_2, O_2^-, O_2^{2-}$ の結合次数はいくらか．(d) 上の (c) に挙げたデータに基づいて，つぎに示す化学種のうちのどれがヘムエリトリンの $Fe_2O_2$ 基を最もよく表すかを判断せよ：$(Fe^{2+})_2O_2, Fe^{2+}Fe^{3+}O_2^-, (Fe^{3+})_2O_2^{2-}$．その理由を説明せよ．(e) $^{16}O^{18}O$ と混合したヘムエリトリンの共鳴ラマンスペクトルは，結合した酸素の O–O 伸縮モードに帰属できる二つのバンドをもつ．どのようにすれば，この観測結果を使ってヘムエリトリンの $Fe_2$ サイトに結合する $O_2$ に対して提案された四つの様式 (**4~7**) のうちの一つまたはそれ以上を排除できるか．

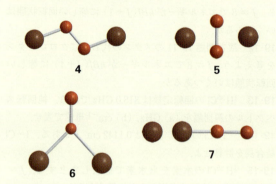

**19·38** 水，二酸化炭素，メタンは地球からの赤外放射線をある程度吸収するが，窒素と酸素は吸収しないことは，「環境問題へのインパクト 19·1」で述べた．14·14 節で説明した計算化学の方法を使っても，振動スペクトルのシミュレーションができる．その計算結果から，振動の振動数と基準モードに相当する原子変位との対応関係を求めることができる．(a) 分子設計のソフトウエアと適当な計算法を使い，気相における $CH_4, CO_2, H_2O$ の基準振動モードを調べ，それを図に表せ．(b) $CH_4, CO_2, H_2O$ の振動モードのうち，赤外線を吸収できるのはどれか．

---

[1] haemerythrin

# 20

# 電 子 遷 移

## 紫外・可視スペクトル

20・1 実験法の概要

20・2 吸収強度

20・3 フランク–コンドンの原理

20・4 いろいろな遷移

## 放射減衰と非放射減衰

20・5 蛍 光

20・6 りん 光

20・7 消 光

20・8 レーザー

## 光電子分光法

補遺 20・1 ベール–ランベルトの法則

補遺 20・2 アインシュタインの遷移確率

チェックリスト

重要な式の一覧

問題と演習

　分子内のオービタルの占有数を変えるのに必要なエネルギーは，数電子ボルト程度の大きさである（1 eV のエネルギー差は波数 8066 cm$^{-1}$ の放射線に相当する）．その結果，この種の変化が起こるときに放出または吸収されるフォトンはスペクトルの可視部および紫外部にある．これは約 14000 cm$^{-1}$ の赤色光から 21000 cm$^{-1}$ の青色光，さらに 50000 cm$^{-1}$ の紫外光に及ぶ範囲である（表 20・1）．

　われわれを取巻く世界のたいていの物体の色は，植物の色，花の色，合成染料の色，顔料や鉱物の色も，みな分子やイオンのオービタル間で電子が移動する遷移から生じるものである．クロロフィルが赤色光と青色光を吸収する（それで緑色を反射する）ときの電子の確率密度の変化が，地球が太陽からエネルギーを取入れて，光合成という自発的には進行しない反応をひき起こすための，主要なエネルギー獲得ステップである．場合によっては，電子の位置の移動が非常に大がかりで，そのために結合が切れて分子が解離することもある．このような過程では多種類の光化学反応をひき起こす．そのなかには大気に損傷を与えるものも，またこれを守る反応もある．

## 紫外・可視スペクトル

　白色光はすべての色の光が混合したものである．吸収によって白色光からどれか一つの色がなくなると補色が観察される．たとえば，白色光のうち赤色光が物体に吸収されるとその物体は赤の補色である緑色に見える．反対に，緑が吸収されると赤に見える．補色の対は図 20・1 に示した画家の色相環できれいに整理されている．この図で補色は直径の両端に位置する．

　しかし，強調しておかなければならないのは，色の感覚というのはきわめて微妙な現象であることである．たとえば，物体は赤色を吸収して緑色に見えるかもしれないが，入射光から緑以外の光を全部吸収しても，やはり緑に見えるだろう．これが植物の緑色の起源であって，実はクロロ

表 20·1 光の色,振動数,エネルギー

| 色 | $\lambda$/nm | $\nu/(10^{14}\,\text{Hz})$ | $\tilde{\nu}/(10^4\,\text{cm}^{-1})$ | $E$/eV | $E/(\text{kJ mol}^{-1})$ |
|---|---|---|---|---|---|
| 赤 外 | 1000 | 3.00 | 1.00 | 1.24 | 120 |
| 赤 | 700 | 4.28 | 1.43 | 1.77 | 171 |
| 橙 | 620 | 4.84 | 1.61 | 2.00 | 193 |
| 黄 | 580 | 5.17 | 1.72 | 2.14 | 206 |
| 緑 | 530 | 5.66 | 1.89 | 2.34 | 226 |
| 青 | 470 | 6.38 | 2.13 | 2.64 | 255 |
| 紫 | 420 | 7.14 | 2.38 | 2.95 | 285 |
| 近紫外 | 300 | 10.0 | 3.33 | 4.13 | 399 |
| 遠紫外 | 200 | 15.0 | 5.00 | 6.20 | 598 |

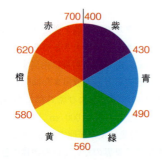

図 20·1 画家の色相環.直径の両端に補色がある.数字は対応する光の波長(単位は nm).

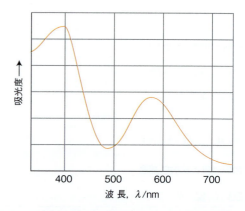

図 20·3 溶液中の物質の電子吸収は,ふつう非常に幅広い領域に及んでおり,数個のバンドから成る.

吸収スペクトルの幅を決めている一般原理について説明した.この章では,その原理を電磁スペクトルの紫外・可視領域で起こる電子遷移に応用する.

## 20·1 実験法の概要

スペクトルの可視部の吸収分光計には,発光ダイオード(17·3 節)やタングステン-ヨウ素ランプなどの通常の光源を使う.近紫外部では石英管に重水素やキセノンの気体を封入した放電管がいまでも広く利用されている.

もっとも簡単な分散素子はガラス製または石英製のプリズムであるが,いまは**回折格子**[1)]が使われている.可視領域のスペクトルの研究では,回折格子はガラスやセラミックの板に約 1000 nm(可視光の波長に相当する)間隔で細い溝を刻み,アルミニウムの反射皮膜をつけたものである.この格子によって,表面から反射した光は干渉を起こすから,使う光の振動数によって決まる特別な方向で強め合う干渉になる.つまり,それぞれの波長の光が別々の決まった方向に向かう(図 20·4).**単色器**[2)]には狭い出口スリットがあって,狭い波長範囲の光だけが検出器に到達する.格子を入射光と回折光とに垂直な軸のまわりに回せ

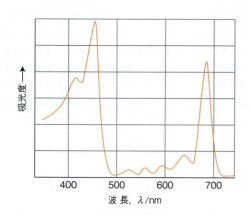

図 20·2 クロロフィルの可視部の吸収スペクトル.赤と青の領域で吸収があり,緑の光は吸収しないことがわかる.

フィルはそのスペクトル(図 20·2)で二つの領域に吸収がある.さらに吸収バンドというのは非常に幅広いことがあり,極大はある特定の波長にあっても,裾がほかの領域に長く尾を引いているかもしれない(図 20·3).このような場合には,吸収極大の位置から,どんな色に見えるかを予測するのは非常に困難である.

19 章では,試料が電磁放射線を吸収する程度や,その

---

1) diffraction grating  2) monochromator

ば，波長の異なる光に分解できる．このようにして，吸収スペクトルが狭い波長ごとに組立てられる．

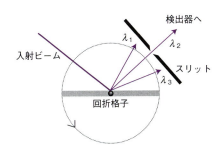

**図20·4** 光のビームが回折格子で3波長成分$\lambda_1, \lambda_2, \lambda_3$に分散されたとすると，この図の配置では，$\lambda_2$の波長の光だけが狭いスリットを通って検出器に達する．回折格子を回転すれば$\lambda_1$や$\lambda_3$も検出器に達して，それぞれ観測できる．

検出器は光に敏感な素子1個であったり，小さな素子数個を一次元あるいは二次元に並べたものである．ふつうの検出器は**フォトダイオード**[1])で，これはフォトンが当たったときに，検出器の材料の中で光誘起の電子移動反応によって可動な電荷担体（負に帯電した電子や正に帯電した"空孔"）が生じるため，電流が流れるような固体素子である．ケイ素は可視部で感度が高い．**電荷結合素子**[2]（CCD）は数百万個のフォトダイオードを二次元に並べたものである．CCD を使うと，**多色器**[3]から出る広範囲の波長が同時に検出されるので，狭い波長ごとにその強度を測る必要がない．CCD検出器は吸収，発光，ラマン散乱を調べるのに広く使われている．

## 20·2 吸収強度

ある波長における光の吸収強度と吸収物質の濃度$[J]$との間の関係は**ベール–ランベルトの法則**[4]，

$$I = I_0 \, 10^{-\varepsilon[J]L} \quad \text{ベール–ランベルトの法則} \quad (20·1)$$

で与えられる（10·1節）．$I_0$と$I$はそれぞれ入射光と透過光の強度，$L$は試料の長さ，$\varepsilon$は**モル吸収係数**[5]（いまでも吸光係数[6]という用語が広く使われている）で，その次元は1/（モル濃度×長さ）である．強い吸収の$\varepsilon$の値は$10^4\sim10^5\,\mathrm{dm^3\,mol^{-1}\,cm^{-1}}$の程度になる．モル濃度が$0.01\,\mathrm{mol\,dm^{-3}}$の溶液の場合，その溶液を約0.1 mm通過した後は，（吸収極大の振動数で）入射光の強度がはじめの10パーセントにまで落ちることになる（図20·5）．ベール–ランベルトの法則は経験的なものであるが，一様な吸収媒体を光が通過する場合を考えれば，その式のかたちが妥当であることがわかる（「補遺 20·1」）

試料の**吸光度**[7]$A = \varepsilon[J]L$は，入射光と透過光の強度

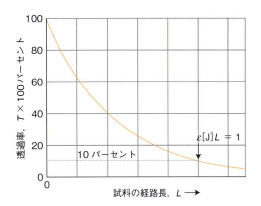

**図20·5** 光を吸収する物質を透過した後の強度は，試料を通った経路長とともに指数関数的に減衰する．

を使って，つぎの式から求める．

$$A = \log\frac{I_0}{I} \quad \text{定義} \quad \text{吸光度} \quad (20·2)$$

（対数は常用対数で，底は10である）．光の吸収を記録するときはある振動数における試料の**透過率**[8] $T$を使うのがふつうである．これは，

$$T = \frac{I}{I_0} \quad \text{定義} \quad \text{透過率} \quad (20·3)$$

で定義される．すなわち，$A = -\log T$である．ベール–ランベルトの法則は，つぎの二つのかたちのどちらで表してもよい．

$$A = \varepsilon[J]L \qquad T = 10^{-\varepsilon[J]L}$$
$$\text{ベール–ランベルトの法則} \quad (20·4)$$

● **簡単な例示 20·1 ベール–ランベルトの法則**

光を吸収する試料の経路長を$L_1$から$L_2$に変えたとき，その透過率が$T_1 = 10^{-\varepsilon[J]L_1}$から$T_2 = 10^{-\varepsilon[J]L_2}$に変わった．この経路長の違いが2倍で，$L_2 = 2L_1$なら，

$$e^{ax} = (e^x)^a$$

$$T_2 = 10^{-2\varepsilon[J]L_1} = (10^{-\varepsilon[J]L_1})^2 = T_1^2$$

となる．もし，経路長1 cmで透過率0.1（強度が90パーセント減少）なら，経路長が2倍で$(0.1)^2 = 0.01$（強度が99パーセント減少）となる．●

光を吸収する化学種の濃度は，10·1節で説明したように，(20·4) 式を$[J] = A/\varepsilon L$に変形して使えば求められる．二つの波長で測定すれば，混合物中の2成分AとBの濃度をべつべつに求めることができる．この分析のためには，ある一つの波長における全吸光度を，

$$A = A_\mathrm{A} + A_\mathrm{B} = \varepsilon_\mathrm{A}[\mathrm{A}]L + \varepsilon_\mathrm{B}[\mathrm{B}]L = (\varepsilon_\mathrm{A}[\mathrm{A}] + \varepsilon_\mathrm{B}[\mathrm{B}])L$$

---

1) photodiode  2) charge-coupled device  3) polychromator  4) Beer–Lambert law  5) molar absorption coefficient
6) extinction coefficient  7) absorbance  8) transmittance

と書く．次に，二つの波長 $\lambda_1$ と $\lambda_2$ における全モル吸収係数を $\varepsilon_1, \varepsilon_2$ とすると（図20·6），その2波長における全吸光度は，

$$A_1 = (\varepsilon_{A1}[A] + \varepsilon_{B1}[B])L \qquad A_2 = (\varepsilon_{A2}[A] + \varepsilon_{B2}[B])L$$

となる．つぎの「式の導出」で示すように，この連立方程式を解けば未知数（AとBのモル濃度）をつぎのように求められる．

$$[A] = \frac{\varepsilon_{B2} A_1 - \varepsilon_{B1} A_2}{(\varepsilon_{A1}\varepsilon_{B2} - \varepsilon_{A2}\varepsilon_{B1})L} \qquad (20\cdot5a)$$

$$[B] = \frac{\varepsilon_{A1} A_2 - \varepsilon_{A2} A_1}{(\varepsilon_{A1}\varepsilon_{B2} - \varepsilon_{A2}\varepsilon_{B1})L} \qquad (20\cdot5b)$$

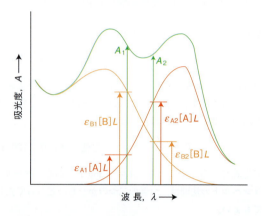

図20·6 混合物中の2種の吸収体の濃度は，それぞれのモル吸収係数と，両方の吸収がある領域内で二つの異なる波長で吸光度を測定すれば求められる．

### 式の導出 20·1　混合物中の濃度の求め方

[A]と[B]を求めるために解くべき連立方程式は，

$$\varepsilon_{A1}[A]L + \varepsilon_{B1}[B]L = A_1 \qquad \varepsilon_{A2}[A]L + \varepsilon_{B2}[B]L = A_2$$

である．両式の左辺第2項を揃えるために，左の式全体に $\varepsilon_{B2}$ を掛け，右の式全体に $\varepsilon_{B1}$ を掛けると，

$$\varepsilon_{B2}\varepsilon_{A1}[A]L + \varepsilon_{B2}\varepsilon_{B1}[B]L = \varepsilon_{B2} A_1$$

$$\varepsilon_{B1}\varepsilon_{A2}[A]L + \varepsilon_{B1}\varepsilon_{B2}[B]L = \varepsilon_{B1} A_2$$

となる．最初の式から2番目の式を引くと，

$$\varepsilon_{B2}\varepsilon_{A1}[A]L - \varepsilon_{B1}\varepsilon_{A2}[A]L = \varepsilon_{B2} A_1 - \varepsilon_{B1} A_2$$

を得る．これを整理すると，(20·5a) 式になる．(20·5b) 式を得るには，上の左の式に $\varepsilon_{A2}$ を掛け，右の式に $\varepsilon_{A1}$ を掛けて，同様に引き算をすれば，[A]の項が消える．

両物質のモル吸収係数が等しくなる波長が存在しうる．この共通の値を $\varepsilon_{iso}$ と書く．その波長ではこの混合物の全吸光度は，

$$A_{iso} = (\varepsilon_{iso}[A] + \varepsilon_{iso}[B])L = \varepsilon_{iso}([A] + [B])L \qquad (20\cdot6)$$

となる．AとBがA→Bまたはその逆反応で相互に変換しても，全濃度は一定であるから，$A_{iso}$ も一定である．その結果，吸収スペクトルにおける不動点である**等吸収点**[1]が一つ以上観測される（図20·7）．ある一つの波長で三つ以上の物質が同じモル吸収係数をもつことはまずないから，一つ等吸収点が存在すること（あるいは二つ以上は存在しないこと）は，溶液が2種だけの（中間体のない）溶質から成り，それが平衡にあることの決定的な証拠である．

モル吸収係数は入射光の波数（したがって，振動数や波長）によって変わり，吸収が最も強いところで最大である．モル吸収係数の最大値 $\varepsilon_{max}$ はその遷移の強度の目安であるが，吸収バンドはある波数領域に広がっているのが普通

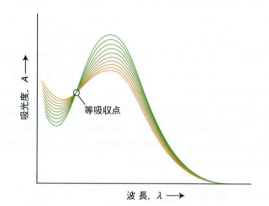

図20·7 溶液中に相互に関係のある吸収体があるときには，一つ以上の等吸収点ができる．図の曲線群は反応A→Bのいろいろな段階に対応する．

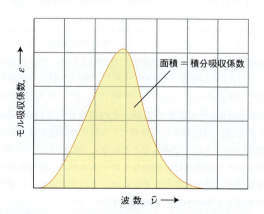

図20·8 遷移の積分吸収係数は，モル吸収係数を入射光の波数に対してプロットした曲線の下の面積である．

---

1) isosbestic point（"同じ"と"消える"という意味のギリシャ語から由来する）

であるから，ある一つの波数のところでの吸収が真の強度を示すとは限らない．真の強度を表すには，モル吸収係数を波数に対してプロットしたときの面積，**積分吸収係数**[1] $\mathcal{A}$ を使うのが最善である（図 20·8）．

## 20·3 フランク-コンドンの原理

電子遷移が起こるときは常に分子の振動励起を伴う．分子の基底電子状態では，原子核はそれに働くクーロン力に応じた位置をとる．その力は電子と他の原子核とから生じるものである．電子遷移が起こった後は，電子が分子内のべつの場所に移動しているので，それに対応して原子核は違うクーロン力を受ける．このような力の変化に応じて分子は激しい振動をするようになる．その結果，電子を再配置するのに使われるエネルギーの一部が分子の振動を励起するのに使われる．それで純粋な電子遷移による鋭い吸収線が1本観測されるのでなく，吸収スペクトルは多数の線からできている．試料が気体であれば，このような電子遷移の**振動構造**[2]が分裂して見えるが，液体や固体では線が合体して幅広いほとんど構造のない吸収バンドになるのが普通である（図 20·9）．

バンドの振動構造はつぎの**フランク-コンドンの原理**[3]で説明できる．

- 原子核は電子よりも非常に重いので，電子遷移は核が対応できないほど速く起こる．

電子遷移のとき，分子のある領域では電子密度が急に減り，他の領域では急速に増える．その結果，はじめ落ちついた状態にあった各原子核が急に新しい力場を受ける．この新しい力に応答するために振動を始め，(古典論的ないい方をすれば) もとの位置 (急激な電子励起の間保たれていた位置) から，行ったり来たりして揺れることになる．したがって，遷移の前の電子状態における核の平衡間隔は，最後の電子状態では核の振動の端の終点の一つ，つまり**転回点**[4]になる（図 20·10）．

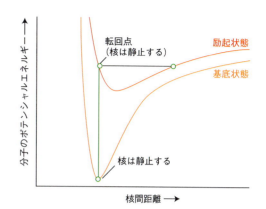

図 20·10 フランク-コンドンの原理によれば，もっとも強い電子遷移は，基底振動状態から，上の電子状態で転回点が真上にある振動状態へのものである．他の振動準位への遷移も起こるが強度は弱い．

最終的な振動状態がどこになりそうかという予測をするには，下の曲線の極小 (遷移の出発点) から鉛直な線を引いて，その線が上の電子状態を表す曲線と交わる点を求める．この点が新しく誘導される振動の転回点になる．この操作から，フランク-コンドンの原理に従う遷移を**垂直遷移**[5]という．実際には電子的に励起した分子が，下の曲線の極小点の真上に近い転向点の付近の数個の振動励起状態のどれかに入れるので，吸収は数個の異なる振動数のところに現れる．上で述べたように，凝縮相では個別の遷移がかたまりになってしまい，幅が広くほとんど構造のない吸収バンドを与える．

## 20·4 いろいろな遷移

フォトンの吸収はある小さな原子団に属する電子の励起に起源をもつと考えられることが多い．たとえば，カルボニル基が存在すると約 290 nm に吸収が見られるのが普通である．特異的な光学吸収をもつ原子団を**発色団**（クロモホア）[6]という．物質に色があるのは発色団によることが多い．

カルボニル化合物における吸収の原因になる遷移は O 原子にある孤立電子対によるものである．孤立電子1個がカルボニル基 (図 20·11) の空の $\pi^*$ オービタルへ励起して，いわゆる **n-$\pi^*$ 遷移**[7]を起こす．n は非結合性オービタル (孤立電子対が占めるオービタルのように，結合性で

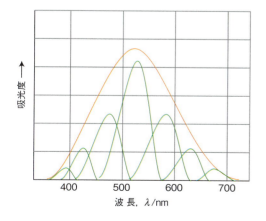

図 20·9 電子吸収バンドは多くの重なったバンドから成る．これらのバンドは互いに融合して振動構造を分離できない一つの幅広いバンドをつくる．

---

1) integrated absorption coefficient　2) vibrational structure　3) Franck–Condon principle　4) turning point　5) vertical transition
6) chromophore (″色をつける物″ という意味のギリシャ語に由来する)　7) n-to-π* transition

も反結合性でもないオービタル）を示す．この吸収エネルギーはふつう約 4 eV である．

C＝C 二重結合では，フォトンが π 電子 1 個を反結合性の π* オービタルへ励起するので，発色団となる（図 20·12）．それでこの発色作用を **π–π\*遷移**[1] という．そのエネルギーは非共役二重結合の場合 7 eV くらいで，これは 180 nm（紫外部）の吸収に相当する．二重結合が共役鎖の一部になっている場合は，この 2 個の分子オービタルのエネルギーがもっと近いので，遷移はスペクトルの可視部の方へずれる（14·16 節を見よ）．

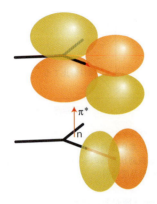

**図 20·11** カルボニル基は，O の非結合性の孤立電子 1 個が反結合性の CO π* オービタルへ励起することが主な原因で発色団として働く．

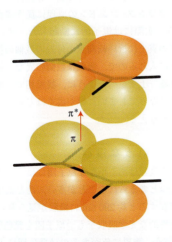

**図 20·12** 炭素–炭素二重結合は発色団として働く．これの重要な遷移の一つはここに示した π–π\* 遷移で，電子が π オービタルから対応する反結合性オービタルへ昇位する．

● **簡単な例示 20·2** **π–π\*遷移**

樹木の赤色や黄色の多くは π–π\* 遷移の結果である．たとえば，緑葉の中に存在する（ただし，クロロフィルがなくなるまでは，その強い吸収に隠れて見えない）カロテン類はその長鎖共役炭化水素において π–π\* 遷移を起こすことによって，葉にそそぐ太陽光の一部を取込む．視覚の一次過程においても同様なタイプの吸収が重要である（インパクト 20·1）．●

d 金属錯体では，配位子から中心金属の d オービタルへ，またはその逆方向へ電子が移動することによって光を吸収する場合がある．このような**電荷移動遷移**[2] では電子がかなりの距離を動く．その電荷の再分布は遷移双極子モーメントに反映されるから，それが大きくなれば吸収は強くなる．実際，多くの d 金属錯体の色の原因になっている最も強い電子遷移は電荷移動遷移である．過マンガン酸イオン $MnO_4^-$ では，O 原子から中心にある Mn 原子への電子の移動に伴う電荷の再分布によって，420～700 nm の領域に電荷移動遷移が見られ，このイオンの濃い紫色がこれによって説明できる．

### 生化学へのインパクト 20·1

#### 視　覚

眼は光のエネルギーを電気信号に変換し，それをニューロンに送り出す変換器として作用する精巧な光化学器官である．ここでは人間の眼で起こることに限定するが，同様な過程はすべての動物で起こっている．実際，動物界全体にわたって，ロドプシンという一つの型のタンパク質だけが光に対する第一次のレセプターである．このことは，進化の歴史の中で，視覚がきわめて初期の段階で発生したことを示している．これは生存にとって重大な価値があることから当然である．

フォトンは角膜を通って眼に入り，眼球を満たしている硝子体[3] を通って網膜[4] に達する．硝子体はほとんどが水であるが，光がこの媒質を通ることで眼の色収差[5] が生じる．すなわち，振動数の異なる光が少し異なる焦点を結ぶために像がぼやける．この色収差は，網膜の一部を覆う黄斑色素[6] という薄い色のついた領域で多少緩和される．この領域の色素はカロテン様のキサントフィル類（**1**）で，これが青色を少し除去して像をシャープにする働きをする．これらの色素はまた，危険性のある高エネルギーのフォトンが光レセプター分子に過剰に当たるのを防いでいる．キサントフィル類には共役二重結合鎖に沿って広がった非局在化した電子があるので，可視部に π–π\* 遷移がある．

**1** キサントフィルの一種

---

1) π-to-π* transition　2) charge-transfer transition　3) vitreous humor　4) retina　5) chromatic aberration　6) macular pigment

眼に入ったフォトンの約57パーセントが網膜に達し，残りは硝子体で散乱または吸収される．網膜に達したところで視覚の一次作用が起こる．すなわち，ロドプシン分子の発色団がべつの π–π* 遷移によってフォトンを吸収する．ロドプシン分子はオプシンというタンパク質に 11-*cis*-レチナール分子 (**2**) が付いたものである．後者はカロテンの半分に似た分子で，手近な材料を利用する自然界の経済性を見ることができる．この接続は発色団の −CHO 基を使ってシッフ塩基[1]を生成することによる．遊離の 11-*cis*-レチナールの分子は紫外部に吸収があるが，オプシンタンパク質分子に付くと吸収が可視部へずれる．ロドプシン分子は，網膜を覆っている**桿体細胞**[2]と**錐体細胞**[3]という特殊な細胞の中にある．オプシン分子は2個の疎水基によって細胞膜の中に根をおろしており，発色団をだいたい囲んでいる（図 20·13）．

図 20·13　ロドプシン分子の構造

**2**　11-*cis*-レチナール

11-*cis*-レチナール分子はフォトンを吸収するとすぐに光異性化を起こして，全部がトランスコンホメーションのレチナール (**3**) になる．光異性化には約 200 fs かかり，フォトンを100個吸収すると67個の色素分子が異性化する割合である．この過程は電子の π–π* 遷移によって π 結合の一つ（**2** の図の矢で示した結合）が弱くなり，ねじれに対する剛性が失われる．その結果，分子の一部分が大きく向きを変えるのである．この時点で，分子は基底状態に戻るが，新しいコンホメーションに落着く．全部がトランスコンホメーションで尾がまっすぐの状態では分子は 11-*cis*-

**3**　全部がトランスのレチナール

レチナールよりも広い空間を必要とするので，そのまわりにあるオプシン分子のらせん部分を圧迫する結果になる．それで最初の吸収から約 0.25〜0.50 ms のうちに，ロドプシン分子が活性化される．

さて，ここで一連の生化学的な過程，生化学的カスケード[4]が起こる．それによって，ロドプシン分子の配置の変化が1個の電位パルスに変換され，そのパルスが**視神経**[5]から**視皮質**[6]へと移動する．そこではじめて信号と認識され，それから"視覚"といわれるさまざまな複雑なプロセスに組込まれる．同時にロドプシン分子は放射を伴わず，ATP のエネルギーを使った一連の化学過程を経て待機状態に戻る．この過程では，全部トランスのコンホメーションのレチナールがオプシン分子から外れて，全部トランスのコンホメーションのレチノールになる（−CHO が還元されて −CH$_2$OH になる）．この変化はロドプシンキナーゼという酵素で触媒され，もう一つのタンパク質アレスチンが付くことで起こる．一方，遊離の全部トランスコンホメーションのレチノール分子は酵素触媒で異性化して 11-*cis*-レチノールになり，続いて脱水素して 11-*cis*-レチナールになり，それでオプシン分子のところへ戻る．こうして，励起，光異性化，再生のサイクルが出発点に戻り待機状態となる．

## 放射減衰と非放射減衰

フォトンを吸収した分子の励起エネルギーはたいていの場合，**非放射減衰**[7]という過程によって外界の乱雑な熱運動に変わってしまう．あるいは，同じ非放射過程であるが，スピン多重度が同じ別の状態へ**内部転換**（IC）[8]を起こして電子の再分布が起こる．一方，電子励起された分子がその過剰エネルギーをはきだす一つの過程として**放射減衰**[9]がある．これによって電子が低エネルギーのオービタルに落ち込み，そのときフォトンを発生する．その結果，放射光がスペクトルの可視部にあれば試料がほのかに光るのが観測される．

放射減衰では蛍光とりん光の2種が主要なものである（図 20·14）．**蛍光**[10]では刺激光が止まるとすぐに，自発的に放出されていた光も止まる（ナノ秒以内）．**りん光**[11]では自発発光が長い間続く（ときには何時間も．しかし，ふつうは秒または何分の1秒の程度）．この違いから，蛍光は吸収光がすぐに放射光に転換されるのに対して，りん光ではエネルギーがどこかに蓄えられて，そこから徐々にもれてくるのだろうと想像される．

---

1) Schiff's base　2) rod cell　3) cone cell　4) biochemical cascade　5) optical nerve　6) optical cortex　7) non-radiative decay
8) internal conversion　9) radiative decay　10) fluorescence　11) phosphorescence

## 20・5 蛍　光

分子の電子と振動のエネルギー準位を模式的に示す図に**ジャブロンスキー図**[4]というのがある．図 20・16 はその簡単な例で，蛍光に関する一連のステップを示している．はじめの光吸収で分子は励起電子状態に上がるが，もし吸収スペクトルを観測していたとすれば，図 20・17a のように見えるだろう．励起した分子はまわりの分子と衝突してエネルギーを失いながらはしご状の振動準位を下りてくる．しかし，この分子が基底状態まで落ちるときに放出する大きなエネルギーを周囲の分子が受け入れることができないと，しばらく励起状態が続いてから，フォトンをつくって過剰なエネルギーを光として放出することもある．この下向きの電子遷移は**垂直**に起こる（フランク-コンドンの原理に従う）から，蛍光スペクトル（図 20・17b）は下

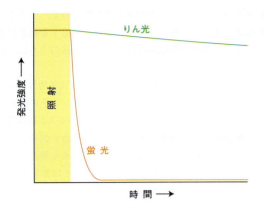

**図 20・14** 蛍光とりん光の経験的な（実験に基づいた）区別は，前者は励起光源がなくなるとすぐに消えるのに対し，後者は発光し続け，その強度が比較的ゆっくり減衰していくという点にある．

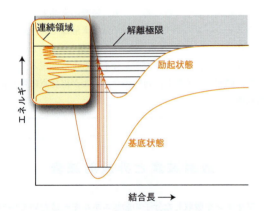

**図 20・15** 吸収が起こって上の電子状態の非束縛状態に移ると，分子は解離し吸収は連続吸収になる．解離極限よりも下では電子スペクトルは通常の振動構造をもつ．

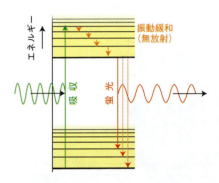

**図 20・16** 蛍光を発するまでの一連のステップを示すジャブロンスキー図．はじめの吸収の後，上の振動状態は無放射減衰（振動緩和の過程）を起こして周囲へエネルギーを譲り渡す．それから，上の電子状態の基底振動状態からの放射遷移が起こる．実際には，二つの電子状態の基底状態（太い横線）の間の間隔は，振動準位の間隔の 10 倍ないし 100 倍の大きさである．

光の吸収によって分子が**解離**[1]，つまりバラバラになることもある（図 20・15）．解離の始まりは，吸収スペクトルではバンドの振動構造があるエネルギーのところで終端になるのを検出すればわかる．この**解離極限**[2]，つまり，連続吸収が始まる直前の最高振動数を超えると，連続的なバンドのかたちで吸収は起こる．それは遷移の終状態が分子のかけらの非量子化並進運動だからである．解離極限の位置を決めることは，結合解離エネルギーを求める有力な方法である．電子遷移が直接に，純粋に反発的な状態，つまり結合に対応する極小がない状態へ起こっても解離することがある．また，ある束縛状態から反発的な状態への内部転換によって解離が起こることもある．この場合は，はじめの励起状態の解離に必要な波数以下で解離が起こることになるから，この過程を**前駆解離**[3]という．

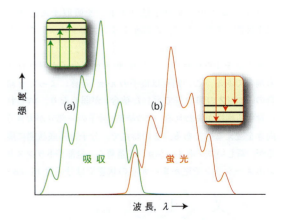

**図 20・17** 吸収スペクトル (a) は上の状態に特有な振動構造を示す．蛍光スペクトル (b) は下の状態に特有な構造を示し，同時に低振動数へずれて吸収の鏡像のようになる．

---

1) dissociation　2) dissociation limit　3) predissociation　4) Jablonski diagram

の電子状態の振動構造の特徴をもつ.

蛍光は入射光よりも低い振動数で起こる.それは,振動エネルギーを少し周囲へ渡した後に蛍光を発するからである.日常目にする蛍光染料の鮮やかな橙色や緑色はこの効果による.すなわち,紫外光を吸収して可視光を蛍光として出すものである.この機構によれば,蛍光の強度は溶媒分子など周囲にある分子が電子および振動の量子を受け入れる能力に依存するはずである.実際,振動準位の間隔が広い分子からなる溶媒(水など)では大きな電子エネルギーの量子を受け入れるので,溶質の蛍光強度が減少することもある.

## 20・6 りん光

図20・18はりん光に至るステップを示すジャブロンスキー図である.最初の方のステップは蛍光の場合と同じであるが,三重項状態が存在することが決定的な役割を果たす.**三重項状態**[1]というのは,異なるオービタルにいる2個の電子が平行なスピンをもつ状態で,14・10節で説明したO$_2$の基底状態はその一例である."三重項"という名称は,2個の平行スピン(↑↑)は量子力学的に,ある軸に対して3通りの配向がとれるという事情からきている.スピンが対をつくったふつうの状態(↑↓)は空間でこの対の配向が1通りしかないので,**一重項状態**[2]という.13・17節で導入した用語を使うと,三重項状態では$S=1$で,$M_S$は$+1, 0, -1$の三つの状態のどれかをとる.一方,一重項状態では$S=0$で,$M_S$は0という一つの値だけをとる.

典型的なりん光分子の基底状態では,電子がすべて対になっているので一重項状態である.吸収によって分子が励起した励起状態でもやはり一重項である.しかし,りん光分子の特殊な事情は,励起一重項状態とほぼ同じエネルギーの励起三重項状態が存在することで,励起一重項状態

からそこへ変換できる.それで,2個の電子スピンの対を解く(したがって,↑↓を↑↑に変換する)機構があれば,その分子は**系間交差**[3](ISC)を起こして三重項状態になる.分子が硫黄原子のようなスピン-軌道カップリング(13・18節)の強い重原子を含んでいると,電子スピンの対を解くことができる.一重項状態から三重項状態へ変換するのに必要な角運動量は,電子の軌道運動から獲得することができる.

励起一重項の分子が三重項状態に交差していった後,分子はひき続き振動状態のはしごを降りて行きながら周囲にエネルギーを渡す.しかし,それは三重項状態のはしごなので,その最低振動エネルギー準位で止まる.最後に残った電子励起エネルギーは大きくて周囲がひき受けることができないし,分子自身も基底状態へ戻る遷移は選択律によって禁止されているから,光を放出することもできない.すなわち,三重項状態の一方の電子のスピンはもう一方の電子と反対向きにはなれないから(電子遷移では$\Delta S = 0$),一重項状態への変換は本来禁止されているのである.しかし,系間交差を起こすのと同じスピン-軌道カップリングによってこの選択律も破れるので,この放射遷移は完全に禁止されているわけではない.したがって,分子は弱く発光することができ,その発光はもとの励起状態ができた後,長く続く.

図20・18にまとめたりん光の機構を見れば,励起エネルギーがエネルギーだめに閉じ込められ,そこからゆっくりもれ出る様子がわかる.また,この図から,実験でも確かめられているように,りん光は固体試料の場合に最も強く出ることも察することができる.つまり,固体では,エネルギー移動の効率が悪く,励起一重項状態が振動エネルギーを失うとき系間交差が起こる十分な時間があるからである.さらにこの機構では,りん光の効率は電子スピンを逆転させる能力をもつ重原子があるかないかにも依存することが考えられるが,実際にもそうなっている.

## 20・7 消 光

蛍光やりん光を発する分子からその励起エネルギーを奪う**消光**[4]という過程がいろいろある.その例として,エネルギー移動や電子移動,光の吸収で開始するいろいろな光化学反応がある.

この節では消光の速度と機構について調べ,励起状態の生成と失活の時間スケールに関する情報を得ておこう.紫外光と可視光を吸収して生じる遷移は$10^{-16}$~$10^{-15}$s以内に起こる.そこで,1次反応の光化学反応などの消光過程の速度定数の上限は$10^{16}$s$^{-1}$くらいと予想できる.蛍光は吸収よりも遅く,ふつう時定数が$10^{-12}$~$10^{-6}$sである.したがって,励起一重項状態はフェムト秒($10^{-15}$s)から

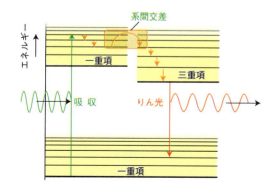

図20・18 一連の段階を経て,りん光が起こる.重要な段階は励起一重項状態から励起三重項状態への系間交差である.三重項状態から基底状態へ戻る遷移は非常に遅いから,三重項状態はゆっくり放射するエネルギーだめとして働く.

---

1) triplet state  2) singlet state  3) intersystem crossing  4) quenching

ピコ秒（$10^{-12}$ s）の時間スケールで，きわめて速い光化学反応を開始できる．大きな有機分子での系間交差やりん光の時間スケールは，ふつうそれぞれ $10^{-12} \sim 10^{-4}$ s，$10^{-6} \sim 10^{-1}$ s であるから，励起三重項状態は光化学的に重要である．りん光の減衰はたいていの反応よりも数桁遅いから，励起三重項状態にある分子種は，失活する前に他の反応物と非常に多くの回数衝突することができる．しかしながら，視覚（インパクト 20·1）や光合成（インパクト 20·2）などの重要な生化学的過程は，励起一重項状態の失活によって開始するから，ここでは蛍光の失活に注目しよう．

### （a）励起状態の崩壊の機構

まず，消光がないときの励起一重項状態の失活の機構を考えよう．これにはつぎのようなステップが関与する．

| 過 程 | 式 | 速 度 |
|---|---|---|
| 吸 収 | $S + h\nu_i \longrightarrow S^*$ | $I_{abs}$ |
| 蛍 光 | $S^* \longrightarrow S + h\nu_F$ | $k_F[S^*]$ |
| 系間交差 | $S^* \longrightarrow T^*$ | $k_{ISC}[S^*]$ |
| 内部転換 | $S^* \longrightarrow S$ | $k_{IC}[S^*]$ |

ここで，S は光を吸収する化学種，$S^*$ は励起一重項状態，$T^*$ は励起三重項状態，$h\nu_i$ と $h\nu_F$ はそれぞれ入射フォトンと蛍光フォトンのエネルギーである．そこで，励起光の照射を止めて，$S^*$ がそれ以上できなくなった後は，

$$S^* \text{の崩壊速度} = k_F[S^*] + k_{ISC}[S^*] + k_{IC}[S^*]$$
$$= (k_F + k_{ISC} + k_{IC})[S^*] \qquad (20\cdot7a)$$

となる．この励起状態は 1 次過程で崩壊することがわかるから，$[S^*]$ の時間変化は，

$$[S^*]_t = [S^*]_0\, e^{-(k_F + k_{ISC} + k_{IC})t}$$
$$= [S^*]_0\, e^{-t/\tau_0} \qquad (20\cdot7b)$$

となる．ここで，**実測の蛍光寿命**[1] $\tau_0$ は，

$$\tau_0 = \frac{1}{k_F + k_{ISC} + k_{IC}} \qquad \text{定義} \quad \boxed{\text{実測の蛍光寿命}} \quad (20\cdot8)$$

である．（実測の寿命は，$\tau_F = 1/k_F$ などの個々の寿命の単なる和でないことに注意しよう．）

### （b）蛍光の量子収量

すでに見たように，励起分子すべてが蛍光によって崩壊するわけではない．そこで，**蛍光の量子収量**[2] $\phi_F$ というときは，ある時間内に蛍光を生じるイベントの数を，同じ時間に分子が吸収したフォトンの数で割ったものを考える．

$$\phi_F = \frac{\text{蛍光を生じるイベントの数}}{\text{吸収したフォトンの数}}$$
$$\text{定義} \quad \boxed{\text{蛍光の量子収量}} \quad (20\cdot9a)$$

もし，フォトン 1 個を吸収した分子が必ず蛍光を生じれば $\phi_F = 1$ である．分子が蛍光を発する前に励起エネルギーが失われてしまえば $\phi_F = 0$ である．

この式の分子と分母をイベントが起こる時間で割ればわかるように，蛍光量子収量というのは蛍光の速度をフォトンの吸収速度 $I_{abs}$ で割ったものに等しい．すなわち，

$$\phi_F = \frac{\text{蛍光の速度}}{\text{フォトンの吸収速度}} = \frac{v_F}{I_{abs}}$$
$$\boxed{\text{蛍光の量子収量}} \quad (20\cdot9b)$$

である．つぎの「式の導出」で示すように，励起一重項状態によって開始する化学反応がない限り，蛍光の量子収量はつぎのように表される．

$$\phi_{F,0} = \frac{k_F}{k_F + k_{ISC} + k_{IC}}$$
$$\text{消光がないとき} \quad \boxed{\text{蛍光の量子収量}} \quad (20\cdot10)$$

---

**式の導出 20·2　蛍光の量子収量**

たいていの蛍光測定は，比較的希薄な試料に強い連続光を照射して行う．それで，$[S^*]$ は小さく，また一定とみなせるから，定常状態の近似（11 章）の助けを借りて，

$[S^*]$ の変化速度

$$= \underset{\substack{S^*\text{の}\\\text{生成速度}}}{I_{abs}} - \underset{\substack{\text{蛍光による}\\S^*\text{の崩壊速度}}}{k_F[S^*]}$$

$$- \underset{\substack{\text{系間交差による}\\S^*\text{の崩壊速度}}}{k_{ISC}[S^*]} - \underset{\substack{\text{内部転換による}\\S^*\text{の崩壊速度}}}{k_{IC}[S^*]}$$

$$= I_{abs} - (k_F + k_{ISC} + k_{IC})[S^*] \underset{\text{定常状態の近似}}{= 0}$$

と書ける．そうすると，

$$I_{abs} = (k_F + k_{ISC} + k_{IC})[S^*]$$

となる．この式と（20·9b）式を使うと，蛍光の量子収量は，

$$\phi_{F,0} = \frac{v_F}{I_{abs}} = \frac{k_F[S^*]}{(k_F + k_{ISC} + k_{IC})[S^*]}$$

と書ける．$[S^*]$ を消去すれば（20·10）式になる．

---

1) observed fluorescence lifetime　2) quantum yield of fluorescence

## 20・7 消光

蛍光寿命の測定はレーザーパルス法を使って行う．まず，試料をレーザーの短いパルス光で照射する．その波長はSが強く吸収するところを選ぶ．このパルス後に生じる蛍光の指数関数的な減衰を監視する．(20・8)式と(20・10)式から次式が得られる．

$$\tau_0 = \frac{1}{k_F + k_{ISC} + k_{IC}} \overset{k_F/k_F \text{をかける}}{=} \overbrace{\left(\frac{k_F}{k_F + k_{ISC} + k_{IC}}\right)}^{\phi_{F,0}} \times \frac{1}{k_F}$$

$$= \frac{\phi_{F,0}}{k_F} \qquad (20 \cdot 11)$$

● **簡単な例示 20・3　蛍光の速度定数**

水中でのトリプトファンの蛍光量子収量と実測の蛍光寿命は，$\phi_{F,0} = 0.20$ および $\tau_0 = 2.6$ ns であった．(20・11)式から，蛍光の速度定数 $k_F$ はつぎのように求められる．

$$k_F = \frac{\phi_{F,0}}{\tau_0} = \frac{0.20}{2.6 \times 10^{-9}\,\text{s}} = 7.7 \times 10^7\,\text{s}^{-1}$$

**自習問題 20・1**

蛍光の量子収量 $\phi_{F,0} = 0.35$ の物質の蛍光寿命を測定する実験で，蛍光の発光の半減期は 5.6 ns であった．この物質の蛍光の速度定数を求めよ．[答：$k_F = 6.3 \times 10^7\,\text{s}^{-1}$]

### (c) シュテルン–フォルマーの式

励起状態の分子は崩壊して基底状態になるか，それとも何らかの光化学生成物をつくる．つぎの「式の導出」で示すように，消光剤 Q が存在しないときと，モル濃度 [Q] で存在するときの蛍光の量子収量，それぞれ，$\phi_{F,0}$ と $\phi_F$ との間の関係は**シュテルン–フォルマーの式**[1]，

$$\frac{\phi_{F,0}}{\phi_F} = 1 + \tau_0 k_Q [Q] \qquad \text{シュテルン–フォルマーの式} \quad (20 \cdot 12)$$

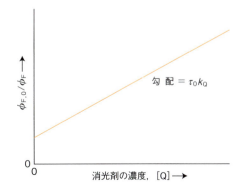

**図 20・19** シュテルン–フォルマーのプロットのつくり方．直線の勾配は，消光の速度定数と消光がない場合の実測の蛍光寿命の積で表される．

で与えられる．この式を見れば，$\phi_{F,0}/\phi_F$ を [Q] に対してプロットすると，勾配が $\tau_0 k_Q$ の直線が得られるのがわかる．このプロットを**シュテルン–フォルマープロット**という（図 20・19）．この方法は一般的に成り立つもので，りん光の消光にも適用できる．

**式の導出 20・3　シュテルン–フォルマーの式**

消光剤 Q を添加すると S* が失活するもう一つの道が開かれる．

$$\text{消光}: S^* + Q \longrightarrow S + Q$$

$$\text{消光の速度} = k_Q [Q][S^*]$$

「式の導出 20・2」で示したように，関与するすべての崩壊過程を考慮に入れたうえで，[S*] について定常状態の近似を使えば，

[S*] の変化速度

$$= \overset{S^* \text{の生成速度}}{I_\text{abs}} - \overset{\text{蛍光による}\\ S^* \text{の崩壊速度}}{k_F [S^*]} - \overset{\text{系間交差による}\\ S^* \text{の崩壊速度}}{k_{ISC} [S^*]}$$

$$\qquad - \overset{\text{内部転換による}\\ S^* \text{の崩壊速度}}{k_{IC} [S^*]} - \overset{\text{消光による}\\ S^* \text{の崩壊速度}}{k_Q [Q][S^*]}$$

$$= I_\text{abs} - (k_F + k_{ISC} + k_{IC} + k_Q [Q])[S^*]$$

$$\overset{\text{定常状態の近似}}{= 0}$$

と書ける．そこで，消光剤の存在下での蛍光の量子収量は，

$$\phi_F = \frac{k_F}{k_F + k_{ISC} + k_{IC} + k_Q [Q]}$$

である．[Q] = 0 のときの量子収量は，

$$\phi_{F,0} = \frac{k_F}{k_F + k_{ISC} + k_{IC}}$$

であるから，つぎのようにして (20・12) 式が得られる．

$$\frac{\phi_{F,0}}{\phi_F} = \overbrace{\left(\frac{k_F}{k_F + k_{ISC} + k_{IC}}\right)}^{\phi_{F,0}} \times \overbrace{\left(\frac{k_F + k_{ISC} + k_{IC} + k_Q [Q]}{k_F}\right)}^{1/\phi_{F,0}}$$

$$\overset{k_F \text{を消去}}{=} \frac{k_F + k_{ISC} + k_{IC} + k_Q [Q]}{k_F + k_{ISC} + k_{IC}}$$

$$= 1 + \overbrace{\frac{1}{k_F + k_{ISC} + k_{IC}}}^{\tau_0 (20\cdot 8\text{式})} \times k_Q [Q]$$

$$= 1 + \tau_0 k_Q [Q]$$

---

[1] Stern–Volmer equation

蛍光強度と蛍光寿命はどちらも蛍光の量子収量に比例するから（具体的には，20・11式から $\tau = \phi_F/k_F$)，$I_{F,0}/I_F$ や $\tau_0/\tau$（下付きの添え字の0は消光剤なしでの測定を示す）を [Q] に対してプロットすれば，どちらも（20・12）式で表される同じ勾配と切片の直線が得られる．

### 例題 20・1　消光の速度定数の求め方

2,2′-ビピリジン分子（**4**, bpy）は $Ru^{2+}$ イオンと錯体を形成する．ルテニウム（Ⅱ）トリス（2,2′-ビピリジル）錯体 $Ru(bpy)_3^{2+}$（**5**）には 450 nm に強い電子吸収がある．$Ru(bpy)_3^{2+}$ の $Fe(H_2O)_6^{3+}$ による酸性溶液中での蛍光の消光を，600 nm における発光の寿命を測定することによって追跡し，つぎのデータを得た．

| $[Fe(H_2O)_6^{3+}]/(10^{-4}\ mol\ dm^{-3})$ | 0 | 1.6 | 4.7 | 7.0 | 9.4 |
|---|---|---|---|---|---|
| $\tau/(10^{-7}\ s)$ | 6.00 | 4.05 | 3.37 | 2.96 | 2.17 |

**4** 2,2′-ビピリジン(bpy)　　**5** $[Ru(bpy)_3]^{2+}$

**解法**　寿命のデータを使えるようにシュテルン-フォルマーの式（20・12式）を書き換え，それから与えられたデータに直線を合わせる．

**解答**　（20・11）式から $\phi_{F,0} = \tau_0 k_F$ および $\phi_F = \tau k_F$ であるから，（20・12）式を書き換えれば，

$$\frac{\phi_{F,0}}{\phi_F} = \frac{\tau_0 k_F}{\tau k_F} \quad\overset{k_F を消去}{=}\quad \frac{\tau_0}{\tau} \quad\overset{(20・12)式}{=}\quad 1 + \tau_0 k_Q [Q]$$

となり，$\tau_0$ で割れば，

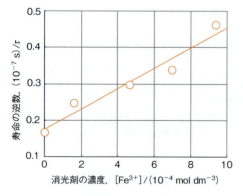

図 20・20　例題 20・1 のデータのシュテルン-フォルマーのプロット．

$$\frac{1}{\tau} = \frac{1}{\tau_0} + k_Q [Q] \tag{20・13}$$

が得られる．図 20・20 は，$[Fe^{3+}]$ に対して $1/\tau$ をプロットしたもので，（20・13）式を使って合わせてある．その直線の勾配は $2.8 \times 10^9$ であるから，$k_Q = 2.8 \times 10^9\ dm^3\ mol^{-1}\ s^{-1}$ である．この例でわかるように，発光の寿命の測定をすれば $k_Q$ が直接得られるからよく行われる．強度や量子収量の測定から $k_Q$ の値を求めるには，べつに $\tau_0$ の測定が必要である．

### 自習問題 20・2

$O_2$ が溶けたトリプトファン水溶液の蛍光の消光を，その発光寿命を 348 nm で測定することで監視した．つぎのデータからこの過程の消光の速度定数を求めよ．

| $[O_2]/(10^{-2}\ mol\ dm^{-3})$ | 0 | 2.3 | 5.5 | 8.0 | 10.8 |
|---|---|---|---|---|---|
| $\tau/(10^{-9}\ s)$ | 2.6 | 1.5 | 0.92 | 0.71 | 0.57 |

[答: $1.3 \times 10^{10}\ dm^3\ mol^{-1}\ s^{-1}$]

励起一重項状態（三重項状態でも）の消光の機構として普通に見られるものが三つある．

衝突失活：$S^* + Q \longrightarrow S + Q$

電子移動：$S^* + Q \longrightarrow S^+ + Q^-$ または $S^- + Q^+$

共鳴エネルギー移動：$S^* + Q \longrightarrow S + Q^*$

Q がヨウ化物イオンのように電子過剰の化学種の場合には，衝突失活の効率が特に高い．ヨウ化物イオンが $S^*$ からエネルギーを受け取り，非放射的に崩壊して基底状態に落ちる．

● **簡単な例示 20・4　衝突による消光**
　ヨウ化物イオンによる衝突失活を使えば，フォールディングのあるタンパク質のアミノ酸残基に溶媒分子が付加できるかどうかが調べられる．たとえば，トリプトファン残基（$\lambda_{abs} \approx 290\ nm$，$\lambda_{fluor} \approx 350\ nm$）からの蛍光は，その残基がタンパク質の表面に出ていて溶媒が付加できるときは，ヨウ化物イオンによって消光される．反対に，タンパク質の疎水性の内部に残基があるときは I⁻ での消光は効率的でない．■

消光速度定数自身からは，それが拡散律速であるということ以外には，消光の機構についてあまりわからない．しかし，1965 年にマーカス[1] が提出した電子移動に関する**マーカス理論**[2] によると，電子移動の（基底状態または励

---

1) R.A. Marcus　2) Marcus theory

起状態からの) 速度はつぎの項目に依存する[†1].

1. 供与体と受容体の間の距離. この距離が減少するにつれて電子移動が効率的になる.

2. 電子移動の間における"再組織化のエネルギー", すなわち供与体, 受容体, 媒質が再組織化するためのコスト. 再組織化のエネルギーが反応のギブズエネルギーに近いほど電子移動の速度が増大する.

3. 電子移動を伴う反応 (反応ギブズエネルギー $\Delta_r G$) では, その発エルゴン性が強まるにつれ電子移動は効率的であり, $-\Delta_r G$ が再組織化エネルギーに等しくなるまで反応は進行する. たとえば, 電気化学系列 (9章) を決めている熱力学原理からわかるように, Sの効率的な光酸化のためには S* の還元電位が Q の還元電位よりも低くなければならない.

電子移動は時間分解分光法で研究できる. 酸化されたり還元されたりすると, 中性の親化合物とははっきり異なる電子吸収スペクトルを示すから, レーザーパルスの後で吸収スペクトルにこのような特徴が急速に現れれば, 電子移動による消光を示すものと考えてよい.

### (d) 共鳴エネルギー移動

次に**共鳴エネルギー移動**[1] について理解するために, 吸収過程では入力電磁波がSに遷移電気双極子モーメントを誘起することに注目する. その励起状態が壊れて基底状態に戻るときに, そこで生じる遷移双極子が, そばにある Q 分子に対応する遷移双極子モーメントを誘起する. そのときの効率 $\eta_T$ は, 消光剤がないときとあるときの蛍光量子収量によって,

$$\eta_T = \frac{\phi_{F,0} - \phi_F}{\phi_{F,0}}$$

定義  共鳴エネルギー移動の効率  (20·14)

で表すことができる. 1959 年にフェルスター[2] が提案した共鳴エネルギー移動の**フェルスター理論**[3] によれば, 共有結合で, あるいはタンパク質を共通の"足場"として, 固定されている供与体-受容体 (S-Q) 系では, 距離 $R$ が減少するにつれて $\eta_T$ が,

$$\eta_T = \frac{R_0^6}{R_0^6 + R^6}$$

供与体-受容体間の距離で表したエネルギー移動の効率  (20·15)

に従って増加する. $R_0$ は供与体-受容体の組に固有のパラメーター (長さの次元) である. (20·15) 式は実験によって確かめられており, $R_0$ の値が多数の供与体-受容体の組について得られている (表 20·2). 距離が決まっていると, フェルスター理論によれば, 供与体分子の発光スペクトルが受容体の吸収スペクトルと相当程度重なる場合に効率が増加する. 重なった領域では, 供与体から出たフォトンは受容体が吸収するのにちょうど合うエネルギーをもっているのでよく吸収される (図 20·21).

**表 20·2**　数種の供与体–受容体の組に対する $R_0$ の値

| 供与体 | 受容体 | $R_0$/nm |
|---|---|---|
| ナフタレン | Dansyl | 2.2 |
| Dansyl | ODR | 4.3 |
| ピレン | クマリン | 3.9 |
| 1.5-I-AEDANS | FITC | 4.9 |
| トリプトファン | 1.5-I-AEDANS | 2.2 |
| トリプトファン | ヘム | 2.9 |

Dansyl: 5-ジメチルアミノ-1-ナフタレンスルホン酸
FITC: フルオレシン-5-イソチオシアナート
1.5-I-AEDANS: 5-((((2-ヨードアセチル)アミノ)エチル)アミノ)ナフタレン-1-スルホン酸 (**6**)
ODR: オクタデシルローダミン

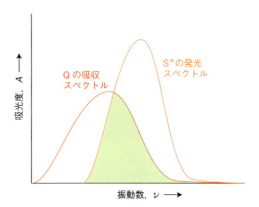

**図 20·21**　フェルスター理論によれば, 励起状態の S* 分子から消光剤分子 Q へのエネルギー移動の速さは, S* の発光スペクトルが Q の吸収スペクトルと図のように重なる振動数の光を使うと最大にできる.

$\eta_T$ が $R$ に依存することが, **蛍光共鳴エネルギー移動法**[4] (FRET 法) の基礎になっている. この方法によって, 生体系での距離を測定することができる. 典型的な FRET 法の実験では, 生体高分子や膜のある場所にエネルギー供与体を標識として共有結合で付け, 一方, ほかの場所にエネルギー受容体を標識として付ける. 標識と標識の間の距離は既知の $R_0$ の値と (20·15) 式から計算する. テストの結

---

[†1] マーカス理論の詳細については"アトキンス物理化学"を見よ.
1) resonance energy transfer  2) T. Förster  3) Förster theory  4) fluorescence resonance energy transfer

果，1〜9 nm の距離を測るのに FRET 法が有効であることがわかった．

## 例題 20·2　FRET 法による解釈

FRET 法を用いた一例として，タンパク質のロドプシン（インパクト 20·1）の研究について考えよう．ロドプシンの表面にあるアミノ酸をエネルギー供与体 1.5-I-AEDANS（**6**）で共有結合によって標識したとき，視覚色素 11-*cis*-レチナール（**2**）による消光のために標識の蛍光量子収量が 0.75 から 0.68 に減少した．1.5-I-AEDANS/11-*cis*-レチナール対の既知の値 $R_0 = 5.4$ nm を使って，このタンパク質の表面と 11-*cis*-レチナールの距離を計算せよ．

**6**　1.5-I-AEDANS

**解法**　(20·14)式を使って，蛍光量子収量から $\eta_T$ を計算する．次に，(20·15)式と $R_0$ の値を使って，このタンパク質の表面と 11-*cis*-レチナールの距離 $R$ を計算する．

**解答**　(20·14)式から $\eta_T$ を計算すれば，

$$\eta_T = \frac{0.75 - 0.68}{0.75} = 0.093$$

である．(20·15)式を使う前に，つぎのように変形しておく．

$$\frac{1}{\eta_T} = \frac{R_0^6 + R^6}{R_0^6} = 1 + \frac{R^6}{R_0^6}$$

$$\frac{R^6}{R_0^6} = \frac{1}{\eta_T} - 1 = \frac{1 - \eta_T}{\eta_T}$$

ここで両辺について 6 乗根をとって $R$ について解けば，

$$R = R_0 \left( \frac{1 - \eta_T}{\eta_T} \right)^{1/6}$$

となる．1.5-I-AEDANS/11-*cis*-レチナール対の値 $R_0 = 5.4$ nm を使って計算すれば，

$$R = (5.4 \text{ nm}) \times \left( \frac{1 - 0.093}{0.093} \right)^{1/6} = 7.9 \text{ nm}$$

となる．したがって，このタンパク質の表面と 11-*cis*-レチナールの距離を 7.9 nm とできる．

## 自習問題 20·3

あるタンパク質表面のアミノ酸を 1.5-I-AEDANS で共有結合によって標識し，もう一つのアミノ酸を FITC で共有結合によって標識した．このとき，FITC による消光によって 1.5-I-AEDANS の蛍光量子収量は 10 パーセント減少した．二つのアミノ酸の間の距離はいくらか．

［答: 7.1 nm］

## 生化学へのインパクト 20·2

### 光 合 成

1 kW m$^{-2}$ にも達する放射線が太陽から地面に届いている．正確な強度は緯度，1 日の時間帯，天候によるが，太陽光のうち波長が 400 nm 以下のものと 1000 nm 以上のものは大部分が大気中の気体によって吸収される．オゾンと O$_2$ は紫外線を吸収し，CO$_2$ と H$_2$O は赤外線を吸収する．その結果，植物，藻やある種の細菌は可視部と近赤外部の光を捕らえる仕組みを進化させた．植物は 400〜700 nm の波長の放射線を利用して，CO$_2$ からグルコースへの吸エルゴン反応を駆動し，同時に水を酸化して O$_2$ をつくる（$\Delta_r G^{\ominus} = +2880$ kJ mol$^{-1}$）．

植物の光合成は植物細胞の中のクロロプラスト（葉緑体）[1] という特殊な細胞小器官（オルガネラ）[2] で起こる．ATP の合成とカップルした一連の電気化学反応によって，電子が還元剤から酸化剤へ流れる．クロロプラストの中では，クロロフィル *a* とクロロフィル *b* およびカロテノイド（β-カロテンはその一種）が集光性複合体[3] というタンパク質群に結合している．それが太陽エネルギーを吸収し，それを反応中心[4] として知られているタンパク質複合体に転送する．そして，そこで光誘起型電子移動反応が起こる．集光性複合体と反応中心複合体の組合わせを光化学系[5] というが，植物には光化学系 I と光化学系 II がある．

光化学系 I と II ではフォトンを吸収して，クロロフィルまたはカロテノイド分子が励起一重項状態に上がる．光合成における最初のエネルギー移動および電子移動の段階は，きっちりと速度論的に制御されたもので，太陽エネルギーを効率よく捕捉するのはクロロフィルの励起一重項状態の急速な消光によるものである．この消光は蛍光の寿命（室温のジメチルエーテルで約 5 ns）よりもずっと短い緩和時間で起こる．時間分解スペクトルのデータによると，集光複合体の中でクロロフィル分子が光を吸収してから，0.1〜5 ps 以内にそのエネルギーがフェルスター機構[6] によって近くにある色素に飛び移る．複合体の中で何千回も

---

1) chloroplast　2) organelle　3) light-harvesting complex　4) reaction center　5) photosystem　6) Förster mechanism

飛び移りが起こった後，つまり約100～200 ps 経つ頃までには，吸収したエネルギーの90パーセント以上が反応中心に達する．光からのエネルギー吸収によって，P700（光化学系 I）と P680（光化学系 II）として知られるクロロフィル $a$ 分子の特殊な二量体の還元電位が減少する．P680 と P700 はその励起状態において，水から $O_2$ への酸化と $NADP^+$ から NADPH への還元で頂点に達する電子移動反応を開始する．最初の電子移動ステップは高速のもので，クロロフィルの蛍光とよく競合する．たとえば，P680 の励起一重項状態からの電子移動は 3 ps 以内に起こる．実験によれば，NADPH の 1 分子が緑葉植物のクロロプラストの中で生成するたびに，1 分子の ATP が合成される．最後に，この ATP と NADPH 分子がカルビン–ベンソンサイクル[1] に参加する．このサイクルはクロロプラストの中で $CO_2$ からグルコースへの還元をひき起こす一連の酵素制御の反応である．

以上をまとめると，植物の光合成では電子を貧弱な還元剤（水）から二酸化炭素へ輸送するために太陽エネルギーを使う．この過程で，高エネルギーの分子（グルコースなどの炭水化物）が細胞内で合成される．動物は光合成でできた炭水化物を食料とする．光合成のときに廃棄生成物として放出される $O_2$ は，炭水化物を $CO_2$ にまで酸化するのに使われる．これが生合成，筋肉の収縮，細胞分裂，神経伝達などの生物学的過程を駆動する．このように，地球上の生命の維持は太陽エネルギーで駆動される，精密に制御された炭素–酸素サイクルによって支えられているわけである．

## 20・8 レーザー

レーザー（laser）という用語は "放射の誘導放出を利用した光の増幅"（light amplification by stimulated emission of radiation）の頭字からつくった語である．名前からわかるように，これは蛍光やりん光のような自然放出とは違って，誘導放出による過程である．誘導放出[2] では励起状態が，同じ振動数の光の存在から刺激を受けて，フォトンを放出する．そこに存在するフォトンの数が多いほど，発光の確率も大きい（「補遺 20・2」を見よ）．電磁場が振動すると，周期的に（その電磁場の振動数で）励起分子を遷移の振動数で変形させるので，分子が同じ振動数のフォトンをつくりやすくなると考えればよい．レーザー作用の本質的な特長は大きな利得[3]，つまり強度の増大が得られることで，適当な振動数のフォトンが多数あるほど，励起分子が同じ振動数のフォトンを刺激によってもっと多数つくりだす．そのためレーザー媒体がフォトンでいっぱいにな

り，パルスとして，または連続的にフォトンが脱出できるようになる．

### （a）レーザーの作動条件

レーザー作用が生じるための必要条件として，誘導放出に関与できるほど長い寿命の励起状態が存在することがあげられる．もう一つの条件は，遷移の終状態である低い方の状態より，上の状態の占有数が多いことである．熱平衡では下の状態の方が占有数は多いから，**占有数の逆転**[4]，すなわち下よりも上の状態の方に分子が多い状況が達成されなければならない．

占有数の逆転を達成する一つの方法を図 20・22 で説明する．逆転を中間状態 I によって間接的につくる．つまり，分子が I まで励起され，そこでエネルギーの一部を無放射ではきだして（周囲の振動にエネルギーを渡す）少し低い状態 B に移る．レーザー遷移は B から，さらに低い状態 A へ戻る変化である．ここでは，全体で 4 個の準位が関与するから，これを**四準位レーザー**[5] という．この方式の長所は，A と B の準位の占有数の逆転が，下の状態が占有数の多い基底状態である場合よりも起こりやすいことである．X から I への遷移は強い閃光をあてる**ポンピング**[6] という過程で起こす．ポンピング用の閃光としてキセノン中の放電や，他のレーザーからの光を使う場合もある．

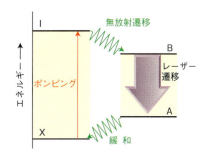

図 20・22　四準位レーザーでの遷移．レーザー遷移の終点は励起状態（A）であるから，A と B の間での占有数逆転は，レーザー遷移の低い方の状態が基底状態であるときよりも，ずっと起こりやすい．

実際にはレーザー媒体は共振空洞（キャビティー）内に限られていて，それによって，ある特定の振動数，伝播方向，偏光状態のフォトンが大量に生成することが保証される．共振空洞というのは，2枚の鏡で区切られた場所で，光が何回も往復反射する．これはちょうど箱の中の粒子がフォトンの場合とみなすことができる．箱の中の粒子の取扱い（12・7節）と同様に，持続できる波長は $N \times \frac{1}{2}\lambda = L$ を満足するものでなければならない．$N$ は整数で，$L$ は空洞の長さである．つまり，半波長の整数倍だけが空洞に

---

1) Calvin–Benson cycle　2) stimulated emission　3) gain　4) population inversion　5) four-level laser　6) pumping

ぴったり合うが，それ以外の波はすべて自分との間で弱め合う干渉を起こしてしまう．さらに，空洞が維持できる波長の全部がレーザー媒体によって増幅されるわけではない（多くのものがレーザー遷移の振動数の範囲外になる）ので，ごく限られた波長だけがレーザー光に寄与する．これらの波長がレーザーの**共鳴モード**[1]に対応する．

空洞の共振モードに当たる正しい波長で，レーザー遷移を刺激できる正しい振動数のフォトンは高度に増幅される．はじめは1個のフォトンがたまたま発生するだけかもしれないが，それが媒体の中を走ってもう1個のフォトンの放出を促し，それがさらに多数のフォトンを誘起する（図20・23）．この土砂流のようなエネルギーの流れで，空洞はすぐに，それが支えられるすべての共振モードの光の密な貯蔵庫になる．一方の鏡が半透明になっていれば，その光の一部を取出すことができる．

### (b) レーザーの実例

**ネオジムレーザー**[2]は，四準位レーザーの一例である（図20・24）．その一つのかたちは，イットリウムアルミニウムガーネット（YAG，ほぼ$Y_3Al_5O_{12}$の組成）中に低濃度の$Nd^{3+}$イオンが入ったもので，**Nd-YAGレーザー**として知られている．ネオジムレーザーは，赤外領域のいろいろな波長で働くが，1064 nmのバンドが普通である．1064 nmの遷移は非常に効率が高く，大きな出力がとれる．この出力は十分大きく，**非線形光学現象**[3]が観測できるほどである．この現象は電磁放射がつくる強い電場が存在するとき，物質の光学的性質が変化を受けることから生じるもので，これを利用すれば**振動数逓倍**[4]（**第二高調波発生**[5]）が実現できる．すなわち，レーザービームを適当な物質を通して，もとの振動数の2倍音（あるいは，一般に整数倍）をもつ放射線に変換する技術である．Nd-YAGレーザーの振動数を2倍，3倍すると，波長が532 nmの緑色の光や355 nmの紫外光をそれぞれ発生する．

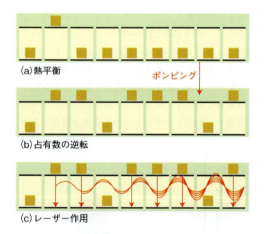

**図20・23** レーザー作用が起こるまでの過程の模式図．(a) 熱平衡状態．基底状態の原子数の方が多い．(b) 初期状態で吸収が起こると，占有数が逆転する（原子はポンピングによって励起状態に上がる）．(c) 次に放射線のなだれが起こる．フォトンが1個放出されると，これが別の原子を刺激してフォトンを放出させることが続く．この放射線はコヒーレントである（位相が揃っている）．

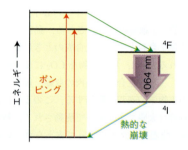

**図20・24** ネオジムレーザーで起こる遷移．レーザー作用は，二つの励起状態の間で起こるので，占有数の逆転が起こりやすい．

空洞の共振モードには固有の特性がいろいろあるが，どの共振モードを使うかはある程度は選択の余地がある．空洞の軸に厳密に平行に進むフォトンだけが3回以上反射できるから，それだけが増幅され，残りはまわりへそれて消えてしまう．したがって，レーザー光は分散が非常に狭いビーム光になるのが普通である．また空洞内に偏光フィルターを置くか，固体媒体の偏光遷移を利用すれば，ある特定の面内で偏光させることもできる（ほかの偏光状態も可能である）．

CDプレーヤーやバーコードの読取器に使われる型の**ダイオードレーザー**[6]では，p-n接合（17・3節）から発光するが，それを持続するのは，p型半導体の空孔に落ち込んだ電子を掃き出して行う．この過程は，p-n接合の異なる成分の間では屈折率が急に変わることを利用してつくった空洞内で起こさせる．そうすると，空洞に閉じ込められた光がさらに多くの光を生成するようになる．広く使われている材料はGaAsにアルミニウムをドープしたもので，780 nmの赤のレーザー光を出し，CDプレーヤーに広く使われている．赤色光でなく青色光を使う次世代DVDは，原理的には情報密度が高くなるが，GaNが活性材料である．

**気体レーザー**[7]は，空洞に気体を高速で流すことによって冷却できるので，これを使うと高出力が得られる．**炭酸ガスレーザー**[8]は，少し異なる原理に基づいて働く．こ

---

1) resonant mode  2) neodymium laser  3) nonlinear optical phenomenon  4) frequency doubling  5) second harmonic generation
6) diode laser  7) gas laser  8) carbon dioxide laser

のレーザーでは放射が振動遷移によるので，赤外領域の，9.2 μm と 10.8 μm の間にあり，最も強いのは 10.6 μm にある（図 20·25）．作業気体はほとんどが窒素で，放電による電子衝突やイオン衝突によって振動励起を起こす．この振動準位は，たまたま $CO_2$ の逆対称伸縮モード（$\nu_3$，図 19·20 を見よ）のエネルギー準位のはしごの 1 段と一致しているので，この振動が衝突の間にエネルギーを受取る．次に，$\nu_3$ の最低励起準位から，衝突の間は占有されないままであった対称伸縮モード（$\nu_1$）の最低励起準位へのレーザー作用が起こる．炭酸ガスレーザーは造船において鋼鉄を切るのに使われるほど高出力が得られる．

励起錯体の基底状態が占められることはあり得ないからである（図 20·26）．

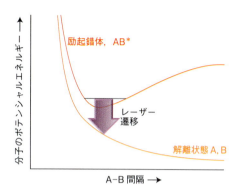

**図 20·26** 励起錯体の分子ポテンシャルエネルギー曲線．この化学種は，そのエネルギーを失うと低エネルギーの解離状態に入ってしまうから，励起状態でだけ存続できる．上の状態しか存在できないから，低い方の状態を占有することはありえない．

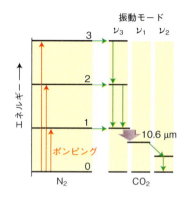

**図 20·25** 炭酸ガスレーザーで起こる遷移．ここでのポンピングは，エネルギーの間隔がたまたま一致することを利用する．この場合は振動励起された $N_2$ 分子が，$CO_2$ の逆対称伸縮モード（$\nu_3$）の振動励起に相当する過剰のエネルギーをもっている．レーザー遷移は $\nu_3$ の $v=1$ から $\nu_1$ の $v=1$ への遷移である．

励起錯体レーザー[1]ではレーザー作用に必要な占有数の逆転が，もっとわかりにくい仕方で達成される．それは，このレーザーでは，下側の状態が実は存在しないためである（このことは後でわかる）．この奇妙な状況は**励起錯体**[2]が生成することによってつくり出される．励起錯体は 2 個の原子（または分子）が接合したもので，励起状態でのみ存在できて，励起エネルギーが奪われると同時に解離してしまう．"エキシマーレーザー"という名称が，励起錯体レーザーという方が適切な場合にも広く使われている．励起錯体は AB* のかたちで，**エキシマー**[3]は励起二量体 AA* である．励起錯体レーザーの一つの例は，キセノン，塩素，ネオンの混合物である．この混合物に放電を起こさせると，励起 Cl 原子ができて，これが Xe 原子に付いて XeCl* という励起錯体になる．この励起錯体は約 10 ns 生きているが，この時間は，励起錯体が 308 nm（紫外線）のレーザー作用に関与する時間である．XeCl* がフォトンを失うと同時に二つの原子は離れるが，これは基底状態の分子オービタルのエネルギー曲線が解離型になっていて，この

レーザーの波長はいろいろな仕方で選べる．**色素レーザー**[4]は，溶媒があるために遷移の振動構造が広がってバンドになるから，非常に広いスペクトル特性をもつ．したがって，波長を連続的に走査して（空洞中の回折格子を回転させる），任意に選んだ波長でレーザー作用を実現できる．利得が非常に高いので，色素を通る光学経路は短くてよい．作業媒体である色素の励起状態は，別のレーザーまたは閃光ランプを使って維持し，熱的な劣化を防ぐために色素の溶液をレーザー空洞に流すようにする（図 20·27）．最近は，同調をとれる Ti:サファイヤレーザー（波長は 650〜1100 nm の範囲）や白色光レーザーを使う．

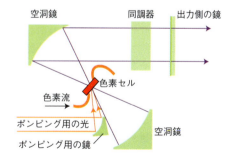

**図 20·27** 色素レーザーに使う装置．色素はレーザー空洞内にあるセルを通して流す．この流れで空洞が低温に保たれ，色素の劣化を防ぐ．

### (c) 化学におけるレーザーの応用

レーザー光は化学に応用するための長所をいろいろもっている．一つは，きわめて単色であることで，そのため非

---

1) exciplex laser   2) exciplex   3) excimer   4) dye laser

常に精密な分光観測が可能になる．もう一つは，レーザー光は非常に短時間のパルスで発生できることである（現在約 1 fs まで可能）．その結果，たとえば化学反応で原子が 1 個ずつ移動するような，非常に速い化学変化でも追跡できる（10・11 節を見よ）．また，レーザー光は非常に強いので，スペクトルの観測に必要な時間が短縮できる．ラマン分光法（19 章）はレーザーの導入でよみがえった．レーザーの強いビームのおかげで散乱光の強度が増大するので，レーザー光源の利用でラマン分光法の感度が高くなった．ビームをきっちり制御できるので，試料を通過した光だけを集められるように検出器を設計でき，またラマン信号をぼやけさせる散乱迷光をきわめて効率よく遮断できる．レーザー光は光ファイバーで運べるので，可搬型のシステムで使うこともでき，また，焦点を小さな直径にまで絞れるので，1 μm 以下の粒子の研究のための**顕微ラマン分光法**[1] も使うことができる．レーザー光の単色性も大きな利点である．それによって，入射光から $1\,\mathrm{cm}^{-1}$ の何分の一しか離れていない散乱光を観測できるからである．このように高い分解能があることは，ラマン線の回転構造を観測するとき特に役立つ．それは，回転遷移は数 $\mathrm{cm}^{-1}$ しかないからである．

レーザーで発生した入射ビーム中にたくさんのフォトンがあるということが原因となって，これまでと質的に異なる分光学の一つの部門が生まれた．これは，フォトンの密度が非常に高いので，1 個の分子が 1 個より多数のフォトンを吸収できるようになり，**多光子過程**[2] が実現したことである．多光子過程の選択律は異なるので，ふつうの 1 フォトンの分光法では調べることができない状態が観測できるようになる．

レーザー光の単色性は，非常に強力な特性であって，特定の状態を非常に高い精度で励起できる．状態特異性の一つの結果は，試料を照射するだけで光化学反応を刺激するのに十分であることで，これは，照射する振動数を吸収のところにぴったり合わせることができるからである．分子の特定の励起状態を指定してそこへ励起させると，低温においてさえ反応速度を大幅に増大させることができる．10 章で見たように，反応速度は，温度を上げると一般に増大するが，これは分子の種々の運動モードのエネルギーが増加するからである．しかし，この増加の仕方では，すべてのモードのエネルギー，つまり反応速度にほとんど寄与しないモードのエネルギーも増加する．レーザーを使うと，速度論的に重要なモードを励起できるから，速度を最も効率よく増加させることができる．一つの例は，

$$\mathrm{BCl_3 + C_6H_6 \longrightarrow C_6H_5{-}BCl_2 + HCl}$$

という反応であって，これはふつう触媒の存在のもとで，約 600 ℃ 以上になってやっと進行する．ところが，10.6 μm の $\mathrm{CO_2}$ レーザーの光を照射すると，室温で触媒なしで生成物が得られる．この方法は，工業用に利用される可能性も高い（レーザーフォトンが十分安価につくり出せるとしての話であるが）．つまり，薬剤のような熱に敏感な化合物をふつうの反応でつくるかわりに，ずっと低温でつくれるようになる可能性があることになる．

二つの**アイソトポマー**[3]，つまり同位体組成だけが異なる二つの化学種では，エネルギー準位がわずかに異なり，それゆえ吸収の振動数がわずかに異なっているから，レーザーを使った同位体の分離が可能になる．それには，少なくとも，二つの吸収過程が必要になる．第一段階では，フォトンが原子をある高い状態に励起する．第二段階では，別のフォトンによってこの状態からの光イオン化が起こる（図 20・28）．第一段階で関与する二つの状態の間のエネルギー間隔は，原子核の質量に依存する．したがって，レーザー光を適当な振動数に合わせると，アイソトポマーのうちの一つだけが励起するので，これが第二段階で光イオン化できるようになる．レーザー同位体分離の一例として，ウラン蒸気の光イオン化がある．入射レーザー光を

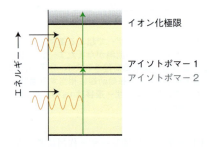

**図 20・28** 同位体分離の一つの方法では，最初のフォトンでアイソトポマーが励起状態に上がり，次に 2 番目のフォトンで光イオン化が起こる．最初の段階が成功するかどうかは，原子核の質量によって決まる．

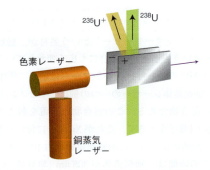

**図 20・29** 同位体分離の実験装置の例．銅蒸気レーザーでポンプされた色素レーザーが，U 原子をその質量に応じて選択して光イオン化する．できたイオンは，電極板の間にかけた電場によって偏向する．

---

1) Raman microscopy　2) multiphoton process　3) isotopomer

[235]U の励起に同調させるが，[238]U には同調しないようにする．原子線中の [235]U はこの 2 段階の過程を経てイオン化された後に，負の電極に引き寄せられるので，これを集めればよい（図 20・29）．

レーザーには非常に持続時間の短いパルスをつくり出す能力があることは，化学でいろいろな過程をちょうどよいタイミングで観測したいときに特に役に立つ．**時間分解分光法**[1] では反応原系，中間体，生成物や反応の遷移状態についてまで，吸収，発光，ラマンのスペクトルを得るのにレーザーパルスが使われる．ナノ秒パルスをつくれるレーザーは，一般に，反応物が流体媒質中を動ける速度によって反応速度が支配される反応を研究するのに適している．しかし，エネルギー移動，分子の回転，振動，運動が一つのモードから他のモードに変換される速度を研究するには，もっと短いフェムト秒ないしピコ秒のパルスが必要になる．図 20・30 の装置は，光で開始する超高速化学反応を研究するのに使われるもので，強くて持続時間の短いパルス（ポンプレーザー）が，分子 A を励起電子状態 A* に昇位させ，この A* がフォトンを出す（蛍光またはりん光として）か，べつの分子 B と反応して生成物 C になる．いろいろな分子種が出現したり，消滅したりする速度を，反応の最中に吸収スペクトルが時間とともに変化する様子を観測して測定する．この観測は，最初のレーザーパルスの後，白色光の弱いパルス（プローブレーザー）をいろいろな時刻に試料に通して行う．"白色"光のパルスはレーザーパルスから直接，非線形光学現象である**連続波発生法**[2]でつくる．その際，ごく短い時間のレーザーパルスを水や四塩化炭素のような液体を入れた容器に焦点を結ばせると，広い振動数分布をもつビームが出てくる．強いレーザーパルスと"白色"パルス光とに時間差を与えるには，一方のビームが試料に届く前に少し長い距離を走るようにすればよい．たとえば，$\Delta d = 3$ mm だけ走行距離を変えると，二つのビームの間には $\Delta t = \Delta d/c \approx 10$ ps だけの時間差が生じる．$c$ は光速である．

## 光電子分光法

分子に高振動数の光を当てると電子 1 個がとび出すことがある．この**光電子放出**[3] がもう一つのタイプの分光法の基礎になっている．放出された光電子のエネルギーを測定する**光電子分光法**[4]である．入射フォトンの振動数を $\nu$ とすると，光電子放出をひき起こすフォトンのエネルギーは $h\nu$ である．分子のイオン化エネルギーを $I$ とすると，エネルギー差 $h\nu - I$ が運動エネルギーとして運び去られ

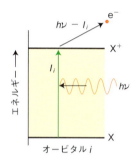

**図 20・31** 光電子分光法の基本原理．エネルギーが既知の入射フォトンが，どれか一つのオービタルにいる電子と衝突して，その電子をはねとばし，このときフォトンが供給するエネルギーと占有していたオービタルのイオン化エネルギーとの差に等しい運動エネルギーを電子に与える．イオン化エネルギーが小さいオービタルからの電子は，大きな運動エネルギーをもって（したがって高速で）とび出すが，イオン化エネルギーの大きなオービタルからの電子は運動エネルギーが小さい（速さが遅い）．

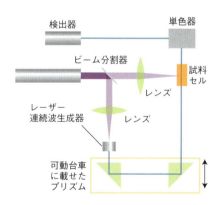

**図 20・30** 時間分解吸収分光法の装置．単色のポンピング用のパルスと，適当な液体中で連続波をつくった後，"白色光"の検出用プローブパルスの両方を同じパルスレーザーでつくる．ポンピングパルスとプローブパルスとの間の時間の間隔は可変である．

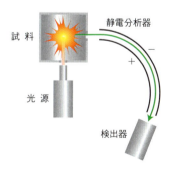

**図 20・32** 光電子分光計はイオン化のための光源〔紫外光電子分光法（UPS）ではヘリウム放電ランプ，X 線光電子分光法（XPS）では X 線源〕，静電分析器，電子検出器から成る．分析器における電子の経路の曲がりは電子の速さによって変わる．

---

1) time-resolved spectroscopy　2) continuum generation　3) photoejection　4) photoelectron spectroscopy

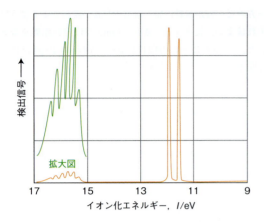

図20·33 HBrの光電子スペクトル．イオン化エネルギーが最低のバンドはBrの孤立電子対の1個の電子の放出に対応する．高いイオン化エネルギーのバンドは結合電子の放出に対応する．後者のバンドに構造があるのはイオン化で生じたHBr⁺の振動励起による．

る．速さ $v$ の電子の運動エネルギーは $\frac{1}{2}m_e v^2$ であるから，

$$h\nu = I + \frac{1}{2}m_e v^2 \qquad (20 \cdot 16)$$

と書ける．したがって，光電子の速さを測定すれば，入射光の振動数はわかっているから分子のイオン化エネルギーがわかり，それから電子が分子に束縛されていた強さを導くことができる（図20·31）．この事情から，分子の"イオン化エネルギー"はその光電子が占めていたオービタルごとに異なる値をもち，放出された電子が遅いほど，その電子を放出したオービタルはエネルギーの深いところにある．この装置は質量分析計の一つの変形で（図20·32），光電子の経路を曲げて検出器に入るようにするのに必要な電場の強さを測定して，光電子の速さを求める．

代表的な光電子スペクトル（HBr）を図20·33に示す．微細構造を無視すれば，HBrのスペクトル線は2個の主要グループに分けられる．束縛が最も緩い電子（イオン化エネルギーが最小で，放射されたときの運動エネルギーが最大の電子）はBr原子の孤立電子対にある電子である．2番目のイオン化エネルギーは15.2 eVにあって，これはHBrのσ結合から電子を1個取除くことに対応する．

このHBrのスペクトルの微細構造から，σ電子の放出は相当な程度の振動励起を伴うことがわかる．この観測結果は，放出に伴ってHBrからHBr⁺への平衡結合長の大きな変化があったとすれば，フランク–コンドンの原理によって説明がつくものである．もしそうだとすれば，このイオンは結合が圧縮された状態で生成することになるが，このことはσ電子が結合に重要な影響をもつこととも合う．もう一つのグループのバンドにあまり振動構造がないことは，Br 4p$_x$とBr 4p$_y$の孤立電子対の非結合性とも矛盾しない．この電子が1個除去されても平衡結合長はほとんど変化しないからである．

● 簡単な例示 20·5　H₂Oの光電子スペクトル

Heの 21.22 eV の光を使ったH₂Oのスペクトルにおいて，最大の運動エネルギーをもつ電子は約9 eVにあり，0.41 eV（1 eV = 8065.5 cm⁻¹）という大きな振動間隔を示している．0.41 eVは $3.3 \times 10^3$ cm⁻¹ に相当する．これは中性のH₂O分子の対称伸縮モードの波数（3652 cm⁻¹）に近いから，この電子は分子の結合にほとんど影響しないオービタルから放出されたものと推測できる．すなわち，この光電子放出はほとんど非結合性のオービタルからのものである．●

自習問題 20·4

同じH₂Oのスペクトルで，7.0 eV付近のバンドには，間隔が 0.125 eV の長い振動帯列がある．H₂Oの変角モードは 1596 cm⁻¹ にある．この光電子が占めていたオービタルの性格についてどんな結論がひき出せるか．

［答：この電子は分子の両端にあるHとHの間の長距離のHH結合に寄与していた］

## 補遺 20·1

### ベール–ランベルトの法則

ベール–ランベルトの法則は経験法則である．しかし，その式のかたちは容易に説明できる．いま試料が，スライスした食パンのような無限に薄い板が積み重なってできていると考える（図20·34）．各層の厚さを $dx$ とする．電磁波がある1枚の層を通過するときの強度の変化 $dI$ は層の厚さ，吸収体Jの濃度，その層に入る光の強度に比例する．したがって，$dI \propto [J] I \, dx$ である．$dI$ は負だから（吸収があると強度は減少する），

$$dI = -\kappa [J] I \, dx$$

と書ける．$\kappa$（カッパ）は比例係数である．両辺を $I$ で割ると，

$$\frac{dI}{I} = -\kappa [J] dx$$

となる．この式は1枚ずつの層に当てはまる．試料の一方

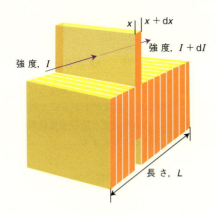

図20·34 ベール–ランベルトの法則を導くために，試料が多数の平面にスライスされていると考える．1枚の平面で生じる強度の減少は（直前の平面を通過して）そこに入射する強度，平面の厚さ，吸収する物質の濃度に比例する．

の面に入る光の強度を$I_0$とし，厚さ$L$の試料から出る光の強度を得るためには，すべての層についての変化を合計する．無限小の増分についての和は積分であるから，

$$\underbrace{\int_{I_0}^{I}\frac{\mathrm{d}I}{I}}_{\ln(I/I_0)} = -\kappa\underbrace{\int_0^L [\mathrm{J}]\,\mathrm{d}x}_{[\mathrm{J}]\text{は一様}} = -\kappa[\mathrm{J}]\underbrace{\int_0^L \mathrm{d}x}_{L}$$

と書く．したがって，

$$\ln\frac{I}{I_0} = -\kappa[\mathrm{J}]L$$

となる．自然対数と常用対数の間には$\ln x = (\ln 10)\log x$の関係があるから，$\varepsilon = \kappa/\ln 10$と書け，

$$\log\frac{I}{I_0} = -\varepsilon[\mathrm{J}]L$$

を得る．これに$A = \log(I_0/I) = -\log(I/I_0)$を代入すれば，ベール–ランベルトの法則（20·4）が得られる．

## 補遺 20·2

### アインシュタインの遷移確率

吸収線の強度は，ある指定した振動数の電磁波からのエネルギーが分子によって吸収される率と関係がある．アインシュタインは二つの状態の間の遷移の率に対して三つの寄与があるとした．まず，**誘導吸収**[1]は低エネルギーの状態から高エネルギーの状態へ，その遷移振動数で振動している電磁場によって駆動されて起こる遷移である．彼は電磁場が強ければ（つまり入射光が強ければ）遷移が誘起される率も高く，それだけ試料の吸収も強いはずだと考えた．それで，この誘導吸収の率を，

$$\text{誘導吸収の率} = NB\rho$$

と書いた．$N$は低い方の状態にある分子の数，定数$B$は**アインシュタインの誘導吸収係数**[2]，$\rho\Delta\nu$は$\nu$を遷移振動数としたときの光のエネルギー密度であり，電磁場の振動数$\nu$と$\nu + \Delta\nu$の範囲の全エネルギーをその領域の体積で割ったものである．いまのところは，$B$はその遷移に特有の経験的なパラメーターとして扱うことができる．もし$B$が大きければ，同じ入射光強度でも遷移を強く誘導し，その試料は強い吸収を示すことになる．

アインシュタインは上の状態にある分子が下の状態へ遷移するのも光が誘導でき，その結果，振動数$\nu$のフォトンを発生させることができると考えた．そして，この**誘導放出**[3]の率について，

$$\text{誘導放出の率} = N'B'\rho$$

と書いた．$N'$は励起状態にある分子の数，$B'$は**アインシュタインの誘導放出係数**[4]である．遷移と同じ振動数の光だけが，上の状態から下の状態へ落ちるのを誘導できることに注意しよう．しかし，彼はまた，誘導放出が上の状態が光を出して下の状態に戻れる唯一の手段でないことも認めていた．そして，励起状態はそこにすでに存在している（任意の振動数の）光とは無関係な率で**自然放出**[5]を起こすことができると考えた．その結果，アインシュタインは上から下の状態への遷移の率の合計として，

$$\text{全放出率} = N'(A + B'\rho)$$

と書いた．定数$A$を**自然放出のアインシュタイン係数**[6]という．誘導吸収と誘導放出の係数は等しく，また自然放出係数はそれと，

$$A = \left(\frac{8\pi h\nu^3}{c^3}\right)B$$

の関係があることを示すことができる[†2]．

誘導放出と誘導吸収の係数が等しいということは，もし

---

[†2] この式の導出については"アトキンス物理化学"を見よ．
1) stimulated absorption 2) Einstein coefficient of stimulated absorption 3) stimulated emission
4) Einstein coefficient of stimulated emission 5) spontaneous emission 6) Einstein coefficient of spontaneous emission

両状態の占有率がたまたま等しければ，誘導放出率と誘導吸収率が等しく，正味の吸収がないということである．振動数の減少とともに $A$ の値が減少することから，回転と振動の遷移の振動数が比較的低いことを考えれば，自然放出はほとんど無視することができ，これらの遷移の強度はほとんど誘導放出と誘導吸収だけによるとしてもよい．その結果，正味の吸収率は，

$$正味の吸収率 = NB\rho - N'B'\rho = (N-N')B\rho$$

で与えられ，その遷移の前後の状態の占有率の差に比例する．「基本概念 0・11」で見たように，エネルギーが $E$ の状態と $E'$ の状態の占有数の比は，

$$\frac{N'}{N} = e^{-\Delta E/kT} \qquad \Delta E = E' - E$$

で与えられる．エネルギー差 $\Delta E$ が一定ならば，占有数の差 $(N-N')$ と吸収強度は温度が下がるほど増大する．また，同じ温度では，占有数の差と吸収強度は両状態の間のエネルギー差が増加すると増大する．

## チェックリスト

- □ 1 吸収強度の経路長による変化は，ベール-ランベルトの法則で表される．
- □ 2 等吸収点は，2 成分系の全吸光度があらゆる組成で同じになる波長に相当する．
- □ 3 フランク-コンドンの原理によれば，原子核は電子よりもはるかに重いから，電子遷移は核が応答できないほど速く起こる．
- □ 4 発色団とは固有の光学吸収をもつグループである．例としては，d 金属錯体，カルボニル基，炭素-炭素二重結合がある．
- □ 5 蛍光では，励起光が止まるとほとんどすぐに（ナノ秒程度で）自発発光も止まる．
- □ 6 りん光では，自発発光が長く続くことがある．この過程には三重項状態への系間交差が含まれている．
- □ 7 シュテルン-フォルマーのプロットは溶液中での蛍光の消光の速さを解析するのに使われる．
- □ 8 衝突失活，電子移動，共鳴エネルギー移動は普通に見られる蛍光消光過程である．電子移動と共鳴エネルギー移動の速度定数は，供与体分子と受容体分子の間の距離が増加すると減少する．
- □ 9 レーザー作用では占有数の逆転が達成され，誘導放出によってフォトンが放出される．
- □ 10 化学におけるレーザーの応用としては，ラマン分光法，時間分解分光法，多光子過程の研究，状態を特定した過程の研究がある．
- □ 11 光電子分光法は，紫外線や X 線によって光電子が放出されることを利用する．

## 重要な式の一覧

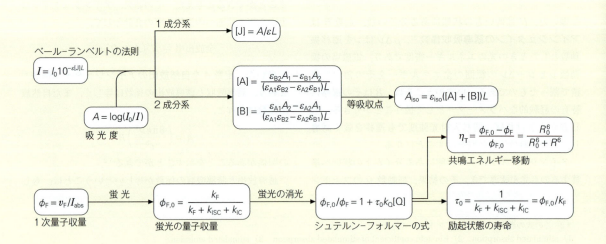

# 問題と演習

## 文章問題

**20·1** ベール–ランベルトの法則の式のかたちが妥当なものであることを示せ．これからのずれはどんな場合に生じるか．

**20·2** フランク–コンドンの原理の起源と，電子遷移に振動構造が現れるのがこの原理からの帰結であることを説明せよ．

**20·3** 色が分子から生じるものであることを解説せよ．

**20·4** 蛍光とりん光の機構を説明せよ．その機構の正しさをテストするにはどうすればよいか．

**20·5** レーザー作用の原理を説明し，化学に応用されるレーザー光の特徴を述べよ．化学でのレーザーの応用例を二つ挙げ，それを説明せよ．

**20·6** 蛍光の研究が生物学において重要であるのはなぜか．

## 演習問題

**20·1** モル質量 $502\,\mathrm{g\,mol^{-1}}$ のある三リン酸塩誘導体 $17.2\,\mathrm{mg}$ を $500\,\mathrm{cm^3}$ の水に溶かして水溶液をつくり，その試料を長さ $1.00\,\mathrm{cm}$ のセルに入れた．吸光度は 1.011 であった．(a) モル吸収係数を計算せよ．(b) 濃度が 2 倍の溶液について透過率をパーセントで表せ．

**20·2** 吸収のない溶媒にベンゼンを濃度 $0.080\,\mathrm{mol\,dm^{-3}}$ で溶かした溶液を厚さ $1.5\,\mathrm{mm}$ のセルに入れ，$268\,\mathrm{nm}$ の波長の光を通過させた．このとき，光の強度がはじめの 22 パーセントまで減少した（$T=0.22$）．ベンゼンの吸光度とモル吸収係数を計算せよ．$3.0\,\mathrm{mm}$ のセルでは透過率はいくらになるか．

**20·3** デュボスク比色計[1] は，固定した経路長のセルと可変経路長のセルから成る．後者の経路長を調節して，二つのセルの透過率が等しくなるようにして，第一のセルの中の溶液の濃度から，第二のセルの濃度を推定することができる．いま，長さ $1.55\,\mathrm{cm}$ の固定長セルに濃度が $25\,\mathrm{\mu g\,dm^{-3}}$ の植物色素を入れたとしよう．次に，濃度不明の同じ色素の溶液を第二のセルに入れたところ，第二のセルの長さを $1.18\,\mathrm{cm}$ に調節したとき同じ透過率が得られた．第二の溶液の濃度はいくらか．

**20·4** ある二つの波長（1 と 2 で表す）における，2 種の物質 A と B のモル吸収係数が，$\varepsilon_{A1}=10.0\,\mathrm{dm^3\,mol^{-1}\,cm^{-1}}$，$\varepsilon_{B1}=15.0\,\mathrm{dm^3\,mol^{-1}\,cm^{-1}}$，$\varepsilon_{A2}=18.0\,\mathrm{dm^3\,mol^{-1}\,cm^{-1}}$，$\varepsilon_{B2}=12.0\,\mathrm{dm^3\,mol^{-1}\,cm^{-1}}$ であった．長さ $2.0\,\mathrm{mm}$ のセルで，この二つの波長における全吸光度はそれぞれ 1.6 および 2.4 と測定された．この溶液中の A と B のモル濃度はいくらか．

**20·5** 図 20·35 は，種々の濃度の $\mathrm{CNS^-}$ イオンの存在のもとでのヘムエリトリン (Her) の誘導体の紫外・可視吸収スペクトルである．このスペクトルからどんなことが推測できるか．

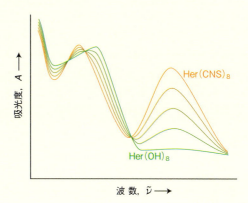

図 20·35 チオシアン酸イオンが存在するときのヘムエリトリンのスペクトル．

**20·6** あなたが色彩化学者だとし，色素の色をその化合物の種類を変えずに深くすることを頼まれた．その色素はポリエンであったとして，その鎖を長くするか，それとも短くするか．鎖の長さを変えたら色素の見かけの色の変化は赤色に向かうか，それとも青色に向かうか．

**20·7** 化合物 $\mathrm{CH_3CH{=}CHCHO}$ は，紫外の $46\,950\,\mathrm{cm^{-1}}$ に強い吸収をもち，$30\,000\,\mathrm{cm^{-1}}$ に弱い吸収をもつ．この化合物の構造の点から，これらの特徴に妥当な説明を与えよ．

**20·8** 図 20·36 に 4 種のアミノ酸の紫外・可視吸収スペ

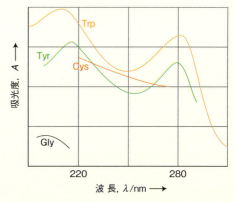

図 20·36 4 種のアミノ酸の吸収スペクトル

---

[1] Dubosq colorimeter

クトルを示す．分子構造と関係づけて，スペクトルの現れ方の違う理由を述べよ．

**20·9** アントラセン蒸気の蛍光スペクトルは，次第に強度が増す一連のピークがあり，その山が 440 nm，410 nm，390 nm，370 nm にある．その先は短波長の方に鋭いカットオフがある．吸収スペクトルは強度0から始まって 360 nm で極大になり，その先は次第に弱くなる一連のピークが 345 nm，330 nm，305 nm にある．以上の観察結果を説明せよ．

**20·10** 図 20·37 の A の曲線はベンゾフェノンのエタノール固溶体中の蛍光スペクトルであり，360 nm の光を低温で照射した場合である．ナフタレンに 360 nm の光を照射しても吸収されないが，図の B の曲線はナフタレンとベンゾフェノンの混合物のエタノール固溶体におけるりん光スペクトルである．この場合はナフタレンからの蛍光成分一つが検出される．この実験結果を説明せよ．

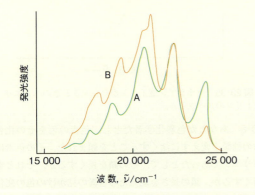

図 20·37 演習問題 20·10 で使う蛍光スペクトル

**20·11** 速度定数が $1.7 \times 10^4 \text{ s}^{-1}$ の1分子光化学反応を考えよう．この反応の原系分子の蛍光寿命は実験により 1.0 ns，りん光寿命は 1.0 ms である．この光化学反応の前駆体として，励起一重項状態と励起三重項状態のどちらの可能性の方が大きいか．

**20·12** ベンゾフェノンに紫外光を照射すると一重項状態に励起される．この一重項は急速に三重項に変わり，そこからりん光を出す．トリエチルアミンはこの三重項の消光剤として作用する．メタノールを溶媒としたある実験において，りん光強度がアミン濃度によって下のように変化した．時間分解レーザー分光法の実験によると，消光剤がないときの蛍光の半減期は 29 μs であることがわかっている．$k_Q$ の値はいくらか．

| [Q]/(mol dm$^{-3}$) | 0.0010 | 0.0050 | 0.0100 |
|---|---|---|---|
| $I$/(任意の単位) | 0.41 | 0.25 | 0.16 |

**20·13** トリプトファンの蛍光が溶存する気体 $O_2$ によって消光されるのを，水溶液で 348 nm における発光の寿命を測定して追跡した．つぎのデータからこの過程の消光の速度定数を求めよ．

| [$O_2$]/($10^{-2}$ mol dm$^{-3}$) | 0 | 2.3 | 5.5 | 8.0 | 10.8 |
|---|---|---|---|---|---|
| $\tau$/(ns) | 2.6 | 1.5 | 0.92 | 0.71 | 0.57 |

**20·14** 330 nm の光で照射したある植物色素溶液の蛍光を消光剤の存在下で研究した．その結果つぎの結果が得られた．

| [Q]/(mmol dm$^{-3}$) | 1.0 | 2.0 | 3.0 | 4.0 | 5.0 |
|---|---|---|---|---|---|
| $I_F/I_{abs}$ | 0.31 | 0.18 | 0.13 | 0.10 | 0.081 |

第二の一連の実験では入射光を消し，蛍光の減衰の寿命を観測した．

| [Q]/(mmol dm$^{-3}$) | 1.0 | 2.0 | 3.0 | 4.0 | 5.0 |
|---|---|---|---|---|---|
| $\tau$/ns | 76 | 45 | 32 | 25 | 20 |

消光の速度定数および蛍光の半減期を求めよ．

**20·15** 消光剤がないときの蛍光寿命が 1.4 ns で，消光剤があるときは 0.8 ns であった．消光の効率，つまり消光剤のあるときとないときの量子収量の比 $\phi_F/\phi_{F,0}$ を計算せよ．

**20·16** つぎのデータは一般式 $A-B_n-C$ の化合物で，A と C の間の距離 $R$ をつなぎのリンカー B の数を変えて変化させた場合のものである．

| $R$/nm | 1.2 | 1.5 | 1.8 | 2.8 | 3.1 | 3.4 | 3.7 |
|---|---|---|---|---|---|---|---|
| $\eta_T$ | 0.99 | 0.94 | 0.97 | 0.82 | 0.74 | 0.65 | 0.40 |

| $R$/nm | 4.0 | 4.3 | 4.6 |
|---|---|---|---|
| $\eta_T$ | 0.28 | 0.24 | 0.16 |

このデータはフェルスター理論（20·15式）でうまく表せるか．もしできるなら，A-C の組の $R_0$ の値はいくらか．

**20·17** 光で誘起される分子の劣化は褪色[1]ともいうが，これは蛍光顕微鏡法の大きな問題点である．蛍光顕微鏡法では，生体細胞などの試験片を蛍光染料で標識し，光学顕微鏡下で観察する．生体高分子を標識するのにふつう使われる染料分子はフォトンによる $10^6$ 回の励起に耐えられ，その後は光誘起反応でその π 電子系が崩壊して蛍光を出さなくなる．1個の染料分子がアルゴンイオンレーザーからの 488 nm で 1.0 mW の光で励起するとき，蛍光をどれだけの時間出し続けられるか．この染料の吸収スペクトルには 488 nm にピークがあり，レーザーからのすべてのフォトンが分子に吸収されると仮定してよい．

**20·18** X 線光電子分光の実験で波長 100 pm のフォトンを入射したところ，ある原子の内殻電子がたたき出され，その速さは $2.34 \times 10^4 \text{ km s}^{-1}$ であった．この電子の結合エネルギーを計算せよ．

**20·19** ある原子をイオン化するのに必要なエネルギーは 21.4 eV である．その原子に波長が未知のフォトンを吸収させてイオン化したところ，速さ $1.03 \times 10^6 \text{ m s}^{-1}$ の電子

---

[1] photobleaching

が放出された. このときの入射光の波長を計算せよ.

**20・20** 電位差 10.0 kV で加速した電子の運動エネルギーはいくらか.

**20・21** 波長 110 nm の光のフォトンで, イオン化エネルギー 10.0 eV のオービタルから放出された電子の (a) エネルギー, (b) 速さはいくらか.

**20・22** 21.21 eV のフォトンを使って得た光電子スペクトルでは, 運動エネルギーが 11.01 eV, 8.23 eV, 5.22 eV の電子が放出された. この物質の分子オービタルのエネルギー準位図を書き, 対応する 3 個のオービタルのイオン化エネルギーを示せ.

## プロジェクト問題

**20・23** 視覚についてもう少し詳しく調べてみよう. (a) 北極星から地球に到達する可視のフォトンの光束は, 約 $4 \times 10^3 \, mm^{-2} \, s^{-1}$ である. これらのフォトンのうちの 30 パーセントは大気によって吸収または散乱され, 生き残ったフォトンの 25 パーセントは目の角膜の表面で散乱される. さらに, 9 パーセントは角膜内部で吸収される. 夜間の瞳孔の面積は約 $40 \, mm^2$ であり, 目の応答時間は約 0.1 s である. 瞳孔を通過するフォトンのうちの約 43 パーセントは硝子体によって吸収される. 北極星からのどれくらいの数のフォトンが 0.1 s の間に網膜上に結像するか. この話の続きについては, R.W. Rodieck, "The First Steps in Seeing", Sinauer (1998) を見よ. (b) 電子構造の自由電子分子軌道法では, 共役分子の π 電子は箱の長さが共役系の長さに等しい箱の中の, 相互作用のない粒子として扱う. このモデルによれば, 全部がトランスのコンホメーションのレチナールはどんな波長の光を吸収するか. 平均の炭素-炭素結合長を 140 pm とせよ.

**20・24** 光合成におけるエネルギー移動と電子移動の過程を調べよう. (a) 集光複合体の中で, クロロフィル分子の蛍光は近くにあるほかのクロロフィル分子によって消光される. 一対のクロロフィル *a* 分子では, $R_0 = 5.6 \, nm$ であることがわかっている. 蛍光の寿命を 1 ns (有機溶媒中ではクロロフィル *a* の単量体として普通の値である) から 10 ps まで短くするためには, 2 個のクロロフィル *a* 分子の間の距離はどれだけでなければならないか. (b) 光合成において光誘起型電子移動反応が起こるのは, クロロフィル分子 (単量体でも二量体でも) が励起電子状態になっている方が有効な還元剤だからである. この見方が正しいことを分子軌道理論によって説明せよ.

# 21

# 磁 気 共 鳴

## 核磁気共鳴

21·1　磁場中の原子核

21·2　実 験 法

## NMR スペクトルからの情報

21·3　化学シフト

21·4　微細構造

21·5　スピン緩和

21·6　コンホメーションの変換と化学交換

21·7　二次元 NMR

## 電子常磁性共鳴

21·8　$g$　値

21·9　超微細構造

**チェックリスト**
重要な式の一覧
問題と演習

　この分光法は，最も広く利用され，役に立つ分光法の一つであって，化学やそれに関連する学問分野の現場に変革をもたらしたもので，古典物理でなじみ深い効果を利用している．2 個の振り子を 1 本のわずかに可撓性のある支持台から吊り下げ，一方を振らせると共通の支持台（アクセル）の運動によって他方も強制的に振動を始め，エネルギーが両者間で流れる．2 個の振動子の振動数が同じときにエネルギーの移動が最も効果的に起こる．振動数が同じときに強く働く有効なカップリングの状態を**共鳴**[1]といい，カップルした振動子の間で励起エネルギーが"共鳴する"という.

　共鳴は多くの日常の現象の原因になっており，ラジオが遠方の送信機で発生する弱い電磁場の振動に応答することも同じ現象である．この章では磁気共鳴の分光法への応用について調べる．はじめて開発されたときは（場合によってはいまでも），一組のエネルギー準位をラジオ波やマイクロ波領域の単色の放射線源に合わせ，その結果，核や電子によって共鳴点で起こる強い吸収を観測したものである．実際のところ，分光法はすべて電磁場と分子との間の一種の共鳴カップリングである．磁気共鳴が違う点は，エネルギー準位自体が磁場をかけることによって変更されるところである.

## 核 磁 気 共 鳴

　ここで説明しようとする共鳴の応用は，多くの原子核がスピン角運動量をもっている（表 21·1）ことを利用する．**核スピン量子数**[2] $I$（電子の場合の $s$ に対応，整数または半整数）をもつ原子核は，任意の軸に関して $2I+1$ 通りの異なる配向をとることができる．その配向は量子数 $m_I$ で区別する．$m_I = I, I-1, \cdots, -I$ である．プロトンは $I = \frac{1}{2}$ で 2 種の配向（$m_I = +\frac{1}{2}$ と $-\frac{1}{2}$）のどちらかをとる

---

1) resonance　2) nuclear spin quantum number

## 21·1 磁場中の原子核

表 21·1 原子核の構成と核スピン量子数

| プロトン数 | 中性子数 | $I$ |
|---|---|---|
| 偶 数 | 偶 数 | 0 |
| 奇 数 | 奇 数 | 整数 (1, 2, 3, …) |
| 偶 数 | 奇 数 | 半整数 ($\frac{1}{2}, \frac{3}{2}, \frac{5}{2}$, …) |
| 奇 数 | 偶 数 | 半整数 ($\frac{1}{2}, \frac{3}{2}, \frac{5}{2}$, …) |

表 21·2 核スピンの性質

| 核 | 天然存在率(パーセント) | スピン, $I$ | $\gamma_N/(10^7 \text{ T}^{-1}\text{ s}^{-1})$ |
|---|---|---|---|
| $^1\text{H}$ | 99.98 | $\frac{1}{2}$ | 26.752 |
| $^2\text{H(D)}$ | 0.0156 | 1 | 4.1067 |
| $^{12}\text{C}$ | 98.99 | 0 | — |
| $^{13}\text{C}$ | 1.11 | $\frac{1}{2}$ | 6.7272 |
| $^{14}\text{N}$ | 99.64 | 1 | 1.9328 |
| $^{16}\text{O}$ | 99.96 | 0 | — |
| $^{17}\text{O}$ | 0.037 | $\frac{5}{2}$ | $-3.627$ |
| $^{19}\text{F}$ | 100 | $\frac{1}{2}$ | 25.177 |
| $^{31}\text{P}$ | 100 | $\frac{1}{2}$ | 10.840 |
| $^{35}\text{Cl}$ | 75.4 | $\frac{3}{2}$ | 2.624 |
| $^{37}\text{Cl}$ | 24.6 | $\frac{3}{2}$ | 2.184 |

ことができる.$^{14}$N 原子核では $I=1$ であり,3 種の配向 ($m_I=+1, 0, -1$) のどれかをとる.スピン $\frac{1}{2}$ の核にはプロトン ($^1$H), $^{13}$C, $^{19}$F, $^{31}$P などがある.$m_I=+\frac{1}{2}$ (↑) の状態を α,$m_I=-\frac{1}{2}$ (↓) の状態を β で表す.

磁場の性質と磁場とものの相互作用は,本章で中核をなす重要なところであるから「必須のツール 21·1」にまとめる.

> **必須のツール 21·1　磁　場**
>
> 磁場中に置かれた磁気モーメント $\boldsymbol{m}$ のエネルギーは,
>
> $$E = -\boldsymbol{m}\cdot\boldsymbol{\mathcal{B}}$$
>
> で表される.ここで,$\boldsymbol{\mathcal{B}}$ は**磁気誘導**$^{\dagger 1}$ であり,その大きさは磁場の強さを表す目安である.その単位にはテスラ (T) を用いる.$1\text{ T}=1\text{ kg s}^{-2}\text{ A}^{-1}$ (A はアンペア) である.磁場が $z$ 軸を向いていれば,
>
> $$E = -m_z\mathcal{B}$$
>
> である.概略図 21·1 に示すように,2 個の磁気双極子が互いに平行にあり,その大きさが $m_1$ と $m_2$ のときの相互作用エネルギーは,
>
> $$E = \frac{\mu_0 m_1 m_2}{4\pi r^3}(1-3\cos^2\theta)$$
>
> である.$\mu_0$ は真空の透磁率である (表紙の見返しを見よ).
>
>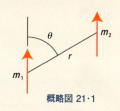
>
> 概略図 21·1

## 21·1 磁場中の原子核

スピンが 0 でない原子核には磁気モーメントがあって,小さな磁石のように振舞う.この磁石の向きは $m_I$ の値で決まる.磁場 $\mathcal{B}$ の中では核の $2I+1$ 通りの向きは異なるエネルギーをもち,それは,

$$E_{m_I} = -\gamma_N \hbar \mathcal{B} m_I \quad \text{原子核のエネルギー} \quad (21\cdot1)$$

である.$\gamma_N$ は**核の磁気回転比**$^{1)}$ である (表 21·2).スピン $\frac{1}{2}$ の核が正の磁気回転比をもっていると ($^1$H のように),α 状態のエネルギーは β 状態よりも下にある.そのエネルギーは**核磁子**$^{2)}$ $\mu_N$,

$$\mu_N = \frac{e\hbar}{2m_p} = 5.051\times 10^{-27}\text{ J T}^{-1} \quad \text{核磁子} \quad (21\cdot2)$$

と,**核の g 因子**$^{3)}$ $g_I$ という量で表すこともある.その場合,エネルギーは,

$$E_{m_I} = -g_I \mu_N \mathcal{B} m_I \quad \text{原子核のエネルギー} \quad (21\cdot3)$$

となる.核の g 因子は実験で求められる無次元の量で,$-6$ と $+6$ の間の程度の数である.$\gamma_N$ が ($g_I$ も) 正のときは,核の磁石の北極が核スピンと同じ方向を向き (プロトンの場合),$g_I$ が負のときは核磁石が反対方向を向く.核磁石の強さは電子スピンに付随する磁石の約 2000 分の 1 の強さしかない.ごくふつうの核である $^{12}$C と $^{16}$O はスピンが 0 で,そのため外部磁場の影響を受けない.

### (a) 占　有　数

スピン $\frac{1}{2}$ の核の 2 状態のエネルギー間隔は (図 21·1),

$$\Delta E = E_\beta - E_\alpha = -\gamma_N \hbar \mathcal{B}(-\tfrac{1}{2}) + \gamma_N \hbar \mathcal{B}(+\tfrac{1}{2})$$
$$= \gamma_N \hbar \mathcal{B} \quad (21\cdot4)$$

で与えられる.「基本概念 0·11」の説明でわかるように,その α 状態と β 状態の熱平衡状態における占有数,$N_\alpha$ と $N_\beta$ の比はボルツマン分布を使ってつぎのように表される.

$$\frac{N_\beta}{N_\alpha} = e^{-\Delta E/kT} = e^{-\gamma_N \hbar \mathcal{B}/kT}$$

核　占有数の比　(21·5a)

---

†1 magnetic induction.　訳注: 磁束密度ともいう.
1) nuclear magnetogyric ratio　2) nuclear magneton　3) nuclear g-factor

この関係から，つぎの「式の導出」で示すように次式が導ける．

$$N_\alpha - N_\beta \approx \frac{N\gamma_N \hbar B}{2kT} \quad \text{核 \boxed{占有数の差}} \quad (21\cdot5b)$$

$N$ はスピンの総数である．$\gamma_N$ が正の核については $\alpha$ 状態が $\beta$ 状態より下にあるから，(21·5)式からわかるように，$\alpha$ スピンの方が $\beta$ スピンよりほんの少し多い．

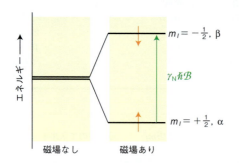

**図 21·1** 磁場中に置かれたスピン $\frac{1}{2}$ 核 ($^1$H, $^{13}$C など) のエネルギー準位．準位のエネルギー間隔が電磁波のフォトンのエネルギーと合ったとき共鳴が起こる．

● **簡単な例示 21·1　核スピンの占有数**

プロトンは $\gamma_N = 2.675 \times 10^8\,\mathrm{T^{-1}\,s^{-1}}$ であるから，1 000 000 個のプロトンが 20 ℃，10 T の磁場中にあったとすれば，

$$N_\alpha - N_\beta \approx \frac{\overbrace{1\,000\,000}^{N} \times \overbrace{(2.675 \times 10^8\,\mathrm{T^{-1}\,s^{-1}})}^{\gamma_N}}{2 \times \underbrace{(1.381 \times 10^{-23}\,\mathrm{J\,K^{-1}})}_{k} \times \underbrace{(293\,\mathrm{K})}_{T}} \times \underbrace{(1.055 \times 10^{-34}\,\mathrm{J\,s})}_{\hbar} \times \underbrace{(10\,\mathrm{T})}_{B}}$$

$$\approx 35$$

である．このような強い磁場中であっても，両者の占有数の違いは約 35 ppm しかない．●

**自習問題 21·1**

$^{13}$C 核では $\gamma_N = 6.7283 \times 10^7\,\mathrm{T^{-1}\,s^{-1}}$ である．20 ℃ の $^{13}$C の核スピンの分布に上と同じ不均衡を起こすのに必要な磁場の強さを求めよ．［答：40 T，この磁場は強すぎて NMR 分光計としては現実的でない］

**式の導出 21·1　占有数の差**

占有数の差を表す式を書くには，まず (21·5a) 式を，

$$\frac{N_\beta}{N_\alpha} = e^{-\gamma_N \hbar B/kT} \overset{e^{-x}=1-x+\cdots}{\approx} 1 - \frac{\gamma_N \hbar B}{kT}$$

と書く．ここで，展開式 $e^{-x} = 1 - x + \frac{1}{2}x^2 - \cdots$ を使い (「必須のツール 6·1」を見よ)，$x$ は小さいのでここでは最初の 2 項だけで表した．そこで，

$$\frac{N_\alpha - N_\beta}{N_\alpha + N_\beta} = \frac{N_\alpha(1 - N_\beta/N_\alpha)}{N_\alpha(1 + N_\beta/N_\alpha)} = \frac{1 - \overbrace{N_\beta/N_\alpha}^{1-\gamma_N\hbar B/kT}}{1 + \underbrace{N_\beta/N_\alpha}_{1-\gamma_N\hbar B/kT}}$$

$$\approx \frac{1 - (1 - \gamma_N\hbar B/kT)}{1 + \underbrace{(1 - \gamma_N\hbar B/kT)}_{\approx 1}} \approx \frac{\gamma_N\hbar B/kT}{2}$$

となる．$N_\alpha + N_\beta = N$（スピンの総数）とおけば (21·5b) 式が得られる．

**(b) 共　鳴**

試料に振動数 $\nu$ の電磁波を当てると，その振動数が **共鳴条件**[1]，

$$h\nu = \gamma_N \hbar B \quad \text{すなわち} \quad \nu = \frac{\gamma_N B}{2\pi}$$

$$\text{核 \boxed{共鳴条件}} \quad (21\cdot6)$$

を満たせば，核スピンのエネルギー差が電磁波と共鳴を起こす．共鳴点では核スピンと電磁波の間に強いカップリングがあって，核スピンのエネルギーの低い状態から高い状態へ飛び移るときに吸収が起こる．

磁性核を小さな棒磁石とする古典的な見方と量子力学的な見方を比較するのが理解に役立つ場合がある．外部磁場の中に置いた棒磁石は，磁場の方向を中心としてそのまわりでねじれるような **歳差運動**[2] という運動をする（図 21·2）．歳差運動の速さは加えた磁場の強度に比例し，$(\gamma_N/2\pi)B$ に等しい．これを古典的な見方では **ラーモアの歳差運動振動数**[†2] という．すなわち，ラーモアの歳差運

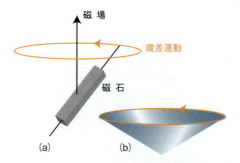

**図 21·2** (a) 磁場に棒磁石を置くと歳差運動という運動を起こす．核スピンは（電子スピンも）磁気モーメントを伴っており，同じ振舞いをする．(b) 歳差運動の振動数をラーモアの歳差運動振動数といい，外部磁場と磁気モーメントの大きさに比例する．

---

†2　Larmor precession frequency．訳注：この振動数は電磁波のラジオ波の領域にあるので，周波数ということもある．
1) resonance condition　2) precession

動振動数が外部電磁場の振動数に等しいとき共鳴吸収が起こる．

● **簡単な例示 21・2 共鳴条件**

12 T の磁場の中で電磁波がプロトンスピンと共鳴する振動数は，(21・6) 式を使ってつぎのように計算すれば求められる．

$$\nu = \frac{\overbrace{(2.6752 \times 10^8 \text{ T}^{-1} \text{ s}^{-1})}^{\gamma_N} \times \overbrace{(12 \text{ T})}^{\mathcal{B}}}{2\pi}$$
$$= 5.1 \times 10^8 \text{ s}^{-1}$$

すなわち，510 MHz である（1 Hz = 1 s$^{-1}$ である）．●

**自習問題 21・2**

上と同じ条件にあるとき，$\gamma_N = 1.0841 \times 10^8$ T$^{-1}$ s$^{-1}$ の $^{31}$P 核の共鳴振動数を求めよ． ［答：207 MHz］

**(c) 吸収強度**

電磁波の吸収率は，低エネルギー側の状態の占有数（プロトン NMR 遷移の場合は $N_\alpha$）に比例し，誘導放出の率は，高エネルギー側の占有数（$N_\beta$）に比例する．通常の磁気共鳴のような低振動数では，自然放出は非常に遅いから無視できる．したがって，正味の吸収率は占有数の差 $N_\alpha - N_\beta$ に比例することになる．ところで，吸収強度，つまりエネルギーが吸収される時間率は遷移の率（フォトンが吸収される速度）と吸収されるフォトンのエネルギーの積に比例する．そのフォトンのエネルギーは入射波の振動数 $\nu$ に比例するから，共鳴が起こっていれば，それは外部磁場の大きさに比例する．そこで，

$$吸収強度 \propto (N_\alpha - N_\beta)\mathcal{B} \qquad (21\cdot7)$$

と書ける．この占有数の差は磁場の大きさに比例し，温度に反比例するから，全体として強度は $\mathcal{B}^2/T$ に比例する．そこで，温度を下げれば占有数の差が大きくなるから，吸収強度は強くなる．また，外部磁場を強くしても吸収強度は強くなるから，その分光計は高磁場で運転するのが望ましい．

## 21・2 実 験 法

**核磁気共鳴**（NMR）[1] では，一番単純なかたちについていうと，磁性核を含む分子に強い磁場をかけ，これらの磁性核が電磁場と共鳴を起こす振動数を観測する．この方法は，プロトンのスピンに当てはめるときには**プロトン磁気共鳴**（$^1$H-NMR）[2] ということもある．この方法が開発された当初は，プロトン（$\gamma_N$ が大きいので比較的強い磁石のように振舞う）だけしか研究できなかったが，いまではいろいろな核（特に $^{13}$C, $^{31}$P, $^{15}$N）がごくふつうに研究されている．

NMR 分光計は強くて均一な磁場を発生できる磁石と，適当なラジオ波振動数の発生器とから成る（図 21・3）．簡単な装置では，電磁石を使って磁場をつくる．本格的な研究では，10 T 程度以上もの大きさの磁場を発生できる超伝導磁石が使われる（10 T の磁場というのは非常に強いものである．たとえば，小さな磁石は数ミリテスラの磁場しか出さない）．高磁場を使うと利点が二つある．一つは前に説明したように，磁場が増加すると遷移の強度が増すことである．もう一つは高磁場では，ある種のスペクトルの現れ方が単純になることである．プロトン共鳴は 9.4 T では約 400 MHz で起こるから，NMR はラジオ波の技術である（400 MHz の電磁波は波長 75 cm に相当する）．

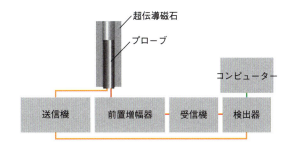

**図 21・3** 代表的な NMR 分光計．送信機と検出器を結んであるのは，受信信号に含まれる高振動数成分を差し引くためであり，残る低振動数の信号を処理する．

最近の磁気共鳴の研究では**フーリエ変換 NMR**（FT-NMR）[3] が最もふつうに使われる．試料を超伝導磁石で発生した強い磁場中に置き，短時間の細かく制御した強いラジオ波振動数のパルス電磁波を数回浴びせる．この電磁波が核スピンの向きを制御された仕方で変える．スピンがもとの平衡状態に戻るとき発射するラジオ波の電磁波を観測し，これを数学的に解析する（最後の段階が"フーリエ変換"である）．検出された電磁波には，従来の方法で得られたスペクトルの情報がすべて含まれているが，それにもまして，この方法は非常に効率のよい，したがって感度の高いものである．さらに，励起用のパルスの組合わせをいろいろ変えることによってデータをいっそう詳しく解析できる．

## NMR スペクトルからの情報

核スピンはそのすぐそばの**局所的な磁場**と相互作用する．この**局所磁場**[4] は外部磁場とは異なるが，それは分子の局所的な電子構造のため，あるいはべつの磁性核がそばに存在するなどの理由による．

---

1) nuclear magnetic resonance  2) proton magnetic resonance  3) Fourier transform NMR  4) local magnetic field

## 21・3 化学シフト

外部磁場は分子内の電子に周回運動を誘起し，その運動が小さな磁場 $\mathcal{B}_{add}$ をつけ加える．この付加的な磁場は外部磁場に比例するので，

$$\mathcal{B}_{add} = -\sigma\mathcal{B} \qquad \text{遮蔽定数} \quad (21\cdot 8)$$

と書くのが便利である．$\sigma$ は無次元の量で**遮蔽定数**[1]である．ここでは，付加的な磁場が外部磁場と平行であると仮定しているが，もっと進んだ取扱いでは平行でなくてもよい．遮蔽定数は正のときも負のときもあり，誘起された磁場が外部磁場に加わる場合と差し引かれる場合がある．外部磁場が電子の周回運動（分子の中の原子核がつくる骨組みの間を動く）をひき起こす能力は，注目している磁性核のそばの電子構造の詳細に依存するから，異なる化学グループにある核は遮蔽定数が異なることになる．

全局所磁場は，

$$\mathcal{B}_{loc} = \mathcal{B} + \mathcal{B}_{add} = (1-\sigma)\mathcal{B}$$

であるから，共鳴条件は，

$$\nu = \frac{\gamma_N \mathcal{B}_{loc}}{2\pi} = \frac{\gamma_N}{2\pi}(1-\sigma)\mathcal{B} \qquad \text{共鳴条件} \quad (21\cdot 9)$$

である．遮蔽定数 $\sigma$ は置かれた環境によって変化するから，分子の異なる部分にある核はたとえ同じ元素の核であっても，異なる振動数で共鳴する．

核の**化学シフト**[2]とは，それの共鳴振動数と基準とする標準物質の共鳴振動数との差である．プロトンについての標準はテトラメチルシラン $Si(CH_3)_4$（ふつう TMS といっている）のプロトン共鳴である．この物質にはプロトンがたくさんあって，多くの溶液に反応しないで溶ける．$^{13}C$ については基準の振動数は TMS の $^{13}C$ 共鳴であり，$^{31}P$ については 85 パーセントの $H_3PO_4(aq)$ の $^{31}P$ 共鳴である．これ以外の核には他の基準が使われる．あるグループの中の核の共鳴と標準との間隔は外部磁場の強さが増えると大きくなるが，これは誘起磁場が外部磁場に比例するからで，外部磁場が強いほどシフトが大きい．

化学シフトは **δ目盛**[3] で記載する．その定義は，

$$\delta = \frac{\nu - \nu^\circ}{\nu^\circ} \times 10^6 \qquad \text{定義} \quad \text{δ目盛} \quad (21\cdot 10)$$

で，$\nu^\circ$ は標準物質の共鳴振動数である．δ目盛の利点は，化学シフトをこの目盛で記載すると外部磁場に無関係になるところにある（分子も分母も外部磁場に比例するからである）．しかし，共鳴振動数自身はつぎの式によって外部磁場に依存する．

$$\nu = \nu^\circ + (\nu^\circ/10^6)\delta \qquad (21\cdot 11)$$

**ノート** 文献で化学シフトに定義の中の $10^6$ を表すつもりで，ppm（100 万分の 1）を付けて記載していることがあるが，これは全く不要である．もし，$\delta = 10$ ppm と書いてあるのを見たら，(21・10) 式で $\delta = 10$ とおけばよい．

■ **簡単な例示 21・3** **δ目盛　その1**

500 MHz で運転する分光計（500 MHz の NMR 分光計）で $\delta = 1.00$ の核は，標準に対して，

$$\nu - \nu^\circ = (500\,\text{MHz}/10^6) \times 1.00$$
$$= (500\,\text{Hz}) \times 1.00 = 500\,\text{Hz}$$

に等しいシフトを示す（$1\,\text{MHz} = 10^6\,\text{Hz}$）．100 MHz で運転する分光計では標準に対するシフトはわずか 100 Hz である．■

> **自習問題 21・3**
>
> 運転振動数が 350 MHz のとき $\delta = 3.50$ の核のグループは TMS からどれだけずれて共鳴するか．［答: 1.23 kHz］

$\delta > 0$ であると，その核は**脱遮蔽**[4]（デシールド）されているといい，$\delta < 0$ であれば**遮蔽**[5]されているという．$\delta$ が正であれば，注目している核の共鳴振動数が標準物質の共鳴振動数よりも高いことを示す．つまり，$\delta > 0$ の核の局所磁場は，同じ条件で標準物質中の核が受ける局所磁場より強い．したがって，同じラジオ波振動数で共鳴を起こすには外部磁場を小さくする必要がある．代表的な化学シフトの例を図 21・4 に示してある．

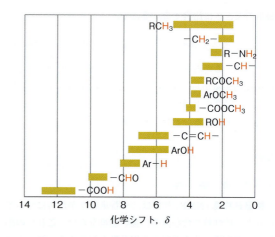

図 21・4　$^1H$ 共鳴の典型的な化学シフトの範囲

■ **簡単な例示 21・4** **δ目盛　その2**

化学シフトが存在することで，図 21・5 のエタノールのスペクトルの全般的な特徴を説明できる．$CH_3$ のプロトンは $\delta = 1$ の核のグループをつくる．$CH_2$ の 2 個のプロ

---

1) shielding constant　2) chemical shift　3) δ scale　4) deshielded　5) shielded

トンは分子の異なる場所にあって異なる局所磁場を受けており，$\delta = 3$ の位置で共鳴する．最後に OH プロトンは上の二つとはさらにべつの環境にあり，$\delta = 4$ の化学シフトを示す．■

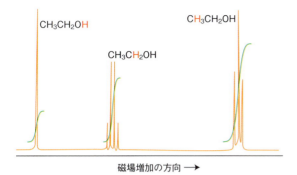

**図 21・5** エタノールの NMR スペクトル．赤字はその共鳴ピークを生じるプロトンを示す．階段状の曲線はその 1 群のプロトンに対する積分強度を表している．

**ノート** 慣習として，NMR スペクトルをプロットするときは，$\delta$ が右から左へ増加するように描く．その結果，同じラジオ波振動数では，共鳴磁場は左から右へ向かって増加する（図 21・6）．

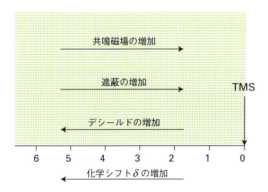

**図 21・6** NMR スペクトルを表示するときの約束

信号の相対強度（吸収線の下の面積）を使うと，どの線のグループがどの化学種のグループに対応するかを見分けるのに役立つので，分光計は吸収を自動的に**積分**[1]できるようにしてある（図 21・5）．つまり吸収線の下の面積を求められる．エタノールではグループの強度は 3：2：1 になっているが，これは分子内に $CH_3$ プロトンが 3 個，$CH_2$ プロトンが 2 個，OH プロトンが 1 個あるからである．磁性核の化学シフトを調べるだけでなく，その数を数えることは，試料中に存在する化合物を同定し，異なる環境にある同一物質を同定するのに役立つから，それは化学分析の立場から貴重な情報である．

観測される遮蔽定数はつぎの三つの寄与の和である．

$$\sigma = \sigma(局所) + \sigma(隣接基) + \sigma(溶媒) \qquad (21・12)$$

**局所の寄与**[2] $\sigma$（局所）は，ほとんどが注目する核を含む原子の電子からの寄与である．**隣接基の寄与**[3] $\sigma$（隣接基）は分子の残りの部分を構成する原子群からの寄与である．**溶媒の寄与**[4] $\sigma$（溶媒）は溶媒分子からの寄与である．

局所の寄与は，注目する核を含む原子の電子密度にほぼ比例する．そこで，そばに電気陰性度の大きな原子があって，その原子の電子密度が減少すると，遮蔽は減少する．遮蔽が減少するということは，デシールドが増加することであるから，隣接原子の電気陰性度が大きいと化学シフト $\delta$ が大きくなる（図 21・7）．すなわち，隣接原子の電気陰性度が増加すると $\delta$ が増加する．

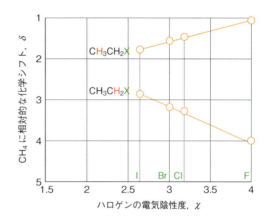

**図 21・7** ハロゲン化アルカンのハロゲンの電気陰性度による化学シフトの変化．電気陰性度が増加すると，すぐ隣のプロトンの化学シフトは正で大きくなる（プロトンがデシールドされる）が，その次の隣にあるプロトンでは減少することがわかる．

もう一つ $\sigma$（局所）への寄与の効果は，外部磁場がかかると，基底状態では占有されていないオービタルを利用して電子を強制的に分子中を循環させられることである．この寄与は，エネルギーの低いところに励起状態がある分子では大きく，水素以外の原子で支配的になる．遊離の原子ではこの効果は 0 である．また，直線分子（エチン，HC≡CH など）の分子軸のまわりでは電子が自由に循環でき，磁場が核と核を結ぶ軸に平行にかかっても電子を他のオービタルに追いやることはできないので，この効果はやはり 0 である．

隣接基の寄与は，そばにある原子群に誘起される電流に起因する．プロトンが見る付加的な磁場の強さは H と X の間の距離 $r$ の 3 乗に反比例する．隣接基効果の特殊な場合は芳香族分子に見られる．ベンゼン環の磁化率に強い異

---

1) integrate 2) local contribution 3) neighboring group contribution 4) solvent contribution

方性があるのは，磁場が分子面に垂直にかかったときに，磁場が**環電流**[1]，つまりこの環に沿う電子の循環を誘起できるためであるとされている．分子面内にあるプロトンはデシールドされるが（図21・8），（環の置換基の構成員のように）たまたまこの面の上下にあるものは遮蔽される．

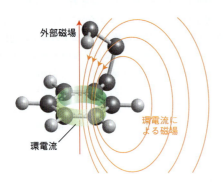

**図21・8** 外部磁場によってベンゼン環に誘起される環電流の遮蔽効果とデシールド効果．環に付いているプロトンはデシールドされるが，環の上に突き出た置換基に付いているプロトンは遮蔽される．

原子核が見る局所磁場はいろいろな仕方で溶媒の影響を受ける．その例としては，溶質と溶媒の間の（たとえば，水素結合の形成や，ルイスの酸-塩基錯体形成のような）特殊な相互作用によって生じる場合がある．溶媒分子の磁化率は，特に，溶媒が芳香族であれば，局所磁場の源にもなりうる．さらに，立体相互作用があって，それが溶質分子と溶媒分子の間にゆるいが特異な相互作用を生じれば，溶質分子中のプロトンは，それが溶媒分子に相対的にどの位置にあるかによって，遮蔽か，あるいはデシールド効果を受けることもある（図21・9）．化学シフトが大きく異なるプロトンを含む分子のNMRスペクトルは，シフトがあまり違わない分子のスペクトルよりは解釈しやすいから，溶媒を適切に選ぶと，スペクトルの現れ方とその解釈を単純にするのに役立つ場合がある．

## 21・4 微細構造

図21・5で共鳴線のグループがそれぞれ個別の線に分裂しているが，この分裂をスペクトルの**微細構造**[2]という．微細構造が現れるのは，個々の磁性核がつくる局所磁場が，他の核が見る磁場に寄与するため，その共鳴振動数が変化を受けるからである．この相互作用の強さを**スピン-スピンカップリング定数**[3] $J$ で表し，ヘルツ（Hz）単位で記載する．スピン-スピンカップリング定数は，分子固有の性質で外部磁場の強さには無関係である．

### (a) スペクトルの現れ方

NMRにおいては，化学シフトが非常に異なる核の組を表すのに，アルファベットで遠く離れた文字（AとXのように）を使い，化学シフトが似ている核の組には，近い文字（AとBのように）を使う．はじめに2個のスピン $\frac{1}{2}$ の核AとXを考えよう．はじめはスピン-スピンカップリングを無視する．磁場 $\mathcal{B}$ の中での2個のプロトンのもつ全エネルギーは（21・1）式のような項2個の和である．ただし，$\mathcal{B}$ は $(1-\sigma)\mathcal{B}$ に変わる．すなわち，

$$E = -\gamma_N \hbar (1-\sigma_A)\mathcal{B}m_A - \gamma_N \hbar (1-\sigma_X)\mathcal{B}m_X$$

である．$\sigma_A$ と $\sigma_X$ はそれぞれAとXの遮蔽定数である．この式から予測される4個のエネルギー準位を図21・10の左側に示してある．スピン-スピンカップリングエネルギーは，

$$E_{\text{spin-spin}} = hJm_A m_X \qquad \text{スピン-スピンカップリング} \quad (21・13)$$

と書くのが普通である．ここで，量子数 $m_A$ と $m_X$ の値に

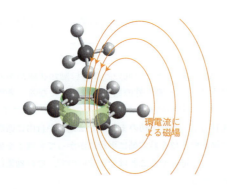

**図21・9** 芳香族溶媒（ここではベンゼン）は溶媒分子内に局所電流を生じることができて，それが溶質分子のプロトンを遮蔽したりデシールドしたりする．溶媒と溶質の相対的な配向がこの図のようになっていると，溶質分子のプロトンは遮蔽される．

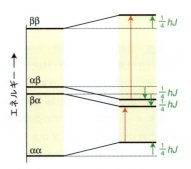

**図21・10** 磁場があるときの2プロトン系のエネルギー準位．左側の準位図はスピン-スピンカップリングがない場合，右側はスピン-スピンカップリングがある場合．許容される遷移は振動数の差が $J$ のものだけである．

---

1) ring current  2) fine structure  3) spin-spin coupling constant

よって，つぎのように4通りの可能性がある．

| | $\alpha_A \alpha_X$ | $\alpha_A \beta_X$ | $\beta_A \alpha_X$ | $\beta_A \beta_X$ |
|---|---|---|---|---|
| $E_\text{spin-spin}$ | $+\frac{1}{4}hJ$ | $-\frac{1}{4}hJ$ | $-\frac{1}{4}hJ$ | $+\frac{1}{4}hJ$ |

このようにしてできるエネルギー準位を図21·10の右側に示してある．

さてここで，準位間の遷移を考えよう．核Aがそのスピンを$\alpha$から$\beta$に変えたとき，核Xはもとのスピン状態のままで，$\alpha$でも$\beta$でもよい．2種の遷移を図に示してあるが，その振動数の差は$J$である．これとは別に，核Xが$\alpha$から$\beta$に遷移することもありうる．こんどは核Aは同じスピン状態のままで，$\alpha$でも$\beta$でもよい．この場合も振動数差が$J$の2個の遷移ができる．その結果，スペクトルは振動数$J$だけ離れた二重線[1)]から成る（図21·11）．

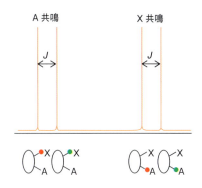

**図21·11** 化学シフトが非常に異なる2個のスピン$\frac{1}{2}$核のNMRスペクトルに対するスピン-スピンカップリングの影響．各共鳴が$J$だけ離れた2本の線に分裂する．赤丸は$\alpha$スピン，緑丸は$\beta$スピンを示す．

もし，分子内にX核がもう1個あって，化学シフトが最初のXと同じであると（AX$_2$基になる），Aの共鳴は1個のXによって分裂して二重線になり，その二重線のおのおのが第二のXによってさらに同じ大きさだけ分裂す

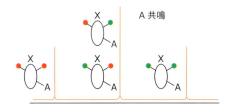

**図21·12** AX$_2$系のA共鳴における1:2:1三重線の起源．2個のX核は$2^2 = 4$通りの配列，($\uparrow\uparrow$)，($\uparrow\downarrow$)，($\downarrow\uparrow$)，($\downarrow\downarrow$)，をもつことができる．中央の二つの配列ではA共鳴が重なる．

る（図21·12）．その結果，3本の線が得られ，強度比は1:2:1になる（中心の振動数が2回得られるからである）．上で説明したAXの場合と同様に，AX$_2$基のXの共鳴はAによって分裂して二重線になる．

3個の等価なX核があると（AX$_3$基），Aの共鳴は強度比が1:3:3:1の4本線に分裂する（図21·13）．Xの共鳴はAによって分裂した二重線のままである．一般に$N$個の等価なスピン$\frac{1}{2}$の核は，近くにいる1個のスピンまたは一組の等価なスピンの共鳴を$N+1$本の線に分裂させ，その強度分布はパスカルの三角形[2)]（**1**）で与えられる．この三角形の次の行を得るには，その上の行の隣合った数を加え合わせればよい．

**1** パスカルの三角形

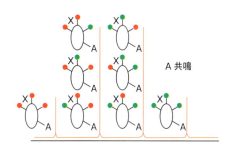

**図21·13** AX$_3$系のA共鳴の1:3:3:1四重線の起源．AとXは化学シフトが非常に異なるスピン$\frac{1}{2}$核である．3個のX核のスピンには$2^3 = 8$通りの配列があるので，それのA核に対する影響から4群の共鳴が生じる．

● **簡単な例示 21·5　スペクトルの微細構造**

　　CH$_3$CH$_2$OHのCH$_3$基の3個のプロトンはCH$_2$基のプロトンの1本の共鳴を1:3:3:1の四重線[3)]に分裂させる．その間隔は$J$である．同様に，CH$_2$基の2個のプロトンはCH$_3$基の1本の共鳴を1:2:1の三重線[4)]に分裂させる．OHプロトンは，液相では速い化学交換が起こるため，その共鳴線は分裂しない[†3]．●

**自習問題 21·4**

$^{14}$NH$_4^+$のプロトンについては，どんな微細構造が期待できるか．$^{14}$Nの核スピン量子数は1である．

　　　　　　　　　　[答: $^{14}$Nの影響により1:1:1の三重線]

---

[†3] 訳注: 化学交換については21·6節を見よ．OHプロトンは，気相では化学交換が遅いから，CH$_2$プロトンによって共鳴線は三重線になる．また，このOHプロトンによってCH$_2$プロトンの四重線はさらに，それぞれが二重線に分裂する．
1) doublet　2) Pascal's triangle　3) quartet　4) triplet

$N$ 個の結合を介してつながった2個の核の間のスピン-スピンカップリング定数をふつう $^NJ$ と書き，その2個の核を下つき添え字で表す．たとえば，$^1J_{CH}$ は $^{13}C$ に直接結合したプロトンのカップリング定数で，$^2J_{CH}$ はこの2個の核が2本の結合を介して（$^{13}C-C-H$ のように）つながった場合のカップリング定数である．$^1J_{CH}$ はふつう $10^2$ ないし $10^3$ Hz の間の値で，$^2J_{CH}$ はその 1/10 の約 10 ないし $10^2$ Hz くらいの大きさである．$^3J$ と $^4J$ もスペクトルで検出できるほどの大きさであるが，介在する結合がこれよりも多い場合のカップリング定数は通常無視できる．

### 例題 21·1　NMR スペクトルの解釈

図 21·14 はジエチルエーテル $(CH_3CH_2)_2O$ の $^1H$-NMR スペクトルである．このスペクトルから何がわかるか．

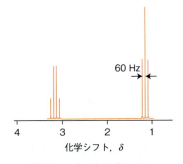

**図 21·14**　「例題 21·1」で取上げる NMR スペクトル

**解法**　図 21·14 の共鳴線を帰属することである．それから，この微細構造をどう解釈すべきかの方針を決める．その積分強度から，化学的に等価なグループそれぞれのプロトン数の見当がつく．スペクトルに見られる二つのグループの化学シフトがなぜ異なるのか，また，分光計をもっと高い磁場で運転したときスペクトルがどう変化するかを考えよう．

**解答**　$\delta = 3.4$ の共鳴線はジエチルエーテルの $CH_2$ に対応し，$\delta = 1.2$ のものは $CH_3CH_2$ の $CH_3$ に対応する．その遮蔽定数の違いは，中央の O 原子が電子密度を引き込む効果によるものとできる．すなわち，$CH_2$ の化学シフトの方が大きいのはデシールドが大きいことを示しており，O 原子に隣接する $CH_2$ の方がもっと離れた $CH_3$ 基より電子密度が強く引き抜かれているのである．「簡単な例示 21·5」でわかったように，$CH_2$ 基の微細構造（1 : 3 : 3 : 1 の四重線）は，$CH_3$ 基による分裂に特有のものであり，$CH_3$ の共鳴の微細構造は $CH_2$ によって起こされた特有の分裂である．スピン-スピンカップリング定数は $J = -60$ Hz で両方の基について同じである．もし，磁場の強さが 5 倍の分光計を使ったとしたら，共鳴線の組と組の間は 5 倍遠くなる（$\delta$ の値は同じ）．スピン-スピン分裂には変化はない．

### 自習問題 21·5

図 21·15 に示すスペクトルを解釈せよ．
[答: プロパナール，$CH_3CH_2CHO$]

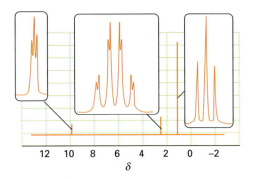

**図 21·15**　「自習問題 21·5」で取上げたスペクトル

$^3J_{HH}$ の大きさは2本の C-H 結合の間の二面角 $\phi$ によって変わる（**2**）．その変化はつぎの**カープラスの式**[1] で非常によく表される．

$$^3J_{HH} = A + B\cos\phi + C\cos 2\phi$$

カープラスの式　(21·14)

**2**

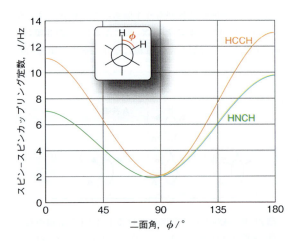

**図 21·16**　カープラスの式に従う場合の $^3J_{HH}$ の角度変化．橙色の線は H-C-C-H，緑色の線は H-N-C-H に対するもの．

---

1) Karplus equation

$A, B, C$ の値はふつうそれぞれ $+7\,\mathrm{Hz}$, $-1\,\mathrm{Hz}$, $+5\,\mathrm{Hz}$ の程度である[†4]. 図 21·16 には，この式から予測される角度による変化を示してある．互いに関連する一連の化合物について $^3J_{HH}$ を測定すると，その化合物のコンホメーションを求める助けになる．カップリング定数 $^1J_{CH}$ は，C 原子の混成によってもつぎのように変わる.

|  | sp | sp$^2$ | sp$^3$ |
|---|---|---|---|
| $^1J_{CH}/\mathrm{Hz}$ | 250 | 160 | 125 |

● **簡単な例示 21·6　カープラスの式**

ポリペプチド中の H−N−C−H のカップリングの研究から，ポリペプチドのコンホメーションが解明できる．この基の $^3J_{HH}$ カップリングでは $A = +5.1\,\mathrm{Hz}$, $B = -1.4\,\mathrm{Hz}$, $C = +3.2\,\mathrm{Hz}$ である．α ヘリックスについては φ が 120° に近いので, $^3J_{HH} \approx 4\,\mathrm{Hz}$ くらいとなる．β シートでは φ は 180° に近いから, $^3J_{HH} \approx 10\,\mathrm{Hz}$ である．したがって，カップリング定数が小さければ α ヘリックス，大きければ β シートであることを示している．●

**自習問題 21·6**

NMR 実験によれば，ポリペプチドの H−C−C−H のカップリングでは $A = +3.5\,\mathrm{Hz}$, $B = -1.6\,\mathrm{Hz}$, $C = +4.3\,\mathrm{Hz}$ である．ポリペプチドのフラボドキシンの研究で，このようなグループ分けをしたときの $^3J_{HH}$ カップリング定数は，2.1 Hz であった．この値は，α ヘリックスと β シートのどちらに合っているか．　　［答：α ヘリックス］

### (b) スピン−スピンカップリングの起源

溶液中の分子におけるスピン−スピンカップリングは，**分極機構**[1]によって説明できる．この機構では，相互作用は結合を通して起こる．一番簡単な場合として考えられるのは，$^1J_{XY}$ である．ここで，X と Y は，電子対結合で結ばれているスピン $\frac{1}{2}$ 核である（図 21·17）．この場合のカップリングの機構は，核スピンと電子スピンが平行になっている（両方とも α か，両方とも β）方が都合がよい原子もあるが，反平行になった方（片方が α で，他方が β）が都合がよい原子もあるという事情から生じる．電子−核のカップリングは，本来磁気的なもので，電子スピンと核スピンの磁気モーメントの間の双極子相互作用（15·3 節）か，**フェルミの接触相互作用**[2]のどちらかである．後者は，電子が原子核のごく近くにあるかどうかによって決まるので，その電子が s オービタルを占めている場合にしか起こらない．ここでは，(水素原子中のプロトンと電子の場合のように)，電子スピンと核スピンが反平行になっている方が，エネルギー的に有利であると仮定しよう．つまり $\alpha_e \beta_N$ または $\beta_e \alpha_N$ とする．e と N は電子と核を区別するためにつけた．

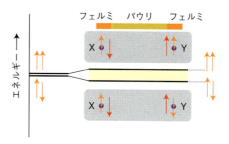

**図 21·17** スピン−スピンカップリング ($^1J_{HH}$) の分極機構．二つの配列はエネルギーが少しだけ異なる．この図の場合の $J$ は正で，核スピンが互いに反平行の方がエネルギーは低くなる．

もし X 核が $\alpha_X$ であると，結合対のうちの β の電子がその近くに見いだされる傾向が強いはずである（この方がエネルギー的に有利であるから）．この結合中の二つ目の電子は，一方が β であればパウリの原理によってもう一方は α スピンをもたねばならず，(電子同士はなるべく離れて存在して，互いの間の反発を減らそうとするので)，主として結合の他端の Y 核の近くに見いだされるであろう．Y 核のスピンは，電子スピンと反平行になった方がエネルギー的に都合がよいから，Y 核は β スピンをもつ方が α スピンをもつよりもエネルギーが低くなる．すなわち，

|  |  |
|---|---|
| 低エネルギー | $\alpha_X \beta_e \cdots \alpha_e \beta_Y$ |
| 高エネルギー | $\alpha_X \beta_e \cdots \alpha_e \alpha_Y$ |

である．X が β のときは，これと反対のことが起こる．つまり，こんどは，Y の α スピンのエネルギーの方が低いからである．

|  |  |
|---|---|
| 低エネルギー | $\beta_X \alpha_e \cdots \beta_e \alpha_Y$ |
| 高エネルギー | $\beta_X \alpha_e \cdots \beta_e \beta_Y$ |

つまり，核スピンと結合電子の磁気的カップリングの結果として，核スピンが反平行の配置をとる方（$\alpha_X \beta_Y$ と $\beta_X \alpha_Y$）が，平行な配置（$\alpha_X \alpha_Y$ と $\beta_X \beta_Y$）よりもエネルギーが低くなる．すなわち，$m_X$ と $m_Y$ が反対符号のときは $hJ m_X m_Y$ は負であるから，$^1J_{HH}$ は正になる．

H−C−H におけるような $^2J_{XY}$ の値を説明するためには，中心の C 原子（自分自身は核スピンをもたない $^{12}$C であるかもしれない）を介してスピンの整列を伝達できるような機構が必要となる．この場合は（図 21·18），α スピン

---

[†4] この式は，$^3J_{HH} = A' + B' \cos\phi + C' \cos^2\phi$ というかたちで表されることも多い.

1) polarization mechanism　2) Fermi contact interaction

をもつ X 核が結合の中の電子を分極させ，α 電子が C 核に近づきやすくする．同じ原子の異なるオービタルに入っている 2 個の電子の都合のよい方の配置は，そのスピンが平行になった配置であって（13・11 節のフントの規則），したがって，隣接する結合の α 電子にとって都合のよい方の配置は，C 核の近くにある配置である．その結果，その結合の β の電子は，Y 核の近くにくる確率が高くなり，したがって，Y 核が α であれば，そのエネルギーが低くなるはずである．

低エネルギー　　$\alpha_X \beta_e \cdots \alpha_e[C]\alpha_e \cdots \beta_e \alpha_Y$
高エネルギー　　$\alpha_X \beta_e \cdots \alpha_e[C]\alpha_e \cdots \beta_e \beta_Y$

低エネルギー　　$\beta_X \alpha_e \cdots \beta_e[C]\beta_e \cdots \alpha_e \beta_Y$
高エネルギー　　$\beta_X \alpha_e \cdots \beta_e[C]\beta_e \cdots \alpha_e \alpha_Y$

数が次第に等しくなっていくことによって吸収が減少することを**飽和**[1]という．

### (a) 緩和の仕組み

ラジオ波振動数の出力を低く抑えたときはとくに，飽和が観測されないこともよくあることから，何か非放射性の過程によって β の核スピンが再び α スピンに戻り，両状態の占有数の差を維持しているに違いないと考えられる．系の平衡の占有数分布（21・5a 式）へ非放射的に戻るのは**緩和**[2]という過程の一種である．仮に核が全部 β 状態にあるような系を想像すると，系は指数関数的に平衡分布（β スピンよりも α スピンが少し過剰）に戻るが，そのときの時定数を**スピン-格子緩和時間**[3] $T_1$ という（図 21・19）．

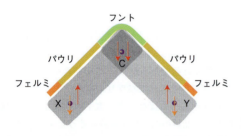

**図 21・18** $^2J_{HH}$ スピン-スピンカップリングの分極機構．一つの結合から次の結合へとスピンの情報が伝達されるが，これは，異なる原子オービタルに電子があって平行なスピンをもつ方が低いエネルギーをとる（フントの最大多重度の規則）ことを説明する機構と同じ機構によって起こる．この場合，$J < 0$ であって，これは核スピンが平行のときの方がエネルギーが低くなることに当たる．

そこで，この機構によると，Y のスピンが X のスピンに平行であれば（$\alpha_X \alpha_Y$ と $\beta_X \beta_Y$），Y の低エネルギー状態が得られるであろう．つまり，$m_X$ と $m_Y$ が同じ符号のときは $hJm_X m_Y$ が負であるから $^2J_{HH}$ は負になる．

フェルミの接触相互作用による核スピンの電子スピンへのカップリングは，プロトンスピンに対しては最も重要であるが，他の原子核については必ずしも最重要な機構ではない．これらの核は，双極子機構によって電子の磁気モーメントや電子の軌道運動と相互作用することもあり，$J$ が正になるか負になるかを判定する簡単な手段はない．

## 21・5　スピン緩和

共鳴吸収が継続すると，上の状態の占有数が増加して下の状態の占有数と等しくなっていく．(21・7) 式から，吸収信号の強度は両方のスピン状態の占有数が等しくなるにつれて，時間とともに次第に弱くなると予測される．占有

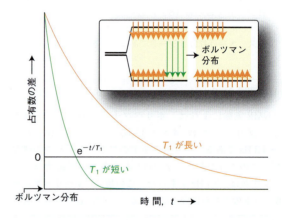

**図 21・19** スピン-格子緩和時間は，いろいろなスピン状態の占有数が平衡（ボルツマン）分布に指数関数的に戻る際の時定数である．

しかしながら，緩和にはもう一つ精緻な仕組みのものがある．古典的な見方の磁性核（21・1 節）を考えて，ある瞬間に何らかの方法で，試料の中のスピン全部を，磁場の方向のまわりで磁場の方向から同じ角度になるように揃えることができたと想像しよう．スピンごとに少しずつ違うラーモア振動数をもつと（スピンごとに少しずつ違う局所磁場を見ているから），スピンの向きは次第に広がりをもつようになる．熱平衡になれば，棒磁石はすべて外部磁場の方向のまわりで乱雑な角度をとる．このような乱雑な配列状態へ指数関数的に戻るときの時定数を**スピン-スピン緩和時間**[4] $T_2$ という（図 21・20）．スピンが熱平衡状態であるためには，占有数の比が (21・5a) 式で与えられる値になっているだけでなく，スピンの配向が磁場の方向のまわりで乱雑でなければならない．

---

1) saturation　2) relaxation　3) spin–lattice relaxation time　4) spin–spin relaxation time

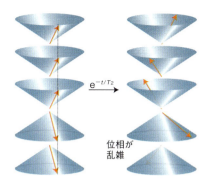

**図 21・20** スピン-スピン緩和時間は，スピンが磁場の方向のまわりで乱雑な分布へと指数関数的に戻るときの時定数である．この型の緩和では二つのスピン状態の占有数には変化がないので，スピンから外界へのエネルギー移動はない．

### (b) 緩和の機構

それぞれの型の緩和は何によってひき起こされるのだろうか．どちらの場合にも，スピンは，それをいろいろな方向に向けるように働く局所磁場に応答して動く．しかし，この 2 種の過程には決定的な違いがある．

β から α への遷移（スピン-格子緩和の場合）を誘起するのに最適な局所磁場は，共鳴振動数に近い振動数で揺らぎを起こしている磁場である．このような磁場は流体試料中で分子がとんぼ返りする運動から生じうる．もし，分子のとんぼ返り運動が共鳴振動数と比べて遅いと，この運動から生じる磁場の揺らぎは遅すぎて遷移をひき起こすことはできない．そのため $T_1$ は長い．もし，分子が共鳴振動数よりもずっと速くとんぼ返りすると，それによる磁場の揺らぎは遷移をひき起こすには速すぎることになり，この場合も $T_1$ は長い．分子がほぼ共鳴振動数くらいでとんぼ返りするときだけ，揺らいでいる磁場が効率的に遷移を誘

起することができる．そして，その場合だけ $T_1$ が短くなる．分子のとんぼ返り運動の頻度は温度とともに増加し，また溶媒の粘度が減少すると増加するから，図 21・21 に示したような依存性が期待できる．

スピン-スピン緩和をひき起こすのに最適な局所磁場は，あまり速く変化しない磁場である．その場合は，試料中の分子はそれぞれが見る局所磁場の環境に長時間とどまることになり，スピンの配向が外部磁場の方向のまわりで乱雑になるだけの時間がとれることになる．分子が磁場のある環境のところから別の環境のところへ速く動き回ると，異なる磁場の効果は時間的に平均化されてしまい，乱雑化がそれほど速く進行しない．つまり，分子運動が遅いと $T_2$ は短く，運動が速いと $T_2$ は長い（図 21・21 に示してある）．詳しい計算によれば，運動が速いときは，この二つの緩和時間は等しく，図に描いたようになる．

スピン緩和の研究には高度な技法が使われている．ラジオ波振動数のエネルギーをもった複雑なパルス系列でスピンを刺激して，それを特殊な向きに配向させたのち，平衡状態に戻る過程を追跡する．このようなスピン緩和の研究には二つの応用面がある．その一つは分子の一部や全体の運動性に関する情報が明らかになることである．たとえば，ミセルや二重層の炭化水素鎖にあるプロトンのスピン緩和時間の研究から，そのような鎖の運動の詳しい様子がわかるから，それを細胞膜の動きの理解につなげることができる．第二には，緩和時間は，観測している核が，その核の緩和をひき起こしている磁場の源からどれだけ離れているかに依存する．その源は同じ分子の中の別の磁性核の場合もあろう．この緩和の研究から分子内の核間距離を求めることができ，それから分子の形についてモデルを組立てることができる．

### 21・6 コンホメーションの変換と化学交換

もし，磁性核が異なる磁気的環境の間を速くジャンプしていると，NMR スペクトルの現れ方が変わる．異なるコンホメーションの間をジャンプできる分子，たとえば $N,N$-ジメチルホルムアミドのような分子を考えよう．この場合は，メチル基の位置が，カルボニル基に対してシスであるかトランスであるかによって違う（図 21・22）．両者間のジャンプの頻度が小さいときは，スペクトルは二組の線を示し，それはそれぞれのコンホメーションに相当している．相互変換の頻度が大きいと，スペクトルには，この 2 種の化学シフトの平均の位置に 1 本の線として現れる．中間の変換頻度では線は非常に幅広い．幅の広がりが最大になるのは，一つのコンホメーションの寿命 $\tau$（タウ）に起因する線幅が，二つの共鳴振動数の差 $\Delta\nu$ に対応する幅と同じくらいになり，広がった線と線が融合して 1 本の非常に幅広い線になるときである．2 本の線の融合が起こるのは，

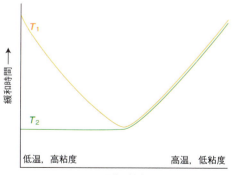

**図 21・21** 分子の動き（分子のとんぼ返りや溶液中の分子移動）の頻度による 2 種の緩和時間の変化の様子．横軸は温度や粘度を表すと考えることができる．運動の頻度が高いときはこの 2 種の緩和時間は一致することがわかる．

$$\tau = \frac{2^{1/2}}{\pi \Delta \nu} \qquad 共鳴線融合の基準 \qquad (21 \cdot 15)$$

のときである.

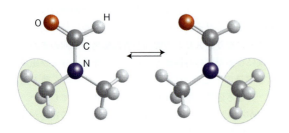

**図 21·22** 分子が一つのコンホメーションからべつのコンホメーションに変化するときは、そのプロトンの位置が入れ替わる（交換する）ので、磁気的に異なる環境の間をジャンプする.

● **簡単な例示 21·7　線幅の広がり**

$N,N$-ジメチルニトロソアミン $(CH_3)_2N-NO$ の NO 基が N−N 結合のまわりに回転し、その結果、二つの $CH_3$ 基の磁気的な環境が相互に交換する. 600 MHz の分光計では、二つの $CH_3$ 共鳴は 390 Hz だけ離れている. コンホメーションの平均寿命がつぎの時間より短くなれば、共鳴線はくずれて 1 本の線になる.

$$\tau = \frac{2^{1/2}}{\pi \times (390\ \text{s}^{-1})} = 1.2 \times 10^{-3}\ \text{s}$$

それは、1.2 ms である. これから、交換頻度が $1/\tau = 870\ \text{s}^{-1}$ を超えたときに信号はくずれて 1 本線になる. ●

**自習問題 21·7**

上と同じ分子で、300 MHz の分光計で 1 本線が観測されたら、どんなことがわかるか.

［答: コンホメーションの寿命は 2.3 ms 以下である］

同様にして、試料が溶媒とプロトンを交換できる場合に微細構造がなくなることも説明できる. たとえば、ヒドロキシ基のプロトンは水のプロトンと交換できる. この**化学交換**[1]が起こると、$\alpha$ スピンのプロトンをもった ROH 分子（これを $ROH_\alpha$ と書く）は、溶媒分子が提供するプロトンが乱雑なスピン配向をもって次々に交換するので、$ROH_\beta$ に変換したり、また $ROH_\alpha$ に戻ったり高速で変換する. したがって、$ROH_\alpha$ 分子と $ROH_\beta$ 分子の両方の寄与から成るスペクトル（すなわち OH プロトンによる二重線構造のスペクトル）でなく、OH プロトンのカップリングによる分裂のないスペクトルを観測することになる（図 21·5）. この効果は、この化学交換による分子の寿命が非常に短くて、寿命による広がりが二重線の分裂間隔よりも大きいときに観測される. この分裂はたいてい非常に小さい（数ヘルツ）から、分裂が観測できるためにはプロトンは 0.1 s より長く同じ分子に付いていなければならない. 水ではこの交換速度はこれよりずっと速いから、アルコール類は OH プロトンによる分裂を示さない. 乾燥したジメチルスルホキシド（DMSO, $(CH_3)_2SO$）では、交換速度が十分遅くて分裂が観測される.

### 21·7　二次元 NMR

NMR スペクトルは大量の情報を含んでいるから、もし多数のプロトンが存在すると、異なるスペクトル線グループの微細構造が重なり合うことがあるために、非常に複雑になる. もしも、データを表示するのに二つの軸を使うことができて、異なるグループに属する共鳴が二つ目の軸上で異なる場所に来るようにできれば、この複雑さが軽減されるはずである. この信号の分離は**二次元 NMR**[2] を使えば原理的には達成できる.

最新の NMR の研究の多くは、**相関分光法（COSY）**[3] のような技法を利用する. この方法では、巧妙にパルスを選び、フーリエ変換を行うことによって、分子内のすべてのスピン-スピンカップリングを求めることが可能になる. AX 系の COSY スペクトルには二つの化学シフトを中心におく 4 個のグループの信号がある. 各グループは微細構造を示すが、それは $J_{AX}$ だけ離れた 4 本の信号の組からなる. **対角ピーク**[4]は $(\delta_A, \delta_A)$ と $(\delta_X, \delta_X)$ に中心をもつ信号で対角線上にある. **交差ピーク**[5]（**非対角ピーク**[6]）は $(\delta_A, \delta_X)$ と $(\delta_X, \delta_A)$ に中心がある信号で、これは A と X の間のカップリングによって現れる. その結果、COSY

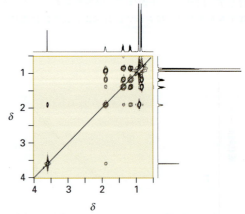

**図 21·23** アミノ酸イソロイシンのプロトン COSY スペクトル. 対角ピークは両方の軸に示した一次元のスペクトルに対応している.

---

1) chemical exchange　2) two-dimensional NMR　3) correlation spectroscopy　4) diagonal peak　5) cross peak
6) off-diagonal peak

スペクトルの交差ピークから，スピン間のカップリングを地図のように表し，複雑な分子でも，結合のネットワークをたどることができる．図21·23 にはイソロイシン，CH₃CH₂CH(CH₃)CH(NH₂)COOH について，プロトンのCOSY スペクトルの簡単な例を示してある．

二次元 NMR 分光法からの情報は，AX 系ではあまり意味がないが，もっと複雑なスペクトルを解釈するうえで非常に役に立つ．たとえば，合成高分子やタンパク質の複雑なスペクトルは一次元 NMR では解釈ができないが，二次元 NMR によって比較的迅速に解釈できるようになる．

### 医学へのインパクト 21·1

#### 磁気共鳴イメージング

核磁気共鳴の最も目ざましい応用の一つは医学で見られる．これは**磁気共鳴イメージング**（MRI）[1]で，物体内部のプロトンの濃度を表示する．ある物体を不均一磁場（試料の中で場所によって強さの違う磁場）に置いて，あるパルス列を加えるという技術を採用する．

水素核を含む物体（試験管の水や人体）を NMR 分光計の中において均一磁場（試料中どこでも同じ強さの磁場）をかけると，ある一つの共鳴信号が検出される．いま $\mathcal{B}_0 + \mathcal{G}_z z$ のかたちで $z$ 方向に直線的に変化する磁場にフラスコの水を置くと考える．$\mathcal{G}_z$ は $z$ 方向での磁場の勾配である（図 21·24）．そうすると，水のプロトンは，

$$\nu(z) = \frac{1}{2}\gamma_N(\mathcal{B}_0 + \mathcal{G}_z z)$$

という振動数で共鳴する．（$x, y$ 方向の勾配についても同様な式が書ける）．試料に振動数が $\nu(z)$ の放射線を当てると信号強度が $z$ の位置にあるプロトンの数に比例する信号が得られる．これは**切片選択**[2]法の例である．つまり，試料のある領域，切片にある核を励起するようなラジオ波を当てる．そうすると，NMR 信号の強度はプロトンの数を磁場勾配に平行な直線上へ投影した図になる．切片選択法をいろいろな向きで使うとフラスコの中の水のような三次元の物体の図（イメージ）が得られる．

この技法に共通する課題は，試料中の水の含量の，場所による変動を示すためにイメージのコントラストを最大にすることである．この問題を解決する一つの対策は，水のプロトンの緩和時間が純水よりも生体内の水のほうが短いのを利用することである．さらに，水のプロトンの緩和時間が，健康な組織と罹病した組織では異なるということもある．試料中のスピンがスピン-格子緩和によって平衡に戻る前にデータを収集すると，$T_1$ で加重平均したイメージ[3]が得られる．このような状況でデータをとると，信号強度は $T_1$ の差に直接関係する．系が，完全ではなくてもかなりの程度に緩和した後にデータを収集すると，$T_2$ で加重平均したイメージ[4]が得られる．こうすると，信号強度は $T_2$ に強く依存するが，スピン-スピン緩和時間（$T_2$）の長いプロトンであっても，自由誘導減衰が十分起こったあとでは信号は弱くなってしまう．べつの方法として，プロトンの近くに置けばその緩和時間（$T_1$）が短くなる常磁性化合物を**コントラスト増強剤**[5]として使うものがある．もし，コントラスト増強剤が健康な組織と罹病した組織とで分布の仕方が違うと，この方法はコントラストを強くし，病気の診断をするのに特に有力である．

MRI 法は生理学的な異常を検出したり，代謝過程を観察したりするのに広く使われている．**機能性 MRI**[6]を使うと，脳のいろいろな部位における血流を研究でき，血流と脳の活動との関係を研究できる．MRI の利点は特に，柔らかい組織のイメージを得ることができる点で（図21·25），これと対照的にX線は骨のような硬い構造体や腫瘍のように異常に密度の高い部位のイメージを得るのに使われる．実は MRI が硬い構造体を見ることができないのは長所であって，脳や脊髄のように骨で囲まれている部位でもイメージを得ることができる．X線はイオン化をひき起こすので危険なことがわかっているが，MRI で使う強い磁場も安全といいきれないかもしれない．むし歯から

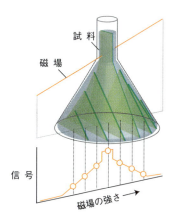

**図 21·24** 試料中の場所とともに強さが直線状に変化する磁場中では，ある一つの切片（つまり，ある決まった磁場の強さ）の中のプロトン全部が共鳴を起こし，対応する強さの信号を生じる．その結果できる強度の図は，すべての切片の中のプロトン数の地図であるから，試料の形をなぞったものである．磁場の向きを変えると，その方向で見た形を示すから[†5]，コンピューター操作を使えば，試料の三次元の形がわかる．

---

[†5] 訳注：図では，フラスコの中心軸を外れた断面として 6 個の三角形が見えるが，実際の切り口は双曲線となる．
1) magnetic resonance imaging　2) slice selection　3) $T_1$-weighted image　4) $T_2$-weighted image　5) contrast agent
6) functional MRI

ゆるくなった詰め物が取れたという噂があるものの，有害性についてはっきりした証拠はなく，この方法はいまのところ安全と考えられている．

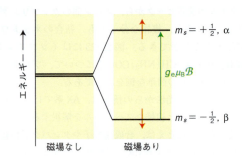

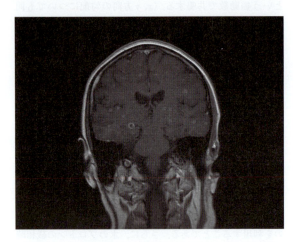

図 21·25　MRI の大きな特色は，この患者の頭部断面図のように，柔らかい組織を表示できるところにある．写真の著作権：James Holt 博士．

図 21·26　磁場中に置かれた電子のエネルギー準位．準位のエネルギー間隔が電磁場のフォトンのエネルギーと合ったとき共鳴が起こる．

## 電子常磁性共鳴

磁場中に置かれた電子（スピン量子数 $s = \frac{1}{2}$）は，$m_s = +\frac{1}{2}$（α または ↑ で表す）と $m_s = -\frac{1}{2}$（β または ↓ で表す）に相当する 2 通りの向きをとれる．電子はそのスピンによる磁気モーメントをもち，このモーメントが外部磁場と相互作用する．つまり，電子は小さな磁石のように振舞う．その z 成分は，

$$m_z = \gamma_e \hbar m_s \quad \text{スピンによる磁気モーメント} \quad (21·16)$$

である．$\gamma_e$ はつぎの電子の**磁気回転比**[1]である．

$$\gamma_e = -\frac{g_e e}{2 m_e} \quad \text{磁気回転比} \quad (21·17)$$

$g_e$ は**電子の g 値**[2]という因子で，自由電子については 2.0023 に近い．この 2 はディラックの電子の相対性理論から来るもので，0.0023 はさらに加わる補正値である．「必須のツール 21·1」にある式から，磁場 $\mathcal{B}$ の中ではこの二つの向きはエネルギーが異なることがわかる（図 21·26）．そのエネルギーは，

$$E_{m_s} = -\gamma_e \hbar \mathcal{B} m_s \quad \text{電子のエネルギー} \quad (21·18)$$

で与えられる．このエネルギーは**ボーア磁子**[3]を使って表されることがある．ボーア磁子というのは，

$$\mu_B = \frac{e \hbar}{2 m_e} = 9.274 \times 10^{-24} \, \text{J T}^{-1} \quad \text{ボーア磁子} \quad (21·19)$$

で，磁気の基本単位である．これを使うと，

$$E_{m_s} = g_e \mu_B \mathcal{B} m_s \quad \text{電子のエネルギー} \quad (21·20)$$

と書ける．そこで，電子の二つのスピン状態のエネルギー間隔は，

$$\Delta E = E_\alpha - E_\beta = g_e \mu_B \mathcal{B} \left(+\frac{1}{2}\right) - g_e \mu_B \mathcal{B} \left(-\frac{1}{2}\right)$$
$$= g_e \mu_B \mathcal{B} \quad (21·21)$$

である．電子では β 状態のエネルギーは α 状態より下にあり，核について行った考察と同様にすれば，

$$N_\beta - N_\alpha \approx \frac{N g_e \mu_B \mathcal{B}}{2 k T} \quad \text{電子} \quad \text{占有数の差} \quad (21·22)$$

となる．$N$ はスピンの総数である．

● **簡単な例示 21·8　電子スピンの占有数**
電子スピン 1000 個が 20 ℃（293 K）で 1.0 T の磁場に置かれたときは，
$N_\beta - N_\alpha$

$$\approx \frac{\overbrace{1000}^{N} \times \overbrace{2.0023}^{g_e} \times \overbrace{(9.274 \times 10^{-24} \, \text{J T}^{-1})}^{\mu_B} \times \overbrace{(1.0 \, \text{T})}^{\mathcal{B}}}{2 \times \underbrace{(1.381 \times 10^{-23} \, \text{J K}^{-1})}_{k} \times \underbrace{(293 \, \text{K})}_{T}}$$

$$\approx 2.3$$

である．占有数の不均衡は，電子が 1000 個あっても約 2 個分しかない．■

磁場中に置いた電子を観測する共鳴法は**電子常磁性共鳴**（EPR）[4]あるいは**電子スピン共鳴**（ESR）[5]という．電子の磁気モーメントは核の磁気モーメントよりもはるかに大

---

1) magnetogyric ratio（gyromagnetic ratio）　2) g-value of the electron　3) Bohr magneton　4) electron paramagnetic resonance
5) electron spin resonance

きいから，普通の磁場でも共鳴を起こすのには高振動数が必要になる．0.3 T 程度の磁場を使った研究が多いが，そのとき共鳴は約 9 GHz で起こる．これは波長 3 cm のマイクロ波（X バンド）である．1 T では約 35 GHz で約 9 mm（Q バンド）のマイクロ波に相当する．電子常磁性共鳴は不対電子をもつ物質にしか応用できないので，NMR よりもはるかに制約が強いが，（放射線障害や光分解でつくられる）ラジカル，d 金属錯体や f 金属錯体，ヘモグロビンのような生物活性のある物質などが対象になる．しかし，電子分布について貴重な情報が提供され，また，たとえばヘモグロビンや生物学的ないろいろな電子移動過程における酸素の取込みを追跡したりできる．

EPR の分光計にはフーリエ変換（FT）法と連続波（CW）法の両方がある．FT-EPR 計は FT-NMR 計と同様で，ただ試料中の電子スピンを励起するためにマイクロ波のパルスを使う．もっと普通に使われる CW-EPR 分光計は図 21·27 の配置である．それはマイクロ波源（クライストロンまたはガン発信器），ガラスまたは石英容器に入れた試料を挿入する空洞共振器，マイクロ波検出器，0.3 T（X バンド）または 1 T（Q バンド）程度で強度可変の磁場をつくる電磁石から成る．

EPR スペクトルを得るためには，磁場を変化させながらマイクロ波吸収を監視する．代表的なスペクトル（ベンゼンアニオンラジカル，$C_6H_6^-$ のスペクトル）を図 21·28 に示してある．このスペクトルが奇妙な形をしているのは，これが実は吸収の一階導関数（勾配）であるからであって，このような形になるのは使用した検出方法のせいで，この方法が吸収曲線の勾配に敏感なのである（図 21·29）．

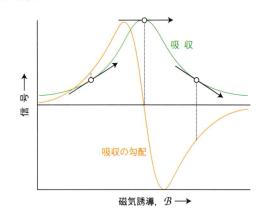

**図 21·29** 位相敏感検出器を使うと，信号は吸収強度の一階導関数になる．吸収のピークは，この導関数が 0 をよぎる点であることに注意せよ．

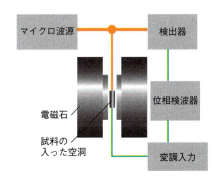

**図 21·27** 連続波 EPR 分光計．代表的な磁場は 0.3 T で，共鳴には振動数 9 GHz（波長 3 cm）のマイクロ波が必要である．

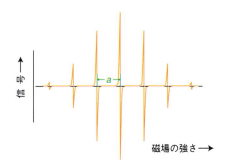

**図 21·28** ベンゼンアニオンラジカル $C_6H_6^-$ の溶液中の EPR スペクトル．$a$ はこのスペクトルの超微細分裂．スペクトルの中心は，ラジカルの $g$ 値によって決まる．

## 21·8 $g$ 値

(21·21) 式は "自由な" 電子の $m_s = -\frac{1}{2}$ と $m_s = +\frac{1}{2}$ の準位の間の遷移エネルギーを $g$ 値（$g_e \approx 2.0023$）で表す式である．ラジカルにある不対電子の磁気モーメントも外部磁場と相互作用するが，その $g$ 値は，ラジカルの構造から生じる局部磁場のために自由電子の値とは異なる．その結果，共鳴条件はふつう，

$$h\nu = g\mu_B \mathcal{B}$$  共鳴条件 (21·23)

と書く．$g$ はそのラジカルの **$g$ 値**[1] であり，実験で求められる．多くの有機ラジカルは 2.0027 に近い $g$ 値をもっており，無機ラジカルはふつう 1.9〜2.1 の程度，常磁性の d 金属錯体や f 金属錯体ではもっと広い範囲の値（たとえば 0 から 6）をとる．

$g$ が $g_e = 2.0023$ からどれだけずれるかは，外部磁場がラジカル内部にどれくらいの局所的な電流を誘起できるか，それがスピン－軌道カップリング（13·18 節）でスピンにどれくらい伝わるかで決まる．したがって，その $g$ の値から，電子構造に関してなんらかの情報が得られることになる．この意味で，EPR における $g$ 値は NMR における遮蔽定数のような意味がある．しかし，多くのラジカルでは

---

1) $g$-value

$g$値は$g_e$からほんのわずかしかずれないから（たとえば，Hでは 2.003，$NO_2$では 1.999，$ClO_2$で 2.01 など），その化学への応用における主な用途は，試料中に存在する化学種の同定を助けることである．

### ● 簡単な例示 21・9　$g$ 値

9.2330 GHz（いわゆるマイクロ波スペクトルの"Xバンド"）で運転する分光計で，メチルラジカルのEPRスペクトルの中心が 329.40 mT にあった．その$g$因子はしたがって，

$$g = \frac{h\nu}{\mu_B \mathcal{B}}$$

$$= \frac{(6.62608 \times 10^{-34}\ \text{J s}) \times (9.2330 \times 10^9\ \text{s}^{-1})}{(9.2740 \times 10^{-24}\ \text{J T}^{-1}) \times (0.32940\ \text{T})}$$

（$h$，$\nu$，$\mu_B$，$\mathcal{B}$）

$$= 2.0027$$

である．■

### 自習問題 21・8

34.000 GHz（いわゆるマイクロ波スペクトルのQバンド）で運転する分光計でメチルラジカルが共鳴する磁場の強さを求めよ．　　　　　　　　　　　　［答: 1.213 T］

## 21・9 超微細構造

EPRスペクトルの最も重要な性質は，その**超微細構造**[1]，つまり個々の共鳴線がいくつもの成分に分裂するところにある．分光学では一般に，"超微細構造"という用語は，電子と原子核の間の相互作用のうちで，原子核の点電荷がもたらす相互作用以外の相互作用のことをいう．EPRでこの超微細構造の原因となるのは，電子スピンとラジカル中に存在する核磁気モーメントの間の磁気的相互作用である．

ラジカル中のどこかにある1個のH核がEPRスペクトルに及ぼす効果を考えてみよう．このプロトンのスピンは磁場の原因になるが，核スピンの配向によって，生じる磁場は外部磁場を増やすか減らすかのどちらかになるから，全局所磁場は，

$$\mathcal{B}_{\text{loc}} = \mathcal{B} + am_I \qquad m_I = \pm \frac{1}{2} \qquad (21 \cdot 24)$$

である．ここで，$a$ は**超微細カップリング定数**[2]である．試料中のラジカルの半分は $m_I = +\frac{1}{2}$ をもち，外部磁場がつぎの条件を満たすときに，この半分が共鳴を起こす．

$$h\nu = g\mu_B(\mathcal{B} + \tfrac{1}{2}a), \quad \text{つまり} \quad \mathcal{B} = \frac{h\nu}{g\mu_B} - \frac{1}{2}a \qquad (21 \cdot 25a)$$

また，あとの半分は（$m_I = -\frac{1}{2}$），

$$h\nu = g\mu_B(\mathcal{B} - \tfrac{1}{2}a), \quad \text{つまり} \quad \mathcal{B} = \frac{h\nu}{g\mu_B} + \frac{1}{2}a \qquad (21 \cdot 25b)$$

のときに共鳴する．したがって，スペクトルは1本の線ではなく，二重線を示す．その強度はもとの半分になり，間隔は$a$であって，中心は$g$で決まる磁場の位置にある（図21・30）．

もし，ラジカルが$^{14}$N原子（$I=1$）を含んでいると，そのEPRスペクトルは強度が等しい3本の線から成るが，これは$^{14}$N核が三つのスピン配向をとることができ，試料中の全ラジカルの3分の1ずつが，それぞれのスピン配向をもっているからである．一般に，スピンが$I$の核は，スペクトルを強度の等しい$2I+1$本の超微細線に分裂させる．

ラジカル中に複数の磁性核が存在するときは，それぞれが超微細構造に寄与する．等価なプロトン（たとえば$CH_3CH_2$というラジカルの二つの$CH_2$プロトン）の場合，超微細線のどれかが重なる．もし，ラジカルが$N$個の等価なプロトンを含んでいると，パスカルの三角形（21・4節）で与えられる強度分布をもつ$N+1$本の超微細線が現れることを証明するのは難しいことではない．図21・28に示すベンゼンアニオンラジカルは，1 : 6 : 15 : 20 : 15 : 6 : 1という強度比の7本の線を示すが，これは6個の等価なプロトンを含むラジカルに合致する．もっと一般に，あるラジカルが等価な$N$個のスピン量子数$I$の核を含むならば，変形パスカルの三角形で与えられる強度分布の$2NI+1$本の超微細線が生じる（章末の演習問題を見よ）．

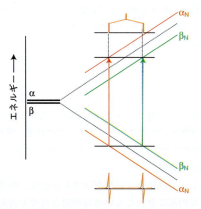

**図 21・30**　電子とスピン$\frac{1}{2}$の核の間の超微細相互作用によって，もとの二つのエネルギー準位に代わって四つの準位が生じる．その結果，スペクトルは1本線でなく，（強度が等しい）2本線から成る．強度分布は簡単な棒図表で要約できる．斜めの線は，外部磁場を増加させたときの状態のエネルギーを示し，状態間の間隔がマイクロ波フォトンの固定されたエネルギーに合ったときに共鳴が起こる．

---
1) hyperfine structure　　2) hyperfine coupling constant

[答: 図 21·32]

### 例題 21·2 EPR スペクトルの超微細構造の予測

あるラジカルが、超微細定数が 1.61 mT の $^{14}$N 核 ($I=1$) を 1 個と超微細定数が 0.35 mT の等価なプロトン ($I=\frac{1}{2}$) を 2 個含む。EPR スペクトルの形を予測せよ。

**解法** 原子核または等価な核のグループのタイプごとに、それから生じる超微細構造を、一つずつ考えていく必要がある。つまり、1 番目の核で線が分裂すれば、ついでこれらの線のそれぞれが 2 番目の核 (あるいは核のグループ) によって分裂する、というようにする。最大の超微細分裂を起こす核から始めるのが最もよい。しかし、どんな選び方をしてもよく、核を考える順序は結論には影響しない。

**解答** この $^{14}$N 核は、強度が等しくて間隔が 1.61 mT の 3 本の超微細線を与える。それぞれの線は、1 番目のプロトンによって間隔が 0.35 mT の二重線に分裂し、これらの二重線のそれぞれが、同じく分裂幅 0.35 mT の二重線に分裂する (図 21·31)。こうして分裂したそれぞれの二重線の中心線は一致し、したがってプロトンによる分裂は内部分裂幅が 0.35 mT の 1:2:1 の三重線になる。したがって、スペクトルは三つの等価な 1:2:1 の三重線から成る。

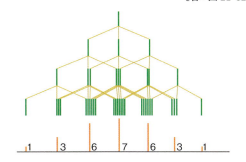

図 21·32 3 個の等価な $^{14}$N 核を含むラジカルの超微細構造の解析の仕方。

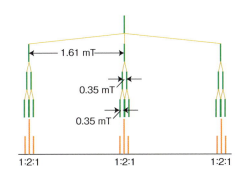

図 21·31 $^{14}$N 核 ($I=1$) 1 個と等価なプロトン 2 個を含むラジカルの超微細構造の解析の仕方。

### 自習問題 21·9

3 個の等価な $^{14}$N 核をもつラジカルの EPR スペクトルの形を予測せよ。

EPR スペクトルの超微細構造は、一種の指紋であって、試料中に存在するラジカルを同定する助けになる。超微細構造を生じさせる不対電子と水素核との相互作用は、21·4 節で説明したように、双極子相互作用かフェルミの接触相互作用である。接触相互作用の場合には、分裂の大きさは、存在する磁性核の近くの不対電子の分布の仕方によって決まるから、スペクトルを使ってその不対電子が占める分子オービタル図をつくることができる。たとえば、$C_6H_6^-$ における超微細分裂は 0.375 mT である。1 個のプロトンが、ある 1 個の C 原子のそばにあって、その C 原子には 6 分の 1 の不対電子密度があるから (電子は環に沿って均一に広がっているため)、このプロトンが、自分に隣接する C 原子 1 個だけに完全に束縛されている電子スピンにひき起こすはずの超微細分裂は、$6 \times 0.375$ mT $= 2.25$ mT である。もし、別の芳香族ラジカルで超微細カップリング定数 $a$ が求められれば、そのラジカルの**スピン密度**[1] $\rho$、つまりその原子上に不対電子がある確率は、**マッコーネルの式**[2]、

$$a = Q\rho \qquad \text{マッコーネルの式} \qquad (21·26)$$

から計算できる。ここで、$Q = 2.25$ mT である。この式で、$\rho$ は 1 個の C 原子にあるスピン密度であり、$a$ はその C 原子についている H 原子について観測される超微細分裂である。

---

### チェックリスト

☐ 1 共鳴とは、2 個の振動子の振動数が同じであるとき、両者に強く有効なカップリングが起こることである。

☐ 2 核磁気共鳴 (NMR) では、分子内にある磁性核がラジオ波振動数の電磁場と共鳴する磁場を測定する。

☐ 3 電子常磁性共鳴 (EPR)〔電子スピン共鳴 (ESR) ともいう〕では、分子を磁場中に置いたとき、電子スピンがマイクロ波の電磁場と共鳴する磁場を観測する。

---

1) spin density  2) McConnell equation

- □ 4 NMRやEPRの遷移強度は，α状態とβ状態の占有数の差および外部磁場の強さが（$\mathcal{B}^2$ で）増加すると増大する．
- □ 5 ある核の化学シフトとは，その共鳴振動数と基準となる参照物質の共鳴振動数との差である．
- □ 6 観測される遮蔽定数は局所の寄与，隣接基の寄与，溶媒の寄与の和である．
- □ 7 NMRスペクトルの微細構造とは，共鳴線の集まりが個々の線に分裂することである．その相互作用の強さはスピン-スピンカップリング定数 $J$ で表される．
- □ 8 $N$ 個の等価なスピン $\frac{1}{2}$ の核があると，近くにあるスピンまたは等価なスピンのグループの共鳴が $N+1$ 本の線に分裂する．その強度分布はパスカルの三角形で与えられる．
- □ 9 溶液中の分子のスピン-スピンカップリングは，相互作用が化学結合を通して伝播する分極機構で説明できる．
- □ 10 フェルミの接触相互作用は，電子が核に非常に近くまで接近したとき生じる磁気的相互作用であるから，電子が s オービタルを占めているときにだけ起こる．
- □ 11 緩和は，スピンの相対配向が乱雑な系において，占有数が平衡分布へ非放射的に戻る現象である．系はスピン-格子緩和時間 $T_1$ を時定数として指数関数的に平衡分布へ戻る．
- □ 12 スピン-スピン緩和時間 $T_2$ は，系が乱雑な相対配向へ指数関数的に戻るときの時定数である．
- □ 13 二つのコンホメーションの相互変換や化学交換が起こると，その状態の寿命 $\tau$ が共鳴振動数の差 $\Delta\nu$ とある関係になったとき，2本の線が合体して1本になる．
- □ 14 二次元NMRではスペクトルを2軸で表示する．異なるグループに属する共鳴が第二の軸の上で異なる場所に現れる．二次元NMRの一例として相関分光法（COSY）がある．これによれば，分子内のすべてのスピン-スピンカップリングが求められる．
- □ 15 EPRの共鳴条件はラジカルの $g$ 値を使って書ける．$g=2.0023$ からのずれは，外部磁場がラジカル中に局所的な電子流を誘起する能力によって決まる．
- □ 16 EPRスペクトルの超微細構造は，電子とスピンをもつ核との磁気的相互作用によって個々の共鳴線が成分に分かれて生じる．

## 重要な式の一覧

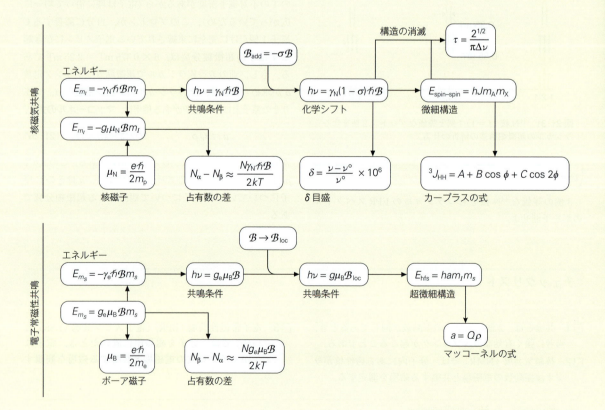

## 21. 磁 気 共 鳴

529

## 問 題 と 演 習

### 文 章 問 題

**21·1** 遮蔽定数に対する局所の寄与, 隣接基の寄与, 溶媒の寄与について述べよ.

**21·2** $^{13}C$ 核の緩和時間がふつうは $^1H$ 核のものよりもはるかに長い理由はなにか.

**21·3** ベンゼン (小さい分子) のスピン–格子緩和時間は, 流動性の重水素化した炭化水素溶媒に溶かすと増加するが, 高分子の緩和時間は減少するのはなぜか.

**21·4** フェルミ接触相互作用と分極機構が NMR のスピン–スピンカップリングにどのように寄与するかを述べよ.

**21·5** 有機ラジカルの EPR スペクトルから, 不対電子が占める分子オービタルをどのようにして特定できるかを説明せよ.

**21·6** 芳香族環の $\pi$ 電子と環に付いたメチル基との超微細相互作用は, メチル基が回転したらどう変化するか. この相互作用の機構を説明せよ.

### 演 習 問 題

**21·1** (21·1) 式と (21·3) 式で核の $g$ 値と磁気回転比を定義した. $g$ は無次元の数であるが, $\gamma_N$ はつぎの単位を使って表すとどうなるか. (a) テスラとヘルツ, (b) SI 基本単位.

**21·2** $^{33}S$ は $I = \frac{3}{2}$, $\gamma_I = 2.054 \times 10^7\, T^{-1}\, s^{-1}$ である. 6.000 T の磁場の中での核スピン状態のエネルギーを計算せよ.

**21·3** $^{31}P$ の磁気回転比は $1.0840 \times 10^8\, T^{-1}\, s^{-1}$ である. この核の $g$ 値はいくらか.

**21·4** 8.5 T の磁場に置いた (a) プロトン, (b) 炭素-13 核について $(N_\alpha - N_\beta)/N$ の値を計算せよ.

**21·5** $^{19}F$ の磁気回転比は $2.5177 \times 10^8\, T^{-1}\, s^{-1}$ である. 7.500 T の磁場における核の遷移の振動数を計算せよ.

**21·6** 遮蔽されていないプロトンが 800.0 MHz のラジオ波振動数の場において共鳴条件を満足するのに必要な磁場を計算せよ.

**21·7** あるポリペプチドのプロトン群の共鳴が $\delta = 6.33$ に観測された. 500.0 MHz の分光計であれば, TMS の共鳴との共鳴振動数の差はいくらか.

**21·8** アセトアルデヒド (エタナール) の $CH_3$ プロトンの化学シフトは $\delta = 2.20$ で, CHO プロトンでは 9.80 であった. 外部磁場が (a) 1.2 T, (b) 5.0 T のとき, この二つの領域におけるこの分子の局所磁場の差はいくらか.

**21·9** 図 21·4 の情報を使って, 分光計を (a) 300 MHz, (b) 750 MHz で運転したときの, メチルプロトンとアル

デヒドプロトンの間の間隔 (Hz) を求めよ.

**21·10** あるプロトン共鳴線が 7 個の等価なプロトンとの相互作用で分裂するとき, 核磁気共鳴スペクトルはどんなものになるか.

**21·11** あるプロトン共鳴線が (a) 2 個, (b) 3 個の等価な窒素核 (窒素核のスピンは 1) との相互作用で分裂するとき核磁気共鳴スペクトルはどんなものになるか.

**21·12** $AX_2$ 型のスピン $\frac{1}{2}$ 核について 21·4 節での解析と同様にして, スペクトル線図がどうなるかを導け.

**21·13** 分光計を (a) 300 MHz, (b) 550 MHz で運転したときの, アセトアルデヒド (エタナール) の $^1H$-NMR スペクトルはどう見えるか概略を描け. $J = 2.90$ Hz とし, 図 21·4 のデータを使え.

**21·14** $^{10}BF_4^-$ と $^{11}BF_4^-$ が入っている天然の試料中の $^{19}F$-NMR スペクトルの形の概略を描け.

**21·15** $A_3M_2X_4$ のスペクトルの形の概略を描け. ただし, A, M, X は異なる化学シフトをもつプロトンで, $J_{AM} > J_{AX} > J_{MX}$ である.

**21·16** スピン 1 の核の $N$ 個の集団について, その NMR スペクトルの微細構造を表すと考えられるパスカルの三角形をつくれ. $N = 5$ まででよい.

**21·17** スピン $\frac{3}{2}$ の核の $N$ 個の集団について, その NMR スペクトルの微細構造を表すと考えられるパスカルの三角形をつくれ. $N = 5$ まででよい.

**21·18** $N$-アセチルベンゾオキサゼピンには二つの配座異性体がある. 低温での溶液相 $^1H$-NMR スペクトルには 119 Hz の共鳴線の分裂が見られる. 325 K では, この二つの信号は合体して 1 本の幅広いピークになる. この二つの異性体の 325 K での相互変換の寿命はいくらか.

**21·19** あるプロトンが $\delta = 2.7$ と $\delta = 4.8$ の二つのサイトの間をジャンプしている. 550 MHz で分光計を運転するとき, この二つの信号が合体して 1 本の線になるのは, 相互変換の速度がいくらになったときか.

**21·20** 0.250 T の磁場で電子の二つのスピン状態の間のエネルギー差を計算せよ.

**21·21** (a) 0.40 T, (b) 1.2 T の磁場に置いた電子について $(N_\beta - N_\alpha)/N$ の値を計算せよ.

**21·22** EPR でふつうに使う磁場 0.330 T での電子の共鳴振動数と対応する波長を計算せよ.

**21·23** 9.2231 GHz で運転する分光計で, 水素原子の EPR スペクトルの中心は 329.12 mT のところにある. この原子の電子の $g$ 値はいくらか.

**21·24** 2 個の等価なプロトンを含むラジカルが強度比 1:2:1 の 3 本線のスペクトルを示す. その線は 330.2 mT,

332.5 mT, 334.8 mT にある. 各プロトンの超微細カップリング定数を求めよ. 分光計が 9.319 GHz で運転されているとして, このラジカルの $g$ 値を求めよ.

**21·25** (a) $\cdot CH_3$, (b) $\cdot CD_3$ の EPR スペクトルの超微細線の強度分布を予測せよ.

**21·26** ベンゼンアニオンラジカルでは $g = 2.0025$ である. 分光計の振動数が (a) 9.302 GHz, (b) 33.67 GHz のとき, それぞれどんな磁場のところで共鳴を探せばよいか.

**21·27** 同種の 2 個の等価な核を含むラジカルについて, その EPR スペクトルが強度比 1:2:3:2:1 の 5 本に分裂している. この核のスピンはいくらか.

**21·28** スピン $\frac{3}{2}$ の核の $N$ 個の集団について, その EPR スペクトルの超微細構造を表すと考えられるパスカルの三角形をつくれ. $N = 5$ まででよい.

**21·29** アニオンラジカル (**3**), (**4**), (**5**) の超微細カップリング定数の値を下に示してある (単位はミリテスラ, mT). マッコーネルの式を使って, 各 C 原子上の π オービタルに不対電子を見出す確率を求めよ.

## プロジェクト問題

記号 ‡ は微積分の計算が必要なことを示す.

**21·30‡** カープラスの式で表されるカップリング定数は, $\cos\phi = B/4C$ のとき極小を通ることを示せ. まず, $\phi$ についての一階導関数を求め, その結果を 0 に等しいとおく. この極値が極小であることを確かめるには, さらに二階導関数を求め, それが正であることを示せばよい.

**21·31** NMR 分光法は, 酵素阻害剤 I のような小さな分子と酵素 E のようなタンパク質の間の複合体の解離の平衡定数を求めるのに利用できる.

$$EI \rightleftharpoons E + I \qquad K_I = [E][I]/[EI]$$

化学交換の遅い極限では, I のプロトンの NMR スペクトルは, 遊離の I に対する $\nu_I$ と束縛された I に対する $\nu_{EI}$ との二つの共鳴から成る. 化学交換が速いときは, I の同じプロトンの NMR スペクトルは 1 本のピークから成り, その共鳴振動数 $\nu$ は, $\nu = f_I\nu_I + f_{EI}\nu_{EI}$ で与えられる. $f_I = [I]/([I] + [EI])$ と $f_{EI} = [EI]/([I] + [EI])$ は, それぞれ遊離の I と束縛された I の分率である. データを解析するためには, 振動数差 $\delta\nu = \nu - \nu_I$ と $\Delta\nu = \nu_{EI} - \nu_I$ を定義して使うと便利である. I の初濃度 $[I]_0$ が E の初濃度 $[E]_0$ よりもずっと高いときは, $[I]_0$ を $\delta\nu^{-1}$ に対してプロットすると直線となり, その勾配が $[E]_0\Delta\nu$ で, $y$ 切片が $-K_I$ となることを示せ.

**21·32** 磁気共鳴イメージングをもっと詳しく調べよう. (a) いま, MRI 分光計を設計しているとしよう. 人間の腎臓の長径 (8 cm とする) だけ離れた二つのプロトンが $\delta = 3.4$ の環境中にあるとすると, この両者の間に 100 Hz の間隔が生じるようにするには, どれくらいの磁場勾配 ($\mu T\,m^{-1}$ で表す) が必要か. この分光計のラジオ波振動数の磁場は 400 MHz で, 外部磁場は 9.4 T である. (b) 均一なディスク状の臓器が直線的な磁場勾配中にある. その MRI 信号は, このディスクの中心から水平距離 $x$ のところにある幅が $\delta x$ の切片中のプロトンの数に比例するものとしよう. コンピューターで処理をしないで, このディスクの MRI イメージを与える吸収強度の形の概略を描け.

**3**

**4**

**5**

# 22

# 統 計 熱 力 学

**ボルツマン分布**

22・1　ボルツマン分布の一般形

22・2　ボルツマン分布の起源

**分配関数**

22・3　分配関数の解釈

22・4　分配関数の例

22・5　分子分配関数

**熱力学的性質**

22・6　内部エネルギー

22・7　熱容量

22・8　エントロピー

22・9　ギブズエネルギー

22・10　平衡定数

補遺22・1　分配関数の計算

補遺22・2　分配関数からの平衡定数の計算

チェックリスト

重要な式の一覧

問題と演習

物理化学には大きな河が二つある．一つは熱力学の河で，物体の巨視的なバルクの性質，特にエネルギーの移動に関係する性質を扱う．もう一つは分光学を含む量子論の河で，個々の原子や分子の構造と性質を扱う．この二つの大きな河の流れは**統計熱力学**[1]という物理化学の一部門で合流する．これは，原子や分子の性質から熱力学的な性質がどのようにして生まれてくるかを示す分野である．本書の前半では熱力学的性質など，主としてバルクの性質を扱った．また，後半では量子論と原子や分子の構造を扱った．これまでも両方の流れの接点については少し触れてきたが，本章ではこの二つの大河がいよいよ合流する．

統計熱力学での大きな問題は，これがきわめて数学的であることである．式の誘導は，もっとも基本的なところでも本書の範囲を越えていて[†1]，中心となる概念と結果を紹介することしかできないが，紹介するとしても，定性的にならざるをえない[†2]．

## ボ ル ツ マ ン 分 布

「基本概念0・11」で見たように，**ボルツマン分布**[2]によれば，系の二つの状態の占有数 $N_1$ と $N_2$ の比は，系の絶対温度 $T$ と二つの状態のエネルギー $\varepsilon_1$ と $\varepsilon_2$ の差に依存している．すなわち，

$$\frac{N_2}{N_1} = e^{-(\varepsilon_2 - \varepsilon_1)/kT} \qquad \text{ボルツマン分布} \quad (22 \cdot 1a)$$

で表される．$k$ は基礎物理定数の一つ，ボルツマン定数であり，その値は $1.381 \times 10^{-23}\,\mathrm{J\,K^{-1}}$ である．ボルツマン分布の重要な結論は，上の状態の相対占有数は，下の状態とのエネルギー差に対して指数関数的に減少するというものであった．

---

†1　詳細については"アトキンス物理化学"を見よ．

†2　本章の例題，自習問題，簡単な例示のなかには，微積分の計算が必要なものもある．それは記号‡で示してある．

1）statistical thermodynamics　2）Boltzmann distribution

やはり「基本概念0・11」で述べたことだが，化学でボルツマン分布を応用するときは，個々の分子のエネルギー $\varepsilon_i$ ではなく，モル当たりのエネルギー $E_i$ を使うのがふつうである．ここで，$E_i = N_A\varepsilon_i$ であり，$N_A$ はアボガドロ定数である．また，$R = N_A k$ であるから（22・1a）式は，

$$\frac{N_2}{N_1} = \mathrm{e}^{-(E_2 - E_1)/RT}$$ モル当たりのエネルギーで表したボルツマン分布（22・1b）

となる．熱力学と分子の性質を関係づけるとき，あるいは強いスペクトル遷移の起源を説明するときには，これまでもこの式を使ってきた．ここでは，ボルツマン分布をもう少し詳しく調べることにしよう．

## 22・1　ボルツマン分布の一般形

（22・1）式はボルツマン分布の特別な表し方であり，もっと一般的なつぎのかたちで表しておけば，任意の温度での系のそれぞれの状態にある分子数が計算できる．

$$N_i = \frac{N\mathrm{e}^{-\varepsilon_i/kT}}{q}$$ ボルツマン分布（22・2）

$N_i$ はエネルギー $\varepsilon_i$ の状態にある分子数，$N$ は全分子数である．分母の $q$ という量は**分配関数**[1]というもので，

$$q = \sum_i \mathrm{e}^{-\varepsilon_i/kT} = \mathrm{e}^{-\varepsilon_0/kT} + \mathrm{e}^{-\varepsilon_1/kT} + \cdots$$

定義　分配関数（22・3）

である．和は系のすべての状態についてとる．$q$ についてはあとでもっと詳しく説明し，その計算の仕方と物理的な意味について述べる．いまのところは，規格化因子の一種と考えておけばよい．それは，すべての占有数の和は系にある分子の総数に等しく，（22・2）式の $N_i$ を使えば，$\sum_i N_i = N$ で表されるからである．

ボルツマン分布を使うときにはこれまでも強調したことだが，ボルツマン分布の非常に重要な性質として，（複数の）状態の占有数を求めるのに適用できることがある．数個の異なる状態が同じエネルギーをもつ場合があることを前に知った．水素原子や回転する分子はその例である．つまり，エネルギー準位には縮退したものもあるということである（12・7節）．たとえば，温度 $T$ で $2p_x$ オービタルに電子を1個もつ水素原子の数をボルツマン分布から計算できる．$2p_y$ オービタルもまったく同じエネルギーであるから，$2p_y$ オービタルに電子が1個ある原子の数は $2p_x$ オービタルに電子が1個ある原子の数と同じである．同じことは $2p_z$ オービタルに電子が1個ある原子についてもいえる．したがって，$2p$ オービタルに電子が1個ある原子の総数が知りたければ，そのうちの一つのオービタルに電子がある原子数を3倍しなければならない．一般に，あるエ

ネルギー準位の縮退度（そのエネルギーをもつ状態の数）が $g$ であるとすると，その準位（状態でなく）の占有数を得るには $g$ 倍する．ある個別の状態の占有数を求めるのか，それとも縮退したエネルギー準位全体の占有数を求めるのかを区別することはきわめて重要である．準位を $L$ で表すことにすると，ボルツマン分布と分配関数は準位については，

$$N_L = \frac{Ng_L\,\mathrm{e}^{-\varepsilon_L/kT}}{q} \qquad q = \sum_L g_L\,\mathrm{e}^{-\varepsilon_L/kT}$$

一般形　ボルツマン分布（22・4）

となる．$N_L$ は準位 $L$ にある分子の総数（その準位のすべての状態の占有数の和），$g_L$ はその縮退度，$\varepsilon_L$ はそのエネルギーである．

### ● 簡単な例示22・1　相対占有数

19・1節で直線形回転子の回転エネルギーは $hBJ(J+1)$ で，各準位の縮退度は $2J+1$ であることを知った．$J=2$（エネルギーは $6hB$）の準位の縮退度は5で $J=1$（エネルギーは $2hB$）では3であることから，$J$ が2と1の分子の相対数は，

$$\frac{N_2}{N_1} = \frac{Ng_2\mathrm{e}^{-\varepsilon_2/kT}/q}{Ng_1\mathrm{e}^{-\varepsilon_1/kT}/q} = \frac{g_2}{g_1}\mathrm{e}^{-(\varepsilon_2 - \varepsilon_1)/kT}$$

$$= \frac{5}{3}\mathrm{e}^{-(6hB - 2hB)/kT} = \frac{5}{3}\mathrm{e}^{-4hB/kT}$$

である．HCl については $B = 318.0\ \mathrm{GHz}$ であるから，25 ℃（298 K）での比は，

$$\frac{N_2}{N_1} = \frac{5}{3}\mathrm{e}^{\frac{-4\times(6.626\times10^{-34}\,\mathrm{J\,s})\times3.18\times10^{11}\,\mathrm{s}^{-1}}{(1.381\times10^{-23}\,\mathrm{J\,K}^{-1})\times(298\ \mathrm{K})}}$$

$$= 1.36$$

である．これから，$J=2$ の方が $J=1$ よりエネルギーが高いのに，$J=1$ より $J=2$ の準位の分子の方が多いのがわかる．$J=2$ の状態は個別には $J=1$ の状態1個よりも占有数が小さいが，状態の数は $J=2$ の準位の方が多いのである．●

便宜上のことであるが，重要な約束が一つある．それは，エネルギーはすべて基底状態を基準にして測るということである．そのため，零点エネルギーがあっても基底状態のエネルギーを0とおく．たとえば，調和振動子の各状態のエネルギーは基底状態を0として測る．すなわち，

実際のエネルギー：$\varepsilon = \frac{1}{2}h\nu,\ \frac{3}{2}h\nu,\ \frac{5}{2}h\nu, \cdots$

約束するエネルギー：$\varepsilon = 0,\ h\nu,\ 2h\nu, \cdots$

---

1) partition function

同様に，水素原子のいろいろな状態のエネルギーは 1s オービタルのエネルギーを 0 として測る．

実際のエネルギー：$\varepsilon = -hcR_H,\ -\frac{1}{4}hcR_H,\ -\frac{1}{9}hcR_H,\ \cdots$

約束するエネルギー：$\varepsilon = 0,\ \frac{3}{4}hcR_H,\ \frac{8}{9}hcR_H,\ \cdots$

この約束によって，$q$ の意味を解釈するのが非常に簡単になる．

## 22・2 ボルツマン分布の起源

(22・4) 式の導出の考え方は非常に簡単である．エネルギー準位が本棚の上下の段のように並んでいると考えよう．そこで，目隠しをして棚 (エネルギー準位) にボール (分子) を投げ込んで，完全にでたらめに棚箱に入るようにする．ただし，一つだけ条件があって，それは最終的に落着く配列の全エネルギー $\varepsilon$ が，問題にしている試料の実際のエネルギーになっていなければならないという条件である．このたとえをあまり真剣に考えてはいけない．それは単にイメージを与えるだけの目的であり，実際の分子が分布する仕方とは全く無関係である．いずれにしても，このような条件があるから，温度が絶対零度よりも上であれば，全部のボールが一番下の棚に入ることはできない．もしそうなれば，全エネルギーが 0 になるからである．何個かは一番下の棚に入ってもよいが，全エネルギーが $\varepsilon$ になるように，上の方の棚に入るボールもなければならない．一組の棚にボールを 100 個投げ込むとすれば，最後にはある一つの正しい分布に落着く．同じ個数のボールで実験を繰返すと，異なる分布もできるが，それらも正しい分布である．実験をさらに繰返すと，多くの異なる分布を得るだろうが，そのなかには，起こりやすい分布とそうでないものがあるだろう (図 22・1)．

このゲームを数学的に分析すると最も多数回現れる分布，つまり<u>最確分布</u>[1] は (22・4) 式で与えられることがわかる．いい換えれば，<u>ボルツマン分布は，全エネルギーがある一定の値をもつという条件のもとで，目隠ししてエネルギー準位を占有させたときに生じる結果である</u>ということになる．$10^{23}$ 個もの分子を扱い，何百万回も実験を繰返せば，ボルツマン分布は非常に正確なものであることがわかるから，すべてのものについて自信をもってこれを使うことができる．

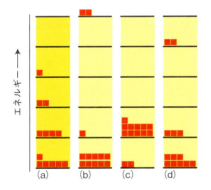

図 22・1 ボルツマン分布は，ある条件のもとで，系の分子 (図の正方形) を，利用できるエネルギー準位に乱雑に分布させると考えて導出する．その条件は，分子数と全エネルギーが一定であるということで，その条件のもとで最も出現しやすい配列を探す．ここに示した 4 種では，それぞれの配列を実現する並べ方の数は (a) 181180，(b) 858，(c) 78，(d) 12870 である．〔$N$ 個の分子を，$N_1$ 個は状態 1 に，$N_2$ 個は状態 2 にというように並べる仕方の数 $W$ を計算するには，$W = N!/N_1!N_2!\cdots$ を使う．ただし，$n! = n(n-1)(n-2)\cdots 1$ で，$0! = 1$ である．〕(a) を実現する仕方の数が群を抜いて最大であるから，この分布が最確分布である．これがボルツマン分布に対応している．

## 分配関数

量子力学の中心概念は，系の動力学的な情報，すなわちエネルギー，電子密度，双極子モーメントなどを原理的にはすべて含んでいる波動関数が存在するということである．原子や分子の波動関数がわかって，その扱い方さえ知っていれば，波動関数から系の動力学的な情報をすべて抽出することができる．統計熱力学でもこれと似た概念がある．分配関数 $q$ には，系の<u>熱力学的情報</u>，すなわち内部エネルギー，エントロピー，<u>熱容量</u>などの情報がすべて含まれている．そこで問題は，分配関数をどうやって計算するか，またそこに含まれている情報をどうやって抽出するかということである．

## 22・3 分配関数の解釈

準位や状態の相対占有数にだけ関心があるときは，分配関数は (22・1) 式で消し合うから知る必要がない．しかし，ある状態の実際の占有数を知るためには，(22・2) 式を使うから，$q$ がわかっている必要がある．また，後でわかるように，熱力学関数を導くときも $q$ がわかっていなければならない．

$q$ の定義は (22・3) 式のように，いろいろな状態 (準位ではない) についての和である．はじめの数項を書くと，

$$q = 1 + e^{-\varepsilon_1/kT} + e^{-\varepsilon_2/kT} + e^{-\varepsilon_3/kT} + \cdots$$

となる．約束によって基底状態のエネルギー ($\varepsilon_0$) は 0 で，$e^0 = 1$ であるから，第 1 項は 1 である．$q$ を得るには原理的に，エネルギーの値を代入して注目する温度で各項を計算し，それを足し合わせればよい．しかし，この手続きからは，内容に関してたいしたことはわからない．

---

[1] most probable distribution

$q$ の物理的な意味を見るために，はじめ $T=0$ としよう．そのときは $e^{-\infty}=0$ であるから，第1項以外は 0 に等しく，$q=1$ となる．つまり，$T=0$ では基底状態だけが占有されていて，（その状態が縮退していなければ）$q=1$ である．こんどは，温度が非常に高くてすべての $\varepsilon_i/kT$ が 0 であるような反対の極限の場合を考えてみよう．そこでは $e^0=1$ であるから，分配関数は $q\approx 1+1+1+1+\cdots = N_{状態}$ である．$N_{状態}$ は分子の状態の総数である．非常に高い温度では，系の状態はすべて熱的に到達でき，分子の状態数が無限大ならば，$T$ が無限大になるにつれて $q$ は無限大まで達する．このようにみると，分配関数というのは，ある温度で占められる状態の数を与えるものらしいことが察知される．

次に中間の温度で，ある複数の状態だけが相当程度に占有されている場合を考えよう．温度は，$kT$ が $\varepsilon_1$ と $\varepsilon_2$ に比べて大きいが，$\varepsilon_3$ 以上に比べると低いものとする（図 22·2）．$\varepsilon_1/kT$ と $\varepsilon_2/kT$ は両方とも 1 に比べて小さく，$e^{-x}$ は $x$ がきわめて小さいとき $e^{-x}\approx 1$ であるから，はじめの 3 項はすべて 1 に近い．しかし，$\varepsilon_3/kT$ は 1 に比べて大きいので，つまり $x$ が大きいときは $e^{-x}\approx 0$ であるから，その他の項はすべて 0 に近い．したがって，

$$q = 1 + \underset{1}{e^{-\varepsilon_1/kT}} + \underset{1}{e^{-\varepsilon_2/kT}} + \underset{0}{e^{-\varepsilon_3/kT}} + \underset{0}{e^{-\varepsilon_4/kT}} + \underset{0}{e^{-\varepsilon_5/kT}} + \cdots$$

で，$q\approx 1+1+1+0+\cdots = 3$ となる．ここでも分配関数は注目する温度で相当程度占有されている状態の数を与えることがわかる．要するに，分配関数の主な意味は，<u>$q$ は指定した温度で熱的に到達できる状態の数を与える</u>ということである．

いったん，$q$ の意味をつかんでしまえば統計熱力学ははるかに理解しやすくなる．たとえば，つぎのようなことがわかる．

- 温度が上がるほど多くの状態を占有できるようになるから，$q$ が温度とともに増加することは計算をしなくてもわかる．
- 低温では $q$ は小さく，温度が絶対零度に近づくにつれて 1 に近づく（基底状態だけが占有できる．ただし，縮退がないとする）．
- 大きな分子の回転状態のように，多くの準位が互いに接近している分子では，分配関数は非常に大きいと予想できる．
- 間隔が広いエネルギー準位をもつ分子では，低温で低エネルギーの少数の状態だけしか占有できないから，分配関数は小さいと予想される．

### 例題22·1　分配関数の計算

シクロヘキサンの舟形コンホメーション（**1**）は，椅子形コンホメーション（**2**）よりエネルギーが 22 kJ mol$^{-1}$ 高い．椅子形と舟形のコンホメーションだけに注目して，この分子の分配関数を計算せよ．また，分配関数が温度とともにどう変化するかを示せ．

**解法**　分配関数を計算するときは，いつでも (22·3) 式の定義から出発して，1 項ずつ書きだす．基底状態のエネルギーを 0 ととること．モル当たりのエネルギーを扱うときは $q$ の定義の中の $k$ を $R=N_A k$ で置き換える．

**解答**　状態が二つしかないから，分配関数には 2 項しかない．椅子形のエネルギーを 0 とおき，舟形のエネルギーを 22 kJ mol$^{-1}$ とおく．そうすれば，

$$\frac{E}{RT} = \frac{\overbrace{2.2\times 10^4\,\text{J mol}^{-1}}^{E}}{(8.3145\,\text{J K}^{-1}\,\text{mol}^{-1})\times T} \overset{\text{J mol}^{-1}\text{を消去}}{=} \frac{2.6\cdots\times 10^3}{T\,\text{K}^{-1}}$$

$$= \frac{2.6\cdots\times 10^3\,\text{K}}{T}$$

であるから，

$$q = 1 + e^{-(2.6\cdots\times 10^3\,\text{K})/T}$$

となる．この関数を図 22·3 にプロットしてある．$T=0$ での $q=1$〔椅子形だけ占有できる．このとき（2.6×

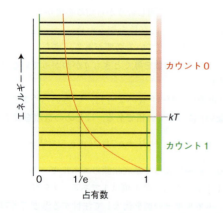

**図 22·2**　分配関数は，熱的に到達できる状態の数の目安である．たとえば，$\varepsilon < kT$ の状態ではすべて指数の項が 1 にごく近いとしてよいが，$\varepsilon > kT$ の状態ではすべて指数項が 0 に近い．$\varepsilon < kT$ の状態はかなりの程度に熱的に到達できる．

$10^3\,\text{K})/T = \infty$ であるから $e^{-\infty} = 0$〕から,$T = \infty$ での $q = 2$〔このとき $(2.6 \times 10^3\,\text{K})/T = 0$ であるから $e^0 = 1$,つまり,高温では両方の状態が熱的に占有できる〕まで増加していく.20 °C では $q = 1.0001$ であるから,舟形はほんの少ししか存在しない.

**ノート** 指数の部分での単位の扱いに注意しよう.$E$ と $R$ の単位は分母の $\text{K}^{-1}$ を除いて消し合う.$\text{K}^{-1}$ は分子に移ると K になり $(2.6 \times 10^3\,\text{K})$,これも $T$ に数値を入れる段階で消える.書物などで "$q = 1 + e^{-2.6\cdots/T}$,ただし $T$ はケルビン単位",もっと不都合なのは "$T$ は絶対温度" などと書いてあるのを見ることがあるだろう.上で示したように単位をつけて計算すればあいまいさがなくなる.

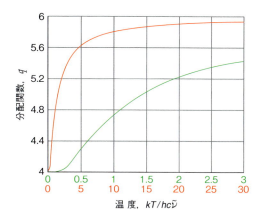

**図 22·4** 自習問題 22·1 で扱う系の分配関数.$q$ が($^2P_{3/2}$ 準位の 4 種の状態だけを占有する場合の) 4 から次第に増加して($^2P_{1/2}$ 準位の 2 種の状態も占める場合の) 6 まで接近する様子に注意しよう.20 °C では $kT/hc\tilde{\nu} = 0.504$ で,これは $q = 4.28$ に対応する.

### (a) 並進分配関数

質量 $m$ の分子 1 個が温度 $T$ で体積 $V$ のフラスコに閉じ込められているとしよう.このとき,**並進分配関数**[1] $q^T$ は $T > 0$ でよい近似で,

$$q^T = \frac{(2\pi mkT)^{3/2} V}{h^3} \quad \text{並進分配関数} \quad (22\cdot5)$$

で与えられる(「補遺 22·1」参照).予想通り,分配関数は温度とともに増加する.しかし,$q^T$ はフラスコの容積が増加しても増加する.これも予想通りである.箱の中の粒子のエネルギー準位は箱のサイズが増すにつれて互いに接近するから (12·7 節),温度が同じでも,占有できる状態の数は多くなる.

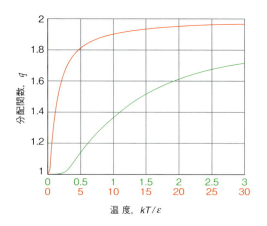

**図 22·3** エネルギーが 0 と $\varepsilon$ の二つの状態をもつ 2 準位系の分配関数.分配関数が 1 から出発して,高温では 2 に近づく様子がわかる.

---

**自習問題 22·1**

フッ素原子の基底配置は 2 個の準位をもつ $^2P$ 項を生じる.それは $J = \frac{3}{2}$ の準位(縮退度 4)とこの基底状態の上 404.0 cm$^{-1}$ のエネルギーのところにある $J = \frac{1}{2}$ の準位(縮退度 2)である.分配関数の式を書き,温度に対してプロットせよ.〔ヒント:記号の説明は 13·17 節にある.高い方の準位のエネルギーを $E = hc\tilde{\nu}$ とせよ.この例では基底状態が縮退している.〕

〔答:$q = 4 + 2e^{-hc\tilde{\nu}/kT}$;図 22·4〕

---

## 22·4 分配関数の例

分配関数の式は,多くの場合に閉じた簡単なかたちで導くことができるから,これを使っていろいろな性質を計算するには非常に便利である.

● **簡単な例示 22·2 並進分配関数**

25 °C の 100 cm$^3$ のフラスコに O$_2$ 分子 1 個(質量 $32\,m_u$)が入っている.その並進分配関数は,

$$q^T = \left( 2\pi \times \underbrace{32 \times (1.661 \times 10^{-27}\,\text{kg})}_{m/m_u} \times \underbrace{(1.381 \times 10^{-23}\,\text{J K}^{-1})}_{k} \times \underbrace{(298\,\text{K})}_{T} \right)^{3/2}$$

$$\times \frac{\overbrace{(1.00 \times 10^{-4}\,\text{m}^3)}^{V}}{\underbrace{(6.626 \times 10^{-34}\,\text{J s})^3}_{h^3}}$$

$$= 1.75 \times 10^{28}$$

である.室温で占有できる状態の数は巨大である.(22·5) 式の導出では並進のエネルギー準位がマクロなサ

---

[1] translational partition function

イズの容器ではほとんど連続になると仮定したが，上の結果はその考えと合っている．■

**ノート**　分配関数はすべて無次元の数であるから，単位がすべて消し合うことに注意しよう．いまの場合，$1\,\mathrm{J} = 1\,\mathrm{kg\,m^2\,s^{-2}}$ であるから，つぎのように単位は消し合う．

$$\frac{(\mathrm{kg\,J\,K^{-1}\,K})^{3/2}\,\mathrm{m^3}}{(\mathrm{J\,s})^3} = \frac{(\mathrm{kg\,kg\,m^2\,s^{-2}})^{3/2}\,\mathrm{m^3}}{(\mathrm{kg\,m^2\,s^{-2}\,s})^3}$$
$$= \frac{(\mathrm{kg\,m\,s^{-1}})^3\,\mathrm{m^3}}{(\mathrm{kg\,m^2\,s^{-1}})^3} = \frac{\mathrm{kg^3\,m^6\,s^{-3}}}{\mathrm{kg^3\,m^6\,s^{-3}}}$$
$$= 1$$

いちいち書いてこの打ち消し合いを確かめるのは面倒だと思うかもしれないが，数値計算が正しくできたことを確かめるためには，非常によい方法である．

### (b) 回 転 分 配 関 数

**回転分配関数**[1] $q^R$ についても，温度が十分高くて多くの回転状態を占められる場合には近似計算が可能である．直線形回転子については（「補遺 22・1」を見よ），分子が重くて $T > 0$ の場合には，

$$q^R = \frac{kT}{\sigma hB} \qquad \text{大きな分子} \qquad \boxed{\text{回転分配関数}} \quad (22 \cdot 6)$$

となる．この式で $B$ は回転定数（19・1 節）で，$\sigma$ は**対称数**[2]である．非対称直線形回転子（HCl, HCN など）では $\sigma = 1$，対称直線形回転子（$H_2$, $CO_2$ など）では $\sigma = 2$ である．対称数は，非対称分子では $180°$ 回転したとき，もとの分子と区別がつくが，対称回転子では区別できないことを反映するものである．$q$ を求めるときは区別できる状態だけを数えるから，対称の高い分子は，対称の低い分子に比べて，区別できる状態が少ない．もっと正式な説明は 19・2 節で述べたように，対称な分子ではパウリの原理によってある状態が排除されることによる．すなわち，対称な分子が熱的にとれる状態の数はパウリの原理によって制約され，そのような制約のない非対称の分子がとれる数にある因子をかけた分だけ小さくなる．$25\,°\mathrm{C}$ で HCl の回転分配関数は 19.6 となるから（「演習問題 22・11」を見よ），約 20 個の回転状態（準位ではない．各回転準位は $2J+1$ 重に縮退している．20 個の状態というのは最初の 4 個の準位にだいたい相当する）から，この温度でかなり占有されていることがわかる．

### (c) 振 動 分 配 関 数

「補遺 22・1」で示すように，**振動分配関数**[3] $q^V$ は，

$$q^V = \frac{1}{1 - \mathrm{e}^{-h\nu/kT}} \qquad \boxed{\text{振動分配関数}} \quad (22 \cdot 7)$$

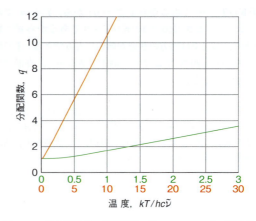

**図 22・5**　調和振動子の分配関数．$\tilde{\nu} = 1000\,\mathrm{cm^{-1}}$ の振動子では $20\,°\mathrm{C}$ で $kT/hc\tilde{\nu} = 0.204$ で $q = 1.01$ に対応する．

である．(22・7) 式は調和振動子の分配関数で，振動する二原子分子はすべてこれと同じになる．図 22・5 は $q^V$ が温度でどう変化するかを示す図であり，その振舞いはつぎのようなものである．

- 最低の状態だけ占有できる $T = 0$ では $q^V = 1$ である．
- $T$ が高くなるにつれて，無限のはしごのすべての状態が熱的に占有できるようになるから $q^V$ も無限大に近づく．
- 室温で，ふつうの分子振動の振動数では，基底振動状態だけが占有されるから $q^V$ は 1 に非常に近い（「演習問題 22・13」を見よ）．

また，「補遺 22・1」で示すように，$h\nu/kT \ll 1$ が成り立つほど温度が高ければ，(22・7) 式は，

$$q^V \approx \frac{kT}{h\nu} \qquad \text{高温極限} \qquad \boxed{\text{振動分配関数}} \quad (22 \cdot 8)$$

と簡単になる．この式は，$q$ は熱的に占有できる状態の数であるとする解釈にも合う．古典物理によれば，調和振動子の平均エネルギーは $kT$ であり（均分定理による．「基本概念 0・12」を見よ），エネルギー準位の間隔は $h\nu$ であるから，だいたい $kT/h\nu$ 程度の数の状態が占有されているはずである．(1 段の高さが $h\nu$ のはしごを考えると，$kT$ の高さに到達するには $kT/h\nu$ 個の段が必要である．)

### (d) 電 子 分 配 関 数

**電子分配関数**[4] $q^E$，すなわち電子を，それが利用できる状態に分布させる分配関数については閉じたかたちの式は書けない．しかし，閉殻分子については励起状態のエネルギーが非常に高いので，基底状態だけが占められている．そのため $q^E = 1$ である．閉殻をもたない原子と分子については特別な注意が必要である．

---

1) rotational partition function　2) symmetry number　3) vibrational partition function　4) electronic partition function

## 22・6 内部エネルギー

### ● 簡単な例示 22・3　電子分配関数

Na の基底状態の電子配置は [Ne]3s$^1$ である（13・11 節）．3s オービタルの電子スピンは 2 通りの向きを等確率でとれるから，Na の基底電子状態は縮退している．したがって，その電子分配関数は $q^E = g^E = 2$ である．●

### 22・5　分子分配関数

分子のエネルギーはいろいろな運動モード（並進，回転，振動）と電子分布や電子スピンからの寄与の和で近似できる．エネルギーが独立な寄与の和として表されるとすれば，つぎの「式の導出」で示すように，分配関数はそれぞれの寄与の積である．

$$q = q^T q^R q^V q^E \qquad \text{分子分配関数} \quad (22・9)$$

T は並進，R は回転，V は振動，E は電子からの寄与である．電子スピンからの寄与は不対電子をもつ原子や分子では重要である．

---

**式の導出 22・1**　分配関数の因数分解

二つのモード A と B（たとえば振動と回転）からの寄与の和としてエネルギーが表されると考え，$\varepsilon_{i,j} = \varepsilon_i^A + \varepsilon_j^B$ と書く．$i$ はモード A の状態，$j$ はモード B の状態を示し，和は $i$ と $j$ について独立にとる．その場合，分配関数は，

$$q = \sum_{i,j} e^{-\varepsilon_{i,j}/kT} \overset{\varepsilon_{i,j} = \varepsilon_i^A + \varepsilon_j^B}{=} \sum_{i,j} e^{-\varepsilon_i^A/kT - \varepsilon_j^B/kT}$$

$$\overset{e^{x+y}=e^x e^y}{=} \sum_{i,j} e^{-\varepsilon_i^A/kT} e^{-\varepsilon_j^B/kT} = \underset{q^A}{\underline{\sum_i e^{-\varepsilon_i^A/kT}}} \, \underset{q^B}{\underline{\sum_j e^{-\varepsilon_j^B/kT}}}$$

$$= q^A q^B$$

となる．このやり方は（22・9）式のように，3 個以上のモードに容易に拡張できる．

---

## 熱力学的性質

分配関数を計算する主な理由は，それを系（小さな原子 1 個の系から大きな生体高分子の系まで）の熱力学的性質の計算に使うためである．その際に必要な基本的関係式が二つある．内部エネルギーを計算する方法がわかれば，熱容量やエンタルピーのような第一法則に関する量を扱うことができる．次に，エントロピーを計算する方法がわかれば，ギブズエネルギーや平衡定数などの第二法則に関する量を扱うことができる．

## 22・6　内部エネルギー

系の全エネルギー $\varepsilon$ を計算するには，各状態のエネルギー $\varepsilon_i$ を求め，そのエネルギーにその状態にある分子数 $N_i$ をかけ，その積を全部足し合わせればよい．すなわち，

$$\varepsilon = N_0 \varepsilon_0 + N_1 \varepsilon_1 + N_2 \varepsilon_2 + \cdots = \sum_i N_i \varepsilon_i$$

である．しかし，ボルツマン分布によって系の各状態にある分子数はわかるから，上の式の $N_i$ を（22・2）式で置き換えることができる．そうすると，

$$\varepsilon = \sum_i \underset{\substack{\text{状態}i\text{の}\\\text{占有数}}}{\underline{\frac{N e^{-\varepsilon_i/kT}}{q}}} \times \underset{\substack{\text{状態}i\text{の}\\\text{エネルギー}}}{\varepsilon_i} = \frac{N}{q} \sum_i \varepsilon_i e^{-\varepsilon_i/kT} \quad (22・10)$$

が得られる．もし，分光法などによって各状態のエネルギーがわかっていれば，それを直接この式へ代入すればよい．しかし 22・4 節で与えたような分配関数の式があれば，はるかに簡単な方法があることになる．つぎの「式の導出」で示すように，エネルギーは分配関数 $q$ の温度依存性から次式で求められる．

$$\varepsilon = \frac{NkT^2}{q} \times (q\,\text{の}\,T\,\text{に対する勾配})$$

$$= \frac{NkT^2}{q} \times \frac{\mathrm{d}q}{\mathrm{d}T} \qquad (22・11)$$

---

**式の導出 22・2**　分配関数からの内部エネルギーの計算

（22・10）式の右辺は分配関数の定義と似ているが，各項に $\varepsilon_i$ が掛かっているところだけ異なる．しかし，「必須のツール 1・3」で説明した微分の規則を使えば，

$$\frac{\mathrm{d}}{\mathrm{d}T} e^{-\varepsilon_i/kT} \overset{\mathrm{d}e^{f(x)}/\mathrm{d}x = e^{f(x)} \times \mathrm{d}f/\mathrm{d}x}{=} e^{-\varepsilon_i/kT} \times \frac{\mathrm{d}}{\mathrm{d}T}\left(-\frac{\varepsilon_i}{kT}\right)$$

$$\overset{\mathrm{d}(1/x)/\mathrm{d}x = -1/x^2}{=} \frac{\varepsilon_i}{kT^2} e^{-\varepsilon_i/kT}$$

であることがわかる．すなわち，

$$\varepsilon_i e^{-\varepsilon_i/kT} = kT^2 \frac{\mathrm{d}}{\mathrm{d}T} e^{-\varepsilon_i/kT}$$

である．これを代入すれば全エネルギーの式は，

$$\varepsilon = \frac{N}{q} \sum_i kT^2 \frac{\mathrm{d}}{\mathrm{d}T} e^{-\varepsilon_i/kT} = \frac{N}{q} kT^2 \frac{\mathrm{d}}{\mathrm{d}T} \overset{q}{\overline{\sum_i e^{-\varepsilon_i/kT}}}$$

となる．ここで，$kT^2$ は一定であり，導関数の和は和の導関数であることを使った（青色で示してある）．この式には魔法のように（本当は数学の結果であるが）分配関数の式が現れているから，

$$\varepsilon = \frac{NkT^2}{q} \frac{\mathrm{d}q}{\mathrm{d}T}$$

と書くことができる．$dq/dT$ は $q$ を $T$ に対してプロットしたグラフの勾配であるから，これが（22·11）式である．

（22·11）式について特に注目される点は，全エネルギーを分配関数だけで表していることである．分配関数が系に関する熱力学的な情報をすべて与えることができるという使命の最初の成果である．

もう一つ細かい点であるが，（22·11）式を使う前に考慮しておかなければならない点がある．分子の最低状態のエネルギーを0とおいてきたが，系の真の内部エネルギーは零点エネルギーのために $T=0$ でも0であるとは限らない．実際には，（22·11）式の $\varepsilon$（モル当たりのエネルギー $E$）は零点エネルギーを超える部分のエネルギーであるから，温度 $T$ での内部エネルギーは，

$$U_m = U_m(0) + N_A \varepsilon \qquad \text{内部エネルギー} \qquad (22·12)$$

である．（22·11）式で与えられるのはこの $\varepsilon$ である．

### ‡例題 22·2　内部エネルギーの計算

単原子気体のモル内部エネルギーを計算せよ．

**解法**　単原子気体の運動様式は並進だけである（電子励起は無視する）から，（22·5）式の並進分配関数を（22·11）式に代入し（「式の導出 22·2」で与えた厳密な数学的なかたちを使う），その結果を（22·12）式に入れる．分配関数は $q = aT^{3/2}$ のかたちになる．つぎのように，$a$ にはいろいろな定数をまとめてある．

$$a = \frac{(2\pi mk)^{3/2}}{h^3} V$$

**解答**　まず，$q$ の $T$ に関する一階導関数，

$$\frac{dq}{dT} = \frac{d}{dT}(aT^{3/2}) \overset{dx^n/dx = nx^{n-1}}{=} \frac{3}{2}aT^{1/2}$$

が必要である．この結果を（22·11）式に代入すると，

$$\varepsilon = \frac{NkT^2}{q} \times \frac{dq}{dT} = \frac{NkT^2}{aT^{3/2}} \times \frac{3}{2}aT^{1/2} \overset{a を消去}{=} \frac{3}{2}NkT$$

を得る．$N$ をアボガドロ定数で置き換え，（22·12）式を使えば，

$$U_m = U_m(0) + \frac{3}{2}N_A kT = U_m(0) + \frac{3}{2}RT$$

のようにモル内部エネルギーが得られる．$U_m(0)$ の項には，電子や原子核中の核子の結合エネルギーからの寄与がすべて入っている．$\frac{3}{2}RT$ の項が，容器内にある原子の並進運動による内部エネルギーへの寄与である．この取扱いで，均分定理（基本概念 0·12）から得た結果と同じ結果が得られることがわかる．

### 自習問題 22·2

二原子分子の気体のモル内部エネルギーを計算せよ．

$$[答: U_m = U_m(0) + \frac{5}{2}RT]$$

## 22·7　熱容量

分子の集団について内部エネルギーの計算ができてしまえば，熱容量を計算するのは簡単なことである．定容熱容量 $C_V$ は内部エネルギーを温度に対してプロットしたときの勾配，

$$C_V = \frac{\Delta U}{\Delta T} \quad \text{（定容）}$$

であると定義したから，分配関数から得られる $U$ の式の勾配を求めさえすればよい．

### ● ‡簡単な例示 22·4　熱容量

$U$ の $T$ に関する勾配は一階導関数，

$$C_V = \frac{dU}{dT} \quad \text{（定容）}$$

である．（2·8 節で説明したように，この式のもっと正式な書き方は $C_V = (\partial U/\partial T)_V$ である．）したがって，単原子気体の定容モル熱容量は，モル内部エネルギー $U_m = U_m(0) + \frac{3}{2}RT$ をこの式に代入すれば得られる．

$$C_{V,m} = \frac{d}{dT}\left(U_m(0) + \frac{3}{2}RT\right) = \frac{3}{2}R$$

$C_{p,m}$ を計算するには，（2·17）式（$C_{p,m} - C_{V,m} = R$）を使う．$C_{p,m} = \frac{5}{2}R$ が得られる．●

### ‡自習問題 22·3

シクロヘキサンの椅子形 – 舟形の相互変換（例題 22·1）のような2状態系の定容モル熱容量を計算し，それが温度によってどう変わるかを示せ．

$$\left[答: C_{V,m} = \frac{R(\varepsilon/kT)^2 e^{\varepsilon/kT}}{(1 + e^{\varepsilon/kT})^2} \quad 図 22·6\right]$$

これで，モル熱容量が物質によって異なる分子論的な理由を理解できることだろう．その使えるエネルギー準位が密集している場合は，熱のかたちで一定量のエネルギーを加えたとき，各準位の占有数をほんのわずか調整するだけで，これを受け入れることができる．したがって，ボルツマン分布の式に現れ，占有数の分布を規定している温度の変更も小さくてすむ．このように，加えた同じエネルギーに対して温度上昇が小さいのは，熱容量が大きいということである（図 22·7）．一方，エネルギー準位の間隔が広く開いている場合は，同じエネルギーを加えても，それを取込むには，ボルツマン分布のエネルギーの高い"すそ"にある準位まで使って，つまり，温度を大きく変更しなけれ

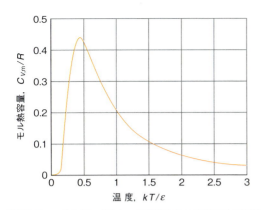

**図 22·6** エネルギーが 0 と $\varepsilon$ の状態をもつ 2 準位系の熱容量の変化. $T=0$ で熱容量は 0, $T=0.417\varepsilon/k$ で極大を通り, 高温では 0 に近づく様子がわかる.

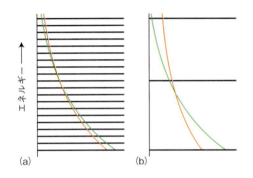

**図 22·7** 熱容量は, 使えるエネルギー準位がどれほどあるかに依存している. (a) エネルギー準位が密集している場合, 系に同じ量のエネルギーを熱として与えても, ボルツマン分布で決まる各準位の占有数, したがって系の温度をあまり再調整しなくても受け入れることができる. つまり, この系の熱容量は大きい. (b) 準位の間隔が広い場合, 同じエネルギーを与えるともっと高いエネルギー準位を利用せざるを得ず, その結果, ボルツマン分布の"すその広がり"を大きく変更することになり, つまり系の温度は大きく変化する. したがって, この系の熱容量は小さい. どちらの場合も, 緑色の曲線は低温での分布, 赤色の曲線は高温での分布を表している.

ばならないのである. すなわち, エネルギー準位の間隔が広く開いていれば熱容量は小さい.

気体分子の並進エネルギーの準位は非常に密集しており, すべての単分子気体のモル熱容量はほぼ等しい. 一方, 固体中で互いに結合している原子の振動エネルギー準位の間隔の大きさは, 原子間の結合の硬さと原子の質量に依存する. 12 章で見たように, 結合が強く, 結合に関与する原子が軽いほど, 振動エネルギー準位の間隔は大きい. その結果, 固体のモル熱容量の大きさは, ものによって広範囲に分布している. 高分子のような非常に大きな分子は多数の原子が結合してできているから, 非常に多様なやり方で振動できる. その多くは多数の原子の集団的な運動によるものであるから, 振動エネルギー準位は密集している. したがって, 高分子の熱容量は大きい.

水は, よくいわれるように異常な性質を示す. 水分子は小さくて剛直であるにもかかわらず, 水の熱容量は大きい. この場合の異常性も, 液体中での水素結合に帰着させることができる. 多数の水分子が水素結合によって結びつけられ, クラスターを形成しており, それがいろいろなやり方で振動しているのである. その結果, 振動エネルギー準位が密集することになって, 小さな分子が弱い相互作用で結びついてできた, ふつうの物質で予想される熱容量よりも水の熱容量は大きい.

### 22·8 エントロピー

ボルツマンは, エントロピーと分配関数はどちらも分子がとる配列の数の目安であるから, 両者の間に密接な関係があることを示した. 区別できる分子 (固体の中で場所が固定されている分子など) については, この関係は[†3],

$$S = \frac{U - U(0)}{T} + Nk \ln q$$

区別できる粒子　分配関数で表したエントロピー　(22·13a)

で, 区別できない分子 (気体のように場所を自由に変えられる同等な分子) の場合の式は,

$$S = \frac{U - U(0)}{T} + Nk \ln q - Nk(\ln N - 1)$$

区別できない粒子　分配関数で表したエントロピー　(22·13b)

である. 右辺の第 1 項は $q$ から計算できるから, これによって, 分配関数さえわかれば, 相互作用のない分子の任意の系のエントロピーを計算する方法を手に入れたことになる.

**例題 22·3　エントロピーの計算**

25 °C で HCl 分子の気体のモルエントロピーに対する回転運動からの寄与を計算せよ.

**解法**　内部エネルギーへの寄与 (自習問題 22·2) はすでに計算したし, 回転分配関数は (22·6) 式にある ($\sigma = 1$). この二つを組合わせればよい. 分子の内部運動 (回転) に注目するので, 並進運動は無視し, (22·13a) 式を使う.

**解答**　$U_m - U_m(0) = RT$ と $q = kT/hB$ を (22·13a) 式に代入すると, $T > 0$ において,

---

[†3] この式の導出については"アトキンス物理化学"を見よ.

540    22. 統計熱力学

$$S_m = \frac{\overbrace{U_m - U_m(0)}^{RT}}{T} + R \ln \frac{\overbrace{kT}^{q}}{hB} = R\left(1 + \ln \frac{kT}{hB}\right)$$

を得る．エントロピーは温度とともに増加することがわかる（図22・8）．ある与えられた温度では，$B$ の値が小さいほどエントロピーは大きい．つまり大きな分子（慣性モーメントが大きく，回転定数が小さい）は小さい分子よりも回転エントロピーが大きい．数値を代入すると $S_m = 3.98R$ すなわち $33.1\,\mathrm{J\,K^{-1}\,mol^{-1}}$ を得る．

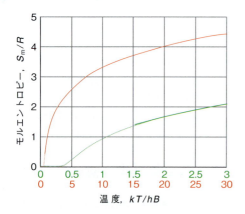

**図22・8** モルエントロピーに対する回転の寄与の温度変化．(22・6) 式は高温でだけ正しいので，例題22・3で導いた式は低温では使えない．それで，曲線は正しくなくなる前に終わらせてある．点線は正しい挙動を示す．

**自習問題 22・4**

エテン分子の回転分配関数は 25 °C で 661 である．モル回転エントロピーへの寄与はいくらか．　　[答: $7.49R$]

## 22・9　ギブズエネルギー

本書前半の章での熱力学の説明では，ほとんど常にギブズエネルギー $G$ が中心的役割を果たした．そこで，統計熱力学が本当に役立つことを示すには，分配関数 $q$ からどうやって $G$ を計算するかがわからなければならない．分子間の相互作用を考慮に入れるのは難しい問題なので，話を完全気体に限ることにして，つぎの「式の導出」で $N$ 個の分子の気体については，

$$G - G(0) = -NkT \ln \frac{q}{N}$$

完全気体　分配関数で表したギブズエネルギー　(22・14)

であることを示す．

**式の導出 22・3**　分配関数からのギブズエネルギーの計算

この計算を組立てるには，そもそもの原理へ立ち戻ることにする．ギブズエネルギーの定義は $G = H - TS$ で，エンタルピー $H$ の定義は $H = U + pV$ であるから，

$$G = U - TS + pV$$

である．完全気体に対しては，$pV$ を $nRT = NkT$ で置き換えることができる（$N = nN_A$ で $R = N_A k$ だから）．$TS$ と $NkT$ は $T = 0$ では 0 になるから，$T = 0$ において $G(0) = U(0)$ である．したがって，

$$G - G(0) = U - U(0) - TS + NkT$$

と書ける．ここで，$S$ に (22・13b) 式を代入すると，

$$\begin{aligned}G - G(0) &= -NkT \ln q + kT(N \ln N - N) + NkT \\ &= -NkT(\ln q - \ln N)\end{aligned}$$

を得る．これから，$\ln q - \ln N = \ln(q/N)$ を使うと (22・14) 式が得られる．

---

(22・14) 式をモルギブズエネルギーの式に変換できる．まず，$N = nN_A$ と書くと，

$$G - G(0) = -nN_A kT \ln \frac{q}{nN_A}$$

となる．ここで，**モル分配関数**[1] $q_m = q/n$ を導入する．この単位は $1/$モル（$\mathrm{mol}^{-1}$）である．上の式の両辺を $n$ で割ると次式が得られる．

$$G_m - G_m(0) = -RT \ln \frac{q_m}{N_A}$$

完全気体　モルギブズエネルギー　(22・15)

**例題 22・4**　ギブズエネルギーの計算

単原子完全気体のモルギブズエネルギーを計算し，気体の圧力を使って表す式を書け．

**解法**　この計算には (22・15) 式を使う．必要なものは並進分配関数だけで，これは (22・5) 式で与えられている．完全気体の法則によって $V$ を $p$ に変換する．

**解答**　$q_m = (2\pi mkT)^{3/2} V/nh^3$ を (22・15) 式に代入すると，

$$G_m - G_m(0) = -RT \ln \frac{(2\pi mkT)^{3/2} V}{nh^3 N_A}$$

を得る．次に，$V$ を $nRT/p$ で置き換え（$n$ は消し合う），$R = kN_A$ と書くなど少し整理すると，

---

1) molar partition function

### 22・10 平 衡 定 数

$$G_{\mathrm{m}} - G_{\mathrm{m}}(0) = -RT\, \ln\left[\frac{(2\pi m k T)^{3/2}}{n h^3 N_{\mathrm{A}}} \times \frac{n N_{\mathrm{A}} k T}{p}\right]$$

（右上）$V = nRT/p$
$R = N_{\mathrm{A}}k$

（$n$と$N_{\mathrm{A}}$を消去）
$$= -RT\, \ln\frac{(2\pi m)^{3/2}(kT)^{5/2}}{p h^3} = -RT\, \ln\frac{1}{ap}$$

（$-\ln x = \ln(1/x)$）
$$= RT\, \ln(ap) \qquad a = \frac{h^3}{(2\pi m)^{3/2}(kT)^{5/2}}$$
$$\tag{22.16}$$

を得る. ギブズエネルギーは $p$ が増加すると $\ln p$ に比例して対数的に増加するが, これはすでに 5・2 節で説明した通りである（5・3 式）.

**自習問題 22・5**

振動を無視すると, 二原子分子のモル分配関数は $q_{\mathrm{m}}^{\mathrm{T}} q_{\mathrm{m}}^{\mathrm{R}}$ と書ける（22・9 式を見よ）. この気体のモルギブズエネルギーを求めよ.

　　［答：（22・16）式と同じ. ただし自然対数の項は $\ln\{(a\sigma hB/kT)p\}$ となる.］

---

あと一つだけ必要な情報は, <u>標準モルギブズエネルギー</u>の式である. これは平衡の性質を論じるときわめて重要な役目をもつ量だからである. それには, $p^{\ominus}$ において計算した分配関数を使えばよい. たとえば, 単原子気体については,（22・16）式で $p = 1\ \mathrm{bar}$ とすればモルギブズエネルギーの標準状態の値が得られる. 一般に,

$$G_{\mathrm{m}}^{\ominus} - G_{\mathrm{m}}^{\ominus}(0) = -RT\, \ln\frac{q_{\mathrm{m}}^{\ominus}}{N_{\mathrm{A}}}$$

標準モル分配関数で表した
標準モルギブズエネルギー　（22.17）

と書く. $q$ につけた標準値の記号は, その値を $p^{\ominus}$ で求めることを忘れないためのもので, そのため, $q_{\mathrm{m}}^{\ominus}$ の式に $^{\ominus}$ が現れるときはいつも $V_{\mathrm{m}}^{\ominus} = RT/p^{\ominus}$ を使う. 次の節でその例を示そう.

## 22・10 平 衡 定 数

上述のような定性的な考察からさらに進んで, 平衡定数の統計熱力学的な式を書いてみよう.「補遺 22・2」で示すように, $A(g) + B(g) \rightleftharpoons C(g)$ の平衡に対して,

$$K = \frac{q_{\mathrm{m}}^{\ominus}(\mathrm{C})\, N_{\mathrm{A}}}{q_{\mathrm{m}}^{\ominus}(\mathrm{A})\, q_{\mathrm{m}}^{\ominus}(\mathrm{B})}\, \mathrm{e}^{-\Delta E/RT}$$

分配関数で表した平衡定数　（22・18）

---

が得られる. $\Delta E$ は生成系と反応原系の基底状態のモルエネルギーの差である. この式は平衡定数を活量で表した式（7・3 節）と同じかたちなので覚えやすいが, 活量の代わりに $q_{\mathrm{m}}^{\ominus}/N_{\mathrm{A}}$ が入っている（指数関数の因子も追加されている）.

（$q_{\mathrm{m}}^{\ominus}(\mathrm{C})/N_{\mathrm{A}}$ で置き換える）
$$K = \frac{p_{\mathrm{C}}/p^{\ominus}}{(p_{\mathrm{A}}/p^{\ominus})\,(p_{\mathrm{B}}/p^{\ominus})}$$
（$q_{\mathrm{m}}^{\ominus}(\mathrm{A})/N_{\mathrm{A}}$ で置き換える）（$q_{\mathrm{m}}^{\ominus}(\mathrm{B})/N_{\mathrm{A}}$ で置き換える）（指数関数因子が加わる）

$$= \frac{q_{\mathrm{m}}^{\ominus}(\mathrm{C})/N_{\mathrm{A}}}{(q_{\mathrm{m}}^{\ominus}(\mathrm{A})/N_{\mathrm{A}})\,(q_{\mathrm{m}}^{\ominus}(\mathrm{B})/N_{\mathrm{A}})}\, \mathrm{e}^{-\Delta E/RT}$$

$N_{\mathrm{A}}$ が消し合うから,（22・18）式が得られる.

（22・18）式は分光法から導かれる分配関数と, 平衡にある化学反応を解析するのに必須の平衡定数とを結び付けているという点で, 鍵となるきわめて重要な式である. この式によって, 本書でここまで進めてきた二つの河の流れが合流することになる.

**例題 22・5　平衡定数の計算**

気相のイオン化 $\mathrm{Cs}(g) \rightleftharpoons \mathrm{Cs}^+(g) + \mathrm{e}^-(g)$ の 1000 K での平衡定数を計算せよ.

**解法**　これは $A(g) + B(g) \rightleftharpoons C(g)$ でなく $A(g) \rightleftharpoons B(g) + C(g)$ 型の反応であるから,（22・18）式を少し変更する必要があるが, どんなかたちの式を使えばよいかはすぐわかるだろう. 各反応化種を一つずつ吟味し, その分配関数を運動様式ごとの分配関数の積として書く. これらの分配関数を標準圧力である 1 bar で求め,（22・18）式で指定されているように組合わせる. エネルギー差 $\Delta E$ については $\mathrm{Cs}(g)$ のイオン化エネルギーを使う.

**解答**　平衡定数は,

$$K = \frac{q_{\mathrm{m}}^{\ominus}(\mathrm{Cs}^+,\, \mathrm{g})\, q_{\mathrm{m}}^{\ominus}(\mathrm{e}^-,\, \mathrm{g})}{q_{\mathrm{m}}^{\ominus}(\mathrm{Cs},\, \mathrm{g})\, N_{\mathrm{A}}}\, \mathrm{e}^{-\Delta E/RT}$$

である. この例ではアボガドロ定数が分母に現れることに注意しよう. その単位 $\mathrm{mol}^{-1}$ があるから $K$ は無次元で表される. 電子は並進運動をしているから, その並進分配関数が必要である. また, そのスピン状態による分子分配関数への寄与として 2 という因子が必要である. したがって,

$$q_{\mathrm{m}}^{\ominus}(\mathrm{e}^-,\, \mathrm{g}) = \underset{q^{\mathrm{E}}}{2} \times \underset{q_{\mathrm{m}}^{\mathrm{T}}}{\frac{(2\pi m_{\mathrm{e}} k T)^{3/2}\, V^{\ominus}}{n h^3}}$$

（$V^{\ominus} = nRT/p^{\ominus}$）
$$= \frac{2(2\pi m_{\mathrm{e}} k T)^{3/2}\, RT}{p^{\ominus} h^3}$$

となる．$Cs^+$ イオンは閉殻であり，並進の自由度しかないから，

$$q_m^{\ominus}(Cs^+, g) = \frac{(2\pi m_{Cs} kT)^{3/2} RT}{p^{\ominus} h^3}$$

である．Cs 原子の分配関数には，22・5 節の説明の通り，並進とスピンの寄与があるから，

$$q_m^{\ominus}(Cs, g) = \overset{q^E}{2} \times \overset{q_m^T}{\frac{(2\pi m_{Cs} kT)^{3/2} RT}{p^{\ominus} h^3}}$$

となる（Cs 原子と $Cs^+$ イオンの質量を同じとした）．そこで $\Delta E = I$（$I$ は Cs 原子のイオン化エネルギー）とおけば，

$$K = \frac{\overset{Cs^+}{\{(2\pi m_{Cs} kT)^{3/2} RT/p^{\ominus} h^3\}} \times \overset{e^-}{\{2(2\pi m_e kT)^{3/2} RT/p^{\ominus} h^3\}}}{\underset{Cs}{\{2(2\pi m_{Cs} kT)^{3/2} RT/p^{\ominus} h^3\}} \times N_A}$$
$$\times e^{-I/RT}$$

共通因子を消去
$$= \frac{(2\pi m_e kT)^{3/2} RT}{p^{\ominus} h^3 N_A} \times e^{-I/RT}$$

$R = N_A k$
$$= \frac{(2\pi m_e kT)^{3/2} kT}{p^{\ominus} h^3} \times e^{-I/RT}$$

$$= \frac{(2\pi m_e)^{3/2} (kT)^{5/2}}{p^{\ominus} h^3} \times e^{-I/RT}$$

を得る．データ（イオン化エネルギーだけがこの元素固有の値である）を代入すると，

$$K =$$
$$\frac{\left(2\pi \times \underset{m_e}{9.109 \times 10^{-31}\,kg}\right)^{3/2} \times \left(\underset{kT}{1.381 \times 10^{-23}\,J\,K^{-1} \times 1000\,K}\right)^{5/2}}{\left(\underset{p^{\ominus}}{10^5\,Pa}\right) \times (6.626 \times 10^{-34}\,J\,s)^3}$$
$$\times e^{-\frac{3.76 \times 10^5\,J\,mol^{-1}}{(8.314\,J\,K^{-1}\,mol^{-1}) \times (1000\,K)}}$$

$$= 2.42 \times 10^{-19}$$

が得られる．

> **ノート** 単位が全部消し合うことを確かめてみよ（$1\,J = 1\,kg\,m^2\,s^{-2}$ と $1\,Pa = 1\,kg\,m^{-1}\,s^{-2}$ を使えばよい）．ここで説明したやり方で計算した $K$ は，反応物と生成物が気体なのでその分圧（標準圧力に対する相対値）で表した熱力学的平衡定数である．

### 自習問題 22・6

解離反応 $Na_2(g) \rightleftharpoons 2Na(g)$ の 1000 K での平衡定数を計算せよ．つぎのデータを使え．$Na_2(g)$ については $B = 46.38\,MHz$，$\tilde{\nu} = 159.2\,cm^{-1}$，解離エネルギー $= 70.4\,kJ\,mol^{-1}$ であり，$q^E = 2$ である． ［答：2.42］

---

## 補遺 22・1

### 分配関数の計算

#### 1. 並進分配関数

辺の長さが $X, Y, Z$ の直方体に入っている質量 $m$ の粒子を考えよう．各方向は独立に扱い，方向ごとの分配関数を掛け合わせて全分配関数を得る．同じやり方は分子分配関数の計算でも使い，分子運動の独立なモードからの寄与を掛け合わせる．

長さ $X$ の容器に入った質量 $m$ の分子のエネルギー準位は（12・9）式で $L = X$ とおけば，

$$E_n = \frac{n^2 h^2}{8mX^2} \qquad n = 1, 2, \cdots$$

である．最低準位（$n = 1$）のエネルギーは $h^2/8mX^2$ であるから，この準位に相対的なエネルギーは，

$$\varepsilon_n = (n^2 - 1)\varepsilon \qquad \varepsilon = h^2/8mX^2$$

と書ける．したがって，つぎの和を計算すればよい．

$$q_X = \sum_{n=1}^{\infty} e^{-(n^2-1)\varepsilon/kT}$$

実験室で使うような大きさの容器では，並進のエネルギー準位は互いに非常に近いから，この和はつぎの積分で近似できる．

$$q_X = \int_1^{\infty} e^{-(n^2-1)\varepsilon/kT}\,dn \approx \int_0^{\infty} e^{-n^2\varepsilon/kT}\,dn$$

ここで，下限を $n = 0$ まで広げ，$n^2 - 1$ を $n^2$ で置き換えてもほとんど誤差はないし，積分が公式を使えるかたちになる．$x^2 = n^2\varepsilon/kT$ とおくと，$dn = dx/(\varepsilon/kT)^{1/2}$ となるから，

$$q_X = \left(\frac{kT}{\varepsilon}\right)^{1/2} \overset{\pi^{1/2}/2}{\int_0^{\infty} e^{-x^2}\,dx}$$

$\varepsilon = h^2/8mX^2$
$$= \left(\frac{kT}{\varepsilon}\right)^{1/2} \left(\frac{\pi^{1/2}}{2}\right) = \left(\frac{2\pi mkT}{h^2}\right)^{1/2} X$$

が得られ，辺の長さが $Y$ と $Z$ の 2 方向についても同じ式ができるから，

$$q^T = q_X q_Y q_Z = \left(\frac{2\pi mkT}{h^2}\right)^{3/2} \overset{V}{\overbrace{XYZ}} = \left(\frac{2\pi mkT}{h^2}\right)^{3/2} V$$

となる．$V = XYZ$ はこの箱の容積である．

## 2. 回転分配関数

非対称な (AB) 直線形回転子の回転分配関数は，

$$q^R = \sum_J \overset{g_J}{\overbrace{(2J+1)}} \mathrm{e}^{-\overset{\varepsilon_J}{\overbrace{hBJ(J+1)}}/kT}$$

である．この和はすべての回転準位についてのもので，$2J+1$ は各準位の縮退度を表す．$kT$ が隣接状態の間隔よりもずっと大きいときは多くの回転状態が占有されるから，和を積分で近似でき，

$$q^R = \int_0^\infty (2J+1) \mathrm{e}^{-hBJ(J+1)/kT} dJ$$

と書ける．この積分は複雑そうに見えるが，

$$\mathrm{d}\mathrm{e}^{af(x)}/\mathrm{d}x = a\mathrm{e}^{af(x)}(\mathrm{d}f/\mathrm{d}x)$$

$$\frac{\mathrm{d}}{\mathrm{d}J} \mathrm{e}^{-hBJ(J+1)/kT} = -\frac{hB}{kT}(2J+1)$$

であることに気がつけば，

$$q^R = -\frac{kT}{hB} \int_0^\infty \left(\frac{\mathrm{d}}{\mathrm{d}J} \mathrm{e}^{-hBJ(J+1)/kT}\right) \mathrm{d}J$$

と書けるから，たいして苦労せずに計算できる．そこで，ある関数（青色で表した部分）の導関数の積分は元の関数であるから，

$$q^R = -\frac{kT}{hB} \mathrm{e}^{-hBJ(J+1)/kT} \Big|_0^\infty = \frac{kT}{hB}$$

となる．等核二原子分子では 180° 回しても同じに見えるから，状態数を二重に数えるのを防ぐために，上の結果を 2 で割らなければならない．そこで一般的に，

$$q^R = \frac{kT}{\sigma hB}$$

と書く．異核二原子分子については $\sigma = 1$，等核二原子分子については $\sigma = 2$ である．

## 3. 振動分配関数

調和振動子のエネルギー準位は簡単なはしご状の配列である（図22·9）．最低の状態のエネルギーを 0 とおけば，各状態のエネルギーは，

$$\varepsilon_0 = 0, \quad \varepsilon_1 = h\nu, \quad \varepsilon_2 = 2h\nu, \quad \varepsilon_3 = 3h\nu \quad \text{など}$$

である．したがって，振動分配関数は，

$$q^V = 1 + \mathrm{e}^{-h\nu/kT} + \mathrm{e}^{-2h\nu/kT} + \mathrm{e}^{-3h\nu/kT} + \cdots$$

$$\overset{\mathrm{e}^{nx} = (\mathrm{e}^x)^n}{= 1 + \mathrm{e}^{-h\nu/kT} + (\mathrm{e}^{-h\nu/kT})^2 + (\mathrm{e}^{-h\nu/kT})^3 + \cdots}$$

となる．「必須のツール 6·1」によれば，無限級数 $1 + x + x^2 + \cdots$ の和は $1/(1-x)$ であるから，$x = \mathrm{e}^{-h\nu/kT}$ とおけば，

$$q^V = \frac{1}{1 - \mathrm{e}^{-h\nu/kT}}$$

となる．これが (22·7) 式である．$h\nu/kT \ll 1$ が成り立つほど温度が高ければ，$\mathrm{e}^{-x} \approx 1 - x$ と書けるから，この式はつぎのように非常に簡単になる（必須のツール 6·1）．

$$q^V \approx \frac{1}{1 - \underset{\mathrm{e}^{-h\nu/kT}}{\underbrace{(1 - h\nu/kT)}}} = \frac{1}{h\nu/kT} = \frac{kT}{h\nu}$$

これが (22·8) 式である．

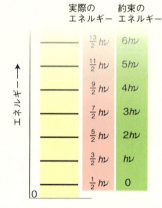

**図 22·9** 調和振動子のエネルギー準位．分配関数を計算するときは，右端に示すようにエネルギーの零点を最低準位にとる．

## 補遺 22·2

### 分配関数からの平衡定数の計算

熱力学からわかっているように（7·3節），反応の平衡定数は標準反応ギブズエネルギーと，

$$\Delta_r G^\ominus = -RT \ln K$$

の関係がある．$A(g) + B(g) \rightleftharpoons C(g)$ のタイプの反応については，

$$\Delta_r G^\ominus = G_m^\ominus(C) - \{G_m^\ominus(A) + G_m^\ominus(B)\}$$

となる．(22·17) 式は，各項の標準モルギブズエネルギーを各物質の分配関数で表した式であるから，

$$\Delta_r G^\ominus = \left\{ G_m^\ominus(C,0) - RT \ln \frac{q_m^\ominus(C)}{N_A} \right\}$$
$$- \left\{ G_m^\ominus(A,0) - RT \ln \frac{q_m^\ominus(A)}{N_A} \right\}$$
$$- \left\{ G_m^\ominus(B,0) - RT \ln \frac{q_m^\ominus(B)}{N_A} \right\}$$

と書ける．それぞれの { } の中の第1項（青色で表してある）は，$T=0$ では $G=U$ であることから，単に基底状態のエネルギーの差であるから，

$$G_m^\ominus(C,0) - \{G_m^\ominus(A,0) + G_m^\ominus(B,0)\}$$
$$= U_m^\ominus(C,0) - \{U_m^\ominus(A,0) + U_m^\ominus(B,0)\} = \Delta E$$

である．また，三つの対数項をまとめれば，

$$\underbrace{\ln \frac{q_m^\ominus(C)}{N_A} - \left\{ \ln \frac{q_m^\ominus(A)}{N_A} + \ln \frac{q_m^\ominus(B)}{N_A} \right\}}_{\ln\{q_m^\ominus(A)\,q_m^\ominus(B)/N_A^2\}}$$

$$\underset{\ln x - \ln yz = \ln(x/yz)}{=} \ln \frac{q_m^\ominus(C) N_A}{q_m^\ominus(A)\,q_m^\ominus(B)}$$

となる．これによって，

$$\Delta_r G^\ominus = \Delta E - RT \ln \frac{q_m^\ominus(C) N_A}{q_m^\ominus(A)\,q_m^\ominus(B)}$$

まで到達した．$\Delta E$ を対数の中に入れるために（$\ln e^x = x$ を使って）つぎのように書き換えておく．

$$\Delta E = -RT \ln e^{-\Delta E/RT}$$

したがって，

$$\Delta_r G^\ominus = -RT \ln e^{-\Delta E/RT} - RT \ln \frac{q_m^\ominus(C) N_A}{q_m^\ominus(A)\,q_m^\ominus(B)}$$

$$\underset{\ln x + \ln y = \ln(xy)}{=} -RT \ln \left\{ \frac{q_m^\ominus(C) N_A}{q_m^\ominus(A)\,q_m^\ominus(B)} e^{-\Delta E/RT} \right\}$$

となる．ここで，上の式を熱力学的な式 $\Delta_r G^\ominus = -RT \ln K$ と比較すれば，{ } 内の項が $K$ の式であることがわかる（22·18式）．

---

## チェックリスト

□ **1** ボルツマン分布は，任意の温度にある系の各状態に存在する分子の数を与える．

□ **2** 分配関数は，注目する温度において，熱的に到達できる状態の数の目安を与える．

□ **3** 分配関数は温度上昇とともに増加する．

□ **4** 多数の密集したエネルギー準位からなる分子の分配関数は非常に大きいと予測できる．エネルギー準位間が広く開いている分子の分配関数は小さい．

□ **5** 分子分配関数は並進，回転，振動，電子分布からの寄与の積である．

□ **6** 電子の分配関数は，励起状態が高エネルギーで閉殻の分子については $q^E = 1$ である．

□ **7** 分配関数には系に関する熱力学的な情報がすべて含まれており，これを使えば内部エネルギーやエントロピー，ギブズエネルギーなどの熱力学的性質を計算することができる．

□ **8** 系のエネルギー準位が広く開いているとき，その熱容量は小さい．

□ **9** 平衡定数は，反応物と生成物から成る系がとりうる状態について，関与する分子の分布状況を表している．

## 重要な式の一覧

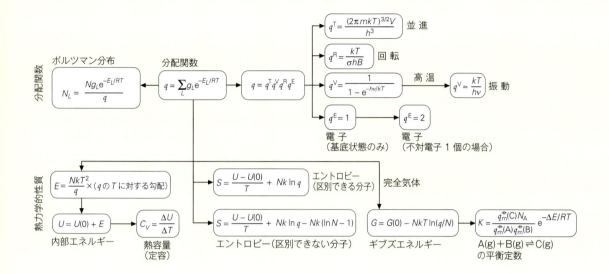

## 問題と演習

### 文章問題

**22・1** ボルツマン分布を導出するうえで基礎となる原理を説明せよ.

**22・2** 温度とは何か.

**22・3** 分子分配関数の物理的意義を述べよ.

**22・4** 同じ組成の粒子が同等であるのはどういうときか. そうでないのはどういう場合か.

**22・5** 2準位系の内部エネルギーとエントロピーが温度によってどう変わるかを説明せよ.

**22・6** 統計エントロピーが熱力学的エントロピーと同じものであることを示せ.

**22・7** 統計熱力学の概念を使って,平衡定数の大きさとその温度変化を決めている分子的な特性は何かを述べよ.

### 演習問題

**22・1** ポリエチレン分子は溶液中でランダムコイル形(いろいろなでき方があるが,ここでは1種だけとする)と完全に伸びた形をとれると考えよう. 後者のコンホメーションの方がエネルギーは 2.4 kJ mol$^{-1}$ 高いとする. この二つのコンホメーションの比は 20 °C でいくらか.

**22・2** ある試料が (a) 1.5 T, (b) 15 T の磁場の中にあるとき,プロトンスピンの二つの向きの占有数の比は 20 °C でいくらか. そのエネルギー差については 21 章を見よ.

**22・3** ある試料が 0.33 T の磁場中にあるとき,電子スピンの占有数の比は 20 °C でいくらか. そのエネルギー差については 21 章を見よ.

**22・4** 25 °C で $J=4$ と $J=2$ にある $CO_2$ 分子の占有数の比はいくらか. $CO_2$ の回転定数は 11.70 GHz である. 分子回転については 19 章で説明した.

**22・5** 25 °C で $J=4$ と $J=2$ にある $CH_4$ 分子の占有数の比はいくらか. $CH_4$ の回転定数は 157 GHz である. 19 章で説明したように,球対称回転子の量子数 $J$ の縮退度は $(2J+1)^2$ である.

**22・6** (a) エネルギーが $0, 2\varepsilon, 5\varepsilon$ で縮退度がそれぞれ 1, 6, 3 の 3 個のエネルギー準位をもつ分子の分配関数の式を書け. (b) $T=0$, (c) $T=\infty$ で $q$ の値はいくらか.

**22・7** 容積 10.0 cm$^3$ のフラスコに入った (a) $N_2$, (b) 気体 $CS_2$ の並進の分配関数を求めよ. 両者に大きな差があるのはなぜか.

**22・8** 298 K におけるつぎのものの並進分配関数の値を求めよ. (a) ゼオライト触媒の孔に閉じ込められた 1 個のメタン分子. 孔は球形で分子がどの方向にも 1 nm 動けるような半径とする(つまり実効直径が 1 nm). (b) 容積 100 cm$^3$ のフラスコに入った 1 個のメタン分子.

**22・9** 298 K における HBr ($\tilde{B}=8.465$ cm$^{-1}$) の回転分配関数を (a) エネルギー準位の直接の和をとって, (b) 高温近似の (22・6) 式を使って求めよ.

**22・10** 前問をいろいろな温度で計算せよ(数学ソフトウエアを使え). 近似式による誤差が 10 パーセントになる温

度を求めよ.

**22・11** つぎのものの 298 K における回転分配関数の値を求めよ. (a) $^1H^{35}Cl$, 回転定数は 318 GHz. (b) $^{12}C^{16}O_2$, 回転定数は 11.70 GHz.

**22・12** $N_2O$ と $CO_2$ は回転定数は似ているが(それぞれ 12.6 GHz と 11.7 GHz), 回転分配関数が非常に異なるのはなぜか.

**22・13** 298 K における HBr の振動分配関数の値を求めよ. データは表 19・2 にある. どの温度以上で, 高温近似(22・8式)が 10 パーセント以内の誤差になるか.

**22・14** $CO_2$ 分子には 4 個の振動モードがあり, その波数は 1388 cm$^{-1}$, 2349 cm$^{-1}$, 667 cm$^{-1}$ である(最後のものは二重に縮退した変角振動である). (a) 500 K, (b) 1000 K での振動の全分配関数を計算せよ.

**22・15** 炭素の基底電子配置は $^3P_0, ^3P_1, ^3P_2$ の三つの準位をもつ三重項で, それぞれ 0, 16.4, 43.5 cm$^{-1}$ のところにある. (a) 10 K, (b) 298 K における炭素の分配関数を求めよ. 量子数 $J$ の準位には $2J+1$ 個の状態がある.

**22・16** 酸素の基底電子配置は $^3P_2, ^3P_1, ^3P_0$ の三つの準位をもつ三重項で, それぞれ 0, 158.5, 226.5 cm$^{-1}$ のところにある. (a) 計算をしないで $T=0$ における分配関数の値を予測せよ. (b) 298 K における分配関数の値を求め, $T=0$ での値が (a) で予測した通りであることを確かめよ.

**22・17** エチン $C_2H_2$(その同位体は $^{12}C$ と $^1H$ から成る)が 298 K で体積 1.00 m$^3$ に閉じ込められているとき, その分子分配関数を計算せよ. エチンの回転定数は $\tilde{B} = 1.177$ cm$^{-1}$ である. エチンには 7 個の基準振動モードがあり, 振動波数で表せば, 3374, 1974, 3287 cm$^{-1}$(以上は縮退なし)と 612, 729 cm$^{-1}$(以上は二重縮退)である.

**22・18** 3 個のエネルギー準位が $0, \varepsilon, 3\varepsilon$ にあり, 縮退度がそれぞれ 1, 5, 3 の分子のエネルギーの式を導け.

**22・19** 炭素原子の基底電子配置から生じる状態については演習問題 22・15 で取上げた. (a) モル内部エネルギーへの電子配置からの寄与の式を導き, それを温度の関数としてプロットせよ. (b) その式の値を 25 ℃ で求めよ.

**22・20** (a) 酸素原子のモル熱容量への電子からの寄与を表す式を導き, それを温度の関数としてプロットせよ. (b) この式の値を 25 ℃ で求めよ. この原子の構造の説明は演習問題 22・16 にある.

**22・21** 熱容量の大きな物質のエントロピーが大きいのは

なぜか. 熱力学と分子論の観点から説明せよ.

**22・22** 298 K での気体窒素($N_2$)のモルエントロピーを計算せよ. 全分配関数を並進と回転の分配関数の積のかたちで書け. ただし, 振動の第一励起状態のエネルギーは高いから, この温度における分子の振動の寄与は無視してよい. 必要なデータは表 19・2 にある.

**22・23** 詳細な計算をせずに, つぎの物質の標準モルエントロピー(298 K)の大小関係について説明せよ. (a) Ne (g)(146 J K$^{-1}$ mol$^{-1}$)と Xe(g)(170 J K$^{-1}$ mol$^{-1}$), (b) $H_2O$(g)(189 J K$^{-1}$ mol$^{-1}$)と $D_2O$(g)(198 J K$^{-1}$ mol$^{-1}$), (c) C(ダイヤモンド)(2.4 J K$^{-1}$ mol$^{-1}$)と C(グラファイト)(5.7 J K$^{-1}$ mol$^{-1}$).

**22・24** 100 個の分子からなるミセルが分散するときのモルエントロピーの変化を求めよ. この転移は, 気体状の物質がはじめ体積 $V_{\text{ミセル}}$ を占めていたのが $V_{\text{溶液}}$ まで膨張することとして扱える. このモデルで無視したものは何か.

**22・25** 298 K の二酸化炭素について, $T=0$ での値を基準としたときの標準モルギブズエネルギーを計算せよ.

**22・26** 反応 $N_2(g)+3H_2(g) \rightleftharpoons 2NH_3(g)$ の平衡定数を, 各物質の分子分配関数を使って表した式を書け.

**22・27** 1000 K におけるナトリウム原子のイオン化平衡の平衡定数を計算せよ.

**22・28** 500 K における $I_2(g)$ の解離平衡定数を計算せよ.

## プロジェクト問題

記号 ‡ は微積分の計算が必要なことを示す.

**22・29‡** この問題では, 調和振動子の集団としてモデル化できる系(原子から成る固体の表面など)について, その内部エネルギーと熱容量を統計熱力学から計算しよう. (a) 調和振動子の集団の内部エネルギーを表す式を導け. その式から, 高温近似の式を導き, それが信頼できるようになる温度を求めよ. 〔ヒント: 分配関数の (22・7) 式をエネルギーの (22・11) 式に代入せよ.〕(b) 調和振動子の熱容量の式を導き, その高温極限を求めよ.

**22・30** 本章の最初の演習問題では, ランダムコイルにいろいろな形があることを無視した. ここでは, それを考慮に入れて同じ問題を解け. 高分子の繰返し単位の数 $N$ によって占有数がどう変化するかを調べよ.

# 資　料

# 1 物理量と単位

測定の結果得られるのは**物理量**[1]（質量や密度など）であって，それは数値に決まった**単位**[2]を掛けたかたちで表す．

$$物理量 = 数値 × 単位$$

たとえば，ある物体の質量は $m = 2.5\,\mathrm{kg}$，その密度は $d = 1.01\,\mathrm{kg\,dm^{-3}}$ と書く．この場合の単位は，前者は1キログラム（$1\,\mathrm{kg}$）であり，後者は立方デシメートル当たり1キログラム（$1\,\mathrm{kg\,dm^{-3}}$）である．単位は代数で現れる量と同じように扱うことができ，掛算や割算，消去などができる．そこで（物理量/単位）で表せば，それは指定した単位で測ったときの物理量の数値部分にすぎず，無次元の量である．たとえば，上の例では，質量を $m/\mathrm{kg} = 2.5$，密度を $d/(\mathrm{kg\,dm^{-3}}) = 1.01$ と書いてもよい．

物理量を表すときには（質量の $m$ のように）斜字体を用いる．浸透圧の $\Pi$ のようにギリシャ文字が使われることもある．単位は（メートルの m のように）立体で書く．**国際単位系**[3]（SI，フランス語の Système International d'Unités に由来）では，表A1・1に示す7種の**基本単位**[4]から単位がつくられる．ほかのすべての物理量はこれらの

### 表A1・1 SIの基本単位

| 物理量 | 量の記号 | 基本単位 |
|---|---|---|
| 長 さ | $l$ | メートル，m |
| 質 量 | $m$ | キログラム，kg |
| 時 間 | $t$ | 秒，s |
| 電 流 | $I$ | アンペア，A |
| 熱力学温度 | $T$ | ケルビン，K |
| 物質量 | $n$ | モル，mol |
| 光 度 | $I_\mathrm{v}$ | カンデラ，cd |

### 表A1・2 代表的な組立単位

| 物理量 | 組立単位* | 組立単位の名称 |
|---|---|---|
| 力 | $1\,\mathrm{kg\,m\,s^{-2}}$ | ニュートン，N |
| 圧 力 | $1\,\mathrm{kg\,m^{-1}\,s^{-2}}$ | パスカル，Pa |
| | $1\,\mathrm{N\,m^{-2}}$ | |
| エネルギー | $1\,\mathrm{kg\,m^2\,s^{-2}}$ | ジュール，J |
| | $1\,\mathrm{N\,m}$ | |
| | $1\,\mathrm{Pa\,m^3}$ | |
| 仕事率 | $1\,\mathrm{kg\,m^2\,s^{-3}}$ | ワット，W |
| | $1\,\mathrm{J\,s^{-1}}$ | |

\* 基本単位による定義の次に組立単位による等価な定義も書いてある．

物理量の組合せで表され，単位も**組立単位**[5]（誘導単位ともいう）を使って表す．たとえば，体積は（長さ）$^3$ であるから1立方メートル（$1\,\mathrm{m^3}$）を単位として，その倍数で表し，密度は（質量/体積）であるから立方メートル当たり1キログラム（$1\,\mathrm{kg\,m^{-3}}$）の倍数で表す．

組立単位には特別な名称と記号が与えられたものもある．単位が人名に由来する場合でも，英語で単位の名称を表すときには（torr, joule, pascal, kelvin などのように）小文字を使う．しかし，記号には（Torr, J, Pa, K などのように）大文字を使う．本書で使っているもっとも重要なものを表A1・2に示す．基本単位を使う場合も組立単位で表す場合も，単位の前に10の累乗を表す接頭文字をつけてもよい．単位の接頭文字がギリシャ文字である場合にはそれを立体で表し（μm など），同じギリシャ文字でも物理量として使うときには斜字体にして（化学ポテンシャルの場合の $\mu$ のように）使い分けている厳密な分野もある．しかし，活字によっては思い通りにならないものもある．よく用いる接頭文字を表A1・3に示す．接頭文字はつぎのよう

### 表A1・3 SIでよく使う接頭文字

| 接頭文字 | y | z | a | f | p | n | μ | m | c | d |
|---|---|---|---|---|---|---|---|---|---|---|
| 名 称 | ヨクト | ゼプト | アト | フェムト | ピコ | ナノ | マイクロ | ミリ | センチ | デシ |
| 分 量 | $10^{-24}$ | $10^{-21}$ | $10^{-18}$ | $10^{-15}$ | $10^{-12}$ | $10^{-9}$ | $10^{-6}$ | $10^{-3}$ | $10^{-2}$ | $10^{-1}$ |

| 接頭文字 | da | h | k | M | G | T | P | E | Z | Y |
|---|---|---|---|---|---|---|---|---|---|---|
| 名 称 | デカ | ヘクト | キロ | メガ | ギガ | テラ | ペタ | エクサ | ゼタ | ヨタ |
| 倍 量 | 10 | $10^2$ | $10^3$ | $10^6$ | $10^9$ | $10^{12}$ | $10^{15}$ | $10^{18}$ | $10^{21}$ | $10^{24}$ |

1) physical quantity  2) unit  3) International system of units  4) base unit  5) derived unit

に使う.

$$1\,\mathrm{nm} = 10^{-9}\,\mathrm{m} \quad 1\,\mathrm{ps} = 10^{-12}\,\mathrm{s} \quad 1\,\mathrm{\mu mol} = 10^{-6}\,\mathrm{mol}$$

キログラム（kg）は例外である．これは基本単位ではあるが $10^3\,\mathrm{g}$ と解釈し，接頭文字をグラムにつける（$1\,\mathrm{mg} = 10^{-3}\,\mathrm{g}$）．単位の累乗で表したときには，もとの単位だけでなく接頭文字にも べき がかかっている．

$$1\,\mathrm{cm}^3 = 1(\mathrm{cm})^3 = 1(10^{-2}\,\mathrm{m})^3 = 10^{-6}\,\mathrm{m}^3$$

ここで，$1\,\mathrm{cm}^3$ は $1\,\mathrm{c(m^3)}$ を表すのではないことに注意しよう．数値計算を行うときには，有効数字を表示した数値に 10 の累乗を掛けたかたちで書いておくのが安全である．

広く使われていても国際単位系に入っていない単位もある．その中には SI の厳密な倍数になっているものがある．その例として，厳密に $10^3\,\mathrm{cm}^3(1\,\mathrm{dm}^3)$ であるリットル（L）や，厳密に $101.325\,\mathrm{kPa}$ である気圧（atm）などがある．また，基礎物理定数の値に依存する単位もある．つまり，基礎物理定数の値がもっと正確かつ精密に測定された結果，変更されるようなことがあれば，それによって定義も変わる．たとえば，エネルギーの単位の一つである電子ボルト（eV）は，厳密に $1\,\mathrm{V}$ の電位差によって加速された電子が獲得するエネルギーと定義されているが，電子の電荷の値によって変わる．2016 年現在の変換係数で表せば，

$1\,\mathrm{eV} = 1.602\,176\,6208 \times 10^{-19}\,\mathrm{J}$ である．よく使う単位の変換係数を表 A1·4 に示す．

一貫性のある単位系の維持管理を担当する国際的な機関（国際度量衡局 [1]）によって，ある量（とりわけキログラムとモル）を再定義しようという議論が行われ，その計画はすでに合意がされている．しかしながら（2016 年現在）まだ施行されていない．基礎物理定数の最新の値については，http://physics.nist.gov/constants を参照するとよい．

表A1·4　よく使う単位と SI への変換

| 物理量 | 単位の名称 | 単位の記号 | SI で表した量 |
|---|---|---|---|
| 時　間 | 分 | min | $60\,\mathrm{s}$ |
| | 時 | h | $3600\,\mathrm{s}$ |
| | 日 | d | $86\,400\,\mathrm{s}$ |
| | 年 | a | $31\,556\,952\,\mathrm{s}$ |
| 長　さ | オングストローム | Å | $10^{-10}\,\mathrm{m}$ |
| 体　積 | リットル | L, l | $1\,\mathrm{dm}^3$ |
| 質　量 | トン | t | $10^3\,\mathrm{kg}$ |
| 圧　力 | バール | bar | $10^5\,\mathrm{Pa}$ |
| | 気　圧 | atm | $101.325\,\mathrm{kPa}$ |
| エネルギー | 電子ボルト | eV | $1.602\,177 \times 10^{-19}\,\mathrm{J}$ |
| | | | $96.485\,33\,\mathrm{kJ\,mol}^{-1}$ |
| | カロリー | cal | $4.184\,\mathrm{J}$ |

右端の値は，a と eV の定義を除いて，厳密に定義されたものである．

---

[1] Bureau International des Poids et Mesures（BIPM）（仏語）

# 2 熱力学データ

表A2·1 有機化合物の熱力学データ(298.15 K)

| | $M/$ g mol$^{-1}$ | $\Delta_f H^{\ominus}/$ kJ mol$^{-1}$ | $\Delta_f G^{\ominus}/$ kJ mol$^{-1}$ | $S_m^{\ominus}/$ J K$^{-1}$ mol$^{-1}$ | $C_{p,m}^{\ominus}/$ J K$^{-1}$ mol$^{-1}$ | $\Delta_c H^{\ominus}/$ kJ mol$^{-1}$ |
|---|---|---|---|---|---|---|
| C(s)(グラファイト) | 12.011 | 0 | 0 | 5.740 | 8.527 | $-393.51$ |
| C(s)(ダイヤモンド) | 12.011 | $+1.895$ | $+2.900$ | 2.377 | 6.113 | $-395.40$ |
| CO$_2$(g) | 44.010 | $-393.51$ | $-394.36$ | 213.74 | 37.11 | |
| **炭化水素** | | | | | | |
| CH$_4$(g),メタン | 16.04 | $-74.81$ | $-50.72$ | 186.26 | 35.31 | $-890$ |
| CH$_3$(g),メチル | 15.04 | $+145.69$ | $+147.92$ | 194.2 | 38.70 | |
| C$_2$H$_2$(g),エチン | 26.04 | $+226.73$ | $+209.20$ | 200.94 | 43.93 | $-1300$ |
| C$_2$H$_4$(g),エテン | 28.05 | $+52.26$ | $+68.15$ | 219.56 | 43.56 | $-1411$ |
| C$_2$H$_6$(g),エタン | 30.07 | $-84.68$ | $-32.82$ | 229.60 | 52.63 | $-1560$ |
| C$_3$H$_6$(g),プロペン | 42.08 | $+20.42$ | $+62.78$ | 267.05 | 63.89 | $-2058$ |
| C$_3$H$_6$(g),シクロプロパン | 42.08 | $+53.30$ | $+104.45$ | 237.55 | 55.94 | $-2091$ |
| C$_3$H$_8$(g),プロパン | 44.10 | $-103.85$ | $-23.49$ | 269.91 | 73.5 | $-2220$ |
| C$_4$H$_8$(g),1-ブテン | 56.11 | $-0.13$ | $+71.39$ | 305.71 | 85.65 | $-2717$ |
| C$_4$H$_8$(g),$cis$-2-ブテン | 56.11 | $-6.99$ | $+65.95$ | 300.94 | 78.91 | $-2710$ |
| C$_4$H$_8$(g),$trans$-2-ブテン | 56.11 | $-11.17$ | $+63.06$ | 296.59 | 87.82 | $-2707$ |
| C$_4$H$_{10}$(g),ブタン | 58.13 | $-126.15$ | $-17.03$ | 310.23 | 97.45 | $-2878$ |
| C$_5$H$_{12}$(g),ペンタン | 72.15 | $-146.44$ | $-8.20$ | 348.40 | 120.2 | $-3537$ |
| C$_5$H$_{12}$(l) | 72.15 | $-173.1$ | | | | |
| C$_6$H$_6$(l),ベンゼン | 78.12 | $+49.0$ | $+124.3$ | 173.3 | 136.1 | $-3268$ |
| C$_6$H$_6$(g) | 78.12 | $+82.93$ | $+129.72$ | 269.31 | 81.67 | $-3302$ |
| C$_6$H$_{12}$(l),シクロヘキサン | 84.16 | $-156$ | $+26.8$ | | 156.5 | $-3920$ |
| C$_6$H$_{14}$(l),ヘキサン | 86.18 | $-198.7$ | | 204.3 | | $-4163$ |
| C$_6$H$_5$CH$_3$(g),メチルベンゼン(トルエン) | 92.14 | $+50.0$ | $+122.0$ | 320.7 | 103.6 | $-3910$ |
| C$_7$H$_{16}$(l),ヘプタン | 100.21 | $-224.4$ | $+1.0$ | 328.6 | 224.3 | |
| C$_8$H$_{18}$(l),オクタン | 114.23 | $-249.9$ | $+6.4$ | 361.1 | | $-5471$ |
| C$_8$H$_{18}$(l),イソオクタン | 114.23 | $-255.1$ | | | | $-5461$ |
| C$_{10}$H$_8$(s),ナフタレン | 128.18 | $+78.53$ | | | | $-5157$ |
| **アルコール,フェノール** | | | | | | |
| CH$_3$OH(l),メタノール | 32.04 | $-238.66$ | $-166.27$ | 126.8 | 81.6 | $-726$ |
| CH$_3$OH(g) | 32.04 | $-200.66$ | $-161.96$ | 239.81 | 43.89 | $-764$ |
| C$_2$H$_5$OH(l),エタノール | 46.07 | $-277.69$ | $-174.78$ | 160.7 | 111.46 | $-1368$ |
| C$_2$H$_5$OH(g) | 46.07 | $-235.10$ | $-168.49$ | 282.70 | 65.44 | $-1409$ |
| C$_6$H$_5$OH(s),フェノール | 94.12 | $-165.0$ | $-50.9$ | 146.0 | | $-3054$ |
| **カルボン酸,ヒドロキシ酸,エステル** | | | | | | |
| HCOOH(l),ギ酸 | 46.03 | $-424.72$ | $-361.35$ | 128.95 | 99.04 | $-255$ |
| CH$_3$COOH(l),エタン酸(酢酸) | 60.05 | $-484.3$ | $-389.9$ | 159.8 | 124.3 | $-875$ |
| CH$_3$COOH(aq) | 60.05 | $-485.76$ | $-396.46$ | 178.7 | | |
| CH$_3$CO$_2^-$(aq) | 59.05 | $-486.01$ | $-369.31$ | 86.6 | $-6.3$ | |
| CH$_3$(CO)COOH(l),ピルビン酸 | 88.06 | | | | | $-950$ |

552　　　　　資料 2　熱力学データ

表A2·1　（つづき）

| | $M/$ g mol$^{-1}$ | $\Delta_f H^{\ominus}/$ kJ mol$^{-1}$ | $\Delta_f G^{\ominus}/$ kJ mol$^{-1}$ | $S_m^{\ominus}/$ J K$^{-1}$ mol$^{-1}$ | $C_{p,m}^{\ominus}/$ J K$^{-1}$ mol$^{-1}$ | $\Delta_c H^{\ominus}/$ kJ mol$^{-1}$ |
|---|---|---|---|---|---|---|
| **カルボン酸，ヒドロキシ酸，エステル（つづき）** | | | | | | |
| $CH_3(CH_2)_2COOH(l)$，酪酸 | 88.10 | $-533.8$ | | | | |
| $CH_3COOC_2H_5(l)$，酢酸エチル | 88.10 | $-479.0$ | $-332.7$ | 259.4 | 170.1 | $-2231$ |
| $(COOH)_2(s)$，シュウ酸 | 90.04 | $-827.2$ | | | 117 | $-254$ |
| $CH_3CH(OH)COOH(s)$，乳酸 | 90.08 | $-694.0$ | $-522.9$ | | | $-1344$ |
| $HOOCCH_2CH_2COOH(s)$，コハク酸 | 118.09 | $-940.5$ | $-747.4$ | 153.1 | 167.3 | |
| $C_6H_5COOH(s)$，安息香酸 | 122.13 | $-385.1$ | $-245.3$ | 167.6 | 146.8 | $-3227$ |
| $CH_3(CH_2)_8COOH(s)$，デカン酸 | 172.27 | $-713.7$ | | | | |
| $C_6H_8O_6(s)$，アスコルビン酸 | 176.12 | $-1164.6$ | | | | |
| $HOOCCH_2C(OH)(COOH)CH_2COOH(s)$，クエン酸 | 192.12 | $-1543.8$ | $-1236.4$ | | | $-1985$ |
| $CH_3(CH_2)_{10}COOH(s)$，ラウリン酸 | 200.32 | $-774.6$ | | | 404.3 | |
| $CH_3(CH_2)_{14}COOH(s)$，パルミチン酸 | 256.41 | $-891.5$ | | | | |
| $C_{18}H_{36}O_2(s)$，ステアリン酸 | 284.48 | $-947.7$ | | | 501.5 | |
| **アルカナール，アルカノン** | | | | | | |
| $HCHO(g)$，メタナール | 30.03 | $-108.57$ | $-102.53$ | 218.77 | 35.40 | $-571$ |
| $CH_3CHO(l)$，エタナール | 44.05 | $-192.30$ | $-128.12$ | 160.2 | | $-1166$ |
| $CH_3CHO(g)$ | 44.05 | $-166.19$ | $-128.86$ | 250.3 | 57.3 | $-1192$ |
| $CH_3COCH_3(l)$，プロパノン | 58.08 | $-248.1$ | $-155.4$ | 200.4 | 124.7 | $-1790$ |
| **糖　類** | | | | | | |
| $C_5H_{10}O_5(s)$，D-リボース | 150.1 | $-1051.1$ | | | | |
| $C_5H_{10}O_5(s)$，D-キシロース | 150.1 | $-1057.8$ | | | | |
| $C_6H_{12}O_6(s)$，$\alpha$-D-グルコース | 180.16 | $-1273.3$ | $-917.2$ | 212.1 | | $-2808$ |
| $C_6H_{12}O_6(s)$，$\beta$-D-グルコース | 180.16 | $-1268$ | | | | |
| $C_6H_{12}O_6(s)$，$\beta$-D-フルクトース | 180.16 | $-1265.6$ | | | | $-2810$ |
| $C_6H_{12}O_6(s)$，$\alpha$-ガラクトース | 180.16 | $-1286.3$ | $-918.8$ | 205.4 | | |
| $C_{12}H_{22}O_{11}(s)$，スクロース | 342.30 | $-2226.1$ | $-1543$ | 360.2 | | $-5645$ |
| $C_{12}H_{22}O_{11}(s)$，ラクトース | 342.30 | $-2236.7$ | $-1567$ | 386.2 | | |
| **窒素化合物** | | | | | | |
| $CO(NH_2)_2(s)$，尿素 | 60.06 | $-333.51$ | $-197.33$ | 104.60 | 93.14 | $-632$ |
| $CH_3NH_2(g)$，メチルアミン | 31.06 | $-22.97$ | $+32.16$ | 243.41 | 53.1 | $-1085$ |
| $C_6H_5NH_2(l)$，アニリン | 93.13 | $+31.1$ | | | | $-3393$ |
| $CH_2(NH_2)COOH(s)$，グリシン | 75.07 | $-532.9$ | $-373.4$ | 103.5 | 99.2 | $-969$ |

表A2·2　元素と無機化合物の熱力学データ（298.15 K）

| | $M/$ g mol$^{-1}$ | $\Delta_f H^{\ominus}/$ kJ mol$^{-1}$ | $\Delta_f G^{\ominus}/$ kJ mol$^{-1}$ | $S_m^{\ominus}/$ J K$^{-1}$ mol$^{-1}$ * | $C_{p,m}^{\ominus}/$ J K$^{-1}$ mol$^{-1}$ |
|---|---|---|---|---|---|
| **亜　鉛** | | | | | |
| $Zn(s)$ | 65.37 | 0 | 0 | 41.63 | 25.40 |
| $Zn(g)$ | 65.37 | $+130.73$ | $+95.14$ | 160.98 | 20.79 |
| $Zn^{2+}(aq)$ | 65.37 | $-153.89$ | $-147.06$ | $-112.1$ | $+46$ |
| $ZnO(s)$ | 81.37 | $-348.28$ | $-318.30$ | 43.64 | 40.25 |

\*　イオンの標準エントロピーと熱容量は，$H^+(aq)$ を 0 とした相対値であるから正の場合も負の場合もある.

資料 2　熱力学データ

表A2·2　（つづき）

| | $M/$ g mol$^{-1}$ | $\Delta_f H^{\ominus}/$ kJ mol$^{-1}$ | $\Delta_f G^{\ominus}/$ kJ mol$^{-1}$ | $S_m^{\ominus}/$ J K$^{-1}$ mol$^{-1}$* | $C_{p,m}^{\ominus}/$ J K$^{-1}$ mol$^{-1}$ |
|---|---|---|---|---|---|
| **アルゴン** | | | | | |
| Ar(g) | 39.95 | 0 | 0 | 154.84 | 20.786 |
| **アルミニウム** | | | | | |
| Al(s) | 26.98 | 0 | 0 | 28.33 | 24.35 |
| Al(l) | 26.98 | + 10.56 | + 7.20 | 39.55 | 24.21 |
| Al(g) | 26.98 | + 326.4 | + 285.7 | 164.54 | 21.38 |
| Al$^{3+}$(g) | 26.98 | + 5483.17 | | | |
| Al$^{3+}$(aq) | 26.98 | − 531 | − 485 | − 321.7 | |
| Al$_2$O$_3$(s, α) | 101.96 | − 1675.7 | − 1582.3 | 50.92 | 79.04 |
| AlCl$_3$(s) | 133.24 | − 704.2 | − 628.8 | 110.67 | 91.84 |
| **アンチモン** | | | | | |
| Sb(s) | 121.75 | 0 | 0 | 45.69 | 25.23 |
| SbH$_3$(g) | 124.77 | + 145.11 | + 147.75 | 232.78 | 41.05 |
| **硫　黄** | | | | | |
| S(s, α)(直方) | 32.06 | 0 | 0 | 31.80 | 22.64 |
| S(s, β)(単斜) | 32.06 | + 0.33 | + 0.1 | 32.6 | 23.6 |
| S(g) | 32.06 | + 278.81 | + 238.25 | 167.82 | 23.673 |
| S$_2$(g) | 64.13 | + 128.37 | + 79.30 | 228.18 | 32.47 |
| S$^{2-}$(aq) | 32.06 | + 33.1 | + 85.8 | − 14.6 | |
| SO$_2$(g) | 64.06 | − 296.83 | − 300.19 | 248.22 | 39.87 |
| SO$_3$(g) | 80.06 | − 395.72 | − 371.06 | 256.76 | 50.67 |
| H$_2$SO$_4$(l) | 98.08 | − 813.99 | − 690.00 | 156.90 | 138.9 |
| H$_2$SO$_4$(aq) | 98.08 | − 909.27 | − 744.53 | 20.1 | − 293 |
| SO$_4^{2-}$(aq) | 96.06 | − 909.27 | − 744.53 | + 20.1 | − 293 |
| HSO$_4^-$(aq) | 97.07 | − 887.34 | − 755.91 | + 131.8 | − 84 |
| H$_2$S(g) | 34.08 | − 20.63 | − 33.56 | 205.79 | 34.23 |
| H$_2$S(aq) | 34.08 | − 39.7 | − 27.83 | 121 | |
| HS$^-$(aq) | 33.072 | − 17.6 | + 12.08 | + 62.08 | |
| SF$_6$(g) | 146.05 | − 1209 | − 1105.3 | 291.82 | 97.28 |
| **塩　素** | | | | | |
| Cl$_2$(g) | 70.91 | 0 | 0 | 223.07 | 33.91 |
| Cl(g) | 35.45 | + 121.68 | + 105.68 | 165.20 | 21.840 |
| Cl$^-$(g) | 35.45 | − 233.13 | | | |
| Cl$^-$(aq) | 35.45 | − 167.16 | − 131.23 | + 56.5 | − 136.4 |
| HCl(g) | 36.46 | − 92.31 | − 95.30 | 186.91 | 29.12 |
| HCl(aq) | 36.46 | − 167.16 | − 131.23 | 56.5 | − 136.4 |
| **カドミウム** | | | | | |
| Cd(s, γ) | 112.40 | 0 | 0 | 51.76 | 25.98 |
| Cd(g) | 112.40 | + 112.01 | + 77.41 | 167.75 | 20.79 |
| Cd$^{2+}$(aq) | 112.40 | − 75.90 | − 77.612 | − 73.2 | |
| CdO(s) | 128.40 | − 258.2 | − 228.4 | 54.8 | 43.43 |
| CdCO$_3$(s) | 172.41 | − 750.6 | − 669.4 | 92.5 | |
| **カリウム** | | | | | |
| K(s) | 39.10 | 0 | 0 | 64.18 | 29.58 |
| K(g) | 39.10 | + 89.24 | + 60.59 | 160.336 | 20.786 |

表A2·2 （つづき）

| | $M/$ g mol$^{-1}$ | $\Delta_f H^{\ominus}/$ kJ mol$^{-1}$ | $\Delta_f G^{\ominus}/$ kJ mol$^{-1}$ | $S_m^{\ominus}/$ J K$^{-1}$ mol$^{-1}$ * | $C_{p,m}^{\ominus}/$ J K$^{-1}$ mol$^{-1}$ |
|---|---|---|---|---|---|
| **カリウム（つづき）** | | | | | |
| K$^+$(g) | 39.10 | +514.26 | | | |
| K$^+$(aq) | 39.10 | −252.38 | −283.27 | +102.5 | +21.8 |
| KOH(s) | 56.11 | −424.76 | −379.08 | 78.9 | 64.9 |
| KF(s) | 58.10 | −576.27 | −537.75 | 66.57 | 49.04 |
| KCl(s) | 74.56 | −436.75 | −409.14 | 82.59 | 51.30 |
| KBr(s) | 119.01 | −393.80 | −380.66 | 95.90 | 52.30 |
| KI(s) | 166.01 | −327.90 | −324.89 | 106.32 | 52.93 |
| | | | | | |
| **カルシウム** | | | | | |
| Ca(s) | 40.08 | 0 | 0 | 41.42 | 25.31 |
| Ca(g) | 40.08 | +178.2 | +144.3 | 154.88 | 20.786 |
| Ca$^{2+}$(aq) | 40.08 | −542.83 | −553.58 | −53.1 | |
| CaO(s) | 56.08 | −635.09 | −604.03 | 39.75 | 42.80 |
| CaCO$_3$(s)（方解石） | 100.09 | −1206.9 | −1128.8 | 92.9 | 81.88 |
| CaCO$_3$(s)（アラレ石） | 100.09 | −1207.1 | −1127.8 | 88.7 | 81.25 |
| CaF$_2$(s) | 78.08 | −1219.6 | −1167.3 | 68.87 | 67.03 |
| CaCl$_2$(s) | 110.99 | −795.8 | −748.1 | 104.6 | 72.59 |
| CaBr$_2$(s) | 199.90 | −682.8 | −663.6 | 130 | |
| | | | | | |
| **キセノン** | | | | | |
| Xe(g) | 131.30 | 0 | 0 | 169.68 | 20.786 |
| | | | | | |
| **金** | | | | | |
| Au(s) | 196.97 | 0 | 0 | 47.40 | 25.42 |
| Au(g) | 196.97 | +366.1 | +326.3 | 180.50 | 20.79 |
| | | | | | |
| **銀** | | | | | |
| Ag(s) | 107.87 | 0 | 0 | 42.55 | 25.351 |
| Ag(g) | 107.87 | +284.55 | +245.65 | 173.00 | 20.79 |
| Ag$^+$(aq) | 107.87 | +105.58 | +77.11 | +72.68 | +21.8 |
| AgBr(s) | 187.78 | −100.37 | −96.90 | 107.1 | 52.38 |
| AgCl(s) | 143.32 | −127.07 | −109.79 | 96.2 | 50.79 |
| Ag$_2$O(s) | 231.74 | −31.05 | −11.20 | 121.3 | 65.86 |
| AgNO$_3$(s) | 169.88 | −124.39 | −33.41 | 140.92 | 93.05 |
| | | | | | |
| **クリプトン** | | | | | |
| Kr(g) | 83.80 | 0 | 0 | 164.08 | 20.786 |
| | | | | | |
| **クロム** | | | | | |
| Cr(s) | 52.00 | 0 | 0 | 23.77 | 23.35 |
| Cr(g) | 52.00 | +396.6 | +351.8 | 174.50 | 20.79 |
| CrO$_4{}^{2-}$(aq) | 115.99 | −881.15 | −727.75 | +50.21 | |
| Cr$_2$O$_7{}^{2-}$(aq) | 215.99 | −1490.3 | −1301.1 | +261.9 | |
| | | | | | |
| **ケイ素** | | | | | |
| Si(s) | 28.09 | 0 | 0 | 18.83 | 20.00 |
| Si(g) | 28.09 | +455.6 | +411.3 | 167.97 | 22.25 |
| SiO$_2$(s, α) | 60.09 | −910.94 | −856.64 | 41.84 | 44.43 |

資料 2　熱力学データ　　　　　　　　　　　　　　　　　　　　　　555

表A2·2　（つづき）

| | $M/$<br>$\mathrm{g\,mol^{-1}}$ | $\Delta_\mathrm{f}H^{\ominus}/$<br>$\mathrm{kJ\,mol^{-1}}$ | $\Delta_\mathrm{f}G^{\ominus}/$<br>$\mathrm{kJ\,mol^{-1}}$ | $S_\mathrm{m}^{\ominus}/$<br>$\mathrm{J\,K^{-1}\,mol^{-1}}$* | $C_{p,\mathrm{m}}^{\ominus}/$<br>$\mathrm{J\,K^{-1}\,mol^{-1}}$ |
|---|---|---|---|---|---|
| **酸　　素** | | | | | |
| $\mathrm{O_2(g)}$ | 31.999 | 0 | 0 | 205.138 | 29.355 |
| $\mathrm{O(g)}$ | 15.999 | + 249.17 | + 231.73 | 161.06 | 21.912 |
| $\mathrm{O_3(g)}$ | 47.998 | + 142.7 | + 163.2 | 238.93 | 39.20 |
| $\mathrm{OH^-(aq)}$ | 17.007 | − 229.99 | − 157.24 | − 10.75 | − 148.5 |
| **重 水 素** | | | | | |
| $\mathrm{D_2(g)}$ | 4.028 | 0 | 0 | 144.96 | 29.20 |
| $\mathrm{HD(g)}$ | 3.022 | + 0.318 | − 1.464 | 143.80 | 29.196 |
| $\mathrm{D_2O(g)}$ | 20.028 | − 249.20 | − 234.54 | 198.34 | 34.27 |
| $\mathrm{D_2O(l)}$ | 20.028 | − 294.60 | − 243.44 | 75.94 | 84.35 |
| $\mathrm{HDO(g)}$ | 19.022 | − 245.30 | − 233.11 | 199.51 | 33.81 |
| $\mathrm{HDO(l)}$ | 19.022 | − 289.89 | − 241.86 | 79.29 | |
| **臭　　素** | | | | | |
| $\mathrm{Br_2(l)}$ | 159.82 | 0 | 0 | 152.23 | 75.689 |
| $\mathrm{Br_2(g)}$ | 159.82 | + 30.907 | + 3.110 | 245.46 | 36.02 |
| $\mathrm{Br(g)}$ | 79.91 | + 111.88 | + 82.396 | 175.02 | 20.786 |
| $\mathrm{Br^-(g)}$ | 79.91 | − 219.07 | | | |
| $\mathrm{Br^-(aq)}$ | 79.91 | − 121.55 | − 103.96 | + 82.4 | − 141.8 |
| $\mathrm{HBr(g)}$ | 90.92 | − 36.40 | − 53.45 | 198.70 | 29.142 |
| **水　　銀** | | | | | |
| $\mathrm{Hg(l)}$ | 200.59 | 0 | 0 | 76.02 | 27.983 |
| $\mathrm{Hg(g)}$ | 200.59 | + 61.32 | + 31.82 | 174.96 | 20.786 |
| $\mathrm{Hg^{2+}(aq)}$ | 200.59 | + 171.1 | + 164.40 | − 32.2 | |
| $\mathrm{Hg_2^{2+}(aq)}$ | 401.18 | + 172.4 | + 153.52 | + 84.5 | |
| $\mathrm{HgO(s)}$ | 216.59 | − 90.83 | − 58.54 | 70.29 | 44.06 |
| $\mathrm{Hg_2Cl_2(s)}$ | 472.09 | − 265.22 | − 210.75 | 192.5 | 102 |
| $\mathrm{HgCl_2(s)}$ | 271.50 | − 224.3 | − 178.6 | 146.0 | |
| $\mathrm{HgS(s, 黒色)}$ | 232.65 | − 53.6 | − 47.7 | 88.3 | |
| **水　　素**（重水素も見よ） | | | | | |
| $\mathrm{H_2(g)}$ | 2.016 | 0 | 0 | 130.684 | 28.824 |
| $\mathrm{H(g)}$ | 1.008 | + 217.97 | + 203.25 | 114.71 | 20.784 |
| $\mathrm{H^+(aq)}$ | 1.008 | 0 | 0 | 0 | 0 |
| $\mathrm{H^+(g)}$ | 1.008 | + 1536.20 | | | |
| $\mathrm{H_2O(l)}$ | 18.015 | − 285.83 | − 237.13 | 69.91 | 75.291 |
| $\mathrm{H_2O(g)}$ | 18.015 | − 241.82 | − 228.57 | 188.83 | 33.58 |
| $\mathrm{H_2O_2(l)}$ | 34.015 | − 187.78 | − 120.35 | 109.6 | 89.1 |
| **ス　　ズ** | | | | | |
| $\mathrm{Sn(s, \beta)}$ | 118.69 | 0 | 0 | 51.55 | 26.99 |
| $\mathrm{Sn(g)}$ | 118.69 | + 302.1 | + 267.3 | 168.49 | 20.26 |
| $\mathrm{Sn^{2+}(aq)}$ | 118.69 | − 8.8 | − 27.2 | − 17 | |
| $\mathrm{SnO(s)}$ | 134.69 | − 285.8 | − 256.9 | 56.5 | 44.31 |
| $\mathrm{SnO_2(s)}$ | 150.69 | − 580.7 | − 519.6 | 52.3 | 52.59 |
| **セシウム** | | | | | |
| $\mathrm{Cs(s)}$ | 132.91 | 0 | 0 | 85.23 | 32.17 |
| $\mathrm{Cs(g)}$ | 132.91 | + 76.06 | + 49.12 | 175.60 | 20.79 |
| $\mathrm{Cs^+(aq)}$ | 132.91 | − 258.28 | − 292.02 | + 133.05 | − 10.5 |

556　　　資料 2　熱力学データ

表A2·2　（つづき）

| | $M/$ g mol$^{-1}$ | $\Delta_f H^{\ominus}/$ kJ mol$^{-1}$ | $\Delta_f G^{\ominus}/$ kJ mol$^{-1}$ | $S_m^{\ominus}/$ J K$^{-1}$ mol$^{-1}$ * | $C_{p,m}^{\ominus}/$ J K$^{-1}$ mol$^{-1}$ |
|---|---|---|---|---|---|
| 炭　素（炭素の有機化合物は表 A2·1 を参照） | | | | | |
| C(s)（グラファイト） | 12.011 | 0 | 0 | 5.740 | 8.527 |
| C(s)（ダイヤモンド） | 12.011 | + 1.895 | + 2.900 | 2.377 | 6.113 |
| C(g) | 12.011 | + 716.68 | + 671.26 | 158.10 | 20.838 |
| $C_2$(g) | 24.022 | + 831.90 | + 775.89 | 199.42 | 43.21 |
| CO(g) | 28.011 | − 110.53 | − 137.17 | 197.67 | 29.14 |
| $CO_2$(g) | 44.010 | − 393.51 | − 394.36 | 213.74 | 37.11 |
| $CO_2$(aq) | 44.010 | − 413.80 | − 385.98 | 117.6 | |
| $H_2CO_3$(aq) | 62.03 | − 699.65 | − 623.08 | 187.4 | |
| $HCO_3^-$(aq) | 61.02 | − 691.99 | − 586.77 | + 91.2 | |
| $CO_3^{2-}$(aq) | 60.01 | − 677.14 | − 527.81 | − 56.9 | |
| $CCl_4$(l) | 153.82 | − 135.44 | − 65.21 | 216.40 | 131.75 |
| $CS_2$(l) | 76.14 | + 89.70 | + 65.27 | 151.34 | 75.7 |
| HCN(g) | 27.03 | + 135.1 | + 124.7 | 201.78 | 35.86 |
| HCN(l) | 27.03 | + 108.87 | + 124.97 | 112.84 | 70.63 |
| $CN^-$(aq) | 26.02 | + 150.6 | + 172.4 | + 94.1 | |
| 窒　素 | | | | | |
| $N_2$(g) | 28.013 | 0 | 0 | 191.61 | 29.125 |
| N(g) | 14.007 | + 472.70 | + 455.56 | 153.30 | 20.786 |
| NO(g) | 30.01 | + 90.25 | + 86.55 | 210.76 | 29.844 |
| $N_2O$(g) | 44.01 | + 82.05 | + 104.20 | 219.85 | 38.45 |
| $NO_2$(g) | 46.01 | + 33.18 | + 51.31 | 240.06 | 37.20 |
| $N_2O_4$(g) | 92.01 | + 9.16 | + 97.89 | 304.29 | 77.28 |
| $N_2O_5$(s) | 108.01 | − 43.1 | + 113.9 | 178.2 | 143.1 |
| $N_2O_5$(g) | 108.01 | + 11.3 | + 115.1 | 355.7 | 84.5 |
| $HNO_3$(l) | 63.01 | − 174.10 | − 80.71 | 155.60 | 109.87 |
| $HNO_3$(aq) | 63.01 | − 207.36 | − 111.25 | 146.4 | − 86.6 |
| $NO_3^-$(aq) | 62.01 | − 205.0 | − 108.74 | + 146.4 | − 86.6 |
| $NH_3$(g) | 17.03 | − 46.11 | − 16.45 | 192.45 | 35.06 |
| $NH_3$(aq) | 17.03 | − 80.29 | − 26.50 | 111.3 | |
| $NH_4^+$(aq) | 18.04 | − 132.51 | − 79.31 | + 113.4 | + 79.9 |
| $NH_2OH$(s) | 33.03 | − 114.2 | | | |
| $HN_3$(l) | 43.03 | + 264.0 | + 327.3 | 140.6 | |
| $HN_3$(g) | 43.03 | + 294.1 | + 328.1 | 238.97 | 43.68 |
| $N_2H_4$(l) | 32.05 | + 50.63 | + 149.43 | 121.21 | 98.87 |
| $NH_4NO_3$(s) | 80.04 | − 365.56 | − 183.87 | 151.08 | 139.3 |
| $NH_4Cl$(s) | 53.49 | − 314.43 | − 202.87 | 94.6 | 84.1 |
| 鉄 | | | | | |
| Fe(s) | 55.85 | 0 | 0 | 27.28 | 25.10 |
| Fe(g) | 55.85 | + 416.3 | + 370.7 | 180.49 | 25.68 |
| $Fe^{2+}$(aq) | 55.85 | − 89.1 | − 78.90 | − 137.7 | |
| $Fe^{3+}$(aq) | 55.85 | − 48.5 | − 4.7 | − 315.9 | |
| $Fe_3O_4$(s, 磁鉄鉱) | 231.54 | − 1120.9 | − 1015.4 | 146.4 | 143.43 |
| $Fe_2O_3$(s, 赤鉄鉱) | 159.69 | − 824.2 | − 742.2 | 87.40 | 103.85 |
| FeS(s, α) | 87.91 | − 100.0 | − 100.4 | 60.29 | 50.54 |
| $FeS_2$(s) | 119.98 | − 178.2 | − 166.9 | 52.93 | 62.17 |
| 銅 | | | | | |
| Cu(s) | 63.54 | 0 | 0 | 33.150 | 24.44 |
| Cu(g) | 63.54 | + 338.32 | + 298.58 | 166.38 | 20.79 |

資料 2　熱力学データ

表A2·2　(つづき)

| | $M/$ $\text{g mol}^{-1}$ | $\Delta_f H^{\ominus}/$ $\text{kJ mol}^{-1}$ | $\Delta_f G^{\ominus}/$ $\text{kJ mol}^{-1}$ | $S_m^{\ominus}/$ $\text{J K}^{-1}\,\text{mol}^{-1}\,{}^*$ | $C_{p,m}^{\ominus}/$ $\text{J K}^{-1}\,\text{mol}^{-1}$ |
|---|---|---|---|---|---|
| 銅 (つづき) | | | | | |
| $Cu^+(aq)$ | 63.54 | $+71.67$ | $+49.98$ | $+40.6$ | |
| $Cu^{2+}(aq)$ | 63.54 | $+64.77$ | $+65.49$ | $-99.6$ | |
| $Cu_2O(s)$ | 143.08 | $-168.6$ | $-146.0$ | 93.14 | 63.64 |
| $CuO(s)$ | 79.54 | $-157.3$ | $-129.7$ | 42.63 | 42.30 |
| $CuSO_4(s)$ | 159.60 | $-771.36$ | $-661.8$ | 109 | 100.0 |
| $CuSO_4 \cdot H_2O(s)$ | 177.62 | $-1085.8$ | $-918.11$ | 146.0 | 134 |
| $CuSO_4 \cdot 5H_2O(s)$ | 249.68 | $-2279.7$ | $-1879.7$ | 300.4 | 280 |
| ナトリウム | | | | | |
| $Na(s)$ | 22.99 | 0 | 0 | 51.21 | 28.24 |
| $Na(g)$ | 22.99 | $+107.32$ | $+76.76$ | 153.71 | 20.79 |
| $Na^+(aq)$ | 22.99 | $-240.12$ | $-261.91$ | $+59.0$ | $+46.4$ |
| $NaOH(s)$ | 40.00 | $-425.61$ | $-379.49$ | 64.46 | 59.54 |
| $NaCl(s)$ | 58.44 | $-411.15$ | $-384.14$ | 72.13 | 50.50 |
| $NaBr(s)$ | 102.90 | $-361.06$ | $-348.98$ | 86.82 | 51.38 |
| $NaI(s)$ | 149.89 | $-287.78$ | $-286.06$ | 98.53 | 52.09 |
| 鉛 | | | | | |
| $Pb(s)$ | 207.19 | 0 | 0 | 64.81 | 26.44 |
| $Pb(g)$ | 207.19 | $+195.0$ | $+161.9$ | 175.37 | 20.79 |
| $Pb^{2+}(aq)$ | 207.19 | $-1.7$ | $-24.43$ | $+10.5$ | |
| $PbO(s, 黄色)$ | 223.19 | $-217.32$ | $-187.89$ | 68.70 | 45.77 |
| $PbO(s, 赤色)$ | 223.19 | $-218.99$ | $-188.93$ | 66.5 | 45.81 |
| $PbO_2(s)$ | 239.19 | $-277.4$ | $-217.33$ | 68.6 | 64.64 |
| ネオン | | | | | |
| $Ne(g)$ | 20.18 | 0 | 0 | 146.33 | 20.786 |
| バリウム | | | | | |
| $Ba(s)$ | 137.34 | 0 | 0 | 62.8 | 28.07 |
| $Ba(g)$ | 137.34 | $+180$ | $+146$ | 170.24 | 20.79 |
| $Ba^{2+}(aq)$ | 137.34 | $-537.64$ | $-560.77$ | $+9.6$ | |
| $BaO(s)$ | 153.34 | $-553.5$ | $-525.1$ | 70.43 | 47.78 |
| $BaCl_2(s)$ | 208.25 | $-858.6$ | $-810.4$ | 123.68 | 75.14 |
| ビスマス | | | | | |
| $Bi(s)$ | 208.98 | 0 | 0 | 56.74 | 25.52 |
| $Bi(g)$ | 208.98 | $+207.1$ | $+168.2$ | 187.00 | 20.79 |
| ヒ 素 | | | | | |
| $As(s, \alpha)$ | 74.92 | 0 | 0 | 35.1 | 24.64 |
| $As(g)$ | 74.92 | $+302.5$ | $+261.0$ | 174.21 | 20.79 |
| $As_4(g)$ | 299.69 | $+143.9$ | $+92.4$ | 314 | |
| $AsH_3(g)$ | 77.95 | $+66.44$ | $+68.93$ | 222.78 | 38.07 |
| フッ素 | | | | | |
| $F_2(g)$ | 38.00 | 0 | 0 | 202.78 | 31.30 |
| $F(g)$ | 19.00 | $+78.99$ | $+61.91$ | 158.75 | 22.74 |
| $F^-(aq)$ | 19.00 | $-332.63$ | $-278.79$ | $-13.8$ | $-106.7$ |
| $HF(g)$ | 20.01 | $-271.1$ | $-273.2$ | 173.78 | 29.13 |

表A2·2 （つづき）

| | $M/$ g mol$^{-1}$ | $\Delta_f H^{\ominus}/$ kJ mol$^{-1}$ | $\Delta_f G^{\ominus}/$ kJ mol$^{-1}$ | $S_m^{\ominus}/$ J K$^{-1}$ mol$^{-1}$* | $C_{p,m}^{\ominus}/$ J K$^{-1}$ mol$^{-1}$ |
|---|---|---|---|---|---|
| **ヘリウム** | | | | | |
| He(g) | 4.003 | 0 | 0 | 126.15 | 20.786 |
| **ベリリウム** | | | | | |
| Be(s) | 9.01 | 0 | 0 | 9.50 | 16.44 |
| Be(g) | 9.01 | $+324.3$ | $+286.6$ | 136.27 | 20.79 |
| **マグネシウム** | | | | | |
| Mg(s) | 24.31 | 0 | 0 | 32.68 | 24.89 |
| Mg(g) | 24.31 | $+147.70$ | $+113.10$ | 148.65 | 20.786 |
| Mg$^{2+}$(aq) | 24.31 | $-466.85$ | $-454.8$ | $-138.1$ | |
| MgO(s) | 40.31 | $-601.70$ | $-569.43$ | 26.94 | 37.15 |
| MgCO$_3$(s) | 84.32 | $-1095.8$ | $-1012.1$ | 65.7 | 75.52 |
| MgCl$_2$(s) | 95.22 | $-641.32$ | $-591.79$ | 89.62 | 71.38 |
| MgBr$_2$(s) | 184.13 | $-524.3$ | $-503.8$ | 117.2 | |
| **ヨ ウ 素** | | | | | |
| I$_2$(s) | 253.81 | 0 | 0 | 116.135 | 54.44 |
| I$_2$(g) | 253.81 | $+62.44$ | $+19.33$ | 260.69 | 36.90 |
| I(g) | 126.90 | $+106.84$ | $+70.25$ | 180.79 | 20.786 |
| I$^-$(aq) | 126.90 | $-55.19$ | $-51.57$ | $+111.3$ | $-142.3$ |
| HI(g) | 127.91 | $+26.48$ | $+1.70$ | 206.59 | 29.158 |
| **リチウム** | | | | | |
| Li(s) | 6.94 | 0 | 0 | 29.12 | 24.77 |
| Li(g) | 6.94 | $+159.37$ | $+126.66$ | 138.77 | 20.79 |
| Li$^+$(aq) | 6.94 | $-278.49$ | $-293.31$ | $+13.4$ | $+68.6$ |
| **リ ン** | | | | | |
| P(s, 黄リン) | 30.97 | 0 | 0 | 41.09 | 23.840 |
| P(g) | 30.97 | $+314.64$ | $+278.25$ | 163.19 | 20.786 |
| P$_2$(g) | 61.95 | $+144.3$ | $+103.7$ | 218.13 | 32.05 |
| P$_4$(g) | 123.90 | $+58.91$ | $+24.44$ | 279.98 | 67.15 |
| PH$_3$(g) | 34.00 | $+5.4$ | $+13.4$ | 210.23 | 37.11 |
| PCl$_3$(g) | 137.33 | $-287.0$ | $-267.8$ | 311.78 | 71.84 |
| PCl$_3$(l) | 137.33 | $-319.7$ | $-272.3$ | 217.1 | |
| PCl$_5$(g) | 208.24 | $-374.9$ | $-305.0$ | 364.6 | 112.8 |
| PCl$_5$(s) | 208.24 | $-443.5$ | | | |
| H$_3$PO$_3$(s) | 82.00 | $-964.4$ | | | |
| H$_3$PO$_3$(aq) | 82.00 | $-964.8$ | | | |
| H$_3$PO$_4$(s) | 94.97 | $-1279.0$ | $-1119.1$ | 110.50 | 106.06 |
| H$_3$PO$_4$(l) | 94.97 | $-1266.9$ | | | |
| H$_3$PO$_4$(aq) | 94.97 | $-1277.4$ | $-1018.7$ | $-222$ | |
| PO$_4^{3-}$(aq) | 91.97 | $-1277.4$ | $-1018.7$ | $-221.8$ | |
| P$_4$O$_{10}$(s) | 283.89 | $-2984.0$ | $-2697.0$ | 228.86 | 211.71 |
| P$_4$O$_6$(s) | 219.89 | $-1640.1$ | | | |

## 資料 2 熱力学データ

表A2·3a 298 K における標準電位. 電気化学系列順

| 還元半反応 | $E^{\ominus}/V$ | 還元半反応 | $E^{\ominus}/V$ |
|---|---|---|---|
| 強く酸化する | | $Cu^{2+} + e^{-} \longrightarrow Cu^{+}$ | $+0.16$ |
| $H_4XeO_6 + 2H^+ + 2e^- \longrightarrow XeO_3 + 3H_2O$ | $+3.0$ | $Sn^{4+} + 2e^{-} \longrightarrow Sn^{2+}$ | $+0.15$ |
| $F_2 + 2e^- \longrightarrow 2F^-$ | $+2.87$ | $AgBr + e^{-} \longrightarrow Ag + Br^{-}$ | $+0.0713$ |
| $O_3 + 2H^+ + 2e^- \longrightarrow O_2 + H_2O$ | $+2.07$ | $Ti^{4+} + e^{-} \longrightarrow Ti^{3+}$ | $0.00$ |
| $S_2O_8^{2-} + 2e^- \longrightarrow 2SO_4^{2-}$ | $+2.05$ | $2H^+ + 2e^{-} \longrightarrow H_2$ | $0$, 定義により |
| $Ag^{2+} + e^- \longrightarrow Ag^+$ | $+1.98$ | $Fe^{3+} + 3e^{-} \longrightarrow Fe$ | $-0.04$ |
| $Co^{3+} + e^- \longrightarrow Co^{2+}$ | $+1.81$ | $O_2 + H_2O + 2e^{-} \longrightarrow HO_2^{-} + OH^{-}$ | $-0.08$ |
| $H_2O_2 + 2H^+ + 2e^- \longrightarrow 2H_2O$ | $+1.78$ | $Pb^{2+} + 2e^{-} \longrightarrow Pb$ | $-0.13$ |
| $Au^+ + e^- \longrightarrow Au$ | $+1.69$ | $In^{+} + e^{-} \longrightarrow In$ | $-0.14$ |
| $Pb^{4+} + 2e^- \longrightarrow Pb^{2+}$ | $+1.67$ | $Sn^{2+} + 2e^{-} \longrightarrow Sn$ | $-0.14$ |
| $2HClO + 2H^+ + 2e^- \longrightarrow Cl_2 + 2H_2O$ | $+1.63$ | $AgI + e^{-} \longrightarrow Ag + I^{-}$ | $-0.15$ |
| $Ce^{4+} + e^- \longrightarrow Ce^{3+}$ | $+1.61$ | $Ni^{2+} + 2e^{-} \longrightarrow Ni$ | $-0.23$ |
| $2HBrO + 2H^+ + 2e^- \longrightarrow Br_2 + 2H_2O$ | $+1.60$ | $Co^{2+} + 2e^{-} \longrightarrow Co$ | $-0.28$ |
| $MnO_4^- + 8H^+ + 5e^- \longrightarrow Mn^{2+} + 4H_2O$ | $+1.51$ | $In^{3+} + 3e^{-} \longrightarrow In$ | $-0.34$ |
| $Mn^{3+} + e^- \longrightarrow Mn^{2+}$ | $+1.51$ | $Tl^{+} + e^{-} \longrightarrow Tl$ | $-0.34$ |
| $Au^{3+} + 3e^- \longrightarrow Au$ | $+1.40$ | $PbSO_4 + 2e^{-} \longrightarrow Pb + SO_4^{2-}$ | $-0.36$ |
| $Cl_2 + 2e^- \longrightarrow 2Cl^-$ | $+1.36$ | $Ti^{3+} + e^{-} \longrightarrow Ti^{2+}$ | $-0.37$ |
| $Cr_2O_7^{2-} + 14H^+ + 6e^- \longrightarrow 2Cr^{3+} + 7H_2O$ | $+1.33$ | $Cd^{2+} + 2e^{-} \longrightarrow Cd$ | $-0.40$ |
| $O_3 + H_2O + 2e^- \longrightarrow O_2 + 2OH^-$ | $+1.24$ | $In^{2+} + e^{-} \longrightarrow In^{+}$ | $-0.40$ |
| $O_2 + 4H^+ + 4e^- \longrightarrow 2H_2O$ | $+1.23$ | $Cr^{3+} + e^{-} \longrightarrow Cr^{2+}$ | $-0.41$ |
| $ClO_4^- + 2H^+ + 2e^- \longrightarrow ClO_3^- + H_2O$ | $+1.23$ | $Fe^{2+} + 2e^{-} \longrightarrow Fe$ | $-0.44$ |
| $MnO_2 + 4H^+ + 2e^- \longrightarrow Mn^{2+} + 2H_2O$ | $+1.23$ | $In^{3+} + 2e^{-} \longrightarrow In^{+}$ | $-0.44$ |
| $Br_2 + 2e^- \longrightarrow 2Br^-$ | $+1.09$ | $S + 2e^{-} \longrightarrow S^{2-}$ | $-0.48$ |
| $Pu^{4+} + e^- \longrightarrow Pu^{3+}$ | $+0.97$ | $In^{3+} + e^{-} \longrightarrow In^{2+}$ | $-0.49$ |
| $NO_3^- + 4H^+ + 3e^- \longrightarrow NO + 2H_2O$ | $+0.96$ | $U^{4+} + e^{-} \longrightarrow U^{3+}$ | $-0.61$ |
| $2Hg^{2+} + 2e^- \longrightarrow Hg_2^{2+}$ | $+0.92$ | $Cr^{3+} + 3e^{-} \longrightarrow Cr$ | $-0.74$ |
| $ClO^- + H_2O + 2e^- \longrightarrow Cl^- + 2OH^-$ | $+0.89$ | $Zn^{2+} + 2e^{-} \longrightarrow Zn$ | $-0.76$ |
| $Hg^{2+} + 2e^- \longrightarrow Hg$ | $+0.86$ | $Cd(OH)_2 + 2e^{-} \longrightarrow Cd + 2OH^{-}$ | $-0.81$ |
| $NO_3^- + 2H^+ + e^- \longrightarrow NO_2 + H_2O$ | $+0.80$ | $2H_2O + 2e^{-} \longrightarrow H_2 + 2OH^{-}$ | $-0.83$ |
| $Ag^+ + e^- \longrightarrow Ag$ | $+0.80$ | $Cr^{2+} + 2e^{-} \longrightarrow Cr$ | $-0.91$ |
| $Hg_2^{2+} + 2e^- \longrightarrow 2Hg$ | $+0.79$ | $Mn^{2+} + 2e^{-} \longrightarrow Mn$ | $-1.18$ |
| $Fe^{3+} + e^- \longrightarrow Fe^{2+}$ | $+0.77$ | $V^{2+} + 2e^{-} \longrightarrow V$ | $-1.19$ |
| $BrO^- + H_2O + 2e^- \longrightarrow Br^- + 2OH^-$ | $+0.76$ | $Ti^{2+} + 2e^{-} \longrightarrow Ti$ | $-1.63$ |
| $Hg_2SO_4 + 2e^- \longrightarrow 2Hg + SO_4^{2-}$ | $+0.62$ | $Al^{3+} + 3e^{-} \longrightarrow Al$ | $-1.66$ |
| $MnO_4^{2-} + 2H_2O + 2e^- \longrightarrow MnO_2 + 4OH^-$ | $+0.60$ | $U^{3+} + 3e^{-} \longrightarrow U$ | $-1.79$ |
| $MnO_4^- + e^- \longrightarrow MnO_4^{2-}$ | $+0.56$ | $Mg^{2+} + 2e^{-} \longrightarrow Mg$ | $-2.36$ |
| $I_2 + 2e^- \longrightarrow 2I^-$ | $+0.54$ | $Ce^{3+} + 3e^{-} \longrightarrow Ce$ | $-2.48$ |
| $I_3^- + 2e^- \longrightarrow 3I^-$ | $+0.53$ | $La^{3+} + 3e^{-} \longrightarrow La$ | $-2.52$ |
| $Cu^+ + e^- \longrightarrow Cu$ | $+0.52$ | $Na^{+} + e^{-} \longrightarrow Na$ | $-2.71$ |
| $NiOOH + H_2O + e^- \longrightarrow Ni(OH)_2 + OH^-$ | $+0.49$ | $Ca^{2+} + 2e^{-} \longrightarrow Ca$ | $-2.87$ |
| $Ag_2CrO_4 + 2e^- \longrightarrow 2Ag + CrO_4^{2-}$ | $+0.45$ | $Sr^{2+} + 2e^{-} \longrightarrow Sr$ | $-2.89$ |
| $O_2 + 2H_2O + 4e^- \longrightarrow 4OH^-$ | $+0.40$ | $Ba^{2+} + 2e^{-} \longrightarrow Ba$ | $-2.91$ |
| $ClO_4^- + H_2O + 2e^- \longrightarrow ClO_3^- + 2OH^-$ | $+0.36$ | $Ra^{2+} + 2e^{-} \longrightarrow Ra$ | $-2.92$ |
| $[Fe(CN)_6]^{3-} + e^- \longrightarrow [Fe(CN)_6]^{4-}$ | $+0.36$ | $Cs^{+} + e^{-} \longrightarrow Cs$ | $-2.92$ |
| $Cu^{2+} + 2e^- \longrightarrow Cu$ | $+0.34$ | $Rb^{+} + e^{-} \longrightarrow Rb$ | $-2.93$ |
| $Hg_2Cl_2 + 2e^- \longrightarrow 2Hg + 2Cl^-$ | $+0.27$ | $K^{+} + e^{-} \longrightarrow K$ | $-2.93$ |
| $AgCl + e^- \longrightarrow Ag + Cl^-$ | $+0.22$ | $Li^{+} + e^{-} \longrightarrow Li$ | $-3.05$ |
| $Bi^{3+} + 3e^- \longrightarrow Bi$ | $+0.20$ | 強く還元する | |

560  資料2 熱力学データ

表A2·3b 298 K における標準電位. アルファベット順

| 還元半反応 | $E^{\ominus}/V$ | 還元半反応 | $E^{\ominus}/V$ |
|---|---|---|---|
| $Ag^+ + e^- \longrightarrow Ag$ | $+0.80$ | $I_2 + 2e^- \longrightarrow 2I^-$ | $+0.54$ |
| $Ag^{2+} + e^- \longrightarrow Ag^+$ | $+1.98$ | $I_3^- + 2e^- \longrightarrow 3I^-$ | $+0.53$ |
| $AgBr + e^- \longrightarrow Ag + Br^-$ | $+0.0713$ | $In^+ + e^- \longrightarrow In$ | $-0.14$ |
| $AgCl + e^- \longrightarrow Ag + Cl^-$ | $+0.22$ | $In^{2+} + e^- \longrightarrow In^+$ | $-0.40$ |
| $Ag_2CrO_4 + 2e^- \longrightarrow 2Ag + CrO_4^{2-}$ | $+0.45$ | $In^{3+} + 2e^- \longrightarrow In^+$ | $-0.44$ |
| $AgF + e^- \longrightarrow Ag + F^-$ | $+0.78$ | $In^{3+} + 3e^- \longrightarrow In$ | $-0.34$ |
| $AgI + e^- \longrightarrow Ag + I^-$ | $-0.15$ | $In^{3+} + e^- \longrightarrow In^{2+}$ | $-0.49$ |
| $Al^{3+} + 3e^- \longrightarrow Al$ | $-1.66$ | $K^+ + e^- \longrightarrow K$ | $-2.93$ |
| $Au^+ + e^- \longrightarrow Au$ | $+1.69$ | $La^{3+} + 3e^- \longrightarrow La$ | $-2.52$ |
| $Au^{3+} + 3e^- \longrightarrow Au$ | $+1.40$ | $Li^+ + e^- \longrightarrow Li$ | $-3.05$ |
| $Ba^{2+} + 2e^- \longrightarrow Ba$ | $-2.91$ | $Mg^{2+} + 2e^- \longrightarrow Mg$ | $-2.36$ |
| $Be^{2+} + 2e^- \longrightarrow Be$ | $-1.85$ | $Mn^{2+} + 2e^- \longrightarrow Mn$ | $-1.18$ |
| $Bi^{3+} + 3e^- \longrightarrow Bi$ | $+0.20$ | $Mn^{3+} + e^- \longrightarrow Mn^{2+}$ | $+1.51$ |
| $Br_2 + 2e^- \longrightarrow 2Br^-$ | $+1.09$ | $MnO_2 + 4H^+ + 2e^- \longrightarrow Mn^{2+} + 2H_2O$ | $+1.23$ |
| $BrO^- + H_2O + 2e^- \longrightarrow Br^- + 2OH^-$ | $+0.76$ | $MnO_4^- + 8H^+ + 5e^- \longrightarrow Mn^{2+} + 4H_2O$ | $+1.51$ |
| $Ca^{2+} + 2e^- \longrightarrow Ca$ | $-2.87$ | $MnO_4^- + e^- \longrightarrow MnO_4^{2-}$ | $+0.56$ |
| $Cd(OH)_2 + 2e^- \longrightarrow Cd + 2OH^-$ | $-0.81$ | $MnO_4^{2-} + 2H_2O + 2e^- \longrightarrow MnO_2 + 4OH^-$ | $+0.60$ |
| $Cd^{2+} + 2e^- \longrightarrow Cd$ | $-0.40$ | $Na^+ + e^- \longrightarrow Na$ | $-2.71$ |
| $Ce^{3+} + 3e^- \longrightarrow Ce$ | $-2.48$ | $Ni^{2+} + 2e^- \longrightarrow Ni$ | $-0.23$ |
| $Ce^{4+} + e^- \longrightarrow Ce^{3+}$ | $+1.61$ | $NiOOH + H_2O + e^- \longrightarrow Ni(OH)_2 + OH^-$ | $+0.49$ |
| $Cl_2 + 2e^- \longrightarrow 2Cl^-$ | $+1.36$ | $NO_3^- + 2H^+ + e^- \longrightarrow NO_2 + H_2O$ | $+0.80$ |
| $ClO^- + H_2O + 2e^- \longrightarrow Cl^- + 2OH^-$ | $+0.89$ | $NO_3^- + 4H^+ + 3e^- \longrightarrow NO + 2H_2O$ | $+0.96$ |
| $ClO_4^- + 2H^+ + 2e^- \longrightarrow ClO_3^- + H_2O$ | $+1.23$ | $NO_3^- + H_2O + 2e^- \longrightarrow NO_2^- + 2OH^-$ | $+0.10$ |
| $ClO_4^- + H_2O + 2e^- \longrightarrow ClO_3^- + 2OH^-$ | $+0.36$ | $O_2 + 2H_2O + 4e^- \longrightarrow 4OH^-$ | $+0.40$ |
| $Co^{2+} + 2e^- \longrightarrow Co$ | $-0.28$ | $O_2 + 4H^+ + 4e^- \longrightarrow 2H_2O$ | $+1.23$ |
| $Co^{3+} + e^- \longrightarrow Co^{2+}$ | $+1.81$ | $O_2 + e^- \longrightarrow O_2^-$ | $-0.56$ |
| $Cr^{2+} + 2e^- \longrightarrow Cr$ | $-0.91$ | $O_2 + H_2O + 2e^- \longrightarrow HO_2^- + OH^-$ | $-0.08$ |
| $Cr^{3+} + 3e^- \longrightarrow Cr$ | $-0.74$ | $O_3 + 2H^+ + 2e^- \longrightarrow O_2 + H_2O$ | $+2.07$ |
| $Cr^{3+} + e^- \longrightarrow Cr^{2+}$ | $-0.41$ | $O_3 + H_2O + 2e^- \longrightarrow O_2 + 2OH^-$ | $+1.24$ |
| $Cr_2O_7^{2-} + 14H^+ + 6e^- \longrightarrow 2Cr^{3+} + 7H_2O$ | $+1.33$ | $Pb^{2+} + 2e^- \longrightarrow Pb$ | $-0.13$ |
| $Cs^+ + e^- \longrightarrow Cs$ | $-2.92$ | $Pb^{4+} + 2e^- \longrightarrow Pb^{2+}$ | $+1.67$ |
| $Cu^+ + e^- \longrightarrow Cu$ | $+0.52$ | $PbSO_4 + 2e^- \longrightarrow Pb + SO_4^{2-}$ | $-0.36$ |
| $Cu^{2+} + 2e^- \longrightarrow Cu$ | $+0.34$ | $Pt^{2+} + 2e^- \longrightarrow Pt$ | $+1.20$ |
| $Cu^{2+} + e^- \longrightarrow Cu^+$ | $+0.16$ | $Pu^{4+} + e^- \longrightarrow Pu^{3+}$ | $+0.97$ |
| $F_2 + 2e^- \longrightarrow 2F^-$ | $+2.87$ | $Ra^{2+} + 2e^- \longrightarrow Ra$ | $-2.92$ |
| $Fe^{2+} + 2e^- \longrightarrow Fe$ | $-0.44$ | $Rb^+ + e^- \longrightarrow Rb$ | $-2.93$ |
| $Fe^{3+} + 3e^- \longrightarrow Fe$ | $-0.04$ | $S + 2e^- \longrightarrow S^{2-}$ | $-0.48$ |
| $Fe^{3+} + e^- \longrightarrow Fe^{2+}$ | $+0.77$ | $S_2O_8^{2-} + 2e^- \longrightarrow 2SO_4^{2-}$ | $+2.05$ |
| $[Fe(CN)_6]^{3-} + e^- \longrightarrow [Fe(CN)_6]^{4-}$ | $+0.36$ | $Sn^{2+} + 2e^- \longrightarrow Sn$ | $-0.14$ |
| $2H^+ + 2e^- \longrightarrow H_2$ | $0$, 定義により | $Sn^{4+} + 2e^- \longrightarrow Sn^{2+}$ | $+0.15$ |
| $2H_2O + 2e^- \longrightarrow H_2 + 2OH^-$ | $-0.83$ | $Sr^{2+} + 2e^- \longrightarrow Sr$ | $-2.89$ |
| $2HBrO + 2H^+ + 2e^- \longrightarrow Br_2 + 2H_2O$ | $+1.60$ | $Ti^{2+} + 2e^- \longrightarrow Ti$ | $-1.63$ |
| $2HClO + 2H^+ + 2e^- \longrightarrow Cl_2 + 2H_2O$ | $+1.63$ | $Ti^{3+} + e^- \longrightarrow Ti^{2+}$ | $-0.37$ |
| $H_2O_2 + 2H^+ + 2e^- \longrightarrow 2H_2O$ | $+1.78$ | $Ti^{4+} + e^- \longrightarrow Ti^{3+}$ | $0.00$ |
| $H_4XeO_6 + 2H^+ + 2e^- \longrightarrow XeO_3 + 3H_2O$ | $+3.0$ | $Tl^+ + e^- \longrightarrow Tl$ | $-0.34$ |
| $Hg_2^{2+} + 2e^- \longrightarrow 2Hg$ | $+0.79$ | $U^{3+} + 3e^- \longrightarrow U$ | $-1.79$ |
| $Hg_2Cl_2 + 2e^- \longrightarrow 2Hg + 2Cl^-$ | $+0.27$ | $U^{4+} + e^- \longrightarrow U^{3+}$ | $-0.61$ |
| $Hg^{2+} + 2e^- \longrightarrow Hg$ | $+0.86$ | $V^{2+} + 2e^- \longrightarrow V$ | $-1.19$ |
| $2Hg^{2+} + 2e^- \longrightarrow Hg_2^{2+}$ | $+0.92$ | $V^{3+} + e^- \longrightarrow V^{2+}$ | $-0.26$ |
| $Hg_2SO_4 + 2e^- \longrightarrow 2Hg + SO_4^{2-}$ | $+0.62$ | $Zn^{2+} + 2e^- \longrightarrow Zn$ | $-0.76$ |

# 索 引

## あ

ISC（系間交差） 493
IHP（内部ヘルムホルツ面） 452
INDO（微分重なりの中程度の無視） 357
IC（内部転換） 491
アイソトポマー 502
IPPC（気候変動に関する政府間パネル）
　　　　　　　　　　　　　　　　481
アイリングの式 247
アインシュタイン
　——係数 505
　——の式 266
　——の遷移確率 505
　——の誘導吸収係数 505
　——の誘導放出係数 505
アキシアル配座 358
アクチノイド 319
アシドーシス 194
圧縮因子 34
圧　力 6
　臨界—— 33, 120
圧力ジャンプ法 255
圧力単位の変換（表） 7
アデニン 386
アデノシン 5′-三リン酸（ATP） 166
アデノシン 5′-二リン酸（ADP） 166
アニオンの電子配置 319
アノード 213
アブイニシオ法 357
アボガドロ定数 3
アボガドロの原理 20
アミノ酸 383
RNA 386
rms 速さ 26
アルカローシス 194
アルケンの異性化 450
R 枝 478
α 電子 314
α ヘリックス 385
アレニウスの式 242
アレニウスパラメーター 242
アレニウスパラメーター（表） 242
アレニウスプロット 242
アロステリック効果 175
アンペア（単位） 55, 207, 549
アンモニアの合成反応 161

## い

ESR 524
emf 217

イオン移動度（表） 209
イオン化エネルギー 307, 321, 372
イオン化エネルギー（表） 322
イオン化エンタルピー 71
イオン化エンタルピー（表） 71
イオン強度 206
イオン-共有共鳴 340
イオン結合 333
イオン結合モデル 411
イオン結晶 428
イオン性固体 406
イオンチャネル 210
イオン伝導率 208
イオン伝導率（表） 208
イオンの移動度 209
イオンの電子配置 319
イオンの独立移動 207
イオン半径 429
イオン半径（表） 429
イオン雰囲気 198, 205
イオンポンプ 211
異核二原子分子 350
移行係数 453
移行係数（表） 455
位相問題 424
位置-運動量の不確定性関係 287
一次結合 337, 341
一次構造 383
1 次の積分形速度式 237
1 次反応 233
　——の速度論データ（表） 237
　——の半減期 240
一重項状態 493
1 分子反応 258, 262, 448
イーディー-ホフステープロット 277
遺伝情報 386
移動度
　イオンの—— 209
EPR 524
　——の共鳴条件 525
異方的 371
医薬の設計 377
イーレイ-リディール機構 449
色収差 490
色と振動数（表） 486
引力相互作用 376

## う，え

ウラシル 386
運動エネルギー 8
運動エネルギー密度 44
運動の第二法則 6
運動量の保存則 6

エアロゾル 392
AES（オージェ電子分光法） 436
エイズ 377
AEDANS 497
永年行列式 354
永年方程式 353
AFM（原子間力顕微鏡法） 439
AM1（オースティンモデル 1） 357
液　化 38
液間電位差 216
エキシマー 501
液　晶 391
液相線 151
エキソサイトーシス 395
液　体 2
液体-液体の相図 149
液体-固体の相図 150
液体の構造 124
液体表面 397
液　絡 211, 216
エクアトリアル配座 358
SI 単位 2, 549
SAM（自己組織化単分子膜） 441
SAM（走査型オージェ電子顕微鏡法） 437
SATP（標準環境温度・圧力） 21
SHE（標準水素電極） 219
SFC（超臨界流体クロマトグラフィー） 121
s オービタル 309
SCF（つじつまの合う場） 357
SWNT（単層壁ナノチューブ） 416
STM（走査トンネル顕微鏡法） 439
STP（標準の温度と圧力） 21
s 電子 309
s バンド 408
SPR（表面プラズモン共鳴） 440
sp 混成 338
$sp^3$ 混成オービタル 337
$sp^2$ 混成オービタル 337
エタノールの NMR スペクトル 515
X 線 13
X 線回折 421
X 線回折計 424
X 線結晶学 429
X バンド 525
XPS（X 線光電子分光法） 436
HIV 377
HF-SCF 319
HOMO（最高被占分子オービタル） 352
HOMO-LUMO
　——のエネルギー差 359
hcp 426
HTSC（高温超伝導体） 407, 410
HPLC（高速液体クロマトグラフィー） 121
ATP 499
　——の加水分解 166
ADP 166
$NAD^+$ 213

NADH 213
NADP$^+$ 499
NADPH 499
NMR 513
　——の共鳴条件 512
　二次元—— 522
NMRスペクトル
　エタノールの—— 515
　ジエチルエーテルの—— 518
n型半導性 409
Nd-YAGレーザー 500
n-π$^*$遷移 489
エネルギー 8, 46
エネルギー差
　HOMO-LUMOの—— 359
エネルギー準位
　——と熱容量 538
　環上の粒子の—— 295
　磁場中の核の—— 512
　磁場中の電子の—— 524
　水素型原子の—— 306
　対称回転子の—— 465
　調和振動子の—— 298, 473
　直線形剛体回転子の—— 464
　箱の中の粒子の—— 290
エネルギーの保存則 9, 46
エネルギーの量子化 10, 280, 286
FRET法(蛍光共鳴エネルギー移動法) 497
FEMO(自由電子分子オービタル) 362
エフェクター分子 210
fオービタル 313
FT-EPR 525
FT-NMR 513
fブロック 319
F6P 160, 167
エマルション 392
MINDO(変形微分重なりの中間的無視) 357
MRI(磁気共鳴イメージング) 523
MALDI法(マトリックス媒体レーザー脱着/
　　　　　イオン化法) 400
MO(分子軌道)法 332
$m/z$ 400
MWNT(多層壁ナノチューブ) 416
MBE(分子線エピタキシー) 416
エラストマー 389
LEED(低エネルギー電子回折) 437
LCAO(原子オービタルの一次結合) 341
LCAO-MO 341
エルポット面 358
LUMO(最低空分子オービタル) 352
塩化セシウム構造 428
塩　基 180
塩基触媒作用 268
塩基性緩衝液 193
塩基性度定数 182
塩基対 387
塩基定数 182
塩基定数(表) 183
塩基度定数 182
塩　橋 211, 216
演算子 283
遠心ひずみ定数 464
遠心力ひずみ 469
円錐曲線 19
エンタルピー 60
　燃焼—— 75
エンタルピー密度 76
エンドサイトーシス 395

エントロピー 89
　——の温度変化 92
　——の分子論的解釈 96, 100
　完全エラストマーの—— 385
　残余 100
　生命現象と—— 105
　絶対—— 98
　疎水効果の—— 375
　第三法則—— 98
　低温での—— 99
　統計—— 97
　配座 385
　分配関数で表した—— 539
　ランダムコイルの—— 385
エントロピー変化
　外界の—— 95
　加熱に伴う—— 92
　非可逆過程の—— 96
　膨張に伴う—— 91
塩の水溶液のpH 190


お

黄斑色素 490
OHP(外部ヘルムホルツ面) 452
オージェ効果 436
オージェ電子分光法 436
オースティンモデル1 357
オービタル角運動量 307, 323
オービタル角運動量量子数 296
オービタル近似 315
オービタルの重なり 342, 347
オービタルの対称性 347
オブザーバブル 297
オーム(単位) 207
オームの法則 207
重み平均モル質量 399
オルガネラ 498
オルト水素 466
温室効果 480
温　度 9, 47
温度ジャンプ 255
温度-組成の相図 147
温度目盛 10, 15


か

外　界 46
　——のエントロピー変化 95
解膠剤 393
開始段階 272
改　質 451
回　折 280, 421
回折格子 486
回折図形 421
回折の次数 423
回転運動 293
回転エネルギー準位 462, 467
　——の占有数 467
回転活性 468
回転遷移 468
　——の選択律 469

回転定数 462
回転半径 384
回転不活性 469
回転分配関数 536, 543
回転ラマン活性 472
回転ラマン遷移の選択律 472
回転ラマン不活性 472
回転量子数 462
外部ヘルムホルツ面 452
開放系 46
界面活性剤 393, 397
界面動電位 396
解　離 73, 492
解離極限 492
解離性吸着のラングミュアの等温式 444
解離性の吸着 444
ガウス型オービタル 357
ガウス関数 28, 299
ガウス曲線 470
化学吸着 440
化学結合 332
　——の振動数 299
化学交換 522
化学シフト 514
化学的物質量 3
化学電池 211
化学反応速度論 229
化学平衡
　——とボルツマン分布 170
化学ポテンシャル 131
　——の圧力依存性 132
　完全気体の—— 132
　実在溶液の—— 140
　溶質の—— 139
　溶媒の—— 136
可逆過程 50
可逆的 50
可逆膨張の仕事 51
殻 308
角運動量 5, 293
　——のベクトルモデル 297
　——の量子化 295
角運動量量子数 296
拡　散 29, 263, 273
拡散係数 265
　——の温度依存性 266
拡散係数(表) 265
拡散二重層 453
拡散方程式 266
拡散律速 263
拡散律速極限 264
核磁気共鳴 510, 513
核磁子 511
核　種 256
核スピンの性質(表) 511
核スピン量子数 510
核スピン量子数(表) 511
角速度 5
拡張デバイ-ヒュッケル則 206
核統計 466
殻の完成 316
核の$g$因子 511
核の磁気回転比 511
確率密度 284
　調和振動子の—— 299
確率論的な解釈 284
籠効果 264
重なり積分 342

重なりと対称性　347
重ね合わせ　287, 334
火山形曲線　449
可視光　13
加速度　6
カソード　213, 216
カチオンの電子配置　319
活性化エネルギー　242, 245
　　粘性率の──　267
　　負の──　261
活性化エンタルピー　247
活性化エントロピー　247
活性化ギブズエネルギー　247
活性化障壁　244
活性化脱離　447
活性化律速　263
活性化律速極限　264
活性錯合体　246
活性錯合体理論　246
活動電位　211
カップリング定数　516, 526
活　量　140, 204
　　──と標準状態（表）　141
活量係数　141, 204
過電圧　453, 457
価電子バンド　409
加　熱　47
加熱効率係数　108
加熱に伴うエントロピー変化　92
下部共溶温度　150
カーブラスの式　518
下部臨界溶解温度　150
カーボンナノチューブ　416
ガラス転移温度　391
ガラス電極　221
カルノーサイクル　107
ガルバニ電位差　452
ガルバニ電池　211, 214
カルビン-ベンソンサイクル　499
β-カロテン　291
カロメル電極　215
カロリー（単位）　86
岩塩構造　428
還元剤　212
還元電位　219
換算圧力　37
換算温度　37
換算質量　306, 473
換算体積　37
干　渉　421
緩衝液
　　──のpH　193
緩衝作用　193
環上の粒子　295
　　──のエネルギー準位　295
慣性モーメント　5, 294, 462
慣性モーメント（表）　463
完全エラストマー　389
　　──のエントロピー　385
完全気体　18
　　──の化学ポテンシャル　132
　　──のギブズエネルギー　112
　　──の混合エンタルピー　134
　　──の混合エントロピー　134
　　──の混合ギブズエネルギー　133
　　──の状態方程式　18
完全結晶のエントロピー　98
ガンダイオード　462

桿体細胞　491
乾電池　211
環電流　516
慣用温度　67
緩　和　255
緩和（NMR）　520
緩和時間　256
　　スピン-格子──　520
　　スピン-スピン──　520

# き

気圧（単位）　7
気圧の尾根　25
気圧の谷　25
擬1次の速度式　234
気　塊　25
規格化定数　289
気候変動　480
　　──に関する政府間パネル　481
キサントフィル　490
基　質　434
基準状態　79
基準モード　476
規　則
　　てこの──　149
　　トルートンの──　94
　　半径比の──　428
　　フントの──　318
気　体　2, 34
　　──のモル体積（表）　21
　　──の溶解度　140
気体運動論　245
気体運動論モデル　25, 39
気体定数　11, 18
気体定数（表）　18
気体電極　214
気体分子運動論　39
気体レーザー　500
基底状態　304
起電力　217
擬2次の速度式　235
機能性MRI　523
奇の対称性　344
揮発性液体の混合物　147
基　板　434
ギブズエネルギー　102
　　──の圧力変化　110
　　──の温度変化　112
　　活性化──　247
　　完全気体の──　112
　　混合──　133
　　分配関数で表した──　540
ギブズの相律　121
基本単位　549
逆浸透　146
逆対称伸縮　476
逆反応　254
吸エルゴン的　163, 165
吸光係数　230, 487
吸光度　230, 487
球対称　310
球対称回転子　465
吸　着　434
　　化学──　440

解離性──　444
　　共──　444
　　物理──　440
吸着エンタルピー　441
吸着エンタルピー（表）　440
吸着質　434
吸着等温式　441
吸着の速さ　440
吸着媒　434
吸熱的　48
吸熱的化合物　80
吸熱反応　163
球面極座標　296
球面上の粒子　296
球面調和関数　296
急冷法　231
Q 枝　478
QCM（微量水晶天秤）　440
Q バンド　525
キュリー温度　418
強塩基　182
凝　華　69
境界条件　238, 286, 289
境界面
　　オービタルの──　310
共吸着　444
　　──のラングミュアの等温式　444
凝　結　397
凝　固　69
競合阻害　271
凝固温度　120
凝固点降下　141
凝固点降下定数（表）　141
強　酸　181
強磁性　417
共重合体　382
凝　縮　69
共振空洞　499
共振モード → 共鳴モード
凝　析　397
共通イオン効果　198
協同的な結合　175
共沸混合物　148
共沸組成　148
共　鳴　340, 341, 510
共鳴安定化　341
共鳴エネルギー移動　497
共鳴混成　340
共鳴条件
　　EPRの──　525
　　NMRの──　512
共鳴積分　354, 362
共鳴モード　500
共鳴ラマン分光法　479
共役塩基　181
共役酸　181
共役反応　166
共役ポリエン　362
共有結合　333
共有結合性固体　407, 414
共融混合物　152
共融組成　152
共融停止　152
共溶温度　150
供与体-受容体の組（表）　497
供与体バンド　409
極限則　18, 136, 206
　　デバイ-ヒュッケルの──　206

極限モル伝導率　207
極座標　296
局所磁場　513
局所の寄与（NMR）　515
極性結合　350, 351
極性分子　366
極低温での熱容量　62
巨大分子　364
許容遷移　314, 468
キルヒホフの法則　81
キログラム（単位）　2, 549
均一系触媒　268
均一混合物　128
銀-塩化銀電極　215
キンク　435
近　似
　　オービタル――　315
　　定常状態の――　260, 495
　　ヒュッケル――　408
　　ボルン-オッペンハイマーの――　334
禁制遷移　314, 468
金属結晶　425
金属性固体　406
金属性伝導体　407
金属-不溶性塩電極　215
均分定理　12

## く

グアニン　386
グイ-チャップマンモデル　453
偶の対称性　344
クオーク　314
クーパー対　410
組立単位　549
クライストロン　462
クラウジウス-クラペイロンの式　117
クラッキング　451
グラファイト　414
グラフェン　415
クラフト温度　394
クラペイロンの式　116
グルコース 6-リン酸（G6P）　160, 167
グレアムの流出の法則　29
クレブシュ-ゴーダン級数　323
グロッタスの機構　209
グロトリアン図　315
クロモホア　489
クロロフィル　498
　　――の吸収スペクトル（図）　486
クロロプラスト　498
クーロン（単位）　55
クーロン積分　354
クーロン相互作用　204
クーロンポテンシャルエネルギー
　　　　　　　　　　9, 204, 305

## け

Kα線　422
系　46
系間交差　493

蛍　光　491
　　――の消光　493
　　――の量子収量　494
蛍光 X 線　436
蛍光共鳴エネルギー移動法　497
蛍光寿命　494
計算化学　356
係　数
　　アインシュタイン――　505
　　移行――　453
　　拡散――　265
　　活量――　141, 204
　　吸光――　230, 487
　　浸透ビリアル――　145
　　積分吸収――　489
　　透過――　247
　　ビリアル――　34
　　ヒル――　179, 202
　　平均活量――　204
　　モル吸収――　230, 487
　　誘導吸収――　505
　　誘導放出――　505
ケイ素ナノワイヤー　416
経路関数　53
ケクレ構造　340, 361
血　液
　　――の緩衝作用　194
結合エンタルピー　73
　　平均――　74
結合エンタルピー（表）　73
結合次数　349
結合順序　383
結合性オービタル　343
結合長の測定　469
結合論　332
結晶化　430
結晶化度　389
結晶系　418
　　――の必須対称（表）　419
結晶格子　418
結晶構造　418
結晶成長の速さ　435
結晶ダイオード　462
ケト-エノール互変異性　268
ゲル　392
ゲル電気泳動　402
ケルビン目盛　10
ゲルマニウムナノワイヤー　416
原子オービタル　307
　　――の一次結合　341
原子化　73
原子価殻電子対反発モデル　333
原子価結合法　332
原子価電子　317
原子間力顕微鏡法　439
原子半径　320
原子半径（表）　321
原子量　4
元素の基準状態（表）　79
顕微ラマン分光法　502
原　理
　　アボガドロの――　20
　　構成――　317
　　パウリの――　327, 466
　　パウリの排他――　316
　　不確定性――　286, 297
　　フランク-コンドンの――　489, 492
　　ルシャトリエの――　171

## こ

コアギュレーション　397
項　323
高エネルギーリン酸結合　167
高温超伝導体　407, 410
効　果
　　オージェ――　436
　　共通イオン――　198
　　ジュール-トムソン――　39, 124
　　疎水――　374
　　ドップラー――　331, 470
　　ボーア――　194, 202
光化学系　498
交換電流密度　224, 453
交換電流密度（表）　455
光　球　327
合金の相図　151
光合成　498
交互禁制律　479
交差ピーク（NMR）　522
格　子　418
格子エネルギー　413
格子エンタルピー　411
格子エンタルピー（表）　412
格子面間隔　420
恒常性　77, 194
構成原理　317
合成双極子モーメント　367
合成ベクトル　324
酵　素　268
構造因子　424
構造モデル（高分子）　383
光　速　12
高速液体クロマトグラフィー　121
酵素反応速度論　229
酵素分解反応　269
剛体回転子　462
剛体球ポテンシャル　375
光電効果　280
光電子分光法　503
光電子放射分光法　436
光電子放出　281, 503
後天性免疫不全症候群　377
光電分光法　230
項の記号　323
項の多重度　325
高分子　364, 382
効　率　90
　　共鳴エネルギー移動の――　497
　　電極の――　224
　　ヒートポンプの――　108
　　冷蔵庫の――　108
氷
　　――の結晶構造　429
　　――の構造（図）　123
　　――の残余エントロピー　101
呼吸性アシドーシス　194
呼吸性アルカローシス　194
呼吸モード　479
国際単位系　549
黒体放射　480
COSY（相間分光法）　522
固相線　151
固　体　2

索　　引　　　565

固体の表面積　445
固体表面の成長　434
固着確率　447
古典熱力学　45
古典力学　5, 278
コヒーレント　500
コヒーレント光　500
個別選択律　468
固有の反応速度　232
孤立系　46
コールラウシュの法則　207
コレステリック相　392
コレステロール　396
コロイド　391
コロナ　327
混合エンタルピー　134
　　完全気体の――　134
　　理想溶液の――　137
混合エントロピー　134
　　完全気体の――　134
　　理想溶液の――　137
混合ギブズエネルギー　133
　　完全気体の――　133
　　理想溶液の――　137
混　成　337, 341
混成オービタル　337
混成オービタル（表）　338
コントラスト増強剤　523
根平均二乗距離　384
根平均二乗速さ　26
コンホメーション　383
　　――の変換　521
コンホメーションエネルギー　387

さ

最確分布　533
サイクリックボルタンメトリー　455
再構成表面　437
最高被占分子オービタル　352
歳差運動　512
彩　層　327
再組織化のエネルギー　497
最大速度（酵素分解）　269
最大の仕事　50
最低空分子オービタル　352
細胞小器官　498
最密パッキング構造　425
座標 $z$ 一定のモード　439
サーモグラム　70
酸　180
酸イオン化定数　181
酸–塩基指示薬　194
酸–塩基滴定　190
酸化剤　212
酸化状態　212
酸化数　212
酸化電位　219
三次構造　383
三斜晶系　419
三重結合　336, 338
三重項状態　493
三重線（NMR）　517
三重点　120
酸触媒作用　268
酸性緩衝液　193

酸素飽和度　175
酸定数　181
酸定数（表）　183
3分子反応　259
三方晶系　419
残余エントロピー　100

し

$g$ 因子　511
ジエチルエーテルの NMR スペクトル　518
CNDO（微分重なりの完全無視）　357
CMC（臨界ミセル濃度）　393, 398
COSY（相間分光法）　522
磁　化　417
紫外光電子分光法　436
視　覚　490
磁化率（表）　417
時間分解 X 線回折法　430
時間分解分光法　503
式
　　アイリングの――　247
　　アインシュタインの――　266
　　アレニウスの――　242
　　カープラスの――　518
　　クラウジウス–クラペイロンの――　117
　　クラペイロンの――　116
　　シュテルン–フォルマーの――　495
　　ドブローイの――　282, 284
　　ネルンストの――　218
　　バトラー–フォルマーの――　453
　　ファントホッフの――（浸透）　144
　　ファントホッフの――（平衡）　171
　　ヘンダーソン–ハッセルバルヒの――
　　　　　　　　　　　　　　　　191
　　ボルン–メイヤーの――　414
　　マッコーネルの――　527
　　ラプラスの――　397
　　ロンドンの――　372
磁気回転比（核）　511
磁気回転比（電子）　524
磁気共鳴　510
　　プロトン――　513
磁気共鳴イメージング　523
色相環　486
磁気双極子相互作用　511
色素レーザー　501
磁気誘導　511
示強性の性質　5
磁気量子数　297
σオービタル　341
　　――の偶奇性　344
σ結合　335, 345
σ電子　341
シーケンシング　383
自己イオン化　181
試行波動関数　340
自己構築　382
自己組織化　382
自己組織化単分子膜　441
仕　事　8, 46
　　――の符号の取決め　49
　　――の分子論的解釈　48
　　可逆膨張の――　51
　　最大の――　50
　　非膨張――　103

膨張の――　49
仕事関数　281
自己プロトリシス定数　182
自己プロトリシス平衡　181
示差走査熱量計　70
示差走査熱量測定　70, 391
脂質イカダモデル　395
CCD（電荷結合素子）　487
ccp　426
視射角　423
指示薬　194
指示薬の色（表）　196
指示薬の終点　195
視神経　491
指数関数　27
指数関数的減衰　237
ジスルフィド結合　386
自然対数　53
自然幅　471
自然放出　471, 505
磁束密度　511
下　地　434
CW（連続波）–EPR　525
$g$ 値　525
失　活　493
実効核電荷　316, 320
実効原子番号　320
実効質量　303, 473
実効速度定数　234
実在気体　18, 31
実在溶液　140
　　――の化学ポテンシャル　140
実鎖長　384
実時間分析　231
シッフ塩基　491
質　量　2
質量スペクトル　401
質量濃度　129
質量分析法　400
質量密度　4
質量モル濃度　129
GTO（ガウス型オービタル）　357
時定数　241
シトシン　386
磁　場　12, 511
磁場中の核のエネルギー準位　512
磁場中の電子のエネルギー準位　524
自発過程　102
自発的な混合　133
　　――の熱力学的な基準（表）　163
自発変化　87
自発膨張　88
視皮質　491
シミュレーション　377, 389
ジーメンス（単位）　207
四面体混成オービタル　337
指紋領域　477
弱塩基　182
弱　酸　181
ジャブロンスキー図　492
遮　蔽　514
遮蔽核電荷　316
遮蔽定数　514
斜方（晶系）硫黄　67
シャルルの法則　20
ジャンプ法　255
周　期　13
周期的境界条件　294

集光性複合体 498
終 点 190, 195
　指示薬の―― 195
自由電子分子オービタル 362
充填率 426
自由度の数 122
自由膨張 50
重量分析法 440
重量平均モル質量 399
重力ポテンシャルエネルギー 8
自由連結鎖 384
縮 退 293
シュテルン-ゲルラッハの実験 314
シュテルン-フォルマーの式 495
シュテルン-フォルマーのプロット 495
受動輸送 210
寿 命 471
寿命幅 471
受容体バンド 409
主量子数 306
ジュール(単位) 9, 549
ジュール-トムソン効果 39, 124
シュレーディンガー方程式 283
準 位 325
　――の占有数 532
瞬間速度 232
瞬間脱着 440
昇 位 337, 341
昇温脱離ガス分析法 447
昇温脱離法 447
昇 華 69
昇華圧 115
昇華エンタルピー 69
蒸 気 33
蒸気圧 115
　――の温度依存性 118
蒸気圧(表) 119
蒸気圧曲線 115
蒸気拡散 430
蒸気分圧 134
消 光 493
　――の速度定数 496
消光剤 495
常磁性 350, 417
硝子体 490
状 態 10
状態関数 58
状態方程式 17, 34
状態方程式の結合形 22
蒸 着 69
衝突失活 471, 496
衝突寿命 471
衝突断面積 31, 245
衝突断面積(表) 31
衝突頻度 30, 244
衝突流束 435
衝突理論 244
蒸 発 67
　――エンタルピー 68
　――エントロピー 94
常微分方程式 238, 257
上部共溶温度 150
上部臨界溶解温度 150
常用対数 53
初期条件 238
触 媒 174, 267, 448
触媒活性 449
触媒効率 270

触媒作用 448
触媒集合体 448
触媒定数 270
触媒の性質(表) 449
食物とエネルギー貯蔵 77
初速度の方法 235
示量性の性質 4
G6P 160, 167
真 空
　――の透磁率 511
　――の誘電率 9, 204
シンクロトロン放射光 422
親水性 374
親水性頭部 393
浸 透 144, 317
浸透圧 144
浸透圧法 145
振動運動 298
振動回転スペクトル 478
振動構造(電子遷移) 489
振動数 12, 461
振動数逓倍 500
振動遷移 474
　――の選択律 474
振動の波数(表) 477
振動の量子数 298
浸透ビリアル係数 145
振動分光法 472
振動分配関数 536, 543
振動モードの数 475
振動ラマン遷移の選択律 475
振動ラマン分光法 475

## す

水銀電池 211
水素型原子 304
　――のエネルギー準位 306
　――のスペクトル 305
水素型波動関数(表) 308
水素結合 373
水素/酸素燃料電池 224
水素貯蔵 224
水素電極 214, 219
水素分子 344
水素分子イオン 341
錐体細胞 491
垂直遷移 489
垂直バンド 477
数平均モル質量 399
ステップ 435
ストークス線 471
ストークスの法則 209
スピン 313
スピン1の粒子 314
スピン角運動量 323
スピン緩和 520
スピン-軌道カップリング 326
スピン-格子緩和時間 520
スピン磁気量子数 314
スピン-スピンカップリング定数 516
スピン-スピン緩和時間 520
スピン相関 318
スピン$\frac{1}{2}$の粒子 314
スピン密度 527
スピン量子数 314

スペクトル 279
　――の線幅 470
　――の分枝 478
　水素型原子の―― 305
　星の―― 326
スメクチック相 391
ずり半径 396
ずり面 427

## せ

生化学的カスケード 491
制限酵素 257
静止膜電位 211
静水圧 7
生成エンタルピー 79, 358
生成ギブズエネルギー 164
生体エネルギー論 45
生体高分子 382
生体膜 210, 395
成長段階 272
静電ポテンシャルエネルギー 8
静電ポテンシャル面 358
制動放射 422
正反応 254
生物学的標準状態 167, 222
生物学的標準電位 220
生物燃料電池 211
成分の数 121
正方晶系 419
生命現象とエントロピー 105
精 留 148
ゼオライト 451
赤外活性 474
赤外不活性 474
赤外分光法 474
積 分 51
積分形速度式 236
積分形の速度式(表) 240
積分吸収係数 489
ゼータ電位 396
節 290
　動径―― 312
絶縁体 407
セッケン 393
接合部(電池) 214
接触改質 451
接触相互作用 519
絶対エントロピー 98
絶対零度 20
接頭文字(表) 549
Z平均モル質量 400
切片選択法 523
節 面 312, 343
セラミックス 407
セルシウス目盛 10
閃亜鉛鉱構造 428
繊 維 389, 390
遷移確率 505
遷移金属 319
遷移状態 247
遷移状態理論 246
遷移双極子モーメント 468
全エネルギー 9
全オービタル角運動量量子数 323
全角運動量量子数 325

索　引　　567

前駆解離　492
前駆状態　446
閃光光分解法　231
前指数因子　242, 447
全スピン角運動量量子数　325
全スピン磁気量子数　314
全スピン量子数　314
前生物的反応　252
全相互作用　373
選択概律　468
選択律　315, 326, 468
　　回転遷移の――　469
　　回転ラマン遷移の――　472
　　振動遷移の――　474
　　振動ラマン遷移の――　475
全波動関数　327
線　幅　470
線幅の広がり　522
旋　風　24
占有数　11, 170, 511, 532
　　――の逆転　499
　　回転エネルギー準位の――　467

そ

相　67
相関分光法　522
相境界　114
双極子-双極子相互作用　369
双極子モーメント（表）　366
双極子-誘起双極子相互作用エネルギー
　　　　　　　　　　　　　　371
双曲線　19
遭遇対　263
走光性　433
相互禁制律　479
走査型オージェ電子顕微鏡法　437
走査トンネル顕微鏡法　439
相　図　114
　　合金の――　151
　　二酸化炭素の――（図）　124
　　ヘリウム-4 の――（図）　124
　　水の――（図）　123
相図の特性点（図）　120
相対原子質量　4
相対分子質量　4
相対誘電率　204, 365
相転移　67, 109
相補的
　　――なオブザーバブル　297
相補的（量子力学）　288
相　律　121
阻害剤　271
束一的性質　141
速　度　5
速度式　233
　　――のつくり方　259, 263
　　――の求め方　234
　　積分形の――（表）　240
　　ミカエリス-メンテンの――　268
　　連鎖反応の――　272
速度定数　233
　　――と平衡定数の関係　254
　　――の温度依存性　243
　　――の粘性率依存性　267
速度論的支配　262

速度論データ
　　1 次反応の――（表）　237
　　2 次反応の――（表）　239
疎水効果　374
　　――のエントロピー　375
疎水性　374
素反応　258
ソリトン　391
ゾ　ル　392

た

帯域均質化法　153
帯域精製　152
第一イオン化エネルギー　321
第一イオン化エネルギー（表）　322
第一イオン化エンタルピー　71
第 1 種超伝導体　418
ダイオード接合　410
ダイオードレーザー　410, 500
対角ピーク（NMR）　522
大気圧式　24
大気の組成（表）　24
第三法則エントロピー　98
　　――の分子論的解釈　100
代謝性アシドーシス　194
代謝性アルカローシス　194
対称回転子　465
　　――のエネルギー準位　465
対称伸縮　476
対称数　536
対称性と重なり　347
褪　色　508
体心単位胞　419
体心立方　427
対　数　53
体　積　4
体積磁化率　417
第二イオン化エネルギー　321
第二イオン化エンタルピー　71
第二高調波発生　500
第 2 種超伝導体　418
ダイヤモンド　414
太陽光　480
タイライン　147
対　流　265
対流圏　24
滞留半減期　447
多　形　123, 415
多光子過程　502
多重度　325
多色器　487
多層壁ナノチューブ　416
脱遮蔽　514
脱　着　434
多電子原子　304
多電子波動関数　315
ダニエル電池　215
ターフェルプロット　454
多プロトン酸　185
　　――の逐次酸定数（表）　186
多分散　399
多分散性指数　399
単　位　549
単位の変換（表）　550

単位胞　418
ターンオーバー数　270
短距離秩序　124
炭酸ガスレーザー　500
炭酸デヒドラターゼ　194
単斜晶系　419
単斜（晶系）硫黄　67
単純単位胞　419
単純立方格子　427
単　色　13
単色器　486
単層壁ナノチューブ　416
断熱的　47
断熱壁　47
タンパク質　383
　　内在性――　395
　　表在性――　395
単分散　399
単分子層　395
単量体　382

ち

遅延段階　272
力　6
力の定数　298, 387, 472
地球温暖化　480
地球の大気　24
逐次酸定数（表）　186
逐次反応　256
窒化ガリウム　410
チミン　386
チャネル形成体　210
中間相　391
中間体　257, 260
中性子回折　422
超遠心　401
長距離秩序　124
超高純度　152
超高真空　436
長周期　319
超伝導　410
超伝導磁石　513
超伝導体　407, 418
超微細カップリング定数　526
超微細構造（EPR）　526
超流体　124
超臨界水　121
超臨界二酸化炭素　121
超臨界流体　120
超臨界流体クロマトグラフィー　121
調和近似　473
調和振動子　298, 473
　　――のエネルギー準位　298, 473
　　――の確率密度　299
　　――の波動関数　299
　　――の零点エネルギー　298
調和波　284
直線運動量　5
直線形回転子　462
直線形剛体回転子のエネルギー準位　464
直線走査型ボルタンメトリー　455
直方晶系　419
直方（晶系）硫黄　67
沈　降　401

つ

通常凝固点 120
通常沸点 119
通常融点 120
つじつまの合う場 357
　ハートリー–フォックの―― 319
強め合いの干渉 421

て

定圧熱容量 54, 61
定圧熱容量（表） 54
$T_1$で加重平均したイメージ 523
DSC（示差走査熱量測定） 70, 391
DNA 386
低エネルギー電子回折 437
DFT（密度汎関数法） 357
TMS（テトラメチルシラン） 514
dオービタル 313
　――の占有 318
低温でのエントロピー 99
抵抗率 207
停止段階 272
定常状態の近似 260, 495
底心単位胞 419
定　数
　塩基―― 182
　塩基性度―― 182
　塩基度―― 182
　遠心ひずみ―― 464
　回転―― 462
　規格化―― 289
　気体―― 11, 18
　凝固点降下―― 141
　酸―― 181
　酸イオン化―― 181
　自己プロトリシス―― 182
　遮蔽―― 514
　触媒―― 270
　スピン–スピンカップリング―― 516
　速度―― 233
　力の―― 298, 387, 472
　超微細カップリング―― 526
　電離―― 181
　熱量計―― 55
　非調和性―― 475
　ファラデー―― 217
　沸点上昇―― 141
　プランク―― 13, 279
　平衡―― 162, 541, 544
　ヘンリーの法則の―― 137
　ボルツマン―― 11, 531
　マーデルング―― 414
　ミカエリス―― 268
　溶解度―― 196
　溶解度積―― 196
　リュードベリ―― 305
　臨界――（表） 33, 120
定積分 51
TDS（昇温脱離ガス分析法） 447
d電子 309
定電流モード 439

$T_2$で加重平均したイメージ 523
TPD（昇温脱離法） 447
dブロック元素 319
定容熱容量 54, 61
デオキシリボ核酸 386
適応（表面） 440
滴　定 190
滴定液 190
滴定の量論点 195
てこの規則 149
デシールド（NMR） 514
テトラメチルシラン 514
デバイ（単位） 366
デバイの$T^3$則 99
デバイ–ヒュッケルの極限則 206
デバイ–ヒュッケルの理論 204, 453
デビソン–ガーマーの実験 282
デュボスク比色計 507
テラス 435
δオービタル 348
δ目盛 514
転　位 439
転移エンタルピー 67
転移温度 114
電解質 203
電解質濃淡電池 216
電解質溶液 128
電解槽 211, 214
転回点 489
電荷移動遷移 490
電荷結合素子 487
電荷–双極子相互作用 368
添加不純物 409
電気陰性度 350, 366, 515
電気陰性度（表） 351
電気泳動 397, 402
電気化学 45
電気化学系列 221
電気浸透抗力 224
電気双極子 365
電気双極子モーメント 365
電気素量 55
電気透析 393
電気二重層 396, 452
電気分解 457
電　極 211, 214, 224
電極隔室 211
電極過程 452
電極電位 219, 452
電極濃淡電池 216
電極の効率 224
天　候 24
電子移動 497
電子回折 282, 422
電子常磁性共鳴 524
電子親和力 322
電子親和力（表） 323
電子スピン 313
電子スピン共鳴 524
電磁スペクトル（図） 13
電子伝導体 407
電子の$g$値 524
電子配置 316
　アニオンの―― 319
　カチオンの―― 319
電子付加 73
電子付加エンタルピー 73
電子分配関数 536

電磁放射線 12
電子ボルト（単位） 280, 550
電子密度（X線回折） 424
展　性 427
点双極子 369
電池電位 217
　――の温度変化 222
電池の過電圧 457
電池の表示法 216
電池反応 216
伝導性高分子 391
伝導バンド 408
伝導率 207
伝導率セル 207
電　場 12
電離定数 181
電流密度 224, 453

と

等圧線 25
同位体置換法 469
同位体分離 502
等温可逆膨張 51
等温式
　BETの―― 444
　ラングミュアの―― 441
等温線 18
　臨界―― 33, 37
等温膨張 57
透過確率 291
等核二原子分子
　――の分子オービタル 344
透過係数 247
透過率 487
導関数 38
等吸収点 488
統計エントロピー 97
動径節 312
同形置換法 425
統計熱力学 46, 531
動径波動関数 307, 312
動径分布関数 311
透磁率 511
透　析 393, 397
同素体 414
動的光散乱 403
動的平衡 115
等電点 397
透熱的 47
透熱壁 47
等方的 371
等密度面 358
等容式 171
等量吸着エンタルピー 443
当量点 190
ドップラー効果 331, 470
ドップラー幅 470
ドーパント 409
ドブロイの式 282, 284
ドブロイの物質波 284
ドメイン 417
ドリフト速さ 208
トル（単位） 7
ドルトン（単位） 400
トルートンの規則 94

索　引　　569

ドルトンの法則　22
曇　点　394
トンネル効果　291
　　プロトンの――　292

## な

内殻電子　317
内在性タンパク質　395
内部エネルギー　56
　　――の分配関数からの計算　537
内部転換　491
内部ヘルムホルツ面　452
ナイロン66　390
ナノ技術　415
ナノ素子　416
ナノチューブ　416
ナノワイヤー　416
波　12
波–粒子二重性　283
難溶性　196

## に

二隅子　333
二原子分子の性質（表）　475
二酸化炭素の相図（図）　124
二次元NMR　522
二次構造　383
二次電子　437
2次の積分形速度式　238
2次反応　233
　　――の速度論データ（表）　239
　　――の半減期　241
2次方程式の根　169
二重結合　338
二重線（NMR）　517
二重層　395
二重層小胞　395
二重らせん　386
2乗項　12
2成分混合物　23, 146
二体分布関数　125
ニッケル–カドミウム（ニッカド）電池　211
2分子反応　258
乳化剤　393
入射角　423
乳濁液　392
ニュートン（単位）　6, 549
ニュートンの運動法則　6

## ね，の

Nd–YAGレーザー　500
ネオジムレーザー　500
熱　47
　　――の符号の取決め　49
　　――の分子論的解釈　48
熱エンジン　90
熱化学　45
熱化学方程式　68
熱電併給（CHP）システム　224

熱と仕事の等価性　56
ネットワーク固体　407
熱分析　115
熱平衡　10
熱容量　53, 61
　　――とエネルギー準位　538
　　――の温度依存性（表）　62
　　極低温での――　62
熱力学　1, 45
　　統計――　46, 531
熱力学温度　10
熱力学第一法則　58
熱力学第三法則　98
熱力学第二法則　89
熱力学的に安定　166
熱力学的に不安定　165
熱量計　54, 59, 76
　　示差走査――　70
　　ボンベ――　59, 76
熱量計定数　55
ネマチック相　391
ネール温度　418
ネルンストの式　218
ネルンストの分配の法則　153
燃　焼　75
燃焼エンタルピー　75
粘性率　267
　　――の温度依存性　266
　　――の活性化エネルギー　267
燃料電池　211, 224
燃料の熱化学的性質（表）　77

能動輸送　210
濃度で表した平衡定数　169
濃度の測定　488
濃度分極　455

## は

配位数　426
灰色スズ　110
バイオ燃料電池　224
πオービタル　347
　　――の偶奇性　347
倍　音　475
倍音分光法　475
π結合　336, 347
配　座　383
配座エントロピー　385
排除体積　35
πスタッキング相互作用　377, 387
ハイゼンベルクの不確定性原理　286
配置の重み　96
肺の空気の組成　140
π–π*遷移　490
バイポーラロン　391
パウリの原理　327, 335, 466
パウリの排他原理　316, 327, 466
白色光　13
白色スズ　110
箱の中の粒子　288, 292
　　――のエネルギー準位　290
　　――の波動関数　290
　　――の零点エネルギー　290
波　数　13, 461
パスカル（単位）　6, 549
パスカルの三角形　517

八隅子　333
波　長　12, 461
発エルゴン的　163, 166
発光スペクトル　304
発光ダイオード　410
パッシェン系列　305
発色団　489
パッチクランプ法　210
パッチ電極　210
発熱的　48
発熱的化合物　80
発熱反応　163
波動関数　283
　　――の解釈　285
　　試行――　340
　　水素型――　308
　　多電子――　315
　　調和振動子の――　299
　　動径――　307, 312
　　箱の中の粒子の――　290
　　方位――　307
バトラー–フォルマーの式　453
ハートリー–フォックのつじつまの合う場の
　　　　　　　　　方法　319
ハーネド電池　223
ハミルトニアン　283
ハミルトン演算子　283
速　さ　5
速さの分布　27, 245
パラ水素　466
パリティ　344
バール（単位）　6
パルス放射線分解　231
バルマー系列　305
反強磁性　418
半経験的方法　357
半径比　428
半径比と結晶構造（表）　428
半径比の規則　428
反結合性オービタル　343
半減期　239
　　1次反応の――　240
　　滞留――　447
　　2次反応の――　241
反磁性　350, 417
反　射　423
反ストークス線　471
半値幅　470
反　転　344
反転対称　343
半導体　407
半透膜　144
バンドギャップ　408
バンド構造　478
バンド理論　407
反応エンタルピー　78
　　――の温度変化　81
反応エントロピー　101, 222
反応機構　229, 253
反応ギブズエネルギー　160, 222
反応座標　247
反応次数　233
反応速度　231
反応速度の測定法（表）　230
反応断面図　244
反応中間体　257
反応中心　498
反応の全次数　234

反応の量論関係　232
反応比　162
　　半反応の――　214
反発相互作用　376
半反応　212
　　――の反応比　214
ハンフリース系列　329

## ひ

BET の等温式　444
pH　181
　　――の測定　221
　　塩の水溶液の――　190
　　緩衝液の――　193
　　量論点での――　192
pH 曲線　190
p-n 接合　409
比エンタルピー　76
p オービタル　309, 312
ヒ化ガリウム　410
非可逆過程のエントロピー変化　96
p 型半導性　409
光
　　コヒーレントな――　500
光の色, 振動数, エネルギー (表)　486
非競合阻害　271
非局在化　356
非局在化エネルギー　356
p$K_a$　181
p$K_w$　182
p$K_b$　182
飛行時間　30
微細構造 (NMR)　516
P 枝　478
bcc　427
非自発変化　87
比色計　507
p 性　339
非線形光学現象　500
非対角ピーク (NMR)　522
非対称伸縮　478
襞 (ひだ) つき β シート　385
非調和性定数　475
非調和的　475
必須対称　419
必須対称 (表)　419
非電解質　203
非電解質溶液　128
p 電子　309
ヒトの免疫不全ウイルス　377
ヒートポンプ　90
ヒートポンプの効率　108
ヒドロニウムイオン　180
比 熱　54
比熱容量　54
p バンド　408
被覆率　439
微分重なりの完全無視　357
微分重なりの中程度の無視　357
非分極性電極　455
微分計算　38
被分析溶液　190
微分方程式　238, 257
非放射減衰　491
非膨張仕事　103

比誘電率　365
ヒュッケル近似　408
ヒュッケル法　353
表在性タンパク質　395
標準圧力　6, 21
標準イオン化エンタルピー　71
標準イオン化エンタルピー (表)　71
標準化学ポテンシャル　132
標準環境温度・圧力　21
標準還元電位　219
標準酸化電位　219
標準質量モル濃度　129
標準昇華エンタルピー　69
標準状態　66, 141
　　生物学的――　167, 222
標準蒸発エンタルピー　68
標準水素電極　219
標準生成エンタルピー　79, 358
標準生成エンタルピー (表)　80
標準生成ギブズエネルギー　164
標準生成ギブズエネルギー (表)　165
標準電位　219, 359
　　――と標準反応エントロピー　222
　　――と標準反応ギブズエネルギー　222
　　生物学的――　220
標準電位 (表)　219
標準転移エンタルピー (表)　67
標準電極電位　219
標準電子付加エンタルピー　73
標準電子付加エンタルピー (表)　72
標準電池電位　218
標準燃焼エンタルピー　75
標準燃焼エンタルピー (表)　75
標準の温度と圧力　21
標準反応エンタルピー　78
標準反応エントロピー　101
　　――と標準電位　222
標準反応ギブズエネルギー　161
　　――と標準電位　222
標準沸点　119
標準モルエントロピー　99
標準モルギブズエネルギー
　　分配関数で表した――　541
標準モル濃度　129, 139
標準融解エンタルピー　68
表 面
　　――の再構成　437
　　清浄な――　435
表面過剰量　398
表面欠陥　435
表面張力　397
表面張力 (表)　397
表面プラズモン共鳴　440
ビラジカル　350
ビリアル係数　34
　　浸透――　145
ビリアル状態方程式　35
微量水晶天秤　440
ヒル係数　179, 202
頻度因子　242, 245, 447

## ふ

ファラデー定数　217
ファーレンハイト温度目盛　15
ファンデルワールス相互作用　364, 375

ファンデルワールスの状態方程式　35
ファンデルワールスのパラメーター　36
ファンデルワールスのパラメーター (表)　36
ファンデルワールスのループ　36
ファントホッフの式 (浸透)　144
ファントホッフの式 (平衡)　171
ファントホッフの等容式　171
VSEPR (原子価殻電子対反発) モデル　333
フィックの拡散の第一法則　265
フィックの拡散の第二法則　266
フィックの拡散法則　273
VB (原子価結合) 法　332
フェムト化学　248
フェルスター機構　498
フェルスター理論　497
フェルミオン　314, 327, 466
フェルミ準位　408
フェルミの接触相互作用　519
フェルミ粒子　314, 327, 466
フォトダイオード　487
フォトン　12, 280
　　――のスピン　314
フォールディング　255, 386
不確定性原理　286, 297
不確定性幅　471
不均一系触媒　268
不均一系触媒作用　448
不均一系平衡　196
不均一度指数　399
副 殻　308
節　290
不純物制御　152
フックの法則　298, 390
物質波　282
物質量　3
沸点上昇　141
沸点上昇定数　141
沸点上昇定数 (表)　141
沸点の圧力変化　117
沸 騰　119
沸騰温度　119
物理吸着　440
物理量　2, 549
不定積分　51
負の活性化エネルギー　261
負の走光性　433
部分可溶液体　149
部分正電荷　351
部分電荷 (表)　365
部分負電荷　351
部分モルギブズエネルギー　131
部分モル体積　130
部分モル量　130
ブラケット系列　305
プラスチック　389, 390
プラズマ　43
ブラッグの法則　423
ブラベ格子　419
フランク-コンドンの原理　489, 492
プランク定数　13, 279
フーリエ合成　424
フーリエ変換 EPR　525
フーリエ変換 NMR　513
フルクトース 6-リン酸 (F6P)　160, 167
ブレンステッド-ロウリーの理論　180
フロキュレーション　397
ブロック共重合体　382

索　引　　　　　571

プロトン磁気共鳴　513
プロトン脱離率　182
プロトン伝導　209
プロトンのトンネル効果　292
プロトン付加率　183
プローブレーザー　503
フロンティアオービタル　352
分　圧　23, 132
分　解　383
分解温度　164
分岐段階　272
分極機構　519
分極性電極　455
分極率　371, 472, 475
分極率体積　371
分極率体積（表）　366
分光法　461
分散系　391
分散系の分類　392
分散相　383
分散相互作用　372
分　枝　478
分子オービタル　341
分子オービタルのつくり方　348
分子間相互作用　32
分子間相互作用（表）　374
分子軌道法　332
分子結晶　429
分子性固体　407, 429
分子線エピタキシー　416
分子度　258
分子動力学　377, 389
分子認識　377
分子の形　333
分子の速さの分布　27
分子のポテンシャルエネルギー曲線　334
分子分極率　472, 475
分子分光法　461
分子分配関数　537
分子力学　389
分子量　4
分子論的解釈
　　エントロピーの――　96
　　第三法則エントロピーの――　100
　　平衡定数の――　170
フント系列　305
フントの規則　318
分配関数　532
　　――で表したエントロピー　539
　　――で表したギブズエネルギー　540
　　――で表した標準モルギブズエネルギー
　　　　　　　　　　　　　　　　　　541
　　――で表した平衡定数　541, 544
　　――の因数分解　537
　　回転――　536, 543
　　振動――　536, 543
　　電子――　536
　　分子――　537
　　並進――　535, 542
分配関数の解釈　533
分配の法則
　　ネルンストの――　153
分布関数
　　動径――　311
　　二体――　125
粉末回折計　424
分率組成　187
分離法　234

分　留　147
分留塔　147

へ

閉　殻　316
閉殻配置　318
平均活量係数　204
平均結合エンタルピー　74
平均結合エンタルピー（表）　74
平均自由行程　30
平均速さ　26
平均モル質量　399
平　衡
　　自己プロトリシス――　181
　　動的――　115
　　熱――　10
　　不均一系――　196
　　溶解度――　196
　　力学的な――　7
平衡結合長　334
平衡組成　167
　　――の圧力の効果　173
　　――の温度の効果　171
平衡定数　162, 541, 544
　　――と速度定数の関係　254
　　――と標準電池電位　218
　　――の温度依存性　172
　　――の温度変化　254
　　――の分子論的解釈　170
　　濃度で表した――　169
　　分配関数で表した――　541, 544
平行バンド　477
平衡表　168
閉鎖系　46
並進運動　288
並進分配関数　535, 542
ヘインズプロット　277
べき級数　144
ベクトルの演算　324
ベクトルモデル　297
ヘスの法則　78
βシート　385
BET の等温式　444
ペプチド結合　385
ペプチド鎖　383
ヘモグロビン　174, 386
ヘリウム-4 の相図（図）　124
ヘリウム分子　344
ヘリックス-コイル転移　277, 387
ヘルツ（単位）　13
ヘルムホルツ層モデル　452
ヘルムホルツ面　452
ベール-ランベルトの法則　230, 487, 504
変角モード　476
変形微分重なりの中間的無視　357
変数分離法　292, 300
変　性　387
ヘンダーソン-ハッセルバルヒの式　191
偏導関数　300
偏微分方程式　300
変分定理　340
ヘンリーの法則　137
ヘンリーの法則の定数　137
ヘンリーの法則の定数（表）　138

ほ

ボーア効果　194, 202
ボーア磁子　524
ボーアの振動数条件　279, 305, 461
ボーア半径　309, 312
ボイルの法則　18
方位角　295
方位波動関数　307
放射減衰　491
放射性壊変　256
包接籠　375
法　則
　　オームの――　207
　　キルヒホフの――　81
　　グレアムの流出の――　29
　　コールラウシュの――　207
　　シャルルの――　20
　　ストークスの――　209
　　ドルトンの――　22
　　熱力学第一――　58
　　熱力学第三――　98
　　熱力学第二――　89
　　ネルンストの分配の――　153
　　フィックの拡散――　273
　　フィックの拡散の第一――　265
　　フィックの拡散の第二――　266
　　フックの――　298, 390
　　ブラッグの――　423
　　ヘスの――　78
　　ベール-ランベルトの――　230, 487, 504
　　ヘンリーの――　137
　　ボイルの――　18
　　ラウールの――　135
膨張に伴うエントロピー変化　91
膨張の仕事　49
放物線　19, 169
放物線形ポテンシャルエネルギー　472
飽　和　196
飽和（NMR）　520
飽和度　175
星のスペクトル　326
ホスト-ゲスト複合体　377
ホスファチジルコリン　395
ボース粒子　314, 327, 466
ボソン　314, 327, 466
ポテンシャルエネルギー　8
　　クーロン――　9, 204, 305
　　静電――　8
　　放物線形の――　298
　　モース――　361
ポテンシャルエネルギー曲線　473
ホメオスタシス　77, 194
HOMO（最高被占分子オービタル）　352
HOMO-LUMO
　　――のエネルギー差　359
ポーラロン　391
ポリヌクレオチド　386
ポリペプチド　383
ポリマー　382
ポーリングの電気陰性度目盛　350
ホール-エルー法　211
ボルタの電池　211
ボルタンメトリー　455
ボルツマン定数　11, 531

ボルツマンの式　96
ボルツマン分布　11, 170, 378, 467, 511, 531
ボルト（単位）　207
ボルン-オッペンハイマーの近似　334
ボルンの解釈　284
ボルン-ハーバーのサイクル　412
ボルン-メイヤーの式　414
ポンピング　499
ポンプレーザー　503
ボンベ熱量計　59, 76

## ま

マイクロ波　13
マイクロ波分光法　462, 468
マイスナー効果　418
マーカス理論　496
マクスウェルの速さの分布　27, 245
膜電位　210
マースファンクレヴェレン機構　451
マッコーネルの式　527
マーデルング定数　414
マーデルング定数（表）　414
マトリックス媒体レーザー脱着／イオン化法　400
マリケンの電気陰性度目盛　350
MALDI 法　400

## み

ミオグロビン　174, 386
ミカエリス定数　268
ミカエリス-メンテン機構　268
ミカエリス-メンテンの速度式　268
ミクロ孔物質　451
ミクロ状態　97
水
　——の光電子スペクトル　504
　——の自己プロトリシス定数　182
　——の蒸気圧（図）　115
　——の蒸発エンタルピー　67
　——の相図（図）　123
　——の粘性率　266
　——の分子オービタル　353
　超臨界——　121
ミセル　393
密　度　4
密度汎関数法　357
ミラー指数　420

## む～も

無極性分子　366
無電流電池電位　217

免疫不全ウイルス　377
面心単位胞　419

毛管作用　398
毛管電気泳動　402
網　膜　490
モースポテンシャルエネルギー　361

モデルタンパク質の相図　157
も　の　1
モノマー　382
銛機構　246
モル（単位）　3, 549
モルエンタルピー　60
モル気体定数　11
モルギブズエネルギー　109, 131
モル吸収係数　230, 487
モル磁化率（表）　417
モル質量　3
　重み平均——　399
　重量平均——　399
　数平均——　399
モル体積　20, 130
　臨界——　33
モル伝導率　207
モル内部エネルギー　57
モル熱容量　54
モル燃焼エンタルピー　76
モル濃度　2, 129
モル分配関数　540
モル分率　23, 129
モル溶解度　196
モル量　5, 130
モンテカルロ法　378

## や　行

YAG レーザー　500

融　解　68
融解エンタルピー　68
融解エントロピー　94
融解温度　120
融解温度（高分子）　390
有核モデル　305
誘起双極子モーメント　370
誘電率　9, 204, 365
誘導吸収　505
誘導吸収係数　505
誘導放出　499, 505
誘導放出係数　505
UHV（超高真空）技術　436
UPS（紫外光電子分光法）　436

余緯度　295
溶解エンタルピー　137
溶解エントロピー　137
溶解ギブズエネルギー　137
溶解度
　——に与える塩の添加効果　198
溶解度積　196
溶解度積定数　196
溶解度定数　196
溶解度平衡　196
溶　質　128
溶質の化学ポテンシャル　139
溶　媒　128
溶媒の化学ポテンシャル　136
溶媒の寄与（NMR）　515
葉緑体　498
抑制段階　272
四次構造　384, 386
弱め合いの干渉　421
四重線（NMR）　517

四準位レーザー　499

## ら

ライマン系列　305
ラインウィーバー-バークのプロット　269
ラウールの法則　135
ラジカル連鎖反応　271
ラッセル-ソーンダースカップリング　323
ラプラスの式　397
ラマチャンドランのプロット　388
ラマン活性　479
ラマンシフト　472
ラマン分光法　471
　共鳴——　479
λ　線　124
ラメラミセル　395
ラーモアの歳差運動振動数　512
ランキン温度目盛　15
ラングミュアの等温式　441
　解離性吸着の——　444
　共吸着の——　444
ラングミュア-ヒンシェルウッド機構　448
ランタノイド　319
ランタノイド収縮　321
ランダムコイル　384
ランダムコイルのエントロピー　385
ランダム歩行　265

## り

力学的な平衡　7
力　線　417
理想気体　18
理想希薄溶液　138
理想溶液　135
　——の混合エンタルピー　137
　——の混合エントロピー　137
　——の混合ギブズエネルギー　137
リチウムイオン電池　211
律速段階　261
立体因子　246
リットル（単位）　4
立方最密　426
立方晶系　418
利　得　499
リボ核酸　386
流　出　29
流　束　265
流体力学的半径　209
流通停止法　231
流通法　231
流動モザイクモデル　395
リュードベリ定数　305
量子化　10, 280
量子収量　494
量子数　289
　オービタル角運動量——　296
　回転——　462
　角運動量——　296
　核スピン——　510
　磁気——　297
　振動の——　298
　スピン——　314

スピン磁気—— 314
　全オービタル角運動量—— 323
　全角運動量—— 325
　全スピン角運動量—— 325
量子ドット 416
量子論 1,278
両親媒性 393
両性イオン 359
両プロトン性 189
菱面体晶系 419
量論点 190
　——でのpH 192
　滴定の—— 195
臨界圧力 33,120
臨界温度 33,119
臨界温度（超伝導） 410
臨界温度（表） 33
臨界定数 33,120
臨界定数（表） 120
臨界点 33,120
臨界等温線 33,37
臨界ミセル濃度 393,398
臨界モル体積 33
臨界溶解温度 150
臨界流体 34
リン化ガリウム 410
りん光 491,493
隣接基の寄与（NMR） 515

リンデの冷凍機 39
リンデマン機構 262
リンデマン-ヒンシェルウッド機構 262

## る～わ

ルイスの理論 333
ルシャトリエの原理 171
ルミフラビン 388
LUMO（最低空分子オービタル） 352

励起錯体 501
励起錯体レーザー 501
冷却曲線 116,151
冷却効率係数 108
冷蔵庫 90
冷蔵庫の効率 108
零点エネルギー 290
　調和振動子の—— 298
　箱の中の粒子の—— 290
レイリー光 471
レーザー 499
　——共振空洞 499
　——光散乱 403
　——同位体分離 502
　ダイオード—— 410,500

炭酸ガス—— 500
　プローブ—— 503
　ポンプ—— 503
レチナール 361,491
レドックス対 212
レドックス電極 215
レドックス反応 203,212
レナード-ジョーンズ(12,6)ポテンシャル
　　　　　　　376
レナード-ジョーンズの(12,6)ポテンシャル
　　のパラメーター（表） 376
連結線 147
連鎖担体 271
連鎖反応 271
　——の速度式 272
連続波EPR 525
連続波発生法 503
連立方程式 354

六方最密 426
六方晶系 419
ロドプシン 490
ロンドン相互作用 372,381
ロンドンの式 372

YAGレーザー 500
惑星の大気 28
ワット（単位） 549

千 原 秀 昭（1927-2013）

1927 年 東京に生まれる
1948 年 大阪大学理学部 卒
大阪大学教授（1966-1990）
一般社団法人 化学情報協会 会長（2000-2009）
専攻 物理化学, 化学情報論
理 学 博 士

稲 葉 章

1949 年 大阪に生まれる
1971 年 大阪大学理学部 卒
大阪大学名誉教授
専攻 物理化学
理 学 博 士

---

### アトキンス 物理化学要論（第6版）

| 第1版 | 第1刷 | 1994 年 4 月 1 日 | 発 行 |
| 第2版 | 第1刷 | 1998 年 3 月16日 | 発 行 |
| 第3版 | 第1刷 | 2003 年 2 月27日 | 発 行 |
| 第4版 | 第1刷 | 2007 年 3 月22日 | 発 行 |
| 第5版 | 第1刷 | 2012 年 2 月22日 | 発 行 |
| 第6版 | 第1刷 | 2016 年 2 月25日 | 発 行 |

© 2016

| 訳　　者 | 千 原 秀 昭 |
| | 稲 葉 　 章 |
| 発 行 者 | 小 澤 美 奈 子 |
| 発　　行 | 株式会社 東京化学同人 |

東京都文京区千石3丁目36-7 （〒112-0011）
電 話 （03）3946-5311・FAX （03）3946-5317
URL http://www.tkd-pbl.com

---

印 刷　大日本印刷株式会社
製 本　株式会社 松 岳 社

---

ISBN 978-4-8079-0891-2
Printed in Japan
無断転載および複製物（コピー, 電子
データなど）の配布, 配信を禁じます.